Chefsache

Reihe herausgegeben von

Peter Buchenau
The Right Way GmbH
Oberterzen, Schweiz

EBOOK INSIDE

Die Zugangsinformationen zum eBook inside finden Sie
am Ende des Buchs.

Die Management-Reihe „Chefsache" beschäftigt sich mit Führungsthemen und Auf-
gabengebieten, die für die Führungskräfte von Morgen wichtig sind. Neben klassischen
Themen wie Organisation, Führung, Human Ressource Management oder Vertrieb nehmen
Gender-, Diversity- und Gesundheitsthemen oder Soft Skills eine besondere Stellung ein –
laut dem Institut für Führungskultur im digitalen Zeitalter sind dies jene wichtige Faktoren
für ein erfolgreiches Agieren am Markt. Das Führungsverhalten wird sich demnach in den
nächsten Jahren massiv verändern. Künftige Chefs, die sich deren Relevanz bewusst sind, sie
verstehen und berücksichtigen, werden zu den Gewinnern von Morgen gehören. Die
Chefsache-Reihe besteht aus Autoren- und Herausgeberwerken. Erfolgreiche Manager
bringen ihre Erfahrungen ein und bieten den Leserinnen und Lesern die Möglichkeit, sich
Fachwissen anzueignen und im eigenen beruflichen Kontext umzusetzen. Peter Buchenau
als Initiator der Chefsache-Serie lädt regelmäßig Führungskräfte aus unterschiedlichsten
Institutionen ein, ihre Expertise in der Buchreihe auf verständliche und anschauliche Weise
umsetzungsorientiert einzubringen. Die Fachbücher sind Werke von Profis für Profis, aus der
Praxis für die Praxis. Zur Zielgruppe zählen Führungskräfte der zweiten und dritten
Führungsebene in Konzernen, Unternehmer im klein- und mittelständischen Bereich sowie
Selbstständige.

Weitere Bände in der Reihe http://www.springer.com/series/16162

Peter Buchenau
Hrsg.

Chefsache Zukunft

Was Führungskräfte von morgen brauchen

 **Springer** Gabler

Hrsg.
Peter Buchenau
The Right Way GmbH
Oberterzen, Schweiz

Chefsache
ISBN 978-3-658-26559-5   ISBN 978-3-658-26560-1 (eBook)
https://doi.org/10.1007/978-3-658-26560-1

Die Deutsche Nationalbibliothek verzeichnet diese Publikation in der Deutschen Nationalbibliografie; detaillierte bibliografische Daten sind im Internet über http://dnb.d-nb.de

Springer Gabler

Springer Gabler ist ein Imprint der eingetragenen Gesellschaft Springer Fachmedien Wiesbaden GmbH und ist ein Teil von Springer Nature.
Die Anschrift der Gesellschaft ist: Abraham-Lincoln-Str. 46, 65189 Wiesbaden, Germany

Vorwort

Was Menschen über die Zukunft denken, ist höchst unterschiedlich. Wie Einzelne mit aktuellen Entwicklungen, die die Zukunft beeinflussen, umgehen, ist ebenso heterogen. Man kann sich freuen über neue Möglichkeiten und die daraus resultierenden Chancen. Man kann diese natürlich auch als Bedrohung sehen. Beides ist nicht unbegründet, sondern Teil unserer Realität.

Sorgen und Ängste hinsichtlich der Zukunft sowie Resistenzen bezüglich Veränderungen resultieren meistens aus Unsicherheit. Machen wir uns nichts vor: Die Welt ist, zumindest in Bezug auf die Vorhersehbarkeit, trotz immer besserer Prognosewerkzeuge unsicherer geworden. Paradox, nicht wahr? Wir Menschen sehnen uns immer mehr nach Handlungsleitlinien nach der Formel „wenn …, dann …" – welche es immer weniger gibt. Widersprüchlich, nicht wahr? Oft auch verunsichernd!

Persönlich glaube ich, dass man ein recht großes Maß an gefühlter Sicherheit für sich selbst generieren kann, in dem man sich mit Entwicklungen, Veränderungen und der Zukunft beschäftigt. Wenn man dies macht und zusieht, dass man „deutlich weiter vorne als hinten" dabei ist, wird man mit sehr hoher Wahrscheinlichkeit immer eine wirtschaftliche Daseinsberechtigung haben und seine Familie gut satt bekommen.

Mich fasziniert das Thema Zukunft aus mehreren Gründen:

1) Es gibt mir das Gefühl, die Dinge besser im Griff zu haben und mehr selbst gestalten zu können und somit weniger der Spielball der Interessen anderer zu sein.
2) Es gibt mir Informationen zu voraussichtlich lohnenswerten Richtungen, in Bezug auf zu entwickelnde Kompetenzen, Vorgehensweisen und Leistungen/Produkte. Im Klartext: Existenzsicherung auf relativ hohem Niveau.
3) Es bringt mich an eine angenehme Position: Mir gefällt die Position knapp hinter der Spitze ganz gut – in den Top 10 bis 20 Prozent. Ich sehe, was im vorderen Mittelfeld passiert und was ganz vorne passiert. Relativ weit vorne reicht mir in den meisten Situationen. Es gibt nur ganz wenige Bereiche, in denen ich die Erwartung an mich selbst habe, zu den vordersten 1 Prozent zu gehören. Ausgewählte Bereiche (Kernkompetenzbereiche) gehören hierzu.

Vielleicht geht es Ihnen ähnlich. Vielleicht haben Sie aber auch andere Motive, dieses Buch zu lesen.

Es ist eine Reise durch unterschiedliche Aspekte der nahen Zukunft. 2030 ist schon zum Zeitpunkt der Veröffentlichung nicht so weit weg wie es vielleicht erscheint. Dieses Buch beschäftigt sich mit der Zukunft, die an vielen Stellen schon längst begonnen hat. Für mich waren wertvolle Erkenntnisse, Informationen und manch ein neuer Blickwinkel dabei. Mir hat das Buch wiederum geholfen, die sprichwörtliche Säge zu meinen Kernkompetenzen (Vorträge und Seminare zu Zeitintelligenz und Zukunftsfähigkeit, Best Practice zu E-Learning und Blended-Learning mit meinem Trainingsinstitut) zu schärfen.

Wenn Sie besser verstehen wollen, was „da draußen in der Welt" los ist, hierauf besser vorbereitet sein wollen und ein bisschen weniger Unsicherheit erleben wollen, dann lesen Sie dieses Buch. Sie können einzelne Beiträge gezielt lesen oder komplett von vorne nach hinten durchgehen. Ich bin sicher, dass die Lektüre des Buchs auch Ihnen helfen wird, Ihre Säge zu schärfen – egal welche Baumstämme Sie persönlich in der Zukunft durchzusägen haben.

Berlin, im März 2019   Zach Davis

Geleitwort

Zukunft 2030 oder wie viel Mensch(heit) bleibt künftig übrig?
Smartphones, Pflege-, Putz- und Gartenroboter nutzen einige von uns bereits Tag für Tag.
Führerloses Autofahren oder gar Fliegen wird in Zukunft zur Realität. Die Produkte, mit
denen wir uns täglich beschäftigen, werden mehr und mehr autonom und menschlich. Wir
leben heute in einer Gesellschaft (5.0), in der Menschen und Maschinen weiter zusammenwachsen, miteinander intim werden. Genau dieses Zusammenwachsen mit den Maschinen, Robotern und Systemen, zwingt uns zukünftig über den Begriff Mensch und
Menschheit neu nachzudenken. Der Mensch der Zukunft wird sich verändern.

Smartphones sind wie eine Erweiterung unseres Gehirns. Autos werden zur Erweiterung unserer Füße und Bildschirme aller Art werden zur Erweiterung unserer Augen. Wir
identifizieren uns mit diesen Produkten. Diese werden immer häufiger ein Teil von uns.
Das Schlimme daran: Wir fühlen uns eingeschränkt in unserem Handeln, wenn diese Produkte mal nicht zur Verfügung stehen oder nicht einsatzbereit sind. Ganz schlimm ist es,
wenn aus irgendeinem Grund das Smartphone den Geist, deinen Geist, aufgibt. Wir fühlen
uns so, als ob uns ein Körperteil fehlt.

Hinter diesen angeblich „helfenden" Produkten und Services stehen ein paar sehr große
und mächtige Unternehmen, welche alle unsere Gewohnheiten und Befindlichkeiten auf-
zeichnen und riesige Mengen an Daten von uns sammeln. Alle diese Daten werden in digitaler Form in der Cloud gespeichert und bei Bedarf anderen Menschen und Unternehmen zur Verfügung gestellt. Doch wer ist die Cloud und wo ist diese? Wir folgen anderen
und werden verfolgt, so das Motto von Facebook oder Instagram und meist finden wir
überall Informationen, die wir suchten oder brauchen. Ab und zu hat es den Anschein, dass
unser Smartphone genau weiß, was gerade unsere geheimsten Wünsche sind. Aber was
sind die großen Interessen dieser übermächtigen Unternehmen und vor allem welchen
Vorteil erwarten sich diese Firmen von dem Wissen, wie wir leben und denken? Wie alle
Lebewesen haben auch Unternehmen den großen Wunsch zu überleben, sich weiterzuentwickeln und zu wachsen. Wirtschaftliches Wachstum ist eng verknüpft mit technologischer Entwicklung. Welche Auswirkungen hat das aber auf unsere autonome Selbstsän-
digkeit und somit Menschlichkeit?

Die Zukunft wird populär, gerade weil die neuen Technologien uns schnell und oft mystisch grundlegende Veränderungen in der Gesellschaft bringen werden. Aus der Vergangenheit lernten wir, dass die Entwicklung von Mensch und der Technik meist parallel verlief. Das ist aber heute vorbei. Betrachten wir das genauer, so gab es zwei Meilensteine in der Geschichte, wo die technische Entwicklung massive Auswirkungen auf den Menschen hatte und der Parallelität entwich. Die erste Entwicklung fand in der Mitte des 20. Jahrhunderts statt, als die Industrialisierung, Globalisierung und analoge und digitale Vernetzungstechnologien starteten. Die zweite grundlegende Veränderung findet heute statt. Schnellere Datenzugriffe, größere Massendatenspeicherung, Drohnen für den Hausgebrauch sowie tragbare und mobile neue zukunftsweisende technologische Überraschungen sind in Planung. Die zukünftigen Entwicklungen werden unsere Lebensgewohnheiten in den kommenden Jahrzehnten massiv verändern. Wir wissen heute nur noch nicht, was für Konsequenzen diese Veränderungen auf uns Menschen haben werden. Roboter und künstliche Intelligenz verändern unser Handeln und Denken bereits heute schon massiv und führen uns in eine neue Welt, die für viele Menschen von Angst begleitet sein wird.

Wir sollten uns folgende Fragen stellen: Werden wir Gefangene unserer eigenen Erfindungen, Systeme und Prozesse? Eventuell auch von Robotern? Werden Roboter alle unsere Jobs wegnehmen? Wird unser Planet vielleicht für Menschen unbewohnbar werden? Wird die Menschheit kollabieren? Ich bin davon überzeugt, dass wir Menschen uns mit der Utopie anfreunden müssen, dass wir in Zukunft eine Welt brauchen, in welcher die Menschheit und vor allem die Menschlichkeit geschützt werden. Vielleicht werden aber auch unsere Träume von einer schönen heilen Welt wahr, wo wir zum Beispiel wie Vögel fliegen können. Vielleicht können wir in Zukunft auch in fremde Galaxien reisen und vielleicht leben wir in Zukunft für immer? Doch wie wird die neue Menschheit 5.0 wirklich aussehen? Wie wird Menschlichkeit künftig beschrieben sein und gelebt werden?

Mögliche Antworten auf mögliche Entwicklungen versuchen in diesem Buch 31 Experten zu geben. Sicher, es ist teilweise ein Blick in die Glaskugel aber Tendenzen sind heute bereits erkennbar. Dieses Buch soll Sie, liebe Leser, inspirieren nachzudenken, zu überlegen was morgen sein kann. Die Autoren in diesem Buch deuten Tendenzen auf technischer, wissenschaftlicher, biologischer und humaner Ebene.

Wir wissen mit Sicherheit heute noch nicht, was morgen in der Zukunft sein wird. Wir wissen nur eines. Wir Menschen sind permanent in Bewegung. Wir leben in einer ständigen Veränderung und diese hört niemals auf. Viel Spaß beim inspiriert werden.

Waldbrunn, im März 2019   Peter Buchenau

Inhaltsverzeichnis

Führen agile Strukturen zu Chaos oder Produktivitätssteigerungen?

Karin Bacher

Inhaltsverzeichnis

K. Bacher (✉)
KB Consulting & Coaching e. K, Pforzheim, Deutschland
E-Mail: kb@karinbacher-consultants.de

© Springer Fachmedien Wiesbaden GmbH, ein Teil von Springer Nature 2019
P. Buchenau (Hrsg.), *Chefsache Zukunft*, Chefsache,
https://doi.org/10.1007/978-3-658-26560-1_1

Zusammenfassung

Die Frage, ob Unternehmen agiler werden sollen, stellt sich nicht. Sondern allein das Wann und Wie sie dies bewerkstelligen. Agilität ist die Antwort auf die Dynamik der heutigen globalisierten Wirtschaftswelt und auf disruptive Veränderungen (Disruptive Veränderungen: Innovationen, die bisher erfolgreiche Technologien [Produkte, Dienstleistungen] ersetzen oder diese vollständig verdrängen). Die Geschwindigkeit, in der heute ein Wandel durch interne und externe Einflüsse stattfindet, wird nicht nachlassen. Darauf brauchen Organisationen eine Antwort: Schnell, flexibel und wendig zu sein, auf Änderungen individuell, gut und professionell zu reagieren sowie das erstrebte Gesamtziel dabei im Fokus zu behalten und schnell Entscheidungen zu fällen – agil zu sein eben. Manche Firmenchefs halten Agilität für einen Hype und warten ab. Oder sie beginnen halbherzig und dann entsteht Chaos. Denn wie bei jeder grundlegenden Änderung von Vorgehensweisen und dem Aufheben bewährter Standards, gilt auch für die Agilität, je professioneller und konsequenter sie verfolgt wird, desto größer der Erfolg. Agilität ist eine sich entwickelnde Kompetenz, die von den Menschen und den Prozessen geleistet wird. Ein Wesensmerkmal einer agilen Organisation ist das permanente Sich-Hinterfragen und Optimieren.

Das Management ist für diese kulturellen und strukturellen Veränderungen nicht nur der Treiber, sondern auch Vorbild. Allen muss klar sein, dass die Agilität einen Wandel bedeutet, der nicht nur das Projektmanagement betrifft, sondern die Kultur, Führung und Arbeitsweise im Betrieb und an den externen Schnittstellen nachhaltig verändert.

1.1   Was bedeutet Agilität und woher kommt sie?

Agilität beschreibt die Anpassungsfähigkeit eines Unternehmens an sich verändernde Rahmenbedingungen, Marktentwicklungen und Umwelteinflüssen. Dies bedeutet, dass die organisatorischen und hierarchischen Strukturen, die Kultur des betrieblichen Miteinanders, Produkte und Dienstleistungen entsprechend angepasst werden. Und zwar ständig.

Mit der Digitalisierung, also der technischen Veränderung in der Datenaufnahme, der Vernetzung und Datenauswertung, entstanden neue Organisationsformen. Zunächst in IT-Abteilungen, speziell hier die Softwareentwicklung, die lernen mussten, flexibler und reaktionsfreudiger zu werden, z. B: nicht bis in die letzten Tiefen des Binärcodes zu tauchen, sondern bewusst mit Beta-Versionen an den Kunden zu treten. Die finale Version der Software wird dann im Prozess zu Ende programmiert – sehr individuell und den jeweiligen Bedürfnissen des Kunden angepasst.

Die zunehmenden Datenmassen und die damit notwendige sinnvolle Verarbeitung erfordert ein hohes Maß an Kreativität und Lösungskompetenz. Die Vernetzung von Informationen im gesamten betrieblichen Wertschöpfungsprozess, die neuen Möglichkeiten, die Virtual oder Mixed Reality bieten (Vernetzung der virtuell-digitalen und physischen Welt), brauchen Freigeister, die über Grenzen hinausdenken. Es braucht aber auch

Strukturen, die auf Vernetzung ausgerichtet sind. Denn Agilität bedeutet, nicht in Bereichsgrenzen zu denken, sondern mit interdisziplinären Teams herausragende Produkte oder Dienstleistungen zu entwickeln.

Seit einigen Jahren werden deshalb Unternehmen oder Teile von Unternehmen in agile Organisationen umgewandelt. Fast jede Firma, die was auf sich hält und die für nachwachsende Generationen attraktiv als Arbeitgeber sein will, stellt Führung und Projektmanagement um.

Schließlich will jeder auf seine Fahnen schreiben, flexibel, individuell, wendig, kundenorientiert und reaktionsfreudig zu sein. In einem Interview mit der Wirtschaftsredakteurin Elisabeth Sennhenn im *Oberbayrischen Volksblatt* erzählt Scrum Master und Agile Coach Dr. Markus Blaschka (2018): „Oft höre ich in Firmen ‚wir waren ja schon immer agil'. Auf Nachfragen erfahre ich dann aber, dass damit eher ein chaotisches Reagieren auf Veränderungen und neue Projekte gemeint ist. Das ist genau das Gegenteil von agilem ‚Projektmanagement'. Scrum Master oder Agile Coaches sind Rollen in der agilen Organisation. Sie unterstützen die Teams in der Methodik des agilen Projektmanagements, z. B. Kanban oder Scrum."

Hoch sind die Erwartungen, Enttäuschungen sind vorprogrammiert. Es fehlt häufig am notwendigen Veränderungsmanagement, dem klaren Bekenntnis zu einer Feedback- und Fehlerkultur und der Geduld der Firmenleitung. „Durch die Einführung der Agilität versprachen wir uns, ein schnelles und wendiges Motorboot zu werden. Im Moment fühlt es sich eher an, als säßen wir auf einem Frachter", so ein Firmenchef im Beratungsgespräch. Was sind die Gründe?

Was für junge Menschen heute beinah selbstverständlich ist, bringt gestandene Führungspersönlichkeiten in eine Sinnkrise. Agilität ist eine Haltung, die eine gewisse menschliche Reife und Veränderungsbereitschaft voraussetzt. Die Rolle des Vorgesetzten ändert sich komplett. Neue Verhaltensweisen und Kommunikationsmuster müssen erlernt werden. Mit bisherigen Führungsmodellen wird gebrochen, plötzlich darf das Team entscheiden. Chef – quo vadis?

Die Verunsicherung findet sich nicht allein in den Chefetagen. Mitarbeiter, die jahrelang keine Entscheidungen treffen durften, sollen dies nun tun. Der gepflegte Abstand (manchmal bis zu bewusst forcierten Feindschaften zwischen Abteilungen) zu anderen Bereichen soll jetzt zugunsten des Netzwerkens und Kooperierens wegfallen. Manche Arbeitnehmer lehnen die Übernahme von Verantwortung schlicht ab, fühlen sich wohl in der Befehlsempfängerrolle, die dem ein oder anderen bequem geworden ist. Und es fällt ihnen auch schwer auf die Kollegen aktiv zuzugehen, um gemeinsam eine Lösung zu erarbeiten. Das Auflösen von kleinen Fürstentümern, der Machtverlust und das verlorene Feindbild sind nicht zu unterschätzen.

Firmenleiter sollten sich deshalb darüber im Klaren sein, dass die Agilität einen Wandel bedeutet, der nicht nur das Projektmanagement betrifft, sondern die Kultur, Führung und Arbeitsweise im Betrieb nachhaltig verändert. Dies bedeutet, der Veränderung muss Raum und Zeit eingeräumt werden. Die Geschwindigkeit, für die Agilität auch steht, kommt dann, wenn die Menschen es zulassen. Und das muss professionell begleitet und vorgelebt werden.

Im besten Fall ist Agilität die Chance, die Gesamtorganisation auf absolute Kundenorientierung auszurichten. Aber auch hier gilt – das Ziel muss von oben klar definiert, verständlich kommuniziert und vorgelebt werden. Dazu gehört Mut, Vertrauen in die Angestellten und das Loslassen alter Gewohnheiten. Dann wird aus Chaos eine attraktive Organisation mit motivierten Mitarbeitern und mehr Produktivität.

Apropos Wandel: Viele halten die Agilität noch für einen Trend. In Wirklichkeit ist sie eine Notwendigkeit, die in den nächsten Jahren in der Gesellschaft und in der Wirtschaft an Bedeutung gewinnen wird.

1.2 Ziele von agilen Strukturen

Eines der am häufigsten genannten Ziele von Organisationen, die den agilen Wandel starten ist größere Effektivität: kürzere Produktentwicklungszyklen, bessere Qualität von Produkt und Dienstleistung und geringere Prozess- und Projektkosten.

Bei disruptiv bedrohten Branchen ist es oft ein Ziel, die Innovationsfähigkeit- und -geschwindigkeit zu steigern.

Ein drittes Ziel ist die Humanisierung der Arbeitswelt, die sich in Beteiligung der Mitarbeiter an Entscheidungen und Menschlichkeit in Bezug auf Umgang und Arbeitsbedingungen widerspiegelt. Dies gelingt beispielsweise durch eine bessere Zusammenarbeit zwischen Bereichen und Abteilungen sowie dem Ansatz von New Work. Der Trendbegriff umschreibt das selbstbestimmte und selbstverantwortliche Arbeiten von Mitarbeitern und die dafür notwendigen Rahmenbedingungen. New Work ist gerade für die Arbeitgeberattraktivität im Zeitalter von fehlenden Fachkräften ein wichtiges Thema.

Die intrinsische Motivation der Mitarbeiter zu fördern, gelingt durch agile Strukturen sehr gut. Durch interdisziplinäre und teilweise räumlich getrennte Teams, die am selben Thema arbeiten, entsteht ein neues Miteinander. Grenzen werden aufgelöst, das Verständnis füreinander und für die Geschäftsprozesse steigt. Dies führt zwangsläufig zu besseren Arbeitssituationen und Arbeitsergebnissen. Wobei die Motivation der Mitarbeiter und die kulturelle Reife einer Organisation auch gleichzeitig eine Prämisse für die Einführung von Agilität darstellt.

Oft sind alle drei Ziele bei der Organisationsänderung im Fokus: Effektivität, Innovationskraft und Arbeitgeberattraktivität. Daraus entstehen nachfolgende Unterziele.

1.2.1 Kunden- und Marktorientierung

Ganz vorn bei den Unterzielen zur Einführung agiler Strukturen steht die Kundenorientierung – oder seit einigen Jahren en vogue: Kundenzentrierung. Vereinfacht erklärt: Sämtliche Prozesse im Unternehmen werden auf die Bedürfnisse der Kunden optimiert. Die Wünsche und Anforderungen der Kunden sollen schneller, kompetenter und flexibler bearbeitet werden. Die Organisation richtet sich in Richtung Kunde und den Märkten aus.

Ein weiteres Ziel ist es, schnell und kompetent auf Marktveränderungen zu reagieren. Deswegen macht es Sinn, wirksames, situatives Fällen von Entscheidungen, also die Entscheidungsautorität, so unmittelbar wie möglich bei den Mitarbeitern mit der größten fachlichen Kompetenz anzusiedeln und konsistente und nachvollziehbare Geschäftsprozesse zur Leistungserbringung des Unternehmens zu erstellen, die von den Mitarbeitern situativ und unmittelbar angepasst werden können, ohne sie komplett infrage zu stellen.

1.2.2   Schwarmintelligenz nutzen

Die beste Entscheidung zu treffen für den Kunden – aber auch für das Erreichen der eigenen betrieblichen Ziele – ist erstrebenswert. Wichtige Voraussetzung dabei ist, dass die Rahmenbedingungen klar sind – sowohl zeitlich, themenbezogen und zielorientiert. Auch klar sollte sein, dass agile Führung nicht gleichbedeutend mit Demokratie ist. Die Führung hat die Aufgabe, eine Entscheidung herbeizuführen oder selbst zu treffen und dabei die Intelligenz des Teams zu nutzen, komplexe Aufgabenstellungen ergebnisorientiert zu lösen. Agile Führung bedeutet nicht, immer auf die Mehrheitsentscheidung des Teams zu hören. Manchmal kann eine Minderheitenmeinung der Gruppe die bessere Entscheidung sein. Dann muss die Führung diese herbeiführen.

1.2.3   Chaos vermeiden

Dieses Ziel ist ein klares Vermeidungsziel. In konventionell geführten Unternehmen bezieht sich Führung lediglich auf Anweisungen und Anleitung. Hier ist die Klarheit des Ziels nicht ganz so notwendig. Hauptsache, es folgen die richtigen, klaren Ansagen. Sobald jedoch die Verantwortung für das Produkt oder die Dienstleistung in die Hände der Teams abgegeben wird, bricht ohne eine sehr deutliche und glasklar vermittelte Zielvorstellung das Chaos aus. Um dies zu vermeiden, müssen alle Führungskräfte bestens informiert, rechtzeitig auch bei Änderungen einbezogen sein und diese Informationen entsprechend verständlich und nachvollziehbar aufbereitet dann an die Mitarbeiter weitergeben.

1.3   Wie Agilität im Unternehmen gestalten?

Zunächst die schlechte Nachricht: Es gibt für die Einführung von agilen Strukturen keinen Königsweg. Die gute Nachricht: Wenn die grundsätzlichen kulturellen Voraussetzungen geschaffen und bestimmte Regeln eingehalten werden, spricht viel für eine Produktivitätssteigerung durch Agilität. Was aber sind kulturelle Voraussetzungen? Eine gelebte Vision z. B., klare Ziele, gute Kommunikation, verantwortungsvolle, wertebasierte Führung usw.

Wie bei jedem strategischen Veränderungsprozess in einer Organisation, ist es ratsam, dass die Unternehmensleitung entscheidet, welcher Bereich im ersten Schritt agil werden soll. Es gibt in jedem Unternehmen Bereiche, die sich besser eignen, weil die Grundvoraussetzungen wie geeignete Führungskräfte, Verantwortlichkeitsgefühl der Mitarbeiter, Veränderungswille usw. schon vorhanden sind.

Vor allem gilt auch wie für jede andere Veränderung:

Den Menschen in dem jeweiligen Bereich und an den Schnittstellen muss man genug Zeit einräumen, mit den agilen Strukturen zu üben. Dies ist übrigens auch ein Grundsatz in der Agilität – testen und weiterentwickeln.

1.3.1 Agilität braucht Profis

Wenn ein Bereich anfängt, mit agilen Methoden zu arbeiten, wie Kanban[1] oder Scrum,[2] ist es absolute Bedingung, sich professionelle Unterstützung zu holen. Moderatoren aus der alten Struktur sind hier fehl am Platz.

Je nach genereller Kultur und Mitarbeiterstruktur sowie dem Reifegrad in Sachen Flexibilität im Unternehmen ist es erforderlich, sich für einige Monate oder länger Zeit gut ausgebildete und erfahrene Scrum Master und Agile Coaches ins Haus zu holen und von diesen zu lernen. In großen Organisationen ist es durchaus üblich, Srum Master[3] und Agile Coaches[4] fest anzustellen, da sich immer wieder neue Projektteams bilden.

Die Master oder Coaches kümmern sich dann meist um mehrere Teams und achten auf die Einhaltung der agilen Prinzipien. Wobei die Methodenkompetenz allein nicht ausreichend ist. Darüber hinaus sorgen sie für die notwendige Kommunikation und achten darauf, situativ Methoden oder Regeln dem Unternehmen anzupassen oder für den Bereich oder das Team wegzulassen und andere Wege zu gehen.

Wichtig ist eine Begleitung der agilen Organisation durch entsprechende Kompetenz: Methoden, Werkzeuge und Kenntnisse über Teamdynamiken, Umgang mit permanenten Feedbackschleifen, kulturelle Veränderungen – diese Kenntnisse müssen erst bei allen Beteiligten aufgebaut werden.

---

[1] Kanban: Ursprünglich eine Methode aus der Produktionsprozesssteuerung. In diesem Zusammenhang ist es eine agile Projektmanagementmethode, die Probleme bzw. Engpässe schnell sichtbar macht und parallele Arbeiten verringert.

[2] Scrum: Agile Projektmanagementmethode, kommt aus der Softwareentwicklung. Zeichnet sich durch wenige Regeln aus und hat das Ziel, interdisziplinäre Teams sich selbst organisieren bzw. selbstständig arbeiten zu lassen.

[3] Scrum Master: Agiler Projektmanager der als Moderator und Vermittler fungiert, sorgt dafür, dass Arbeits- und Entwicklungsprozesse laufen.

[4] Agile Coach: Unterstützt Organisationen dabei, anpassungsfähig und selbstlernend zu werden; gibt keine Lösung vor, sondern bringt das Team dazu, Lösungen zu erarbeiten.

1.3.2 Agilität braucht Entwicklung

Agil zu sein bedeutet, eine Idee im kleinen Rahmen auszuprobieren. Das Ergebnis wird überprüft und – je nachdem – die Vorgehensweise angepasst, um dann die Aufgabe zu wiederholen und weiter zu entwickeln.

Will man eine Organisation langsam an Agilität heranführen, ist es deshalb sinnvoll, mit einzelnen Projektteams anzufangen oder mit ausgesuchten Projekten. Wer jedoch glaubt, eine Iterationsschleife reicht bei der Agilität, täuscht sich. Immer wieder gilt es, Schritt für Schritt vorzugehen und auch bedingt durch Feedbacks, die Schritte zu hinterfragen und neu zu gehen. Feedback in Form von Retrospektiven ist zutiefst agil.

Die generelle Organisationsänderung gelingt also nicht am Stück, sondern nach und nach. Pro Bereich, Team oder Projekt wird die Agilität dann wiederholt in mehreren Schleifen eingeführt.

1.3.3 Fazit

Zur Einführung von agilen Strukturen braucht es Profis wie Scrum Master und Agile Coaches, Zeit um mit Methoden und der neuen Situation zu üben, sowie die Bereitschaft des Managements, Versuche als Chance zum Besserwerden zu sehen und eine schrittweise Einführung der neuen Struktur zu erlauben.

1.4 Voraussetzungen für die Einführung von agilen Strukturen

Letztendlich gibt die strategische Ausrichtung des Unternehmens die Organisationsform vor, z. B. wie sich die Firma und die unterschiedlichen Leistungsangebote generell entwickeln können, auf welcher Reifestufe die diversen Bereiche sind und wie diese auf ein höheres Niveau gebracht werden können.

In der sich schnell und unvorhersehbar verändernden globalen Wirtschaftspolitik gilt es wendiger zu werden und dabei professionell zu reagieren. Der Erfolg disruptiver Technologien, also der Innovationen, die bisher erfolgreiche Technologien in Bezug auf Produkte und Dienstleistungen ersetzen oder vollständig vom Markt verdrängen, macht zudem ein Umdenken notwendig. Ein gutes Beispiel sind Plattformlösungen, die bisherige Geschäftsmodelle komplett neu denken, wie Uber (Taxifahrten ohne Taxi) oder Airbnb (Übernachtung ohne Hotelzimmer). Die alles entscheidende Frage, die sich Geschäftsleiter in der heutigen Zeit stellen sollten ist: Werden wir in fünf Jahren mit dem heutigen Geschäftsmodell, mit aktuellen Produkten oder Dienstleistungen noch unser Geld verdienen?

Große Unternehmen wie Bosch oder Daimler positionieren sich deshalb heute bereits neu mit Mobilitätslösungen. Der Automobilzulieferer Bosch, bekannt durch seine Zündkerze, bietet zum Beispiel mit „Coup" ein E-Scooter-Sharing an. Die Elektroroller-

Sharing-Plattform ist eine 100 %ige Boschtochter. Damit wird das Traditionsunternehmen einer der Player im Thema Mobilität der Zukunft. Die E-Roller sind in Großstädten wie Berlin eine gute Alternative zum Auto.

Mit gleich zwei Ideen zeigt der Daimler-Konzern, wie er in Zukunft das Thema Mobilität sieht. Moovel ist eine Applikation, die diverse Mobilitätsangebote verschiedener Anbieter hinsichtlich Fahrpreis und Fahrdauer von einem zum nächsten Ort in Städten prüft und die optimalste Verbindung anbietet. Diese App ist mittlerweile in Kooperation mit dem Mitbewerber BMW Group am Start. Die Automobilbauer wollen ihre Kräfte bündeln, um ihren Kunden Services rund um das Thema urbaner Mobilität zu bieten.

Mit Car2go etablierte Mercedes zunächst eine Plattform, die via App den Kleinwagen Smart in Städten im Angebot hatte. Heute kann man sich über die Carsharing-Plattform auch AMG Mercedes reservieren – ein Angebot, das von den Kunden getrieben war.

Automobilzulieferer und Autobauer also als Plattformanbieter. Die genannten Unternehmen sind Ausgründungen der Konzerne, die mit dem Kerngeschäft nichts zu tun haben. Sie sind agil organisiert. Das Mindset eines Start-ups ist nun mal ein anderes als das eines Konzerns: Schnellboot vs. Ozeanriese – und damit sehr attraktiv für Menschen, die etwas bewegen möchten.

Unternehmen brauchen für die Agilität eine neue (Führungs-)Kultur. Die klassische Hierarchie der Konzerne, mit starren Organigrammen und langen Entscheidungswegen, verhindert flexible, kundenorientierte Entscheidungen und Anpassungsdynamik. Abgesehen davon wird sie von den neuen Generationen kaum akzeptiert. Für agile Strukturen ist es eine Prämisse, die Verantwortung dorthin zu verlagern, wo die Expertise ist, nämlich bei den Mitarbeitern.

Eine agile Struktur sieht vor, dass interdisziplinäre und sich selbst organisierende Teams von Führungskräften lediglich unterstützt werden. Die Rollen und Aufgaben der Vorgesetzten können sein: Coach, Mentor, Enabler, Rahmenbedingungen schaffen usw.

Welche weiteren Prämissen nötig sind, beschreiben die nachfolgenden Unterkapitel.

1.4.1 Neue Rolle Personalabteilung

Die Personalabteilung spielt in der agilen Struktur eine zentrale Rolle. Auch, weil sie das Thema Personal- und Führungskräfteentwicklung neu denken muss. Weg vom Gießkannenprinzip mithilfe von Katalogen für fachliche und persönliche Weiterentwicklung hin zur individuellen Entwicklung mithilfe von Modulen, Bausteinen und Einzelmaßnahmen passend zur jeweiligen Person und deren Entwicklungsstufe.

Letztendlich gilt es auch für Rekruiter,[5] eine andere Haltung einzunehmen. Gute Voraussetzungen in agilen Strukturen gut zu performen,[6] haben Menschen mit einem nicht linearen Lebenslauf: Unterschiedliche Branchenerfahrungen, diverse Stationen und Auf-

---

[5] Rekruiter: Personalbeschaffer.
[6] Performen: einen Wert liefern.

gaben, Unterbrechungen durch Auslandsaufenthalte, sozialem Jahr usw. Es finden sich viele Nonkonformisten, Studienabbrecher und Quereinsteiger darunter. Früher fielen diese Personen durchs Raster vieler Betriebe und bekamen keine Chance für ein Gespräch oder eine Einstellung. Heute zählt die Persönlichkeit, die Bereitschaft, die fachlichen und persönlichen Kompetenzen ständig zu entwickeln u. a. als Auswahlkriterium. Nicht umsonst gilt: Die Digitalisierung führt die Menschen zu lebenslangem Lernen.

Neue Generationen erwarten von ihren Betrieben bereits in der Ausbildung oder einem dualen Studium, richtige Aufgaben zu lösen, statt am Kopierer oder der Kaffeemaschine zu stehen. Hier gilt es Ausbilder, Ausbildungsbeauftragte und die Fachabteilungen vorzubereiten. Denn sonst sind die jungen Leute weg, weil sie keinen Sinn in ihrem Tun erkennen. Ähnliches gilt für Wissensarbeiter. Diese wollen in spannenden Projekten arbeiten, Dinge voranbringen, mit tollen Projekten glänzen. Hier brauchen Personaler eine Antwort. Eine Lösung sind sog. betriebsinterne Talent Clouds, auf denen Abteilungen und Experten oder Azubis zueinander finden. Abteilungen mit Bedarf an Fachwissen oder die den eigenen Nachwuchs aufziehen wollen, finden dort die passenden Talente. Und umgekehrt stellen Abteilungen oder Projektteams spannende Aufgaben ins Netz. Der Vorteil ist enorm. Statt als Mitarbeiter zu kündigen, um sich weiterzuentwickeln oder gute Fachleute gehen zu lassen, weil aktuell die Kompetenzen nicht gebraucht werden, finden in der Cloud beide zusammen. Das Unternehmen IBM macht mit einer solchen Cloud gute Erfahrungen. Je agiler die Struktur desto unwichtiger wird die Abteilungszugehörigkeit, desto wichtiger die interdisziplinare Kompetenz im Projektteam.

Eine andere Herausforderung für Personaler ist, gemeinsam mit der Führung für ein radikales Umdenken zu sorgen. Die Marke adidas etablierte beispielsweise dazu zwei Bausteine: Erstens die Struktur- und Einstellungsänderung, d. h.durch geeignete Maßnahmen die Haltung der Führungskräfte und Mitarbeiter zu beeinflussen. Zweitens unterstützt sie die Einführung flexibler Strukturen zur Umsetzung der kundenorientierten Geschäftsmodelle. Dazu gehört, die Organisation zu befähigen, agil miteinander und in Richtung Schnittstelle Kunde zu agieren.

Methodenkompetenz zum Thema agiler Methoden ist dabei nur ein Baustein. Diese sollte unbedingt durch entsprechend ausgebildete Scrum Master und Agile Coaches vermittelt und unterstützt werden. Die schwierigere Aufgabe ist, das agile Mindset[7] zu etablieren. Hier sollten Maßnahmen hilfreich sein, die Schlüsselkompetenzen fördern, wie Kommunikationsfähigkeit, Kritikfähigkeit, Feedback, Selbst- und Fremdreflexion.

Dies bedeutet, die Rolle ändert sich vom Anbieter von Personalprodukten hin zum Partner für Führungskräfte, zum Impulsgeber und letztendlich als Treiber für ein agiles Mindset im Unternehmen. Der Personaler also als Unterstützer und Enabler – die treibende Kraft, die Dinge ermöglicht.

Ein Imagewandel, der auch im Personalbereich eine andere Haltung und starke Persönlichkeiten bedingt. Denn, um ihrer neuen Rolle gerecht zu werden, ist Vertrauen aus der

---

[7] Mindset: Denkweise.

Belegschaft und den Führungskräften nötig. Wenn diese gegeben ist, kommt es auch zum gegenseitigen Wertschätzen, weil der Begriff Personal nun für Unterstützung und Partnerschaft steht.

Denkt man weiter in diese Richtung, wird schnell klar, dass Kompetenzen aus dem Personalmanagement, der Personalentwicklung aber auch der Organisationsentwicklung als Einheit gesehen werden müssen.

Es gibt einige Praxisbeispiele von Betrieben, die Personal und Organisationsentwicklung in einem Bereich bündeln. Denn wenn der Bereich Personal als Partner gesehen wird, der dabei unterstützt, Führungskräfte, Mitarbeiter und Mitarbeitergruppen zu befähigen, ihre Probleme selbst zu identifizieren, analysieren sowie eigene Lösungen zu erarbeiten, entsteht eine Gesamtorganisation mit eigenen Lern- und Entwicklungsbedürfnissen. Soziale Prozesse haben hierbei einen hohen Stellenwert.

Organisationsentwicklung impliziert Lernprozesse mit dem Ziel, die Einstellung und das Verhalten von Einzelnen und von Gruppen zu ändern. Die Aufgabe besteht darin, Strukturen, Prozesse, Technologien neu zu denken, um Kooperationen und Arbeitsgruppen effizienter zu gestalten. Die individuelle und gruppenorientierte Entwicklung mündet in einer ständig lernenden Organisation. Willkommen in der Agilität!

1.4.2   Kommunikation und Feedback

Schnell entstehen bei organisatorischen Entwicklungen Unsicherheiten bis hin zu Ängsten und Dilemmata. Die Ambiguität[8] mancher Zielvorgaben schürt zusätzlich die Verunsicherung. Ursache sind oft auch Rollen- und Wertekonflikte. Eine strukturierte und professionell funktionierende interne Kommunikation verhindert viele Missverständnisse und gibt den Menschen im Betrieb das Gefühl, gut informiert und abgeholt zu sein. Externe Hilfe kann hier ein guter Weg sein, um die üblichen Fehler in der Kommunikation zu vermeiden.

In der heutigen Zeit, in der Arbeitnehmer auf der ganzen Welt zerstreut sind, sind online-basierte Kommunikationsformen unabdingbar. Es gibt gute Beispiele von virtuellem Projektmanagement (PM) Das bedeutet, unabhängig wo die Projektteilnehmer arbeiten, jeder braucht lediglich einen Internetzugang, um an den regelmäßigen Besprechungen teilzunehmen. Klingt einfach, doch insbesondere in großen Betrieben mit vielen Standorten ist Projektmanagement auf diese Weise herausfordernd. Es ist für die Projektteilnehmer viel einfacher und teilweise angenehmer mit dem Kollegen von nebenan persönlich zu kommunizieren statt am Bildschirm. Dies muss erst gelernt werden.

Auch Steuerungskreissitzungen am Bildschirm sind für alle Beteiligten zunächst anstrengend. Jedoch erfordert diese Art des PM auch mehr Disziplin, nämlich sich gut auf die Meetings vorzubereiten und andere aussprechen zu lassen. Im Vorfeld bedeutet dies, alle Beteiligten davon zu überzeugen, dieses Kommunikationsinstrument im PM zu

---

[8]Ambiguität: Mehr-, Doppeldeutigkeit.

Abb. 1.1 Projektaustausch, KBConsultants

etablieren. Der Vorteil ist eine Dynamik, die für Agilität unbedingt erforderlich ist. Gelegentliche Treffen sind dennoch erforderlich, um zwischenmenschliche Beziehungen zu vertiefen, aber in weniger hoher Frequenz (siehe Abb. 1.1).

Dr. Tobias Müller, der die Einführung von agilem Projektmanagement bei Heraeus mitgestaltet hat, erzählt auf der Tagung für Familienunternehmen am 19. Oktober 2018 in Pforzheim: „Ein wesentlicher Grund für die Verbesserung bestand darin, den in fast allen Unternehmen anzutreffenden Plauderton à la ‚Hast Du schon gehört und weißt Du nicht …‘ auf eine themenbezogene Kommunikation umzustellen. Ähnlich wie bei einem Kanban-System: ein Thema, eine Karte. War ein Projektteilnehmer drei Tage nicht da, konnte er alle Informationen und den Austausch zu den Themen wie in einem Blog nachvollziehen."

Ein Kommunikationskonzept vor der Einführung der Agilität zu planen, ist eine gute Idee. So können von vornherein Vorbehalte, Verunsicherungen, Fehlinformationen und typische Eigendynamiken, wie man sie aus Veränderungsprozessen kennt, vermieden werden. Denn Sorgen und Ängste sollten ernst genommen werden, beispielsweise, dass der Arbeitsplatz durch Software ersetzt wird.

Inhalte und Aufgaben eines internen Kommunikationskonzepts:

- Ziele und Zielgruppen definieren
- Wer kommuniziert was, wann an wen und in welcher Tiefe?
- Wer begleitet kommunikativ die agile Neuordnung in Persona (z. B. Agile Coaches), ist also Ansprechpartner für Fragen zur Methodik, Umgang mit Themen/mit einander
- Festlegen und Etablieren von Kommunikationsinstrumenten und damit Verbreitung unterschiedlichster Themenarten

Abb. 1.2 New Work – Beispiel Projektbesprechungsraum, KBConsultants

Apropos Raum: Google und andere fortschrittliche Arbeitgeber erlauben an bestimmten Wochentagen, meist freitags, den Mitarbeitern sich in speziell ausgestatteten Kreativräumen allein oder mit Gleichgesinnten zu treffen. Nicht arbeiten – zumindest nicht an der persönlichen Aufgabe – sondern Ideen entwickeln, an anderen Projekten teilhaben, Out-of-the-box-Denken usw. Gut ausgebildete Mitarbeiter fordern interessante Projekte oder Aufgaben ein. Sie wollen nicht darauf warten, bis ihnen eine interessante Gelegenheit präsentiert wird. Entweder sie entdecken im Austausch mit anderen etwas Spannendes oder sie lassen sich von Abteilungen als Experten zu bestimmten Themen buchen (Abb. 1.2).

1.4.5 Vorbildfunktion des Managements

Klare und deutlich kommunizierte Ziele sind Grundvoraussetzungen. Schlanke und transparente Prozesse, Verhaltensnormen, Führungsleitsätze und das Thema Compliance sind nicht nur klar definiert. Diese Rahmenbedingungen für selbstverantwortliches Handeln und sich selbst organisierende Teams müssen selbstverständlich top-down vorgelebt werden.

1.4.6 Werte leben

Zu einer agilen Kultur gehört ein neues Wertesystem, das die Haltung aller in der Organisation unterstützt. Agile Organisationen und die damit verbundene Eigenverantwortung und Selbstorganisation brauchen ein hohes Maß an Vertrauen. Nicht nur von und zu den Führungskräften und dem Management, sondern auch untereinander. Lernbereitschaft, Verbindlichkeit, Respekt und Anerkennung komplettieren den Wertereigen. Führungskräfte und Mitarbeiter sollten dann auch das Prinzip Augenhöhe verstehen. Einem partnerschaftlichen Führungsstil steht dann nichts mehr im Weg.

1.4.7   Fazit

Zu einem agilen Umfeld, das flexibel, transparent, eigenverantwortlich und sich selbst ständig hinterfragend ist, passt eine Kombination aus den Kompetenzen der Personalabteilung und der Organisationsentwicklung perfekt. Es spricht viel für eine Organisationseinheit, die diese beiden Themen bündelt. Eine wichtige Schnittstelle dabei ist die IT-Abteilung, die die Prozesse systemseitig abbilden kann. Daneben spielt es eine große Rolle, wie gut die neue Kultur eingeführt, verankert und vom Management vorgelebt wird.

1.5   Wie funktioniert Führung im agilen Umfeld?

Hierarchie ist so eine Sache. In menschlichen Organisationen ist sie unvermeidbar. Fällt die formelle Hierarchie weg, wird sie zwangsläufig durch eine informelle ersetzt. Meist mit Machtstrukturen, die sich v. a. durch Manipulation, Egoismen, Selbstvermarktung, Seilschaften und Mobbing zu erkennen geben. Deswegen muss es auch in agilen Strukturen klare Verhältnisse geben.

Noch viel mehr als zur Zeit der hierarchischen Strukturen sind Führungskräfte aufgerufen, dafür zu sorgen, dass die Mitarbeiter den Sinn ihrer Arbeit verstehen, und regelmäßiges Feedback zu geben. Tun sie dies, ist das Engagement und die Verbundenheit mit dem Unternehmen deutlich höher als wenn nicht. Dies bestätigt auch die jährliche Erhebung des Gallup Instituts. Nach dem Gallup Engagement Index 2018 (Gallup Institut 2018)[10]fühlt sich jeder siebte Arbeitnehmer emotional nicht an seinen Arbeitgeber gebunden. Die Studie untersucht den Grad der Mitarbeiterbindung auch in Zusammenhang mit dem Maß an Agilität, die ein Betrieb aufweist. Mehr als die Hälfte der Befragten (56 %) nehmen ihren Arbeitgeber als nicht agil wahr, ein Drittel (34 %) hält ihn für teilweise agil und 10 % für nicht agil. Von den Studienteilnehmern, die ihren Arbeitgeber als agil empfinden, haben 43 % eine starke Bindung. Bei denen, die das Unternehmen teilweise für agil halten, sind es noch 22 % und bei Mitarbeitern, die ihre Firma als nicht agil betrachten, nur

---

[10]Gallup Engagement Index. Jährliche Umfrage des Gallup Instituts bei 1000 Mitarbeitern; u. a. wird erhoben, wie engagiert und verbunden sich Mitarbeiter mit ihren Unternehmen fühlen.

6 %. Laut Studie ist in agilen Unternehmen auch die Feedback-Frequenz der Führungs-kräfte an ihre Mitarbeiter höher.

Um den Sinn zu verstehen, benötigen Arbeitnehmer die Information über übergeord-nete Ziele, Visionen und die Bedeutung derer. Das oft von Führungskräften geforderte An-einem-Strang-Ziehen bedarf gut formulierter und kommunizierter Ziele.

1.5.1 Arten von Führung im agilen Umfeld

Es gibt im agilen Umfeld zwei Ebenen von Führung.

- Die fachlich-operative Führung. Sie sorgt für die effektive Zusammenarbeit, die durch das Befolgen des agilen Frameworks Scrum beispielsweise sichergestellt wird. Der Fachliche hat die Ziele und Anforderungen im Blick und priorisiert die Aufgaben, pflegt das Backlog, also die im Scrum wichtige Liste der im Projekt priorisierten Auf-gaben und Anforderungen. Er arbeitet kontinuierlich daran, was in den nächsten Sprints geliefert werden muss (Sprint: Zeit zwischen einer Fertigstellung einer defi-nierten Entwicklungsstufe, kann von einer Woche bis zu einem Monat sein). Er ent-scheidet auch, ob und was an einem Sprint tatsächlich fertiggestellt wurde und was nicht. Darüber hinaus kommuniziert er mit Schnittstellen und Stakeholdern und be-teiligt das Team an Backlogs.
- Die disziplinarische und strategische Führung. Das leistet meist das mittlere und obere Management, z. B. grundsätzliche Vorgaben, wo es strategisch hingehen soll, die Au-ßendarstellung (Richtung Organisation und/oder Kunde), Budgets, Arbeitsumfeld usw. Daneben hat das Management die Aufgabe, das formelle Verhalten zu beobachten und zu regeln – innerhalb der Unternehmensordnung (Urlaub, Compliance, Führungsleit-sätze, Kommunikation an den Schnittstellen, Organisationsstruktur).

Wenn agile Frameworks, also Rahmenbedingungen, Methoden der Agilität, richtig um-gesetzt werden, verlagern sich die Entscheidungsfindung und letztlich auch die Entschei-dung selbst ins agile Team. Hierbei spricht man von der typischen Selbstorganisation agi-ler Teams.

Dies bedeutet, dass Führungskräfte ihre Rolle komplett neu definieren müssen. Statt hierarchischer Anweisungskultur gilt es, eine Netzwerkstruktur in der Gesamtorganisation zu etablieren. Es gilt weg von der Kontrollfunktion hin zur Gestaltung zu kommen, das Team beispielsweise gegen äußere Einflüsse zu schützen und manchmal auch den Flow, den agile Strukturen bestenfalls mitbringen, zu kanalisieren.

Damit die direkte Führung erfolgreich abgegeben werden kann, muss es etwas geben, das diese auffängt. Hier sind wir bei den Spielregeln von beispielsweise Scrum. In der agilen Organisation ist jemand notwendig, der die Einhaltung der agilen Spielregeln einfordert – der disziplinarische Vorgesetzte.

1.5.2   Neue Rollen der Führung

Wie sich die Rolle der Führungskraft entwickelt, lässt sich am besten mit den veränderten Fragestellungen klären:

- Was muss ich zur Verfügung stellen, damit die Teams wirklich effektiv und selbstorganisiert arbeiten können und ihnen das Spaß macht (Räume, Technik, Präsentationsmittel)?
- Wieviel Unterstützung brauchen Product Owner und Srum Master, damit sie ihre Rollen wirklich wahrnehmen können (Trainings, Workshops, den Rücken stärken)
- Wie klar und verständlich ist die Firmenvision, die Produktidee, der Weg dorthin? Fehlt den Teams Input um ein eigendynamisches Framework wie Scrum aufzuhängen?

Agil handelnde Führungspersönlichkeiten brauchen deutlich weniger direkt einzugreifen, müssen sich also deutlich weniger individuelle Gedanken machen als in konventionellen Strukturen. Fragen wie: Was muss ich veranlassen, damit die Person sich so und so verhält? Wie bringe ich rüber, dass …, wo muss ich eingreifen …? stellen sich kaum noch.

Jedoch ist es auch wichtig, fähig zu sein, gegen die Teamentscheidung zu intervenieren, wenn höhere Ziele gefährdet sind oder sich in Teams Lager bilden mit starken Meinungsmachern, die zu strategischem Verhalten bei Abstimmungen führen. Eine solche Koalitionsbildung kann zum Nachteil von Kundenprojekten oder strategischen Zielen führen und muss unterbunden werden.

Die Hauptaufgabe der Führung im agilen Umfeld besteht darin, Strukturen zu schaffen, die den Netzwerkgedanken überhaupt möglich machen. Dazu gehört, Stelle und Aufgaben neu zu besetzen, Zuständigkeiten zu klären, Prioritäten festzulegen, Kompetenzräume festzulegen und zu kontrollieren, eskalierte Missstände anzugehen.

1.5.3   Führungsspannen im agilen Umfeld

Da es bei agiler Führung in vielen Fällen nicht mehr um konkrete Einzelmaßnahmen geht, kann die Führungsperson auch deutlich mehr Mitarbeiter unter sich haben. Die Führungsspanne im agilen Umfeld kann von 20 bis 120 Mitarbeitern oder mehr funktionieren. Dies hat viel mit dem Reifegrad der Teams und der Führungskräfte zu tun. In einigen Praxisbeispielen fühlen sich Mitarbeiter zu wenig individuell geführt, hier hat man die Führungsspanne sprunghaft erhöht. Dies kann zu Qualitätseinbußen, Beschwerden und Überlastung führen. Besser ist es, eine stufenweise Erhöhung zu planen. Und unbedingte Voraussetzung ist eine transparente und faire Leistungsbeurteilung mit klarer Zieldefinition. Oft werden hierzu Methoden wie webunterstütztes 360-Grad-Feedback in einer halbjährlichen Frequenz eingesetzt, beispielsweise bei der Online-Plattform trivago.

Die klassische Förderung geschieht innerhalb eines funktionierenden Scrum-Frameworks durch die Retrospektiven, die Beobachtung und Anleitung durch den Scrum Master, durch

Mitarbeiter, die sowohl fachlich als auch in ihren persönlichen Kompetenzen auf hohem Niveau sind, liefern anders ab, stellen an sich und andere höhere Anforderungen und lassen sich daran auch gern messen.

Das wirksame, situative Entscheiden führt zu mehr Kundennähe und Kundenzufriedenheit. Prozesse und Vorgehensweise werden verschlankt und optimiert, die Mitarbeiter verstehen, warum, wofür sie arbeiten und sind mehr engagiert. Die Produktivität steigt.

„Viele denken, in agilen Strukturen gibt es keine Führungskräfte mehr. Mitnichten! Es braucht weiter Führung, nur eben andere."
(Karin Bacher)

Literatur

Blaschka, Dr. M. (2018). Interview Oberbayrisches Volksblatt Rosenheim, Ausgabe vom 01.09.2018, S. 36.
Gallup Engagement-Index. https://www.gallup.de/183104/engagement-index-deutschland.aspx. Zugegriffen im Jan. 2019.
Hays, HR-Report. (2018). Pressemitteilung. https://www.hays.de/personaldienstleistung-aktuell/presse-mitteilung/presse-hays-hr-report-2018. Zugegriffen im Jan. 2019.

Weiterführende Literatur

Dobe, B. (2019). *6 Trends für die Arbeit der Zukunft*. https://www.cio.de/a/6-trends-fuer-die-arbeit-der-zukunft,2893745. Zugegriffen am 25.01.2019.
Glogler, B., & Rösner, D. (2014). *Selbstorganisation braucht Führung*. München: Hanser.
Hofert, S. (2016). *Agiler führen*. Wiesbaden: Springer Gabler.
Krüger, W. (2006). *Excellence in Change. Wege zur strategischen Erneuerung* (3. Aufl., S. 67). Wiesbaden: Gabler.
Schermuly, C. C. (2016). New Work – *Gute Arbeit gestalten, Psychologisches Empowerment von Mitarbeitern*. Freiburg im Breisgau: Haufe Gruppe.
Sprenger, Dr. R. K. (2018). Sprengers Spitzen – 42 unbequeme Management-Wahrheiten, Handelsblatt Fachmedien GmbH, Ausgabe vom August 2018.
Studie Institut f. (2016). Personalforschung, Hochschule Pforzheim, 10/2016, befragt wurden 15 Unternehmen, die agile Strukturen eingeführt haben.
Wirtschaftswoche online, Führung im Digitalen Zeitalter. http://www.wiwo.de/erfolg/management/fuehrung-im-digitalen-zeitalter-fuehrungskraefte-muessen-sich-selbst-fuehren/10629756-2.html. Zugegriffen im Jan. 2019.

Dipl.-Betriebswirtin Karin Bacher (Jahrgang 1965) blickt auf knapp 20 Jahre Führungserfahrung zurück: Als Bereichsleitung Marketing|Vertrieb und als Pressesprecherin war sie Mitglied der Geschäftsleitung namhafter Unternehmen und beriet Vorstandsvorsitzende, Gesellschafter und Geschäftsführer.

Heute führt sie erfolgreich ihre eigene Managementberatung mit Trainingsinstitut. Spezialisiert hat sie sich in der Beratung auf diese strategischen Themen:

- Veränderungsprozesse (Change Management) beispielsweise bei Digitalisierung oder Einführung agiler Strukturen, Firmenübernahmen bzw. Nachfolge usw.
- Kommunikation (intern, extern, Umgang mit Medien bzw. Öffentlichkeit)
- Arbeitgebermarke (Employer Branding)

Im Bereich Training geht es um die Entwicklung der Persönlichkeit und Führungskompetenzen. Hier gehören Vorstände, Aufsichtsräte, Chief Executive Officers, Bereichsleiter und Führungskräfte zu ihren Kunden.

Gern gibt sie ihr Wissen als Lehrbeauftragte der renommierten Hochschule Karlsruhe weiter. Sie lehrt Managementthemen für das Masterstudium.

Karin Bacher ist darüber hinaus Autorin von Büchern und Fachbeiträgen zu Themen wie Management und Führungsverhalten, Kommunikation, Employer Branding und vielem mehr.

Daneben organisiert sie Kongresse, moderiert Podiumsdiskussionen und hält öffentliche Vorträge und Workshops.

Karin Bacher engagiert sich ehrenamtlich für diverse Vereine: Lions Club Johannes Reuchlin (Gründungsmitglied), Lilith e. V. (Vorstandsvorsitzende), Spitzenfrauen Baden-Württemberg (Mentorin), Marketing-Club Karlsruhe (Beirat).

Verhandeln für Jedermann

2

Charlotte De Brabandt

> *„Zu oft beschäftigen sich die großen Chefs mit ihren eigenen Visionen anstatt mit denen ihrer Kunden."*
> *(Hans Olaf Henkel, Ex-BDI-Präsident)*

Inhaltsverzeichnis

Zusammenfassung

Verhandeln ist laut einer Studie des Instituts für Führungskultur im digitalen Zeitalter (IFIDZ) eine der Kernkompetenzen der Zukunft. Doch nicht nur Fachkräfte verhandeln, sondern wir alle, und das täglich. Durch die Digitalisierung sind wir herausgefordert, unsere verbale Strategie zu überdenken, dem neuen Zeitalter anzupassen, mit einer klaren Zielsetzung und starker Kommunikation.

C. De Brabandt (✉)
Bielefeld, Deutschland
E-Mail: charlottedebrabandt@googlemail.com

© Springer Fachmedien Wiesbaden GmbH, ein Teil von Springer Nature 2019
P. Buchenau (Hrsg.), *Chefsache Zukunft*, Chefsache,
https://doi.org/10.1007/978-3-658-26560-1_2

2.1.2 Persönlichkeit und Kommunikation

Die Fähigkeit, individuell und auf den Kunden, sei es intern oder extern, bezogen zu kommunizieren, ist somit eine wichtige Kernkompetenz. Das setzt Empathie, ein Gefühl für Gesprächssituationen, voraus. Dazu kommt die emotionale Intelligenz, die Sie benötigen, um ein Gespür für den Gesprächspartner, auch für sich selbst, zu entwickeln, um das Gespräch für beide Seiten gewinnbringend zu führen. Der Fokus liegt auf der kommunikativen Kompetenz, sie ist ein wesentlicher Baustein für Ihren Erfolg, beim Kunden genauso wie im Unternehmen selbst. Durch die Digitalisierung, die sich verändernden Kommunikationskanäle und -ebenen und die sich stark verändernden Märkte steigen die Anforderung an Unternehmen, an Sie selbst. Enorme Kräfte wirken auf Sie als Arbeitgeber, Arbeitnehmer, Kunde, Lieferant, Dienstleister, Berater ein. Schnelligkeit, Effektivität, Effizienz, Verbindlichkeit sind die Antwort – eine sehr große Herausforderung und das Lieblingswort in allen Managementebenen. (Wer übrigens das Wort Herausforderung bei Suchmaschinen eingibt, erhält von Google 50.600.000 Ergebnisse.) Die größte Challenge sehe ich in der Verhandlung selbst. Denn das Gespräch sollte kein Nullachtfünfzehngespräch sein, sondern voller Emotion, Mut zum Erfolg und Leidenschaft. Wenn ich das, was ich verkaufe, anbiete, einbringe, mit natürlicher Haltung vermarkte, weil ich selbst für das Produkt, die Dienstleistung einstehe, kommt es beim Gegenüber an. Sobald ich ein Standardgespräch aufsetze, merkt das mein Gegenüber deutlich und wird mir die geschulten Argumente nicht abnehmen, geschweige denn mir überhaupt Zeit für das Gespräch schenken. Sensibilität und gute Recherche über den Verhandlungspartner, seine Vorlieben, sind als Basis für eine gute Verhandlung zwingend notwendig, denn nur so kann ich mit Empathie und gut vorbereitet in ein Gespräch gehen. Es gilt die Zielgruppe, den Markt, das Angebot, den USP für unsere Partner hervorragend zu recherchieren, zu analysieren und die richtige, maßgeschneiderte, Lösung anzubieten. Es geht darum, diese Welt, die Welt des Gesprächspartners, des Kunden, im Auge zu behalten und den Blick für das Notwendige, Zukünftige zu öffnen und auch vor dem Gespräch zu definieren: Was ist das Ziel, wer nimmt welche Verhandlungsrolle in den Gesprächen ein, wo kann man mitgehen, was sind die Randbedingungen. Die Vorabinvestition lohnt sich für beide Seiten. Der Gesprächspartner fühlt sich wahrgenommen und Sie generieren durch Ihr positives, authentisches Verhalten z. B. einen Vertragsabschluss. Für die Zukunft spielt jedoch noch ein weiterer Verhandlungsfaktor eine enorm große Rolle. Das umweltgerechte Handeln und nachhaltige Wirtschaften sind die USP, die für den Kauf eines Produkts oder eine Dienstleistung stehen. Wie ist es hier um Ihr Unternehmen, Ihr Produkt, Ihre Dienstleistung und Ihre eigene Einstellung bestellt? Bedingt durch die massiven Umweltbelastungen wird es in Zukunft mehr Green Sales und Green Marketing geben. Es ist wichtig, die Themen Nachhaltigkeit und Umweltbewusstsein auf dem Radar zu haben und es erfolgsorientiert für das Unternehmen, in Verhandlungen einzusetzen. Denn durch den digitalen Vertrieb und das digitale Marketing schont man die Umwelt, reduziert deutlich Kosten, ist umweltfreundlicher und auch effizienter. Das bedeutet auch, dass Verhandlungen vermehrt digital mit dem „green aspect" durchgeführt werden. Ich persönlich liebe den Wandel, bevorzuge allerdings bei sehr wichtigen Meetings immer noch persönliche Treffen, denn ich kann mein Gegenüber durch Sprache, Mimik, Gestik, Verhalten im Ganzen einschätzen und nicht nur über den Bildschirmausschnitt. Dafür werden uns bald Sprach- und Mimikauswertung unterstützen, um das Gegenüber zu bewerten bzw. das Verhalten auszuwerten. Die Zukunft ist digital und es gilt, sich darauf einzustellen.

2.1.3   Virtual Reality. Auf dem Holo-Deck der Verhandlungen

Kennen Sie Raumschiff Enterprise? Sicherlich. Wir können uns in die virtuelle Welt begeben, indem wir eine Virtual-Reality(VR)-Brille aufsetzen. Der 3D-Eindruck und die unmittelbare Reaktion auf Lageveränderungen des Betrachters, durch Körper- oder Kopfbewegungen, vermitteln dem User den Eindruck, sich in der Welt zu befinden und ein Teil von ihr zu sein. Im Jahr 2030 ist der Einsatz von VR völlig normal, wird täglich genutzt, um virtuelle Räume zu betreten, Meetings und Konferenzen abzuhalten, Verhandlungen durchzuführen, geschäftlich wie privat. Die Technologie ist zudem prädestiniert Werbung zu ergänzen und den Kunden das Produkt virtuell erleben zu lassen. Ziel ist es, Empathie beim Konsumenten zu erzeugen, abseits von TV-Commercials oder Bildern in Prospekten. Die erzeugte Welt ist wirklichkeitsnah und vermittelt das Gefühl vor Ort zu sein. Dies ist in der globalisierten Welt ein wichtiges Tool und bietet eine Alternative zu Präsenz-Meetings. Zeit und Kosten reduzieren sich, die Umwelt wird geschont, die Effizienz erhöht. Die Teilnehmer können z. B. Produktentwicklungen von allen Seiten betrachten. Der Einsatz von VR reduziert Präsenztermine von Verhandlungspartnern deutlich und lässt mehr Zeit für wichtige Tätigkeiten. Bereits heute ist das Unternehmen Audi Vorreiter, z. B. durch ihren virtuellen Showroom, den Audi seinen Händlern an die Hand gibt, damit potenzielle Käufer jede Ausstattungsoption (Farbe, Zusammenspiel, Ausstattung) mit weiteren Komponenten wählen und Ihnen das Wunschauto präsentieren. Es ist neu, es ist cool, es ist ein Kauferlebnis und bietet einen großen Mehrwert für den Käufer. Beratung ist erlebbarer, intensiv und man kann auf die individuellen Kundenwünsche verstärkt eingehen. Die technischen Neuerungen locken, reizen und sind somit Teil von Verhandlungen.

2.1.3.1   Verhandlungen und Needs im digitalen Zeitalter, eine Kunst für sich

Die Digitalisierung führt z. B. gerade in den Vertriebsabteilungen und somit auch in Verhandlungen zu enormen Veränderungen. Während im Zuge der Digitalisierung geschätzt 30 % weniger Mitarbeiter im Außendienst benötigt werden, gewinnt das Key Account Management deutlich an Bedeutung, so das Ergebnis einer aktuellen Studie der Personal- und Managementberatung Kienbaum (für die Studie hat Kienbaum insgesamt mehr als 12.000 Positionen in diesen beiden Bereichen aus 729 Unternehmen untersucht). In Zukunft spielen Schnelligkeit, Individualisierung, Effizienz und perfekte Beratung auf Augenhöhe eine wichtige Rolle. Dazu kommt das klassische Dreieck aus Kundensicht: Produkte und Leistungen, Personen, Prozesse. Weitere relevante Faktoren sind Qualität,

Effektivität und das Verhandlungsklima, denn sobald dem Kunden etwas nicht gefällt, geht er zur Konkurrenz. Egal, ob Sie sich im virtuellen Raum befinden oder sich gegenüber sitzen. Das gilt für uns auch als Privatperson. Die Basis ist das Miteinander, die Interaktion. Verschaffe ich dem Kunden ein emotionales Kauferlebnis, voller Leidenschaft, habe ich ihn schon fast gepackt. Setze ich das Miteinander in einen Vertrag um, dann ist es perfekt. Hoch lebe die Kundenbeziehung! Leider erlebe ich häufig, dass die Verhandlungspartner gut sind, doch die darauffolgenden Produkte oder Dienstleistungen nicht dem Anspruch genügen. Dann wird die Luft in unserer Kundenbeziehung und in zukünftigen Verhandlungen dünn. Was nützt es, euphorisch z. B. die Dienstleistung eines Customer Service anzupreisen, wenn bei Mitarbeitern „customer needs" zu wenig inhaliert werden. Die Stundensätze sind zwar günstig, doch die Leistung ist schlecht. Es gibt den von mir geliebten Satz: Nicht das Unternehmen zahlt mein Gehalt, sondern der Kunde. Dieser Satz ist essenziell, für alle Mitarbeiter. Denn es ist völlig egal, ob ich einen internen oder einen externen Kunden bediene. Er ist und bleibt mein Kunde, der auch so behandelt werden möchte. Viele erleben den Kunden immer noch als Störung, sobald sich dieser mit einem Wunsch einbringt oder etwas einfordert. An dieser falschen Einstellung darf aktiv gearbeitet werden, denn Nullachtfünfzehninformationen oder -produkte sind durch Automatisierungsprozesse schnell zu bekommen, dazu benötige ich keinen Mitarbeiter, keine großen Verhandlungen, sondern der Standard genügt und hat den Vorteil: ich reduziere als Unternehmer Kosten. Darüber, liebe Leser, sollten Sie sich auch einmal Gedanken machen.

Dazu kommt bei Verhandlungen, wie im Key Account Management bereits üblich, dass man mit dem Kunden über langfristige Ziele und gemeinsame Umsetzungsmöglichkeiten, Projekte spricht, um weiterführende Aufträge für sich zu gewinnen. In-den-Kunden-Hineinspüren lautet die Devise. Doch geht das so einfach? Es gibt hier zwei mögliche Szenarien in der Zukunft. Eine ist, dass Sie mit dem Kunden zunächst nicht mehr persönlich in ein Gespräch kommen, sondern neutral ein Angebot absetzen und Bots im Vorfeld entscheiden, ob Sie überhaupt zu einem gemeinsamen Gespräch, sei es persönlich oder digital, eingeladen werden. Denn bereits heute ist der Handel per E-Commerce (elektronischer Handel mit materiellen Gütern), Plattformen (Verknüpfung von Marktakteuren), Subscription (Mitglieder- und Abo-Prinzip), Fremium (Basisprodukt gratis, Vollprodukt kostenpflichtig), Pay-per-Use (Bezahlung für Verbrauch) Standard und hat natürlich Einfluss auf Verhandlungen. Haben Sie sich aktiv damit befasst? Wie ist Ihr Konzept? Was zeichnet Sie im Vergleich zu Mitbewerbern aus, um im digitalen Zeitalter an Verhandlungspartner zu kommen? Warum sollte man sich mit Ihnen unterhalten, wenn ich durch einen digitalen Benchmark und klare Eckdaten mir aus einem Pool den Besten generiere, ohne Gespräche? Es ist wichtig, dass Sie die Geschäftsmodelle und daraus abzuleitende Strategien stets im Blick behalten und für sich neue, kreative Lösungen finden, denn die Anforderungen der Kunden wandeln sich enorm. Letztlich handelt es sich hier um einen Paradigmenwechsel, denn stärker denn je werden Märkte durch die Nachfrage durch Kunden geprägt, allein durch die digitale Nutzung, Online-Verfügbarkeit, Automatisierung. Somit wandeln sich Vertragsverhandlungen, Jobs, die Art von Gesprächen und Meetings.

Dazu kommt, dass Unternehmen neue Absatz- und Vertriebswege über das Internet nutzen, damit sie wettbewerbs- und zukunftsfähig bleiben. Fakten reichen, ausschweifende Verhandlungen kosten nur Zeit und Geld.

Das bedeutet, dass sich die Kompetenzprofile aller Mitarbeiter indirekt verändern, sei es das Management, der Einkauf, Human Resources (HR), Customer Service, Quality Management usw. All diese sind Verhandlungspartner, allein durch die vorgegebenen Unternehmensziele. Jeder von ihnen, ob intern oder extern, ist neben der definierten Funktion auch ein Key Account Manager und Consultant zugleich. Sie bedienen erfolgsorientiert ihre (internen, externen) Märkte und Kunden. Sie leiten Maßnahmen aus Gesprächen, Verhandlungen „lean" ab, mit Blick auf „income", „efficiency", Gewinn. Mitarbeiter werden zu kleinen Consultants für ihren eigenen Aufgabenbereich, um das Unternehmen durch Flexibilität, Fachkompetenz zu stärken, und letztlich (nicht wie heute üblich) nach dem Erfolgsergebnis bewertet, bezahlt. Es zielt auf den Leistungsgedanken ab: Egal, wie lange Sie dafür brauchen oder wo und wie Sie arbeiten. Das Ergebnis zählt, danach bezahlen wir Sie!

2.1.3.2 Key Account Management Consulting ist die Königsdisziplin im Jahr 2030

Sie fragen mich, wie ich jetzt auf diesen schönen Begriff Key Account Management Consulting komme, den Begriff gibt es doch gar nicht. Ja, stimmt. In unserer schön strukturieren Welt gibt es nur Key Account Management ODER Consulting. Was für ein Blödsinn, sagen Sie. Nein, finde ich nicht. Nimmt man die Grundeigenschaften, die Kenntnisse eines Key Account Managers (Kunde, Unternehmen, Organisation, Management) mit dem Consulting (Beratungsdienstleistung auf Unternehmensebene, Einsatz von fachlichem, sozialem, methodischem Wissen) zusammen, hat man den perfekten Mitarbeiter für Verhandlungen. Er ist nämlich in seiner Grundeigenschaft und seinem Wissen eine Koryphäe auf dem Gebiet der Verhandlungen. Er weiß, wie Unternehmen ticken; er ist durch seine wechselnden Einsätze in anderen Firmen sehr gut über Veränderungen im Markt, Innovation informiert; er kennt die Schwachstellen, Stärken, Verhandlungspositionen und lernt durch seine Einsätze immer dazu. Es geht nicht darum, dass er Firmeninterna seiner Einsätze preisgibt, sondern um seinen weiten Blick, seinen Erfahrungsschatz, seine Kommunikationsstärke. Diese Rolle steht besonders reiferen Mitarbeitern super. Denn es ist kein Abspulen von Lerninhalten aus dem Studium. Durch seine Erfahrung, Menschenkenntnis, Instinkt und Fachwissen bringt er das richtige Fundament für Verhandlungen mit.

Jetzt kommt sicherlich noch ein weiteres Argument von Ihnen dazu: Vertrieb, Key Account, das ist doch sowieso alles dasselbe. Nein, ist es nicht. Lassen Sie es mich kurz erklären. Der Key Account Manager betreut wenige Kunden mit enger Kundenbindung, d. h. er hat im besten Fall eine längere Geschäftsbeziehung, kennt das Unternehmen des Kunden, die Abteilungen, die Abläufe sehr gut. Eine langfristige Kundenbindung steht im Fokus (Bottom-up-Geschäft). Beide, Sales wie Key Account beraten ihre Kunden kompetent. Doch der Key Account Manager benötigt besonders gute, diplomatische Fähigkeiten,

Stärke in der Verhandlung, Überzeugungskraft, Empathie und Fingerspitzengefühl für den Kunden. Der Erfolg des Kunden steht im Vordergrund. Dazu ist ein fundiertes Wissen über den Kunden, seine Bedürfnisse, Prozesse und Ziele notwendig („consultative selling"). Dazu kommen unternehmerisches, analytisches und strukturiertes Denkvermögen sowie Vermittlung von Empathie durch emotionale, soziale Intelligenz. Er gibt dem Kunden das Gefühl der Individualität. Wer den Verhandlungspartner und seine Ansprüche nicht versteht, wird nichts verhandeln, nichts verkaufen.

Der Key Account spricht über langfristige Ziele, Wünsche des Kunden, betreut diese nachhaltig; er hat psychosoziales Gespür. Durch eine offene Kommunikation bekommt er Informationen, die es für den Kunden ebenso zu nutzen gilt wie für das eigene Unternehmen, das Produkt, die Dienstleistung. Man kann nur erfolgreich verhandeln und verkaufen, wenn man durch Empathie schnell in positiven Kontakt mit anderen Menschen kommt. Dazu gehört, durch Verbindlichkeit eine langfristige, dauerhafte Geschäftsbeziehung für gemeinsames Wirken herzustellen.

Wenn Sie als Consultant, der viel Erfahrung in Firmen sammelt, sein Wissen mit dem Wissen eines Key Account verbindet, sein ganzes Know-how einbringt, dann ist das eine geballte Ladung, die keiner stoppen kann. Consultants sehen viele Strategiepapiere, sind Detektive, die Schwachstellen aufdecken und zum Positiven verändern (sofern die Unternehmensspitze nickt). Methodisch führen sie Mitarbeiter und somit auch Verhandlungspartner an Lösungen heran. Sozial bringen sie sich ein, da sie einen breiten Rücken haben, denn Verhandlungsparteien sind manchmal auch einfach zu feige, relevante Themen in Verhandlungen anzusprechen. Sie wissen, wie Sie in solchen Situationen damit umgehen. Und bei fachlichem Wissen geht es darum, Nichtwissen in Wissen zu verwandeln.

Wenn Sie alle diese Faktoren zusammennehmen, von Key Account Manager und Consultant, diese als Verhandlungspartner erfolgsorientiert einsetzen, gibt es keine besseren Verhandlungspartner in Unternehmen; sie sind der Fixpunkt in der digitalen Welt. Denn ich kann mir gut vorstellen, dass in der Zukunft z. B. der Einkauf völlig digitalisiert funktioniert und kein Lead mehr für die Abteilung benötigt wird.

2.1.3.3 Klare Kommunikation, Eigenmotivation, digitaler Jagdinstinkt

Eine klare Kommunikation ist somit die Basis und die Tür zum Kunden. Dazu gehört natürlich auch die entsprechende Denkweise, die nötige Einstellung. Um eine Verhandlung positiv zu gestalten, ist es wichtig, sich auf die Gesprächsebene des Kunden zu begeben. Auch wenn wir das Internet lieben, so bleibt die Rhetorik ein wichtiges Skill, dazu das nötige Gespür, des sich Einlassens auf den Kunden, die Kommunikation. Wichtige Fragen sind z. B.:

Wie spreche ich mit dem (internen, externen) Kunden?
Welcher Sprachebene bedient er sich?
Übersetze ich mein Sprachtermini so, dass es auch ein Laie verstehen kann?
Bin ich selbst emotional auf der Ebene des Kunden, um seine Sichtweise und Probleme nachzuvollziehen?

Wie bringe ich ihn dazu, dass er zum Reden kommt, um festzustellen, was er genau benötigt, was ihn bewegt, wie er als Kunde tickt, worauf er wert legt?

Wie hole ich ihn emotional-wertschätzend als Mensch, Person, Kunden, Unternehmer ab?

Wie löse ich sein Problem?

Welche rhetorischen Fähigkeiten wende ich an, wenn ich einen knallharten Preisfeilscher vor mir habe, damit die Verhandlung nicht in der Sackgasse endet?

Wie stelle ich eine empathische Kundenbeziehung her?

Verfüge ich selbst über gute, kommunikative Eigenschaften und hohe Selbstreflexion, um positive Gespräche zu führen?

Wie weit komme ich ihm entgegen und welche Lösung biete ich ihm an?

Ein weiterer wichtiger Faktor in der Kommunikation ist der intelligente Umgang mit sich selbst und anderen. Denn Erfolg in der Kundenbeziehung bedeutet auch, dass man Situationen reflektiert, persönlich an sich weiterarbeitet und kein Standardkommunikator ist. Standard kann jeder. Standard kann automatisiert werden. Hier reicht die Kommunikation mit Bots völlig aus und bedarf keines Menschen. Bots haben keine Empathie. Bots machen das, was durch Programmierung vorgegeben ist. Der große Markt ist das persönliche, individuelle Gespräch und bietet in der digitalen Zeit Luxus für den Kunden. Es ist gefühlte Wertschätzung. Er wird nicht mit einer Maschine abgespeist, nein, er bekommt umfassende, persönliche Beratung in Verbindung mit einer sehr guten, digitalen Produkt-bzw. Dienstleistungspräsentation. Für diese Gespräche benötigen Sie eine zielorientierte, empathische Kundenansprache, eine hohe Stresstoleranz, die Kunst des positiven Denkens, eine enorm hohe Eigenmotivation und eine rhetorisch authentisch-ehrliche Kommunikation. Durch den digitalen Druck, der Automatisierung liegt die Verhandlungslatte mit abschließendem Vertragsabschluss sehr hoch. Ich habe gerade einen Spruch im Ohr, der häufig von Sachbearbeitern aus dem Customer Service kommen: Ich laufe der Arbeit nicht hinterher; und ein alter Spruch des Vertriebs: Wer viel läuft, der verkäuft. In Zukunft geht es weniger um Laufen, sondern um „personal selling". Dazu eine gute Kundenanalyse („customer needs"), um das passende Produkt zu verkaufen. Wecken Sie Ihre Leidenschaft und Ihren digitalen Jagdinstinkt! Doch Achtung! Eines gebe ich Ihnen mit auf den Weg: Verlassen Sie sich „never ever" auf die (scheinbar feste) Stabilität Ihrer Kundenbeziehung. Stammkundenbeziehungen sind nicht mehr selbstverständlich, bedingt durch den enorm flexiblen Markt mit seinen digitalen Möglichkeiten. Das ist gefährlich, selbst bei guter, emotionaler Kundenkommunikation. Verliert z. B. ein Geschäftsfreund seine Funktion oder verlässt das Unternehmen, brechen Umsätze weg und im schlimmsten Fall Ihre Geschäftsbeziehung. Es sei denn, Sie sind so stark mit Ihren Produkten spezialisiert, Ihre Verhandlungen und Kundengespräche sind so exquisit, dass Sie eine Monopolstellung haben. Es ist unabdingbar, Ihr Unternehmen durch gute, digitale und menschliche Kommunikation im Innen und Außen zu vermarkten. Dazu gehört, alle Mitarbeiter Ihres Unternehmens zu schulen und einen Kodex zu entwickeln, damit der Kunde sich bei Ihnen perfekt betreut fühlt. Das bedeutet, über wirtschaftliche, politische Zusammenhänge, technische Entwicklungen und Trends, Kunden, Wettbewerber bestens informiert zu sein, Informationen zügig auszuwerten und aufzuarbeiten als Basis für perfektes, emotionales Kundenbeziehungsmanagement, als Basis für gute Verhandlungen, sei es unternehmerisch als auch privat.

2.1.3.4 Kundenverhandlungen sind der Motor für Erfolg und Wachstum (emotional, digital, unternehmerisch)

In erster Linie geht es darum, dass man sich die Interessen und die Kriterien des Kunden bewusst macht. Je besser ich sie kenne, desto besser kann ich kommunizieren, verhandeln. Damit ich allerdings weiß, wie ich kommuniziere, verhandle, muss ich wissen, welches Kommunikationsmodell mein Kunde bedient. Ist er sachbezogen, dominant, emotional oder mitgehend? Welches Modell wenden Sie selbst, durch Ihre eigene Kommunikation, an, um die Verhandlungen ins Laufen zu bringen? Reagieren Sie geschult oder fachlich-empathisch? Denn das spürt der Kunde sehr genau.

Der analytische, sachbezogen Kunde will Informationen und gründlich informiert werden. Es geht um Beschaffenheit, Qualität, Details, Funktionalität. Er möchte von Ihnen Informationen und hören; als Experte auf Ihrem Gebiet sollen Sie ihm sagen, was fachlich zum Thema gehört. Entweder Sie überzeugen ihn sachlich oder überhaupt nicht. Entscheidungen trifft er weder im ersten noch im zweiten Gespräch, verlangt allerdings perfektes Informationsmaterial. Er möchte vor einer Entscheidung alles genau wissen und fordert die Garantie bei Ihnen ein, dass seine getroffene Entscheidung richtig ist. Er ist ein trocken-analytischer Gesprächspartner mit Pokerface; er ist menschlich-emotional distanziert. Im Verhandeln um Preise und Rabatte zeigt er sich zäh, kennt alle negativen Seiten Ihres Angebots, berichtet Ihnen von den positiven Aspekten der Mitbewerber und verlangt durch die Gegenüberstellung einen Nachlass.

Tipp Bleiben Sie sachlich und beim Thema. Bitte kein Small Talk, denn es wirkt auf diese Art von Kunden aufdringlich und wird als Teil Ihrer Verhandlungstaktik wahrgenommen. In dieser Rolle nimmt Sie der Kunde kritisch wahr und erkennt, dass Sie ihm, gegen seinen Willen, etwas aufs Auge drücken wollen. Es ist wichtig, auf sachliche, faktenbasierte Argumente zu setzen. Er entscheidet selbst für sich, ob die Leistung oder das Produkt für ihn wichtig ist. Dieser Kunde nimmt sich Raum und Zeit zum Nachdenken. Er mag keine Ungeduld oder Aufbau von Druck. Unterlassen Sie es in den Pausen, die hier vorkommen, zu sprechen. Geben Sie ihm den nötigen Raum zum Nachdenken, Reflektieren. Wenn Sie mit Ehrgeiz Ihre Ziele erreichen möchten, können Sie nur verlieren. Achten Sie auf ein persönliches Zeitlimit und beantworten Sie alle Fragen sachlich. Übersteigt die Zeit Ihren Rahmen, so lassen Sie ihm wichtige Informationen, Prospekte vor Ort da, damit er sich alles noch einmal in Ruhe überlegen kann. Diese Art Kunde möchte nicht persönlich gepflegt und umgarnt werden. Durch Ihr authentisches Verhalten und den nötigen Respekt schenken Sie dem Kunden den nötigen Raum sich zu entscheiden. Sie nehmen ihm dadurch seine Bedenken und erhalten die Chance, dass Sie die Verhandlung für sich entscheiden.

Der dominante, sachbezogene Kunde will ein schnelles Ergebnis erzielen, er weiß was er will, ohne Umschweife. Details nerven ihn, es geht darum, dass Sie ohne Umschweife auf den Punkt kommen, nach dem Motto: Sie haben zu tun, was er möchte! Dieser Kunde ist forsch, selbstbewusst, laut. Direkter Blickkontakt, fester Händedruck, lebhafte, fordernde Sprache und Gestik zeichnen ihn aus. Keine langen Debatten, Erklärungen. Er steuert das Gespräch und versucht, Sie zum Spielball zu machen. Egal welche Verhandlungsstrategie Sie anwenden, Sie sollten mitgehen, sich leiten lassen. Da er selbst hart im Verhandeln ist, sollten auch Sie mit Fakten überzeugen. Der Vorteil ist, dass er, wenn er überzeugt ist, schnell eine Entscheidung fällt. Sobald er die für sich letzten, benötigten Fakten hat, kommt er schnell zu einem Ja oder Nein. Kennen Sie sich bereits länger, stellen Sie fest, dass dieser Kunde immer seltener Verhandlungsgespräche braucht. Er ist risikobereit und schießt aus der Hüfte, trifft auch Entscheidungen über größere Investitionen spontan. In solchen Fällen wird er Ihnen ein paar Fragen stellen und darauf ebenso klare, zielsichere Antworten haben. Doch so schnell wie Sie ihn vielleicht als Kunden gewonnen haben, so schnell kann er auch wieder weg sein. Wenn etwas Besseres kommt oder er sich nicht respektvoll behandelt fühlt, ist er schnell weg.

Tipp Dieser Kund möchte, dass Sie auf den Punkt in Ihren Verhandlungen kommen. Dieser Kunde „hasst" sensible, weiche Gesprächspartner. Er möchte klare Antworten auf die Fragen, die direkt und ohne Umschweife gestellt werden. Er möchte kurz und knapp Fakten, nicht Ihr ganzes Wissen. Er wird dadurch genervt. Auf der anderen Seite zeigt er deutlich, dass er der Boss im Ring ist. Hier gilt es, ruhig und sachlich zu bleiben, sich nicht provozieren zu lassen. Er scheut auch nicht vor Beleidigungen zurück oder wird Ihr Produkt infrage stellen. Er zeigt, wo der Hammer hängt und liebt diese Machtspielchen. Er stellt Sie, Ihr Können damit auf die Probe. Wenn Sie diese Phase durchlaufen haben, kommt es häufig zu einem schnellen Entschluss und er sagt auch deutlich, was er haben möchte oder nicht. Bei Reklamationen dreht er emotional auch stark auf, wenn Sie jedoch eine gute Lösung, einen guten Service bieten, verraucht der Ärger so schnell wie er gekommen ist. Wenn Sie diese emotionalen Phasen gut durchlaufen, bleibt Ihnen dieser Kunde meistens treu. Es fordert jedoch auch die Kraft, Ihren emotionalen Tiger im Tank zu lassen, was Ihnen viel Geduld abringen kann. Wenn sie sachlich bleiben, schnelle und gute Lösungen finden, vertraut der Dominante, Sachbezogene auf Ihre Fairness. Dies sollten Sie nicht verspielen, denn aus der hart erarbeiteten Geschäftsbeziehung kann dann schnell der Kunde zum Feind mutieren und wird keine Gelegenheit scheuen, Rache zu üben.

Der emotionale, ichbezogene Kunde baut auf Vertrauen und schätzt den persönlichen Draht. Seine Basis ist die Sympathie. Er schätzt genau Sie als Ansprechpartner und möchte keinen Ihrer Kollegen. Es kann passieren, dass sich das Vertrauensverhältnis stark weiterentwickelt und vom beruflichen Bereich auch in den privaten Bereich übergeht. Ein freundschaftliches Verhältnis entsteht. Er lässt sich auch gern einmal auf persönliche Gespräche ein und erwartet auch ganz klar von Ihnen, dass Sie sich ebenso für ihn interessieren. Er ist sehr gastfreundlich, er wird Sie bewirten, wenn Sie da sind, und dasselbe auch von Ihnen bei seinem Besuch vor Ort einfordern. Zeit für Entscheidungen sind ihm wichtig, ebenso die Gespräche. Sie können einer klaren, gut geplanten Gesprächsstrategie nach Lehrbuch (Aufwärmphase, Bedarfsermittlung, Produktvorstellung, höfliche Einwandbehandlung, Abschluss) folgen. Doch Achtung, dieser Kunde ist zeitintensiv, denn nach dem Termin muss kein Vertragsabschluss folgen. Er kann Sie in eine Kommunikationsfalle locken, die Ihre Zeit raubt. Dafür erfahren Sie das Neueste, Klatsch und Tratsch. Halten Sie sich mit Kommentaren zurück, denn er wird Ihre Aussagen beim nächsten Gesprächspartner zum Besten geben. Hat dieser Kunde jedoch bereits bei Ihnen gekauft, ist die Chance, dass er treu bleibt, sehr hoch. Wenn Sie emotional auf ihn eingehen, Sie ihm Ihre Zeit schenken, es immer persönlicher wird, dann wechselt er kaum mehr zur Konkurrenz, selbst wenn es dort günstiger sein sollte. Es ist ein dickes Band, das Sie durch Verbindlichkeit, stärken. Solange Sie ihn nicht ärgern, bleibt er ein treuer Kunde.

Tipp Der Nutzen, der dem Kunden durch den Kauf Ihres Produkts entsteht, ist der Mittelpunkt Ihres Gesprächs. Gehen Sie konkret auf die Vorteile ein, die es ihm bringt. Für ihn ist es wichtig, dass er das Gefühl erhält, dass er einzigartig ist und dass er eine persönliche, auf ihn abgestimmte Beratung erhält. Für ihn ist Individualität das höchste Gut. „Klasse statt Masse" lautet das Motto. Schmeicheln Sie ihm, indem Sie ihn bewundern, er fühlt sich damit sehr wohl. Er liebt es, sich vom Durchschnitt abzuheben, sich darzustellen. Verkaufen Sie ihm Ihr Produkt so, dass er für sich selbst einsieht, dass Ihr Produkt, Ihre Dienstleistungen etwas Exquisites für ihn sind.

Der emotionale, ichbezogene Kunde ist selbstverliebt. Es dreht und kreist sich alles nur um ihn, die eigene Person, die eigenen Themen. Diese Person hat keinerlei Interesse an Geschichten. Sie sind der persönliche Verhandlungspartner. Zeigen Sie sich von ihm beeindruckt, stellen Sie ihn in den Mittelpunkt, dann haben Sie die Chance auf eine gute Kommunikation. Er wirkt wie ein Wirbelwind und ist sehr schnell in der Kommunikation. Er sprudelt drauf los und überfällt Sie auch manchmal mit Themen, die ihn gerade beschäftigen. Erst nach dem Redeschwall geht er auf Sie ein. Er liebt es zu prahlen, sich auch optisch abzuheben, z. B. ein Bankmanager, der extrem auffällige Krawatten, Socken oder Einstecktücher trägt. Wichtig ist die Show! Dieser Kunde führt ein extravagantes Leben, mit hohem Glamourfaktor im Außen. Dieser Kunde möchte charismatisch verführt, beraten werden. Während er gern auch in Ihr Privatleben abtaucht, hat er parallel nicht die Geduld, sich mehr als zwei Sätze von Ihnen anzuhören.

Diese vorgenannten Schemata helfen im ersten Ansatz auf eine Kommunikations- und Verhandlungsebene zu kommen, sollten allerdings nicht zu einem pauschalen Schubladendenken führen! Durch die Digitalisierung und den agilen Anbieter- bzw. Bietermarkt (intern wie extern) sind Sensibilität und Strategie gefordert. Achten Sie auf die Signale und Kommunikation des Kunden. Bei Verhandlungen ist somit immer wichtig, wie ich den Kunden anspreche. Bin ich auf seiner Kommunikationsebene, kann ich sein Verhalten, seine Entscheidungen nachspüren? Habe ich die nötigen analytische Fähigkeiten, sein Verhalten ehrlich einzuschätzen, und welche Ziele verfolgt er damit? Wenn Sie wissen, wen Sie vor sich haben, können Sie sich auf ihn und die Kommunikation einstellen, sei es im persönlichen Gespräch, sei es im digitalen Meeting Room. Überlegen Sie: In welchen Phasen der Kommunikation, der Verhandlung möchte ich mein Gespräch führen? Welche meiner Argumente überzeugen ihn?

Tipp: Planen Sie (Investitions-)Zeit ein. Die Auftau- und Aufwärmphase ist hier höchste Pflicht! Zeigen Sie sich offen, der Kunde möchte etwas über Sie erfahren (Kinder, Hobbies, Vorlieben) und bilden die Basis für gemeinsames Miteinander. Es mag zwar alles locker und offen erscheinen, doch hinter dieser Art und Weise steckt messerscharfer Verstand. Dieser Kunde weiß sehr genau, wie er sich Vorteile verschafft, gerade bei Ihnen, wenn es um Preisnachlässe in Verhandlungen geht. Er wird Sonderkonditionen aus Ihnen herausziehen, die Sie zähneknirschend vereinbaren. Doch nicht nur das schmerzt in diesen Verhandlungen: Nein, dieser Kunde wird in seinem Umfeld über den Rabatt fröhlich berichten und zieht den Unmut der anderen Kunden auf Sie. Ihnen wird das zuerst völlig entgehen, bis Sie vielleicht eines Tages ein ehrliches Feedback erhalten. Dies ist jedoch sehr selten. Wichtig ist auch, dass Sie sich bei diesen Gesprächen Notizen machen, denn er wird darauf akribisch Bezug nehmen. Hören Sie ihm gut zu, merken Sie sich wichtige Daten, wie z. B. die Geburtstage seiner Kinder. Das schmeichelt ihm. Durch die intensive Kundenbeziehung können Sie einen treuen Kunden gewinnen, der Ihnen wohlwollend die Tür für weitere Geschäfte öffnen kann. Er unterscheidet sich auch deutlich im Verhalten bei Reklamationen zu den anderen Kunden, denn er mag keine Konflikte. Ihm ist wichtig zu wissen, ob alles seine Richtigkeit hat, und er ist im Innersten sehr erbost, was er nach außen nicht zeigt. Daher ist es wichtig, dass Sie die Reklamation mit allergrößter Aufmerksamkeit erledigen.

Worauf Sie noch achten sollten
Wenn Sie ein Gespräch mehr Zeit kostet, als es sich für Sie lohnt, sollten Sie die Verhandlungen respektvoll beenden.

Bewerten Sie den Kunden, doch beurteilen Sie ihn nicht.

Nehmen Sie den Kunden ganz als Person mit seinen Anliegen wahr.

Beachten Sie dabei den roten Faden der Kommunikation und behalten Sie das Ziel vor Augen.

Versuchen Sie Diskussionen mit dem Kunden zu vermeiden, auch wenn dieser im Unrecht ist.

Bleiben Sie sachlich in Ihrer Argumentation.

Der Anspruch auf die Individualisierung von Produkten, Dienstleistungen ist enorm hoch. Arbeiten Sie an sich, Ihrer Verhandlungsstrategie, an Ihrem CRM, mit menschlich-emotionaler-empathischer Intelligenz für sich, den Kunden, das Unternehmen.

Sehen Sie sich als Verhandler wie ein Key Account Manager, der sich für das Unternehmen interessiert, die Bedarfe erkennt und perfekte Lösungen anbietet.

Digitalisierung verändern das CRM, die Customer Journey. Omnichannel-Strategien und moderne Datenmanagementsysteme entscheiden mehr denn je über den Erfolg von Kundenbeziehungen.

Grundvoraussetzung einer gelungenen Multichannel-Strategie bleibt ein strukturiertes Datenmanagement. Konsequent digitalisierte CRM-Prozesse können die Customer Journey enorm bereichern: Kundenbedürfnisse werden messbar, Kaufhistorien und -präferenzen visuell greifbar, sodass Unternehmen auf den konkreten Bedarf jedes einzelnen Kunden reagieren können.

Chatbots bieten zwar Erstberatung, doch individuelle, problemorientierte Kundenlösungen bietet der Mensch durch Gespräche, Visualisierung, Verhandlungen, Kommunikation.

Königsdisziplin einer gelungenen Customer Journey ist es, die gewonnenen Erkenntnisse so zu nutzen, dass der Kunde individuell und sachlich beraten wird. Wichtiger Faktor bleibt dabei die Datensicherheit. Vertrauen und Akzeptanz kann der Kunde nur aufbauen, wenn der Umgang mit seinen Daten transparent ist und er davon überzeugt ist.

Die Datensicherung und Einhaltung der Datenschutzverordnung hat oberste Priorität für den Kunden und ist Basis für eine gelungene Geschäftsbeziehung.

Basis für eine gelungene Kundenpflege ist ein einheitliches, sauberes Datenmanagement. Durch künstliche Intelligenz (KI) gestützte Systeme unterstützen dabei und bereichern die Customer Journey. Doch das Wichtigste ist immer noch der Mensch. Er ist Mittelpunkt aller Strategien, sei es als Kunde oder Verhandlungspartner.

2.1.3.5 Kundennutzen und -optionen

In unserer, von Konsum überladenen Welt, haben wir die Vielfalt an Produkten, Dienstleistungen. Mehr denn je. Und doch ist man geneigt, selbst wenn man über alles verfügt, mehr zu wollen oder sich durch Wettbewerb im Außen durch mehr hervorzuheben. Es auch prima, denn es belebt das Geschäft. Daher ist es so wichtig, den Kunden gut zu kennen. Denn es geht nicht nur darum, was dem Kunden nützlich erscheint, sondern für Sie, in Verhandlungen ist wichtig, dass was er durch versteckte Botschaften mit aussagt, zu verwerten. Dies richtig zu interpretieren und mit verkäuferischem Geschick zu bedienen, ist in Verhandlungen eine hochgeschätzte Gabe.

Der Kunde möchte ganz lapidar seinen Bedarf, seine Wünsche befriedigen oder hat Kaufmotive, denen er gezielt nachgeht. Über Wünsche und den Bedarf sprechen die meisten Kunden ganz offen. Die Erwartungshaltung von Kundenseite ist die von Ihnen zu liefernde perfekte Beratung und Verhandlung. Durch Ihr Fachwissen und Ihre Erfahrungen bieten Sie ihm eine ideale Lösung. Für den Verkaufserfolg sind jedoch die Motive viel relevanter und entscheidender. Kunden mögen es nicht, durchschaut zu werden, sondern achten Sie darauf, dass Ihr Angebot seinen Bedarf gut abdeckt bzw. erfüllt. Gehen Sie in Verhandlungen auf den Kunden menschlich ein. Das befriedigt sein Motiv. Worauf Sie allerdings achten sollten ist, dass Sie dem Kunden nicht das Gefühl vermitteln, ihn psychologisch zu durchdringen, um ihn wissen zu lassen, dass Sie seine Verhandlungstaktik und Kaufmotivation durchschauen. Sprechen Sie dies auf keinen Fall offen an, das zerstört die Verhandlung im Vornherein. Wenn Sie ihm jedoch klarmachen, wie gut seine Wünsche erfüllt werden, dass es seinen Bedarf deckt und seine dahinterstehende Motivation, wird er es als sinnvoll erachten.

Dazu gehört von Ihrer Seite natürlich eine gute innere Einstellung, zum Kunden, zum Produkt, zum Nutzen, natürlich zum Monetären (Preis, Geld, Rabatt) und zur Verhandlungsstrategie. Sie als Verhandlungspartner brauchen den nötigen Biss und Mut, auch bei einem Nein am Ball zu bleiben. Überlegen Sie, warum es zu einem Nein kommt, wozu es Ihnen dient, damit Sie an sich arbeiten können, um aus einem Nein ein begeisterndes Ja zu generieren. Das birgt enormes Entwicklungspotenzial, es zeigt auf, woran Sie als Verhandlungspartner noch an Ihren Fähigkeiten arbeiten dürfen, um zum Ziel zu kommen. Umgekehrt geht es natürlich ebenso darum, wann Sie selbst ein Nein einsetzen. Das liegt meist nicht nur am Preis, sondern auch manchmal an überzogenen Forderungen der Gegenseite oder nicht hinnehmbarem Verhalten. Wie gehen Sie damit um?

Wichtig ist immer, genau zu wissen, wer Ihnen gegenübersitzt. Kategorisieren, analysieren Sie Ihren Verhandlungspartner als Mensch, als Unternehmer, als Ihren Markt, den Sie erobern möchten. Doch stecken Sie ihn keinesfalls vorab und für immer in eine Schublade. Menschen können sich ändern. Menschen haben auch manchmal durch ihr momentanes Umfeld (z. B. bei hohen Stressfaktoren) eine andere Wirkung, als wenn sie in Ruhe arbeiten. Seien Sich achtsam, sensibel in Ihrer Wahrnehmung, spüren Sie in sich hinein. Was sagt der Verstand, der Kopf und was vermittelt Ihnen Ihr Bauchhirn, Ihr Gefühl? Meist sind wir sofort im Bewerten, statt einfach den Verhandlungspartner auf uns wirklich wirken zu lassen.

Eine weitere Möglichkeit ist, wenn Sie Ihren Verhandlungspartner nicht so gut kennen, sprechen Sie mit Kollegen, die Erfahrung in Gesprächen mit ihm gesammelt haben, oder bedienen Sie sich der Historie der CRM-Datenbank. Schauen Sie sich das Kaufverhalten, Notizen, Verhandlungen, Verträge, Abschlüsse an. Sie können durch sehr gute Recherchearbeit im Vorfeld viele Informationen sammeln und bilden so eine solide Basis. Wichtig bei Verhandlungen ist immer: Verlassen Sie sich bitte nicht nur auf Aussagen von Kollegen. Sehen Sie es neutral. Jeder von uns ist individuell und wirkt auf das Gegenüber anders. Pauschalisieren Sie nicht. Wir Menschen neigen in der Kommunikation immer mehr hineinzuinterpretieren als nötig und geben daraus abgeleitete Informationen überspitzt weiter, um Aufmerksamkeit zu erzielen. Bitte lassen Sie das. Es kostet unnötig Zeit und legt auch falsche Spuren, denen man sonst gern und unreflektiert folgt. Und falls Ihr Gesprächspartner z. B. den Ruf eines Wolfs hat, verlassen Sie sich auch darauf nicht zu 100 %, denn auch hier kann man überrascht sein, wenn sich Menschen ändern und sich durch ein gemeinsames Gespräch mit gegenseitiger Wahrnehmung, Authentizität, Offenheit, Klarheit anders verhalten, als Ihnen vielleicht zugetragen wurde. Achten Sie auf sich, Ihre Wahrnehmung, Ihre Zunge!

2.2   Verhandlungsstrategien

Sie können Ihr Gegenüber nun besser im Vorfeld einschätzen und auch ableiten, wie diese in Gesprächen, Verhandlungen wirken. Sie wissen durch perfekte Recherche, wie der Kunde tickt, welche Vorlieben er hat, welcher Nutzen ihm dient, erkennen das Potenzial, können ihn einschätzen. Ein weiterer wichtiger Faktor, den Sie kennen sollten ist, was die

Kaufmotive Ihres Kunden sind. Dazu zählen Prestige- und Autonomiestreben, Selbstverwirklichung, Bequemlichkeit, Gewinnmaximierung, Gutes zu tun, Selbstverwöhnung,
Kontaktsuche, ästhetische Bedürfnisse, Sicherheit, Sparsamkeit, Wissensdurst und vieles
mehr. Wenn Sie die Motivation ergründen, herausfinden, haben Sie eine gute Plattform,
um in die Verhandlungen zu starten.

Denken Sie auch an Ihr Erscheinungsbild, achten Sie auf gute Rhetorik, die Gesprächs-
ebenen in Verhandlungen, wie Sie als Gesprächspartner wirken, Emotionen geschickt
steuern und einen Blick auf Nachhaltigkeit haben (nachhaltiges Kunden- bzw. Partner-
management intern, extern). Achten Sie auf Authentizität und klare, freundliche Aussagen.
Von manipulativer Rhetorik rate ich dringend ab, es sei denn, es geht um kurzfristige Erfolge und Sie müssen nicht mehrmals zum selben Kunden. Es geht darum, dass Sie in
Verhandlungen überzeugen, ohne Tricks. Es geht um positive Überzeugungsarbeit.

2.2.1 Drei Fragen, die Sie sich vor der Verhandlung stellen sollten

Wie sieht mein ideales Ergebnis aus?
Die Antwort auf diese Frage sollten Sie während der Verhandlung immer im Hinterkopf
behalten. Es geht darum, nah an Ihrem Ziel zu bleiben und wo Ihre Grenzen für Einge-
ständnisse liegen. Bleiben Sie auf jeden Fall realistisch (Preis – Leistung). Beispiel: Die
Führungskraft möchte auf eine geforderte Gehaltserhöhung nicht eingehen. Er gibt nicht
nach. Die Folge: Ist der Mitarbeiter dann noch motiviert, macht weiterhin einen guten
Job? Bleibt dieser Mitarbeiter noch lange im Unternehmen? Eine gute Lösung ist, ihm ein
wenig mehr zu zahlen, damit der Mitarbeiter auch zufrieden aus dem Gespräch geht.

Wo beginnt die Untergrenze?
Es ist unabdingbar zu wissen, was ihr ideales Ergebnis ist und wie hoch die Abweichung
sein soll. Was ist das Minimum, mit dem ich jedoch noch ausreichend Gewinn mache? Es
hilft, während der Verhandlung den roten Faden zu behalten. Es ist daher wichtig, Ihre
Kalkulation und Ihr Mindestergebnis im Auge zu behalten. Zum Beispiel die Führungskraft überlegt, inwieweit sie der Forderung auf Gehaltserhöhung dem Mitarbeiter entge-
genkommt, ohne das Personalbudget zu überschreiten. Das wäre die Untergrenze. Hat der
Mitarbeiter höhere Erwartungen und die Führungskraft möchte den Mitarbeiter weiter an
das Unternehmen binden, muss man sich Alternativen überlegen.

Statt Plan A, Plan B
Liegen sehr unterschiedliche Verhandlungsziele vor, sind die Verhandlungsgespräche
wenig bis gar nicht erfolgreich. Was kann man jetzt tun? Wichtig ist hier eine Ober-
bzw. Untergrenze in petto zu haben. Wie unserem Fall mit dem besagten Mitarbeiter.
Die Führungskraft könnte in Erwägung ziehen, dass er seine Wertschätzung zeigt, indem er ihn zum Essen einlädt oder Sonderurlaub gibt, ohne jedoch auf Dauer zunächst
mehr zu bezahlen.

Lassen Sie sich bei Verhandlungen nicht offen in die Karten schauen. Achten Sie auf die von Ihnen gesetzten Verhandlungsgrenzen. Eine neutrale Haltung (Pokerface) ist in diesen Fällen sehr gut, denn es kann sein, dass Sie mit einem Profi zusammensitzen, der die Kunst des Verhandelns, des Bluffens sehr gut einsetzt und manipulativ arbeitet.

2.2.2 Mögliche eingesetzte Gesprächstaktiken bei Verhandlungen

Jeder Verhandlungspartner sucht natürlich in Verhandlungen seine Vorteile, wendet Taktiken an. Wir stellen Ihnen ein paar vor:

Scheibchenweise …
… wird durch das Gespräch geführt, immer mit dem Blick auf die Teilziele, die der Kunde für sich erreichen möchte. Jedes Teilziel wird separat entschieden. Punkt für Punkt wird die Forderungsliste abgearbeitet. Das hat Schema, denn Ziel des Verhandlungspartners ist, dass er Sie aus Ihrer Verhandlungszone holt, sie zu Zugeständnissen bringen möchte. Er sprengt durch sein Verhalten Ihren gesetzten Verhandlungsrahmen. Seien Sie daher achtsam im Gespräch, denn nur durch gezielte Fragen behalten Sie das Steuer in der Hand. Es ist wichtig, die „Scheiben" (Ziele) zu einem Ganzen zusammenzufügen. Das ist eine gute Basis, um in das Verhandlungsgespräch einzusteigen. Versuchen Sie im Gespräch das große Ganze zu ermitteln, herauszubekommen. Fragen wie: Um den Fokus zu behalten, wäre es wichtig, dass wir alle relevanten Punkte ansprechen und kennen.

„Be my best friend"
Ein Wohlgefühl durch Ihr Gegenüber wird vermittelt, gleich zu Beginn. Die Gesprächsatmosphäre ist so angenehm, so wohlig. Ihnen wird freundschaftlich geschmeichelt, Sie erhalten Lob für Ihre Kundenbeziehung, die Produkte oder Dienstleistungen. Sie erfahren Wertschätzung und fühlen sich wie im Kinder-Bällebad. Doch Stopp! Dieser Schalter wird ganz bewusst gedrückt, denn wer sich auf diese Beziehungsebene bringen lässt, kommt nur schwer wieder davon weg. Wie soll man einem „buddy", einem „best friend", auch wenn es nur ein Gefühl und nicht die Realität ist, Nein sagen? Wenn Sie hier umkippen werden Sie zu Dingen Ja sagen und mehr leisten müssen, als Sie es sich wünschen, Sie als Ziel haben. Sie fühlen sich in dieser Situation partnerschaftlich ausgenutzt. Durch diese Art der Verhandlung arbeitet Ihr Gegenüber ganz gezielt daran, die so nett gemeinten Wünsche in die Verhandlung zu packen, auf eine ganz subtile Art und Weise. Hier sollten Sie achtsam sein und das in Ihnen aufkeimende Gefühl authentisch und wertschätzend ansprechen bzw. die Situation klären. Sie haben einen Verhandlungsrahmen, den Sie einhalten müssen bzw. sollen. Weisen Sie freundlich und klar darauf hin, dass wenn über diesen Verhandlungsrahmen hinaus Wünsche oder Forderungen umgesetzt werden sollen, dies auch in Ihre Richtung gehen darf. Nach dem Prinzip „Eine Hand wäscht die andere", was nichts anderes bedeutet als Gegenleistung.

AAAAngriff

Der Gesprächspartner bläst zum Angriff und zielt genau auf Sie, fachlich, persönlich und stellt Ihre Kompetenz infrage. Er vermittelt Distanz, den Eindruck, dass Sie weit von seiner Hierarchieebene entfernt sind. Sie wirken klein. kleiner als Sie tatsächlich sind, und sein Verhalten, die Wirkung durch Sie, pinselt sein Ego. Er nutzt seine Chance, Kritik zu üben, bezogen auf Ihr Produkt, Ihr Unternehmen oder Ihre Dienstleistung. Das kann, wenn dieses Verhalten geschickt eingesetzt wird, Sie (völlig) aus dem Ruder werfen. Sie geraten in die Enge und wer sich nicht im Griff hat, die Situation erkennt, wird sich sofort rechtfertigen, sogar impulsiv darauf reagieren, statt sachlich zu bleiben. Sie werden durch den Angriff so ins Trudeln gebracht, dass Sie mit Ihrer eigenen Stellungnahme oder Rechtfertigung so stark beschäftigt sind, dass Ihr eigentliches Ziel, z. B. der Vertragsabschluss in weite Ferne rückt. Sie ermöglichen dem Gegner dadurch Raum und schenken ihm durch sein Vorangehen Vorteile, die er nur zu gern für sich nutzt. Was nun, fragen Sie sich? Werden Sie sich dieser Art von Angriff im Gespräch bewusst! Das Ziel Ihres Gegenübers ist es, Sie in die Enge zu drängen. Während Ihr Verhandlungspartner weiter auf Sie einwirkt, sollten Sie sich in dem Moment sein Verhalten bewusst machen. Was ist seine Motivation dahinter, was will er damit erreichen? Um was genau geht es? Ein Ansatz wäre, auf der Gesprächsebene mit sachlichen Ich-Botschaften zu arbeiten und in den Austausch zu gehen, mehr über seine Motivation zu erfahren.

Mit der Zeit spielen

Sicher kennen Sie das: Es kann manchmal unerwartet lange dauern, bis Sie überhaupt einen gemeinsamen Termin mit Ihrem Gesprächspartner haben. Die Gespräche ziehen sich im Meeting in die Länge und enden abrupt bzw. der wichtige Gesprächspartner muss kurzfristig aus dem Meeting, weil unerwartet ein wichtiger Besuch ansteht, ein Meeting oder ein Telefonanruf. Durch solche Verhaltensweisen setzt man Sie bewusst unter Druck, es wirft Sie aus Ihrem Konzept und so kann es passieren, dass durch die Überrumpelungstaktik und durch unerwartet erzeugte Momente Druck auf Sie entsteht; emotionale Kräfte wirken, die Sie lähmen – in Ihrem Denken, in Ihrer Vorgehensweise, in Ihren Entscheidungen. Sie reagieren fälschlicherweise spontan und die auftretenden Folgen nehmen ein Ausmaß an, mit dem Sie nicht gerechnet haben. Das spielt einen großen Vorteil in die Hände Ihres Verhandlungspartners, denn das genau ist sein Ziel. Auch hier geht es darum, sich organisatorisch sehr gut vorzubereiten, das bedeutet, den Termin, den Zeitrahmen, zu klären, das Gespräch zielgerichtet und (selbst)bewusst zu steuern. Sollte sich der Gesprächspartner aus dem Gespräch dennoch ausklinken, ist es hilfreich, sich etwas Zeit zu verschaffen, z. B.: „Vielen Dank für Ihre Zeit, ich melde mich zügig bei Ihnen, innerhalb der nächsten ein bis zwei Stunden. Sie erhalten per E-Mail die entsprechenden Unterlagen." So haben Sie die Chance, sich Zeit zu verschaffen, das Gespräch zu reflektieren, die Taktik des Gegenübers zu analysieren. Die von Ihnen eingeräumte Zeit zur Rückmeldung ist wichtig, damit Sie das Gespräch noch einmal durchlaufen, bewerten und darüber nachdenken können. Dies schafft eine Basis, auf beiden Seiten, um auf Augenhöhe zielorientiert weiterzuverhandeln.

Verhandlungen mit dem Krieger

Er ist der Nabel der Welt, sehr distanziert und lässt keine Möglichkeit aus, seine Gering-schätzung deutlich zu machen. Sie haben einen Termin? Prima! Schön für Sie! Doch er lässt Sie schön warten, die Zeit vergeht. Wenn Sie dann endlich zu ihm durchdringen, mit ihm zusammensitzen, spricht er Sie nicht mit Namen an, er behandelt Sie wie das fünfte Rad am Wagen, schaut Sie nicht oder kaum an, ist mit anderen, wichtigen Dingen beschäftigt. Es gibt schließlich Wichtigeres als Sie, „Sie Wurm". Wer im Verhandeln fit ist, durchschaut natürlich schnell, dass es sich hier um eine reine Taktik handelt; Berufsanfänger kommen allerdings schnell an ihre Grenzen. Durch das bewusst eingesetzte Verhalten des Verhandlungskriegers kocht er Sie schon im Vorfeld wachsweich. Je mehr Zeit verrinnt, je länger Sie warten, je geringschätziger Sie behandelt werden, desto unsicherer werden Sie. Ihr gesetztes Ziel ver-schwimmt, schmilzt wie Schnee in der Sonne, Ihre Souveränität als Verhandlungspartner schwindet. Aus aufkeimender Panik unterbreiten Sie vielleicht ein Angebot, das Sie norma-lerweise niemals so abgeben würden, völlig überzogen, um ein wenig Aufmerksamkeit, In-teresse zu erhaschen. Ein wenig Wahrnehmung wäre doch so schön! So übermächtig Ihnen dieser Verhandlungskrieger auch vorkommt, werden Sie sich seiner Taktik und seiner Moti-vation bewusst. Arbeiten Sie mit konkreten, sachlichen Ich-Botschaften, um auf eine ge-meinsame, kommunikative Basis zu kommen. Die richtige Fragestellung ist: Was bezweckt Ihr Gesprächspartner mit seinem Verhalten? Was ist seine Motivation? Gehen Sie offen, sachlich darauf ein, indem Sie z. B. sagen: Was kann ich dazu beitragen, damit wir konzen-triert wirken und unsere Verhandlung vereinfachen bzw. erleichtern?

Der Meister heißer Luft

Ihr Gegenüber ist ein Meister der Gesprächsführung, er weckt gezielt bei Ihnen Bedarfe. Er weiß genau, welchen Schalter er bei Ihnen betätigt. Dazu kommt eine ordentliche Packung Lobgesang, Wertschätzung. Ihnen wird wohlig warm ums Herz, es hört sich doch so vielsprechend an. Er erkennt in Ihnen das große Potenzial, schwärmt von sehr guten Erträgen auf Basis von gemeinsamer, erfolgreicher Zusammenarbeit. Der daraus generierte Nutzen für das gemeinsame Geschäft, ihr partnerschaftliches Wirken, über-steigt einfach alles. Mit dem Lobgesang hat er Sie an der Angel, umgarnt Sie mit innova-tiven, profitbringenden Visionen. Positive Bilder steigen in Ihnen auf und „zack" hat er Sie! Während Sie sich im Wohlfühlmodus befinden, als säßen Sie an einem heimeligen Abend, bei schönsten Wetter in der Toskana, die warme Gesprächsluft umweht Sie und Ihre Verhandlungsziele in weite Ferne rücken, hat er Sie mit seinen warmen Worten be-reits in eine schlechte Verhandlungsposition gebracht. Die vielen genannten Vorteile wir-ken so leicht, scheinen so stark zu überwiegen, dass Sie sich selbst vergessen und schon sind Sie ausgehebelt. Aus der warmen, lauen Luft wird plötzlich heißer Dampf, der auf Sie einströmt. Und bei dieser Hitze lässt man „schon gern einmal die Hosen runter", vielleicht mehr als einem lieb ist. Das Leistungs-Gegenleistungs-Prinzip funktioniert auf dieser Basis nicht mehr. Wichtig ist es, diese Taktik zeitnah wahrzunehmen; unterbrechen Sie den Gesprächsprozess. Es ist wichtig, Rahmenbedingungen genau abzuklären, sich auf Fakten zu beziehen. Sollten unerwartete Forderungen, Leistungsversprechungen an

Sie herangetragen werden, fragen Sie konkret nach, mit welcher Gegenleistung Sie rechnen können. Sind Ideen oder Vorschläge schwer einzuschätzen, ist es ratsam, sich Zeit zu nehmen, die Szenarien zu durchdenken und um im Anschluss ein Angebot zu erstellen.

Die Macht der hohen Instanz

Wir erläutern im Gespräch unser Anliegen, formulieren Positionen. Wir sind im Austausch mit dem Gesprächspartner, bewegen uns partnerschaftlich. Wir sind perfekt vorbereitet. Und jetzt kommt das große ABER. Wir verhandeln zwar, doch die höhere Instanz hat eigene Ziele und Prioritäten, die unveränderbar sind, als die, die Ihre Gesprächspartner, die vor Ihnen sitzen, haben. Sie verhandeln mit Personen, die keinen Einfluss auf die Ziele der hohen Instanz haben. Meist vergeudete Zeit. Denn diese Situation lässt uns keinerlei Raum für Verhandlungen. Leistung – Gegenleistung, dieses Prinzip kommt hier erst gar nicht zum Tragen. Durch die fehlenden, wichtigen Gesprächspartner und wichtige Kommunikation kommen Sie erst gar nicht auf eine Verhandlungsbasis. Sie sind abgeschottet, haben keine große Hebelwirkung. Die eigenen, gesetzten Ziele geraten dadurch ins Hintertreffen, Ihre Forderungen an die imaginäre Instanz prallen ab. Das ist eine fordernde Situation, die viel Zeit in Anspruch nehmen kann. Was können Sie tun? Sie können die Verhandlungsgespräche vertagen und darum bitten, dass Mitarbeiter der höheren Instanz beim nächsten Meeting anwesend sind oder sich auf die Möglichkeit berufen, ein Angebot zu schicken. Eine weitere Möglichkeit wäre, sich auf die Partnerschaftlichkeit zu beziehen, getreu dem Motto: Wir finden eine gemeinsame Basis und bekommen das sicher hin.

2.2.3 Wie laufen Verhandlungen schematisch ab?

In unserer digitalen Welt wird es auch weiterhin einen strukturieren Ablauf der Verhandlungen geben, auf die Sie sich vorbereiten. Wichtig sind folgende Punkte, die Sie im Vorfeld klären, um in die Verhandlung zu gehen.

Vorbereitung des Verhandlungsgesprächs

Welche Personen sind direkt oder indirekt an der Verhandlung beteiligt (Rolle, Einfluss, Position, Verhandlungskompetenz)?

Gibt es gemeinsame, strategische Ziele?

Was ist das Verhandlungsziel?

Was sind beste Alternativen zur Verhandlung, was sind Konsequenzen des Scheiterns?

Was sind Maximalziele, Argumente, Minimalziele; was sind Abbruchkriterien (MAMA-Konzept)?

Einwände, Bedenken?

Fakten, Beweise?

Präferierte (objektive) Entscheidungskriterien?

Gibt es Druckmittel?

Angebote?

Sachgerechter Ablauf eines Verhandlungsgesprächs
Begrüßung

Einigung über die Rahmenbedingungen (Zeitlimit, Gegenstand, Vorgehen, Entscheidungsfindung)

Beide stellen die Interessen dar und leiten Schlussfolgerungen ab

Zum beidseitigen Vorteil mehrere Optionen gemeinsam entwickeln

Einigung auf objektive Kriterien für die Entscheidung

Festlegung weiterer Schritte

Abschluss der Verhandlung

BEZAHL – Das Phasenmodell für Verhandlungen
B Begrüßen (Etikette, eigene Ausstrahlung, Sympathie)

E Erfragen (Wertschätzung, das Gegenüber gegebenenfalls sprudeln bzw. leerreden lassen)

Z Zeigen (eigene Standpunkte darlegen)

A Argumentieren (Austausch der Argumente)

H Handschlag (Ergebnis besiegeln)

L Loben (positiver Abschluss)

Was tun bei Einwänden?
In erster Linie ist es wichtig, dass sie aktiv und analytisch zuhören (was ist das Motiv des Gesprächspartners), entspannt zu bleiben und die Mimik, Gestik zu beobachten. Lassen Sie andere ausreden. Halten Sie eine kurze Pause aus, denken Sie über das Gesagte nach, nehmen Sie sich die Zeit dafür. Fragen Sie nach, fassen Sie zusammen, gewinnen Sie dadurch zusätzliche Informationen und sichern Sie sich ab, ob Sie den Einwand verstanden haben. Werten Sie Aussagen nicht ab durch Formulierungen wie: Das ist absolut falsch ..., Dummes Zeug ... Gehen Sie auf eine positive Gesprächsebene, stimmen Sie Ihren Gesprächspartner positiv: Ich kann es nachvollziehen ..., Sie haben Recht ... Ist der Einwand falsch, entkräften Sie diesen fachlich bzw. setzen Sie Ihre eigene Argumentation fort.

Was uns immer im Weg steht, sind wir selbst!
Durch unsere Erziehung, unsere vorgegebenen, inhalierten Werte, Erfahrungen, Ziele, Motive, Selbstbewusstsein haben wir oft eine verzerrte Wahrnehmung. Es gehört viel Größe, Mut und Offenheit dazu, sich dies zu verinnerlichen und ehrlich an sich selbst zu arbeiten. Wie schnell stecken wir Menschen in eine Schublade, wo sie manchmal gar nicht hingehören, weil wir einfach urteilen und wir nicht uns nicht SELBST-BEWUSST sind. Dies zeigt sich in der Kommunikation ganz deutlich. Nonverbal und verbal. Sie urteilen bereits in drei Sekunden über Menschen, ohne dass Sie mit diesen im direkten Austausch sind. Das bedarf Justierung. Hier gilt es für Verhandlungen auf einer sachlich-fachlichen Basis ohne Beurteilung zu bleiben, nach dem Prinzip: Ich bin OK, Sie sind OK. Es zeigt Wohlwollen, schafft eine Basis des Vertrauens, die Bereitschaft Verantwortung zu übernehmen. Sobald sich einer von dieser Basis entfernt, werden Überheblichkeit, Selbstge-

rechtigkeit und Distanz spürbar. Die Kommunikation funktioniert nur noch schlecht und im schlimmsten Fall kommt es zum Misserfolg bei den Verhandlungen. Machen Sie sich bewusst, dass wir aus der Summe unserer Lebenserfahrungen bestehen. Dass wir unseren Blick, unsere Haltung, unsere Wahrnehmung stets verändern können, wenn wir nur wollen. Sie brauchen für die Zukunft Mut, Mut sich mit der Entmenschlichung in Prozessen zu beschäftigen, ein gutes Selbst- und Zeitmanagement, da nur noch messbare Ergebnisse Ihr Gehalt bestimmen, Sie durch digitale Systeme getrackt und mit ausgesteuert werden. Was Maschinen nicht können, ist menschliche Gefühle reell wahrzunehmen. Das ist und bleibt immer noch ein menschliches Gut.

Zeigen Sie Wertschätzung durch aktives Zuhören, seien Sie aufmerksam. Sie schenken dem Gegenüber in Verhandlungen nicht nur geschäftliches Vorankommen, sondern auch Ihre Lebenszeit. Allein das hat authentisches Miteinander auf Augenhöhe und Respekt verdient. Gehen Sie offen in den Austausch durch Ich-Botschaften und stellen Sie kluge Fragen. Wer konkret, einfach, aufmunternd, empathisch fragt, der führt.

2.2.4   Verhandlungen, die Chance für Selbstreflexion, die Chance auf Wachstum

Generell geht es in Verhandlungen immer darum, dass man sein Ziel erreicht, auch Alternativen anbietet, Möglichkeiten aufzeichnet, wo beide Seiten zufrieden sind. Das bedeutet allerdings auch, dass man während der Verhandlung für beide Seiten die gewinnbringendste Lösung im Auge behält. Was Sie in Zukunft auszeichnet, ist ehrlich-authentisches Verhandeln in Verbindung mit Sach- und Fachkenntnis und Expertenwissen, bedingt durch die sich verändernden Märkte, den Grad der Technisierung, die Digitalisierung. Empathie und Offenheit dem Gesprächspartner gegenüber sind für ein gutes Gelingen ein Muss in Verhandlungen. Auch, wenn wie oben beschrieben, verschiedene Verhandlungsmodelle bewusst oder unbewusst angewandt werden oder wir den Kunden durch sein Verhalten grob clustern, um ihn einschätzen zu können, um auf seine Kommunikationsbasis zu gehen. Wichtig ist, dass beide Seiten zufrieden aus der Verhandlung gehen, um die Kundenwünsche zu erfüllen und wir durch das partnerschaftliche Arbeiten einen Mehrwert generieren.

Wichtig dabei ist, dass Sie sich Ihres Geschäftsmodells, Ihrer Unternehmens- und Verhandlungsziele bewusst sind. Dazu kommt der Blick auf Transparenz, der Blick über den Tellerrand, gewinnbringende Kollaborationen, Querdenken und Agilität. Verhandeln verändert sich durch Bots, durch den Menschen, die sich wandelnde Umwelt und der eingesetzten Technologien, z. B. Internet of Things, Automation, künstliche Intelligenz, maschinelles Lernen und vieles mehr, was unser Verhalten als Mensch, Kunde, Geschäfts- und Verhandlungspartner massiv beeinflusst. Wohin es führen wird? Das weiß heute niemand so genau, jeder kann nur eine Prognose abgeben. Zeit und Anpassungsgeschwindigkeit, Innovationskraft und Ihr eigener innovativer Wille zur Gestaltung der digitalen Welt spielen eine enorme Rolle.

2.3   Fazit

Verhandlungen im digitalen Zeitalter sind digital und menschlich geprägt. Beide Faktoren nehmen Einfluss auf Verhandlungen. Doch so sehr wir digital arbeiten, es geht nach wie vor um Identifikation der Schlüsselfaktoren: Formulierung gemeinsamer Ziele, Aufbau und Vertiefung von Vertrauen, Empathie für den Vertragspartner und natürlich auch der Wille von gemeinsamem Wirken, einer guten Zusammenarbeit mit Win-win-Faktor.

Digitale Systeme unterstützen uns bei unserer täglichen Arbeit und schaffen Raum, damit wir uns effizient austauschen, verhandeln, schneller an gewünschte Informationen kommen. Im Rahmen von Verhandlungen nehmen geschäftliche Kooperationen zu. Es hat den großen Vorteil, dass beide Seiten an der Problemlösung, im Rahmen der Kooperationsstrategie, mitwirken und schneller zu einem Ergebnis kommen. Basis ist die Definition des Problems und der gewünschten Ziele. Die Herausforderung ist, dass beide Parteien eine gute, schnelle und einvernehmliche Lösung zur Erreichung der Ziele erarbeiten. Denn der Konkurrenzdruck im digitalen Zeitalter durch die Globalisierung ist enorm hoch.

Vertrauensvolle, authentische und mutige Kommunikation bilden den Mittelpunkt der Verhandlungen; der generierte Kundennutzen spielt auch im Jahr 2030 eine sehr große Rolle.

Ich wünsche Ihnen viel Spaß und Freude bei der Umsetzung, dazu ein in offenes, gemäßigtes Ohr in Ihren Verhandlungen und ein empathisches, vertrauensvolles, erfolgreiches Wirken! Werden Sie zur Marke „ICH" in Verbindung mit Ihren Produkten, Dienstleistungen. Sie können dadurch nur gewinnen!

Charlotte De Brabandt   ist Moderatorin und Expertin im Bereich Technologie und Einkauf. Sie bringt globale Industrieerfahrung in den Bereichen Automobil, Uhren, IT/Software sowie Pharma und Konsumgüter mit. Sie wurde bekannt durch zahlreiche Moderationen und vom TEDx Lugano Event „Berufe der Zukunft", das sie vor Kurzem moderiert hat. Sie unterstützt Unternehmen im Bereich digitale Technologien, Automatisierung und künstliche Intelligenz.

Die Freiheit des Worts im digitalen Zeitalter und ihre Bedrohung

3

Dagmar Döring

Inhaltsverzeichnis

Zusammenfassung

Das Jahr 2030 liegt in nicht allzu ferner Zukunft, doch heute schon können wir erkennen, dass die digitale Welt unsere Lebenswirklichkeit bis dahin gravierend verändern wird. Kritische wie euphorische Stimmen geben einen Hinweis darauf, wie immens der digitale Einfluss auf uns als einzelnen Menschen und auf unsere Verfasstheit als menschliche Gattung insgesamt sein wird. Über die Chancen und Risiken vom Internet der Dinge, Bots und von künstlicher Intelligenz (KI) gesteuerten Assistenten wollen wir drei Diskurse führen: den öffentlichen Diskurs, den Diskurs mit dem anderen und den Diskurs mit uns selbst. Die Freiheit des Worts im digitalen Zeitalter und ihre Bedrohung werden unsere Haltung schärfen. Denn bereits der Diskurs

D. Döring (✉)
Döring Dialog GmbH, Wiesbaden, Deutschland
E-Mail: d.doering@doeringdialog.de

© Springer Fachmedien Wiesbaden GmbH, ein Teil von Springer Nature 2019
P. Buchenau (Hrsg.), *Chefsache Zukunft*, Chefsache,
https://doi.org/10.1007/978-3-658-26560-1_3

verändert und wird uns die Möglichkeit schaffen, Leitplanken und Werte zum Wohl der Menschen und der Menschheit zu entwickeln. Jeder von uns ist aufgerufen, sich aktiv einzumischen. Und vielleicht entsteht gerade in der Erfahrung eines Mangels im alltäglichen Umgang mit jenen KI-Assistenten an Empathie eine Rückbesinnung auf das, was uns als Menschen im Innersten ausmacht. Denn von der Geburt bis zum Tod suchen wir wahre Bindung und Begegnung.

3.1   Der gesellschaftliche Diskurs

3.1.1   Hoffnungen, Werte, Haltungen

„Politik entsteht in dem *Zwischen-den-Menschen*, also durchaus außerhalb des Menschen. Es gibt daher keine eigentlich politische Substanz. Politik entsteht in dem Zwischen und etabliert sich als Bezug" (Arendt 1993). Dieses Hannah-Arendt-Zitat wurde auf einer Digitalkonferenz von Microsoft 2018 genannt. Der Rekurs der Microsoft-Akteure auf die Person Hannah Arendt ist zum einen ein Statement für unsere freiheitlich demokratische Ordnung und gegen den Totalitarismus gewesen, denn die Auseinandersetzung mit der Nazidiktatur ist Arendts zentrales Anliegen. Der Inhalt der Aussage ist zum anderen als Botschaft der Konferenz zu verstehen gewesen: „Politik [...] etabliert sich als Bezug". Denn Politik im Arendtschen Sinne versteht sich in einem Zwischen den Menschen, wir sind nicht a priori politisch, sondern werden als Gestalter in einem öffentlichen Raum betrachtet, in dem wir gemeinsam das verhandeln, was uns alle betrifft.

Zunehmend werden in der Diskussion um die Auswirkungen der Digitalisierung auf unsere Gesellschaft und uns als Individuen die Geisteswissenschaften zurate gezogen. Das ist vielversprechend, da in Zeiten der digitalen Revolution eine Rückbesinnung auf das stattfinden könnte, was uns als Menschen im Kern ausmacht. Allerdings kann auch gefragt werden, ob solche Ambitionen eher als eine Art Greenwashing zu verstehen sind. Einen kritischen Blick wirft die Süddeutsche Zeitung z. B. auf die 6,5 Mio. € Spende von Facebook für eine Ethikforschung an der Technischen Universität München unter dem Titel „Die Strategie der Konquistadoren" (Gillen und Yogeshwar 2019).

Auch im Jahr 2030 wird es meiner Meinung nach weitere geistige Verwandte von Hannah Arendt geben. Die Frage ist, ob ihre Anzahl und ihre Einflussmöglichkeiten eher gestiegen oder gesunken sein werden. Denn das ist die auszuhaltende Ambivalenz, in der wir leben, dass die Produzenten der Digitalisierung neben ihrem auf Profit ausgerichtetem Streben auch die freiheitlichen und demokratischen Werte und die Menschenwürde nicht nur beachten, sondern auch stabilisieren und fördern wollten und erklärtermaßen weiterhin wollen. Obwohl das Internet im US-Militär seinen Ursprung hat, war die zivile Nutzung mit Hoffnungen auf den weltweiten Erfolg demokratischen Handelns verbunden. Jeder sollte sich einbringen und seine Meinung äußern, jeder sollte zum Autor werden können. Die freie Rede: Dank des Internets weltweit möglich. Die Zeitschrift *Akzente* der Deutschen Gesellschaft für Internationale Zusammenarbeit (GIZ) GmbH zeigt dafür ein gutes Beispiel. Shradha Sharma aus Indien hat 2018 die größte Start-up-Plattform mit dem Namen „Your story" gegründet. „Die Hürde der Teilhabe ist heute deutlich niedriger als früher, zum Vorteil der Schwächsten der Gesellschaft" (Bauer 2018).

Das Internet per se ist zwar nutzbar für demokratische Prozesse, die zentralen Figuren, die Betreiber aber verhalten sich nicht unbedingt demokratisch. Facebook-Gründer Mark Zuckerberg übernahm 2018 vor dem US-Kongress die Verantwortung für einen Datenskandal, bei dem 87 Mio. Daten von Facebook-Nutzern an das britische Datenanalyseunternehmen Cambridge Analytika verkauft worden sein sollen. „Wo freier ungestörter Zugang zu Informationen herrschen sollte, bestimmen algorithmische Filter und maschinell erstellte Anwenderprofile, was zu lesen, zu denken, zu fühlen und zu debattieren ist" formuliert die Juristin Yvonne Hofstetter (2018). Einige Informatiker und Künstliche-Intelligenz (KI)-Entwickler wie Jürgen Schmidhuber und Ray Kurzweil gehen sogar noch weiter und wollen uns als Menschen in unserer jetzigen Daseinsform überwinden und damit zwangsläufig auch die menschliche Gesellschaft aufgeben. Jürgen Schmidhuber formuliert das so: „Der Mensch kann nicht das Ende der Schöpfung sein" (Schäfer 2018).

Über Kommunikation im Jahr 2030 können wir nur sprechen, wenn wir uns fragen, was uns in der nahen Zukunft von etwa zehn Jahren als Menschen ausmachen wird. Im Jahr 2030 sollen auch die Nachhaltigkeitsziele der Vereinten Nationen (SDG) umgesetzt sein. Der Erfolg oder Misserfolg dieser weltweiten Ziele wird uns Auskunft darüber geben, ob wir die Digitalisierung für uns als Menschheit genutzt haben oder nicht. Nach welchen Werten und Grundüberzeugungen werden wir leben? Welche politischen und gesellschaftlichen Verhältnisse werden wir vorfinden? In diesem Zusammenhang mögen wir auch darauf schauen, ob wir den Grad unserer Selbstbestimmung in Verantwortung für Mensch und Natur erhöht oder gesenkt haben. Sprache, Kommunikation, das freie Wort sind dabei wichtige Instrumente. Denn die Herausforderungen wie Klimawandel, Populismus, Globalisierung, Finanzkrise, Terrorismus und Digitalisierung erzeugen zunehmend das Gefühl, die Welt sei aus den Fugen geraten. Der Schweizer Unternehmer und Politiker, Kaspar Villiger, hat dafür den treffenden Begriff der „Durcheinanderwelt" geprägt (Villiger 2017). Folgt man Villigers Ausführungen, dann wird dies zunehmend Orientierungslosigkeit und Überforderung verursachen und damit eine Beschneidung der freien Entfaltung des Individuums. Die Antwort darauf ist die in freier Rede im öffentlichen wie im privaten Diskurs zu erringende Entwicklung von verbindlichen ethischen Werten und Haltungen.

Wir identifizieren im Folgenden die aktuellen Auswirkungen der Digitalisierung auf die Gesellschaft und uns als Individuen; wir diskutieren mögliche Chancen und Risiken und entwerfen schließlich Perspektiven für 2030.

Dies wissend, steht am Anfang der weiteren Ausführungen die Reflexion und Markierung des eigenen Standpunkts. Die eigene Relativität erkennend, ist der folgende Beitrag von der Haltung gekennzeichnet, möglicherweise Aspekte übersehen oder falsch gewichtet zu haben, blind zu sein auf manchen gedanklichen Feldern – und selbstverständlich keinen Anspruch auf allgemeingültige Weisheit zu erheben. Hier und heute – im Jahr

2019 – können wir nur Szenarien für die weiteren zehn Jahre entwerfen; eindeutige Aussagen über die Zukunft 2030 sind nicht möglich. Es bleiben viele Fragezeichen, denn vielleicht kommt alles auch ganz anders.

3.1.2 Wanzen, Bots, Fake News

In ihrem Buch *Das Ende der Demokratie* warnt Yvonne Hofstetter, die bereits zitierte Juristin eines Softwareunternehmens, vor einer Entmündigung der Bürgerinnen und Bürger. Die Betreiber von Big-Data-Auswertungen verfügen heute schon über Unmengen von Informationen über uns als Konsumentinnen und Konsumenten, um damit genaue Profile zu erstellen und diese dann zu Kampagnen- oder Werbezwecken zu nutzen. Der Profit ist hierbei der treibende Faktor. Durch Datenmissbrauch könnten – so Hofstetter weiter – schleichend unsere Grundrechte wie der Schutz der Privatsphäre außer Kraft gesetzt werden. Das beste Beispiel dafür sei *Alexa*, jener Amazon-Assistent, mit dem wir in unserem Wohnzimmer kommunizieren können. *Alexa* wählt für uns aber nicht nur die gewünschten Musiktitel aus, sondern hört auch unsere Gespräche mit. Hofstetter spricht von modernen „Wanzen", die wir uns freiwillig in die Wohnung holen (Hofstetter und Kucklick 2016). Auch der Bildungsforscher Gerd Gigerenzer spricht in diesem Zusammenhang von „potenziellen Heimspionen" (Jahberg 2019). Für ihn ist es sogar möglich, dass Deutschland zu einer Überwachungsgesellschaft – ähnlich wie der in China – werden könnte. Dort wird soziales Verhalten über Algorithmen erfasst, deren Daten dann als Grundlage für soziale Vergünstigungen oder Bestrafungen dienen. Dies laufe in Deutschland anders, nicht von „oben nach unten", so Gigerenzer, „sondern weil man technische Spielzeuge liebt oder sich kleine Bequemlichkeiten verspricht" (Jahberg 2019). Der Preis für diese Convenience kann aber hoch werden, unmerklich drohen demokratische Grundrechte zu schwinden. Man mag entgegenhalten, dass es immer noch Menschen sind, die sich zum Kauf von *Alexa* entscheiden. Die Gefahr eines naiven Umgangs mit den digitalen Assistenten – insbesondere bei jungen Menschen – ist jedoch nicht von der Hand zu weisen.

Hofstetter warnt auch vor Bots-getriebenen Kampagnen. Ein Unbehagen stellt sich bei folgendem Beispiel ein: Die Wissenschaftler Alessandro Bessi und Emilio Ferrara von der Southern California Universität veröffentlichten kurz vor dem Ende der US-Präsidentschaftswahl einen Beitrag, in dem es heißt: „20 Prozent aller Tweets, die im Wahlkampf verschickt wurden, stammten von Robotern, 75 Prozent davon unterstützten Donald Trump vehement" (Borchardt 2018).

Ein weiteres Beispiel dafür ist die Diskussion um den inzwischen verabschiedeten UN-Migrationspakt. Laut einer Analyse der Firma Botswatch sind 28 % aller Tweets zum Migrationspakt auf künstliche Teilnehmer zurückzuführen (Hock und Lindenau 2018).

Die Meinungshoheit könnten künftig also diejenigen Parteien oder Interessensgruppen erlangen, die die zahlenmäßig größte und – bezogen auf die Zielgruppen – präziseste Reichweite ihrer Kampagnen via Bots erzielen. Problematisch sind solche Nachrichten, weil sie manipulativ wirken. Sie kommen daher, als seien sie von Menschen verfasst, tatsächlich sind sie aber algorithmisch generiert. Sie gaukeln uns die Existenz einer Vielzahl von persönlichen Meinungen vor, die es so gar nicht gibt. In Wahrheit geht es um kommerzielle Interessen und um Macht. Maschinen werden im Jahr 2030 vermutlich den im Jahr 1950 von Alain Turing entwickelten Test gewinnen. Dann wird es für einen Menschen vermutlich nicht mehr möglich sein, in kommunikativen Situationen ohne Sichtkontakt also z. B. am Computer oder am Mobiltelefon den Unterschied zwischen Mensch und Maschine festzustellen. Zu vermuten ist, dass auch in den nächsten zehn Jahren immer mehr politische Akteure Bots benutzen werden, um Einfluss auf Stimmungen zu nehmen und Wähler in bestimmte Richtungen zu drängen. Forderungen nach Transparenz der Betreiber derartiger Bots dürften aufgrund technischer Möglichkeiten zur Anonymisierung von Nachrichten wohl unrealisierbar sein.

Eine weitere besorgniserregende Prognose bezieht sich auf die Verbreitung von Fake News. Hillary Clinton hat dies bereits im vergangenen US-Wahlkampf bitter erleben müssen (Balzli 2018). Fake News bedrohen aber auch die Arbeit von Organisationen, die auf dem Weg zu einer besseren Welt sind. Aus Anlass des World Health Summit in Berlin 2018 beklagte der Geschäftsführer der Impfallianz, Seth Berkeley, die Gefährdung von Impfprogrammen in den Entwicklungsländern durch nachweisliche Falschnachrichten in den sozialen Medien. Darin wird behauptet, dass „bestimmte Vakzime […] Autismus und andere Nebenwirkungen auslösen" (Tagesspiegel 2018a). Das gefährde das Vertrauen der Bevölkerung in Ärzte, Wissenschaft und Arzneimittelhersteller, so Berkeley. Dabei sprechen die Zahlen für sich: In den Jahren 2016 und 2017 sind 127 Mio. Kinder geimpft worden, 2,5 Mio. Menschenleben konnten gerettet werden.

3.1.3   Hybris, Horizonte, Halbgötter

Die eben erörterten Fragen stehen nicht im Zentrum der Anhänger der transhumanistischen Richtung wie z. B. der KI-Entwickler Jürgen Schmidhuber. Die genannten Themen könnten alle überwunden werden, – so die Anhänger des Transhumanismus – wenn erst neue uns Menschen überlegene KI-Instanzen agierten. Die Begrenzung der menschlichen Möglichkeiten soll durch KI erweitert werden. „Es wird krass werden in den nächsten 15 Jahren", sagt Jürgen Schmidhuber (Schäfer 2018). In seinem Schweizer Forschungsinstitut IDSIA, dass er seit 1995 leitet, gibt es bereits künstliche Ameisen sowie lernende Roboter, die nicht nur auf reaktives Lernen reagieren, sondern sich selbst Ziele setzen. Bei Schmidhuber heißt das Rekurrente Neuronale-Netze (RNN). Wenn es uns Menschen gelänge, und Schmidhuber und Co. arbeiten daran, unser Gehirn vollständig zu entschlüsseln und unsere neuronalen Verbindungen nachzubilden, dann wird es künftig möglich sein, dass KI bessere Entscheidungen trifft als wir selbst. Menschen sind heute im Jahr 2019 schon Maschinen in Bereichen der Speicherkapazitäten, Schnelligkeit der Reaktionen etwa bei Sprachassistenten, der Erkennung von Gesichtern und Sprachen, Vermögen der Sinne, Entscheidungen, wie z. B. beim Schach oder Go unterlegen. Faszinierend ist zu sehen, in welcher

Geschwindigkeit und mit welcher Genauigkeit das in Deutschland erfundene KI-gestützte Programm DeepL Texte übersetzt. Der Philosoph Günther Anders hat diese Überlegenheit der Maschinen bereits 1956 in seinem Werk *Die Antiquiertheit des Menschen* – auch im Angesicht der Entstehung der Atombombe und eines möglichen dritten Weltkriegs – ausgeführt.

In Bezug auf die Gefahr eines Atomkriegs treffen sich der Denker Anders und der KI-Entwickler Schmidhuber. Während Anders aber der damaligen technischen Entwicklung skeptisch gegenüberstand, schwärmt Schmidhuber von deren ungeahnten Möglichkeiten. KI wird sich selbstständig machen, ist Schmidhuber überzeugt. Da sie Materie und Energie braucht, wird sie den Kosmos bevölkern. „Die Milchstraße wird voll" und „der Kosmos wird intelligent" (Schäfer 2018). Wie sollen wir uns das vorstellen? Werden Politiker im Jahr 2030 KI im Weltall um Entscheidungshilfe bitten? Und gibt es dann überhaupt noch die bekannten demokratischen Strukturen?

Im fiktiven Dialog der beiden Wissenschaftler Scott und Christian in Hofstetters Werk *Das Ende der Demokratie* wird eine provokante Frage gestellt: „Wieso […] sollte eine kybernetische Kontrollstrategie, implementiert als Künstliche Intelligenz, die Demokratie nicht genauso gut verstehen wie ein Mensch? Eine Künstliche Intelligenz könnte die demokratische Herrschaftsform vielleicht sogar besser durchschauen" (Hofstetter 2018).

KI als Segen oder Fluch? Die Bundeswehr und das Auswärtige Amt setzen bereits heute mit ihren KI-gesteuerten, lernenden Systemen auf Krisenprävention. Auch Geheimdokumente werden von diesen Systemen ausgewertet. Ein guter Ansatz, aber er bedarf auch des Schutzes dieser Informationen. Denn was geschieht, wenn diese Kontrollstrategien in falsche Hände geraten? China verfügt bereits über weitreichende KI-Systeme. Was, wenn Diktaturen oder Terroristen unsere Systeme für ihre Zwecke nutzten oder manipulierten, um demokratische Systeme zu destabilisieren oder zu zerstören? Dann wären wir von einem Cyber-Krieg nicht weit entfernt. Erste Anläufe in diese Richtung gab es bereits 2015, als Daten von Bundestagsabgeordneten gehackt wurden. Drahtzieher soll der russische Geheimdienst gewesen sein (Tagesspiegel 2018b). Eine düstere Vorstellung, mit der wir uns auseinandersetzen müssen. Und im schlimmsten Fall könnte wohl auch ein Atomkrieg durch Cyber-Attacken bewusst oder irrtümlich ausgelöst werden.

3.1.4 Richtlinien, Mündigkeit, Irrtum

Die privaten Großkonzerne aus dem Silicon Valley wie z. B. Google, Apple, Facebook und Amazon (GAFA) bestimmen derzeit weitgehend den Raum des Internets. Getrieben werden die Aktivitäten der genannten Konzerne durch kommerzielle Interessen. Es ist wichtig, die digitalen Akteure beim Namen zu nennen und ihre Absichten zu kennen.

Hierzu unterbreitet der Tübinger Medienwissenschaftler Bernhard Pörksen einen interessanten Lösungsvorschlag namens „redaktionelle Gesellschaft". In seiner ausgezeichneten Analyse unserer Zeit mit dem Titel *Die große Gereiztheit* fordert er eine Diskurs- und Transparenzpflicht der Plattform-Monopolisten. Dies ist möglich, da die Betreiber permanent redaktionelle Entscheidungen treffen, indem sie algorithmische Filter programmieren. Pörksen fordert: „Plattformen müssen sich eigene, detailliert ausbuchstabierte Richtlinien und Ethikkodizes geben, die der öffentlichen Diskussion zugänglich sind" (Pörksen 2018, S. 215). Auch wir als Nutzer sollten die Möglichkeit bekommen, auf diese Transparenz zu reagieren. „Die Lösung, die im Bemühen um allgemeine Medienmündigkeit naheliegt, besteht darin, dass man Filtertransparenz, die Offenlegung der Entscheidungspraxis und die Möglichkeit des allgemeinen Publikums, diskursiv auf diese Entscheidungspraxis Einfluss nehmen, befördern und notfalls gesetzlich erzwingen muss" (Pörksen 2018, S. 214).

Diese Forderungen würden – da mögen wir Pörksen zustimmen – unsere Selbstbestimmung fördern und demokratische Grundrechte schützen. Dazu bräuchte es jedoch eine starke Hand in der Politik, insbesondere in der amerikanischen. Es bleibt abzuwarten, ob die immer lauter werdenden Forderungen einzelner Politiker sowie erste Schritte der Justiz Wirkung zeigen.

Pörksen selbst ist der redaktionellen Gesellschaft gegenüber realistisch und spricht von einer Utopie: „Ein solches Plädoyer […] weist ins Offene und will und braucht die Debatte, nicht die Ruhebank fester Wahrheiten und vermeintlich zeitloser Gewissheiten" (Pörksen 2018, S. 218).

Eine gute Chance könnte hingegen sein Vorschlag der Einführung eines Schulfachs Medienmündigkeit haben. Es soll als eine Art Labor der redaktionellen Gesellschaft angelegt sein, ein freier Raum, in dem etwa die „Mechanismen des Öffentlichen" (Pörksen 2018, S. 206) erklärt werden. Es sollte ein „interdisziplinäres Fach an der Schnittstelle von philosophischer Ethik, Sozialpsychologie, Medienwissenschaft und Informatik" sein.

Und zu diesem Fach zählt er auch die Disziplin, die er als „angewandte Irrtumswissenschaft" bezeichnet. „Es sollte uns klar machen, dass unser Geist ständig von Irrtum und Täuschung bedroht ist. Hier ginge es um die Einschätzung der Verlässlichkeit und Objektivität von Quellen" (Pörksen 2018, S. 207). Dieses schulische Labor hätte dann Auswirkungen auf die gesamte Gesellschaft, die lernt, dass sie „vor Missbrauch und Manipulation, vor Desinformation und intransparent agierenden Machtmonopolen geschützt werden muss" (Pörksen 2018, S. 208). Wie also könnte der Diskurs im gesellschaftlichen Leben im Jahr 2030 aussehen? Das heute schon existierende Grundgefühl der Verunsicherung, Orientierungslosigkeit und des Misstrauens wird vermutlich noch zunehmen. Weitere Datenskandale, Fake News, intransparente Nachrichten und Hate Speech werden – dies ist zu befürchten – eine neue Form des Unbehagens und der Verstörtheit vieler Menschen erzeugen. Diese destabilisierenden Faktoren werden dann zweifelsohne die Demokratie schwächen und Populisten von links und rechts sowie Nationalisten mit ihren einfachen Antworten Tür und Tor öffnen. Die Wächter der Demokratie sind aufgerufen sich aktiv dagegen zur Wehr setzen.

Digitale Unternehmen werden sich m. E. nur zögerlich eigene ethische Richtlinien geben. Sie haben hieran schlichtweg wenig Interesse. Massiver Druck der Politik und der

Zivilbevölkerung sind notwendig, sind aber derzeit nicht zu erkennen. Zwar hat die Bundesregierung in ihrer im Oktober 2018 gegründeten *Denkfabrik Digitale Arbeitsgesellschaft* erklärt, „bei der Entwicklung und der Anwendung von KI den Menschen und den Nutzen für die Gemeinschaft in den Mittelpunkt [zu stellen]" (Denkfabrik 2018), doch eine weitsichtige politische Agenda zum Umgang mit der Digitalisierung entsteht erst langsam. Der Eindruck, dass die Politik der rasanten technischen Entwicklung, statt sie zu kontrollieren und zu flankieren, eher hinterherhinkt, ist nicht von der Hand zu weisen. Immerhin wird schon bald das Thema Medienmündigkeit stärker in den Fokus genommen. Ob aber die in der Verantwortung stehenden gesellschaftlichen Akteure der Demokratie bis 2030 ausreichend Stabilität und Überzeugungskraft verliehen haben werden, ist fraglich. Dies bleibt Aufgabe und Herausforderung zugleich. Das freie Wort wird dabei ein Schlüssel sein.

3.2   Der Diskurs mit dem anderen

3.2.1   Verschmelzung Mensch und Maschine

„Der Großteil der Kommunikation läuft ohne menschliche Beteiligung ab. Und der Großteil der Kommunikation, an der ein Mensch beteiligt ist, findet zwischen einem Menschen und einer Maschine statt" (Kurzweil 1999, S. 341). Diese Vermutung hat Ray Kurzweil, Google-Ingenieur und Zukunftsforscher aus dem Silicon Valley, auf das Jahr 2029 projiziert – und das bereits im Jahr 1999 – also vor 20 Jahren. Es handelt sich also um eine Projektion über einen Zeitraum von insgesamt 30 Jahren. In seinem Werk *Homo s@piens. Leben im 21. Jahrhundert. Was bleibt vom Menschen?* entwirft er eine sehr klare und optimistische Zukunft. Viele gesellschaftliche Probleme wie Armut, Hunger, Behinderungen sind durch eine Verschmelzung von Mensch und Maschine gelöst worden. Im Jahr 2029 wird es „keine Trennlinie zwischen der menschlichen Welt und der Maschinenwelt" mehr geben (Kurzweil 1999, S. 342).

Schauen wir zunächst auf das Internet der Dinge, also die technische Verbindung der Dinge untereinander. Der bargeldlose Zahlungsverkehr, Smart City, selbstfahrende Autos, Drohnen als Boten, Roboter, Assistenten – sie alle werden fester Bestandteil unseres Alltags sein. Vermutlich werden sie auch sprachlich miteinander kommunizieren.

Aber Ray Kurzweil geht noch einen Schritt weiter. Er strebt eine ganz neue menschliche Existenzform an, die in letzter Konsequenz bedeutet, den uns bekannten Menschen aufzugeben. Kurzweil hebt die Abgrenzung von Mensch und Maschine auf. Seine Vorstellung: „Menschliche Erkenntnis und Erkenntnisfähigkeit wird auf Maschinen übertragen, und viele Maschinen verfügen über [von] der menschlichen Intelligenz abgeleitete Persönlichkeiten, Fähigkeiten und Wissensgrundlagen" (Kurzweil 1999, S. 342).

Das könnte dazu führen, dass in letzter Konsequenz Maschinen die Macht über uns Menschen haben. Der Transhumanismus, die Verschmelzung aus Mensch und Maschine, stellt sowohl eine Dystopie als auch eine Utopie dar, die es kritisch zu begleiten gilt.

3.2.2 Die Welt der Assistenten

Fragen wir zunächst, wie wir uns die Welt der Assistenten im Jahr 2030 vorstellen (Abb. 3.1). Für alle möglichen Tätigkeiten im Alltag aber auch im Berufsleben wird es KI-gesteuerte Roboter geben. Wir werden mit ihnen besser kommunizieren, als wir das heute schon mit SIRI tun. Sie werden uns viele Tätigkeiten z. B. im Haushalt abnehmen, werden unsere Kalender führen, unsere Gesundheit überwachen und uns sogar freundlich formulierte Entscheidungsvorschläge unterbreiten. Die modernen Diener werden uns auch umfänglich beraten, z. B. bei der Wahl der richtigen Kleidung, der Ernährung, beim Autokauf etc. Sie werden – besser als wir es können – Aussagen über die Zukunft treffen. Wir werden diese Prophezeiungen gern in Anspruch nehmen und z. B. wissen wollen, ob wir diese oder jene Verabredung mit dem potenziellen Partner oder der potenziellen Partnerin initiieren sollen oder nicht.

KI wird unser Leben entscheidend verändern. Es wird vermutlich dazu führen, dass wir zum einen immer bequemer werden und zum anderen immer weniger Entscheidungen treffen wollen. Wir werden vielleicht viel stärker nach dem Lustprinzip leben und dem Unlustprinzip aus dem Weg gehen wollen. Damit nehmen wir uns jedoch die Chance auf Weiterentwicklung, weil diese den Fehler braucht. Das Delegieren von Handlungen und Entscheidungen könnte uns in die Unselbstständigkeit führen. Auch Verantwortung für uns und die Gesellschaft werden wir im negativen Fall immer seltener übernehmen. Es wird daher auf unsere Haltung ankommen.

Abb. 3.1 Hong Kong Chief Executive Carrie Lam (R) begrüßt die erste Künstliche-Intelligenz-Bürgerin Sophia während des AmCham Smart City Summit am 27. Juni 2018 in Hong Kong, China. (Foto von Zhang Wei/China News Service/VCG via Getty Images)

Im Extremfall könnte es sogar dazu kommen, dass wir uns in virtuelle Welten flüchten. Dies gilt insbesondere für junge Menschen und Menschen, die keinen Halt in ihren Familien und der Gesellschaft haben. Seit 1998 gibt es für dieses Phänomen den japanischen Fachbegriff „Hikikomori".[1] Er bedeutet übersetzt: Rückzug aus der Gesellschaft. Gemeint ist ein Zustand der Isolation. Als Hikikomoris werden Menschen bezeichnet, die keinerlei reale soziale Kontakte mehr pflegen und mindestens sechs Monate in ihre Wohnung nicht mehr verlassen. Die Anzahl der Hikikomoris wird bis zum Jahr 2030 beträchtlich ansteigen. Das Thema „Digitale Sucht" wird zur Gründung zahlreicher Selbsthilfegruppen führen – auch im Netz.

Sosehr Ray Kurzweil auch von der schönen neuen Welt der virtuellen Lehrer, Ärzte und Kreativen im Jahr 2029 schwärmt, so sehr übersieht er, dass Intelligenz nicht die menschliche Begegnung, die Ausstrahlung eines anderen Menschen auf uns und umgekehrt ersetzen kann. Denn Maschinen werden nicht zu einer wirklichen Bindung *zu* einem anderen Menschen und zu einer wahren Begegnung *mit* einem anderen Menschen fähig sein. Wenn wir mit unseren Assistenten kommunizieren werden, fehlt der wichtige menschliche Anteil auf der Beziehungsebene. Denn unser kommunikativer Austausch spielt sich nach dem Eisbergmodell[2] nur zu 20 % auf der sprachlich kommunizierten Sachebene und zu 80 % auf der nonverbalen Ebene ab. Vielleicht werden Assistenten bis 2030 in der Lage sein, ihre Mimik und Gestik, den Tonfall und die Stimmtemperatur den jeweiligen Erfordernissen anzupassen, aber Fähigkeiten wie Empathie und Achtsamkeit werden ihnen (noch) fremd bleiben. Wirkliche Anteilnahme und Aufmerksamkeit für den anderen sind menschliche Eigenschaften, vor denen die KI-Assistenten versagen müssen – zumindest bis 2030.

3.2.3 Animismus

Ein Hikikomori bleibt für die Mehrheit der Menschen im Jahr 2030 ebenso eine traurige Erscheinung wie jener Bräutigam, der eine virtuelle Partnerin heiratet (Abb. 3.2). Im Dezember 2018 ehelichte der 35-jährige Akihiko Kondo aus Japan festlich seine virtuelle Hatsune Miku (FAZ 2018). Sie sei seine Liebe, sagte er. Vergessen waren damit seine schlechten Erfahrungen mit realen Frauen. Und wenn er abends nach Hause kommt, dann schreibt er seiner kleinen intelligenten Stoffpuppe eine SMS und kündigt seine Ankunft an. Dies ist für sie dann das Signal, das Licht für ihn einzuschalten.[3] Bemitleidenswert hört sich dies an, könnte aber für einsame, insbesondere ältere und kranke Menschen Nachahmung finden.

---

[1] Der Begriff wurde von dem japanischen Psychologen und Hikikomori-Experten Tamaki Saito geprägt. Dieser machte erstmals in seinem 1998 veröffentlichten Buch *Social withdrawal – adolescence without end* auf das Hikikomori-Phänomen in Japan aufmerksam. Schätzungsweise eine Million junge, meist männliche Japaner leben isoliert von der realen Welt.

[2] Das Eisbergmodell wird in der Kommunikationswissenschaft häufig zitiert. Es geht auf Sigmund Freud zurück.

[3] Warum dies gerade in Japan stattfindet, mag mit dem Shintoismus zusammenhängen. Diese japanische Religion geht davon aus, dass Götter und Geister in der Natur und den Objekten existieren. Objekt und Seele werden immer in eins gedacht.

Abb. 3.2 Auf diesem Foto, das am 10. November 2018 aufgenommen wurde, posiert der Japaner Akihiko Kondo mit einer Puppe des japanischen Virtual-Reality-Sängerin Hatsune Miku, als er ihre Heiratsurkunde in seiner Wohnung in Tokio zeigt, eine Woche nach ihrer Hochzeit. Akihiko Kondo, Angestellter einer Schule, heiratete die Virtual-Reality-Sängerin. Die Braut ist eine Computeranimation mit Kulleraugen und blauen Zöpfen, die Fans als Virtual-Reality-Figur begeistert (Bild von Behrouz MEHRI/AFP)/in Zusammenhang mit AFP-Artikel: Japan-culture-entertainment-computers-music-social, FOCUS by Miwa SUZUKI

Dagegen richtet der Philosoph Julian Nida-Rümelin seine Kritik. Es sei problematisch, die digitalen Maschinen zu beseelen, wie es einst den spirituell-religiösen Völkern verschiedener Ethnien zugeschrieben wurde. Diese dachten die Existenz einer persönlichen Seele auch für Lebewesen in der Natur und teilweise auch für Dinge wie etwa Steine. „Es spricht viel dafür, dass das, was im Digitalisierungsdiskurs als *starke KI* bezeichnet wird [...] eines Tages als eine Form des modernen Animismus, also der Beseelung von Nicht-Beseeltem, gelten wird" (Nida-Rümelin und Weidenfeld 2018, S. 19).

Dies wäre ein Fehler, da wir dadurch Maschinen über- und uns Menschen unterbewerteten. „KIs handeln nicht nach eigenen Gründen. Sie haben keine Gefühle, kein moralisches Empfinden, keine Intentionen, und sie können diese anderen Personen auch nicht zuschreiben. Ohne diese Fähigkeiten aber ist eine angemessene moralische Praxis nicht möglich" (Nida-Rümelin und Weidenfeld 2018, S. 83). Nida-Rümelin spricht KI die Fähigkeit zur Empathie ab, denn dies würde voraussetzen, dass sie über Gefühle verfügen. Sie können diese vielleicht simulieren, aber das Vermögen, sich in die Empfindungslagen anderer hineinzuversetzen, gelingt ihnen nicht.

Vieles spricht dafür, dass es bis zum Jahr 2030 weiterhin eine grundlegende Trennung zwischen Mensch und Maschine geben wird. Und diese werden wir vielleicht sogar deutlicher als bislang erleben und als Chance für uns Menschen verstehen. In der Mangelerfahrung von wirklicher Nähe, Empathie und authentischen Beziehungen in unserem Bezug zu Maschinen könnte uns bewusst werden, was unser Leben wirklich ausmacht.

Wir haben gespürt, dass wir – von der Geburt bis zum Tod – ein tiefes Bedürfnis nach Beziehung und Begegnung haben. Wir werden 2030 unsere Verhaltensweisen bewusst auf den Unterschied zwischen Mensch und Maschine richten: Mit einem Ding werden wir zweckgebunden und zielorientiert umgehen, mit einem Menschen empathisch. Hier zählt der Moment der unmittelbaren Nähe, des Vertrauens und der Zuneigung. Menschliche Beziehungen werden wir engagiert gestalten mit allen Herausforderungen, die dies mit sich bringt. Die Fülle an Erfahrungen wird uns dafür belohnen. Martin Buber hat dies so formuliert: „Alles Leben ist Begegnung".

3.3   Der Diskurs mit uns selbst

Kommen wir zurück auf die eingangs gestellte Frage: Wie also ist die Digitalisierung bis zum Jahr 2030 zu gestalten, wenn sie zur Humanisierung der Welt beitragen soll? Gefahren und Chancen haben wir beleuchtet. Bei genauerer Betrachtung zeigt sich, dass sich die vielbeschworene Überlegenheit der Roboter in ihr Gegenteil verkehrt, wenn von ihnen emotionale Intelligenz erwartet wird. Der komplexe und in der Evolution über viele Jahrtausende entstandene Organismus Mensch ist nicht so einfach zu duplizieren, wie manche es für möglich halten. Nachdem im November 2018 angeblich genmanipulierte Zwillinge in China geboren wurden, scheint es nicht auszuschließen zu sein, dass das Klonen von Menschen möglich sein wird. Ob ein Aufschrei in der Öffentlichkeit ausreichen wird, bleibt abzuwarten?

Was können wir als Individuen tun? Wir können uns in den Diskurs einschalten – so wie es die zitierten Denker und Mahner von Arendt über Buber, Hofstetter, Gigerenzer, Pöksen und Nida-Rümelin gefordert haben. Kurzweil sieht im Jahr 2029 auch einen politischen Diskurs, allerdings hat Kurzweil die skurrile Vorstellung, dass sich die Maschinen geschickt und taktisch denkend einmischen werden: „Aus Gründen der politischen Rücksichtnahme verzichten Maschinenintelligenzen üblicherweise in diesen Auseinandersetzungen darauf, auf ihre Überlegenheit zu pochen" (Kurzweil 1999, S. 343). Dieser Dialog wirkt manipulativ – so wird es vermutlich auch nicht kommen.

Bereichernder und berührender wird der Diskurs mit uns selbst sein, der die Ausbildung eines starken Selbst zum Ziel hat. Schauen wir auf die durch die Digitalisierung raffinierter gewordene Manipulation im Alltag. Achten wir darauf, wo sie lauert, wie sie daherkommt. Fragen wir nach den Interessen und Motiven der Absender. Es ist das besondere Verdienst des Philosophen Peter Bieri, der über das „tückische Gift der Manipulation" (Bieri 2013, S. 32) schreibt: „Wir wollen keine Marionetten sein und keine Spielbälle fremder Interessen" (Bieri 2013, S. 32). Manipulation versteht Bieri als „Beeinflussung [...], die keiner Kontrolle durch das Selbstbild zugänglich ist und uns in vielen Fällen vom Selbstbild entfernt und also innere Zerrissenheit schafft" (Bieri 2013, S. 32). Achten wir also auf den Unterschied zwischen negativer Manipulation und positiver Einflussnahme. Auch hierfür gibt uns Bieri Kriterien an die Hand. „Was also unterscheidet Einfluss, den wir als Manipulation empfinden, von Einfluss, der die Selbstbestimmung nicht bedroht, sondern fördert?" (Bieri 2013, S. 32) Und er hält „das für die tiefste und schwierigste politische Frage, die man aufwerfen kann" (Bieri 2013, S. 32).

Die Motivation des anderen gibt hierüber Auskunft. Im positiven Fall handelt es sich um den Willen zur Ermöglichung der Potenziale des anderen. Gemeint ist ein Ansporn zum Befähigen des anderen. Dafür ist es erforderlich, die eigenen Interessen in den Hintergrund zu rücken und sich empathisch in die Lage des Gegenübers zu versetzen. So ist es uns möglich, im Diskurs oder nonverbal dessen Wohlergehen und seine Entfaltung zu fördern. Im negativen Fall sind es v. a. eigennützige Motive wie eigener Vorteil Macht und Kommerz, die uns leiten. Diese sind nicht per se negativ, sie sollten aber reflektiert und transparent gemacht werden.

Wir müssen uns selbstkritisch nach unseren eigenen Motiven befragen. Welchen Interessen und Grundüberzeugungen folgen wir? Wie gestalten wir die Beziehungen zu anderen Menschen? Sind es Verwertungskriterien, die uns führen, oder ernsthaftes Interesse am anderen, an seiner Entfaltung und Selbstbestimmung? Wir selbst sind nicht gefeit vor Selbsttäuschung, Schönfärberei und Selbstbetrug. Deshalb gehört die Reflexion der eigenen Standpunkte, die nicht im luftleeren Raum entstanden, sondern Ergebnis unserer Sozialisation und Umwelt sind, dazu. Achtsamkeit und Aufmerksamkeit im Bierischen Sinn entsteht im Dialog mit der eigenen inneren Stimme in einem Raum der Ruhe und Stille. Indem wir uns auf eine Metaebene begeben, erreichen wir einen distanzierten Blick auf uns selbst und können Zwiesprache mit uns halten. So werden wir kontinuierlich lernen, uns anzunehmen so wie wir sind – mit allen Stärken und Schwächen. Dieser Prozess führt zur Stärkung unserer Persönlichkeit und wird uns Orientierung für unsere zukünftigen Wege geben. Der Dialog mit uns selbst wird in der digitalen Durcheinanderwelt im Jahr 2030 wichtiger denn je werden. Nur wenn wir unseren eigenen Kompass entwickeln, ihn immer wieder neu ausrichten; wenn unser – immer wieder neu zu justierender – Lebensentwurf Leitplanken aus Werten und Haltungen besitzt, werden wir Widerstandskraft und Stärke erzielen. Allerdings wird dieses reflektierende widerständige Leben von uns mehr Mut, Flexibilität und Wachheit erfordern als in der vermeintlich klar strukturierten Welt der Vergangenheit. Wenn äußerer Halt schwindet, muss innerer Halt wachsen. Gegen die Verlockungen der digitalen Wohlfühlwelten können wir ein neues Denken setzen. Uns werden vielleicht die epistemologischen Tugenden wie Genauigkeit, Geduld, Aufmerksamkeit, Skepsis, Wahrhaftigkeit, Neugierde, Disziplin und Zuverlässigkeit helfen. Diese Tugenden galten als ideale Haltung zur Erlangung einer wissenschaftlichen Erkenntnis.

Machen wir uns also auf den Weg zur Zwiesprache mit uns selbst und suchen nach einem geeigneten Raum der Stille. Für mich war dies ein Platz im Zukunftsmuseum in Rio de Janeiro. Die Dauerausstellung im Zukunftsmuseum endet nicht zufällig im Raum der Kontemplation (Abb. 3.3).

Abb. 3.3 Zukunftsmuseum
Rio de Janeiro. Besucher
werden verschiedenen
Erlebnissen ausgesetzt, die
unterschiedliche Elemente der
modernen Welt beinhalten.
(photo by Phil Clarke Hill/In
Pictures via Getty Images)

Literatur

Arendt, H. (1993). *Was ist Politik* (S. 11). München: Piper.
Balzli, P. (2018). *Wo der Papst Trump wählt und Hillary Clinton pädophil ist.* https://www.srf.ch/
    kultur/gesellschaft-religion/welthauptstadt-der-luegen-wo-der-papst-trump-waehlt-und-hillary-
    clinton-paedophil-ist. Zugegriffen am 14.02.2019.
Bauer, F. (2018). Interview mit Shradha Sharma in Akzente. Zeitschrift der GIZ Ausgabe 1/18, S. 25.
Bieri, P. (2013). *Wie wollen wir leben?* (S. 32). München: dtv.
Borchardt, A. (2018). *Mensch 4.0* (S. 170). Gütersloh: Gütersloher Verlagshaus.
Denkfabrik. (Hrsg.). (2018). *Künstliche Intelligenz.* https://www.denkfabrik-bmas.de/. Zugegriffen
    am 14.02.2019.
FAZ. (Hrsg.). (2018). *Japaner heiratet virtuelle Figur Hatsune Miku.* https://www.faz.net/aktuell/
    gesellschaft/menschen/japaner-heiratet-virtuelle-figur-hatsune-miku-15920668.html. Zugegrif-
    fen am 14.02.2019.
Gillen, E., & Yogeshwar, R. (2019). Die Strategie der Konquistadoren. Süddeutsche Zeitung vom
    29. Januar 2019, S. 13.

Hock, A., & Lindenau, J. (2018). *Roboter mobilisieren gegen Migrationspakt.* https://www.welt.de/politik/deutschland/plus185205592/Social-Bots-Roboter-mobilisieren-gegen-den-Migrationspakt.html. Zugegriffen am 13.02.2019.

Hofstetter, Y. (2018). *Das Ende der Demokratie* (S. 413). München: Penguin.

Hofstetter, Y., & Kucklick, C. (2016). *Das Ende der Demokratie?* https://www.youtube.com/watch?v=lbFvNTh5nTM. Zugegriffen am 13.02.2019.

Jahberg, H. (2019). *Deutschland wird eine Überwachungsgesellschaft.* https://www.tagesspiegel.de/wirtschaft/bildungsforscher-gerd-gigerenzer-deutschland-wird-eine-ueberwachungsgesellschaft/23855396.html. Zugegriffen am 14.02.2019.

Kurzweil, R. (1999). *Homo s@piens. Leben im 21. Jahrhundert. Was bleibt vom Menschen?* Köln: Kiepenheuer & Witsch.

Nida-Rümelin, J., & Weidenfeld, N. (2018). *Digitaler Humanismus.* München: Piper.

Pörksen, B. (2018). *Die große Gereiztheit.* München: Hanser.

Schäfer, U. (2018). Interview mit Jürgen Schmidhuber, SZ Wirtschaftsgipfel 11.10.2018, eigene Mitschrift.

Tagesspiegel. (Hrsg.). (2018a). *Die Folgen der Epidemie von Fake News.* http://www.genios.de/presse-archiv/artikel/TSP/20181017/die-folgen-der-epidemie-von-fake-ne/13408822.html. Zugegriffen am 14.02.2019.

Tagesspiegel. (2018b). *Russland soll hinter Hackerangriff auf Bundestag stecken.* https://www.tagesspiegel.de/politik/vorwurf-der-britischen-cyberabwehr-russland-soll-hinter-hackerangriff-auf-bundestag-stecken/23148164.html. Zugegriffen am 14.02.2019.

Villiger, K. (2017). *Die Durcheinanderwelt.* Basel: NZZ Libro.

Dagmar Döring wurde 1960 in München geboren. An der Freien Universität in Berlin studierte sie Philosophie, Theater- und Filmwissenschaften und schloss mit dem Magister ab. Einige Semester studierte sie BWL an der FH Wiesbaden. Sie verfügt über eine 25-jährige journalistische Tätigkeit: Sender Freies Berlin, Zweites Deutsches Fernsehen, Hessischer Rundfunk. Als Verantwortliche für Presse- und Öffentlichkeit war sie auch auf der politischen Seite tätig – in der FDP-Fraktion im Hessischen Landtag sowie im Hessischen Ministerium für Justiz-, Integration und Europa. Im Jahr 2011 gründete sie die Döring Dialog GmbH, eine Unternehmensentwicklungsgesellschaft mit Coaching-Angeboten; 2012 gründete sie das Rheingauer Wirtschaftsforum und 2017 das Forum Unternehmen und Menschenrechte 2019 gründete sie den Remedium Verlag GmbH. Ehrenamtlich aktiv ist sie für den Verband deutscher Unternehmerinnen (VdU) und ZONTA.

Führung. Digitales Mi[e]nenfeld

4

Kerstin Fischer

„Der Tod der Mittelschicht verändert unser gemeinsames Leben. Eliten verlieren die Bodenhaftung. Die Armen den Zugang zur Normalität. Sprengstoff für die Gesellschaft, die Arbeitswelt, unsere Zukunft."

Inhaltsverzeichnis

K. Fischer (✉)
Sand am Main, Deutschland
E-Mail: management@kerstin-fischer.org

© Springer Fachmedien Wiesbaden GmbH, ein Teil von Springer Nature 2019
P. Buchenau (Hrsg.), *Chefsache Zukunft*, Chefsache,
https://doi.org/10.1007/978-3-658-26560-1_4

Zusammenfassung

Sind Sie mutig? Dann freue ich mich darüber! Denn meine Zeilen polarisieren. Sie
wirbeln Staub in den Gehirngängen auf. Sie bringen Sie in Wallung. Ihr Puls schlägt
beim Lesen schneller. Neue Gedanken machen Sie munter. Überlegen Sie es sich gut
weiterzulesen, denn neue Ansätze können Sie verändern – in Ihrem Handeln, Denken,
Tun. Ich spreche polarisierende Themen an und Unangenehmes aus. Somit sind meine
Zeilen kein Weichspülprogramm für die Seele, denn ich liebe es, mich mit Themen zu
konfrontieren, zu beschäftigen, aktiv zu sein. Und egal wie alt ich bin, egal wie alt Sie
sind. Wir bewegen uns jetzt außerhalb unserer Komfortzone. Das nennt sich Leben!

Digitalisierung, Luxus und Übermaß, Armut und totale Kontrolle, Steuerung der
Massen, flexibles Arbeiten, digitale Freiheit, Individualisierung, Gewinnmaximierung,
Naturkatastrophen und das Zusammenwachsen der Kontinente hin zu einer digital vernetzten Gesellschaft. All das sind massive, unaufhaltsame Kräfte, die auf Sie, als Unternehmen, Führungskraft, Mitarbeiter und Mensch wirken. Sind Sie vorbereitet?

4.1   Auf Speed

Das Leben und Arbeiten im digitalen Zeitalter hat es wirklich in sich. Viele von Ihnen, ich
vermute das einfach einmal, l(i)eben die Digitalisierung. Angefangen beim Handy bis zum
Kühlschrank, der Ihr Essen bestellt, hin zu selbstfahrenden Autos und vielem mehr. Ja, es
ist auch unglaublich bequem, unterwegs die E-Mails zu lesen, Geräte zu steuern, Nachrichten zügig auszutauschen, Musik zu hören, mit anderen in stetiger Verbindung zu sein.
Passwörter brauchen wir auch keine mehr dank biometrischer Authentifizierungsverfah-
ren. Routineaufgaben entfallen, sind automatisiert. Es ist schlichtweg einfach, schnell, und
dabei (je nach Anwendung) chillig oder einfach cool mit einem stylishen, dem neuesten
technischen Produkt durch das Leben zu eilen, Arbeitsentlastung zu erfahren. Aber Achtung: Alles hat seinen Preis! Wir hinterlassen unsere digitalen Spuren, unser Leben im
Netz. Wir geben viel bzw. alles über uns preis. Wir werden und sind heute schon völlig
gläsern, in unseren Vorlieben, in unserem Verhalten, in unserem Leben und unserer Gesundheit. Der Staat und machtvolle Großkonzerne lieben unsere Daten. Denn damit lassen
sich Menschen analysieren, steuern, formen. Das ist der Weg zur Macht.

4.1.1   Diktatur oder Freiheit? Arbeiten im Jahr 2030

Blicken wir gemeinsam in die Arbeitswelt von morgen, in das Jahr 2030. Sie denken, es ist noch so weit weg? Von wegen! Big Brother is watching you! Jederzeit. Und das wird sich in den nächsten Jahren noch weiter verschärfen. Alles ist in Bewegung. Seien es Unternehmens- und Arbeitsformen bzw. die Erwerbs- und Konsumorientierung. Die Arbeit bleibt dabei ein wesentlicher Faktor unserer Ökonomie. Was sich hierbei jedoch stark verändert, ist der Grad der Technisierung und die Visualisierung. Die Angebotsmärkte werden globaler bei gleichzeitiger Individualisierung der Nachfragemärkte. Es entstehen neue Kooperationen, Personal in Unternehmen ist divers bei gleichzeitigem Anstieg der Anforderungen. Dazu sind wir superflexibel und automatisiert. Durch New Work verschwinden starre Arbeitszeiten und feste Arbeitsorte. Die Zusammenarbeit mit Kunden ist zwar virtuell, aber absolut essenziell. Assistenten, wie Roboter, Bots oder digitale Assistenten unterstützen uns Führungskräfte, Arbeitnehmer. Algorithmen wählen die benötigten Mitarbeiter aus und stellen diese auch bei Bedarf ein. Die Vision: Die Arbeit ist selbstorganisiert, macht Spaß. Der Arbeitgeber kümmert sich wie ein Feel-Good-Manager um die Zufriedenheit der Arbeitnehmer und die Gesundheit. Für gut recherchierte Informationen werden wir bezahlen, Ausflüge in virtuelle Welten sind beliebt, für alle Altersgruppen. Spracheingabe ist im Einsatz, Gedankenübertragung ist die neue Interaktionsmöglichkeit. Augmented Reality ist fester Bestandteil im Medizin- und Produktionsbereich. Die Digitalisierung ist spacig, kann einen sehr positiven Beitrag dazu leisten, doch genau hier steckt auch eine große Herausforderung, die es zu meistern gilt. Während die Arbeitnehmer sich dadurch mehr Zeit versprechen, ein besseres Leben, sehen es Unternehmen häufig als Möglichkeit, Kosten zu reduzieren, um mehr Gewinn zu machen, die Flexibilität zu erhöhen.

Lassen Sie uns somit in ein Szenario, in die Welt von 2030, die bis dahin zum Großteil vorhanden sein wird, abtauchen: Stellen Sie sich folgendes vor: Sie wachen am Morgen auf und Sie werden von Ihrer virtuellen Assistentin herzlich mit Ihrem Namen begrüßt: „Guten Morgen, Jano". Sie wachen noch etwas müde auf und werden im Anschluss gefragt: „Jano, wo möchten Sie heute arbeiten?"; Ihre Antwort lautet: „im Büro". Während Sie sich im Bad frisch machen, dann beherzt zum Frühstück in die Küche gehen, stellen Sie Ihrer virtuellen Assistenz die Frage: „Wie wird das Wetter heute?" Die Antwort kommt prompt: „Es sind 23 Grad, Sonnenschein, die Regenwahrscheinlichkeit liegt bei zehn Prozent. Sind Sie nun bereit Ihren Tag zu beginnen?" Sie erwidern: „Ich benötige noch etwa 15 Minuten". Dies wird sofort wahrgenommen: „In Ordnung. Wie möchten Sie zur Arbeit gehen?" Sie entscheiden sich: „Ich möchte gerne laufen". Sie verlassen das Haus, tragen Ihre virtuelle Brille und Ihre virtuelle Assistenz weist Sie auf Hindernisse auf Ihrem Arbeitsweg hin, sodass Sie sicher im Firmengebäude ankommen. (Ihre Versicherung freut sich über Ihre Körperaktivität und bietet Ihnen, dadurch, dass Sie die neue, vernetzte Technik nutzen und Ihr Gesundheitsverhalten trackt, Sondertarife für Ihre Haftpflichtversicherung an. Sollte sich in Ihrem Verhalten etwas ändern, wird es je nach Gefahrenlage Ihrer privaten und beruflichen Arbeitswege günstiger oder teurer). Vor dem Gebäude bekommen Sie den Hinweis: „Sie sind fast da. Ich wünsche Ihnen einen angenehmen Arbeitstag". Mit diesen Worten im Ohr betreten Sie das Firmengebäude und werden automatisch im Zeiterfassungssystem eingeloggt, da Sie einen implantierten Chip in sich tragen. Doch Stopp, es wird nicht als produktive Zeit angerechnet, erst wenn Sie sich in das Firmensystem für Ihre Tätigkeit eingeloggt haben und nachweislich an Ihren, den Ihnen zugewiesenen Arbeiten mit Zeit-/Kostenrahmen und den Zielvorgaben arbeiten.

Auf dem Weg dorthin treffen Sie auf eine virtuelle Assistenz als Hologramm am Eingang, die Sie darauf hinweist, welcher Arbeitsplatz Ihnen heute zur Verfügung steht und dass eine Nachricht für Sie vorliegt. „Möchten Sie die Nachricht abhören?" „Ja, gerne." Sie bedanken sich, hören die Nachricht ab, vereinbaren einen Rückruf, der digital in Ihr System mit Reminder eingetragen wird und gehen weiter. Damit eine hohe Effizienz gewährleistet ist, wird Ihnen der Weg im Unternehmen vorgegeben: „Bitte nehmen Sie für Ihren nächsten Termin den Aufzug". Während Sie zum Aufzug gehen, kommen Nachrichten für Sie herein, die Sie sofort und auf Ihrem Weg abarbeiten, z. B.: „Ramona ist heute im Büro und möchte mit Ihnen um 12 Uhr Mittagessen. (Sie sind zu diesem Zeitpunkt vakant). Kann ich den Termin bestätigen?" Sie sagen: „Ja", der Termin wird eingebucht und sofort an Ramona bestätigt. „Haben Sie den neuen Sales-Bericht gesehen?" Sie sagen: „Nein", und dieser wird sofort digital in die Action-Item-Liste zum späteren, heutigen Bearbeiten gesetzt. Ihr System weist Sie darauf hin, dass Sie in wenigen Minuten eine Konferenz haben. Um gut zu starten, holen Sie sich noch einen Kaffee, der, während Sie die Kantine betreten, bereits zubereitet wird, da in Ihrem persönlichen Datenprofil hinterlegt ist, wie Sie den Kaffee trinken möchten. Direkt am Tresen angekommen, wird Ihnen der Kaffee zum Abholen überreicht und Sie bezahlen den Betrag mit Ihrem implantierten Chip – der Betrag wird mit Ihrem Gehalt automatisch verbucht (dazu befinden Sie sich ebenfalls im unproduktiven Bereich, die Zeit wird nicht als Arbeitszeit erfasst) – und gehen zum Konferenzraum. Das ganze Bürogebäude nutzt Sensoren, um Ihren Tag effizient und produktiv zu gestalten. „Bitte gehen Sie in den Konferenzraum Boston, dort erwartet Sie Lara. Ist die Raumtemperatur für Ihre Konferenz angenehm? Können wir starten?" Sie sagen: „Ja, es kann losgehen", und betätigen den virtuellen Knopf für das Meeting. Fremdsprachen benötigen wir als Mitarbeiter der Zukunft nicht mehr, da sofort und alles simultan übersetzt wird. Dokumente werden online besprochen, ausgetauscht, unterschrieben und mithilfe von Iris- oder Handscan digital abgelegt. Weitere, automatisierte Workflows zur Abwicklung leiten die Dokumente entsprechend weiter. Im Anschluss an das Meeting gehen wir an den gebuchten Arbeitsplatz und arbeiten dort und meist projektbezogen die Arbeitsaufgaben ab. Die Arbeitsabläufe sind stark modularisiert, überwachbar und auf hohe Effizienz ausgelegt. Gegen Abend verlassen Sie das Gebäude und erhalten die Frage: „Soll ich Sie nach Hause navigieren?" Sie antworten: „Nein danke. Navigation beenden". Während Sie sich auf den Heimweg machen, senden Sie parallel E-Mails an Ihre Kollegen, Kunden, Geschäftspartner durch Spracheingabe und arbeiten noch ein paar Themen ab. Sie erhalten kurze Zeit später erneut die Frage: „Möchten Sie in den privaten Modus wechseln?" Sie sagen „Ja" und bekommen die Antwort „Arbeitsmodus wird deaktiviert". Sie bestätigen dies und können nun Ihren Feierabend genießen.

4.1.2   Ihr zukünftiges Leben mit Struktur

Was denken Sie, nachdem Sie die vorherigen Zeilen gelesen haben? Wie finden Sie das neue Arbeiten? Cool? Stressig? Chillig? Entspannt, weil Sie vielleicht nicht mehr viel nachdenken müssen und alles gesagt bekommen, was zu tun ist? Sind Sie bereit, Ihr ganzes Leben an das virtuelle System abzugeben? Sich steuern zu lassen, um eine hohe Arbeitseffizienz zu gewährleisten? Und das sind noch nicht einmal alle Auswirkungen, die es auf uns haben wird. Durch die digitale Vernetzung, die Auswertung bzw. Verwendung unserer ganz persönlichen Daten, angefangen bei Gesichtserkennung, Iris- oder Handscan, Körperhaltung, Gang, Lauftempo, Gesundheit, Konsumverhalten und vielem mehr verkaufen wir unser Ureigenstes, unsere Seele. Wie das? Fragen Sie sich das gerade im Ernst? Gut, schauen wir gemeinsam kurz über den Tellerrand, um es zu verdeutlichen: Krankenkassen werten aus, was wir zu uns an Nahrung nehmen, welche Nahrung wir über unseren digitalen Kühlschrank bestellen, ob wir zur Arbeit laufen, mit dem Fahrrad fahren oder mit dem Auto. Tankstellen erkennen, ob unser Tank fast leer ist und werden in solchen Momenten die Preise anheben, Sie werden dadurch mehr bezahlen. Ihr Kühlschrank wird Ihnen Hinweise geben, wenn Sie weiterhin zu viel Schokolade bzw. Ungesundes bestellen und damit nicht aufhören, weil Ihre Blutwerte nicht passen, das an Ihre Krankenkasse melden, was höhere Beiträge nach sich zieht. Die Lebensversicherung schließt teure Verträge mit Ihnen ab, weil Sie in Ihren Genen eine Veranlagung zu schwerwiegenden Erkrankungen haben. Denn das ist der Versicherung ein zu hohes Risiko, das sie sich bezahlen lässt. Bargeld gibt es keines mehr. Der Notgroschen unter dem heimeligen Kopfkissen fällt weg. Alle Transaktionen sind transparent, vom Gehalt, Trinkgeld, Taschengeld, fixen und variablen Einnahmen und Ausgaben. Es gibt keine Geheimnisse mehr. Der Staat, Großkonzerne, Firmen wissen, wieviel jeder von uns besitzt und wird dies nutzen, um es für sich einzusetzen, Macht zu generieren. Ihre Identität ist gegebenenfalls ebenfalls nicht mehr sicher, sie lässt sich verändern und sie könn(t)en in eine neue Rolle schlüpfen. Im schlimmsten Fall erhalten Sie eine komplett neue Identität, weil Sie sich nicht rechts- oder gesellschaftskonform verhalten haben und müssen sich mit neuen Problemen auseinandersetzen, u. a. wird Ihr Guthaben auf dem Chip zusätzlich eliminiert. Sie stehen vor dem Nichts. Auf der anderen Seite wird es auch wieder Menschen geben, die im Guten wie Kriminellen per Gegenleistung weiterhelfen, Ihnen z. B. eine neue Identität geben, die mehr aus Ihnen macht, als Sie vielleicht sind, bzw. Ihre positiven Creditpoints für angepasstes Verhalten und Konformität erhöhen, um positiv aufzufallen oder gar negative Spuren zu verwischen. Dort wo Macht ist, steckt leider auch Missbrauch. Die Gier des Menschen nach mehr ist immer da. Gerade in Unternehmen, im Management, wo es darum geht Kosten zu senken, Mitarbeiter höchstmöglich zu nutzen und Gewinne nach oben zu schießen.

4.1.3   Effizienz, Tempo, Digitalität

Somit ist der digitale Arbeitsplatz, ausgelegt auf stark erhöhtes Tempo, und die dazugehörige, hohe Effizienz wunderbar für die Unternehmen. Was bedeutet das für Sie? Was im Einzelnen? Was hat das für Auswirkungen? Was ist das Für und Wider? Haben Sie sich schon damit intensiv beschäftigt, in Bezug auf Ihr Leben, Ihren Arbeitsplatz, Ihre Gesundheit, Ihre Menschlichkeit? Oder machen Sie es wie viele andere: Sie versuchen diese Gedanken aus Ihren Gehirnwindungen zu verbannen, um sich mit den Gefühlen, die es in einem erzeugt nicht zu beschäftigen. Wir sind jetzt noch in einer Zeit, in der wir durch unser eigenes Denken, Verhalten, durch gemeinsamen Austausch das Thema Führung, Menschlichkeit, Miteinander in unser aller Leben steuern können bzw. noch den Luxus haben, darüber nachzudenken und positive Handlungen abzuleiten. Es ist zwingend erforderlich, Digitalisierung und deren Auswirkungen positiv anzupacken. WIR alle, (ob arm oder reich) sind gefordert, unsere Augen, Ohren, unseren Geist zu öffnen, in keiner Gewohnheitsstarre zu verweilen und uns mit der Digitalisierung und deren Auswirkungen auf unser gemeinsames, gesellschaftliches Leben zu befassen. Arbeitswelt und private Welt werden im Jahr 2030 eng miteinander verschmolzen sein; es gibt keine klare Trennung mehr und wird erhöhten Druck auf uns Einzelne bewirken. Digitalisierung heißt somit im Kern, mehr Speed zu erzeugen, mit Fokus auf Transparenz, Kontrolle, Macht. Während Unternehmen in China und USA hier bereits weit fortgeschritten sind, befindet sich Deutschland im Dornröschenschlaf. Ob das wirklich gut für unseren Standort Deutschland und unsere Gesellschaft ist? In Deutschland hängen wir in Bezug auf Digitalisierung, den Auswirkungen auf unser Leben und das Arbeiten in diesem gemeinsamen, neuen Format, weit hinterher. Augen zu verschließen ist hier die schlechteste Lösung. Denn der Radikalität des in der Arbeitswelt stattfindenden Wandels sollte man mit einer klaren Haltung begegnen, mit allen Vor- und Nachteilen. Normalerweise müssten bei allen Unternehmen die Alarmglocken schrillen, stattdessen setzen Unternehmen darauf, dass Veränderungen schon irgendwie mit den bestehenden Systemen zu schaffen sind. Dazu kommen Sie als Arbeitnehmer. Die wenigsten von Ihnen möchten Veränderung und schon am besten gar keine, die nicht absehbar sind. Warum ist das so? Veränderungen sind immer schmerzhaft, denn lieb gewonnene Strukturen, die vermeintlich Sicherheit bieten, müssen dem Neuen weichen. Das ist auch wichtig, denn sonst kann kein Wandel stattfinden. Wenn Sie etwas nicht loslassen, können Sie nach nichts Neuem greifen.

China und die USA laufen uns in Deutschland den Rang ab. Das beginnt beim Geschäft mit unseren Daten, geht weiter zur künstlichen Intelligenz (KI) und hin zum Arbeiten. Wir sind herausgefordert, die eigene starre Haltung in Flexibilität zu wandeln. Denken Sie nur einmal daran, dass wir uns von der CEBIT, der ehemals größten Computermesse, verabschieden und was dies aussagt bzw. bedeutet. In Nürnberg gab es im Dezember 2018 den Digitalgipfel, der leider nicht die Resonanz hatte, wie man sich erhoffte. Die ZEIT titelte „Digitalisierung gehört zu Deutschland" (Peitz 2018). Auszug: „Lasst uns über Zukunft reden. Die Bundesregierung wollte beim diesjährigen Digital-Gipfel über KI diskutieren – doch irgendwie endete wieder mal alles im Funkloch". Diese ersten Sätze des Beitrags wirken wenig erbaulich, geschweige denn spannend und förderlich für unsere Zeit und den Herausforderungen, die wir haben. Wollen oder können wir uns diesem Thema einfach nicht annehmen? Oder möchte die Politik das gewollt lieber auf die lange Bank schieben, weil sie sich der Auswirkungen bewusst ist? Egal, wie die Antwort lautet, es lässt uns international ins Hintertreffen geraten. Wenn die Politik schon nicht Vorbild ist, wie sollen wir uns als Bürger auf die Zukunft einstellen können? Wenn keine klare Kommunikation, Zielsetzung gelebt wird, wird es unglaubwürdig und ist wenig visionär. Das Motto des Amazon-Vorstandsvorsitzenden Jeff Bezos ist „Jeder Tag ist der erste Tag". Damit liegt er völlig richtig, denn die Digitalisierung fordert enorm heraus, allein durch das Tempo. Doch Deutschland, so scheint es, ist darauf noch nicht eingestellt. Es ist nötig, Altes infrage zu stellen und die größte Frage „Wie lässt sich Vollbeschäftigung mit Digitalisierung erreichen?" zu beantworten. Ein Konzept wurde hier unserer Gesellschaft bisher noch nicht vorgestellt. Wie wollen wir uns mit dieser Haltung im internationalen Geschäft positionieren, vorangehen, Arbeitsplätze bewahren bzw. neugestalten? Und folglich mit dem von uns erarbeiteten Geld unser neues, digitales Leben bewerkstelligen? Wie denken Sie als Unternehmer, Managerin oder Manager, Führungskraft darüber?

4.1.4 „Heads up" durch veränderte Märkte, veränderte Bedingungen

Aus und vorbei mit „Made in Germany"
Amerika verliert an Einfluss in der Weltwirtschaft und China nimmt einen Run auf unsere Wirtschaft, Geschäfte, Ideen. Ich persönlich kenne viele Unternehmer, die ihr Unternehmen an chinesische Unternehmen verkauft, einen Vertrag als Geschäftsführer über die nächsten fünf Jahre haben und sich damit über die Zeit retten. Sie wissen, dass der Markt aufgekauft, die Luft dünner für sie selbst, das Unternehmen, die Marktposition wird. Chinesische Investoren sichern sich durch Aufkäufe damit Marktanteile, das spezifische Know-how der Unternehmen wird abgeschöpft. Das betrifft vor allen Dingen besonders die mittelständischen Unternehmen. Das Ergebnis: Ausverkauf unseres Wissens und Verlust von Arbeitsplätzen in unserer noch sehr starken Mittelschicht. In Deutschland ist die Verbindung Mitarbeiter und Unternehmen noch sehr hoch. Innovative Firmen sind sich der Wertigkeit der Mitarbeiter klar bzw. bewusst, denn durch die Entwicklung der Mitarbeiter entwickelt sich auch das Unternehmen stetig weiter. Bildung, sehr gute, innovative Ideen, auch quergedacht, offene Kommunikation verhelfen zu einer starken Positionierung und stehen dennoch kontrovers zu den sich verändernden Marktbedingungen. Das deutsche Handwerk, Ingenieurskunst sowie das deutsche Bildungssystem sind einzigartig. Das ist das, was in China (noch) fehlt und uns etwas Aufschub leistet. Doch die Frage ist auch hier: Wie lange noch, denn es gibt eine regelrechte Übernahmewelle von Firmen in Deutschland. Eine Gefahr, der man auch ins Auge blicken darf, vor allen Dingen, da es deutschen Firmen im Gegenzug sehr schwer gemacht wird, in China Unternehmen zu erwerben. Ein sehr einseitiges Verhältnis. Somit ist der Ausverkauf von mittelständischen Unternehmen bereits sehr weit fortgeschritten, wird jedoch nicht überall öffentlich gemacht und ist dadurch nicht unbedingt von Außen erkennbar. Das Land China ist sich ihrer Botschaften nach Außen sehr bewusst und betreibt natürlich entsprechende Politik, indem es Deutschland sehr positiv erwähnt. Denn nach der damaligen Öffnung des Landes, war es Deutschland, das in China als erstes investiert habe. Ja, wirtschaftliche, gute Beziehungen sind wichtig, gerade in einer sich stetig immer mehr vernetzten, digitalen Welt. Doch

wo Offenheit gezeigt wird, gibt es immer auch Menschen, die diese Offenheit für sich nutzen. Daher: Vorsicht ist die Mutter der Porzellankiste. Auch wenn uns Menschen, Firmen offen begegnen, so liegt es in der Natur der Sache, sich einen Vorteil zu sichern.

4.1.5 Digitalisierung, Globalisierung und das Ende der Gewerkschaften

Die Themen Arbeit, Wandel, Digitalisierung, Nachhaltigkeit, Klimawandel, internationale Kommunikation, Erhalt von Arbeitsplätzen beschäftigen nicht nur Firmen, sondern auch die IG Metall, denn durch die Übernahmen deutscher Firmen durch ausländische Investoren sind viele Arbeitnehmer in Deutschland betroffen. Wie wird das Arbeiten durch Firmenleitungen, die eine völlig andere Unternehmenskultur haben, sich in den Unternehmen auswirken und im Jahr 2030 aussehen? Gerade die unterschiedlichen Kulturen, Arbeitsweisen und Sprachen werden uns alle herausfordern bzw. tun es bereits jetzt schon. Alle wollen oder müssen global denken, arbeiten, kommen allerdings im Handeln und Umsetzen nicht hinterher, das betrifft gerade kleine und mitteständische Unternehmen. International angelegten Unternehmen, DAX-Konzernen fällt es wesentlich leichter, sich auf dem globalen Parkett zu bewegen durch die Erfahrung-Entwicklung-Experten(E3)-Mentalität in deren Unternehmensbereichen. Sie können Themen aussitzen, was jedoch nicht bedeutet, vor sich hinzudämmern. Beispiele wie VW und der Dieselskandal zeigen, dass auch Konzerne ehrlicher werden müssen, auch sie unterliegen der Digitalität und dem schnellen, immer effizienter werdenden Nachrichtenfluss der Online-Medien.

Die Themen Digitalisierung, Kommunikation, transparente Firmenziele werden auf die lange Bank geschoben, Fragen bleiben unbeantwortet und es entsteht kein Drive, kein Speed. Dabei ist es so wichtig, sich diesen Themen, gerade als Führungskraft, strategisch anzunehmen, die Mitarbeiter mitzunehmen, statt es auszusitzen. Ein Faktor dabei ist, dass Geschäftsführer Drei- bis Fünf-Jahres-Verträge haben. Und so wird auch im Management entsprechend gearbeitet, ausschließlich für diesen Zeitraum gedacht, denn wer weiß, was nach diesem Vertrag kommt und lohnt es sich, betriebswirtschaftlich für die Geschäftsführer über den Tellerrand, die Timeline zu denken? Ich frage das hier gerade sehr provokativ. Fühlen Sie sich angesprochen? Oder sind Sie bereits so erkaltet, dass Ihnen das alles egal ist? Meine Erfahrungen zeigen: Was mit der Belegschaft passiert, ist für die von Geschäftsführern gesetzten Zielerreichungen meist weniger wichtig bzw. bis gar nicht. Es geht hier um Macht, Status, Ansehen, den eigenen Geldbeutel. Dann kommt erst einmal lange nichts, dann vielleicht die Belegschaft, irgendwann. Dabei wird vergessen, dass das Team unter Ihnen zu Ihrem Erfolg beisteuert. Und durch die neuen Generationen wird sich schnell herauskristallisieren, dass dieses Denken, das Sie noch innehaben, Vergangenheit ist. Dieses Denken hat im Jahr 2030 ausgedient, neben der Kumpelei in Managementetagen. Arbeiten und Verantwortungsübernahme nach dem Business- und Belegschaftsprinzip (B2-Prinzip) haben Vorrang. Ich habe in den letzten Jahren vermehrt festgestellt, dass Abteilungsziele mit denen der Geschäftsführung wenig korrelieren. Während die Geschäftsleitung bzw. Manager egoman, vom Team losgelöst, für sich arbeiten, an der Umsetzung der eigenen Ziele feilen, fallen z. B. die Abteilungsziele hinten runter, das sollte sich meiner Meinung nach ändern bzw. soweit angepasst sein, dass hier die gemeinsame Arbeit Wertschätzung findet. Das Thema ist ein Muss auf jeder Human-Ressources-Prioritätenliste (HR). HR wird leider immer mehr in die Rolle eines Dienstleisters gedrängt, statt als Partner (Chief Human Resources Officer, CHRO) auf Augenhöhe im Management mitzubestimmen. Die Unternehmen, Sie als Führungskraft, benötigen Hochleistung für die zu leistenden Sprints in der digitalen Welt; diese entsteht durch Förderung, Entwicklung, Anerkennung der jeweiligen Mitarbeiter.

Ein weiterer Faktor bei Betriebsübernahmen, wie vorher beschrieben, ist auch die Mitbestimmung durch Betriebsräte in aufgekauften Unternehmen. Dies ist vielen ausländischen Investoren fremd und birgt jede Menge Zündstoff. Einige Unternehmen, die chinesische Geschäftsführer haben, sind mit der deutschen Arbeitswelt konfrontiert und auch überfordert. Unsere deutschen Uhren ticken deutlich anders, was die Führung der Belegschaft betrifft. Durch Unverständnis der deutschen Kultur führen so manche Situationen zu fristlosen Kündigungen durch chinesische Arbeitgeber. Diese Kündigungen erlauben im Moment in Deutschland allerdings keine Akzeptanz und müssen zurückgenommen werden. Hinzu kommt die Konfrontation mit den bestehenden Tarifverträgen, die in Deutschland verbindlich sind. Die Fremdinvestoren tun sich schwer mit den geltenden Richtlinien. Das führte in manchen Firmen zur Eskalation und im Anschluss zum Abbau von Arbeitsplätzen, da man keinen Draht zur chinesischen Führungsspitze fand bzw. zur deutschen Kultur in den Unternehmen. Das ist für beide Seiten bedauerlich, da wir in Zukunft global arbeiten, eine gemeinsame, große Welt sind. Die einzige Veränderung von heute zu damals: Früher wurde spioniert, heute werden Firmen offen gekauft. Eine Firma, die durch Firmeneinkäufe hervorsticht, ist die Beijing Number One (chinesisches Staatskonglomerat Enterprises), eine der größten Übernahmen die EEW, Müllverbrennung aus Helmstadt (FAZ 2016), um hier eine der größten, teuersten Übernahmen zu nennen. Das ruft natürlich auch die Politik auf den Plan.

4.1.6 Atemlose Politik

Doch nicht nur Unternehmer, Belegschaften werden in Atem gehalten. Auch der Wirtschaftsgipfel (www.wirtschaftsgipfel.de) in Deutschland beschäftigt sich mit der chinesischen Macht, denn es löst Besorgnis aus. Zum einen sehen sich die chinesischen Investoren als Retter von Unternehmen und Arbeitsplätzen und zum anderen sorgen diese für Liquidität. Während 60 % der Unternehmer Übernahmen sehr kritisch und risikobehaftet sehen, gibt es ein anderes Beispiel: Dr. Frank Stieler, Vorstandsvorsitzender von der KraussMaffai Group, arbeitet ebenfalls in einem Unternehmen, das von einem chinesischen Investor aufgekauft wurde. Der Aufkauf: Chance oder Risiko (KunststoffXtra 2016). Hier wird dieser Aufkauf positiv bewertet. Argument: Chinesen wollen technologisch dazulernen und den deutschen Markt erhalten. Doch sieht man sich das Unternehmen Kuka an, rief dies eine politische Debatte auf den Plan. Kuka geriet ebenfalls unter chinesischen Einfluss und passt perfekt in die Aufkaufstrategie chinesischer Investoren.

Kuka galt damals als Perle im deutschen Mittelstand für Zukunftstechnologie; 4,5 Mrd. € wurden durch Midea, einem chinesischen Hausgerätehersteller, für das Unternehmen gezahlt. Der Kaufpreis lag weit über dem Marktpreis, daher gab es kein Konsortium. Beim Verkauf des Vorzeigeunternehmens ging ein Aufschrei durch Deutschland. Sigmar Gabriel, damaliger Wirtschaftsminister, versuchte die Übernahme lange zu verhindern. Allerdings vergeblich. Hier wird externe Einflussnahme sehr deutlich und auch die entstandene Machtlosigkeit.

Vielen Menschen ist es nicht wohl bei dem Gedanken, wertvolle Unternehmen, die sog. Perlen des Mittelstands, unter chinesischer Flagge zu sehen. Doch was wird dagegen unternommen? Wie bleibt alles in Balance? China hat hehre Ziele und ist noch lange nicht satt! In zehn Zukunftsbranchen (IT, Robotertechnik, Luft- und Raumfahrt, Meerestechnik und Hightech-Schiffe, Eisenbahntechnik, Umweltautos, Energiegewinnung, neue Wirkstoffe, Medizintechnik, Landmaschinen) möchte China die Weltmacht bis 2025 erlangen und kauft weiter auf (Hirn 2016). Doch was passiert, wenn Deutschland ausgesaugt, leergekauft ist? Wir verkaufen unsere hervorragenden Ideen, Innovationen, die unsere Basis bilden. In Deutschland gibt es fünf umsatzstärkste Branchen: Kraftfahrzeugbau, Maschinenbau, Chemie, Ernährung, Elektronik und Elektrotechnik. Meine Frage: Wie lange noch?

Egal wie! Europa braucht hierfür eine Antwort, sonst werden die Grundwerte unseres Wirtschaftssystems infrage gestellt bzw. zerstört. Das europäische Parlament muss hier ein Strategiepapier erarbeiten. Die Balance zwischen ausländischen Investoren und dem Sich-Wehren vor Heuschrecken ist ein sensibler Akt, der Beachtung verdient, zum Wohl aller. Wichtig dabei ist, dass wir ein Gespräch, eine Debatte nicht mit dem moralischen Hochmut der Bessergebildeten führen, sondern mit einem Ziel vor Augen, für unsere gemeinsame, sich stark verändernde Zukunft.

Diese Themen waren auch Teil des Weltwirtschaftsgipfels in Davos im Jahr 2018. An diesem Treffen nahmen 2500 Staatenlenker, Konzernbosse und Intellektuelle teil. Eine globale Elite der Weltwirtschaft. Doch verbessert es wirklich unsere gemeinsame Welt? Das 48. Jahrestreffen des Weltwirtschaftsforums fand unter dem Motto Creating a Shared Future in a Fractured World (Gemeinsame Zukunft in einer zersplitterten Welt) statt. Schwerpunktthemen waren auch politische Krisen, die Spaltung von Arm und Reich, Umweltprobleme, Artensterben. Obwohl über diese Themen gesprochen wird, so sind diese weit weg von den Menschen, die an der Macht sitzen (Weforum 2018). Wer unserer Lenker kennt wirklich die Nöte der Menschen? Wer ist denn wirklich noch seinem eigenen Volk nah? Wer begibt sich wirklich und wahrhaftig in die aktuellen Themen der Gesellschaft hinein? Welche Führungskraft interessiert sich wirklich für seine Mitarbeiter? Es gibt den schönen Satz: Laufe drei Tage in meinen Schuhen und du wirst mich besser verstehen. Welcher Politiker kann das von sich behaupten? Und eine ehrliche Fragestellung: Was hat sich in den letzten vier Jahrzehnten des Wirtschaftsgipfels nachhaltig, positiv für uns, die Menschen, die Welt, im Miteinander verändert? Europa ist sich schon nicht einig, wie kann dann die Welt positiv und gemeinsam agieren, wenn nach wie vor jeder für sich versucht, die Weltmacht zu erlangen, sich egoistisch verhält? Laut einer Umfrage der

Wirtschaftsprüfungsgesellschaft PwC zweifeln internationale Manager, ob die Globalisierung von Nutzen ist. „Die Lücke zwischen ökonomischen Erfolgen und gesellschaftlichem Zweck wachse", sagte PwC-Chef Norbert Winkeljohann, „und nicht jeder Bürger profitiere vom Wirtschaftswachstum". Auf die Stimmung der Wirtschaftslenker drücken zudem Überregulierung sowie Populismus, politische Unsicherheiten und Terrorismus. Die Lage der Weltwirtschaft beurteilten sie jedoch so gut wie noch nie …

4.2 Der Kopf ändert die Richtung. Führung neu denken

4.2.1 Leuchtturm oder Schiffbruch

Von den vorangegangen, skizzierten Situationen kommen wir jetzt auf das Thema Führung und Management. Wir haben alle das herausfordernde Thema Digitalisierung, und zwar in allen Bereichen, Branchen, verbunden mit veränderten Märkten, hohem Zeit-, Leistungs-, Kostendruck und hartem Wettbewerb. Ein weiterer Faktor: die sich verändernde Gesellschaft und die verschiedenen Generationen. Daher freue ich mich über Sie, die Frau, den Mann, mit Mut, Power, Tatkraft und kreativen, innovativen Ideen, die Zukunft aktiv zu gestalten!

Ich sage hier wiederholt und deutlich: Raus aus Ihrer Komfortzone! Augen auf! Schulen Sie Ihre Wahrnehmung, akzeptieren Sie Veränderungen, erarbeiten Sie Lösungen und setzen Sie diese stark um. Ja, es ist ein Kraftakt, gerade im täglichen Geschäft. Ich rüttle Sie hier alle wach! Und mit alle, meine ich auch alle! Sie als Unternehmer, Führungskraft, Mitarbeiter – alle Generationen. Nutzen Sie Ihre Zeit um sich, das Unternehmen, Ihre Belegschaft an die Veränderungen auszurichten. Die Kommunikation nimmt stark zu, sei es verbal oder digital. Seien Sie als Führungskraft ehrlich und authentisch, denn alles andere wird sonst das digitale Netz für Sie erledigen. Es reicht nicht mehr aus, als Führungskraft andere operativ anzuleiten, die Füße auf den Schreibtisch zu legen, die Abteilungsleiter tanzen zu lassen und bei einem Bierchen am Abend Verbindungen zu schmieden, Geschäfte unter der Hand zu machen, sich auf Ihre Konnektoren blindlings zu verlassen. Der Wettkampf nimmt zu und vielleicht reicht nicht einmal das Bierchen am Messetressen aus, das so gern genossen wird, weil in dieser Zeit andere schon digital zugeschlagen haben, während Sie noch meinen, im kurzen Austausch Ihr Geschäft zu generieren. Außerdem: Die digitalen Augen, die digitale Überwachung, Auswertung macht vor niemandem Halt, sie dringt tief in das Handeln, Denken von Ihnen ein, damit werden Sie konfrontiert. Auch als Führungskraft – da nimmt man Sie gern detailliert in Ihrem Verhalten unter die Lupe.

In den letzten Jahren hat sich unsere Welt durch die Digitalisierung langsam und stetig verändert. Das Tempo steigt rasant. Denn die Komplexität, die Schnelligkeit nimmt dramatisch zu und manchmal hat man das Gefühl, den immer mehr werdenden, offenen Angelegenheiten, zukunftsweisenden Fragen, nicht mehr ausreichend folgen zu können. Themen wie zukunftsorientierte Unternehmensführung und damit verbundene Visionen, diese in unserer schnelllebigen Zeit effizient umzusetzen, Markanteile zu behalten und zu erschließen, sind heute ein

Kraftakt. Es sei denn, Sie sind in einem Großkonzern, der viele Berater um sich schart und für sich arbeiten lässt. Mittelständische und kleine Unternehmen sind sehr gut beraten, indem sie sich z. B. Verbänden anschließen. Ich habe u. a. sehr gute Erfahrungen mit dem Bundesverband mittelständischer Wirtschaft (BVMW) gesammelt, der einen sehr guten Draht zur Politik und damit ein Sprachrohr hat, um hier ein Beispiel zu nennen. Statt einer Stimme werden viele Stimmen hörbar. Dazu kommt, dass sich Verbände mit der aktuellen Lage beschäftigen, innovativ sind und querdenken (müssen). Die Gemeinschaft macht stark, das erlebe ich immer wieder bei Treffen zu innovativen, zukunftsorientierten Themen. Es ist ein Begegnen auf Augenhöhe und bietet somit eine effektive Alternative für Unternehmer und Unternehmerinnen, Führungskräfte zum Netzwerken. Apropos Netzwerk. Tun Sie mir einen Gefallen? Auch das fällt mir bei meinen vielen Gesprächen auf. Bewegen Sie sich immer wieder auch einmal außerhalb Ihres gewohnten Kreises bzw. Ihrer Komfortzone. Setzen Sie sich als Ziel z. B. den Besuch einer neuen Messe, eines artfremden Events, oder einen ganz anderen Verband kennenzulernen oder ähnliches. Das belebt Ihren Geist und die Zeit ist sehr gut investiert. Unter anderem sind Meet-ups klasse, an denen Sie teilnehmen können. Steigen Sie einmal von Ihrem hohen Ross ab! Sie brechen sich keinen Zacken aus der Krone. Begeben Sie sich in die Welt von Querdenkern, Kreativen. Ich habe damit kein Thema! Sie?! Denn wir alle wollen vorankommen! Somit besuche ich regelmäßig innovative Events und fühle mich danach geistig erfrischt. Andere Ansichten, Menschen, Kulturen inspirieren mich. Ideen sprudeln. Frischer Austausch führt zu frischen Einfällen. Leben Sie Beweglichkeit, Agilität, die das digitale Leben in Zukunft haben wird und bereits heute hat, Ihrer Belegschaft vor. Sprechen Sie darüber, wie es Ihnen damit geht und was Sie Gutes, Innovatives für sich und das Unternehmen mitnehmen. Wer innovativ vordenkt, hat bereits den ersten, wesentlichen Schritt getan. Wer jedoch Offenheit verweigert, Barrieren aufbaut, braucht sich nicht wundern, wenn sich mangelnde bis fehlende Dynamik und Inspiration auch in der Belegschaft negativ zeigen. Je länger Sie die Digitalisierung, die Entwicklung Ihres Unternehmens, Ihres Geschäftsbereichs hinauszögern, desto schlimmer wird die spätere Umsetzung. Denn fehlender Elan, mangelnden Mut und geistige Trägheit bringen Sie, Ihr Unternehmen, Ihre Belegschaft in Schieflage, da hilft auch kein Rettungsanker mehr, wenn das Schiff am Kentern ist.

4.2.2   Ist Ihr Hintern zukunftssicher?

Viele Unternehmen, die auf bewährte Produkte gesetzt haben, getreu dem Motto „Es lief doch immer gut" und die goldene „cash cow" entspannt gemolken haben, stellen manchmal (plötzlich, meist völlig unerwartet) fest, dass u. a. chinesische Firmen schneller nachgezogen sind und dasselbe Produkt deutlich günstiger anbieten. Umsatzlöcher tauchen unplanmäßig auf und das gut bewährte, alte Prinzip des entspannten Aussitzens löst sich in Luft auf, weil man die Schnelllebigkeit und den Datenklau nicht auf dem Radar hatte. Da werden selbst erfahrene Manager wieder sportlich und dynamisch. Handeln bekommt da wieder eine ganz neue Bedeutung. Die erste Maßnahme der Führungskraft, um den Schaden in solchen Fällen gering zu halten und den eigenen Hintern im Warmen zu lassen, sind

Entlassungen der Stammbelegschaft, um zu retten, was zu retten ist, die Bilanz wieder schön zu machen. Meiner Meinung nach betriebswirtschaftlich zwar richtig, personalmäßig jedoch völlig falsch. Die Entlassung der Führungskraft wäre die richtige Konsequenz. Wer als Führungskraft Innovationen verschläft, Konkurrenten nicht auf dem Radar hat, keinen Weitblick für den Wandel und Herausforderungen besitzt, keine Wertschätzung gegenüber Mitarbeitern hat, in Management-Meetings alles beschönigt, ist völlig fehl am Platz.

Bringe ich Sie gerade gegen mich auf? Gut so! Es ist IHR Job einen Blick auf innovative Themen zu haben, das Unternehmen voranzubringen, einen Gesamtblick walten zu lassen. Und zwar über Ihren festgelegten Arbeitsvertrag hinaus. Ich erlebe immer wieder, dass Führungskräfte viele, zukunftswichtige Themen, längst überfällige Entscheidungen aussitzen und es dann zu massiven, wirtschaftlichen Einbrüchen kommt. Die Belegschaft darf dafür bluten. Der Klassiker im Management, um sich selbst abzulenken, ist sich ein Bauernopfer zu suchen und zu entlassen. Geht ja ganz easy, wenn ich strategisch gut im Management kann, dass schnell jemand gefunden wird, der seinen vermeintlichen Beitrag NICHT zur Zielerreichung geleistet hat. Man muss nur ein wenig suchen, dann findet sich schon das passende Thema und der passende Mitarbeiter. Ich stelle mir auch hier wieder die Frage, warum es Vorsitzenden oder Firmeninhabern nicht gelingt, dies zu sehen und entsprechende Maßnahmen für die zuständige Führungskraft abzuleiten. Stattdessen ist immer die Belegschaft dran, die gegangen wird. Ich weiß, dass mir diese Zeilen jetzt keine Freunde einbringen, doch ich empfinde es als notwendig, das Thema einfach einmal offen anzusprechen. Denn durch die Digitalität und entsprechende Transparenz kommt dieses Thema sowieso auf Ihren Schreibtisch. Und spätestens dann ist es Ihr Thema, das zu lösen ist.

Beispiel

In einem internationalen, mittelständischen Unternehmen mit 3000 Mitarbeitern weltweit, Sparte Finance Services, habe ich erlebt, wie ein Geschäftsführer Prozesse blockierte, Mitarbeiter regelmäßig herunterbrüllte, Informationen verzögerte, fachlich wichtige Entscheidungen nicht termingetreu an das Board ablieferte. Er las keine E-Mails, die ließ er ausschließlich von seiner Assistentin bearbeiten, agierte rein telefonisch (hinterlässt ja kaum Spuren) und schriftlich arbeitete er nur, wenn die Anweisung von ganz oben kam. Er ist bis heute ein fabelhafter Zahlenmensch, doch charakterlich, menschlich und arbeitsmäßig in Bezug auf Struktur, Effizienz eine Katastrophe. Weiterbildungen lagen bei ihm schon lange zurück, auch er hatte hier deutliche Defizite (dafür ein sehr gut absolviertes Studium) und flippte regelmäßig bei der Erstellung von PowerPoint-Folien aus. Er lieferte viele Mitarbeiter ans Messer, bis das Board dann doch nach langer Zeit erkannte, dass er als Führungskraft nicht mehr tragbar war. Diese Entscheidung dauerte. Der Vertrag mit ihm wurde nicht mehr verlängert. Exodus.

In seiner Dienstzeit sind viele Leute unnötig, durch sein schlechtes Führungsverhalten, gekündigt worden bzw. freiwillig gegangen, die Stimmung in der Belegschaft war extrem miserabel, die Leistung der Mitarbeiter ging nach unten. In sein Büro kam nur, wer musste.

Lachen wurde nicht gern wahrgenommen, das störte ihn: „Wer lacht, fröhlich ist, hat zu viel Zeit". Als er weg war, hat sich im Unternehmen alles wieder langsam stabilisiert. Doch die Kosten, die durch Weggang der Mitarbeiter, Verlust von Wissen und das Negativ-Image der Firma entstanden sind, darüber sprach niemand. Diese Kosten wären erst gar nicht entstanden, wenn durch Offenheit auch klare Entscheidungen getroffen worden wären und per Key Performance Indicators (KPI), Fluktuationsquote und Gründe, das Thema offen zur Sprache gekommen wäre. Das Unternehmen hätte sich viel Zeit, Ärger, Geld, Negativimage gespart. Und für solche Scherze ist in unserer digitalen, komplexen Welt im Jahr 2030 keine Zeit mehr. Es ist auch zu teuer. Hier ist das passende Team zur Führungskraft notwendig, wie das gemeinsame Wissen, um die Ziele zu erreichen.

Deshalb, Ihr Hintern wird vielleicht noch in größeren Konzernen etwas länger warm auf dem Stühlchen bleiben, wenn Sie schön brav Ihre Aufgaben ausfüllen, weiterhin perfekt spuren und nach oben alles brav abnicken. So führt man Manager, Führungskräfte des mittleren Managements ganz eng, schön verbunden mit den Firmenzielen, und wedelt mit den Euros. Doch die Luft ist heute bereits sehr dünn. Ein Spielchen auf Zeit. Sie gehören nämlich der aussterbenden Spezies an, die Sparplänen zum Opfer fällt. Man braucht Sie in Zukunft nicht mehr. Das Team kann ein gemeinsam erarbeitetes Ergebnis auch ohne Sie an die nächste Ebene weiterleiten. Noch einmal ganz deutlich: Ohne Sie, ohne Dienstreisen, ohne zusätzliche Kosten. Sie kann man einsparen. Ihre Zeit, Ihr Mindesthaltbarkeitsdatum als Führungskraft läuft bereits ab, vielleicht haben Sie es vor lauter Stress noch gar nicht bemerkt. Sie sollten daher Ihre berufliche Strategie noch einmal überdenken. Vielleicht sagen Sie jetzt: „Ach, ich bin gut vernetzt". Doch was ist, wenn Ihr Mentor, Ihr Förderer, der Sie, Ihren Stuhl so warm im Trockenen hält, einmal weg ist, dann wird es doppelt schwierig. Dann hält niemand mehr große Stücke auf Sie, Sie werden nicht mehr berücksichtigt, beiseitegeschoben, im schlimmsten Fall aussortiert. Ja, keine schöne Vorstellung, doch Realität. Meine Prognose für das Jahr 2030 ist, dass es kaum noch eine Stammbelegschaft in Unternehmen gibt; Sie – als Führungskraft – werden für Projekte ebenso zugekauft wie andere Mitarbeiter und Sie werden nicht mehr diese Komfortzone, die Sie heute haben, besitzen. Sind Sie gewappnet? Ich bin gespannt, wie Ihr persönlicher Survival-Guide aussieht.

Doch nicht nur Digitalisierung beschäftigt Sie als Unternehmer, als Führungskraft. Da sind weitere Themen wie Unternehmenskultur, New Work, Globalität, Female Shift, War for Talents, Individualität, Umweltverschmutzung, Nachhaltigkeit, globales Wirken und vieles mehr, die zu berücksichtigen sind. Was machen diese Fragen, diese Herausforderungen mit Ihnen? Als Unternehmer, als Manager oder Managerin, als Mitarbeiterin oder Mitarbeiter? Mittel-, langfristig? Dazu kommen die kurzen Zyklen von Produkten, Prozessen, Strategien, die immer schneller bearbeitet und umgesetzt werden müssen, um am Markt mithalten zu können. Dies gelingt nur, wenn man eine ehrliche Bestandsaufnahme mit sich als Führungskraft, dem eigenen Wirken, der Übernahme von Verantwortung macht und das Unternehmen unter die Lupe nimmt, ehrlich mit sich selbst, den eigenen Stärken und Schwächen ist, in Lösungen denkt. Sie, als Unternehmer, Führungskraft, sind Dreh- und Angelpunkt. Meine Frage an Sie: Sind Sie ein Leuchtturm? Oder erleiden Sie Schiffbruch? Die Zukunft wird es aufzeigen. Ihre Zeit läuft.

4.2.3   Vor welchem Hintergrund agieren Führungskräfte?

Fakt ist: Herkömmliches Führungswissen und traditionelle Führungsmethoden sind ein Auslaufmodell, begründet in neuen, noch nicht bekannten Herausforderungen. Die Komplexität nimmt stark zu. IBM hat in der Studie „Unternehmensführung in einer komplexen Welt" 15.000 CEOs befragt. Mehr als die Hälfte der CEOs hatte Zweifel, ob sie diese Komplexität beherrschen. Deshalb ist es für Unternehmen, für die Führungsriege so wichtig, sich mit dem Thema Führung zu beschäftigen. Welche Führungsqualitäten sind im Jahr 2030 erforderlich bzw. welche Qualitäten muss ich als Führungskraft entwickeln, um das Unternehmen gestärkt in die Zukunft zu führen?

Kreativität, Integrität, globales Denken, Innovationen sind wertvolle Anker. Design Thinking ist, neben vielen anderen Kreativitätskonzepten zur Problemlösung, ein wesentlicher Faktor für Produktinnovationen und Dienstleistungen, um hier ein Beispiel zu nennen. Denn der Design-Thinking-Prozess erzielt durch unterschiedliche Erfahrungen, Meinungen, Perspektiven herausragende Lösungen und generiert Innovationen. Führungskräfte lassen sich gern Ergebnisse zur Entscheidung zeigen. Nehmen Sie sich einfach einmal selbst Zeit, um einen Workshop zu besuchen. Sie wissen danach um die Wertigkeit der Arbeit und bekommen selbst neue Gedanken, Ideen, Impulse für Ihr Tagesgeschäft. Eine neue, fühlbare Sichtweise!

Ein weiterer, wunder Punkt ist, dass die klassischen **Steuerungsinstrumente** nicht mehr greifen und ausschließlich auf formale Regeln gesetzt wurde. Das sind zwar geeignete Konzepte, jedoch nur in einer stabilen Situation. Sie sind der Kapitän eines Unternehmens, Sie haben Ihre Seekarte und können in bekannten Gewässern wunderbar navigieren. Ihre Erfahrung, Kompetenz, Netzwerk stärken Sie in Ihrem Denken, Handeln. Doch was ist, wenn Sie in das unbekannte Gewässer der Digitalisierung und deren Auswirkungen kommen, die Lage instabil ist? Sie haben keine Karte, keinerlei Ortskenntnis. Sie sind auf sich selbst gestellt, Sie müssen die Situation lösen. Irgendwie. Selbstorganisation ist gefragt. Sie müssen sich an die klimatischen Bedingungen anpassen, Ziele stecken, schrittweise vorangehen, sich auf die Bedingungen einlassen. Sie müssen lernen, neu zu navigieren, das Ruder in der Hand zu behalten, dabei Souveränität für die Belegschaft ausstrahlen. Um das umzusetzen ist es jedoch wichtig, sich selbst auf neues Gewässer bzw. die veränderten Bedingungen, Leistungseinbrüche und Verunsicherung einzulassen. Das erfordert Mut, Selbstwahrnehmung, und die Einsicht, dass neues Wissen gefordert ist! Haben Sie Mut?

Wie soll modernes Management aussehen? Eine herausfordernde Frage. Viele Unternehmen wie z. B. McKinsey, Harvard Business Review und Management Innovation eXchange beschäftigen sich mit diesen ganzen, vorgenannten und umfassenden Themen. Ich denke, man kann viel auswerten und darüber reden, doch es anzugehen, ist die richtige Einstellung. Welcher Unternehmer hat hier die Belegschaft für den digitalen Wandel wirklich eingebunden und lässt diese mitwirken? Die meisten Mitarbeiter haben super Ideen, die Geld sparen und innovativ sind. Es muss nicht immer eine hochkarätige Unternehmensberatung weiterhelfen. Die wahre Power kommt aus dem Unternehmen heraus, durch die Belegschaft. Dazu kommt, dass jedes Unternehmen mit der Corporate Identity, Corporate Governance individuell ist. Deshalb kann man nicht alles über einen Kamm scheren. Die Basis für ein Gelingen liegt im Abbau der Ängste im Management und dies strahlt durch Offenheit in die Belegschaft ab. Man fängt oben an und lebt die sich, durch die Digitalisierung, erweiternde, moderne Unternehmenskultur vor, nimmt durch Offenheit, Transparenz, Selbstbestimmung, Übernahme von Verantwortung die Mitarbeiter in das digitale Zeitalter mit. Kooperation im Unternehmen mit festgelegtem Rahmen. Und das sollte eigentlich nichts Neues für Unternehmen sein, sondern gelebte Realität.

Gerade in meinen Vorträgen und Kursen stelle ich ein großes Gap fest. Wie das? Durch den fehlenden stetigen Wandel und durch den fehlenden, gelebten Austausch bzw. die Ansprüche der Generationen erkennt man, dass es wenig gemeinsame Nenner gibt. Dazu kommt, dass jeder von uns als Persönlichkeit eine innere Haltung und Einstellung zum Thema digitales Leben, Arbeiten hat. Leider lese ich relativ wenig über gelungene, generationsübergreifende Projekte in Unternehmen. Jeder, ob Führungskraft oder Mitarbeiter, lebt in seiner Welt, in seiner Schublade. Die Personenkreise sind nicht wirklich miteinander vernetzt (wie Kinder in der Kita, im Kindergarten, Schule, Jugendliche in Ausbildung und Studium, Berufsanfänger/-erfahrende, Ältere und Rentner); jeder lebt, arbeitet in seiner Ebene. Das hat zur Folge, dass wirklicher Austausch kaum entsteht. Das Fraunhofer Institut sieht die neue Welt so, dass ältere Arbeitnehmer das Wissen an die jungen Leute weitergeben, in das Arbeitsleben integriert sind/bleiben bzw. junge Menschen mit Älteren arbeiten. Ein Erfolgsmodell? Ganz klar! Stetiges Lernen, ein Sich-Entwickeln, innovativ sein, sind das Ergebnis. Dazu kommt, dass man dies als Projekt sehr gut für das Personal- bzw. Unternehmensmarketing einsetzen kann. Stattdessen gelten in Firmen immer noch die alten Parolen: „Ab 40 ist man alt" (das höre ich oft von Personalern, die auch irgendwann diese magische Grenze überschreiten – zwangsläufig), „Junge Leute sind unverbraucht, formbar" und vieles mehr. Ein Appell an Sie: Hören Sie auf, Menschen über einen Kamm zu scheren, hören Sie auf zu schematisieren. Sehen Sie endlich wieder den ganzen Menschen, mit seinem ganzen Potenzial, das in ihm steckt. Und achten Sie auf das Potenzial, das gern in Ihrem Unternehmen für die Zukunft gewinnbringend, für beide Seiten Unternehmen – Mitarbeiter, entwickelt werden möchte. Daran gilt es zu arbeiten, zu wirken.

Divers gedacht heißt noch lange nicht divers gelebt!

Ich selbst kann überhaupt nicht nachvollziehen, warum überhaupt ein Unterschied zwischen Alt und Jung gemacht wird. Mich nerven die Altersgrenzen, die wir uns selbst auferlegen, die Jagd nach Zertifikaten, die ganzen Nachweise. Als Erwerb von Basiswissen, Vergleichbarkeit von Leistungen, kann ich es nachvollziehen, und ja, es muss auch Spezialisten geben. Doch was genau brauchen wir für die digitale, von Robotern gestützte Welt? Was sagen Abschlüsse über eine Person aus? Dass Sie gut lernen kann? Wissen inhaliert und punktgenau wiedergeben kann? Doch reicht das aus? Gekauftes, abrufbares Wissen eines Menschen reicht nicht aus, um produktiv, effizient, kreativ zu arbeiten. Schon gar nicht in der digitalen Welt. Ich habe Einser-Kandidaten kennengelernt, die alles auswendig konnten, doch nicht in der Lage waren, dies in Handlungen für das tägliche Business umzusetzen, geschweige denn kreativ zu denken. Es wird zu viel geredet, manchmal auch lamentiert, doch wenig gehandelt bzw. wenig produktiv umgesetzt. Austausch, Kreativität und effektive Kommunikation sind für die Zukunft herausragende Eigenschaften, doch die Zeit für Lamentieren, viel Reden ohne Inhalt, wie es z. T. in universitären Einrichtungen gelehrt wird, reichen nicht mehr aus, weil in dieser Zeit des Redens, des sich selbst gern Zuhörens, andere Konkurrenten produktiv an innovativen Lösungen verbunden mit Digitalität arbeiten und die Konkurrenz an Ihnen vorbeizieht. Wissen hole ich mir für die Zukunft aus dem Netz bzw. das erledigt mein Roboter, der eine eigene Datenseele entwickelt. Er unterstützt mich bei der Entwicklung von Ideen, Produkten, Dienstleistungen, im täglichen Arbeiten. Daher meine provokative Frage: Wenn wir alle eine menschliche Schnittstelle zum Internet haben, brauche ich die Kompetenz des Wissensbehaltens noch? Ich hole mir es, wenn ich es benötige, sekundenschnell aus dem Netz, ohne Papier, ohne langes Suchen. Was ist unser Wissen in den Köpfen noch wert? Werden uns nicht Roboter Ideen vorgeben, die sie selbst generieren?

4.2.4 Schema F – siegt die Routine oder die Agilität?

Wir versuchen personalpolitisch immer alles zu schematisieren. Meine Antwort: Wer Schema F einsetzt, hat auch Mitarbeiter, Produkte, Dienstleistungen und Personalpolitik wie Schema F. Im Jahr 2030 brauchen Sie Mitarbeiter, die wollen, Spaß an der Arbeit haben, Flexibilität besitzen, effizient, zielgerichtet und innovativ arbeiten. Das Sprichwort „time is money" ist hier zeitlos und greift nach wie vor, auch im Jahr 2030. Doch ist das mit den Generationen X, Y, Z, den Millenials zu bewerkstelligen?

Wenn ich an mich denke, ich liebe es, Neues zu hören, zu sehen, zu lernen, es in mich aufzunehmen. Ich gehe einfach mit der Zeit mit. Ich liebe das Leben, die Arbeit. Natürlich gibt es Themen, die ich sehr mag und welche, die weniger meiner Neigung entsprechen. Doch ich hüpfe oft über meinen Schatten und probiere mich aus. Warum denn auch nicht? Auf was soll ich denn warten? Das mir jemand sagt, dass ich es oder mich ausprobieren kann? Nein, ich bin meines eigenen Glückes Schmied. Ich packe an und habe meinen eigenen Kopf. Meine Frage an Sie: Wer von Ihnen weiß um Ihre stillen Reserven? Reserven, die nie angezapft wurden, weil Sie schön strukturiert, durch einen geradlinigen, meist auch von Eltern, vom Unternehmen gut gemeinten, vorgegebenen Lebens- und Berufsweg, nach vorn entwickelt wurden? Oder sich gerade im so schön vom Unternehmen vorgegebenen, geradlinigen Karrieremodus befinden, ohne es wirklich zu reflektieren, was mit Ihnen gemacht wird, Sie gesteuert werden, statt selbst zu steuern? Im normalen Leben habe ich so viele Studenten kennengelernt, die zwar studiert haben, doch jetzt etwas völlig anderes machen, aus dem Muster der Vorgaben ausbrechen. Das gefällt mir, denn es entsteht Neues, es bietet Austausch. Ich liebe neue Themen, denn dadurch entwickle ich mich immer weiter. Nur so kann ich Potenzial (er-)leben, verbessern, ausdehnen. Je besser ich mich selbst kennenlerne, statt einem eingefahrenen, vorgegebenen

Muster zu folgen, desto mehr Optionen habe ich, die ich nutzen, entwickeln, einbringen kann. Ich vergleiche mich immer mit einem Augenzwinkern mit einem Hefeteig, der aufgeht, über die Schüssel klettert. So bin ich auch, ich habe die Leidenschaft Wissen aufzunehmen, mich zu reflektieren, über mich hinauszuwachsen, schließlich bin ich kein Bonsai, das so gern in Konzernen gepflanzt und regelmäßig gestutzt wird. Mir ist die Zeit zu schade, immer nur dasselbe zu tun. Das ist wie mit einem Fluss, der stetig fließt. So ist es auch mit uns Menschen; wir beginnen an der Quelle und über das Fließen kommen wir am Ende am Meer an. Bauen wir Staudämme, halten an Altem fest, arbeiten wir gegen uns, gegen die Entwicklung und müssen uns dann damit auseinandersetzen, wenn der Staudamm bricht oder das Wasser sich neue Wege sucht. Auch damit müssen wir uns konfrontieren, wir müssen uns selbst annehmen, dass wir uns der eigenen Entwicklung entzogen haben. Denn es hat im Leben (ob als Unternehmer oder Privatperson) immer alles seinen Preis, den man zeitnah und beherzt zahlt oder sehr spät, mit hohen Zinsen und Lebensgebühren.

Ich lerne durch meine offene Art sehr viele Menschen kennen, unterschiedlichsten Alters, Branchen, Herkunft und vielem mehr. Ich sage Ihnen, es hat mit Ihnen selbst, der inneren Haltung und Einstellung zur neuen Arbeitswelt zu tun. Wenn ich als junger Mensch durch das Leben getragen werde, sehe ich keinen Ansporn mich anzustrengen, weil alle Hindernisse stets aus dem Weg geräumt wurden. Eltern meinen es hier leider oft zu gut. Daran hat sich die junge Generation gewöhnt. Ist doch prima, wenn alle Probleme von den Eltern gelöst werden, sei es bezahltes Studium, eine gekaufte Eigentumswohnung oder bezahlte Reisen. Es herrscht der Gedanke: „Mein Kind soll es besser haben als ich". Das ist für mich der falsche Ansatz. Ja, wir sollten Kindern Unterstützung anbieten. Doch durch Vorverlagerung von Belohnung, ohne eigenes Zutun, entstehen gesellschaftliche Mängel. Es dreht sich bei den Millenials ausschließlich um sie, das ist die Konsequenz und hat Auswirkungen auf unsere gemeinsame Welt, in der wir leben, arbeiten, wirken. In meinen Kursen sehe ich bei den jungen Menschen, wie schwer es Ihnen fällt, sich selbst Dinge zu erarbeiten, querzudenken, sich mit komplexen Themen zu befassen. Es kommt die Aussage: „Es ist anstrengend". Und meine Antwort hierzu ist: „Ich trage euch nicht zum Ziel, ich begleite euch. Doch laufen dürft ihr selbst".

Ich erlebe täglich, wie wichtig den jungen Leuten Geld, Ansehen, Luxus ist. Doch Empathie, Menschlichkeit, Miteinander sind fern von ihnen. Es geht nur um das Ego, das Außer-sich-Sein, statt Selbstreflektiert-Sein. Das bringt Ihnen keiner mehr bei. Ein junges Mädchen saß in der Weiterbildung vor mir und äußerte: „Ich möchte gern bei BMW arbeiten"; mit der Begründung: „Da bekomme ich viel Geld und arbeite dann im Management." Ich kann nur den Kopf schütteln, wie weit diese Aussage von der Realität, von dem, was in so einer Position zu leisten ist, weg ist. Ich fragte Sie, ob sie sich bewusst sei, was sie für Wissen, Skills und Erfahrung für eine gehobene Position benötigt. Sie schüttelte den Kopf. Die jungen Leute wollen zwar alles, doch sich einbringen, dafür arbeiten, mehr leisten, das ist „out of scope". Wenn ich als junger Mensch alles will, ohne viel leisten zu müssen, ich getragen werde, weiß ich nicht um den Preis, den ich zahlen darf, um mein Ziel zu erreichen. Und das birgt Konfliktpotenzial. Bekommen die Millenials nicht das, was sie wollen, wird sofort Alarm geschlagen. Stellen Sie sich hier die Frage, gern auch als Eltern, wenn Sie Ihr Kind mit dem Ich-gebe-dir-alles in das eigenständige Leben entlassen, haben Sie den Eindruck, dass es fest, auf eigenen Füßen, mit einem gut gebildeten Charakter der Welt gewachsen ist? Mit all den Herausforderungen? In den USA gab es den Fall, dass ein über 30-Jähriger vor Gericht klagte, weil seine Eltern wollten, dass er auszieht. Und er musste per Urteil ausziehen. Doch wird er sein Leben jemals richtig wuppen? Was hat die Ich-gebe-dir-alles-Erziehung für Nachwirkungen auf unsere Arbeit, Gesellschaft, in Unternehmen?

Wir können stets selbst entscheiden, ob wir unser Leben und Handeln reflektieren, daraus etwas machen, den Kopf einschalten oder ob wir uns tragen lassen. Ich sage immer: „Wer sich nicht bewegt, wird auf Dauer bewegt". Hier sind Sie selbst, als Elternteil auch als Unternehmer, Führungskraft gefragt. Wenn schon kein Verständnis der jungen Generation zum Arbeitsleben, das fordernd ist, da ist, sprechen Sie als Führungskraft über Ihren Alltag, welchen Herausforderungen Sie begegnen, positiv wie negativ, um junge Menschen zu fördern, zu entwickeln und für ihr eigenes Tun zu sensibilisieren. Lassen Sie junge Menschen fühlen, was es heißt, Führungskraft zu sein. In meinen Kursen lernen sie, dass Handeln, ob aktiv oder passiv, eine Wirkung hat, dass Entscheidungen positive oder negative Ergebnisse liefern. Junge Menschen sollte man das Leben spüren lassen, mit all seinen Konsequenzen, nur so ist ein Lernen und Reflektieren möglich.

Generell: Wenn ich selbst etwas möchte, egal wie alt ich bin, werde ich stets das Beste geben, um es zu erreichen. Und das lässt sich auf alle Altersebenen, Alt und Jung, übertragen. Agile Mitarbeiter, die das Unternehmen, sich selbst voranbringen wollen, liefern Unternehmen wertvollen Beitrag im neuen Zeitalter. Daher ist ein Umdenken auch im HR-Bereich nötig. Ältere Mitarbeiter (und ab wann ist man alt?) sind für die digitale Welt genauso relevant wie die jungen Leute, um Synergien, Innovationen zu erzeugen, an Visionen und deren Umsetzung zu feilen. Miteinander vorangehen, statt stehen zu bleiben, ist das Motto. Basis ist immer das Wollen.

4.2.5   Der Tod normierter Karrieren

Somit fassen wir kurz zusammen: Je nach Unternehmen muss individuell erarbeitet werden, wie relevant die Megatrends Einfluss auf die einzelnen Unternehmen und deren Bereiche haben, wie man diese für sich positiv nutzt. Denn durch den Wandel in der Arbeitswelt, in der Gesellschaft, im Miteinander und dem Arbeiten werden Lebens- und Arbeitsentwürfe vielseitiger und unterschiedlicher. Zur Vergangenheit zählen normierte Karrieren, eine lebenslange Festanstellung. Es geht hin zu den Megatrends: Individualisierung, Flexibilisierung, Silver Society and Young Generation, Female Shift, Bildung und Entwicklung, New Work. Die Herausforderung an alle wird enorm zunehmen. Wir werden mehr projektbezogen arbeiten und dabei eine gewisse Freiheit haben, die Arbeit flexibel auszugestalten. Nach dem gemeinsamen Arbeitspaket oder dem Projekt ist die Arbeitsaufgabe beendet und wir suchen nach einer neuen Aufgabe, Tätigkeit. Somit entstehen Phasen von hoher Stabilität und auch Freiraum, der individuell gestaltet werden kann, z. B. durch Sabbaticals, Familienarbeit oder Umsetzung von Herzensprojekten, die man mit Leidenschaft voranbringt.

Das Management und HR-Abteilungen stehen vor der komplexen Aufgabe agiler, flexibler zu arbeiten, individuelle Karrieren zu generieren und diese zu akzeptieren. Dazu kommen die Bereiche Teilzeitmanagement, Unterstützung bei längeren Auszeiten, Förderung von Familien und Beruf. Es erfolgt eine Anpassung an die individualisierte Arbeitswelt. Das ist jedoch nur durch rechtzeitigen Change im Unternehmen, Anpassung und Veränderung der Unternehmenskultur, umsetzbar. Wie oben geschrieben: Die meisten Mitarbeiter wollen Sicherheit, Verbindlichkeit. Veränderungen schaffen immer Unsicherheit, Misstrauen und Gegenwehr. Gehen Sie mit dem Wandel und der Zeit, sonst werden Sie gehen. Entweder durch die veränderte Internationalisierung, die Märkte oder weil Ihre Mitarbeiter Boykott leisten und Sie keine Chance mehr haben, weder im Unternehmen, noch im Markt. Das kann Sie alles kosten. Also: Ärmel hochkrempeln!

Silver Society
Die Bevölkerung altert, egal wo auf der Welt. Zwar nicht gleich schnell, aber sie altert. Auch das ist ein Megatrend unserer Gegenwart. Dadurch ist klar, dass die Effekte der Alterung in den kommenden Jahren weiter an Bedeutung gewinnen – ein demografischer Prozess mit sehr langen Veränderungsamplituden. Mit Absenkung der Geburtenraten sinkt das Arbeitskräftepotenzial. Dadurch verändern sich die Machtverhältnisse am Arbeitsmarkt. Ein Arbeitnehmermarkt entsteht. Und wer meint, dass die neue Silver Society altbacken daherkommt, wird sich wundern. Sie sind energiegeladen, mobil, selbstbewusst. Die Super Grannys, Greyhoppers oder Silverpreneure arbeiten aktiv weiter, nehmen am wirtschaftlichen wie gesellschaftlichen Leben aktiv teil. Schon jetzt kann sich die HR-Abteilung und das obere Management aktiv damit beschäftigen, denn das hat Einfluss auf Unternehmensstrategie, Employer Branding, Recruiting, Personalentwicklung, Führung der Mitarbeiter und auf die Zielgruppen zugeschnittenen Corporate Benefits usw. Um das Geschäftsmodell für die Zukunft zu rüsten, muss die Talent-Pipeline auf lange Sicht gesichert werden. Haben Sie sich hier bereits aktiv Gedanken gemacht, wie Sie neue Potenziale erschließen können? Zielgruppe: ältere Arbeitnehmer, Frauen, Migranten, Schüler? Es wird eine der größten Herausforderung, für Ihr Unternehmen die besten Köpfe anzuheuern, egal welches Mediums Sie sich bedienen. Es geht um die Leistungsfähigkeit Ihres Unternehmens! Dies wird genährt durch konsequente Entwicklung, Integration, Förderung, Überdenken der Führung. Überlegen Sie: in Europa sind im Jahr 2030 (www.Zukunftsinstitut.de) mehr als die Hälfte der Menschen über 50 Jahre alt. Ein Drittel der Bevölkerung in den Industriestaaten ist dann bereits 65 Jahre und älter. Deutschland ist das Land mit dem vierthöchsten Durchschnittsalter der Bevölkerung nach Japan, Italien und der Schweiz. Es ist mehr als nötig, sich mit dem Thema Zukunft zu befassen und das Altsein nicht an ein kalendarisches Alter zu koppeln. Ich plädiere schon lange für ein Umdenken und eine Änderung der Sichtweisen, da stand das Thema noch nicht auf der Agenda.

Es geht in unserer Zeit, wir sind im Jahr 2019, darum, dass wir die Vielfalt, die Unterschiedlichkeit als Normalzustand verinnerlichen
Female Shift – laufen Frauen in Bezug auf Bildung Männern den Rang ab?

Frauen gewinnen an Fahrwasser. Sie verdienen ihr eigenes Geld, sind freier, unabhängiger als noch z. B. in den 1970er-Jahren, als der Mann damals sein Okay geben musste, dass die Frau Autofahren darf. Die Rollenbilder verändern sich. Wir haben in den letzten Jahren immer viel über die Quotenregelung gehört. Ganz offen gesagt, ich mag dieses Wort nicht. Warum müssen wir überhaupt darüber reden? Es sollte selbstverständlich sein, dass jeder die Freiheit hat, in seinem Rahmen der Arbeit nachgehen, die er gern machen möchte, egal ob Mann oder Frau! Es ist doch ganz easy! Dazu braucht es zwei Dinge: Vertrauen und Offenheit. Und die entstehen durch Austausch, Ausprobieren. Es geht doch im Grunde genommen ganz simpel darum, gemeinsam die Firmenziele umzusetzen, zu erreichen. Und natürlich haben Frauen diverse Themen im Vergleich zu Männern wie Erziehung der Kinder, Babypause, Wiedereingliederung oder Job und Karriere. Diese Themen soll(t)en in Unternehmen von beiden Parteien besprochen und Lösungen wertneutral forciert, in den Arbeitsalltag integriert werden, dann gibt es ein gutes Gelingen. Wenn jedoch Dominanz von der einen wie der anderen Seite herrscht, gibt es immer wieder Probleme, die es zu lösen gilt. Ich bemerke immer noch, dass gerade und nach wie vor Männer in ihrem Clan und unter sich bleiben wollen. Dabei sind doch Männer maßgeblich an der Bildung einer Familie beteiligt? Das bedeutet, sie wissen ganz genau, was Frauen im Hintergrund für die Familien leisten und bremsen diese dennoch im Arbeitsleben nach wie vor aus. Wenn ich Männer darauf anspreche, kommt meist das Argument: „Im Job ist das doch ganz was anderes". Aha, während man also die Familienbilder am Schreibtisch stehen hat, die vom Erfüllen der Familie, dem Status quo nonverbal überzeugen sollen, braucht man erfolgsorientierte Frauen nicht im Unternehmen.

In einem internationalen Konzern, dessen Namen ich jetzt bewusst nicht nenne, wurde das Thema „Frauen in Führung" oben auf die Agenda gesetzt. Um das Ganze hier etwas abzukürzen, kann ich Ihnen sagen, was passierte. Es ist trotz dieses Themas und der auch von der Politik geforderten Frauenquote keine Frau mehr im Vorstand dieses Unternehmens. Die Personalabteilung versuchte sich immer wieder daran und es wurde von ganz oben bewusst mit leeren Phrasen auf die lange Bank geschoben. Ich beobachte das seit mehreren Jahren. Es hat sich hier nichts getan, was im Grunde genommen selbstverständlich sein sollte. Gelebte Diversität in Unternehmen?

Ein anderes Beispiel: Ich erinnere mich hier gern an mehrere Meetings, die ich im erlesenen Kreis von 30 Männern als einzige Frau erlebte. Was ich festgestellt habe ist: Kleide ich mich als Frau angemessen in Bezug auf Röcke, Blusen usw. (d. h.: „not sexy"), dann werde ich hier schon einmal anders wahrgenommen, als wenn ich mit kurzen Röcken und tiefem Dekolleté glänze. Die Waffe der Frauen wird zwar manchmal bewusst eingesetzt, doch dauerhaft, um als gute Führungskraft bei Männern akzeptiert zu sein, reicht dies nicht aus, sondern verkehrt sich ins Negative. Ich erlebe im Coaching häufig, dass das Schema der Sexy-Business-Frau oft bedient wird, doch auf lange Sicht wenig Erfolg hat und nur kurzfristig hilft, und zwar beiden Parteien. Folgender Fall: Zwei Führungskräfte

(C-Level) waren in einem Meeting, mit einer Frau, die ein Mega-Dekolleté hatte. Sie saßen drei Stunden beisammen, um wichtige Themen zu besprechen. Was kam dabei heraus? Was meinen Sie? Gab es sehr gute Ergebnisse, um in einem bestimmten Thema voranzukommen? Das Rätsel ist schnell gelöst. Es konnte sich keiner der beiden Herren an den Inhalt des Gesprächs und an die festgelegten Punkte mehr erinnern, außer an die Körbchengröße der Frau. Ich kann das so locker erzählen, weil ich dabei war und die beiden Herren, nach dem Meeting, im Flur zum Büro begleitet hatte. Gestandene Manager, hoher Führungslevel. Ich schüttelte nur noch innerlich den Kopf. Das Meeting musste wiederholt werden. Kosten, die dem Unternehmen durch mangelnde Konzentration entstehen. Zwei teure Manager, in Summe sechs Stunden unproduktive Arbeitszeit. Mehr muss man aus betriebswirtschaftlicher Sicht dazu nicht sagen und wird auch per KPI nicht dokumentiert.

Oder ein anderes Beispiel, eine Frau hatte in Ihrer Karriere auf blondierte Haare, Sex-Appeal, kurze Röcke gesetzt, das ging viele Jahre gut, bis der Geschäftsführer sie für seine strategischen Zwecke nicht mehr brauchte. Sie hatte ausgedient und saß im Anschluss völlig verzweifelt vor mir, weil sie nicht einmal wusste, wie man einen modernen CV schreibt. Das kann auch passieren.

Fakt ist: Männer mögen es sehr gern, unter sich zu sein. Klare Worte, auch zwischen den Zeilen, harte Diskussionen in Meetings und dennoch am Abend ein Bierchen, schulterklopfend, an der Bar zu trinken, das geht. Was bei diesem System nicht geht, ist dieses Verhalten durch eine Frau zu verändern, das wirbelt die Männertruppe durcheinander. Und macht es unnötig kompliziert. Man(n) muss sich anders verhalten und dann ist es nicht mehr so locker. Auf der anderen Seite: Damit Frauen dennoch mithalten können, neigen sie dazu, um Akzeptanz in solchen Reihen zu finden, sich dem Sex-Appeal zu bedienen (davon rate ich ab), charakterlich härter zu werden (im Verhalten), noch mehr zu arbeiten. Ein falscher Weg, der Zeit, Kraft, Nerven, Ressourcen kostet. Ich habe viele, verhärtete Managerinnen kennengelernt, die ihre weibliche Seite durch massive Anpassung und Machtgedanken völlig verloren haben, sich gar nicht mehr selbst spüren – ein selbst angelegtes Führungs- und Akzeptanzkorsett, aus dem diese Frauen kaum mehr herauskommen. Das ist bedauerlich, denn wenn ich als Führungsfrau keinerlei soziales Feeling mehr in mir trage, durch Vermännlichung, durch Anpassung, sollte man die Stopptaste drücken, um bei den eigenen Wurzeln wieder anzukommen. Und glauben Sie mir, die verliert man im Managementalltag und durch den Stress sehr schnell. Hier spreche ich selbst aus eigener Erfahrung. Sicherlich fragen Sie mich jetzt: „Was nun? Was soll ich machen?"

Sie können ein Seminar bei mir buchen mit dem Titel: **[Mensch:Digital!]: Kraft der Führung oder [Mensch:Digital!]: Leadership Movement**. Es ist mit Fachkompetenz, Humor und bringt Sie persönlich und das Unternehmen wirklich weiter. Ich bin eine Frau der klaren, direkten Worte und mache Sie, als Person, mit Ihren Werten, Ihrem Wissen sichtbar. Denn nur durch einen sichtbaren und fühlbaren Unterschied in Ihnen selbst, mit dem richtigen Handeln im Außen, wird sich auch die Unternehmenskultur positiv verändern, was sich positiv im Geschäftsbericht niederschlägt.

4.2.6   Metakompetenzen. Das Gap wird größer

Innovationen steigen, das Arbeitskraftpotenzial sinkt, Niedriglohnjobs fallen weg oder werden in anderen Ländern bevorzugt besetzt, um Kosten zu reduzieren. Die Lücke zwischen Talenten, stetig Lernenden, Hochqualifizierten wird immer größer. Dazu kommt die Halbwertszeit des Wissens. Metakompetenzen für die Zukunft sind Kreativität, Eigeninitiative, Change-Kompetenz. Schnelllebigkeit des Wissens und auch der immer höhere Datenfluss sind die Herausforderung. Doch wie kann man diese stemmen? Das Management ist gefordert, in Zusammenarbeit mit HR, Lösungen zu generieren. Beispiele sind: informeller Wissenstransfer und -austausch oder Reverse Mentoring (die Führungskraft lernt vom Mitarbeiter) sowie Vernetzung, Verdichtung von Wissen. Unternehmen stellen gern Selbstlernkurse für Mitarbeiter und Führungskräfte zur Verfügung, doch diese werden meist halbherzig angenommen, durch Verdichtung der Arbeit, fehlende Effizienz sowie mangelnde Rückzugsorte für konzentriertes Arbeiten. Dadurch werden z. B. Selbstlernkurse mehr negativ als positiv wahrgenommen werden. Wie kommt das?

Fehlende, gut durchdachte Bürokonzepte sind eine banale Antwort auf diese Frage. Muss ich als Arbeitnehmer an einem Arbeitsplatz im Open Office mit viel Telefon- und Parteiverkehr einen Kurs während meiner Arbeit absolvieren, ist ein Konzentrieren kaum möglich. Es ist ein Horror und ein nicht zu Ende gedachtes Schulungskonzept, auch wenn es gut gemeint und förderlich sein soll. Als HR-Abteilung kann ich natürlich per KPI messen, wie viele Mitarbeiter z. B. den Kurs „Compliance" im Unternehmen absolviert, in welcher Zeit und Zeitraum davon bestanden, nicht bestanden haben. Doch was fehlt, ist in diesem Zusammenhang die Lernumgebung, die man zeitgleich als KPI messen sollte, um Maßnahmen zu erkennen und abzuleiten. Somit sollte man schon darauf achten, dass moderne Schulungen auch Raum bieten, diese effizient, konzentriert durchzuführen und nicht nur halbherzig digital umzusetzen.

Ich kenne viele Mitarbeiter, die Online-Kurse in Großraumbüros absolvieren müssen, wo keinerlei Ruhe herrscht. Wo die Mitarbeiter viele Einflüsse um sich haben, sich wenig konzentrieren können und manchmal mehrfach diese Tests wiederholen müssen, um diese zu bestehen. Sie sind meist völlig genervt und verschaffen ihren Emotionen bei Kollegen und manchmal bei Kunden Luft. Das Ziel der Personalabteilung „Kurs wurde absolviert" wurde erreicht. Prima. Schulterklopfen. Außer Acht gelassen sind jedoch gemessene Produktivität am Arbeitsplatz, gelungener Workflow und Effizienz. Wenn die Möglichkeit besteht, diese Tests zu Hause durchzuführen, bin ich voll dabei, nehme Wissen aktiv auf, um es zu verinnerlichen und auch später anzuwenden. Oder, wenn ich als Mitarbeiter die Chance habe, den Kurs in einem „silent room" mit Handy- bzw. Gesprächsverbot für die benötigte Zeit zu absolvieren. Doch wenn alles nebenbei laufen soll, ohne den Mitarbeitern den Raum zu geben für wirkliches, umsetzbares Lernen, finde ich diese Lösung nicht gelungen. Das darf dann noch einmal auf die Action-Item-Liste des Management Boards und der Personalabteilung.

Unternehmen möchten doch Potenzial der Mitarbeiter entwickeln, zukunftsorientiert nutzen. Ja, das stimmt. Viele Ideen zur Umsetzung, z. B. Online-Selbstkurse, sind wirklich Klasse, doch ist das Unternehmen mit seinen Strukturen, Abläufen auf einem soliden Level im digitalen Zeitalter angekommen oder setzt es dieses halbherzig um? Das muss man sich als Unternehmer, Führungskraft schon fragen. Wie wäre es mit einem 360-Grad-Blick für Dienstleistungen der HR-Abteilung und Online-Mitarbeiter-Feedback zur Lernumgebung?

Ich überspitze gerade etwas, wie Sie vielleicht merken. Sie haben die Anforderung der Digitalisierung, vielleicht gerade nicht das Budget, doch der Druck von außen wächst. Ihnen fehlen vielleicht auch Ideen und Ressourcen. Dennoch ist Ihnen klar, Sie müssen das Thema angehen, mithalten. Seien Sie bereit, es geht darum, einen Anfang zu machen. Der Dornröschenschlaf ist vorüber, Zeit aufzuwachen. Für alle. Die Themen und Anforderungen werden vielfältiger, die Ansprüche der Arbeitgeber und Arbeitnehmer immer höher. Stetiges Schulen, Lernen, Weiterentwickeln sind ein Muss oder parallel dazu Expertenwissen einkaufen und Projekte zielgerichtet damit umsetzen. Führungskräfte müssen stetig lernen und Wissen weitergeben. Die Maschinen zeigen uns auf, dass Wissen schneller generier-, abruf-, einsetzbar sind. Das Meer aus Daten fordert uns heraus. Lassen Sie uns darauf surfen, statt im Datenmeer und der Machtlosigkeit unterzugehen.

New Work, ein Spannungsfeld für Führungskräfte

Das Tempo in der digitalen Welt mit all seinen menschlichen Herausforderungen stellt enorm hohe Anforderungen an Unternehmen, Führungskräfte, an jeden einzelnen Mitarbeiter. Innovation, Schnelligkeit sind die zentralen Wettbewerbsfaktoren, sei es technisch oder sozialer Art. Die stark anwachsende Dynamik erzeugt eine zusätzliche Spannung im Unternehmen, in den Organisationen. Der Druck wächst, nimmt immens zu. Die Herausforderung ist hier, sich schnell zu orientieren, eine hohe Flexibilität zu zeigen, Sicherheit im Umgang mit der Unsicherheit zu erhalten, sich durch unterschiedlichste Bedingungen immer wieder aufs Neue zu orientieren, zu justieren, zu leben, zu arbeiten. Werden Sie gerade atemlos?

4.3   Macht des Wissens und Nichtwissens

Die größte Herausforderung ist es, die Unternehmen und Mitarbeiter durch Weiterbildung, Weiterentwicklung, Forschung, Innovation und Digitalität für 2030 fit zu machen. Die Konkurrenz ist stark, Märkte werden immer globaler. Derjenige, der schneller ist in Forschung, Entwicklung, Umsetzung und durch kreative Lösungen, ist der Konkurrenz voraus. Ein ungeschriebenes Gesetz und so alt wie die Menschheit.

4.3.1   Globalität, Erderwärmung, unser Leben

Der Blick in das Jahr 2030 ist spannend, für uns alle. Man kann einiges grob abschätzen bzw. planen. Doch wir alle wissen nur zu gut, dass es das Unvorhergesehene gibt, das alles in einem Moment verändern kann. Wir haben viel über Führung gesprochen, Erlebnisse,

Möglichkeiten. Man kann sich Ziele setzen, sie versuchen zu erreichen. Allerdings, um aktiv zu handeln, gibt es nur das JETZT. Das HIER. Den MOMENT. Ziele können uns erfüllen, stärken, lebendig sein lassen, unser Ego pinseln, uns aber auch einengen. Sie, liebe Leser, werden älter, können nichts dagegen tun, Sie werden getragen vom Fluss des Lebens, bis Ihre Reise endet. Doch bis es soweit ist, ermutige ich Sie, sich außerhalb Ihrer normalen Arbeitswege, Arbeitsgedanken, Komfortzonen zu bewegen. Durchbrechen Sie Ihre alten Muster! Das lässt sich mit ganz einfachen Dingen erledigen. Generieren Sie eine neue Sichtweise! Fahren Sie einfach einmal eine ganz andere Strecke zur Arbeit. Kaufen Sie ganz woanders Ihre Lebensmittel ein. Gehen Sie einfach einmal wieder tanzen, wie in ihren wildesten Zeiten. Das Leben ist so schön, inspirierend, spannend. Pfeifen Sie auf das Alter, das in Ihrem Pass steht und haben Sie Spaß! Nehmen Sie sich einfach einmal nicht so ernst und Ihren Titel, Ihre Funktion. Seien Sie einfach einmal wieder Mensch und verlassen Sie die Rüstung Ihres anerzogenen Ichs! Es gibt tatsächlich mehr da draußen, vor Ihrer Firmen- und Wohnungstür, als Sie selbst vermuten. Erlauben Sie sich selbst, die eigenen, starren Regeln zu lockern. Legen Sie das Korsett ab. Seien Sie kein von außen gestutzter Bonsai, setzen Sie sich in einen größeren Topf und wachsen fachlich und persönlich weiter.

Seien Sie einfach wieder einmal Sie selbst. Ja, Sie! Und falls Ihnen das entfallen sein sollte, dann setzen Sie sich allein mit Ihrem alten Kinderalbum auf das Sofa, blättern durch die Seiten, sind vielleicht ein wenig sentimental und erinnern sich an das damalige, befreite, unbefangene, spontane Leben. Innerlich können Sie das Kichern, das Lachen und Spaßhaben hören, fühlen. Diese Erinnerungen zeigen Ihnen, dass Sie mit sich (noch) verbunden und im Herzen lebendig sind. Es ist noch da, das Spontane, das Kreative, Intuitive. Es ist ein für Sie wesentlicher, beruflicher, persönlicher Baustein in unserer digitalen Welt, in denen Kernkompetenzen wie Kreativität, Verbindlichkeit, Querdenken, Flexibilität gefordert sind. Und vielleicht nehmen Sie sich ein weiteres Mal intensiv Zeit, über Ihr eigenes Handeln als Führungskraft nachzudenken, in fachlicher und persönlicher Hinsicht. Was können Sie persönlich für einen positiven Beitrag leisten, um eine Vorbildrolle ganz auszufüllen, die Vertrauen, Verbindlichkeit, Verantwortungsübernahme ausstrahlt. Wer ist für Sie selbst ein Vorbild? Und wenn ja, warum? Welche Werte fordern Sie von Ihrem Umfeld ein? Leben Sie diese selbst vor? Oder ist es nur Makulatur? Dazu kommt, dass wir neben unserem Leben als Führungskraft auch gesellschaftliche Verantwortung tragen, in Bezug auf das Leben, unsere Umwelt, die Natur. Denn es sind Ihre, es sind unsere Ressourcen, die immer mehr in Schieflage geraten, durch Ausbeutung und Gier. Was nützt uns allen ein dickes Bankkonto, wenn wir kein sauberes Trinkwasser oder Essen mehr haben. Die Basis für menschliches Überleben reduziert sich! Da nützen all die hehren, digitalen Ziele inklusive der künstlichen Intelligenz im Jahr 2030 wenig, wenn wir uns durch Gier verweigern Verantwortung zu tragen, nachhaltig zu sein. Es ist längst überfällig, dass wir uns mit uns selbst beschäftigen, mit unserem Handeln, mit unserem Denken und den durch uns verursachten Auswirkungen. Ich bin hellwach! Sie auch, um diese Herausforderungen wahrzunehmen und auch anzugehen?

Mich inspirieren Menschen, die für etwas stehen, wie Ruth Bader Ginsburg, Oberste US-Richterin, denn Sie veränderte die Welt für amerikanische Frauen. Sie führte den Kampf vor Gericht für mehr Gleichberechtigung an (das heute nach wie vor ein Thema ist, das längst erledigt sein sollte). Oder wie die 15-jährige Greta Thunberg, Climate Justice Now, die in Ihrer Rede beim Weltklimagipfel im Dezember 2018 sagte: „Es ist mir egal, ob ich beliebt bin. Ich will Gerechtigkeit in der Klimafrage. Ich will einen Planeten, auf dem wir leben können. Unsere Zivilisation wird dafür geopfert, dass ein paar wenige Menschen auch weiterhin enorme Summen an Geld verdienen können. Unsere Umwelt wird geopfert." Ich teile ihre Meinung, ihre Aussagen. Und Sie als Unternehmer, Sie als Führungskraft können auch hier, neben Ihrer Führungsaufgabe, aktiv etwas tun. Denn es geht um uns alle, nicht nur um ein dickes Bankkonto.

4.3.2 Kollege Roboter. Freund und Feind

Durch die Digitalisierung werden Unternehmen sterben, die sich nicht dem Wandel der Zeit anpassen. Und es werden auch wieder neue Unternehmen, neue Betätigungsfelder entstehen. Aufstieg und Niedergang, etwas ganz Natürliches. Neue Kulturen entstehen und andere gehen wieder unter. Das ist nichts Neues. Vor vielen Jahren, als es das Internet z. B. noch nicht gab, hätte man sich nicht vorstellen können, dass man heute jede Menge Webdesigner benötigt. Der Wandel durch Technik verändert unsere Welt, unsere Arbeit, die Arbeitsplätze. Während der Industrialisierung wurde uns die körperliche Arbeit abgenommen, jetzt geht es im digitalen Zeitalter um die geistigen Jobs, die im Fokus stehen, die uns abgenommen werden. Angstmachend oder futuristisch? Auf alle Fälle überwachend-effizient, denn wir können uns dadurch noch mehr auf innovative Themen, die komplex, kreativ anzugehen sind, konzentrieren. Wo Licht ist, ist auch immer Schatten und umgekehrt. Sind wir durch das neue digital-kontrollierte Arbeiten und Leben gefühlt freier? Oder sind wir digital versklavt? Was macht es mit uns? Wie wirkt sich das auf uns als Menschen, als Gesellschaft aus? Wie wird die gesellschaftliche, politische Ordnung aussehen? Dazu kommen humanoide Roboter, die Bestandteil unserer Gesellschaft sind und mit uns Menschen interagieren. Neuroethiker beschäftigen sich aktiv damit, was diese Interaktion mit uns Menschen macht. Humanoide Roboter könn(t)en manipulativ auf unser Verhalten einwirken, da sie unsere Mimik analysieren und darauf gezielt reagieren. Wenn die Maschine dann Sie noch ausgesprochen nett findet, sich auf ihre Denk- und Sprachniveau begibt, buchen oder kaufen Sie vielleicht mehr, weil Sie so ansteckend angelächelt werden oder durch gezielte Manipulation in der Arbeitswelt Dinge erledigen, die Sie sonst nicht tun würden. Sie sagen jetzt: „Ich doch nicht. Es ist doch ein Roboter!" Von wegen, humanoide Roboter können in uns soziale Halluzinationen auslösen. Wir denken, wir hätten es mit einem selbstbewussten Gegenüber zu tun, auch wenn dies überhaupt nicht der Fall ist. Wenn Roboter uns immer ähnlicher werden, kann es einen schon gruseln. Wirkt ein Roboter zu echt, nennen das Forscher „uncanny valley" (das unheimliche Tal) und wir fühlen uns wie in einem schlechten Film. Es schaut uns etwas an, was nicht lebendig ist, sondern tot.

Doch was unterscheidet einen Roboter überhaupt von einer Maschine? Die Maschine wird durch uns Menschen gestartet und gestoppt. Roboter haben Autonomie, tun es eigenständig und besitzen eine hohe Flexibilität. Durch die rasante Entwicklung humanoider Roboter, aber auch in unserer eigenen Entwicklung, wir als Menschen, die sich in Zukunft als genetisch determinierte Automaten, als Bioroboter, begreifen, verändern die Welt. Mensch, Maschine. Maschine, Mensch. Wir verschmelzen. Was hat das alles für Folgen und Einwirkungen auf unser Leben, sei es privat oder beruflich? Stellen wir uns folgendes vor: Es wächst eine Generation heran, die mit Robotern oder Avataren spielt bzw. arbeitet. Roboter sind so gefühlt echt, dass wir es nicht mehr unterscheiden können, ob diese gefühlt tot oder lebendig sind. Wir verschmelzen gegebenenfalls auch emotional damit, obwohl es ein Roboter oder eine Maschine ist. Was ist dann die Realität? Wie beeinflussen Sie uns? Im Positiven wie Negativen? Und wenn diese in der Arbeitsumgebung eingesetzt sind, wie wirkt sich das auch auf Führungskräfte und deren Verhalten aus bzw. auf die ganze Gesellschaft und die Arbeitnehmer? Wie steuerbar und gläsern sind wir? Was zählen noch Vertrauen, Wahrnehmung, emotionale Intelligenz? In Pflegeberufen können Roboter die schwere, körperliche Arbeit mit kranken Menschen erleichtern. Doch wie ist es mit einem behinderten Menschen oder einem Demenzkranken? Wenn ich einen Roboter zur Verfügung stelle, ist das nicht entwürdigend? Oder doch positiv? Wie sehen Sie das ethisch? Langfristig gesehen benötigen wir auf alle Fälle einen globalen Ethikkodex in Bezug auf die Robotik in Verbindung mit Rechtssicherheit und Haftung. Da gibt es noch jede Menge zu tun, auch in Ihrem Unternehmen.

4.3.3 Ausgerechnet! oder: Was ist der Mensch (noch) wert?

KI fordert uns, konfrontiert uns mit uns selbst, und die Frage: Entgleitet unsere Autonomie? Gerade für Führungskräfte, auch für uns Menschen, ist Autonomie etwas Zentrales, Wichtiges. Wir möchten entscheiden. Dank der Entwicklungen kann es sein, dass wir auf Dauer „entschieden werden". Entscheidungen werden uns abgenommen. Ist das einfach nur herrlich bequem oder was hat das für Konsequenzen? Darüber gilt es nachzudenken und für sich, die Leitkultur in Unternehmen und Sie als Führungskraft in Aktion zu treten. Die Zeit, Ihre Zeit läuft bereits. Nehmen wir einmal das Beispiel Google mit selbstfahrenden Autos oder das Militär: Wir sind im Jahr 2030 mit der technischen Entwicklung konfrontiert. Stellen Sie sich folgende Situation vor: Sie fahren mit einem Google-Auto in den Kreisverkehr, dazu weitere, selbstfahrende Autos und zwei ganz normale. Dann läuft ein Tier z. B. eine Katze auf die Straße. Die Autos errechnen und erkennen, dass es einen Unfall geben wird und müssen den geringsten Schaden berechnen. Fragestellung: Was ist das Leben des Tieres wert? Was ist das Leben eines Nicht-Google-Kunden wert? Was ist, wenn es sich bei den Beteiligten um eine schwangere Frau handelt oder ein kleines Kind? Wie sieht es in muslimischen Ländern aus, in denen Frauen wenig Rechte haben? Wie ist es mit Männern, haben diesen einen höheren Stellenwert? Wie wichtig ist die Zahl der Überlebenden? Oder wie wichtig ist der Besitz der Beteiligten auf dem digitalen Bankkonto? Werden Reiche zuerst gerettet? Fragen, die es zu beantworten gilt. Ein Film, der von der Zukunft handelt ist: *In Time – deine Zeit läuft ab*, erschienen 2011, mit Justin Timberlake. Wer den Film gesehen hat, bekommt Impressionen, wie es sein kann. Und einige Filmausschnitte halte ich im Jahr 2030 für sehr realitätsnah. Unsere Natur ist so gestrickt, dass immer die Stärkeren das Überleben sichern. Das löst sich durch die KI ab. Wer jetzt den meisten Einfluss auf Entwicklung nehmen kann, die Marktmacht hat, steuert die Gesellschaft, vielleicht auch bald die Welt. Das spornt unser Ego an, denn auch wir wollen ja immer mehr. Mehr Ansehen, Glanz, Luxus, Geld, Macht. Das steckt in uns. Der Starke unterwirft den Schwächeren und es gibt genügend Manager und Managerinnen, die diese Macht auskosten, es lieben. Daher wird niemand die Menschen aufhalten, zu experimentieren und weit über die Grenzen des Ethischen, Menschlichen hinauszugehen, um sich Macht, Geld zu sichern, egal um welchen Preis. Diejenigen, die nicht die Netzwerke, das Geld und Einfluss haben, geraten ins Hintertreffen. Es wird noch viel Konfliktpotenzial geben und auch Diskussionen darüber, inwieweit man Maschinen autonom handeln lässt. Entgleitet uns die Entwicklung? Und müssten wir nicht die nötige Reife haben zu reflektieren, anders zu handeln? Doch ich vergaß: Wettbewerb, Macht, Einfluss bestimmen unser Leben. Sie haben Recht.

Dazu kommt die militärische und digitale Robotik. Daran denkt man kaum, wenn man in das Jahr 2030 blickt. Maschinen werden in Gefechtssituationen schneller entscheiden als z. B. ein Offizier. Das Wettrüsten nimmt weiter zu und irgendwann reagieren die Systeme unabhängig untereinander. Auch das wird uns nachhaltig beeinflussen und beschäftigen, ob wir wollen oder nicht.

Generell gibt es drei Hauptthemen, auf die wir unseren Fokus zuerst lenken sollten. Die zunehmende Globalisierung, den Klimawandel und die technologischen Brüche. Beim Thema Atomkrieg und Klimawandel, wissen wir, dass wir die Erde bewahren möchten. Doch bei der künstlichen Intelligenz sind wir uns nicht sicher, welches Ziel wir uns setzen, was wir damit erreichen möchten. Und wenn wir uns die Beispiele von oben ansehen, wie selbstfahrende Autos oder militärische Einsätze, wer entscheidet über die entstandene Situation, die sich z. B. bei einem Unfall ergibt? Letztlich sind es dann die Programmierer, die Ingenieure, die durch ihre Arbeit darüber entscheiden, was in solchen Konstellationen passiert und die sich damit konfrontieren dürfen und Antworten zu liefern haben. Sie entscheiden über das geschriebene Programm. Israel ist uns hier z. B. technisch bereits weit voraus, was die Überwachung und Kontrolle des eigenen Landes betrifft, sie sind technisch bereits so ausgereift, dass diese Technik in 20–30 Jahren auch woanders eingesetzt werden könnte. Im Guten wie im Bösen, z. B. zur Bekämpfung des Terrorismus oder aber gegen die Gegner einer Diktatur vorzugehen. All das ist möglich. Im Großen wie im Kleinen. Nichts bleibt mehr unentdeckt und alles wird oder muss offengelegt werden. Vladimir Putin sagte einmal: **„Wer die künstliche Intelligenz beherrscht, wird die Welt beherrschen."** Im 21. Jahrhundert werden menschliche und künstliche Intelligenz der Schlüssel zur Macht. Die Kontrolle über die Gehirne, sei es menschlich oder aus Silizium, ist der Schlüsselfaktor der geopolitischen und wirtschaftlichen Macht.

Oft stelle ich mir die Frage: Warum verschließen Menschen häufig die Augen vor den bevorstehenden Herausforderungen? Aus Angst? Aus Bequemlichkeit? Standardaussagen wie: Wozu soll ich mir Gedanken machen? kommen häufig vor. Kurzfristiges Denken, um sich nicht von Sorgen oder Nöten plagen zu lassen, scheinen eine Art Schutzmechanismus zu sein. Das ist eine falsche Einstellung für die sich stark wandelnde Welt. Daher ist es immens wichtig, Kinder nicht zum Boxendenken zu erziehen, sondern vielfältig für die Themen, das Geschehen um sie herum spielerisch zu begeistern und neben der digitalen Welt auch Mitmenschlichkeit, Wahrnehmung zu schulen. Kinder sind unsere Zukunft. Es geht um Offenheit in uns für uns, unsere Umwelt, unsere Gesellschaft und auch für die Arbeit. Es geht um unsere Gesellschaft, unser Miteinander. Es ist geradezu bezeichnend, dass sich immer mehr Menschen in Kurzsichtigkeit und Egoismus zurückziehen oder in Resignation. Wenn wir uns nicht damit beschäftigen, wie unsere Welt im Jahr 2030 aussehen soll, gibt es in unserem Land keine Entwicklung nach vorn, sondern Stagnation. Sie als Führungskraft sagen jetzt vielleicht: Das ist doch prima, Denken innerhalb der Box ist doch super. Ja, die Angestellten sind dadurch steuerbarer, doch nutzen diese auch deutlich weniger Potenzial, um sich für die Belange des Unternehmens einzusetzen. Geld geht in Massen für Sie als Unternehmer, als Führungskraft verloren. Dazu kommt, dass Ihr Unternehmen weniger wettbewerbsfähig ist. Für 2030 sieht es so aus, dass die KI in allen Bereichen Anwendung findet. Und ja, wir müssen in Sachen Ethik, Schutz und Bürgerrechte höchste Ansprüche stellen. Das sind auch die Markenzeichen des europäischen Gedankens. Doch um wettbewerbsfähig zu bleiben, ist es nötig, sich dem Thema KI zu stellen und deutlich zu machen, dass die Nutzung von Big Data einem guten, höheren Zweck dient, zum Wohle aller.

Arbeiten mit künstlicher Intelligenz und Menschen
In Japan baute Prof. Hiroshi Ishiguro eine Roboterfrau, die dem Menschen extrem ähnlich sieht. Ihr Name ist Erika, ein Android. Sie besitzt KI, dank Internet und der Kommunikation in ihrem Umfeld. Sie lernt stetig dazu, ist mit Sensoren ausgestattet, nimmt die Umgebung vollständig wahr und kann auch unterschiedlich auf ihre Umwelt reagieren. Erika wird durch ausgeklügelte Roboterprogramme gesteuert. Erika und weitere Androiden sind im Jahr 2030 fester Bestandteil in unserem Alltag, somit etwas ganz Normales. Besonders betroffen von diesem Trend ist die Tourismusbranche. Egal, ob Zimmerservice, Empfang, Kellner oder Gepäckträger, die Maschinen sind stets verfügbar, sprechen 19 Sprachen, mixen Drinks und es wird dadurch Personal eingespart. Dazu arbeiten sie 24 Stunden am Tag, fallen keinen Tag aus, Personalkosten sinken. Sie müssen nur zwischendurch immer wieder an die Ladestation. Auch hier sind die Vorreiter Japaner. Im japanischen Sasebo wurde das Roboterhotel Henn-na eröffnet und steht im Freizeitpark Huis Ten Bosch in Sasebo, Nagasaki. Ein Dinosaurier und ein Robotermännchen empfangen dort ihre Gäste. Der Technologiekonzern Toshiba hat eine humanoide Roboterdame mit dem Namen Chihira-Kanae entwickelt. Sie lächelt, zwinkert, erkennt Gesichter, gestikuliert. Roboter wie sie sollen während der Olympischen Spiele in Tokio anstelle von menschlichen Gästehostessen im Jahr 2020 eingesetzt werden. Diese Beispiele zeigen uns Arbeitnehmern, dass Arbeitsplätze wegfallen und natürlich auch neue entstehen. Veränderung macht immer erst einmal Angst, weil man nicht abschätzen kann, was passiert, und gleichzeitig ist es der größte Motivator, als Führungskraft, als Mitarbeiter, in sich zu gehen und klar zu erkennen, was das Unternehmen braucht, was Sinn stiftet, Erfolg und Gewinn bringt, welchen Weg man beschreitet.

4.3.4 Sinn, Flexibilität, Kohäsion, Lernfelder für Führungskräfte

Fakt ist, dass die Führung eines Unternehmens und von Menschen in unserer Zeit eine hohe Komplexität hat und in Zukunft stark zunimmt. In großen Konzernen gibt es viele Manager, die etwas managen und es gibt die Unternehmer, die etwas unternehmen. Der Fokus geht daher auf die Führungskräfte, die Verantwortung tragen, übernehmen, handeln und nicht nur Entscheidungen weiterreichen. Wahre Leader. Die neue und auch gewachsene Generation von guten Führungskräften mit unternehmerischem Denken, Handeln, überblicken die Dinge, beziehen Zusammenhänge stark in das eigene Kalkül ein. Führungskräfte, die aus den operativen Ebenen in die Führungsrolle gehen, haben sehr gute Zukunftschancen, sie kennen das Unternehmen, Chancen und Fallstricke besser als ein Manager, der für zwei bis drei Jahre den Posten nutzt, um auf der Karriereleiter weiter nach oben zu streben. Menschliche und digitale Kommunikation sind weitere wichtige Faktoren, da die Komplexität zunimmt. Führungskräfte müssen in der Lage sein mit vielen Zungen und authentisch zu reden. Internationale Erfahrung und internationale Komplexität sind ein weiteres Lernfeld, das es zu absolvieren gilt; die daraus generierte Erfahrung dient perfekt dem Unternehmen. Eine weitere Anforderung an die Führungskraft sind Änderungs- und auch Anpassungsbereitschaft, da sich die Arbeitswelt in enormer, rapider Geschwindigkeit ändert.

Dazu kommt ein stetiger Rollenwechsel als Führungskraft. Sie müssen z. T. als Berater in einem Projektteam arbeiten, bei einem Projektstart vielleicht als Ideengeber oder Sparringspartner. Sich schnell und zügig in netzwerkartigen Teamgebilden einzufinden, gehört zum Alltag, dazu müssen sie sich Respekt verschaffen. Ein Oszillieren zwischen Hierarchie und Netzwerk sind weiterer Bestandteil der Arbeit. Doch das bleibt nicht die einzige Herausforderung; Mitarbeiter wollen gefördert, entwickelt werden und es ist auch für die richtige Performance zu sorgen. 360-Grad-Feedbacks helfen dabei, ebenso die Auswertung von Kundenfeedbacks, um sich, das Team weiterzuentwickeln. Alles unterliegt einer stetigen Messung und die Zusammenarbeit der Zukunft ist stark projektorientiert. Das heißt es gibt kaum noch festes Personal in den Unternehmen, es wird projektbezogen Expertenwissen zugekauft und nach der Aufgabe bzw. nach dem Projekt löst sich dieses Team wieder auf. Es wird alles flexibler, weiter, offener, transparenter. Um diese Aufgabe erfolgreich zu wuppen, sind menschlich-wertschätzende Kommunikation und eine hohe Konfliktlösungskompetenz nötig, über die wenig Führungskräfte verfügen.

Beziehungshosting ist hier mein Lieblingsbegriff, denn im Jahr 2030 ist es ein Muss über eine starke Selbstverantwortung und Selbstorganisation der Arbeit zu verfügen. Dazu kommt, dass Sie effizient, auf allen Ebenen (Organisation, Hierarchie, Geschäftsbereichen, Projektteams usw.) perfekt und global kommunizieren. Das bedeutet für Sie, sich mit der Arbeitsweise, Sprache und Unternehmenskultur zu befassen. Werden Sie zum Host für Austausch, Verbindlichkeit, Klärung, Erledigung.

Eine hohe **Flexibilität**, durch sich stetig verändernde Arbeitsbedingungen, Teams, Kontexte fordern Sie noch weiter heraus, gerade im Umgang mit verschiedenen Arbeitskulturen z. B. der Digital Natives. Haben Sie sich damit bereits beschäftigt? Und deren Verhalten, Denken verstanden, um es in Ihre Unternehmenskultur zu implementieren? Es ist wichtig, das eigene Mindset immer wieder an die neuen Rahmenbedingungen anzupassen – eine große Notwendigkeit für Ihre weltweiten Aktivitäten und das Business.

Durch das dezentrale, digitale Arbeiten gibt es **divergierende Interessen** und somit auch ansteigendes Konfliktpotenzial. Sie werden somit vermehrt auf Widerstand stoßen. Das liegt daran, dass die Unternehmen weniger hierarchisch aufgebaut sind, Sie mit dezentralen Teams arbeiten und es eine hohe Diversität gibt. Wie steht es um Ihre eigene Weiterentwicklung in Ihrer **Moderations- und Konfliktlösungskompetenz**? Diese Fähigkeiten sind gerade bei Umstrukturierungen im Unternehmen oder in Wachstumsphasen stark gefragt. Auch das so gern gelebte Entweder-oder-Prinzip, muss hinterfragt werden, man muss Raum für neue Sichtweisen schaffen. Auch Ambivalenzen, offene Aussprachen, Auseinandersetzungen gehören dazu, die Sie aushalten und moderieren, das zeichnet eine gute Führungskraft aus. Bauen Sie diese Fähigkeiten aus und achten Sie sehr gut darauf, eine klare Bindung zu Ihrem Team herzustellen, offen, menschlich und respektvoll zu sein. Das hilft dem Unternehmen, dem Team und Ihnen, denn gute Beziehungen sind der Rohstoff für Produktivität.

Sie denken jetzt sicherlich, das würde für eine gute Führung schon reichen. Weit gefehlt. Während immer noch gern die klassischen Managementtools gelehrt und angewandt werden und reihenweise Bücher füllen, ist es ein Muss, zum **charismatischen Leader** zu werden. Manager halten das Gleichgewicht eines Betriebs aufrecht, doch Leader und somit Führungskräfte schaffen neue Ansätze und loten neue Optionen aus. „Leaders create and change results, while managers and administrators live within them" bedeutet nichts anderes als der Wille zur Veränderung von Organisationen, die Fähigkeit, Veränderungen zu vermitteln und durchzusetzen. Echte Leader, die über eine natürliche Führungsautorität verfügen, bereiten eine Organisation gut auf Veränderungen vor und unterstützen diese bei auftretenden Herausforderungen. Ein Leader denkt im Sinn des Change, hat einen Rundumblick, auf das Unternehmen, die Produkte, die Mitarbeiter. Er hat den nötigen Mut, sich je nach Situation und Kontext den geforderten Aufgaben zu stellen, die Unternehmensziele zu erfüllen und Anforderungen, die er an Mitarbeiter stellt, aktiv im Tun vorzuleben.

Werden Sie zum Leader! Entwickeln, fördern und gestalten Sie Organisationen, Abläufe, Menschen. Nutzen Sie die Ideen in Ihrem Unternehmen mit Ihren Mitarbeitern, und zwar ehrlich, nicht nur für Marketingzwecke auf Homepages oder in Firmenbroschüren. Nehmen Sie Rahmenparameter unter die Lupe, binden Sie personelle Ressourcen aktiv, gewinnbringend in Ihr Unternehmen ein, begeben Sie sich auf die Suche nach Perspektiven, schaffen Sie gemeinsame Erfolgserlebnisse, lassen Sie Mitarbeiter ehrlich teilhaben und sagen Sie endlich einmal DANKE. Jeder Mitarbeiter, der sich mit dem Unternehmen, mit Ihnen verbunden fühlt, trägt zu weitreichendem, unternehmerischem Denken und Handeln bei.

Wenn Sie nun Günther, Ihren inneren Schweinehund, überwunden haben, sich mit Ihrer ganzen Persönlichkeit, Offenheit, Ihren klaren Statements und Zielen und neuen Ideen gegenüber Ihren Mitarbeitern präsentieren, fehlt im Moment nur noch eines: die Lernphase des Digital Leadership.

Digital Leadership, E-Leadership

Moderne, auf die Zukunft ausgerichtete Unternehmen, funktionieren nur, wenn auch die Leadership-Konzepte überdacht werden, d. h. netzwerkbasiertes, agiles und skalierbares Führungsverhalten und kooperatives Arbeiten in entsprechenden Arbeitsumgebungen. Starre Arbeitsprozesse lösen sich zeitlich und örtlich durch die Vernetzung der Mitarbeiter und auch die gewünschte Unabhängigkeit auf. Damit haben viele Firmen bis heute ein Problem, aus Angst vor Kontrollverlust und dem digitalen Wandel. Daher ist es so wichtig, dass die Charaktere, das Wissen Ihrer Mitarbeiter zu Ihnen und dem Unternehmen passen. „Vielfalt statt Einfalt" lautet die Devise. Schulen Sie sich in agiler Führung, Ambidextrie sowie in SCRUM und Design Thinking. Achten Sie auf Ihr Vernetzt-Sein in alle Richtungen und richten Sie den Blick nicht nur nach oben ins Management, das wäre fatal. Lernen Sie Neues, vergeben Sie klare Aufgaben, bauen Sie Vertrauen auf, leben Sie eine Fehlerkultur vor, die Raum für Entwicklungen lässt, und befreien Sie sich von alten Verhaltensmustern. Befassen Sie sich mit Distance Leadership, virtueller, verbindlicher Kommunikation und schulen Sie sich in digitaler Medienkompetenz. Fangen Sie jetzt an, sich in die digitale Welt hinein zu entwickeln, sprengen Sie jetzt Ihr eigenes Denken und Ihre Bequemlichkeit; leben Sie jetzt den Wandel vor. Menschen folgen nur dann, wenn man anfängt, den ersten Schritt zu machen und sie dabei rechtzeitig einzubinden. Entwickeln Sie die eigene Unternehmenskultur weiter, fragen Sie sich: Wie sehen unsere Unternehmenswerte aus? Wie wollen wir diese im digitalen Change leben? Was dürfen wir justieren? Nehmen Sie eine klare Haltung ein, um Werte und Ziele zu (v)ermitteln. Denken sie daran: Der Mensch ist zum Lernen geboren, v. a. dann, wenn wir uns gefühlsmäßig auf Neues einlassen können, weil es uns neugierig macht, reizt, spannend ist. Das sind Impulse, die uns voranbringen. Je länger Sie warten, desto schwieriger wird es in der Umsetzung. Dazu kommt die Herausforderung, die Young Generation mit der Old Generation zu verbinden, denn hier zeichnet sich in der Arbeitswelt bereits eine drastische Spaltung innerhalb der Arbeitnehmerschaft ab – Unmut zwischen den Generationen. Das kann ich bestätigen, da ich sehr viel mit jungen Menschen arbeite und immer wieder mit gutem Beispiel vorangehe, dass Digitalisierung nichts mit dem Alter zu tun hat, sondern mit der eigenen Einstellung dazu. Sobald Mitarbeiter, egal ob Jung oder Alt, bremsen, dann ist das fatal für das Unternehmen, die Entwicklung, den Absatz, das Miteinander. Hier muss HR ansetzen und Konzepte entwickeln, umsetzen, um ein Miteinander zu generieren und nicht nur darauf zu hoffen, dass Alte das Unternehmen verlassen, um einfach Junge einzustellen. Das ist der falsche Ansatz, da zu viel Wissen verloren geht. Das kann man durch perfektes HR-Management vermeiden.

3B – Bindung, Bildung, Bedürfnisse

Haben Sie die richtigen Mitarbeiter an Bord, eine gute Bindung aufgebaut, hat das positive Auswirkungen. Sie leben den Wandel vor, zeigen damit Aktualität und Standing Ihres Unternehmens und machen sich wetterfest. Ideen, Prozessoptimierungen steigern die Innovationskraft. Wenn sie könnten, würden 45 % der Mitarbeiter mit geringer, emotionaler Bindung ihre Führungskraft sofort feuern. Die richtige, zukunftsorientierte Führung ist daher der Hebel für Veränderung. Wie wir alle wissen: Mitarbeiter verlassen nicht das Unternehmen, sondern die Führungskraft, denn sie gestaltet den Alltag und transportiert das Image eines Unternehmens. Dazu kommen die Anforderungen an modernes Arbeiten mit Open Business, Bestimmung von Zeit und Ort des Arbeitens, Autonomie, Transparenz, Offenheit und Schnelligkeit. Der Autor Don Tapscort schreibt: „Manager müssen das alte Modell ‚Recruit, Train, Supervise, Train' durch ‚Initiate, Engage, Collaborate, Evolve' ersetzen".

Die Generation Y ist z. B. auch weniger loyal, ist eher egoistisch und konsumorientiert veranlagt. Die Arbeit muss ihnen etwas bringen. Sie wollen mehr und ihr Leben mit Erlebnissen füllen, gern in anderen Ländern, Branchen, Firmen – ergo, am liebsten alles per „self-control". Es kann sehr rentabel sein, auf die Wünsche von Mitarbeitern einzugehen. Ein Beispiel ist der amerikanische Elektronikhändler Best Buy, der nach Einführung von „Results only Environment" die Mitarbeiter nur noch über die Resultate der Arbeit führt, d. h. diese müssen nicht mehr zwingend im Büro anwesend sein. Die Produktivität stieg um 35 %.

Es ist daher sehr wichtig, die Bindung und Loyalität der Mitarbeiter zu fördern, nahe an den Mitarbeitern zu sein. Das geht als sehr guter Leader mit entsprechendem Leadership und ist eine wichtige Stellschraube im Unternehmen. Ich kenne viele gute Entwickler, Produkt- und Projektmanager, die heute Manager auf C-Level-Ebene sind. Doch werfe ich den Blick auf die geforderten Kenntnisse, Fähigkeiten, die bereits jetzt und für die Zukunft benötigt werden, fallen diese gnadenlos durch. Zu groß ist das Ego-Vertrauen dieser Manager in ihre eigenen, sozialen Netzwerke und Abhängigkeiten, als dass sie etwas an ihrem Denken, Handeln und eigenem Lernen ändern. Der lechzende Blick nach oben lässt alles andere im Sichtfeld verschwinden. Es ist jetzt nicht unbedingt Kritik an deren heutigem Know-how, doch fehlt das Können, der benötigte Weitblick für das digitale Zeitalter, um es zukunftsfähig auszurichten, es sei denn, die Bereitschaft wäre da, sich persönlich und fachlich weiterzuentwickeln.

Und – sind Sie es? Haben Sie den Mut, das mehr als bequeme Leben zu verlassen und sich dem neuen, digitalen Leben zu stellen? Besitzen Sie das globale Mindset wie interkulturelle Kompetenz, Weltgewandtheit, kosmopolitischer Blick, kognitive Komplexität? Haben Sie das leidenschaftliche Feuer für Vielfalt, Lust auf das Neue, Abenteuer; innere Stärke und weltgewandtes Selbstbewusstsein? Gnadenlose Ehrlichkeit sich selbst gegenüber? Und wie sieht es mit Ihrem diplomatischen Geschick, interkultureller Empathie und Beziehungsstärke aus? All das benötigen Sie, um emotionale Bindungen herzustellen, um Menschen in der digitalen Welt zu motivieren. Menschen sind und bleiben soziale Wesen, die wahrgenommen werden möchten.

4.4 Neue Führungskonzepte

4.4.1 Laterales Führen, Transformation Leadership, Distributed Leadership und Co-Leadership

Laterales Führen: Gerade beim digitalen Arbeiten ist die große Frage: Wie wirken Leader auf Menschen ein, über die sie keine Weisungsbefugnis haben? Gerade in vernetzten Unternehmensgebilden wird die Beantwortung der Frage immer wichtiger. Einfluss entsteht in solchen Kontexten über Macht, Vertrauen sowie über Verständigungsprozesse jenseits der formal vorgeschriebenen Kommunikation. Der Mechanismus Nehmen und Geben setzt ein, wie bei einer Art Tauschbörse.

Transformational Leadership: Erzeugung von intrinsischer Motivation bei den Mitarbeitern, indem Sie ein erstrebenswertes Zukunftsszenario schaffen, Sie die Potenziale Ihrer Follower erkennen und mit den Werten, Bedürfnissen Ihrer Organisation verbinden. Der Leader reagiert hier als Vorbild, durch sein Verhalten erarbeitet er sich Vertrauen, schafft Respekt und stellt die eigenen Interessen der Gruppe über die eigenen.

Distributed Leadership: Hier gibt es die vier Begrifflichkeiten und Kernkompetenzen: Visioning, Sense-Making, Inventing und Relation. An einem beliebigen Punkt innerhalb der Organisation wird Einfluss ausgeübt. Beim Visioning geht es darum, sich ein eigenes Bild zu machen, zu entwickeln, was zu tun ist und nicht nur auf die Vorgaben einer Führungskraft zu warten. Man möchte sein Ziel erreichen, doch es sollte auch den Werten und Bedürfnissen der anderen gerecht werden. Sense-Making bedeutet ein Gespür für die Entwicklungen und Trends zu haben, aber auch Unschärfe und Ambiguität zu tolerieren. Wahrnehmung und Verständnis von Realität. Insbesondere bei dezentralen Organisationen ist das eine Herausforderung. Bei Inventing geht es darum, neue Wege zu finden oder eigene Visionen umzusetzen. Relating ist die Eigenschaft, eine sehr gute Verbindung, Arbeitsbeziehungen zu einer Vielzahl von Kollegen zu entwickeln, zu stärken und auszubauen und durch das Vernetztsein kollektives Wissen einzusetzen.

Co-Leadership bzw. komplementäre Führungsteams werden eingesetzt, um Führungsressourcen noch besser zu nutzen im Vergleich zu Einzelpersonen oder Leadership-Teams mit ähnlichen Ressourcen. Co-Leader teilen sich eine Vision, die Steuerung erfolgt über dasselbe Anreizsystem; sie stehen in dauernder Kommunikation und haben eine starke Vertrauensbasis. Die Herausforderung bei divergierenden Teams jedoch ist, dass Unstimmigkeiten über Priorisierungen oder Verwirrungen bei Mitarbeitern, Kollegen (wer ist wofür zuständig) auftreten können.

Bei all diesen Ansätzen wird deutlich, dass klassische Machtkonstellationen, bei denen einer das Sagen hat, nicht greifen. Die Hierarchie- und Anweisungskultur verabschiedet sich in großen Teilen aus der Wirtschaft. Führen wird und ist eine Gemeinschaftsaufgabe, in der Menschen zu unterschiedlichen Zeitpunkten, je nach ihren Stärken, in den Vordergrund treten. Die moderne Führungskraft nimmt die Rolle des Förderers ein, entdeckt, entwickelt das Potenzial der Mitarbeiter, bringt Gleichgewicht in Entscheidungen zwischen Pragmatismus und Idealismus. Somit sind wir wieder an dem Punkt, dass derjenige, der sich mit Unternehmensführung der Zukunft beschäftigt, sich auch mit Bindung, Beziehungen und Emotionen befassen muss. Um die Rolle gut auszufüllen, muss man sich selbst sehr gut kennen, das eigene Ich erforschen, sich damit konfrontieren, an sich arbeiten. Dies gehört für die Zukunft und das Führungsverhalten dazu. Auch hier biete ich gern mein fundiertes Wissen für Sie an, nehmen Sie gern mit mir Kontakt auf, ich freue mich schon jetzt auf ein spannendes Gespräch, auf Ihre Entwicklung, gemäß dem Motto: „Führung ist die Kunst, Energien zu orchestrieren" (Hilde Bruch). Lassen Sie uns darüber sprechen, welches Führungsverständnis in Ihrem Unternehmen verankert ist, was benötigt und gewünscht wird, welchen Beitrag die Personalentwicklung dafür leistet und wie wir Ihr Unternehmen, Sie sich selbst, digital zukunftsfit machen.

4.5   Führungspersönlichkeiten weben dichte Kontaktnetze auf allen Ebenen. Verlierer sind Sklaven von Hierarchie, Position, formalen Kommunikationswegen

Die Zukunft ist komplex, ebenso die Anforderungen an Sie, die Führungskräfte, die Arbeitnehmer. Digitales Arbeiten im Jahr 2030 ist ein weites Feld und so manch einer von Ihnen fragt sich, wann soll ich das alles, was Sie mir empfehlen, machen, lernen, umsetzen? Mein Rat: **Nehmen Sie sich die nötige Zeit**, sie ist sinnvoll investiert. Erarbeiten Sie sich ein Lebensstrategiepapier. Denn genau Sie sollen für Ihr Unternehmen, Ihre Mitarbeiter Sinn erzeugen, Lernfelder eröffnen, enorm hohe Flexibilität vorleben, agil sein, Kohäsion herstellen, selbst vorleben, wie wichtig lebenslanges Lernen ist. Und das bitte glaubwürdig. **Üben Sie sich in weitreichendem Denken** (bitte über Ihren Zwei-bis-Fünf-Jahres-Vertrag hinaus), **stärken Sie Ihre Kommunikation**, Ihre Beziehungen und vor allen Dingen Ihre Wahrnehmungsfähigkeit. **Wahrnehmungsfähigkeit** sich selbst und anderen gegenüber. Gehen Sie aktiv und offen neue Wege, setzen Sie Energie und Kraft für Ihr Unternehmen, für sich selbst ein, denn der Sog des Alten, Bekannten wird Sie auf die Probe stellen. Überlastung oder Frustration führen häufig zum Rückschritt. Und Mikromanagement, noch mehr Kontrolle, noch mehr Planung belasten Sie nur unnötig und sind keine adäquaten Lösungen für die komplexe Arbeitswelt.

Lassen Sie sich auf den Wandel ein, ändern Sie Ihren Fokus, richten Sie es auf die Zukunft, die digitale Welt, auf Potenzial aus. Erzeugen Sie **positive Bilder**, um Ihre Mitarbeiter für das Morgen, die Zukunft zu begeistern. Nehmen Sie Ihre Mitarbeiter, Kollegen mit, sorgen Sie für **Ziele, Sinn, Wahrhaftigkeit**. Erlauben Sie sich und anderen, offen, wertschätzend und zielführend zu kommunizieren, **steigern Sie Ihre Beziehungskompetenz** und Ihr langfristiges, weiterreichendes Denken, gerade im Hinblick auf die Globalisierung, den steigenden Wettbewerb, Machtverschiebungen und knappe Talente. Nutzen Sie es für HR-Strategien und PR-Arbeit. Gestalten-statt-Verwalten ist der richtige und notwendige Schritt. Gute Führungskräfte sind Talentfanatiker, haben Freude daran, Talente zu entdecken, zu entwickeln, zu fördern. Sie reißen Barrieren ein, erfinden die Welt neu, bilden keinen Kommunikations- oder Datenstau, sondern lassen Informationen ungehindert fließen, statt diese verschlüsselt in ihrem E-Mail-Postfach ungelesen zu horten. Sie verabschieden sich von altem Denken gemäß dem Motto: **„Das Problem ist nicht, neue, innovative Gedanken hereinzulassen, sondern sich von alten zu verabschieden"** (Dee Hock, Visa-Gründer).

Und jetzt Sie: Sind Sie bereit für die Welt 2030? Ich freue mich, wenn Sie mein Beitrag zum Nachdenken, Handeln, Umsetzen bewegt. Berichten Sie mir gern per E-Mail oder telefonisch von Ihren Erfahrungen. Vielleicht können wir uns sogar persönlich, bei einem meiner Seminare, Trainings oder Workshops austauschen. **Ich freue mich auf Sie!**

Literatur

FAZ. (Hrsg.). (2016). *Chinesen kaufen deutschen Abfallkonzern.* https://www.faz.net/aktuell/wirtschaft/unternehmen/beijing-enterprises-aus-china-kauft-eew-aus-helmstedt-14051722.html. Zugegriffen am 31.01.2019.

Hirn, W. (2016). *Chinas Einstieg bei Kuka – wer ist der Nächste?* http://www.manager-magazin.de/unternehmen/artikel/uebernahmen-auf-welche-branchen-china-setzt-a-1101243.html. Zugegriffen am 31.01.2019.

KunststoffXtra. (Hrsg.). (2016). *Die Übernahme ist auf Langfristigkeit ausgelegt.* https://www.kunststoffxtra.com/dynpg/upload/imgfile5404.pdf. Zugegriffen am 31.01.2019.

Peitz, D. (2018). *Die Digitalisierung gehört zu Deutschland.* https://www.zeit.de/digital/2018-12/digital-gipfel-digitalisierung-bundesregierung-kuenstliche-intelligenz-5g-breitband. Zugegriffen am 31.01.2019.

Weforum. (Hrsg.). (2018). *World Economic Forum Annual Meeting.* https://www.weforum.org/events/world-economic-forum-annual-meeting-2018. Zugegriffen am 31.01.2019.

Kerstin Fischer liebt Ihre Lebensaufgabe, das Entrepreneurship, und stellt den Menschen und seine Motivation in den Mittelpunkt. Entrepreneure wie sie, verwirklichen innovative, digitale Geschäftsmodelle, setzen Ideen um. Sie finden kreative und marktfähige Lösungen für geschäftliche wie gesellschaftliche Herausforderungen. Innovative Themen wie Digitalisierung in der Arbeitswelt, neue Trends, Innovationen und alles, was in Bewegung ist, begeistern sie. Hierzu arbeitet sie mit Innovations- und Gründerzentren zusammen.

Kerstin Fischer kennt alle Unternehmen, von klein bis groß, wie ihre Westentasche. Sie war geschäftsführende Vorstandsvorsitzende eines Verbands, hat im Management im internationalen Konzernumfeld gearbeitet, erfolgreich als Projektleiterin internationale Projekte durchgeführt, angefangen von der Firmenintegration eines Unternehmens in einen internationalen Konzern bis hin zur Sanierung und Neupositionierung von Geschäftsbereichen.

Heute berät sie Start-ups, Managerinnen und Manager, Gründer und kleine und mittelständische Unternehmen mit ihrem langjährigen Fachwissen aus Digitalisierung, Management, Marketing und Vertrieb. Ihr Herz schlägt für Wachstum, Innovation und Weiterentwicklung. Parallel dazu hält sie Fachvorträge in Unternehmen, Fachhochschulen und der IHK. Ihr Fokus liegt hierbei auf den Themen Innovatives Management und Mensch, Frauen in Führung sowie Digitalisierung.

Mehr dazu unter www.kerstin-fischer.org

Projektmanagement 5.0 – situativ, adaptiv – erfolgreich?

5

Johannes Fischhaber

Inhaltsverzeichnis

J. Fischhaber (✉)
Taufkirchen, Deutschland
E-Mail: johannes.fischhaber@gmx.de

© Springer Fachmedien Wiesbaden GmbH, ein Teil von Springer Nature 2019
P. Buchenau (Hrsg.), *Chefsache Zukunft*, Chefsache,
https://doi.org/10.1007/978-3-658-26560-1_5

Zusammenfassung

Lola rennt ist mehr als ein Spielfilm der 1990er-Jahre. Er ist wie gemacht, um Sie mitzunehmen auf eine Reise in die facettenreiche Welt und spannende Zukunft des Projektmanagements.

Projekte und gutes Projektmanagement sind einer der Schlüssel für nachhaltigen unternehmerischen Erfolg. Um dies auch in Zukunft zu gewährleisten, machen Sie Projektmanagement zur Chefsache!

Megatrends und die VUCA-Welt verändern unsere ganze Art zu leben, zu denken und zu handeln. Dieser Beitrag zeigt Ihnen, wie Sie auch in einer ungewissen Zukunft die Klaviatur des Projektmanagements spielen, um situativ, adaptiv erfolgreich zu sein.

5.1 Lola rennt

Berlin 1998. Ganove Manni ruft seine rothaarige Freundin Lola aus einer Telefonzelle an. Sie hatten sich verpasst, weil Lola zu spät nach Hause kam. Er machte sich deshalb allein auf den Weg zu seinem Chef, um ihm hunderttausend Mark von einem Deal mit einem gestohlenen Auto zu überbringen (Wunderlich 2002).

Es ist jetzt 11:40 Uhr. Um Punkt 12 Uhr muss er das Geld übergeben, sonst bringt der Boss ihn um. Aber das Geld hat er nicht mehr. Als Kontrolleure in die U-Bahn einstiegen, sprang er aus der U-Bahn und ließ die Plastiktüte mit dem Geld liegen. Wahrscheinlich hat die Tüte jetzt ein Penner, der sich auf Mannis Platz setzte. In seiner Verzweiflung will Manni den Supermarkt auf der anderen Straßenseite überfallen. Lola nimmt ihm das Versprechen ab, bis 12:00 Uhr auf sie zu warten; ihr werde schon was einfallen (Wunderlich 2002).

Aus dieser Ausgangssituation entwickeln sich drei verschiedene Varianten der Geschichte mit jeweils unterschiedlichem Ausgang. Dreimal beginnt die Geschichte der 20 Minuten von vorn, dreimal rennt Lola los, um Manni zu erreichen.

Lola rennt das erste Mal los, quer durch Berlin, und versucht das Geld von ihrem Vater, einem Bankdirektor zu bekommen. Dieser ist gerade dabei, einer leitenden Angestellten, die ein Kind von ihm bekommt, zu versprechen, dass er seine Familie verlässt und ein gemeinsames Leben mit ihr beginnt. Lola wird hinausgeworfen und kommt um Sekunden zu spät. Sieht aber noch, wie Manni in den Supermarkt geht. Natürlich hilft sie ihm, die Kassen auszurauben. Auf der Flucht wird Lola von einem Polizisten erschossen (Wunderlich 2002).

Lola beginnt erneut zu rennen. Dieses Mal zwingt sie ihren Vater mit einer Pistole, die sie dem Wachmann abgenommen hat, ihr das Geld auszuhändigen. Als sie mit dem Geld die Telefonzelle erreicht und Manni gerade in den Supermarkt hineingehen will, schreit sie: „Manni!". Er dreht sich um, geht ein paar Schritte auf sie zu – und wird von einem Sanitätsauto totgefahren.

Wieder läuft Lola los. Als sie die Bank ihres Vaters erreicht, sieht sie ihn gerade mit dem Auto wegfahren. Lola setzt das ganze Geld, das sie bei sich hat, 100 Mark, in einem Spielcasino auf 20/schwarz und gewinnt. Sie setzt den kompletten Gewinn noch einmal ein und gewinnt wieder. Jetzt hat sie das Geld, das Manni braucht. Sie wusste nicht, dass Manni in der Zwischenzeit dem Penner wieder begegnete und ihm das Geld abnahm. Als sie einige Minuten später an der Telefonzelle eintrifft, hält ein Auto, Manni steigt aus und verabschiedet sich freundschaftlich von seinem Boss. Er fragt was in Lolas Plastiktüte sei (Wunderlich 2002).

Sie fragen sich jetzt sicherlich, was ein Film von Tom Tykwer aus den 1990er-Jahren mit Moritz Bleibtreu und Franka Potente in den Hauptrollen mit Projektmanagement zu tun hat. Wo ist die Verbindung zwischen Chefsache Zukunft 2030 und einer Frau, die mit offenem, wehendem roten Haar durch die Straßen Berlins läuft (Wunderlich 2002)?

Lola hat viel zu wenig Zeit, kaum Budget und nicht die geeigneten Ressourcen. Hinzu kommt eine nahezu unmögliche Deadline, bei deren Nichterreichen es richtig teuer wird. Fühlen Sie sich auch gerade an eines ihrer Projekte erinnert?

Lola ist jung, dynamisch, selbstbewusst und hat ein klares Ziel vor Augen. Sie kommuniziert, organisiert und ist mit vollem Einsatz und Leidenschaft bei der Sache – jedoch allein auf weiter Flur. Als Lola das erste Mal losläuft, hat sie einen Plan. Muss diesen aber schon bald wieder verwerfen und sich schnell eine Alternative überlegen. Sie zwingt daher ihren Vater mit der Pistole, ihr das Geld auszuhändigen und handelt dabei nicht ganz regelkonform. Als Lola dann im Casino auf 20/schwarz setzt, geht sie damit ein hohes Risiko ein.

Und Lolas Freund Manni? Er ist gegenüber seinem Chef zum Erfolg verdammt. Sein weiteres berufliches Fortkommen hängt von Lola ab.

Lola rennt bietet die perfekte Grundlage für Projektmanagement 2030. Eine ungewisse Zukunft, ein herausforderndes Projekt mit Lola als Projektleiterin, den Vorgesetzten Manni und Mannis Chef als Sponsor. Nimmt man noch die Pistole hinzu, hat man einen Compliance-Fall und 20/schwarz im Casino ist ein super Beispiel für die Berechnung von Eintrittswahrscheinlichkeit und Schadenshöhe im Risikomanagement.

5.2 #2030 (Zukunftsinstitut Hrsg, 2018)

Berlin 2030. Manni ist Geschäftsführer einer auf Vitaldatenanalyse spezialisierten, mittelständischen IT-Beratung. Mit seinem Unternehmen möchte er Digitalisierung, IT und Gesundheit verknüpfen und somit dazu beitragen, gesellschaftliche Probleme zu lösen. Profitmaximierung ist schon längst nicht mehr das, was ihn antreibt.

Seine 72 Jahre sieht man ihm nicht an – und an Ruhestand ist beim ihm noch längst nicht zu denken. Für sein Alter ist er in außergewöhnlich guter körperlicher, gesundheitlicher und geistlicher Verfassung. Der Berlin-Marathon ist fester Bestandteil seines Sportlerjahres.

Er wohnt inmitten Berlins – einer der 50 Megacities der Welt, auf 42 Quadratmetern, die ihm all die Lebensqualität bieten, die er sich wünscht. Manni bloggt regelmäßig über

Data Science und Advance Analytics bei Sport und Gesundheit. Als Micro-Influencer ist er so ständig im Kontakt mit seinen Abonnenten und Followern.

Mannis Lebens- und Arbeitswelt ist scheinbar geräuschlos verschmolzen. Er springt ständig und kaum wahrnehmbar zwischen Beruf und Privatleben. Work-Life-Blending – ein Konzept, kaum mehr wegzudenken aus seinem Alltag.

Lola ist IT-Projektleiterin und im Bereich Post-Gender-Marketing tätig. Beim Start in den Tag ist der Direct-trade-Kaffee ihr wichtigster Begleiter.

Aktuell arbeitet sie an einem Rebranding-Projekt für eine bekannte Sportmarke. Der Hersteller möchte seine Angebote und sein Design überarbeiten, um sich jenseits der klassischen Mann-Frau-Binarität zu platzieren. Auf der Suche nach kurzfristiger Verstärkung für ihr Team ist sie auf einer der vielen Gig-Economy-Plattformen fündig geworden.

Haben Sie ein paar Megatrends der Zukunft bereits erkannt?

Manni repräsentiert gleich mehrere. Das gesellschaftliche, nachhaltige Ziel, dass er mit seiner Firma verfolgt, zeigt die sozial-ökologische Denke der Postwachstumsökonomie. Er steht zudem sinnbildlich dafür, dass die Bevölkerung rund um den Globus immer älter wird und gleichzeitig länger gesund bleibt. Gesundheit ist ein zentrales Lebensziel geworden. Mit seinen 72 Jahren ist Manni im Unruhestand und Teil der Silver Society – Selbstentfaltung im hohen Alter. Das Work-Life-Blending ist ein Indiz für den Trend weg von der rationalen Leistungsgesellschaft hin zu Potenzialentfaltung jedes einzelnen Menschen. Betrachtet man Mannis Lebenswandel vom Ganoven hin zum Geschäftsmann, erkennt man, dass Lebensläufe nicht mehr linear verlaufen und Biografien zunehmend zu Multigrafien werden. Die vergleichsweise kleine Wohnung zeigt, am Beispiel der Wohnungsnot, welche Rolle Städte künftig bei der Lösung globaler Probleme einnehmen können und werden.

Lolas Direct-trade-Kaffee symbolisiert die positiven Seiten und Chancen der Globalisierung – abseits von Handelskriegen und Cyber-Angriffen. Hinter „direct trade" verbirgt sich bei Kaffee die direkte Beziehung zwischen Kaffeeröstern und den Landwirten, die den Kaffee liefern. Lolas Arbeit im Post-Gender-Marketing zeigt, dass die Tatsache, ob jemand als Mann oder Frau geboren wird, zunehmend an Bedeutung verliert.

Die beispielhaft beschriebenen Megatrends und viele weitere nehmen nicht nur Einfluss auf Manni und Lola, sondern verändern unsere ganze Art zu leben, zu denken und zu handeln – privat sowie beruflich.

5.3   Sind wir nicht alle ein bisschen VUCA

Lola rennt dreimal los, um Manni zu erreichen. Dieselbe Ausgangssituation führt zu einer Geschichte mit jeweils unterschiedlichem Ausgang. Das zeigt sowohl die Unbeständigkeit als auch die hohe Veränderungsgeschwindigkeit, die wir in unserer Umwelt, besonders in den letzten Jahren, erleben.

Es treten immer und völlig überraschend neue Variablen auf, die zu anderen Variablen in Beziehung stehen. Im ersten Lauf begegnet Lola beispielsweise der Affäre ihres Vaters und erfährt, dass beide ein gemeinsames Kind erwarten. Diese Tatsache wiederum beeinflusst die Entscheidung des Vaters, Lola kein Geld auszuhändigen.

Lola rennt zeigt, wie durch eine Vielzahl an Rollen, Aufträgen und Schnittstellen immer wieder aufs Neue Interessen miteinander kollidieren. Es veranschaulicht zudem, dass oft ungeplante Spieler oder Variablen neu oder wieder auf den Plan treten, die vielfältige Wirkungen und Konsequenzen auslösen. Der Penner, den Manni im dritten Szenario wiedertrifft, zeigt, wie unberechenbar Vorhaben geworden sind. Ursache-Wirkung-Ketten sind zunehmend schwerer zu erkennen. Oder können Sie einen kausalen Zusammenhang zwischen Lolas Gewinn im Casino und der Tatsache, dass Manni dem Penner wiederbegegnet, erkennen?

Diese am Beispiel von *Lola rennt* gezeigten geänderten Rahmenbedingungen können durch den Begriff VUCA zusammengefasst werden. In der Managersprache wird dieses Akronym für „volatility, uncertainty, complexity, ambiguity" schon länger verwendet, um auszudrücken, dass es da draußen in der Welt schon etwas verrückt zugeht (Bennet und Lemoine 2014).

Vereinfacht kann VUCA wie folgt beschrieben werden:

- Volatility (Volatilität) besagt, dass sich Änderungen in unserer Umwelt immer häufiger, in kürzeren Zeitabschnitten und immer extremer gestalten.
- Uncertainty (Ungewissheit) steht dafür, dass wir immer weniger Vorhersagen über zukünftig zu erwartende Ereignisse treffen können.
- Complexity (Komplexität) beschreibt, dass sich eine Handlung auf immer mehr Bereiche auswirkt.
- Ambiguity (Mehrdeutigkeit) zeigt auf, dass kausale Zusammenhänge zunehmend unklar werden und keine Präzedenzfälle existieren. Man begegnet den sog. unbekannten Unbekannten.

Mit Blick auf 2030, die beschriebenen Megatrends und der VUCA-Welt kann man durchaus festhalten, dass es da draußen in der Welt ziemlich verrückt zugeht.

5.4 Mach es zu deinem Projekt! – Aber machs halt irgendwann auch mal fertig!

Im Jahr 2018 nimmt OBI so auf eine äußerst charmante Art und Weise mit einem Werbespot die 2009 durch den Konkurrenten Hornbach hervorgerufene Projektmanie auf die Schippe (DERSTANDARD 2018).

Der Projektbegriff wurde seither in den Augen mancher viel zu inflationär verwendet. Schnell ist alles ein Projekt und jeder Projektmanager (Hagen 2007). Zynische Zungen behaupten, dass mit dieser Projektmanie, oder auch oft Projektitis genannt, in der Weltwirtschaft ein hartnäckiger Virus grassiert. Wo immer Neues geschaffen oder Altes verabschiedet werden soll, werden durch Führungskräfte Projektgruppen einberufen (Rosenberger 2013, S. 147).

Doch was ist überhaupt ein Projekt? Warum werden Projekte eigentlich gemacht? Und welchen Zweck will man mit Projekten verfolgen? Eine Begriffsdefinition mag hier helfen.

Das Deutsche Institut für Normung beschreibt in der aktuellen DIN 69901 ein Projekt als „Vorhaben, das im Wesentlichen durch die Einmaligkeit der Bedingungen in ihrer Gesamtheit gekennzeichnet ist, z. B. Zielvorgabe, zeitliche, finanzielle, personelle und andere Begrenzungen, Abgrenzung gegenüber anderen Vorhaben, projektspezifische Organisation".

Die Situation, die Lola um 11:40 Uhr vorfindet, ist unbestritten einmalig. Die Zielvorgabe, für Manni 100.000 Mark aufzutreiben, ist unmissverständlich und klar definiert. Ihr Projektbudget beträgt 100 Mark und die zeitliche Begrenzung liegt bei exakt 20 Minuten. Personell ist sie ganz auf sich allein gestellt. Und ihr Vorhaben grenzt sich deutlich vom Berliner Alltag der späten 1990er-Jahre ab. Nach DIN 69901 haben Lola und Manni, rückwirkend betrachtet, gemeinsam ein Projekt bearbeitet und im dritten Anlauf dann auch mehr als erfolgreich abgeschlossen.

Das Aufsetzen und die Durchführung von Projekten kann gegenwärtig und zukünftig viele und diverse Beweggründe haben. Neue Technologien, Wettbewerbsdruck, politische, rechtliche Veränderungen oder schlichtweg eine Kundenanforderung.

Bevor Sie ein Projekt initiieren, vergewissern Sie sich, ob die folgenden Eigenschaften vorliegen: Sie haben ein klares, definierbares Ziel, eine zeitliche Begrenzung, limitierte Ressourcen und eine projektspezifische Organisation. Zudem erschaffen Sie etwas Neuartiges und Einmaliges und haben es mit einem gewissen Maß an Komplexität zu tun.

The Ocean Cleanup, ReGen-Village, Floating City Project oder OmniProcessor – Projektnamen sind oft äußerst kreativ und erinnern in diesen Fällen an Science-Fiction oder die neusten Hollywood-Blockbuster. Im Rahmen des Projekts The Ocean Cleanup wird beispielsweise mithilfe von rund 50 km langen Schläuchen Plastikmüll auf der Wasseroberfläche eingefangen, zusammengezogen und dann abgefischt. Bei OmniProcessor soll ein Gerät von der Größe mehrerer Schiffscontainer aus Abwasser und Fäkalien sauberes Wasser und Energie gewinnen. Hierzu wird das Material bei 1000 °C verbrannt, aufgespalten und gefiltert (Förtsch 2016).

Wie könnten nun, in Anbetracht der beschriebenen Megatrends, Projekte in der VUCA-Welt von 2030 aussehen?

5.5 #Projekte2030

Wie beeinflusst VUCA Projekte und das Projektmanagement im Jahr 2030?

Annahmen für die Initiierung und Durchführung eines Projekts verändern sich konstant vor und während der Projektlaufzeit. Selbiges gilt für die Anforderungen an das Projektergebnis. Es wird zunehmend schwieriger, Anforderungen zu beschreiben und ein Ziel vor Projektbeginn spezifisch, messbar, attraktiv, realistisch und terminiert (SMART) zu formulieren und zu fixieren.

Die Konsequenz einer Handlung wird durch die zunehmende Komplexität immer unüberschaubarer. Durch Industrie 4.0, künstliche Intelligenz, Big Data oder Cloud-Nutzung werden Systeme immer komplexer und es ist nicht möglich, alle Handlungsalternativen auf ihre Folgen hin zu überprüfen. Ein vollständig rationales Handeln wird daher ausgeschlossen sein (Daniel 2018). Dies wird ein standardisiertes, in Prozessen abgebildetes Projektmanagement schwer bis unmöglich machen.

Auch die beschriebenen Megatrends nehmen nachhaltig Einfluss auf die Art und Weise des Managements von Projekten.

Das Wissen-dass wird durch das Know-how, also das Wissen-wie, ersetzt. Informationen über Methoden, Werkzeuge oder Prozesse im Projektmanagement sind zur Gänze vorhanden. Das Wissen um die situationsbedingte richtige Anwendung wird das Wissen um die prozessual richtige Vorgehensweise ersetzen.

Aufgrund der zunehmenden Vernetzung und der digitalen Kommunikationstechnologien steigt die Anzahl derer, die von einem Projekt Kenntnis erlangen. Infolgedessen steigt auch die Anzahl derer, die vom Projekt betroffen sind, und derer, die ein Interesse an der Projektdurchführung oder dem Projektabschluss haben. Das Anforderungs- und Stakeholdermanagement wird immer wichtiger.

Der VUCA-Trend führt allgemein zu steigender Komplexität. Der Faktor Zeit wird so immer kostbarer. Das Alltags-Outsourcing von Aktivitäten wie Einkaufen oder Wäschewaschen bei Privatpersonen ist die automatisierte Durchführung von Aufgaben des Projektmanagementalltags. Dies betrifft u. a. das Erstellen von Status- oder Fortschrittsberichten sowie das Kosten- und Termin-Controlling.

Der Trend hin zu Nachhaltigkeit, sozialem Mehrwert und gesellschaftlicher Weiterentwicklung und weg von der Gewinn- und Profitmaximierung wird das bekannte Zieldreieck des Projektmanagements bestehend aus Kosten, Zeit und Qualität verändern. Die Frage der Qualität, also welche Leistung oder welches Ergebnis das Projekt überhaupt erbringen soll, wird im Mittelpunkt stehen.

Globale Herausforderungen lassen sich schwer bis gar nicht durch nationales Denken lösen. Dies gilt auch für Projekte und führt in der Konsequenz langfristig zu einer zunehmenden Internationalisierung von Projekten und steigenden Kommunikationsanforderungen. Wir benötigen Menschen aus unterschiedlichen Kultur- und Gesellschaftsschichten mit unterschiedlichen Ansichten. Getroffene Entscheidungen müssen kontinuierlich hinterfragt werden, um das gemeinsame Ziel auch zu erreichen.

Die beschriebenen Zukunftstrends haben keinen vordefinierten Anfang und kein fixes Ende. Diese Trends sind somit keine klassischen Projekte, sondern iterative, sich ständig wiederholende und sich kontinuierlich weiterentwickelnde Prozesse.

Ist somit das allgemeine Verständnis von Projekten, wie in Abschn. 5.4 und gemäß DIN 69901 beschrieben, im Jahr 2030 noch zeitgemäß?

5.6   ISO, DIN, ANSI, IPMA, GPM, PMI oder doch PRINCE2?

Wie würden Sie sich verhalten, wenn sie nach einem Gespräch mit Ihrem Chef mit der folgenden Aussage konfrontiert werden: Das ist Ihr Projekt, Sie machen das jetzt!

Einerseits fühlen Sie sich bestärkt, dass man Ihnen eine derartige Projektverantwortung überträgt. Wäre das ihr allererstes Projekt, fühlen Sie sich vielleicht einen kurzen Moment lang wie Lola und würden instinktiv erst mal anfangen zu rennen. Bevor Sie gegenwärtig oder in Zukunft aber einfach loslaufen, verschaffen Sie sich einen Überblick darüber, welche Standards im Projektmanagement bereits vorliegen und orientieren sich daran.

Der Blick in das Gesetz lohnt sich nicht, da es weder in Deutschland noch international gesetzliche Vorschriften zum Projektmanagement gibt. Jedoch bieten nationale und internationale Normen eine sehr gute Ausgangsbasis.

Das Jahr 1969 ist die Geburtsstunde des Project Management Institute (PMI). Im Jahr 1999, 30 Jahre später, wurde „A Guide to the Project Management Body of Knowledge" (PMBOK® Guide) vom American National Standards Institute (ANSI) als Amerikanischer Standard für Projektmanagement anerkannt (Holtzman 1999).

Im Jahr 2012 veröffentlichte die International Organization for Standardization (ISO) mit der ISO-Norm 21500 einen auf dem PMBOK® Guide aufbauenden Projektmanagementleitfaden. Die letzte Version der ISO 21500 aus 2012 wurde im Jahr 2016 mit der DIN ISO 21500 als deutsche Norm akzeptiert (Beuth 2019). Mittlerweile gibt es in Deutschland noch eine Vielzahl weiterführender Normen zum Thema Projekt-, Programm- und Portfoliomanagement.

Auch die 1965 gegründete International Project Managers Association (IPMA) orientiert sich an der ISO 21500. Die IPMA als Verband besteht aus weltweit rund 70 Mitgliedern, in dem auch der Deutsche Gesellschaft für Projektmanagement e. V. (GPM) vertreten ist (IPMA 2019).

Neben PMI und IPMA ist PRINCE2 eine weitere Alternative. PRINCE steht für „Projects in Controlled Environments" und ist der Standard für Projekte der britischen Regierung. Dieser hat sich dort und in den mit Großbritannien besonders verbundenen Ländern durchgesetzt (Pietsch 2015) und wurde erstmals 1996 als allgemeine Projektmanagementmethode veröffentlicht (Prince2 2019). Worin aber liegt der Unterschied zwischen IPMA, PMI und PRINCE2? Was vereint die Standards aus Amerika, Europa und Großbritannien?

Der IPMA-Ansatz ist kompetenzbasiert und basiert auf der International Competence Baseline (ICB). Dies bedeutet, dass, um im Projektmanagement erfolgreich agieren zu können, die handelnden Personen über die notwendige Kompetenz verfügen müssen. Diese setzt sich aus den Bestandteilen Zuständigkeit, Befugnis, Wissen, Können und Fähigkeit, Erfahrung und Einstellung zusammen. Kurz gesagt: Der Ansatz geht davon aus, dass kompetente Personen im Projekt situativ selbst entscheiden.

Im Vergleich zum IPMA-Ansatz orientiert sich PMI an den Phasen eines Projekts und bündelt seine Projektmanagementprozesse in verschiedene Prozessgruppen. Analog zu den Anforderungen des IPMA beschreibt PMI zehn Wissensgebiete wie beispielsweise Termin- oder Kostenmanagement.

Auch PRINCE2 ist ein prozessorientierter Ansatz. Es werden sieben Prozesse festgelegt, die phasenunabhängig und phasenübergreifend gelten. Jeder Prozess ist wiederum in Elemente unterteilt, die konkret vorgeben, was zu tun ist. Die genannten Prozesse können in Abhängigkeit der Rahmenbedingungen entsprechend angepasst werden (Projektmanagement Handbuch 2019).

Alle drei Ansätze sind aus langjährigen Erfahrungen entstanden und haben sich über die Jahre kontinuierlich weiterentwickelt. Sie gelten als „best practice approach". Diese Ansätze werden auch im Jahr 2030 weiter bestehen, jedoch nur erfolgreich angewendet werden können, wenn sie die Fähigkeit besitzen, sich an Projektumgebung, Umwelt und handelnde Personen anzupassen.

5.7   Projektmanagement? Kann doch jeder! Oder?

Wenn man die Standards so liest, müssen Sie zur Leitung eines Projekts jede Menge an Wissen und Erfahrung mitbringen.

Nach dem Kompetenzmodell der IPMA sind technische, verhaltensorientierte und kontextbezogene Kompetenzen nachzuweisen. Diese Kompetenzbereiche sind wiederum in 46 Kompetenzelemente unterteilt und um deren Schlüsselbeziehungen ergänzt (IPMA 2008, S. 29).

Am Beispiel von PMI benötigen Sie Kenntnisse über die vier Phasen des Projektlebenszyklus, fünf Prozessgruppen sowie 47 Einzelprozesse mit jeweils dazugehörigen Eingangs- und Ausgangswerten sowie Methoden und Werkzeugen.

PRINCE2 erfordert Kenntnisse über sieben Grundprinzipien, sieben Themen, sieben Prozesse und die Fähigkeit deren projektspezifischer Anpassung an die Projektumgebung (exccon Education 2017, S. 10).

Also doch alles ganz einfach, oder?

5.8   Seien Sie agil!

Bill Gates hat einmal gesagt: „Um heute erfolgreich zu sein, muss man anpassungsfähig sein und ständig neu denken, neu beleben, reagieren und erfinden wollen". Besser kann man den Begriff der Agilität fast nicht beschreiben.

Wer erfolgreich sein will, muss agil sein. Bei Agilität geht es schlichtweg um die Anpassungsfähigkeit eines Unternehmens an die zu Beginn beschriebenen Megatrends der Zukunft (Dämon 2017).

Inspiration für Agilität lässt sich bei Unternehmen unterschiedlicher Branchen finden. Lego beispielsweise stellt über das Internet eine Software bereit, mit deren Hilfe die Developer Community neue Produkte entwickeln kann. So entstand u. a. der TRACK3R (goetzpartners 2017, S. 19), ein geländegängiger Raupenroboter mit vier austauschbaren Werkzeugen (Lego 2019).

Villeroy & Boch interagiert systematisch mit anderen Unternehmen, um das Produktportfolio weiterzuentwickeln. Zu den Ergebnissen zählen ein Lautsprechergehäuse auf Keramikbasis, das in Kooperation mit dem Elektronikunternehmen Loewe entwickelt wurde, sowie ein Beleuchtungssystem für innovative Hotelbadezimmer, das in Zusammenarbeit mit Swarovski entstanden ist (goetzpartners 2017, S. 19).

Jedoch zeigt der Agilitätsbarometer 2017, dass konkrete agile Methoden wie Design Thinking, Scrum, Swarming, Holacracy oder Fluide Struktur für die breite Masse weitgehend unbekannt sind (Haufe 2017, S. 13).

Im Jahr 2001 wurde das sog. Agile Manifest mit Ideen, Prinzipien und Werten, das zu einem besseren Vorgehen bei Softwareprojekten führen sollte, veröffentlicht. In dem Manifest bekannte man sich zu einer neuen Priorisierung von Werten und schuf so das Fundament für das agile Projektmanagement (Preußig 2015, S. 6).

Es wird mehr Fokus auf Individuen und deren Interaktion als auf Prozesse und Werkzeuge gelegt. Eine funktionierende Software ist wichtiger als umfassende Dokumentation. Die Zusammenarbeit mit dem Kunden spielt eine größere Rolle als Vertragsverhandlungen, und das Reagieren auf Veränderung ist wichtiger als das Befolgen eines Plans.

Aus dieser neuen Priorisierung von Werten entstanden Handlungsgrundsätze in Form von agilen Prinzipien und agilen Techniken wie Task Boards, Daily-Stand-up-Meetings und User Stories, die wiederum die Basis bilden für agile Methoden wie etwa Scrum.

Finden sich diese Werte, Prinzipien, Techniken und Methoden im Projektmanagement wieder, spricht man von agilem Projektmanagement.

5.9   Sind wir nicht alle ein bisschen … hybrid?

Kombiniert man zwei oder mehrere Projektmanagementsysteme, i. d. R. traditionelle und agile Methoden, spricht man von hybridem Projektmanagement.

Beispiele hierfür sind traditionell durchgeführte Bauprojekte mit vorhergehender agiler Planungsphase oder agil durchgeführte Projekte, die aufgrund branchentypischer oder gesetzlicher Vorgaben ein transparentes oder rückverfolgbares Änderungsmanagement vorweisen müssen. Professor Timinger und Professor Seel erstellten einen Ordnungsrahmen für die Kombination beider Modelle. Hierbei untergliedern Sie beide Modelle in die Phasen Initiierung, Definition, Planung, Steuerung und Abschluss. Den jeweiligen Phasen werden sowohl traditionelle als auch agile Prozesse, Methoden und Werkzeuge sowie Rollen zugeordnet. So kann die Inhaltsplanung beispielsweise über den Projektstrukturplan als auch mithilfe des initialen Product-Backlog erfolgen. Dies ermöglicht eine Kombination beider Ordnungsrahmen, angepasst an die Bedürfnisse des jeweiligen Projekts (Timinger und Seel 2016, S. 1–7).

5.10   Der Projektleiter bzw. Product Owner heute
und im Jahr 2030

Ob nach IPMA, PMI oder PRINCE2, das Anforderungsprofil an einen klassischen bzw. traditionellen Projektleiter ist bereits in der heutigen Zeit ziemlich vielschichtig und äußerst umfangreich geworden.

In agilen Projekten ist der Product Owner das Pendant zum Projektleiter. Er besitzt das Produkt und ist allein dafür verantwortlich. Seine Aufgaben reichen von Markt- und Wettbewerbsanalysen über die Identifikation und Formulierung von Anforderungen bis hin zu Kundenbetreuung, Produktstrategie und Optimierung von Return on Investment und Kundennutzen. Die Anforderungen an seine Eigenschaften und Fähigkeiten sind ähnlich umfangreich (Maximini 2018, S. 167–169).

Ein Projektleiter in hybrid durchgeführten Projekten sollte die komplette klassische und agile Klaviatur beherrschen.

Doch welche Rolle nimmt der Projektleiter im Jahr 2030 ein? In Deutschland fallen laut einer Studie von McKinsey rund ein Viertel der Arbeitsstunden durch Automatisierung weg. Dies sind rund 12 Mio. Beschäftigte. Der Online-Test der BBC sowie der Job-Futuromat der Bundesagentur für Arbeit sehen den Projektleiter als einen Beruf mit Zukunft, da die digitale Transformation durch Projekte umgesetzt wird. Zudem wird bis 2030 die künstliche Intelligenz deutlich weiterentwickelt sein. Fraglich ist nur, ob intelligente Algorithmen den Projektleiter überflüssig machen, indem sie ein Projekt planen, Risiken analysieren und Budgets errechnen (Vienken 2017).

Für mich ganz persönlich ist der Projektleiter oder Product Owner ein Beruf mit Zukunft. Es mag sich die Berufsbezeichnung, das Aufgabengebiet oder das Anforderungsprofil ändern, aber ohne den Faktor Mensch werden Projekte, egal ob in traditionellen, agilen oder hybriden Projektumgebungen, nicht erfolgreich sein. Roboter können bestimmte Tätigkeiten zwar schneller und effektiver durchführen, aber noch kein Teamgefühl entwickeln oder gar ein positives Arbeitsklima schaffen.

Da Anforderungs- und Kommunikationsmanagement zunehmend wichtiger werden, werden Fähigkeiten in den Vordergrund treten, die früher meist zweitrangig waren – die Fähigkeit Konflikte zu lösen, kreativ zu sein oder Innovationspotenzial zu erkennen und zu realisieren.

Der Projektleiter spielt in einer Zukunft, geprägt von Big Data und Advanced Analytics, eine entscheidende Rolle. Seine Rolle wird sein, Prozesse festzulegen, diese zu überprüfen und weiterzuentwickeln. Es wird seine Aufgabe sein, sicherzustellen, dass die richtigen Daten ausgewertet und korrekt interpretiert werden.

Er benötigt die Fähigkeit, seine Umgebung zu verstehen, um Menschen, Methoden und Werkzeuge korrekt und gewinnbringend einzusetzen.

5.11 Risiken vermeiden und sich pflichtgemäß verhalten

Für Lola geht es in jedem Szenario darum, das Risiko zu vermeiden, dass Manni etwas passiert. Ein Risiko ist die aus der Unvorhersehbarkeit der Zukunft resultierende Möglichkeit, vom geplanten Zielwert abzuweichen (RiskNet 2019). Man könnte somit auch sagen, die Basis oder der Ausgangspunkt für Risiko ist Unsicherheit bzw. Ungewissheit; also das U in VUCA.

Das Verständnis von Risiko kann am besten anhand eines Beispiels aus einem Beitrag von Jens Köhler und Alfred Oswald (2018) beschrieben werden. Stellen Sie sich einen Redner vor, der während eines Vortrags kontinuierlich die linke Hand hinter seinem Rücken hält. Sie wissen nicht, was ihn dazu bewegt. Kurz gesagt, Sie wissen nicht, was Sie nicht wissen. Hier sind wir im Bereich der „unknown unknowns", also dem Bereich höchster Unsicherheit.

Als der Redner die Hand öffnet und eine Münze zeigt, wissen Sie zwar, dass es sich um eine Münze handelt, jedoch nicht um welche und was der Redner damit vorhat. Es sind die sog. „unknown knowns" oder der Bereich der Ungewissheit.

Wirft nun der Redner die Münze, befinden Sie sich, bis die Münze auf dem Boden liegt und die Entscheidung ob Kopf oder Zahl endgültig gefallen ist, im Risiko. Es besteht also die Möglichkeit, positiv oder negativ vom Zielwert abzuweichen.

Die Abb. 5.1 zeigt das Beschriebene nochmals grafisch.

Für effektives Risikomanagement ist es hilfreich, VUCA richtig einzuordnen. Verstehen und akzeptieren Sie Volatilität und Komplexität als gegebene Eigenschaften in unserer Welt. Ungewissheit und Mehrdeutigkeit liegen in der Wahrnehmung des Menschen. Arbeiten Sie damit!

Risiken können in Form der Multiplikation von Eintrittswahrscheinlichkeit und Schadenshöhe quantifiziert und so sichtbar gemacht werden. Der wichtigste Schritt liegt allerdings in der vorausgehenden Identifikation von Risiken. Seien sie kreativ und denken Sie über den Tellerrand hinaus. Werfen Sie auch mal einen Blick auf den Global Risk Report 2018 und denken Sie darüber nach, wie die dort aufgeführten Risiken ihr Unternehmen oder ihr Projekt beeinflussen könnten.

Bestimmen Sie den Gesamtrisikoumfang mithilfe von Risikoaggregation. Hierzu gehört auch die Einschätzung, ob Einzelrisiken, die isoliert betrachtet von nachrangiger Be-

Abb. 5.1 Sicherheit, Unsicherheit, Ungewissheit und Risiko (Köhler und Oswald 2018)

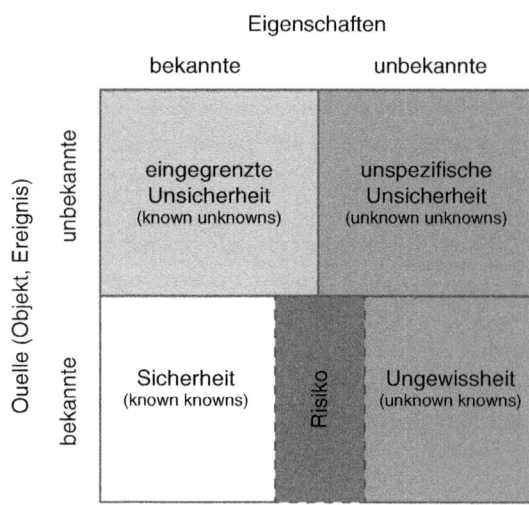

deutung sind, sich in ihrem Zusammenwirken oder durch Kumulation im Zeitablauf zu einem projektgefährdenden Risiko aggregieren können (Gleißner 2004, S. 1). Sie haben so die Möglichkeit jederzeit den Stand ihres Projekts zu übersehen und entsprechende Maßnahmen abzuleiten.

Compliance hat seinen Ursprung in der Finanzbranche der USA der 1980er-Jahre. Firmen verpflichteten sich seinerzeit, ein System einzurichten, das gewährleistet, dass sich Mitarbeiter an rechtliche Rahmenbedingungen halten (Geißler 2004).

Jedoch kann der Gesetzgeber gegenwärtig mit der Geschwindigkeit der Digitalisierung und Industrie 4.0 nur schwer mithalten und hinkt mit dem Erlass von Gesetzen hinterher. Oft spiegeln Gesetze zum Tag ihres Erlasses bereits nicht mehr die Realität oder den aktuellen Stand der Entwicklungen wider. Dokumentieren Sie daher, speziell bei Unsicherheit und Ungewissheit, die Annahmen, die sie zur Sicherstellung von pflichtgemäßem Verhalten getroffen haben, schriftlich, um einen positiven Nachweis zu führen.

5.12   Health+

Manni ist Gründer und Geschäftsführer eines mittelständischen IT-Unternehmens. Die Health+ GmbH hat er 2019 gegründet und beschäftigt mittlerweile 25 Mitarbeiter. Die Firma ist spezialisiert auf die Erfassung und Analyse von Vitalwerten von Menschen mit Diabetes.

Der befreundete Diabetologe Armin möchte im Rahmen einer Digital-Health-Initiative die Interaktion zwischen Patienten, behandelnden Ärzten und Dienstleistern, wie beispielsweise Ernährungsberatern, zum Wohl des Patienten verbessern. Sein Ziel ist eine kontinuierliche, für den Patienten einfache und nicht störende Zustandsüberwachung, um sowohl proaktiv als auch im Ernstfall umgehend steuernd eingreifen zu können. Nach seiner Überzeugung kann eine optimale Behandlung nur bei einer ganzheitlichen Betrachtung erfolgen.

Für die Überwachung von Blutzucker- und Vitalwerten sowie für die Erfassung von Ernährung und sportlichen Aktivitäten beauftragt er die Health+ GmbH mit der Entwicklung eines Systems zur Datenerfassung und Analyse sowie der Programmierung eines selbstlernenden Algorithmus, der Unregelmäßigkeiten meldet und hieraus automatisiert Handlungsalternativen ableitet.

Armin gibt Manni für die Bearbeitung des Projekts ein Budget von 500.000 Euro und mit nur sechs Monaten ziemlich wenig Zeit, da er zu diesem Zeitpunkt mit der Digital-Health-Initiative auf den Markt gehen möchte.

Für die Abarbeitung von Aufträgen benötigt Manni regelmäßig zusätzliches Personal mit sehr fachspezifischem Wissen und Erfahrung. Er hat sich daher dazu entschlossen, dem Trend der Gig Economy zu folgen und auftrags- und projektspezifisch Personal für einen limitierten Zeitraum einzustellen. Für dieses Projekt benötigt er Mitarbeiter, die sich mit den Themen IT, Diabetes und Gesundheit identifizieren können und über Erfahrung in dem jeweiligen Bereich verfügen.

Aus dieser Ausgangssituation entwickeln sich drei verschiedene Varianten des Projekts mit jeweils unterschiedlichem Ausgang. Dreimal beginnt das Projekt mit einer Laufzeit von sechs Monaten von vorn.

5.12.1 Klassisch oder schon antik?

Manni stellt das Projekt „Digital Health" online. Auf Basis einer Projekt- und Tätigkeitsbeschreibung für einen Projektleiter und drei Teammitglieder werden ihm automatisiert Profile vorgeschlagen. Daraufhin kontaktiert er Lola, eine erfahrene und PMI-zertifizierte IT-Projektleiterin. Nach einem ersten Skype-Call ist Lola engagiert. Das Team wird auf dieselbe Weise per Mausklick engagiert.

Für Lola hat, aufgrund ihrer persönlichen Erfahrung, jedes Projekt seinen eigenen Projektlebenszyklus, der in mehrere Phasen unterteilbar ist. Sie entscheidet sich daher, dieses Projekt in die vier Phasen Initiierung, Planung, Durchführung und Abschluss zu unterteilen. Des Weiteren entschließt sie sich dazu, in diesem Projekt prozessual und schrittweise vorzugehen, da sie vom Mehrwert klar formulierter Zielsetzungen, von Meilensteinen, eindeutigen Phasenübergängen und einer ordentlichen Projektsteuerung überzeugt ist.

Das Team, das Manni über das Online-Portal durch Abgleich von Anforderungsprofil und Lebenslauf, Lola zur Verfügung stellt, lernt Lola beim ersten virtuellen Teammeeting kennen. Vier Herkunftsländer und drei Sprachen – Dank Virtual Reality und Simultanübersetzung ist die Verständigung jedoch unproblematisch.

Das Projekt beginnt und bereits in der Planungsphase werden die Auswirkungen der VUCA-Welt unübersehbar. Die Anforderungen an das Produkt variieren konstant. Dies bedingt einen Verzug bei der Erstellung des ersten Prototyps und manifestiert sich in einer ausbleibenden Erprobung der Produktfeatures, da Tests nicht wie geplant durchgeführt werden können. Lola und ihr Team versuchen, die fehlende Rückmeldung des Markts mit nach bestem Wissen und Gewissen getroffenen Annahmen und eigenem Fachwissen zu kompensieren.

Der Abschluss der Planungsphase verzögert sich jedoch und das Projektmanagementinformationssystem der Health+ GmbH meldet konstant Kostenüberschreitungen und Terminverzug. Das Vertrauen von Armin in Manni und die Health+ GmbH nimmt, trotz der langjährigen und erfolgreichen Zusammenarbeit, zunehmend ab.

Nach drei Monaten sieht sich Armin gezwungen, die Reisleine zu ziehen und kündigt die Zusammenarbeit wegen Nichterfüllung vorzeitig und somit noch vor Abschluss der Planungsphase.

5.12.2 100 % agil

Im Zuge der VUCA-Problematik wird die agile Transformation zunehmend gehypt. Es ist der Wunsch, auf künftige Herausforderungen und Kundenbedürfnisse schnell und flexibel zu reagieren, der in vielen Unternehmen die agile Transformation vorantreibt. Dieser Trend ist auch Manni nicht entgangen.

„Digital Health" soll das erste Projekt der Health+ GmbH werden, dass zu 100 % mithilfe von agilen Techniken und Methoden erfolgreich abgewickelt wird. Manni stellt daher im Online-Portal das Anforderungsprofil an sein Team so zusammen, dass jedes Teammitglied agile Werte und Prinzipien verinnerlicht hat und diese in der Projektarbeit auch so lebt. Als Projektleiterin wird Lola engagiert. Mit ihren Qualifikationen als Scrum-Master und Agile-Coach konnte sie Manni von sich überzeugen.

Lola und ihr Team beziehen von Anfang an alle am Endprodukt beteiligten Personen in die Entwicklung des Produkts mit ein und nehmen das Feedback in die weitere Planung mit auf. Mithilfe von User Stories erfassen sie die Anforderungen, Wünsche und Ideen von Kunden, Patienten und Dienstleistern. Diese werden im Product-Backlog erfasst, gemeinsam priorisiert und mithilfe von Planning Poker der Aufwand im Daily Scrum geschätzt. Die Kosten bleiben so transparent und es werden nur die Arbeiten ausgeführt, die tatsächlich notwendig sind. Die Fortschrittsberichterstattung erfolgt visuell und transparent über Burn-down-Charts und ist für alle Beteiligten einsehbar.

Das Projekt läuft wie am Schnürchen und jeder ist von den Fortschritten, die das Team in jeder Iteration erreicht und mithilfe von Inkrementen als vorläufiges Teilprodukt präsentiert, begeistert.

Nach fünf Monaten und somit gegen Ende des Projekts, erkundigt sich Armin nach der Rechtmäßigkeit der Datenerhebung bei den betroffenen Patienten. Es stellt sich heraus, dass hier ein Widerspruch mit der bestehenden Datenschutz-Grundverordnung vorliegt und der geplante Go-Live-Termin nicht mehr gehalten werden kann.

In dieser kurzen Zeit der Orientierungslosigkeit erkennt der Lieferant der Hardware, dass das entwickelte Produkt weder vertraglich noch in Form einer Vertraulichkeitserklärung rechtlich geschützt ist und reicht einen entsprechenden Patentantrag umgehend ein. Der Launch des fertigen Produkts durch die Health+ GmbH ist nun abhängig von der Zustimmung des Hardwarelieferanten. Da dieser diese verweigert, endet das Projekt, besonders für die Health+ GmbH in einem Desaster.

5.12.3 Die hybride Mitte

Manni entscheidet sich bei der Ausschreibung dazu, denjenigen Projektleiter zu nominieren, der ihm das beste, an die Rahmenbedingungen und Anforderungen seines Projekts angepasste Projektmanagementkonzept anbietet.

Das hybride Konzept von Lola überzeugt und sieht folgendermaßen aus:

Lola unterteilt das Projekt in die fünf Phasen Initiierung, Definition, Planung, Steuerung und Abschluss. Während der Initiierungsphase sollen SMARTe Ziele mithilfe von User Stories festgelegt werden. Bei der Definitionsphase legt Lola großen Wert auf die Rückverfolgbarkeit von Änderungen und kombiniert bei der Festlegung von Anforderungen das klassische Pflichtenheft und das agile Product-Backlog. Die Aufwandschätzung in der Phase der Planung lässt sie durch Experten durchführen und durch Planning Poker validieren. Der Fortschritt des Projekts wird über die Earned-Value-Analyse gesteuert und Ergebnisse sowie Lessons Learned der Sprint-Retrospektive werden regelmäßig umgesetzt.

Vor der Zusammenstellung des Teams tauschen sich Lola und Manni nochmals intensiv über das Projekt und dessen Ziele, Anforderungen und Herausforderungen aus. Einer der ersten Aktionen von Lola im Projekt ist das Alignment mit Risikomanager, Compliance-Manager und dem Datenschutzbeauftragten der Health+ GmbH. Hier steckt sie mit Ihnen gemeinsam den juristisch, kaufmännischen Rahmen für die interne und externe Zusammenarbeit während der nächsten sechs Monate ab.

Die Kernelemente der Zusammenarbeit mit den externen Projektbeteiligten sind vertraglich fixiert, die Einwilligung für die Erhebung von Daten der Patienten eingeholt und das im Projekt erlangte Wissen und Know-how verbleibt bei der Health+ GmbH.

Das Projekt ist ein voller Erfolg und die Digital-Health-Initiative von Armin trägt nachhaltig zu einer optimalen Betreuung von Patienten mit Diabetes bei.

5.13   Lebenslanges Lernen

„Lernen ist wie Rudern gegen den Strom. Hört man damit auf, treibt man zurück." (Laozi)
Welche Erkenntnisse ergeben sich aus den drei Szenarien?

5.13.1 Klassisch oder schon antik?

Das erste Szenario verdeutlicht die Auswirkungen von VUCA auf Projekte. Die VUCA Problematik ist daher bereits frühzeitig bei der Wahl von Ansätzen, Methoden und Werkzeugen zu berücksichtigen.

Ein traditioneller Projektmanagementansatz, auch Wasserfallmodell genannt, ist nur schwer mit einer hohen Volatilität und Änderungsanfälligkeit der Anforderungen vereinbar. Bei der Wahl der falschen Methode kann auch die Kompetenz der am Projekt beteiligten Personen ein Scheitern in den meisten Fällen nicht verhindern.

Dieses Szenario verdeutlicht zudem die hohe Komplexität, die durch die Vielzahl an internen und externen Schnittstellen entsteht, und zeigt, welche Konsequenzen aus einer nicht optimalen Betreuung dieser entstehen können.

Bei der beschriebenen Projektumgebung ist die Rolle eines Projektleiters als Prozessüberwacher und oft auch als Generalist und Einzelkämpfer nicht mehr zeitgemäß.

Ferner hat in diesem Fall Lola keinen Einfluss auf die Zusammenstellung Ihres Teams, da dieses durch Manni bereitgestellt wird. Eine Vorgehensweise, die mit einem hohen Risiko für die Zusammenarbeit und den Projekterfolg verbunden ist.

Entscheiden Sie sich bei konstanten Anforderungen, einer etablierten und geordneten Kultur, klaren Strukturen, einem großen Team und hohem Gefährdungspotenzial für einen traditionellen Projektmanagementansatz (Timinger und Seel 2016, S. 1–7). Unter diesen Rahmenbedingungen ist der klassische Ansatz nicht antik, sondern zeitgemäß und die Basis für Erfolg.

5.13.2 100 % agil

Für agiles Arbeiten sind das Vertrauen des Managements in das Team und die Fähigkeiten und individuellen Skills des Teams die wesentlichen Faktoren, um ein Projekt erfolgreich zu gestalten. Greift die Geschäftsführung steuernd in den agilen Projektmanagementprozess ein, büßt die Methode an Agilität ein und verliert dadurch an Effizienz. Jedoch ist es immens wichtig, dem Team durch das Setzen von Leitplanken Sicherheit zu geben, ohne dabei den notwendigen Raum für Kreativität einzuschränken. Binden Sie daher Risiko- und Compliance-Manager früh in das Projekt mit ein, um Ihre Organisation vor nicht pflichtgemäßem Verhalten zu schützen und Risiken, wie etwa den Verlust von Know-how, wenn möglich, proaktiv zu reduzieren oder gar zu vermeiden.

Agilität oder Prozessrahmenwerke wie Scrum oder Kanban können einem Projekt nicht einfach übergestülpt oder per Managemententscheidung angeordnet werden. Sie müssen zu den Anforderungen und Umgebungsbedingungen des Projekts passen. In der VUCA-Welt arbeiten Sie mit vielen unterschiedlichen Parteien und Institutionen zusammen, von denen nicht jede agil arbeitet und die Grundwerte des agilen Manifests nachhaltig verinnerlicht hat und auch lebt.

Nutzen Sie agiles Projektmanagement bei volatilen Anforderungen und eher chaotischen als geordneten Unternehmensstrukturen. Des Weiteren sprechen ein kleines Team und ein eher geringer Gefährdungsgrad für agiles Arbeiten. Nicht zuletzt sind die Anforderungen an die Qualifikation der Mitarbeiter im agilen deutlich höher als im klassischen Umfeld (Timinger und Seel 2016, S. 1–7).

5.13.3 Die hybride Mitte

Für die hybride Mitte bleibt festzuhalten, dass hybrides Projektmanagement am effektivsten in Projekten eingesetzt werden kann, in denen eine klare und eindeutige Zuordnung weder zum klassischen noch zum agilen Ansatz möglich ist.

Durch das proaktive Abstecken von Risiko- und Compliance-Anforderungen werden für das Team die Sicherheit erzeugt und der Raum und die Freiheit zur Verfügung gestellt, die für die Entfaltung von Innovation und Kreativität benötigt werden.

Für den Erfolg von hybriden Methoden ist die Rolle des Projektleiters entscheidend. Ihm wird die herausfordernde Aufgabe zuteil, Agilisten und Klassiker zum Wohl des Projekts einzusetzen und auszusteuern.

5.14   Situativ, adaptiv – erfolgreich

Durchlaufen Sie nicht erst wie Lola 1998 oder im Jahr 2030 zwei Szenarien, um im dritten dann endlich erfolgreich zu sein. Handeln Sie proaktiv und seien Sie situativ, adaptiv – erfolgreich!

5.14.1 Situativ

Der Duden versteht unter situativ „die jeweilige Situation betreffend, durch sie bedingt, auf ihr beruhend" (Duden 2019). Für das Projektmanagement bedeutet es, den Werkzeug- und Methodenbaukasten auf VUCA-Welt, Megatrends, Kundenanforderungen, umweltbedingte und organisationsbedingte Einflüsse sowie den Faktor Mensch anzupassen.

Ein wichtiger Faktor ist die Kompatibilität der Projektmanagementansätze untereinander. Mit Verständnis für die Wahl des Ansatzes von Kunden, Lieferanten und Partnern können das eigene Projektmanagement nochmals verbessert und Reibungsverluste vermieden werden.

Situatives Projektmanagement ist keine Projektmanagementmethode. Es ist die Kunst, auf Basis von Erfahrung und theoretischen Kenntnissen situationsbedingt die richtigen Entscheidungen zu treffen.

Auch wenn zukünftig künstliche Intelligenz und algorithmische Entscheidungskompetenz in das operative Management einbezogen und konkrete, situativ zugeschnittene Handlungsempfehlungen zur Verfügung gestellt werden (Dorndorf 2018), ist es am Ende der Mensch, der abwägt und entscheidet.

5.14.2 Adaptiv

Werkzeuge, Techniken und Methoden sind nicht in Stein gemeißelt. Klassische und agile Methoden lassen sich wunderbar kombinieren, wie beispielsweise die Aufwandschätzung durch Experten und die agile Technik Planning Poker. Lassen Sie beispielsweise Experten Poker spielen, um eine noch qualifiziertere und präzisere Abschätzung der Aufwendungen zu erhalten. Selbiges gilt für die Darstellung von Earned Value in Form eines Burn-down-Charts. Seien Sie kreativ und passen Sie Werkzeuge, Techniken und Methoden der Situation und den Rahmenbedingungen an.

5.14.3 Erfolgreich

Genau wie Lola rennen auch wir in eine ungewisse Zukunft. Wir hingegen besitzen weit mehr Mittel und Wege als Lola und Manni 1998, um diese, unsere, Zukunft positiv zu gestalten. Projekte sind das Instrument, um hierzu mit Veränderung, Innovation und Verbesserung einen positiven und nachhaltigen Beitrag zu leisten.

Bei aller Automatisierung, künstlicher Intelligenz, selbstlernenden Maschinen, Big Data oder algorithmischer Entscheidungskompetenz ist es jedoch auch 2030 immer noch der Mensch, der final über Erfolg oder Misserfolg entscheidet.

Auch im Projektmanagement werden dem Menschen in Zukunft viele Aufgaben durch Digitalisierung abgenommen werden. Aufgabe des Projektleiters wird es sein, die Umwelt- und Rahmenbedingungen richtig zu interpretieren, Zusammenhänge zu verstehen und mit dem Wissen-wie situativ und adaptiv die richtige Projektmanagementmethode und Techniken des Projektmanagements gewinnbringend einzusetzen.

Es ist nicht falsch, sich für einen Projektmanagementansatz zu entscheiden, solange er der Situation und den Anforderungen entspricht. Selbiges gilt für Techniken, Methoden und Werkzeuge. Falsch ist es jedoch, wenn es die Situation erfordert, untätig zu bleiben.

Die beschriebenen Megatrends und die VUCA-Welt, die Unsicherheit und Mehrdeutigkeit bringen, sind eine Entwicklung hin zu einer Zeit, in der wir uns ständig neu erfinden müssen. Es gibt nicht den einen richtigen Weg – es gibt den ganz persönlichen Weg – Ihren Weg. Genau dies gilt analog auch für das Management von Projekten.

Um nachhaltig im Projektmanagement erfolgreich zu sein, ist es wichtig, sich auf moralische Grundwerte zurückzubesinnen, sich pflichtgemäß zu verhalten – auch wenn der Gesetzgeber vielleicht hinterherhinkt – und sich der Risiken, die die Zukunft bringt, stets bewusst zu sein.

Literatur

Bennet, N., & Lemoine, J. (2014). *What VUCA really means for you.* https://hbr.org/2014/01/what-vuca-really-means-for-you. Zugegriffen am 28.01.2019.

Beuth, DIN ISO 21500:2016-02. https://www.beuth.de/de/norm/din-iso-21500/207461260. Zugegriffen am 07.02.2019.

Dämon, K. (2017). *Wer nicht aufpasst, dem fliegt das Projekt um die Ohren.* https://www.wiwo.de/erfolg/management/agiles-arbeiten-wer-nicht-aufpasst-dem-fliegt-das-projekt-um-die-ohren/19988386.html. Zugegriffen am 29.01.2019.

Daniel, C. (2018). *Digitalisierung im Projektmanagement.* https://www.projektassistenz-blog.de/digitalisierung-neue-heraus-forderungen-fuer-das-projekt-management/. Zugegriffen am 28.01.2019.

DERSTANDARD. (2018). *„Mach's auch mal fertig": Obi nimmt Hornbach auf die Schaufel.* https://www.derstandard.de/story/2000076542513/machs-auch-mal-fertig-obi-nimmt-hornbach-auf-die-schaufel. Zugegriffen am 28.01.2019.

Dorndorf, U. (2018). *Mit hybrider KI zur optimierten Entscheidungsfindung.* https://www.bigda-ta-insider.de/mit-hybrider-ki-zur-optimierten-entscheidungsfindung-a-766662/. Zugegriffen am 28.01.2019.

Duden. (Hrsg.). (2019). *Situativ.* https://www.duden.de/rechtschreibung/situativ. Zugegriffen am 28.01.2019.

Exccon Education. (2017). Grundlagen des Projektmanagements auf Basis von Prince2®. AXELOS Limited.

Förtsch, M. (2016). *7 wahnsinnige Projekte, die die Welt retten sollen.* https://www.wired.de/collection/life/elon-musks-marsmission-ist-nicht-das-einzige-wahnsinnige-weltretter-projekt. Zugegriffen am 28.01.2019.

Geißler, C. (2004). *Compliance management?* http://www.harvardbusinessmanager.de/heft/artikel/a-620695.html. Zugegriffen am 28.01.2019.

Gleißner, W. (2004). *Die Aggregation von Risiken im Kontext der Unternehmensplanung.* http://www.werner-gleissner.de/site/publikationen/WernerGleissner_Aggregation-von-Risiken-im-Kontext-der-Unternehmensplanung.pdf. Zugegriffen am 29.01.2019.

goetzpartners. (2017). *Agilität als Wettbewerbsvorteil. Der Agile Performer Index.* https://www.goetzpartners.com/uploads/tx_gp/2017_goetzpartners_Agile_Performer_Index.pdf. Zugegriffen am 29.01.2019.

Hagen, S. (2007). *Seuchengefahr Projektitis.* https://pm-blog.com/2007/04/19/seuchengefahr-projektitis/. Zugegriffen am 28.01.2019.

Haufe, Agilitätsbarometer. (2017). *So agil sind Unternehmen in DACH.* https://zeitschriften.haufe.de/Downloads/Personal/Agilitaetsbarometer2017.pdf. Zugegriffen am 29.01.2019.

Holtzman, J. (1999). *Getting up to standard.* https://www.pmi.org/learning/library/ansi-standard-5057. Zugegriffen am 28.01.2019.

IPMA. (2008). *ICB – IPMA Competence Baseline Version 3.0.* Nürnberg: GPM Deutsche Gesellschaft für Projektmanagement e.V.

IPMA. *About IPMA International.* https://www.ipma.world/about-us/ipma-international/. Zugegriffen am 29.01.2019.

Köhler, J., & Oswald, A. (2018). *Projektmanager 4.0 goes VUCA.* http://agilemanagement40.com/category/uncategorized. Zugegriffen am 19.03.2019.

Laozi, Zitat. https://www.zitate-online.de/autor/laozi/. Zugegriffen am 28.01.2019.

Lego. (2019). *TRACK3R.* https://wwwsecure.eu.lego.com/de-de/mindstorms/build-a-robot/track3r. Zugegriffen am 19.03.2019.

Maximini, D. (2018). *Scrum – Einführung in der Unternehmenspraxis: Von starren Strukturen zu agilen Kulturen.* Wiesbaden: Springer.

Pietsch, W. (2015). *Projektmanagement-Standards.* http://www.enzyklopaedie-der-wirtschaftsinformatik.de/lexikon/is-management/Software-Projektmanagement/PMI. Zugegriffen am 29.01.2019.

Preußig, J. (2015). *Agiles Projektmanagement.* Freiburg: Haufe.

Prince2. (2019). *The history of Prince2.* https://www.prince2.com/uk/blog/the-history-of-prince2. Zugegriffen am 07.02.2019.

Projektmanagement Handbuch, PM-Standards. https://www.projektmanagementhandbuch.de/add-on/pm-standards/. Zugegriffen am 29.01.2019.

RiskNet, Risiko (Definition). https://www.risknet.de/wissen/glossar/risiko-definition/80fb53201a193409a52cd9bf742a8aa6/?tx_contagged%5Bsource%5D=default. Zugegriffen am 29.01.2019.

Rosenberger, B. (2013). *Modernes Personalmanagement: Strategisch – operativ – systemisch.* Wiesbaden: Springer.

Timinger, H., & Seel, C. (2016). *Ein Ordnungsrahmen für adaptives hybrides Projektmanagement.* https://www.gpm-ipma.de/fileadmin/user_upload/Know-how/pmaktuell/2016_04/PMa_4_16_S55.pdf. Zugegriffen am 29.01.2019.

Vienken, D. (2017). *Auswertung der Blogparade zur PM Welt 2018: „Projektleiter 2030 – längst abgeschafft oder Schaltzentrale der digitalen (Projekt-)Welt?"* https://www.projektmagazin.de/meilenstein/projektmanagement-blog/zu-risiken-und-nebenwirkungen-der-digitalisierung-verfolgen-sie-d. Zugegriffen am 29.01.2019.

Wunderlich, D. (2002). *Buchtipps und mehr, Inhaltsangabe zu Lola rennt.* https://www.dieterwunderlich.de/Tykwer_Lola.htm. Zugegriffen am 28.01.2019.

Johannes Fischhaber, Jahrgang 1988, kann in noch jungen Jahren auf bereits 15 Jahre berufliche Erfahrung und zehn Jahre berufsbegleitende Weiterbildung zurückblicken. Spannende, komplexe, nationale und internationale Projekte im Maschinen- und Anlagenbau sowie der Energiewirtschaft haben ihn hierbei stets begleitet. Neben dem Erlebten und der gemachten Erfahrung ist die Erkenntnis geblieben, dass es nicht den einen idealen Weg oder die perfekte Entscheidung gibt. Die Kunst ist, sich ständig zu hinterfragen, zu verbessern und sich anpassen zu können. Diese Erkenntnis findet sich auch in seinem Beitrag wieder.

Beruflich und privat ist er als wissbegierig und vielseitig zu beschreiben. Ob auf dem Tanzparkett oder an der Boulderwand – er macht stets eine gute Figur. Diese Vielseitigkeit zeigt sich auch im Beruf. Seine Erfahrung und Fachwissen im Projektmanagement, Vertragswesen, Beschaffung sowie Risiko- und Compliance-Management ermöglichen ihm eine ganz spezielle Sichtweise, um aus einer völlig neuen Perspektive Bestehendes zu betrachten und zu verbessern.

In seinen zwei Masterarbeiten beschäftigte er sich mit Portfoliomanagement als Instrument der strategischen Unternehmensführung sowie mit klassischem und agilem Projektmanagement als Instrument der Zielerreichung unter Governance-, Risiko- und Compliance-Aspekten. Das Management von Projekten lässt ihn seither nicht mehr los und er gibt daher sein Wissen an der Technischen Hochschule in Deggendorf an berufsbegleitend Studierende weiter.

Der Faktor Mensch und moralische Werte, auf die man bauen kann, spielen in seiner Denke eine wichtige und zentrale Rolle. Sie sind der Schlüssel, um beruflich und privat nachhaltig glücklich und erfolgreich zu sein.

Wenn Sie einen Sparringspartner und bodenständigen Querdenker für die strategische und operative Ausrichtung ihres Projektmanagementansatzes benötigen, ist er gern Ihr Ansprechpartner.

Existenzschutz 5.0 – Heute schon an morgen denken

Claudia Girnuweit

„Die Zukunft hat viele Namen: Für Schwache ist sie das Unerreichbare, für die Furchtsamen das Unbekannte, für die Mutigen die Chance." (Victor Hugo 1997)

Inhaltsverzeichnis

C. Girnuweit (✉)
Stuttgart, Deutschland
E-Mail: info@ExistenzSchutzEngel.de

© Springer Fachmedien Wiesbaden GmbH, ein Teil von Springer Nature 2019
P. Buchenau (Hrsg.), *Chefsache Zukunft*, Chefsache,
https://doi.org/10.1007/978-3-658-26560-1_6

Zusammenfassung

Die Zukunft lässt sich weder vorhersagen noch aufhalten. Die Welt ist in einem ständigen Wandel und wir müssen uns diesen Veränderungen stellen. Die Zukunft der Menschheit kann großartig werden: Dank digitalisierter Medizin werden wir viel gesünder und länger leben, eine künstliche Intelligenz wird uns lästige Arbeiten im Haushalt und im Beruf abnehmen und wenn wir möchten, werden wir in virtuellen Welten auf Abenteuerreise gehen. Es ist daher notwendig, die wichtigsten Prozesse früh zu verstehen, um unser Leben und Wirtschaften vorausschauend zu organisieren.

In diesem Kapitel wagt die Autorin einen Blick in die Zukunft des Existenzschutzes. Wie sehen die Szenarien der Zukunft im Hinblick auf Vorsorge aus? Was bleibt? Was geht? Welche neuen Herausforderungen kommen hinzu? Daten sind das neue Gold der Wirtschaft und Dank Datenschutz-Grundverordnung haben wir einen Ein- und Ausblick, was uns in Zukunft erwartet. Mein Ansporn ist es, Sie diesbezüglich bestmöglich auf die ungewisse Zukunft vorzubereiten.

Und nun wünsche ich Ihnen viel Spaß beim Entdecken der Zukunft.

6.1 Vorwort

Im Frühjahr 2018 durfte ich auf der Messe WoMenPower dem Vortrag einer jungen Frau zuhören. Ich bin ehrlich: Ich kann mich weder an Titel noch Inhalt erinnern. Aber ein Satz ist hängen geblieben: „Zukunft wird nie wieder so langsam gehen wie heute". Bei der Recherche zu diesem Buchbeitrag wird mir bewusst, was genau sie damit meinte und wie recht sie vor allen Dingen hatte.

Ende 2018 ist unser Leben schon sehr smart. Dank Smartphones sind wir permanent erreich- und verfügbar, Musik wird gestreamt, Smart Home ermöglicht uns die Vernetzung von Haustechnik und Haushaltsgeräten, Fernseher sind nicht mehr nur Fernseher, sondern haben Zusatzschnittstellen wie USB, Netzwerk, WLAN und Speicherkarten. Apps bestimmen unseren Alltag und geben uns Hilfestellung in vielen Bereichen unseres Lebens. Der Dieselskandal spaltet Deutschland, Elektromobilität ist auf dem Vormarsch, Augmented Reality ist nicht mehr aufzuhalten. Mit Siri und Alexa kommt uns die künstliche Intelligenz immer näher und gibt uns einen ersten Ein- und Ausblick auf das, wie die Zukunft aussehen kann bzw. wird. Drohnen starten in die Lüfte und transportieren bereits die ersten Menschen. Google Duplex wurde freigeschaltet, Chatbots erobern den Markt. Elon Musk plant den Hyperloop und Reisen auf den Mond sind in Vorbereitung. Puh, das sind jede Menge Veränderungen, die sich in unser Leben integriert haben – und es wird weitergehen, eben nur noch viel schneller.

Im Zuge meiner Recherchen begegnen mir Zukunftsforscher und Zukunftsmanager. Jeder zeichnet auf seine Art und Weise ein Bild von der Zukunft in meinem Kopf. Tatsächlich bin ich fasziniert von dem, was ich dort höre, und doch ist es irgendwie erschreckend, was prognostiziert wird.

Sven Gábor Jánszky, Chairman des größten Zukunftsinstituts Europas „2b AHEAD ThinkTank" erklärt, dass Zukunftsforschung keine Science-Fiction, sondern Wissenschaft ist. Er und seine Mitarbeiter reden mit denjenigen Menschen, die mit ihren heutigen Entscheidungen mehr über die Zukunft bestimmen als andere Menschen. Und wenn wir über Technik und Digitalisierung reden, dann sind das typischerweise die Technologiechefs, die Innovationschefs und die Strategiechefs von großen weltweit marktprägenden Unternehmen. Genau mit diesen etwa 1500 internationalen Personen spricht Sven Gábor Jánszky und stellt ihnen folgende Fragen:

1. Wo investieren Sie heute Ihr Geld rein? Welche Entscheidungen treffen Sie heute?
2. Warum tun Sie das?
3. Was glauben Sie, was daraus entsteht in fünf, acht bzw. zehn Jahren?

Er fasst die Prognosen und das was diese Personen machen zusammen und bringt es in ein Bild, was heute eine relative Wahrscheinlichkeit hat, das es eintritt.

Und dann erklärt Sven Gábor Jánszky Zukunftsforschung ganz einfach am Beispiel seines Sohnes Bennett. Bennett ist 2015 geboren und sein Vater fragt sich in seinem Beruf als Zukunftsforscher: Kann ich eigentlich prognostizieren wie dieser Mensch leben wird? Denn laut Statistik wird Bennett über 100 Jahre alt. Und das bedeutet: Wir reden über das Jahr 2115. Wie wird Bennett leben im Jahr 2030, 2050, 2080 usw.? Wie wird es dann in unserem Land aussehen? Und in welcher Umgebung wird Bennett leben? Noch einmal: Sven Gábor Jánszky spricht mit Menschen, die über Bennetts Leben bestimmen. Da sind zuerst die Eltern, die Großeltern, die Kita-Erzieher, die Lehrer, die Kinderärzte usw. Und wenn er mit dieser Gruppe von Menschen redet, lautet die Antworten meist: „Das wird aber schlimm. Altersarmut, Sozialsysteme brechen zusammen, Flüchtlinge, künstliche Intelligenz nimmt uns die Jobs weg". Eben all das was wir in den Medien lesen können.

Wenn er hingegen mit den internationalen Technologieentwicklern spricht und ihnen exakt dieselben Frage „Wie wird Bennett leben?" stellt, bekommt er als erstes eine Rückfrage: „Warum gehst Du davon aus, dass Bennett nur 100 Jahre alt wird? Wir wissen doch, dass er mindestens 120 Jahre lebt, wahrscheinlich sogar 150 Jahre. Und in der Lebenszeit von Bennett werden einige der großen Menschheitsprobleme gelöst: Hunger, Wasser und Energie. Technologisch waren wir noch nie so nah dran." Und Sven Gábor Jánszky denkt sich: „Das ist aber eine andere Prognose. Das ist so exponentiell, so disruptiv – die geht so durch die Decke." Und wer hat jetzt recht? Die blaue Kurve oder die rote Kurve in Abb. 6.1? Wer bestimmt die Realität?

Wenn Sie sich heute mit den Zukunftsforschern weltweit austauschen und sie fragen, wo sie heute Ihr Geld investieren, dann bekommen Sie folgende Antworten: Blockchain, Unsterblichkeit und Raumfahrt.

Fragen Sie hingegen die deutsche Start-up-Szene, was ihre Top-Drei-Innovationsbereiche sind, lauten die Antworten eCommerce, Digital Health und FinTech.

Aus dem Blickwinkel dieser Zukunftsforscher möchte ich mein Thema „Existenzschutz 5.0 – Heute schon an morgen denken" beleuchten.

Abb. 6.1 Reality Gap
(Quelle: Sven Gabor
Jánszky/2b AHEAD
ThinkTank, eigene
Darstellung)

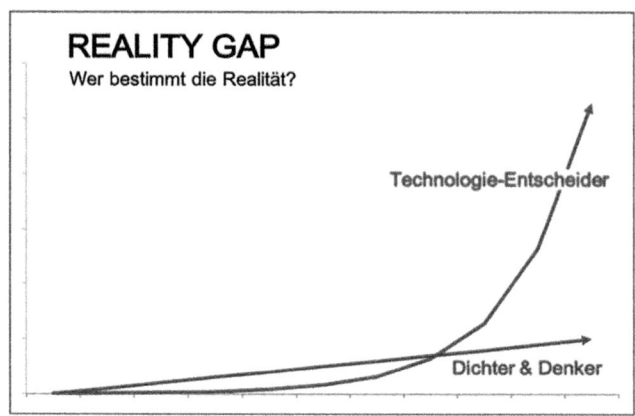

6.2   Was ist eigentlich Existenzschutz?

Definition im Jahr 2019

Das ist eine mehr als berechtigte Frage. Fragt man Wikipedia, erhält man folgende Antwort: *Der Artikel „Existenzschutz" existiert in der deutschsprachigen Wikipedia nicht.* Ups!

Dann fragen wir doch mal bei Google nach. Per se hat Google keine explizite Definition; auch hier bekommt man keine klare Antwort, sondern seitenweise Versicherungsangebote (Abb. 6.2).

Existenzschutz geht für mich sehr viel weiter. Für mich beginnt Existenzschutz bei den Vollmachten und Verfügungen und ist bei genauer Betrachtung unbegrenzt, denn jede Person und jedes Unternehmen hat individuelle Bedürfnisse. Hätte ich Ihnen vor 15 Jahren gesagt, in wenigen Jahren ist das Versandhaus Quelle am Ende und wird abgewickelt – Sie hätten mich ausgelacht. Im Jahr 2009 war es dann tatsächlich soweit. Quelle ist Geschichte! Das passiert, wenn Menschen und Unternehmen nicht auf Veränderungen vorbereitet sind. Perikles, einer der führenden Staatsmännern Athens, sagte bereits vor knapp 2500 Jahren: *„Es kommt nicht darauf an, die Zukunft vorauszusagen, sondern darauf, auf die Zukunft vorbereitet zu sein".* Das verstehe ich unter Existenzschutz, denn für vieles im Leben gibt es keine zweite Chance!

6.3   Warum Existenzschutz so wichtig ist

Katzen sagt man nach, dass sie mehrere Leben haben. Und viele Menschen leben nach derselben Vorstellung. „Morgen, morgen, nur nicht heute." Doch wir alle haben nur dieses **eine** Leben, dieses eine wunderbare Geschenk, das es zu schützen gilt. Viele nehmen dieses Geschenk als selbstverständlich an und blenden Themen wie Prävention, Vorsorge,

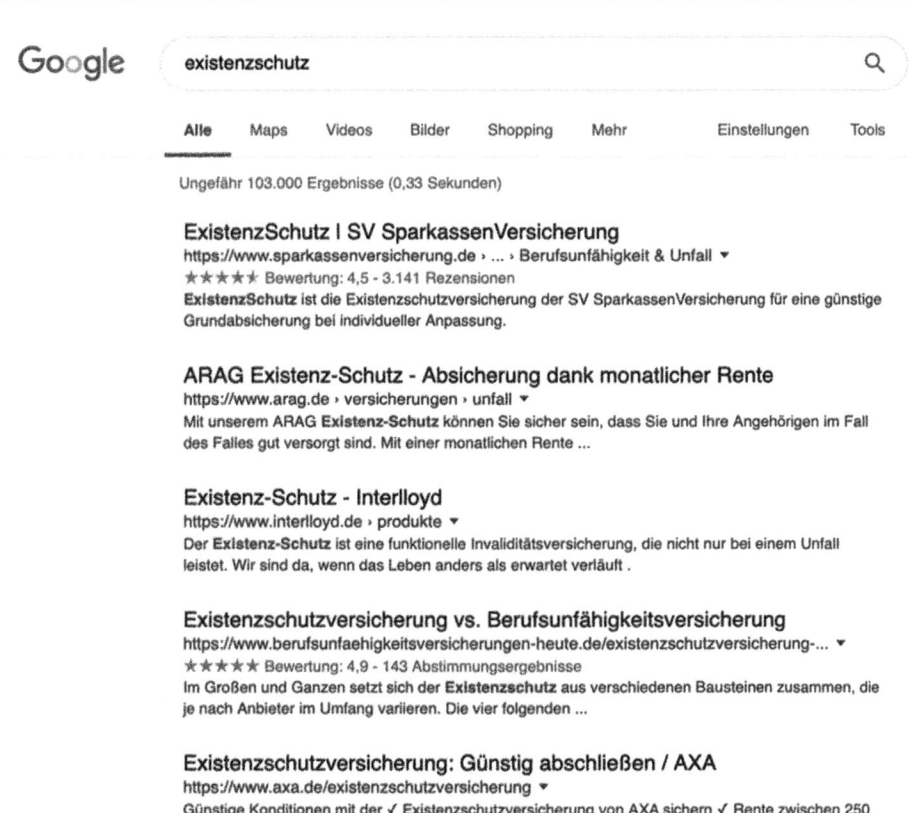

Abb. 6.2 Was sagt Google zum Thema Existenzschutz?

Mitdenken und vor allen Dingen Eigenverantwortung teilweise komplett aus. Und das hat dann im Fall der Fälle Konsequenzen. Damit gilt es umzugehen.

Zwei Aussagen bringen die Denkweise vieler genau auf den Punkt:

1. Von dem Geld, das wir nicht haben, kaufen wir Dinge, die wir nicht brauchen, um Leuten zu imponieren, die wir nicht mögen.
2. Der Dalai Lama wurde gefragt, was ihn am meisten überrascht: *„Der Mensch, denn er opfert seine Gesundheit, um Geld zu machen. Dann opfert er sein Geld, um seine Gesundheit wiederzuerlangen. Und dann ist er so ängstlich wegen der Zukunft, dass er die Gegenwart nicht genießt; das Resultat ist, dass er nicht in der Gegenwart oder in der Zukunft lebt; er lebt, als würde er nie sterben, und dann stirbt er und hat nie wirklich gelebt.“ (Schlenzig* 2017)

Doch Existenzschutz ist für alle wichtig, denn in jeder unserer Lebensphasen sind wir von unterschiedlichen Risiken umgeben. Unbeschwert durchs Leben zu gehen, wünschen wir uns alle. Dazu gehören Gesundheit und eine sichere finanzielle Zukunft, für Sie, für Ihre

Familie und für Ihr Unternehmen. Wer individuellen Schutz haben will, muss sich die passenden Partner suchen. Nur dann kann sich ein wirksamer Schutzschirm entfalten, unter dem Sie Ihr Leben mit mehr Leichtigkeit genießen können und Ihr Unternehmen durch alle Unwägbarkeiten des Unternehmertums leiten.

Welchen Schutz Sie wann benötigen, hängt von vielen verschiedenen und persönlichen Faktoren ab. Diese zu erkennen und zu beurteilen, erfordert Wissen, Zeit und eine Person Ihres Vertrauens.

Was ich im Jahr 2019 unter Existenzschutz verstehe, habe ich Ihnen in der beigefügten Übersicht in Abb. 6.3 zusammengestellt.

Doch Ziel dieses Buches soll es sein, einen Blick ins Jahr 2030 zu werfen. Welchen Existenzschutz benötigen wir dann und warum sollten wir heute schon so weit vorausdenken?

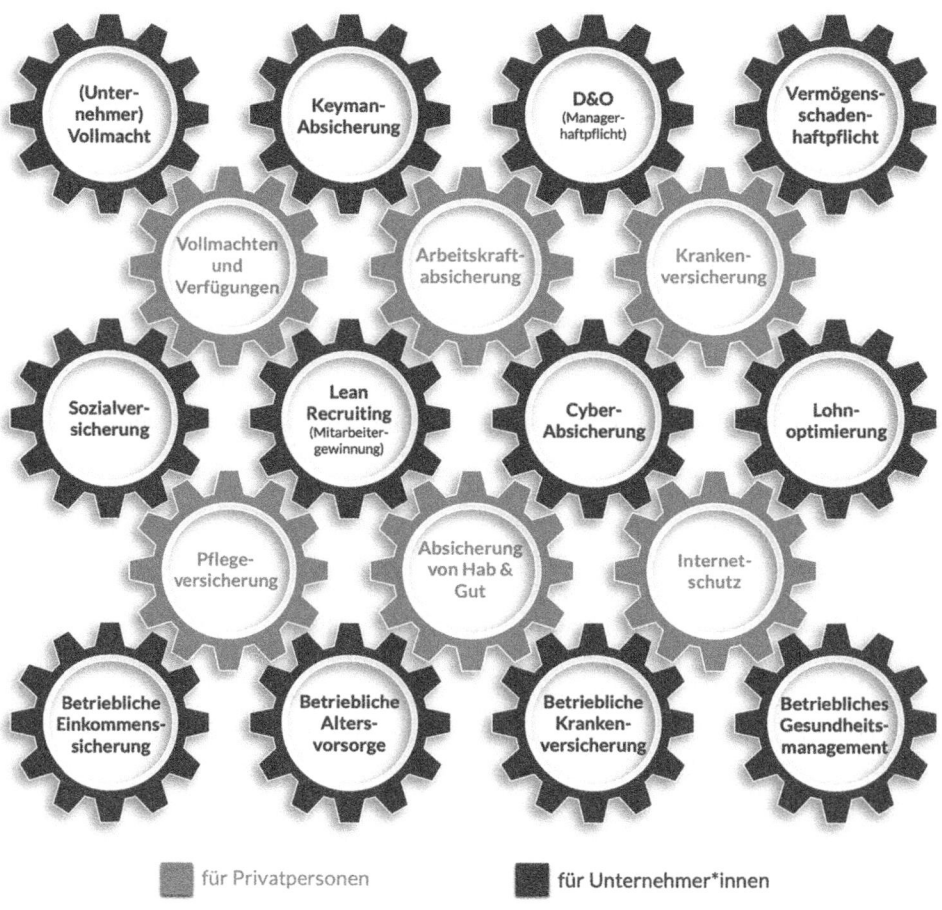

Abb. 6.3 Existenzschutz im Jahr 2019

6.4 Daten sind das Gold der digitalen Wirtschaft

Bisher sind Daten für uns Worte und Zahlen in Tabellen, sog. Datenbanken. Diese Vorstellung ist bereits 60 Jahre alt. Doch bereits in der nahen Zukunft werden wir für Daten ein vollkommen neues Verständnis bekommen. Was sind Daten? Wo kommen sie her? Wie werden wir damit arbeiten?

Waren Daten bisher statisch, so verfügen wir inzwischen über Echtzeitdaten und bis zu den Prognosedaten – also schneller als Echtzeitdaten – ist es nicht mehr weit. Die Forschung spricht davon, dass bis 2025 menschliche Emotionen und menschliche Gedanken als Daten zur Verfügung stehen. Die Erfassung dieser Daten und die damit verbundenen Prognosen erfolgen bereits heute mit den ersten Quantencomputern. Sie sind bereits greifbar und werden in den nächsten fünf bis zehn Jahren unsere bisherigen Systeme komplett ablösen. Quantencomputer können die nahe Zukunft prognostizieren. Wir werden in den nächsten Jahren in der Lage sein, nahezu alles in unserer Welt messen zu können. Und alles was wir messen können, können wir prognostizieren. Und alles, was wir prognostizieren können, können wir verbessern. Diese Technologie wird unser Leben komplett verändern (Quelle: Auszug aus „Wirtschaftsforum 2018 – Keynote von Sven Gábor Jánszky").

Wie wird das unser Leben beeinflussen? Welche Auswirkungen hat die zeitnahe Prognose auf unsere (Arbeits-)Prozesse? Ein Beispiel: Ihr Badezimmerspiegel begrüßt Sie morgens mit den Worten „Du bist heute zu 19 Prozent krank" und schickt Ihnen daraufhin Ihren individualisierten Ernährungsplan für diesen Tag, damit es Ihnen besser geht. Was macht das mit Ihnen?

Wenn wir den Zukunftsforschern zuhören, dann wird laut dem Beijing Genomics Institute, dem größten Gensequenzierer der Welt, die Genanalyse, also die individuelle Analyse unseres persönlichen Genoms, ab 2021 von der Krankenkasse bezahlt werden. Kostenfaktor unter 100 US-$ (Wikipedia 2016). Diese Analyse beinhaltet eine Datei, die zwei besonderes wichtige Faktoren beinhaltet:

1. Welche Krankheiten sind in Ihren Genen angelegt?
2. Wie muss der Bakterienmix in Ihrem Körper bzw. Ihrem Darm aussehen, damit diese angelegten Krankheiten nicht ausbrechen?

Diese Daten stehen uns dann allen auf unseren Smartphones jederzeit zur Verfügung. Versorgung und Prävention werden in einem anderen Verhältnis zueinander stehen. Die Technologie wird es bis zum Jahr 2025 zulassen, dass in der Gesundheitsbranche Biologie als etwas Programmierbares verstanden wird. Denn laut unserer Genomsequenzierung wissen wir, welche Krankheiten in uns stecken. Somit bekommt Prävention eine vollkommen neue Bedeutung. Aktuell gibt als Beispiel eine große Krankenversicherung 15 Milliarden für Versorgungsleistungen aus, hingegen aber nur 35 Millionen für Präventionsleistungen. Das Ziel wird sein, dass Menschen nicht mehr krank sein sollen.

Die Zukunftsforschung spricht inzwischen davon, dass Organe in Zukunft aus dem 3D-Drucker kommen werden. Welche Auswirkungen diese Errungenschaft haben wird, mag ich mir gar nicht vorstellen.

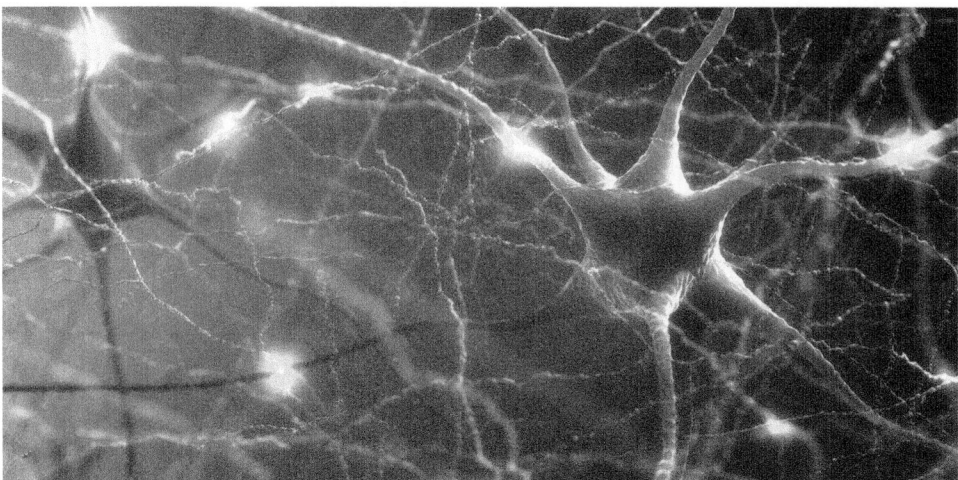

Abb. 6.4 Die Macht der Gedanken (© ktdesign/130539707/stock.adobe.com)

Wenn wir früher eine Frage im Alltag hatten, haben wir unsere Freunde gefragt. Heute nehmen wir unser Smartphone und fragen Google – denn Google weiß alles! Wenn uns also die Technologie eine genauere Antwort gibt, dann fragen wir in Zukunft nicht mehr die Menschen, denn die Technologie gibt uns bessere Antworten. Das menschliche Vertrauen verschiebt sich.

Doch warum erzähle ich Ihnen so viel von Daten? Bei meinen Recherchen ist mir bewusst geworden, welche Dimensionen Daten annehmen werden. Sie werden unsere Lebenswelten bestimmen und gestalten. Somit wird Existenzschutz eine noch viel bedeutendere Rolle spielen (Abb. 6.4.)

6.5 Existenzschutz der Zukunft

Sätze wie „Mir passiert schon nichts" und „So alt werde ich doch gar nicht" verlieren komplett ihre Bedeutung. Die bisher aufgezeigten Prognosen verdeutlichen, wo genau wir beim Existenzschutz hinschauen müssen.

6.5.1 Gedanken

„Bei der Eröffnungsfeier der Fußball-Weltmeisterschaft am 12. Juni 2014 in Brasilien stößt ein querschnittsgelähmter Jugendlicher den Ball an. Eigenständig läuft er auf das Spielfeld und tritt das Leder. Dafür steckt er in einem Roboteranzug, auch Exoskelett genannt, den er mit der Kraft seiner Gedanken steuert. Ursprünglich wurde der Anzug für das Militär entwickelt. Nun wird er der ganzen Welt präsentiert, als große technische Innovation der Gegenwart." (Lorenzen 2014)

Der wichtigste Existenzschutz in der Zukunft wird der Schutz der eigenen Gedanken sein. Brain-Computer-Interface, also das Steuern technischer Gerätschaften mit Gedankenkraft, ist eines der ganz großen Zukunftsprojekte der Wissenschaft. Wenn wir also künftig mit der Macht der Gedanken einen solch immensen Einfluss auf Leben und Technik haben, dann müssen wir sie vor dem Zugriff Dritter schützen. Brauchen wir eine persönliche Firewall? Und was, wenn diese gehackt wird?

Im Umkehrschluss wird der Schutz der eigenen Technik vor der Macht der Gedanken anderer und einem möglichen Missbrauch noch wichtiger werden.

Darüber hinaus muss diese Thematik auch in Vollmachten und Verfügungen geregelt werden, denn je mehr Funktionen künstliche Assistenten für uns übernehmen werden (vgl. Abschn. 6.5.3.), desto klarer muss formuliert werden, was im Fall der Fälle zu tun ist und wie weiter vorgegangen wird.

6.5.2   Daten

Die höchste Errungenschaft der Menschheit, ist das wir eine Privatsphäre haben. Dass es um uns herum einen Bereich gibt, in den andere nicht hineindürfen, ohne mich zu fragen. Das war nicht immer so, das ist eine echte Errungenschaft. Dieses Bewusstsein müssen wir schärfen. Der im Jahr 2019 geltende gesetzliche Datenschutz hingegen wird dafür nicht zielführend sein, er wird eine Bremse für viele Neuerungen sein. Die Freigabe der eigenen Daten für Dritte darf ausschließlich durch die eigene Person erfolgen. Für den Schutz der eigenen Daten brauchen wir einen digitalen Tresor, zu dem nur jeder persönlich Zugriff hat.

6.5.3   Künstliche Assistenten

Im Jahr 2030 werden wir alle viele künstliche Assistenten haben, die uns im Alltag in vielen Bereichen unterstützen. Die Zukunftsforschung spricht von 30 bis 50 Stück pro Person. Und was geschieht, wenn es weltweit mehr künstliche Assistenten als Menschen gibt? Welche Auswirkungen hat das auf unseren Alltag und auf unsere Geschäftsmodelle? Mit wem machen wir künftig Geschäfte? In Studien ist die Rede von einer Wirtschaft der Bots. Was geschieht eigentlich, wenn diese künstlichen Assistenten – auch Bots genannt – Geschäfte miteinander machen und Transaktionen abwickeln. Was ist das dann für ein Geschäft? Wie auch immer sie heißen werden, sie müssen in jedem Fall abgesichert werden. Sichern wir diese dann just in dem Moment des Geschäfts oder der Transaktion ab oder pauschal?

6.5.4   Blockchain-Technology

Diese neue disruptive Technologie ermöglicht ein globales Register, das Besitzverhältnisse unmissverständlich zuordnet und mit dessen Hilfe Werte bei Bedarf sekundenschnell transferiert werden können. Die Blockchain-Technologie hat das Potenzial, ganze Branchen zu revolutionieren. Sie ist ein digitales Kontobuch für alle(s).

Aber neue Technologie ohne Risiken? Die gibt es nicht – auch bei Blockchain gilt es, einige Aspekte im Auge zu behalten.

Einer der zentralen Aspekte der Blockchain-Technologie ist die Dezentralisierung. Und bei allen, insbesondere technischen, Vorteilen ist eine fehlende zentrale Instanz rechtlich gesehen durchaus problematisch. Das beginnt bei der Frage, welches Rechtssystem überhaupt greift und geht dann fließend in die Suche nach etwaigen Verantwortlichen über. Und vorher müssten erst einmal rechtlich zu klärende Vorfälle diskutiert werden. Die gängige Rechtsprechung ist auch gar nicht auf Blockchains ausgelegt. Das beginnt schon beim reinen Vokabular. Wie oft wird heute kritisiert, dass Gesetzestexte für unsere moderne vernetzte und extrem technisierte Welt nicht mehr aktuell sind?

Hier hat Existenzschutz im Jahr 2019 noch gar nicht stattgefunden. Es bleibt abzuwarten, welche Entwicklung diese Technologie nehmen wird. Wichtig: auf keinen Fall aus den Augen verlieren.

6.5.5   Langlebigkeit bzw. Unsterblichkeit

Das aus meiner Sicht prekärste Thema. Schon heute im Jahr 2019 ist Langlebigkeit eine enorme Herausforderung für viele Versicherer. Die Thematik „Ich bin noch da, aber mein Geld ist schon weg" wird sich verstärken. Wer in Rente geht – egal ob mit 63, 65, 67, 70 Jahren oder noch später – kann schlicht nicht wissen, wie alt er oder sie wird.

Die Gerontologie beschäftigt sich seit vielen Jahren mit der Frage: Was ist altern? Zusammengefasst ist Altern die Summe der uns selbst zugefügten Umweltschäden. Mit den Prognosen der Zukunftsforschung wird uns bewusst, dass das Risiko, nicht zu wissen, wie alt wir werden und somit auch nicht wissen, wie lange das angesparte Geld reichen muss, einhergehend mit dem Risiko, länger zu leben als das Geld tatsächlich reicht, dass dies eines der am meisten unterschätzten Risiken in unserer Gesellschaft ist.

Dann rechnen Lebensversicherer anders und dann rechnen Rentenversicherungen gar nicht mehr. Es ist schlichtweg kein Modell mehr, dass sich trägt!

Verstärkt wird die Problematik der gesetzlichen Rentenversicherung dadurch, dass zum einen die Babyboomer und viele Langzeitarbeitslose in naher Zukunft in Rente gehen und die künstliche Intelligenz auf dem Vormarsch ist. Roboter, die uns in Zukunft unterstützend zur Seite stehen und über kurz oder lang den einen oder anderen Job übernehmen werden, werden nicht krank, sind sofort ersetzbar, brauchen keinen Urlaub und zahlen vor allen Dingen nicht in die Sozialversicherung ein. Dadurch fehlen Einnahmen und die Finanzierungslücke wächst und wächst. Aber wer weiß, wie darauf die Politik reagiert.

Altersvorsorge wird zur Lebensvorsorge und Zinsmodelle sind ein auslaufendes Modell. Aktien, Investmentfonds und Unternehmensbeteiligungen werden einen neuen Stellenwert bekommen und verstärkt in den Fokus rücken – auch in Deutschland. Eines wird sich im Vergleich zu heute allerdings nicht ändern: Wer lebenslange Ausgaben hat, braucht auch lebenslanges Einkommen.

6.5.6   Krankenversicherung

Krankenversicherungen werden einen vollkommen neuen Stellenwert bekommen. Wie Sie bereits lesen konnten, werden wir in wenigen Jahren über unsere Krankenkassen das Angebot der Aufschlüsselung unseres Erbguts erhalten. Wenn wir also in Zukunft wissen, welche Krankheiten in unserem Körper veranlagt sind und mit welcher Wahrscheinlichkeit diese ausbrechen, dann können bzw. werden wir uns ganz anders präventiv darauf vorbereiten. Wir werden unserem Körper Medical Food, das wohl ab 2023 zur Verfügung steht, und individualisierte Getränke zuführen. Wir werden alles tun, um nicht krank zu werden.

Wartelisten werden verschwinden, da Organe durch den 3D-Druck immer zur Verfügung stehen werden. Kein anderer Mensch muss sterben, damit ein anderer weiterleben darf. All diese Faktoren werden Auswirkungen auf den Krankenschutz für jeden Einzelnen haben. Je gesünder der Mensch ist, umso geringer die Prämie; je mehr Krankheiten im Körper veranlagt sind, umso mehr wird der Versicherte dafür zahlen müssen. Das heutige Solidaritätsprinzip wird nicht mehr funktionieren.

Die Genreparaturen, also die Behebung von Gendefekten in den Stammzellen, befindet sich aktuell im Bereich der Grundlagenforschung. Wenn diese Technologie marktreif ist, wird es einen weiteren Einschnitt für die Krankenversicherung geben. Doch das wird sicher noch ein wenig länger als 2030 dauern.

6.5.7   Personalfindung und -bindung

Der Arbeitsmarkt wird sich vollkommen verändern. Die Mitarbeiterfindung wird zum einen digital werden, zum anderen wird es einen Umkehrschluss geben. Menschen bewerben sich nicht mehr bei Unternehmen, sondern Unternehmen bewerben sich bei den Menschen. Und dem Unternehmen, das unseren Neigungen, Werten, Visionen und Vorstellungen entspricht, werden wir in Zukunft beitreten. Auch die Attraktivität eines Unternehmens ist ausschlaggebend: Führungskultur, Gestaltungsspielräume, abwechslungsreiche und interessante Arbeitsinhalte, Familienfreundlichkeit, faire Gehälter sowie Sozialleistungen. Diese Mehrwerte werden relevant sein, damit sich jemand für Ihr Unternehmen entscheidet.

6.5.8   Gewerbeversicherung

Ein spannendes weitreichendes Feld, das seine Berechtigung behalten und erweitern, aber eben auch Veränderung erfahren wird. Hier gibt es so viele verschiedene Komponenten: Unternehmen, Dienstleister, Freiberufler, Immobilieneigentümer, Handwerker, Handel und produzierendes Gewerbe und Risiken, die es abzusichern gilt im Hinblick auf Betriebshaftpflicht, Vermögensschadenhaftpflicht, Inventar bzw. Betriebseinrichtung, Betriebsunterbrechung, Betriebsausfallversicherung, Berufshaftpflicht, Feuerversicherung, Firmenrechtsschutz, Vermögensschadenhaftpflicht, Leasing.

Aus den Industrieanlagen der Vergangenheit werden Computeranlagen der Zukunft. Aus Mähdreschern werden Hochleistungsschneidewerke, aus Lastwagen werden Gigaliner. Kaufen, leasen oder sharen wir diese Maschinen?

Lagerhaltung wird in Zukunft keine große Rolle mehr spielen. Denn Dank Predictive-Enterprise-Software wird der genaue Bestand der zu verkaufenden Waren berechnet.

6.5.9 Innovationsdiebstahl und Patentverletzungen

Das ist ein sehr sensibles Thema. Die Folgen einer Patentverletzung können erhebliche Ansprüche auf Unterlassung, Schadenersatz bis hin zur Strafbarkeit sein.

Wirtschaftsspionage ist eine langfristig angelegte, leise, aber mächtige Bedrohung für alle innovativen Industrienationen. Jahrelange Forschungsarbeit könnte durch Know-how- und Innovationsdiebstahl zunichte gemacht werden.

Daher ist es besonders wichtig, die bestehenden Kontroll- und Sicherheitssysteme auf den Prüfstand zu stellen. Laut PwC-Partnerin Claudia Nestler ist es „bemerkenswert", dass Spionage meist nicht von externen Cyberkriminellen begangen wird, sondern von Mitarbeitern und anderen Personen, die Zugang zu den Unternehmensräumen haben. Gerade im Hinblick auf Digitalisierung und Automatisierung ist ein individueller und auf die Bedürfnisse zugeschnittener Existenzschutz wichtig. Ohne Rechtsberatung kann das fatale Folgen haben.

6.5.10 Rohstoffverknappung

Unserer Welt gehen die Rohstoffe aus. Das Wachstum von Weltbevölkerung und Wohlstand saugt die letzten natürlichen Rohstoffe aus dem Planeten.

> *„In den meisten Produkten steckt viel mehr Material, als ihr Gewicht ahnen lässt: Beim Abbau der Rohstoffe entsteht Abraum; für den Transport und die Verarbeitung wird Energie verbraucht, für deren Erzeugung wiederum Brennstoffe verbraucht werden; bei der Herstellung entstehen Abfälle. Alleine, um ein Kilo Stahl zu erzeugen, müssen der Erde im Durchschnitt acht Kilo Gestein und fossile Brennstoffe entnommen werden; für ein Kilo Kupfer 348 Kilo und für ein Kilo Aluminium 37 Kilo. Eine Weltjahresproduktion von 31,9 Millionen Tonnen Aluminium bedeutet also, dass insgesamt 1,18 Milliarden Tonnen Material bewegt werden müssen. Der gesamte Materialverbrauch abzüglich des Eigengewichts eines Produktes ist sein ‚ökologischer Rucksack'. Er ist oft erstaunlich schwer: Eine Armbanduhr wiegt mit ökologischem Rucksack 12,5 Kilo, eine Jeans 30 Kilo, Laufschuhe 3,5 Kilo und ein Laptop mit drei Kilo Gewicht über 300 Kilogramm. In einem Kilogramm Getreide stecken 1000 Liter Wasser. Global finden sich etwa 7 Prozent der genutzten Ressourcen tatsächlich in Produkten wieder; 93 Prozent werden schon vorher zu Abfall. Von diesen Produkten werden etwa 80 Prozent nur einmal genutzt, dann werden auch sie zu Abfall."* (Paeger 2010)

Seltene Erden zählen zu den begehrtesten Rohstoffen der Welt. Sie sind der Treibstoff der Moderne und vielleicht sogar das Öl der Zukunft. Aber auch das ist endlich. Es ist ein Umdenken erforderlich, damit der Raubbau und die Verschmutzung ein Ende haben. Wir

benötigen neue Recyclingkonzepte und Lösungen ohne Plastik. Das ist der beste Existenzschutz, den wir unserem Planeten in der Zukunft geben können.

6.5.11 Sachversicherung

Auch die Klassiker wie Hausrat, Privathaftpflicht, Unfall, Wohngebäude und Rechtschutz
werden eine Veränderung erfahren. Schauen wir uns die Sparten einmal an.

a) Hausratversicherung und Smart Home werden miteinander vernetzt werden. So werden viele Daten direkt an die Versicherer übermittelt werden. Diesen Austausch kennen
   wir heute schon in der Kfz-Versicherung mit den Telematiktarifen.
b) Die Privathaftpflicht wird maximal durch neu hinzukommende Risiken angepasst werden, denn die Grundlage für diese Absicherung ist die im Bürgerlichen Gesetzbuch
   verankerte Verpflichtung zum Schadensersatz (§ 823 BGB).
c) Eine Unfallversicherung leistet, wenn Sie durch den Unfall bleibende Schäden davon-
   tragen und sichert vor den finanziellen Folgen von unfallbedingten Gesundheitsschäden
   ab. Über die vielen neuen Möglichkeiten, die uns neue Technologien im Gesundheitswesen zur Verfügung stellen werden, haben Sie schon lesen können. Ich bin fest davon
   überzeugt, dass es auch für Knochenbrüche eine einfache und schnelle Lösung geben
   wird, auch wenn ich dazu bei meinen Recherchen nur einen kleinen Beitrag gefunden
   habe. Vor diesem Hintergrund wird die Unfallversicherung eine Erneuerung erfahren,
   denn Gesundheitsschäden werden künftig reparabel sein.
d) Die Wohngebäudeversicherung wird sich komplett verändern. Während hier in
   Deutschland aktuell die fotorealistische Visualisierung von Immobilien in 3D möglich
   ist, werden international Häuser bereits komplett in 3D gedruckt.

   *„Die 3D-Druckarchitektur ist eine Technologie, die physikalische Strukturen aufbaut, um
   Baumaterialien nach und nach zu vergrößern. In der Baubranche wird die 3D-Druckarchitektur
   automatisch von Maschinengeräten mit spezieller Druckfarbe gedruckt, die den Konstrukti-
   onsstandard erfüllt haben und nach vorgefertigten architektonischen Zeichnungsverfahren
   eine praktische Funktion haben. Die 3D-Druckarchitektur revolutioniert das gesamte Archi-
   tektursystem, das Design, Konstruktion, Ausrüstung, neue Materialien und Anwendungen in
   ein neues System integriert." (Winsun3d 2019)*

Und das alles für erstaunlich kleines Geld. Diese Technologie wird nicht nur die Wohngebäudeversicherung revolutionieren. Die Dachziegel z. B. können schon einmal nicht
vom Dach fallen, denn sie sind ja gedruckt. Inwieweit die bisherigen Risiken Sturm, Feuer,
Wasser und Elementarschäden bei diesem Baumaterial relevant sind, vermag ich nicht zu
beurteilen (Abb. 6.5).

e) Last, but not least die Rechtschutzversicherung. Ganz ehrlich: Gestritten wird immer!
   Gerade im Hinblick auf die vielen neuen Technologien wird sich hier neben der Rechtsprechung auch der Versicherungsschutz anpassen.

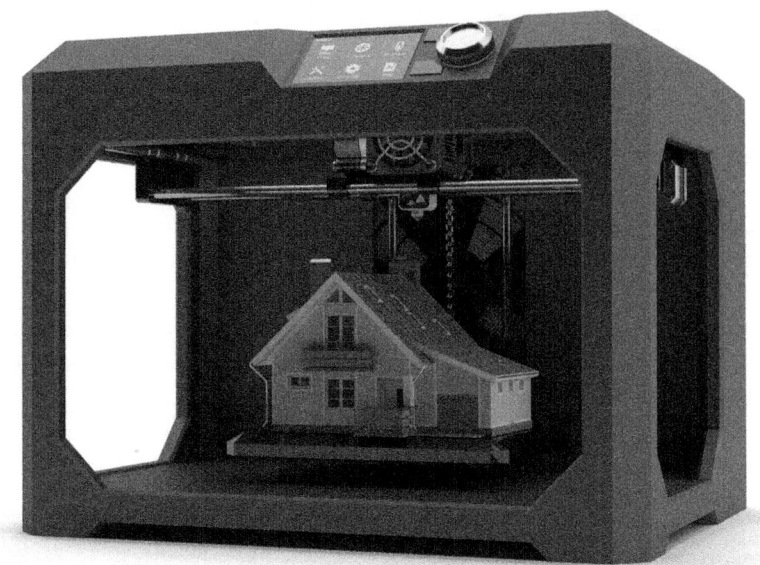

Abb. 6.5 Aus dem 3D-Druck: Hausbau in 24 Stunden (© iStockphoto.com/cybrain)

6.5.12 Kfz-Versicherung

Wenn auch heute immer noch das Einstiegsprodukt beim Kunden, wird diese Art der Versicherung in der bisher bekannten Form nicht mehr erforderlich sein. Bis 2030 wird autonomes Fahren selbstverständlich sein. Die wenigsten werden noch ein eigenes Kfz besitzen. Aus dem Autofahrer wird der Passagier. Vorrangig die Mobilitätsindustrie – aber auch produktnahe Unternehmen – werden uns Flotten analog dem heutigen Taxi zur Verfügung stellen. Und deren Aufgabe ist es dann, diese Fahrzeuge abzusichern. Wobei sich die Frage nach den dann noch tatsächlich bestehenden Risiken stellt.

Die Zukunftsforschung geht sogar soweit, dass autonome Mobilität per se kostenfrei sein wird. Der Verdienst der Mobilitätsindustrie wird darin liegen, uns auf unserer Reise Werbung, Entertainment, Tickets und ähnliches zu verkaufen – analog dem heute bereits existierenden Google-Modell.

6.6 Fazit

Es gibt viel zu tun, packen wir es an!

Bei meinen Recherchen über die Zukunft ist mir bewusst geworden, dass der überwiegende Teil der Menschen tatsächlich auf der „blauen Linie der Dichter und Denker" unterwegs ist. Denn für Veränderungen braucht man Mut und Neuorientierung. Doch meist sind Angst und Verunsicherung unsere Wegbegleiter. Doch Veränderungen sind ein unvermeidbarer und wichtiger Bestandteil unseres Lebens. Und unsere Zukunft hat ganz viel mit Veränderungen zu – wir werden sie nicht aufhalten können.

In diesem Zusammenhang kommt mir eine Szene in Erinnerung: Es ist Herbst 2018. Ende Oktober sitze ich auf der DKM – der Leitmesse für die Finanz- und Versicherungsbranche – und lausche einer Podiumsdiskussion zum Thema: Die Zukunft der Versicherungswirtschaft: Bleibt kein Stein mehr auf dem anderen? Teilnehmer dieser Runde sind vier Vorstandsvorsitzende großer deutscher Versicherungsunternehmen – es ist die traditionelle Diskussion der Branchengrößen. Das bisherige Geschäftsmodell gilt mancherorts als überholt. Doch wer profitiert eigentlich von dem herbeigeführten Wandel? Wo bleiben Kunden und Vertriebspartner? Auf die Frage hin, ob der Mensch in der Kundenberatung zukünftig ausgedient hat und durch künstliche Intelligenz und Roboter ersetzt wird, antworten alle vier Vorstandsvorsitzenden unisono: „Das können wir uns nicht vorstellen!" Eine Aussage, die mir in der Branche seit Jahren immer wieder begegnet.

Es spiegelt aber auch wider, dass die Finanz- und Versicherungsbranche noch sehr viele Hausaufgaben hat. Ein Beispiel aus der Praxis: Die Zukunftsforscher prognostizieren uns, dass uns unsere Krankenkassen spätestens 2021 – und das ist aus meiner Sicht nicht mehr wirklich weit entfernt – eine Gensequezierung anbieten. Prävention im Gesundheitswesen wird eine neue Bedeutung bekommen, da wir künftig unsere Krankheiten kennen und sehr viele Möglichkeiten haben werden, dass diese gar nicht ausbrechen. Einer der weltgrößten Versicherungskonzerne hingegen hat im September 2018 eine App in Form einer elektronischen Gesundheitsakte mit persönlicher Assistentin herausgebracht. Diese App unterstützt den Menschen dabei, medizinische Daten zu bekommen, zu verstehen und zu nutzen. Diese medizinischen Dokumente befinden sich damit verschlüsselt auf unseren Smartphones – ob beim Umzug, auf Reisen oder beim Arztwechsel. Sie erinnert an Impfauffrischungen, unterstützt bei der Medikamenteneinnahme und klärt über Wechselwirkungen auf.

Die App ist Denkweise „blaue Linie" und Gensequenzierung ist Denkweise „rote Linie"! Uns stehen künftig Prognosedaten – also vor Echtzeitdaten – zur Verfügung. Die daraus resultierende Predictive-Enterprise-Software wird unsere Arbeitswelt komplett verändern. Produkte und Services der Zukunft müssen adaptiv sein, d. h. sie müssen sich dem Kunden und der Situation anpassen. Ein einfaches Beispiel: Auf dem Weg zur Skipiste meldet sich mein künstlicher Assistent mit dem Hinweis: „Die Schneeverhältnisse sind heute nicht so optimal, die Unfallgefahr ist erhöht. Ich biete Dir eine Absicherung dieses Risikos für die nächsten fünf Stunden an. Bitte drücke den Button ANNEHMEN." Das ist Existenzschutz der Zukunft. Ein weiteres wunderbares Beispiel für Adaptivität ist die 3D-Druckarchitektur. Sie passt sich komplett den Wünschen und der Individualität des Kunden an und macht Immobilieneigentum auch noch bezahlbar.

Durch die Technologien der Zukunft wird Existenzschutz einen neuen Stellenwert bekommen. Das Datenthema ist der Dreh- und Angelpunkt der Zukunft. Wer die Daten für sich und sein Unternehmen am besten analysiert und einzusetzen weiß, der wird die Macht haben. Denn diese Player werden den Kunden im richtigen Moment das beste Angebot machen können.

Das zweite große Thema im Hinblick auf Existenzschutz wird die Absicherung der Langlebigkeit sein. Bisher unterschätzen die meisten Menschen ihre eigene Lebenserwartung signifikant. Hier wird ein Umdenken stattfinden müssen. Doch die größere Herausforderung haben die Versicherer: die Langlebigkeit abzusichern und zu finanzieren. Doch ich bin mir sicher, dass spätestens mit Einsatz der Quantencomputer auch hier ein Angebot zur Verfügung stehen wird.

Gern möchte ich zum Schluss mit Ihnen einmal den Blickwinkel ändern.

Der 3D-Druck wird uns in Zukunft fast alles zur Verfügung stellen. Auch wenn wir uns das bisher nicht vorstellen können, möchte ich ein Beispiel aufgreifen. Andras Forgacs druckt Steaks. Auch das hat mit Zukunft zu tun. Im Jahr 2040 werden wahrscheinlich zehn Milliarden Menschen auf der Erde leben. Wachsende Mittelschichten in Asien und Afrika. Und alle wollen Fleisch essen. Und dieses viele Fleisch können wir natürlich nicht produzieren, auf jeden Fall nicht durch Kühe. Das Klima würde allein an dem ausgestoßenen Methan der Kühe kaputtgehen. Also müssen wir es produzieren. Und das gedruckte Steak sieht aus wie ein normales Steak und es schmeckt wie ein normales Steak. Genau an dieser Stelle möchte ich Ihnen die Ethikfrage stellen: Nach welchen Kriterien messen wir?

In Europa messen wir nach diesen drei Kriterien: Normalität, Natürlichkeit und Menschlichkeit. Im Hinblick auf das gedruckte Steak lauten die Antworten: Das ist nicht normal, das ist nicht natürlich und das ist nicht menschlich.

An anderen Orten der Welt wird nach drei anderen Kriterien gemessen: Nutzen, Schaden, Nebenwirkung. Im Hinblick auf das gedruckte Steak lauten die Antworten dann so: Das hat Nutzen, das verursacht keinen Schaden und hat auch keine Nebenwirkung. Weder das eine noch das andere ist richtig oder falsch, aber für die Zukunft benötigen wir eine Balance. Es ist nicht alles menschlich, aber es ist vieles nützlich.

Der beste Existenzschutz ist und bleibt die Eigenverantwortung. Und bedenken Sie bitte: Zukunft kommt nicht einfach, Zukunft wird gemacht.

Zukunft ist eine Frage der Perspektive und das entscheidet jeder für sich.

Literatur

Hugo, V. (1997). *Maximen der Lebenskunst* S 108. Norderstedt: BoD. ISBN 9783833404092.
Lorenzen, M. (2014). *Wenn die Gedanken Maschinen steuern*. https://www.wiwo.de/technologie/forschung/wissenschaft-wenn-die-gedanken-maschinen-steuern/10064752.html. Zugegriffen am 26.02.2019.
Paeger, J. (2010). *Der Mensch bewegt die Erde: unsere Rohstoffe*. http://www.oekosystem-erde.de/html/rohstoffe.html. Zugegriffen am 26.02.2019.
Schlenzig, T. (2017). *Was den Dalai Lama am meisten überrascht? Seine beeindruckende Antwort.* https://mymonk.de/dalai-lamas-ueberraschung/. Zugegriffen am 08.03.2019.
Wikipedia. (Hrsg.). (2016). *BGI (Genom)*. https://de.wikipedia.org/wiki/BGI_(Genom). Zugegriffen am 19.03.2019.
Winsun3d. (Hrsg.). (2019). *3D printing architecture*. http://www.winsun3d.com/En/Product/. Zugegriffen am 19.03.2019.

Claudia Girnuweit ist eine Powerfrau und Macherin, die gern an Grenzen stößt und oftmals andere Wege geht.

Als Fachwirtin für Finanzberatung hat sie heute ihre Berufung als ExistenzSchutzEngel gefunden, denn die Geschichten ihrer Kunden und die immer wiederkehrende Aussage „Hätte ich das vorher gewusst" haben sie geprägt und ihr aufgezeigt, wie wichtig eine (finanzielle) Vorsorge ist. So baut sie heute mit und für ihre Kunden „Rettungsboote", um für den Fall der Fälle gerüstet zu sein.

Darüber hinaus ist sie mit Leidenschaft Netzwerkerin und als Netzwerkerin mit Herz bekannt. Ihren Weg zur erfolgreichen Buchautorin startete sie als eine von zehn Unternehmerinnen in dem Buch *Frauenwege zum Erfolg*. Weitere Bücher von und mit Claudia Girnuweit: *Der Anti-Stress-Trainer für Versicherungsmakler*, *Chefsache Veränderung* und *Die Morgenfrau, Band 2*.

Von Ihren Kunden, Fans und Unterstützern wird sie als durchsetzungsstarke Förderin mit Humor und Spaß am Leben wahrgenommen, frisch nach der Devise: a) Gestalte Deine Welt nach Deinen Vorstellungen, b) Sei mutig, c) Lass auch mal die Seele baumeln, d) Sei positiv, e) Mache Dinge einfach mal anders und ganz wichtig, f) Bleibe immer ein bisschen Kind!

Wenn Sie mehr wissen möchten, dann erfahren Sie dies unter http://www.ExistenzSchutzEngel.de

Vertrieb 2030 – Quo vadis?

Wie Verkäufer im digitalen Zeitalter überleben?

7

Elmar R. Gorich

Inhaltsverzeichnis

E. R. Gorich (✉)
Menden, Deutschland
E-Mail: elmar@gorich.de

© Springer Fachmedien Wiesbaden GmbH, ein Teil von Springer Nature 2019
P. Buchenau (Hrsg.), *Chefsache Zukunft*, Chefsache,
https://doi.org/10.1007/978-3-658-26560-1_7

Zusammenfassung

In allen Bereichen des Lebens erleben wir im Rahmen der Digitalisierung eine extreme Beschleunigung, da ist auch der Vertrieb keine Ausnahme. Durch die sich immer schneller drehende technische Entwicklung von Innovationen wird häufig vom digitalen Tornado gesprochen, der vor keiner Branche Halt macht und bestehende Denk- und Geschäftsmodelle erbarmungslos und oft mit großer Wucht und Energie zerstört. Unsere Welt verändert sich sichtbar und fühlbar jeden Tag. Bisherige Geschäftsmodelle werden infrage gestellt und neue Verhaltens- und Kaufgewohnheiten verändern die Welt von Kunden und Anbietern in gleichem Maß und somit auch das Berufsbild des Verkäufers. Die Beschaffung und der Verkauf von Waren und Dienstleistungen verlagern sich zunehmend in das Internet. E-Commerce wächst zweistellig pro Jahr. Kunden informieren sich in Portalen und auf Plattformen und kaufen bequem online. Was Business-to-Consumer-Kunden an Angeboten, Komfort und Schnelligkeit im Kaufprozess erleben, wird im Business-to-Business(B2B)-Bereich ebenfalls als selbstverständlich erwartet. Der klassische Verkäufer wird zunehmend als ein kompetenter Berater wahrgenommen, der über unternehmerische Kompetenzen verfügt und so dem Entscheider und dessen Unternehmen zukunftsweisende Konzepte und konkreten Nutzen bietet. Den Damen und Herren im B2B-Vertrieb steht somit eine spannende Zukunft mit vielen interessanten Perspektiven bevor, sofern die Bereitschaft besteht, sich dem Wandel der digitalen Zeit aktiv durch Initiative und Weiterbildung zu stellen.

7.1   Einleitung: Business-to-Business – die Themen werden komplexer

Niemand kann die Zukunft konkret vorhersagen oder gar präzise beschreiben, wie einzelne Berufsbilder in der Zukunft ausgeprägt sein werden. Dennoch gibt es klare Hinweise und Entwicklungen, die Prognosen zulassen, aus denen tendenziell Rückschlüsse abgeleitet werden können, wie sich u. a. das Berufsbild des Verkäufers in den nächsten Jahren verändern wird.

Als Verkäufer mit Leidenschaft und mehr als 33 Jahren aktiver Tätigkeit im Vertrieb von IT-Lösungen für namhafte Unternehmen dieser Branche, kann ich feststellen, dass sich die Anforderungen und vor allen Dingen auch die inhaltlichen Themen in dieser Zeit qualitativ und thematisch immer schneller verändert haben. Hier möchte ich den klassischen Business-to-Business(B2B)-Vertrieb als Beispiel für diese Veränderungen herausstellen, da ich in diesem Umfeld die meisten Jahre meiner Berufstätigkeit gewirkt habe.

Der Vertrieb ist ein wichtiger Teil des unternehmerischen Erfolgs und in jedem Fall ein Garant für Unternehmenswachstum. Zu beobachten ist oft, dass der Vertrieb i. d. R. ein Imageproblem hat. Insbesondere bei produzierenden Unternehmen.

Damit nicht genug – Branchen verändern sich. Geschäftsmodelle, die über viele Jahre und Jahrzehnte gut funktioniert haben, bringen plötzlich nicht mehr den gewünschten Erfolg. Deckungsbeiträge lassen sich in der erwarteten Höhe nicht mehr realisieren. Plötzlich steht der Vertrieb unter noch stärkerer Beobachtung. Der Druck auf den einzelnen Verkäufer, die Verkäuferin, erhöht sich. Das Marketing entwickelt neue Strategien, der Vertrieb arbeitet sich an verändertem Kaufverhalten und neuen Anforderungen der Kunden ab – der Umsatz sinkt, trotz aller Anstrengungen.

Die technischen Entwicklungen schreiten unaufhaltsam und immer schneller voran. Das Management erkennt die Notwendigkeit zu handeln – nur wo beginnen?

Teure Berater ins Haus holen? Der Empfehlung zu neuem Denken folgen und Risiken eingehen?

7.2 Heute ist der langsamste Tag unseres Lebens!

In allen Bereichen des Lebens erleben wir eine extreme Beschleunigung, da ist auch der Vertrieb keine Ausnahme. Viele Vertriebler erkennen, dass die Informationsflut, die täglich zu verarbeiten ist, nicht mehr sinnvoll und professionell verarbeitet werden kann. Es braucht Disziplin und eine extrem gute Eigenorganisation, um Dringliches von Wichtigem zu trennen – Mut zur Lücke ist oft die einzige Konsequenz, um nicht in der Informationsflut zu ertrinken.

Hier helfen die neuen Werkzeuge, die die Digitalisierung uns Vertrieblern bietet. Neben einem konsequent genutzten Customer-Relationship-Management(CRM-)System bieten künstliche Intelligenz, Big Data, E-Commerce und Social Media Selling neue Themenbereiche, die entscheidende Vorteile bei der professionellen Vertriebsarbeit ermöglichen – sofern diese kundenorientiert eingesetzt werden.

Nicht die administrativen zeitlichen Aufwände entscheiden über den Verkaufserfolg, sondern die persönliche Kundenbeziehung. Keine neue Erkenntnis – aber wie viel Zeit wird in Vertriebsorganisationen immer noch mit administrativen Tätigkeiten vergeudet, statt vor Ort beim Kunden, im persönlichen Gespräch, zu überzeugen.

Wir sehen an den beeindruckenden zweistelligen Steigerungsraten beim E-Commerce, wie sich das Kaufverhalten der Kunden verändert und konventionelle Vertriebskanäle durch neue ersetzt werden. Kunden (Business-to-Consumer [B2C]) informieren sich vor einer Kaufentscheidung im Netz, lesen Bewertungen und wählen bequem Produkte per Click – was nicht gefällt, wird kostenlos retourniert – so ändert sich das Einkaufsverhalten der modernen Konsumenten, sehr zulasten des stationären Handels. Der Handel ist gezwungen, sein Geschäftsmodell zunehmend hybrid zu betreiben, wenn er keine Umsatzeinbußen hinnehmen will oder gar existenzbedrohende Situationen vermeiden möchte.

Kunden erwarten ein schnelles und umfassendes Angebot, egal in welcher Branche. Schnelle und ausführliche Empfehlungen und Konfiguratoren, die einfach zu bedienen sind, geben auch dem im Umgang mit Computern ungeübten potenziellen Konsumenten die Möglichkeit, intuitiv sein Wunschprodukt zu finden, zu konfigurieren und zu bestellen.

- Die **Konsumenten informieren sich** in Foren über die Qualität von Produkten, in Vergleichsportalen über die Preiswürdigkeit von Angeboten.
- Über Twitter und Instagram werden **Angebote bewertet** und es werden Informationen ausgetauscht.
- **B2B und B2C verschmilzt!**
- Was Privatkunden bei Google und Amazon erleben, wird als **Erwartung auf das B2B-Geschäft** übertragen!
- **Die Digitalisierung revolutioniert den Kundenkontakt** (z. B. Thermondo; Meffert und Meffert 2017)!

Was für eine schöne einfache und moderne Welt!

7.3 Zukunft denken und neue Geschäftsmodelle entwickeln.

Aus den sich bietenden Möglichkeiten für uns Konsumenten ergibt sich für den Anbieter die Notwendigkeit, das bisher erfolgreiche Geschäftsmodell auf den Prüfstand zu stellen und neu zu denken (Abb. 7.1).

Der Service und die einfachen Prozesse im B2C-Geschäft werden auch vom B2B-Segment erwartet – der Trend führt, wie Meffert und Meffert (2017) in ihrem Buch *Eins oder Null* ausführen, zu einer Verschmelzung von B2C und B2B.

Verkäufer, die immer noch als sprechende Prospekte bei ihren Kunden Produkte verkaufen wollen, sind out!

Kunden schätzen heute Typen – Vertriebler mit neuen Ideen, auf Ballhöhe mit den modernen Trends, inspirierende Gesprächspartner, die nach-, vor- und querdenken können und in der Lage sind, Nutzen aus der Sicht des Entscheiders kompetent darzustellen – der klassische Verkaufsprozess wird zur Beratung. Modern gesprochen, der Verkäufer mutiert zum Business Advisor, oft auch zum Process Advisor, der direkt Einfluss auf das Redesign von bestehenden Prozessen nimmt.

Um Augenhöhe mit dem Entscheider herzustellen, braucht es hohe Kompetenz, Empathie für die Situation des Kunden und vor allen Dingen unternehmerisches Denken, die Fähigkeit zuzuhören und professionelles Argumentieren.

7.3.1 Einfühlungsvermögen als Kernkompetenz!

Diese Augenhöhe erfordert ein völlig neues Skill-Set im Vertrieb – Ausbildung, Training und permanente Weiterbildung in Eigeninitiative zeichnen den Topvertriebler der Zukunft aus.

Wandel im Vertriebsprozess

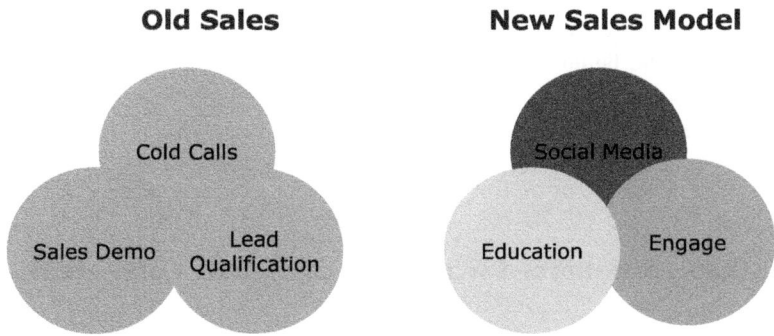

Old Sales

Cold Calls

Sales Demo

Lead
Qualification

New Sales Model

Social Media

Education

Engage

Übernahme der Führung im Verkaufsprozess

Quelle: Gebhart, Christian / Vertriebsleiter AZTEKA Consulting GmbH, Freiburg

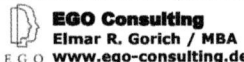

EGO Consulting
Elmar R. Gorich / MBA
E G O **www.ego-consulting.de**

Abb. 7.1 Der Wandel im Vertriebsprozess: Kontaktpflege über Social Media

Was gestern noch funktioniert hat, funktioniert heute schon nicht mehr und wird morgen erst recht die Generation Y und Z nicht mehr überzeugen.

Jeder, der heute im Vertrieb tätig ist, muss sich eine einzige Frage stellen: Kann ich meine Geschäfte in zwei Jahren noch so machen, wie bisher?

Was also ist zu tun?

7.3.2 Klassische Vertriebstrainings bringen nichts!

Noch immer werfen Unternehmen viel Geld für Verkaufs- und Verhaltenstrainings nach alten Mustern zum Fenster heraus.

Der Effekt? – Meist „ZERO"!

Aus eigener Erfahrung als Vertriebs- und Verhaltenstrainer, der für viele namhafte Unternehmen Vertriebsteams und Führungskräfte in Verkaufstechnik, Methodik zum Account Management, Nutzenargumentation, Fragetechnik etc. ausgebildet hat, kann ich berichten, dass in der Realität, kurz nach einem Intensivtraining, die Mehrheit der Teilnehmer wieder in die gewohnten Verhaltensmuster zurückfallen.

Das zeitliche und monetäre Investment in eine solche Qualifizierungsmaßnahme ist nicht nachhaltig wirksam und somit vergeudet.

Wie lässt sich dieser Effekt vermeiden?

Es gilt das psychologische Axiom: Menschen ändern ihr Verhalten erst, wenn der Druck maximal ist!

Populär gesprochen und aus dem amerikanischen adaptiert: „Diamonds are made by pressure!" – Echte, reine Diamanten entstehen durch Druck!

Übertragen auf den Vertrieb der Zukunft: Es werden nur die Besten die Zukunft meistern und gestalten, die heute den Druck zur Anpassung an die zukünftigen Trends und Herausforderungen als Chance erkennen und sich zukunftsfähig machen. Es ist eine persönliche Verantwortung und Aufgabe, diese Herausforderung zu erkennen und anzunehmen, ein individuelles Change Management – nichts bleibt, wie es bisher war!

7.4 Wettbewerbsfähigkeit sichern durch digitale Kompetenz!

Um alte Gewohnheiten zu ändern und persönliche Glaubenssätze durch neues Denken zu ersetzen, braucht es eine professionelle und individuelle Begleitung über einen längeren Zeitraum – im Idealfall, begleitend im aktiven Tagesgeschäft (Abb. 7.2).

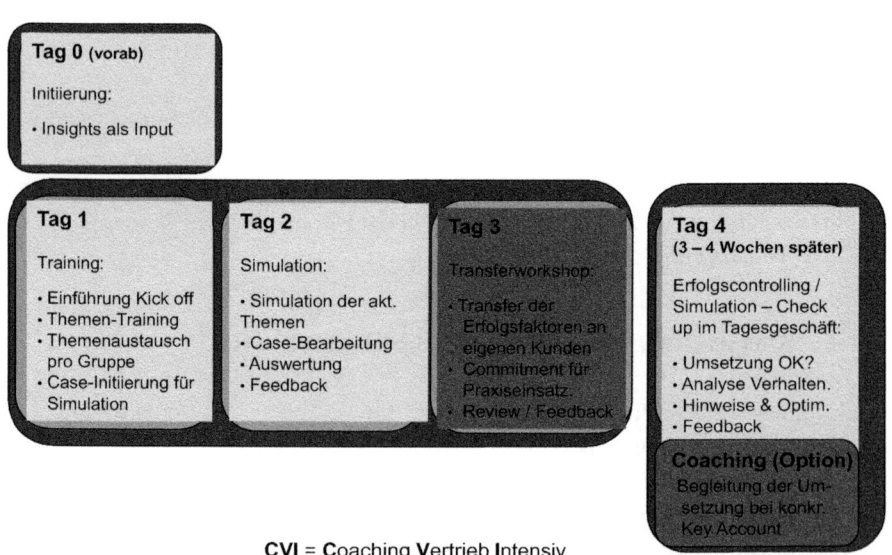

Abb. 7.2 Intensivvertriebscoaching mit aktiver Begleitung im operativen Tagesgeschäft (eigene Darstellung)

Coaching und Mentoring sind effiziente und moderne Methoden für eine Neuausrichtung der teuren Vertriebsmannschaft, in jeder Branche.

Nachweisbar werden das Bewusstsein für die Erfordernisse sowie das Verhalten nachhaltig verändert, wenn eng mit einem Coach professionell gearbeitet wird – die Ergebnisse sind schnell sichtbar und auch messbar.

Bei der Auswahl von Coaches sollte ein Fokus darauf liegen, ober der Coach in seiner beruflichen Entwicklung selbst in der Rolle seines Coachees war und im Ideal, über eine psychologisch fundierte Ausbildung verfügt (Methodenkompetenz). Ein wichtiges Kriterium ist immer eine zusätzlich ausgewiesene und nachweisbare Erfahrung als Fach- und Führungskraft.

Persönlichkeiten, die in Unternehmen aktiv als Mentoren wirken und High Potentials fördern und diese auf ihrem Karriereweg begleiten, sichern das Human Capital langfristig für die Zukunftsentwicklung ihrer Company.

Im Vordergrund der Neuausrichtung muss die Vertrieblerin bzw. der Vertriebler als Mensch stehen – als Person, die wesentlich den unternehmerischen Erfolg beeinflusst und das Unternehmen durch eine überzeugende Außenwirkung repräsentiert.

Der aktiven und permanenten Weiterentwicklung der eigenen Persönlichkeit muss viel Raum gegeben werden.

Vertrieb wird zunehmend als strategische Facette gesehen und dadurch verändert sich auch das Image im Unternehmen – aus sprechenden Prospekten werden hochkompetente Advisors mit unternehmerisch relevanten Ideen, Konzepten und Lösungen – nicht klassische Berater, sondern „resulter", die dann auch am Ergebnis gemessen werden können.

Menschen im Vertrieb fit machen für die spannende Aufgabe der Zukunft ist Chefsache!

HR-Manager sind gut beraten, die High Potentials schnell zu identifizieren und durch gezielte Programme intensiv auf die Zukunft vorzubereiten.

Eine Investition, die sich lohnt!

Der Verfasser dieses Beitrags hat eine praxiserprobte Qualifizierungspyramide entwickelt, die modular, als Grundlage für ein individuell angepasstes Intensivqualifizierungsprogramm jedem Unternehmen und jedem Entscheider auf Anfrage zur Verfügung steht.

Sprechen Sie mich an: www.EGO-Consulting.de

7.4.1   Neuausrichtung der Geschäftsmodelle – Mut zur Gestaltung!

„Erforderlich ist eine Neuausrichtung der Geschäftsmodelle, von der Produkt- zur Service-dominanten Logik, auf Basis einer allgegenwärtigen digitalen Infrastruktur, oder neuen, technischen Entwicklungen." (Prof. Mag. Dr. Andreas Auinger, Fakultät für Management, Steyr; Vortrag: „Digitalisierung als Chance für den Export"; Abb. 7.3)

So fragt Auinger, warum Nutzer die digitalen Champions mögen und gibt eine einfache, aber treffende Antwort: „Sie bauen Dienste, die sich in den Alltag integrieren!"

Nach Auinger werden Trigger in den Köpfen der Menschen gesetzt. Die Konzentration auf Dienste mit emotionalen Handlungen, statt klassischem Marketing mit Differenzie-

Produkte werden Services – Kunden werden Nutzer

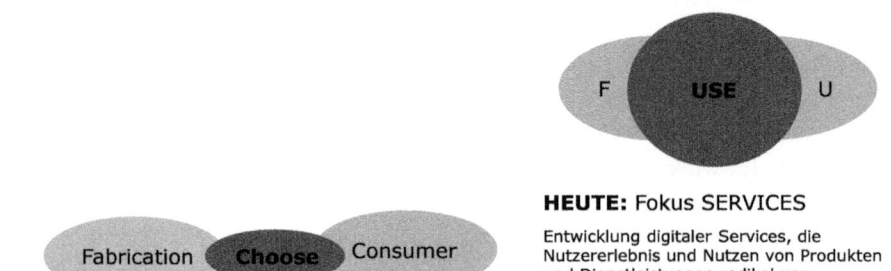

HEUTE: Fokus SERVICES

Entwicklung digitaler Services, die
Nutzererlebnis und Nutzen von Produkten
und Dienstleistungen radikal verbessern & Nutzergewohnheiten
nachhaltig ändern.

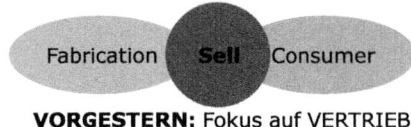

GESTERN: Fokus WERBUNG

Klassische Vermarktungsmechanismen (Push) im
Wettstreit mit nutzergetriebenen Pull- und Empfehlungs-
logiken.

VORGESTERN: Fokus auf VERTRIEB

Verkauf von Produkten und Dienstleistungen über digitale Kanäle

Quelle: Prof. Dr. A. Auinger, Steyr / Vortrag: Digitalisierung als Chance für den Export

 **EGO Consulting**
Elmar R. Gorich / MBA
EGO www.ego-consulting.de

Abb. 7.3 Die Entwicklung vom Kunden zum Nutzer (Quelle: Auinger und Steyr 2018, eigene
Darstellung)

rungsstrategien und Kampagnen dürfte die Erklärung für die oft leidenschaftliche Annahme von digitalen Innovationen durch die Nutzer sein – Uber, Airbnb, Google. Facebook und Alibaba werden als Beispiele von Auinger genannt.

Omni-Channel verändert den Vertrieb!

Vertrieb war gestern – der Fokus heute liegt auf Dienstleistungen bzw der Entwicklung
digitaler Services, der laut Auinger das Nutzererlebnis und den Nutzen von Produkten
nachhaltig verbessert und somit zu neuen Nutzergewohnheiten führt und den Umgang mit
den neuen Serviceprodukten nachhaltig verändert.

Wesentlicher Eckpfeiler für die digitalen Geschäftsmodelle der Zukunft ist ein elementares Verständnis der Kunden und ihrer offensichtlichen und versteckten Bedarfe. Facebook kann hier als Platzhalter für ein Unternehmen genannt werden, das das sehr früh
verstanden und sukzessive kundenorientierte Services entwickelt und auf den Markt gebracht hat.

Das Jahr 2030 rückt näher – wir können als Unternehmer und auch als Management-
Advisors abschätzen, welche technischen Entwicklungen zeitnah vor der Tür stehen. Es gibt
jede Menge Themen, in jedem Unternehmen, die durchdacht und als Projekt zügig umgesetzt werden müssen, damit das Unternehmen für die Zukunft gut gerüstet und optimal
positioniert ist.

Bevor man anfängt in Zeit und Geld zu investieren, braucht es eine Standortbestimmung – Meffert und Meffert (2017, S. 16) empfehlen als Präambel für das digitale Denken drei Grundsatzfragen für das Management:

1. **Warum** muss sich ein Unternehmen durch die digitale Herausforderung ändern – wie dringlich ist das Thema Digital für das eigene Geschäft?
2. **Was** genau muss sich ändern – vom gesamten Geschäftsmodell über die zentralen Elemente der Wertschöpfung?
3. **Wie** organisiert das Unternehmen die digitale Transformation und verändert Strukturen, Prozesse, IT und die Führungsinstrumente?

Sind diese Fragen für das Unternehmen beantwortet, gilt es den Zukunftsprozess einzuleiten:

- Erzeugen eines unternehmensweiten Veränderungsbewusstseins!
- Veränderung ist eine nicht delegierbare Aufgabe für das Topmanagement!
- Entwicklung einer digitalen Vision: höchst eigenständig, sinnstiftend, handlungsanleitend und motivierend!
- Denken und Kommunizieren in Geschäftsmodellen etablieren!
- In erfolgsversprechende Innovationen eindenken! (Kreutzer et al. 2017, S. 279 ff)

Die Geschäftsleitung ist nun in der Lage, auf der operativen Ebene die Handlungsfelder, z. B. den Vertrieb, einzubinden und näher zu untersuchen:

- Wo steht mein Unternehmen heute im Vergleich zum Wettbewerb?
- Was sind die Zukunftsthemen, Tendenzen und Herausforderungen meiner Branche?
- Ist mein Vertrieb für diese Herausforderungen optimal gerüstet?
- Haben wir als Unternehmen einen digitalen Masterplan?

Viele Fragen, die es zu beantworten gilt – eine professionelle Moderation in diesem Prozess hilft, methodisch zügig, neue Ideen und Konzepte zu entwickeln und operative Maßnahmen für die Umsetzung zu erarbeiten.

7.4.2 Der Mensch im Zentrum der digitalen Revolution

Künstliche Intelligenz, die es ermöglicht, sich und die benötigten Programme permanent eigenständig zu optimieren, und intelligenter Roboter, die miteinander vernetzt bisher menschliche Arbeitsleistung überflüssig machen, erzeugen bei den Menschen in der Jetztzeit Ängste.

Wir Konsumenten erleben es täglich, dass der Online-Handel dazu führt, dass Einzelhändler ihre Geschäfte aufgeben und ihre Geschäftstätigkeit in das Internet verlagern.

Innenstädte weisen z. T. erschreckende Leerstände auf. Die Konsumenten zieht es in die sog. Flag Stores, die großen Einkaufsmalls, wo sich alle bekannten Marken präsentieren. Hier wird der Einkauf zum Erlebnis – mit Entertainment, aufwendiger Warenpräsentation und einer Umgebung, die eher an einen Freizeitpark erinnert als an ein Einkaufszentrum.

Informieren im Fachgeschäft und kaufen im Internet – das ist ein Trend.

Hybride Geschäftsmodelle werden parallel dazu entwickelt – der Kunde kann im Internet kaufen und die Ware im Store abholen – oder er bestellt im Store und bekommt die Ware bequem nach Hause geliefert. Oft ohne Mehrkosten.

Ob die Digitalisierung mehr Jobs vernichtet, als neue Jobs hervor bringt, darüber streiten sich seit Jahren Politiker und Experten.

Eine Umfrage des Digitalverbands Bitkom (Löhr 2018) sprach von 3,4 Mio. Stellen, die durch die Digitalisierung wegfallen werden – eine als Mahnung an die Politik gedachte Aussage.

Unzweifelhaft ist, dass Technologien wie Blockchain, Big Data, Robotik, 3D-Druck etc. wesentlich über die zukünftige Wettbewerbsfähigkeit von Unternehmen entscheiden – aber nur eine Minderheit der Unternehmen in Deutschland nutzt diese Technologie schon heute, oder plant den Einsatz kurzfristig.

Hier liegt die Gefahr, dass schnell aufholende Volkswirtschaften schneller konkurrenzfähig werden – zum Beispiel China.

Die Finanzbranche erlebt diesen Wandel aktuell sehr intensiv – extrem schnelle und selbstlernende Programme ersetzen bereits heute vieles, was jahrzehntelang von Beratern, Versicherungsmaklern und Investment-Bankern mit hoher Fachkompetenz erledigt wurde.

Im Maschinenbau und in der Chemieindustrie vollzieht sich zurzeit ebenfalls ein rapider Wandel zur digitalen Automation.

Der Aufruf an die Bundesregierung, zu einer digitalen Bildungsagenda vom NRW-Unternehmerpräsidenten Arndt Kirchhoff (Schulte 2018) hat zum Ziel, die jungen Menschen besser auf die neue Arbeitswelt vorzubereiten.

Die Sorge um massenhaft wegfallende Jobs wird von seriösen Publikationen nicht vollumfänglich geteilt.

Zwar wird jeder zweite Industriearbeitsplatz sich in den nächsten Jahren verändern, manche auch wegfallen, aber es werden auch neue Arbeitsplätze entstehen.

So wird es nach Kirchhoffs Meinung immer weniger Menschen geben, die Maschinen bedienen, aber es werden mehr Menschen gebraucht, um Maschinen zu entwickeln.

So weist die Bitkom-Umfrage auch darauf hin, dass trotz der empfundenen Bedrohung rund 86 % der befragten Unternehmer davon ausgehen, dass die Digitalisierung für das eigene Unternehmen und den Standort Deutschland eher als Chance zu sehen ist.

Vor diesem Hintergrund erschließt sich, dass zwar Routinearbeiten zunehmend von Algorithmen erledigt werden, aber die menschliche Nähe zum Kunden, die persönliche Ansprache insbesondere bei erklärungsbedürftigen Produkten und Dienstleistungen auch in Zukunft Kompetenz und menschliche Fähigkeiten erfordern, die den persönlichen Dialog erfordern.

7.4.3   Menschlichkeit vor Nutzen von Algorithmen!

Ängste entstehen oft durch fehlende Informationen. Informationen, die Bildung und aktive Teilhabe an verfügbarem Wissen vermitteln.

Die bereits heute verfügbaren digitalen Werkzeuge (Facebook, XING, WhatsApp, Onlinebanking etc.) werden von uns Nutzern bereitwillig angenommen, obwohl wir doch im Hinterkopf irgendwie das Gefühl haben, dass da was mit unseren Daten passiert, die wir freiwillig zur Verfügung stellen.

Die Menschen sorgen sich offenbar weit weniger, als oft in der Presse dargestellt. Nach dem Facebook-Datenskandal um Cambridge Analytica (2018) sind die Nutzerzahlen nicht eingebrochen.

Wir nutzen die zur Verfügung stehen digitalen Werkzeuge, weil es bequem ist – die Ahnung von Missbrauch und die sich daraus ergebenden potenziellen Konsequenzen und Gefahren verdrängen wir.

Die Nützlichkeit vieler Werkzeuge, hier möchte ich XING als Kontakt- und Akquise-Instrument für den Vertrieb hervorheben, ist unbestritten.

Die Sensibilisierung der Nutzer kann nur über Aufklärung und Bildung funktionieren.

Unternehmen, die ihren Mitarbeitern zunehmend digitale Werkzeuge zur Verfügung stellen, betten diese ein in unternehmensweite Security-Strategien und stellen auch sicher, dass keine externen Daten und Zugriffe in das Intranet gelangen können.

Der private Nutzer braucht, da spreche ich aus eigener Erfahrung, einen kompetenten Experten, der als externe Ressource für den Nichtfachmann die Funktion des Security- und IT-Officer (Chief Information Officer, CIO) übernimmt und den Computer mit den darauf befindlichen Applikationen aktuell auf dem Stand der Technik hält.

Zu differenzieren ist, dass Big Data, künstliche Intelligenz und Analytics kein eigenes Bewusstsein entwickeln können. Es werden zwar schnell und zuverlässig Korrelationen hergestellt, die dem Nutzer den Eindruck vermitteln, dass hier eine intelligente Handlung durch die Maschine erfolgt ist. Die Schnelligkeit, mit der Ergebnisse und Entscheidungsvorlagen produziert werden können, ist beeindruckend – das kann kein Mensch so schnell erledigen – aber, es sind Korrelationen und enorme Rechnerleistung – keine Intelligenz, die das Ergebnis produziert.

Wir, als Unternehmer, Consultants, Vertriebsexperten und Nutzer sind den Algorithmen nicht blind ausgeliefert.

Was eine Maschine an Entscheidungsvorlagen und Prozessempfehlungen produziert, muss vom Menschen, mit Kompetenz und Erfahrung nachvollziehbar verstanden und interpretiert werden. Hier liegt auch in der Zukunft der menschliche Beitrag zum Prozess.

Die Intelligenz sitzt immer vor dem Rechner!

Wir alle, die wir in den wertschöpfenden Prozessen tätig sind, sind gut beraten, uns vorausschauend auf unterschiedliche Entwicklungen vorzubereiten – durch Neugier, Bildung, Information und ausprobieren.

Was bedeutet das für den Vertrieb?

Eine vom Computer erstellte Absatzprognose für ein Produkt auf der Basis von Vergangenheitswerten kann zwar eine zukünftige Absatzgröße für einen spezifischen Kunden prognostizieren – ersetzt aber nicht das persönliche Gespräch und die Verhandlung mit dem Einkäufer des Kunden.

Standardprodukte (Commodities) lassen sich sicherlich ohne menschlichen Einsatz von Vertriebsressourcen vertreiben, über Portale, Webshops etc. – beratungsintensive Produkte und Dienstleistungen brauchen einen Kompetenzträger als Gesprächspartner.

Das wird sich im Grundsatz nicht ändern.

7.4.4 Gewohnheiten und Denkmuster auf den Prüfstand stellen!

Aus den sich bietenden neuen Möglichkeiten für Konsumenten und Nutzer ergibt sich für den Anbieter die Notwendigkeit, bisher erfolgreiche Geschäftsmodelle auf den Prüfstand zu stellen und grundlegend neu zu denken.

Prozesse sind auf Effizienz zu untersuchen und zu optimieren – Schnelligkeit und Reaktion auf individuelle Kundenanfragen werden zum differenzierenden Wettbewerbsfaktor.

Was also ist zu tun?

Es ist die Aufgabe der Unternehmensführung, die besten verfügbaren Werkzeuge für das eigene Unternehmen zu identifizieren und dafür zu sorgen, dass diese im Unternehmen genutzt werden.

Der Mitarbeiter ist gefordert, sich hier zu engagieren und zu lernen. Der Effekt am eigenen Arbeitsplatz: Fokus auf den Kunden, Reduzierung von administrativen Tätigkeiten, schnelle Reaktion auf Kundenanfragen, optimale Gesprächsvorbereitung – es geht um schnelle Verfügbarkeit von Informationen, unabhängig von Ort und Zeit.

Als die ersten Textsysteme in den 1970er-Jahren des vergangenen Jahrhunderts auf den Markt kamen, fürchteten Sekretärinnen und Büroangestellte um ihre Jobs.

Ebenso die Buchhalter und Sachbearbeiter in Verwaltung und Produktion, die bei der Einführung von ERP-Dialog-Systemen die gewohnten Karteikarten, manuellen Buchungsjournale, Listen auf Papier etc. vermissten und sich an Bildschirmmasken gewöhnen mussten, die immer nur einen Teil der bisher gewohnten Dokumente zeigten und durch Scrollen, wie noch heute, bewegt werden, um das jeweilige Dokument ganzheitlich zu sehen.

Entgegen allen pessimistischen Prognosen hat sich die Einführung dieser modernen Technik auf den einzelnen Arbeitsplatz positiv ausgewirkt.

Die Arbeit wurde nach einer kurzen Eingewöhnungsphase wesentlich leichter zu handhaben, transparenter, effizienter und vor allen Dingen weniger fehlerbehaftet erledigt.

Arbeitsplätze wurden aufgewertet und qualitativ anspruchsvoller.

Wer vor 25 Jahren einen Kunden in einer fremden Stadt besuchen wollte, musste sich mit faltbaren Stadtplänen orientieren und oft mühsam die Zieladresse finden. Heute kann ich Entfernungen vor Antritt der Reise in den Suchmaschinen abfragen und mithilfe eines mobilen Navigationssystems den Zielort optimal in einem bekannten Zeitfenster erreichen.

Ein Angebot, sofort nach dem Kundengespräch, mobil per Notebook oder Tablet zu erstellen und sofort per E-Mail zu versenden, ist ein hoher Komfort- und Zeitgewinn für jeden Vertriebler im Außendienst.

Termine per Mobile Phone (Handy) sofort zu bestätigen oder zu verschieben, macht die Tätigkeit im Außendienst komfortabel und kundenorientiert.

Erreichbarkeit und Reaktionszeit entscheiden in vielen Fällen über den Auftrag – Kunden schätzen den persönlichen Kontakt – aus meiner eigenen Vertriebstätigkeit kann ich berichten, dass ich manchen Auftrag nicht bekommen hätte, wäre ich auch außerhalb der Regelarbeitszeit nicht erreichbar gewesen.

Für den Vertrieb werden sich zunehmend intelligente Helfer als nützlich erweisen.

Hierzu habe ich im Rahmen meiner Vortragsreihen zum Thema „Digitalisierung im Vertrieb" Vorgehensmodelle entwickelt, die ich Ihnen bei Interesse gern persönlich vorstelle und diskutiere.

7.4.5   Aus Fehlern lernen – noch ist es nicht zu spät!

Um alte Gewohnheiten zu ändern und neue Verhaltensmuster anzunehmen, braucht es eine innere Überzeugung zur Notwendigkeit der Veränderung.

Der Vertrieb ist hier nach meiner Erfahrung immer agiler unterwegs als andere Bereiche in Unternehmen und steht Innovationen meist offen gegenüber, sofern eine real gefühlte Entlastung von Administration und bürokratischen Prozessen mit der technischen Neuerung einhergeht.

Flexibilität bei Arbeitszeiten und temporäre Arbeitsspitzen erfordern gerade im Vertrieb ein hohes Engagement und auch die Bereitschaft, geschäftliche Interessen vor die privaten Anforderungen zu stellen – eine hohe zeitliche Belastung ist oft die Folge.

Moderne Technologien wie Webex-Konferenzen, Video-Learning und Sharepoint-Applikationen sparen Zeit und sind unabhängig von Ort und Zeit nutzbar.

Der Effizienzgewinn durch weniger Reiseaufwand, schnelle Information zu einem Thema, die kurzfristig koordinierbaren Kollegen oder Kundenteams zur Projektabstimmung sind Dank der heute verfügbaren digitalen Werkzeuge aus dem Vertriebsalltag nicht mehr wegzudenken und haben Außendienstorganisationen und Vertriebsinnenddienst nachweislich effizienter gemacht.

Dennoch: In vielen Unternehmen werden auch noch heute teure und komfortable CRM-Systeme nur als bessere Adressdatenbanken genutzt und zweckentfremdet.

Hier braucht es aktiven Input vom Vertrieb und sachkundige CIO an den Schnittstellen zu den vorhandenen Enterprise-Resource-Planning(ERP)-Systemen.

In diesem Umfeld habe ich als Consultant viele Jahre gewirkt und umfassende Erfahrungen sammeln können, die ich gern mit jedem Interessenten teile.

Künstliche Intelligenz ist unaufhaltsam auf dem Vormarsch und dringt sowohl in den privaten Alltag als auch in das Geschäftsleben ein. Das erwünschte Ziel ist es, uns Menschen das Leben zu erleichtern.

Maschinen werden viele Arbeiten übernehmen, die wir heute als Bestandteil unseres Arbeitsalltags als lästige und wenig anspruchsvolle Routine kennen.

Analysieren von Sachverhalten, Entscheidungen treffen, Wahrscheinlichkeiten berechnen, mit denen Ereignisse eintreten werden, denken, arbeiten, produzieren und vielem mehr – wir „humans" haben es heute noch in der Hand, die Zukunft menschlicher zu gestalten, bevor Big Data, künstliche Intelligenz und Roboter die Welt zwar effizienter, aber nicht unbedingt lebenswerter machen.

So beschreibt Armin Grunwald in seinem Buch *Der unterlegene Mensch* (2018, S. 169 ff) sehr klar, dass die künstliche Intelligenz für eine neue Intransparenz sorgt.

Ergebnisse sind laut Grunwald ab einer gewissen Komplexität von Menschen kaum noch oder gar nicht nachvollziehbar – dies schon bei normalen Modellrechnungen, wo niemand mehr überprüfen kann, warum ein bestimmtes Ergebnis herauskommt.

Grunwald vergleicht diese Erkenntnis mit dem Orakel von Delphi oder den Aussagen von Hellsehern und Wahrsagern.

Glauben oder nicht Glauben sind hier die sich bietenden Optionen.

Grunwald fasst das so zusammen: „So gesehen führt die Übertragung von Entscheidungen an Algorithmen, die wir nicht mehr verstehen, zurück ins Mittelalter oder in die Antike. Fortschritt wird zum Rückschritt".

Vertrieb war bisher noch eines der letzten Spielfelder für Individualismus, Herrschaftswissen und oft auch Intransparenz, bezogen auf Beziehungen und Prozesse. Dies führt oft zu falschen Annahmen und Interpretationen bei potenziellen Verkaufschancen sowie zur Verschwendung teurer Pre-Sales-Ressourcen.

Führungskräfte im Vertrieb benötigen heute schnell und zuverlässig Fakten, um Situationen richtig einschätzen zu können und die gesetzten Ziele durch fundierte Entscheidungen zu sichern.

Die schon heute verfügbaren digitalen Tools schaffen ausreichend Transparenz und liefern schnell und umfassend die für Vertriebsentscheidungen erforderlichen Fakten und projizieren Zukunftstrends und realistische Szenarien.

7.5   Wozu brauchen wir zukünftig noch Verkäufer?

Die Geschwindigkeit bei Innovationen steigt und Entwicklungszyklen verkürzen sich zunehmend. Die Menge der zu verarbeitenden Informationen nimmt in erschreckender Weise zu und wird schon heute als kaum noch beherrschbar empfunden. Flexibilität in allen Bereichen gewinnt an Bedeutung. Insbesondere im Vertrieb braucht es Transparenz und einen Fokus auf Kundenorientierung, um die Bedarfe der immer anspruchsvoller werdenden Kunden zu decken und das eigene Geschäftsmodell zukunftsfähig zu gestalten.

Schnelligkeit, generell, gilt als Primärziel, um den Anforderungen im Digital Commerce angemessen zu begegnen. Multichannel-Konzepte erfordern neue Werkzeuge und Methoden, wie Plattformen, transparente Logistik, mobile Apps und vieles mehr.

Die moderne Technik bietet schon heute umfassende digitale Unterstützung, damit sich der Vertrieb im Innen- und Außendienst voll und ganz auf den Kunden konzentrieren kann.

7.5.1 Augenhöhe und unternehmerisches Denken und Handeln

Der Verkäufer der Zukunft agiert auf Augenhöhe mit dem Entscheider beim Kunden.

Seine bisherige Funktion als Absatzmittler wird sich wandeln. Der Verkäufer der Zukunft wird zum Manger von Informationen, der für seinen Kunden nützlich ist. Nutzen verkaufen, im B2B-Segment auch unternehmerisch denken, individuelle Konzepte und Lösungen entwickeln und gemeinsam mit dem Kunden umsetzen, das sind neue Handlungsfelder, die Empathie und ein hohes Maß an Fachkenntnis erfordern – heute und in Zukunft.

Vertriebler werden in Zukunft noch mehr online sein und mit Smartphones oder Tablets agieren – immer schneller, mit steigender Effizienz.

Kunden informieren sich im Internet, auf Plattformen, in Portalen und sozialen Netzwerken über die Produkte und die Preise – wo bleiben da die zwischenmenschlichen Beziehungen?

Welchen Stellenwert hat dann noch das Verkaufsgespräch, der Abschluss, das Projektmeeting?

Aus heutiger Sicht ist zu erahnen, dass die bekannten Marken die Vertriebsprozesse zunehmend auf Plattformen verlagern werden, wie es Amazon und viele andere B2C-Anbieter schon heute tun und den Vertrieb auf zwei Kanäle ausrichten: Commodity (Standardprodukte) und Consultative (beratungsintensive Produkte; Abb. 7.4).

Unternehmerisch denkender Vertrieb „Consultative Selling"

ERKLÄRUNG & ÜBERZEUGUNG
(mit Einwandbehandlung)

- Lösung aus Standard.
- Anpassungen individuell.
- Langfristige Bindung.
- Lizenzgeschäft

NUTZEN vermitteln
(Sicht des Unternehmers)

- Business Cases schaffen.
- Einbindung sämtlicher Stakeholder.
- Key Account Methodik.
- Nutzen aktiv mit dem Kunden im Dialog erarbeiten. (ROI / TCO)

Quelle: Gebhart, Christian / Vertriebsleiter AZTEKA Consulting GmbH, Freiburg

EGO Consulting
Elmar R. Gorich / MBA
www.ego-consulting.de

Abb. 7.4 Consultative Selling/Der unternehmerisch denkende Vertrieb, eigene Darstellung

Die vielen kleineren und agilen Unternehmen können sich über Kooperationen und die Positionierung in sozialen Medien optimal präsentieren – aber es braucht hier nach wie vor einen Menschen als Bezugspunkt, einen kompetenten Gesprächspartner mit vertrieblicher Ausbildung, der auf allen Ebenen professionell kommunizieren kann.

Der Vertriebler gibt dem anonymen Unternehmen und Produkt ein Gesicht.

Der Service und die einfachen Prozesse im B2C-Geschäft werden auch vom B2B-Segment zukünftig erwartet – der Trend geht zu einer Verschmelzung von B2C und B2B.

7.5.2 Emotionales Verkaufen in der digitalen Welt

Der Vertriebler der Zukunft muss den digital-anonymen Prozessen und Unternehmen aber nicht nur ein Gesicht geben. Es gilt eine Beziehungsbrücke zu schlagen – von Mensch zu Mensch, um den Kunden mit seinen menschlichen Sorgen und Ängsten nicht allein zu lassen.

Die menschlich verständliche Sorge vor Datenmissbrauch und das gefährliche Halbwissen, aus vielen digitalen Quellen gespeist, dürften auch in Zukunft valide Faktoren sein, um die sich Vertriebler mit Achtsamkeit kümmern werden.

Je komplexer das Produkt oder die Dienstleistung, umso mehr braucht es einen beratenden und fachlich präzisen Moderator – der Vertriebler übernimmt somit die Funktion eines Consultants.

Consultative Selling wird zur Königsdisziplin im B2B-Markt – nicht der direkte Verkaufserfolg steht im Fokus der vertrieblichen Leistung, sondern den potenziellen Interessenten oder den Stammkunden vom persönlichen oder geschäftlichen Nutzen zu überzeugen – aus der Sicht des Kunden argumentieren. Durch die Brille des Kunden den Weg zur Entscheidung finden, das ist hier der Ansatz.

Aus den vielen zur Verfügung stehenden Quellen die relevanten Fakten extrahieren – das wird den wirklichen Wettbewerbsvorteil eines Unternehmens ausmachen – der Vertrieb der Zukunft arbeitet emphatisch und extrem analytisch.

7.5.3 Wettbewerbsvorteil durch den Einsatz von Technik

Die zur Verfügung stehende Technik (BI, AR, Analytics, Big Data, Bots etc.) dient dem Vertrieb, die zunehmend komplexere Welt zu beherrschen und die relevanten Fakten für eine unternehmerisch fundierte Beratung verständlich aufzubereiten.

Die Technik liefert die Fakten, der Verkäufer der Zukunft entscheidet über die Relevanz für den Nutzer, den Kunden – geleitet von der Frage:

Macht mein Kunde durch meine Ideen besser und leichter sein Geschäft?

Was Privatkunden bei Google und Amazon erleben, wird auf das B2B-Geschäft als Erwartung übertragen. Wenn B2C- und B2B-Geschäft verschmelzen (Meffert und Meffert 2017, S. 24–27), bedeutet das, dass die Digitalisierung den Kundenkontakt revolutioniert und dann auch neue Geschäftsmodelle generiert.

Sie haben ein CRM-System?

Toll!

Nutzen Sie es vollfunktional, um die Effizienz Ihrer Marketing- und Vertriebskampagnen zu messen und zu analysieren?

Oder dient es, wie von vielen Unternehmen praktiziert, als bessere Adressdatenbank und Informationsbox für Besuchsberichte etc., die Ihr Außendienst zumeist widerwillig und unvollständig befüllt?

Liegt Ihre Forecast-Genauigkeit über 80 % pro Monat oder deutlich darunter?

Haben Sie Transparenz in Ihren Vorgängen und Prozessen, jederzeit abrufbar, um ein umfassendes Bild über die vertrieblichen Aktivitäten Ihrer Sales Force zu gewährleisten?

Können Sie Umsatzvorhersagen auf der Basis von vergangenheitsbezogenen Projekten und Umsätzen jederzeit zuverlässig und grafisch aufbereitet, mit einem Click generieren?

Echtzeitverarbeitung ist nicht mehr ausreichend. Um wettbewerbsfähig zu sein, braucht es den Blick in die Zukunft. Vorausschauende Prognosen („predictive analytics"), Simulationen und Risikoeinschätzungen, zu Stillstands- und Wartungszeiten, garantieren den entscheidenden Wettbewerbsvorteil – Zeit!

Die zunehmend optimierten Analytics-Systeme, mit künstlicher Intelligenz (KI) und Big Data, in Verbindung mit einer sinnvollen Datenstruktur im ERP-System, sind Werkzeuge, die dem Vertrieb helfen, schnell auf Kundenanfragen zu reagieren.

Sie merken, die herkömmlichen Werkzeuge wirken nicht, um den sich immer schneller veränderten Marktsituationen effizient und vorausschauend zu begegnen und fundierte strategisch zukunftsweisende Entscheidungen zu treffen.

Im Kern geht es ja um die Grundsatzfrage: Was passiert mit uns Menschen im Sog der Digitalisierung? – Eine Frage an der man sich in der Tat abarbeiten kann.

Die Auswirkungen werden schleichend erkennbar, weil keiner von uns die Zukunft kennt – wir können sie nur erahnen.

Menschlichkeit sollte aus meiner persönlichen Sicht für jedes Individuum ein Wert sein – die Geschichte und der Alltag lehren uns, dass das leider nicht immer so ist.

Menschlichkeit zeigt sich im Kleinen, in der menschlichen Interaktion, wenn wir intrinsisch motiviert erkennen, dass der wahre Wert einer Beziehung selbstlos ist – dieses im Kontext der digitalen Transformation zu begreifen, mit dem Blick auf 2030, dürfte insbesondere Führungskräfte und direkt mit dem Kunden im täglichen Dialog stehende Funktionen, wie den Vertrieb, vor menschlich herausfordernde Aufgaben stellen.

Bereits vor mehr als 30 Jahren, als ich meine ersten Schritte im Vertrieb gehen konnte, hat man mir beigebracht: Geschäfte werden immer zwischen Menschen gemacht.

Der Kunde sucht immer das Gesicht hinter der Firma – der Kunde will Menschen und Marken, denen er vertrauen kann.

Aber sind diese ganzen technischen Entwicklungen noch menschlich?

Ich würde sagen, ja, da es die Natur des Menschen ist, immer weiter zu forschen und Dinge zu entwickeln, die die Menschheit in jedem Fall bereichern – ob das so ist, ist aber oft auch Interpretation. Nutzenorientiert sind Antibiotika, Schnellzüge, Flugzeuge und Atomenergie durchaus sinnvoll – ob die nachhaltige Nutzeninterpretation dauerhaft trägt, kann zu Recht infrage gestellt und muss diskutiert werden.

Ja, es werden viele Jobs, auch im Vertrieb, zeitnah obsolet – dafür werden andere entstehen – dies lässt sich als Erkenntnis aus der Vergangenheit herleiten.

Ja, es wird neue Werkstoffe (z. B. Graphene) geben, die völlig neue Möglichkeiten eröffnen und ganze Industrien verschwinden lassen – dafür werden wieder neue entstehen.

Ja, es wird Roboter, Big Data und Internet of Things geben – Technik die nicht nur begeistert, sondern dem Menschen auch sinnvoll dienen kann.

Nein, extrem humanistisch klingt das alles nicht – aber es ist nützlich.

So bleibt die Frage, ist Nützliches auch immer gut für den Menschen – ich finde: Ja!

In vielen Texten, die sich mit der Digitalisierung beschäftigen, werden häufig Konjunktive benutzt: Man müsste, man sollte. Oder es wird mit Behauptungen gearbeitet, die einzeln und auch im Kontext betrachtet zwar oft auf die jeweilige Situation passen, aber doch sehr pauschal daherkommen – insofern keine saubere Darstellung der Ist-Situation liefern.

Was wird sich in den nächsten Jahren konkret im Vertrieb ändern?

Schon heute müssen wir Vertriebler vom Produkt zur Dienstleistung denken.

Dies wird sich zunehmend perfekter ausprägen und neue Märkte generieren – das Kundenerlebnis entwickelt sich zum Kaufmotiv.

Der Kunde will Mehrwert!

Ein Megatrend wird das individuelle und personalisierte Angebot (Advanced Analytics) für den einzelnen Marktteilnehmer.

Der Kunde will Serviceangebote und Bequemlichkeit!

So beschreiben Meffert und Meffert in ihrem Buch *Eins oder Null* (2017):

94 % der Konsumenten informieren sich online über ein Produkt.
70 % lesen Kommentare und Bewertungen vor dem Kauf.
87 % sagen, sie kaufen kein Produkt, das durchgängig schlecht besprochen wird.

Betrachten wir diese Aussagen im Zusammenhang mit dem Kaufverhalten von Unternehmen, bei der Beschaffung von Investitionsgütern, Produktionsmaterialien etc., so kann gesagt werden, dass der Kunde heute auf Verhalten, Zuverlässigkeit bei Terminen und Zusagen und vor allen Dingen auf Qualität gesteigerten Wert legt und danach seine Kaufentscheidungen trifft.

Hier liegt aus meiner Sicht der Ansatzpunkt für den Verkäufer der Zukunft.

Verhält sich ein Lieferant nicht kundenorientiert im Verkaufszyklus, stimmt etwa die Qualität nicht, so wird dieses in Bewertungsportalen und Social-Media-Kanälen umgehend kommuniziert, was einen nachhaltigen Imageschaden zur Folge haben kann.

Somit steht bei allen vertrieblichen Bemühungen zunehmend das Kundenerlebnis im Vordergrund!

Der Verkäufer der Zukunft wird ein Informationsmanager, ja sogar ein Challenger, der den Kunden mit Ideen und Konzepten herausfordert und im eigenen Unternehmen dafür sorgt, die besten Lösungen und Ressourcen für seinen Kunden zu koordinieren und zu managen.

In meiner Vertriebstätigkeit habe ich mehrfach erlebt, dass die Reaktionszeiten, z. B. bei der Abgabe eines Angebots, über den Auftrag entscheiden – genügten oft drei bis vier Tage, so erwartet der Kunde heute oft ein personalisiertes Angebot in weniger als 60 Min.

Werden die Menschen aus Fehlern lernen, auch wenn kluge Köpfe Rat und Aufklärung anbieten?

Skeptiker werden es verneinen – Optimisten sehen die Chance, die Zukunft aktiv zu gestalten!

Fazit: Wie bei jeder Entwicklungsepoche gibt es Zweifler, philosophische Kritiker, aber auch proaktive Macher, die die Dinge hinterfragen und auch zu einem sinnhaften Ergebnis führen.

Die Politik wird es nicht richten, solange Macht und Egoismus die Abstände zum Volk vergrößern – außerdem glaube ich nicht, dass die Mehrheit der politischen Elite überhaupt ein Gefühl dafür hat, was im Volk so gedacht und gefürchtet wird.

Die moralischen Instanzen werden es nicht verhindern, dass sich technische Entwicklungen etablieren – die ewigen Mahner werden von der Generation X und Y und schon gar nicht von der Generation Z gehört – die Reflexion findet nur von einer kleinen Elite statt, die sich dann zwar artikuliert, aber auch keine signifikanten Änderungen herbeiführt.

Ergo: Ja, die Welt verändert sich gerade in diesem Moment, gefühlt, sehr schnell – dennoch bleibt zu hoffen, dass kluge Köpfe in Politik und Wirtschaft nachwachsen, die idealerweise global denken und handeln und alle technischen Errungenschaften in einem übernationalen Kontext diskutieren, die Menschen informieren und dabei mitnehmen.

Es scheint jedoch, dass das vorerst eine Utopie bleibt.

7.5.4   Die heutigen Konzepte sind die Flops von morgen

Die nutzenorientierte und unternehmerische Betrachtung einer zu lösenden Kundenanforderung erfordert neben Fachwissen ein hohes Maß an emotionaler Intelligenz. Die Fähigkeit zur sachlichen Analyse und emphatischen Überzeugung wird den Wert eines Verkäufers in der Zukunft ausmachen – nicht die Eloquenz oder das Auftreten. Dies bleiben weiterhin wichtige vertriebliche Fähigkeiten, aber die Entwicklung zum unternehmerisch denkenden Consultant dürfte ein wesentlicher Entwicklungsschritt sein, der das Berufsbild des Verkäufers, insbesondere im B2B-Geschäft, nachhaltig ändern wird.

Diese Niveauvariation der vertrieblichen Fähigkeiten wird sich auch in der Außenwirkung, in Titeln und Kompetenzen ausdrücken. Schon heute findet man, dass ganze Teams von Experten an einen Account Manager berichten, der komplexe Kunden und Lösungen betreut. Account Manager mit Handlungsvollmacht und manchmal auch Prokura sind keine Seltenheit mehr.

Gefordert sind zunehmend visionäre Fähigkeiten – dem Kunden einen Entwicklungspfad für das Unternehmen oder das Projekt aufzeigen und überzeugend einen gemeinsamen Weg der Umsetzung darstellen – das sind die Skills, die es in Zukunft braucht, um die Komplexität der digitalen und internationalen Geschäftswelt zu managen – nur so kann sich dann Vertrauen in die digitale Unterstützung entwickeln.

7.6 Fazit: Der Wettbewerbsvorteil der Zukunft – schneller lernen!

Bildung und die individuelle Fähigkeit, schneller als der Wettbewerb zu lernen, erscheint zunehmend als wichtigstes Differenzierungskriterium und könnte sich als der letztlich einzige wirkliche Wettbewerbsvorteil für die Zukunft herausstellen.

Hier bewahrheitet sich die Kernidee, dass Bildung das wesentliche Fundament für die kommenden Generationen in einer immer komplexeren digitalen Welt sein wird.

Das Jahr 2030 ist zwar noch gefühlt in weiter Ferne, aber die Entwicklungen und Trends sind auf Basis der aktuellen technischen Entwicklungen und der fortschreitenden Innovation von Business Intelligence, Big Data und Analytics und anderen, für die Vertriebstätigkeit hilfreichen Werkzeuge und Themen absehbar.

Belastbare Prognosen für die Zukunft der vertrieblichen Arbeit und die Ausprägung des zukünftigen Berufsbilds von Verkäufern lässt uns hoffnungsvoll in die Zukunft blicken.

Was verändert sich kurzfristig im Vertrieb?

1. Der Verkäufer der Zukunft, im B2B-Geschäft, ist ein hochqualifizierter Experte, der auf Augenhöhe mit Entscheidern und Fachleuten beim Kunden strategische Weichen für die zukünftige Ausrichtung und Entwicklung von Geschäftsmodellen stellt.
2. Der Verkäufer im Jahr 2030 wird im Idealfall eine Symbiose aus beratendem Experten mit hoher Methodenkompetenz und ausgeprägtem visionären und unternehmerischem Denken sein – ein hochqualifizierter neuer Typus von Vertriebler.
3. Nicht nur umsatz- und profitgetrieben, sondern mittel- und langfristig am Geschäftserfolg des Kunden orientiert – dies mit einem klaren Fokus auf Menschlichkeit und ausgeprägter Fähigkeit zur Kommunikation von komplexen Zusammenhängen.
4. Die digitalen Werkzeuge sind Hilfsmittel, um die Beziehung zu potenziellen Kunden zu erleichtern – der Gesprächspartner steht als Mensch im Mittelpunkt – so soll es auch schon heute sein!

Fazit: Die Digitalisierung ändert nichts – aber doch alles!

Für vertiefende Informationen möchte ich Sie einladen, meine Webseite zu besuchen – sprechen Sie mich bitte jederzeit gern an: www.EGO-Consulting.de

Ich freue mich auf den Dialog mit Ihnen!

Literatur

Auinger, A., & Steyr/Österreich. (2018). FH Oberösterreich, Fakultät für Management, Vortrag: Digitalisierung und Multichannel Commerce als Chance für den Export. https://www.wko.at/site/export-center-ooe/veranstaltungen/Digitaler-Export-Auinger.pdf. Zugegriffen am 06.03.2019.

Grunwald, A. (2018). *s.* Bath: Riva.

Kreutzer, R. T., Neugebauer, T., & Pattloch, A. (2017). *Digital Business Leadership, Digitale Transformation – Geschäftsmodell-Innovation – agile Organisation – Change Management.* Wiesbaden: Springer Gabler.

Löhr, J. (2018). *Digitalisierung zerstört 3,4 Millionen Stellen*. https://www.faz.net/aktuell/wirt-schaft/diginomics/digitalisierung-wird-jeden-zehnten-die-arbeit-kosten-15428341.html. Zuge-griffen am 06.03.2019.

Meffert, J., & Meffert, H. (2017). *Eins oder Null: Wie Sie Ihr Unternehmen im Digital @Scale in die digitale Zukunft führen*. Berlin: Econ/Ullstein.

Schulte, S. (2018). *Die Digitalisierung kostet und schafft Jobs*. https://www.wp.de/wirtschaft/die-di-gitalisierung-kostet-und-schafft-jobs-id213306637.html. Zugegriffen: 06.03.2019

Weiterführende Literatur

Abood, D., & Quilligan, A. (2017). *Industry X.o, Combine and Conquer – Unlocking the power of digital*. Accenture Publication. https://www.accenture.com/us-en/insights/industry-x-0/vision-va-lue-combine-conquer. Zugegriffen am 06.03.2019

Atkinson, R. D., Ezell, S., Andes, S. M., Castro, D., & Bennett, R. (2010). *The internet economy 25 years after.com*. Washington, DC: Information Technology and Innovation Foundation.

Friedrich, R., & Seiferth, D. (2015). *Exzellenz im Vertrieb 2.0 – Professionalisierung des Vertriebs im Mittelstand durch die wirksame Ausgestaltung wesentlicher Vertriebselemente, Kienbaum Management Consultants*. https://cdn-assets.kienbaum.com/downloads/Exzellenz-im-Ver-trieb-2.0_Kienbaum-Studie_2015.pdf?mtime=20160728165059. Zugegriffen am 06.03.2019.

Klaffke, M. (Hrsg.). (2016). *Arbeitsplatz der Zukunft, Gestaltungsansätze und Good-Practice-Beispiele*. Wiesbaden: Springer Gabler.

Komor, R. (2018). *Agiler B2B-Vertrieb im Zeitalter der Digitalisierung, Chefsache Interim Ma-nagement, Praxisbeispiele für den erfolgreichen Einsatz in Unternehmen*. Wiesbaden: Springer Gabler.

Kotter, J. P. (2011). *Leading Change: Wie Sie Ihr Unternehmen in acht Schritten erfolgreich ver-ändern*. München: Vahlen.

Lanier, J., & Mallet, D. (2014). *Wem gehört die Zukunft*. Hamburg: Hoffmann und Campe.

Metzler, K., & Bailom, F. (2016). *Digital Disruption, Wie Sie Ihr Unternehmen auf das digitale Zeit-alter vorbereiten*. München: Vahlen.

Sprenger, R. K. (2018). *Radikal Digital, Weil der Mensch den Unterschied macht*. München: DVA.

Yogeshwar, R. (2017). *Nächste Ausfahrt Zukunft, Geschichten aus einer Welt im Wandel*. Köln: Kie-penheuer & Witsch.

Elmar R. Gorich ist ein Umsetzungsexperte – ein Macher mit Lei-denschaft und hat langjährig in internationalen, vornehmlich US-amerikanischen Unternehmen, in verschiedenen Executive-Funk-tionen gewirkt und gilt als ausgewiesener Experte für den Lösungs- und Projektvertrieb.

Über den zweiten Bildungsweg hat Elmar R. Gorich nach seiner Ausbildung zum Industriekaufmann nebenberuflich Betriebswirt-schaft studiert und als Dipl.-Betriebswirt und Master of Business Ad-ministration (MBA) abgeschlossen. Es folgte eine psychologische Zusatzausbildung als Coach und Supervisor.

Verschiedene Stationen als Senior Partner und Gesellschafter bei namhaften Unternehmensberatungen gaben ihm die Möglichkeit, bei kleinen und mittelständischen als auch bei DAX-Unternehmen über viele Jahre Projekte zu planen und umzusetzen sowie Mandate als Coach und Vertriebstrainer zu übernehmen.

Seit 2006 ist Elmar R. Gorich mit der Unternehmensberatung EGO-Consulting/Advisory & Management Services (www.EGO-Consulting.de) als Management Consultant, Interim Manager (DDIM Mitglied), Coach und Vortragsredner freiberuflich tätig – schwerpunktmäßig für Lösungsanbieter im IT-/ITK-Markt, mit deutlichem Fokus auf den digitalen Trends und den Auswirkungen zukünftiger Geschäftsmodelle.

Seit 2013 ist Elmar R. Gorich auch als Lehrbeauftragter an der Fachhochschule Südwestfalen als Dozent tätig und betreut dort diverse Vorlesungen und Workshops am Fachbereich Entrepreneurship.

Weitere Informationen finden Sie auf der Website: www. EGO-Consulting.de.

Wie Sie in Zukunft Kunden gewinnen: multisensual und emotional – oder gar nicht!

8

Hendrik Habermann

Inhaltsverzeichnis

Zusammenfassung

Mehr denn je wird es in den kommenden Jahren darauf ankommen, Zeichen zu setzen und eindrucksvoll im Gedächtnis der Kunden zu bleiben. Jedes Unternehmen muss sich klar positionieren, eindeutigen Nutzen und messbaren Output bringen und sich abgrenzen von all den anderen, die ihrerseits versuchen, ihr Bestes zu geben, um den Kunden an sich zu binden. Wie Unternehmen mit multisensualem Marketing und haptischen Verkaufstechniken zu einem fühlbaren Marktvorsprung gelangen und was es wirklich bedeutet, in das Bewusstsein eines Interessenten einzudringen, verrät das folgende Buchkapitel. Am Beispiel der Geschichte der Werbemittelbranche und moderner neurowissenschaftlicher Erkenntnisse werden Parallelen gezogen, die jeder für sich umsetzen

H. Habermann (✉)
Dormagen, Deutschland
E-Mail: hendrik@habermann.info

© Springer Fachmedien Wiesbaden GmbH, ein Teil von Springer Nature 2019
P. Buchenau (Hrsg.), *Chefsache Zukunft*, Chefsache,
https://doi.org/10.1007/978-3-658-26560-1_8

kann, ganz gleich in welchem Gewerk er unterwegs ist. Die Prinzipien des multisensualen Marketings und einer radikalen Ausrichtung auf das Ergebnis sind universell – und besonders bedeutsam in Zeiten der Digitalisierung und vermeintlichen Austauschbarkeit.

8.1 Output ist alles

Was den Friseur betrifft, bin ich wahrscheinlich wie die meisten Männer in Westeuropa: meine Frisur ist einfach, weil kurz. Und ich bin treu. Ich mag es nicht, den Friseur zu wechseln. Zwar stelle ich es mir als ein Leichtes vor, einem oder einer anderen als meiner jetzigen Friseurin zu erklären, wie ich die Haare geschnitten haben möchte. Aber ich habe dazu keine Lust. Ich verzichte lieber auf ein erneutes Briefing.

Für den Beruf des Friseurs scheint es mir eine Grundvoraussetzung zu sein, sich mit dem Kunde zu unterhalten. Schließlich wird ständig gequasselt. Wenn es nach mir ginge, könnte man die Worte für die Zeit des Besuchs auf das Notwendigste beschränken. Das habe ich allerdings noch nie beobachten können. Immer wird erzählt und berichtet und sich über die neuesten Neuigkeiten ausgetauscht. Da ich meine Friseurin, sie ist die Inhaberin des Friseurgeschäfts, schon lange kenne – quasi schon eine höchstpersönliche Beziehung aufgebaut habe – und man sich eben unterhält, spricht man auch über die ein oder andere Sache, die einen persönlich betrifft und interessiert. In meinem Fall sind es die Wirtschaft und das Unternehmertum. Und so tauschen wir uns regelmäßig aus über die Arbeit, die Mitarbeiter, die Kunden und alles, was dazu gehört.

Vor einiger Zeit erzählte mir meine Friseurin, die das Geschäft von ihrem Vater übernommen hatte, von einem Gespräch mit ihrem Vater zur Zeit der Betriebsübergabe: Friseur sein sei ganz einfach, sagte ihr dieser, schließlich müsse man nur Haar schneiden. Auf den ersten Blick erscheint das plausibel: das ist das, was man tut. Und es ist auch das, was man letztlich lernt: den Umgang mit Haaren und entsprechenden Werkzeugen und Fertigkeiten. Unsere ganze Gesellschaft ist auf Tätigkeiten ausgerichtet: man redet am meisten über das, was man tut (oder tun sollte). Auch Berufe werden mit der Tätigkeit bezeichnet und nicht beispielsweise mit dem gewünschten Ergebnis. Es gibt einen Koch, der kocht, aber keinen Menschen, der dafür sorgt, dass der Gast gesunde und wohlschmeckende Nahrung zu sich nimmt. Das wäre dann eben keine Tätigkeit, sondern eine Zuständigkeit.

Aber ist es das wirklich? Kommt es als Friseur wirklich nur darauf an, Haare gut schneiden zu können, wenn man ein erfolgreiches Friseurgeschäft betreiben will? Und ist es das, was im Kern einen Friseur ausmacht? Ist es das, was die Menschen erwarten? Kann man sich damit von der Masse der anderen Friseure unterscheiden und auch in Zukunft Bestand haben?

Ich habe meine Zweifel. Wenn ich mit dem Gedanken spielen würde, einen Friseurladen zu eröffnen, würde ich nicht das Schneiden der Haare in den Mittelpunkt stellen. Schließlich ist es nur eine Tätigkeit, zumeist sinnvolle Tätigkeit und oftmals notwendig, aber nicht der Zweck einer solchen Unternehmung. Außerdem ist Haareschneiden das, was alle Friseure tun. Ich wäre damit nicht in der Lage, mich von anderen Friseuren abzugrenzen. Und in zunehmendem Maß wäre ich überflüssig – zumindest was meine eigene Kurzhaarfrisur angeht. Denn mit einer Maschine lässt sich meine Friseur auch passabel herstellen. Und zwar selbst und zu Hause. Und viele Friseure benutzen ja sogar selbst Maschinen. Ich könnte also, wenn es nur um das Kürzen der Haare geht, meine Haare mit einer Maschine zu Hause schneiden und Geld sparen. Das tue ich aber nicht. Ich gehe zum Friseur.

Also, worum geht es? Welche Bedürfnisse möchten Kunden wirklich befriedigt haben? Welche Erwartungen hat der durchschnittliche Friseurbesucher? Welches Ergebnis muss erbracht werden? Was ist der Kern der Leistung? Lohnt es sich, diesen Kern zu bewahren und ihn weiterzuentwickeln? Ist dieser Kern, wenn einmal von Friseuren wahrlich erkannt und verinnerlicht, etwas, was einen Friseur – exzellente Umsetzung vorausgesetzt – gegen das Eindringen von Branchenfeinden schützt und mit dem man sich von der Masse aller Marktbegleiter sogar abheben könnte?

Nicht immer werden beim Friseur Haare geschnitten. Manchmal geht es auch um das Färben oder um das Gestalten einer Dauerwelle. Viele Friseure bieten auch Kosmetik- oder Make-up-Leistungen an. Geht es im Kern also um Haare? Oder sind die Haare nur ein Synonym für etwas Größeres? Geht es nicht eigentlich um Schönheit – konkret: um die gefühlte Schönheit? Und würde jemand in einen Friseurladen gehen, wenn es ihm dort nicht gefällt? Wenn es unangenehm ist oder man sich gar nicht wohl fühlt? Gibt es einen oder mehrere Punkte, die ich zwingend in (m)einem Friseurkonzept beachten müsste, damit es erfolgreich sein kann?

Für mich gibt es das. Für mich steht fest – dass ich – falls ich irgendwann einmal einen Friseurladen aufmachen sollte, mich v. a. auf zwei Dinge konzentrieren würde: zum einen darauf, dass die Gäste eine gute Zeit bei mir verbringen; zum anderen darauf, dass sie sich nachher schöner fühlen als vorher. Das wären meine relevanten Ziele. Ich wage die Behauptung, dass dies verallgemeinert werden kann. Und daraus würden sich dann die relevanten Fragen und Maßnahmen für mein tägliches Tun ergeben. Mein Handeln, also meine Tätigkeit, wäre also abgeleitet aus meinen Hauptzielen. Das Haareschneiden, das Färben und alles andere, was man als Friseur am Kopf des Kunden vollbringt, wären dann lediglich Input. Dass dies alles wichtig wäre, um meine beiden Ziele zu erreichen, liegt auf der Hand. Aber darum würde es im Kern nicht gehen. Haareschneiden wäre nur Mittel zum Zweck, nicht der Kern der eigentlichen Profession. Und etwas anderes ist mir auch direkt klar: Egal, was ich tue, wenn es den Kunden nicht erreicht, er sich dabei nicht wohlfühlt, dann wird mein Geschäft nicht langfristig funktionieren.

Und wie ist es mit meinem eigenen Geschäft? Mein Bruder und ich betreiben eine Agentur für gegenständliche Kommunikation. Wir kreieren Werbemittel, drucken und sticken Kundenlogos auf diverse Artikel, lagern diese ein, schicken diese wieder weg, statten Kundenorganisationen und Messen mit Give-aways aus, halten Meetings mit Kunden ab, besprechen uns intern, schreiben Unmengen an E-Mails, besuchen Kunden und Lieferanten, sind frustriert oder begeistert, freuen uns und ärgern uns. Und abends gehen wir nach Hause.

Das ist das, was wir tun. Tag für Tag. Und genauso wie bei einem Friseur – oder in jedem anderen Beruf – ist das, was wir tun, im Grunde vollkommen uninteressant, ja sogar egal. Im tiefsten Herzen der Menschen, um die es am meisten geht, unserer Kunden, spielt das, was wir tun, nämlich überhaupt keine Rolle. Was wir getan haben, zählt nur indirekt. Wichtig ist nur eines, und das ist die Frucht des Ganzen: Was hat es gebracht? Anders ausgedrückt: Welche Wirkung hat es gehabt und wie haben sich die Kunden dabei gefühlt?

Ist dieser Anspruch unserer Kunden an uns Leistende undankbar oder ignorant unserem Bemühen gegenüber? Nein, dieser Anspruch und das sich daraus ergebende Verhalten sind vollkommen normal und angemessen! Denn alles, was wir getan haben, ist Input. Wenn aber kein gutes, brauchbares Ergebnis rauskommt, ist alles Bemühen wertlos.

Es geht nur um Ergebnisse. Output ist alles!

8.2   Arbeit im Jahr 2030

Diese Einstellung – die Konzentration auf den Output – ist einfach und bietet schnell Orientierung für ergebnisorientiertes Handeln. Gut ist, was funktioniert und sein Ziel erreicht. Was das Ziel nicht erreicht, ist im besten Fall überflüssig und im schlechtesten Fall schädlich. Die Befriedigung von Kundenbedürfnissen, das Lösen von Kundenproblemen, oder wie auch immer man es formulieren möchte, ist die einzige Lebensberechtigung einer Organisation. Gelingt dies nicht, spuckt der Markt einen früher oder später aus. Die Konsequenz heißt Betriebsschließung oder sogar Insolvenz. Und das ist völlig in Ordnung. Wenn man keine Kunden hat, das Unternehmen in seiner bestehenden Form keinen Nutzen mehr stiftet, dann gilt es Platz zu machen für das Neue, das Bessere.

Nun liegt es in der Natur des Menschen, dass uns genau davor graut. Wir möchten unseren alten Platz nicht räumen, solange wir unseren neuen Platz noch nicht kennen. Wir möchten nicht die sein, die durch etwas Neues, Besseres ersetzt werden. Wir möchten das Bestehende, das wir manchmal als das Gute romantisieren, bewahren – in der Hoffnung, uns damit selbst zu bewahren. Aber wir spüren, dass es schwieriger wird, dass die Zeit sich schneller wandelt, dass der Druck und die Anforderung an Performance steigen.

Die Welt dreht sich schneller und ist unüberschaubarer geworden. Es wird schwieriger, die Zukunft vorauszusagen und die richtigen Entscheidungen zu treffen. Das Leben ist hart und die Digitalisierung ändert alles. Schon morgen kann alles anders sein. Nichts bleibt mehr, wie es war. Und früher war sogar die Zukunft besser.

Mitnichten!

Wir sind gut beraten, einen klaren Blick zu bewahren. Dinge ändern sich, das ist nichts Neues. Und ja, die Geschwindigkeit hat zugenommen. Und richtig, die Digitalisierung ändert nicht nur die Art, wie wir Geschäfte machen, sondern auch die Art, wie wir leben und als Menschen miteinander umgehen. Aus meiner Sicht ist Digitalisierung aber v. a. eine Einstellung, die teilweise radikale Auswirkungen auf unsere Erwartungen und unser Verhalten hat. Neuerungen und Veränderungen erscheinen unsympathisch und insgeheim lehnen wir sie ab, denn wir erkennen darin tendenziell eher Nachteile als Vorteile. Sie machen uns Angst. Aber nicht, weil sie wirklich so schlecht sind, sondern weil genau diese ablehnende, pessimistische Reaktion typisch ist für die menschliche Natur. Diese Einstellung wird in der Verhaltenswissenschaft als Verlustaversion bezeichnet – ein Begriff der passender nicht sein könnte.

Wir sollten unsere Emotionen einmal für einen Augenblick zur Seite schieben; bedauern können wir uns ja später noch. Das, was wir als umwälzende Veränderung wahrnehmen, ist nur ein Ausschnitt aus einem logischen, dauerhaften Prozess. Wer den Blick hebt und kurz analysiert, sieht, dass es Prinzipien gibt, die sich nicht verändert haben und sich auch nicht ändern werden. Genauso wie der Kern einer Profession sich nicht ändert. Trotz aller Änderungen und trotz allem Wandel gibt es also weiterhin Konstanten.

Es sind nur die verwendeten Mittel, die sich ändern. Wer den Blick hebt und analysiert, erkennt, dass wir uns in einer dauerhaften und zwingenden Entwicklung befinden. Diese Entwicklung ist gekennzeichnet von Veränderung mit eindeutiger Tendenz: Es findet eine Konzentration auf Leistung, auf den Output statt. Und um diese Leistung stetig besser bieten zu können, bekommt eine Leistung – angetrieben durch Konkurrenz und Kundenerwartung – kontinuierlich tiefere und komplexere Wertedimensionen.

Vor mehreren hundert Jahren gab es Medizinmänner und Kräuterfrauen, sog. Hexen. Diese waren Psychologen, Apotheker, Ärzte und weitere Berufe in Personalunion. Diese Menschen würden wir heute als Generalisten bezeichnen. Damit kann man sich immer schwieriger am Markt durchsetzen und ein Generalist ist darüber hinaus schlechter bezahlt als jemand mit einem ausgewiesenen Expertenstatus. Heute gibt es Zahnärzte, die auf die Behandlung von behinderten Kindern spezialisiert sind – Fachleute mit eindeutiger Positionierung, Spezialisten eben.

Die Anforderungen des Markts und der Kunden machen eine Spezialisierung und damit Abgrenzung von anderen Anbietern notwendig. Als Anbieter muss ich spitzer, zielgenauer und kundenorientierter kommunizieren und agieren als es früher von den Märkten gefordert wurde. Die Komplexität und marktnotwendige Tiefe meines Angebots nimmt für mich als Anbieter somit ständig zu. Man könnte dazu sagen, es wird immer schwieriger, an das Geld anderer Leute zu kommen. Das Resultat dieser Komplexität auf Anbieterseite bedeutet für den Kunden auf seine Bedürfnisse einfacher zugeschnittene Prozesse – und zwar in jeder Hinsicht. Um es dem Kunden einfacher zu machen – das ist eine Konstante, bedarf es einer erhöhten Anstrengung auf Anbieterseite. Das ist die Kehrseite der Medaille der gleichen Konstante.

Dieser Trend ist nicht aufzuhalten, er ist zwingend und logisch. Sollte ich mir einen Vorsprung vor meinen Wettbewerbern aufgebaut haben, werden sich schnell Nachahmer und Konkurrenten finden, die versuchen werden, diesen Vorsprung aufzuholen oder sogar darum bemüht sind, durch eigene Innovation für sich selbst einen Vorsprung zu erarbeiten. Jeder Marktteilnehmer ist in immer schneller steigenden Maß gezwungen, sich weiterzuentwickeln und besser zu werden. Dabei gilt: Die größten Fortschritte werden am Anfang eines Vorhabens erzielt. Leistung ist eine Exponentialfunktion. Je besser ich schon bin, desto mehr Aufwand muss ich für ein kleines bisschen mehr Verbesserung betreiben. Deshalb ist die Luft ja auch immer nur oben dünn und nicht an der Basis. Gleichzeitig gilt die Masse als träge. So wird es auch immer schwieriger, Kunden zu binden oder zu begeistern; anders ausgedrückt: Loyalität aufzubauen. Das aber ist für Unternehmen wichtiger denn je.

Interessant bei dieser Sache ist, dass mit der Spezialisierung und mit der Abgrenzung zum Angebot des Wettbewerbs auch die Kernleistung immer mehr herausgeschält wird. Schichten, die diese verschleiern oder verbergen, werden nach und nach abgetragen. Überflüssiges fällt folglich weg. Übrig bleibt etwas, was Bestand hat, weil es zeitlos ist.

Was ist diese Kernleistung für Ihre Branche? Worum geht es bei dem, was Sie täglich tun wirklich? Kleiner Hinweis: das, was sie tun, ist es nicht. Das, was sie tun, ist nur ein Werkzeug, nur ein Mittel zum Zweck. Denken Sie output- und nicht input-konzentriert!

Was aber ist nun die Kernleistung meiner Branche, der gegenständlichen Kommunikation? Was können Sie aus diesem Buchkapitel für sich und Ihre Branche mitnehmen? Idealerweise sind es Informationen im Rennen um den Erfolg der Zukunft, die für Sie nicht nur relevant, sondern vielleicht sogar überlebensnotwendig sein werden.

8.3   Was können Sie erwarten?

Wir leben in einer Zeit der allergrößten Chancen. Für jeden Gewerbetreibenden, ob Friseur oder Werbemittelproduzent, kann heute die Basis für ein erfolgreiches Morgen gelegt werden. Wir werden uns ändern müssen – das musste man freilich immer – die Geschwindigkeit nimmt zu – nahm sie auch immer – und die Richtung dieser Änderung steht seit hunderten von Jahren fest. Auf den Punkt gebracht: man muss besser werden! Der Gradmesser dafür ist die gestiegene Erwartung des Kunden.

Besser zu werden bedeutet, dass man die Bedürfnisse des Kunden besser befriedigen muss als jemand anderes. Bedürfnisse befriedigen bedeutet, dass der Kunde oder Leistungsempfänger meint, dass er sich mit Ihrer Leistung besser fühlen wird. Und zwar auch besser als bei jemand anderem, der seinerseits ebenfalls meint, dass sich der Kunde bei ihm am besten fühlen müsste. Meinen kann man in diesem Zusammenhang auch durch Fühlen ersetzen. Wichtig ist nur: es geht hier *NICHT* um Fakten oder Rationalität, es geht um ein subjektives Empfinden.

Es wäre falsch zu behaupten, dass wir von der Zukunft gar nichts wissen können und dass es unmöglich ist, sich auf sie vorzubereiten. Es ist möglich und für unser Seelenheil sogar notwendig – schließlich möchten wir als Menschen nicht überrascht werden. Wenn wir den langfristigen Prozess kennen, verstehen und die Änderung für uns zu nutzen wissen, steht unserem Erfolg nur das Pech im Weg.

Sie haben die Wahl, nach vorne zu schauen und sich auf den Weg zu machen oder mit gleichem Engagement nach hinten zu blicken – und sich dann mit voller Wucht von der zukünftigen Veränderung und dem Anspruch des Markts überrollen zu lassen. Sie sind hiermit eingeladen, Ihre Gedanken und Gefühle für die nächsten Seiten dieses Buchs zu öffnen und mit Ihrer Realität abzugleichen.

Vielleicht gelingt es mir, Sie davon zu überzeugen, dass die Kernleistungen der Werbemittelbranche auch für Sie relevant sind und in steigendem Maß Verwendung finden sollten. Sie werden dieses Wissen in Zukunft brauchen – und zwar ungeachtet Ihrer jetzigen oder zukünftigen Branche. Denn auch das ist eine der Konstanten der vergangenen zigtausend Jahre menschlichen Tauschhandels und Geschäftemachens: die notwendigen zu verarbeitenden Informationen steigen. Vereinfacht ausgedrückt: es wird komplexer und wir dürfen nicht stehenbleiben. Das schaffen wir nur, wenn wir mehr Informationen zu besserem, tieferem, nützlicherem Wissen verarbeiten und schließlich verbinden.

Insofern wage ich eine Generalisierung, die auf jedes Kapitel dieses Buchs zutreffen sollte: Kein Kapitel dieses Buchss ist nur für eine Branche oder eine kleine Gruppe speziell Interessierter geschrieben. Jeder von uns ist immer mehr darauf angewiesen, aus jedem Bereich für sich das Beste herauszuholen und Wissen zu verknüpfen. Finden und nutzen Sie die zeitlosen Wahrheiten, die Sie in Ihr Geschäft schon heute integrieren können! Reduzieren Sie eine Leistung auf ihren Kern, um den wirklichen Wert zu erkennen. Nutzen Sie die Erkenntnisse anderer Menschen und Branchen früher als andere! Sichern Sie sich so dauerhaft die Poleposition in Ihrem Markt!

8.4   Am Anfang war das Werbegeschenk

Meine Branche hat viele Namen: es wird von Werbegeschenken, Werbemitteln, Werbeartikeln, haptischer oder gegenständlicher Kommunikation oder ähnlichem gesprochen. Der Markt ist etwa 3,5 Mrd. € groß (Deutschland, bezogen auf Zahlen des Promotional Product Service Institute [PSI] für das Jahr 2017) und umfasst etwa 4000 Handels- und Agenturunternehmen, die die Ware verkaufen, sowie eine große Anzahl von Herstellern oder Importeuren, also die, die die Ware produzieren oder produzieren lassen. Wie praktisch in fast jedem Markt herrscht große Konkurrenz, und die Globalisierung mit ihren weltweiten Einkaufsmöglichkeiten hat das Geschäftemachen für die heimischen Marktteilnehmer nicht einfacher gemacht.

Und obwohl das Einsetzen von Greifbarem im Bereich des Marketings oder der Werbung schon Tausende von Jahren alt ist, beispielsweise als Geschenk für Könige oder als Opfergaben für die Götter, und auch der Volksmund den Wert haptischer Verkaufs- oder Beziehungshilfen erkannt hat (Kleine Geschenke erhalten die Freundschaft), ist die Branche eher jung.

Zwar datieren erste Versuche mit klassischen Werbemitteln bereits auf das Jahr 1768, als König George III. von England Bilder seines Konterfeis mit der Inschrift „In memory of the good old days" an Siedler verteilen ließ, doch fristete die Branche von Anfang an ein Nischendasein und lebte ihre Stärken nicht aus – bedauerlicherweise bis heute. Das Werbegeschenk, also ein Artikel, der vor oder mit einem Warenkauf ausgegeben wurde, wurde vor 100 Jahren als unlautere Beeinflussung, sogar als Korruptionsversuch, interpretiert. In den 20er-Jahren des 20. Jahrhunderts sollte das deutsche Volk dann vor dem „Unglück des Zugabewesens" geschützt werden. Schließlich wurde 1933 ein Gesetz erlassen (Reichsgesetz über das Zugabewesen), das nicht nur das schlechte Image der ganzen Branche institutionalisierte, sondern die Branche mit Attributen ausstattete, die ihr nicht gerecht wurden. Gesprochen wurde dann nicht nur von Werbegeschenken, sondern von Korruptionalien oder Bestecherli.

Die Vorteile dieser Art der Kommunikation, nämlich der gegenständlichen Kommunikation, wurden nicht herausgestellt. Zum Großteil waren diese auch nicht wissenschaftlich belegbar. Erst in den letzten Jahren hat die Hirnforschung und damit der entsprechende Wirkungsnachweis von Werbeartikeln große Fortschritte gemacht. Die Branche in Mitteleuropa blieb sich selbst – im Gegensatz zu den USA – über lange Jahre zudem auch den Aufbau sinnvoller Strukturen schuldig. Sie musste sich wiederholt Diskussionen wie beispielsweise über die Beschränkbarkeit der steuerlichen Abzugsmöglichkeiten stellen, statt sich mit sinnvollen Fragen wie beispielsweise der eigenen Wirkung und handlungsauslösenden Impulsen beim Empfänger zu beschäftigen.

Ein entscheidender Schritt für die Organisation der Branche in Deutschland war immerhin die Gründung des PSI (damals Präsent Service Institut) im Jahr 1960, was den Grundstein für einen einheitlichen und transparenten Werbemittelmarkt in Deutschland legte und die Branche nachhaltig strukturierte. Mitte der 1960er-Jahre betrug der Umsatz der deutschen Werbemittelindustrie etwa 780 Mio. DM und machte einen 18-Prozent-Anteil der Werbeaufwendungen der deutschen Industrie aus. Ungefähr 62 % alle Werbeartikel wurden zu diesen Zeiten anlässlich des Weihnachtsfests verteilt.

Natürlich hat sich seitdem einiges verändert. Die Kunden erwarten heute nicht mehr nur reine Produktbeschaffer, sondern Berater und Dienstleister. Der Anspruch an die erbrachte Leistung (Stichwort: Full Service, z. B. Leistungen wie Einlagerung und Produktentwicklung) spielen eine deutlich größere Rolle. Trotzdem und leider spielt die Branche aber immer noch weit unter ihren Möglichkeiten. Kunden bestellen Produkte, also Waren. Sie erwarten dabei Service, also Dinge wie Einlagerung und weltweiten Versand. Es ist noch viel zu tun. Das Feld ist offen für noch mehr und noch besseren Service.

8.5   Die Werbeartikelrealität

Die größte Messe im Bereich Werbeartikel ist die jährlich in Düsseldorf stattfindende PSI-Messe. Dort präsentieren 925 Aussteller aus fast 90 Ländern ihre Artikel. Ja genau: man präsentiert seine Produkte. Und genau das ist das Problem.

Zum einen, weil man mit einer Fokussierung auf die Produkte Werkzeuge anpreist und damit den Input feiert, dabei aber die Wirkung, den Output, übersieht. Produkte sind austauschbar – nur das Ergebnis zählt!

Zum anderen, weil man sich gegen einen Trend (Digitalisierung) stellt und zur Verwirrung in den Köpfen der Marketingentscheider beiträgt. Denn wenn die digitalen Kanäle, wie Social Media, Influencer- und Affiliate-Marketing und was es noch alles gibt und zukünftig geben wird, zweistellige Zuwachsraten erzielen und diese Kanäle eben genau nichts mit dem klassischen Werbegeschenk von früher zu tun haben, dann macht sich eine Branche mit seiner Fokussierung auf Produkte noch mehr zum Außenseiter als dies aufgrund des vielen Schrotts, der sich in Werbemittelkatalogen findet, ohnehin schon der Fall ist.

Die Realität spürt jeder an der eigenen Person: zu Weihnachten bekommt man immer weniger geschäftlich geschenkt. Zum Teil dürfen (Werbe-)Geschenke gar nicht angenommen werden. In diesem Fall sorgt die Compliance dafür, dass die erhaltenen Aufmerksamkeiten an den Versender zurückgeschickt werden, wenn die Lieferanten nicht schon im November durch ein Schreiben darüber informiert worden sind, dass das Versenden von Präsenten an die Ansprechpartner im Unternehmen nicht gestattet ist. Alternativ werden alle erhaltenen Aufmerksamkeiten, Kalender und Weinflaschen gesammelt und mithilfe einer Weihnachtstombola an die Belegschaft verteilt. Eine höchstpersönliche Beziehung baut man also mit Werbegeschenken nicht mehr auf. Und das eben Erwähnte gilt natürlich auch nur dann, wenn der Lieferant überhaupt noch etwas Persönliches auf den Weg gebracht hat. Wenn es also die Karte mit dem Hinweis, dass man sich in diesem Jahr für eine Spende an eine wohltätige Organisation entschieden hat, nicht gab. Auch der obligatorische Kalender zum Jahresende kommt in immer weniger Büros an. Und offen gefragt: wozu auch? Wir alle haben schon mehrfach, zumeist digitale, Kalender. wozu also Papier mit Zahlen, wenn es nicht einem eindeutigen praktischen Nutzen dient bzw. diesen Nutzen im Vergleich zu den Alternativen ergänzt?

Auch die Rolle des Werbeartikels außerhalb des vierten Quartals hat merklich abgenommen. Hat sich früher der Außendienst noch den Kombi mit Kugelschreibern und Feuerzeugen vollgeladen und diese dann mit vollen Händen unter die Leute gebracht, so müssen Vertreter sich diese Artikel heute schon oft selbst beschaffen. Abgesehen davon, dass es viele Organisationen im B2B-Bereich wichtig finden, dass die eigenen Mitarbeiter auch mit dem eigenen Unternehmen gebrandete Artikel statt Produkte mit fremdem Logo benutzen, gibt es ja auch immer weniger Außendienstler. Und die Werbebudgets haben sich, wie bereits erwähnt, zum Digitalen hin verschoben. Früher konnten Instagram-Kampagnen oder Adwords keine Marketingmittel beanspruchen, denn beide gab es noch nicht. Heute schon. Und deshalb wird im Bereich des Werbeartikels (im ursprünglichen Sinn) gekürzt. Kompensiert wird dies durch Werbemittelproduktionen zum eigenen Gebrauch – wie beispielsweise Textilien für die eigenen Mitarbeiter. Diese Produkte bedingen aber kleinere Losgrößen, werden in Ministückzahlen produziert und eingekauft, was durch Digitaldruck heute auch möglich ist – bis hin zur Losgröße und Einzelstücken. Der Gesamtmarkt bleibt dadurch insgesamt relativ stabil, auch wenn es innerhalb des Markts deutliche Verschiebungen gibt – weg von Business-to-Business (B2B), dem Unternehmen, hin zu Business-to-Consumer (B2C), zum individuellen Träger oder Benutzer.

Allzu attraktiv scheint das Thema Werbemittel damit wohl nicht mehr zu sein. Wie rechtfertigt nun eine Verschiebung von B2B zu B2C und ein insgesamt gleichbleibendes oder nur leicht steigendes Umsatzniveau meine vollmundige Ankündigung, dass der Kern unserer Branche für Sie nicht nur wichtig, sondern vielleicht sogar überlebensnotwendig sein kann, wenn wir uns in unserem Markt nicht mal ansatzweise mit zweistelligen Zuwachsraten auseinandersetzen müssen und dies meiner Meinung nach auch in der Zukunft nicht werden? Weshalb in aller Welt sollte dieses Thema dann für Sie überhaupt relevant sein? Und das sogar in steigendem Maß?

8.6   Eine neue Perspektive für die Branche

Die Werbemittelbranche muss sich nicht neu erfinden, aber wir als Vertreter der Branche müssen unser Selbstverständnis ändern. Wir müssen Klarheit darüber gewinnen, weshalb wir wirklich von Wert sind. Und dies zur Basis unseres Handelns machen.

Von außen wird sich auf den ersten Blick nicht sehr viel ändern. Ein Großteil der Prozesse wird den heutigen ähneln. Wir werden natürlich digitaler werden und anders kommunizieren, weltweit in kleineren Mengen einkaufen, gleichzeitig lokal produzieren und mit sehr kurzen Lieferfristen neue Zielgruppen lokal versorgen – bis hin zur Losgröße Eins, aber das wird nicht das Entscheidende sein.

Entscheidend wird sein, wenn wir in Zukunft relevant sein möchten, dass wir einen anderen Blick auf uns selbst bekommen. Dass wir verstehen, was uns einzigartig macht, welche Wirkung wir – und nur wir – auslösen können. Und welchen Wert wir damit zu schaffen in der Lage sind. Genau dafür müssen wir Spezialisten werden – noch mehr als dies bis jetzt der Fall ist und auch vom Markt gefordert wird.

Wir werden mit den Kunden weniger über Produkte und mehr über unsere Artikel als Werkzeuge ihres Erfolgs sprechen. Wir werden unsere Gespräche mit Klienten mehr am Output als am Input ausrichten. Wir werden über die Ziele der Kunden sprechen und dann mit dem Kunden gemeinsam die Frage beantworten, welchen Beitrag wir mit unseren Werkzeugen, den einzelnen Werbeartikeln, zur Zielerreichung leisten können. Damit werden wir direkter und nachvollziehbarer in die Wertschöpfung des Kunden eingreifen. Wir werden einen höheren Anteil an integrativen Kampagnen haben, also unverzichtbarer Baustein eines größeren Konzepts sein.

Und was ist genau der Nutzen? Wovon rede ich genau, wenn ich von unserer Kernkompetenz spreche? Und warum ist das für Sie interessant?

Werbeartikel kann man anfassen. Das macht sie einzigartig gegenüber allen anderen Werbeformen, auch und besonders gegenüber den digitalen Medien. Und diese Tatsache ist alles andere als trivial. Die Haptik ist im Marketingmix nicht nur unterrepräsentiert, sondern auch unterschätzt. Unsere Branche wird dieses Potenzial heben. Deshalb hat jedes Unternehmen meiner Branche – sollte es die Transformation schaffen – glänzende Zukunftsaussichten.

Deswegen sollten Sie sich ebenfalls mit den Grundgedanken der Haptik vertraut machen. Denn ohne die Beachtung dieses Hidden Champions der Kommunikation und Beeinflussung, wird auch Ihr Geschäft in Zukunft schwieriger bis unmöglich werden. Haptische Werbung bzw. gegenständliche Kommunikation wird durch die digitalen Medien nicht ersetzt werden. Im Gegenteil. Die Grundprinzipien der Haptik und der entsprechend marketingtechnische Einsatz, der praktisch eine Kombination aller Wahrnehmungssinne bedeutet, werden in die digitalen Medien integriert werden. Die Beachtung aller menschlichen Sinne und die Abstimmung auf das Ziel werden in Zukunft Standard sein müssen, um erfolgreich zu sein. Und selbst wenn Sie selbst ausschließlich digital unterwegs sind, sich also der Sinn wie Olfaktorik (riechen) und Haptik (anfassen) gar nicht bedienen, werden Sie in Ihrem Geschäft multisensual denken und auch handeln müssen (beispielsweise durch Transfers auf diese Sinne durch eine entsprechende Sprache). Denn nur so werden Sie den Vorsprung halten können, der Ihr Überleben garantiert.

8.7   Warum wir tun, was wir tun

Der Comedian Atze Schröder stellt in seinem Programm die Frage, was denn das Wichtigste beim Fremdgehen sei. Eine typische Antwort aus dem Publikum ist beispielsweise: „Dass man nicht erwischt wird!". So weit, so nachvollziehbar; diese Antwort greift aber zu kurz. Denn das Erwischtwerden impliziert ja (in diesem Fall) negative Konsequenzen, die man lieber vermeiden möchte, denn damit würde man sich selbst die ganze Sache eher madig machen. Atze Schröder löst die Frage auf und gibt an, dass Allerwichtigste sei: „Dass es sich lohnt".

Auch wenn diese Pointe viel Gelächter erntet, so ist die Antwort erstens selbstverständlich richtig und zweitens profan. Sie ist immer richtig, denn sie ist allgemeingültig. Wenn etwas nicht klappt, dann bringt es nun mal nichts. Etwas formaler ausgedrückt geht es also um das Primat der Effektivität. Wenn etwas nichts bringt, sich nicht lohnt, dann war oder ist es immer unnütz, überflüssig und letztlich alles andere als gut – also schlecht.

Warum tun wir, was wir tun? Was ist die Belohnung für uns, für uns Menschen? Es ist simpel und banal, aber trotzdem richtig: es geht stets darum, sich gut zu fühlen. Punkt. So einfach ist das. Es geht nicht um Fakten, um Argumente, um logisch und extern nachvollziehbare Gründe. Es geht immer, immer, immer um unser persönliches, gutes Gefühl. Etwas einfacher ausgedrückt: wenn wir etwas gut finden, dann ist es auch gut. Und gut finden ist eine emotionale Bewertung, die von uns Menschen im Nachhinein rational begründet wird. Emotion schlägt alles! Wir möchten gute Gefühle (Spaß, Freude, Liebe etc.); schlechte Gefühle (Trauer, Schmerz etc.) möchten wir nicht.

Das ist fast zu einfach, um wahr zu sein, oder? Nichtsdestotrotz ist es richtig. Und mancher mag vermuten, dass dieses Prinzip der menschlichen Motivation etwas zu simpel, etwas unterkomplex ist. Vielleicht, weil man auf die Idee kommen könnte, sich zu fragen, weshalb Menschen dann Dinge tun, die ihnen – so nimmt man an – offensichtlich schaden; sie also etwas tun, wobei man sich ja eigentlich gar nicht gut oder wohl fühlen kann. Rauchen ist so eine Sache, Bungeespringen eine andere, In-den-Krieg-ziehen eine weitere.

Unter dem Strich gibt es aber immer gute Gründe dafür, dass Menschen sich so entscheiden, wie sie sich entscheiden. Auch wenn es für Außenstehende nicht nachvollziehbar ist. In einem Menschen – und damit in jedem von uns – spielt sich eine subjektive Abwägung von Handlungsalternativen, Möglichkeiten und Optionen ab. Und wir entscheiden uns für die, von der wir meinen (fühlen), dass sie die beste ist. Es geht um nichts anderen als um das Vergleichen von Preisen und Alternativen. Wir bewerten, anschließend vergleichen wir und dann treffen wir eine Entscheidung. Und zwar die, die uns im Augenblick der Entscheidung als die beste erscheint. Wir zahlen einen Preis, bringen einen Einsatz und bekommen ein Ergebnis – eines, das uns in Abwägung der Alternativen am lukrativsten erscheint.

Wichtig ist zu verstehen, dass diese Preise subjektiv bewertet, also von Mensch zu Mensch unterschiedlich sein können. Und natürlich sind diese Preise Momentaufnahmen, können sich also – auch durch Einflussnahme und Manipulation von außen – verändern. Aber es ändert nichts daran. Zum Zeitpunkt der Entscheidung, auf Basis der vorliegenden Informationen, verspricht eine getroffene Entscheidung entweder die größte Freude zu geben oder den größten Schmerz zu vermeiden. Die Psychologie spricht vom Schmerz-Freude-Prinzip. Und mehr als diese beiden Möglichkeiten gibt es nicht. Noch einmal zusammengefasst: es geht immer um die guten Gefühle. Wenn wir etwas kaufen, kaufen wir letztlich keine Dinge, sondern gute Gefühle.

8.8   Wie wir Sinn kreieren

Die wichtigste Aufgabe des Organismus ist es, das Überleben zu sichern. Dazu wurden uns von der Natur einige Werkzeuge zur Verfügung gestellt. Das sind unsere Sinne. Diese verwenden wir, um uns in der Außenwelt zurechtzufinden und um der Situation angepasste, kluge Entscheidungen zu treffen, um so den Tag zu überleben.

Das Bild der Außenwelt, das wir Realität nennen, wird demnach aus verschiedenen Inputs, den Signalen der einzelnen Sinneskanäle, gebildet. Die Beurteilung der Realität ist einfach für uns, wenn diese Inputs alle gleich sind. Dann sehen wir die Realität klar, machen uns ein eindeutiges Bild von ihr. Die uns zur Verfügung stehenden Sinnesinformationen können allerdings auch unklar, verworren oder widersprüchlich sein. Ein Beispiel: Marzipan. Ich mag kein Marzipan. Für mich sieht es zwar lecker aus, schmeckt aber ekelhaft. Welche Information auch immer wir bekommen und wie unklar und uneindeutig sie auch sein mögen, unser Gehirn verwendet sie, um daraus ein Bild zu schaffen, das Sinn ergibt, also schlüssig ist. Mal ehrlich: was sollte das Gehirn auch sonst tun? Es kann ja schlecht sagen: Die Informationslage ist zu schlecht, ich nehme jetzt einfach mal gar nichts wahr bzw. konstruiere keine Realität. Dann hätte unsere Spezies nicht überlebt, weil der Mensch nicht mal ansatzweise ein Alter erreicht hätte, indem er über Fortpflanzung auch nur hätte nachdenken können. Sein Zögern hätte ihn schon vorher den Kopf gekostet.

Je eindeutiger die Signale über die verschiedenen Kanäle sind, desto höher ist die Wahrscheinlichkeit, dass die Wahrnehmung dieser Signale wirklich dem entspricht, was es in unserer Außenwelt tatsächlich gibt und an dem wir uns orientieren können. Gleiche Signale aus verschiedenen Kanälen erscheinen uns also wahr und werden – Achtung, jetzt kommt's – gegenseitig verstärkt. Je eindeutiger also die Signale von außen sind, desto authentischer und glaubhafter ist unser Eindruck insgesamt. Wenn also etwas gut aussieht, gut riecht und sich darüber hinaus gut anfühlt, dann sind wir davon überzeugt, dass es auch wirklich so ist, nehmen es also für wahr an. Wenn etwas allerdings gut aussieht, aber eklig schmeckt, dann widersprechen sich unsere Sinneseindrücke und wir sind verwirrt. Anders ausgedrückt: je eindeutiger etwas für uns ist, desto klarer und damit eindrücklicher ist das Gefühl, desto stärker wirkt es auf uns, ist also mit Emotionen beladen.

Die Verstärkung der Sinne ist fundamental für unsere Wahrnehmung und für die Interpretation der Wirklichkeit. In der Wissenschaft sprechen wir in diesem Zusammenhang von multisensualer Verschränkung. Damit ist gemeint, dass erstens unsere Sinneseindrücke immer zusammengeführt und integriert werden (und sich damit auch gegenseitig beeinflussen). Gleichzeitig bedeutet das, dass unser Gehirn aus jeder Botschaft etwas Wertvolles, etwas Sinnhaltiges extrahieren möchte und deshalb die Eindrücke zu einem Insgesamt-Eindruck verschmilzt. Und idealerweise unterstützen und verstärken sich die einzelnen Eindrücke zu einem festen, klaren Gesamteindruck.

Gleiche Signale über verschiedene Sinneskanäle wirken also viel stärker als die Summe der Eindrücke der Einzelsinne. Das Ganze ist damit mehr als die Summe seiner Teile. Das heißt konkret, dass unser Gehirn viel stärker auf etwas reagiert, dass wir über verschiedene Sinneskanäle wahrnehmen als nur über einen Kanal. Die Gehirnaktivität steigt dann um ein Vielfaches (bis auf das Zehnfache) an. Die Wahrnehmung erscheint uns im Fall von vielen gleichen Informationen aus verschiedenen Kanälen als überzeugender (es spricht nichts dagegen), wir halten sie für wahr. Frei nach Paul Watzlawick kann man also sagen, dass man nicht nicht mit allen Sinnen gleichzeitig wahrnehmen kann. Jeder Sinn schildert seinen Eindruck von der Welt und alle Sinne sind immer integriert.

Allerdings finden die weitaus meisten Prozesse unbewusst statt, wir merken es also gar nicht, wie sich unser Bild der Wirklichkeit zusammensetzt und uns selbst damit beeinflusst und prägt. Dieses unbewusste Wahrnehmen aufgrund unserer unbewussten Sinnesverarbeitung sorgt dafür, dass wir auf einmal Hunger auf Brot bekommen, wenn wir an einem Bäckerladen vorbeigehen und den Duft von frisch gebackenem Brot riechen. Und weil der Bäcker das weiß, tut er gut daran, die Abluft aus der Backstube auch direkt auf die Straße zu leiten statt in den Hof, wo es kein Konsument mitbekommt. Diese unbewusste Wahrnehmung führt beispielsweise auch dazu, dass der Umsatz von französischem Wein in einem Weingeschäft signifikant steigt, wenn gezielt französische Musik statt eines herkömmlichen Radiosenders gespielt wird.

Diese Erkenntnisse sind nicht neu. Wir Menschen benutzen dieses Wissen automatisch, um unsere Realität zu erfahren oder um unsere Umwelt zu beeinflussen. So ist es für kleine Kinder wichtig, die Welt mit allen Sinnen zu erfahren. Nur so lernen sie sich selbst und die Umwelt gut wahrzunehmen, Dinge und Ereignisse einzuordnen und letztlich zu verstehen. Ein Kind muss also mit allen Sinnen die Umwelt und sich selbst erfahren, um sich angemessen (also altersgerecht) entwickeln zu können. Kleine Kinder tun dies besonders gern, indem sie alles anfassen und in den Mund nehmen. Erwachsene tun das auf ähnliche Weise. Wie wir weiter oben schon erfahren haben, spielen alle Sinne immer zusammen und beeinflussen sich gegenseitig. Ein interessanter Punkt ist dabei, dass Bewegung mit Denken Hand in Hand geht und sich gegenseitig fördert. Kennen Sie das, wenn Menschen, die angestrengt nachdenken müssen, komische Grimassen schneiden oder anfangen, auf ihrem Kugelschreiber herumzukauen?

Der Vorteil des Zusammenspiels aller Sinne wird auch deutlich, wenn man sich das typische Paarungsverhalten von Menschen anschaut. Nehmen wir als Beispiel ein junges Mädchen auf der Suche nach einem männlichen Gegenüber. Ein Zurechtmachen für eine Party, also das Schminken, das Eincremen, Baden, Zähneputzen, Auflegen von Parfum und weitere Tätigkeiten sind im Kern nichts anderes als multisensuelles Marketing. Der potenzielle Kandidat soll mit allen Mitteln überzeugt werden. Und diese Mittel, die auf seine verschiedenen Sinnenwahrnehmungen wirken, sollen alle die gleichen Signale senden, nämlich, dass die junge Frau attraktiv ist.

Konfuzius sagte vor über 2000 Jahren: „Sage es mir, und ich werde es vergessen. Zeige es mir, und ich werde es vielleicht behalten. Lass es mich tun, und ich werde es können." Auch er sagte damals also schon etwas über den positiven Effekt der Verschränkung der Sinne aus, denn das Tun besteht immer aus der Kombination verschiedener Sinne. Außerdem gibt er einen Hinweis darüber, dass es eine Hierarchie der Sinneswahrnehmungen gibt, also nicht jeder Sinn gleich gewichtet wird in unserer Wahrnehmung und Interpretation der Welt.

8.9 Die Haptik – der Wahrheitssinn

Das Tun, das Anfassen, scheint für Konfuzius einen besonderen Lerneffekt zu haben. In der Tat ist diese Erkenntnis mittlerweile wissenschaftlich untermauert. Das Berühren, der Tastsinn, hat im Vergleich zu allen anderen Sinnen eine herausgehobene Position.

Was wir in die Hand nehmen können, halten wir für wahr und echt. Wir prüfen Qualität mit unseren Fingern, auf unsere Augen oder Ohren wollen wir uns da nicht immer verlassen. Deshalb kennt die deutsche Sprache zwar auch Begriffe wie Sich-Verhören oder Sich-Vergucken, aber es gibt kein Sich-Verfühlen. Das haptische Erlebnis gilt für uns als zu authentisch, als dass wir es nicht für bare Münze nehmen könnten.

Auch in der Alltagssprache hat diese Erkenntnis Einzug gefunden. Wenn wir etwas verstehen wollen, sagen wir, dass wir es begreifen möchten. Die Tätigkeit der Hand (analog zu Konfuzius), das Prüfen mit den Fingern, das Abtasten und Berühren ist nach Spracheindruck gleichzusetzen mit dem Verständnis einer Sache. Die beiden angeführten Beispiele erklären, weshalb der Tastsinn auch der Wahrheitssinn genannt wird.

Wir prüfen mit dem haptischen Sinn nicht nur die Qualität, sondern nehmen das dann auch persönlich – betrachten es als unser Eigentum. Können Sie sich noch daran erinnern, als Sie das letzte Mal eine Jacke oder ein Kleid kaufen wollten? Wenn Sie auf eine gute Verkäuferin oder einen guten Verkäufer gestoßen sind, dann wird diese(r) Ihnen nicht nur Jacken oder Kleider gezeigt haben, sondern Sie auch aufgefordert haben, diese einmal anzuziehen und sich im Spiegel zu betrachten. Denn dann sehen Sie sich nicht nur selbst, sondern nehmen sich und das Textil auch mit weiteren Sinnen wahr, was zusätzlich überzeugen soll. Darüber hinaus führt das Tragen des Textils zu einer tendenziellen Inbesitznahme. Je länger wir etwas berühren oder in den Fingern haben, desto mehr trachten wir danach, es zu besitzen. Wenn Sie eine Jacke tragen, möchten Sie sie also auch (tendenziell) eher für sich behalten, werden kaufanfälliger. Die Wissenschaft bezeichnet das als Besitztumseffekt oder Endowment-Effekt. Ähnlich dem Textilverkäufer macht es ein Autoverkäufer. Er fordert Sie zügig dazu auf, es sich in dem neuen Auto bequem zu machen, einfach mal einzusteigen oder eine Probefahrt zu machen. Aber passen Sie auf, Sie wissen ja jetzt: zu lange Haptikerfahrung führt zu erhöhtem Verlangen nach Inbesitznahme. Man kann also sagen: gut gefühlt ist halb gekauft.

Gleichzeitig steigt mit der psychischen Inbesitznahme auch die Preisbereitschaft. In einem Experiment in den USA von Wolf et al. (2008) wurden zwei Gruppen von Studenten Tassen angeboten. Zuvor sollten die Studenten die Tassen in den Händen halten, und zwar die eine Gruppe für zehn Sekunden, die andere Gruppe für 30 Sekunden. Als Verkaufspreis wurden beiden Gruppen der gleiche Preis von 4,49 US-$ genannt. Anschließend wurden in beiden Gruppen gefragt, welchen Preis sie für die Tasse zu zahlen bereit wären. Interessanterweise kamen hier signifikant andere Zahlen zustande. Die Gruppe, die die Tassen für zehn Sekunden in den Händen hielt, gab durchschnittlich einen Preis von 2,41 US-$ an. Die andere Gruppe, die die Tasse für 30 Sekunden festhalten durfte, war bereit, durchschnittlich 3,91 US-$ pro Stück zu bezahlen. Das entspricht einem Aufschlag von über 62 % für 20 Sekunden länger berühren. Nicht schlecht, oder?

Aufgrund der Authentizität, die wir unserem haptischen Erleben zuschreiben, führen wir darauf basierend auch Bewertungen durch, übertragen also Bedeutung. Je schwerer ein Gegenstand ist, desto hochwertiger bewerten wir ihn – natürlich immer tendenziell und der Situation angemessen. Aber nicht nur das, wir schließen aufgrund der Vernetzung der Sinne und dem sich daraus ergebenden Einfluss aller Sinne auf unser Urteil auch auf Zusammenhänge, die gar nicht vorhanden sind. Die Forscher Nils Jostmann et al. (2009) zeigten in Experimenten, dass die Informationen auf einem Papier, das an einem Klemmbrett befestigt war, abhängig von der Schwere des Klemmbretts beurteilt wurden. War das Klemmbrett schwerer, wurden die Informationen auf dem Papier (in der Studie waren es Argumente) im wahrsten Sinn des Worts als gewichtiger beurteilt. Ähnliche Erfahrung mit Klemmbrettern machten die Forscher Ackermann et al. (2010). Sie baten die Teilnehmer eines Experiments eine Bewerbung, die auf einem Klemmbrett befestigt war, zu lesen und daraufhin eine Einschätzung der Person abzugeben. Dabei zeigte sich: war das Klemmbrett schwerer, schnitt auch der Bewerber besser ab. Offensichtlich wurde also das Gewicht des Klemmbretts mit der Kompetenz des Bewerbers in Beziehung gesetzt.

Gleiches Phänomen drückt sich wie oben angedeutet deutlich in unserer Sprache aus. So hat beispielsweise das Wort „Gewicht" sowohl eine haptische als auch eine abstrakte Bedeutung. Wenn etwas Gewicht hat, ist es wichtig. Man nimmt etwas nicht auf die leichte Schulter und gewichtige Personen verfügen mutmaßlich über Einfluss.

Die Bedeutung der Haptik können wir auch an der Konzeption unseres Körpers und unseres Gehirns erkennen. Das Gehirn ist unser zentrales Steuerungsorgan. Hier laufen die Nervenimpulse zusammen, werden hier verarbeitet und zu einem großen Ganzen kombiniert. So weit, so klar.

Nicht jeder ist aber mit der Tatsache vertraut, dass die Signale unseres Körpers immer zu exakt festgelegten Stellen in unserem Kopf laufen. So ist es nicht nur so, dass wir aufgrund der Überkreuzrepräsentation des Körpers, demzufolge die linke Seite des Gehirns für die rechte Körperhälfte und umgekehrt zuständig ist, bei der Verarbeitung im Gehirn einfach die Seiten wechseln. Nein, es gibt bei jedem Menschen eine sehr gleiche, eindeutige Karte im Kopf von den Stellen im Gehirn, an denen die Impulse des Körpers ankommen. Man sagt dazu, dass der Körper entsprechend im Gehirn repräsentiert ist. Ganz konkret gibt es den sog. somatosensorischen Kortex. Das ist ein länglicher, schmaler Teil der Großhirnrinde, der über dem Ohr beginnt und sich dann über die Kopfseite weiter nach oben zieht, und die haptischen Sinnesmodalitäten wie Berührung, Druck, Vibration, Temperatur und andere Wahrnehmungen verarbeitet. Jeder Körperstelle ist im somatosensorischen Cortex ein kleines bisschen Platz zugeordnet, an dem die Nervenimpulse der entsprechenden Körperstelle verarbeitet werden.

Ähnlich einem Computer kann das Gehirn Eindrücke besser verarbeiten, wenn die Verarbeitungskapazität hoch ist. Für Computer geben wir das für gewöhnlich in Speichergröße an. Für das Gehirn bedeutet das Platz, also die tatsächliche, physische Größe des für diesen Bereich des Körpers zuständigen Gehirnareals. Die Wissenschaft fand heraus, dass es keineswegs so ist, dass diese Areale im Kopf maßstabsgetreu sind; sie entsprechen auch nicht der tatsächlichen Anordnung des Körpers (Resnick 2018). Das heißt konkret: auf den Landkarten in unserem Kopf ist unser Körper anders repräsentiert als er tatsächlich beschaffen ist. In unserem Kopf ist nicht alles da, wo wir es für uns selbst vermuten würden. So liegen die Füße beispielsweise direkt an den Hoden bzw. Eierstöcken. Das hat damit zu tun, dass wir im Mutterleib – in Embryohaltung – neun Monate an diesem Bild malen und es dann für den Rest unseres Lebens übernehmen. Und auch die Größenverhältnisse stimmen nicht, was uns wieder zur Haptik führt.

Das, was für uns besonders wichtig ist, wurde von Natur aus mit einer hohen Verarbeitungskapazität, also im wahrsten Sinn des Worts mit viel Gehirn(-kapazität), ausgestattet. Und das sind unsere Lippen, unsere Hände und unsere Zunge, also die Körperteile, die für die haptische Wahrnehmung besonders wichtig sind. Wir sind mit und an diesen Körperteilen besonders empfindsam. Das kann man leicht an sich selbst feststellen: nehmen Sie einfach zwei Kugelschreiber und lassen Sie sich leicht mit geringem Abstand der Spitzen von Ihrem Partner damit in die Hand, in die Zunge oder in die Lippen stechen. Sie werden, selbst wenn die beiden Spitzen nur wenige Millimeter voneinander entfernt sind, eindeutig sagen können, dass es sich um zwei Kugelschreiberspitzen handelt. Und nun führen Sie das gleiche Experiment an Ihrem Rücken durch. Der Rücken ist in unserem Gehirn, was die Oberflächenbearbeitung angeht, schlecht repräsentiert. So werden die Spitzen der beiden Kugelschreiber auch bei einem Abstand von bis zu sieben Zentimetern noch als eine Spitze wahrgenommen. Glauben Sie nicht? Probieren Sie es aus!

Die Haptik, das Berühren und das Spüren sind für uns Menschen, und nicht nur für uns, überlebensnotwendig. Der US-amerikanische Psychologe und Verhaltensforscher Harry Harlow wies in einer mittlerweile als Klassiker der Psychologie geltenden Studie im Jahr 1958 nach, dass Rhesusaffenbabys eine mit Stoff bespannte Affenmutterattrappe einer Milch gebenden Affenmutterattrappe aus Draht vorzogen. Noch mehr als Tiere benötigen aber offenbar wir Menschen die Berührung von anderen.

Angeblich lies der deutsche Kaiser Friedrich II. von Hohenstaufen (1194–1250) Müttern ihre neugeborenen Kinder wegnehmen. Ammen und Pflegerinnen sollten den Kindern Milch geben, aber sie keinesfalls berühren oder mit ihnen sprechen. Der Überlieferung nach war dies Teil eines Sprachexperiments, mit dem er herausfinden wollte, ob diese Kinder von sich aus – ohne Einfluss der Umwelt –sprechen lernen würden und ob es eine Art natürliche Ursprache der Menschheit gibt. Allerdings konnte dieses Experiment nicht zu Ende geführt und damit ausgewertet werden. Die Kinder starben ohne Ausnahme. Sie konnten ohne das Patschen und das fröhliche Grimassenschneiden und die Liebkosungen ihrer Ammen und Ernährerinnen schlicht nicht überleben.

Es gibt Zweifel daran, ob dieses Experiment tatsächlich stattgefunden hat. Unstrittig ist allerdings, dass Berührungen von besonderer Bedeutung sind. So wurden Erkenntnisse der Rattenforschung – man hatte herausgefunden, dass Ratten schneller wachsen, wenn man sie streichelt – auf Frühgeborene übertragen. So entwickelten Ärzte in den USA eine auf Frühgeborene abgestimmte Massagetechnik. Kinder, die mithilfe dieser Technik massiert werden, wachsen gleich den Ratten schneller als die Kinder, die nicht massiert wurden (Hempel o. J..). Die Streichelkinder schütten weniger Stresshormone aus, haben ein stärkeres Immunsystem und verfügen über bessere Werte bei Puls, Atmung und Blutdruck. Als Erwachsene sind Babys, die schon früh emotionale Bindungen über einen intensiven Hautkontakt aufbauen konnten, glücklicher und bindungsfähiger.

Der Tastsinn ist demnach herausragend. Er wird als erster Sinn bereits sechs bis acht Wochen nach der Zeugung gebildet und gilt entsprechend als die Mutter aller Sinne. Es ist der einzige Sinn, ohne den wir Menschen nicht leben können.

8.10 Das Leben ist multisensual

Wenn etwas haptisch ist, ist es in der Praxis immer zweidimensional, wenn nicht sogar mehr- also multisensual. Es kommt einfach kaum vor, dass Sie zwar etwas berühren, gleichzeitig aber nicht sehen, schmecken, hören oder wenigstens riechen können. Das Leben und unser Erleben sind prinzipiell multisensual. Und deshalb sind wir selbst und alles das, was wir anzubieten haben, in jeder Hinsicht überzeugender, wenn es multisensuell vermittelt wird. Dazu müssen wir vorher auch in unserem Business richtig denken und handeln – abgestimmt auf unsere Zielgruppe. Schließlich ist es eine alte Weisheit, dass der Köder dem Fisch und nicht dem Angler schmecken muss. Hier beweist sich die Relevanz meiner Branche für alle anderen. Jedes Geschäft, jeder Verkauf kann und sollte multisensualer werden.

Wie schon erwähnt, steigt aufgrund des Marktdrucks auch die Notwendigkeit, in geschäftlicher Hinsicht multisensual zu agieren und damit auf allen Sinnesebenen aktiv zu sein. Mittlerweile sind Konsumenten, also wir alle, einem derart großen Tsunami an (Werbe-)Informationen ausgesetzt, dass wir schon anfangen, eingehende Sinnesreize auszublenden. Wir nehmen Reize, aber auch Dinge, die wir als Werbung definieren, gar nicht mehr wahr. Unser Gehirn will sich und uns damit vor einem Zuviel an Überflüssigem und

Nutzlosem schützen. Wir leben also in einem Zeitalter der sinkenden Aufmerksamkeit. Das trifft übrigens nicht nur auf Werbung zu. Die gut gemeinten Ratschläge von besorgten Eltern blenden Mädchen und Jungen in der Pubertät ebenso aus. Sie schwören dann sogar, dass sie die Bitte, den Mülleimer auszuleeren, gar nicht gehört haben. Die Ratschläge und Bitten der Eltern sind für das Gehirn von Pubertierenden in dieser Phase schlicht überflüssig, weil es sich mit ganz anderen Dingen befasst, die, oft zum Leidwesen der Eltern, zum Erwachsenwerden dazugehören.

Als jemand, der auf andere wirken möchte – beispielsweise als Unternehmer oder Verkäufer, aber auch als Partner, Vater, Lehrer, Mutter, Priester oder Nonne – bin ich zunächst einmal darauf angewiesen, überhaupt Aufmerksamkeit zu erlangen, denn ein Mindestmaß an Aufmerksamkeit der anderen Seite macht mir ein Wirken in jeglicher Art überhaupt erst möglich. Die Aufmerksamkeit ist der Schlüsselreiz. Sinnvollerweise bin ich, um Aufmerksamkeit zu generieren, einzigartig und gleichzeitig multisensual.

Und das hat folgenden Grund: unsere bewusste Wahrnehmung ist ein Energiefresser. Bewusst zu denken, sich zu konzentrieren, ist Schwerstarbeit und verbraucht viele Kalorien. Schachspieler sollen bei Turnieren durch ihre Denkarbeit mehrere Kilo am Tag verlieren. Der Industrielle Henry Ford meinte in diesem Zusammenhang sogar: „Denken ist die schwerste Arbeit, die es gibt. Das ist wahrscheinlich auch der Grund, dass sich so wenige Leute damit beschäftigen".

Damit wir möglichst wenig bewusst wahrnehmen und demzufolge weniger Energie verbrauchen und damit wir unsere Ressourcen klug und wirtschaftlich einteilen können, verfügen wir neben dem Bewusstsein auch über einen Autopiloten, das Unterbewusstsein. Dieses ist dem Bewusstsein vorgeschaltet und erledigt so lange die Arbeit, bis es etwas Außergewöhnliches gibt, das dem Bewusstsein – dem Oberbestimmer in unserem Kopf – gemeldet wird. Ist das nicht der Fall, wird alles erledigt, ohne dass das Bewusstsein überhaupt Notiz davon bekommt – es sei denn, es interessiert sich aktiv dafür. Dann aber wird es ja aktiv an das Bewusstsein gemeldet. Wir sprechen hier also von einer Situation, wie wir sie typischerweise auch in vielen Unternehmen vorfinden. Der Chef hat wenig Ahnung von dem, was im Einzelnen an den operativen Enden des Unternehmens geschieht. Und wer Kinder im Teenageralter hat, weiß noch viel besser, wovon gerade die Rede ist.

Dieses Unterbewusstsein kann aufeinander abgestimmte Reize – das hatten wir jetzt mehrfach betont – viel besser verarbeiten als sich widersprechende Signale oder als Informationen, die nur über einen Sinneskanal gemeldet werden. Aufeinander abgestimmte, sich ergänzende und damit sich verstärkende Reize können schneller zu einem sinnvollen, eindeutigen Ganzen zusammengesetzt werden und wirken eindrücklicher, also stärker. Damit lösen sie zudem eine schnellere Handlungsaktivität aus.

Ist ein Reiz bekannt und stellt die interpretierte Realität hinter diesem Reiz aus Sicht des Gehirns keine Gefahr für Leib und Leben des jeweiligen Inhabers des Gehirns dar, dann wird dieser Reiz dem Bewusstsein überhaupt nicht gemeldet. Er ist dann nicht wichtig. Er wird zwar u. U. verarbeitet, im Sinne einer Reaktion des Organismus auf diesen Reiz, wir nehmen ihn aber nicht bewusst wahr. Das passiert beispielsweise dann, wenn wir uns unbewusst kratzen, weil es uns gejuckt hat. Das ist aber auch der Fall, wenn wir Bemerkungen gegenüber anderen Menschen machen, an die wir uns – wenn darauf angesprochen – gar nicht mehr erinnern können. Es passiert einfach, ist nicht willentlich gesteuert.

Nur durch dieses Unterbewusstsein, durch den Autopiloten, der uns aufgrund der von uns gemachten Erfahrungen einigermaßen sicher durch den Alltag bringt, ist es uns möglich, nicht komplett den Verstand zu verlieren. Denn das, was auf uns an Reizen und Informationen einprasselt, ist so gewaltig, dass wir einen vorgeschalteten Filter (Hinweis: es gibt in der Neurowissenschaft eigentlich drei Filter, die als neurologische, soziale und individuelle Einschränkungen bezeichnet werden und ja die Aufgabe / Funktion haben, das Individuum vor einer Reizüberflutung zu schützen.) brauchen, um überhaupt vernünftige und ausgewogene Entscheidungen treffen zu können. Ansonsten wären wir mit der Komplexität der Welt heillos überfordert. Was uns dabei oftmals gar nicht klar ist, weil es eben unbewusst abläuft, ist die Tatsache, um wie viel höher die unbewusste Verarbeitungskapazität im Vergleich zu unserem Bewusstsein ist. Die Wissenschaft gibt an, dass die unbewusste Verarbeitung ungefähr 200.000 mal größer ist als die des Bewusstseins (etwa 11 Mio. Bits pro Sekunde zu 60 Bits pro Sekunde).

Das Unbewusstsein benötigt also Kriterien, was wichtig ist, was eine Reaktion hervorrufen soll und was dem Bewusstsein gemeldet werden muss. Die beiden Hauptkriterien hierfür sind Relevanz und Kohärenz. Relevanz bedeutet, dass es wichtig ist. Wichtig kann etwas nicht sein, wenn es das in der Vergangenheit schon oftmals gab und zu dieser Zeit keine Bedeutung hatte – denn dann ist es Standard, langweilig, uninteressant. Das Gehirn wird daran keinen Gedanken mehr als nötig verschwenden. Viel wichtiger aus Sicht des Gehirns ist es, dass Eindrücke anders, also außergewöhnlich sind. Denn dann werden sie mit Bedeutung aufgeladen. Das ist übrigens ein großes Problem vieler Unternehmensgründer, die der Meinung sind, ein von ihnen neu auf den Markt gebrachtes Produkt oder eine neue Dienstleistung müsse besonders gut sein, also in Hinsicht auf die bekannten Qualitätskriterien im Vergleich zur Konkurrenz besser abschneiden. Das ist aber falsch. Viel wichtiger ist, dass es sich von allem anderen bisher Dagewesenen unterscheidet. Den zehnten Italiener in der Stadt braucht kein Mensch, egal wie gut er ist. Wenn er mit den anderen in den Vergleich geht, wird er sich nicht durchsetzen können. Viel wichtiger als besser zu sein, ist es, anders zu sein, im besten Fall einzigartig.

Das zweite Kriterium, die Kohärenz, ergibt sich durch die Abstimmung der Sinneseindrücke und damit dem emotionalen Impact, den etwas auf unsere Wahrnehmung hat. Und so schließt sich der Kreis. Wir haben also nur dann eine Chance auf Aufmerksamkeit – und das in stark steigendem Maß – wenn wir ausreichend kohärent (und damit verschränkbar) sind. Wenn wir bei der Abstimmung der Eindrücke richtig gut sind, haben wir das Zeug dazu, nicht nur Kunden, sondern Fans, ja sogar Jünger um uns zu scharen, Menschen zu begeistern und dauerhafte Loyalität aufzubauen.

Als Beispiel dafür wird oft die Firma Apple angeführt, die alle ihre Botschaften klar aufeinander abgestimmt hat. Das stimmt, ist aus meiner Sicht aber nur ein Teil des Erfolgs von Apple. Steve Jobs und sein Team haben darüber hinaus auch die Bedeutung der Haptik erkannt. So sind Geräte von Apple nicht nur in einer außergewöhnlichen Verpackung, die die Markenwerte von Apple eindeutig auf den Punkt bringt. Auch das Auspackerlebnis – denken Sie an den schon besprochenen Zusammenhang zwischen

Bewegung und Denken – zahlt auf den Markenwert ein. Aber noch etwas: Die iPhones von Apple waren die ersten Geräte, die primär nicht durch eine Tastenkombination entsperrt werden mussten. Stattdessen werden sie entsperrt durch das Beiseiteschieben eines Reglers. Das war nicht nur so einfach, dass sogar Kleinkinder auf einmal wussten, wie man mit einem iPhone oder iPad umzugehen hat. Apple brachte uns auch bei, unsere Geräte zu streicheln. Wenn wir etwas streicheln, mögen wir es mehr – ganz automatisch.

Ähnlich wie bei einem Küchenchef, der niemals ein sehr erfolgreiches Restaurant führen wird, wenn das Essen zwar gut aussieht und schmeckt, das Ambiente des Restaurants und der Service aber stark zu wünschen übrig lassen, müssen wir aus der Sterilität heraus und multidimensional werden. Wir müssen stets an alle Sinne appellieren – das wird die Zukunft sein.

Die Zeichen dafür, dass diese Zeitenwende nicht nur begonnen hat, sondern bereits in vollem Gange ist, sind nicht zu übersehen. Das einfache Essengehen wird zur Erlebnisgastronomie. Und im Einzelhandel wird die reine Bedarfsversorgung vor Ort ersetzt durch den Einkauf im Internet – wobei die Aussage auch etwas unterkomplex ist, schließlich legen Ebay, Amazon und Co. teilweise deutlich mehr Wert auf die Maximierung des Kauferlebnisses als die meisten Geschäftsinhaber, die ich kenne. Stichworte: Customer Journey und Customer Experience. Der Einzelhandel selbst entwickelt sich zu einem Mix aus Erlebnis- und Abenteuerbereich, spricht also alle Sinne und damit eine möglichst große Bandbreite an Gefühlen an.

Sind Sie religiös? Gut, zumindest in diesem Zusammenhang. Denn dann denken Sie einmal daran, wie uns eine Religion auf allen sinnlichen Ebenen vermittelt wird und damit höchstemotionale Bindung schafft. Nehmen wir beispielweise das Christentum. Denken Sie an Hostien und Messwein, den Geruch von Weihrauch, die Architektur von Kirchen, die typischen Gewänder und dafür benutzen Farben, das Symbol des Kreuzes, die Sprache in der Messe und in den Gebeten, die zusätzlichen Riten und Gewohnheiten, die Lieder und Gesänge und das Geläut von Glocken, um nur eine kleine Auswahl zu nennen. Ein optimales Orchester an Sinneseindrücken, finden Sie nicht? Das Christentum ist so perfekt codiert und die Symbole so aufeinander abgestimmt, dass wir von einem übersinnlichen Erlebnis sprechen können. Ist es da verwunderlich, dass es die Kirche mit ihrer auf alle Sinneskanäle abgestimmten Inszenierung geschafft hat, sich aus dem normalen Lebenszyklus von Unternehmen auszuklinken und nach 2000 Jahren immer noch erfolgreich am Markt zu sein?

8.11   Was gegenständliche Kommunikation noch leisten kann

Gegenständliche Kommunikation, haptische Werbung oder wie auch immer Sie es nennen möchten – vielleicht bevorzugen Sie den Begriff Werbeartikel – bieten im Vergleich zu ein- oder zweidimensionalen Werbemaßnahmen noch weitere Vorteile.

Oftmals, wenn Sie beispielsweise an den klassischen Kugelschreiber oder an den Regenschirm denken, die als Werbemittel verteilt werden, dann sind das Waren, die übergeben werden, also den Besitzer wechseln und die für einige Tagen, Monate oder sogar Jahre im Besitz des Empfängers bleiben. Die Werbebotschaft ist somit immer wieder und über einen langen Zeitraum präsent. Bei Radiowerbung ist das nicht der Fall. Sie kommt von allein nur dann wieder, wenn sie wieder ausgestrahlt und damit wieder bezahlt wird. Sie muss also immer wieder neu gebucht oder beauftragt werden. Allein das Dasein, das Vorhandensein, also die wiederholte Sichtung des Empfängers, hat einen positiven Effekt. Denn zu dem, was wir kennen, bauen wir Vertrauen auf und geben ihm eine bessere Bewertung auch dann, wenn es nur ein Schriftzug ist.

Ein gutes Werbemittel, auch Haptical genannt, überbringt eine Botschaft vom Versender. Damit der Empfänger es regelmäßig einsetzt, muss er für dessen Einsatz gute Gründe haben – der Artikel muss also einen Nutzen stiften. Bei den bereits angebrachten Beispielen wie Kugelschreiber und Regenschirm ist das offensichtlich. Ohne sie kann man nicht schreiben oder wird gegebenenfalls nass. Hand in Hand mit der Botschaft geht also ein Zusatznutzen für den Verwender oder Empfänger aus. Je besser der Nutzen, desto lieber und länger wird der Artikel eingesetzt, was wiederum eine Rückkopplung zur Bewertung des Versenders, beispielsweise des ausgebenden Unternehmens, hat. Zum einen wird mit dem positiven Nutzen der Empfänger in Verbindung mit dem Versender gebracht und entsprechend positiv bewertet. Außerdem werden das Logo und der Schriftzug oder Claim immer wieder (wenn auch unbewusst) wahrgenommen, was auf das Sympathie- und Kompetenzkonto des Versenders einzahlt.

Bei hochwertigen Hapticals ist es übrigens nicht ungewöhnlich, diese ohne Logo auszugeben – so beispielsweise zu Weihnachten oder zu besonderen Anlässen. Freut sich der Empfänger über den Artikel, wird er also ausreichend emotional, reicht das schon aus, um den Artikeln mit dem Versender in Verbindung zu bringen – und zwar dauerhaft und auch dann, wenn kein Logo abgebildet ist. Das ist nichts anderes als ein Kleidungs- oder Möbelstück, das Sie in der Vergangenheit gekauft haben und zu dem Sie eine besondere Beziehung haben. Auch in diesem Fall wissen Sie noch immer, wo und wann Sie es gekauft haben und ob es eher teuer oder günstig war. Auch hier zeigt sich die ständige Vernetzung von Informationen und Reizen im Gehirn.

In den wesentlichen Punkten sind wir Menschen gleich, doch in den Details unterscheiden wir uns. Das gilt nicht nur für das Aussehen oder für persönliche Vorlieben, sondern natürlich auch für die Erfahrungen, die wir im Leben gemacht haben. Entsprechend ist unser Gehirn verdrahtet und funktioniert so auf seine ganz eigene Weise. Etwas abhängig davon, und auch abhängig von unserer genetischen Ausstattung, verarbeiten wir Reize anders und haben auch eine andere Perspektive auf Wahrnehmung. Neben der Erfahrung möchte ich also nun auf die verschiedenen Lerntypen hinaus.

Dinge multisensuell zu präsentieren, führt nicht nur zu der bereits zitierten Verschränkung und Verstärkung, sondern kommt automatisch, da ja alle Sinne benutzt werden, dem individuellen Typus des Empfängers entgegen. Wenn beispielsweise jemand eher visuell wahrnimmt, der Wahrnehmungskanal über die Augen also die anderen Kanäle dominiert, dann wird ein Haptical immer auch dieser Person gerecht – zumindest deutlich mehr, als wenn der visuelle Wahrnehmungskanal überhaupt nicht bedient wird. Anders ausgedrückt:

da wir u. U. nicht wissen, wen wir vor uns haben und auf welche Art und Weise diese Person am besten angesprochen werden sollte, führt die Beachtung alles Sinnesmodalitäten zum besten Ergebnis. Denn der richtige, für diese Person beste Aufnahmekanal, wird automatisch bedient. Multisensual ist also immer gut und geeignet, weil jede Ausprägung von Individualität und persönlicher Präferenz Berücksichtigung findet.

Und noch eine interessante Ergänzung: unser Kopf, genauer gesagt, unsere Kreativität und die Fähigkeit zur Vernetzung von Inhalten, führt dazu, dass wir auf andere multisensual wirken können, ohne in Wirklichkeit multisensual zu sein. Das hört sich jetzt etwas kompliziert an, ist aber recht einfach zu verstehen. Lassen Sie es mich an einem Beispiel erklären: Wenn Sie jemanden (auch) auf der visuellen Ebene erreichen möchten, aber nur die Gelegenheit haben, mit ihm zu sprechen, beispielsweise weil Sie gerade mit dieser Person telefonieren, dann haben Sie die Möglichkeit, über entsprechende Sprachmuster, die visuell konnotiert sind, entsprechende Verknüpfungen und Wirkungen im Gehirn der anderen Person zu erzielen. Sie verwenden für einen visuellen Hörer also eher ein „Schau-mal" statt „Hör-mal", verwenden also zur Sinnesmodalität passende Ausdrücke.

Last, but not least gibt es ein aus der Soziologie bekanntes Prinzip, das Reziprozität genannt wird, oder auch Prinzip der Gegenseitigkeit. In Bezug auf Verhalten ist das einfach mit einem Wie-Du-mir-so-ich-Dir zu übersetzen, hat im weiteren Bereich der menschlichen Interaktion aber interessante Konsequenzen. So haben wir als Menschen prinzipiell das Bedürfnis, anderen etwas Gutes zu tun, wenn sie sich um uns selbst verdient gemacht haben. Man könnte auch sagen, dass wir jemandem nichts schuldig bleiben möchten und uns daher anderen, wenn sie sich für uns eingesetzt haben, einen Ausgleich geben möchten. Macht man sich dieses Prinzip beispielsweise beim Sammeln von Spenden zunutze, dann kann man die Spendenbereitschaft von Menschen dadurch deutlich erhöhen, dass man ihnen vorher ein kleines Geschenk gemacht hat, quasi schon mal in Vorleistung gegangen ist.

So soll angeblich die Hare-Krishna-Bewegung erst ab dem Zeitpunkt ein deutliches Wachstum erfahren haben, als sie zu einer erfolgreichen Spendensammelstrategie gefunden hatte. Diese sah, im Gegensatz zu der alten Strategie, so aus: Passanten wurden erst dann nach Geld gefragt, nachdem man ihnen ein kleines Geschenk beispielsweise in Form eines Magazins oder – das war noch günstiger – in Form einer Blume gemacht hat. Man insistierte darauf, dass die Menschen das Geschenk annahmen (es ist ein Geschenk), auch wenn diese das gar nicht wollten. Der Erfolg war durchschlagend.

Vielleicht kommt Ihnen das ja bekannt vor und Sie können sich jetzt auch erklären, weshalb Sie im Supermarkt, nachdem Sie einen Schluck von dem Wein tranken, der Ihnen von einem Promoter angeboten wurde, diesen auch kauften. Und vielleicht haben Sie sich später sogar gefragt, warum sie das getan haben, weil der Wein zu Hause gar nicht mehr besonders geschmeckt hat. Es ist auf jeden Fall nicht nur die Qualität des Weins an sich gewesen, die Sie ihn hat kaufen lassen. Die Art und Weise, den Wein anzubieten, mithilfe von Reziprozität, wird auf jeden Fall auch einen Einfluss auf Ihre Kaufentscheidungen gehabt haben. Also seien Sie vorsichtig. Der Volksmund sagt: Kleine Geschenke erhalten die Freundschaft. Gegen die sympathischen Versuche anderer Menschen, mit uns auf diese Weise eine Beziehung aufzubauen, kann sich unser Gehirn nur schwer wehren.

8.12 Die Zukunft des Marketings

Lassen Sie uns einen Ausblick wagen. Die Kraft und Bedeutung von Multisensualität ist auf den letzten Seiten deutlich geworden. Jeder Sinn wird immer benutzt und wird von unserem Gehirn in die Gesamtbewertung einbezogen. Es gibt keinen unwichtigen Sinn. Nicht umsonst tüfteln Soundingenieure von Mercedes in Sindelfingen monatelang darüber, wie sich die Tür einer S-Klasse beim Schließen anhört, und wie eine S-Klasse uns damit ein Gefühl von Sicherheit, Wertigkeit und Souveränität vermittelt. Auch mit der herausragenden Bedeutung der Haptik haben wir uns beschäftigt.

War es das? Reicht das, um erfolgreich zu sein? Ich fürchte, nein.

Im Rahmen eines kontinuierlichen Verbesserungsprozesses, dem wir uns aufgrund der Marktdynamik gegenübersehen und den wir aktiv managen müssen, wird die Auseinandersetzung mit integrativen Konzepten notwendig sein. Dabei wird es aber nicht bleiben. Unser Produkt, unsere Leistung, unsere Marke oder unsere Person wird sich weiteren Dimensionen stellen müssen und auch in dieser Hinsicht Kunden und Leistungsempfänger (beruflich wie privat) überzeugen müssen.

Neben der reinen Leistungsbeschreibung und der Deklination unserer Produkte und Dienstleistungen in ihren multisensualen Bausteinen werden wir zunächst einmal uns und unseren Kunden Fragen nach unserer genauen Positionierung und damit zu den Abgrenzungskriterien zu anderen Marktteilnehmern beantworten müssen. Der Blick auf uns von außen wird zunehmend kritischer werden, die Transparenz unseres Handelns, und zwar in jedem Aspekt unseres Seins und Wirkens, wird zunehmen. Es wird letztlich nicht weniger gefordert sein als ein klares Bekenntnis zu Werten und einer eindeutigen Antwort auf die Frage danach, wozu wir überhaupt angetreten sind und wie und womit wir unseren Teil dazu beitragen möchten, dass diese Welt zumindest für ein Teil der Menschen besser wird. Alles, wirklich alles, wird letztlich ein materielles oder immaterielles Abbild unseres Selbst, unserer Überzeugungen, unserer Werte, also unserer Kernpersönlichkeit sein. Und genau das nicht nur zu behaupten, sondern zu verinnerlichen und zu verkörpern, wird die ultimative Herausforderung der Zukunft sein.

Wenn wir es für unser Unternehmen schaffen, ausreichend Menschen zu erreichen und zu überzeugen, dann qualifizieren wir uns für den eigenen Fortbestand, denn wir liefern das Einzige, was dafür wichtig und notwendig ist: einen Nutzen. So werden wir für die Welt eine Bereicherung sein und auch selbst eine großartige Zukunft vor uns haben. Dabei wünsche ich Ihnen eine glückliche Hand.

Es ist Zeit, sich zu positionieren und pointiert das eigene Sein und Wirken darzustellen – multisensual und im Bewusstsein, wie wir die Menschen erreichen, die wir erreichen möchten oder müssen, um auch in Zukunft erfolgreich mit unserem Business zu bestehen. Psychologisches und neurologisches Wissen in der Produktentwicklung und im Verkauf werden unabdingbar. Die Grundlagen wurden hier vermittelt. Wer sich auf den Weg in den Kopf des Kunden macht, hat eine gute Zukunft. Das bedingt Klarheit über sich selbst, das eigene Unternehmen und die eigenen Produkte. Die Digitalisierung ändert diese Spielregeln nicht, setzt bekannte Gesetze nicht außer Kraft. Sie ändert nur die Kommunikationswege. Diese Erkenntnis soll Ihnen helfen, aktuelle Entwicklungen eben nicht als Bedrohung, sondern als Chance zu begreifen. Sie haben alle Möglichkeiten und können immer noch einer der ersten sein, einer, der Spuren hinterlässt und den Markt prägt. Am Ende ist alles gut. Und ist nicht alles gut, dann ist es noch nicht das Ende. In diesem Sinn: Machen Sie sich auf den Weg!

Literatur

Ackermann, J. M., Nocera, C. C., & Bargh, J. A. (2010). Incidental haptic sensations influence social judgments and decisions. *Science, 328*, 1712–1715. https://www.ncbi.nlm.nih.gov/pmc/articles/PMC3005631/. Zugegriffen am 07.03.2019.

Harlow, H. F. (1958). The nature of love. *American Psychologist, 13*(12), 673–685.

Hempel, C. (o. J.). *Streicheln lässt Babys besser wachsen.* http://www.kinderstube-sachsen.de/entwicklung/allgemein/streicheln-laesst-babys-besser-wachsen.html. Zugegriffen am 07.03.2019.

Jostmann, N. B., Lakens, D., & Schubert, T. W. (2009). Weight as an embodiment of importance. *Psychological Science.* https://doi.org/10.1111/j.1467-9280.2009.02426.x.

Resnick, B. (2018). *Wilder Penfield redrew the map of the brain – By opening the heads of living patients.* https://www.vox.com/science-and-health/2018/1/26/16932476/wilder-penfield-brain-surgery-epilepsy-google-doodle. Zugegriffen am 07.03.2019.

Wolf, J. R., Arkes, H. R., & Muhanna, W. A. (2008). The power of touch: An examination of the effect of duration of physical contact on the valuation of objects. *Judgment and Decision Making, 3*(6), 476–482. https://www.researchgate.net/publication/5140687_The_power_of_touch_An_examination_of_the_effect_of_duration_of_physical_contact_on_the_valuation_of_objects. Zugegriffen am 07.03.2019.

Hendrik Habermann ist profunder Kenner der volatilen Werbe- und Werbemittelbranche und Spezialist rund um die Themen multisensuales Marketing und haptisches Verkaufen. Zusammen mit seinem Bruder führt er die Habermann Unternehmensgruppe. Zur Gruppe gehören die habermann hoch zwei gmbh, ein Entwickler und Händler von kreativen Werbemitteln, die t.ü.t.e. GmbH, ein Produzent von anspruchsvollen Tragetaschen und hochwertigen Verpackungen sowie mehrere Kommunikations- und Verkaufsagenturen und Online-Plattformen. Zudem lehrt er an der Fachhochschule Düsseldorf und ist Autor mehrerer Fachbeiträge und Bücher.

Ethische Unternehmenskultur – warum gelebte Werte die Zukunft sichern

9

Wie ethische Unternehmenskultur die Heterogenität der Welt 2030 positiv nutzbar macht

Annette Hempel

Inhaltsverzeichnis

A. Hempel (✉)
Darmstadt, Deutschland
E-Mail: ah@loesungsdenker.com

© Springer Fachmedien Wiesbaden GmbH, ein Teil von Springer Nature 2019
P. Buchenau (Hrsg.), *Chefsache Zukunft*, Chefsache,
https://doi.org/10.1007/978-3-658-26560-1_9

Zusammenfassung

Menschen sind zunehmend sensibler geworden im Hinblick auf gelebte Werte in Unternehmen. Sie stellen heute durch Transparenz und Austausch leicht fest, ob postulierte Werte auch gelebte Werte sind oder ob es sich nur um eine schöne Welt auf der Homepage handelt. Menschen sind eher bereit, ihr Handeln und ihre Konsumgewohnheiten zu ändern, wenn sie unethisches Handeln vermuten oder erkennen. Aufgeklärte und kritische Konsumenten verlangen von Unternehmen ethisch einwandfreies oder doch zumindest nicht schädigendes Verhalten in allen Unternehmensbereichen. Mitarbeitende reagieren ablehnend, wenn sie sich mit nicht integren Vorgesetzten konfrontiert sehen oder Umstrukturierungen zu erheblichen persönlichen Nachteilen einiger führen. Unternehmen müssen zunehmend ihr Handeln rechtfertigen und alle Effekte – v. a. direkte negative Auswirkungen – ihrer (personalrelevanten) Entscheidungen im Blick haben. In naher Zukunft werden sich Inhalte von Arbeit und Unternehmen so verändert haben, dass Unternehmen existenziell bedroht sind, wenn Sie das menschliche Individuum nicht in den Mittelpunkt ihrer Bemühung stellen: Sowohl Kunden als auch Mitarbeitende, Führungskräfte und Eigentümer müssen als relevante Werteträger in das Miteinander integriert werden. Ein Nebeneinander oder gar ein Gegeneinander wird dazu führen, dass Unternehmen sich nicht am Markt werden halten können.

9.1   Überblick

Menschen werden – nicht zuletzt durch die bekannten Wirtschaftsskandale wie beispielsweise den Abgasskandal bei VW – aufmerksamer und kritischer im Hinblick auf die Handlungsweisen von Unternehmen und deren Übernahme von gesamtgesellschaftlicher Verantwortung. Unternehmen, die diese Verantwortung wahrnehmen und dies kommunizieren und glaubhaft leben, haben somit einen Vorteil gegenüber Kunden und v. a. auch Mitarbeitenden.

Menschen stellen Produkte her, Menschen verkaufen Produkte und Dienstleistungen ihres Unternehmens und schließlich nutzen Menschen Produkte und Dienstleistungen eines Unternehmens. Menschen stehen also im Mittelpunkt. Dies bedeutet, dass Unternehmen den Menschen verbunden sein und die Herausforderungen der Zukunft aufgreifen und ausreichend beantworten müssen.

Menschen sind zunehmend sensibler geworden im Hinblick auf gelebte Werte in Unternehmen. Sie stellen heute durch Transparenz und Austausch leicht fest, ob postulierte Werte auch gelebte Werte sind oder ob es sich nur um eine schöne Welt auf der Homepage handelt. Menschen sind eher bereit, ihr Handeln und ihre Konsumgewohnheiten zu ändern, wenn sie unethisches Handeln vermuten oder erkennen. Aufgeklärte und kritische Konsumenten verlangen von Unternehmen ethisch einwandfreies oder doch zumindest nicht schädigendes Verhalten in allen Unternehmensbereichen. Mitarbeitende reagieren ablehnend, wenn sie sich mit nicht integren Vorgesetzten konfrontiert sehen oder Umstrukturierungen zu erheblichen persönlichen Nachteilen einiger führen. Unternehmen müssen zunehmend ihr Handeln rechtfertigen und alle Effekte – v. a. direkte negative Auswirkungen – ihrer (personalrelevanten) Entscheidungen im Blick haben.

Gelebte Werte sichern die Zukunft eines Unternehmens nachhaltig, besonders wenn man sein Augenmerk auf die Mitarbeitenden und Führungskräfte eines Unternehmens legt. Es zeigt sich, dass v. a. auch ein ethisch einwandfreier und wertschätzender Umgang miteinander dazu beiträgt, dass Unternehmen auch im Jahr 2030 noch erfolgreich am Markt agieren können – ja, es sich sogar um einen strategischen Wettbewerbsvorteil handelt, wenn ein Unternehmen das Wort Wertschätzung nicht nur auf die Homepage in geschliffenen Sätzen schreibt, sondern sich tagtäglich anstrengt und müht, dieses in jeglicher zwischenmenschlicher Kommunikation zu leben.

9.2   Was ist ethische Unternehmenskultur?

9.2.1   Unternehmenskultur

Als Kultur wird das, was Menschen selbst gestalten, bezeichnet (Wikipedia 2019). Unternehmenskultur meint also die Ausgestaltung eines Unternehmens im Hinblick auf Werte und Normen, nach denen entschieden und gehandelt wird, die die Haltung und Strategie aller Bereiche und Menschen eines Unternehmens repräsentieren. Unternehmenskultur ist das, was und wie etwas in einem Unternehmen gemacht oder unterlassen wird.

In einem Unternehmen ist die Unternehmenskultur in den handelnden Menschen verortet. Das Unternehmen selbst stellt zwar das zu betrachtende System dar, ist jedoch kein eigenständig handelnder und denkender Organismus. Handlungen der Mitarbeitenden basieren auf Werten und Annahmen sowie Interpretationen und eingenommenen Perspektiven, die durch Erfahrungen ausgebildet wurden und sich in der Haltung der Individuen widerspiegeln. Dabei wird klar, dass neue Erfahrungen zu neuen Handlungen führen können, ebenso wie umgekehrt eine neue Handlung für das Individuum und auch für andere Menschen eine neue Erfahrung ergeben kann (Abb. 9.1).

Die Unternehmenskultur wird in allen Handlungen sichtbar, die innerhalb oder am Rand eines Unternehmens, einer Organisation ablaufen. Konkret erlebbar wird sie in den Entscheidungsfindungsprozessen und den getroffenen Entscheidungen, im menschlichen Miteinander und der Ausgestaltung der Beziehungen der Mitarbeitenden sowie in der Führungskultur.

Was beeinflusst Unternehmenskultur?
Jeder Mitarbeitende und jeder interne (Anteilseigner, Führungskräfte und Mitarbeiter) wie externe Stakeholder (Lieferanten und Kunden) gestaltet und beeinflusst demnach die Unternehmenskultur mit. Durch die eigenständige Ausgestaltung entsteht für jeden, der in Kontakt mit einem Unternehmen ist, eine eigene Art der Identifikation: Sowohl Kunden, Lieferanten wie auch Mitarbeitende und Eigentümer sind stolz, mit einem Unternehmen und/oder dessen Handlungen verbunden zu sein oder möchten es lieber verschweigen. (Beispiel: Autozulieferer Bosch beim Abgasskandal von VW: Hier verhielt sich Bosch

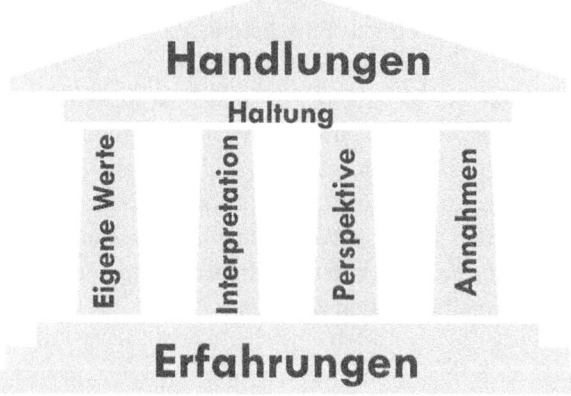

Abb. 9.1 Grafik: Von der Erfahrung zur Handlung

sehr zurückhaltend und wollte am liebsten gar nicht in diesem Zusammenhang genannt werden.) Das Interessante dabei ist, dass sich Menschen (innerhalb und außerhalb des Unternehmens) und die Unternehmenskultur gegenseitig beeinflussen und in einer andauernden Wechselwirkung miteinander stehen. Häufig ist die Unternehmenskultur über Jahrzehnte historisch gewachsen und beispielsweise bei kleinen und mittelständischen Unternehmen bzw. Familienunternehmen meist noch von der Haltung der Gründer geprägt.

Das Unternehmensziel, das Inhaber oder Eigentümer einer Organisation ursprünglich bestimmt haben, beschreibt den Zweck der Unternehmung und beinhaltet dessen wirtschaftliche Existenzberechtigung. Dieses Ziel bestimmt die Unternehmenskultur, dabei kann es sich über Jahre oder Jahrzehnte stark verändern. Die Determinanten der Unternehmenskultur bestehen somit einerseits aus den Zielen des Unternehmens und den damit gesetzten Prioritäten und andererseits aus den Werten der Mitarbeiter und Führungskräfte eines Unternehmens (Müthel 2017).

Dissonanzen der Unternehmenskultur

Bei der Unternehmenskultur möchte ich differenzieren zwischen:

Unternehmenskultur nach *außen*: Die allermeisten Unternehmen veröffentlichen über ihre Homepages, ihre Imagebroschüren und -videos, Botschaften, wie sie ihre eigene Unternehmenskultur definieren.

Unternehmenskultur nach *innen*: Dies ist diejenige Kultur, die tatsächlich in einem Unternehmen gelebt wird, unabhängig davon, was nach außen veröffentlicht wird.

Ein Problem entsteht in dem Moment, in dem diese beiden Kulturen – also die nach außen veröffentlichte und die wirklich gelebte – nicht übereinstimmen. Gleichzeitig ist es jedoch unmöglich, keine Unternehmenskultur zu besitzen, selbst eine Unkultur stellt ja eine Kultur dar. Wenn die innere Unternehmenskultur von der äußeren Unternehmenskultur abweicht, dann gibt es erstens in einem solchen Unternehmen entweder keine vereinbarte, gelebte und ausgereifte Unternehmenskultur oder es bestehen zweitens Schwierigkeiten damit, das Festgelegte zum Leben zu erwecken und am Leben zu erhalten. Es könnte drittens auch möglich sein, dass die gelebten Werte und Normen sich evolutionär entwickelt haben, was bedeutet, dass sie unreflektiert über einen längeren Zeitraum gewachsen sind.

Durch die digitale Kommunikation und die damit einhergehende höhere Transparenz wird die Inkongruenz der Unternehmenskultur leicht sichtbar und lässt das Unternehmen letztlich unauthentisch erscheinen, was mindestens zu Irritationen bei allen Stakeholdern führt. Im schlimmsten Fall entstehen negative Folgen, sodass sich in allen drei oben erwähnten Fällen und denkbaren weiteren Szenarien Handlungsbedarf ergibt, wenn man auch in Zukunft ein robustes Unternehmen, das am Markt bestehen will und Potenziale nutzen kann, haben möchte.

9.2.2   Ethik und Unternehmensethik

Seit Aristoteles, der Ethik als Erster als philosophische Disziplin bezeichnete, stellt Ethik die Frage: Welche (vernünftigen) Normen und Werte bestimmen mein Handeln? Wie kann ich ein gelingendes Leben führen?

Lebe ich ein gelingendes Leben mit anderen zusammen, dann muss die soziale Ordnung, die eine faire und nachhaltige, gerechte, solidarische Gemeinschaft meint, transparent sein und von allen bejaht und gelebt werden. Erst dann kann ich gemeinsam mit anderen ein gutes Leben erreichen!

Ethik ist also ein zentrales Element menschlichen Miteinanders. Unternehmensethik meint daher die unternehmerische Wertschöpfung, die fair, nachhaltig, solidarisch und gerecht ist. Und zwar nicht nur in sämtlichen Unternehmensbereichen, sondern auch in den darüber hinausgehenden und alle Bereiche durchdringenden Aspekten wie Konfliktkultur, Menschenbild, Fehler- und Führungskultur und der gesamten Unternehmenskommunikation.

Eine wirksame Unternehmensführung muss daher nicht nur das tun, was wirtschaftlichen Erfolg bringt, sondern auch das verfolgen, was ethisch und somit moralisch richtig ist. Die Unternehmensethik regelt zentral, wie Menschen sich in einem Unternehmen mit den internen und externen Stakeholdern verhalten sollen. Welche Entscheidungen trifft wer auf welcher Grundlage und warum?

Ethische Standards
Es werden ethische Standards benötigt: Welchen moralischen Wertvorstellungen soll das Unternehmen genügen? Ist unternehmerisches Gewinnstreben mit moralischen Idealen prinzipiell und im Speziellen überhaupt zu vereinbaren? Wenn man der Ansicht folgt, dass sich Markt und Moral gegenseitig bedingen, dann wird die Frage nach der Integration einer Ethik in die Unternehmensprozesse und -entscheidungen sogleich plausibel (Glauner 2015).

Selbstauferlegte Unternehmenskodizes können ein erster und wertvoller Schritt sein. Berücksichtigt werden müssen das gesamtverantwortliche unternehmerische Handeln: Beschaffung, Finanzmanagement, Gewähr für einen gesunden Arbeitsplatz, Umweltschutz und soziale Gerechtigkeit. Weiterhin ist es unerlässlich, den Faktor Mensch – der ja der Entscheidende und Handelnde ist – in die Unternehmensethik von Grund auf einzubeziehen. Es müssen daher nicht nur Sachfragen entschieden und via Kodizes abgesichert werden, sondern es muss der Mensch mit seinen persönlichen Bedürfnissen in den Mittelpunkt rücken. Versteht man ein Unternehmen als System, das in unserem globalisierten Wirtschaftssystem agiert, dann kommen weiterhin Aspekte wie Humanität, Solidarität und Menschenrechte zum Tragen. Die positiven wie negativen Effekte sind weitreichender und werden es in Zukunft noch mehr sein, wenn man die Megatrends der Zeit in die Überlegungen mit einbezieht (Abb. 9.2).

Wissenskultur, Urbanisierung, Konnektivität bzw. Vernetzung, Digitalisierung und künstliche Intelligenz, Individualisierung, Ökologie und Klimawandel, Globalisierung, Gender Shift, (Cyber-)Sicherheit, Gesundheit, New Work, Mobilität, demografischer Wandel und Silver Society, Energie (Zukunftsinstitut 2018; Statista 2018).

Schon an dieser Auflistung der Megatrends werden die Herausforderungen sichtbar: Unternehmen müssen sich zwingend mit ihrer ethischen Positionierung, ihrem moralischen und werteorientierten Handeln auseinandersetzen, wollen Sie nicht von den Fragen der Zeit überholt werden.

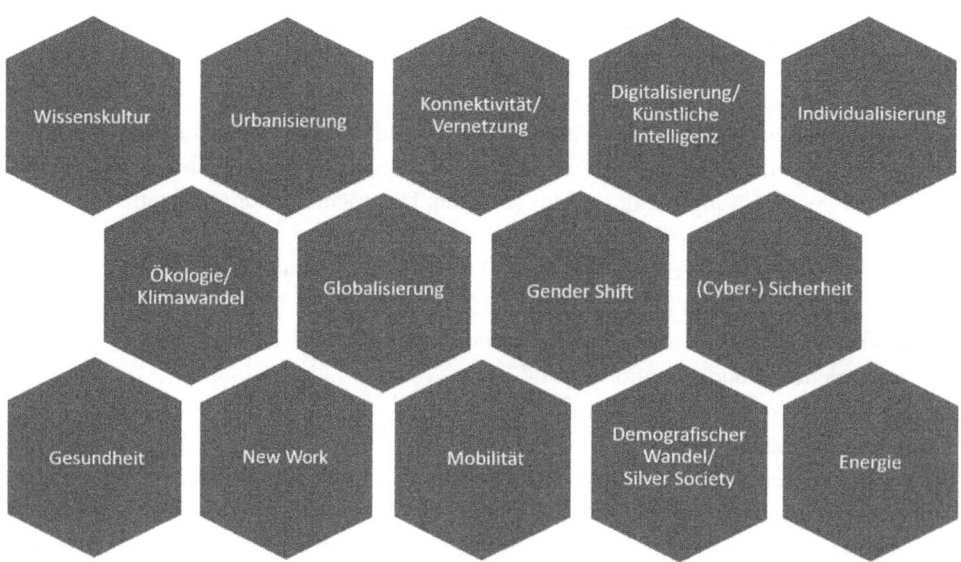

Abb. 9.2 Sammlung der Megatrends

9.2.3 Ethische Unternehmenskultur

Menschen haben gegenüber Ereignissen und Gegebenheiten eine (ethische) Haltung. Welche Haltung das im Einzelnen ist, leitet sich i. d. R. von den Werten, Annahmen, Interpretationen und Perspektiven des Individuums ab (Abb. 9.1). Somit resultiert eine ethische Unternehmenskultur aus den Handlungen Einzelner wie auch den Handlungen von Teams, was bedeutet, dass ethische Unternehmenskultur einem stetigen Prozess unterworfen ist, der sich aus der Erfahrungsgeschichte (Erfahrungen bedingen Handlungen) der Stakeholder als Einzelne und als Teams ergibt. Dabei gibt es ethische Maßstäbe, die dem Individuum zupasskommen oder im Wege sind, so dass häufig Dilemmata entstehen. Somit ist ein wesentlicher Parameter für ethische Unternehmenskultur die konstruktive Auflösung solcher Dilemmata und die Ermutigung der Mitarbeitenden, solche anzusehen und gemeinsam aufzulösen.

Ethische Unternehmenskultur spannt somit einen großen Bogen über das zwischenmenschliche Miteinander, das von der Haltung der Individuen getrieben ist, bis hin zu Konflikten zwischen Markt und Gesellschaft (Glauner 2015). Für vielerlei Konflikte, Situationen und Fragestellungen findet die ethische Unternehmenskultur auf der Metaebene wie auch in konkreten Beispielen im Vorhinein Regelungen, Haltungen und Lösungen zu möglichen und denkbaren Szenarien.

9.3 Unternehmerische Herausforderungen und Antworten in der Zukunft 2030

Aus der Umfrage „Welche Farbe hat die Zukunft" der PricewaterhouseCoopers AG (Schweiz) vom Oktober 2018 kann man entnehmen, dass Mitarbeitende vier Aspekte für wesentlich halten:

- Mehr Selbstbestimmung
- Mehr Raum für Kreativität
- Eine Tätigkeit, die Relevanz und gesellschaftliche Bedeutung hat
- Einen ethisch tadellosen Arbeitgeber

Gleichzeitig befürworten die Befragten die Entwicklungen, die die Digitalisierung mitbringt, da diese Freiräume für mehr Kreativität schaffen und die Arbeit vereinfachen wird, eine Effizienzsteigerung mit sich bringt, Innovationspotenzial birgt und den Zugang zu Wissen und Informationen erleichtert. Man hofft, dass die eigene Arbeit sinnerfüllter sein wird, weil man stupide administrative Tätigkeiten digitalisieren kann. Mit zunehmendem Lebensalter steigt allerdings die Skepsis der Menschen gegenüber den

Vorteilen der Digitalisierung. Als Risiken werden Datensicherheit, das Fehlen des sozialen Aspekts sowie ein möglicher Jobverlust am häufigsten als Kehrseite der Digitalisierung genannt. Dabei ist die Datensicherheit der Hebel für die Akzeptanz der Digitalisierung bei den Menschen. „Die Verantwortung für eine ‚menschliche' digitale Transformation wird beim Bildungswesen und den Arbeitgebern gesehen, die älteren Generationen rufen vermehrt nach dem Staat" (PricewaterhouseCoopers 2018).

In der oben genannten Studie steht für knapp die Hälfte der Befragten der Mensch an erster Stelle: „Das Handeln von Mitarbeitenden und Unternehmen ist getrieben von der Suche nach Bedeutung und Relevanz. Nur wer die Gesellschaft und die Communities in den Mittelpunkt jeden Handelns stellt, hat Erfolg. Crowd-finanziertes Kapital fließt zu ethisch tadellosen und menschlichen Unternehmen". Ein Viertel der Befragten war der Meinung, dass Verantwortung von Unternehmen das wichtigste Thema für die Zukunft sein wird: „Unternehmerische Verantwortung ist nicht eine Option, sondern ein Muss. Nachhaltigkeit, Vielfalt, Umwelt und soziales Engagement sind zentral, Vertrauen ist die Basiswährung. Die Geschäftsstrategie von Unternehmen ist ihr gesellschaftlicher Zweck, nicht die Gewinnmaximierung" (PricewaterhouseCoopers 2018).

Um die Herausforderungen von Unternehmen systematisch sichtbar zu machen, werden diese im Folgenden anhand einiger oben aufgeführter Megatrends dargestellt.

9.3.1 Megatrend Demografischer Wandel und Silver Society

Rückläufige Zahl von Arbeitnehmern

Bis zum Jahr 2030 werden wir einen Rückgang aller arbeitenden Menschen in Deutschland von etwa 12 % haben (Robert Bosch Stiftung 2013). Selbst wenn man alle denkbaren Szenarien berücksichtigt und Maßnahmen einleitet, steht fest, dass die Anzahl der Arbeitnehmerinnen und Arbeitnehmer sinken wird – wie stark, wird an den politischen Entscheidungen im Hinblick auf Arbeitseintritts- und Arbeitsaustrittsalter liegen.

Schaut man noch weiter in die Zukunft, stellt sich der Rückgang der Arbeitenden noch dramatischer dar. Deswegen werden bereits heute Überlegungen angestellt, die Jahresarbeitszeit auszuweiten. Das würde bedeuten, dass wir früher in unserem Leben anfangen zu arbeiten, später aufhören und dazwischen mehr Stunden pro Woche für unseren Arbeitgeber tätig sein werden. Arbeit nimmt dann einen noch größeren (Zeit-) Raum als heute schon ein.

Aufgrund der rückläufigen Anzahl an Arbeitnehmerinnen und Arbeitnehmern wird der War for Talents von Unternehmen vermutlich sehr scharf geführt werden müssen, will man angestammtes Personal behalten und neue Arbeitende rekrutieren. Dies jedenfalls denken heute schon die Führungskräfte von morgen (CBRE 2014).

Berücksichtigt man zusätzlich die steigende Anzahl der Fehltage von Arbeitnehmerinnen und Arbeitnehmern aufgrund von psychischen Erkrankungen (1997: 2,5 Arbeitsunfähigkeitsfälle und 77 Ausfalltage je 100 Arbeitnehmer; 2016: 6,5 Arbeitsunfähigkeitsfälle und 246 Ausfalltage je 100 Arbeitnehmer) – dabei liegen seelische Erkrankungen bei

Frauen sogar auf Platz eins der Gründe für Arbeitsunfähigkeit (Ärzteblatt 2017) – wird sehr schnell klar, dass sich die Art und Weise unserer Arbeit wandeln muss, wollen wir weiterhin wertvolle Arbeit leisten und dabei gesund bleiben.

> **Die Herausforderung heißt:**
> Wie kann ich Mitarbeitende halten und wie finde ich weitere Mitarbeitende? Wie kann ich als Arbeitgeber gesundheitserhaltend vorhandenes Mitarbeiterpotenzial ausschöpfen?

Arbeitgeber müssen Entscheidungen treffen, ob und wenn ja welche Motivationssysteme sie für zielführend erachten. Dabei gilt es zu beachten, dass Menschen unterschiedlich sind und somit unterschiedliche Motivatoren brauchen. Extrinsische Motivatoren nehmen an Bedeutung ab, d. h. Dienstfahrzeuge, Macht, Geld und Status werden nur noch wenige Mitarbeitende ausreichend motivieren. Es gibt Belege dafür, dass extrinsische Motivationssysteme die Bereitschaft zur Leistung eher hindern als fördern und Belohnungssysteme gar Gegenteiliges zeigen, nämlich, dass bei unzureichender Belohnung nur noch so viel gearbeitet wird, wie der Mitarbeitende es – an die Belohnung gekoppelt – für angemessen hält. Dies verhindert Eigenmotivation.

Wenn man als ethisch aufgestelltes Unternehmen dagegen die Haltung einnimmt, dass Menschen sinnerfüllte Arbeit tun wollen und bereits aus sich heraus motiviert sind, dann muss man Motivationsfaktoren wie Sinnhaftigkeit, Neugier und Streben nach Weiterentwicklung beantworten (Barsch 2018). Somit kann man ein weites Feld von veränderbaren und sich anpassenden Motivationsfaktoren eröffnen und diese auf das Individuum abstimmen. Dies bedeutet, dass Mitarbeitende selbst entscheiden dürfen, welche Anerkennung sie sich wünschen: Dies kann von monetärem Bonus bis hin zu Urlaubstagen oder ganz neuen bislang noch unbekannten Anerkennungen reichen.

Einbeziehung, Beteiligung, Befragung und Entscheidungsfindung sind die Schlüssel dafür, dass Mitarbeitende sich mit dem Unternehmen identifizieren können, gern bleiben oder als Arbeitnehmer dorthin streben.

9.3.2 Megatrend Globalisierung

Wachsender Wettbewerb auf globalen Märkten
Unternehmen müssen zunehmend damit rechnen, dass gleiche Güter und Dienstleistungen anderswo in vergleichbarer Qualität angeboten werden und für jeden erreichbar sind.

> **Die Herausforderung heißt:**
> Wie können Unternehmen Produkte und Dienstleistungen so positionieren, dass diese wenigstens einen einzigartigen Aspekt aufweisen?

Um sich bei wachsendem Wettbewerb auf globalen Märkten zu behaupten und erkennbar zu unterscheiden, können Unternehmen ihre ethische Positionierung ausbauen und kommunizieren. Dies baut ein positives Image auf und setzt neue Benchmarks in der Branche. Zwar könnten Wettbewerber Gleiches tun und sich ebenfalls umsichtiger verhalten und ihre Unternehmenskultur pflegen, dennoch ist man als Vorreiter in einer weiter entwickelten Position einige Schritte voraus. Dieses Image strahlt auf Produkte, Stakeholder, Financiers aus und lädt diese ein, sich mit dem Unternehmen als Kunde, Mitarbeiter oder Geldgeber zu verbinden. Denkbar wäre sogar, dass es Lieferanten gibt, die unethisch handelnden Unternehmen ihre Dienstleistungen und Produkte nicht mehr zur Verfügung stellen, z. B. Rüstungsindustrie: Unternehmen, die ihre Ingenieursdienstleistungen nicht an Unternehmen verkaufen, die Rüstungsgüter herstellen.

Internationale Mobilität von Arbeit

Eine große Anzahl arbeitender Menschen wird nicht mehr fest angestellt, sondern als Projektarbeiter und/oder Selbstständige weltweit tätig und somit nur zeitweise verfügbar sein. Sogenannte Cloud-Worker können sich ihr nächstes Projekt aus einer Fülle von Angeboten aussuchen und werden dabei vermehrt diejenigen Angebote auswählen, die der Sinnhaftigkeit von Arbeit Rechnung tragen.

> **Die Herausforderung heißt:**
> Wie kann ich international als sinnstiftender Arbeitgeber wahrgenommen werden?

Über Arbeitgeberbewertungsportale, die auch international genutzt werden, wie auch über die zunehmende internationale Vernetzung von Menschen steigt die Wahrscheinlichkeit, dass Arbeitgeber so wahrgenommen werden, wie sie agieren und welche Werte, sprich Haltung, sie vertreten. Gleichzeitig wird hier sehr deutlich, dass die gesamte Unternehmenskommunikation darauf ausgerichtet sein muss, nicht nur den Kunden im Blick zu haben, sondern eben auch mögliche Interessenten, die als Mitarbeitende infrage kommen, mit umfassenden und authentischen Informationen zu versorgen. Hier helfen auch offene Events und der Besuch von Messen, wo sich Mitarbeiter und Interessenten kennenlernen und austauschen können.

9.3.3 Megatrend Digitalisierung und Roboterisierung

Veränderungen durch Digitalisierung

Durch die Digitalisierung – und manche sprechen nicht von einem Trend, sondern sogar von einer Disruption – wird sich die Arbeitswelt in Bezug auf den Inhalt von Aufgaben verändern. Einige Aufgaben, die beispielsweise mit Zahlen, Daten, Fakten oder eintönigen Bewegungen zu tun haben, wird es nicht mehr geben. Selbst Berufe wie Apotheker und

Jurist stehen in Zukunft infrage, denn ein datengestütztes System kann bei der Ausgabe von Medikamenten dem Patienten sehr zuverlässig Wechsel- und Nebenwirkungen aufzeigen oder das Medikament im Hinblick auf bekannte Allergien überprüfen. Sogar Juristen können heute schon ersetzt werden, was die US-Firma Lawgeex durch ihre Software gezeigt hat, die schneller und mit zuverlässigeren Ergebnissen Verträge auf deren Rechtskonformität überprüfen kann, als Menschen dies tun können (Lawgeex 2018). Durch jede arbeitsrevolutionierende Neuerung sind bislang auch neue Berufe entstanden und somit wird auch durch die Digitalisierung mit neuen Jobs gerechnet. Jedoch kann heute noch niemand exakt vorhersagen, welche das sein werden. Sicher ist nur, dass je komplexer die Aufgaben sind, desto sicherer wird es den Job in Zukunft noch geben, ebenso wie Dienstleistungen, die direkt am Menschen ausgeübt werden. Alles, was systematisierbar ist, wird eher von künstlichen Intelligenzen verrichtet werden können.

> **Die Herausforderung heißt:**
> Wie kann gewährleistet werden, dass Arbeitsplätze nur in dem Maß wegfallen, wie auch neue entstehen, und wie können auf dem Weg die Mitarbeitenden mitgenommen und entsprechend qualifiziert werden? Wie könnte eine Zusammenarbeit von Menschen und künstlicher Intelligenz aussehen?

Durch digitale Kommunikationstechnologien und dadurch, dass alles, was digitalisiert werden kann, vermutlich auch digitalisiert wird, werden heute noch übliche Berufe verschwinden und ganz neue entstehen. Berufe, die durch Roboter und künstliche Intelligenz ersetzt werden, sind diejenigen, die ein hohes Automatisierungspotenzial aufweisen, also Berufe, die sich mit Zahlen, Daten, Fakten auseinandersetzen und/oder schematisch ablaufen.

Im Jahr 2030 wird die Hälfte aller Jobs in Deutschland der Automatisierung anheimgefallen sein (Universität Oxford 2016). Betroffen davon sind normale Jobs (beispielsweise Lokführer, Bank- und Versicherungsangestellte, IT-Dienstleister, Finanzverwaltung etc.), hochspezialisierte Aufgaben werden dagegen weiterhin von Menschen erledigt werden. Arbeitgeber, die sich in Bezug auf Digitalisierung ethisch positioniert und mit ihren Mitarbeitenden gemeinsam festgelegt haben, wo die Digitalisierung wie helfen kann, haben hier einen Vorsprung, denn sie werden als verantwortungsvoll Handelnde wahrgenommen.

Die Entwicklungen der künstlichen Intelligenz haben großen Einfluss auf die Zusammenarbeit von Menschen und Maschinen. Unternehmen müssen Fragen beantworten, die diese Zusammenarbeit ethisch klar und einwandfrei regeln. Maschinen können und sollen unterstützen. Jedoch um welchen Preis? Wo wollen Unternehmen Grenzen ziehen?

Um diese und weitere Fragen zu beantworten, kann eine empfehlenswerte Strategie sein, dass Ethikbeauftrage und/oder externe Prozessbegleiter gemeinsam mit der betroffenen

Abteilung und den Menschen Lösungen erarbeiten und Leitlinien definieren. Somit kann ein Unternehmen zeigen, dass es einerseits mit den Möglichkeiten der Technik voranschreitet, andererseits sich jedoch der ethischen Verantwortung bewusst ist und angemessene individuelle Lösungen anbietet. In der Folge kann ethisches Verhalten in Bezug auf Handlungsspielräume (beispielsweise Absatzmärkte, Lieferanten, Ökologie) zwar einschränken, jedoch bringt es in Bezug auf die Positionierung eine Konturierung, die das Unternehmen von anderen abgrenzt und somit ein Alleinstellungsmerkmal als Organisation herausbildet.

9.3.4 Megatrend Wissenskultur

Fortbildung und lebenslanges Lernen

Das Wissen, das sich Menschen im Rahmen ihrer Ausbildung oder ihres Studiums aneignen (können) ist nur ein kleiner Anteil am Wissen, das sie über die gesamten 40–50 Jahre ihrer Berufstätigkeit benötigen. Wissen ist immer und überall verfügbar und weist eine steigende Halbwertzeit auf, veraltet also schneller.

> **Die Herausforderung heißt:**
> Wie können Unternehmen eine dynamische Weiterbildung implementieren und die passenden Potenziale bei den Mitarbeitenden identifizieren? Wie können Wissensarbeiter motiviert bleiben, sich weiterzubilden, umzulernen und neue Aufgabenfelder zu erobern?

Dadurch, dass Wissen immer und überall verfügbar ist und in Zukunft noch mehr in Teams gearbeitet werden wird, da ein Einzelner die Komplexität nicht beherrschen kann, werden die sog. Soft Skills bei Mitarbeitenden zunehmend an Bedeutung gewinnen. Arbeit wird in multinationalen Teams erledigt werden, sodass eine Bereitschaft und Kompetenz in internationaler und kulturübergreifender Kommunikation unerlässlich sind. Arbeiten und Lernen werden in Zukunft nicht mehr strikt abgrenzbar sein, das bedeutet, dass lebenslanges Lernen integraler Bestandteil der Arbeitswelt sein wird (Daheim und Wintermann 2016). Wer also nicht teamfähig ist, wer nicht bereit ist, lebenslang zu lernen und wer nicht geschult ist in Feedback-Kultur und kooperativer Kommunikation, der wird es in Zukunft sehr schwer haben, am Arbeitsmarkt einen adäquaten Arbeitsplatz zu finden – selbst wenn man davon ausgeht, dass es einen zunehmenden Mangel an qualifizierten Arbeitsnehmern geben wird. Umgekehrt wird den Menschen der Generation Z (nach 1995 geboren) ihre persönliche Entwicklung immer wichtiger und ist somit von entscheidender Bedeutung. Unternehmen, die dafür Raum geben, ermöglichen ihren Mitarbeitenden, eine nachhaltige Bindung eingehen zu können (Brademann 2019).

9.3.5 Megatrend New Work

Kommunikationskultur

Ein schlechtes Arbeitsklima, Überstunden und emotionaler Stress machen den Mitarbeitenden neben Termindruck besonders stark zu schaffen, so die Studie „Betriebliches Gesundheitsmanagement 2018" (Pronova BKK 2018). Schon heute geben 51 % der Mitarbeitenden an, dass sie ihre Arbeit als eher stressig oder sehr stressig empfinden. Wie oben angeführt, steigt die Anzahl an psychischen Erkrankungen und es ist mit einem weiteren Anstieg zu rechnen, da sich Arbeit verdichten und inhaltlich stark verändern wird.

> **Die Herausforderung heißt:**
> Wie kann ich Stress reduzieren und für ein gesundheitserhaltendes Arbeitsklima sorgen?

Stress entsteht für Mitarbeitende einmal durch den Inhalt der Arbeit, durch den Ergebnisdruck (Güte und Zeitpunkt) und in nicht unerheblichem Maß durch unzuträgliches Verhalten von Vorgesetzten und Kollegen. Es wird nicht miteinander geredet, sondern übereinander. Menschen ergehen sich in Annahmen und Spekulationen statt nachzufragen. Manchmal wird Kommunikation sogar ganz umgangen, jedoch zwischenmenschliche Kommunikation läuft immer ab. Wie der Psychologe Paul Watzlawick sagte: „Wir können nicht nicht kommunizieren." Das bedeutet, dass in jedem Augenblick sowohl verbale als auch nonverbale Kommunikation stattfindet. Daher kommt diesem Aspekt eine hohe Aufmerksamkeit zu, zeigen sich doch in der Kommunikation zwischen allen Stakeholdern eines Unternehmens Haltungen, Werte, Annahmen und Menschenbilder.

In der Art und Weise, worüber und wie miteinander kommuniziert wird, drückt sich gegenseitiger Respekt, Augenhöhe und Wertschätzung aus. Eine ethische Unternehmenskultur soll daher den *Dialog* (aus dem griechischen „dia" für durch Transparenz und „logos" für das sinnvolle Wort bzw. Bedeutung) fördern. Das meint, Annahmen, Perspektiven und Interpretationen auszutauschen und diese gegenseitig zu reflektieren und zu prüfen. Ein Dialog ist daher eine erhellende Form der Kommunikation für alle Beteiligten. Man kann herausfinden, was hinter den jeweiligen Handlungen steckt und welche Interaktionen die Beherrschenden sind oder waren. Auf diesem Weg kann man stetig voneinander lernen und von den Erfahrungen und Sichtweisen anderer neue Felder finden und Erkenntnisse gewinnen. Der Dialog setzt eine Haltung voraus, die das Prüfen der Argumente und nicht das Gewinnen einer Diskussion als Ziel sieht.

Ein weiterer Baustein kann die sog. *gewaltfreie Kommunikation* sein, die dazu dient, Handlungsweisen der Person zu differenzieren und ohne Bewertung zu beobachten, seine damit verbundenen Gefühle und die eigene Sicht auf eine Situation darzulegen sowie das favorisierte Verhalten des Gegenübers als Wunsch zu formulieren.

Aktives Zuhören kann ein weiterer Baustein sein, da es dabei v. a. darum geht, gedanklich beim Gegenüber zu sein und eben nicht eigene Erfahrungen mitzuteilen, sondern durch Fragen den Gesprächspartner in aller Tiefe und Breite seine Gedanken darlegen zu lassen.

Durch die Kommunikationskultur von Menschen kann man die Heterogenität der Welt 2030 auffangen und positiv nutzbar machen.

Menschliches Miteinander

Wenn 2030 der Mensch also im Mittelpunkt stehen wird und es bei einer gestalteten Unternehmenskultur und deren Anreicherung mit ethischen Werten um alle Menschen geht, die in einem Unternehmen arbeiten, wird klar, dass es unabdingbar ist, dass man in diesem lebendigen und andauernden Prozess alle Betroffenen zu Beteiligten macht. Dies bedeutet, dass man sowohl Vorgesetzte als auch Mitarbeiter in diesen gestaltenden Prozess einbeziehen muss.

Menschen haben (unterschiedliche) Werte, die gemeinsam mit den aus Erfahrungen resultierenden Annahmen zur Haltung der Individuen führen. Je nachdem wie Situationen und Kommunikationsinhalte interpretiert werden, lösen diese beim Menschen unterschiedliche Handlungen aus. Handlungen sind daher das Resultat individueller Erfahrungen und Interpretationen von Wirklichkeit. Dieser Prozess ist meist nicht reflektiert und bleibt somit oft dem Agierenden selbst verborgen. Damit steht fest, dass von außen nur wenig Einfluss auf Handlungen und deren Gründe genommen werden kann. Dies bedeutet, dass selbst bei gründlichster Formulierung von Unternehmenswerten der entscheidende Faktor, ob eine Unternehmenskultur ethisch einwandfrei ist oder eben auch nicht, in den Entscheidungen und Handlungen einzelner Menschen liegt. Hier wird deutlich, dass der Vorbildfunktion von Führungskräften eine besondere Aufmerksamkeit gelten muss.

Vereinbarkeit von Beruf und individuellen Bedürfnissen – Familienfreundlichkeit

Zu den wesentlichen Faktoren, die die Attraktivität eines potenziellen Arbeitgebers aus Sicht des Mitarbeitenden ausmachen, gehört heute schon die Vereinbarkeit von Familie und Beruf, kurz Familienfreundlichkeit.

Jedoch dreht sich die Vereinbarkeit generell darum, dass der Arbeitsplatz der Zukunft vereinbar mit den Bedürfnissen des Arbeitenden sein muss (IDG Business Media 2018).

> **Die Herausforderung heißt:**
> Welche neuen Modelle der Zusammenarbeit berücksichtigen in angemessenem Maß die Bedürfnisse der Mitarbeitenden?

Das Sinnstiftende von Arbeit sowie die Integrierbarkeit von Arbeit ins Leben tritt in den Vordergrund. Work-Life-Balance war gestern. Morgen geht es darum, dass Arbeit nicht mehr als zehrend und ausbeutend empfunden wird, sondern als ein sinnstiftender Teil unseres gesamten Lebens. Menschen möchten mit dem ihnen eigenen Potenzial etwas bewegen und erlangen.

Das Individuum nimmt sich mehr und mehr als solches wahr und möchte fern von sog. Ego-Trips sich selbst verwirklichen und entlang der eigenen Bedürfnisse und Werte leben. Die Werte verschieben sich von materiellen Statussymbolen hin zu höherer Lebensqualität, die beispielsweise dadurch sichtbar wird, dass Mitarbeitende statt einer Gehaltserhöhung lieber mehr Freizeit mit ihrer Familie oder ihren Freunden verbringen möchten. Zur Individualisierung gehört, dass Menschen sich neben dem Ich als Wir wahrnehmen. Sie suchen innerhalb und außerhalb von Unternehmen nach stabilen Gruppenbeziehungen, die durch ein gemeinsames Ethos miteinander verbunden sind (Livi 2017). Unternehmen müssen daher eine Antwort auf das Bedürfnis nach Gemeinschaft und emotionaler Bindung geben. Da Arbeit eine längere Zeitspanne pro Tag und Lebenszeit einnehmen wird, ist davon auszugehen, dass die Individuen ihrem Arbeitgeber eine große persönliche Bedeutung zumessen werden. Nach einer Erhebung von Brademann und Piorr wollen sich 64 % der Generation Z gern emotional an ein Unternehmen binden (Brademann 2019).

Qualität des Arbeitsplatzes
Die Qualität des Arbeitsplatzes im Sinn des Orts und der bedürfnisorientierten Ausgestaltung spielen eine wesentliche Rolle, wenn Mitarbeitende mehr Zeit mit Arbeit verbringen werden.

> **Die Herausforderung heißt:**
> Wie können die Bedürfnisse im Hinblick auf den konkreten Arbeitsplatz erfüllt werden?

Durch Globalisierung, Mobilität und Urbanisierung muss Arbeit an verschiedenen Orten möglich sein. Das heißt Mitarbeitende bevorzugen i. d. R. weitreichende Homeofficeregelungen und Vertrauensarbeitszeit sowie ein Wohlfühlambiente auch bei der Arbeit im Betrieb vor Ort – sofern das mit den Vorschriften für einen Arbeitsplatz kompatibel ist. Für Wissensarbeiter müssen Rückzugsräume, kleine Besprechungsräume und Begegnungsräume vorhanden sein. Da Arbeit und Freizeit zunehmend verschmelzen, werden längere Pausen Normalität, frühmorgendliches wie auch spätabendliches Arbeiten wird üblich und durch verschiedene Zeitzonen auch nötig.

Darüber hinaus müssen Mitarbeitende ermächtigt werden, sich selbst zu organisieren, wobei sie Unterstützung benötigen, die ihnen in Form von Fortbildungen und regelmäßigen Reviews gewährt werden muss. Das Thema Selbstausbeutung muss aktiv angegangen werden, um zu verhindern, dass Mitarbeitende in eine Dysbalance geraten.

Entscheidungs- und Entfaltungsfreiheit

Die Wünsche der Arbeitenden nach Entscheidungs- und Entfaltungsfreiheit sowie Kreativität und Selbstbestimmung werden in den Vordergrund gerückt (IDG Business Media 2018). Diese Faktoren sind ein wesentlicher Punkt bei der Entscheidung von Menschen, für wen sie tätig werden wollen.

> **Die Herausforderung heißt:**
> Wie kann ich Mitarbeitenden Handlungsspielraum geben?

Es werden diejenigen Unternehmen bestehen können und ausreichend attraktiv sein, die in der Lage sind, rasch und agil auf neue Anforderungen und Bedürfnisse von Menschen (Stakeholder) zu reagieren. Da die Evolution von Aufgaben an Arbeitsplätzen durch die Digitalisierung sowie die weiteren Megatrends in den nächsten Jahren noch schneller voranschreiten wird als bisher, ist die Bereitschaft zu Veränderungen eines Unternehmens vermutlich der Faktor, der über Bestehen oder Verschwinden entscheiden wird. Nur mit Flexibilität und Einbeziehung der Mitarbeitenden können diese Herausforderungen gemeistert werden. Unternehmenskultur muss antworten auf die Bedürfnisse der neuen Generation Z: persönliche Entwicklung, Sicherheit, fixe Entlohnung, Transparenz und wertschätzender Umgang. Genannt werden weiterhin sog. Begeisterungsfaktoren, die einmal den Inhalt der angebotenen Aufgaben meint, die möglichst anspruchsvoll sein sollen, und andererseits den Führungsstil der Vorgesetzten (Brademann 2019).

Es lässt sich feststellen, dass zukünftig eine völlig neue Unternehmenskultur erfolgversprechend sein wird, um Mitarbeitende zu halten und weitere zu finden: Unternehmen brauchen den Teamgeist und die Haltung eines jungen, kreativen Start-ups ebenso wie die Solidität und Verantwortlichkeit eines mittelständischen (Familien-)Unternehmens.

Führungskultur

Das von Führungskräften erwartete Ergebnis muss mit den vorhandenen Ressourcen im üblichen Rahmen der vorhandenen Kapazitäten zu erreichen sein. Die Balance zwischen Leistung und Ergebnis bedeutet, dass ein Unternehmen nicht bereits einplant, dass Mitarbeitende pro Woche soundso viele Überstunden leisten werden, um das gewünschte Ergebnis zu erhalten.

> **Die Herausforderung heißt:**
> Wie kann die Führungskraft unter ethischen Aspekten für Effizienz sorgen? Was muss die Führungskraft tun, damit Mitarbeitende einen hohen Durchsatz an Aufgaben bewältigen können?

Eine ethische Unternehmenskultur verlangt nach sorgfältiger und ehrlicher Reflexion und einem grundsätzlich positiven Menschenbild der Führungskräfte, um die sicher auftretenden

Konflikte und Unstimmigkeiten wie auch notwendige Veränderungs- und Anpassungsprozesse mutig anzugehen und aufzulösen. Jede Führungskraft sollte die Mitarbeitenden darin bestärken, sich selbst, das eigene Team und übergeordnete Einheiten systematisch zu reflektieren. Dies sollte offen und transparent geschehen, so kommt man Dissonanzen und Inkongruenzen zwischen Verantwortlichkeiten und Befugnissen auf die Spur. Das heißt, wenn ein Mitarbeiter die Verantwortung für einen Prozess und dessen Ergebnis hat, dann muss er auch ermächtigt sein, alle Arbeiten tun und delegieren zu dürfen und alle damit verbundenen Anweisungen zu äußern. Offene und transparente Reflexion entsteht zwar durch die entsprechende Haltung der Beteiligten, jedoch ist die Nachhaltigkeit dieses Anspruchs mit täglicher Arbeit verbunden. Dies meint, dass eine Führungskraft zum größten Teil Führungsaufgaben wahrnimmt, die im sozialen und menschlichen Bereich liegen. Fachaufgaben werden zwar verantwortet, jedoch meist nicht selbst ausgeführt. Dabei kommt der Führungskraft in noch größerem Maß als heute eine Vorbildfunktion zu; sie muss mit gutem Beispiel das vorleben, was letztlich in der ethischen Unternehmenskultur steckt. Hier dürfen keine Inkongruenzen entstehen. Integrität ist ein unumstößlicher Wert.

Führungskräfte als Lenker und Mentoren
Die Führungskraft muss für eine eindeutige *Aufgabenpriorisierung* sorgen und priorisiertes Arbeiten lehren wie auch vorleben, da Multitasking die priorisierten Prozesse verlangsamt, jedoch *Fokussierung* diese beschleunigt. Führungskräfte müssen ihre Ressourcen – also Mitarbeitende – vor dem Zugriff anderer schützen, sodass diese möglichst ungestört an ihren Aufgaben arbeiten können. So kann ein Arbeitsflow entstehen und der Durchsatz steigen. Arbeit wird so durch das Erlebnis erledigter Aufgaben zu einem positiv wahrgenommenen, weil sinnerfüllten, Teil des Lebens.

Führungskräfte müssen sich hinterfragen (lassen) und vorhandene Managementinstrumente regelmäßig validieren und auf Passung untersuchen. Expertentum wird durch Vernetzung neu strukturiert, sodass eine neue Effizienz im Miteinander entsteht. Eine ethische Unternehmenskultur unterstützt daher kontinuierlich das Hinterfragen und Neuausrichten von Prozessen und Effizienzen im Zusammenspiel mit allen Beteiligten.

Führungskräfte müssen eingeladen werden, sich fortzubilden und sie müssen lernen, wie sie Mitarbeitende auf Distanz und virtuelle Teams führen, da nicht mehr alle im Betrieb vor Ort sein werden. So werden Führungskräfte zu Lenkern bzw. Mentoren ihrer Mitarbeitenden. Diese Rolle gilt es zu erlernen und auszufüllen.

Konfliktkultur
Weiterhin beantwortet eine ethische Unternehmenskultur auch die Frage, wie mit Konflikten umgegangen wird:

Wie Menschen sich in einem Konflikt verhalten, hat sehr viel mit ihrem Menschenbild, ihrem Selbstwert und ihrem Selbstbild zu tun. Sind sich Menschen ihrer Kompetenzen und Verantwortlichkeiten sicher und haben sie ein prinzipiell positives Menschenbild, dann werden Konflikte eher als Chance wahrgenommen. Das heißt, diese werden konstruktiv und für Verbesserungen genutzt. Nimmt man weiter an, dass Konflikte aus guten Gründen entstehen, Querulanten also eher selten sind, Mitarbeitende, die nach Verbesserungen und Erleichterungen streben, jedoch häufig anzutreffen sind, dann kann man Konflikte nicht als Hindernis verstehen, sondern als Katalysator nutzen und Verbesserungen anstreben.

Menschenbild

Wie oben schon erwähnt, ist ein weiterer Aspekt ethischer Unternehmenskultur das positive Menschenbild: Menschen streben in Zukunft noch mehr nach Sinnhaftigkeit ihrer täglichen Arbeit. Mitarbeitende arbeiten lieber in Harmonie als in Disharmonie und sie arbeiten prinzipiell gern und tragen produktiv zum Ergebnis des Unternehmens bei. Um zum Unternehmensziel beitragen zu können, muss der mögliche und erwartete Beitrag jedes Einzelnen klar und transparent sein: Jeder Mitarbeitende muss über seinen eigenen Beitrag und über das, was andere Mitarbeitende und Führungskräfte beitragen, Klarheit haben.

Fehlerkultur

In eine ethische Unternehmenskultur ist eine konstruktive Fehlerkultur integriert: Wenn Mitarbeitende von Angst getrieben sind, Fehler zu machen, dann werden sie erfolgte Fehler nicht aufdecken, sondern vertuschen. Durch das Vertuschen von Fehlern besteht die Gefahr, dass diese sich systematisieren, also in Zukunft öfter vorkommen können und/oder werden. Wenn dagegen klar ist, dass Fehler nur Schwächen von Prozessen aufzeigen und Lücken entlarven, dann sind Fehler wichtige Indikatoren über die Annäherung an einen optimalen Zustand der gelebten Prozesse. Sie eröffnen der Organisation erst die Chance zur kontinuierlichen Weiterentwicklung.

Verbundenheit mit dem Unternehmen

Der Gallup Engagement Index 2018 zeigt auf, dass 14 % der Arbeitnehmer bereits innerlich gekündigt und keinerlei Bindung zu ihrem Unternehmen haben. Dies ist der niedrigste Wert seit 2001, wobei die Schwankungen zwischen 14 % und 24 % (2012) liegen. Auf der anderen Seite der Skala stehen fast genauso viele Menschen dagegen, die eine hohe Bindung zu ihrem Unternehmen angeben (15 %). Im internationalen Vergleich stuft Gallup diese 15 % jedoch als niedrig ein. Die übrigen 71 % geben eine geringe Bindung an, was wohl Dienst nach Vorschrift bedeutet.

> **Die Herausforderung heißt:**
> Wie können Mitarbeitende begeistert und zu Botschaftern ihres Unternehmens werden?

Das Spannungsfeld zwischen einheitlicher ethischer Unternehmenskultur, also Stabilität einerseits und dem Erhalt bzw. der Integration von Flexibilität andererseits, muss transparent sein und gelebt werden. Transparenz und Offenheit sind die Eckpfeiler, auf denen die Prozesse sowie die Kommunikation fußen, die letztlich zu einem Mehrwert der Produkte und Leistungen eines Unternehmens führen müssen, damit dieses auch seiner Existenz als wirtschaftliche Organisation gerecht werden kann. Produkte und Dienstleistungen stellen Lösungen für Probleme von Kunden dar und erzeugen daher einen Nutzen für diese. Die Daseinsberechtigung eines Unternehmens liegt darin, Problemlöser für seine Kunden zu sein.

Wer sowohl den Nutzen seines Produkts bzw. seiner Dienstleistung für andere Menschen kennt und auch erlebt, dass in seinem Unternehmen ethisch gehandelt wird, der wird leicht auch zum begeisterten Botschafter des eigenen Unternehmens. Mitarbeitende sind stolz auf das, wofür ihr Unternehmen steht.

Agilität und Flexibilität

Die Gallup-Studie zeigt weiterhin auf, dass die Bindung der Mitarbeitenden in agilen Organisationen deutlich höher ist und diese ihr Unternehmen i. d. R. auch als wirtschaftlich gut aufgestellt sehen. Agilität beschreibt, ob die richtigen Arbeitsmittel, effiziente Prozesse und eine entsprechende Haltung im Unternehmen vorhanden sind. Da Flexibilität und Agilität Teil der Unternehmenskultur sind, zeigt diese Studie, dass diese beiden Aspekte einen wesentlichen Beitrag zum Gesamtergebnis des Unternehmens darstellen.

> **Die Herausforderung heißt:**
> Die Frage ist nicht, inwieweit sich Unternehmen zu einer agilen Organisation bewegen wollen, sondern sie müssen einen Weg finden, wie sie Agilität integrieren und leben können.

Agilität sollte also mindestens eine Möglichkeit der Zusammenarbeit darstellen, sodass Mitarbeitende diese Art der Arbeitsmethode für sich wählen können, wenn sie dies präferieren. Empfehlenswert ist dies sicher für verteilt arbeitende Teams. Auch hier sind eine direkte Kommunikation und ein Einbinden der beteiligten Mitarbeitenden sinnvoll. Die Zeiterfassung wird abgelöst durch eine Zielerfassung bzw. das Reporting von Meilensteinen (Zwischenzielen). Hierdurch erhalten die Mitarbeitenden größtmögliche Flexibilität in der Arbeits- wie auch Zeitgestaltung.

9.4 Wettbewerbsvorteil Ethische Unternehmenskultur

Um in einem Unternehmen einen Paradigmenwechsel hin zu ethischer Unternehmenskultur einzuleiten, braucht man zuerst das Agreement der obersten Führung, denn die Voraussetzung für die Hinwendung zu einer ethischen Unternehmenskultur, die Antworten auf die oben genannten Herausforderungen gibt, ist zunächst eine gemeinsame attraktive Vision des Unternehmens – eine Vision, die die Mitarbeitenden, die Führungskräfte und die Eigentümer erarbeitet haben. Dabei muss der Nutzen, den ein Unternehmen in der Welt und für seine Kunden stiftet, jedem Stakeholder klar und transparent sein.

Nachdem die Vision formuliert ist, muss die Mission klar werden, d. h. es wird eine Strategie benötigt, die hilft, zielgerichtet der Vision zu folgen. Elementar ist dabei die Haltung der Führungskräfte, die sich auf Vertrauen, Optimismus und ein positives Menschenbild stützt. Diese Haltung soll vorbildlich gelebt werden, also sichtbar und spürbar ins Unternehmen hineinwirken.

Wenn wir den Menschen im Mittelpunkt behalten und diesen mit einem positiven Menschenbild betrachten sowie der Annahme folgen, dass Menschen eine sinnerfüllte Arbeit tun wollen, wird deutlich, dass eine reine Optimierung von Prozessen und weitere Maßnahmen zur Rentabilitätsverbesserung von Unternehmen nur dann funktionieren kann, wenn der Mensch dabei mitgenommen wird, wenn also die Haltung und die Werte aller Mitarbeitenden berücksichtigt und miteinbezogen werden. Dies kann durch gemeinsame Teamentscheidungen geschehen, durch fortlaufende strukturierte Selbstreflexion des Miteinanders und der Arbeitsprozesse, durch Lerngruppen und selbstführende oder partizipativ führende Teams gestärkt werden. So greift das Unternehmen die Kompetenzen für sach- und fachgerechte Entscheidungen auf und die Mitarbeitenden werden dahingehend entwickelt, dass sie systemisch bzw. unternehmerisch denkende Menschen werden oder sich in dieser Kompetenz verbessern können. Tragen die Mitarbeitenden nun auch die Verantwortung für ihr Tun und dessen Konsequenzen, können sie sich selbstverständlich mit diesen identifizieren. Somit kann auch der Lernerfolg aus den Resultaten gut akzeptiert werden. Mitarbeitende sehen an positiven Ergebnissen ihr Selbstwertgefühl gestärkt und erkennen ihre Relevanz für ihre Arbeit. Sie wird somit sinnerfüllter wahrgenommen. So dauert zwar die Umsetzung eines veränderten Prozesses etwas länger, dieser wird jedoch nachhaltiger gelebt werden, denn er wurde selbstständig von einem Team erarbeitet und nicht verordnet. Optimierte Prozesse werden so akzeptiert und können von Mitarbeitenden auch authentisch an andere Mitarbeitende weitergegeben und somit tradiert und nachhaltig integriert werden.

Menschen lernen, dass das eigene Tun und Handeln immer wieder und regelmäßig reflektiert werden muss, damit es den sich verändernden Anforderungen und Parametern angepasst werden kann. Zunächst mag das Vorgehen einer regelmäßigen Reflexion des eigenen Tuns etwas zeitraubend anmuten. Warum sollten Unternehmen dafür Raum geben?

Wenn alle vorangehenden Argumente, die auf den Entwicklungen der Megatrends fußen, in Betracht gezogen und ehrlich beantwortet werden, dann geht es in Zukunft nur noch miteinander. Ein Nebeneinander oder gar ein Gegeneinander wird dazu führen, dass Unternehmen sich am Markt nicht werden halten können.

Weiterhin ist es im Sinn einer lernenden Organisation wichtig, dass Fehler wertungsfrei angeschaut werden können, um aus diesen Lerneffekte zu generieren und als Ganzes zu profitieren. Mitarbeitende werden ermutigt, im vorgegebenen Rahmen eigene Entscheidungen entlang der ethischen Unternehmenskultur zu fällen. Stellen sich diese als fehlerhaft heraus, wird gemeinsam daraus gelernt und es werden die richtigen Konsequenzen gezogen. Menschen werden ernst genommen, sie dürfen sich einlassen, soweit sie bereit sind. Eine klare und reflektierte Führung sorgt dafür, dass Unterschiede in der Wahrnehmung und Bewertung transparent werden. Regelmäßige Reflexion – man könnte auch

Supervision sagen – ist daher unerlässlich, um in einer sich rasch und unaufhaltsam verändernden Welt Schritt zu halten, will man die mit dem Unternehmen verbundenen Menschen nicht nur nicht verlieren, sondern auch neue hinzugewinnen. Reflexion findet dabei auf der Ebene der Selbstreflexion, der Teamreflexion, der Sachreflexion und auch auf Ebene der Führungskraft statt. So können vorhandene Widersprüche aufgedeckt werden, Annahmen und Interpretationen hinterfragt und verborgene Lücken entdeckt und geschlossen werden. Das Unternehmen, die Organisation und die Menschen lernen und verbessern sich so kontinuierlich.

Die Zeit, die es braucht, alle Mitarbeitenden mitzunehmen und im Sinn der ethischen Unternehmenskultur zu entwickeln, muss als Investition in die Zukunft verstanden werden. Da Unternehmenskultur reziprok ist, also sich mit den Akteuren gegenseitig bedingt, ist es aus meiner Sicht sogar unerlässlich, in einem regelmäßigen und ehrlichen Austausch zu stehen, damit sie leben und sich fortentwickeln kann – so wie die Mitarbeitenden auch. Damit dieser regelmäßige Prozess in den gewünschten Bahnen bleibt und in Ruhe geschehen kann, muss er extern begleitet werden.

9.5 Fazit

Berücksichtigt man, dass das Sinnstiftende von Arbeit in Zukunft einen höheren Stellenwert hat als heute, ist klar, dass eine ethische Unternehmenskultur beim Individuum ansetzen muss und dieses begleitet und zu eigener und gegenseitiger wertschätzender Reflexion angeleitet und angehalten werden muss. Erst dann entsteht eine ethische Unternehmenskultur, die Grundlage für eine ausreichende Attraktivität eines Unternehmens sein wird, um in Zukunft sowohl Mitarbeitende zu halten sowie auch neue zu rekrutieren.

Eine ethische Unternehmenskultur ist existenzsichernd. Sie sollte von Grund auf und ohne äußere Ereignisse oder gar Zwang angegangen, integriert und gelebt werden und nicht nur als Reaktion auf unzureichende gesetzliche Rahmenbedingungen. Unternehmenserfolg bedeutet, dass ein Unternehmen langfristig nicht nur neue Ideen und Innovationen hervorbringen können muss, sondern diese auch umzusetzen in der Lage sein muss. Dies ist nur mit zahlenmäßig ausreichenden und den richtigen Mitarbeitenden möglich, denn sie sind die wichtigsten Faktoren für erfolgreiche Unternehmen. Unternehmen, die es in Zukunft schaffen, die richtigen Mitarbeiter zu rekrutieren und zu halten, haben einen, wenn nicht *den* entscheidenden, Wettbewerbsvorteil.

Literatur

Ärzteblatt. (Hrsg.). (2017). *Psychische Erkrankungen: Fehltage erreichen Höchststand.* https://www.aerzteblatt.de/nachrichten/72732/Psychische-Erkrankungen-Fehltage-erreichen-Hoechststand#group-1. Zugegriffen am 31.01.2019.
Barsch, T. (2018). *Chefsache Fachkräftesicherung.* Wieesbaden: Springer Fachmedien.

Brademann, P. (2019). Generation Z – Analyse der Bedürfnisse einer Generation auf dem Sprung ins Erwerbsleben. In B. Hermeier, T. Heupel & S. Fichtner-Rosada (Hrsg.), *Arbeitswelten der Zukunft*. Wiesbaden: Springer.

CBRE. (Hrsg.). (2014*) Fast Forward 2030: The Future of Work and the Workplace*. https://www. cbre.com/about/media-center/work-and-the-workplace-2030. Zugegriffen am 31.01.2019.

Daheim, C., Dr. O. Wintermann (2016). In Bertelsmann Stiftung (Hrsg.). *2050: Die Zukunft der Arbeit. Ergebnisse einer internationalen Delphi-Studie des Millenium-Project*. Gütersloh.

Glauner, F. (2015). Dilemmata der Unternehmensethik – Von der Unternehmensethik zur Unternehmenskultur. In A. Schneider & R. Schmidtpeter (Hrsg.), *Corporate Social Responsibility*. Berlin/ Heidelberg: Springer.

IDG Business Media. (Hrsg.) (2018). *Wie wir im Jahr 2030 arbeiten*. https://www.cio.de/a/wie-wir-im-jahr-2030-arbeiten,3103921. Zugegriffen am 31.01.2019.

LawGeex. (Hrsg.). (2018). https://www.lawgeex.com/platform/. Zugegriffen am 31.01.2019.

Livi, M. (2017). *Neo-Tribes und TrIBES: Eine Einführung*. https://tribes.hypotheses.org/381. Zugegriffen am 31.01.2019.

Müthel, M. (2017). Wie Sie eine ethische Unternehmenskultur fördern. *Controlling & Management Review, 07*, 24.

PricewaterhouseCoopers AG, Schweiz. (Hrsg.). (2018). Welche Farbe hat die Zukunft. Oktober 2018.

Pronova BKK. (Hrsg.). (2018). *Betriebliches Gesundheitsmanagement 2018 Ergebnisse einer Arbeitnehmerbefragung*. https://www.pronovabkk.de/downloads/ae740f1f69ccabf0/pronovaBKK_BGM_Studie2018.pdf. Zugegriffen am 31.01.2019.

Robert Bosch Stiftung (Hrsg.). (2013). *Die Zukunft der Arbeitswelt*. Stuttgart: Robert Bosch Stiftung.

Statista. (Hrsg.). (2018). *Statistiken zu Megatrends*. https://de.statista.com/themen/3274/megatrends/. Zugegriffen am 31.01.2019.

Studie der Universität Oxford. (Hrsg.). (2016). *Die Zukunft der Arbeit, entnommen*. https://www.zeit.de/karriere/beruf/2016-01/zukunft-arbeit-arbeitsmarkt/seite-2. Zugegriffen am 31.01.2019.

Wikipedia. (Hrsg.). (2019). *Kultur*. https://de.wikipedia.org/wiki/Kultur. Zugegriffen am 31.01.2019.

Zukunftsinstitut. (Hrsg.). (2018). *Megatrends Übersicht*. https://www.zukunftsinstitut.de/dossier/megatrends/. Zugegriffen am 31.01.2019.

Annette Hempel. Das Zitat von Jean Anouilh „Die Dinge sind nie so, wie sie sind. Sie sind immer das, was man aus ihnen macht." begleitet Annette Hempel schon viele Jahre und spiegelt ihre Haltung wider: Sie sieht die Chancen in Veränderungen und macht Mut, eigene Entscheidungen zu treffen und nach diesen zu handeln. Daher sieht sie auch die Chancen in ethisch-ökonomischem Wirtschaften.

Annette Hempel hat evangelische Theologie studiert und ist Dipl. Betriebswirtin (FH) sowie studierte und zertifizierte Supervisorin und Coach (DGSv). Auf ihrem beruflichen Weg war sie in mehreren Unternehmen als Senior Manager Marketing & Sales angestellt und hat als Kaufmännische Leiterin und Geschäftsführerin langjährige Führungserfahrung gesammelt.

Sie begleitete als Projektleiterin ein Modellunternehmen im Rahmen des Forschungsprojekts LANCEO „Balanceorientiere Leistungspolitik – Ansätze zur leistungspolitischen Gestaltung der Work-Life-Balance" und wirkte mit an dem Buch *Mein Geld soll*

Leben fördern von Antje Schneeweiß im Bereich „Ethische und öko-logische Geldanlagen" bei Südwind, Institut für Ökonomie & Öku-mene.

Heute arbeitet Annette Hempel freiberuflich als Supervisorin und Coach und begleitet Teams und Führungskräfte in ihrem stetigen Ent-wicklungs- und Reflexionsprozess. Sie versteht sich als Spezialistin für das Auflösen von Konflikten sowohl auf organisatorischer wie auch auf privater Ebene. Sie unterstützt Menschen, mit einer positi-ven und menschenfreundlichen Haltung in Konflikte zu gehen und diese als Entwicklungschance zu verstehen. Sie macht Mut, sich mit seinem Gegenüber auseinanderzusetzen und regt an, zu reflektieren, was letztlich hinter einem Verhalten stecken könnte. Sie ist bestrebt, im Konsens zu arbeiten und mehrheitlich herbeigeführte Entschei-dungen nur im Ausnahmefall heranzuziehen. Sie arbeitet lösungs- und ressourcenorientiert nach vorn. Dabei nutzt sie ihre fachliche Kompetenz aus ihrer Arbeit als Betriebswirtin und verschränkt diese mit ihrer ethischen Haltung und ihrem positiven Menschenbild.

Weitere Infos unter **www.loesungsdenker.com**

Chefsache: Innovationsmanagement 5.0 – Führung mit Kreativität für die Zukunft

10

Regine C. Henschel und Bernd-Helmut Kröplin

Inhaltsverzeichnis

Zusammenfassung

Ausgewählte, praxisbewährte Methoden für die Kreation erfolgreicher Innovationen – wer wünscht sich diese nicht? Ihre Grundlagen sind ein entsprechender Führungs- und Motivationsstil, um Innovationen tagtäglich umzusetzen und auch zu leben. Einige not-

R. C. Henschel (✉) · B.-H. Kröplin
TAO Group, Stuttgart, Deutschland
E-Mail: info@tao-group.de; info@tao-group.de

© Springer Fachmedien Wiesbaden GmbH, ein Teil von Springer Nature 2019
P. Buchenau (Hrsg.), *Chefsache Zukunft*, Chefsache,
https://doi.org/10.1007/978-3-658-26560-1_10

wendige Schritte und Erfahrungen, die wir als einer der in Deutschland ansässigen 1300 Hidden Champions dafür machen, geben wir hier weiter. Aktuelle Entrepreneurship- und Innovationsmanagementmethoden gibt es derzeit zahlreich. Wir haben hier nur die Tipps zusammengefasst, die für uns tagtäglich in der TAO-Group funktionieren. Willkommen in der Zukunft!

10.1   1.0 Die Liebe und die Innovation

Wo kommt sie her? Wie kann man sie fassen? Und kann man sie gar befördern? Wir meinen nicht die Liebe, sondern wir meinen die Kreativität. Doch haben beide mehr gemeinsam, als man sich im ersten Moment vielleicht vorstellen kann.

Kreativität entsteht durch Zuwendung zu einer Sache, einem Prozess, einem Gegenstand oder einer Optimierung. Sie entsteht durch Interesse und Wachheit, durch Lust auf etwas Neues und durch Freude. Kreativität entspringt aus der Liebe zu den Dingen an sich, an aufgeschlossenem Interesse für Lösungsmöglichkeiten, Spaß am Gestalten und Innovationen jeglicher Art. Und wie in der Liebe bringt auch die Kreativität etwas Neues in die Welt. Möglichkeiten, etwas Überbordendes, anderes, Geistreiches, Verrücktes oder gar Nützliches. Die zahlreichen Start-ups mit ihren neuen Ideen zeigen diese Freude an der Kreativität und dem Neuen.

Nun interessiert natürlich brennend, wie man diese Kreativität innerhalb eines Unternehmens zum Entstehen von Innovationen befördern kann. Was können erfolgreiche Grundlagen insbesondere in der Unternehmens- und Mitarbeiterführung, in der Unternehmenskultur und im sozialen Umfeld sein, um zu Inventionen zu führen? Aus ihnen werden in einer erfolgreichen Umsetzungsphase letztendlich Innovationen, die die Welt bewegen.

Die gute Nachricht zu Beginn: Mit wenig finanziellem Einsatz, aber mit großem strategischen Engagement und viel Leidenschaft sind Inventionen und Innovationen gestalt- und umsetzbar.

10.2   Innovationen als Grundlage für das Bestehen in der Zukunft

Innovationen befriedigen neue Trends oder sie schaffen sie. Sie sind ein Marktpotenzial und ein Wirtschaftsfaktor. Sie sind die Antwort auf turbulente Zeiten, in denen sich Märkte und Kunden viel schneller verändern als vor rund 50 Jahren. Globalisierung, Klimawandel, gesunde Ernährung und Umweltschutz sind starke thematische Herausforderungen der Gegenwart. Innovationen reagieren auf diese grundlegenden Herausforderungen und Umwälzungen innerhalb der Gesellschaft und geben Lösungsabsätze für die Probleme und Wünsche der Zukunft. Innovationen stärken die Wettbewerbsfähigkeit der Unternehmen nachhaltig, sichern die Zukunftsperspektive der Firma mit neuen Produkten oder Dienstleistungen und befriedigen neue und alte Kunden- und Nutzerwünsche.

Innovationen können Abläufe verschlanken und beschleunigen. Sie können neue Absatzmärkte schaffen und eine Firma gegenüber branchenfremden Anbietern, die auf den Markt drängen, stärken. Und sie können Sie an die Spitze Ihrer Branche katapultieren.

Innovationen stärken insbesondere den Mittelstand, der aufgrund seiner kürzeren Wege im Unternehmen auf Trends schneller reagieren und Innovationen fixer umsetzen kann als ein Großunternehmen mit zahlreichen Abteilungen. Das Lotsenschiff ist eben immer etwas wendiger und schneller als der große Tanker.

Innovationen machen Spaß und sichern als wichtiger Wettbewerbsfaktor Ihre Zukunft. Innovationen sind im Unternehmen notwendig, um sich schnell wandelnden Umweltbedingungen und internen Herausforderungen proaktiv zu begegnen. Also dann mal los!

10.3   Innovationen im eigenen Unternehmen befördern

Wie entstehen neue Konzepte und Produkte durch Innovationen im eigenen Unternehmen ohne die Einbeziehung von externen Labs, Hubs und Forschungsinstituten? Braucht ein Unternehmen dafür einen eigenen Think Tank oder sog. U-Boot-Projekte, die räumlich getrennt vom ganzen Unternehmen arbeiten? Und was versteht man darunter überhaupt?

Um Neues zu entdecken, braucht es oft einen Perspektivenwechsel; doch dieser muss nicht zwangsläufig mit einer Ortsveränderung (Reise, Urlaub) verbunden sein. Wie würde Donald Trump mein Unternehmen sehen? Oder Gandhi? Was würde mein Steuerberater optimieren wollen? Und was interessiert meine Kunden wirklich? Unabhängig vom Preis-Leistungs-Gedanken: wie sieht mein Kunde unser Produkt oder unsere Dienstleistung? Was würde er sich wünschen? Welche Probleme hat er, für die wir eine Lösung finden könnten? Oder hat er ein Bedürfnis, das noch nicht gestillt wurde?

Holen Sie sich gegebenenfalls für Ihre Gedankenreise Anregungen im Internet. Es ist ein probates Mittel, die Erfahrungen der Kunden mit den Produkten und Dienstleistungen zu googeln. Facebook, Twitter und zahlreiche Internetseiten, in denen Kunden ihre positiven wie negativen Erfahrungen verbreitet haben, sind eine gute Quelle, ihre Probleme zu erkennen und daraufhin über Lösungsansätze und Optimierungen nachzudenken. Informationen, die früher noch durch aufwendige Fragebogenaktionen von Marktforschungsinstituten gesammelt wurden, können jetzt im Internet recherchiert und zusammengetragen werden. Aber nehmen Sie es nie persönlich, was geschrieben wird! Es sind nur Hinweise, Kommentare oder Feedback.

Der anregende Perspektivenwechsel entsteht durch eine Flexibilität im Denken. Eine geführte Fantasiereise mit der Möglichkeit, bekannte, vertraute, aber auch eingefahrene Bahnen zu verlassen. Stellen Sie doch einmal alles in Ihrem Firmenablauf infrage. Ihr Geschäftsmodell, Ihre tagtäglichen To-dos, Ihre Tagesplanung, Ihr Arbeitsplatz und die Anordnung der Utensilien auf dem Schreibtisch – nur so gedanklich und dann als kurze Liste auf einem Blatt Papier:

Beginnen Sie doch einmal neu vom Punkt Null aus:

- Was würden Sie tun, wenn Sie noch einmal mit Ihrer Unternehmung beginnen könnten?
- Welche Strukturen würden Sie gar nicht erst entstehen lassen oder welche würden Sie implementieren?
- Welche Mitarbeiter würden Sie nach den heutigen Erfahrungen nicht mehr einstellen und welche würden Sie sich zusätzlich wünschen?
- Würden Sie alles oder nur Teile des Unternehmens oder der Prozesse neu erfinden?

Die eigenen, ehrlichen Antworten auf diese Fragen geben Ihnen viele Ansatzmöglichkeiten für kleine Änderungen oder später sogar große Innovationen. Ist der Firmenzweck noch aktuell oder sind Sie ihm längst entwachsen?

Ermuntern Sie Ihre **Mitarbeiter**, dazu Ideen zu liefern, ihre Meinung zu sagen. Wo gibt es Optimierungspotenzial? Im Einkauf? Im Lager? In der Struktur oder der Planung? Bei der Telefonannahme? Manchmal werden frische Ideen, Optimierungen oder sogar Innovationen direkt aus dem Arbeitsalltag geboren, weil sie nicht nur in Ihrer Firma vorkommen, sondern durchaus für viele Firmen interessant sein können.

Auch **Zulieferer** können Innovationen initiieren. Durch den Einsatz neuer Technologien ergeben sich neue Werkstoffe und neue Verarbeitungsmöglichkeiten. 3D-Druck ermöglicht beispielsweise das schnelle Herstellen von Prototypen und Ersatzteilen, die wiederum schnell eingesetzt und getestet werden können.

Oder durch **Trends und Chancen**, die sich auf dem Markt zeigen, entstehen weitere Produktideen. Um diese zu beobachten und zu erfassen, sind (kostenlose) Trend-Newsletter wie „Trends der Zukunft" geeignet. Oder auch ausgewählte Wissenschaft-, Mode- oder Wirtschaftsmagazine.

Spannende Trends für Innovationen können Technologietrends sein, gesellschaftliche und kulturelle Trends, gesetzliche Trends (oder Vorgaben) sowie sozioökonomische Trends (Generation 70+). Alle generieren eine Nachfrage beim Verbraucher und in der Gesellschaft und erfordern entsprechende Innovationen, um diese Bedürfnisse zu befriedigen (Coffee to go, Selfie Stick, Rollator).

Und nicht zuletzt können die großen **gesellschaftlichen Herausforderungen** wie beispielsweise Trinkwasser- und Klimaschutz starke Innovationstreiber sein.

10.4   Sinn und Zweck Ihrer Innovation

Eine Innovation, aus der ein erfolgreiches Business entstehen soll, muss also ein echtes Problem lösen und anderen einen Mehrwert liefern. Sie haben eine Sinnhaftigkeit oder Bedeutung. Bedeutung allerdings ist ein sehr dehnbarer Begriff.

Menschen wollen sich in vielen Gebieten ihres Lebens verbessern. Die lukrativsten Branchen für neue Produkte und Dienstleistungen, in denen der Mensch stets um seine Optimierung bemüht ist, sind:

- Finanzen und deren Optimierung: Wie verdiene ich mehr Geld?
- Kosmetik, Anti Aging, Detox
- Fitness, Sport und Gewichtsabnahme
- Gesundheit und Ernährung (vegan und Co., Trends wie Infused water, Smoothies usw.)
- Haustiere (Hunde, Katzen und Co.)
- Hobbies wie Golfen, Segeln, Ski fahren usw.

Erfinden Sie demnach eine Innovation, die einem Kundenkreis in den oben genannten Bereichen einen innovativen Mehrwert bietet. „Erfinden Sie etwas, was die Kunden schöner, reicher, gesünder oder begehrenswerter macht, dann könnte dies ein lukratives Geschäft werden", erklärte uns ein Investor einmal. Sein finanzieller Erfolg gab ihm Recht.

Starke Innovationstreiber sind aber auch gesellschaftliche Herausforderungen oder zukünftige, globale Probleme, die nicht nur im reinen Produktbereich, sondern einen weiterreichenden Impact liefern können. Bereiche wie:

- Umweltschutz (energiesparsame Meerwasserentsalzungsanlage)
- Alternative Antriebskonzepte der Zukunft (Batterie, E-Mobil)
- Mobilfunk der neuesten Generation mit weniger Strahlung
- Automatisierung (Einsatz neu entwickelter Maschinen)
- 3D-Fabrikation
- Consumer Electronics
- Künstliche Intelligenz
- Internet der Dinge (kommunizierende Geräte)

In allen Innovationsbereichen setzt es spezielle Kenntnisse der definierten Branche voraus. Bestenfalls hat man in dieser Branche selbst seine Erfahrungen gemacht und kennt den Bedarf und arbeitet bereits mit seinem Unternehmen viele Jahre erfolgreich in diesem Geschäftsfeld.

10.5 Der Purpose – Innovationsklima und eine wertvolle Unternehmenskultur als Basis

Neben dem reinen Bedarf an Innovationen ist für uns etwas ganz anderes noch sehr wichtig, ohne das man nie die Ausdauer entwickeln würde, der es bedarf, eine Innovation in die Welt zu bringen: Hinter jeder bedeutenden Innovation steckt ein Wunsch, der größer ist als man selbst.

Liebe, was Du tust! steht auf einer Postkarte, die in unserer Kaffeeküche hängt. Ansonsten werden Sie die Zeit nicht aufbieten, die es benötigt, eine Idee zur Vision, zur wahren Mission und zur Umsetzung zu bringen. Nur ein starker innerer Drang lässt diese zielgerichtete Aktivität herausbrechen, die für die Umsetzung von Innovationen zu einem selbstständigen Geschäftsfeld notwendig ist. Deshalb kommen wir an dieser Stelle erstmals zu der bedeutenden und grundlegenden Aufgabe des Unternehmers als Innovationsförderer und Sinnstifter.

Wir haben diesen allem zugrunde liegenden Denkprozess für den schnellen Überblick auf drei Ebenen reduziert:

1. What? Das bezeichnet die Intention, die Absicht, das Vorhaben an sich, das man angeht. Zum Beispiel Wildblumensamen sammeln, durch Aussäen vervielfachen und vermarkten.
2. What for? Purpose, Bestimmung, Vorsatz, Ziel: Mehr Menschen sollen im Garten und auf Brachflächen Wildblumen für die Bienen und Schmetterlinge säen, damit diese in unseren Städten und inzwischen auch in den ländlichen Monokulturen (mit den gegen Unkraut gespritzen Feldrainen) genug Nektar finden.
3. Why? Bedeutsamkeit, Wichtigkeit: Die Insekten wie Bienen und Schmetterlinge sollen als wichtige Bestäuber u. a. der Fruchtpflanzen erhalten bleiben. Ohne Bienen stirbt irgendwann auch der Mensch. Oder er muss – wie bereits in China – die Bestäubung der Fruchtbäume mit Pinseln selbst übernehmen.

Die Fragen verdeutlichen, dass hinter dem reinen Innovieren ein größeres Ziel steckt. Im Idealfall folgen Innovatoren einer größeren Bestimmung, haben einen ganz speziellen Spirit. Branding-Experten fragen immer gern nach dem Big Picture, dem großen Ziel, auf das man zustrebt:

- Wo wollen Sie mit oder ohne Ihre eigene Firma in fünf Jahren sein?
- Wie soll Ihr Vermächtnis aussehen, das Sie der Welt hinterlassen?

Und damit sind nicht die vererbbaren finanziellen und firmentechnischen Errungenschaften gemeint. Es geht um den tieferen Sinn hinter dem Tun.

Wenn man sich die großen weltweit bekannten Marken genauer anschaut, dann steckt dieser Spirit, diese DNA der innovativen Gründer noch in allen Firmen: Kentucky Fried Chicken, Bosch, Mercedes, Amazon, Apple, Microsoft etc. Überall waren es besondere Visionäre mit einem besonderen Ziel. Wenn die Gründer noch im Dienst der Firma sind, wirkt sich dieser Spirit umso stärker auf die Kunden und die Firmenstruktur aus.

Diesen Firmengründern kommt es nicht (allein) darauf an, selbst viel Geld zu verdienen, sondern einen Unterschied in der Welt zu machen, etwas zu bewegen. Etwas mit Wert zu schaffen oder dorthin zu verändern. Eine Marke mit Spirit hat eine anziehende und durchschlagende Kraft. Wo wollen Sie hin? Welcher Drang treibt Sie an? Wofür schlägt Ihr Herz? Was wollen Sie mit Ihrer Unternehmung erreichen?

10.6   Das Innovationsteam: Vertrauen als Grundlage

Die Kernkompetenzen eines innovativen Unternehmens sind kreative Mitarbeiter mit außergewöhnlichen Fähigkeiten im Team, ausreichend materielle wie finanzielle Ressourcen und Rücklagen, gut getaktete und klare Organisationsabläufe sowie eine erkenn- und lebbare unternehmerische Innovationskultur.

In dieser aktiv gelebten Innovationskultur muss ein offener Dialog möglich sein. Ein „open minded" Team, das offen miteinander diskutieren kann, ist eine gute Voraussetzung für einen lebhaften Gedankenaustausch, gemeinsame Pläne und eine schnelle Umsetzung beispielsweise im Prototypenbau. Das funktioniert nicht immer problemlos, wenn verschiedene Ausbildungen, Nationalitäten und Ansichten aufeinanderprallen. Diese Herausforderung an die soziale Kompetenz des Unternehmers oder Projektleiter muss er annehmen. Von sich selbstorganisierenden Organisationsformen sind wir noch weit entfernt, aber immerhin haben sich die starren Hierarchiestrukturen derart aufgelöst, dass Führung und die dahinterliegenden Beweggründe transparenter werden.

Von den 1950er- bis etwa 1980er-Jahren waren Zielvereinbarungen, Zwischenschritte und -planungen sowie eine starke Unternehmerpersönlichkeit an der Spitze einer Firma die Grundlagen einer funktionierenden Organisationsstruktur. Heutzutage sind immer mehr Visionäre wie Richard Branson oder Steve Jobs an den Unternehmensspitzen zu finden. Dies sind keine klassischen Unternehmertypen im Sinn eines Industriellen wie Henry Ford, sondern eher Abenteurer mit Mut, Durchsetzungskraft und einer alles tragenden Vision, die fast alles für möglich hält. Die nachwachsenden Generationen von Mitarbeitern begeistern sich jetzt für visionäre Weltverbesserer und flexible Organisationsformen. Klassische Zielvereinbarungen und reglementierendes Controlling als Führungswerkzeuge haben immer mehr ausgedient.

10.7   Die wolkenartige TAO-Projektstruktur

Unsere TAO Group verfolgt eine interne Arbeitsstrategie, die äußerste Flexibilität erlaubt. Wissensträger der verschiedenen Fachgebiete Luft- und Raumfahrttechnik, Maschinenbau, Fertigungstechnik, Physik, Chemie und Mathematik bilden das Kernteam des Projekts und sind umringt von Mitarbeitern mit handwerklichen und digitalen Fähigkeiten wie CAD-Erfahrung, Programmieren, Computersimulation, Computeradministration usw. (Abb. 10.1). Klare, feste Stellenbeschreibungen fallen weg, stattdessen definieren die Stärken der Mitarbeiter und ihr Einsatz für das Projekt die Zusammensetzung des Projektteams.

Aus diesem Pool des Wissens und der Wissensträger werden Projekte flexibel gebildet, intensiviert oder wieder zurückgefahren. Die Veränderungen erfolgen zwanglos durch Schwerpunktsetzung in morgendlichen, individuellen Mitarbeitergesprächen und wöchentlichen Projektsitzungen. Dadurch können Dringlichkeiten im Projektverlauf ohne Zeitverzug und administrativen Aufwand berücksichtigt werden. Kurze Entscheidungs-

Abb. 10.1 Working Strategy

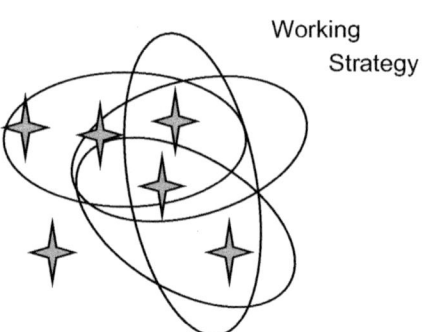

Working
Strategy

wege ermöglichen eine schnelle Umsetzung. Diese eher Projekt-Wolken-artige Zuordnung der Mitarbeiter sorgt für Dynamik, Motivation und überaus starkes persönliches Engagement.

Die morgendlichen Mitarbeitergespräche, in denen das Projektteam jeweils bestätigt oder durch Kollegen anderer Fachgebiete ergänzt wird, haben eine neugierige, einfühlsam und mitfühlende, kritiklose, aber kritische, orientierte und teambezogene Kommunikationsform. Die Anregungen der Mitarbeiter werden aufgenommen, Ideen und Pläne werden gemeinsam besprochen, ob sie praktikabel sind oder optimiert werden müssen. Jede Meinung zählt. Der Gemeinsinn wird gefördert.

Man könnte diese kurzen morgendlichen, individuellen Gespräche auch das Daily Scrum nennen. Regelmäßige, kurze, tagesaktuelle Meetings, die das ganze Team auf einen Wissenstand bringen und den Tagesablauf sowie die Aufgaben des Einzelnen strukturieren. Scrum, ein Begriff aus dem Rugby, meint den Neustart eines Spiels nach einer Regelverletzung. Letztere gibt es im Team bestenfalls zwar nicht, aber Hindernisse in der Innovationsumsetzung. Auch diese Hindernisse werden gemeinsam besprochen, ergebnisoffen diskutiert und wenn möglich ebenso schnell gemeinsam behoben.

Diese wolkenartige Projektstruktur hat sich für die Umsetzung von Innovationen gegenüber den typischen Hierarchieebenen bewährt. Die Kommunikation ist direkter und schneller. Der Projektleiter ist wie ein Coach im Sport stets greifbar und mit und um ihn herum wirken und schweben die Mitarbeiter wie auf einem Orbit. Manche Mitarbeiter arbeiten auf verschiedenen Orbits gleichzeitig, d. h. sie sind in zwei oder drei Projekten involviert. Das bedeutet, der Physiker führt für einen neuen Elektroantrieb die Kältetests in dem Tiefkühlschrank bis −86 °C durch und rechnet gleichzeitig an der Solarnachführzelle für das Ärzte-ohne-Grenzen-Haus. Das verursacht einen lebendigen und spannenden Arbeitstag mit Abwechslungen und Impulsen aus verschiedenen Richtungen. Neue Sichtweisen werden möglich, denn diese beweglichen Strukturen ermöglichen auch ein bewegliches Denken. Das starre klassische Hierarchiekonzept wurde zugunsten einer dynamischen, selbstgeführten Projektgruppe aufgegeben, für die die Unternehmensführung die strategischen sowie finanziellen Rahmenbedingungen bereitstellt.

10.8   Das individualisierte Core-Team

Eine Unternehmung gelingt immer, wenn verschiedene Bausteine wie bei einem Hausbau ineinandergreifen. Da gibt es das verlässliche Fundament wie die Buchhaltung. Und die verspielten Balkone der Designer. Und es gibt den kreativen, beinahe abgehobenen Planer und Visionär, den Architekten. Eine erfolgreiche Innovationsunternehmung tut gut daran, kreative Köpfe einzustellen und diese – ungeachtet ihrer manchmal chaotisch unsozialen Verhaltensweisen – entsprechend zu führen. Kreative Köpfe beginnen nicht um 9 Uhr morgens, und sie spucken nicht auf Anweisung eine Handvoll brauchbarer Innovationen aus.

Kreativabteilungen haben eine spezielle Art zu arbeiten – und sie arbeiten zu anderen Zeiten. Das kann im normalen Bürobetrieb für Sprengstoff innerhalb der Belegschaft sorgen. Warum kommt Kollege X erst um 11 Uhr und darf seine Versuche in der Versuchshalle auch in der heiligen Mittagszeit durchführen? Vergessen wird, das Kollege X auch gestern Abend bis 22:30 Uhr vor seinem Versuch gesessen hat; denn das kann die Buchhaltung, die um 16:30 Uhr den PC runterfahren lässt und nach Hause geht, natürlich nicht sehen.

Innovationen entstehen manchmal auch über Nacht. Sie halten sich nicht an zu kontierende Arbeitszeiten und sie lassen sich nicht einengen. Kreativteams haben eine eigene Dynamik. Ein modernes Unternehmen weiß das und trennt die Stundenzähler (die auch ihre Berechtigung haben) von den kreativen Chaoten, um den sozialen Frieden innerhalb der Belegschaft zu gewährleisten.

Für die Unternehmensleitung ist dies ein gewaltiger Spagat, wie er größer kaum sein könnte. Sie muss die Akribie der Verwaltungsabteilungen genauso goutieren und führen wie das Chaos der Kreativen. Das ist eine Herausforderung an die soziale Kompetenz und das Selbstvertrauen in die eigenen Stärken und Möglichkeiten. Nicht selten scheitern Unternehmungen und Innovationen an der nicht vorhandenen Flexibilität solcher Gedankenakrobatik.

Erfolgversprechend für Innovationen ist ein durchaus kleines, fest eingestelltes Kernteam mit hoher interdisziplinärer Ausbildung. Dabei muss der eigentliche Jobtitel nicht unbedingt etwas über die realen Fähigkeiten im Leben aussagen. Oft zeigen sich diese eher in den Vorlieben und Hobbies des Mitarbeiters. Manchmal ist ein Philosoph (M.A.) ein hervorragender Marketingmann.

Wichtig ist, dass für das entwickelnde Kernteam der Unternehmer oder Innovator stets greifbar ist, sodass schnell eine gemeinsame Reflexionsmöglichkeit mit dem Chef über das Erreichte und die weiteren Schritte möglich ist. Der Innovator ist dabei ein Generalist, der seine Spezialisten führt. Er administriert und delegiert die Aufgaben. Seine Aufgabe besteht darin, die Mission festzulegen, das Team zu halten und zu steuern und nach innen wie außen die Leadership-Aufgabe anzunehmen.

10.9   Eigenverantwortlichkeit und Flexibilität

Mitarbeiter können durch Begeisterung ihr Bestes für die Innovation und ihre Aufgabe geben. Damit verbunden sind Gestaltungsfreiheit und eine eigene Zeiteinteilung – eine Autonomie, die Lösungswege für ein Problem selbst zu eruieren, die Verantwortung, die dafür notwendigen Materialien auf kurzen Beschaffungswegen zu organisieren, oder das dafür notwendige Wissen durch Fachliteratur oder den Austausch mit Experten im eigenen Unternehmen zu generieren.

Von Natur aus steckt in jedem von uns der Wunsch, eine sinnvolle Aufgabe eigenverantwortlich zu lösen. Das gilt auch für die Wirtschaftswelt. Mit hoher intrinsischer Motivation prüfen Physiker ihre eigenen Theorien in der Praxis, bauen Technikerteams in den Werkhallen diverse Funktionstypen einer Entwicklung bis zum ersten laufenden Prototypen – wenn es sein muss bis spät in die Nacht.

Dabei entfällt ein starres Organigramm, dass das Verhältnis der Mitarbeiter untereinander regelt – und damit auch die starren Zuständigkeiten. Paradoxerweise fördert das Auflösen von Grenzen die Eigenverantwortlichkeit. Es entsteht ein Miteinander statt Gegeneinander in allen Altersstufen und Ausbildungen. Dieser Gemeinsinn führt zu echter Entfaltung der Möglichkeiten, die in jedem Einzelnen stecken. Diese zu entwickeln, ist die größte Verantwortlichkeit eines jeden in seinem Leben. Neigungen, Fähigkeiten und Wünsche im Arbeitsprozess verwirklichen zu können, wäre die beste anzustrebende Synergie. Eine Aufgabe, die nicht mehr Arbeit, sondern eine spannende Möglichkeit ist, eine eigenverantwortlich erbrachte, messbare Leistung in einem erfolgreichen Projekt umzusetzen.

Eigenverantwortlichkeit in Kürze

a)   Große Handlungsfreiheit in der Problemlösung, Spielraum für eigene Ideen, keine Delegation oder rigide Kontrollen durch Vorgesetzte
b)   Freie Zeiteinteilung, Kontierung nach eigenem Aufschrieb, kein Zeiterfassungssystem, flexible Arbeitszeiten mit Kernzeiten von 9:30 Uhr bis 16:30 Uhr

Wer seiner Führungsrolle gerecht werden will, muss genug Vernunft besitzen, um die Aufgaben den richtigen Leuten zu übertragen, und genügend Selbstdisziplin, um ihnen nicht ins Handwerk zu pfuschen. (Theodore Roosevelt)

10.10   Positive Fehlerkultur und Verbesserungen

Wie mit Fehlern und Konflikten umgegangen wird, ist ein entscheidendes Merkmal für das Gelingen von Innovationen. Werden Fehler verurteilt? Hagelt es Konsequenzen, wenn mal was danebengeht? Oder wird aus dem gelernt, was mal nicht funktioniert hat?

In einem innovativen Firmenumfeld sollte es die Angst, etwas falsch zu machen, nicht geben. Vorausgesetzt, derselbe Fehler wird nicht wiederholt, dann führen Fehler zu neuen, operativen Verbesserungen. In jedem Fehler steckt ein Lehrstück, das es anzunehmen gilt. Und das kann langfristig sogar ein noch größerer wirtschaftlicher Erfolg werden als der ursprünglich angedachte Weg. Eine gelebte Fehlertoleranz beinhaltet viele Vorteile.

Fehler geschehen oft unter Zeitdruck und Stress. Eine zu hohe Erwartungshaltung an sich und das zu Erreichende gepaart mit einer starken Auftragslage oder einem Zeitlimit verursachen Fehlentscheidungen.

Fehler sind zunächst einmal kommerziell nicht unmittelbar verwertbare Experimente. Für den Controller sind sie nicht erwünscht, weil er sie als vertane Arbeitsleistung ansieht. Wenn man aber mal jenseits der Kontierung nachschaut, dann ist es besser, einen Fehler innerhalb eines Entwicklungsprozesses früher zu machen als zu spät. Von Michel Dell wird gern zitiert: „Fail earlier, succeed sooner!" Tritt der Fehler erst nach Auslieferung beim Kunden auf, dann wird es teuer. Im frühen Stadium sind Fehler Wegweiser, wie es nicht geht. Im späten Stadium am Markt können sie fatale Auswirkungen haben.

Fehler sind unterhaltsame Tragödien: In den sog. FuckUp Nights erzählen gescheiterte Jungunternehmer, was an ihrer Selbstständigkeit so grundlegend schiefgegangen ist. Andere diskutieren mit und lernen auf unterhaltsame Weise, wo die Probleme und Untiefen liegen und wie man sie umschiffen kann. Diese amerikanisch anmutende Fehlerkultur wurde in Deutschland von Patrick Wagner und Prof. Ralf Kemmer ins Leben gerufen, und 2018 fand die 23. Ausgabe erstmals in der IHK Berlin statt.

Fehler haben noch mehr Gutes: Oft entsteht durch sie etwas Neues. Bizarr missglückte Konstruktionen, ungewöhnliche Materialzusammenstellungen, schräge Sichtweisen, auf den Kopf gestellte Dinge, Kompositionen jenseits des Goldenen Schnitts – aus Ingenieuren werden Designer, technische Trend- und Modeschöpfer. Die Designerin Iris von Herpen macht sich diesen schmalen Grat zwischen Technologie und Mode für ihre eigenen Entwürfe zunutze. Sie arbeitet mit Labors und Materialforschern auf der ganzen Welt zusammen. Denn nur durch das Experimentieren entstehen nützliche und im Moment noch unnütze Dinge wie leuchtende Kleidung und Wearables: Herzfrequenzmonitore im T-Shirt oder Schrittzähler im Schuh. Und diese Innovationen setzen sich von anderen Entwürfen ab und generieren durch ihre Einzigartigkeit eine weitreichende PR.

Innerhalb der Innovationskultur werden Fehler also nicht verurteilt und mit einem Regelwerk aus Konsequenzen bestraft, sondern gemeinsam betrachtet und behoben. Sie werden nicht tabuisiert und vertuscht, sondern angeschaut. So sind sie nicht angstbesetzt, sondern nahezu neutral. Bestenfalls eine Erfahrung. Eine Verurteilung wegen Misserfolg findet nicht statt und auch die negativen Emotionen wie Versagensgefühle, die meist durch Fehler und Misserfolge entstehen, müssen nicht zwangsläufig auf sie folgen.

Auch haben Fehler nicht unmittelbar negative Auswirkungen auf die eigene Position und das Arbeitsverhältnis oder die Beziehung zur Geschäftsleitung. Mitarbeiter dürfen Fehler machen, aber wie gesagt nicht denselben zweimal. Und wenn dies doch geschieht, dann ist dieser Mitarbeiter nicht gemäß seiner Qualifikation und Persönlichkeit an der richtigen Stelle oder in der optimalen Projektgruppe für einen Innovationsprozess. Im Idealfall findet sich eine andere Aufgabe, um seinen Stärken Freiraum zu geben und sie positiv für die Unternehmung wirken zu lassen.

Durch eine positive Fehlerkultur und einen konstruktiven Umgang der Geschäftsleitung mit Misserfolgen bleiben Risikobereitschaft, Flexibilität, Initiative zum Experimentieren und Kreativität den Mitarbeitern, dem Team und der Firma erhalten. Und ganz nebenbei der Spaß an der Arbeit ebenso.

10.11 Lebenssinn: Motivation, Engagement, Begeisterung, Kreativität und Spaß

Innovationsprozesse können langwierig sein, schwierig und vielleicht auch nicht erfolgreich. Wie motiviert man Mitarbeiter dennoch zielstrebig bei der Sache zu bleiben, wenn das Ziel spannend, aber der Ausgang ungewiss ist?

Anerkennung
Ein der wichtigsten Motivationsfaktoren ist **Anerkennung** für die erbrachte Leistung oder für das Engagement, das einem Ergebnis voranging. Nicht immer führen Innovationsprozesse zum gewünschten Erfolg. Doch auch der Weg dorthin ist anzuerkennen und kann langfristig gesehen trotzdem noch Früchte tragen, wenn eine zunächst als Sackgasse erscheinende Entwicklung die Basis für eine andere Idee werden kann.

Also sparen Sie nicht mit aufrichtigem Lob und Anerkennung. Mangelnde Wertschätzung verunsichert. Sie schwächt die eigene Position und das Selbstwertgefühl des Mitarbeiters. Und dadurch macht sie Angst. Angst aber verhindert die Aufgeschlossenheit gegenüber Veränderungen und Neuerungen, die man gerade durch Innovationsprozesse antriggern möchte. Und Angst verhindert Kreativität, die die Grundlage für neue Ideen und Aufgaben jenseits eines Nine-to-five-Jobs ist. Ein motivierter, sich sicher fühlender Mitarbeiter ist auch gegenüber flexiblen Prozessen innerhalb des Unternehmens aufgeschlossener.

Intrinsische Motivation
Was tue ich eigentlich hier den ganzen Tag, fragt man sich manchmal. Wie schön, wenn man dann eine Sinnhaftigkeit in seinem Tun erkennen kann. Wenn die Dinge, die man tut, einem größeren Nutzen dienen. Einem selbst, den Kollegen, den Mitarbeitern oder einem höheren inneren Ziel. Man muss ja nicht gleich die ganze Welt retten, aber nichts stärkt mehr als eine **intrinsische Motivation**. Eine tiefe innere Motivation, die aus einem selbst entspringt. Umweltschützer, ehrenamtlich tätige Mitarbeiter und Menschen in sozialen Berufen starten oft aus inneren Beweggründen, die einem höheren Ziel dienen. Die Arbeit wird als sinnhaft empfunden und schafft Orientierung und Sicherheit. Beim Umsetzen einer Idee zu einer möglichen Innovation ist eine hohe intrinsische Motivation gefragt, damit es gelingt. Die Bereitschaft, auch abends länger zu bleiben, weil noch ein Versuch läuft, oder samstags mal eine Messung durchzuführen, weil dann das Labor nicht benötigt wird, das wird mit einer hohen inneren Motivation für das Gelingen einer Sache selbstverständlich. Das hat nichts mit Selbstausbeutung zu tun. Intrinsisch motivierte Menschen

legen ihren Fokus eher auf die Dinge, die ihrem Ziel, ihrer Motivation entsprechen. Und lassen andere weg. Der beste Mitarbeiter bei praktischen Versuchen hat manchmal das unaufgeräumteste Büro – aber beste Versuchsergebnisse zu ungewöhnlichen Zeiten. Sie bewirkt eine ganz besondere Arbeitsethik der Hingabe an eine Sache und dem Interesse, diese Sache zu ergründen und zu erfassen.

Intrinsisch motivierte Menschen geben immer das Beste. Sie arbeiten am Limit – nicht körperlich, aber gedanklich und sind dabei voll bei der Sache. Ein echtes Flow-Feeling bekommt unserer Meinung nach nur ein intrinsisch motivierter Mensch. Er hat Spaß an seiner Arbeit, nimmt die Welle der Endorphin-Glücksbotenstoffe im Hirn und geht auf in seiner Arbeit. Etwas, was andere oft nur in ihrer Freizeit von Freitagnachmittag bis Sonntagabend erleben: Mit einer intrinsischen Motivation lassen sich im übertragenen wie im realen Sinn eisige Berge im Freeclimbing-Stil besteigen. Ein intrinsisch motivierter Mensch kennt keine Grenzen für sein Tun. Es ist ihm nichts zu beschwerlich, er ist leidenschaftlich bei der Sache. Er wird immer Mittel und Wege finden, Hindernisse zu überwinden oder zu umgehen und experimentierfreudig Problemlösungen aufzudecken. Intrinsisch motivierte Menschen werden Raumfahrer, Wissenschaftler oder Forscher. Bestenfalls innerhalb Ihrer Unternehmung.

Extrinsische Motivation
Auch der größte Magen ist irgendwann satt. Und dann kann man das beste Büffet anrollen lassen, es passt einfach nichts mehr hinein. So, denken wir, ist es auch mit monetären Zuwendungen. Es wird irgendwann zu viel. Und **extrinsische Motivationen** wirken, wenn überhaupt, nur eine gewisse Zeit lang. Dann ist ihre Speerspitze wieder stumpf, und es wird eine neue Bonuszahlung erwartet. Es entsteht schnell die Haltung: Wenn ich dies und jenes tue, dann bekomme ich mehr Geld. Damit wird aber nur die Leistungsbereitschaft erhöht (beispielsweise die abgesessene Stundenanzahl im Büro), aber nicht der inhaltliche Output, die Kreativität oder der Mehrwert für die Firma vergütet. Monetäre Zuwendungen sind ein Fass ohne Boden – sie sind nie genug. Und sie sind nicht nachhaltig.

Daher sind regelmäßige Sonderzahlungen für uns als innovatives Unternehmen sekundär. In einer auf Forschung und Entwicklung ausgerichteten Firma, deren Innovationsergebnisse nie vorhersehbar sind, fehlt eine messbare Einheit für ein Bonusschema. Eine Prämie und vergütete Überstunden können nicht die Antriebsmittel sein, einer Sache innerhalb eines Innovationsprozesses wirklich auf den Grund zu gehen. Das können nur Neugier und Interesse bewirken. Diese sind aber nicht messbar. Das macht die Sache unübersichtlich.

Es hat sich bewährt, kein festes Bonusschema oder Anreizsystem zu entwickeln, sondern die Leistung des Mitarbeiters während des Projekts zu beobachten und zu begleiten. Diese Leistung wird durch die täglichen gemeinsamen Gespräche zwischen Geschäftsleitung und Mitarbeiter unbürokratisch und direkt ersichtlich.

In einem variablen Vergütungssystem sind monetäre Zuwendungen auch innerhalb der Projektphasen möglich, wenn besondere Fortschritte errungen wurden. Sie sind unserer Meinung nach am sinnvollsten, wenn sie individuell und speziell für einen besonderen erbrachten Erfolg ausgezahlt werden. Sonderzahlungen sind immer die Kirsche auf der Sahnetorte. Sie können ein Anreiz sein, aber den Hunger nach dem süßen Erfolg stillen sie nicht.

Innovationsstarke und engagierte Mitarbeiter genießen bei uns Entgegenkommen bezüglich ihrer Urlaubsplanung, der eigenen persönlichen Bedarfe (Zeiteinteilung für private Interessen wie Vereinsaktivitäten) und Überstundenausgleich. Sie gehören mit zu den Entscheidern und sind wesentliche Gestalter der Unternehmenskultur.

10.12 Die unternehmerische Führung und Organisation

Die Welt braucht nicht nur neue Produktideen und Dienstleistungsoptimierungen. Sie braucht v. a. Menschen, die sie umsetzen und verwirklichen. Das erfordert neue Führungs- und Organisationsformen. Aus Platzgründen können wir hier nur auf einige unserer praxisbewährten Vorstellungen für den kreativen, innovativen Unternehmer der Zukunft eingehen:

Ein Unternehmer ist ein neugieriger Generalist mit Interesse an vielen Fachbereichen. Er muss neben seinem Spezialgebiet, das er tagtäglich beherrschen sollte, auch von vielen anderen Dingen etwas verstehen. Er muss sich auch in Themenfeldern auskennen, die nur am Rand seines Spezialgebiets von Bedeutung sind, denn sie können blitzschnell zu wichtigen Kriterien werden, wenn Entscheidungen in die eine oder andere Richtung gefällt werden müssen. Oder wenn sich die wirtschaftliche oder politische Lage ändert.

Innovationsmanagement erfordert die Integration klassischer Managementaufgaben (Abb. 10.2). Ein guter Unternehmer ist sozusagen multilingual in der Business-Sprache: In der Führung und Organisation der Unternehmung, ist sicher auf dem Parkett der Finanzen, dem strategischen Management, dem operativen Management mit Mitarbeiterführung und auch der Technologie.

Abb. 10.2 Innovationsmanagement erfordert eine Integration klassischer Managementaufgaben

Ein Entrepreneur oder Unternehmer ist kein Manager: Die Hauptaufgaben des Entrepreneurs sind das Finden und Definieren der eigentlichen Vision und Mission, das technologische Verständnis für die Umsetzung, das Ein- und Zusammenstellen des perfekten Teams für diese Aufgabe und dessen Motivation sowie Führung. Seine Geisteshaltung, sein Spirit entscheiden über Erfolg oder Misserfolg der Unternehmung. Oft ist der Unternehmer auch der Eigentümer oder hält Anteile an der Unternehmung und hat damit beträchtliches eigenes Kapital eingebracht.

Ein Manager strukturiert und ordnet die Abläufe innerhalb der Unternehmung. Er hat meist kein eigenes Kapital eingebracht, sondern verwaltet das der Anleger, Investoren oder Aktionäre.

Beiden gemein ist, dass Persönlichkeit und Charakter der Führungskraft an der Spitze stark den Erfolg der Unternehmung beeinflussen.

10.13   Die inneren wie äußeren Widerstände auflösen

Jedes Samenkorn in der Erde muss Widerstände überwinden, um im Frühjahr das Sonnenlicht sehen zu können. Eine gute Innovation ist ihrer Zeit immer voraus und stößt oft auf Ablehnung. Innere wie äußere Widerstände können die Umsetzung blockieren. Die inneren Widerstände liegen im Unternehmer selbst oder auch im eigenen Unternehmen. Diese Widerstände gilt es zuerst aufzulösen.

„Das haben wir noch nie so gemacht", ist der geflügelte Satz des renitenten Abteilungsleiters, der sich selbst und seine Mitarbeiter vor einer fremden Innovation und den damit verbundenen Unwägbarkeiten schützten möchte. Bedeutet dies doch für ihn, dass in einer anderen Abteilung etwas entwickelt wurde, worauf er selbst nicht gekommen ist und dies trotzdem umsetzen soll. Neid, Angst, Überheblichkeit, Unwissenheit oder auch Faulheit sind typische Widerstände, die überwunden werden müssen, wenn das Neue in die Welt kommen soll.

Der Innovator fühlt sich bei diesem Entwicklungsprozess voller Widerstände in etwa so wie bei dem Spiel Stille Post. In diesem bekannten Kinderspiel flüstert jemand seinem Sitznachbarn in einer Kette von Mitspielern ein konkretes, hochstrukturiertes Wort ins Ohr. Dieser flüstert das, was er gehört und daraus verstanden hat, dem nächsten Sitznachbarn ins Ohr. Am Ende der Kette von Mitspielern sagt der letzte, was bei ihm angekommen und er verstanden hat. Und siehe da, der Begriff ist verändert, meistens degeneriert, und repräsentiert das intellektuelle Verständnis der Teilnehmer. Man könnte einen Gegenbeweis antreten, indem man mit einem zerstückelten, unstrukturierten Wort beginnt und am Ende der Mitspielerreihe durch die Bemühungen aller Teilnehmer ein teilweise geheiltes, höher strukturiertes Wort erhält, das wiederum den Wissensstand der Teilnehmer spiegelt.

Hat nun der Entrepreneur eine tolle Idee, die er verwirklichen möchte, so gibt er dies wie in die Stille-Post-Schlange seiner Entwickler ein, die die Erfindung verwirklichen sollen. Hierbei wird er nicht umhinkönnen, fortwährend die Entwicklungshöhe nachzubessern, damit die ursprüngliche Höhe der Idee nicht ständig nach unten gezogen wird. Da manche Entwickler seine Gedankenhöhe einfach nicht teilen können und fortwährend – mit den verschiedensten „guten Gründen" – argumentieren, dass etwas nicht geht, muss er mit Engelsgeduld erklären, warum er dieses Ziel, diese Innovation dennoch in die Welt bringen will. Architekten, deren hochfliegende Ideen in der Phase der Bauausführung ständig in Richtung Machbarkeit u. a. hinsichtlich Kosten und Umfeld auf ein Mittelmaß reduziert werden, kennen dieses Problem, wenn sie nicht fortwährend Einspruch erheben und ihre Idee verteidigen.

Zu starke interne Widerstände zu umgehen, ist möglich, indem man die breite Masse, die zu einem Thema keine Meinung hat, von den positiven Seiten der Innovation überzeugt. Zauderer und Skeptiker zu überzeugen, ist meist vergebene Liebesmüh, denn dann müssten sie früher oder später zugeben, dass sie sich geirrt haben. Und wer möchte vor den anderen Kollegen schon das Gesicht verlieren?

Um eine neue Idee erst einmal zu schützen bis sie soweit ist, dass sie als mögliche Innovation innerhalb einer Unternehmung diskutiert wird, hilft es auch, sich diese in einem eigenen Raum, einer eigenen Projektgruppe oder möglicherweise sogar örtlich getrennt vom Hauptgeschäft der Unternehmung erst einmal in Ruhe entwickeln zu lassen. Beinahe ausgereift und mit guten Marktchancen versehen, kann sie sich dann der Höhle der Löwen aussetzen.

Und dann stellen Sie die positiven Auswirkungen, die Ihre Innovation auf die Unternehmung hätte (neue Arbeitsplätze, weitere Kunden, gesicherte Marktpräsenz, gesicherte Weihnachts- und Urlaubsgelder etc.) heraus und suchen sich Mitstreiter. In einem dynamischen, jung gebliebenen Team werden sie diese schnell finden, denn Innovationen bedeuten auch immer neue Zukunftschancen.

Äußere Widerstände kommen durch Mitbewerber auf dem Markt auf Sie zu, die sich für Ihre Innovation nicht interessieren. Das bedeutet, für die Realisierung einer Innovation cleverere Wege zu gehen, als diese einer etablierten Mitbewerberfirma als Dienstleistung oder Produkt anzubieten. Wir alle lieben die Erfolgsgeschichten von abgelehnten Erfindungen oder Buchmanuskripten, die – als die Erfinder oder Autoren die Sache selbst in die Hand nahmen – ihre ursprünglich avisierten Partner wirtschaftlich überholten. Wie die Google-Gründer Larry Page und Sergey Brin, die ihren Suchalgorithmus vergeblich Yahoo und AltaVista anboten und letztendlich ihre eigene Suchmaschine gründeten. Googeln ist inzwischen ein eigenes Verb geworden und Google die bekannteste Suchmaschine im Internet. Ablehnung macht nur stärker.

Ablehnung der großen Firmen hat die Start-up-Szene groß werden lassen. Wenn Du mich nicht willst, dann mache ich es eben allein. Und Dank der Ablehnung der etablierten Unternehmen und ihrer Langatmigkeit in der Umsetzung von Neuigkeiten, haben die schnellen Start-ups die Alten rechts überholt. Letzteren fehlt auf dem langen Weg zur Umsetzung und insbesondere im Liquiditätsmanagement allerdings oft die Erfahrung; auch in Führung und Cashflow-Management gibt es oft Defizite. Das führt wiederum dazu, dass zahlreiche Start-ups mit ihren einmal vollbrachten Innovationen gern von großen Unternehmen wieder aufgekauft werden. Die Start-up-Gründer wiederum geben ihre

Unternehmung (mit der sie meist längst nicht so emotional verbunden sind wie die Firmengründer mit Tradition) gegen beachtliche Summen ab, um sich neuen Projekten zu widmen.

Kurzum: Widerstände sollten Ihre Unternehmung und Ihren Willen stärken.

10.14   Vision, Eigenantrieb und Selbstmotivation

Ein Entrepreneur und Innovator hat einen unglaublichen Drive, der ihn in seinem Vorhaben vorantreibt. Er ist dermaßen fokussiert auf das Verwirklichen seiner Vision, dass er sich von nichts abhalten lässt. Als Vordenker nimmt er die Herausforderungen an, die ihm bis zur Verwirklichung seiner Idee entgegentreten. Er baut zahllose Prototypen seines neuen Geräts oder ruft zahllose Personen an, die ihn unterstützen könnten. Wird er zurückgeworfen, enttäuscht oder verliert er eine Option oder ein Projekt, so fängt er wieder von vorn an. Was einen erfolgreichen Innovator von einem erfolglosen Loser unterscheidet ist nicht unbedingt die bessere Idee für eine Innovation oder das bessere Produkt, sondern die Fähigkeit, mit Hartnäckigkeit seine Idee voranzutreiben. Es gibt zahllose Erfinder mit ebenso zahllosen Erfindungen in ihren Schubladen, die nicht die soziale Kompetenz, die Ausdauer und den Eigenantrieb haben, ihre Sache in die Hand zu nehmen und umzusetzen.

Ein Unternehmer ist in der Lage, sich immer wieder selbst zu motivieren und am Ball zu bleiben. Er hat das Selbstvertrauen, dass seine Unternehmung irgendwann gelingen wird. Das sagt er sich immer wieder und wägt die einzelnen Schritte zur Vervollkommnung der Aufgabe ab. Er ist der Herr seiner Gedanken, die er steuert und zur Selbstmotivation nutzt. Strukturiertes Denken ist eine Aufgabe, da es ergebnisorientiert ist.

„Die meisten Menschen denken nicht. Reine mentale Aktivität ist kein Denken", sagt Bob Proctor. Was so viel heißt wie: Herumwundern und diverse äußere Eindrücke aufnehmen und darauf reagieren ist noch lange kein konstruktives Denken. Klares Denken ist aktiv, zielgerichtet und planvoll. Es widmet sich einer Umsetzung und verursacht zeitnah Taten.

Jeder Tag hat neue Möglichkeiten – leider erkennen wir dies oft erst nach einer überstandenen, schweren Krankheit oder einem herben (familiären) Verlust. Lassen Sie es soweit nicht kommen! Ergreifen Sie gleich alle Möglichkeiten des heutigen, wunderbaren Tages. Und dazu gehört, dass man nicht auf Chancen wartet, sondern sie sich selbst schafft. Was möchten Sie heute tun? Was möchten Sie heute erreichen? Was würde Ihren Tag zum perfekten Tag machen? Wie können Sie heute Ihren dringlichsten Unternehmenswunsch weiter fördern? Tun Sie es!

Ein Unternehmer sieht den Erfolg seines Unternehmens, wo andere (noch) nichts sehen. Aus seiner Vision plant er konkrete Schritte, um diesen zu erreichen. Wie anders sollte dies gelingen als mit einer gehörigen Portion Selbstmotivation? Unternehmer und Innovatoren denken in weiten Zeiträumen von 10 bis 20 Jahren in die Zukunft. Wie sieht die Welt von morgen aus? Wie werden wir leben? Wie verändern sich das Reiseverhalten, die Ernährung und das Wohnen? Was müssen wir tun, um unsere Umwelt zu schützen? Ein Visionär schaut ins Übermorgen und verwirklicht die Zukunft Schritt um Schritt in der Gegenwart. Jetzt!

10.15 Selbstreflexion und Zeit

Ein Unternehmer braucht Zeit für sich. Zeit für die Reflexion und die Analyse des Ist-Zustands. Ich kenne zahlreiche Unternehmer, die am Samstagvormittag im Büro sitzen, in Ruhe einen Kaffee trinken (oder eine Zigarre rauchen wie unser Anwalt), die Woche und ihre Ereignisse rekapitulieren, Pläne für die nächste Woche schmieden, E-Mails beantworten und, und, und. Ja, zu denen gehöre ich auch. Samstagsmorgenstunden in der Firma sind Klasse.

In Ruhe Zeit für sich und die Ereignisse nehmen; nicht Liegengebliebenes aufarbeiten, sondern Vorausschauen, Vorausdenken, Resümieren und Bilanz ziehen. Ein Entrepreneur ist kein Roboter. Rückschläge und Frustrationen treffen auch ihn. Er hat wie alle Menschen auch mal Versagensängste, Zweifel oder schwache Stunden. Das ist menschlich und gut so. Jedoch ist er in der Lage, diese Zeiten auszuhalten und durch sie hindurchzugehen. Angst wird nicht als Road-Blocker angesehen, sondern als möglicher schützenden Hinweis für Dinge, die man bisher noch nicht bedacht hat. Der tiefste Punkt, an dem man gedanklich oder in einem Projekt angelangen kann, hat auch immer die Chance eines Wendepunkts in sich – ein Wendepunkt, durch den man gestärkt und noch zielbewusster wieder heraustritt.

10.16 Mut und Verantwortung!

Mut, Courage, „faith" – wie auch immer Sie dieses starke Gefühl nennen wollen: Es ist Grundlage einer jeden unternehmerischen Tätigkeit und der Umsetzung von Innovationen. Ein Unternehmer übernimmt die Verantwortung, dass seine Idee und seine Unternehmung den Mitmenschen dienen. Vielleicht klingt das Verb dienen etwas antiquiert, aber es trifft die Sache genau. Es meint, dass der Unternehmer mit seiner Unternehmung nicht nur seiner Selbstverwirklichung hinterherrennt, sondern er hat Verantwortung übernommen für Menschen und ihr Wohlergehen. Er steht für sichere Gehaltszahlungen zu jedem Monatsende, Urlaubswochen und einem sicheren Arbeitsplatz. Wir als TAO haben Reihenhäuser, Eigentumswohnungen, Reisen u. a. auf den Seychellen und den Malediven finanziert – aber nicht unsere eigenen. Sondern die der Mitarbeiter. Das ist Teil des Dienens für das Gemeinwohl und Tragen einer großen Verantwortung, die selten gesehen oder gar goutiert wird.

Ein Unternehmer muss den Mut haben, diese finanziellen Verpflichtungen und Verantwortungen auf sich zu nehmen. Und zwar tagtäglich und nicht nur einmal oder bei Lust und Laune, wenn ihm mal danach ist. Die Verantwortung, dass seine Entscheidungen die Zukunft aller und die des Betriebs sichern. Und eine dienende Führung umsetzen, die die erforderlichen finanziellen Mittel schafft und in der Unternehmenskultur Echtheit, Qualität und Sinnhaftigkeit fördert.

Mut bedeutet nicht, dass man keine Angst hat. Mut bedeutet für uns, dass man trotzdem bedacht und zielgerichtet handelt im Angesicht der Angst. Hätten wir alles gewusst, was auf uns zukommt, bevor wir als Unternehmer gestartet wären ... Fragen Sie bitte nicht, ob wir noch einmal beginnen würden. Es gibt wirklich viel einfachere Wege, sein Leben zu leben, als Unternehmer zu sein. Aber für uns gibt es keinen spannenderen, herausfordernderen und besseren Weg.

10.17 Führungskompetenz und Vertrauen

Ein Unternehmer muss neben den zahlreichen bereits genannten Eigenschaften auch die Kompetenz als Führungskraft ausbilden. Seine Mitarbeiter müssen ihn ernst nehmen. Respektieren. Er strahlt innere Autorität aus, sodass ihm seine Mitarbeiter begeistert zuhören und ihn anerkennen. Auch in Zeiten der hierarchiefreien Teambildungen ist ein Unternehmer ein respektierter Meinungsbildner, auf den man sich in guten wie in unruhigen Zeiten verlassen kann. Der seine Autorität einsetzt, die Firma und seine Mitarbeiter zu schützen und die Auftragslage ständig zu optimieren. Sein innerer Status lässt ihn eine energiestarke Führungsstrategie und eine zukunftsweisende Unternehmenskultur entwickeln. Er lebt diese als Vorbild und zieht auch andere mit.

Und ein Unternehmer schützt. Er ist für seine Mitarbeiter immer auch die Firewall gegenüber der realen Welt da draußen. Der amerikanische Autor Robert Kiyosaki beschreibt die Business-Welt als eine der feindlichsten, bösartigsten und gefährlichsten Umgebung, in der man sich (freiwillig) bewegen kann. Da hat er nicht ganz Unrecht.

Wir können aus der Praxis bestätigen: Keiner unserer Mitarbeiter hat jemals so lange Auslandsreisen mit derart kräftezehrenden Verhandlungen bei acht Stunden Zeitverschiebung auf sich nehmen müssen wie wir als Unternehmer. Als Unternehmer muss man oft Aufgaben übernehmen, denen andere nicht gewachsen sind oder die sie schlichtweg nicht tun würden. En retour auf dieser Asienreise gab es für uns als kleine Belohnung vom Schicksal, Universum oder wem auch immer einen unvergesslichen Moment während des Rückflugs: Mit einem kleinen Glas Grand Marnier in der übernächtigten Hand und einem unterschriebenen Rahmenvertrag in der abgewetzten Laptoptasche stießen wir an. Unvergesslich – und der Mühe wieder einmal wert.

Um diese Anstrengungen jeden Tag aufs Neue leisten zu können, braucht es Liebe zur Aufgabe, zur Firma und zu den Mitarbeitern – und Vertrauen. Vertrauen in die eigene Kraft, in die Aufgabe. Aber auch an eine Bestimmung, dieses umzusetzen zu dürfen und zu können. Manche nennen es Sendungsbewusstsein. Wir nennen es Vertrauen in einen höheren Sinn, eine höhere Macht, die uns zu diesem Zeitpunkt, an dieser Stelle mit dieser Aufgabe konfrontiert, die wir in diesem Augenblick zu bewältigen haben. Mit dem festen

Vertrauen darauf, dass wir stets alles in unserem göttlichen Werkzeugkasten, in dem uns unsere Talente und Fähigkeiten mitgegeben wurden, vorfinden, was wir für die Bewältigung dieser weltlichen Aufgabe benötigen.

Glück kommt von dem Wortstamm „gelingen". Und ein glücklicher Mensch ist der, dem sein Leben gelingt, der gegebene Chancen erkennt und aktiv wird. Das trifft auch auf „serendipity" und den Prozess des rein zufälligen Innovierens zu: Beobachtungen ergreifen, auf den Grund gehen, auch wenn das eigentliche Ziel unklar oder unerreichbar zu sein scheint, und letztendlich aus dem Entdeckten mit Verve und Freude etwas machen und umsetzen. So gelingen Innovationen – und letztendlich auch das Leben. Gutes Gelingen und viel Glück!

Dieses Kapitel wurde aus Auszügen aus dem Buch Chefsache: Innovationsmanagement und Führung – Von der Vision zur Innovation **zusammengestellt, das 2020 im Springer Verlag erscheint.**

Literatur

Henschel, R. C., & Kröplin, B.-H. (2020). *Chefsache innovation*. Wiesbaden: Springer.

Regine C. Henschel (M.A.) ist seit 2001 CEO der TAO Group in Berlin und Stuttgart. TAO erforscht, entwickelt und konstruiert seit mehr als 18 Jahren umweltfreundliche, zukunftsweisende Technologien wie in Minuten nachladbare Zink-Luft-Batterien, verlustfreie Sonnenwärmespeicher für den Hausbau und Stratosphärenprojekte für die Telekommunikation der Zukunft. Ihr dynamisches, offen gelebtes Innovationsmanagement hebt sich deutlich und erfolgreich von gängigen Methoden und Theorien ab. Darüber und über die nachhaltigen TAO-Technologien hält sie international Vorträge.

Prof. Dr. Bernd-Helmut Kröplin ist Gründer und CEO der TAO-Group und Professor für Luft- und Raumfahrttechnik (i.R.). Seine außergewöhnliche Teamführung ermöglicht Höchstleistungen in der Vielfalt und Neuheit der technischen Neuerungen und Ideen. Als erster deutscher Ingenieur erhielt er 1984 das für Physiker und Mediziner ausgelobte Heisenberg-Stipendium der Deutschen Forschungsgemeinschaft für innovative und exzellente Forschungstätigkeit sowie 1999 den höchstdotierten europäischen Forschungspreis, den Körber-Preis. Drei seiner Innovationen sind u. a. im Bionikmuseum Mannheim sowie im Zeppelin-Museum (Solarluftschiff Lotte) ausgestellt.

www.tao-group.de

Führungszufriedenheit 2030

11

Trixi Hoferichter

Wer diese Kunst heute und auch im Zuge des digitalen Wandels beherrscht, wird nicht nur mit sich selbst zufrieden und dadurch erfolgreich sein, sondern wird auch zufriedene und erfolgreiche Mitarbeiter haben!

Inhaltsverzeichnis

T. Hoferichter (✉)
Würzburg, Deutschland
E-Mail: trixi.hoferichter@arbeitsrecht.services

© Springer Fachmedien Wiesbaden GmbH, ein Teil von Springer Nature 2019
P. Buchenau (Hrsg.), *Chefsache Zukunft*, Chefsache,
https://doi.org/10.1007/978-3-658-26560-1_11

Zusammenfassung

Im Lauf meines Lebens als Führungskraft, als Rechtsanwältin, als Wirtschaftsmediatorin und Geschäftsführerin einer Beratergesellschaft, die sich mit allen Fragen der klassischen Human-Resources-Arbeit und der Personalentwicklung beschäftigt, durfte ich sowohl in Konflikte zweier Parteien als auch in Gruppenkonflikten immer wieder erleben, dass Führung sehr theoretisch und abstrakt behandelt wird. Das ist falsch: Führung lebt! Führung muss gelebt werden! Wir alle können nur erfolgreich und zufrieden führen, wenn wir selbst mit unserem Führungsstil zufrieden sind und wenn auch unsere Mitarbeiter mit der Art und Weise, wie wir sie führen, zufrieden sind.

Zufrieden sein heißt in diesem Fall nicht, dass ich immer so führe, dass der Mitarbeiter sich wohlfühlt. Zufrieden sein heißt auch nicht, dass ich immer nur so führe, dass ich mich wohl fühle. Nein, zufrieden sein als Führungskraft heißt für mich, ein ausgewogenes Loslassen und parallel dazu einen klaren Rahmen zu stecken.

Dieser Beitrag soll nun keine abstrakte Handlung über die Frage, was heißt Zufriedenheit für mich als Führungskraft sein. Dieser Beitrag soll vielmehr Klarheit und Sicherheit geben über das, was ich als Führungskraft vorfinde und was ich rechtlich als Führungskraft darf und darüber hinaus, wie ich all meine Ziele wertschätzend und immer wieder für alle gewinnbringend kommuniziere und nachhaltig umsetze.

Genau das ist es – die Zufriedenheit. Zufriedenheit mit dem eigenen Handeln bei sich selbst erzeugen und auch Zufriedenheit mit dem eigenen Handeln bei den Mitarbeitern erzeugen. Dies darf alles jedoch nicht zu einer Sattheit führen, sondern zu einer glücklichen Balance zwischen ständiger Herausforderung und dem gemeinsamen Erzielen von Erfolgen.

Nur wer mit sich und seinem Arbeitsumfeld sowie mit seinen Arbeitsergebnissen zufrieden ist, wird es dauerhaft schaffen, auf allerhöchstem Niveau Erfolge zu erzielen und auch andere zu derartigen Erfolgen zu motivieren.

Wie kann das gehen? Oder provokativ gefragt: Kann das gehen? Ich meine: Ja! Nun wird man sich natürlich fragen: Wie?

Hierzu gibt es allerlei Fragen, deren Beantwortung es bedarf.

11.1 Was bedeutet Führung?

Eine vorbildliche Führungskraft besitzt die Fähigkeit, Ziele für seine Mitarbeiter so fest-zulegen, dass das Verhalten der Mitarbeiter jederzeit diese Ziele in messbare Resultate und Ergebnisse umsetzt – so oder so ähnlich wird man es in Managementratgebern lesen. Füh-rung ist ein wesentlicher Teil des Managements, der neben der eigentlichen Arbeitserfül-lung einen großen und wichtigen Teil der täglichen Arbeit einer Führungskraft in An-spruch nimmt. Jede Führungskraft sollte sich daher immer und stets bewusst sein, dass die Führungsaufgabe auf der Prioritätenliste immer an oberster Stelle stehen muss. Gute Füh-rung ist ein entscheidender Erfolgsfaktor für jedes Unternehmen. Eine gute Führungsper-sönlichkeit stellt sich selbst tagtäglich infrage und muss auch tagtäglich neu betrachtet und bewertet werden. Führung sollte in jedem Fall auch gelernt werden. Führen per Intuition ist nie der Schlüssel zum Erfolg.

Was heißt eigentlich: Führen? Führung heißt lenken und leiten sowie gleichzeitig los-lassen. Führung bedeutet, einen Rahmen stecken für das, was die eigenen Mitarbeiter leisten und erreichen sollen, und dabei darauf vertrauen, dass die Mitarbeiter dies immer in der richtigen Art und Weise tun.

Etymologisch betrachtet, bedeutet das Wort führen, dass sich von dem althochdeut-schen altgermanischen Verb rühren bzw. fuhren herleitet, nichts anderes als in Bewegung setzen, fahren machen, bringen und leiten.

Nichts anderes als das, nämlich das In-Bewegung-setzen, tut eine Führungskraft. Eine gute Führungskraft setzt ihre Mitarbeiter nicht nur in Bewegung, sondern sie bringt sie voran. Voranbringen meint, sie bringt ihr Team dazu, sowohl die eigenen als auch die Ziele des Unternehmens zu reichen. Führung bedeutet daher, andere zu Leistungen zu bewegen, die sie ohne diese Führung nicht erbracht oder nicht auf diese Art erbracht hätten. Oder, um mit Harry Truman, dem ehemaligen Präsidenten der USA, zu sprechen: „Leadership ist die Fähigkeit, andere Menschen dazu zu bringen, Dinge zu tun, die sie nicht aus eige-nem Antrieb heraus getan hätten".

Führung ist allerdings nie isoliert zu betrachten, sondern wird in jeder Kultur und in jeder historischen Epoche anders gelebt. Schauen wir uns hierzu ein paar Beispiele an: So führte Caesar erfolgreich eine Weltmacht. Oder Napoleon Bonaparte, der Führer der Grande Nation und Vater des Code Napoléons, dem ersten Zivilgesetzbuch, auch er führt eine große Nation. In neuster Zeit werden Weltkonzerne wie Google geführt. Alles das nicht ohne den Geist der jeweiligen Zeit.

Die Stile, mit denen die großen Führungskräfte unserer Welt ihre Mitarbeiter bzw. ihr Volk führten, leiteten und in Bewegung setzten, waren sicherlich verschieden. Dennoch haben sie alle eines gemeinsam: Sie verstanden es und verstehen es bis heute, Menschen mitzureißen und diese zu höchsten Leistungen anzuspornen, die sie ohne die Führungs-kraft wahrscheinlich nicht erbracht hätten. Es fragt sich nun: Kann man diese Fähigkeit lernen und was macht erfolgreiche Führung aus?

Der bekannte Ausspruch von Warren Bennis: „Managers do things right, leaders do the right thing" ist meines Erachtens nicht der Schlüssel zum Erfolg. Es kann und darf kein richtig und falsch in der Führung geben, es kann lediglich ein zufriedenes oder ein unzufriedenes Führen geben (Berühmte Zitate 2019).

Um die Frage des erfolgreichen Führens zu beantworten, benötigt man zunächst ein Messinstrument, mit dem man den Erfolg der jeweiligen Führungsstile auch messen kann. In dem Aufsatz „Kriterien des Führungserfolges unter besonderer Berücksichtigung der Führungszufriedenheit" von Steimer und Eisenbeiß aus dem Jahr 2004 gehen die Autoren davon aus, dass Führung generell dann als erfolgreich gilt, wenn die angestrebten Ziele erreicht worden sind.

Ob allein die Erreichung der Ziele ausschlaggebend für gute Führung ist, oder ob hierzu nicht sowohl eine längerfristige Betrachtung der Zufriedenheit der Mitarbeiter als auch der Zufriedenheit der Führungskräfte zu betrachten ist, bleibt dem einzelnen Unternehmen bzw. Betrachter vorbehalten. Nachvollziehbare Kriterien für die Messbarkeit von Führungserfolg können allerdings einerseits leistungsbezogene Kriterien und andererseits soziale Kriterien sein. Unter leistungsbezogenen Kriterien sind diejenigen Kriterien zu verstehen, die das Erreichen eines konkreten Erfolgs oder einer Leistung einer der Organisation widerspiegeln.

Soziale Kriterien hingegen sind beispielsweise die Erfüllung individueller Bedürfnisse und Erwartungen der Mitarbeiter bzw. die Erreichung sozialer Ziele. Die sozialen Ziele sind nur bedingt messbar. Viele Unternehmen führen turnusmäßige Mitarbeiterbefragungen durch, um genau diese Zufriedenheit mit den Aufgaben und den Bedingungen am Arbeitsplatz abzufragen. Auch Führungskräfte werden anhand dieser Ergebnisse gemessen.

Nun stellt sich dann die Frage: Wie führt man zufrieden?

Wasilewski definiert Führungszufriedenheit als eine „Funktion der Diskrepanz zwischen individuellen Erwartungen an den Vorgesetzten und den perzipierten bzw. erlebten Befriedigungen dieser Erwartungen, wobei diese Erwartungen und die Perzeptionen durch individuelle Disposition beeinflusst werden" (Steimer und Eisenbeiß 2004).

Welche Erwartungen haben die Mitarbeiter an ihren Vorgesetzten? Es ist nicht allein das fachliche Können und das Sachwissen, das an dem Vorgesetzten geschätzt wird. Es ist v. a. der Wunsch nach Gerechtigkeit, Wertschätzung sowie auch die Hoffnung auf Unterstützung und ein nachvollziehbares Kontrollverhalten.

Ich hingegen definiere Führungszufriedenheit anders. Führungszufriedenheit ist ein individuelles Gefühl, dass sich nur nach dem subjektiven Empfinden des Führenden (also der Führungskraft) und des Geführten (also des Mitarbeiters) in Relation zu dem objektiven Ertrag bzw. dem wirtschaftlichen Output bestimmen lässt. Um die eigene Führungszufriedenheit als Führungskraft messen zu können, ist es unerlässlich, sich genau über das oben genannte Gedanken zu machen. Jede Führungskraft sollte bei den Mitarbeitern abfragen, welches Führungsbild diese im Kopf haben. Dieses sollte immer wieder mit der Realität abgeglichen werden. Jede Führungskraft sollte allerdings v. a. sich selbst fragen, welche Vorstellung von zufriedenem Führen hat sie selbst.

Vielleicht sollte ich im Vorfeld erwähnen, dass auch dieser Beitrag keine allgemeingültigen Patentrezepte für ein erfolgreiches und zufriedenes Führen geben kann. Dieser Beitrag soll vielmehr befähigen, das eigene Handeln um einige Tools zu erweitern, und immer wieder zu reflektieren, ob man selbst auf dem richtigen Weg zum zufriedenen Führen ist.

Frei nach Immanuel Kant ist vielleicht zu sagen: „Führe so, dass die Maxime deines Willens jederzeit zugleich als Prinzip einer allgemeinen Gesetzgebung dienen könnte" (Immanuel Kant 1781).

Um sich und die Ansprüche der Mitarbeiter an die Führung besser verstehen zu können, möchte ich zunächst einen kleinen Einblick in die klassischen Führungstheorien geben und dann darauf schauen, was uns alle im Jahre 2030 erwarten wird.

11.1.1 Klassische Führungstheorien

In der klassischen Lehre werden die Führungsstile oft gemäß der Willensbildung unterschieden. Ein Vorgesetzter kann entweder die Entscheidung zu 100 % selbst treffen und im Notfall durch Zwang, Manipulation oder auch Überzeugung durchsetzen – in diesem Fall spricht man von einem autoritären, patriarchalischen oder informierenden Führungsstil. Ein Vorgesetzter kann aber auch die Willensbildung bei Mitarbeiter oder bei der Gruppe belassen. Je nachdem, wie groß der Anteil an Willensbildung bei der Gruppe oder bei den Mitarbeitern ist, so spricht man entweder von einem beratenden kooperativen, partizipativen oder demokratischen Führungsstil. Jede Führungskraft sollte sich selbst und auch die Mitarbeiter, die sie führen soll, sowie die Situation im Unternehmen daher zunächst klar analysieren. Eine Art zu führen, ist der autoritäre Stil. Auctoritas ist das lateinische Wort für die zwingende Macht des Überlegenen. Genau diese Macht kraft Hierarchie nutzt der autoritäre Vorgesetzte, um seine Mitarbeiter zu führen. Der autoritäre Vorgesetzte entscheidet im Zweifel sogar durch Zwang oder Zwangsmaßnahmen darüber, welches Ziel mit welchen Mitteln von den Mitarbeitern erreicht werden soll. Diese Art der Führung kann man oft noch bei kleinen inhabergeführten Unternehmen und oft in der Handwerksbranche oder im Bau heute noch antreffen. Eine andere Art ist, der patriarchische Stil zu führen. Bei einem patriarchisch geführten Unternehmen entscheidet der Vorgesetzte ebenso alles selbst und setzt dies durch gezielte Manipulation seiner Mitarbeiter durch. Er lässt keine Meinung neben der eigenen zu und steuert und lenkt die Gruppe und gegebenenfalls auch eingesetzte Berater geschickt zur Erreichung seiner Ziele. Ein weiterer Führungsstil ist der informierende Führungsstil. Der informierende Führungsstil ist dadurch gekennzeichnet, dass der Vorgesetzte zwar selbst all die wichtigen Unternehmensentscheidungen trifft, diese jedoch mit geschickter Überzeugungskraft in sein Team trägt und das Team informiert, inhaltlich mitnimmt und so dazu bewegt, die Unternehmensziele zu erreichen.

Der beratende Führungsstil ist eine weitere Möglichkeit zu führen und dadurch gekennzeichnet, dass der Vorgesetzte sowohl seine Mitarbeiter und sein Team informiert und darüber hinaus sich auch die Meinung der im Team Betroffenen einholt. Genauer gesagt, der Vorgesetzte zieht den jeweiligen zuständigen Sachbearbeiter eines Themas in die Meinungsbildung ein. Er schätzt seine Mitarbeiter wegen ihrer Fachkraft und Fachkompetenz und macht sich dieses interne Firmen- oder Abteilungswissen zu eigen. Der Themeninhaber oder Prozess-Owner im Team fungiert somit zugleich als Berater des Vorgesetzten und umgekehrt. Hier haben es die Vorgesetzten in schwierigen Situationen oft nicht leicht, den Spagat zwischen Disziplinarfunktion und Berater zu schaffen. Der Schlüssel zu einem ausgewogenen Verhältnis zwischen Nähe und Distanz ist ein ehrliches und konsequentes Beziehungs- und Wertemanagement. Das heißt: Führungskräfte müssen in der Lage sein, sich gefühls- und beziehungsmäßig auf Situationen und Menschen einzustellen und die angemessenen Emotionen bei den Mitarbeitern und auch sich selbst zu wecken (Hockling 2012).

Hingegen stellt die personenzentrierte Führungstheorie die Person des Führenden in den Vordergrund. Nur dieser kann den Erfolg herbeiführen; die Geführten sind beliebig auswechselbar. Die personenzentrierte Führungstheorie ist selbst wiederum in drei Unterkategorien unterteilt: Die Great-Man-Theorie, die Eigenschaftstheorie und die Skills Theory. Die Great-Man-Theorie fokussiert auf die Persönlichkeit des Führenden; die Eigenschaftstheorie rückt zeitstabile und situationsunabhängige Eigenschaften in den Vordergrund (Stippler et al. 2017). Diese Theorien gehen beide davon aus, dass die Eigenschaften, die zur erfolgreichen Führung erforderlich sind, den Führungspersonen angeboren sind. Anders hingegen sieht es die Skills Theory, die – wie der Name bereits sagt – davon ausgeht, dass erfolgreiche Führung eine erlernbare Fähigkeit ist.

All diese Theorien und wahrscheinlich noch viel mehr lassen sich in der klassischen Führungsliteratur nachlesen, doch haben diese auch Bestand, wenn es darum geht, die nächsten Generationen zu führen?

Diese Frage können wir uns sicherlich am einfachsten beantworten, wenn wir uns anschauen, wie die jungen Menschen aufwachsen und wie sie vom Elternhaus und Erziehungseinrichtung, von Kita über Schule bis hin zur Universität geprägt werden. Die Generation, die heute auf den Arbeitsmarkt drängt, ist die erste Generation Y (oder „Why?"). Sie wurde schon in frühen Kindheitstagen dahin erzogen, alles zu hinterfragen. Erziehung sollte Konsens sein. Stuhlkreise wurden eingeführt, um die Kinder mitbestimmen zu lassen, welche Themen in Kindergärten oder in Schulen behandelt wurden. Diese Generation erkennt die klaren Ansagen oder Befehle von Autoritäten nicht ohne Weiteres an, sondern fragt nach dem eigenen Nutzen vor der Umsetzung und wägt diesen ab. Diese Generation ist wiederum frei in der Informationsbeschaffung und in der Verarbeitung von schnelllebigen Informationen. Diese Generation erwartet auch einen bestimmten Spaßfaktor, um sich mit einer Arbeitsstelle oder der konkreten Aufgabe zu identifizieren. Ein gelebtes Bild ist das Silicon Valley, dort verschmelzen die Grenzen zwischen Beruf und Freizeit, Fitnessstudios und Chill-out-Areas sind gleichzeitig Arbeitsplätze. Für diese Generation wird sicherlich eine neue Führungskultur, die Führung 4.0, entstehen.

11.1.2 Führung 4.0

Zu Zeiten der Digitalisierung und der Verlagerung bzw. Verstreuung der Teams über die gesamte Weltkugel sind die oben dargestellten Führungsstile nicht immer Eins-zu-Eins lebbar. Eine Führungskraft muss sich immer zunächst einmal klarmachen, welches sie

Team führt. In Industrie 4.0, der neuen industriellen Evolution in Richtung Digitalisierung und Globalisierung, sind die althergebrachten Führungsstile nicht mehr das alleinige Mittel zur erfolgreichen Führung.

In den Zeiten der Industrie 4.0 ist zunächst einmal Klarheit zu schaffen: Welches Team führe ich, aus welchem interkulturellen Hintergründen, aus welchen sozialen Hintergründen und aus welchen Vorerfahrungen kommen meine Teammitglieder? Welche Erwartungen haben meine Teammitglieder an mich als Führungskraft? Welche Informationen und welche Steuerung benötigen sie? Zu Zeiten der industriellen Revolution 4.0 ist es ebenso gewöhnlich, dass die Teammitglieder auch nicht an einem Ort in einem lokalen Team in einem Büro oder an einem Standort zusammenarbeiten. Virtuelle Teams prägen immer mehr unseren Arbeitsalltag. Diese Virtualität und damit räumliche und oft auch zeitzonenabhängige Trennung innerhalb der Teams stellen die Führungskräfte schon heute vor große Herausforderungen. Welcher Mitarbeiter arbeitet an welchem Teilprojekt? Muss ich den Stand eines jeden Projektfortschritts kennen? Welches Teammitglied benötigt welche Informationen? Wer kann welchen Beitrag oder welche Unterstützung bieten?

Wichtig wird es in einem virtuellen Team immer sein, möglichst viel Dokumentation und Transparenz zu schaffen. Transparenz bedeutet, dass alle Teammitglieder über die gleichen Informationen verfügen müssen und verfügen können. Transparenz bedeutet ebenfalls, dass alle Teammitglieder die eigenen Aufgaben immer sichtbar erledigen können und dass sichergestellt ist, dass alle Teammitglieder auch auf Augenhöhe miteinander kommunizieren können.

Teammitglieder zu Zeiten von Digitalisierung sind allerdings nicht nur Menschen, sondern auch Maschinen, Anlagen und Produkte, wir sprechen von der sog. Smart Factory, in der Systeme eigenständig Entscheidungen treffen und damit das Eingreifen der Menschen teilweise abdingbar machen. Die Arbeitswelt wird sich im Zuge von 4.0 immer weiter verändern. Jederzeitige Erreichbarkeit, Steuerbarkeit von Maschinen, aber auch Menschen per Smartphone-App werden der Tagesalltag sein. Gezielt eingesetzt bedeutet dies allerdings nicht, dass wir in Aldous Huxleys *Brave New World* (1932) leben, sondern dass wir einen orts- und kulturübergreifenden und wertschätzenden Umgang mit anderen Kommunikationsmitteln als bisher bekannt haben werden.

Das Schreckgespenst Digital Leadership wird immer mehr aufgebläht und auch das bedeutet doch nichts anderes, als das Führen mit modernen Kommunikationsmitteln in einer digital vernetzten Welt. Nichtsdestotrotz führt dieses Wort oft bei den Mitarbeitern und den Führungskräften zu Ängsten und Unsicherheiten. Diese Ängste und Unsicherheiten wiederum führen zu einer inneren Frustration und oft auch zu einer gelebten Ablehnungshaltung gegenüber neuen technischen Veränderungen. Die Angst überwiegt, durch die Systeme die Menschlichkeit und die Seele des Unternehmens zu verlieren. Aufgabe der Führungskraft 2030 ist es, diese Ängste ernst zu nehmen und alle Mitarbeiter auf die Reise in die neue Welt mitzunehmen.

Das darf eine Führungskraft weder bei sich noch bei ihren Mitarbeitern versäumen.

11.1.3 Führung 5.0

Das Zeitalter der industriellen Revolution 4.0 wird sich weiter zum Zeitalter der industriellen Revolution 5.0 entwickeln. Vernetzungen in Teams mit Menschen und künstlicher Intelligenz werden an die Tagesordnung kommen. Klassische Berufe in der Industrie und in der Dienstleistung wird es immer weniger geben. Die Entwicklung wird dahingehen, Menschen durch menschenähnliche Wesen zu ersetzen. Dies bedeutet, dass die Führungskraft nicht allein die Aufgabe hat, Menschen im Umgang mit Menschen zu führen. Vielmehr wird es die spannende und herausfordernde Aufgabe der Führungskraft werden, Menschen im Umgang mit Menschen und künstlicher Intelligenz zu führen.

Auch die Menschen, die geführt werden und die selbst Führung übernehmen werden, werden sich verändern. Die neue Generation der ersten Digital Natives hat einen anderen Anspruch an Führung, wie es die heutige Führungsriege hat. Für die Generation Y und die Digital Natives sind klare Abgrenzung von Arbeit und Privatleben nicht mehr so wichtig. Sie wachsen mit einer ständigen Erreichbarkeit und mit einer ständigen Abrufbarkeit von Informationen auf. Jeder ist immer und überall informiert und informierbar. Sie legen allerdings – wie oben gesagt – auch Wert auf einen gewissen Spaßfaktor bei der Arbeit. Statussymbole, wie Dienstfahrzeug und die Größe des eigenen Arbeitszimmers – verschwinden von der Wunschliste. Die Anforderung an eine neue Arbeitsstelle ist vielmehr der Wunsch nach flachen Hierarchien und Akzeptanz auf Augenhöhe.

Es wird sich allerdings nicht nur das Bild des einzelnen Mitarbeiters in der Zukunft verändern, sondern es wird sich auch die gesamte Struktur der arbeitenden Bevölkerung verändern. Professor Günther H. Schust (2018) betitelt sein E-Book *Führung 5.0 – Intelligent vernetzen – Unterstützen – Entfalten*. Dieser Titel beschreibt schon recht konkret, welche Fähigkeiten die Führungskraft von morgen innehaben sollte. Führung 5.0 wird nicht mehr das klassische Führen durch hierarchische Über- und Unterordnungsverhältnisse sein. Führen wird mehr ein Steuern und Lenken aufgrund von Fachwissen und Machtstreben und digitalem Durchsetzungsvermögen sein. Was heißt das konkret: Teams werden immer seltener Face-to-Face in regelmäßigen Teammeetings an einem Tisch sitzen, vielmehr werden Informationsaustausch und Ergebnissteuerung über soziale Plattformen und moderne Kommunikationsmittel erfolgen. Teammitglieder erwarten ein partizipatorisches Zusammenarbeiten mit Teammitgliedern und Führungskräften. Jedes einzelne Teammitglied sieht sich gleichberechtigt und auf gleicher Entscheidungsebene. Es wird keine kaskadischen Entscheidungssysteme und klassische Informationstreppen mehr geben. Autonome Entscheidungen der einzelnen Teammitglieder werden mehr und mehr den Alltag bestimmen. Das Monopol der Führungskraft in einer geradlinigen Befehlskette gibt es nicht mehr (Schust 2018).

Dennoch wird die Führungskraft die Verantwortung für den Gruppenerfolg tragen und verantworten müssen. Führung findet daher oft nicht mehr auf Basis der Funktion statt, sondern durch die Beeinflussung von Vorgesetzten, Kollegen und Außenstehenden (Schust 2018).

Dennoch wird die Führungskraft auch zukünftig dafür zuständig sein, dass das Team den bestmöglichsten Erfolg erzielt. Dies kann allerdings nur dann geschehen, wenn das

Team erfolgreich ist und sich nicht durch teaminterne oder durch teamexterne Konflikte vom Ziel abhalten lässt. Deshalb hat es die Führungskraft besonders schwer, für Konfliktentspannung zu sorgen (Schust 2018).

Meiner Meinung nach ist ein Schlüssel zum Erfolg der Konfliktentspannung eben die Führungszufriedenheit.

11.2 Was bedeutet nun Zufriedenheit?

Was bedeutet allerdings Zufriedenheit? Zufriedenheit ist ein subjektives Gefühl, das nicht an objektiven Kriterien festgemacht werden kann. Zufriedenheit ist das stabilste gute Gefühl (Reinhardt 2014). Wir Menschen kennen viele gute Gefühle und richten instinktiv unser Handeln danach aus, diese guten Gefühle bei uns und bei anderen zu erzeugen. Im Gegensatz zur Zufriedenheit steht Freude als ein starkes Gefühl, dass meist als Reaktion auf eine angenehme Situation auftritt (Reinhardt 2014, S. 20). Davon ist ebenfalls das Gefühl Glück abzugrenzen, dass als ein intensives Wohlbefinden empfunden wird (Reinhardt 2014, S. 20). Glück ist zwar auch ein lang anhaltendes Gefühl, das allerdings nicht mit so viel Stabilität empfunden wird. Zufriedenheit ist demnach ein lang anhaltender Zustand. Die Forschung geht davon aus, dass Zufriedenheit auch erlernt werden kann. Wer zufrieden ist, der vergleicht seinen Ist-Zustand mit einem selbst definierten Soll-Zustand und kommt zu dem Ergebnis, dass es keine oder nur geringe Abweichungen gibt.

Was empfindet eine Führungskraft, wenn sie mit ihrem eigenen Stil und ihrer eigenen Art des Führens zufrieden ist? Aus meiner Sicht empfindet eine Führungskraft dann nichts anderes als jeder von uns empfindet, wenn er oder sie mit seinem oder ihrem Handeln zufrieden ist: Zufriedenheit ist ein Ausdruck der inneren Haltung (Reinhardt 2014, S. 22). Im Begriff Zufriedenheit steckt das Wort Friede, und an diesem inneren Frieden – der Seelenruhe können wir arbeiten (Reinhardt 2014, S. 22).

Eine zufriedene Führungskraft definiert ihr Idealbild von guter und erfolgreicher Führung und vergleicht ihre reale und gelebte Führung mit diesem Idealbild. Je geringer die Abweichung der realen Situation von der Idealvorstellung der Führungskraft ist, desto zufriedener ist die Führungskraft.

Also werfen wir nun einen Blick auf die Abweichungen in der realen Führungswelt.

11.3 Warum ist die Situation gerade für mich schwer zu lösen? Warum führe ich nicht mit Zufriedenheit? Welche Hürden kommen für uns als Führungskräfte in 2030 auf uns zu?

Ein wichtiger Erfolgsfaktor für zufriedenes Führen ist, dass wir uns klar vor Augen führen, warum eine Führungssituation für uns als Führungskräfte gerade eine Herausforderung darstellt. Diese Analyse führt uns schon zu zwei Drittel zur richtigen Lösung. Denn wenn ich weiß, was die Diagnose ist, so kann auch ein Therapieplan erstellt werden, so würde es ein Mediziner sagen. Übertragen auf die Führung heißt das: Wenn die Führungskraft weiß, warum das Ziel nicht erreicht werden kann, so kann sie auch eine Lösungsstrategie entwickeln. Daher ist es am wichtigsten, bei sich selbst zu beginnen, also eine Selbstanalyse durchzuführen und sich darüber klar zu werden, warum für mich als Führungsperson gerade diese Führungssituation schwierig ist. Dazu sollten wir uns die folgenden Fragen.

11.3.1 Konflikttradition – Wie bin ich erzogen, welchen Umgang mit Konflikten pflege ich selbst?

Welche Wurzeln habe ich als Führungskraft? Haben Sie sich selbst schon einmal analysiert? Wie wurde in Ihrer Kindheit mit Ihren Fehlern umgegangen? Wie gehen Sie selbst mit Ihren eigenen Fehlern um? Wie ist Ihr Blick auf die Fehler anderer? Viele der heutigen Führungskräfte sind von ihren eigenen Erfahrungen in der Kindheit geprägt. Sie durften eigentlich keine Fehler machen. Fehler wurden bestraft. Sanktionen waren die einzige Konsequenz fehlerhaften Handelns. Umgekehrt wurden die heutigen Führungskräfte während ihrer Kindheit und Ausbildung auch nicht nach eigenen Bedürfnissen und Zielen gefragt. Sprüche wie „Lehrjahre sind keine Herrenjahre" und „Was Hänschen nicht lernt, lernt Hans nimmer mehr" waren für sie prägend. Turnusmäßige Mitarbeitergespräche und das Recht auf Feedback gab es nicht.

11.3.2 Welche inneren Hürden habe ich?

Wenn ich nun für mich geklärt habe, wie ich selbst zu einem Fehler meines Mitarbeiters stehe oder wie ich einen Konflikt begreife, sollte ich weiter analysieren, wie ich denn führe. Welchen der klassischen Führungsstile lebe ich oder habe ich einen eigenen Stil? Führe ich überhaupt? Wieviel Freiheit lasse ich meinen Mitarbeitern? Kann ich Arbeiten abgeben? Muss ich immer alles kontrollieren oder gebe ich meinen Mitarbeitern größtmögliche Freiheit? Möchte ich immer auf dem aktuellsten Stand sein oder reichen mir Erfolgs- bzw. Misserfolgsmeldungen meiner Mitarbeiter aus?

11.4 Welche Situation finde ich als Führungskraft im Jahr 2030 in meinem Unternehmen vor?

Sobald ich nun analysiert habe, wie ich führe, sollte ich als Führungskraft abgleichen, welche Konfliktlandschaft vor mir liegt oder einfach gesagt, um welchen Konflikt es sich handelt.

11.4.1 Analyse der Konfliktpartei

11.4.1.1 Einparteienkonflikt

Warum ist die Führung dieses Mitarbeiters in der konkreten Situation schwierig?

Bei sog. schwierigen Führungssituationen, die durch den Mitarbeiter verursacht sind, muss der Vorgesetzte oft genau hinsehen, um welchen Typus von Mitarbeiter es sich handelt. Grob gesagt kann man unterscheiden zwischen demjenigen, der nicht kann (sog. Leistungsschwacher oder leistungsgeminderter Mitarbeiter) und demjenigen der nicht will (sog. Verweigerer).

(a) **Der Mitarbeiter kann nicht**

Dem leistungsschwachen Mitarbeiter, auch gern „low performer" genannt, fehlt meist dauerhaft oder auf die entsprechende Aufgabe bezogen die fachliche oder charakterliche Eignung für die ihm übertragene Tätigkeit. Dies kann auch wiederum auf verschiedenen Ursachen beruhen, von der fehlenden Qualifikation bis hin zu Krankheit. Hier ist auch im Jahr 2030 genau hinzusehen, woran es genau krankt. Neben den klassischen Problemen, wie Krankheit oder fehlendem Wissen, werden immer neue Phänomen an der Tagesordnung sein. Themen wie Burn-out oder auch Bore-out, also das Überfordertsein oder das Unterfordertsein, werden Führungskräfte immer mehr beschäftigen. Burn-out ist in aller Munde. Ich warne jedoch davor, dieses Wort zu lapidar einzusetzen, denn nicht immer schon dann, wenn man sich urlaubsreif fühlt, ist man gleich von einem Burn-out gefährdet. Burn-out ist ein Zustand emotionaler Erschöpfung mit Interessen- und Antriebsarmut sowie einem Gefühl von Überforderung bei reduzierter Leistungszufriedenheit und eventuell Depersonalisation infolge einer Diskrepanz zwischen Erwartung und Realität (Pschyrembel 2019b). Burn-out ist häufig eine Erschöpfungsreaktion bei permanenter Überforderung, oft auch verbunden mit mangelnder Anerkennung und Mangel an Erholungspausen (Pschyrembel 2019b). Nichts anderes gilt für ein Bore-out. Nicht immer schon gleich dann, wenn die Aufgabe mal vermeintlich unter dem Niveau des Mitarbeiters ist, er also auch mal Aufgaben übernehmen muss, die einfach getan werden müssen, allerdings nicht seiner Qualifikation entsprechen, nicht allein dann schon liegt ein krankheitsspezifisches Bore-out vor: berufliche Unterforderung und Unzufriedenheit des Arbeitnehmers, während er gleichzeitig hohe Geschäftigkeit und Arbeitsbelastung vortäuscht. Betroffene sind weniger leistungsfähig und leiden unter emotionaler Erschöpfung mit Symptomen wie beim Burn-out-Syndrom (Pschyrembel 2019a).

Ein weiterer Grund der Leistungsverweigerung kann in 2030 auch die technische Überforderung sein. Die sich immer schneller entwickelnden technischen Errungenschaften sind nicht immer für alle auf allen Kommunikationswegen nachvollziehbar und begreifbar. Es wird auch in Zukunft immer mehr Menschen geben, die in ihrer Entwicklung bei dem schnell wachsenden Fortschritt nicht mithalten können. Auch aus diesem Grund ist die Bildung und die Fortbildung für alle Bevölkerungsgruppen ein Ziel der heutigen Politik. Hier sollte die Führungskraft stets peinlich genau darauf achten, wie zum einen der

Ausbildungsstand des jeweiligen Mitarbeiters ist und zum anderen wie die innere Haltung des Mitarbeiters zum Stand der technischen Weiterentwicklung ist. Weiterqualifikation muss ein erstrebenswertes Gut im Unternehmen sein. Weiterqualifizierung kann jedoch nur gelebt werden, wenn auch Mut zur Lücke im Unternehmen gelebt wird. Das bedeutet, dass der betroffene Mitarbeiter Unkenntnis oder Hemmnisse nicht verstecken muss, sondern sich jederzeit vertrauensvoll an Kollegen oder Vorgesetzte wenden kann und seine Bedürfnisse offenbaren kann.

(b) **Der Mitarbeiter will nicht**

Liegt die Ursache des Konflikts hingegen darin, dass der Mitarbeiter nicht will (sog. Leistungsverweigerer), so können auch hier die Gründe vielfältig sein. Oftmals hat auch hier die Führungskraft die Möglichkeit, Zufriedenheit bei dem Mitarbeiter zu schaffen und damit wieder dessen und seine eigene Motivation zur Leistungserbringung zu steigern. Das kann nur dann gelingen, wenn eine genaue Ursachenerforschung vorgenommen wird. Diese Leistungsverweigerer werden oft und gern auch von den Führungskräften übersehen, da sie gern die Eigenschaft entwickeln, sich unter dem Radar der Führungskraft zu bewegen. Das bedeutet, sie verwenden viel Energie darauf, nicht von der Führungskraft gesehen zu werden. Je größer die Einheit ist, die die Führungskraft zu steuern und zu lenken hat, desto einfacher wird es dem Leistungsverweigerer auch gelingen, unentdeckt zu bleiben. Neben dem Verlust der Arbeitskraft des Leistungsverweigerers birgt dies jedoch eine weitere Gefahr. Leistungsverweigerer sind Energiefresser für das gesamte Team. Nach dem Motto „ein faules Ei verdirbt den ganzen Brei" demotivieren sie die Kollegen, die oft eine genaue Wahrnehmung der Leistungsverweigerung haben. Leistungsverweigerung bzw. Pseudoleistungsverweigerung dürfe nicht länger hingenommen werden, sondern müsste aufgedeckt werden und – konfliktbereit – angesprochen werden (Hartmann 2018). Und zweitens müsse stärker deutlich gemacht werden, dass sich Anstrengung lohnt und belohnt wird – und zwar auch dann, wenn sich der Erfolg am Ende nicht einstellt (Hartmann 2018).

Diese Unterscheidungen zwischen leistungsgeminderten Personen und Leistungsverweigerern betreffen allein die Faktoren der Leistungsminderung, die in der Sphäre des Mitarbeiters anzutreffen sind. Leistungsminderung kann aber auch ihre Ursache in der Unternehmens- oder in der Führungskultur haben. Auch hier ist eine umfassende Analyse notwendig, die Erfahrung zeigt aber immer wieder: Je zufriedener die Führungskräfte mit der Unterstützung durch das Unternehmen zum Thema Führung sind, desto mehr Zufriedenheit können sie auch bei ihren Mitarbeitern erzeugen.

Auch die Leistungsträger selbst haben die Aufgabe, zu ihren Leistungen zu stehen und Anerkennung dafür aktiv einzufordern (Hartmann 2018). Die Führungskraft muss ganz klar dem gesamten Team immer wieder aufzeigen, dass sich Leistung im Team lohnt und diese auch belohnt wird. Ebenso muss die Führungskraft aufzeigen, dass Minderleistung in jedem Fall angegangen wird. Leistung muss sich lohnen, Leistungsverweigerung muss aufgedeckt und angegangen werden.

Hat der Vorgesetzte herausgefunden, welcher Mitarbeitertypus die Führungssituation schwierig macht, so muss er analysieren, um welche Konfliktsituation es sich handelt.

Oft erkennt man bei genauem Hinsehen, dass Konflikte immer wieder auftreten, weil die Erwartungen der Führungskraft nicht genau definiert sind. Auch dieses Versäumnis führt immer wieder zu Unzufriedenheit bei Mitarbeitern und Führungskraft. Dies wiederum erzeugt in vielen Fällen unnötige Personalkosten, die durch die Schaffung klarer Regelungen ohne großen Mehraufwand eingespart werden können.

Aktuelle Stellenbeschreibungen, klar verständlich formulierte Arbeitsanweisungen und transparente Informationswege sind wichtige Voraussetzungen, um das Erreichen oder Nichterreichen des gesetzten Ziels messen zu können.

Sind die einzelnen Schritte schriftlich fixiert, fällt es zum einen dem Mitarbeiter leichter, die vertragliche geschuldete Arbeitsleistung zu kennen und zu erbringen. Zum anderen kann der Vorgesetzte etwaige Verstöße, Fehler oder Unzulänglichkeiten klar erkennen, benennen und im Härtefall auch ahnden. Solche klaren Regelungen machen Mitarbeiter und Führungskräfte sicher und tragen damit zu mehr Führungszufriedenheit auf beiden Seiten bei.

11.4.1.2 Der Konflikt im agilen Team

Schwerer zu lösen ist der Konflikt im agilen Team, d. h, in einem Team, das neben eigenen Mitarbeitern und Mitarbeitern aus der Arbeitnehmerüberlassung auch aus externen Beratern oder Trainern oder Entwicklern oder anderen nicht weisungsgebundenen Mitgliedern besteht. Hier wird sich über kurz oder lang immer die Frage stellen, wie zu führen ist. Ein arbeitsrechtliches Weisungsrecht gemäß § 106 Gewerbeordnung greift nur für die eigenen Mitarbeiter. Agile Teams können sich auch zweckgebunden für ein Projekt innerhalb eines Unternehmens aus verschiedenen Betrieben oder Abteilungen zusammenfinden. Auch hier werden die Führungskraft des Teams und die jeweilige disziplinarische Führungskraft vor eine große Herausforderung der Vereinbarkeit der Führungsziele gestellt. Wer hat im konkreten Moment das Weisungsrecht? Wer kann wann auf den Mitarbeiter zugreifen?

Auch Crowd-Worker, wie sie z. B. über die Plattform clickworker rekrutiert werden können oder auch bereits schon in ersten großen deutschen Konzernen als interne stille Reserve genutzt werden, wird es in der Arbeitswelt 2030 immer mehr geben. Es wird Aufgaben geben, die von internen oder externen Arbeitskräften schnell und oft auch sporadisch – je nach deren eigener Zurverfügungstellung – abgearbeitet werden. Oft hat dann auch die Führungskraft weder genaue Kenntnis noch eine Bindung oder einen persönlichen Bezug zu diesem Teammitglied. Dies stellt die Führungskraft natürlich vor große Schwierigkeiten, die es bei festen Teammitgliedern nicht gegeben hat.

11.4.2 Analyse der Konfliktkultur in meinem Unternehmen

Wichtig ist nicht nur die Frage, woher rührt der Konflikt und wer ist an dem Konflikt beteiligt, sondern auch die Frage, wie in dem Unternehmen mit Konflikten grundsätzlich umgegangen wird. Die Führungskraft sollte recht schnell für sich die Frage klären, ob das

Unternehmen eine gelebte Konfliktkultur besitzt. Als zweite Frage sollten sie herausfinden, wie diese Konfliktkultur gelebt wird. Handelt es sich dabei allein um Thesen auf dem Papier oder hat das Unternehmen einen offenen und lösungsorientierten Blick auf Konflikte, der auch von allen Mitarbeitern unabhängig von der Ebene im Organigramm und der Position innerhalb des Unternehmens gelebt wird.

Sollte die Konfliktkultur des Unternehmens nicht mit dem eigenen Anspruch an den Umgang mit Konflikten übereinstimmen, so ist Unzufriedenheit für die Führungskraft vorprogrammiert. Dem kann sie lediglich durch zwei verschiedene Handlungsalternativen entkommen. Entweder sie stellt recht schnell fest, dass sie mit der eigenen Konfliktkultur nicht im für sie passenden Unternehmen ist und verlässt dieses wieder. Oder Handlungsalternative zwei: Sie führt selbst eine Konfliktkultur ein, die im gesamten Unternehmen auf Konsens stößt und vom gesamten Unternehmen getragen wird. Diese zweite Lösung empfiehlt sich jedoch nicht ohne externe Hilfe. Eine Konfliktkultur kann nicht von oben nach unten verordnet werden. Sie muss erarbeitet und Schritt für Schritt implementiert werden. Dafür wird viel Zeit und Fingerspitzengefühl benötigt. Externe Berater, Trainer oder Coaches, die genau hierauf geschult sind, sollten in diesem Fall mit ins Boot geholt werden und dieses Umdenken feinfühlig und gezielt in das Unternehmen tragen.

Eine lohnende Investition, wie meine Erfahrung bei der Begleitung von Unternehmen bei der Einführung und Umsetzung derartiger Konfliktkulturen immer wieder zeigt. Denn diese Aufgabe wird oft an mich als Wirtschaftsmediatorin herangetragen und ich stelle immer wieder fest, wie dankbar und wertvoll es für eine Führungskraft ist, sich mit der Konfliktkultur im eigenen Unternehmen zu beschäftigen.

11.5   Welche Wege aus dem Konflikt gibt es in 2030?

In vielen Fällen ist es möglich, nach der eingangs beschriebenen Analysephase eine Veränderung der Situation oder der Rahmenbedingungen zu schaffen und damit die Leistungsfähigkeit des Mitarbeiters wiederherzustellen. Lösungen können sowohl Gespräche, Versetzungen, Um- und Weiterqualifizierungen bis hin zu veränderten Arbeitsbedingungen sein. All das kann die Führungskraft nicht allein veranlassen, aber zumindest anstoßen und dann gemeinsam mit der Personalabteilung umsetzen. Zu beachten ist der rechtliche Rahmen: Welche Betriebsvereinbarungen bestehen, gibt es einen Betriebsrat etc.? Kennt allerdings die Führungskraft ihren Handlungsspielraum und geht die Arbeit der Personalabteilung Hand in Hand mit der Führungsaufgabe, so kann nach der detaillierten Analyse eine positive Lösung gefunden werden. In einem solchen Fall wird der Mitarbeiter mit der Führungsaufgabe des Vorgesetzten zufrieden sein und die Führungskraft selbst spürt diese Zufriedenheit.

Diese Handlungsspielräume haben wir schon heute und sie werden auch im Jahr 2030 nicht wesentlich verändert sein. Was sich allerdings sicherlich wesentlich verändern wird, ist der Weg, auf dem diese Botschaften an die Mitarbeiter weitergegeben werden.

11.5.1 Das Mitarbeitergespräch: Kritisch – verständlich – zielorientiert – über neue Kanäle

Was muss, kann und darf der Vorgesetzte sagen? Wie muss er es sagen? Welche technischen Möglichkeiten können genutzt werden?

Beim Thema Gesprächsführung mit dem Mitarbeiter fühlen sich Führungskräfte oftmals hilflos und allein gelassen. Um gelassen und sicher und damit zufrieden zu führen, müssen sie sehr viel beachten. Oft fehlt die Unterstützung vom Arbeitgeber, da für die Aufgabe Führung zu wenig Zeit bleibt und zu wenig Schulung erfolgt ist. Leider treffe ich genau diese Einschätzung immer wieder bei Workshops und Schulungen in Unternehmen an. Daher vermittle ich immer wieder: Ziele müssen klar definiert werden und messbar dargestellt sein und der rechtliche Rahmen ist einzuhalten. Oftmals ist der Betriebsrat einzubeziehen. All das sind Faktoren, die Führung zu einer erheblich aufwendigen und in keinem Fall einfachen Aufgabe machen. Führungskräfte gezielt fit zu machen zu den Themen Gesprächsvorbereitung, Kommunikation von unangenehmen Botschaften und genaue Definition und Festlegung von Zielen, erhöht die Sicherheit bei der Führungsaufgabe und fördert ebenso die Führungszufriedenheit. Umso mehr gilt dies, wenn in der Zukunft Personal- und Kritikgespräche nicht mehr in dem gewohnten Umfeld stattfinden, sondern via Bildschirm oder per Text- oder Videobotschaft übermittelt werden. Es wird viel Empathie von den Vorgesetzten abverlangt werden, wenn diese sich in Mitarbeitern aus anderen Generationen, mit anderen Wertsetzungen und aus anderen Kulturkreisen hineinversetzen müssen. Doch hier gilt es, gelassen und besonnen zu bleiben, denn die Grundregeln der wertschätzenden Kommunikation, die rechtlichen Aspekte im Mitarbeitergespräch sowie die Grundregel, dass Ziele, smart definiert und transparent nachgehalten werden sollten, werden auch im Jahr 2030 noch Gehalt haben.

11.5.2 Die Handlungsmöglichkeiten der Führungskraft und/oder der Personalabteilung bei einer auf interne Veränderung gerichteten Lösung

Hier kommen Maßnahme wie Versetzung oder Weiterqualifizierung in Betracht. Gerade heute, zu Zeiten des Fachkräftemangels, sollte mit derartigen Maßnahmen nicht gezögert und diese nicht auf die lange Bank geschoben werden. Studien und auch Berichte, die ich selbst in meiner Beratungstätigkeit immer wieder höre, bestätigen, dass Mitarbeiter ein Unternehmen meist wegen des direkten Vorgesetzten wechseln. Eine verantwortungsvolle Führungskraft kann durch gezielte Analyse den Mitarbeiter an das Unternehmen binden, auch wenn er selbst eventuell nicht den Anspruch an eine zufriedene Führung des Mitarbeiters erfüllt. Auch ein derart übergreifendes, vorausschauendes Denken macht eine zufriedene Führungskraft aus und wird sich innerhalb eines Unternehmens immer auszahlen.

Hingegen führen die unfairen, aber gerade in großen Konzernen oft gelebten Klassiker des Weglobens oder des Entzugs von Aufgaben, um eine Eigenkündigung des Mitarbeiters zu forcieren, nicht zu viel Zufriedenheit. Diese Taktiken sind in Zeiten von Social-Media-Plattformen und Arbeitgeberbewertungsportalen sogar höchstgefährlich.

11.5.3 Die nach außen gerichtete Handlungsmöglichkeit: Handlung der Führungskraft oder der Personalabteilung als letzte Konsequenz: Abmahnung – Trennungsgespräch – Kündigung

Allerdings wird es Fälle geben, in denen die Führungskraft auch die unangenehmen Lösungswege durchdenken und manchmal auch praktizieren muss. Dies sollte sie immer dann tun, wenn sie Ihre Handlungsmöglichkeiten kennt. Die Kenntnis der rechtlichen Handlungsmöglichkeiten ist aus meiner Erfahrung daher ein wichtiger Faktor, um erfolgreich und zufrieden zu führen. Die Kenntnis der rechtlichen Möglichkeiten – so versichern mir Seminarteilnehmer oft – macht sie sicher und stark.

a) **Vorstufen**

Vorstufen wie der kollegiale Ratschlag, die Belehrung, die Vorhaltung oder die Ermahnung, die Verwarnung oder der Verweis sind ohne entscheidende rechtliche Bedeutung. Sie enthalten weder eine Kündigungsandrohung noch eine sonstige rechtliche Konsequenz. Die Verwendung dieser Handlungsinstrumente des Vorgesetzten und der Personalabteilung können aber dennoch zu einer Veränderung im Verhalten des Mitarbeiters führen. Gerade der offizielle Akt und der oft schriftliche Hinweis auf das Fehlverhalten rütteln manch einen leistungsschwachen Mitarbeiter wach und führen zum Erfolg. Diese Mittel sind allerdings nur bei Leistungsverweigerern einsetzbar, denn nur diese können ihr Verhalten steuern. Bei demjenigen Mitarbeiter, der aus personenbezogenen Gründen seine Leistung nicht erbringen kann, kann ein klärendes Gespräch aber auch sinnvoll sein. Es gilt die Gründe des Nichtkönnens zu erforschen. Eventuell lässt sich im Gespräch herausfinden, ob man das Nichtkönnen abstellen kann. Qualifizierungsmaßnahmen, Abänderung der Aufgaben bis hin zur Versetzung oder andere Maßnahmen können hier erfolgreich sein.

In den ganz harten Fällen versagen die Techniken der kommunikativ gesteuerten Personalführung regelmäßig und es müssen arbeitsrechtliche Konsequenzen gezogen werden.

b) **Der kollegiale Ratschlag**

„Beim Ratgeben sind wir alle weise, aber blind bei eigenen Fehlern" (Euripides um 485–406 v. Chr.). Oft erkennt die Führungskraft die Schwächen und die fehlende Motivation oder die fehlende Qualifikation des Mitarbeiters und sucht das Gespräch. „Die Grundlage erfolgreicher Führung ist das Fingerspitzengefühl für Menschen, Situationen und für die Vorgänge zwischen den Zeilen", schreibt es *ZEIT ONLINE* in einem Beitrag mit der

Überschrift „Kann ich als Chef auch Freund sein?" (Hockling 2012). Aus meiner Sicht ist dies nicht oder nur sehr schwer möglich. Doch dies wird sich ändern müssen. Die Interessenskonflikte zwischen Freundschaft und Führung sind in den meisten Fällen so gravierend, dass dieser Spagat nur in den seltensten Fällen für alle Seiten zufrieden ausfällt. Gibt die Führungskraft einen Ratschlag, so wird dieser meist nicht als solcher wahrgenommen. Leider berichten mir viele Führungskräfte im Coaching dann auch, dass sie beratende Gespräche mit ihren Mitarbeitern geführt haben und beschreiben diese als formlos und fruchtlos und empfinden dies dann als frustrierend.

Eine andere Möglichkeit auf Fehler oder Fehlverhalten als Führungskraft zu reagieren, ist die Vorhaltung, so kann man es in der Literatur oft lesen. Laut Duden ist eine Vorhaltung eine kritisch-vorwurfsvolle Äußerung jemandem gegenüber im Hinblick auf dessen Verhalten (Duden 2019a). Als Führungskraft hält der Vorgesetzte dem Mitarbeiter quasi den Spiegel vor und versucht ihn so, zur Reflexion seines Verhaltens zu führen. Eine rechtliche Konsequenz hat auch dieses Instrument nicht.

c) Ermahnung

Auch wird in Führungsliteratur und in Personalhandbüchern oft die Ermahnung als Vorstufe zur Abmahnung genannt. Synonym für eine Ermahnung ist nach Duden die dringende Aufforderung etwas zu tun oder zu unterlassen (Duden 2019b). Die Ermahnung ist eine formlose Disziplinarmaßnahme und Vorstufe zur Abmahnung. Anders als die Abmahnung erhält die Ermahnung keine Androhung der Kündigung und ist daher kündigungsrechtlich ohne Bedeutung (Küttner 2018). Eine Ermahnung wird meist nur mündlich ausgesprochen und findet daher selten Eingang in die Personalakte.

d) Abmahnung

Erste Handlungsstufe ist die Abmahnung: Mit der Abmahnung rügt der Arbeitgeber ein konkretes Fehlverhalten des Mitarbeiters und warnt mit der Androhung der Kündigung vor den Folgen weiterer Pflichtverstöße. Die Abmahnung setzt sich immer zusammen aus drei Komponenten, nämlich der Hinweis-, der Rüge- und der Warnungsfunktion. Anknüpfungspunkt ist immer ein konkreter Pflichtverstoß.

Auch sollte die Abmahnung immer mit Bedacht ausgesprochen werden. Zahlreiche Abmahnungen, die wegen gleichartiger Pflichtverstöße ausgesprochen werden und ohne weitere Konsequenzen für den Mitarbeiter bleiben, haben eher eine kontraproduktive Wirkung. In diesen Fällen wird das Fehlverhalten zwar erkannt und gerügt, aber die Folge fehlt. Dieses Verhalten des Arbeitgebers kann nicht nur zu einem Freifahrtschein für den schwierigen Mitarbeiter werden, sondern auch zu Demotivation bei den Leitungsträgern führen.

Aber auch hier gilt die Unterscheidung zwischen demjenigen, der nicht kann (leistungsschwacher oder leistungsgeminderter Mitarbeiter), und demjenigen, der nicht will (Verweigerer).

Für denjenigen, der nicht will, ist die Abmahnung oft das mildere Mittel vor der Beendigung des Arbeitsverhältnisses durch Kündigung und zumindest im Leistungsbereich auch formaljuristisch zwingende Voraussetzung für die Wirksamkeit einer Kündigung.

Für denjenigen, der nicht kann, ist eine Abmahnung nicht sinnvoll und nicht erforderlich, denn der Mitarbeiter ist aus personenbezogenen Gründen nicht in der Lage, die vertragliche geschuldete Leistung zu erbringen. Bei personenbedingten Störungen des Arbeitsverhältnisses geht eine Abmahnung also quasi ins Leere, da der Arbeitnehmer diese Störungen nicht abstellen kann, selbst wenn er dies wollte. Unter solchen Störungen fallen auch krankheitsbedingte, altersbedingte oder auf Alkohol- oder Drogenmissbrauch zurückzuführende Leistungsminderungen.

Allerdings ist hier die Abgrenzung nicht immer leicht. Die Erforderlichkeit der Abmahnung richtet sich in diesen Fällen danach, welcher Bereich das Verhalten prägt.

e) Die Kündigung

Der auf die Abmahnung folgende Schritt ist die Kündigung. Dies ist allerdings bei Leistungsverweigerern z. B. nur dann der Fall, wenn die Abmahnung auf ein und demselben Pflichtverstoß wie die Kündigung beruht. Da ich aus der anwaltlichen Praxis berichten kann, dass eine Vielzahl – um nicht zu sagen – eine Mehrzahl der Kündigungen bei einer Prüfung vor dem Arbeitsgericht keinen Bestand haben oder man sich vor den Arbeitsgerichten im Prozess meist im Wege eines Vergleichs einigt, empfiehlt es sich, vor dem Ausspruch einer Kündigung immer Rechtsrat von einem Rechtsanwalt einzuholen. Aus diesem Grund soll an dieser Stelle keine juristische Ausarbeitung zur Abgrenzung von ordentlicher und außerordentlicher Kündigung oder zu den Kündigungsgründen nach dem Kündigungsschutzgesetz erfolgen.

f) Trennungsgespräch und Aufhebungsvertrag

Es ist zwar juristisch nicht erforderlich, dass es zu einem klärenden und klaren Gespräch über die beabsichtigte Trennung von dem schwierigen Mitarbeiter kommt, aber es ist für den Ruf des Unternehmens oft unerlässlich. In dem Trennungsgespräch kann der Arbeitgeber dem Arbeitnehmer die Gründe für den Trennungswunsch nochmals vor Augen halten und ihm auch einen Aufhebungsvertrag anbieten. Der Aufhebungsvertrag beinhaltet die vertraglich vereinbarte Beendigung des Arbeitsverhältnisses. Die Parteien sind bei der inhaltlichen Ausgestaltung weitgehend frei. Kündigungsfristen müssen nicht zwingend eingehalten werden, es sei hier allerdings vor sozialversicherungsrechtlichen Konsequenzen für den Arbeitgeber gewarnt, sollte dieser auf Kündigungsfristen verzichten. Auch ein vor dem Arbeitsgericht tragfähiger Kündigungsgrund muss nicht vorliegen. Schließlich muss auch eine Abfindung nicht unbedingt bezahlt werden.

Wichtig ist es allerdings, dass ein Trennungsgespräch klar, bestimmt und wertschätzend formuliert ist. Auch die Wahl des richtigen Orts und des richtigen Zeitpunkts gehört zur perfekten Vorbereitung der Führungskraft auf ein Trennungsgespräch. Empathie und

Verhandlungsgeschick sollten dann zum Können der Führungskraft gehören. Es sollte nicht nur bedacht werden, was es für das Unternehmen heißt, wenn sich dieses von einem Mitarbeiter trennen möchte. Nein, es muss auch klar sein, was dies für die betroffene Person und das Team bedeutet.

11.5.4 Externe Hilfe bei Konflikten

11.5.4.1 Mediation

Oft ist allerdings die Trennung gar nicht die Lösung, denn in Zeiten des Fachkräftemangels ist der eine Mitarbeiter nicht so leicht durch einen anderen zu ersetzen. Die Wege über die Gerichte oder über ein Schiedsverfahren sind oftmals nicht nur langwierig, sondern führen nicht zu konstruktiven Lösungen, sondern eher zur Verhärtung der Fronten.

Somit muss die Führungskraft, um Zufriedenheit zu schaffen, auch andere Wege kennen, wie Konflikte gelöst werden. Eine dieser Möglichkeiten ist die Einbeziehung einer Mediatorin oder eines Mediators in die Konfliktlösung. Doch was passiert in einer Mediation? Mit klarer Interessenklärung gelangen Konfliktparteien mithilfe der Mediatorin zu von beiden Parteien getragenen und tragbaren Lösungen. Konflikte müssen und können nicht immer aus eigener Kraft gelöst werden. Die Mediation hingegen bietet eine Herangehensweise, die meist mit lang anhaltenden, von den Parteien getragenen und darüber hinaus auch schnelleren und kostengünstigeren Lösungen endet. Am 21. Juli 2012 trat das Gesetz zur Förderung der Mediation und anderer Verfahren außergerichtlicher Konfliktbeilegung in Kraft. Wichtiger Bestandteil ist das in Art. 1 normierte Mediationsgesetz, das erstmals die Bedingungen für das Mediationsverfahren und den Mediator bzw. die Mediatorin regelt. Gemäß § 1 Mediationsgesetz ist die Mediation ein vertrauliches und strukturiertes Verfahren, bei dem die Parteien mithilfe eines oder mehrerer Mediatoren freiwillig und eigenverantwortlich eine einvernehmliche Beilegung ihres Konflikts anstreben. Durch gezielte Gesprächs- und Fragetechniken gelingt es der Mediatorin, die Medianten hinter ihre Positionen blicken zu lassen, um deren wahre Bedürfnisse herauszuarbeiten. So stellt die Mediatorin sicher, dass auch wirklich alle Aspekte des Konflikts berücksichtigt werden. Im Gegensatz zum streitigen Verfahren bietet die Mediation Raum, auch jenseits der reinen (Rechts-)Positionen die dahinterliegenden Interessen und Bedürfnisse zu erforschen. Angestrebtes Ziel der Mediation ist es, eine Gewinnsituation für alle am Konflikt beteiligten Parteien zu erarbeiten. Durch die Schaffung einer Atmosphäre des Vertrauens bereitet die Mediatorin einen fruchtbaren Boden für eine konstruktive Lösungsfindung. Durch analytisches Zuhören und gezieltes Nachfragen gelingt es der Mediatorin, immer wieder die Medianten dazu zu bewegen, hinter die vordergründigen Positionen zu blicken und ihre Bedürfniswelt zu erkennen und auch zu äußern und zu reflektieren.

Die Mediatorin achtet insbesondere darauf, dass die Art und Weise, wie die Medianten miteinander sprechen und umgehen, nicht zu Verletzungen, sondern zu einer konstruktiven Gesprächsbasis führt. Auf diese Weise kann jede Konfliktpartei die eigenen Interessen äußern und die Interessen der Gegenseite hören, verstehen und annehmen. Darüber hinaus verfügt die Mediatorin über das erforderliche Einfühlungsvermögen, um alle Konfliktparteien auch gleichermaßen zu hören und zu verstehen. Die Mediatorin bzw. der Mediator zeichnet sich außerdem durch ihre Allparteilichkeit aus. Sie ist für keine der Parteien beratend tätig, sondern für alle Parteien im gleichen Umfang als neutrale Person da. Stellt sich im Verfahren heraus, dass die Parteien für die Findung und die Umsetzung einer Lösung noch weiteren Rat eines Sachverständigen benötigen, kann ein solcher jederzeit hinzugezogen werden. Gerade diese Allparteilichkeit unterscheidet den Mediator von der Führungskraft. Eine Führungskraft kann einen Konflikt nie ohne eigene Interessen lösen, auch wenn sie rein vordergründig nicht Partei des Konflikts ist. Aus diesem Grund empfehle ich einer emphatisch und zufrieden führenden Führungskraft stets, sich bei der Lösung aus Konfliktlage sich Hilfe bei einer dritten, neutralen Person zu suchen.

Wichtig ist auch für die Führungskraft zu wissen, dass sich die Mediation als Verfahrensart für alle Konflikte eignet. Voraussetzung ist lediglich, dass die streitenden Parteien auch zur Konfliktlösung innerlich bereit sind. Ein breites Anwendungsfeld findet die Mediation daher im Arbeits- und Wirtschaftskontext. Gerade hier sind die umfassenden und von den Parteien selbst erarbeiteten Lösungen der beste Boden für die weitere zukünftige Zusammenarbeit der Beteiligten.

In der täglichen Berufspraxis zeigt sich immer wieder, dass Mediation ein Weg ist, um beiderseitiges Verständnis und darauf aufbauend schließlich gemeinsame Lösungen zu schaffen. Das Verfahren muss nur aber in jedem Fall gut begleitet werden.

a) **Mediation in Zweierkonflikten**

Klassische Konflikte in der Zweierkonstellation, die ich immer wieder im Wege einer Mediation begleite, sind Streitigkeiten zwischen Kollegen, Konflikte zwischen Vorgesetztem und Mitarbeiter und auch Konflikte auf Geschäftsführerebene.

b) **Mediation in agilen Teams**

Mediation im Team ist eine Konfliktlösungsmethode mit mehreren Konfliktparteien. Meist besteht meine Aufgabe als Mediatorin darin, dass ich von der Personalleitung oder der Geschäftsleitung gerufen werde, um eine Lösung des Konflikts oder der Konflikte herauszuarbeiten. Oft haben die Auftraggeber schon ein klares Konfliktfeld für sich identifiziert und möchten, dass ich genau an diesem Konfliktfeld und den genannten Personen arbeite. Dies entpuppt sich allerdings ebenso oft als trügerisch. Die Erfahrung hat mich gelehrt, dass es sehr ratsam ist, zunächst alle Teammitglieder – unabhängig davon, ob vom Auftraggeber als Konfliktbeteiligte genannt oder nicht – kurz zu befragen, in welchem Konfliktstatus sie sich befinden. Oft stellt sich dann bei der kurzen und knackigen Befragung heraus, wer tatsächlich eine problembehaftete Rolle spielt und wer nicht bzw. wo genau die Konfliktstrukturen verlaufen. In agilen Teams stellt sich die eingangs beschriebene Frage der Erreichbarkeit, der interkulturellen Konflikte und der Machtkulturen noch viel stärker. Hier wird es im Jahr 2030 daher auch umso mehr Einfühlungsvermögen der Führungskraft benötigen, um einen Konflikt zu erkennen und diesen zu lösen bzw. externe mit der Lösungsfindung zu beauftragen.

11.5.4.2 Beratung oder Coaching

Wichtig, um zufrieden führen zu können, ist es aus meiner Sicht auch, dass die Führungskraft sich selbst auch immer wieder abgleicht und beraten lässt. Denn nur, wenn sie sich genügend Zeit für die Selbstreflexion nimmt, kann sie auch sich selbst weiterentwickeln. Daher sind Beratung und Coaching aus meiner Sicht ein wichtiger Baustein, um erfolgreich und zufrieden zu führen.

Wichtiges Merkmal von Beratung und Coaching ist, dass der Berater oder der Coach nicht sichtbar nach außen sind, sondern quasi im Hintergrund die Führungskraft befähigt, in der konkreten Situation richtig zu reagieren oder zu entscheiden.

a) Meditatives Coaching

Als mediativer Coach verstehe ich mich quasi als Lösungshebamme für all die wertvollen und wichtigen Lösungsansätze, die im Coachee bereits vorhanden sind und nur noch auf die Welt gebracht werden müssen. Jede eigene Wertung oder Beurteilung ist zu unterlassen und nicht Teil des mediativen Coachings.

b) Arbeitsrechtliches Coaching

Es ist für eine Führungskraft aus meiner Sicht unerlässlich, sich mit den gängigen Rechtsvorschriften des Arbeitsrechts zu befassen. Es ist nicht selten, dass Führungskräfte und auch Geschäftsführer bei mir anfragen und sich nicht nur einen konkreten juristischen Rat holen, sondern sich allgemein im Arbeitsrecht coachen lassen, um für alle Fragen, die kommen können, vorbereitet zu sein und gegebenenfalls Mitarbeitern und auch dem Betriebsrat die Stirn bieten zu können.

11.6 Was muss der Staat bis 2030 tun, um mir als Führungskraft die richtigen Rahmenbedingungen zu geben?

All dies, was ich nun beleuchtet habe, gilt auf Basis der heutigen Rechtslage. Diese ist allerdings mit den heutigen technischen Möglichkeiten und den heutigen Anforderungen an die Arbeitswelt nicht mehr vereinbar. Die Führungskraft kann meiner Meinung nach im Jahr 2030 nur dann zufrieden führen, wenn auch der Staat die entsprechenden Rahmenbedingungen schafft. All die oben aufgezeigten Wünsche der Generation Y und all den nachkommenden Generationen sind derzeit nicht uneingeschränkt mit unseren Gesetzen und Regelungen zu vereinbaren.

Das Arbeitszeitgesetz kennt Höchstarbeitszeitgrenzen und schreibt Ruhezeiten vor. Diese gilt es einzuhalten. Doch allein schon heute ist es nur wenigen Führungskräften bewusst, dass sie selbst bei Verstößen haften – nicht das Unternehmen. Der § 22 Arbeitszeitgesetz regelt, dass derjenige, der als Arbeitgeber vorsätzlich oder fahrlässig, somit schuldhaft die gesetzlichen Grenzen des Arbeitszeitgesetzes missachtet, ordnungswidrig handelt. Dies kann mit einer Geldbuße bis zu 15.000 € geahndet werden, wobei über die konkrete Höhe die zuständige Ordnungsbehörde entscheidet. Diese Regelung wird als Schutzvorschrift für den Arbeitnehmer gesehen. Doch was ist nun, wenn der Arbeitnehmer selbst entscheidet, dass er nicht geschützt werden möchte? Nach der heutigen Gesetzeslage und nach heutiger Sicht der Rechtsprechung ist der Arbeitnehmer nicht berechtigt, auf den Schutz aus dem Arbeitszeitgesetz zu verzichten. Sprich: Er darf diese Vorschriften nicht ignorieren und der Vorgesetzte muss dafür Sorge tragen, dass der Arbeitnehmer dies auch nicht tut. Doch die Praxis sieht schon jetzt ganz anders aus. Millionenfach werden auch am Wochenende oder nach der Höchstarbeitszeit die E-Mail mobil gecheckt oder noch ein Anruf getätigt. Viele Mitarbeiter bestätigen im Gespräch auch immer wieder, dass es für sie entlastend und nicht belastend sei, auch am Wochenende oder im Urlaub immer auf dem neusten Stand zu sein. Sie wissen oft nicht, dass sie dadurch den Vorgesetzten in eine missliche Lage bringen und kennen auch den Schutzzweck des Arbeitszeitgesetzes nicht.

Schon allein nur aus diesem einen Beispiel aus dem Arbeitszeitgesetz zeigt sich, dass die rechtlichen Rahmenbedingungen nicht mehr den Anforderungen der heutigen Arbeitswelt entsprechen.

Nichts anderes gilt für so viele andere Vorschriften des Arbeitsrechts auch, für die dieses Beispiel nur stellvertretend herangezogen sei. Es zeigt jedoch ganz deutlich, dass der Gesetzgeber in der Pflicht ist, die rechtlichen Rahmenbedingung anzupassen, damit die Arbeitgeber als zufriedene Führungskräfte auch zufriedene Mitarbeiter führen können.

11.7 Welchen Nutzen bringt Führungszufriedenheit auch im Jahr 2030 und darüber hinaus?

Sicherlich werden Sie diese Analyse und diesen Lösungsplan für sich als Führungskraft nur dann umsetzen, wenn für Sie ein klarer Nutzen erkennbar ist. Doch können Sie diesen schon jetzt erkennen? Wie können Sie ihn messen? Das alles sind Fragen, die Sie mir stellen werden, bevor Sie umdenken und Ihr Handeln umstellen werden.

11.7.1 Nutzen der Führungszufriedenheit für die Führungskraft

11.7.1.1 Höhere Achtsamkeit

Achtsamkeit ist eines der Modewörter unserer Zeit. Bewusst leben, wirklich da sein und den Augenblick genießen, ist für viele Menschen in den Mittelpunkt gerückt (Reinnarth et al. 2018).

Unter dem Begriff Achtsamkeit versteht man eine besondere Qualität des eigenen Bewusstseins, die es möglich macht, jede innere und äußere Erfahrung im konkreten

Moment exakt und ohne die Interpretation durch Vorurteile und negative oder positive Vorurteil zu erfahren. Eine achtsame Führungskraft hat eine starke positive Strahlkraft auf ihre Mitarbeiter. Sie erkennt, dass der Erfolg des Unternehmens nicht allein von äußeren Gegebenheiten abhängt. Eine achtsame Führungskraft lernt, einen vorurteilsfreien Verstand zu bewahren und auch in schwierigen Führungs- und Lebenssituationen aufgrund innerer Ressourcen richtige und wertschätzende Entscheidungen zu treffen. Durch die Kunst der Achtsamkeit erlernt die Führungskraft eine innere Haltung, die es ihr möglich macht, Zugang zu den eigenen inneren Ressourcen zu finden und selbstgesteckte Grenzen zu erweitern. Sie kann sich gedanklich frei machen und wird nicht mehr von Gedankenströmen aufgesaugt und ausgelaugt. Sie fühlt sich psychisch-emotionalen Belastungen, Stresssituationen und widrigen Lebensumständen besser gewachsen fühlen.

Die Führungskraft kann und muss freundlich und bestimmt Grenzen setzen. Dies alles nur dann, wenn ihr der Rahmen gegeben wird und ihr die oben aufgezeigten rechtlichen und kommunikativen Handlungsmöglichkeiten auch bewusst sind. Führungszufriedenheit gibt der Führungskraft mehr Gleichgewicht, Stabilität, Souveränität und Lebensfreude und sie lernt diese auch angesichts schwieriger Situationen oder Lebensumstände zu behalten und an ihr Team weiterzugeben. Das Thema Achtsamkeit ist auch deswegen so stark im Fokus, weil durch die Digitalisierung fast alle Tugenden, die den Menschen wichtig sind, karikiert werden (Reinnarth et al. 2018).

11.7.1.2 Höhere Zufriedenheit

Welchen Nutzen haben Sie als Führungskraft, wenn Sie mit Ihrem Führungsstil zufrieden sind?

Zufriedene Menschen sind weniger analytisch und weniger perfektionistisch. Das klingt zunächst nicht unbedingt als erstrebenswert. In einer Studie der Queen's University wurde erkannt, dass depressive Menschen selbst die kleinsten mimischen Veränderungen bei anderen Menschen registrieren. Jede noch so kleine negative Veränderung, so belegt die Studie, wird von depressiven Menschen als Bedrohung wahrgenommen (Psychologie heute 2014). Was ist der Vorteil, wenn man solche Zeichen nicht wahrnimmt? Nichtdepressive, zufriedene Menschen übersehen solche irritierenden nonverbalen Zeichen – und lassen sich dementsprechend auch nicht davon beeinflussen (Psychologie heute 2014). Die Angst vor derartigen negativen Wahrnehmungen bei anderen Menschen, sei es nun bei den eigenen Mitarbeitern, Vorgesetzten, Kollegen oder Kunden, lähmt die Stärke und die Kreativität.

11.7.1.3 Mehr Erfolg und höherer Umsatz oder höheres Gehalt

Eine Führungskraft ist immer dann gut, wenn das gesamte Team gut ist. Aus diesem Grund bedarf es sicherlich keiner tieferen Ausführungen, dass sich die eigene Zufriedenheit auch monetär auswirkt. Denn eine zufriedene Führungskraft wird ein Unternehmen erfolgreich führen und von diesem Erfolg auch monetär partizipieren.

11.7.2 Nutzen der Führungszufriedenheit für die Mitarbeiter und Mitarbeiterinnen

Führungszufriedenheit heißt umgekehrt allerdings auch, dass die Mitarbeiter und Mitarbeiterinnen mit der Art und Weise, wie sie geführt werden, zufrieden sind.

Eine Führungskraft sollte wissen, dass auch die Mitarbeiter sich ein Bild davon machen, wie sie geführt werden möchten. Diese Vorstellung vergleichen die Mitarbeiter dann mit dem tatsächlichen Führungszustand. Auch hier gilt: Je geringer die wahre Führungssituation von der Idealvorstellung guter Führung abweicht, desto zufriedener sind die Mitarbeiter. Zufriedene Mitarbeiter sind in der Lage, kreativ und ausdauernd, verlässlich und erfolgreich zu arbeiten. Und: Zufriedene Mitarbeiter sind das beste Aushängeschild Ihres Unternehmens.

11.7.3 Nutzen für das Unternehmen

11.7.3.1 Senkung der Konfliktkosten

Es ist erstaunlich, dass es den wenigsten oberen Führungskräften in deutschen Konzernen nicht bewusst ist, wie hoch die Konfliktkosten in ihrem Unternehmen sind. Dies liegt zum einen daran, dass die Kosten eines Konflikts zwischen Mitarbeitern und Führungskräften bzw. der Mitarbeiter untereinander nicht immer in harten Zahlen messbar sind. Zum anderen liegt dies daran, dass auch arbeitsrechtliche Konsequenzen bei Unternehmen nicht immer bis ins Letzte ausexerziert werden. Einer Studie der Unternehmensberatung KPMG (2009) zufolge, die sich mit den Konfliktkosten in Industrieunternehmen beschäftigt, sind diese Kosten schwer zu beziffern. Dennoch kann man sich anhand der Studie einen Überblick über die Höhe der Konfliktkosten in deutschen Industrieunternehmen verschaffen: „Am teuersten sind laut Umfrage gescheiterte und verschleppte Projekte: jedes zweite befragte Unternehmen gibt dafür ungeplant pro Jahr mindestens 50.000 € aus; jedes zehnte befragte Unternehmen sogar 500.000 €"(KPMG 2009).

Was genau verbirgt sich hinter diesen Zahlen? Wissen Sie, wie viel Zeit in Ihrem Unternehmen verschwendet wird, weil sich Ihre Mitarbeiter über Unzufriedenheiten unterhalten? Unzufriedenheiten, die vielleicht ganz einfach zu beseitigen sind. Unzufriedenheiten, die allerdings keiner beseitigt, weil es keiner weiß. Wissen Sie, wie viele Projekte in Ihrem Unternehmen scheitern, weil die Projektverantwortlichen sich streiten, wie die Präsentation des Teilergebnisses aussehen soll oder wer diese kommunizieren darf? Alle diese Konflikte sind oft blinde Flecken im Unternehmen, die Geld und Energie kosten.

11.7.3.2 Arbeitgeberbranding – Attraktivität am Arbeitsmarkt

Ein großes Ziel der Arbeitgeber im War for Talents ist es, attraktiv für die eigenen Mitarbeiter sowie für potenzielle Bewerber zu sein. Gute Bewertungen in Portalen und Rankings von einschlägigen Fachzeitschriften gelten als Aushängeschild für das Unternehmen bei der Suche nach den Besten der Besten. In früheren Zeiten war der Ruf des Arbeitgebers von der Meinung der eigenen Arbeitnehmer und Bewertungen durch Rankings in den

Medien abhängig. Heute, in Zeiten von Bewertungsportalen wie kununu, ist der Ruf des Unternehmens weltweit sichtbar und somit auch leicht manipulierbar. Neue Bewerber und Mitarbeiter, die bereits im Unternehmen sind, lassen sich durch diese Bewertungen beeinflussen. Daher ist es wichtig, auch die Belegschaft aufzufordern, positive Bewertungen in die Portale einzustellen. Machen Sie Ihren Mitarbeitern durchaus transparent, dass auch sie einen Nutzen haben, wenn sie das Unternehmen positiv bewerten.

11.7.3.3 Senkung der Krankheitskosten

Die Kosten, die in Unternehmen anfallen, weil Mitarbeiter erkranken, sind messbar. Sicherlich können auch Sie für Ihr Unternehmen die Kosten genau beziffern. Nicht messbar hingegen sind die Gründe, warum die Mitarbeiter krank sind. Damit es auch nicht messbar, in welchem Verhältnis Unzufriedenheit zur Erkrankung des Mitarbeiters beiträgt. Schon allein aus diesem Grund ist die Zufriedenheit ein wichtiger Motivations- und Erfolgsfaktor.

11.8 Fazit: Führungszufriedenheit lohnt sich für alle Beteiligten

Nach all diesen Prognosen wird sicherlich klar werden, dass der digitale Wandel, die demografische Veränderung und die junge Revolution nur eine andere Verpackung all der Themenstellungen und Herausforderungen einer Führungskraft in anderem Gewand sind. Wer in der Zukunft bestehen möchte, darf sich all diesen Veränderungen nicht verschließen, sondern muss ihnen positiv begegnen. Aus meiner Sicht sind sie lediglich ein anderes Vehikel oder eine andere Verpackung für all die Phänomene, die es in der Führung und der damit einhergehenden Konfliktbewältigung immer schon gab. Wer mit der nötigen Gelassenheit und Offenheit an die neuen technischen Herausforderungen herangeht und das Herz bei den Menschen und deren Bedürfnissen hat, der wird auch in der Zukunft eine zufriedene Führungskraft sein, die die eigenen Mitarbeiter zufrieden zur eigenen Zufriedenheit führt und damit zu maximalem individuellen Erfolg und zum maximalen Erfolg des Unternehmens gelangen.

Wer diese Kunst der Führungszufriedenheit heute und auch im Zuge des digitalen Wandels beherrscht, wird nicht nur mit sich selbst zufrieden und dadurch erfolgreich sein, sondern wird auch zufriedene und erfolgreiche Mitarbeiter haben!

Literatur

Duden. (Hrsg.). (2019a). *Vorhaltung*. https://www.duden.de/rechtschreibung/Vorhaltung. Zugegriffen am 12.02.2019.
Duden. (Hrsg.). (2019b). *Ermahnung*. https://www.duden.de/rechtschreibung/Ermahnung. Zugegriffen am 12.02.2019.
Hartmann, E. (2018, September). ManagerSeminare. *Das Weiterbildungsmagazin*, Seite 17.
Hockling, S. (2012). *Kann ich als Chef auch Freund sein?* https://www.zeit.de/karriere/beruf/2012-04/chefsache-naehe-distanz-fuehrungskraefte/seite-2. Zugegriffen am 11.02.2019.
Huxley, A. (1932). *Brave new world*. London: Chatto & Windus.
Kant, I. (2009). *Kritik der reinen Vernunft: Vollständige Ausgabe nach der zweiten, hin und wieder verbesserten Auflage 1787 vermehrt um die Vorrede zur ersten Auflage 1781*. Köln: Anaconda.

KPMG. (Hrsg.). (2009). *Konfliktkostenstudie.* http://seventools.at/wp-content/uploads/2014/12/ KPMG_Konfliktkostenstudie.pdf. Zugegriffen am 12.02.2019.

Küttner. (2018). *Personalhandbuch 2018 Stichwort „Abmahnung".* München: C.H. Beck.

Pschyrembel. (Hrsg.) (2019a). *Boreout-Syndrom.* https://www.pschyrembel.de/Boreout-Syndrom/ K002L. Zugegriffen am 11.02.2019.

Pschyrembel. (Hrsg.). (2019b). *Burnout-Syndrom.* https://www.pschyrembel.de/Burnout-Syndrom/ K04A7. Zugegriffen am 11.02.2019.

Psychologie heute. (Hrsg.). (2014). *Psychologie heute, S. 25: Zusammenfassung mit weiteren Nachweisen auf Todd B. Kashdan: Mindfullness, acceptance, and positive psychology: The seven foundations of well-beeing.* Oakland: Context Press.

Reinhardt, S. (2014). *Psychologie heute.* Ausgabe 1/2014.

Reinnarth, J., Schuster, C., Möllendorf, J., & Lutz, A. (2018). *Chefsache Digitalisierung 4.0.* Wiesbaden: Springer.

Schust, G. H. (2018). *Führung 5.0 Intelligent vernetzen – unterstützen – entfalten.* London: bookboon.

Steimer S., & Eisenbeiß, S. (2004). *Kriterien des Führungserfolges unter besonderer Berücksichtigung der Führungszufriedenheit.* http://www-1v75.rz.uni-mannheim.de/Publikationen/MA%20 Beitraege/04-01/2004-01_04_steimer_eisenbeiss.pdf. Zugegriffen am 11.02.2019.

Stippler, M., Moore, S., & Rosenthal, S. (2017). Führung. Ansätze – Entwicklung – Trends. In *Bertelsmann Stiftung Leadership Series* (5. Aufl., S. 1). Gütersloh: Bertelsmann Stiftung.

Trixi Hoferichter ist als Rechtsanwältin für Arbeitsrecht und als Wirtschaftsmediatorin spezialisiert auf Führungskonflikte. Ihre tägliche Arbeit besteht darin, Menschen in allen Hierarchieebenen und in allen beruflichen Lebenslagen gewinnbringend aus Konfliktsituationen zu befreien. Tagtäglich begleitet sie Führungskräfte deutschlandweit in schwierigen Situationen der Mitarbeiter- und Selbstführung. Sie zeigt Wege auf, wie alle Seiten positiv und gewinnbringend mit Krisensituationen umgehen können. Die Autorin kennt Konflikte aus allen Betrachtungswinkeln. Mit 15 Jahren Konzernerfahrung bei BOSCH, als zugelassene Rechtsanwältin für Arbeitsrecht und erfahrene Wirtschaftsmediatorin sowie Geschäftsführerin einer Beratungsgesellschaft greift sie auf einen reichhaltigen Erfahrungsschatz zurück, der fundierte Grundlage für den vorliegenden Beitrag ist. Immer wieder begeistert sie in Veröffentlichungen, Coachings und Seminaren ihre Mandanten und Kunden nicht nur mit ihrem Fachwissen, sondern auch mit ihrer schnellen und kritischen Auffassungsgabe und ihrer Liebe zu präzisen Lösungsvorschlägen und konkreten Praxisbeispielen.

Weitere Infos unter www.arbeitsrecht.services

Vom Chief Information Officer zum Chief Executive Officer

12

Warum IT-Unternehmen, die Autos bauen oder Handel treiben, geschäftsorientierte IT-Manager an der Spitze brauchen

Falk Janotta

Inhaltsverzeichnis

Zusammenfassung

Digitalisierung, Big Data, künstliche Intelligenz, Predictive Analytics, Cloud Computing, Virtual und Augmented Reality: Die Medien und die Welt sind voll von Buzzwords wie diesen. Die Schlagzeilen überschlagen sich und zu allem Überfluss versuchen anscheinend alle einander zu überbieten mit der Forderung nach noch schnelleren Umsetzungen und Veränderungen. Wer kommt da noch mit? Wer versteht die Konsequenzen? Wer trifft die richtigen Entscheidungen?

F. Janotta (✉)
Würzburg, Deutschland
E-Mail: info@falkjanotta.de

© Springer Fachmedien Wiesbaden GmbH, ein Teil von Springer Nature 2019
P. Buchenau (Hrsg.), *Chefsache Zukunft*, Chefsache,
https://doi.org/10.1007/978-3-658-26560-1_12

Nahezu alle Unternehmen sind heute IT-Unternehmen, die bestimmte Produkte erzeugen und verkaufen oder bestimmte Dienstleistungen anbieten. Ohne IT geht nichts mehr. Umso wichtiger ist es, den Reifegrad der IT zu erhöhen und die IT konsequent und nachhaltig auf die Erhöhung des Geschäftswerts auszurichten. Das gelingt allerdings nur, wenn in den Führungsgremien der Unternehmen ausreichend Wissen und Erfahrungen aus dem IT-Management und aus den neuen Technologien vorhanden ist. Der CIO muss quasi zum CEO werden.

In diesem Beitrag werden Wege aufgezeigt, wie sich diese Forderung umsetzen lässt und wie dadurch die Wettbewerbsfähigkeit des Unternehmens erhöht und der Angriff disruptiver Wettbewerber abgewehrt werden können. Fünf Thesen weisen den Weg zu Unternehmen mit geschäftswertorientierter IT.

12.1 Einführung

„Wer seiner Führungsrolle gerecht werden will, muss genug Vernunft besitzen, um die Aufgaben den richtigen Leuten zu übertragen, und genügend Selbstdisziplin, um ihnen nicht ins Handwerk zu pfuschen." Dieses Zitat des 26. Präsidenten der Vereinigten Staaten von Amerika, Theodore Roosevelt, bringt es auf den Punkt: Die Entwicklung und Umsetzung von Digitalisierungsstrategien in unseren Unternehmen ist häufig falsch oder nicht zielführend organisiert. Wenn fast 60 % der rund 200 DAX-Vorstände Betriebswirte sind und es nur einen Informatiker dort gibt, wird deutlich, dass das Know-how für Digitalisierung schlicht fehlt.

Seit 1979 arbeite ich in der Elektronischen Datenverarbeitung (EDV), wie die Informationstechnologie (IT) damals hieß. Seit Ende der 1980er-Jahre war ich in Verantwortung für IT-Organisationen und Projekte. Diese Erfahrungen bringe ich nun seit 2004 als Interimsmanager in meine Mandate bei Unternehmen unterschiedlicher Branchen und Größen ein. Erstaunlicherweise haben sich die grundlegenden Themen und Probleme über diese lange Zeit kaum verändert. Und dies trotz – oder wegen – neuer Methoden, Arbeitsformen und Lösungsansätze.

12.2 Thesen für eine geschäftswertorientierte Informationstechnologie

In diesem Beitrag erläutere ich meine fünf Thesen für eine geschäftswertorientierte IT von Unternehmen in Zeiten von Digitalisierung, Agilität, Big Data und Disruption.

1. Nahezu jedes Unternehmen ist heute ein IT-Unternehmen.
2. In der Unternehmensführung fehlen IT- und Digitalisierungswissen.

3. Ein Chief Digital Officer (CDO) ist die falsche Antwort auf die aktuellen Herausforderungen.
4. Es werden zu viele Projekte gemacht, die betriebswirtschaftlich Unsinn sind.
5. Organisation und Prozesse sind nicht reif für zukünftige Aufgaben.

Meine Schlussfolgerungen daraus fasse ich in Empfehlungen zusammen, die eine Diskussion über die zukünftige Ausrichtung von Management und Organisation der Unternehmen anstoßen sollen.

12.2.1 These 1: Nahezu jedes Unternehmen ist heute ein Informationstechnologieunternehmen

Schaut man sich Wirtschaftsunternehmen einmal genauer an, findet man in jedem Bereich den Einsatz von IT – von unternehmensweiter Standardsoftware in den Bereichen Enterprise Ressource Planning (ERP), Customer Relationship Management (CRM) oder Enterprise Information Management (EIM) über Systeme für bestimmte Aufgabenfelder wie z. B. Personalmanagement, Produktion, Einkauf, Vertriebssteuerung bis zu individuellen, teilweise lokalen Lösungen mithilfe von Tabellenkalkulationsprogrammen, Cloud-Anwendungen der Fachbereiche, frei zugänglicher Software (Shareware) und selbst entwickelten Hilfsprogrammen.

Die Forderung nach immer schnelleren Problemlösungen führt zu vermehrtem Einsatz von IT-Systemen. Leider erfolgt dieser Einsatz häufig unkoordiniert und nicht strategisch. Das hat folgende Ursachen:

1. Aus Sicht der anfordernden Fachbereiche dauert es viel zu lang, bis die eigene IT-Organisation die gewünschte Lösung ausliefert.
2. Es fehlt an Vertrauen in die Fachkompetenz der eigenen IT.
3. Die Kapazität der eigenen IT-Organisation ist häufig nicht ausreichend.
4. Die Fachbereiche schaffen sich ihr eigenes IT-Fachwissen und entwickeln Lösungen ohne Einbeziehung der IT-Abteilung (Schatten-IT). Grund ist häufig der Preisvergleich zwischen interner IT und Angeboten von Softwareherstellern oder Standardprogrammen aus dem Regal, bei denen die interne IT vermeintlich schlechter abschneidet.

Daraus ergeben sich für die Unternehmen weitreichende Schwierigkeiten. Eines der schwerwiegendsten Probleme ist, dass es kein integriertes Datenmanagement gibt, was zu schlechter Datenqualität im Unternehmen führt. Redundanzen (Dubletten), falsche Artikelnummern, fehlende Werte, unterschiedliche Schreibweisen und Abkürzungen, fehlerhafte Kundendaten und vieles mehr sind Gründe für schlechte Datenqualität. Wie Thomas C. Redman Ende 2017 schrieb, führt eine bessere Datenqualität zu weniger Fehlern, zu niedrigeren Kosten, besseren Entscheidungen und besseren Produkten. Er prophezeit den Unternehmen, die auf die Qualität ihrer Daten keinen Wert legen, das Scheitern in der modernen Wirtschaft.

In einer Studie mit 75 Führungskräften, die Thomas C. Redman durchgeführt hat (Redman 2017), wurden die 100 letzten Arbeitsergebnisse von deren Abteilungen untersucht. Nur 3 % der gefundenen Fehler fielen in die Kategorie „akzeptabel, weil nicht vermeidbar". Fast 50 % der neu erstellten Datensätze hingegen hatten kritische und damit nicht akzeptable Fehler. Eine Folge davon sei, dass Wissensarbeiter die Hälfte ihrer Zeit damit verschwenden, alltägliche Datenqualitätsprobleme zu beheben.

Nur 16 % der Führungskräfte haben volles Vertrauen in die verwendeten und verarbeiteten Daten. Unternehmen werfen 20 % ihres Umsatzes zum Fenster raus, weil sie Probleme mit ihrer Datenqualität haben. Darin sind die nicht messbaren Kosten für unzufriedene Kunden und schlechte oder falsche Entscheidungen, die aus falschen Daten resultieren, nicht enthalten.

Das nächste Problem betrifft die Anwenderunterstützung (IT-Support). Unternehmen müssen ihre Anwender bei der Nutzung der IT-Systeme unterstützen und organisieren das entweder in ihrer eigenen IT-Abteilung und/oder durch Outsourcing an entsprechende Dienstleister. Der sog. First-Level-Support ist dabei die erste Ansprechstelle für den mitunter verzweifelten Anwender. In der Regel funktioniert diese Erstversorgung auch ganz gut. Zumindest bei den Systemen, die durch die IT eingeführt wurden und unter ihrer Verantwortung laufen.

Gibt es eine Schatten-IT oder die Beschaffung und Einführung von IT-Systemen, Anwendungen (Apps) oder auch Eigenprogrammierungen, ist die Erwartung der Anwender dieselbe. Es kommen dann Anrufe am Service Desk (Helpdesk) an, in denen die Anwender um Unterstützung für Systeme und Lösungen bitten, die die IT gar nicht kennt. Wie soll die IT denn da helfen? Es folgt eine mehr oder weniger freundliche Absage des IT-Mitarbeiters. Dann kann es passieren, dass sich der Anwender oder der Fachbereichsleiter darüber beschwert. Im schlimmsten Fall wird die IT angewiesen, den Anwendern zu helfen. Als Folge davon, lernen die IT-Mitarbeiter ihnen fremde Systeme, arbeiten sich ein und sind dann – mehr schlecht als recht – in der Lage, den Anwendern zu helfen. Über dieses evolutionäre Verhalten verfestigen sich dann ein negatives Bild der eigenen IT sowie die Kultur der zwei IT im Unternehmen.

Allerdings löst diese Koexistenz der IT-Organisation und einer Hobby-IT in den Fachbereichen keinerlei Probleme, denn die nächste Schwierigkeit wartet in Gestalt des Themas Pflege und Wartung bereits. Werden diese Systeme durch den Hersteller oder Programmierer durch Upgrades aktualisiert, ändern sich u. U. Funktionen oder es kommen neue hinzu. Auch davon haben die IT-Mitarbeiter des Supports keinerlei Kenntnis, weil sie schlicht nicht im Verteiler sind.

Darüber hinaus stellt sich die noch viel kompliziertere Frage nach den Schnittstellen. Autark laufende Systeme sind in dieser Hinsicht natürlich kein Problem. Es stellt sich aber generell die Frage, ob sie überhaupt sinnvoll sind (Wie kommen die zu verarbeitenden Daten in die Anwendung? Wie werden die verarbeiteten Daten genutzt?). Gibt es Schnittstellen zu anderen Systemen (in der IT), stellen neue Releases und Upgrades ein Problem dar, denn sie müssten vor der Einführung ausgiebig getestet werden. Fehlerhafte Schnittstellen zu fehlerfrei laufenden IT-Systemen können zu erheblichen negativen

Auswirkungen führen. Man stelle sich nur vor, dass das Standardsystem der Finanzbuchhaltung über eine fehlerhafte Schnittstelle mit falschen Daten gefüttert wird und der Monatsabschluss falsch berechnet wird.

Zusammenfassend ist meine Erfahrung, dass diese heterogene IT-Landschaft zu den oben beschriebenen qualitativen Nachteilen sowie zu signifikanten und v. a. unnötigen Mehrkosten führt. Automobilhersteller, Einzelhandelsunternehmen, Pharmaunternehmen, Dienstleistungsunternehmen, Non-Profit-Organisationen und Behörden sind heute IT-Unternehmen und müssen adäquat geführt werden. Was diese adäquate Führung erfordert und wie man sie erreicht, beschreibe ich im Rahmen meiner zweiten These.

12.2.2 These 2: In der Unternehmensführung fehlen Informationstechnologie- und Digitalisierungswissen

Seit Anfang der 2000er-Jahre diskutiere ich mit langjährigen Kollegen aus dem IT-Management, die ebenso wie ich bereits als Chief Information Officer (CIO) Verantwortung getragen haben, wie sich vor dem jeweiligen Hintergrund der Entwicklung die Rolle des CIO ändern wird. Ich habe mich sehr rege an diesen Diskussionen beteiligt und dabei immer gedacht: Mensch, über diese Diskussionen kann man doch bestimmt viel bewirken. Weit gefehlt.

Denn während vieler Mandate als IT-Interimsmanager musste ich erfahren, dass die Rolle des CIO oder IT-Leiters von den Geschäftsführern oder Vorständen der Unternehmen weiterhin und gern als der Dienstleister im Unternehmen gesehen wird, der gefälligst die Anforderungen des Managements und der Fachbereiche schnell, gut und preiswert umzusetzen hat. Frei nach dem Motto: Wenn wir mit dem Finger schnippen, hast Du als CIO zu liefern. Und Fragen oder gar das In-Frage-Stellen sind nicht erwünscht. Und ein Nein wird nicht akzeptiert. Zugegeben, das ist in vielen Fällen übertrieben. Aber das Prinzip dahinter treffe ich auch heute noch in sehr vielen Unternehmen an. Ich bin gut vernetzt im CIO-Umfeld. Und sehr viele meiner Kollegen bestätigen mich in meinen Erfahrungen.

Hinzu kommt, dass in nur etwa einem Drittel deutscher Unternehmen des Mittelstands und der Konzerne die IT-Verantwortung im Vorstand oder in der Geschäftsführung vertreten ist. Das führt dazu, dass der IT-Verantwortliche an Strategiediskussionen und -entscheidungen nicht oder im besten Fall lediglich mitbeteiligt ist. Er bekommt die Ergebnisse dieser Diskussionen aus zweiter Hand durch seinen Chef – meistens durch den Finanzmanager (CFO) in Form eines „Projekts" als Umsetzungsauftrag mitgeteilt (warum ich das Wort Projekt in Anführungszeichen gesetzt habe, erläutere ich in meiner vierten These).

Das heißt im Umkehrschluss aber, dass das Führungsgremium, das über die Unternehmensstrategie befinden soll, viel zu wenig IT-Wissen und IT-Erfahrungen besitzt, um in ihrem IT-Unternehmen die richtigen Entscheidungen zu treffen. Dies trifft umso mehr zu in Zeiten der Digitalisierung, die jedes Unternehmen einführen will. Doch wie erreicht man nun, dass die Entscheidungsgremien mit entsprechendem Wissen versorgt werden, um zukunftssichere und erfolgssichernde Entscheidungen zu treffen?

In einem McKinsey Quarterly vom Juli 2016 beschreiben die Autoren Hugo Sarrazin und Paul Willmott (2016) vier Wege, wie man der Geschäftsleitung und dem Vorstand das Gefühl nimmt, sich durch die Grausamkeit sich ändernder Technologie, steigenden Risiken und neuen Wettbewerbern (Stichwort: Disruption) komplett überfordert und ausgebootet zu fühlen. Sie fordern, dass sie ihren „digitalen Quotienten" erhöhen müssen und schreiben zur Einleitung: „[…] To serve as effective thought partners, boards must move beyond an arms-length relationship with digital issues (exhibit). Board members need better knowledge about the technology environment, its potential impact on different parts of the company and its value chain, and thus about how digital can undermine existing strategies and stimulate the need for new ones. They also need faster, more effective ways to engage the organization and operate as a governing body and, critically, new means of attracting digital talent. Indeed, some CEOs and board members we know argue that the far-reaching nature of today's digital disruptions – which can necessitate long-term business-model changes with large, short-term costs – means boards must view themselves as the ultimate catalysts for digital transformation efforts. Otherwise, CEOs may be tempted to pass on to their successors the tackling of digital challenges. […]".

Der *erste Weg*, den Sarrazin und Willmott beschreiben, soll die Erkenntnislücke schließen. In den Führungsgremien der untersuchten Unternehmen saßen – und sitzen – viel zu wenige Manager mit digitalem Sachverstand. Aufgrund der Komplexität digitaler Themen reicht es allerdings nicht aus, ein oder zwei weitere technisch versierte Manager in das Gremium zu holen.

Im *zweiten Weg* geht es darum zu verstehen, wie Digitalisierung Geschäftsmodelle auf den Kopf stellen kann und woher diese Umwälzungen kommen können. Die Autoren empfehlen Unternehmenslenkern, ihr Management nach digitalen Schätzen im Unternehmen suchen zu lassen und sie zu beschreiben. Das sind Daten, die sich überall im Unternehmen ansammeln, es ist die Fähigkeit, diese Daten zu analysieren und es sind die Wege, daraus Erkenntnisse zu gewinnen. Unternehmen, die am besten solche Daten sammeln, verarbeiten und die Erkenntnisse anwenden, werden die Konkurrenz überflügeln.

Die sich beschleunigende Disruption erfordert den *dritten Weg*, nämlich die häufigere und intensivere Diskussion über Strategie und Risiken. Eine große Cyberattacke kann z. B. ein Drittel des Unternehmenswerts an einem Tag vernichten, ein neuer digitaler Wettbewerber kann einer erfolgreichen Produktgruppe innerhalb von sechs Monaten den Boden unter den Füßen wegziehen. In einem solchen Umfeld reicht es nicht mehr aus, ein oder zweimal pro Jahr über die Unternehmensstrategie zu reden. Auch Risikodiskussionen müssen heute anders geführt werden.

Um nun die richtigen Manager für die digitalen Aufgaben rekrutieren zu können, müssen Vorstände über die Abfrage der üblichen Bereiche Wissen und Erfahrung hinausgehen. Diese neuen Vorstandsmitglieder müssen auch eine bestimmte Mentalität und Denkweise mitbringen, die es ihnen ermöglicht, Veränderungen herbeizuführen und gleichzeitig gut mit dem Rest des Vorstands zusammenarbeiten zu können. Dies ist der *vierte Weg*, um den digitalen Quotienten des Unternehmens zu erhöhen.

Peter Weill und Jeanne Ross (2009) fanden heraus, dass Unternehmen mit höheren IT-Ausgaben und hohem IT-Know-how 20 % mehr Margen erzielen als ihre Konkurrenten, während die Unternehmen mit den niedrigsten IT-Budgets und die am wenigsten IT-versierten Unternehmen 32 % niedrigere Margen haben als ihre Konkurrenten.

Der Grund dafür liegt darin, dass der Mangel an IT-versierten Managern zu falsch kalkulierten und falsch eingesetzten IT-Budgets führt. Seit Jahren bestätigen verschiedene Umfragen und Studien bei Managern, dass die Bedeutung der IT ständig zunimmt und weiter zunehmen wird. Und dass die IT-Ausgaben steigen müssen, um die wachsenden strategischen Anforderungen erfüllen zu können. Das Problem dabei ist jedoch der Mangel an IT-versierten Managern, die die zunehmenden digitalen Geschäftsaktivitäten verstehen und managen können. Darüber hinaus ist es eine große Herausforderung, die richtigen IT-Talente zu suchen und ans Unternehmen zu binden. Und es fehlt das Wissen im Vorstand oder in der Geschäftsführung, wie man Technologietrends frühzeitig erkennt und ihre Folgen beherrschbar macht oder sogar nutzt.

Die Konsequenz daraus ist, dass man sehr häufig Klagen über zu teure Projekte, schlechte Anwendungen und unzuverlässige Daten von Vorständen und Geschäftsführern hört. Dabei müssen die Unternehmenslenker heute die neuen Formen und Möglichkeiten der IT, z. B. Cloud Technology, mobile Plattformen, künstliche Intelligenz, Predictive Analytics, Big Data oder Social Computing, kennen. Sie müssen nämlich die richtigen Fragen stellen nach Wertbeitrag, Relevanz, Kosten und Risiken zum Einsatz von IT, um sich im Wettbewerb ihrer Unternehmen behaupten zu können oder besser zu werden.

Viele Unternehmen haben daher in der Vergangenheit versucht, das gefühlte Problem der IT dadurch zu lösen, dass die Abstimmung zwischen Business und IT verbessert wurde, dass in den Fachbereichen IT-versierte Mitarbeiter eingestellt wurden, dass IT-Mitarbeiter in die Fachbereiche versetzt wurden, dass die IT ausgelagert wurde oder dass eine verbesserte Lenkung der IT (Governance) eingerichtet wurde. All diese Maßnahmen konnten jedoch die zentrale Frage nicht beantworten, warum so viele Unternehmen es nicht schaffen, den Geschäftswertbeitrag ihrer IT signifikant zu erhöhen. Erfolgreiche Unternehmen zeichnen sich dadurch aus, dass die meisten ihrer Topmanager, insbesondere die CEO, eine hohe IT-Versiertheit besitzen.

Aus meiner Sicht ist der einzige Weg der, dass sich die Topmanager die notwendigen IT-Kenntnisse aneignen. Dass sie sich dafür interessieren, wie das Internet der Dinge, wie Predictive Analytics, wie künstliche Intelligenz, wie die Cloud, wie Big Data, wie mobile Plattformen, wie Robotik funktionieren. Und mehr noch: sie sollten relativ genau wissen, welche Auswirkungen der Einsatz und der Nichteinsatz dieser Technologien auf ihr Unternehmen haben. Im englischsprachigen Raum gibt es dafür den Begriff „IT-savvy". Manager müssen „IT-savvy" werden!

Vorstände der DAX30-Unternehmen waren laut einer Studie der Personalberatung Odgers Berndtson (Berndtson 2017) aus dem Jahr 2017 zu fast 60 % Wirtschaftswissenschaftler, ebenso hoch ist der Anteil an CEO, der über Erfahrungen im Generalmanagement verfügt. Fast drei Viertel der amtierenden CEO haben Stallgeruch, wurden also aus internen Positionen berufen; 83 % der DAX-Chefs und 100 % der Neuzugänge 2017 kommen aus derselben Branche, verfügen also über Branchenkenntnisse. Erstaunlicherweise nimmt der Anteil von Informatikern in den Vorständen der DAX30-Unternehmen konstant ab. Und das auf extrem niedrigem Niveau. Waren Anfang der 2000er-Jahre noch etwa 2 % (bei etwa 200 Vorständen sind das vier Personen), sind es 2017 nur noch 0,5 %, also genau eine Person!

Interessant ist, dass im Kommentar der Studie der Managing Partner von Odgers Berndtson, Michael Proft, konstatiert, dass derjenige Erfolg haben werde, der in der Lage sei, die Dinge anders zu denken und Herausforderungen nicht kleinzureden, sondern anzunehmen. Leider fokussiert sich Herr Proft in seinem Kommentar unter dem Begriff „mehr Diversity" darauf, dass erfreulicherweise die Anzahl der weiblichen Vorstände um 2 % gestiegen sei – er spricht von Vorständinnen – und dass es ihm ein Rätsel sei, warum noch neun DAX-Unternehmen keine einzige Frau im Vorstand hätten. Kein Wort dazu, dass in der Unternehmensführung IT- und Digitalisierungswissen fehlen. Das ist aus meiner Sicht ein falscher Fokus.

12.2.3 These 3: Ein Chief Digital Officer ist die falsche Antwort auf die aktuellen Herausforderungen

Viele Unternehmen haben möglicherweise erkannt, dass sie für die Erarbeitung und die anschließende Umsetzung einer Digitalisierungsstrategie einen verantwortlichen Manager brauchen. Diese Erkenntnis führt allzu häufig dazu, dass die Stelle eines CDO geschaffen wird. Ich habe es selbst erlebt – und das scheint nicht selten der Fall zu sein, dass junge Manager mit wenig Erfahrung eingestellt werden. Dahinter scheint die Hoffnung zu stecken, dass jüngere Menschen eher einen Zugang zu den modernen Technologien haben und dadurch frischen Wind ins Unternehmen bringen. Aber egal, welchen Hintergrund oder welche Erfahrungen der neue CDO hat, Probleme und Konflikte sind unabhängig von der Person vorprogrammiert. Ich unterstelle dabei, dass der bisherige IT-Leiter oder CIO weiterhin an Bord ist.

Das *erste Problem* ergibt sich aus der organisatorischen Einordnung ins Unternehmen. Hier sind verschiedene Modelle möglich.

- Der CDO ist im Vorstand oder in der Geschäftsführung. Ist der CIO ebenfalls in dem Gremium, gibt es dort zwei Manager, die sowohl die strategische als auch die operative Verantwortung für die IT tragen. Das ergibt keinen Sinn. Ist der CIO dort nicht vertreten, vergrößert sich die Distanz der IT-Verantwortung zur Unternehmensleitung und zu den strategischen Diskussionen. Diese Konstellation kann über kurz oder lang dazu führen, dass die Rolle des CIO bzw. IT-Leiters überflüssig wird oder zu einer reinen Verwaltungsfunktion der Basis-IT (Commodity) verkommt. Der Rolleninhaber wird das auf Dauer wohl nicht mitmachen, was zu einem Verlust von Erfahrung und Wissen führt, wenn er das Unternehmen verlässt. Und wer stellt dann die zwingend notwendige Verbindung zwischen strategischer und operativer IT her?

- Die Variante, dass der CDO eine Stabsfunktion ist, die direkt an den Vorstand oder die Geschäftsführung berichtet, ist bereits heute häufig zu finden. Hier ergeben sich dieselben Fragen wie im vorherigen Fall.
- Wird der CDO dem IT-Leiter überstellt, kommt das einer Degradierung des IT-Leiters gleich und er wird ebenfalls nicht lange bleiben.
- Der CDO könnte auch an den CIO oder IT-Leiter berichten, was seine strategischen Aufgaben und Aktivitäten stark beschneiden könnte. Diese Variante erscheint mir die unwahrscheinlichste zu sein.
- Der CDO und der CIO könnten auf derselben Hierarchieebene in parallelen Abteilungen oder Bereiche organisiert sein. In dieser Konstellation wird das Kompetenzgerangel am größten sein (zweites Problem).

Wer ist wofür zuständig? Wer hat wofür die Verantwortung? Wer hat Zugriff auf personelle und technische Ressourcen? Wer hat welche Kompetenzen, um seine Ziele erfolgreich im Sinn des Unternehmens umzusetzen? Diese Fragen stehen im Mittelpunkt des *zweiten Problems*. Ich denke, wir sind uns einig, dass das Thema Digitalisierung sehr viel mit Informationstechnologie zu tun hat. Und natürlich mit Prozessen, mit einer neuen Denkweise der Mitarbeiter, mit einer anderen Sichtweise auf Aufgaben, Lösungen und Ergebnisse. Und mit einer gänzlich anderen Einstellung zum Geschäft. Aber die Umsetzung erfolgt ausschließlich mit Mitteln der IT. Und somit stellt sich die Frage nach der Verantwortung für die IT. Hat sie der CDO oder hat sie der CIO? Wer hat Zugriff auf welches Personal? Wer bestimmt, welche Mitarbeiter, die bestimmte Erfahrungen und bestimmtes Wissen haben, in IT- bzw. Digitalisierungsprojekten mitarbeiten?

Ich höre immer wieder, dass der CDO für die Strategie, der CIO für die Operative zuständig seien. Mit Verlaub: Das ist Unsinn! Denn wo verläuft die Trennungslinie zwischen Strategie (was ist eigentlich der Unterschied zwischen IT-Strategie und Digitalisierungsstrategie) und operativer Umsetzung?

Aus meiner Sicht gilt das Highlander-Prinzip: es kann nur einen Verantwortlichen für die Erstellung und Umsetzung der Digitalisierungsstrategie geben: den CIO! Unternehmen, die sich einen CDO an Bord holen, vergeben unglaubliches Potenzial, denn es gibt mit dem CIO ja schon jemanden im Unternehmen mit dem benötigten Know-how. Der erste Schritt muss sein, ihn in Vorstand oder Geschäftsleitung zu holen. Das scheitert leider immer noch sehr oft an den etablierten Abwehrmechanismen und Vorbehalten. Aber selbst, wenn der CIO (noch) nicht in diesen Gremien ist, kann er das Heft des strategischen Handelns in die Hand nehmen, indem er dem CEO und/oder dem Führungsgremium seine IT- bzw. Digitalisierungsstrategie vorstellt und erläutert. In den meisten Fällen werden die Managerkollegen froh sein, dass sich jemand diese Gedanken gemacht hat. Mit diesem Vorgehen vermeidet ein CIO die Einstellung eines CDO, was häufig als Versagen der IT interpretiert wird. Voraussetzung ist, dass der CIO persönlich dieser Rolle gerecht wird.

12.2.4 These 4: Es werden zu viele Projekte gemacht, die betriebswirtschaftlich Unsinn sind

Ist Ihnen schon aufgefallen, dass mittlerweile fast jede Aufgabe in einem Unternehmen als Projekt deklariert wird? Und das, obwohl der Begriff Projekt sehr eindeutig definiert ist. Viele Projekte würden einer Prüfung auf diese Definition sicher nicht Stand halten. Wozu führt nun diese Inflation des Begriffs Projekt?

Viele Projekte erfordern viele Projektleiter und Projektteams. In diesen Projektteams werden häufig dasselbe Wissen und/oder dieselben Erfahrungen benötigt wie in anderen Projekten. Ressourcenkonflikte sind die Folge. Auch werden die Spezialisten gezwungenermaßen sehr oft aus ihren Linienfunktionen in die Projekte geschickt. Doch wer macht dann deren Arbeit?

Ein noch größeres Problem aber ist aus meiner Sicht die Tatsache, dass viele Projekte weiterlaufen oder – noch viel schlimmer – gestartet werden, obwohl sie sich betriebswirtschaftlich nicht rechnen bzw. die strategische Unternehmensentwicklung nicht unterstützen. Folgende Gründe habe ich selbst schon erlebt, aber es mag noch mehr geben:

- Der Business Case eines Projekts wird schlicht nicht berechnet und während der Laufzeit des Projekts nicht kontrolliert.
- Statt ein unwirtschaftliches Projekt zu stoppen, wird auf den Projektleiter und das Team Rücksicht genommen („wir können Herrn X doch jetzt nicht das Projekt wegnehmen, er hat sich so engagiert").
- Das Projekt ist für irgendwen aus irgendwelchen Gründen politisch so wichtig, dass es nicht gestoppt werden darf.

Die Prüfung aller laufenden und geplanten Projekte auf ihren Geschäftswertbeitrag ist eine gute Möglichkeit, das Projektportfolio zu entschlacken und nur noch Projekte zu machen, die dem Unternehmen etwas bringen. Fordern Sie dazu alle Projektleiter auf, Ihnen den jeweiligen Business Case zu berechnen und zu erklären und machen Sie jedem Projektleiter klar, was es heißt, wenn sein Projekt nicht den Wertbeitrag zum geplanten Zeitpunkt liefert. Lassen Sie den Lenkungsausschuss oder das Portfolio Management Office darüber entscheiden, welche Projekte fortgesetzt oder gestartet werden und welche nicht. Die frei werdenden Ressourcen können Sie nun gut in weitere, wertschöpfende Tätigkeiten oder Projekte stecken!

Wenn ein CIO so handelt, beweist er unternehmerisches Denken und Weitsicht. Das bekämpft seinen Ruf als Technokrat und macht ihn zu einem vollwertigen Mitglied der Unternehmensleitung, das die Unternehmensstrategie mit IT- und Digitalisierungsthemen und Handlungsempfehlungen anreichern kann. Und er macht sich sogar zum Treiber der Digitalisierung im Unternehmen, weil er mit den frei gewordenen Kapazitäten diese Themen umsetzen kann.

12.2.5 These 5: Mitarbeiter, Organisation und Prozesse sind nicht reif für zukünftige Aufgaben

Als IT-Interimsmanager sehe ich viele Unternehmen von innen. In vielen Fällen offenbart sich mir nach kurzer Zeit bereits, dass das Unternehmen zwar von Digitalisierung spricht und auch guten Willens ist, sie umzusetzen. Doch wenn es dann darum geht, dafür die richtigen Rahmenbedingungen zu schaffen, sieht es meistens sehr schlecht aus.

Einer der wichtigsten Gründe liegt in der *Unternehmenskultur*, in der vorherrschenden Denk- und Arbeitsweise. Die Mitarbeiter arbeiten in den Strukturen, die ihnen durch die Aufbauorganisation und die Arbeitsabläufe vorgegeben werden. Diese sind meist schon früh entstanden, als man über Digitalisierung in der heutigen Form noch nicht gesprochen hat. Wie ich in These 2 bereits erläutert habe, beginnt das Dilemma bereits in der Unternehmensführung. Nur sehr wenige Topmanager sind inhaltlich/fachlich im Thema Digitalisierung. Sie delegieren die Verantwortung dafür häufig und lassen sich dann über den Fortschritt informieren.

Stattdessen sollte sich die Unternehmensführung die notwendige Einstellungsänderung, die Veränderung der Sicht- und Denkweise zu eigen machen und ins Unternehmen tragen. Bisherige Abläufe infrage stellen (Disruption), begreifen, dass das eigene Unternehmen zwar einer bestimmten Branche angehört, aber im Kern ein IT-Unternehmen ist, die IT als einen wesentlichen Produktionsfaktor verstehen und nach betriebswirtschaftlichen Maßstäben führen, ihren Geschäftswertbeitrag in den Mittelpunkt des IT-Managements stellen, all dies steht in unterschiedlichen Ausprägungen der bisherigen, der gängigen Unternehmenskultur entgegen. Und das muss sich ändern!

Der *zweite Grund* liegt schlicht in der *Ist-Situation*: Es laufen Projekte, die eigene Mitarbeiter binden und die ein bestimmtes Budget beanspruchen. Ein Digitalisierungsprojekt zu starten bedeutet, eines oder mehrere der laufenden Projekte zu stoppen und/oder zusätzliche Ressourcen zu beschaffen. Es müssten auch die entsprechenden Organisationsstrukturen geschaffen werden. Diese Maßnahmen benötigen viel Zeit und viel Geld. Das Projektportfolio muss also als Ganzes betrachtet werden und es müssen strategische Entscheidungen getroffen werden.

Als *dritten wichtigen Grund* dafür, dass viele Unternehmen noch nicht reif sind für die Herausforderungen, die es durch Digitalisierung, Cloud Computing, künstliche Intelligenz, Analytics, Robotik, IT-Sicherheit und all die anderen jungen Themen gibt, sehe ich die *Ausbildung*. Die Mitarbeiter müssen intensiv trainiert und auf die neuen Aufgaben vorbereitet werden. Wenn ich allerdings sehe, wie häufig Schulung und Training in ganz normalen Projekten bereits vernachlässigt werden, kommen mir arge Zweifel, ob sich die Grundeinstellung diesbezüglich so schnell ändert. Das muss sie aber. Denn Mitarbeiter, die nicht über ausreichende Kenntnisse in den modernen Technologien verfügen und die nicht gewillt sind, sie sich anzueignen, werden kaum in der Lage sein, Projekte zur Digitalisierung erfolgreich umzusetzen. Sehr oft wird externe Unterstützung hereingeholt, was einem laufenden Projekt sicher hilft. Das Problem ist aber nur aufgeschoben: Das Wissen verlässt mit den Beratern nach dem Projekt das Unternehmen wieder. Jetzt steht das Unternehmen vor demselben Dilemma wie zuvor.

Wie kann sich ein Unternehmen besser auf die zukünftigen Aufgaben vorbereiten? Als erster Schritt bietet sich eine Reifegradanalyse an, um zu verstehen, wo die IT des Unternehmens steht. Wie gut ist die IT in den Bereichen Management, Mitarbeiter, Organisation, Prozesse, Wissen, Ausbildung, Portfoliomanagement, Finanzen und v. a. unternehmerisches Denken auf die kommenden Aufgaben vorbereitet. Ich empfehle dafür das Rahmenwerk „IT Capability Maturity Framework" (IT-CMF). In ihm sind Erfahrungen über das IT-Management von sehr vielen Fachleuten und Managern gesammelt, die Unternehmen für die Neuausrichtung der IT nutzen können. In einem Zeitraum von vier bis sechs Wochen und mit einem sehr überschaubaren Budget ermöglicht es eine genaue Analyse und liefert sehr konkreten Handlungsempfehlungen.[1] Deren Umsetzung führt zu einem verbesserten Reifegrad bestimmter IT-Fähigkeiten und damit der IT insgesamt. Als Folge davon erhöht sich der Geschäftswertbeitrag der IT und die Reputation der IT gewinnt. Und das Beste: Dies ist ein kontinuierlicher Verbesserungsprozess, mit dem der Reifegrad der IT personenunabhängig permanent erhöht werden kann!

12.3 Zusammenfassung und Ausblick

Ich lese viel in den Medien über Digitalisierung und was alles getan wird und getan werden müsste, um konkurrenzfähig zu bleiben oder zu werden. Vieles davon stimmt. Und es gibt auch schon viele Unternehmen, die auf einem guten Weg sind. Und es gibt auch ein paar Vorzeigeunternehmen, allerdings meist Konzerne mit den entsprechenden finanziellen und kapazitativen Möglichkeiten. Doch der Alltag in deutschen Unternehmen wird den Anforderungen nicht gerecht. Die Voraussetzungen sind häufig noch nicht erfüllt.

Solange sich die Einstellung vieler Manager und Mitarbeiter nicht ändert, wird es auch weiterhin nur schleppend vorangehen mit der Digitalisierung. Die aktuellen Herausforderungen lassen sich mit den traditionellen Strukturen entweder gar nicht oder nur teuer und langsam meistern.

Doch es gibt Hoffnung! Jede Menge Start-up-Unternehmen machen es vor. Und es gibt CIO, die sich an die Spitze der Digitalisierungsbewegung in ihren Unternehmen setzen und innovative Projekte aufsetzen und umsetzen. Es gibt auch Beispiele, in denen der Vorstand der Treiber ist und sich das disruptive Denken zu eigen gemacht hat. Wenn sich die unvermeidbaren, weil menschlichen, persönlichen Befindlichkeiten und Eitelkeiten ein wenig reduzieren ließen, wenn sich der Mut zu starken Veränderungen ein wenig steigern ließe, wäre schon viel gewonnen!

Da ich Optimist bin, lasse ich mich durch meine Erfahrungen auch nicht beirren. Ich bin sicher, dass sich die Unternehmen in naher Zukunft verändern und sich so aufstellen

---

[1] Siehe auch

www.ivi.ie/it-capability-maturity-framework,
www.cio.de/a/was-das-framework-it-cmf-leistet,3558288,
www.vanharen.net/blog/business-management/it-cmf/

werden, dass sie die Zukunft erfolgreich mit einem höheren Reifegrad und mehr Geschäftswertbeitrag der IT meistern werden. Und die, die das nicht tun, werden zu Recht vom Markt verschwinden.

Literatur

Odgers Berndtson, 6. DAX-Vorstands-Report, 2017.

Redman, T. C. (2017). Seizing Opportunity in Data Quality (27. Nov.). *MITSloan Management Review, Blog*. https://sloanreview.mit.edu/article/seizing-opportunity-in-data-quality/. Zugegriffen am 27.01.2019.

Sarrazin, H., & Willmott, P. (2016). Adapting your board to the digital age (Juli). *McKinsey Quarterly*.   https://www.mckinsey.com/business-functions/digital-mckinsey/our-insights/adapting-your-board-to-the-digital-age. Zugegriffen am 27.01.2019.

Weill, P., & Ross, J. (2009). *IT savvy. What top executives must know to go from pain to gain*. Boston: Harvard Business Press.

Falk Janotta arbeitet seit 1979 in der Informationstechnologie (IT) und verfügt über eine sehr breite Erfahrung in allen Managementbereichen rund um die IT. Er begann als Systemprogrammierer und arbeitete nach seinem Informatikstudium als Projektleiter, Berater, IT-Manager und CIO in Unternehmen aus den Branchen Einzelhandel, Telekommunikation und Unternehmensberatung.

Seit 2004 ist er erfolgreicher IT-Interimsmanager mit Mandaten als CIO und IT-Manager sowie als Programm- und Projektmanager im In- und Ausland. Dabei war und ist er in vielen verschiedenen Branchen tätig und bringt seine Erfahrungen in die jeweilige Aufgabenstellung ein.

Falk Janotta ist Unternehmer und geschäftsführender Gesellschafter der Vermittlungsagentur intelliExperts für freiberufliche Projektassistenzen, Project-Management-Office-Mitarbeiter, Projektspezialisten und Projektleiter sowie des Beratungsunternehmens ValorIT, das Unternehmen bei der konsequenten und nachhaltigen Ausrichtung ihrer IT auf die Erhöhung des Geschäftswerts berät.

Seine Hobbys sind Squash, Golf, Tanzen, Reisen und alle kulinarischen Genüsse. Er lebt mit seiner Partnerin in der Nähe von Würzburg.

Weitere Infos unter www.falkjanotta.de, www.valor-it.de oder www.intelliexperts.de

Gesellschaft 2030 – Altersarmut muss nicht sein

13

Gerd Kunert

Inhaltsverzeichnis

Zusammenfassung

Nach wie vor wird die gesetzliche Rentenversicherung von vielen Arbeitnehmern als einzige Form der Altersvorsorge genutzt. Das Modell funktionierte viele Jahre, jedoch muss aufgrund der gesellschaftlichen Entwicklung und der zunehmenden Steigerung der Lebenserwartung dringend zum Handeln aufgefordert werden. Die Aussage vieler Politiker, die Rente sei sicher, kann in der heutigen Form nicht mehr aufrechterhalten werden. Sicher ist nur die Rentenlücke. Nachfolgende Ausarbeitung soll aufzeigen, mit welcher Versorgungslücke in der Realität im Alter zu rechnen ist und dass es schon jetzt

G. Kunert (✉)
Würzburg, Deutschland
E-Mail: g.kunert@dsv-wzbg.de

© Springer Fachmedien Wiesbaden GmbH, ein Teil von Springer Nature 2019
P. Buchenau (Hrsg.), *Chefsache Zukunft*, Chefsache,
https://doi.org/10.1007/978-3-658-26560-1_13

Möglichkeiten gibt, diese frühzeitig zu minimieren. Den Kopf in den Sand zu stecken, ist hier nicht die richtige Lösung. Man stelle sich nur einmal vor und sollte dies selbst ausprobieren, wie man mit einer Altersrente von 1200 € und teilweise erheblich darunter einen Monat über die Runden kommen soll.

13.1 Die Situation unserer zukünftigen Rentner

Wir schreiben das Jahr 2030 am Beispiel von Peter F.

Peter F. hat einen Termin bei der Deutschen Rentenversicherungsanstalt, um sich seine Rente für das Jahr 2031 ausrechnen zu lassen. Nächstes Jahr möchte er in Rente gehen und freut sich schon jetzt auf einen erfüllten Lebensabend. Er ist nun 66 Jahre alt und mit seinem Jahrgang einer der ersten, die erst ab dem 67. Lebensjahr die gesetzliche Rente erhalten. Bislang hat er immer als Facharbeiter gut verdient und hat auch das Glück, niemals arbeitslos gewesen zu sein.

Nach seiner Lehre als Industriemechaniker und vielen Weiterbildungen verdiente er durchschnittlich brutto 3150 €, netto etwa 2100 € und erhält eine Rente von 1441 €.

Dies entspricht etwa 45 % dessen, was ein Durchschnittsarbeitnehmer brutto im Monat verdient.

Im Jahr 2019 lag dieser Wert noch bei 48 %.

Von der Rente gehen allerdings noch ab:

Einkommenssteuer etwa 69 €, Kirchensteuer etwa 6 €
Kranken- und Pflegeversicherungsbeiträge in Höhe von 160 €
Hier bleibt Peter F. netto 1206 € übrig.
Er hat also rund 700 € monatlich weniger zur Verfügung (verglichen mit seinem Nettogehalt)

Weitere Beispiele
- **Führungskraft**
  Ein Monatseinkommen von brutto 8000 € bedeutet ein Nettoeinkommen von etwa 5221 €. Zum 67. Lebensjahr dürfte die gesetzliche Altersrente bei voraussichtlich brutto 2805 € und nach Abzug von Steuern netto 2097 € betragen. Die monatliche Versorgungslücke liegt bei 3124 €.
- **Selbstständige**
  Zusätzliche Ausgaben zur gesetzlichen Rentenversicherung fallen vielen Selbstständigen schwer – insbesondere in der schwierigen Gründungs- und Anlaufphase. Legt man einen freiwilligen Rentenregelbeitrag von 566 € pro Monat an, ergibt dies eine Bruttoaltersrente von 1321 € und nach Abzug von Steuern von 1175 € netto – zum 67. Lebensjahr und nach 35 Jahren Beitragszahlung. Viele zahlen aber nichts in die gesetzliche Rentenversicherung ein. Je nach Höhe der Einkünfte ergibt sich hier ein erheblicher Fehlbetrag für das Alter.

- **Geschäftsführer einer GmbH und Vorstände einer AG**
  Unter Berücksichtigung eines monatlichen Bruttogehalts von 20.000 €, was ein Netto-einkommen von etwa 11.976 € bedeutet, beträgt die gesetzliche Altersrente zum 67. Lebensjahr brutto 2805 € und nach Abzug von Steuern etwa 2097 €. Die Versorgungslücke beläuft sich hier auf 9879 € monatlich und lebenslang.

Zugrunde gelegt wurde jeweils ein Renteneintritt zum 67. Lebensjahr im Jahr 2030; Beiträge in die Deutsche Rentenversicherung (DRV) wurden ab dem 20. Lebensjahr eingezahlt.

Bei der Einschätzung der Steuerlast wurde die Steuerklasse 3 und die in Bayern übliche Kirchensteuer mitberücksichtigt.

Die Mehrheit der Bevölkerung schätzt die Höhe der späten Rente zu hoch ein, jeder Vierte sogar um mehr als 50 %. Dabei liegen Wunschrente und Realität meist weit auseinander.

Tatsächlich erhält statistisch gesehen jeder zweite Mann monatlich derzeit weniger als 1095 € Rente, bei den Frauen sind es sogar nur 622 €.

Auch die später zur Verfügung stehende Kaufkraft dieser Renten wird meist falsch eingeschätzt. Nur wenige denken an die Auswirkung der Inflation. Die gesetzliche Rente als Garantie für einen sorglosen Lebensabend – das war einmal. In Zukunft droht selbst Durchschnittsverdienern im Rentenalter der Gang zum Sozialamt, wenn er nicht zusätzlich vorsorgt.

13.2   Der Generationsvertrag der gesetzlichen Rentenversicherung

Im Jahr 1957 wurde in Deutschland ein Rentenversicherungssystem eingeführt, das auf dem sog. Generationsvertrag beruht.

Das Prinzip erschien zu der damaligen Zeit recht einfach. Die heute sozialversicherungspflichtigen Berufstätigen finanzieren mit ihren Beiträgen die Renten der Älteren in der Erwartung, dass die kommende Generation dann später die Renten für sie aufbringt.

Das Prinzip funktioniert so lange gut, wie die Einnahmen der Rentenkassen nicht unter den monatlichen Auszahlungen liegen. Also mehr Beiträge durch sozialversicherungspflichtige Arbeitnehmer in den Rententopf eingezahlt werden, als Rentenbezieher Geld aus diesem Topf erhalten.

Die Abb. 13.1 zeigt die Veränderung der Altersstruktur in der Bundesrepublik Deutschland beginnend von 1910 über 1990 mit einer Prognose für das Jahr 2030.

Wird der Generationsvertrag zukünftig noch funktionieren?

1. Weniger Beitragszahler müssen für immer mehr Rentner aufkommen
   War 1956 noch die Geburtenzahl bei rund 1,1 Mio. und die geburtenstärksten Jahrgänge von 1964 bei 1,4 Mio., so sinkt die Geburtenrate aktuell 2017 auf 785.000.
   Es gibt also immer weniger Neugeborene und folglich weniger Beitragszahler.

Abb. 13.1 Veränderung der Altersstruktur in der BRD – Von der Pyramide zum Pilz

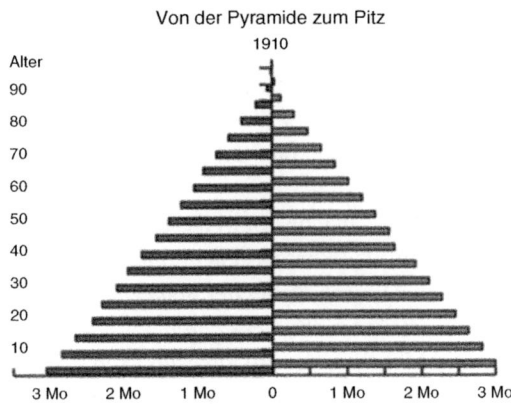

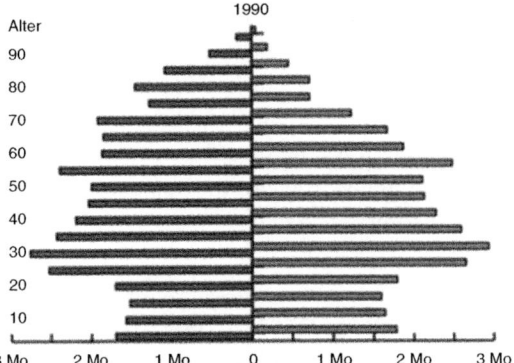

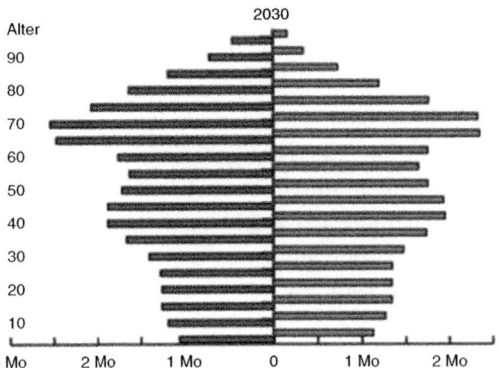

Veränderung des Altersaufbaus der Bevölkerung in Deutschland vom Jahr 1910 bis 2030 in Mio. Einwohnern

 Frauen ▮ Männer

Heute finanzieren rund 100 Arbeitnehmer die Bezüge von etwa 50 Rentnern. Im Jahr 2040 werden voraussichtlich bereits 84 Rentner von 100 Arbeitnehmern zu finanzieren sein.

Um das Umlageverfahren beibehalten zu können, müssen die Beiträge zur gesetzlichen Rente in Zukunft weiter angehoben, die Rentenleistungen weiter gesenkt sowie der Bundeszuschuss zur Rentenversicherung erheblich angehoben oder, wie bereits geschehen, das Renteneintrittsalter weiter erhöht werden.

War im Jahr 2000 ein Bundeszuschuss von 42,4 Mrd. € notwendig, so sind es im Jahr 2017 schon 67,8 Mrd. € und im Jahr 2021 voraussichtlich schon 77,7 Mrd. €.

2. Die Lebenserwartung steigt

Schon heute wird ein neugeborenes Mädchen statistisch über 100 Jahre alt werden.

War 1960 die Rentenbezugsdauer bei Frauen noch 10,6 Jahre, so betrug sie aktuell schon rund 23 Jahre und wird sich in Zukunft noch erheblich erhöhen, d. h. über 33 Jahre.

Somit wird die finanzielle Gesamtleistung je Rentner erheblich steigen und zu finanzieren sei.

3. Beitragszeiten werden immer geringer.

Durch die neue Arbeitswelt, selbstständige Tätigkeiten, späteren Berufseinstieg und vermehrten Wechsel durch Arbeitsplatzverluste und somit geringere Einzahlungen wird sich das Gesamtniveau der Beitragszahlungen reduzieren. Auch dies führt zu einer Minderung der Einnahmen bei den Rentenkassen.

13.3 Renten in Europa

Erschreckend ist insbesondere, dass Deutschland im europäischen Vergleich der erwarteten Rente in Prozent des Nettoverdienst zu den Schlusslichtern gehört.

So werden z. B. in den Niederlanden 100 % des letzten Nettoverdienst an gesetzlicher Rente ausgezahlt. Selbst Länder wie Portugal und Italien liegen bei rund 94 % und unsere österreichischen Nachbarn bei 92 % – im Vergleich zu Deutschland, wo derzeit ein Wert von knapp 50 % des Nettoeinkommens an gesetzlicher Rente ausgezahlt wird.

So liegt beispielsweise die derzeitige Rente unserer österreichischen Nachbarn durchschnittlich rund 50 % höher als bei uns in Deutschland.

Umgerechnet sind das etwa 1455 € monatlich. Im Vergleich erhält in Deutschland ein Durchschnittsrentner nach der Statistik der DRV rund 942 € im Monat.

Nach Abzug von Kranken- und Pflegeversicherung werden davon 857 € ausgezahlt, in Österreich bleiben nach diesen Abzügen 1380 € übrig.

Warum funktioniert das Rentenversicherungssystem in Österreich so gut?

Die Sozialabgaben für die Rentenversicherung betragen in Österreich 22,8 % des Bruttogehalts, liegen also aktuell um 4,1 Prozentpunkte höher als in Deutschland. Davon trägt der Arbeitnehmer weniger als die Hälfte: 10,25 Prozentpunkte der Arbeitnehmer und 12,55 Prozentpunkte übernimmt der Arbeitgeber.

Ein ganz gravierender Vorteil ist, dass in Österreich alle Erwerbstätigen in die gesetzliche Rentenversicherung einzahlen, also auch Selbstständige. Ausgenommen bleiben lediglich wie in Deutschland Beamte. Ferner erhalten in Österreich alle Personen ab Jahrgang 1955 ein Pensionskonto beim Staat. Für jedes Jahr, in dem sie erwerbstätig waren, werden ihnen dort 1,7278 % ihres jährlichen Bruttoverdiensts gutgeschrieben. Der Höchstbetrag liegt bei 4980 € brutto im Monat. Für uns bedeutet das, dass auch wir diskutieren sollten, Schritte wie z. B. gesetzliche Rentenversicherungspflicht auch für Selbstständige durchzuführen.

13.4 Rentenversicherungspflicht und Pflicht zur privaten Vorsorge

Gerade in Deutschland zeigt sich, dass Selbstständige, die nicht in die gesetzliche Rentenversicherung einzahlen müssen, im Alter zu Sozialfällen werden. Oftmals befindet sich der Unternehmer in dem Irrglauben, dass seine Firma für seine Altersversorgung sorgen wird.

Der Unternehmer denkt, dass der Nachfolger, egal ob aus eigener Familie oder fremd, ihm eine monatliche Betriebsrente zahlen wird oder durch den Verkauf des Unternehmens so viel Geld vorhanden ist, dass ein unbekümmerter Ruhestand möglich wäre.

Hier befindet er sich jedoch oft auf dem Holzweg, da zum einen sich heutzutage oft kein Nachfolger finden lässt, der in das Unternehmen einsteigen wird und aufgrund dessen das Unternehmen aufgelöst werden muss oder auch Kaufpreise aufgrund der wirtschaftlichen Situation bzw. Nachfrage nicht in der Höhe bezahlt werden können, die einen unbekümmerten Ruhestand zulassen.

Insbesondere übernahmewillige Gründer werden immer seltener. Hier lag die Zahl bei rund 58.000 im Jahr. Zum anderen ist auch eine Betriebsrente von Unternehmen wirtschaftlich oft nicht tragbar. Mit diesen Rentenzahlungen kann nicht gerechnet werden. Gerade deshalb sollte man auch den Beispielen wie in Österreich oder der Schweiz folgen, alle Berufstätigen und Selbstständige in die gesetzliche Rentenversicherung aufzunehmen. Außer bei den Kammerberufen, wie Rechtsanwälten und Steuerberatern, sieht es für die meisten Selbstständigen, auch wenn sie in ihre Versorgungswerke einzahlen, im Alter nicht rosig aus.

Auch Stiftung Warentest veröffentlichte einen Beitrag zu diesem Thema mit folgender Einleitung (Stiftung Warentest 2018): „Rund 3 Millionen Selbstständige sind in Deutschland in keinem Rentensystem pflichtversichert. Was erst einmal nach Freiheit klingt, kann später für selbstständige Fitness-Trainer, IT-Berater, Hochzeitsplaner, Floristen oder auch Heilpraktiker zum Bumerang werden. ‚Heute ist die Wahrscheinlichkeit, im Alter Grundsicherung beziehen zu müssen, für Selbstständige bereits etwa doppelt so hoch wie für sozialversicherungspflichtig Beschäftigte‘, Zitat Dirk von der Heide, Sprecher der Deutschen Rentenversicherung Bund."

13.5   Was bleibt für die Rente?

Zusätzliche Vorsorge ist heute also wichtiger denn je. Daran zweifelt niemand mehr, wenn er sich die Situation der gesetzlichen Rentenversicherung vor Augen führt. Die Probleme der gesetzlichen Rentenversicherung werden viel diskutiert und es ist hinlänglich bekannt, dass die staatliche Absicherung bei Weitem nicht ausreicht, um im Ruhestand den gewohnten Lebensstandard halten zu können.

Jeder ist beim Thema Altersvorsorge selbst für seine Zukunft verantwortlich und darf sich nicht allein auf die staatliche Fürsorge verlassen. Wie wichtig zusätzliche Vorsorge ist, verdeutlicht auch die Renteninformation, die Arbeitnehmer in regelmäßigen Abständen erhalten. Die Deutsche Rentenversicherung rät darin ausdrücklich zur zusätzlichen Privatvorsorge. Denn wer sich ausschließlich auf die gesetzliche Rente verlässt, muss sehen, wie er als Rentner über die Runden kommt. Eine einfache Musterberechnung verdeutlicht die Situation. Ein Angestellter mit einem Bruttoeinkommen von 3100 € im Monat hat netto 2058 € zur Verfügung. Geschätzt wird er etwa 1188 € Rente netto erhalten. Die Haushaltskasse weist also einen monatlichen Fehlbetrag von 870 € auf.

Durch die Inflation wird die Rentenlücke aber im Lauf der Zeit sogar noch größer. Bei 2 % Inflationsrate pro Jahr beträgt die Lücke nach 32 Jahren bereits 1640 €!

Die Abb. 13.2 zeigt, welcher Betrag für eine gewünschte Altersrente zurückgelegt werden muss, wenn der Sparzeitraum 15, 20, 25, 30, 35 und 40 Jahre beträgt. Berücksichtigt wird eine 2%ige Inflation. Die errechneten Altersrenten stellen Nährungswerte dar.

Der Wert in Klammern gibt die geschätzte Höhe der lebenslangen Zusatzrente bei 2 % jährlicher Inflationsrate an.

Ausgleich einer **Rentenlücke** bzw. gewünschte **Zusatzrente** in Höhe von heute …	Nötige monatliche Sparrate (bei 4 % Guthabenverzinsung und 2 % Inflationsrate)					
	Rentenbeginn in … Jahren					
	15	20	25	30	35	40
500 €	**653 €** (673 €)	**485 €** (743 €)	**383 €** (820 €)	**314 €** (906 €)	**264 €** (1.000 €)	**226 €** 1.104 €)
1.000 €	**1.306 €** (1.346 €)	**969 €** (1.486 €)	**765 €** (1.641 €)	**627 €** (1.811 €)	**527 €** (2.000 €)	**451 €** (2.208 €)
1.500 €	**1.958 €** (2.019 €)	**1.454 €** (2.229 €)	**1.148 €** (2.461 €)	**941 €** 2.727 €	**791 €** (3.000 €)	**677 €** (3.312 €)
2.000 €	**2.611 €** 2.692 €	**1.939 €** (2.972 €)	**1.530 €** (3.281 €)	**1.255 €** (3.623 €)	**1.055 €** (4.000 €	**903 €** 4.416 €

Abb. 13.2 Wieviel muss man für eine gewünschte Rente zurücklegen

Lesebeispiel

Sie wollen eine Rentenlücke in Höhe von 500 € schließen bzw. eine Zusatzrente in dieser Höhe erhalten und gehen in 30 Jahren in Rente. Dafür müssen sie monatlich 314 € sparen. Sie erhalten voraussichtlich eine Zusatzrente in Höhe von 906 €, was bei 2 % jährlicher Inflationsrate einer heutigen Kaufkraft von 500 € entspricht.

13.6 Gibt es Rezepte für eine unbeschwerte Zukunft?

Das beste Rezept ist, sich möglichst schon in jungen Jahren um seine Altersvorsorge zu kümmern. Wer dieses Thema lange vor sich her schiebt, tut sich selbst keinen Gefallen. Die Versorgungslücke wird jährlich größer. Wer sich schon mit 30 um seine Altersvorsorge kümmert, muss nur einen Bruchteil dessen sparen, was ein 50-Jähriger zurücklegen muss, um einmal die gleiche Zusatzrente zu beziehen (Zinseszinseffekt).

Beispiel
- **Durchschnittseinkommen**

  Im Jahr 2018 betrug das durchschnittliche Bruttoarbeitsentgelt aller Versicherten rund 37.873 €. Somit würde unser Peter F. rund 1370 € Bruttorente erhalten, wovon noch 11 % Sozialabgaben abzuziehen wären und die persönliche Steuer.

Dies ist nach heutiger Kaufkraft gerechnet.

Sieht man sich heute allein die Nettomieten in den Großstädten für eine Wohnung mit 80 m² an, so zahlt man in

München	1432 €
Nürnberg	800 €
Frankfurt am Main	1104 €
Leipzig	520 €

Hinzu kommen nochmals erhebliche Nebenkosten für Heizung, Strom, Wasser, Hausverwaltung und dergleichen.

Die Mieten haben sich in den letzten zehn Jahren von 2008 bis 2018 beispielsweise in Nürnberg um über 50 % erhöht. Ein Ende ist derzeit nicht absehbar.

Somit würde es selbst im optimalen Fall eines Durchschnittsverdieners wie unserem Peter F. fast unmöglich, mit der gesetzlichen Altersrente seinen Lebensunterhalt zu bestreiten.

Selbst für Arbeitnehmer, die **immer** über der Beitragsbemessungsgrenze, die 2019 bei 80.400 € liegt, haben einen Rentenanspruch nach 45 Beitragsjahren von theoretisch rund brutto 2970 € (West). In den neuen Bundesländern ist dieser noch niedriger, sollte sich aber im Lauf der kommenden Jahre entsprechend angleichen.

Auch hier müssen noch 11 % Sozialabgaben bzw. die Kosten einer privaten Krankenversicherung und die persönliche Versteuerung berücksichtigt werden.

Ihre persönliche Versorgungssituation

1. Ruhestand

Auf welche finanziellen Leistungen können Sie im Alter zurückgreifen und reichen Ihnen diese? Zwei Beispiele hierzu: Die Abb. 13.3 verdeutlicht die Rentensituation eines Arbeitnehmers, Geburtsjahr 1970, der ab seinem 20. Lebensjahr in die DRV Beiträge geleistet hat und durchschnittlich ein Bruttomonatseinkommen von 3000 € hat.

Die Abb. 13.4 zeigt die Situation anhand eines Arbeitnehmers mit einem Bruttomonatseinkommen von 8000 € auf.

In beiden Abbildungen wird auch die Rentenkürzung bei vorzeitigem Rentenbezug verdeutlicht.

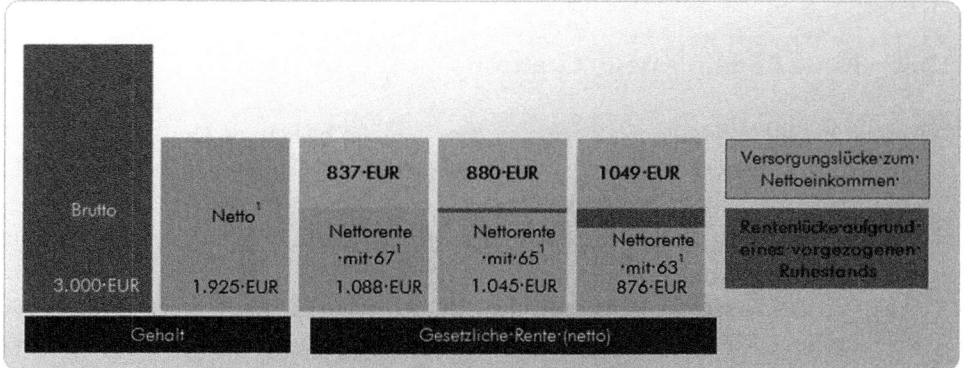

Abb. 13.3 Versorgungslücke bei einem Bruttoeinkommen von 3000 € zum 63., 65. und 67. Lebensjahr

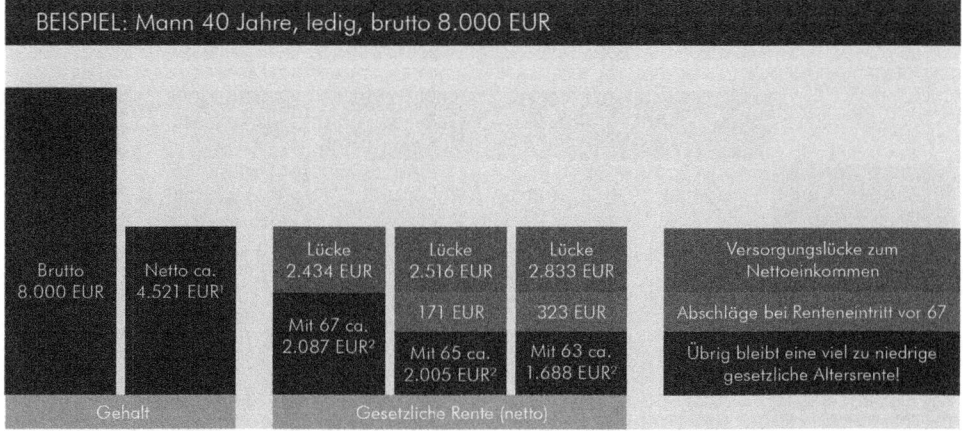

[1] Steuerklasse I inkl. Solidaritätszuschlag, Kirchensteuer i. H. von 8 Prozent sowie Sozialabgaben in 2019 ca. 20 %: GKV 8,2 %, GPV 1,275 %, DRV 9,3 %, AV 1,5 %.
[2] Modellrechnung, Langjährig Versicherter, Regelaltersrente mit 67 Jahren geschätzt 2.087 € brutto, ohne Berücksichtigung von Inflation, Gehaltssteigerungen und Rentenanpassungen. basiert auf Steuer-und Sozialgesetzgebung des Jahres 2019.

Abb. 13.4 Versorgungslücke bei einem Bruttoeinkommen von 8000 € zum 63., 65. und 67. Lebensjahr

Wie hoch ist Ihr Beitrag zur persönlichen Vorsorge?

Gerade für Unternehmer und Selbstständige, die keinerlei Zahlungen in die gesetzliche Rentenversicherung leisten, ist es dringend erforderlich, dass diese vorsorgen. Dies wird oft erheblich unterschätzt und endet in einer schlimmen Altersarmut. Die Abb. 13.5 verdeutlicht, wie hoch die Beiträge zur DRV für eine Büro-, Fach- und Führungskraft – mit Arbeitgeberanteil sind – verbunden mit der Frage, in welcher Höhe der Selbständige bzw. Unternehmer selbst vorsorgt.

Sieht man, dass eine Führungskraft wie z. B. ein angestellter Meister mit einem Bruttogehalt von monatlich 6000 € schon jetzt 1122 € mit Arbeitgeberanteil in die Rentenversicherung einzahlt, so sind dies Mindestleistungen, die ein Selbstständiger und Unternehmer in Form einer Vorsorge aufwenden sollte.

13.7 Neue Regeln – neue Chancen

Die große Koalition hat durchaus erkannt, dass man am bisherigen Drei-Säulen-Modell aus gesetzlicher, betrieblicher und privater Vorsorge festhalten muss und insbesondere die betriebliche Vorsorge erheblich stärken muss.

Wer seinen Lebensstandard im Alter einigermaßen sichern will, muss vorsorgen, z. B. mit einer Betriebsrente.

Dafür hat die Bundesregierung mit dem Betriebsrentenstärkungsgesetz (BRSG) äußerst interessante Möglichkeiten geschaffen, die Arbeitnehmer bei der betrieblichen Altersversorgung zusätzlich fördert.

Die Zielsetzung des Gesetzgebers mit dem Betriebsrentenstärkungsgesetz
- Stärkung der betrieblichen Altersversorgung
  Betriebsrente in kleinen und mittleren Unternehmen weiter verbreiten und Attraktivität der betrieblichen Altersversorgung erhöhen

	Bürokraft	Fachkraft	Führungskraft (z.B. Meister)	Unternehmer	Mtl. Beträge in €
Gehalt	2.500 €	4.000 €	6.000 €	Einkünfte/ Entnahmen	?
Arbeitnehmeranteil zur DRV 9,3 %	232,50 €	372 €	558 €[1]	Davon 18,6%	?
Arbeitgeberanteil zur DRV 9,3 %	232,50 €	372 €	558 €[1]	Bisherige mtl. Vorsorgeinvestition	?
Mtl. Beitrag für die Vorsorge	465 €	744 €	1.116 €	Mtl. Beitrag für die Vorsorge	?

Abb. 13.5 Übersicht über die Beiträge zur Deutschen Rentenversicherung für unterschiedliche Berufsgruppen

Für Beschäftigte mit geringem Einkommen: Anreize zur zusätzlichen Altersvorsorge schaffen

- Mehr Arbeitgeberverantwortung für die Vorsorge seiner Mitarbeiter durch erweiterte gesetzliche Rahmenbedingungen
- Einbindung der Tarifvertragsparteien im Sozialpartnermodell

Verbesserte Bedingungen durch das Betriebsrentenstärkungsgesetz

- Für neue Verträge für die Durchführungswege Direktversicherung und Pensionsfonds sowie Pensionskasse wird der steuerfreie Höchstbeitrag nach § 3 Nr. 63 Einkommensteuergesetz auf 8 % der Beitragsbemessungsgrenze (2019 80.600 €) angehoben. Dadurch kann ein Arbeitnehmer monatlich 268 € steuer- und sozialversicherungsfrei und weitere 268 € steuerfrei im Rahmen einer betrieblichen Altersversorgung anlegen.
- Ab dem 1. Januar 2019 wird für neue und ab dem 1. Januar 2022 für bestehende Versicherungen der Arbeitgeber verpflichtet, 15 % des aufgewendeten Beitrags bis zu 4 % der Beitragsbemessungsgrenze als Arbeitgeberzuschuss zu leisten.
- Bei 268 € sind das 40,20 €. Dies gilt, solange der Arbeitgeber auch effektiv Sozialversicherungsbeiträge einspart.

Viele Arbeitgeber gehen dazu über, mittlerweile die gesamte Sozialversicherungseinsparung in Höhe von rund 20 % als Zuschuss zu gewähren. Insbesondere da diese Leistung keinen Aufwand, sondern lediglich die Weitergabe der Sozialversicherungsersparnis darstellt. Durch die Weitergabe der Sozialversicherungsersparnis kann der Arbeitgeber eine zusätzliche Motivation und Bindung der Mitarbeiter bewirken.

Die Abb. 13.6 verdeutlicht schematisch die Funktionsweise dieser neuen Regelung.

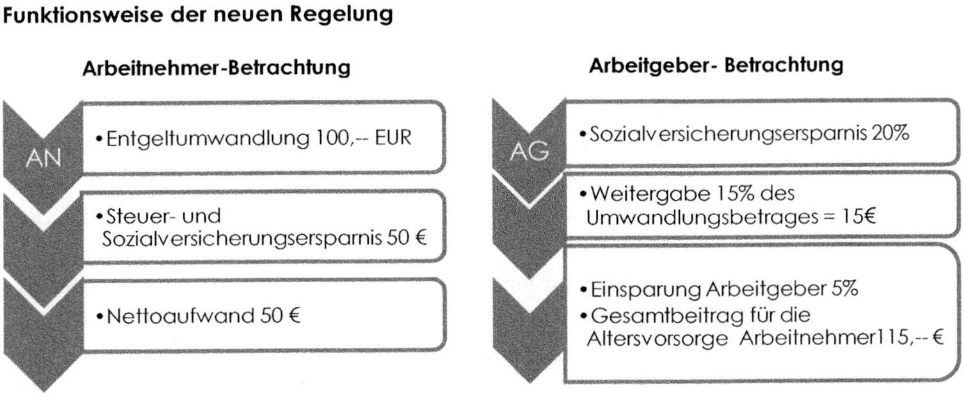

Funktionsweise der neuen Regelung

Arbeitnehmer-Betrachtung

AN
- Entgeltumwandlung 100,-- EUR
- Steuer- und Sozialversicherungsersparnis 50 €
- Nettoaufwand 50 €

Arbeitgeber- Betrachtung

AG
- Sozialversicherungsersparnis 20%
- Weitergabe 15% des Umwandlungsbetrages = 15€
- Einsparung Arbeitgeber 5%
- Gesamtbeitrag für die Altersvorsorge Arbeitnehmer115,-- €

Abb. 13.6 Schematische Darstellung des Arbeitgeberzuschusses gemäß Betriebsrentenstärkungsgesetz

Zusätzliche Förderung für Beschäftigte bis maximal 2200 € Bruttolohn im Monat

Zahlt der Arbeitgeber 240–480 € im Jahr als arbeitgeberfinanzierten Beitrag in eine Direktversicherung, Pensionskasse oder Pensionsfonds für den Arbeitnehmer ein, so erhält er 30 % vom Staat (im Rahmen des Lohnsteuerabzugsverfahrens) erstattet (72 bis maximal 144 € im Jahr).

Dadurch wird der Arbeitgeber der sozialen Verantwortung bei Mitarbeitern im niedrigerem Gehaltsgefüge gerecht und diese können ihre Altersversorgung zusätzlich erhöhen und anpassen.

Beispiel: Zahlt das Unternehmen 480 € so erhält es 144 € Förderung.

Steuerersparnis Unternehmen bei 30 % rund 100 €

Effektiver Aufwand für das Unternehmen: 235 €

Verbesserung bei der Riester-Förderung

Die Grundzulage wird von 154 € auf 175 € pro Jahr erhöht. Die Kinderzulage für Kinder geboren ab 2008 beträgt je Kind 185 € und ab 2008 pro Jahr 300 €.

Dieser Weg ist insbesondere bei Arbeitnehmern im Rahmen einer Privatversorgung interessant, die nicht von der Steuerersparnis profitieren.

Erhebliche Nachdotierungen nach Ruhephasen des Arbeitsverhältnisses wegen Elternzeit, Pflege und dergleichen werden zusätzlich ermöglicht: Künftig können bis 8 % der Beitragsbemessungsgrenze für maximal zehn Kalenderjahre nachbezahlt werden.

13.8 Möglichkeiten der Altersversorgung

Prinzipiell beruht die Altersversorgung auf dem Drei-Schichten-Modell (Abb. 13.7).

Sicherlich ist im Rahmen einer Streuung und Mischung auch die Thematik Investmentfonds und Aktienanlage zu berücksichtigen.

Ein Allheilmittel sind Aktien meines Erachtens allerdings allein nicht, da auch hier erhebliche Verluste stattfinden können. Man denkt nur an die Volksaktie Telekom, zu der der damalige Telekom-Chef Sommer sagt: „Die T-Aktie wird so sicher wie eine vererbbare Zusatzrente sein". Und viele glaubten ihm: 1,9 Mio. Kleinanleger setzten auf das Papier und viele Menschen kauften zum ersten Mal eine Aktie.

Im dritten Börsengang vom 19. Juni 2000 wurde die Aktie mit 66,50 € gehandelt. Anfang 2019 lag der Wert der Aktie bei nunmehr nur noch 14,50 €. Viel Geld wurde verloren! Das Gleiche zeichnete sich mit der Wirecard ab. Im Jahr 2019 fiel die Aktie aufgrund von Pressemeldungen um über 40 % innerhalb von zwei Tagen.

Sicherlich ist eine Aktienanlage auf lange Sicht eine lukrative Anlage, man sollte aber die Risiken nicht außer Acht lassen, wie auch die Blase Neuer Markt schon einmal zeigte, und sich auf eine diversifizierte Anlagepolitik konzentrieren.

Empfehlenswert ist, definitiv alle drei Schichten zu berücksichtigen, um eine höchstmögliche Sicherheit durch Risikostreuung für die Altersversorgung zu erlangen.

1. Schicht: **Basisversorgung** ■ Versorgungswerke ■ Basis-/Rürup-Rente	**BasisRente:** ■ Beiträge bis zu 24.305/48.610 € abzüglich Beiträge in Versorgungswerke in 2019 zu 88 % steuerlich abzugsfähig. Dies gilt auch für die enthaltenen Beiträge zur Berufsunfähigkeits- und Hinterbliebenen-Absicherung ■ Der steuerlich abzugsfähige Betrag steigt jährlich an, bis im Jahr 2025 der Maximalbetrag in voller Höhe steuerlich geltend gemacht werden kann. ■ Eine Berufsunfähigkeitsrente kann in einer BasisRente integriert werden.
2. Schicht: **Zusatzversorgung**	**RiesterRente:** ■ Hohe staatliche Förderung (durch Zulagen und Sonderausgabenabzug) ■ Bis 30 % Kapitalauszahlung bei Rentenbeginn förderunschädlich möglich ■ Regelmäßig nur geeignet über förderberechtigten Ehegatten ■ Absicherung der RiesterRente bei Berufsunfähigkeit möglich ■ als Wohn-Riester zur Förderung von Immobilienerwerb (Eigennutz)
3. Schicht: **Kapitalanlageprodukte** Private und/oder betriebliche Vorsorge	**PrivatRente:** ■ Flexibilität in der Beitragszahlung ■ Renten- oder Kapitalzahlung (oder eine Kombination aus beidem) ■ Günstige steuerliche Behandlung entweder in der Beitrags- oder in der Leistungsphase
	Reine Risikoabsicherung: ■ RisikoLebensversicherung geeignet zur Hinterbliebenenabsicherung ■ Berufsunfähigkeitsvorsorge (BU) ■ Grundfähigkeitsvorsorge, Dread Desease-Versicherungen

Abb. 13.7 Drei Schichten der Altersvorsorge im Überblick

13.9 Betriebliche Altersversorgung, kleiner Aufwand – große Wirkung

Gerade in der derzeitigen wirtschaftlichen Phase, die durch Facharbeitermangel und Suche nach geeigneten Arbeitskräften geprägt ist, ist es äußerst wichtig, dass Unternehmen ihren Mitarbeitern und potenziellen Mitarbeitern Möglichkeiten einer betrieblichen Altersversorgung anbieten.

Damit können Unternehmen:

• ihrer sozialen Verantwortung gerecht werden,
• eine zusätzliche Mitarbeiterbindung erreichen und
• neue Mitarbeiter gewinnen.

Bevor wir uns jedoch mit den einzelnen Durchführungswegen und Möglichkeiten beschäftigen, möchte ich auch nochmals einen Hinweis geben: Grundsätzlich ist jedes Unternehmen gemäß § 1 Abs. 1 Betriebsrentenstärkungsgesetz für die Erfüllung der zugesagten Leistungen im Rahmen der betrieblichen Altersversorgung verantwortlich.

Dies bedeutet auch, dass es letztendlich im Fall einer Insolvenz eines Versicherungsunternehmens für die Erfüllbarkeit der Leistungen gegenüber seinen Arbeitnehmern gerade stehen muss.

In Deutschland wurde zur Absicherung der Lebensversicherer die Auffanggesellschaft Protektor gegründet. Gerade Unternehmen aus dem angelsächsischen Bereich oder manche Pensionskassen, die nicht im Sicherungsfonds eingebunden sind, stellen ein erhebliches Risiko dar. Dies wird sich durch den Brexit erheblich vergrößern.

Zu wenige Arbeitgeber bedenken, dass sie Vertragspartner einer betrieblichen Altersversorgung sind und der Arbeitnehmer nur versicherte Person. Aufgrund dessen ist der Arbeitgeber gefragt, den Anbieter der betrieblichen Altersversorgung so auszuwählen, dass eine größtmögliche Sicherheit auch noch in 20, 30 und 40 Jahren gegeben ist.

Er ist nicht nur gefragt, sondern er hat auch das Bestimmungsrecht, bei welchem Anbieter die betriebliche Altersversorgung platziert werden soll.

In der Praxis ist es oft zu sehen, dass Unternehmen ihren Arbeitnehmern die Auswahl der Anbieter überlassen und diese von Beratern aus ihrem privaten Umfeld Verträge in das Unternehmen bringen und Leistungsversprechen erhalten, die nicht realitätsnah sind.

So werden beispielsweise Renditeversprechungen in Form von fondsgebundenen Versorgungsformen gemacht, die über 11 % liegen.

Die Vergangenheit zeigt, dass dies so gut wie nie eingehalten werden konnte und dann u. U. der Arbeitgeber für die Differenz aufkommen muss.

Die Auswahl des richtigen Anbieters ist damit als eine der wichtigen unternehmerischen Entscheidungen für die Zukunft zu betrachten. Auch der administrative Aufwand bei einer Vielzahl von Anbietern, die die Personalabteilung anschließend zu verwalten hat, ist enorm. Denken Sie nur an Elternzeiten, steuer- oder versicherungsrechtliche Änderungen, die dann über die Personalabteilung mit verschiedensten Anbietern gelöst werden müssen.

Auch ist dem Arbeitgeber bzw. Unternehmer dringend zu empfehlen, für seine Mitarbeiter einen Gruppenvertrag einzurichten, der erheblich bessere Konditionen aufweist, als dies für Einzelverträge bei der gleichen Gesellschaft möglich wird. In der Regel bedeutet dies eine bessere Leistung von 5 bis 7 %, was sich bei einer Ablaufleistung auf mehrere tausend Euro belaufen kann.

Wie funktioniert eine Entgeltumwandlung?

- Die Beiträge sind bis zu 4 % der Beitragsbemessungsgrenze (im Jahr 2019 monatlich 268 €) steuer- und sozialversicherungsfrei und weitere 268 € sind zusätzlich steuerfrei (Abb. 13.8).
- Erst die Leistungen aus der Direktversicherung werden mit dem i. d. R. deutlich geringeren Steuersatz im Rentenalter versteuert.

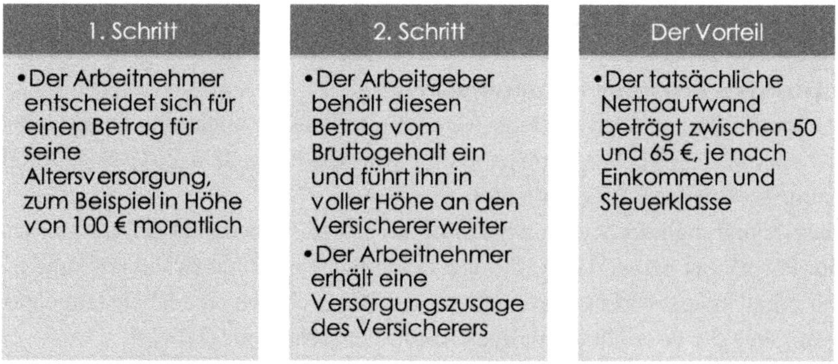

1. Schritt	2. Schritt	Der Vorteil
• Der Arbeitnehmer entscheidet sich für einen Betrag für seine Altersversorgung, zum Beispiel in Höhe von 100 € monatlich	• Der Arbeitgeber behält diesen Betrag vom Bruttogehalt ein und führt ihn in voller Höhe an den Versicherer weiter • Der Arbeitnehmer erhält eine Versorgungszusage des Versicherers	• Der tatsächliche Nettoaufwand beträgt zwischen 50 und 65 €, je nach Einkommen und Steuerklasse

Abb. 13.8   Die Funktionsweise einer Entgeltumwandlung

- Dank Steuer- und Sozialversicherungsersparnis können bei geringem Eigenaufwand hohe Erträge für die spätere Versorgung erzielt werden.
- Die Direktversicherung ist als lebenslange Rentenversicherung mit Kapitalwahlrecht konzipiert.
- Der Rentenbeginn kann flexibel ab dem 62. Lebensjahr festgelegt werden.
- Derzeit besteht noch eine Verbeitragung für die gesetzliche Krankenversicherung, die aber vom Gesetzgeber in Kürze abgeschafft werden dürfte.

Datei: Abb.13.8 _Die Funktionsweise

Welche Fragen sollte sich das Unternehmen im Zusammenhang mit den Gesetzesänderungen stellen?
- Ist das Unternehmen auf die Gesetzesänderungen des Betriebsrentenstärkungsgesetzes eingestellt?
- Wurden alle Maßnahmen ergriffen, die betriebliche Vorsorge strukturiert und gesetzeskonform einzuführen?
- Wurde der aktuelle Anbieter innerhalb der letzten drei Jahre auf seine Finanzstärke, Sicherheit, und sein Unternehmensrating klassifiziert?
- Für die Anbieterauswahl ist der Arbeitgeber verantwortlich – passt der Anbieter noch zum Unternehmen?

Arbeitsrechtliche Aspekte bzw. Fragestellungen
- Übernimmt der Arbeitgeber Altverträge neuer Mitarbeiter (wenn ja, übernimmt er damit alle Rechte und Pflichten – auch aus der Vergangenheit)?
- Wurde geklärt, dass in der Vergangenheit keine Beitragsrückstände vorlagen?
- Wurde der Mitarbeiter von seinem letzten Arbeitgeber auf die versicherungsförmige Lösung hingewiesen?
- Dies sollte sich der neue Arbeitgeber nachweisen lassen. Anderenfalls haftet der neue Arbeitgeber bei Differenzen zum Vertragsablauf.
- Liegt eine Versorgungsordnung vor, die auch die Änderungen des Betriebsrentenstärkungsgesetzes beinhaltet?

Was sollte man tun, um für das Alter vorzusorgen?

Fall 1: Direktversicherung für unseren Peter F.
Bis zu seinem Renteneintritt im Jahr 2031 könnte Peter F. noch eine Direktversicherung mit dem maximal möglichen Monatsbeitrag von 536 € (im Jahr 2019 8 % der Beitragsbemessungsgrenze der DRV) einrichten.

Berücksichtigt man den Arbeitgeberzuschuss (53,14 €), bedeutet der Gesamtbeitrag von 536 € für Peter F bei Steuerklasse III einen tatsächlichen Nettoaufwand von rund 325 €.

Dafür erhält er aus der Direktversicherung voraussichtlich eine lebenslange monatliche Rente von 399,05 € oder ein einmaliges Kapital in Höhe von 93.487 €.

Die Einzahlung ist für ihn nach zwölf Jahren beendet. Die Rentenzahlung erfolgt lebenslang!

Peter F. empfiehlt seinem Sohn dringend etwas für die Altersversorgung zu tun.

Würde nun der 30-jährige Sohn von Peter F. ebenfalls eine Direktversicherung abschließen, erhielte dieser bei einem Monatsbeitrag von nur 100 € eine Gesamtrente von 342,50 € oder ein Kapital von 84.573 €. Diese 100 €, die sein Sohn vom Bruttogehalt umwandelt, bedeuten für ihn eine reine Nettobelastung von monatlich rund 45 € (bei einem Monatseinkommen von 2800 € und Steuerklasse I).

Selbstverständlich muss in beiden Fällen berücksichtigt werden, dass die Rente dann bei Rentenbezug (i. d. R. mit einem sehr viel günstigeren Steuersatz) zu versteuern ist.

Fall 2: Direktversicherung einer Führungskraft und Geschäftsführer einer GmbH
Am Beispiel einer Führungskraft bzw. eines Geschäftsführers mit einem monatlichen Einkommen von 10.000 € lässt sich noch leichter erkennen, wie vorteilhaft der Abschluss einer betrieblichen Direktversicherung sein kann.

Bei einem Monatsbeitrag von 536 € (8 % der Beitragsbemessungsgrenze 2019) und unter Zugrundelegung der Steuerklasse III liegt der monatliche Nettoaufwand bei etwa 287 €.

Wäre dieser Vertrag über eine Direktversicherung im Alter von 30 Jahren abgeschlossen worden, könnte sich diese Person über eine lebenslange monatliche Gesamtrente von rund 1800 € oder alternativ eine einmalige Kapitalauszahlung über 453.313 € freuen. Die Leistungen sind im Alter noch entsprechend zu versteuern.

Stellen wir nun die drei Personen, Peter F., seinen Sohn und eine Führungskraft, ihre Beiträge und Leistungen gegenüber, so ergibt sich Abb. 13.9. Daraus wird sehr deutlich:

Hätte Peter F. frühzeitig für den Ruhestand vorgesorgt, wäre die monatliche Belastung leichter zu verkraften und die Altersleistung durch den Zinseszinseffekt höher.

Funktionsweise einer Direktversicherung

Fall 3: Selbstständige
Für Selbstständige, die nicht die Möglichkeit einer betrieblichen Altersversorgung haben, bietet sich eine Basisversorgung, die sog. Rürup-Rente an (Abb. 13.10.)

Peter F	Sohn von Peter F.	Führungskraft
Monatsbeitrag **536,00 €**	Monatsbeitrag 100,00 €	Monatsbeitrag 536,00 €
Arbeitgeberzuschuss **53,14 €**	Arbeitgeberzuschuss 15,00 €	
Nettoaufwand **monatlich** **325,00 €**	Nettoaufwand monatlich 45,00 €	Nettoaufwand monatlich 287,00 €
lebenslange **monatliche Rente** **399,05 €**	lebenslange monatliche Rente 342,50 €	lebenslange monatliche Rente 1.800,00 €
oder einmaliges Kapital **93.487,00 €**	oder einmaliges Kapital 84.573,00 €	oder einmaliges Kapital 453.313,00 €

Abb. 13.9 Gegenüberstellung Beitrag und Leistungen

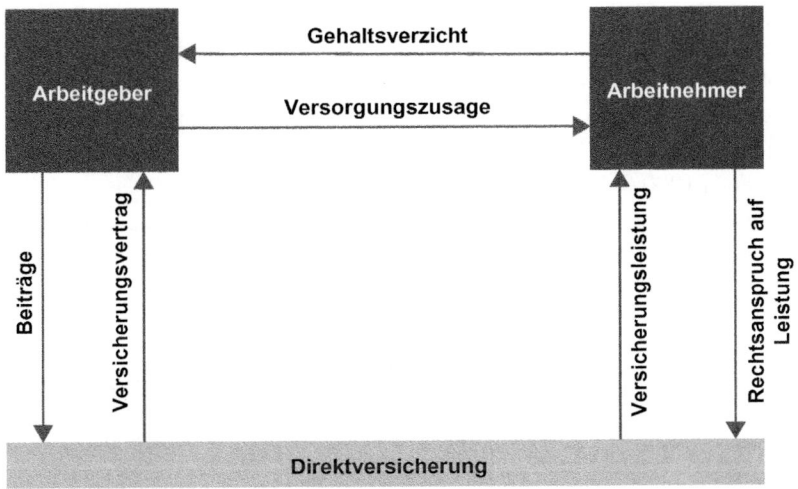

Abb. 13.10 Funktionsweise einer Direktversicherung

Die Funktionsweise der steuerlichen Absetzbarkeit lässt sich wie folgt darstellen:

Beiträge für einen verheirateten Selbstständigen, der keine Beiträge in die gesetzliche Rentenversicherung zahlt:

Maximaler Beitrag zur Basisrente im Jahr 2019	48.610 €
x Reduktionssatz 2019 88 %	42.776 €
= abzugsfähige Altersvorsorgeaufwendungen	42.776 €

Im Jahr 2019 würden somit 42.776 € das zu versteuernde Einkommen reduzieren.

Schließt ein 40-jähriger Selbstständiger eine Basisrente ab, würde sich bei dieser Beitragshöhe eine **lebenslange Monatsrente von 8285 €** ergeben. Diese Leistung ist im Alter zu versteuern.

13.10 Situation Geschäftsführer, Vorstände und Unternehmer

Bei der Versorgung von Geschäftsführern bzw. Unternehmern, aber auch Freiberuflern und selbstständigen Handwerkern sollte eine Klärung der vorhandenen Versorgung den Schritten Bedarfsermittlung und Lösungsansätze vorausgehen. Diese sehen im Einzelnen wie folgt aus (Abb. 13.11).

Fall 4: Geschäftsführer und Vorstände
Nicht jeder Vorstand bzw. Geschäftsführer erhält wie der Vorstandsvorsitzende der Daimler AG über 1 Mio. € Altersrente vom Unternehmen ausbezahlt.

Grundsätzlich bietet sich jedoch die Möglichkeit an, über eine rückgedeckte Unterstützungskasse nahezu unbegrenzt aus dem Bruttoeinkommen Versorgungsbezüge für das Alter aufzubauen.

Die Leistungen aus der Unterstützungskasse sind bei Leistungsbezug als Einkünfte aus nichtselbstständiger Tätigkeit mit dann i. d. R. wesentlich günstigeren Steuersätzen zu versteuern. Für die Kapitalabfindung greift die sog. begünstigende Fünftelregelung.

Die Abb. 13.12 veranschaulicht die Struktur einer rückgedeckten Unterstützungskasse.

Entscheidet sich nun ein 40-jähriger Geschäftsführer zu einem monatlichen Beitrag für seine Altersvorsorge über 2000 €, bedeutet dies für ihn einen Nettoaufwand von etwa 50 %, d. h. etwa 1000 €.

Zu seinem 67. Lebensjahr erhielte er eine lebenslange, monatliche Rente in Höhe von 3047 €, nach Abzug von Steuern eine Nettorente von etwa 2247 €.

1. Versorgung	2. Bedarf	3. Lösung
Bestehende Versorgung ermitteln	**Bedarfsfelder individuell ermitteln**	**Individuelle Lösungskonzepte erstellen**
Ist eine Rente aus der DRV vorhanden?	• Sicheres Alterseinkommen	Entscheidungskriterien:

• Wie ist der Status quo des Freiberuflers, Inhabers, Handwerkers etc.?	• Absicherung des Einkommens, sofern die Selbstständigkeit aufgrund von Krankheit, Körperverletzung oder eines mehr als alters-entsprechenden Kräfteverfalls aufgegeben werden muss	• Produktauswahl
		  – Staatliche Förderung
		  – Pfändungsfragen
		  – Flexibilität

• Ist eine Befreiung von der Rentenversicherungspflicht in der DRV möglich?		• Produktgestaltung
		  – Vorsorgebereiche (Alter, Hinterbliebene, Berufsunfähigkeit)
		  – Leistungszeitpunkt
		  – Beitragszahlungsweise

• Wie ist die beitragsrechtliche Situation in der DRV oder dem Versorgungswerk?	• Todesfallabsicherung
	  – Familie: bei Tod des Versorgers
	  – Firma: Absicherung von Firmenkrediten
		• Vorsorgekonzepte
		  – Moderne Lösungen von sicherheits- bis chancenorientiert

Ist eine private Vorsorge vorhanden?		
Ist eine betriebliche Vorsorge vorhanden?		

Abb. 13.11 Von der Bedarfsermittlung zur Vorsorgeempfehlung

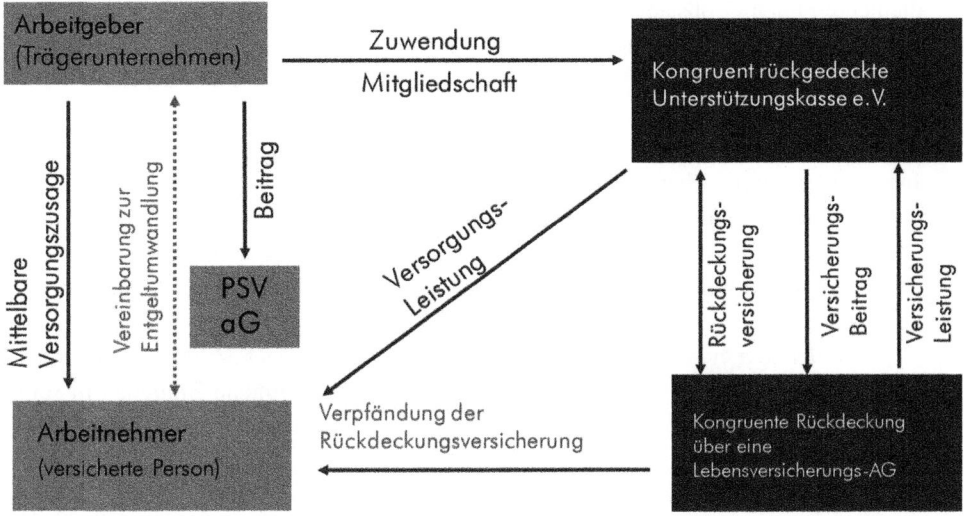

Abb. 13.12 Die Struktur einer rückgedeckten Unterstützungskasse

Rechnet man seine Rente aus der DRV (2097 €) hinzu, wäre er auf den ersten Blick mit einer Gesamtnettoversorgung von 4343 € vermeintlich gut aufgestellt. Im Vergleich zu seinen Nettoeinkünften klafft immer noch eine deutliche Versorgungslücke von etwa 7600 €.

Fazit

In der heutigen Zeit der Niedrigzinsphasen ist es sicherlich nicht einfach, für die Altersversorgung vorzusorgen.

Festverzinsliche Anlagen bringen nur Minirenditen, die nicht einmal die Inflation ausgleichen.

Die Aktienmärkte sind sehr volatil, sind aber u. a. noch eine Chance, mit Risiken gewisse Renditen zu erzielen.

Im Immobilienmarkt steigen die Preise unaufhörlich und selbst Gutverdienern ist es teilweise nicht mehr möglich, sich ein Eigenheim in Großstädten wie München zu leisten, wo schon 1 Mio. € für ein Reihenhaus verlangt werden.

Auch bei vermieteten Objekten ist eine Rendite von nur 2 % realistisch.

Es bedarf einer Anlagestrategie, die einen Mix aus verschiedenen Anlageformen beinhaltet, damit eine einigermaßen vernünftige Rendite zum Tragen kommt. Insbesondere die Möglichkeit, das Bruttoeinkommen in Form der betrieblichen Altersversorgung anzusparen, ist höchst interessant und effektiv.

Eines ist jedoch sicher: Jeder ist gefordert!

1. Der zukünftige Rentner

Ohne konsequentes Sparen wird es nicht gehen. In unserer heutigen Zeit, die von Freizeitangeboten, Urlaub und Konsum geprägt ist, muss jetzt auch konsequent an die Altersversorgung gedacht und für den Ruhestand gespart werden. Gerade bei Gutverdienern,

die heute in den Großstädten vorzufinden sind, ist das Ausgabeverhalten durch Privatschulen, Mieten, Urlaube und dergleichen sehr hoch, sodass kaum noch gespart wird. Im
Alter wird dann der massive Absturz folgen. Man fragt sich, wie das das Leben verändern wird.

Zudem muss heute schon davon ausgegangen werden, dass wir mindestens 25–30
Jahre von unserem Altersruhestand haben werden, der dann aber auch finanziert sein
muss. Daher ist es unerlässlich, auch die Möglichkeiten, die sich über die betriebliche
Altersversorgung bieten, intensiv zu nutzen und durch Bruttosparen aus dem Bruttoeinkommen und den entsprechenden Fördermöglichkeiten, die uns der Staat bietet, zu
nutzen.

Jeder, der sich nicht jetzt schon intensiv mit diesem Thema beschäftigt und entsprechende Entgelte umwandelt, wird spätestens ab 2030 erhebliche Einbußen in seiner
Einkommenssituation haben.

2. Die Unternehmen

Unternehmen müssen ihren Mitarbeitern eine betriebliche Altersversorgung ermöglichen und diese unterstützen und dadurch

- der sozialen Verantwortung gegenüber den Mitarbeitern gerecht werden,
- als attraktiver Arbeitgeber auftreten,
- Mitarbeiterbindung erreichen.

3. Der Staat

Der Staat muss die Eigenvorsorge weiterhin fördern.

Andere Länder wie die Schweiz, Österreich und Niederlande machen es uns vor,
durch Förderung der Privatvorsorge seinen Rentnern einen finanziell abgesicherten Lebensabend zu ermöglichen.

Altersarmut muss nicht sein

Dass Altersarmut nicht sein muss, wurde aufgezeigt. Man kann also nicht nur behaupten,
wie unser ehemaliger Arbeitsminister Blüm einmal sagte: „Die Rente ist sicher", sondern
man muss vielmehr feststellen, nichts ist so sicher wie die Rentenlücke. Vorsorge heißt,
heute schon an morgen denken.

Handeln Sie jetzt, solange noch genügend Zeit dafür ist.

Literatur

Stiftung Warentest. (Hrsg.). (2018). *So regeln Sie Ihre Rente.* https://www.test.de/Altersvorsorge-
fuer-Selbststaendige-So-regeln-Sie-Ihre-Rente-5282827-0/. Zugegriffen am 15.03.2019.

Gerd Kunert, geboren 1964, Diplom-Betriebswirt, ist seit über 30 Jahren als Experte für das betriebliche Versicherungswesen tätig.

Seit 2002 ist er Geschäftsführer der Dr. Schmitt GmbH Würzburg – Versicherungsmakler und berät gemeinsam mit seinen 90 Mitarbeiterinnen und Mitarbeitern Unternehmen und deren Mitarbeiter in allen Belangen des betrieblichen Versicherungswesens, insbesondere der betrieblichen Altersversorgung.

Die Dr. Schmitt GmbH Würzburg ist als Tochterunternehmen einer Privatbank seit 50 Jahren auf dem Markt tätig und betreut über 2000 Unternehmen mit einer neutralen und hochprofessionellen Beratung, unabhängig von Versicherungsgesellschaften.

Gemeinsam mit der Unternehmensleitung werden bei einer individuellen Beratung der Vorsorge- und Versorgungsbedarf analysiert und Lösungen mit renommierten Versicherungsunternehmen erarbeitet, die nach bonitätsmäßigen Gesichtspunkten und Performanceentwicklung ausgesucht werden.

Gerd Kunert hat viele Publikationen zum Thema betriebliche Altersversorgung veröffentlicht u. a. auch das Standardwerk *Neue Wege der betrieblichen Altersversorgung – ein praktischer Leitfaden für den Arbeitgeber.*

Gemeinsam mit seinem Spezialistenteam unter der Leitung von Jasmira Zeric hat er mit den Tarifparteien innovative und maßgeschneiderte Vorsorgekonzepte erarbeitet, die Arbeitnehmern einen finanziell abgesicherten Lebensabend und Unternehmen, die ihrer sozialen Verantwortung gerecht werden, Attraktivität als Arbeitgeber ermöglichen.

Weitere Infos unter www.dsv-wzbg.de

Führungspersönlichkeit 2030 – Intuition und Bewusstheit als Führungsinstrumente

Angèle Lange

Inhaltsverzeichnis

Zusammenfassung

Achtsamkeit und Respekt für die Träume eines Menschen, Raum zum Ausprobieren und die Förderung der Fähigkeiten, die mit Begeisterung und Hingabe ausgedrückt werden, führen zu nachhaltigem Erfolg und Sinn. Die Frage nach dem Sinn des Lebens gehört in die tägliche Führungspraxis, denn es ist entscheidend, ob ein Mitarbeiter seinen Job macht oder seine Berufung lebt. Wir brauchen intuitive Intelligenz im Handeln mit reifer, wertebasierter, menschlicher Erfahrung und dem Wissen um die Kraft der Vernetztheit – Führungspersönlichkeiten mit Mut, die ihre Intuition und Ihr Herz einsetzen, die

A. Lange (✉)
Berlin, Deutschland
E-Mail: contact@justcolour.de

© Springer Fachmedien Wiesbaden GmbH, ein Teil von Springer Nature 2019
P. Buchenau (Hrsg.), *Chefsache Zukunft*, Chefsache,
https://doi.org/10.1007/978-3-658-26560-1_14

diese Weisheit in die Unternehmensführung einbringen. Über Jahre habe ich den Farbkreis erforscht und die ableitbaren Entwicklungs- und Bewusstwerdungsmöglichkeiten. So entstand ein Wertekreis. Zwölf ist dabei eine tief im Bewusstsein verankerte Zahl für Vollständigkeit. Mein Beitrag lädt Sie zum Erleben des Fließens von Erkenntnis und Weisheit, die das Herz einbezieht, für eine neue, bewusstseinsorientierte Führung ein.

14.1 Vorwort

Als Kind hatte ich ein inneres Mantra, dass ich bei jeder gefühlten Ungerechtigkeit oder in einem Autoritätskonflikt nutzte: „Das mache ich mal anders" – was implizit hieß, das mache ich für eine lebenswerte Zukunft mal anders.

„Lerne etwas Vernünftiges" – ich erfüllte die Hochleistungsanforderungen, die an mich gestellt wurden mit Leichtigkeit und Freude. Es war Raum für mehr und dafür wünschte ich mir eine Freiheit der Entscheidung.

Generell war meine Vision die einer anderen Wertschätzung von Herz und Gefühl. Intuitiv waren dies für mich die wirklich substanziellen Gestaltungskräfte. Tun wir etwas mit Freude und Fantasie, dann tun wir es mit Leichtigkeit. Raum für eigene Erfahrung, für Entfaltung, für Kreativität – diese wundervolle Welt schöner zu machen, das wünschte ich mir von Herzen.

Eine Reduzierung auf Zweckmäßigkeit und die Ausrichtung auf Kochanweisungen, die ein wenig erfüllendes, graues Mainstream-Leben zur Folge haben würden, passen nicht in mein Weltbild. Etwas in mir schützte diesen Kern und wo ich nur konnte, erfüllte ich mein Mantra mit Leben.

Unterstützung und Mut machen, Anerkennung geben in schwierigen Situationen, mit Liebe und Hingabe für etwas wirken, auch wenn es vermeintlich aussichtslos erschien – denn wer legt das bitte fest?

Letztens traf ich eine Schulkameradin, mit der ich als Kind intensiv Mathematik geübt hatte. Darüber hinaus, im Unterschied zu anderen Mitschülern und Erwachsenen, versuchte ich ihr die Angst zu nehmen, ihr Selbstbewusstsein zu stärken, damit sie es schaffen würde. Ich glaubte damals an unseren Erfolg.

Ich wusste nichts von Führung, nichts von IQ, nichts von Erfolgsmotivation. Ich folgte nur meiner inneren Stimme.

Wir haben uns über 40 Jahre nicht gesehen und sie erzählte mir begeistert, dass Sie eine Fachverkäuferinnenausbildung geschafft hatte und dass sie dies im Prinzip mir zu verdanken habe. Sie war glücklich und dankbar.

Achtsamkeit, das Respektieren eines heranwachsenden Wesens mit seinen Träumen, Raum zum Ausprobieren und Förderung der Fähigkeiten, die mit Begeisterung und Hingabe ausgedrückt werden – das ist der Stoff aus dem nachhaltiger Erfolg entsteht.

Nach 36 Berufsjahren mit vielen lebendigen Beispielen einer erfolgreichen Mitarbeiter-, Team- und Führungsentwicklung möchte ich in meinem Beitrag Entwicklungsimpulse geben und Feinheiten ansprechen, die ich bisher in keinem Führungsbuch gefunden habe. Scheinbar sind sie so unspektakulär, dass sie eben nicht aufgeschrieben werden.

Des Weiteren ist es in der Zeit zwar en vogue, über gute Energie zu sprechen, jedoch werden praktische Energiearbeitsthemen immer noch als esoterisch in eine Schublade gesteckt und bisher in der Führungsausbildung nicht erwähnt. Auch auf dieses Drahtseil – eine Verbindung von Führung und Spiritualität – traue ich mich und freue mich auf gemeinsame Erlebnisse eines Fließens von Erkenntnis und Weisheit, die das Herz einbezieht.

Als Praktikerin möchte ich Sie zu einer Bewusstwerdungsreise in meine Welt der Farben und der Natur einladen. Intuition und Bewusstheit als Führungsinstrumente – das möchte ich für Sie praktisch erlebbar machen! Ihre Angèle Lange

14.2   A wie Anfang, Auslöser und A wie Achtsamkeit, Autorität

Bereits um 2000 sind mit z. B. *Mensch und Management – Energiepotenziale zukünftiger Unternehmen* (Weiss 2004) und *Management für die Zukunft – Spirit im Business* (Oppelt 2004) erste Bücher mit einer erweiterten Betrachtungsweise publiziert worden.

Was war die Triebkraft? Die Situation in den meisten Unternehmen erforderte schon damals ein Umdenken. Bisherige Führungsgrundsätze und -methoden boten nicht die erwarteten Lösungen. Die Lösungskonzepte der klassischen Managementliteratur vermittelten gute Werkzeuge, jedoch fehlten Ideen für eine wirksamere, integrative Unternehmensführung, die den Menschen in den Mittelpunkt stellten. Heute, knapp 20 Jahre später verfügen wir über neueste Technologien und eine Wissenschaft der Superlative.

In der praktischen Führung der Menschen, die diese erschaffen, hat sich nicht viel geändert, hier werden weiterhin Methoden des Industriezeitalters angewendet. Die immer noch aktuelle Praxis im Führungsalltag orientiert sich an Tages- und Quartalszahlen. Stimmen diese nicht, wird die jeweilige Führungskraft ausgewechselt. Wie sich mehr und mehr zeigt, ist das aber der Weg hin zu Überlebensszenarien wie Autoritätsabgabe, zu innerer Kündigung, zu Burn-out.

Wir brauchen etwas anderes!

Lebenssinn und Nutzen für den Einzelnen verknüpft mit dem Nutzen für das Unternehmen und die Gesellschaft – ist das eine Utopie? Um es ganz einfach und auch plakativ zu machen: Jede Führungspersönlichkeit führt durch ihre Persönlichkeit! Führung wird von Menschen für Menschen gemacht! Bereits jetzt ist es entscheidend, ob ein Mitarbeiter seinen Job macht oder seine Berufung lebt.

Insofern gehört die Frage nach dem Sinn des Lebens in die Führungsausbildung und in die tägliche Führungspraxis. Sinn entsteht durch Achtsamkeit und umfassendes Wahrnehmen der jeweiligen Situation. Der Mensch ist mehr als Biomasse – der Mensch ist Körper, Verstand, Herz, Intuition und Seele. Das bedeutet, eine zunehmend intuitive Intelligenz wird der entscheidende Erfolgsfaktor sein und die Entwicklung neuer Organisationen und neuer Organisationsstrukturen bewirken. Im vergangenen Jahrzehnt wurden soziale Kompetenz und emotionale Intelligenz als Wege im Führungsalltag ansatzweise genutzt.

Unter intuitiver Intelligenz in der Führung verstehe ich das Handeln von Führungskräften, die aus einer reifen, wertebasierten menschlichen Erfahrung heraus, mit dem Wissen über die Kraft der Vernetztheit der Menschen und der zwischen ihnen existierenden Energiefelder handeln. Das erfordert reife Persönlichkeiten, die an sich selbst gearbeitet und ihren Horizont erweitert haben. Führungspersönlichkeiten, die den Mut haben, ihre Intuition und ihr Herz zu nutzen und darüber hinaus den Mut haben, diese Weisheit in die Unternehmensführung zu bringen.

Für den Weg, diese bewusste Autorität zu entwickeln, gibt es unterschiedliche Herangehensweisen. Es ist wie bei Speisen – wir können von einem Buffet nehmen, was uns köstlich erscheint. Ich möchte Ihnen die Welt der Farben und ihrer Schwingungen als Bewusstwerdungsraum vorstellen.

Damit verbunden sind einige Praxiserfahrungen. Bunt ist eine schöne Farbe und ich habe gelernt, dass eine große Kraft mit dem Schritt von einem Entweder-oder zu einem Sowohl-als-auch entsteht. Welchen Weg der Achtsamkeit und Bewusstwerdung Sie persönlich wählen, das ist letztlich Ihre Entscheidung. Wichtig für eine lebenswerte Zukunft ist die Entscheidung für Achtsamkeit, für Bewusstheit und für Weisheit.

Zu meiner tiefen mathematisch-analytischen Ausbildung passt der Weg über Farbenergien deshalb sehr gut, weil wir Farbe überall in der Natur vorfinden. Viele Symbole und Bilder haben Farbe.

Wir erleben Farbe als Erlebnis.

Farbe macht etwas mit uns, deshalb hat das Mysterium Farbe viele namhafte Persönlichkeiten wie u. a. Goethe, Steiner, einige Nobelpreisträger und natürlich viele Künstler beschäftigt. Ein weiterer gängiger Weg ist der über die Meditation.

Bevor ich meinen Weg beschreibe, wünsche ich mir, dass Sie sich die Zeit nehmen, den Vortrag „Intuition in Corporate Management" – Helmut Lind – Wisdom Together München – German Version 2017 (YouTube 2017) anzuschauen. Dieser Beitrag hat aktuell 979 Aufrufe – aus meiner Sicht gibt es hier genug Raum für Entwicklung.

Bewusstheit als Ziel in der Führung für eine erfolgreiche Zukunft

Wie erreichen wir Bewusstheitsentwicklung? Unsere Reise in die Zukunft beginnt mit einer wahren Situation 1995. Damals stand ich im Führungskräfte-Assessment-Center eines großen Konzerns und bekam die Aufgabe, ohne jegliche Hilfsmittel einen Vortrag zu gestalten mit dem Thema „Die Führungskraft der Zukunft in der Führung der Zukunft".

Intuition, Kreativität und eine gesunde Portion Mut waren die Zutaten für den Erfolg. Ich startete mit einigen Thesen und dieses Vorgehen passt auch in die Zeit jetzt.

Schaue ich zurück, dann ist meine Vision von damals in Bezug auf den Markt, den Kunden und seine kundenindividuellen Produktanforderungen, die immer kürzer werdenden Zyklen des Time to Market eingetroffen. Abteilungsdenken ist der Feind einer Organisationsintelligenz, die wir dringend benötigen, auch das habe ich damals schon angemerkt.

Übertragen auf heute brauchen Führungskräfte der Zukunft die intuitive Fähigkeit, Sinn durch geniale Einfachheit herzustellen und visionäres Denken. Die Führung der Zukunft braucht Führungskräfte, die den Menschen als Ganzes sehen, was die Energieebene des Menschen einbezieht – damit verbunden Sinnfindung, Bewusstseins- und Persönlichkeitsentwicklung.

Das erfordert zuerst die Bewusstwerdung für die Dimensionen des Menschseins:

- die körperliche Intelligenz,
- die mentale Intelligenz (IQ),
- die emotionale Intelligenz (EQ),
- die energetische oder spirituelle Intelligenz (SQ)

und darüber hinaus eine Kultur mit Werten, resultierend aus der Erfahrung, dass alles Leben miteinander verbunden und voneinander abhängig ist.

Als Antwort auf unsere aktuelle Lebenssituation ist ein unabdingbarer Wert der eines Umweltbewusstseins.

Bewusstes ethisches Verhalten beinhaltet:

- Achtsames Wahrnehmen des Lebens in all seinen Formen
- Unterscheiden aus dem fühlenden Wesen heraus
- Nachhaltiges Handeln

So getroffene Führungsentscheidungen dienen dem Wohl der nationalen und globalen Gemeinschaft und dem Erhalt der Erde als Lebensraum für den Menschen. Ich möchte an dieser Stelle noch etwas Wichtiges anmerken. Ein fundamentales Thema bei Stephen R. Covey (2018) ist der persönliche Beitrag.

Wenn ich unsere so schöne Welt anschaue und dann sehe, wie grau der Alltag für die meisten Menschen ist, dann weiß ich, es gibt viel zu tun. Meinen persönlichen Beitrag sehe ich darin, einen wirksamen Weg aufzuzeigen und praktische Impulse zu setzen, die genau in die Wahrnehmung der Schönheit zurückführen.

14.3   Einführung in den Farbkreis als Bewusstwerdungswerkzeug

In den alten Kulturen war die Wirkung von Farbe auf den Geist bekannt und Farbe wurde auch zur Heilung benutzt. Goethe hat sich mit der Wirkung von Farbe auf den Geist beschäftigt und seine eigene Farbenlehre veröffentlicht. Neben seinen Farbversuchen ist der Goethes Farbkreis das bekannteste Ergebnis.

Das Rad, eine der größten Erfindungen der Menschheit, spiegelt sich in unserem Sprachgebrauch wider. Aussprüche wie: „Ich fühle mich wie gerädert" oder „das Rad der Zeit" oder „am Rad drehen" oder „der läuft nicht ganz rund" und die auf das Rad, den Kompass – das Runde generell – ausgerichtete Weisheitsbetrachtungen sind seit Jahrhun-

derten in der Menschheit verankert. Das Rad kann uns zu einer ganzheitlichen Orientierung für unser Leben führen. Es lehrt uns Vollkommenheit, Gleichgewicht, Harmonie und
Verbundenheit.

Über Jahre habe ich den Farbkreis als Uhr bzw. Rad erforscht und die daraus ableitbaren
Entwicklungs- und Bewusstwerdungsmöglichkeiten gesammelt. Farbe ist eine intensive
Ausdrucksmöglichkeit, für sich selbst z. B. Gefühle der Freude, der Kreativität, der Liebe
zu verdeutlichen und dadurch zu einem positiveren Lebensgefühl zu finden. Die Energie
roter Rosen für den Ausdruck des Gefühls leidenschaftlicher Liebe brauche ich sicher nicht
weiter zu beschreiben. Jeder, der so einen Strauß in einem Leben einmal verschenkt hat
bzw. bekommen hat, kann sich sicher an das wunderbare intensive Gefühl erinnern.

Interessant ist der Zusammenhang ist bei Eins und Null, wie Rad und Speiche oder An-
und Aus – was auch die Reset-Taste für nicht mehr sinnvolle Konditionierungen oder
Glaubenssätze betrifft.

Grundsätze zu Lichtfarben oder Farbe als Energie
Farbe kennt keine Dualität – Blau ist Blau, Farben kennen keine Hierarchie. Blau ist nicht
besser als Gelb oder Rot, Rot ist nicht besser als Gelb oder Blau usw. Farben bedingen
einander bzw. wirken im Zusammenhang. Übertragen auf den Menschen: Kein Mensch ist
nur Blau oder Gelb oder Rot. An sich sind die drei Grundfarben blau, gelb, rot als ein
Kreislauf bzw. Prozess und als grundlegende Qualitäten zu sehen.

Jede andere Sekundär- oder Tertiärfarbe hat also Qualitäten der jeweils beteiligten Grundfarben und hat dann noch eine ganz eigene spezielle Qualität, Schwingung, Frequenz.

Zuerst Worte und Erläuterungen zu den Grundfarben, die Sie nachfühlen und wirken
lassen können, dann wird auch die Zuordnung zum Farbkreis verständlicher:

Blau: Frieden, innerer Frieden, Entspannung, Vertrauen, Führung, Freiheit, Autorität,
Himmel, Horizont, Grenzenlosigkeit, Fokussierung, Gott oder Göttlichkeit, im Hinblick
auf höhere Führung. Daher kommt Beruf auch von Berufung. Wir dienen dem Göttlichen,
in dem wir das tun, wozu wir hier sind.

Es benötigt aber Annahme der Aufgabe im Vertrauen. Ideen und Möglichkeiten, deshalb ist die Führungspersönlichkeit ein Ermöglicher. Kommunikation, Kommunikations-
bzw. Sinnesorgane, Gebote und Gebotszeichen im Verkehr (z. B. Autobahn), Richtungs-
zeichen.

Fragen

Schreiben Sie sich sieben blaue Worte mit einem blauen Stift auf eine Metaplankarte
und spüren Sie in die Energie der Worte. Stellen Sie sich z. B. die Frage, ob für Sie
Freiheit blau ist. „Über den Wolken muss die Freiheit wohl grenzenlos sein" heißt es in
einem Liedtext von Reinhard Mey. In dem Liedtext stecken viele blaue Worte. Es wird
eine blaue Energie transportiert. „Über allen Gipfeln ist Ruh" – auch das bekannte Ge-
dicht von Goethe erschafft eine blaue Energie. Intensivieren Sie Ihr Erlebnis, indem Sie
blaue Bilder ausdrucken und malen Sie ungefähr eine Stunde an einem eigenen blauen

Bild. Benutzen Sie einen blauen Stift oder blaue Kreide oder Farbe. Notieren Sie Ihre Empfindungen innerhalb des Prozesses. Lesen Sie bitte erst weiter, wenn Sie Zeit hatten, diese Übung durchzuführen.

Fragen

Wiederholen Sie diese Prozesse später mit den Farben gelb und rot und notieren Sie zum Schluss die Unterschiede in ihrer Wahrnehmung.

Gelb

Erkenntnis: Mir geht ein Licht auf, Freude, Leichtigkeit, Angst, Konditionierung, Klarheit, Verwirrung, Nerven als Vernetzungsorgane, Anschauen gelber Blumen erzeugt ein Gefühl der Freude und Leichtigkeit, Achtung (z. B. gelbe Ampel), Analytik, Lernen, Wissen, Denken, Ketzer, Licht, Erleuchtung = Belichtung, bei Licht betrachtet, Unterscheidung, Katalysator, Leuchtturm, Hinweiszeichen

Rot

Liebe, Leidenschaft, Charisma, Kraft, Lebenskraft – Blut als wichtigstes Transportmittel von Lebenskraft, Verwurzelung mit der Erde → Erdung, Mut, Gefahr, z. B. Gefahrenabwehr (Feuerwehr), Verbote (alle Verbotszeichen sind rot), Stoppschild auch Stoppschilder des Lebens, Grenzen, Abgrenzung (z. B. Stacheln der Rose, Stacheldraht), Krieg, Gewalt, Kampf, Loslassen, Sein, Tun, Umsetzung, Erschaffen, Zerstören, Materielles, Wut, Aggression, Frustration, Dynamik, Körperlichkeit, Druck, Entzündungen (Kampf im Körper), Ressourcenverschwendung

Weiterhin gibt es fünf Dimensionen von Farbe, die ich am Beispiel Rot erläutern möchte:

1. Dimension – Dimension der materiellen Welt: Beispiel Rot – also roter Gegenstand, wie rotes Kissen, rotes Auto, Rubin etc.
2. Dimension – Das Bild im Kopf/starke Symbole: rote Rose als Symbol der leidenschaftlichen Liebe, Bilder von Sonnenaufgängen – Morgenröte – symbolisiert die Energie, die Kraft eines neuen Tages. – Diese Energie können Sie sicher gut nachvollziehen, wenn Sie einen Sonnenaufgang am Meer erlebt haben. Bilder rufen dieses Erlebnis als Energie wieder in unser Bewusstsein.
3. Dimension – Dimension der Gefühle: z. B. rote Gefühle wie Wut, Hass, leidenschaftliche Liebe, Schmerz, Begeisterung. Was die Kraft der Begeisterung kann, wissen Sie, wenn ein leidenschaftlicher Verkäufer Ihre Begeisterung wecken konnte und sie sich ungeplant aus reiner Begeisterung etwas gekauft haben.
4. Dimension – mentale Welt – Vorstellung, z. B. Ergebnisorientierung, Gestaltungskraft, Umsetzungsgedanken – rotes Denken. Das ist ein sehr waches Denken, mit hoher Aufmerksamkeit.
5. Dimension – spirituelle, energetische Dimension: z. B. das fünfte Element – Liebe, Feuer, Charisma, Loslassen, Sein

Diese Dimension ist in praktischer Arbeit der Raum, in dem man Charisma lernen kann. Charisma entsteht, wenn der Mensch sich seiner Einzigartigkeit, seiner Talente, seiner Energie bewusst wird und diese bewusst ausdrückt.

Die Dimensionen sind deshalb so interessant, weil unsere gesamte Kommunikation in diesen Dimensionen läuft. Haben Sie schon einmal erlebt, dass jemand vollkommen unbeabsichtigt bei Ihnen einen Knopf gedrückt hat? Er hat unter Garantie über Dimension 2 und 3 kommuniziert – live und auch in Farbe, denn Worte haben Farbe.

Zurück zum Farbkreis: Alle anderen Farben enthalten jeweils Bestandteile dieser Grundfarben und damit Qualitäten. Die Sekundärfarben bestehen aus zwei Grundfarben in gleichen Anteilen, die Tertiärfarben lassen sich auf zwei Weisen beschreiben – als Mischung der Sekundärfarbe mit einem weiteren Teil einer Grundfarbe oder als Mischung aus zwei Grundfarben in unterschiedlichen Anteilen. Ich werde diese Farben des Farbkreises nur in Beispielen benutzen, da es mir um Grundenergien geht und mir wichtiger ist, dass Sie diese drei Farben klar unterscheiden können und die damit verbundenen Bewusstwerdungsprozesse verinnerlichen.

Fragen

Verblüffende Ergebnisse werden Sie auch erreichen, wenn Sie z. B. Spielfiguren oder Smarties in den Farben blau, gelb und rot mit geschlossenen Augen in der Hand erspüren, nachdem ihnen jemand diese in die Hand gegeben hat. Nach einigen Versuchen werden Sie die Farben richtig erspüren. Hören sie dabei auf ihren ersten Gedankenimpuls – das ist der der Intuition. Wenn Sie die Übung allein machen wollen, dann brauchen Sie vier Gläser. Eins, in dem die Farben unsortiert sind und drei für die Sortierung. Schließen Sie die Augen und nehmen Sie sich Zeit beim jeweiligen Erspüren. Hören Sie auf ihr Gefühl. Das ist gegebenenfalls einfacher gesagt als umgesetzt. Vertrauen Sie ihrem Gefühl. Sie können es erspüren! Diese vielleicht lächerliche Übung macht viel mit Ihnen. Sie verfeinert die Wahrnehmung, stärkt die Intuition und macht zum Schluss – wie alles, bei dem man erfolgreich wird – Spaß.

Nun möchte ich ein weiteres wichtiges, praxiswirksames Konzept einführen.

14.4 Signaturenlehre und ihre Anwendung für die Führung von Menschen – Was ist Ihre Führungssignatur?

Pflanzen haben eine Signatur – Dr. Bach nutzte dieses Wissen für seine genialen Bachblüten und der Volksmund kennt Sprüche wie „zittern wie Espenlaub". Aspen – die Blüte der Zitterpappel ist die Blüte zur wirksamen, natürlichen Überwindung nicht formulierbarer Ängste.

Die Signaturenlehre wurde nicht nur von Dr. Edward Bach genutzt, sie ist eine grundlegende Basis in der traditionellen chinesischen Medizin und anderen Naturheilpraktiken. Alle diese Ergebnisse resultieren aus einer umfassenden Achtsamkeit im Hinblick auf das Wirken in der Natur.

Achtsamkeit als neue Führungsqualität bedeutet, seiner Umgebung mit großer Aufmerksamkeit und der Fähigkeit einer guten, möglichst erweiterten Wahrnehmung zu begegnen.

In der Quantenphysik und Neurowissenschaft ist die menschliche Wahrnehmung ein wichtiger Forschungsgegenstand.

Die Wahrnehmungen der Emotionen und Gefühle eines anderen Menschen ergeben sich aus einer Rekonstruktion der körpersprachlichen Zeichen, die er aussendet, vermittels des eigenen Systems der Spiegelneuronen, das wir mit anderen Menschen gemein haben. Vorstellungen über das, was im Anderen vor sich geht, sind damit die Grundlage für die Fähigkeit, eine „theory of mind" zu bilden. Das System der Spiegelneuronen stellt nämlich ein überindividuelles neuronales Format dar, durch das ein gemeinsamer zwischenmenschlicher Bedeutungsraum erzeugt wird. (Bauer 2013)

Dieses überindividuelle neuronale Format des Spiegelneuron-Systems bildet die intuitive Basis für das Gefühl einer – im Großen und Ganzen – berechenbaren, vorhersagbaren Welt, für ein Gefühl von Urvertrauen und verstanden werden. (Madert 2007)

Die Führungssignatur ist die Summe der Fähigkeiten, Werte und Eigenschaften einer Führungskraft, die ihre Einzigartigkeit ausmachen. Vertrauen und eine auf gemeinsames Verständnis ausgerichtete Kommunikation aufzubauen, die zusätzlich auf einer gemeinsamen, verlässlichen Wertekultur basiert, ist ein wichtiger Aspekt. Unterbewusst haben wir alle eine Persönlichkeitssignatur, die unser Umfeld auch intuitiv ausliest und daraus ebenfalls intuitiv in einer Kommunikation entscheidet, wie und welche Informationen ausgetauscht werden.

▶   Gehen Sie in die Natur und suchen Sie sich Bäume ihrer Wahl zum Erspüren aus. Erspüren Sie eine z. B. Eiche, Buche, Kastanie, Weide, Lärche – diese Bäume eignen sich gut, weil ihre Signaturen als Bachblüten ausführlich beschrieben sind. Bitte erst erspüren und dafür Zeit nehmen, dann nachlesen! Sie werden staunen, was Sie wahrnehmen können.

Reset-Taste für eine neue Führung
Albert Einstein sagte: „Der intuitive Geist ist ein heiliges Geschenk, und der rationale Verstand ein treuer Diener. Wir haben eine Gesellschaft erschaffen, die den Diener ehrt und das Geschenk vergessen hat." (Ostermeier 2016)

Max Planck sagte in seinem Vortrag „Das Wesen der Materie" im Jahr 1944:

„Als Physiker, der sein ganzes Leben der nüchternen Wissenschaft, der Erforschung der Materie gewidmet hat, bin ich sicher von dem Verdacht frei, für einen Schwarmgeist gehalten zu werden. Und so sage ich nach meinen Erforschungen des Atoms dieses:
    Es gibt keine Materie an sich! Alle Materie entsteht und besteht nur durch eine Kraft, welche die Atomteilchen in Schwingung bringt und siezum winzigsten Sonnensystem des Alls zusammenhält. Da es im ganzen Weltall aber weder eine intelligente Kraftnoch eine ewige Kraft gibt – es ist der Menschheit nicht gelungen, das heiß ersehnte Perpetuum mobile zu erfinden -, so müssen wir hinter dieser Krafteinen bewussten, intelligenten Geist annehmen. Dieser Geist ist der Urgrund aller Materie!" (Lönnig 2016)

Diese Zitate führen zu einer zentralen Frage: Bin ich bereit, als Führungskraft meinen Horizont zu erweitern und meiner Intuition Raum zu geben? Kann ich mir überhaupt vorstellen, dass dies ein nutzbringender Weg für meinen Alltag als Führungskraft in der Zukunft sein kann? Bitte machen Sie sich Ihre Antwort bewusst, denn ein Nein, das sich nach weiterer Vertiefung meiner Thesen über Praxisbeispiele und einigen weiteren Übungen und zu einem Ja wandelt, heißt, Sie haben eine Reset-Taste erfolgreich gedrückt. Unabhängig von einem Ja oder Nein möchte ich Sie bitten, sich mit folgenden Fragen selbst zu reflektieren.

14.5   Selbstreflexion über ausgewählte Fragen zur Entschlüsselung der eigenen Führungssignatur

Fragen

Bitte beantworten Sie diese Fragen, indem Sie eine Selbsteinschätzung über eine Bewertung von 0 bis 10 vornehmen: 0 repräsentiert dabei ein Nein oder nicht entwickelt, 10 ein Ja oder ausgeprägt entwickelt.

Ich stelle Ihnen ausgewählte Fragen zum Erarbeiten der persönlichen Führungssignatur in den Grundfarben zur Verfügung. Nutzt man alle Farben des Farbkreises ergibt sich eine sehr umfassende Reflexion. Es entsteht ein Diagramm in der bildlichen Form eines Rads, das den aktuellen Stand Ihrer persönlichen Führungssignatur als Start für eine Entwicklung dokumentiert.

Blau
1. Wie ausgeprägt ist Ihre Fähigkeit des Vertrauens?
2. Gibt es für Sie eine höhere Führung?
3. Leben Sie Ihre Berufung?
4. Wie schätzen Sie die Wirksamkeit Ihrer inneren Autorität ein?
5. Empfinden Sie inneren Frieden?

Gelb
1. Streben Sie nach Erkenntnis, auch dann, wenn dies bewährtes Verhalten infrage stellen würde?
2. Nutzen Sie Ihre Intuition?
3. Kennen Sie Ihre Kontrollmechanismen?
4. Können Sie sich wie ein Kind freuen?
5. Greifen Sie nach den Sternen?

Rot
1. Leben Sie Ihre Leidenschaften, etwas, das ihnen ein Gefühl von Sinn und Erfüllung gibt?
2. Nutzen Sie ihre Lebenskraft in einer Balance von Tun und Sein?
3. Ist Geduld eine Produktivkraft für Sie?

4. Können Sie sich respektvoll abgrenzen?

5. Sind Ihnen Ihre selbst aufgestellten Stoppschilder Ihres Lebens bewusst?

Später möchte ich Ihnen anhand von einigen Praxisbeispielen die Anwendung dieses Vorgehens im Coaching von Führungskräften und erreichbare Ergebnisse vorstellen. Doch zunächst tauchen wir ein in das Thema der Werte, die sich ebenfalls mit den Farben verknüpfen lassen. Der Farbkreis bietet sich auch hier als Strukturwerkzeug an.

14.6   Werte in Farbe

Die Arbeit mit Werten bietet eine gute Grundlage für die Entwicklung von Bewusstsein. Werte als Grundlage für die Entwicklung von Bewusstheit sind nicht neu. Wie bereits angemerkt, ist unsere Welt bunt und es gibt unterschiedliche Wege. Mein Weg über die Farben hat die Ableitung eines Wertekreises ergeben, den ich vorstellen möchte. Zwölf ist eine tief im Bewusstsein verankerte Zahl für Vollständigkeit – ein Zyklus, z. B. Monate des Jahres, Stunden des Tages und der Nacht. Ich möchte das Thema der Vollständigkeit vertiefen, bevor ich die Werte beschreibe. Stellen Sie sich eine Leiter vor, mit der Sie auf ein Haus von 12 m Höhe klettern sollen und bei der eine oder mehrere Sprossen fehlen. Sowohl der Aufstieg als auch das Herunterkommen werden unsicher. Es dauert länger und es ist möglich, dass es gar nicht mehr funktioniert. Jetzt stellen sie sich das Ganze unter Zeitdruck vor bzw. wenn das Haus brennt. Wenn wir uns in der Bewusstwerdungsarbeit nicht achtsam mit allen Werten beschäftigen, dann passiert genau das, was ich beschrieben habe.

Der Wert des Vertrauens – blau
Covey widmet ein ganzes Buch diesem Wert: *Schnelligkeit durch Vertrauen: Die unterschätzte ökonomische Macht* (Covey und Merrill 2009), das ich Ihnen sehr ans Herz lege, wenn Sie diesen Wert entwickeln möchten. Er hat übrigens 13 Vertrauensregeln beschrieben, wobei die 13 die Weitergabe von Vertrauen ist – für mich so etwas wie ein neuer Zyklus. Vertrauen ist der Wert, der ein lebenslanges Lernen und Selbstreflektieren braucht. Wenn Sie nur einen Monat investieren, die 13 Vertrauensregeln täglich anzuwenden, werden Sie genau diese Erfahrung verinnerlichen.

Auch in *Ghandi für Manager– Der andere Weg zum Erfolg* (Zittlau 2003) – das Buch ist übrigens tiefblau – geht es um die Macht des Vertrauens. Der Autor stellt in diesem Buch die Frage, ob wir es überhaupt schaffen können, „aus dem Argwohn-Gefängnis auszubrechen" (S. 127). Für das Ja möchte ich einige Impulse geben: Zuerst brauchen wir den Anschluss an unsere Gefühle, um zu fühlen, wann wir vertrauen und wann nicht. Emotionale Verletzungen anzuschauen und loszulassen, ist dafür ein guter Schritt. Emotionale Verletzungen blockieren uns auch im Hinblick auf unser Fühlen. Viel Veränderungsbereitschaft und auch die Offenheit für Schattenarbeit werden auf dem Weg zu diesem Wert gebraucht.

Der Lohn ist ein Gefühl von Verbundenheit, das Gefühl, sich selbst bei Meinungsverschiedenheiten auf Augenhöhe zu begegnen, das Gefühl eines Gemeinsam-mehr, das wir für eine lebenswerte Zukunft brauchen. Letztendlich führt Vertrauen zu Weisheit. Mit Vertrauen können wir die Drahtseilakte des Lebens meistern, auch weil wir Unterstützung erfahren, wo wir sie benötigen.

Der Wert der Individualität – Türkis

Individualität ist wie ein erfrischender Minze-Bonbon, kreativ, prickelnd und süß. Uns unserer Einzigartigkeit bewusst zu werden, diese auszudrücken, lässt uns wachsen und erzeugt Flow. Wenn wir unsere Einzigartigkeit leben, führt uns das hin zu unserer Berufung. Es braucht dafür die Selbstverpflichtung, zu sich zu stehen, denn im Beziehungsräderwerk kann es in der Zeit der Entwicklung ziemlich knirschen. Individualität braucht ebenfalls ein tiefes Einlassen auf die Ebene der Gefühle, denn eine egoistische Selbstverwirklichung ist mit dem Wert der Individualität nicht gemeint. Es braucht dieses tiefe Erspüren, wo der richtige Platz für das Leben der Einzigartigkeit ist und was der persönliche Beitrag ist. Dieser Wert ist deshalb auch so schwierig, da wir uns von unserer Umwelt bewerten lassen. Der tiefe Wunsch nach Anerkennung führt uns oft weit weg von unserer Individualität und wir leben dann ein eher sekundäres Leben. – Auch hier treffen wir wieder auf Covey.

Der Wert der Wahrheit, die aus dem Herzen kommt – Grün

Zu diesem Wert ließe sich ein ganzes Buch schreiben. Als Buch, dass nicht für Führungskräfte geschrieben ist, jedoch tiefe Wahrheiten über diesen Wert vermittelt, lege ich Ihnen das Buch von Rüdiger Schache *Herz über Kopf* (2018) ans Herz.

Ich hörte jetzt über eine Waldtherapie (Andrae 2018). Zuerst empfinde ich ein Gefühl des Erstaunens, dass der an sich zu einer guten Lebensbalance gehörende Aufenthalt in der Natur nun eine Therapie ist. – Wie fremd sind wir uns selbst geworden? Die Natur erschafft uns einen Raum, in dem wir unser Herz wahrnehmen können und wo wir unsere Wahrheit in Ruhe erspüren können. Es wäre mehr als wünschenswert, den Naturkontakt wieder in den Alltag zu integrieren, und es ist für mich eine wichtige Führungsfrage, ob wir in Entscheidungen unserem Herzen folgen.

Der Wert der Vollkommenheit der Natur und des transzendierten Menschen – Oliv

„Oh.. LIVE" – dieser Wert erfordert eine tiefe Verbindung mit der Natur und eine deutliche Horizonterweiterung. Viel Vergebung ist notwendig und das Erkennen, dass wir in Zukunft Hingabe, Reifung, ein neues Verständnis unserer Rolle auf diesem Planeten benötigen, um unseren Lebensraum zu bewahren. Oliv ist eine zutiefst weibliche Qualität. Umweltbewusstsein, Nachhaltigkeit – Frauen haben eine bewahrende, verbindende, tröstende Funktion – in der Familie, während der Schwangerschaft. Männer dürfen lernen, dass sie wahre Männer bleiben, wenn sie ihre intuitive Seite würdigen und wertschätzen. Um Hoffnung auf einen Neuanfang, wie nach einem nicht endenden Winter zu finden, brauchen wir das frische Oliv des Frühlings und einen persönlich alchimistischen Reifungsprozess. Wie Frühblüher, die die harte Erde durchbrechen im Frühling, brauchen wir Mut und Willenskraft für einen Neuanfang. Aktuell leben wir, als ob uns 1,8 Erden zur Verfügung stehen würden.

„Die Menschheit hat heute alle verfügbaren natürlichen Ressourcen für 2017 erschöpft. Wenn die Erdbevölkerung so weiterlebt, brauchen wir bis 2030 zwei Planeten, um den Bedarf an Nahrung und erneuerbaren Rohstoffen zu decken" (Fernau 2017). Wir reden über die Zukunft 2030 und genau deshalb ist es so wichtig, diesen Wert in das Bewusstsein einer jeden Führungskraft zu rücken. Die Natur braucht uns nicht, wir brauchen die Natur.

Der Wert der Ich-Bildung, der Selbsterkenntnis – gelb

Klarheit und Erkenntnis, Selbstwertthemen, Konditionierungen, Familienthemen können nur durch Klarheit und Erkenntnis gelöst werden.

Es braucht eine Entwirrung, ein Entknoten, weil meist mit entweder Flinte-ins-Korn-Werfen und Weglaufen (rote Variante) oder Wegschweben (blaue Variante), d. h. einer Flucht in Regelwerke, eigene Missionierung, z. B. Vegetarier aus Prinzip, Yoga/Sport etc., aus Prinzip und weiteren Scheinheiligkeiten reagiert wird.

Dieser Wert ist tricky, weil uns unser Verstand vorgaukelt und damit legitimiert, dass ja umfangreiche Veränderungsprozesse bereits laufen, sozusagen Verwirrung auf hohem Niveau. Gelbe Prozesse brauchen sehr viel Geduld, weil im Allgemeinen mehrfach im Kreis gelaufen wird. Für die Entwicklung dieses Werts habe ich Ihnen eine Übung an die Hand gegeben:

▶ Nehmen Sie sich monatlich die Zeit, ein neues gelbes Bild zu malen und hören Sie dabei ihrer inneren Stimme zu.

Es geht um das Lichtanmachen, was letztendlich auch die Frage beantwortet: Wann beginnt jemand zu strahlen? Farbe ist ergebniswirksam! Um das für Sie zu nochmals zu verdeutlichen: Stellen Sie sich eine leuchtend gelbe Zitrone bildlich vor – sie werden sofort mehr Speichelfluss im Mund haben.

Der Wert der Führung aus dem Zentrum des Seins – Gold

Wir laufen heute vielfach den falschen Werten, falschem Gold, hinterher. Ihre eigene Schatzkammer und das tief in Ihnen liegende Gold – das können Sie über den Anschluss an ihre innere Führung, ihre inneren Botschaften zu ihrem Lebenssinn, heben.

Trauen Sie sich, wie im Märchen Ali Baba und die 40 Räuber mit „Sesam öffne Dich" – Ihr Gold, ihren Reichtum aufzufinden. Was macht ihr Leben wirklich wertvoll? Was macht es glücklich? Hören Sie auf ihre innere Stimme! Finden Sie den Mut, begrenzende Konditionierungen zugunsten der Entfaltung Ihrer inneren Schätze loszulassen. Wie im Märchen gibt es Prüfungen – setzen Sie ihre Willenskraft ein, um das Leben zu leben, was Ihren Werten entspricht!

Gold und Weisheit des Lebens sind verknüpft. Ein wirklich weiser Mensch ist sich seiner Ressourcen und Werte bewusst. Selbst in Risikosituationen führt er aus seiner inneren Mitte. Sortieren Sie Ihre Gaben und Talente, das sind Ihre wahren Schätze, wertschätzen Sie sich selbst. Dann werden Sie zur Führungskraft der Zukunft!

Der Wert der tiefen Einsicht – Orange

Beim Mühlrad ist bei 6 Uhr oder Orange der Punkt, wo, nimmt man das Bild eines Menschen, der auf ein Mühlrad gebunden wird, die tiefe Einsicht durch Unter-Wasser-Sein gefunden wird. Der Wert der tiefen Einsicht basiert auf der Erkenntnis, dass mein Handeln Sinn erschaffen soll, denn daraus resultiert Erfüllung.

Handle ich ohne tiefe Einsicht, dann fehlt die Erfüllung. Das ist der heutige Normalzustand, der sich widerspiegelt in Süchten – eine gesunde Mischung fällt nicht auf, Konsumzwang, Alkohol, Esssucht, Workaholic usw. Tiefe Einsicht heißt, wirkliche Führungsfähigkeit zu erlangen. Ausgehend von einer gesunden eigenen Lebensführung entwickelt sich eine Führungsautorität, die von innen nach außen strahlt.

Der Wert der Interdependenz – Koralle

Wir sind nicht nur über das Internet vernetzt. Ein Verstehen der tiefen Verbindungen zwischen Mensch und Natur erschafft eine bewusste Entscheidung für ein gemeinsames Handeln zum Nutzen von Mensch und Natur. Die Koralle als soziales, sensitives Meereswesen liefert das zu verinnerlichende Bild für diesen Wert.
    Der Film Avatar drückt diesen Wert mit einer gigantischen Bildersprache aus.

Der Wert des Loslassens und des Seins – Rot

Zu diesem Wert möchte ich Ihnen eine Frage zur tieferen Beschäftigung geben: Wofür wurden Sie als Kind gestreichelt? Für Ihre Leistungen oder Ihr Dasein? Minuten oder Stunden des Seins als Wert ins Leben zu integrieren, braucht Loslassen von Kampf, Druck, dem weit verbreiteten Muss.

Der Wert der Achtsamkeit – Magenta

Achtsamkeit findet als Wort immer mehr Beachtung. Von dem wirklichen Wert sind wir weit entfernt. Gesundheit ist z. B. magenta und basiert auf Achtsamkeit. Es braucht die geführte Kommunikation (blau) durch die Seele (magenta), um gesund zu sein.

Wirkliche Achtsamkeit bedeutet, dass wir uns mit unserer Seele verbinden und Seelenimpulse annehmen. 10.000 Stunden bis zur Meisterschaft – jemand der in Kontakt mit seinem Seelenpotenzial ist, wird mit Hingabe diese Zeit investieren, um achtsam und im Einklang mit seinem Potenzial etwas Wundervolles zu erschaffen. Der Picasso-Spruch „Kunst wäscht den Staub es Alltags von der Seele" verdeutlicht diesen Wert. Auch Führung ist eine Kunst, denn sie braucht das Einlassen auf die Einzigartigkeit eines Menschen. Wenn Sie dieses Sich-Einlassen auf die Einzigartigkeit ihrer Mitarbeiter jetzt messen würden und sie vergleichen das Ergebnis mit der generellen Frage nach Achtsamkeit, gibt es sicher einen Unterschied.

Der Wert der Neutralität – Violett

Neutrales Beobachten und innerer Frieden führen zu Vertrauen in Verbindung mit sinngebendem Handeln. Das klingt so einfach und erfordert in der Umsetzung einen umfassenden Prozess der persönlichen Veränderung. Veränderung erzeugt oft Angst (die gelbe, komplementäre Qualität). Deshalb ist Vertrauen (blau im violett) so produktiv. Vertrauen wir, wird das Annehmen von Veränderung viel einfacher.

Der Wert der Reflexion – Königsblau

Was unterscheidet eine Führungskraft der Zukunft von einem seine Macht missbrauchenden Menschen in einer Führungsposition? Die demütige Reflexion der jeweiligen Führungssituation und das Annehmen der intuitiven Impulse. Die Annahme der eigenen Macht, eine Ermächtigung, die im Dienst und in der Verantwortung für Menschen und den Planeten wirkt, hat eine vollkommen andere Qualität.

Zusammenfassung: Dieser Wertekreis ist über achtsame geduldige Reflexion entstanden. Wir haben an sich nur die einzige Wahl: durchstarten! Was bedeutet das für die Führungspersönlichkeit? Mir gefällt dieses Zitat aus *Zero to One* (Thiel und Masters 2014, S. 190): „Aber egal, wie viele Trends wir verfolgen, die Zukunft kommt nicht von allein. [...] Ob wir Singularität von kosmischen Dimensionen erreichen, ist vermutlich weniger wichtig als die Frage, ob wir die einmaligen Möglichkeiten nutzen, in unserer eigenen Lebensspanne Neues in die Welt zu bringen. Alles, was uns wichtig ist – das Universum, unser Planet, unsere Heimat, unser Unternehmen, unser Leben –, ist hier und jetzt singulär, einmalig."

Die Tab. 14.1 zeigt eine Zusammenfassung und den Zusammenhang zwischen Farbe, Führungskompetenz und Entwicklungsaufgaben der Persönlichkeit.

Tab. 14.1 Übersicht zu Farbe, Führungskompetenz und Entwicklungsaufgaben

Farbe	Führungskompetenz	Wichtigste Lebensthemen und Entwicklungsaufgaben
Blau	Vertrauen, Autorität, Fokus	Beruf zur Berufung wandeln, Vertrauen als Produktivkraft verstehen und nutzen, innere Führung annehmen, inneren Frieden entwickeln, der nach außen wirkt
Türkis	Einzigartigkeit, persönlicher Beitrag, Vernetzung	Kreativität und Gefühl als die Welt verändernde Kräfte verinnerlichen, Einzigartigkeit ausdrücken lernen, Intuition für die Verwirklichung der Lebensaufgabe nutzen, persönlichen Beitrag entwickeln
Grün	Entscheidungskompetenz	Herz in seiner umfassenden Intelligenz begreifen, Herzensentscheidungen für nachhaltigen Erfolg zulassen, Beziehungen über das Herz entwickeln, der inneren Wahrheit Raum geben, Natürlichkeit leben

(Fortsetzung)

Tab. 14.1 (Fortsetzung)

Farbe	Führungskompetenz	Wichtigste Lebensthemen und Entwicklungsaufgaben
Oliv	Nachhaltigkeitsbewusstsein	Reifung erfordert Geduld und Ausdauer, weibliche Werte in der Führung als bewahrende Kräfte nutzen lernen, Umweltbewusstsein entwickeln
Gelb	Erkenntnis, Intuition	Klarheit, Einfachheit, Freude, Fantasie als treibende Kräfte erkennen, Wissen als unterstützende Kraft nicht als Ziel, Konditionierungen hinterfragen
Gold	Wertebewusstsein	Weisheit weitergeben, ebenso die tiefe Erfahrung, dass äußerer Reichtum dem bewusst gewordenen inneren Reichtum folgt
Orange	Persönliche Weiterentwicklung	Tiefe Einsicht in das Leben und Humor zulassen, da so Lebensfreude, Erfolg und Erfüllung folgen
Koralle	Selbstmanagement, Kooperationsfähigkeit, Konfliktfähigkeit	Reifekontinuum folgt aus Werten und Persönlichkeitsentwicklung, Entscheidung für Interdependenz, Liebe als die Kraft, die uns und die Welt mit Sinn erfüllt; d. h. gegebenenfalls über eine Grenzerfahrung zu einer neuen Sicht kommen, das Herz über das Bekenntnis zur eigenen Gefühlsebene neu durchstarten, ein neues Lebensgefühl eines sich verbunden Fühlens erreichen; sich selbst als sinnvoll empfinden und ohne Angst und Kampf die eigene Verletzlichkeit und Empfindsamkeit leben
Rot	Charisma, Durchsetzungsvermögen	Mut als Kraft, die aus dem Herzen kommt, verstehen lernen. Ressourcen und Kraft für die dem Leben Sinn gebenden Aufgaben mit Passion, Begeisterung und Dynamik einsetzen; Bewusstheit für die Kraft des Seins und des Loslassens entwickeln.
Magenta	Bewusstheit, Achtsamkeit	Persönliche Meisterschaft durch Liebe, Hingabe und Disziplin erreichen, Kunst als Sprache der Seele verstehen lernen, Schönheit, die aus dem Herzen kommt, in das Leben integrieren
Violett	Veränderungsfähigkeit	Spiritualität als Teil des Menschseins integrieren, Vertrauen in den Sinn von Veränderung investieren und damit aus Kampf und Drama heraustreten, Dogmen und intellektuellem Rechthaben eine Absage erteilen
Königsblau	Macht, Verantwortung	Demut als Zeichen des Verinnerlichens wahrer Macht zeigen, Reflexionsfähigkeiten erweitern, Ermächtigung annehmen

14.7   Praxisbeispiel – Das blaue Bild

In einigen meiner Workshops gibt es die Aufgabe, intuitive Bilder zu malen. Das ist zuerst für viele Führungskräfte eine Herausforderung. Nach dem Prozess werden oft Selbstzweifel, Hilflosigkeit, mentale Blockaden, z. B. wie ein solches Bild überhaupt zu bewerkstelligen ist, als erste Gedanken und Gefühle offenbart. Ich baue eine Brücke in die Intuition über begleitende Musik, Bildbeispiele, die die Fantasie anregen, Beispiele aus der Natur und kurze geführte meditative Einstimmungen. Für ein blaues Bild sind das z. B. blaue Tiere – und ich rede hier über die Energie: Der Adler ist so ein blaues Tier. Er gleitet entspannt und machtvoll am Himmel in ziemlicher Höhe und ist so fokussiert, dass er eben nicht für eine Fliege vom Himmel kommt.

Eine schützende und dennoch feine Glockenblume oder die Kornblume, die trotz ihrer Zartheit eine sehr tiefe Präsenz hat und eben nicht übersehen wird, sind Beispiele für Pflanzen. Immer wieder geht es zuerst, egal über welche Farbe wir reden, um Achtsamkeit und die Entfaltung des inneren Beobachters.

In einem Workshop entstand ein geniales blaues Bild. Das eigentliche Bildformat war am Flipchart befestigt. Oft arbeite ich mit Sonderformaten, mit denen man je nach persönlichem Bedarf Wachstumsenergie oder z. B. den Wunsch nach Stabilität ausdrücken kann, je nachdem, ob man das Format senkrecht oder waagerecht benutzt. Das sind Feng-Shui-Aspekte der Elementenergien, die nach einem Aha-Effekt schnell in die praktische Nutzung übernommen werden. Im konkreten Fall wurde das senkrechte Format (für die Holzenergie) gewählt und mit Kreide gearbeitet.

Intuitiv war der Klient bei seinem Atem angekommen und hatte den an sich unbewussten Atemprozess für sich still beobachtet und dann in einem Bild ausgedrückt. Das Zentrum war wie ein Stern und er beschrieb die Erfahrung des tiefen Vertrauens ins Leben, die er beim Malen erfahren hatte, als ihm bewusst geworden war, dass es einen Moment zwischen Einatmen und Ausatmen gibt, wo nichts ist, außer Vertrauen und Licht. Das interessante war, dass außen um das eigentliche Format ein Herz entstanden war aus dem Kreidestaub.

Das sind die speziellen Geschenke, die aus dem intuitiven Arbeiten entstehen und die eine kaum beschreibbare Kraft haben. Mir geht es um diese wundervollen Erlebnisse, denn dann ist Vertrauen eben kein Wort mehr, sondern eine nutzbare Energie.

14.8   Praxisbeispiel – Der Schritt hin zu wirklicher Machtannahme (Königsblau-Gold)

Helmut ist Vorstand – einer der neuen Generation. Er hat sich bereits mit gewaltfreier Kommunikation, Organisationsaufstellung und weiteren energetisch wirksamen Methoden beschäftigt.

Schnell sind wir gemeinsam in das zentrale Thema eingetaucht – Macht und Machtmissbrauch. Er erlebt Macht bei seinen Kollegen in Verbindung mit wenig wertschätzender Anerkennung für vertrauensvolles Handeln, mit einer Energie von Machtmissbrauch. Wir klären den Unterschied zwischen wahrer Macht und aktuell üblicher Macht, die über die Angst führt.

Es ist ein goldener Prozess, ein Hineinspüren in die innere Weisheit und die Erkenntnis, dass der Zugang zu wahrer Macht durch persönliche Selbstentwicklung möglich wird. Die Nachhaltigkeit und die Wirksamkeit des Ausübens wahrer Macht erschaffen ein vollkommen neues Verhältnis von Helmut zur Energie von Macht.

Sie führt ihn in die persönliche Entscheidung für die Annahme seiner persönlichen wahren Macht und der damit verbundenen Verantwortung im Unternehmen. Die intuitiven Reaktionen der Mitarbeiter ermutigen ihn selbst in Situationen, wo er Mobbing erfährt, in seiner kraftvollen Energie zu bleiben.

14.9 Praxisbeispiel – Führung mit weiblichen Werten

Sophia ist, als ich sie kennenlerne, eine Führungsnachwuchskraft, die bereits intuitiv die Entscheidung getroffen hat, dass sie als Führungskraft nicht der bessere Mann sein will.

Sie ist sich bewusst, dass sie Autorität und Souveränität weiter entwickeln möchte. Den Rat einer bereits als Führungskraft etablierten Kollegin, Hosen zu tragen als gute Wahl für mehr Anerkennung und Autorität, möchte sie nicht annehmen. Es muss für sie anders gehen und über dieses Anders finden wir einen gemeinsamen Anfang.

Als wir die weiblichen Werte des Olivs über Übungen, Bilder und auch über Märchen bearbeiten, blüht sie regelrecht auf. Gefühl und Intuition, das möchte sie sich erhalten, und dass dies zu weiblicher Führung gehört, beflügelt sie.

Sie lernt, dass die weibliche, sinn- und raumgebende Natur, eine andere Art der Führung ermöglicht, dass es so etwas wie passive Aktivität gibt.

Da sie in Konflikten das die Seiten Verbindende sucht, erzielt sie Erfolge und erwirbt Vertrauen. Bambus als Pflanze mit einer sehr olivgrünen Energie wird ihr Bild für Flexibilität und Aufrichtigkeit. Bewusstsein für Ressourcen und deren sinnvollen Einsatz – auf diesem Gebiet besitzt sie wertvolle Praxiserfahrungen, die sie nun bewusster nutzt.

Ideen, die aus ihrer Fantasie und ihrem Vorstellungsvermögen entstanden, wurden oft nicht wertgeschätzt, z. T. ins Lächerliche gezogen und vom Tisch gewischt. Ebenso ihr Engagement für Naturerhaltung. Grüne Projekte bringen keinen Gewinn – dass Naturerhaltung die Lebensgrundlage für alle Folgegenerationen ist, interessiert nicht.

Sie ist bereits eine Führungskraft der Zukunft, allerdings in einer Umgebung, in der diese Zukunft noch nicht angebrochen ist. Deshalb haben Kollegen, mit denen sie sich gut verstanden hat, auch das Unternehmen verlassen.

Als sie ihre Werte reflektiert und für sich selbst weitere Klarheit und Erkenntnis (gelb) als Ziel definiert, ändert sich ihre Resonanz. Vertrauen in die eigenen Fähigkeiten und Klarheit erzeugen Mut und Veränderungswillen. Sie bekommt das Angebot für den Wechsel in ein Unternehmen, wo ihr bereits beim Vorstellungsgespräch klar wird, dass sie ihre Werte hier besser leben kann.

Ich wünsche mir mehr mutige Führungskräfte, wie Sophia und Helmut. Bei Sophia ist die Bewusstwerdung über ihre bereits vorhandenen weiblichen Führungseigenschaften Impulsgeber für neues Selbstbewusstsein, Vertrauen und Mut. Bei Helmut erschafft die Erkenntnis über den Unterschied zwischen Macht und Machtmissbrauch den Aufbruch in eine neue Führungsethik. Die Arbeit mit dem Farbkreis war für beide Klienten sehr transparent. In der Natur gibt es sehr viele farbige Bilder, die verinnerlicht werden und im Alltag wieder abgerufen werden können.

Schlussfolgerungen aus der Praxisarbeit: Bewusstwerdung auf der energetischen Ebene hilft, Hindernisse, die einer Persönlichkeitsentwicklung im Weg stehen, zu überwinden. Zum Beispiel brauchen Defizite im Blau im Allgemeinen einen Kraftgewinn im Rot. Die Folge von fehlendem emotionalen, spirituellen Rot ist z. B. Mutlosigkeit im Hinblick auf die Umsetzung von inneren Wünschen im beruflichen Bereich und ein kraftzehrendes Verharren in einem unpassenden Job oder Umfeld. In der Natur gibt es sehr viele farbige Bilder – die verinnerlicht werden und im Alltag abgerufen werden können. In gewisser Weise wirken sie wie ein Anker im Neurolinguistischen Programmieren.

Schaut man die jeweiligen Führungssignaturen an, dann erfolgte bei Helmut eine Entwicklung und Bewusstwerdung im Königsblau und Gold. Sophias Signatur zeigte einen Bedarf in Oliv und Blau.

14.10 Bewusstheit und Intuition als Schlüssel für eine neue Führung

Wir brauchen Bewusstheit, wir brauchen Intuition.

Ich wünsche mir, dass Sie nun über eine blaue, gelbe und rote Erfahrung verfügen. Glauben Sie mir, die Erlebnisse, die wir uns erschaffen, sind viel mehr wert als Wissen. Also sollten Sie nur gelesen haben, dann gehen Sie jetzt in die Umsetzung!

Die komplexe Einzigartigkeit eines Menschen zu erfassen, erfordert intuitiv praktisches Wahrnehmen, Verinnerlichen und Handeln.

Dabei haben das Bild vom anderen und der Beobachter in uns Farbe, ebenso hat Sprache Farbe, auch Körpersprache.

Jemand sieht rot – das ist das Bild für die Energie von Wut.

Sich selbst und andere aufmerksamer und bewusster wahrzunehmen, braucht Vertrauen, Ruhe und inneren Frieden, den Zugang zum Gefühl. Da sind die feinen, detailorientierten Qualitäten der liebevollen Annahme (von Magenta), einer praktischen Achtsamkeit, sehr hilfreich. Hat man den Farbkreis einmal verinnerlicht, ist er ein sehr wirksames Bewusstwerdungswerkzeug.

Ich freue mich, wenn ich Ihnen ansatzweise die darin steckenden Möglichkeiten für eine intuitive Führungsintelligenz und die Zukunft 2030 verdeutlichen konnte, vielleicht Ihre Neugier geweckt habe. Unsere Umwelt und wir Menschen sehnen uns nach einer neuen Welt – einem intuitiven Erkennen, das ein Gemeinsam-Mehr in einer vertrauensbasierenden Kultur einen Neuanfang hin zu einer lebenswerten Zukunft und Ressourcenerhalt möglich macht. Das ist die Zukunft, an der wir arbeiten wollen.

Dafür brauchen wir zuerst Erkenntnis. Erkenntniszuwachs im Hinblick auf unsere Grundeinstellungen, denn leider ist ein wesentlicher Wert – Unabhängigkeit – zu positiv besetzt. Die meisten Menschen sind hier stehengeblieben, d. h. wir stecken in einer spätpubertären Phase, und es würde uns guttun, erwachsen zu werden. Die äußeren Erkennungsfaktoren: Singlehaushalte, Scheidungsrate, Burn-out, Mobbing – fast jeder kann ein persönliches Beispiel für Trennung, Kraftverlust, Autoritätsverlust oder Sinnentleerung finden.

Kulturänderung hat die Voraussetzung der Persönlichkeitsentwicklung! Auch unsere Normen und das soziale Rollenverständnis dürfen sich verändern. Sehr ähnlich führt es Stephen Covey in seiner Beschreibung des Reifekontinuums aus. Ein Team ist ein komplexes soziales System. Daraus resultiert: Es kann keine Kochanweisung für Erfolg geben!

Oft werden, mit großem unterbewusstem, energetischem Aufwand, verborgene, innere Wünsche vom Verstand unterdrückt. Die persönliche, gefühlsmäßige Einstellung zu Beruf und Erfolg stellt gegebenenfalls das gesamte bisherige Arbeitsleben infrage. Es braucht also großen Mut, die eigene Persönlichkeit in allen Facetten zu leben.

Folgen Führungskräfte ihrer inneren Stimme, bringt das auch Mitarbeitern Mut. Wir sind wieder bei den Spiegelneuronen.

Das Anders-Machen hat begonnen. Der Weg in eine lebenswerte Zukunft beginnt mit dem ersten Schritt – hin zu mehr Gefühl, zu mehr Herz, hin zu unserer wahren Natur.

Die von mir beschriebene Arbeit mit Farbe als Bewusstwerdungswerkzeug habe ich praktisch über 15 Jahre angewendet und sie hat neben den Erlebnissen und Bildern auch den Vorteil, dass sehr schnell eine Transparenz über die Entwicklungsschritte entsteht. Außerdem ist eine Selbstreflexion jederzeit möglich. Jeder kann für sich selbst messen, ob er z. B. Vertrauen entwickelt hat oder ob er mehr als nötig Kontrolle ausübt.

Der Zugang zur Intuition erscheint zuerst auch als ein gegebenenfalls gefährliches Terrain. Hier erreicht das Erleben in Farbe ein gefühlsmäßiges Verstehen und der Verstand unterstützt dann den Veränderungsprozess.

Gemeinsam mit meinen Klienten habe ich Schritt für Schritt Module erarbeitet, die einerseits praktische Führungsfragen beantworten und die Persönlichkeit reifen lassen. Beispiel sind Themen, wie: Charisma kann man lernen, Der Weg in die persönliche Meisterschaft, Authentisch im Führungsalltag und vieles mehr.

Ich wünsche mir für eine Zukunft 2030 Führungskräfte, die ihre innere Stimme wieder hören und ihr vertrauen lernen. Wenn Beruf zu Berufung wird, dann wird der graue Alltag wieder bunt, die gefrorenen Herzen wieder warm und diese Erde ein friedlicher Ort des Erschaffens und Lebens unserer Schöpfernatur.

Darauf freue ich mich.

Herzlichst Ihre Angèle Lange

Literatur

Andrae, C. (2018). *Was bringt die Waldtherapie?* https://www.apotheken-umschau.de/Alternative-Medizin/Was-bringt-die-Waldtherapie-550195.html. Zugegriffen am 11.02.2019.

Bauer, J. (2013). *Das Gedächtnis des Körpers: Wie Beziehungen und Lebensstile unsere Gene steuern.* München: Piper.

Covey, S. R. (2018). *Die 12 Gründe des Gelingens.* Offenbach a. M.: GABAL.

Covey, S. M. R., & Merrill, R. R. (2009). *Schnelligkeit durch Vertrauen: Die unterschaetzte oekonomische Macht.* Offenbach a. M.: GABAL.

Fernau, L. (2017). *Ressourcen aufgebraucht: Ab heute bräuchten wir eine zweite Erde.* https://www.geo.de/natur/nachhaltigkeit/16910-rtkl-earth-overshoot-day-ressourcen-aufgebraucht-ab-heute-braeuchten-wir. Zugegriffen am 11.02.2019.

Lönnig, W.-E. (2016). *Max Planck zum Thema Gott und Naturwissenschaft.* https://raymedy.nl/wp-content/upload_folders/raymedy.nl/2016/06/Das-Wesen-der-Materie-1944.-Max-Planck-.pdf. Zugegriffen am 11.02.2019.

Madert, K.-K. (2007). *Trauma und Spiritualität: Wie Heilung gelingt. Neuropsychotherapie und die transpersonale Dimension.* München: Kösel.

Oppelt, S. (2004). *Management für die Zukunft: Spirit in Business: Anders denken und führen.* München: Kösel.

Ostermeier, M. (2016). *Zitat von Albert Einstein.* https://ostermeier.net/wordpress/2016/10/zitat-von-albert-einstein-ueber-geschenk-und-diener/. Zugegriffen am 11.02.2019.

Schache, R. (2018). *Herz über Kopf- Entdecke deinen wahren inneren Kompass.* München: Goldmann.

Thiel, P., & Masters, B. (2014). *Zero to One – Wie Innovation unsere Gesellschaft rettet.* Frankfurt a. M.: Campus.

Weiss, M., Dr. (2004). *Mensch und Management.* Darmstadt: Schirner.

Youtube. (2017). *„Intuition in Corporate Management" – Helmut Lind.* https://www.youtube.com/watch?v=D_jZ0e9TdR4. Zugegriffen am 11.02.2019.

Zittlau, J. (2003). *Gandhi für Manager. Der andere Weg zum Erfolg.* Köln: Eichborn.

Angèle Lange, Jahrgang 1958, schloss 1981 ihr Studium als Wirtschaftsinformatikerin mit Diplom in Ost-Berlin ab, zu einer Zeit als die zukünftige Tragweite der IT noch den Wenigsten bewusst war. Im Jahr 1988, nach ihrer Übersiedelung nach West-Berlin, studierte sie Methoden der künstlichen Intelligenz und begann ihre Karriere in einem Innovationsunternehmen.

Pioniergeist, die Verknüpfung von Analytik, Gefühl und Intuition sind die Antriebskräfte ihres Erfolgs. Neben ihrer Arbeit als Leitende Angestellte, erforschte sie ab 2000 intuitive Methoden aus der Natur und Spiritualität tiefer im Hinblick auf die Nutzbarkeit im Führungsalltag. Resultierend aus ihrer Verantwortung in der Entwicklung von Führungsnachwuchskräften, einem Traineeprogramm und der Führungsverantwortung für mehr als 40 Mitarbeiter entstanden schrittweise 42 Module für eine Bewusstseins- und Führungskultur der Zukunft.

Seit 2005 wirkt sie selbstständig als Projektmanagerin in Risiko-projekten und als Coach. Mit ihrem auf Goethe, gängigen Weisheits-lehren und verfügbaren Schwingungswerkzeugen aus der Natur basierenden Vorgehen führte sie in Einzel- und Teamcoachings Führungskräfte, Kreative und Unternehmensinhaber in ihren nach-haltigen Erfolg und ihre Einzigartigkeit. Bewusstseinsentwicklung und ein gemeinsames Wirken an einer gesellschaftlichen Verände-rung für eine lebenswerte Zukunft sind für sie die Schlüsselaufgaben einer verantwortungsbewussten Führungskraft. Ihre Mission sieht sie in der Weitergabe dieser praktischen Erfahrung.

Weitere Informationen unter: https://www.linkedin.com/in/ang%C3% A8le-lange-575aa724/.

Generationengerechte Unternehmensführung 5.0: Babyboomer und digitale Eingeborene – Unternehmenskultur mit Konfliktpotenzial

15

Berit Larsen

Wille zu wollen, fördert Fähigkeit zu können!

Inhaltsverzeichnis

B. Larsen (✉)
Würzburg, Deutschland
E-Mail: larsen@mainzit.de

© Springer Fachmedien Wiesbaden GmbH, ein Teil von Springer Nature 2019
P. Buchenau (Hrsg.), *Chefsache Zukunft*, Chefsache,
https://doi.org/10.1007/978-3-658-26560-1_15

Zusammenfassung

Babyboomer und Digital Natives – das sind manchmal zwei Universen, die aufeinandertreffen. Die Konstellation ist im Arbeitsalltag spannend und gegenseitig inspirierend, aber auch anstrengend und sogar konfliktreich, wenn Führungskräfte und Mitarbeiter der unterschiedlichen Generationen nicht in der Lage sind, aufeinander zuzugehen.

Die allgemeine Vorstellung, dass die Digitalisierung die Altersgruppen menschlich entfremdet, mag auf den ersten Blick stimmen. Meine Erfahrung ist, dass die Digitalisierung Vernetzung, Empathie und transparente Kommunikation fördert. Unternehmenswerte und Unternehmensverbundenheit treten in den Vordergrund bei der Wahl der Arbeitgeber. Erfahrung trifft auf digitale Kompetenz und Neugier.

Der Weg zur gemeinsamen Zukunftsfähigkeit und Erfolg geht über eine flexible, auf Toleranz ausgerichtete Haltung, Konflikte als Chancen zu sehen und Kritik als Grundlage für Diskussionen und Wertewandel zu verstehen.

Die Chefsache der digitalen Arbeitswelt 5.0 wird sein, unser Führungs- und Managementdenken neu auszurichten und eine neue Unternehmenskultur voll gegenseitiger Wertschätzung zu gestalten.

15.1 Babyboomer – abgespaced in Workspace 5.0

Ob Babyboomer oder Millennials, sind wir nicht alle schon mehr oder weniger digital?

Die Babyboomer-Generation, bis etwa 1964 geboren, hat meines Erachtens als digitale Einwanderer den Grundstein für den heutigen digitalen Wandel gelegt. Im Gegensatz zu den Digitale Natives, die in einer digitalisierten Welt bereits aufgewachsen sind, könnte man fast meinen, dass die wahre Pionierarbeit für diese Entwicklung lange vor deren Geburtsjahren von uns, den Digitalimmigranten, gelegt wurde.

So, ich habe gerade nachgerechnet und festgestellt, dass ich, soweit das Leben es gut mit mir meint, mich 2030 in reifem Rentenalter befinde. Für den Fall, dass ich im Lotto gewinne, werde ich womöglich gar nicht in den Genuss der Arbeitswelt 5.0 kommen. Die statistische Wahrscheinlichkeit, dass ein Lottogewinn mich in einen vermögenden Ruhestand versetzt, ist jedoch sehr gering.

Auf der anderen Seite stehen die Chancen auch nicht gut, dass ich mit meiner spärlichen Rente auskomme. Deswegen gehe ich mit freudiger Erwartung und viel Neugier davon aus, dass das Abenteuer Arbeitswelt 5.0 nicht spurlos an mir vorbeigehen wird.

Bis zum Ende meines Wirkens habe ich dann beruflich und digital alles von Lochkarten bis zu Clouds, Big Data, künstliche Intelligenz und was uns sonst noch so blüht durch.

Im Grunde genommen sind wir Babyboomer doch die wahre Generation Digitalisierung 1.0!

In Cargo-Jeans, Sneakers und Hoodie, ganz leger mit einem Laptop auf meinem Schoß im Sitzsack, sehe ich mich im Jahr 2030 lässig in einem Workhub sitzen. Ich grübele jetzt schon darüber nach, wie ich aus dieser Sitzgelegenheit mit meinen alten Knochen elegant herauskomme. In der Hoffnung auf die Gnade und Unterstützung meiner Mitstreiter und Digibabes wird die Alte (sprich ich) im Workspace der Arbeitswelt 5.0 bestenfalls nicht vollends versacken.

Was jetzt lustig klingen mag, wird Realität sein. Mir geht es darum, als Babyboomer meine physische Verfassung realistisch einzuschätzen. Ergonomisches, altersgerechtes Arbeiten sieht anders aus. Da nutzt kein gesundheitsfördernder Obstkorb oder Kokoswasser in der Küche.

Tatsache ist, wenn wir den digitalen Erneuerungsprozess ohne Rücksicht auf die demografische Entwicklung weiter beschleunigen, verlieren wir womöglich die Vielfalt in der Arbeitswelt. Digitales Wissen wird auf manchen Arbeitsgebieten Erfahrung und veraltete Expertise überholen.

Impliziert „Wir suchen neue Mitarbeiter!" automatisch „Wir suchen junge Mitarbeiter!"? Wenn es so wäre, wird die zukünftige Arbeitswelt sehr konfliktreich sein. Wird es womöglich einen digitalen Altersrassismus geben? Ist es fortschrittlich, wenn ein bekannter IT-Dienstleister Ü-50ern nach langer Betriebszugehörigkeit ein Schlusspaket mit hoher Abfindung und einem Dankeschön anbietet? Oder ist es ein cleveres, wirtschaftlich notwendiges Personalmanagement zugunsten der digitalen Nachrücker?

Wir haben einen Fachkräftemangel, der nicht nur Handwerker betrifft. Ist akademische Expertise gleich digitalem Know-how? Hierauf gilt es zukünftig Lösungen zu finden, ansonsten haben wir auf Dauer in Unternehmen und in der Gesellschaft ein Dilemma und im Endeffekt auch einen arbeitssozialen Konflikt.

Expertentum setzt natürlich laufende Spezialisierung voraus. Aus meiner Sicht gehört Erfahrung auch dazu. Die größte Herausforderung der Arbeitswelt 5.0 wird sein, die alten Zöpfe von veralteten Führungsstilen und Leistungsdruck abzuschneiden und neue Werte wie Wertschätzung, Empathie und Respekt als Führungsinstrumente zu etablieren.

15.2   Digitale Rahmenbedingungen mit Konfliktpotenzial und Chancen

Maschine gegen Menschen? Schon heute arbeiten Menschen Hand in Hand mit ihren programmierten Kollegen. Die Digitalisierung der Arbeitswelt ist eine große Chance für die Zukunft. Viele haben Angst vor der künstlichen Intelligenz und befürchten, dass die Technik die menschliche Arbeit ersetzen wird. Dabei hat bisher eine Maschine nichts wirklich Neues erfunden. Sie hat weder Intuition noch Empathie, noch besitzt sie soziale oder emotionale Intelligenz. Menschen werden weiterhin als Planer und Entscheidungsträger benötigt. Es sind wir Menschen, die in den Unternehmen Qualität und Sicherheit gewährleisten müssen.

Mit Einfühlungsvermögen kommunizieren wir mit Kunden und Zulieferern. Trotzdem dürfen wir nicht vergessen, dass digitale Technologiestrukturen künftige Arbeiten übernehmen werden. Systeme basierend auf künstlicher Intelligenz werden branchenübergreifend Daten aufbereiten und Empfehlungen für Diagnosen, Kaufentscheidungen oder Optimierung von Industrieprozessen aussprechen. Die Welt wird smarter. Unser Smartphone ist nur der Anfang.

Droht uns allen die Arbeitslosigkeit? Wahrscheinlich nicht! Die Länder mit den niedrigsten Arbeitslosenquoten sind die mit dem höchsten Digitalisierungs- und Automatisierungsgrad. Produkte aus Ländern wie Südkorea, Japan, aber auch Deutschland sind am Weltmarkt einfach wettbewerbsfähiger. Smarte Maschinen übernehmen viele Routineaufgaben. Die Anzahl der Jobs fällt nicht weg. Die Tätigkeiten werden eben neu definiert. Zukünftig müssen Maschinen weiterhin konstruiert werden. Die neuen Techniken müssen gelehrt werden und neue Arbeitsfelder für Sicherheits- und Datenschutzexperten werden neue Berufsfelder kreieren.

15.3 Die digitale Beschleunigung als Schleudertrauma für Babyboomer

Mensch, im Idealfall war Karriere (wenn man Ende der 1980er-Jahre überhaupt das Glück hatte, eine Stelle zu finden) früher einfach: Abi, Studium – und ein Job mit Aufstiegschancen war gebongt. Die Hierarchiestufen wurden jährlich erklommen und am Ende des Berufswegs hat man sein Einzelbüro mit der Yucca-Palme aus der Ecke in den Armen als Abteilungsleiter verlassen dürfen und konnte zufrieden auf eine geile Karriere zurückblicken und mit einer ausreichenden Rente den Rentenalltag genießen.

Die ganz Ehrgeizigen von uns konnten noch das Studium mit einem Doktortitel krönen und waren dann am Ende des Karrierewegs in der Topetage eines Großunternehmens gelandet. Man fiel am Ende eines geradlinigen Berufswegs im Erfolgsfall weich.

Ich schreibe als Babyboomer „waren"; auch wenn ich heute noch ein paar Jahre zum Renteneintritt habe. Der digitale Fortschritt und dessen Folgen haben uns schon längst im Griff. Einige von uns haben die Auswirkungen verstanden und andere haben sie noch gar nicht gemerkt oder wahrhaben wollen.

Wer das Augenrollen unserer heranwachsenden an Smartphones dattelnden Kids bei Fragestellungen der digital ahnungslosen Babyboomer-Generation registriert, weiß auch, dass wir wohl im Lauf der digitalen Entwicklung einfach nicht Schritt gehalten haben.

Den digitalen Auftrag haben viele von uns als Babyboomer nicht erkannt bzw. verschlafen. Der Prozess ging und verläuft immer noch schwindelerregend schnell und hat einige von uns digital überrollt.

Mit welcher App haben Sie das Sommermärchen 2006 verfolgt? Idealerweise können Sie sich nicht erinnern, weil es nämlich zu der Zeit noch gar keine gab.

15.4 Babyboomer im digitalen Notstand

Manchmal wundere ich mich als Unternehmensberaterin schon, welche Auswüchse die angebliche Fortschrittlichkeit einer Babyboomer-Führungskraft annimmt.

Ein legeres Auftreten in Jeans, T-Shirt und Sneakers kann nicht darüber hinwegtäuschen, dass an alten konservativen Leitsätzen der Unternehmensführung wie Kostenoptimierung und Zielerreichungsvorgaben weiterhin festzuhalten ist.

Eine Führungskraft der Zukunft tritt anders als konservativ gekleidete Altherren im Anzug auf. Der ist es eh egal, was er oder sie anhat, weil die Prioritäten im Erscheinungsbild und Handeln sich verschieben. Ein Millennials-Vorstand mit Hipsterbart, Flip-Flops oder Dreadlocks ist heute nichts Ungewöhnliches, aber auch kein betrieblicher Fort- oder Rückschritt.

Rasant ändert der technische Fortschritt unsere Arbeitswelt. Digitalisierung ist eine gesellschaftliche Umwandlung des beruflichen Wirkungskreises. Unternehmen aller Größen werden gleichermaßen vor Herausforderungen gestellt. Kundenbedürfnis etabliert Strukturen und Geschäftsmodelle ändern sich im Takt des digitalen Fortschritts. Arbeit wird flexibel und nicht mehr orts- und/oder zeitgebunden sein. Innovative Techniken bringen neue Chancen und Geschäftsfelder hervor, in dem Menschen und Maschinen immer stärker zusammenarbeiten.

Zeit, Raum und Dauer der Tätigkeiten treten in den Hintergrund und können beliebig gewählt werden. Die klassischen Organisationsstrukturen werden wegfallen. Funktionsbereiche und Hierarchien lösen sich auf und organisieren sich neu. Die alte Führung nach Gutsherrenart hat ausgedient. Ich höre die Einwände von erfahrenen Führungskräften und Managern und stelle oft fest, junge Gründer führen agiler, als alte Hasen des Managements sich bisher trauten.

Ich bin schon erstaunt, mit welcher Selbstverständlichkeit und Eigeninitiative Jungunternehmer ihre Ideen umsetzen. Sie vertrauen auf ihre Fachkompetenz und haben stets den Kunden im Fokus. Was nicht funktioniert, kommt weg. Sie haben eben keine Angst vor einem Neuanfang!

Da kann sich mancher Babyboomer eine Scheibe abschneiden. Das Verständnis von Fortschritt in den Führungsetagen ist schon sehr unterschiedlich. Die Tatsache, dass ich ein individuell entwickeltes und dem Betrieb angepasstes IT-System in einem eigenen Serverraum habe und zehn Programmierer mit Pflege und Aufrechterhaltung des Rechenzentrums beschäftige, weist eher darauf hin, dass ich gerade dabei bin, die digitale Transformation zu verpassen.

Mein krassestes Erlebnis ist die Unternehmerin im Versandhandel, heute ein klassisches E-Commerce-Geschäft, die selbstverliebt an ihrer uralten Rechnerstruktur und Auswertungen festhält, weil sie ihr IT-Baby nicht loslassen kann. Es geht dann so weit, dass Mitarbeiter selbsterstellte Auswertungen im Layout der alten Rechnerstruktur präsentieren (müssen), weil die alte (in doppelter Hinsicht) Chefin von Neuentwicklungen nichts hält. Dass die Firma Schwierigkeiten hat, Führungsnachwuchs und Mitarbeiter zu finden, wundert mich nicht. Firmen werden heutzutage im Internet mit Hinblick auf Arbeitnehmerfreundlichkeit, Fortschrittlichkeit und persönliche Entwicklungsmöglichkeiten bewertet.

Es spricht sich eben digital schnell im Netz herum, dass diese angeblich innovative Firma in alten Führungsstrukturen verharrt. Umso verwunderlicher ist es, dass die Dame in angeblich innovativen Fachverbänden mitwirkt. Da wird mir schon ein wenig Bange um den digitalen Fortschritt in Deutschland.

15.5   Führungsdiskrepanzen zwischen Babyboomer und Millennials

Die Babyboomer sind mit einem autoritären Führungsstil in der Arbeitswelt groß geworden. Selten hat man sich als Arbeitnehmer ohne Führungskompetenz getraut, die Unternehmensentscheidungen infrage zu stellen. Der Chef hatte grundsätzlich Recht; auch wenn man insgeheim gedacht hat, dass er falsch liegt bzw. die Tatsachen dann doch anders lagen.

Es gab keine Möglichkeit, die Unternehmensentscheidungen zeitlich parallel zu überprüfen. Wie denn auch, ohne Internet und Suchmaschinen?

Unsere Arbeitswelt von gestern ist für die digital Eingeborenen unvorstellbar. Diese Generation vertraut nur auf eine Institution und das ist, trotz Fake News, das Internet. Fakten werden gleich gecheckt und überprüft, Fehler oder Abweichungen somit auch gleich kommuniziert. Und ich weiß: Als Babyboomer ist es anstrengend, diese Mitarbeiter zu führen. Es nutzt aber nichts – um ein gewisses Standing als Führungskraft zu ergattern, muss man Verständnis für deren Verhalten und ein Mindestniveau an digitaler Kompetenz vorweisen, sonst geht man autoritär unter.

Auf der anderen Seite geht es auch darum, als Digital Native sog. Fakten kritisch zu hinterfragen, digital zu entschleunigen und nicht alles als gegeben oder wahr hinzunehmen.

Für alle gilt: Die Chancen, die einen beinahe allumfassenden Zugriff auf Daten bringen, müssen wir zukünftig konstruktiv ergreifen. Es geht in der Arbeitswelt 5.0 um die Bereitschaft, lebenslang zu lernen, mit Offenheit und Neugier.

15.6   Digitale Führungskräfte im Suchmaschinenmodus

Was waren denn früher die Einstellungskriterien für eine Führungskraft in spe? Die Babyboomer haben noch gepaukt, um die menschliche Festplatte – sprich Gehirn – mit so viel Information wie möglich aufzurüsten.

Neben Fachwissen war v. a. auch Allgemeinwissen gefragt. Im Nachgang würde ich sagen, dass die fleißigen Streber meiner Generation es eindeutig einfacher hatten, eine adäquate Führungsstelle zu finden.

Gute Umgangsformen und ein angemessener Kleidungsstil gehörten ebenfalls dazu. Sagen wir mal so: Ein Hipster hätte es Anfang der 1990er-Jahre trotz Prädikatsexamen schwer gehabt, in die Führungsriege eines Unternehmens einzutreten.

Die digitalen Eingeborenen haben ein anderes Verständnis von Kompetenz. Sie halten sich nicht mit Äußerlichkeiten auf. Wer digital up to date in Bezug auf die zu erledigende Aufgabe erscheint, übernimmt für diese Tätigkeit die Führung. Es geht um die Sache und um das Ergebnis.

15.7 Gewohnheitsführung – das haben Babyboomer immer so gemacht

Geht das noch? Ist das überhaupt noch gewünscht? Kommt man heute mit so was durch? Meiner Meinung nach passen elitäres Gehabe oder die alt gediente Gutsherrenart nicht in unsere Zeit.

Heute gibt es leider Führungskräfte, die immer noch meinen, sich besondere Privilegien herausnehmen zu können. Da fällt mir spontan der neue Direktor ein, der nichts Besseres zu tun hatte, als am ersten Arbeitstag den am nächsten zum Eingang gelegenen Parkplatz mit einem Schild Direktion zu versehen. Die Mitarbeiter, denen er sich noch nicht einmal vorgestellt bzw. kennengelernt hatte, standen kopfschüttelnd am Fenster und beobachteten das Szenario. Man könnte auch sagen, dass die Prioritäten des Herrn Direktors allen schnell klar wurden.

Erst ich selbst und dann die Mitarbeiter? Von Wertschätzung kann man in diesem Fall als Mitarbeiter nur träumen. Firmen, die ihre Mitstreiter schätzen, reservieren eingangsnahe Parkplätze für Schwangere und Mitarbeiter mit körperlichen Einschränkungen. Gesunden Mitarbeitern und Führungskräften schadet es nicht, ein paar Schritte extra zu laufen. Das nennt man nämlich Wertschätzung: Schön, dass du trotz aller Last und Einschränkungen bei uns bist!

Die Krönung lieferte unser Steinzeitdirektor dann damit, dass er auf seine morgendliche unverzerrte und glattgebügelte Tageszeitung bestand. Wer soll das als junger Mensch verstehen? Wo doch alles, ohne den Regenwald abzuholzen, digital gelesen werden kann.

In einem der vorherigen Abschnitte habe ich über die Geschäftsführerin mit ihrem IT-Baby berichtet. Die Zukunft hat ihre Firma bereits eingeholt. Da sie nicht in einem Ballungsraum niedergelassen ist, wird es immer schwieriger, geeignetes Personal zu finden bzw. zu behalten. Ihr Festhalten an überholten digitalen und personellen Strukturen mindert die Attraktivität als Arbeitgeber. Was sie als Angriff auf ihre Führungskompetenz sieht, ist ihr eigenes ernsthaftes Führungsproblem.

Dass sie in ihrem von außen betrachtet fortschrittlichen Unternehmen Probleme mit Personalfluktuation und dadurch auch mit der Besetzung der offenen Stellen hat, ist in Zeiten der digitalen Bewertung von Arbeitsgebern kein Wunder. So lange ein Umdenken nicht stattfindet, wird diese Problematik für sie am Ende nicht lösbar sein.

Digital Natives lieben Transparenz und die Freiheit, neue Lösungen zu finden. Dies gilt es, durch die zukünftigen Arbeitgeber zu fördern.

15.8   Kann was oder Canvas? Bitte beides!

Als alte Häsin im Wald der Unternehmensberater beschäftige ich mich gern mit neuen Ideen und Möglichkeiten, wie man Projekte erfolgreich entwickelt und managt.

Geht es um Methoden oder Inhalte? Soll ich auf Altbewährtes verzichten?

Ich bekomme des Öfteren Anfragen von potenziellen Auftraggebern und Personalvermittlern, die mit für mich unbekannten Begriffen und Abkürzungen so selbstverständlich umgehen, dass ich denke: Oh je, der berufliche und fachliche Zug ist an mir vorbeigerauscht. Hilfe!!!! Ich habe den Anschluss verpasst! (Wissen sie überhaupt selbst, wovon sie sprechen? Das nächste Mal lasse ich mir das alles genau erklären!)

Man mag es nicht glauben, aber auch in der analogen Welt haben wir Personae und UX analysiert und erstellt. Altmodisch und vereinfacht erklärt, war das eine Zielgruppen- und Nutzenanalyse. Dass wir dies weiterentwickelt und auf ein digitales Anforderungsmanagement übertragen haben, ist wunderbar. Es nutzt aber alles nichts, wenn das fundierte Fach- und Hintergrundwissen sowie die Erfahrung der Beteiligten fehlen.

Was man nicht weiß oder versteht, kann man als Wissen in digitale Prozesse auch nicht transportieren.

Heute sehe ich mich als **Wissenstransformationsmanagerin**: Ich bringe sehr gute fachliche Grundlagen und Erfahrungen mit, verstehe eine Menge von digitalen Prozessen und überlasse die Umsetzung den Experten. Denn was hat schon die Oma gesagt? Wer alles kann, kann alles halb!

Neulich hat mir ein Bekannter eine Geschichte aus seiner Firma erzählt, die unser analog-digitales Dilemma wiedergibt:

Sein Arbeitgeber ist ein aufstrebendes Unternehmen im Bereich der Medizintechnik. Die Produkte und deren Prozesse werden immer stärker digitalisiert. Es handelt sich um Geräte, die regelmäßig zur Unterstützung eines physikalischen Prozesses im menschlichen Körper eingesetzt werden. Die Firma expandiert und sucht ständig Nachwuchskräfte. Also werden regelmäßig Bachelor-Studienabgänger eingestellt, die technisch und digital auf dem neuesten Stand, aber in Bezug auf biochemische Prozesse, auf Wissenstransfer angewiesen sind.

Man kann eben nicht alles können. Im Lauf eines Produktabnahmeprozesses hat mein Bekannter darauf hingewiesen, dass das Prozedere an sich technisch gut ist, aber im menschlichen Körper würden sich biochemische Verbindungen bilden, die für das Verfahren kontraproduktiv wären und sich negativ auf Patienten auswirken könnten.

Die anschließende Diskussion war lang. Man (die Jungen) hätte alles im Netz recherchiert und wäre sich sicher, dass dieser Ablauf das momentane Optimum wäre. Über seine Bedenken und Fachbegriffe könne man im Internet nichts finden, deshalb würden sie quasi nicht existieren.

Nun ist mein Bekannter erfahren, sehr lange im Geschäft und hat sich nicht beirren lassen: Er hat seine Schützlinge einfach auflaufen lassen. Sie haben brav getestet und seine Einwände wurden im Anschluss fachlich vollends bestätigt.

Was sagt uns das? Unternehmen können sich heute (noch) nicht leisten, auf erfahrene Mitarbeiter aus der analogen Welt zu verzichten. Es gibt tatsächlich zu berücksichtigende Fakten außerhalb des Netzes und Firmen sind gut beraten, sich nicht so schnell von digitalen Jungspezialisten blenden zu lassen.

15.9   Generation Y und die Frage nach dem Wozu

Vergessen Sie Status und Prestige, die Millennials sehen das so: Arbeit soll Spaß und Sinn machen.

Für die Generation Y ist ein Smartphone ein Lebensbestandteil und der Zugang zum Internet selbstverständlich. Sie sind ständig erreichbar und haben keine Hemmungen, persönliche Daten zu veröffentlichen. Schnelle Rückmeldungen und Kritikfähigkeit zeichnen ihr Kommunikationsverhalten aus. Unangenehme Sachverhalte werden direkt angesprochen und sie zögern nicht, ihr Wissen und ihre Meinung kundzugeben.

Sie sind arbeits- und leistungsorientiert und wollen gut verdienen. Dabei soll das Verhältnis zwischen Arbeit und Freizeit ausgeglichen sein. Sinnloses Zeitabsitzen gehört nicht zu einem Arbeitsalltag und ist mit ihren Vorstellungen von einer flexiblen Beschäftigung nicht vereinbar.

Klassische Statussymbole faszinieren wenig oder nicht. Ethische Werte stehen im Vordergrund; Hierarchien und konventionelle Machtverteilungen werden grundsätzlich abgelehnt. Das gilt auch für Unternehmen.

Diese Generation denkt global und verfügt über eine hohe internationale Mobilität. Fremdsprachen zu sprechen ist einfach normal.

Gemeinschaft und Kooperation sind wichtig. Diese Teamplayer wirken trotzdem manchmal überheblich, anspruchsvoll und fordernd.

Freiräume werden gesucht, da Individualität und Unabhängigkeit ein wichtiger Bestandteil eines flexiblen Lebens sind. Die Hemmschwelle sich umzuorientieren ist eher niedrig, da die klare Orientierung an persönlichen und beruflichen Lebenszielen im Vordergrund steht. Eine Lebensanstellung können sie sich kaum vorstellen und an Beschäftigungsverhältnissen fühlen sie sich nur so lange gebunden, bis sich neue, attraktivere Möglichkeiten ergeben.

Junge Beschäftigte verlangen eine neue Arbeitswelt. Wenn sie mit den Arbeitsbedingungen und Aufgaben nicht zufrieden sind, werden sie weiter zum nächsten Job ziehen. Manchmal gelten sie sogar als schlau und faul. Was wir nicht außer Acht lassen dürfen ist, dass deren Ansprüche die gesamte Wirtschaft verändern wird.

Junge Kollegen setzen auf Effizienz. Effektivitätssteigernde Bürosoftware, straff gehaltene Meetings mit einer offenen Gesprächskultur und Teamaustausch werden wichtig sein, damit dies gelingt. Tools zur Prozessoptimierung werden noch mehr an Bedeutung gewinnen, ohne dass Qualität und Verlässlichkeit der Mitarbeiter im Unternehmen darunter leiden.

15.10 Das Dilemma der Work-Life-Integration

Das Tempo in der Arbeitswelt hat sich in den vergangenen Jahren extrem erhöht. Es wird Menschen geben, die einfach nicht mehr schaffen, was die Gesellschaft von ihnen fordert. Perspektivisch betrachtet wird die neue Arbeitsgeneration, die kürzere Arbeitszeiten erwartet, paradoxerweise mehr Zeit für die eigene Regeneration verlangen.

Fortschrittliche Lösungen, für die wir nicht mehr überarbeitete und überforderte Menschen beschäftigen, sind gefragt. Menschen sollen besser, zufriedener und kreativer als heute arbeiten können.

Und damit kommen wir zu einem meiner Lieblingsthemen auf meiner persönlichen Konflikteskalationsskala. Meine Kids werden mich für meine Ausführungen lieben, aber ich gehe davon aus, dass nicht nur ich Probleme sowohl beruflich als auch privat habe, die offensichtlich fließende Grenze der digitalen Eingeborenen zwischen Entspannungsbedarf und Faulheit zu definieren.

Menschen ticken unterschiedlich. Das stellen wir schon als Kinder und Schüler fest. Der eine lernt bäuchlings mit dröhnender Musik um die Ohren, die anderen benötigen eine pedantische Ordnung und Ruhe, um überhaupt in den Lernmodus zu kommen.

Jede Generation hat seine beruflichen Sitten. Bei mir hatte am Anfang meines Berufslebens grundsätzlich der Chef immer Recht. Wir arbeiteten konzentriert und ruhig zu viert in einem Büro (oder taten so als ob).

Weder frisches Obst noch Betriebskindergarten oder Homeoffice und ein freier Workspace hat uns in den Betrieb geködert. Ehrlich gesagt ging es ziemlich steif und hierarchisch zu. Wenn ich mir heute Bilder von mir als 30-jährige Führungskraft anschaue, sehe ich eine uniformierte, wenig authentische Person, die auch 50 Jahre alt hätte sein können. Grundsätzlich waren wir alle froh, überhaupt eine Stelle gefunden zu haben.

Die Marktgegebenheiten haben sich geändert. Fachkräfte sind Mangelware und was ist das Ergebnis? Wir als babyboomende Entscheidungsträger trauen uns nicht mehr zu, Leistung einzufordern.

Sollten wir nicht unsere jungen Mitstreiter zum wirtschaftlichen Optimum antreiben? Was tun, wenn die Antwort darauf „Chill mal!" ist. Der Selbstoptimierungswahn greift um sich. Klar hat jeder Mensch ein Recht auf Entspannung, aber wann wird aus Entspannung Trägheit und wo verläuft die Grenze zu Gier auf Kosten der Gemeinschaft, des Unternehmens, Übermut und Faulheit? Die zukünftigen Generationen werden uns aufzeigen, was geht!

Es ist schon erstaunlich, wenn meine 1986 geborene Studententochter mir erzählt, dass sie eigentlich keinen kennt, der nach dem Studienabschluss Vollzeit arbeiten möchte. Nicht nur ihre Kommilitonen und Freunde, sondern auch sie, streben nach dem Studienabschluss im Idealfall eine Teilzeittätigkeit an. Es gäbe so viele andere Sachen auszuleben, da ist Arbeit nur Mittel zum Zweck „Leben". Motto: Ich arbeite, um zu leben, und lebe nicht, um zu arbeiten!

Gern hätte ich ein wenig von dieser Lockerheit besessen. Mit dieser Einstellung ist man gut geschützt vor Burn-out usw. – könnte man denken. Oder fängt da nicht womöglich durch die Verschiebung der Prioritäten ein Freizeitstress an? Was schaffe ich alles neben meiner Berufstätigkeit? Eine Weltreise als digitaler Nomade? Schimpansen retten in

Afrika? Soziales Jahr in Lateinamerika? Alles dokumentiert und gepostet auf sozialen Medien, weil man zu den Guten, Glücklichen, Erfolgreichen gehören möchte. Es beschleicht mich das Gefühl, dass mit der Digitalisierung der neuen Arbeitswelt die Probleme und Konflikte nicht verschwinden, sondern in einer anderen Dimension Raum einnehmen.

Wie kann ich feststellen, ob mein Mitarbeiter kreativ chillend seinen inneren Schweinehund überwunden hat und seine Arbeitskraft gewinnbringend in mein Unternehmen einbringt? Traue ich mich, mit der alten Leier zu kommen, dass man vielleicht geordneter und strukturierter arbeiten soll? Oder sind wir jetzt schon Opfer der fortschreitenden Agilität?

Der zukünftige Entscheidungsträger ist nicht die Führungskraft, sondern derjenige, der die Projektherrschaft innehat. Es zeichnen sich spannende Zeiten ab.

15.11 Das analog-digitale Generationenverständnis der Kritikfähigkeit

Sind die digital Eingeborenen kritikfähiger als Babyboomer? Das ist als Ü-50er schwer zu beurteilen. Wir haben zwar gelernt, dass Kritik auch etwas Positives sein kann, aber im Endeffekt fühlen wir uns unwohl und schlecht dabei, wenn mit dem Finger auf unsere Unzulänglichkeiten gezeigt wird.

Wir spüren Wut, Angst und Unzulänglichkeit. Ich möchte mich wehren und schnell entsteht ein Konflikt. Ich möchte mich verteidigen, mache mir Sorgen, fühle mich minderwertig, grüble und blocke ab. Wäre es nicht einfacher, sich selbst zu sagen: Jetzt ist das passiert, was sollen wir machen? Es handelt sich darum herauszufinden, in welchen Situationen du gezielt handeln kannst.

Fest steht, dass manche digitalen Eingeborenen eine Gabe haben, Kritik nicht als Problem oder etwas Negatives zu sehen. Wenn ich meine jüngste Tochter betrachte, ist Kritik eine tolle Gelegenheit für eine gute Diskussion. Er ist ein Beweis dafür, dass die Gegenseite engagiert ist, und Ausdruck für Mut.

Wenn ich den Gedanken weiterspinne, kann Kritik auch eine Einladung sein, sich zu entwickeln oder ein Zeichen von Vertrauen. Sie könnte auch eine Gelegenheit sein, ein Missverständnis aufzuklären, oder eine Gelegenheit, Aufmerksamkeit für seine Position zu bekommen. Vielleicht ist Kritik auch ein Geschenk oder der Ausdruck eines Traums von etwas Besserem – etwas, was man annehmen kann oder nicht; ein Ausdruck dafür, dass ich was wert bin, oder die Konsequenz ein Mensch zu sein, der durch Kritik das Gefühl entwickelt, dass sein Wertesystem bedroht wird.

Auf der anderen Seite kann man der Gegenseite zeigen, ich bin für dich da. Lasst uns großzügig miteinander und mit unseren gegenseitigen Meinungen umgehen. Ich verstehe deine Bedenken und bewundere deine Leidenschaft. Womöglich ist deine Kritik einfach auch eine Bitte um Hilfe. Ein Ausdruck für Unsicherheit und Zukunftsängste. Der Kritiker übernimmt Verantwortung und startet einen Dialog. Er hat so viel Vertrauen zu dir, dass er glaubt, dieses Problem gemeinsam lösen zu können.

Ein schöner Gedanke für einen Babyboomer, der lernen muss, mit Kritik konstruktiv umzugehen und nicht persönlich zu nehmen.

15.12 Empathie statt Kontrolle in Big Data – Dschungel

Leider ist es in unserer Kultur keine Selbstverständlichkeit mehr, einem anderen Menschen zu sagen, welch ein großartiges Individuum er ist. Wir alle sind Meister im Kritisieren und können die Fehler der anderen bis ins kleinste Detail analysieren, aber wir sind im Grunde Versager, wenn es darum geht, einem Menschen ein gutes Gefühl zu geben.

Woher kommt das? Ich denke, es gibt hier einen doppelten Generationenkonflikt. Die alten Chefs, die von oben herab Fehler suchen und Angst schüren, beherrschen noch manches Unternehmen. Deren Problem ist aber, dass kein Digitale Native sich auf Dauer mit einer derartigen Führungskultur abfinden wird.

Die neue Generation ist Selbstoptimierer. Sie wollen nicht nur optimal erscheinen; sie wollen auch optimale Lebensumstände. Wir sind beruflich unterschiedlich erzogen.

Wie ich das merke? Die Jungen fordern mehr Lebensraum ein. Wir hätten am Anfang des Berufslebens nicht gewagt, um Freiräume für Kindererziehung und Hobbies zu fragen. Der Arbeitsmarkt war völlig konträr zu dem heutigen. Spurte man nicht, wurde man ausgetauscht. Da haben schon die nächsten Anwärter auf der Straße gestanden.

Heute werden die jungen Fachkräfte umworben und hofiert.

Es kommt oft zu Missverständnissen, wenn Jung und Alt zusammenarbeiten. Um produktiv zu bleiben, können ältere Mitarbeiter dem entgegenwirken, indem sie junge Menschen verstärkt in den Unternehmen coachen.

Haben wir früher auf den Rat der Älteren gehört? Wohl nicht. Auch ich wollte über mein Leben und meine Zukunft bestimmen und machte eben mein Ding. Trotzdem wollte ich die Karriereleiter so schnell wie möglich hochklettern. Ehrlich gesagt war das sehr mühsam. Wann ist der Knoten geplatzt?

Erst als der oberste Boss mich unter seine Fittiche nahm und mir fachlich und menschlich Führungswissen übermittelte, mich förderte und protegierte, erreichte ich die Position, die ich mir vorgestellte hatte. Ohne eine Basis an Empathie, Fachwissen und Kritikfähigkeit wäre das wohl nicht so schnell und subjektiv erfolgreich geschehen.

Empathie darf trotzdem nicht ausschließen, auch mal harte und unpopuläre Entscheidungen zu treffen, Vorschläge oder Kritik zu äußern.

15.13 Digitale Führung ist Kommunikation

Was passiert, wenn keiner die Sprache des anderen spricht bzw. versteht? Die digitale Generation wächst mit unterschiedlichen Ansprüchen auf. Auf der einen Seite soll im Leben alles schneller und weiter gehen. Auf der anderen Seite erheben sie den Anspruch, lediglich zu arbeiten, um ihr eigenes Leben optimal zu gestalten.

Sie machen in zwölf Jahren mit im Alter von 17 Abitur, gehen mit Mami und Papi zur Uni-Einschreibung, studieren auf Bachelor und treten mit 20 Jahren angeblich gebildet und geschliffen nach der Regelstudienzeit mit der Erwartung auf den Arbeitsmarkt, weiter in dieser Hochgeschwindigkeit Karriere zu machen.

Was sie vergessen oder gar nicht wissen können: Es sind auch andere Fähigkeiten und Kompromissbereitschaft notwendig, um Erfolg zu haben.

Hyperambitionierte Digitale Natives treffen auf ältere gelassene Mitarbeiter, die eine andere Sprache sprechen und wissen, dass manche Sachen eben länger dauern. Wie sollen diese extrem unterschiedlichen Mitarbeiter ohne eine gewisse Kompromissfähigkeit zusammenarbeiten?

Generationsunterschiede gab es schon immer. Doch unsere Kinder, die jetzt auf den Arbeitsmarkt kommen, unterscheiden sich stark von vorherigen Generationen. Sie sind von Eltern enorm behütet im Wohlstand aufgewachsen und haben manche eigenen Erfahrungen nicht machen können, weil es ihnen einfach nicht gestattet wurde. Sie sind gewohnt, ihren Willen durchzusetzen, weil ihre Helikoptereltern ihnen auf ihrem bisherigen Lebensweg alles ermöglicht haben. Ihnen sind Dienstwagen und Sonderzahlungen egal, so lange genug Freizeit bleibt, um persönliche Präferenzen auszuleben. Diese Haltung schließt ihren Wunsch nach Karriere nicht aus.

Die Babyboomer sind von diesem Verhalten irritiert. Zunächst sind sie besorgt, von den Digital Natives abgehängt und ausgetauscht zu werden. Ungläubig und genervt verfolgen sie das ständige Gedaddel am Smartphone, das sie für respektlos und unangebracht halten.

Was passiert, wenn Unternehmen diese Kommunikationsdefizite nicht erkennen? Jeder Arbeitgeber ist so erfolgreich wie die Summe der Leistungen seiner jungen und alten Mitarbeiter. Wenn Kommunikationsdefizite herrschen und Erfahrung fehlt, leiden Produktivität und Erfolg des Unternehmens.

Auf der anderen Seite sind Unternehmen heute im digitalen Zugzwang, da sie – um weiterhin auf dem Markt bestehen zu können – natürlich auch den besten Nachwuchs in ihren Reihen benötigen. Also geht es darum, erfahrene Mitarbeiter zu halten und gleichzeitig betriebskonforme junge Mitarbeiter zu finden, sodass diese gegenseitig und langfristig voneinander lernen können.

Ich habe tolle Firmen kennengelernt, die generationenübergreifend Onboarding-Prozesse betreiben. Ganz vorn dabei sind die skandinavischen Global Player. Ältere und/oder berufserfahrene Paten übernehmen im unternehmerischen Sinn einen Erziehungsauftrag. Fachwissen ist die erste Voraussetzung, um gemeinsam erfolgreich zu sein. Es geht aber auch um Soft Skills wie Respekt, Loyalität, Gelassenheit und innere Haltung. Junge Mitarbeiter dürfen mithilfe des Erfahrungsschatzes von älteren Mitstreitern reifen.

Es geht in diesem Prozess nicht um Umerziehung, sondern um die Vielseitigkeit, Sichtweisen wahrzunehmen. Neue Gedanken gepaart mit Fachwissen und Erfahrung von älteren Kollegen können Projekte in neue innovative Bahnen führen.

Es geht um Loyalität und Kompromissfähigkeit, um Fordern und Fördern. Im Grunde genommen ist jedes Unternehmen wie eine Großfamilie, in der jeder sich anpassen und seinen Platz finden muss. Es heißt nicht, dass die Unternehmen den Erziehungsauftrag für junge Kollegen übernehmen sollten, sondern um Vielfalt und gegenseitiges Interesse an den jeweiligen Abläufen und Aufgaben des anderen.

Die Akzeptanz und Wertschätzung der Erfahrung von älteren Kollegen kann eine Win-win-Situation für beide Seiten sein.

15.14 Emotionen im Zeitalter der digitalen Kommunikation

Mimik ist ein wichtiger Bestandteil der Kommunikation. Auch ohne Sprache können Menschen sich verständigen. Ob Wut, Angst, Ekel, Trauer – die Gesichtsausdrücke werden ohne Sprachbarrieren verstanden. Ein Digibabe würde sagen: „Das ist ja alles total easy. Dafür sind Emojis geschaffen".

Sind wir tatsächlich in der Lage, Emotionen real zu erkennen? Wenn ich schon sehe, dass Seminare zu Mimikresonanz angeboten werden, da heute nur noch etwa 60 % der Menschheit Gesichtsausdrücke erkennen oder diese richtig deuten, dann läuft auf der kommunikativen (Führungs-)Ebene in den Unternehmen etwas schief.

Die Fähigkeit, die Stimmung anderer Menschen live und unkommentiert zu deuten, wird offensichtlich durch die Digitalisierung zerstört. Wir schauen mehr aufs Handy als ins Gesicht. Wir sind nicht mehr geübt in nonverbaler Kommunikation und verkümmern vor unseren Smartphones zu empathischen Analphabeten.

Wir können nicht mehr mit Gefühlen umgehen. Ein Pokerface der alten Babyboomer-Schule bei Verhandlungen aufzusetzen, bringt wenig, denn das wird womöglich weder erkannt noch verstanden. Eher schauen wir weg, als dass wir versuchen, den Gemütszustand des Gegenübers zu interpretieren oder zu verstehen.

Länger hinschauen ist eh ein Tabu – das könnte wahnsinnige Züge entlarven.

Wer es nicht glaubt? Die Entwicklung von emotionalen Analyse-Apps ist weit fortgeschritten. Schauen Sie mal in dem App-Store Ihrer Wahl nach.

15.15 Zwang zur (digitalen) Spezialisierung

Als Babyboomer ist es trotz großer Fachkräftemangel heutzutage kein leichtes Unterfangen, eine neue adäquate Position zu finden. Sie soll ja nicht nur Geld bringen, sondern v. a. das eigene Potenzial genügend ausschöpfen und wenn möglich auch, einen weiteren Schritt, wenn auch vielleicht der letzte, auf der Karriereleiter sein. Manche Babyboomer möchten es in reifem Alter einfach noch mal wissen. Mit ihren vielseitigen Fähigkeiten und Talenten müssten sie doch mit Kusshand genommen werden und letztmalig vor der Rente eine Traumkarriere einläuten?

Weit gefehlt! Woran liegt es? Nach 30 Jahren Berufstätigkeit als vielseitige Generalisten konnten sie in vielen Bereichen die vorhandenen Talente ausleben. Richtig spezialisiert sind sie nicht mehr. Und da liegt auch zukünftig das Konfliktpotenzial bei der Weiterführung der beruflichen Laufbahn begraben.

Welche Rolle spielt der Mensch in der heutigen Arbeitswelt? Nüchtern betrachtet könnte man meinen, dass wir ein winziges Rädchen in einer großen, digitalen Maschinerie sind, die ausschließlich von Profit und Effizienz gesteuert ist. Ganz krass ausgedrückt: Menschen werden nur so lange gut behandelt und im Unternehmen behalten, wie sie für den Arbeitsprozess benötigt werden.

Der Spagat zwischen Wunsch nach Lebensqualität und beruflicher Bedeutung der eigenen Rolle im Unternehmen wird immer größer werden. Recruiter sagen voraus, dass der Mensch zukünftig nicht bis zum Lebensende in einem Unternehmen weilen wird.

Wenn man unterstellt, dass Unternehmen zukünftig nur auf Spezialisten zurückgreifen werden, dann stehen die digitalen Eingeborenen vor einer seriellen Spezialisierung während der Berufsphase. Begründet ist dies in der sich immer schneller entwickelnden digitalen Welt. Spezialisierungen werden oft überholt sein. Die größte Herausforderung in der Zukunft wird sein, den Wunsch nach der sog. Work-Life-Balance in Einklang mit den Bedürfnissen der Arbeitgeber zu bringen.

Momentan sind Fachkräfte Mangelware und gesucht, aber was passiert, wenn immer mehr Tätigkeiten digitalisiert und automatisiert werden? Jede Transformation bringt auch neue Möglichkeiten und gegebenenfalls auch neue Rollen als Arbeitnehmer mit sich. Werden wir alle auffangen können? Oder kreieren wir gerade ein neues Wirtschaftssystem, in dem eine kleine Anzahl von Spezialisten das Gesamteinkommen erwirtschaftet und eine Art Basiseinkommen für die Unbeteiligten sichert, die einen profitbringend aktiviert und die anderen zur Passivität verbannt? Die Welt 5.0 wird spannend.

Manche Unternehmer stöhnen über den Zwang zur Digitalisierung. Der Grund: Die Aufgaben werden nicht weniger, sondern steigen mit den komplexen Anforderungen und Abläufen. Ganz klar fallen Aufgaben weg, aber wer erklärt und strukturiert die neue digitale Kompetenz.

Als Führungskraft geht es um kommunikatives Leadership. Reden ist entgegen der geläufigen Meinung in dem Fall Gold. Die Generation Y fordert Gespräche auf Augenhöhe und Teilhabe an Entscheidungen. Sie wünscht sich Transparenz und Motivation sowie Einbindung in die Prozesse. Im Gegenzug vermitteln sie Begeisterung und Stolz, in ihrem besonderen Unternehmen arbeiten zu dürfen.

Idealerweise werden zukünftige potenzielle Kunden auf sie aufmerksam. Es geht um Motivation und Zukunftsorientierung als Fundament der Unternehmensführung.

Ihre Belegschaft sind die besten Botschafter Ihres Unternehmens. Es gibt keine erfolgreichere Werbung als begeisterte Mitarbeiter, die mit Stolz erzählen, in welcher tollen Firma sie tätig sind und positive Bewertungen auf Internetportale abgeben.

Wie bewerben Digitale Natives sich heute? Sie fragen das Internet und suchen nach dem persönlichen „perfect match". Bei der Suche nach einer geeigneten Tätigkeit sind sie wählerisch und kompromisslos. Was nicht passt, wird „tinderlike" nach links „geswiped" und gar nicht erst berücksichtigt.

Heutzutage mangelt es nicht an Arbeitsplätzen, sondern an Mitarbeitern. Durch die digitale Welt können kleine und mittelständische Unternehmen ihre Arbeitgeberqualitäten passgenau anbieten. Eine klare Kommunikations- und Innovationsstrategie erfüllt die Wünsche der zukünftigen Kandidaten.

Wonach streben die Digitale Natives? Sie sind der Schlüssel zum unternehmerischen Erfolg. Sie möchten mitgestalten und streben im Sinn der Führung danach, die Produkte und die Dienstleistungen jeden Tag zu verbessern. Wenn Sie es auch noch schaffen, täglich Ihre Belegschaft in Entscheidungen einzubinden, sind Sie weiter als die meisten Unternehmer unserer Zeit. Wer sich zu schade ist, an sozialen Zusammenkünften außerhalb des Konferenzraums teilzunehmen, verpasst beim Kaffeetrinken oder gemeinsamen Mittagessen in der Kantine die wesentlichen Informationen, wie es um die Stimmung im Unternehmen steht. Vielleicht erfahren sie mehr über die persönlichen Lebenspläne und Karrierewünsche ihrer jungen Kollegen. Was ist teurer als ein Mitarbeiter, der sich missverstanden und nicht wahrgenommen fühlt und sich deswegen weiter bewirbt, obwohl es zahlreiche Entwicklungsmöglichkeiten in Ihrem Unternehmen gäbe? Personalsuche ist kosten- und zeitintensiv.

Wie kann man als Vorgesetzte eine neue Kommunikationskultur schaffen?

Manchmal lohnt es sich, den Spieß umzudrehen und z. B. gemeinsam mit den Kollegen eine gemeinsame Strategie für die Kundenanbindung zu entwickeln. So entsteht an beiden Enden eine Win-win-Situation für die Beteiligten. Intern lernen die Teilnehmer viel über Ihr Unternehmen. Was ist unser Alleinstellungsmerkmal, wer ist unser potenzieller Kunde, was kann unser Produkt, wofür stehen wir und womit können wir im Bereich Customer Service unsere Kunden überzeugen. Junge Kollegen lernen viel über Teamarbeit, Kommunikationsverhalten und den Umgang mit unterschiedlichen Sichtweisen und Meinungen.

Am Ende entsteht ein Konzept, das intern alle vertreten werden, weil jeder seinen Teil zum Erfolg beigetragen hat. Der gemeinsame Erfolg führt zu einer starken Identifikation mit Ihrem Unternehmen, erwirkt einen Motivationsschub und steigert so nebenbei die persönliche Bindung zwischenmenschlich und am Unternehmen. Menschen als digitale Führungskraft mit eigener Kraft (ja, das kann anstrengend sein!) erreichen ist unbezahlbar. Da können sich Firmen manche sog. Motivationstrainer und Workshops sparen.

15.16 Digitales Management versus digitale Führung

Böse betrachtet kann man sagen, dass manch altgediente Manager die polierte Vergangenheit verwalten und für die Zukunft die Fehlervermeidung optimieren.

Doch die Verwaltung einer Organisation ist keine Führungsaufgabe. Eine Führungskraft traut sich alles infrage zu stellen, auch wenn sie verwirren oder nachbohren muss, bis es weh tut. Sie schaut über den Tellerrand und traut sich, kritische Meinungen zu äußern und auf die Tagesordnung zu setzen. Leadership ist Stillstand vermeiden und immer weiter nach zukünftigem Potenzial im Markt, Produkt und Personal zu suchen.

Menschen im Unternehmen sind Kollegen und keine Maschinen.

Führung ist in die Zukunft blicken, herumspinnen und alles Bestehende infrage stellen. Wie agiert so ein zukünftiger Visionär und digital Eingeborener? Geile Dinge entstehen, wenn du bereit bist, „out of the box" zu denken.

Da kannst du gern wie Elon Musk mit einem Joint unterwegs sein und Möglichkeiten sehen, die abgefahrener sind als das, was gerade auf dem Markt ist. Die Wahrscheinlichkeit, dass Generation Y an neuen, heute nicht vorstellbaren Entwicklungen maßgeblich beteiligt sein wird, ist hoch.

Neue Impulse entstehen durchs Wagen! Verstehen Sie mich nicht falsch, ich möchte Sie nicht zu Drogenmissbrauch verführen, aber ein wenig Lockermachen im Umgang mit festgefahrenen Führungs- und Unternehmenskulturen würde uns Babyboomer gut zu Gesicht stehen und v. a. guttun!

Sie sollen nicht ihre gesamte Existenz aufs Spiel setzen. Sprengen Sie Rahmen. Stellen Sie liebgewonnene Prozesse infrage und gewohntes Verhalten auf den Prüfstand. Vergessen Sie Ihre Unternehmensleitlinien und fragen Sie sich wofür, für wen machen wir das und geht das vielleicht anders oder sogar besser?

Die digitale Transformation wird aufgrund ihrer Schnelllebigkeit das Führungsverhalten weg vom Managen hin zum In-die-Zukunft-Begleiten ändern. Klar, es ist einfacher einen Manager zu bewerten, der erfolgreich den bestehenden Unternehmensprozess aufrechterhält. Wie soll man eine Führungskraft bewerten, die nachdenkt und Prozesse anstößt, deren wirtschaftlicher Erfolg nicht gesichert ist oder sogar scheitern kann? Die womöglich neue, digital orientierte Mitarbeiter benötigt und damit Stammpersonal vor den Kopf stößt?

Scheitern gehört in Deutschland nicht zu unserer Unternehmenskultur. Das wird sich, da bin ich mir ganz sicher, durch die Globalisierung und die neue Offenheit der Generation Y, etwas zu wagen, ändern. Aus verpatzen und verpassten Gelegenheiten entwickeln sich Chancen für die Zukunft.

15.17 Digitale Führungspyramide

Zukünftige Leader müssen managen und führen können. Dabei geht es nicht um die Zuteilung von festen Rollen an vorgeschriebene Personen, sondern je nachdem welche Aufgabe zu lösen ist, um eine wechselnde Rollenverteilung zwischen Facharbeit, Management und Führung.

Je nach Fähigkeiten und Erfordernissen kann jeder Arbeitnehmer seine Rolle in verschiedenem Umfang mit unterschiedlichem Verantwortungsgrad übernehmen und erfüllen. Unten in der Pyramide überwiegt die Facharbeit mit wenig Management- und Führungsaufgaben. Je höher man in der Pyramide ist, je ausgeglichener wird der Anteil zwischen Facharbeit-, Management- und Führungsaufgaben.

Ganz oben in der Organisationsstruktur wird der Anteil echter Führungsarbeit zunehmen. Diese wird ergänzt um einen kleinen Anteil Managementaufgaben. Führungsarbeit auf oberster Ebene beansprucht Zeit zum Nachdenken. Der Anteil von Facharbeit lässt nach, aber trotzdem muss eine Führungskraft sich mit dem Geschäftsmodell auskennen. Zukünftig werden Unternehmen auch die Rolle der Führung in der Organisationsstruktur fördern und wertschätzen.

15.18 Führungsgrundsätze und -vorstellungen der Generation Y

In Deutschland nimmt die Zufriedenheit über die Vorgesetzten immer weiter ab. Zwischen Patriarchen der Babyboomer und agilen Angehörigen der Generation Y kracht es. Der Zeitpunkt ist denkbar schlecht. Diese Stimmung tut den Unternehmen nicht gut. Es herrscht teilweise viel Frust in Traditionsunternehmen, die viele junge Beschäftige eingestellt haben. Hier ist nicht nur die wachsende Arbeitsbelastung der auslösende Faktor.

Generationen mit unterschiedlichen Erwartungshaltungen treffen in einer Zeit von Fachkräftemangel aufeinander. Dies ist auch ein Indiz dafür, dass viele Unternehmen die Folgen der Digitalisierung bisher unterschätzt haben.

Babyboomer arbeiten und führen anders als die digitalen Eingeborenen und verstehen deren Anspruch an einer Mitarbeiterführung nur rudimentär.

Wie sieht eine optimale Führungsstruktur in den Augen der Generation Y aus?

Eine Führungskraft soll den Nutzen von Aufgabenstellungen erläutern und vertreten können. Sie arbeitet werteorientiert und akzeptiert, dass Mitarbeiter sich verwirklichen wollen.

Junge Mitarbeiter wünschen sich ein freundliches Miteinander. Sie setzen auf flache Hierarchien, wollen mitreden und ernst genommen werden.

Durch ihre Erziehung sind sie es gewohnt, dass sie individuell behandelt werden. Führungskräfte sollen fürsorglich ihre emotionale Befindlichkeit berücksichtigen und Verständnis haben, wenn den jungen Mitstreitern Fehler unterlaufen.

Flexibilität ist gewünscht. Trotzdem sollen attraktive und verlässliche Rahmenbedingen vorherrschen, die mit klaren Anweisungen und Entscheidungen Strukturen vorgeben und entsprechend unterstützen.

Wenn die Arbeitsinhalte ihnen zweckmäßig vorkommen, akzeptieren sie herausfordernde Aufgaben, bringen sich ein und erledigen die gestellten Aufgaben selbstbewusst und eigenständig.

Auf Aktivitäten und Fragen erwarten die Millennials eine zeitnahe, umfassende und wertschätzende Rückmeldung. Dies impliziert auch eine intensive, offene Informations- und Kommunikationskultur.

Wettbewerb ist eine Herausforderung, die Leistungsbereitschaft hervorruft und entsprechend vergütet werden soll, d. h. Führungskräfte dürfen durchaus Leistung mit materiellen Anreizen fördern und würdigen.

Junge Mitarbeiter verknüpfen ein positives Arbeitsklima mit Teambildung. Sie vernetzen sich gern und intensiv in einer positiven Gemeinschaft, auch in WhatsApp-Gruppen und ähnlichen professionellen Tools und agieren hierbei bevorzugt in Teamstrukturen.

Karriere und Einkommensziele sollen in kürzeren Arbeitsphasen durch Weiterbildung und Entwicklungsräume gefördert und erreicht werden.

Nutzbare Zeit für persönliche Interessen ist ihnen wichtig. Für sie sind Arbeit und Privatleben keine getrennten Sphären und deswegen soll die Arbeitszeit flexibel gestaltbar sein. Arbeit heißt nicht, im Büro Zeit abzusitzen, und umgekehrt ist im Home Office arbeiten kein Urlaub.

Globale Orientierung wird gelebt. Im Gegensatz zu den Babyboomern verfügen viele über ausgeprägte Fremdsprachenkenntnisse und suchen Unternehmen, die interkulturelle Erfahrungen und Arbeitsmöglichkeiten fördern.

Sie sind frei von konventionellen Vorstellungen und sehr offen für Neues. Deswegen sind sie auch weniger vertragsloyal ihren Arbeitgebern gegenüber und suchen Akzeptanz für ihren Lebensstil. Die Werteorientierung ist anders als bei den Vorgängergenerationen.

Unzulänglichkeiten formulieren sie spontan, direkt und offen, sodass Führungskräfte Feedbacks annehmen und sich auch selbst reflektieren sollten.

15.19 Generationengerichtet in die Zukunft

Im Umkehrschluss können Unternehmen auch von der Generation Y profitieren!

Ich möchte eine Lanze für die nachfolgenden Generationen brechen. Das patriarchale Führungsbild wird verschwinden. Ein höherer Grad an Mitbestimmung in den Unternehmen ist komplex und anstrengend für die Führungskräfte der Babyboomer-Generation, aber die Ergebnisse werden uns überraschen.

Zufriedene Mitarbeiter steigern die Produktivität und damit auch die zukünftigen Ergebnisse.

Viele bestehende Geschäftsmodelle stellen die Digitalisierung infrage und damit auch die traditionelle Rolle von Führungskräften. Junge Mitarbeiter wollen geliked werden – ein wenig befremdlich für einen Babyboomer.

Die Fähigkeit, seine Mitarbeiter langfristig zu motivieren, ist zu einem zentralen Erfolgsfaktor geworden. Unternehmen müssen ihren Mitarbeitern heute einen Grund geben, warum sie mit Herzblut an einer Sache arbeiten sollen. Wenn das gelingt, werden übrigens auch Diskussionen über Kernarbeitszeiten und Kontrollmechanismen obsolet.

Gute Chefs sind also nicht nur für das Wohlbefinden der Mitarbeiter, sondern letzten Endes auch für den wirtschaftlichen Erfolg eines Unternehmens verantwortlich.

Schlechte Führungskräfte kosten deutsche Unternehmen jährlich richtig viel Geld. Gute Chefs sind also nicht nur für das Wohlbefinden der Mitarbeiter, sondern letztendlich auch für den wirtschaftlichen Erfolg eines Unternehmens verantwortlich.

Gute Chefs geben jedoch nicht nur Aufgaben ab, sondern auch Verantwortung. Damit zeigen sie, dass sie ihren Mitarbeitern vertrauen und sie nicht nur als Handlanger betrachten. Nicht umsonst wurde ein bestimmter Mitarbeiter oder ein bestimmtes Team mit einer Aufgabe betraut.

Wer die besten Leute für ein Projekt auswählt, tut dies nicht ohne gründliche Überlegungen. Es besteht also keine Notwendigkeit, delegierte Aufgaben ständig zu kontrollieren und sich ins Mikromanagement eines Projektteams einzumischen.

Überall, wo Menschen arbeiten, passieren Fehler. Das lässt sich nicht vermeiden, aber damit lässt sich gut umgehen. Nämlich dann, wenn Chefs eine gesunde Fehlerkultur vorleben. Dazu gehört in erster Linie, dass Chefs eigene Fehler eingestehen, offen damit umgehen und die Beteiligten aufeinander zugehen.

Dann klappt das Miteinander auch in der Arbeitswelt 5.0.

Berit Larsen *Fakten oder Emotionen? Bitte beides!*

Berit Larsen ist Diplom-Kauffrau, Wirtschaftsinformatikerin und Mediatorin. Sie ist in Norwegen aufgewachsen und hat an den Universitäten in Würzburg und Göttingen studiert. Als Führungskraft war und ist sie interkulturell und global in unterschiedlichen Positionen, Branchen und Unternehmen tätig.

Seit 2001 arbeitet sie hauptsächlich als Interim-Managerin und Unternehmensberaterin. Sie ist Gründerin und Geschäftsführerin der mainZIT GmbH, die neben der klassischen Unternehmensberatung und Interim Management auch Konzepte für medizinisches Vertriebs- und Produktmarketing anbietet.

Sie sagt über sich selbst: „Ich bin einerseits die abgeklärte Wirtschaftswissenschaftlerin und Unternehmensberaterin, Führungskraft und Geschäftsführerin, die Strategie und operatives Geschäft an den harten Fakten ausrichtet und Spaß an Zahlen hat. Und dann gibt es diese reife Führungskraft, die mit den Berufsjahren verstanden hat, dass der Erfolg einer Person oder eines Unternehmens nicht nur auf Zahlen, sondern auch auf weichen Faktoren wie Empathie, Intuition, Selbstbewusstsein, Team-, Kritik-, Kommunikations- und Konfliktfähigkeit sowie Eigeninitiative und Neugier basiert. Menschen im Beruf mitreißen und glücklich zu Höchstleistungen führen; das ist meine Berufung!"

Mehr Infos unter www.berit-larsen.com.

Erwachsenenbildung 2030 – Menschen brauchen Menschen

16

Jutta Malzacher

Inhaltsverzeichnis

Zusammenfassung

Working out Loud (WOL) und Learning out Loud (LOL) als Lernsetting der Arbeitswelt 4.0 reflektieren lang gefragte Einsichten betrieblicher Weiterbildung in Deutschland. Engagierte Weiterbildner drängen längst mit der Notwendigkeit zeitgemäßer Methoden und Inhalte, wären da nicht veränderungsresistente Unternehmenschefs und jahrzehntelang eingefahrene Lernszenarien. Während humanistische Lerninhalte hinter technische zurückgedrängt wurden und Menschen ins Burn-out lenkten, gewinnen sie durch die Digitalisierung wieder an Bedeutung. Lernen ist heute ein immanenter Teil

J. Malzacher (✉)
Heidelberg, Deutschland
E-Mail: jm@elan-project.de

© Springer Fachmedien Wiesbaden GmbH, ein Teil von Springer Nature 2019
P. Buchenau (Hrsg.), *Chefsache Zukunft*, Chefsache,
https://doi.org/10.1007/978-3-658-26560-1_16

unserer Arbeit. Daher sollte die Kombination von informellem, digitalem und sozialem Lernen als gesellschaftliche Notwendigkeit gesehen werden. Unternehmen und deren Akademien können perfekte Bildungsstätten für eine breite Gesellschaft sein, nicht nur für Firmenangehörige. Hier können selbstgewählte Lernziele in einem kontinuierlichen Prozess erreicht, Erfolge in sozialen Netzwerken geteilt werden. Der Dozent verschwindet. Indem wir menschliche und digitale Lernbegleiter nutzen, werden wir alle zu echten Multiplikatoren.

16.1   Gesamtgesellschaftlich

Bildung als gesellschaftliches Thema ist in unserer kompetitiven Gesellschaft schon immer ein ideologisch hoch umstrittenes Feld. Lernen und Sich-Weiterbilden sind ein Teilbereich der Arbeitswelt und eine lebenslange Angelegenheit. Weil in Deutschland Bildung kaum Zeit und noch weniger Geld kosten darf, hat es die allgemeine Erwachsenenbildung und betriebliche Weiterbildung schwer, Mitarbeiter für diese Notwendigkeit zu begeistern. Wer fachliche, insbesondere technische Kenntnisse erweitern muss, wird häufig vom Arbeitgeber gefördert. Die Erfahrung zeigt, dass das Interesse von Teilnehmern in Seminaren drastisch sinkt, wenn diese ihre Weiter- oder Fortbildung aus eigener Tasche bezahlen sollen. In den USA, der erfolgreichsten Wirtschaftsmacht, kostet Bildung so viel, dass sie für viele Menschen unerschwinglich ist. Gleichzeitig ist dort hohe Bildung auf renommierte Privatschulen und Universitäten reduziert, praxisorientierte Ausbildungskonzepte mit Betrieben und duale Hochschulen gibt es nicht. Woanders auf der Welt steht Bildung kaum zur Verfügung. In Deutschland haben alle Menschen eine Bildungsmöglichkeit. Dabei liegt Erwachsenenbildung in der Verantwortung des Einzelnen. Schulische Bildungsexperten stehen der föderalistischen Bildungsorganisation mit einer Art Hassliebe gegenüber. Daher gelingen uns gemeinsame Erfolgs- und Qualitätsbewertungen nicht.

Sehr früh in unserer Sozialisationsumgebung beginnt Erziehung und mit ihr Bildungsbereitschaft. Themen der freiwilligen Erwachsenenbildung werden in Deutschland hauptsächlich durch Arbeitgeber, private Dienstleister, die Agentur für Arbeit und subventionierte Volkshochschulen abgedeckt. Geflüchtete haben auf Kosten des Staates eine klare Bildungsauflage. „Ausgelernte" Erwachsene in unserem Land nicht; 7,5 Mio. Menschen in Deutschland sind funktionale Analphabeten (Hartung 2018). Der 126-seitige Katalog des Bundesministeriums für Bildung und Forschung „eQualification 2018" informiert über bundesweite digitale Sensibilisierungs- und Qualifizierungsmaßnahmen der Industrie und öffentlicher Dienstleister bis hin zur Pflege. Datenspezialisten sind die Gewinner im War for Talents. Im Jahr 2017 blieben 55.000 Stellen für IT-Experten unbesetzt, so die Leiterin für Bildung bei Bitkom (Knitterscheidt 2018). Der selbstverständliche Umgang mit digitalen Lernsystemen wie beispielsweise Open Educational Resources (OER) wird allseits beworben. E-Learning scheint in seiner Attraktivität jede andere Lernmethode zu schlagen. Es geht um *digital lernen und menschlich umsetzen*.

Weiterbildung 4.0 setzt auf die Vernetzung von Mensch, Maschine und Computer. Selbst Inklusion kann durch digitale Lernprogramme unterstützt werden, so die Befürworter. Über Trends in der Arbeitswelt berichtet eine XING-Studie mit Schlagwörtern wie Robo-Recruiting, Digital Ethics, Cultural Fit, Power of Diversity, Workplace-Wellbeing oder Brain-Recovery (Wippermann 2018), alles Bildungsthemen.

Gleichwohl, die Überhöhung digitalen Lernens und der Hype um künstliche Intelligenz (KI) sind Zeichen eines industrieorientierten Bildungskonzepts. KI soll auch zukünftig hauptsächlich Routinen ablösen und kosteneffizient Fachprozesse beschleunigen (74 %), Sprachassistenten und im Customer Service (80 %), (Pütter 2018).

Dagegen sind heute, laut OECD, in der Bildung soziale – und emotionale Kompetenz noch wichtiger als vor Jahren (Schleicher 2018). Viele, seit Langem dringend gebrauchte humanistische Kompetenzen werden durch Ausbildung, Studium oder betriebliche Fortbildung weder berücksichtigt noch gefördert. Seit Jahrzehnten lenkt der strikte Fokus auf fachliche Spezialisierung von grundsätzlich notwendigen humanistischen Bildungsinhalten der Erwachsenenbildung ab. Wer technische Fachrichtungen studiert, konzentriert sich auf Fachspezifisches. Die Wirtschaft fokussiert auf Umsatz und Gewinn, kommt selten in Berührung mit ethischen Werten. Unternehmen bewerben sich heute mit kostspieligen Incentives bei Mitarbeitern aus Angst, sie könnten den digitalen Anschluss verpassen. Lebenslanges Lernen ist noch immer nicht in den Köpfen des Normalbürgers. Datenanalyse und Softwareentwicklung läuft humanistischer Lebenskunde den Rang ab. Als eine an Erfahrung, Rationalität und Vernunft orientierte Entwicklung ethischer Urteilsfähigkeit und moralischen Verhaltens (Humanistischer Verband Deutschlands 2007) sollte sie ein Bildungsziel sein. Manche Führungskraft leidet zusätzlich unter „professioneller Deformation" (Polyakova 2014), die berufliche Entstellung, die das Individuum davon abhält, andere Perspektiven einzunehmen und ethische Fallstricke zu erkennen, also unter einem Tunnelblick.

Gesamtgesellschaftliches muss dringend ins Zentrum
Man stelle sich vor, in Zukunft hätten alle deutschen Staatsangehörigen ab 18 Jahre die Pflicht, an drei Bildungsveranstaltungen ihrer Wahl pro Jahr teilzunehmen; privat, beim Arbeitgeber und in Bildungs- und Weiterbildungsinstituten – und zwar physisch, nicht virtuell. Jeder, auch der Topmanager, Pfarrer, Chefarzt und CEO des Daxkonzerns, müsste seine Weiterbildungsthemen aus einem eigens hierfür erstellten Katalog rund um die „Humanitas in einer digitalisierten Welt" wählen, inklusive inhaltlicher Auflagen vonseiten des Gesetzgebers. Die Anerkennung für ihr Interesse am Gemeinwohl und ihren zeitlichen Einsatz erhielten alle durch eine Steuervergünstigung nur dann, wenn sie ihre aktive Teilnahme an jährlich drei Veranstaltungen unterschiedlicher Themenbereiche aus dem vom Gesetzgeber aufgestellten Katalog nachweisen könnten. Der Katalog enthielte 60 % Themen zu humanistischer Bildung und 40 % digitale.

Dieser Beitrag beleuchtet die heutige Erwachsenenbildung, im Besonderen die betriebliche Bildung in Deutschland. Aus Sicht der Autorin haben wir heute mehr als zuvor die Chance, wegen der fortschreitenden Digitalisierung den Menschen und seine

Verantwortung für zukünftiges Handeln ins Zentrum zu stellen sowie das Thema Zeit neu zu überdenken. Warum und wie dies gehen könnte, beschreibt die langjährige Pädagogin und interkultureller Coach für FührungsKRAFT und ICH-KULTUR® – Kommunikation durch Beispiele aus dem betrieblichen Geschäftsalltag.

16.2 Gegenwart

Oktober 2018. Ein Mini-Workshop zum Thema unmittelbare, persönliche Stressreduktion für eine Gruppe von Führungskräften aus der Sozialwirtschaft. Mein Projektpartner und ich sind hier, um mit ungewohnten, unterhaltsamen und naturnahen Methoden die Teilnehmer zu motivieren und Hilfen für weitsichtiges Handeln anzubieten. Bei einer Frage, was sie im Alltag stresse, nennen die Teilnehmer fehlende Verlässlichkeit, schlechte Kommunikation oder Zeitdruck. Eine Teilnehmerin antwortet, ihr Hauptstressor seien Menschen.

Der Pflegeroboter Pepper der Universität Siegen soll Menschen mit seinem Luftgitarrenspiel unterhalten. Er empfängt Gäste in der Einrichtung, führt sie zum Besprechungsraum. Über ein Tablet an seiner Brust, kann der Gast Getränke bestellen. Wenn Menschen von anderen Menschen genug haben, freuen sie sich möglicherweise auf die Zukunft mit KI und zu jeder Zeit fröhlichen, humanoiden Robotern, die ihnen manche lästige Aufgabe im Kontakt mit nervenden Menschen abnehmen? Niemand wird einem Roboter, der gute Stimmung verbreiten soll, ungebührliches Verhalten einprogrammieren. Kein Wunder, denke ich, dass diese Art Helfer bei der Altenpflegemesse in diesem Jahr der Renner waren, nicht nur, weil sie auf den ersten Blick faszinieren. Auch Chip, der haarlose Roboterhund entwickelt wie Pepper seine Persönlichkeit ausschließlich durch die Entscheidungen seines Besitzers und Lernhelfers. Vom Smartphone oder Handgelenkknopf aus kann der Besitzer das Verhalten des Roboterhunds trainieren. Ein anderer Roboterhund aus Plastik, Aibo, führt dienstbereit menschliche Befehle aus, zerkaut keine Hausschuhe oder springt nicht in eine Pfütze, um die Dreckbrühe später im Hauseingang vom Fell zu schütteln. Beide Hunde funktionieren auf Knopfdruck, einfach und ohne zu murren und dies rund um die Uhr. Sie sind elektronische Sklaven, nicht mehr. Ob Roboter je selbstständige Entscheidungen treffen können, die wir ihnen nicht beigebracht haben, ist heute ungewiss und kaum vorstellbar. Roboter können nur so viel, wie wir ihnen beibringen. Klar ist jedoch, dass ihre unkomplizierte Ausführung von Befehlen pausenlos mit derselben Präzision abrufbar ist. Der Rasenmähroboter, einmal eingerichtet, wird nicht müde, arbeitet so lange, bis die große Fläche gemäht ist; ebenso der Staubsaugroboter. Moderne Sklaven bitten nicht um Gehaltserhöhung. Sie belasten uns nicht mit ihrem emotionalen Stress oder Burn-out, indem sie uns Horrorstorys über ihr schreckliches Privatleben erzählen. Während der Roboterbesitzer gemütlich Tee trinkt, auf seinem Tablet Zeitung liest oder die Hörversion der vor einigen Minuten eingetroffenen globalen Meldungen abhört, misst ein anderer digitaler Helfer am Handgelenk des Lesenden Pulsfrequenz und Blutzuckerspiegel. Vielleicht hat der Besagte auch schon einen Chip mit den wichtigsten persönlichen Krankendaten unter der Haut, wie sein echtes Haustier ihn schon seit Jahren unter seinem Fell trägt. Sind sie nicht ausgesprochen praktisch, diese neuzeitlichen Helfer? Mit ihnen gibt es nur Stress, wenn die Technik nicht funktioniert. Doch wir wissen, dass diese Darstellung der Dinge ungenügend ist.

Nun gehen meine Gedanken in die Zeit meiner Kindheit, der frühen 1960er-Jahre. Wir hatten noch keine elektrische Waschmaschine. Montags war Waschtag. Im dunklen Keller mit Bodenabfluss gab es einen riesigen Bottich mit heißer Seifenlauge. Dort wurde die Wäsche gekocht, im Bottich mit einem Riesenkochlöffel mehrmals gedreht, damit alle gut durchnässten Teile sich aneinander reiben konnten. Bei stark Verschmutztem kam das blecherne Waschbrett zum Einsatz. Im nächsten und übernächsten Bottich wurde die Wäsche gespült und dann mit Kraft ausgewrungen. Glücklicherweise hatte man sich eine elektrische Topladeschleuder angeschafft. Während die Wäsche im Garten aufgehängt wurde, war dies eine gute Gelegenheit zur Kommunikation zwischen Mutter, Großmutter und Kindern, die rund um die Uhr präsent waren, alles miterlebten, was im Haushalt anfiel. Wir Kinder lernten so menschliche Umgangsformen, praktische Hilfestellung und gegenseitige Rücksichtnahme in selbstverständlichem Miteinander.

16.3   Disruption

Rund 60 Jahre sind vergangen, heute gibt es Waschtrockner mit Remote Control. Unser Lebensalltag hat sich tiefgreifend verändert. Seit 25 Jahren durchdringt das Internet beinahe alle Lebensbereiche. Manche Menschen sind weit über zwölf Stunden täglich online. Wer offline geht, muss sich heute abmelden, um Missverständnisse wegen unterbrochener Erreichbarkeit zu vermeiden. Die Welle digitaler Erfindungen und Weiterentwicklungen schwappt unablässig. Eine beispiellose Umbruchsituation bringt Interessantes, Sinnvolles und Unsinniges. Innerhalb eines halben Jahrhunderts erleben wir gravierende Veränderungen und nun eine enorme technologische Disruption, die Störung gewohnter Prozesse. Eingefahrene Technik- und Geschäftsprozesse werden durch die disruptive Macht immer tiefer vernetzter Technologie aufgerüttelt. Nichts bleibt wie es war. Eine Transformation? Seit Jahren befinden wir uns mitten in der Digitalisierung. Jetzt verlangt sie Beteiligung von allen. Keiner kann sich heraushalten. Profane Gegenstände des täglichen privaten Gebrauchs sind ebenso von der digitalen Umbildung betroffen wie die allgemein öffentliche Vernetzung. Reisen und Fahrkarten für den öffentlichen Nahverkehr bucht man auf dem Handy online. Ein Scanner liest „touchless" unsere Tickets. Wir loggen uns mit unserem Gesicht ein und bezahlen mit unserem Handy. Im Baumarkt scannen wir unsere Waren heute ebenfalls selbst und bezahlen, indem wir unsere Geldkarte an einen anderen Scanner halten. Während endloser Lernphasen gelingt es nicht jedem, sich an neue Abläufe zu gewöhnen. Da braucht es Menschen, die uns unbekannte Funktionen erklären. Solche Dienstleister müssen vor Ort sein, eine hohe Sozialkompetenz haben, Verständnis, Geduld und pädagogisches Geschick, wenn sie mit Überforderten, noch Unwissenden umgehen. Von diesen Mitarbeitern erwarteten wir **freundliche Lernhelferkompetenz** mit dem Potenzial des Marketingverstärkers für Händler.

16.4 Lernen in neuer Dimension

Disruption, Erschütterung, geschieht in allen Lebensbereichen. Aufgerüttelt und verworfen in ein chaotisches Gemenge werden seit Jahren alte Werte, korruptive Handlungen, international holprige Prozesse, politisch instabile Verhältnisse, verstörende Kommunikation. Klagen über tägliche Meldungen zu angstmachenden, aggressiven Auswüchsen in unserer Gesellschaft bringt Missstimmung. Es ist höchste Zeit, unsere komplexe Situation in den Griff zu bekommen. Dafür braucht unsere innere Empörung Fragen und Antworten für den gelingenden, gesellschaftlich verantwortungsvollen Umgang.

Lernen im Auge der Veränderung ist eine monumentale Dimension, schon immer, denn sie ist häufig direkt verlinkt mit Unlust und negativen Gefühlen. Diffus schwebt schlechte Stimmung über uns. Unsichere oder ängstliche Menschen finden gern einen Sündenbock, mal ist es die Politik, ein anderes Mal die Digitalisierung, die scheinbar als Monster über uns hereinbricht. Unbequem sind Veränderungen, sie verlangen Bewegung. Bewegung ist manchmal anstrengend. Doch diese stattfindende Disruption ist eine Chance für Exploration und Lebendigkeit, unsere Persönlichkeitsbildung. Wer sie ergreift, übernimmt eine Werteüberprüfung seiner Handlungen. Lernen bringt schon immer zwei fundamentale Herausforderungen mit sich, Wille und Zeit. Wir wissen, dass die innere Haltung eines jeden Menschen beim Lernen zu Erfolg oder Misserfolg beiträgt. Auch Lehrende sind Lernende. Schon heute zwingt uns die schier unübersehbare Fülle an Neuem, permanent zu lernen. „Früher haben wir für die Arbeit gelernt, heute ist die Arbeit ‚Lernen'", sagte der Bildungsdirektor der OECD, Professor Schleicher beim Bildungsgipfel 2018 in Mannheim. Das Wort „ausgelernt" hätte schon heute keine Berechtigung mehr. Vor Kurzem noch hieß das Schlagwort lebenslanges Lernen, heute heißt es Umgang mit **VUKA**. Jeder Einzelne muss **V**olatilität, **U**nsicherheit, **K**omplexität und **A**mbiguität in seinen persönlichen Griff bekommen. Dies erfordert Kompetenzen, die in der momentanen Schulbildung nicht gelehrt werden. Seit der Reformation gab es keinen vergleichbaren Umbruch zu dem von heute. Roman Rüdiger von Education Y ist davon überzeugt und fordert eine andere Art der schulischen Kompetenzentwicklung. Hierzu gehören

- **Lebens- und Berufskompetenz,**
- **Lern- und Innovationskompetenz,**
- **Informations- und Computerkenntnisse.**

Schon seit über 30 Jahren fordern meine Kollegen und ich Kooperation, Kommunikation, Kreativität und kritisches Denken für den beruflichen Bildungsalltag. In der betrieblichen Erwachsenenbildung gelingt dies nur mit hartnäckiger Kontinuität. Schwerfällige Menschen in Organisationen erwarten auch heute oft konventionelle Methoden. Skepsis über Unbekanntes ist meist verbunden mit einer Furcht, aus der Reihe zu tanzen; scheinbar gleichbedeutend mit Etwas-falsch-machen. Unsere Zeit verlangt schon lange andere Bewertungskriterien für richtige oder falsche Lehrinhalte und Lernmethoden. Der Denk- und Evaluationsprozess in Deutschland zeichnet sich aus als Unsicherheit vermeidend und detailorientiert. Man prüft und prüft, während der Zug ohne uns abfährt. Genaues Prüfen hat den Vorteil weitsichtigen Abwägens. Im Ausland schätzt man unsere Genauigkeit. Tatsache ist, dass auch in Deutschland zunehmend geschlampt wird. In sechs Monaten gingen sechs DHL-Pakete an immer denselben Empfänger verloren. Funktion und Stil automatisierter, unpersönlicher Kundenservicesysteme sowie menschlicher Ansprechpartner gleichen einem einzigen Chaos. Da fällt es leicht, digitalen Systemen die Schuld zu geben. Doch Verantwortung und gelingende Kommunikation sind Menschensache. Wenn Menschen in Callcentern bekanntermaßen überfordert sind durch den rauen, oft abschätzigen Ton der Kunden, fehlende Zeit und den Unwillen für Sorgfalt, sollten sie und wir alle innehalten für die Frage:

Welchen Wert gebe ich meiner Tätigkeit?
Kultiviertes Benehmen verschwindet. Technisch sind wir auf einem hohen Niveau, menschlich sinkt es. Herzensbildung fehlt vielen fast gänzlich. Disruption hat sich seit 20 Jahren in unseren Alltag geschlichen. Wir managen Schnelligkeit und Chaos, VUKA eben. Hierfür sind unsere bildungsbezogenen Denk- und Handlungsmuster veraltet und bewahrender deutscher Mentalität geschuldet. Ein starkes Hierarchiebewusstsein und eine hohe Autoritätstreue beeinflussen unsere Arbeits- und Kommunikationsstile bis hin zur pädagogischen Methodenwahl von Lehr- und Lernstilen. Geschichtliches und damit verbundenes Emotionales mögen unsere deutsche Schwerfälligkeit verursacht haben, doch Disruption zwingt uns zum Aufbruch. Ein erfolgreicher Ausgang hat eine Chance, wenn wir aktiv mitgestalten, Neues mit weniger Argwohn zulassen und es ausprobieren, damit wir kritisch mitreden können. Mitgestalten verlangt Einsicht, Umsicht und Weitsicht. Die Dinge geschehen zu lassen hieße, sich als passiver Bewohner unseres Mikro- und Makrokosmos zu sehen, es sich weiter im persönlichen Kästchen bequem zu machen und die Arbeit anderen zu überlassen. Jeder frage sich: **Bin ich bereit, mitzugestalten?**

Wir alle sind die Vielfalt der Gesellschaft. Vor allem Menschen, die aufgrund ihrer beruflichen Tätigkeit direkten Einfluss auf andere nehmen, sind aufgefordert, aktiv mitzugestalten, nicht nur mitzudenken. Ihre ICH-KULTUR® inklusive Werte, Denk- und Verhaltensstile beeinflussen auch zukünftig unsere vernetzte Gesellschaft (Malzacher 2018), während unsere betriebliche Lernkultur als Teilmenge der Unternehmenskultur (Erpenbeck und Sauter 2013) auch beim Mittelstand nach Überprüfung ruft.

16.5   Zukunft ist der Augenblick nach Jetzt

In einer schriftlichen, nicht repräsentativen, qualitativen Erhebung fragte ich 30 Einflussnehmer aus Beratung und Lehre, Psychologie und Medizin, Wirtschaft und Technik, wie bedeutsam sie ihre persönliche Wirkung auf die Gesellschaft einschätzten, privat und beruflich. Alle beruflich hoch erfahrenen Befragten waren über 50 Jahre alt. Als stark bis hoch schätzen 69 % ihre Wirkung auf die Gesellschaft ein; 6 % finden, dass sie keine Wirkung auf die Gesellschaft haben; 12 % beschrieben ihre berufliche Tätigkeit, nahmen aber keine Bewertung bezüglich ihres gesellschaftlichen Einflusses vor. Aus ihrer Beschreibung ließ sich jedoch ein klarer Einfluss auf die Gesellschaft ablesen. Merke: Auch die Familie ist Gesellschaft. Deutsches Hierarchie- und Autoritätsdenken scheint sich hier auszuwirken.

Mitgestalten scheint für die Mehrzahl der von mir befragten Altersgruppe eine Selbstverständlichkeit. Auf die Frage „Welche Vorbildfunktion möchten Sie bezüglich Ihres privaten und beruflichen Verhaltens gegenüber digitalen Innovationen und künstlicher Intelligenz einnehmen?" antwortete die Mehrzahl der Befragten mit: Aufklärungsarbeit, Humanität statt Digitalität, selbstkritische Distanzierung, mehr Erfahren und persönliches soziales Engagement. Eine Person sieht Digitalisierung als inhaltsleeres Schlagwort, *Buzzword*, und meint damit die Überhöhung der Bedeutung der Digitalisierung, wenn auf der anderen Seite „doch menschliche Grundstrukturen und Werte bleiben". Eine Von-Mensch-zu-Mensch-Haltung wird Bestand haben, so der allgemeine Tenor. Durch welche Verhaltensweisen die Befragten mitgestalten wollten, war eine weitere Frage. Ein Befragter berichtet, er werde weiter nach dem Kantschen Grundsatz leben: **„Handle so, dass die Maxime deines Willens jederzeit zugleich das Prinzip einer allgemeinen Gesetzgebung sein könnte".**

Authentisch bleiben, aktiv sein, freundlich, offen, kritisch und verantwortungsbewusst, menschlich agieren, digital vernetzt sein und gleichzeitig die persönliche Kommunikation kultivieren, Kontakte pflegen, den digitalen Gebrauch einschränken und unabhängig sein, mehr Telefonieren statt E-Mail oder WhatsApp, Offline-Zeiten seien ein Muss waren beispielhafte Antworten. Interesse zeigen, seine Wahrnehmung schärfen, Erfahrungen und Meinungen publizieren, Dialog führen, Unterstützung anbieten, ehrenamtliches Engagement, Persönlichkeitsbildung fördern, Widerstand gegen Machtmissbrauch. Meine Spannung auf die Antworten lohnte sich, ich freue mich über den Konsens über aktives Mitgestalten.

16.6 Mitgestalten lernen

Zu meiner Enttäuschung wurde „Neues lernen" nur einmal genannt. Wohl bezogen sich die Antworten auf die momentane Erfahrung der Befragten mit digitalen Helfern. Grundsätzlich ist *Zukunft zu antizipieren* ein Skill, mit *Weitsicht* zu denken. Zugegeben, die Glaskugel der sich verändernden Gesellschaft ist trübe. Wir lernen schon immer lebenslang, wenn auch nicht formal. Sich verantwortlich mit neuen Situationen zu befassen und auseinanderzusetzen, erfordert Gehirnschmalz und Wille. Neue Kompetenzen müssen auch von der Altersgruppe der Befragten erlernt werden. Hierzu gehören neben grundlegenden digitalen Skills Lern- und Reflexionshilfen, Etikette – und Kommunikationstrainings, Empathieförderung und Stressbewältigung für alle, die Schärfung des 180-Grad-Blicks für mehr Umsicht. Weiter braucht es Mut- und Risikotrainings, Wahrnehmungsstärkung und eine interdisziplinäre Verknüpfung bildungsspezifischer Lernbereiche. Ebenso dringend erforderlich ist ein frischer, distanziert-kritischer Blick auf unsere momentane Weltsicht. Wir sollten die Werte unseres humanistischen Menschenbilds überprüfen, die Kenntnis unserer ICH-KULTUR®, und entscheiden wie wir sein möchten (Malzacher 2018).

Heute kann der Desinteressierte diese Themen nicht mehr als Luxuslabel „Philosophische Denkübung" abwehren. Fehlende Sensibilität, hartherzige Kommunikation, menschenverachtendes Verhalten, boshafte Machenschaften und kriminelle Selbstjustiz zwingen uns, diesen Entwicklungen Einhalt zu gebieten. Wir alle haben die Pflicht, zum Wohl unseres gesellschaftlichen Miteinanders eben solches zu überdenken. Wer hilft uns dabei?

Eine neue Art von digitalen und menschlichen Lernhelfern für alle, die reflektorische Methoden einsetzen. Das Füllen leerer Köpfe mit Lernmaterial, hoffend, dass sich in Tests reproduzierbares Wissen in den Köpfen Lernender ablagern möge, hat ausgedient. Viele kennen noch die Methode, drei Vokabelseiten von einem Tag auf den anderen auswendig zu lernen, um am nächsten Tag im Test zu beweisen, dass wir fleißig waren. Zahlreiche Beispiele noch heutiger Praxis lassen mich erschaudern. Wenn neue digitale Technologien Alltagsprozesse dominieren, dürfen wir neue Kompetenzen entwickeln. Für digitale Kompetenzen gibt es weit mehr Hilfen im Netz als für das dringend erforderliche Lernen von Toleranz, Stress- und Konflikthandling oder Etikette, Kultur- und Werteorientierung. Das gemeinsame Sich-Befassen mit diesen Lerninhalten erfordert praktisches Mitgestalten, motivierte, fleißige und durchhaltefähige Lehrende und Lernende. Menschen, die sich als Team verstehen und interessante Lerninhalte zusammen im Lernprozess als positives Erlebnis wahrnehmen können, sind schon immer gefragt. Entsprechende Lernräume, inklusive der Ressource Natur, inspirieren und sollten verantwortungsvoll von allen Beteiligten einbezogen werden. Vom Instrukteur über den hinterfragenden Coach, vom Inputgeber zum forschenden Lernpartner und weiter zum evaluierenden Teammitglied, vom Raumhalter zum Erfahrenden, dies ist die Rollenvielfalt eines Lehrenden der Zukunft. Das Prinzip heißt: **Lernen von- und miteinander.**

Erwachsenenbildung betrifft jeden. Dabei halte ich die betriebliche Erwachsenenbildung für einen Lernbereich mit höchster Potenz. In Unternehmen sind viele Menschen in eine gemeinsame Struktur gebunden, in der sich Lernen praktisch leichter verwirklichen lässt als im Privaten. Betriebe und Organisationen mit den Menschen darin haben nicht nur Einfluss auf unsere Umwelt, sondern im Besonderen auch auf die Gesellschaft. Wenn wir ab sofort Organisationen als wertvolle Bildungsstätten nicht nur für Betriebszugehörige sehen, werden die Grenzen zur konventionellen Schulunterweisung verschwimmen. Schulhäuser und formale Seminarräume braucht es auch heute schon nicht immer. Manchmal reicht ein Park, der Wald, eine schöne Eingangshalle, ein Museum oder eine passende Produktionslinie. Überall finden sich Plätze, Architektur oder Gegenstände, die sich zur effektiven, erlebnisorientierten Lernunterstützung eignen. Wichtig jedoch ist ein wohl durchdachtes zugrundeliegendes Konzept, die der entsprechende Lehrende in seiner Rolle als Lernbegleiter zusammen mit den Lernenden aufgrund ihrer Bedürfnisse aussucht. Raum für Bewegung und Agieren wird immer wichtiger. Bewegung unterstützt Aufnahmefähigkeit, Kreativität und Stressbewältigung. Wenn Lernende sich mit Verantwortung bei der Gestaltung des Lernumfelds einbringen, gehen sie durch wichtige selbstwertfördernde Erfahrungen, Perspektivenwechsel und problemlösendes Denken.

16.7   Personalentwicklung durch Schulungs-In-Sourcing

Technischer und digitaler Kompetenzerwerb in der Erwachsenenbildung v. a. in Firmen, die für Schulungen In-Sourcing betreiben, braucht die fachliche Förderung von Mitarbeitern als Peer-Trainer. Oft fehlt diesen lernpsychologisch-pädagogische Kenntnis. Ihr Vorbild ist die eigene schulische Lernerfahrung von vor Jahrzehnten. Was-Wofür-Wie ist noch immer Grundlage für die didaktische Ausgestaltung von Inhalten sowie die zielgruppenorientierte Erfolgskontrolle. Peer-Trainer brauchen eine klare Sicht auf ihre jeweilige Rolle (Mitarbeiter, Vorgesetzter, Teammitglied, Lehrer oder Lernhelfer). Der Fokus auf Technik und die Unterweisung in ihre Funktion soll defizitäres Wissen ausgleichen, missachtet allerding die Tatsache, dass der Mensch keine Lernmaschine ist, sondern motiviert sein sollte. Intrinsische und extrinsische Motivation sind Grundpfeiler für Lehrende und Lernende. Sie funktioniert nicht nur über die Attraktivität digitaler Programme. Der Mensch muss sich bemühen und anstrengen wollen.

Erfahrungsgemäß kursiert noch immer der Missstand einer althergebrachten Defizitorientierung in der heutigen Personalentwicklung. In der Folge fühlen sich Mitarbeiter eher als nicht genügend, statt entwicklungswürdig, wenn ihnen vom Arbeitgeber eine Weiterbildung nahegelegt wird. Andererseits müssen viele Mitarbeiter immer noch mit Mühe um Weiterbildungsmöglichkeiten beim Arbeitgeber bitten. So mancher Arbeitgeber willigt dann mit einem gönnerhaften Gefühl in eine Weiterbildung ein. Eben dieses Gefühl, dem Arbeitnehmer ein Geschenk gemacht zu haben, verursacht ein niedriges Interesse des Vorgesetzten, Erlerntes beim Arbeitnehmer nachzuhalten, Verantwortung für die Implementierung neuen Wissens zu übernehmen und zu fordern. Weiterbildung im Gießkannenprinzip ohne klar formulierte Ziele bezüglich Kompetenzen und fehlende Weitsicht gibt es heute immer noch. Wenn dann noch lehrkompetente Pädagogen fehlen, kann der Ärger mit unzufriedenen Teilnehmern leicht in einer Stresskaskade für alle enden. Besonders hier hinkt die innerbetriebliche Weiter- und Fortbildung beim In-Sourcing von technischen Schulungen nach.

Demgegenüber fehlen in Kleinunternehmen manchmal digitale Basiskenntnisse, um Geschäftsmodelle kritisch zu hinterfragen. Ich z. B., habe kaum Ahnung vom technischen Aufbau einer Webseite. Um Geld und Zeit zu sparen, lernte ich neue Perspektiven einzunehmen und erkannte, dass mein Webseitenprojekt ein Teil meines Businessplans ist. Mein Webdesigner musste mir die Basics erklären, damit ich verstehen konnte, was möglich war und was nicht. Der heutige IT-Fachmann braucht neben seinen Kernkompetenzen Sozial- und Erklärungskompetenz. Auf die Bedürfnisse seiner Kunden bewusst und flüssig einzugehen, sichert seinen Erfolg. Hierzu passt auch: „Nicht derjenige, der die Produkte hat, macht das Geld, sondern der, der die Daten und das Wissen über Kunden und Prozesse hat, steuert", so Hannes Schwader, Head of Enterprise Sales bei Intel Deutschland, in einem LinkedIn Interview mit Andreas Schulz (2018). Meine Digital Skills müssen nicht perfekt sein, doch ich habe einen Anspruch auf einen Überblick über Notwendiges und Mögliches für mein Verstehen des Ganzen. Diesen erhalte ich von meinem physischen Dienstleister, dem neuen Lernhelfer. Er gibt mir die notwendigen Entscheidungsgrundlagen. Mit einem Minimum an Basiswissen werde ich nicht so leicht unlauteren Geschäftspraktiken zum Opfer fallen und stattdessen weitere **Dienstleistungen in Zukunft entscheidungsmächtig einkaufen**.

Das grundsätzliche Lernen neuer Kompetenzen besteht darin, schnell andere Blickwinkel einnehmen zu können, sich mit neuer Information befassen zu wollen und sich aus seinem Kästchen herauszubewegen. Auch mein Webdesigner muss sich ständig weiterbilden. Tut er das nicht, bleibt er nicht konkurrenzfähig. Heutiges Lernen geschieht unaufhörlich. Von Erwerbstätigen wird nicht erst seit der Digitalisierung erwartet, dass sie sich in neue Systeme hineinarbeiten. Hierzu braucht es beim Lernenden allerdings auch ein Minimum an Kontextwissen, was v. a. IT-Fachkräfte gegenüber ihren Kunden oft vernachlässigen. Wieder sind es Fachleute, die durch ruhige, verständnisvolle Art und Erklärungskompetenz auf das Gegenüber eingehen, um so Greenhorns den Zugang zu einer unbekannten Wissenswelt zu ermöglichen. Als Lernhelfer gestalten sie daher zukünftig, mehr als bisher, die Gesellschaft mit. Weil Menschen den Zuspruch durch Menschen brauchen, gilt dies für Produktion und Dienstleistung ebenso wie für Mediziner und Arbeitnehmer in betreuenden Berufen. Weiter- und Fortbildung benötigt gutes Zeitmanagement, denn **Lernen geschieht innerhalb des Jobs, Lernen ist ein Teil der Arbeit** und seiner täglichen Anforderungen. Freie Arbeitstage müssen weitgehend lernfreie Qualitätsfreizeit bleiben. Für unsere physische und psychische Balance sind sie unerlässlich. Der Trend liegt inzwischen auch in mehrmals aufeinanderfolgenden kurzen Lernsequenzen statt in langen betrieblichen Tagesworkshops. Als Voraussetzung von verantwortungsvollem Mitgestalten einer Gesellschaft braucht Lernen Zeit und bewusste Entscheidungen. Für diese Entscheidung hilft immer noch das bewährte Eisenhower-Modell (Abb. 16.1). Hier fragen wir:

Was ist für uns wichtig und was ist dringend?
Welche Handlungen mit welchen Menschen sind uns wichtig und welche nur dringend? Aus welchen Lernprogrammen kann ich für mich Qualität schöpfen und welche dienen nur der Attraktivität meines CV? Die Mehrzahl der Bundesbürger hat das Glück, sich

Abb. 16.1 Eisenhower-Matrix

solche Fragen in außergewöhnlicher Lebensqualität zu stellen. Als Teil unserer ICH-KULTUR® lautet die wichtigste Frage überhaupt: Wie wichtig und dringend ist es mir, heute und morgen so zu sein, wie ich sein möchte?

Wie möchte ich sein?

16.8   Kästchendenken ade

Wenn ich weiß, wie ich heute und morgen sein möchte, kann ich entscheiden, was ich dazu brauche. Was ich brauche, suche ich zunächst in meinem Inneren, danach begebe ich mich nach draußen und eigne mir die nötigen Kompetenzen an. Draußen kann ich nur fündig werden, wenn ich meine Situation mit einer aufgeschlossenen, gelassenen Haltung ohne Skepsis erfasse. Bin ich von vorn herein überkritisch, werde ich mir möglicherweise Bestimmtes nicht anhören, die Dinge aus der Distanz betrachten und noch selektiver wahrnehmen als wir alle dies ohnehin schon tun. Dieses, allgemein bekannte Wahrnehmungsproblem kann langfristig zu innerer Versteinerung und Verblendung führen. Menschen, die sich Neuem erst widmen, wenn sie von der standardisierten Perfektion eines Produkts ausgehen, werden nicht mitgestalten können. Der Deckel ihres Denkkästchens bleibt geschlossen. Heute gilt, Neues geschieht, während man sich noch mit dem eben erst auf den Markt gebrachten Neuen befasst. Dies gilt nicht nur für technologische Entwicklungen, es gilt für alles in unserem heutigen Lebensalltag: Raus aus dem Kästchen, den Blick auf das große Ganze gerichtet für einen vernetzten, interdisziplinären Blick mit Umsicht und Weitsicht. Systemisch denkend generieren wir wichtige Einsichten für uns und unsere Umgebung. Nur so kann es gelingen, weitreichende Konsequenzen unseres Handelns abzuwägen und ethisch einzuordnen. Disruption kommt nicht allein durch das Fortschreiten der Digitalisierung.

Disruption bietet Chancen für einen neuen weltanschaulichen Denkansatz.

Immer schon schneiden sich Haltungen unmerklich in unsere Mentalität, in unser Verständnis Mensch unter Menschen zu sein. Als industrie- und wirtschaftsorientierte Nation liegt nach meiner Auffassung das Augenmerk für Deutsche auf Besitzerwerb und Freizeitspaß. Während die deutsche Mentalität traditionell kollektivistische Züge hat, zeigt sich nun ein erstarkender Individualismus im Sinn von Ich-Bezogenheit und egoistischen Handlungen. Gleichzeitig scheint das humanistische Menschenbild des Abendlandes an Bedeutung zu verlieren. Managemententscheidungen werden auch in sozialen und Gesundheitsunternehmen getragen von betriebswirtschaftlichen Erwägungen einer industriellen Mentalität. Ärzte sowie Einrichtungs- und Pflegedienstleiter stehen mit ihren vielfältig heilenden und zunehmend wirtschaftsorientierten Aufgaben unter finanziellem Erfolgsdruck für das Unternehmen Gesundheit. Immer weniger Deutsche möchten human tätig sein, denn Wertschätzung und Anerkennung durch finanzielle Kompensation fehlen. In einer verwöhnten Wohlstandsgesellschaft richten Menschen gern ihr Interesse auf den Wettbewerb. Höher-Schneller-Weiter lässt kaum Raum für humanistische Gedanken oder Ethik.

Disruption bedeutet demnach auch, sich von einem hauptsächlich deduktiven Denkstil verabschieden zu müssen, andere Perspektiven einzunehmen, sich hier und da einem induktiven zuzuwenden, d. h. Ansätze zu entwickeln, statt sie ausschließlich wissenschaftlich abzuleiten. Dafür brauchen wir Unterstützung durch andere Menschen, durch Lernbegleiter, die mit modernen Mitteln unterstützen, kritisches Denken und Kreativität fordern, die Mut haben, sich mit Unbekanntem auseinanderzusetzen, die Raum für leidenschaftliche Interessen des Lernenden zulassen, die Vielfalt fördern, statt sie zu verteufeln. Lehrende müssen dringend hinaus aus ihren Kästchen des vergangenen Jahrhunderts damit sie Lernhelfer, Lernbegleiter werden. Modernes Erleben, Verstehen und Lernen wird durch die vielfältigen Instrumente der Digitalisierung unterstützt, während die wahre Disruption des 21. Jahrhundert die Störung unserer bisherigen Sicht auf die Welt und unser Menschsein ist. Von Menschen gemachte Klima- und Umweltprobleme, missverstandener Wohlstand, Migration und Flucht, die ungleiche Auffassung von Menschenrechten beherrschen seit dem Millennium globale Schlagzeilen. Keiner weiß, wie unsere Welt im Jahr 2030, unserer nahen Zukunft aussehen wird. Wie wird sie 2060 aussehen? Die Meeresspiegel werden weiter gestiegen sein, mancher heute bevölkerte Landstrich wird für Jahrhunderte unter Wasser liegen, weitere Menschenmassen werden geflohen sein vor Überschwemmung, Dürre und Armut. Werden wir unseren beanspruchten Teil des globalen Dorfs mit digitalen und gleichzeitig physischen Mauern aus Beton und Stacheldraht weiter schützen können? Werden wir Hackerbanden virtuell jagen durch Glasfaserkabel und physisch in Gewahrsam nehmen können? Wird das gelingen, wenn ganze Nationen unter Verdacht stehen, sich in die Angelegenheiten und Prozesse anderer einzumischen? Furcht macht sich breit. Vertrauen wird zu einer beinah unerschwinglichen Währung. Für mich ist **Disruption ein willkommener Zustand natürlichen Wandels.**

Wer mitgestaltet nimmt das Heft in die Hand. Überforderung entfesselt Zaudern. Unzufriedenheit vergiftet die Stimmung. Stärker werdendes konfliktträchtiges Miteinander, ein durch Konkurrenz generiertes Gegeneinander, rechthaberisches, lautstarkes Verhalten für den eigenen Vorteil beobachte ich in meinem Arbeitsalltag. Auch deshalb setze ich mich seit Jahren für die ICH-KULTUR® ein, den lebenslangen Prozess der fortwährenden Kultivierung des Selbst. Seit Jahren fordern Persönlichkeitsbildner mit zunehmender öffentlicher Wahrnehmung „Leben Lernen" durch Schlagworte wie Menschlichkeit, Stressreduktion, Achtsamkeit. Wissenschaftliche Kongresse befassen sich mit der Nutzbarmachung neurobiologischer Erkenntnisse zugunsten eines gelingenden Miteinanders. Wir spüren, dass die Dinge anders werden müssen, damit sie besser werden. Disruption ist auch **die Störung unseres bisherigen Weltbilds** und in der Tat eine Sache, die den Menschen in Mark und Bein trifft, existenzielle Bedrohung. Die allgemeine, wahrnehmbar unbehagliche Stimmung übertönt Grundsatzfragen: *Wie ist unser Weltbild eigentlich?* Verneinende statt bejahende Stimmung überschattet unseren Alltag, begünstigt und bestärkt durch einen schleichenden Werteverfall, die ansteigende Kriminalität, die durch den kontinuierlichen weltumspannenden medialen Pusch dramatischer Ereignisse verstärkt in den Mittelpunkt rückt. Unbemerkt entsteht in uns ein diffuses Unsicherheitsgefühl, endet in Misstrauen und Furcht. Vertrauen wankt. Nur Menschen können anderen Menschen

Vertrauen schenken, dieses wertvolle, gemütsimmanente Wissen von Sicherheit. Wenn Menschen sich zu sehr in ihren Kästchen aufhalten, blind einem veralteten Regelkorsett folgen, vergessen sie leicht die Möglichkeit, Dinge kritisch zu hinterfragen. Gehorsam nach Regeln zu leben, hilft dem Zusammenleben und der Allgemeinheit. Wenn Regeln jedoch fortschrittliches Denken und Kreativität behindern, dürfen sie abgeschafft werden. Dies brauchen wir heute.

Disruption ist eine Chance, Regeln zu überprüfen für einen geordneten Wandel. In der Bildung ist die schiere Masse vorhandener Lerninhalte heute kaum zu erfassen. Welche Inhalte sollen wir zukünftig eigentlich lernen? Weil der Fokus auf Spezialisierung, weg von generalisiertem Wissen liegt, braucht es längst, doch nun erst recht, neue Ansätze in der Erwachsenenbildung, auch in der betrieblichen. Sollte ein Technik- oder Digitalexperte nicht auch wissen, wer Seneca oder Kant waren, Goethes Faust kennen oder Jean-Jacques Rousseau? Welchen echten Wert geben wir heute und zukünftig wichtigen Vordenkern der Moderne und Postmoderne? Dennoch, wenn zu viele Inhalte verlangt werden, flüchtet der Überforderte leicht in seine Komfortzone. Dort wähnt er sich sicher. Ignoranz und Indifferenz führen zu Krisen. In seiner Keynote beim Bildungsgipfel 2018 benannte der Herausgeber von ZEIT Campus, Manuel Hartung, aus seiner Sicht mehrere momentane Krisen:

die Krise der Versäumnisse,
die Krise der eigenen Vergangenheit,
die Spaltung der Gesellschaft,
die Krise der Langsamkeit.

Diese Krisenstimmung spüre auch ich bei Kollegen und anderen Lehrenden. Empört und zugleich mutlos schimpfen sie über die schlechten Zustände unseres hierarchiebetonten Schulsystems und die Welt an sich. Schlimmer noch, ihr Frust verhindert unser Vertrauen in ihre Lehrmethoden. Andererseits beachten andere zu selten ihr eigenes Kästchen. Unruhig und weit weg von ihrem Inneren suchen sie ihr Heil im Außen, wo die Erfüllung eines schnellen Genussgefühls vermutet wird. Schwer kann es da gelingen, intensives Vertrauen zu anderen zu schaffen. Das eigene Selbstvertrauen leidet ebenfalls. Unruhe und Unmut sind die Folge. Seit dem Millennium scheint mir das individuelle Kästchendenken weiter gewachsen in Proportion mit Unmut und Ängsten. Beunruhigend empfinde ich dies, denn wir wissen, **der wichtigste Hinderungsgrund für Erfolg ist Angst.**

16.9   Ängste

Wenn sie nicht extrinsisch motiviert werden, beginnen manche Menschen gar nicht erst mit dem Erlernen neuer Skills. Die Angst zu scheitern, hält sie ab. Versagensangst, Verlustangst bis hin zur Existenzangst blockiert unsere intrinsische Motivation, hält Menschen ab vor Schritten ins Ungewisse. Jeder kennt solche Ängste. Wenn wir unsere virtuellen oder physischen Kästchen verlassen, sind wir der Welt dort draußen ausgeliefert. Zumindest meinen wir dies, sollte sich unser Geist nicht natürlicherweise auf Unbekanntes eingestellt haben. Schnellstens sollten wir lernen, mit den Unsicherheiten der VUKA-Welt umzugehen. Ambiguitätstoleranz als Variable unserer ICH-KULTUR® kann man entwickeln (Malzacher 2018). Ich behaupte, wenn wir gesund sind, kann unser plastisches Gehirn Mut lernen, so wie es den Gebrauch bestimmter Vokabeln lernen kann. Es braucht Zeit, eine Denkanstrengung, Perspektivenwechsel und den Skill, mögliche Konsequenzen zu antizipieren. Auch können wir lernen, mit sensationslüsternen Nachrichten umzugehen. Wenn wir das Smartphone mit dem persönlichen Fingerabdruck starten, sollten wir wissen, was wir in den nächsten Minuten von diesem Gadget verlangen. Es ist ein Instrument, das wir selbst steuern, das uns dient, nicht umgekehrt. Ich muss nicht Mitglied in jeder mir angebotenen virtuellen Gruppe sein. Dennoch, **das menschliche Zugehörigkeitsverlangen will befriedigt werden**.

Wir entscheiden selbst, mit wem wir uns zeigen möchten, mit wem wir vernetzt sein möchten, wer uns wichtig ist. Selbstvertrauen fördert Entscheidungsmacht und diese wiederum Selbstsicherheit. Sie wirkt gegen Orientierungsprobleme. Vertrauen ist ein Mittel gegen Minderwertigkeitsgefühle. Nur Menschen können sich gegenseitig Vertrauen geben. Vertrauen in ein elektronisches Gerät oder digitales System ist immer einseitig, nie mutual. Auch gegen Überlast können nur Menschen wirken, nämlich wir selbst, unsere Kollegen und v. a. die Führungskräfte. Es sind Menschen, die steuern, nicht das digitale System; es sei denn, wir haben das System unpassend programmiert.

Ängste sind menschlich. Ängste vor dem digitalen Nicht-Mitkommen sind heute berechtigt und morgen vermeidbar. Entsprechende Coping-Kompetenzen, Flexibilität und Mobilität in unserem Gehirn sowie das nötige Budget sind minimale Voraussetzungen. Arbeit und Freizeit durch mobile Arbeitsplätze werden sich in Zukunft noch mehr vermischen. Der individuelle Arbeitsplatz in Firmen ist eine Art Heimat. „Dafür muss man aber erreichen, dass die Menschen gerne zur Arbeit gehen und dass sie ihren Arbeitsplatz als etwas Positives empfinden", so der Architekt und Designer Schmitz-Morkramer (2018). Vorgesetzte und Kollegen sind neben der Arbeitsaufgabe der einflussreichste Aspekt für individuelles Wohlempfinden am Arbeitsort. Daher brauchen Menschen dringend eine gesteuerte Förderung grundlegender Professions- und Sozialkompetenzen, die sich zumeist im Leitbild der Organisation wiederfinden. Doch die Erfahrung zeigt, dass Leitbilder selten ernst genommen und nachgehalten werden. Doch Leitbilder haben das Potenzial, Menschen an ihr Selbstbild zu erinnern, die persönliche Inklusion zu stärken und sich mit dem Unternehmen zu identifizieren; dabei sind Nachhalten und der organisationsweite Durchsatz eine grundlegende Voraussetzung, sonst verkommt das Leitbild zu Makulatur. Verlieren Chefs den Blick auf das Leitbild durch die Masse technologischer Neuerungen, fehlt allen ein Sicherheitspfeiler. Wer unsicher ist, wird leichter ängstlich.

Unser Gehirn braucht ein Minimum an Sicherheitsgefühl
Ängstliche Menschen reagieren auf Konflikterleben typischerweise durch verschiedene Überlebensstile. Diese Coping-Strategien sind Überheblichkeit, Rückzug, Vermeidung, Be-

schwichtigung (Satir 2001). Wenn wir sie zum Muster werden lassen, könnte es sein, sie manifestieren sich als Glaubenssatz. Einmal festgelegt, gelingt es Menschen schwer, Perspektiven zu wechseln. Daher braucht unser Gehirn Futter für bleibende Flexibilität und Offenheit für Neues. Dieses Futter ist Bildung. Niemand kann sagen, so bin ich halt. Wir können lernen; sogar, wenn wir meinen, unser bisheriges Leben verliere Sinn, sollten wir unseren Arbeitsplatz verlieren. Was unseren Lernwille einschränkt, sind unsere negativen Gefühle (Malzacher 2018). Relevant ist, dass Menschen ihr Gehirn bewegen, so kann unser plastisches Gehirn neue graue Masse bilden. Veränderung können wir so im Innen und im Außen bewirken.

16.10 Lernen für ein sinnerfülltes modernes Leben

Was sollten Menschen also heute lernen, damit sie morgen glücklich leben?

Morgen ist nicht das Jahr 2030, die Zukunft ist der Augenblick nach Jetzt. Klaus Kornwachs, Technikphilosoph, spricht von der sozialen Funktion des Arbeitsorts als Lebensorientierung (Kornwachs 2018). Diese wird durch das heute schon stattfindende Verschwimmen von Freizeit, Arbeitszeit und Arbeitsort herausgefordert. Möglicherweise verlieren wir diese gewohnte Art der Lebensorientierung. Unser gewöhntes Gehirn muss sich in immer schneller werdenden Intervallen neu orientieren, nicht erst 2030. Digital zu lernen und menschlich umzusetzen, das ist herausfordernd. Wir sind mitten in einem Prozess, der uns alle als Akteure und Weichensteller fordert, denn unser freier Wille erlaubt Entscheidungen. Besser gesagt, wir haben einen freien Un-Willen, so der Hirnforscher John-Dylan Haynes (Firme 2016), der Mensch kann Nein sagen. Er kann sein Ich-Bewusstsein entwickeln und somit zum Meister seiner Selbst werden inmitten einer Gemeinschaft, die er in seiner Kollektivität schätzt. Ob spirituell oder nicht, „wer wie glücklich leben kann, beantwortet sich auch zukünftig jeder Mensch selbst", so Kornwachs. Indem sie sich den Gegebenheiten anpasst und durch eine gut entwickelte ICH-KULTUR® wertebewusst sein Leben zur Sinnerfüllung bringt, in wohlmeinendem Zusammenleben mit anderen, wird die Mehrzahl der Menschen auch zukünftig für die Freiheit des Geistes einstehen können und sich weder von Technik noch von Despoten gängeln lassen (Malzacher 2018). Das Heute ist einen Wimpernschlag von der Zukunft entfernt. Jeder Einzelne kann seine Zukunft auf der Basis seiner Umwelt und Ressourcen gestalten, bis wir wegen Demenz oder anderen gesundheitlichen Einschränkungen völlig abhängig von anderen Mitmenschen sind. Trotz Unsicherheiten und Zukunftsängsten kreativ sein, kann nur, wer an sich glaubt und entsprechend wertebewusst agiert. „Kreatives Denken ist und bleibt Menschensache", sagt der Big-Data-Forscher, Stefan Rüping. Computer können nicht selbstständig Alternativen überlegen. Ja, sie können Sprache, Texte und Bilder verstehen, Stimmanalysen durchführen und erkennen, ob der Anrufer im Callcenter gut oder schlecht gelaunt ist. Kreative Lösungsansätze können sie nicht entwickeln. Eine positive Einstellung, Flexibilität und Kreativität, Mut und Zutrauen kann zu einem sinnerfüllten Leben führen. Unsere ICH-KULTUR® beherbergt Potenziale als multiple Intelligenzen, sie sollten wir nutzbar machen für ein interessantes und erfülltes Leben, wenn uns die Situation zur Veränderung zwingt.

16.11 Lust und Kunst der Veränderung

Potenziale sind ein Geschenk für unsere Zukunft. ICH-KULTUR® führt zu Reflexion, Selbstwirksamkeit und Entfaltung und trägt zu mehr Lebendigkeit bei. Sie umfasst uns ganzheitlich als Homo sapiens, egal wie bewusst oder unbewusst wir unsere persönliche Kultur entwickeln. Wer sich mit seiner ICH-KULTUR® befasst, kommt nicht umhin, seine Entscheidungsfreude und -geschwindigkeit als Teil seiner persönlichen Kulturvariablen zu überprüfen (Malzacher 2018). So kann er erkennen, was ihn reizt und was ihn abstößt und warum. Wie finden wir in der VUKA-Welt Orientierung? Digitale Veränderung von Lebens- und Arbeitsprozessen benötigt veränderte Kompetenzen und die Lust auf sie. Heute schon, doch sicherlich morgen, reichen alte Schlüsselkompetenzen nicht aus. Unsere Erwachsenenbildung ist gefordert, die Entwicklung neuer Kompetenzen zu fördern. Die OECD spricht von folgenden Schlüsselkompetenzen für das gesellschaftliche Wohlergehen 2030 (Schleicher 2018):

- **Vernetztes, interdisziplinäres, epistemisches Wissen**
- **Kognitive und metakognitive, soziale und praktische Fähigkeiten**
- **Persönliche, lokale, gesellschaftliche, globale Haltung und Werte**

Lehrende sind schon immer gefragt, Lust am Lernen zu vermitteln, statt nur zu dozieren. Nun sind sie doppelt herausgefordert. Auch sie müssen ihre Werte, ihre Fähigkeiten und ihr Wissen überprüfen und erweitern durch **hybride Unterweisungsformen (Mensch und digital).**

Methoden gemäß den Working-Out-Loud(WOL)-Prinzipien nach John Stepper sind Erfolgsstrategien für die digitalisierte Arbeitswelt (Bußmann 2018).

- **Lernen im Austausch („relationships")**
- **Offenheit und Neugier („growth mindset")**
- **Wissen sichtbar machen („visible work")**
- **Wissen teilen („generosity")**
- **Zielorientierte Weiterentwicklung („purposeful discovery")**

Dieses pädagogische Grundprinzip der (beruflichen) Weiterbildung ist für mich alter Wein in neuen Schläuchen. Dennoch hapert es an der Umsetzung. Welche Ziele sollte die Erwachsenenbildung inklusive der beruflichen Weiterbildung dringend verfolgen?

16.12 Ziele der Erwachsenenbildung heute für morgen

Drei aus fünf Anfragen für private Coachings in meiner täglichen Praxis entstammen einem Hilferuf. Psychische Überforderung, die sich als Ärger, Ängste, Traurigkeit und allgemeines Stressempfinden zeigt und umgekehrt, ist ein häufiger Grund für die Suche nach professioneller Begleitung. Bevor es Menschen wagen, sich an einen IPC®-Coach zu wenden, erlebten sie schon vieles Belastendes. Psychotherapie ist für Kranke. Als IPC®-Consultants arbeiten wir ausschließlich mit Menschen, die keine pathologische Diagnose haben. Viele unserer Klienten in schwierigen Lebensphasen tun sich schwer mit Konflikten, unglücklich kommunizierten Arbeitsanweisungen und schlechter Führungskommunikation. Auf der Suche nach mehr Zufriedenheit brauchen sie Orientierung. Wo lernen Menschen, mit problematischen Situationen umzugehen, Emotionales und Rationales zu balancieren? Erwachsenenbildung kann nicht warten, bis sich die Verantwortlichen schulischer Bildung anlassen, ihre längst überfälligen Lehrplanänderungen vorzunehmen. Wir sehen unseren Auftrag in der Integration und dem Nachhalten von Erfahrungen und neuem Wissen. Frauen, die 2030 in Deutschland geboren werden, werden im Durchschnitt 85,5 Jahre alt, Männer 80,6 Jahre (Statista 2018). Immer älter und in guter Qualität zusammenzuleben, braucht digitale Helfer schon wegen der schieren Masse an Daten und auf der anderen Seite weniger gestresste Mitmenschen.

Abb. 16.2 zeigt, was die heutige allgemeine und berufliche Erwachsenenbildung verpflichtend lehren sollte, damit die Gesellschaft von morgen besser harmoniert, mit oder ohne Unterstützung digitaler Helfer.

Zentrale Anbieter der hybriden Erwachsenenbildung unserer Zukunftsgesellschaft sind zunächst Gemeinden, Arbeitgeber, Weiterbildungseinrichtungen mit herausragenden Werten im Wettbewerb (Abb. 16.5) Die Politik setzt das Segel für **Weiterbildungspflicht**.

Zugunsten einer kontinuierlichen breiten, gesellschaftlichen Reflexion schlage ich diese vor. Als groß angelegte Bildungsinitiative für mehr Menschlichkeit und den Umgang mit emotionalem Stress könnte es die Erwachsenenbildung leisten, Menschen aus unterschiedlichsten Lebensbereichen physisch, nicht virtuell, zu vernetzen. Jeder Mensch sollte dreimal in 24 Monaten an einer jeweils mindestens vierstündigen Weiterbildung in drei verschiedenen der obengenannten Bereiche physisch teilnehmen. Eine steuerliche Vergünstigung erhielte er erst aufgrund eines Nachweises über alle drei unterschiedlichen Weiterbildungen in abwechselnd ausgewählten Bereichen (Abb. 16.2).

Abb. 16.2 Bildungsziele für Erwachsene

Bildungsziele für Erwachsene

➤ Kultur- und Werteorientierung, Fehlerkultur
➤ Etikette, Netikette
➤ Kommunikation
➤ Eigenverantwortung, Toleranz, Vorbild, Zivilcourage
➤ Konflikt- und Stresshandling
➤ Ernährungsberatung
➤ Umwelt-, Klima- und Umweltschutz
➤ Fachlich-technische Kenntnisse

Hinaus aus unseren Bildungskästchen bedeutet auch, dass Lernen durch unterschiedliche Lernhelferrollen unterstützt wird (Abb. 16.3). Der Dozent wird abgeschafft. Wer in Zukunft die vielen Rollen eines Lernbegleiters ausfüllen möchte, muss sich zunächst der Verantwortung des Mitgestaltens stellen.

Die deutsch-französische Jugendorganisation Youth for Peace fordert Mobilität und interkulturelles Lernen für alle. „Dies bedeutet, sich der Welt zu öffnen, sich selbst zu akzeptieren, Toleranz zu zeigen sowie persönliche, sprachliche und professionelle Bereicherung über die Grenzen Europas hinaus" (P.E.A.C.E. 2018). In weiten Teilen deckt sich dies mit dem Anspruch an die Kompetenzen des menschlichen Lernbegleiters (Abb. 16.4).

Menschliche und digitale Lernbegleiter finden wir zukünftig überall (Abb. 16.5). Das größte Potenzial für eine allumfassende Erwachsenenbildung ist in Stätten betrieblicher Bildung und Firmenakademien. Digitale Innovation, gepaart mit humanistischen Idealen, ist der Ansatz einer verantwortlichen, verbindungschaffenden Vernetzung. Menschen brauchen Menschen für Menschliches.

Das *humanistische* Weiterbildungsangebot für den Lerner von morgen kann durch e-Learning oder Webinar zeitlich flexibel vermittelt werden. Das Anwenden in Praxisszenarien, Reflektieren und Diskutieren sind Folgeschritte für Edukation und Emanzipation als Mittel für das erwünschte Empowerment, gemäß dem Educate-Enhance-Emancipate-Empower(E^4)-Prinzip (Malzacher 1993). Erste neue Ansätze im beruflichen Bildungswesen erlauben einen hoffnungsvollen Blick auf innovative Schritte in eine menschliche Zukunft in der Digi-Era.

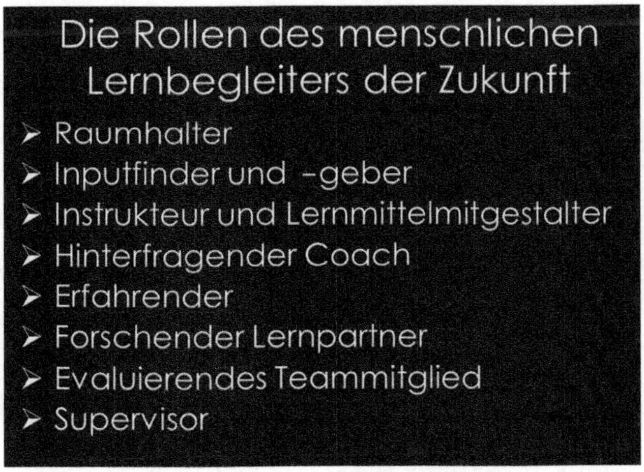

Abb. 16.3 Die Rollen des menschlichen Lernbegleiters der Zukunft

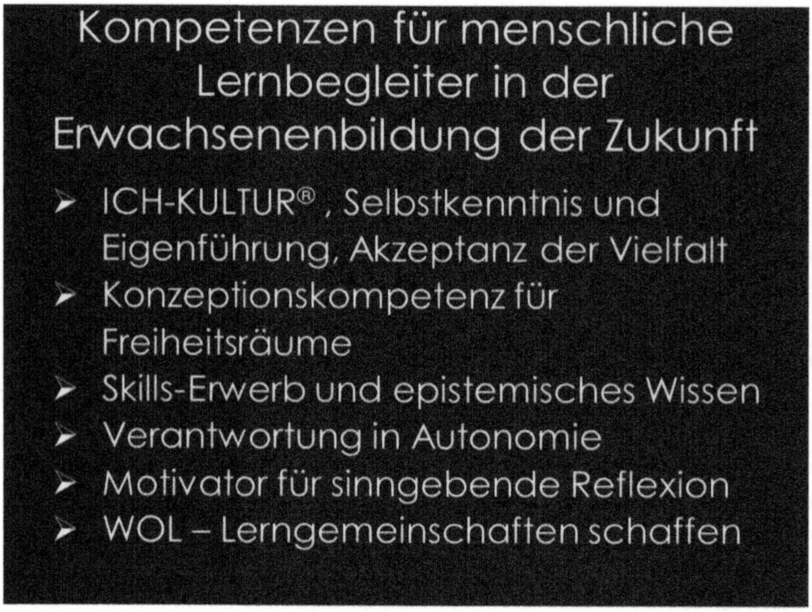

Kompetenzen für menschliche Lernbegleiter in der Erwachsenenbildung der Zukunft

➤ ICH-KULTUR® , Selbstkenntnis und Eigenführung, Akzeptanz der Vielfalt
➤ Konzeptionskompetenz für Freiheitsräume
➤ Skills-Erwerb und epistemisches Wissen
➤ Verantwortung in Autonomie
➤ Motivator für sinngebende Reflexion
➤ WOL – Lerngemeinschaften schaffen

Abb. 16.4 Kompetenzen für menschliche Lernbegleiter in der Erwachsenenbildung der Zukunft

Weiterbildungseinrichtungen als Anlaufstelle für die breite Erwachsenenbildung

➤ Betriebe und betriebliche Akademien
➤ Öffentliche und private Berufsbildungseinrichtungen
➤ Agentur für Arbeit
➤ Private Weiterbildungsorganisationen
➤ Volkshochschulen
➤ Lehrinstitute der Hochschulen

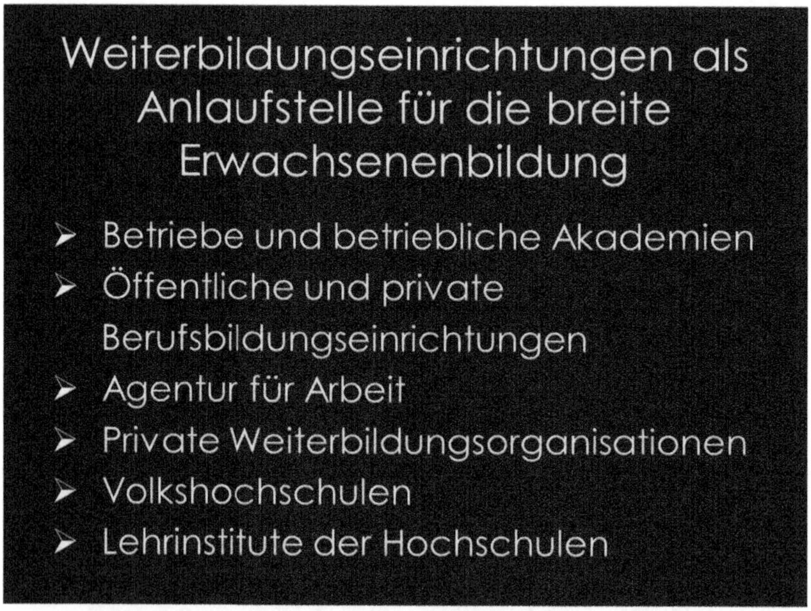

Abb. 16.5 Anlaufstellen für die Erwachsenenbildung der Zukunft

Literatur

Bußmann, N. (2018). WOL Prinzipien. *Managerseminare, 248*(2018), 44.

Erpenbeck, J., & Sauter, W. (2013). *So werden wir lernen.* Berlin: Springer Gabler.

Firme, F. (2016). Hirnforschung in Berlin: Wie frei ist der Wille des Menschen wirklich? Über JD Haynes Berliner ZeitungIWissen. Berlin: Ullstein.

Frankreich in Deutschland. (Hrsg.) (2018). https://de.ambafrance.org/Youth-For-Peace-100-Ideen-fur-den-Frieden. Zugegriffen am 18.11.2018.

Hartung, M. (2018). *Leiter ZEIT Chancen, Welche Schritte führen uns zum Chancenland?* Mannheim: Keynote EduAction Bildungsgipfel.

Humanistischer Verband Deutschlands. (2007). *Rahmenlehrplan, Zentrum für Humanistische Lebenskunde.* Berlin/Brandenburg: Humanistischer Verband Deutschlands.

Knitterscheidt, K. (2018). *Kampf um Programmierer- Wie die Industrie der IT-Branche Fachkräfte abjagen will.* https://www.handelsblatt.com/unternehmen/industrie/digitalisierung-kampf-um-programmierer-wie-die-industrie-der-it-branche-fachkraefte-abjagen-will/23638096.html?ticket=ST-10581214-whYBcEpxhyWuItXN5Ggu-ap3. Zugegriffen am 26.11.2018.

Kornwachs, K. (2018). Honorarprofessor, Deutsche Akademie für Technikwissenschaften. *HaysWorld Journal, 2.*

Malzacher, J. (1993). *ELAN und das 4 E-Prinzip.* www.elan-project.de.

Malzacher, J. (2018). *Mit ICH-KULTUR zum privaten und beruflichen Erfolg.* Wiesbaden: Springer-Gabler.

Polyakova, O. (2014). Professional Deformation. *Procedia – Social and Behavioral Sciences, 146,* 279–282.

Pütter, C. (2018). *Wo Unternehmen KI einsetzen wollen.* www.cio.de/a/wo-unternehmen-ki-einsetzen-wollen,3590406?xing_share=news. Zugegriffen am 26.11.2018.

Satir, V. (2001). *Meine vielen Gesichter – Wer ich wirklich bin.* München: Kösel.

Schleicher, A. (2018). *Direktor für Bildung OECD.* Mannheim: Keynote EduAction Bildungsgipfel.

Schmitz-Morkramer, C. (2018). Mehr Arbeitsplatz, weniger Spielplatz. *HaysWorld Journal, 2.*

Schulz, A. (2018). *Digitalisierung und Bildung in Deutschland.* https://www.linkedin.com/pulse/digitalisierung-und-bildung-deutschland-hannes-d21-im-schulz/. Zugegriffen am 26.11.2018.

Statista. (Hrsg.). (2018). *Entwicklung der Lebenserwartung bei Geburt in Deutschland nach Geschlecht in den Jahren von 1950 bis 2060 (in Jahren).* de.statista.com/statistik/daten/studie/273406/umfrage/entwicklung-der-lebenserwartung-bei-geburt--in-deutschland-nach-geschlecht/. Zugegriffen am 26.11.2018.

Wippermann, P. (2018). *Die 15 wichtigsten Trends zur Arbeitswelt der Zukunft.* https://blog.xing.com/wp-content/uploads/2018/11/XING-New-Work-Trendbook.pdf. Zugegriffen am 26.11.2018.

Weiterführende Literatur

Bundesministerium für Bildung und Forschung. (Hrsg.). (2018). *eQualification Lernen und Beruf digital verbinden – Projektband des Förderbereichs „Digitale Medien in der beruflichen Bildung".* www.qualifizierungdigital.de/_medien/downloads/Projektband_eQuali_A5_BITV%20 v2%20CLEAN%20DNK128_126_GW_01.pdf. Zugegriffen am 23.11.2018.

Covey, S. (1996). *First things first.* New York: Free Press.

DFJW. (2018). *Preamble – Fundamental Principles.* www.dfjw.org/youth-for-peace/pedagogi-sches-programm.html. Zugegriffen am 26.11.2018.

Land, K.-H. (2018). Zukunftsfähig: Warum das neue Geschäftsziel von Unternehmen der Total Societal Impact sein muss. *Manager Seminare, 248*(2018), 48–55.

Lebenlang Magazin. (Hrsg.). (2017). *Lebenlang-Interview mit „Pfleger Pepper".* www.youtube.com/watch?v=-PL84eDAPbE. Zugegriffen am 26.11.2018.

Manager Seminare. (2018). Was Unternehmen tun, um Digitalisierung und Innovation in ihrer Kultur zu verankern. *Manager Seminar, 248*(7).

Professionelle Deformation. (2014). *Ärzte Woche, 13* (2014) Österreich: Springer.

Rüdiger, R. (2018). *Geschäftsführender Vorstand Education Y.* Mannheim: Impulsvortrag EduAction Bildungsgipfel.

Rüping, S. (2018). Frauenhofer-Institut für Intelligene Analyse- und Informationssysteme. *HaysWorld Journal, 2.*

Swisher, K. (2018). *Who will teach Silicon Valley tob e ethical?* https://www.nytimes.com/2018/10/21/opinion/who-will-teach-silicon-valley-to-be-ethical.html. Zugegriffen am 26.11.2018.

Unbox Therapy. (Hrsg.). *The $3000 Sony Aibo Robot Dog.* www.youtube.com/watch?v=8t8fyiiQVZ0. Zugegriffen am 23.11.2018.

Vodafone. (Hrsg.). (2015). *Der Digitale Atlas.* https://www.vodafone.de/media/downloads/press-releases/150310-digitalatlas-studienband-cover2.pdf. Zugegriffen am 26.11.2018.

Wikipedia. (Hrsg.). (2018). *4. Jahrtausend v. Chr.* https://de.wikipedia.org/wiki/4._Jahrtausend_v._Chr. Zugegriffen am 23.11.2018.

Jutta Malzacher. Während ihrer jahrzehntelangen Tätigkeit in der internationalen Beratung, im Training und Coaching als Partner betrieblicher Personalentwicklung ist Jutta Malzacher, Ph.D., eine glühende Verfechterin humanistischer Bildung. Sie ist überzeugt, dass der Mensch durch den Einsatz digitaler Helfersysteme Zeit gewinnt für mehr Menschlichkeit und die Entwicklung seiner persönlichen Kultur, der ICH-KULTUR®. Ihre pädagogischen Konzepte und Coachings sieht sie als Beitrag für die moderne Erwachsenenbildung. In ihrem Institut ELANproject International Elegance bildet sie Führungskräfte und Coaches weiter.

Weitere Infos unter www.elan-project.de.

Wer nicht mit Videos kommuniziert, kommuniziert nicht

17

Markus Kaiser-Mühlecker

Inhaltsverzeichnis

M. Kaiser-Mühlecker (✉)
Gerersdorf 1, Österreich
E-Mail: office@kmfilm.at

© Springer Fachmedien Wiesbaden GmbH, ein Teil von Springer Nature 2019
P. Buchenau (Hrsg.), *Chefsache Zukunft*, Chefsache,
https://doi.org/10.1007/978-3-658-26560-1_17

Zusammenfassung

Videos sind schon jetzt die wichtigste Content-Form im Internet. Getrieben durch Social Media wird deren Bedeutung für die professionelle Kommunikation in Zukunft
weiter rapide steigen. Dieser Beitrag will Sie als möglichen Auftraggeber und Kommunikator an die Hand nehmen, um die wichtigsten Produktionsphasen zu durchdenken,
praktische Aspekte zu berücksichtigen und dazu zu motivieren, am Ende überzeugende
Videos zu produzieren. Markus Kaiser-Mühlecker ist Video- und Dokumentarfilmer in
Oberösterreich und gibt sein Wissen aus 20 Jahren Videoproduktion an die Leser von
Chefsache 2030 weiter.

17.1   Veni, Video, Vici

*Videokommunikation, Videomarketing, Storytelling, Content-Marketing, Kaiser-Mühlecker,
Dokumentarfilm, Dokumentation, Videoproduktion, Filmproduktion, Social Media, Instagram, Facebook, YouTube, Marketing, Chefsache, Videocontent.*

Man kann nicht nicht kommunizieren. (Paul Watzlawick)

Man kann ab 2020 nicht ohne Videos kommunizieren. (Markus Kaiser-Mühlecker :-)

Mit dem leicht provokativen Titel möchte ich Sie in die Welt der Videokommunikation
führen und, um dem Leitthema dieses Bands gerecht zu werden, fokussiere ich neben zeitlos gültigen Aspekten auf die Zukunftsaspekte dieser sich stetig verändernden Branche.
Die Frage, wo Video 2030 sein wird, stellt sich weniger als jene, wo es nicht sein wird.
Videos stehen aufgrund mehrerer revolutionärer technischer Fortschritte gerade am
Beginn einer Blüte: Bildsensoren für die Bildakquise sind leistbar und mittlerweile
besser, als analoger Film es jemals war, die Chips für die Verarbeitung der digitalen Video-

daten sind in den letzten Jahrzehnten um das Tausendfache günstiger und leistungs-fähiger geworden und auch das Internet und mit ihm soziale Medien machen die Verbreitung von Video-Content so einfach, attraktiv und leistbar wie noch nie. Das stellt gerade die gesamte Medienökonomie auf den Kopf, die Geschäftsmodelle, die mit dem Aufkommen der elektronischen Medien etabliert wurden, stehen vor nie da gewesenen Herausforderungen, die Besitzökonomie weicht einer Zugangsökonomie mit Null Grenzkosten.

Also goldene Zeiten für alle, die die neuen Möglichkeiten nutzen, die Chancen begreifen und vorn mit dabei sind, ihr eigener digitaler Sender zu werden – das ist nämlich nicht nur möglich, sondern auch vitale Grundlage neuer Geschäftsmodelle.

17.2   The game has changed – Videos als Porträtbild 2.0

Wir alle haben gewisse Dokumente als Standard akzeptiert, die vor einiger Zeit revolutionär waren, etwa die Verwendung eines Porträtbilds für Geschäftszwecke, das früher wahrscheinlich in der Form eines Ölgemäldes produziert wurde – für die, die es sich leisten konnten.

Das moderne Äquivalent von Öl- und Porträtbild ist ein Videoporträt, das Ihr zentraler Kommunikator für den Online-Auftritt sein kann. Warum ist das so wichtig und geeignet? Um prägnant Ihr Geschäftsmodell, Ihr Unternehmen, Ihre Persönlichkeit vorzustellen, zwingt die kurze Form Sie, alles auf das Wesentliche zu **reduzieren**. Ihre Sprechstimme ist im Vergleich zu Texten ein geeigneterer Transporter für Emotionalität, wir Menschen entscheiden auch gern aus dem Bauch und kaufen lieber von anderen Menschen, die ihr Wissen und ihre Erfahrung mit uns geteilt haben. Die **auditive** Komponente wird i. d. R. zusätzlich durch emotionalisierende Musik unterstützt.

Zusätzlich zu Ihrem Konterfei, das natürlich auch viele Informationen transportiert, kann die von Ihnen erwähnte Information mit Bildern, Grafiken, Animationen und Videos von Ihrem Unternehmen unterschnitten werden; Filme und Videos sind ja auch Träger sehr vieler anderer Medien, ein echtes Multimediatalent. Früher Hollywood vorbehalten, heute für jedermann verfügbar.

Das trifft auf Möglichkeiten der **Distribution**, von denen selbst global agierende Werbeprofis vor wenigen Jahren nur träumen konnten und begründet die Dominanz der Medienplattformen aus dem Silicon Valley: Sie müssen heute nicht nur keine physischen Medien wie DVD mehr produzieren lassen oder eine Fernsehwerbung schalten, die traditionellen Gatekeeper für Print und TV wie Mediaagenturen, Werbeagenturen, Verlage und Medienhäuser verlieren ihre Exklusivität.

An ihre Stelle treten Facebook, Google, Snap, LinkedIn und alle, die da noch kommen mögen. Diese Plattformen ermöglichen Ihnen, Ihr Publikum mit Targeting-Möglichkeiten basierend auf Demografien, Hobbies, Interessen, Weltbild so eng zu fassen, dass die Werbestreuverluste auf ein Minimum reduziert werden, und ermöglichen jedem Geschäftsmann direkt mit seinem Markt zu kommunizieren. Das stellt seit Jahren das Medienuniversum weltweit auf den Kopf, die Karten werden neu gemischt.

In einem kompakten Video und seiner Verbreitung treffen als Medium alle kommunikativen und digitalen Revolutionen der letzten Jahrzehnte synergetisch zusammen und ergeben, professionell gestaltet, ein so kraftvolles Werkzeug für Ihre Zwecke, wie es kein anderes Kommunikationsmittel bietet.

Das ist der Status quo zu Beginn des Jahres 2019 – und wo ist der Zukunftsaspekt? Die meisten von uns haben die neuen Chancen noch nicht erkannt, obwohl das Gold hier buchstäblich auf der Straße liegt. Worauf warten wir also?

17.3   Betreten Sie die Videobühne und zeigen Sie sich!

Für Videokommunikation brauchen wir nicht nur das passende Equipment und Medien, sondern auch die passenden Inhalte und ein mutiges Mindset, um als CEO, Ein-Personen-Unternehmen, Unternehmen oder Organisation aktiv aufzutreten.

Bisher waren wir solche Auftritte fast nur von Profis wie TV-Show-Hosts, Wettermoderatoren, Unterhaltern, Zauberern, Musikern, Politikern oder Wirtschaftsbossen gewohnt, also allen Menschen, die in irgendeiner Form auf einer Bühne ein Mikrofon in die Hand nehmen und zu Menschen sprechen.

Diesen Schalter können und müssen nun wesentlich breitere Teile der Bevölkerung umlegen; jene die es tun, werden belohnt, indem sie Kundenkreise erschließen, die bisher ungekannt waren, jene die sich zu sehr verstecken, vielleicht nicht mehr am Markt reüssieren können.

In der Praxis gibt es vorwiegend zwei Optionen: Entweder engagieren Sie professionelle Dienstleister wie mich mit meiner Videoagentur oder Sie setzen sich einfach vor die Webcam und legen los, beides sind legitime Wege heutzutage.

Es sind aber auch Mischformen mit selbstgesammeltem Material denkbar, das Sie sich dann von Profis in die geeignete Form bringen lassen. Denken Sie Videoproduzenten auch als Image-Coaches und Fitnesstrainer für Ihr Unternehmen. Waren früher vorrangig textstarke Menschen etwa aus dem Journalismus auch für Unternehmenskommunikation geeignet, dreht sich das stark in Richtung bildgewandter Profis: jeder Firma ihr Regisseur, jedem Boardroom sein Director!

Der entscheidende Moment jedenfalls ist zu erkennen, dass Sie eine Geschichte zu erzählen haben und heute dafür auch ein Publikum finden, das über bisherige Grenzen weit hinausreicht. Die beste Geschichte ist oft einfach jene, die Sie auch Ihren Kunden von sich oder Ihrem Produkt erzählen. Nur ist der Multiplikator und Marktauftritt durch das Internet ein völlig anderer. Konnten Sie früher vielleicht eine Handvoll Kontakte an Ihren Touchpoints generieren, liegt ihnen je nach Zielmarkt heute ein ganzer Sprachraum an möglichen Kontakten zu Füßen, arbeiten Sie mit übersetzten Untertiteln und Sprachfassungen sogar noch weit mehr. So wie eben auch Hollywood seine Erzeugnisse regional adaptiert auf den Markt bringt, das ist kultureller Einfluss!

17.3.1 Warum macht man Videos?

- Videos erzeugen Engagement: Video sind interessant und anregend
- Narrativität: Geschichten und Storys verleiten zum Dranbleiben
- Fokussiertheit: Videos sind verdichtete Informationen und vermitteln diese anschaulich
- Sociability: Video schauen zählt zu den Top-Social-Media-Aktivitäten

17.3.2 Bedeutung von Videos

- YouTube ist die zweitgrößte Suchmaschine
- 2020 wird der meiste Content in Form von Video konsumiert werden
- Schon jetzt stellt er den Löwenanteil des Web-Traffic dar, aktuell (Anfang 2019) werden täglich 22 Mrd. Videos angesehen
- SEO-Vorteil: Videos performen besser im Google-Ranking und auf Facebook, die Wahrscheinlichkeit auf ein Seite-Eins-Ranking auf Google vervielfachen sich durch ein Video
- Videos erhöhen Glaubwürdigkeit und „likeability" von Marken und Unternehmen
- Film ist möglicher Container fast aller anderen Medien, quasi ein Übermedium (Bildebene: Video, Bilder, Grafik, Text, Animation, Tonebene: Sprache, Ton, Soundeffekte, Musik)

17.3.3 Argumente für Videos im Marketingmix

Eine Studie von Hubspot erzählt Aufschlussreiches (An 2017):

- Die Verwendung von Videos im Marketing steigert die Clickraten um bis zu 300 %
- Videos wollen viral gehen: Videocontent wird 1200 % öfter geteilt als Text und Links zusammen und wird auch öfter kommentiert.
- 90 % der Kunden erklären, dass Videos ihnen helfen, Kaufentscheidungen zu treffen
- Ein Drittel der gesamten Online-Zeit verbringen Menschen mit dem Konsum von Videos
- Der Digitalmarketingexperte James McQuivey schätzt, dass eine Minute mit Video-Content dem Äquivalent von 1,8 Mio. Wörtern entspricht. Ich hab nachgerechnet: 60 s × 25 Bilder/s × Ein Bild sagt mehr als 1000 Worte = ich komme da nur auf 1,5 Millionen; allerdings benutzen die Amerikaner etwa 30 Bilder/s als Videostandard :-)
- Videos im Marketing fungieren als Markenbotschafter: via Design, Inhalten, Sprache, Musik und Farben formen sie eine multisensorische Markenwahrnehmung, mehr als mit allen anderen Kanälen – Ihre Kunden erkennen Sie und Ihren Content immer und überall wieder
- Videos funktionieren ab 1080 Pixel Auflösung auf jedem Gerät und Kanal responsive

17.3.4 Nichts Neues unter der Sonne – Höhlenmalerei war das Kino der Steinzeit

Es gibt die These des Paläoarchäologen Marc Azéma die besagt, dass die in der Steinzeit an die Wände der Höhlen gemalten Tiere und Jagdszenen durch das Flacken des Feuers unterschiedliche Muster erzeugt hätten – damit wäre diese Vorform von Bewegtbild die erste Form des Kinos, damals schon Bewegtbildentertainment in einem dunklen Raum in Form von Geschichten (Azéma 2013).

Video ist ja von Grund auf eine Wahrnehmungstäuschung, benannt im sog. Phi-Phänomen, da Video und Film ja nur aus so schnell hintereinander gezeigten Bildern bestehen, dass der Eindruck von Bewegung entsteht – die de facto aber doch nur unsere Wahrnehmung überlisten.

Jean-Luc Godard hingegen sprach in seinem Aphorismus von Film als „Kino ist Wahrheit, 24mal in der Sekunde". An diese 24 Bilder haben wir uns im Kino so gewöhnt, dass etwa Versuche, Filme in High Frame Rate (HFR) mit 48 Bildern zu zeigen, von Kritikern und Publikum als zu fernsehhaft und unfilmisch verschmäht wurden.

Bei einem Spaziergang kürzlich beobachtete ich einen naturbelassenen Bach und fand eine gute Metapher für Geschichten: An den Stellen, wo der Bach ungehindert dahin fließen kann, hört man ihn kaum, man könnte diese Stellen auch als langweilig bezeichnen. Sobald Steine in seinem Weg liegen, fängt er an zu murmeln; sehr reizvoll dem zuzuhören – dabei ist es nur ein Bächlein!

Erst an Stellen, an denen es eng ist, beginnt er laut zu werden und beschleunigt, um bei Gefällen zu einem Tosen zu werden. Benutzen Sie diese Metapher und überlegen Sie sich, welche Stelle Ihrer Erfahrungen Sie erzählen möchten, von unhörbar bis tosend ist alles möglich.

17.3.4.1 HiStory – Abriss Mediengeschichte!

Nehmen Sie das berühmte Diktum von William Shakespeare, wonach alle Welt Bühne sei und wir alle auf ihr Spieler mit Auf- und Abgängen und vielen verschiedenen Rollen, die wir zu spielen hätten. Denken Sie mit dieser Metapher Ihre Kommunikationsagenden durch, ändern Sie den Blickwinkel und Sie entdecken eine spannende neue Geschichtenwelt, die erzählt werden will.

Damit sind wir auch schon bei einem der großen und offenen Geheimnisse der Entertainmentwelt, der Geschichte.

Von der Bibel über die Märchen der Gebrüder Grimm bis zu Pixar, aber auch politischen und unternehmerischen Entwicklungen, sind die großen Erzählungen immer ein geschickt gestricktes Narrativ, das uns als Zuseher tief im Inneren anspricht und fesselt, wir sind „hard-wired", fix verdrahtet darauf, von spannend dargebrachten Geschichten gefesselt zu werden. Was heute Storytelling heißt, war eben schon bei den Höhlenmenschen am Lagerfeuer der letzte bzw. Ur-Schrei ☺:

- Während der ersten 40.000 Jahre Kulturgeschichte wurden Geschichten/Storys primär mündlich überliefert (Älteste, Redner und Priester waren quasi orale Medien)

- Mit Erfindung des Buchdrucks im 15. Jahrhundert wurden die vorher von Mönchen in Skriptorien geschriebenen Bücher zum ersten Massenmedium und die Literatur vorherrschend
- Mit den elektronischen Massenmedien und dem Rundfunk (Radio, Kino, Fernsehen) wurden ab dem 20. Jahrhundert auditiv und visuell neue Ausdrucksformen möglich.
- Computer, das Internet und mobile Smart Devices führten zur aktuellen medialen Revolution: Zusätzlich zum Konsum wird die Medienproduktion, die bisher hauptsächlich Profis vorbehalten war (Journalisten, Autoren, Regisseure, Redakteure) durch jedermann möglich („user generated content"). Das Aufkommen von „deep learning", „machine learning", künstliche Intelligenz wird auch das noch neu durcheinanderwirbeln.

„Long (hi)story short": Durch Demokratisierung und Prosumerisierung kann heute jeder jedem jederzeit zu geringsten Kosten digital eine Geschichte erzählen. Das erfordert gleichzeitig, dass die Produktions- und Redaktionskompetenzen im Sinn einer „media literacy" als Kulturtechnik flächendeckend verstanden werden, hier auch ein Aufruf ans Bildungswesen, den Fächerkanon grundlegend neu zu denken. An den Produktionsmitteln liegt es jedenfalls nicht mehr, Sie können mit entsprechenden Skills mit einem aktuellen Smartphone sendefähig produzieren, Oscar-Preisträger Steven Soderbergh hat gerade einen Spielfilm auf dem iPhone gedreht!

17.3.5 Technikgeschichte und Ausblick

Voraussagen sind schwierig, v. a. wenn Sie die Zukunft betreffen. Also beginnen wir mit einem persönlichen Blick etwa 20 Jahre zurück, da habe ich meinen Weg als Videofilmemacher begonnen, mit einer selbst ersparten, damals für mich sensationellen Drei-Chip-Digitalkamera.

Im Jahr 2000 begann ich mein MultiMediaArt-Studium an der FH Salzburg in Film, Video und Audio. Kurz danach brach der Neue Markt in Frankfurt ein, die Dotcom-Blase platzte und die Euphorie bezüglich aller neuen Medien löste sich rapide auf.

Mark Zuckerberg war damals wohl noch auf der High School, Steve Jobs kämpfte sich seinen Weg in die von ihm gegründete Firma zurück, Altavista war der Platzhirsch und Google als Suchmaschine ein Geheimtipp, Napster reizte gerade Metallica zu Klagen und Spotify in weiter Ferne, Lycos und Netscape waren damals State of the Art.

Der große Schnittplatz der Bildungseinrichtung, ein AVID XL, kostete kolportierte 1.000.000 Schilling (heute etwa € 250.000), das kann heute jeder Laptop aus dem Discounter zehnmal so schnell, die dazu passende Software gibt es heute gratis (und war damals in Hollywood um ähnliche Summen zu haben).

Der durchschnittliche Internetzugang lag vor 20 Jahren bei etwa 0,5 Mbit, heute haben wir hier das 50Fache an Bandbreite, 5G verzehnfacht das wiederum und in absehbarer Zeit wird sogar Videobearbeitung und Speicherung problemlos in der Cloud passieren – für 2030 werden Terabitverbindungen erwartet, das sind monströse 125 Gigabyte pro Sekunde Datendurchsatz!

Ein ähnliches Spiel sehen wir bei den Sensorauflösungen: Begonnen haben wir als Studenten mit SD-Material in 4:3 (0,5 Megapixel), dann kam HD/2K (2 MP), jetzt wird UHD/4K zum Produktions- und Distributionsstandard (8 MP) und sogar für 8K (32 MP) wird es sinnvolle Anwendungen geben.

Diese Daten werfen ein Schlaglicht auf die digitale Revolution, die Platz gegriffen hat und die wohl noch viele Etappen vor sich hat; gerade wurden auf der Consumer Electronics Show (CES) rollbare Displays vorgestellt.

Was heute allerorten mit Buzzwords wie Industrie 4.0 und Digitalisierung an Phrasen von Entscheidungsträgern und Meinungsmachern verbreitet wird, ist der ambitionierte, verzweifelte Versuch den vielen gleichzeitigen Entwicklungen Herr zu werden und Kompetenz zu signalisieren. Sinnvoll sind diese Worthülsen aber nicht immer, weil jeder sie mit anderen Inhalten befüllt und sie zu unscharf verwendet werden; Begriffe werden daraus erst, wenn jeder das Gleiche darunter begreift.

Auf Distributionsseite sind physische Speichermedien wie DVD, BluRay (VHS, MD, DCC anyone?) auch bald Geschichte und traditionelle Massenmedien wie Fernsehsender mit ihrer Gatekeeper-Funktion (Redaktion, die die Inhalte auswählt statt eines Algorithmus) wurden in kürzester Zeit von sozialen Netzwerken wie Facebook und YouTube ihrer Vormachtstellung beraubt. Das hat im Zuge der Fake-News-Debatte klarerweise auch seine Kehrseite und wir beginnen gerade, sauber recherchierte Geschichten neu wertzuschätzen.

Was bedeutet das jetzt alles für Menschen, die für Unternehmen, Institutionen und Körperschaften professionell kommunizieren? Es reicht jedenfalls nicht mehr, den einen Spot vor der Tagesschau zu platzieren, um die Mehrheit zu erreichen. Und es ist nicht mehr zeitgemäß, alle sieben Jahre den einen großen Imagefilm produzieren zu lassen, sondern erforderlich, ständig aktuellen (selbstgenerierten) Content in die relevanten Kanäle zu stellen. Das erfordert ein grundlegendes Umdenken, eine zugunsten von Kreativität und Authentizität geänderte Kommunikation mit seinen Kunden und Stakeholdern und v. a. einen proaktiven und neugierigen Umgang mit dem Medium.

Interessanterweise wächst auch die Menge an Langform-Content, das Internet ist also nicht nur der Ort von Kurz- und Katzenvideos, sondern v. a. der Ort des Long-tail-Content. Durch die nahezu unbegrenzte Lagerfläche digitaler Plattformen wie Amazon oder YouTube explodierte die Sortimentsbreite und -tiefe, wo früher zwei Fernsehsender waren, kann deren Anzahl heute niemand mehr zählen, Jeremy Rifkin behandelt das in seiner Null-Grenzkosten-Ökonomie (Rifkin 2014), Chris Anderson in seinem „long tail" (Anderson 2006). Das bedeutet, dass Sie für fast jedes Interesse heute Ihr Publikum finden, das wiederum gewohnt ist, seinen speziellen Content vorzufinden.

17.4   Videostrategie mit der Lasswellschen Formel

- **Warum** machen wir ein Video, welches Ziel verfolgen wir damit?
- Für **wen** machen wir das Video – die präzise Formulierung einer Persona hilft hier weiter

- **Welche** Geschichten gibt es vielleicht ohnehin zu meiner Person, meinem Unternehmen die nur ausgehoben und formuliert müssen?
- **Was** sind die Inhalte und die Umsetzung meiner Geschichte?
- **Wo** und wann ist die Geschichte angesiedelt (echte Location oder virtuelles Studio, Gegenwart, Vergangenheit, Zukunft?)
- **Wo** erreiche ich mein Publikum? Auf welchen Kanälen ist es typischerweise?

17.4.1 Sie sind der Star und man holt Sie hier nicht raus – Psychologie beim Dreh

In meinen bisher 20 Jahren Tätigkeit in der Film- und Videoproduktion habe ich einen wichtigen Faktor schätzen gelernt, den man in diesem Kontext nicht als erstes erwarten würde: Psychologie.

Die Kunst in diesem Zusammenhang ist oft jene, ähnlich einem Porträtmaler oder Fotografen, den Kern der Persönlichkeit zu erfassen, die man abbildet; Persönlichkeit beziehe ich hier nicht nur auf natürliche Personen, sondern auch auf Markenpersönlichkeiten.

Psychologie bedeutet beim Filmdreh zuerst das Wegräumen von falschen Erwartungshaltungen, unsicherem Auftreten und ähnlichem. Der Auftritt vor Kameras kann kinderleicht, aber auch unglaublich schwer sein – wagen Sie es und wählen Sie kinderleicht. Und wie meist im Leben macht Übung den Meister, buchen Sie gleich ein Kamerateam für Ihren ersten Aufsager, im Unterschied zu einer Livesendung haben Sie so viele Versuche, wie Sie sich leisten wollen.

Atmen Sie frei und wählen Sie die Sprache, in der Sie sich am wohlsten fühlen. Dialekt vermittelt ganz oft Sympathie, Lokalkolorit, Charakter – das macht Sie unverwechselbar, tauschen Sie das nicht gegen eine Ihnen vielleicht unvertraute Hochsprache ein, sprechen Sie so, wie man Sie kennt.

Ähnliches gilt für Ihre Kleidung, Sie müssen sich darin v. a. wohl und ungezwungen fühlen, der Jogginganzug wird vielleicht ein wenig zu leger, der Dreiteiler vielleicht aber zu förmlich sein, Sie sind ja nicht Anchor(wo)man der Abendnachrichten, sondern wollen möglichst direkt einen Kanal zu Ihrem Kunden etablieren. Also auch hier die Kleidung, die Sie auch sonst im beruflichen Alltag tragen.

Und stellen Sie sich beim Sprechen in die Kamera vor, direkt mit Ihrem Kunden zu sprechen, Sie trennt nur das Gerät – er sieht Sie am anderen Ende auf seinem Endgerät nämlich genau so, das ist die Magie des Bewegtbilds.

Sie müssen sich in einem Medium mit Sprache auch die Frage stellen, ob Sie in Ihren Botschaften per Du oder per Sie sind. Sind Sie lässig oder förmlich? Freundlich oder ernsthaft?

Wie sprechen die Darsteller? Wie sind sie gekleidet? Wie bewegen Sie sich? Mit wem sprechen Sie? Worüber und auf welchem Niveau sprechen Sie?

Überlegen Sie sich, wie Sie wirken wollen, zu wem Sie sprechen, wie Sie mit ihm sprechen, was Sie an Vorwissen voraussetzen können usw., ein paar Mal alles gut durchgedacht und Sie navigieren sicher auf dieser See.

Unterschätzen Sie bei aller coolen Professionalität auch nicht die Macht der Gefühle und zeigen Sie sich sympathisch und angreifbar, im Zweifelsfall ist das der Hebel, Ihre Kunden zu erreichen. Konnten sich manche bisher noch hinter der Hochglanzbroschüre mit Stockfotos ein künstliches Image erzeugen, ist der Auftritt in einem Video auch ein Moment der Wahrheit.

In diesem Zusammenhang möchte ich die Bücher *Die Psychologie des Überzeugens* (Cialdini 2013) und *Wir alle spielen Theater* (Goffman 2003) empfehlen, die einem psychologisches bzw. soziologisches Hintergrundwissen vermitteln und unsere alltägliche Wahrnehmung infrage stellen – viel hat mit der Art und Weise zu tun, wie unser Gehirn arbeitet, via „social hacking" kann da vieles benutzt, aber auch missbraucht werden. Die Kenntnis dieser Mechanismen kann einem sehr beim Querdenken helfen. Seit Menschen mit Menschen kommunizieren, gelten diese Basics.

17.4.1.1 Aufnahmesituation und Drehort

Die Aufnahmesituation ist für die Atmosphäre auch bedeutend, nicht nur wegen des Bildhintergrunds, sondern wegen Ihres Wohlfühlens. Der Ort darf gern hell und ruhig sein, da tut sich jegliches Equipment viel leichter. Dann sollten Filmcrew und Marketingmitarbeiter möglichst überschaubar bis nur dezent im Hintergrund anwesend sein. Es kennzeichnet Profischauspieler, dass sie auch an einem Set mit 40 Professionisten auf Regieruf emotional werden können. Laien jedoch werden von solch außergewöhnlichen Situationen aus ihrer üblichen Umlaufbahn geworfen. Am Überzeugendsten werden Drehs, wenn vielleicht sogar nur der Kameramann vor Ort ist, jedes zusätzliche Augenpaar im Hintergrund trägt nicht unbedingt zum Gelingen der Botschaft bei, das alles kann und soll im Vor- bzw. Nachfeld der Produktion abgeklärt werden. Moderne Produktionstechnik macht wunderschöne Ergebnisse auch ohne Hollywood-Set möglich. Üben Sie auch wie ein Schauspieler trocken, um Sicherheit zu erlangen, auch hier hilft ein Blick in Theater und Spielfilm.

17.4.1.2 Corporate Design im Video

Die gesamte Kommunikation per Video ist natürlich eingebettet in das Corporate Design, das Sie auch sonst verwenden. Dazu gehört die konsequente Verwendung von Farben, Schriftarten, Proportionen, Designs – Ihre Marketingexperten helfen Ihnen da bzw. klopfen Ihnen auf die Finger, wenn etwas nicht normkonform erstellt wird. Video ist ab jetzt ja ein fixer Bestandteil ihres Kommunikationsmixes, wenn nicht sogar das Kernelement.

All diese Kommunikation ist Teil Ihrer Markenpersönlichkeit und ein Auftritt in Ihrem Video ist ein wichtiger Kristallisationspunkt, sich spätestens jetzt alle diese Fragen zu beantworten. Sie glauben nicht bei wie vielen Kunden ich schon gesessen habe, die ein Video machen wollten, aber viele Ihrer Marketinghausaufgaben noch nicht erledigt hatten.

Umgekehrt ist es aber immer noch die Mehrzahl an Unternehmen und Persönlichkeiten, die underperformen, wenn es darum geht, ihre Geschichten zu finden und zu kommunizieren. Schon die Bibel weiß, dass man sein Licht nicht unter den Scheffel stellen soll, warum machen Sie es vielleicht?

Nur als Metapher: Was hilft es, sich das tollste und schönste Firmengebäude zu bauen, wenn niemand mitbekommt, was das Unternehmen seinen Kunden bietet? Denken Sie also um, lieber mehr Dollars Richtung (Bewegtbild-)Kommunikation und weniger Richtung Firmengebäude, vielleicht reicht ja schon ein Potemkinsches Gebäude ☺

Transparente Kommunikation in Videoform ist das zeitgemäße Marketingtool der Wahl!

Mit Bewegtbild und Sprache wird eine offene und authentische Form gefunden, die Ehrlichkeit voraussetzt.

Wir alle sind das Resultat tausender Generationen Evolution. Das bedeutet, dass nach vielen Jahren abstrahierender Medien wie Grafik und Malerei wieder verstärkt durchstrahlt, wie wir als Menschen sind. Sind wir ehrlich, wir wählen bei einer politischen Wahl weniger das Parteiprogramm, das letztlich zählt, sondern entscheiden uns über die Sympathie für die jeweils medial präsentierte Persönlichkeit.

Schauen Sie sich für Ihre Selbstdarstellung ruhig etwas bei Ihrem Lieblingskandidaten ab, „steal like an artist!" (Kleon 2014). Er wird kommunikativ vieles richtig gemacht haben, weil er bzw. sie Sie ja überzeugt hat.

17.4.1.3 Dramaturgieform

Wollen Sie nur einen Zustand beschreiben, wählen Sie eine deskriptive Dramaturgie mit keiner Entwicklung. Wenn Sie allerdings zu erzählen haben, dass etwas passiert, wo Anfang und Ende nicht deckungsgleich sind – dann haben Sie eine Geschichte!

Wenn Sie Ihren Film in Geschichtenform erzählen wollen, müssen Sie die Geschichte aus dem Blickwinkel Ihrer Hauptperson erzählen. Das kann der Chef, ein Fachmitarbeiter, ein Kunde oder auch eine abstrakte Person sein. Diese Entscheidung bestimmt alles Weitere in der Geschichte: Welche Hoffnungen, Ängste, Herausforderungen, Allianzen, Widerstände sich bieten und wie diese dargestellt werden. Sie beginnen schon zu spüren, welches Kraftpotenzial hier schlummert.

Und erzählen Sie nicht nur die Sonnentage, sondern von Schwierigkeiten, von Widerständen, als alles gegen Sie gerichtet schien und wie Sie das gelöst haben, das interessiert uns Menschen und macht Ihre Position glaubhaft. Sehen Sie sich die nächsten Filme aus dieser Perspektive an: Welchen Herausforderungen muss sich der Held stellen, welche Entwicklung macht er durch? Ich bin sicher, Sie können manches davon für Ihre Zwecke entlehnen.

17.4.2 Kanäle und ihre Spezifika

Es gibt ähnlich den Portionsgrößen beim Essen drei Größen an Video-Mahlzeiten:

- Bite-Content: Bis zehn Sekunden, Snapchat/Instagram
- Snack-Content: Bis eine Minute, Facebook/Instagram
- Meal-Content: 20 Minuten und länger, traditionell im Fernsehen, jetzt oft YouTube,

17.4.3   Von Instagram TV über YouTube bis ins Kino

Youtube ist zwar seit 2006 unangefochtener Spitzenreiter, Facebook setzt dem aber eine
starke Videopräsenz entgegen und mit Instagram TV (IGTV) wurde gerade ein eigenes
Videoportal aus Instagram heraus gebaut. Amazon macht mit Primevideo auch Riesen-
schritte als Content-Produzent, Apple steht in den Startlöchern.

Content auf Snapchat und Instagram bezeichnet man auch als Wegwerfvideos mit einer
Lebensdauer von maximal ein paar Tagen. Auch Vertical Video (9:16) feiert auf diesen Kanälen
zum Leidwesen für arrivierte Cinephile fröhliche Urständ'. Getrieben vom Konsumverhalten
auf Hochkant gehaltenen Mobilgeräten wird dieses Format aber immer mehr zum Standard
und muss gleich bei der Produktion vorab mitgedacht werden. Die beiden Formate sind nämlich nur mit großen ästhetischen Kompromissen auf das jeweils andere zu adaptieren.

Generell hilft es, wie ein Chamäleon zu denken oder wie ein Zebra, je nachdem ob Sie
sich dem Kanal anpassen oder möglichst auffallen wollen – dann posten Sie doch mal einen Kinofilm auf Instagram und einen Snap schalten Sie als Kinowerbung, Sie wissen was
ich meine ☺

- **Kino:** Produktionsqualität soll cineastisch sein
- **Regional-TV:** Lokalbezug, Events, Personalities sind Trumpf
- **Facebook/Twitter:** In den ersten drei Sekunden punkten, visuell und akustisch, län-
  gere Formate sinnvoll, Ton ist standardmäßig aus. Setzen sich durch und für Mobilge-
  räte auf quadratische oder Hochkantvideos mit einer Lebensdauer von maximal einigen
  Tagen
- **Instagram/Snap:** Ultrakurzformen, niedrigeres Produktionsniveau, mit geringster
  Halbwertszeit, Ton standardmäßig aus, „disappearing content" auf Snapchat
- **YouTube:** Längere Videos dürfen sein und bleiben auch lange online, YouTube wird
  zum Videoarchiv, ähnelt am meisten traditionellen Fernsehmedien und wird sich auch
  im Wohnzimmer etablieren, neben den ganzen „second screens" die nebenher noch
  konsumiert werden, Multi-Multimedia
- **Vimeo:** Traditionell bei Filmemachern beliebtes Videoportal
- **Webseite:** Ort für den klassischen Imagefilm als Unternehmenspräsentation
- **Messe, POS, Intranet, digital signage:** Videos müssen tonlos und bildstark funktionieren, mit subtilen Bewegen, cinemagraphics sind hier interessant (statische Bilder
  mit wenigen Bewegtelementen)
- **LinkedIn:** Das weltgrößte Jobportal und großer Rivale von Xing bietet mit Videos im
  Newsfeed ähnliche Funktionalität wie Facebook, nur mit professionellem Hintergrund;
  sich hier mit wiederkehrend produziertem Content als Experte zu positionieren, kann
  sehr sinnvoll sein

Durch die Digitalisierung sind die unterschiedlichen Kanäle im Hinblick auf ihre technischen Spezifika so ähnlich wie nie zuvor. Je nach Medium müssen aber spezielle Tonmi-
schungen oder Formate erzeugt werden.

17.4.3.1   YouTube als TV 2.0

Ursprünglich dem Desktop, später hauptsächlich Mobilgeräten verhaftet, erobern die Internetgiganten zusehends das moderne Lagerfeuer, den großen Schirm im Wohnzimmer, egal ob LCD, OLED, Laserbeamer oder in Zukunft vielleicht als Hologramm.

Die Erlebnisse werden personalisiert, interaktiv und flexibel – das Beste aus der TV-Welt kombiniert mit den Möglichkeiten des Internet. Goldene Zeiten auch für Werbungtreibende, weil die Reichweiten genauer messbar und das Targeting und die Adressierbarkeit verlustärmer werden. Das bedeutet, dass Werbungtreibende wissen werden, wer was wann gesehen hat und was er dann gemacht hat – pures Gold für die Anbieterseite.

17.4.3.2   Live-Video

Was in TV-Zeiten nur für wichtige Live-Events reserviert war, wird aufgrund der verfügbaren Technologie allgegenwärtig. Die Social-Media-Plattformen belohnen und boosten Live-Videos momentan und wohl auch in Zukunft sehr stark. Das erzeugt auch Dringlichkeit und Unwiederbringbarkeit – denken Sie drüber nach, Ihre Pressekonferenz, Hauptversammlung oder andere Spezialereignisse live an Ihre Follower zu übertragen. Ihre Follower bekommen eine Pushnachricht, dass Sie gerade live sind – Pressemitteilung 2.0. Wo früher ein TV-Übertragungswagen (fragen Sie nicht mal was das kostet) nötig war, können Sie heute sogar mit Smartphone und Internetzugang live gehen – verstehen und nutzen Sie diese Revolution!

17.4.3.3   Neue Displays

Fortschritte in der Technologie könnten es bis 2030 ermöglichen, dass es ganze Videotapeten gibt, also Walls mit Video statt Videowalls. Die Holografie könnte ihren Durchbruch erlangt haben, also die räumliche Darstellung von Bewegtbildern, wie wir sie von Raumschiff Enterprise kennen (weitere Zukunftsszenarien auf futuretimeline.net).

Die Innenscheiben autonomer Fahrzeuge und auch des öffentlichen Verkehrs bieten sich als erweiterte Screens an. Das klassische Außenwerbeplakat wird auch digitalen Screens weichen, die Möglichkeiten der Anwendung von Videocontent multiplizieren sich.

17.4.3.4   In-Video-Möglichkeiten wie Werbung und Shopping

Ein Trend auf Instagram und Snapchat ist das Einkaufen in Videos. Das heißt, Hersteller können ihre Produkte in Stories taggen und damit noch besser in das Bewusstsein ihrer Kunden eindringen. Ähnliche Entwicklungen werden für TV kommen.

Laut Instagram gibt es für dieses Feature großes Potenzial, wir können uns also getrost drauf einstellen, dass die Online-Videowelt künftig mit Produkten und Angeboten zugepflastert wird.

Über eine Shopping-Sammlung können auch Produkte in einer Art Warenkorb gesammelt werden. Im digitalen Online-Werbeuniversum wird die direkte Verknüpfung von Content mit jeweils passenden Produkten ein neuer Standard werden.

Für TV ist auch denkbar, dass sich per künstlicher Intelligenz sogar Produktspezifika interaktiv und personalisiert einspielen lassen. Elemente wie Einrichtung, Kleidung, öffentliche Flächen könnten Platzhalter für den jeweiligen individuellen Marken-Content sein, Bühne und Darsteller werden so zu wandelnden Litfaßsäulen ;-)

17.5 Influencer, Content, Targeting

17.5.1 Digitale Evangelisten und Apostel – Influencer und Follower

Aufmerksame Beobachter werden bemerken, dass es auch hier wenig Neues unter der Sonne gibt, und erkennen TV-Formate aus den 1980er-Jahren wieder. Der radikale Unterschied der meisten Formate ist aber, dass die Macher all die in der Fernsehproduktion getrennten Gewerke oft in Personalunion ausüben – mit entsprechend höherer Glaubwürdigkeit.

Das wird als Influencer-Marketing bezeichnet; die tatsächliche Revolution dahinter ist die hohe Glaubwürdigkeit, und dass die Macher meist aus der gleichen Peer-Group wie die Konsumenten sind und somit die soziale Akzeptanz eine ungleich höhere ist.

Momentan dominieren Influencer in punkto Views im Vergleich zu traditionellen Publishern und Medienhäusern. Influencer sind durch Ihre Nativität in der jeweiligen Szene besonders talentiert darin, frühzeitig Trends zu erkennen und sind daher wertvolle Vorlaufindikatoren für Marken und andere Kommunikatoren. Authentizität und Nähe zum Publikum sind Schlüsselbegriffe – daher sollte man sich überlegen, Influencer in seine Strategie einzubeziehen und wer diese sein können.

Die Logik auf YouTube entspricht der klassischer Abonnements von Holzmedien (Zeitschriften, Magazine etc.): Es wird ein entsprechend starker Kanal aufgebaut, der über hunderttausende Follower ähnliche Reichweiten und damit eine ähnliche Bedeutung für die Werbewirtschaft aufweist. Diese Produzenten sind also gekommen, um zu bleiben und ersetzen teilweise klassische Redakteure als Content-Produzenten.

Für ein größeres Unternehmen kann es heutzutage also durchaus Sinn machen, sich junge Talente in die Marketingabteilung zu setzen, die nativ mit diesen Kanälen umgehen können, um hausintern Content zu produzieren.

Die Persona ist ihr Lieblingskunde, der im Optimalfall auch zu einem Markenbotschafter für Sie werden kann (im schlechtesten Fall auch das Gegenteil). Zur Definition dieser Persona kommen psychografische Modelle zum Einsatz, die möglichst genau festlegen sollen, welche Interessen, welche Einstellungen, Vorlieben, Herausforderungen, Wünsche und auch Kaufverhalten er/sie/es hat. Ähnlich präzise arbeiten übrigens Drehbuchautoren zur Entwicklung ihrer Figuren, um ihnen Glaubwürdigkeit und Tiefe zu verleihen. Ich empfehle Ihnen, sich auch außerhalb der Grenzen Ihres Berufs fortzubilden und etwa Workshops in Drehbuchschreiben zu besuchen, Sie werden wertvolle neue Einblicke gewinnen, die ihre Kreativmuskeln ganz neu fordern und fördern.

17.5.2 Content is King – der Inhalt ist der Chef

Eine Art der Unterscheidung von Videoinhalten ist die 3H-Strategie (Huber 2016):

- **Hero** Content: Aufwendig produziert, denke Spielfilm wie ein Regisseur
- **Hub** Content: Regelmäßig produziert, denke Serie wie ein Redakteur
- **Help** Content: Relevant, denke wie ein Kundenberater oder Helfer

War die Antwort auf die Frage nach dem Traumberuf in meiner Jugend, den 1990er-Jahren, noch irgendwas Richtung Rockstar, wollen die Kids und Jugendlichen heute vorrangig YouTuber werden. Damit ist der Bedeutungsshift in der Popkultur klar ersichtlich.

Auf YouTube haben sich im Unterschied zu klassischen Formaten wie Fernsehspot oder Imagefilm völlig neue Darstellungsformen ergeben, getrieben durch niedrigste Herstellungskosten als auch Distributionskosten – klassische Gatekeeper sind weggefallen.

Eine großartige Anwendung von Online-Video-Content sind Portale wie Masterclass. com, wo ebenfalls wieder die Kerntechnologien unseres Themas zur Anwendung kommen: günstige Produktion, günstige Distribution, günstige Bewerbung. Nicht nur für mich als Filmemacher ist es toll, von den Weltbesten ihres Fachs wie Werner Herzog, Martin Scorsese, Jodie Foster, Ken Burns und anderen unterrichtet zu werden. Vielleicht sind Sie ja ein Bildungsanbieter – setzen Sie schon ausreichend auf Video?

Generell ist anzunehmen, dass eine Konvergenz traditioneller Medienhäuser und ihrer TV-Kanäle, Kino-Content und „user generated content" stattfinden wird. Das Buhlen um die „eyeballs" wird in der Aufmerksamkeitsökonomie tendenziell mehr und kompetitiver. Abgesehen davon, dass bisher große Medienplayer immer mehr den Silicon-Valley-Spielern ausgeliefert sind, weil sie bisher zu wenig eigene Alternativen entwickelt haben, wird die bisherige Monetarisierungspipeline für Bezahlinhalte (Kino – Medium – Pay – Free) obsolet und durch Streaming-Plattformen übernommen.

Die Digitalplattformen sind relativ agnostisch bezüglich der Herkunft des Video-Contents; es gibt also nicht nur Spielkarten die neu gemischt werden, es gibt auch ein neues Deck an Karten und vielleicht überhaupt ein neues Spiel – „gamechanger video content". Das drückt sich auch darüber aus, dass bei etablierten Filmfestivals wie Cannes die Diskussion darüber ausgebrochen ist, ob dort Filme, die für Netflix produziert und ohne klassische Kinoauswertung vertrieben werden, überhaupt gezeigt werden dürfen. Eine über 100 Jahre alte Industrie sieht sich also einer grundsätzlichen Veränderung ihres Geschäftsmodells ausgesetzt.

17.5.3 Die Länge macht's

Aus unerfindlichen Gründen hat sich in den Köpfen das Paradigma festgesetzt, dass Videos möglichst kurz sein müssten. Das ist sicher für gewisse Formate das Beste, YouTube belohnt allerdings die sog. WatchTime und generell gilt, dass ein Format so lang sein soll, wie es interessant und sehenswert bleibt, nicht umsonst gibt es lange Spiel- und Dokumentarfilme und auch im Printbereich wieder zusehends die Tendenz zu tieferschürfenden „longreads".

Denken Sie also um, Sendezeit und Werbezeit kosten in digitalen Plattformmedien nicht unbedingt mehr und können dazu führen, die Marke oder Ihre Agenda intensiver und tiefgreifender zu kommunizieren. Denken Sie an ein gutes Gespräch, das dauert auch nicht nur 90 Sekunden und wenn Sie etwas Relevantes in Form einer guten Geschichte erzählen, hört und sieht man Ihnen gern länger zu!

Eine Technik, um den Zuseher zum Dranbleiben zu motivieren, ist gleich zu Beginn des Clips zu verraten, was ihn erwartet und welche Einblicke und Take-aways er zu erwarten hat, denken Sie an den Beginn einer TV-Doku. Deren Entsprechung ist am Ende eines Programms der Cliffhanger – ursprünglich für Werbepausen erfunden, macht er auch in Onlinemedien Sinn, den Zuseher am Ende einer Szene zum Dranbleiben und Weiterschauen der nächsten Episode bzw. Folge zu animieren.

Für die Enden der Clips haben sich auch Formen herauskristallisiert, die die Zuseher im eigenen Kanal halten sollen (sog. Videocards/EndCards) oder eine Ankündigung á la „und in der nächsten Folge sehen Sie", kennen wir aber auch schon aus dem traditionellen Fernsehen.

Ermuntern Sie die Seher auch zu Interaktion, Feedback, Kommentaren, Teilen usw. Das ist schließlich eine der großen Stärken sozialer Plattformen, der Rückkanal der in traditionellen Medien- und Werbeformen nicht vorhanden war.

17.6 Storytelling = Story Selling

Grundsätzlich hilft es zu denken wie ein TV-Redakteur: Was könnte meine Zielgruppe interessieren? Scannen Sie einmal aufmerksam Fernsehprogramme, um Formate zu entdecken, die auch für Ihr Kommunikationsziel hilfreich sein können.

- Stories wecken leichter Aufmerksamkeit – in der Aufmerksamkeitsökonomie die härteste Währung; nicht mehr Geld, sondern Zeit ist das rarste Gut
- Fördern die Konzentration, man bleibt länger und einfacher dran
- Wir merken uns Narration/Erzählung einfacher (Memory-Effekt)
- Bedienen archaische Muster, wir versetzen uns in die Rolle des Helden (Identifikationseffekt)

Storytelling ist wie Witze erzählen – alle Elemente der Geschichte und des Videos laufen auf eine Pointe hinaus. Schaffen Sie Relevanz und Bedeutung für den Zuschauer, geben Sie am Beginn der Geschichte das Versprechen, die Zeit des Sehers wertzuschätzen und lösen Sie es auch ein.

17.6.1 Geschichtslos = Gesichtlos

- Marken, Unternehmen und Institutionen bekommen über Geschichten ein Gesicht, herausgehobene Fallbeispiele illustrieren Produkte und Services.

- Alle öffentliche Kommunikation ist Geschichtenerzählen – ob Fernsehnachrichten, Dramaserie, Doku, Werbung, PR, Marketing – Redakteure sagen nicht zufällig: Darüber machen wir eine Geschichte – auch wenn sie natürlich faktenbasiert arbeiten („factual" ist das englische Zauberwort – faktenbasiert mit fiktionalen Techniken)
- Die besten Geschichtenerzähler sind unter den Erfolgreichsten ihres Fachs. Ihnen fallen sicher sofort die Geschichten von Spielberg, Maier, Trump, Kurz, Musk, Jobs oder Jackson ein.
- Es dreht sich also alles darum, wer wem wo womit welche Geschichte erzählen kann.

17.6.2   Nur wer Geschichten prägt, schreibt Geschichte

Stories come from the dark side. (Robert McKee, Drehbuchguru)

- Wir leben in einer Zeit mit dem Motto: Nicht das Erreichte zählt, sondern das Erzählte reicht.
- Der Held/Benutzer steht im Mittelpunkt, der Trend geht weg von Hochglanz Richtung Authentizität und Glaubwürdigkeit.
- Niederlagen und Lösung von Problemen zu kommunizieren, ist ein Rezept für fesselnde Inhalte.
- Storytelling = Methode, Menschen emotional zu binden („social hack")

Schon der österreichische Kaiser Maximilian I. betrieb intensives Eigenmarketing, indem er sich von den besten Porträtmalern abbilden ließ und seine Geschichte als die vom letzten Ritter inszenierte. Das überwog seine tatsächlichen politischen Erfolge zwar bei Weitem, führte aber dazu, dass wir uns heute, 500 Jahre nach seiner Regentschaft, noch immer an ihn erinnern – also nicht nur wer schreibt bleibt, sondern v. a. auch, wer sich medial inszeniert.

17.6.3   Visual Storytelling

- 90 % unserer Informationen werden visuell aufgenommen, der Gesichtssinn ist also unser breitester Datenhighway
- Bilder werden im Gehirn 60.000 Mal schneller verarbeitet als Text
- Text wird überwiegend bildlich statt literarisch wahrgenommen, daher machen klassische Schriftarten Sinn, weil die Schriftbilder bereits visuell gelernt und abgespeichert sind
- Bilder + Sprache + Musik = mächtiges Werkzeug für Storytelling

Mit Videos und Filmen erreichen Sie, richtig umgesetzt, Ihren Kunden mit beinahe drei Sinnesreizen: Dem Sehen, dem Hören und via Emotionen, dem Fühlen (auch wenn sonst das haptisch-begreifende Fühlen gemeint ist) – also multisensorisch.

Und je mehr Sinne wir ansprechen, desto näher am Kunden kommunizieren wir. Das beweist auch die Erinnerungsquote, die bei Online-Video durch Sehen, Hören und aktivem Diskutieren 70 % erreichen kann. Im Vergleich dazu liegt sie bei nur Hören bei 20 % und nur Sehen bei 30 %, bei Filmen bei 50 % (Sammer und Heppel 2015, S. 199).

Bei der Kommunikation mit Videos geht es immer auch um Übersetzung vielleicht trockener Sachverhalte in starke Bilder. Etwa wenn ihr Unternehmen wächst, können Sie das mit der visuellen Metapher des Pflanzenwachstums gut darstellen.

17.6.4 Wie macht man Informationen zu Geschichten?

Videos sollen unterhaltsam, lustig, informativ und inspirierend sein, das sind die wichtigsten Anforderungen des geneigten Sehers, der sich sonst schnell wegneigt.

Egal ob Ihre Persönlichkeit, Ihr Unternehmen oder Ihr Produkt im Zentrum Ihrer Bewegtbildambitionen stehen, wichtig ist, eine Story zu erzählen. Und damit wir Menschen Geschichten als spannend und interessant erleben, gehören dazu neben Erfolgen und positiven Momenten v. a. die Erzählungen über die Lösung von Problemen, am besten unlösbar geglaubter.

- Zuerst brauche ich überhaupt das Ohr der Konsumenten, damit sie meiner Geschichte zuhören – ihre Aufmerksamkeit!
- Brauchen einen Helden/Hauptfigur mit Fehlern und Schwächen
- Erzählen den Konflikt von Erwartung und Realität – Fallhöhe und Konflikt erzeugen Komik!
- Berühren emotional und wecken Empathie
- Haben eine Pointe, Moral von der Geschichte, Fazit – einen „call to action"
- ermuntern zur Interaktion (Liken, Kommentieren, Teilen)

Beobachten Sie sich selbst beim Schauen Ihres Lieblingsfilms oder Lieblingsserie: Wann packt der Inhalt Sie am meisten? Wenn viel auf dem Spiel steht, der Held eine große Fallhöhe hat oder Sie sich direkt betroffen fühlen. Wo schalten Sie um oder ab?

In unserem Fall heißt das: Erzählen Sie die Geschichte als noch niemand ihr Produkt wollte, Ihr Unternehmen kurz vor dem Ruin stand, Ihr Umfeld Sie als Spinner bezeichnete – das alles sind Indikatoren, die nach einer Trendwende verlangen und die eine spannende Geschichte ausmachen.

Um sich zu positionieren, kann es auch nötig sein, etwas stärker Stellung zu beziehen, zu polarisieren.

Zeigen Sie aber auch Schwächen (erfordert Mut!), seien Sie authentisch. Dies alles wird Ihnen helfen, einen Draht zu Ihrem Publikum aufzubauen, so werden Sie unverwechselbar.

Storytelling via Film und Video ermöglicht dem Seher, sich in die Schuhe jemand anderes zu begeben:

- Empathie: Ich verstehe, wie sich das anfühlt
- Identifikation: Ich weiß, wie Du Dich fühlst
- Immersion: Ich erlebe gerade, dass …

Warum funktionieren Geschichten? Über unsere Spiegelneuronen oder Empathieneuronen erleben wir in Geschichten Erlebnisse so, als wären wir selbst dort gewesen, eine Urform der Virtual Reality. Von großen Religionen angefangen bis zu erfolgreichen Marken machen sich Kommunikatoren diese Stärke zunutze.

17.6.4.1 Trends für Transformation durch Video

• Imagebroschüren	> Unternehmensfilme
• Fotogalerien	> Veranstaltungsvideos
• Gebrauchsanweisungen	> Erklärende Tutorial-Videos
• Newsletter	> Persönliche Video-Updates
• Schulungen vor Ort	> On demand abrufbare Trainingsvideos
• Presseberichte/Pressekonferenzen	> PR-Filmmaterial für Influencer und Journalisten
• Exklusive Unternehmensführungen	> Behind-The-Scenes-Clips
• Stellenausschreibungen	> Employer-Branding-Videos

17.6.5 Vorproduktion und Ideenfindung

In Zeiten von Tribes/Stämmen, kommt es wieder verstärkt darauf an, Zugänge zu seiner „audience" zu finden und diese zu halten, denken Sie also eher wie ein Religionsgründer. Im Storytelling kommt man im Okzident am Katholizismus kaum vorbei, alle Elemente, die im Storytelling gut funktionieren, kommen hier vor, inklusive deren überzeugende Darreichung in Form von Performance/Messfeier, Personality/Priester/„master of ceremony" und Crowd/Messebesucher.

Was bisher Profis im Bereich des Journalismus und der Redaktionen vorbehalten war, kommt im Zeitalter von Social Media auf alle Kommunikatoren zu: Sie müssen organisch und nativ ein Publikum aufbauen und es halten – im Unterschied zu gekauftem Zugang früher.

Dieser Paradigmenwechsel wird durch redaktionelles Denken möglich; holen Sie sich falls nötig auch Expertise aus diesem Bereich. Ein erfahrener Lokaljournalist mag nicht mit der traditionellen Welt der Werbung vertraut sein, denkt dafür in Geschichten, die ein Publikum interessieren, heutzutage der wahrscheinlich relevantere Zugang.

17.6.5.1 Lasswellsche Formel

- Was will ich erzählen? Film ist Verpackung für ein Unternehmen
- Warum will ich es erzählen? Zweck des Videos
- Wer soll es erzählen? Darsteller, Sprecher
- Wo will ich es erzählen? Location und Distributionskanäle

- Wie will ich es erzählen? Format und Tonalität
- Wen will ich erreichen? Was wollen die hören?
- Was soll dieser Jemand am besten nach dem Video tun? („call to action")
- Welches Budget habe ich dafür?
- Wann produziere und wann publiziere ich es (aktuelles, Jubiläen, entlang Kirchenjahr etc.)

17.6.5.2   Ideen zur Gestaltung

- (Visuelle) Analogien bzw. Metaphern finden, geeignet für abstrakte Begriffe bzw. Prozesse
- Vorher-Nachher-Vergleiche
- Sendung-mit-der-Maus-Ansatz (wie funktioniert eigentlich …, [animiertes] Erklärstück)
- Menschen und Berufe porträtieren (authentisch, funktioniert gut als Serie)
- Reportage-Ansatz (mit Detektiv)
- Gründungsgeschichte erzählen (im Stil von TV-Dokus)
- Existierende kulturelle Memes (Mythen, Märchen, Klischees) benutzen und Huckepack auf den Schultern kultureller Riesen fahren (etwa das eigene Team ins StarWars- oder StarTrek-Universum transferieren)
- Paradoxien, Übertreibungen, Klischees, Rollentausch

17.6.5.3   Ideen für Videobeiträge

Die meisten werden Sie aus dem Fernsehuniversum kennen, darf man sich alles ausborgen. Ich empfehle auch sich verschiedene „video slangs" („slang" ist „street language") anzueignen, um diese in eigene Formen zu integrieren.

- **Ein Tag im Leben von** … einer Stadt, einer Person, eines Unternehmens, eines Promis
- **Führung/room tour** –MTV „Cribs"
- **Interview**-Format á la Talk-Show
- Testimonials/zufriedene Kunden: Über „social proof" wirken Menschen, die ähnlich ticken wie wir, in unser Unbewusstes und überzeugen uns von Produkten und Dienstleistungen.
- **Persiflage**/künstlerische Zitierung aktueller Entwicklungen
- **Tutorials/ How to/ Expertenserie** – Jeder kann etwas Besonderes, oft geht es nur darum, diese schon bestehenden Fertigkeiten nachvollziehbar in attraktive Videoform zu bringen, und man hat Content von hohem Nutzen
- **Tests** – moderne Verbraucherformate
- **Unboxing** – Produkthuldigung de luxe
- **Top10** – modernes Äquivalent der Charts.

17.6.6 Produktion

Die Bandbreite an Produktionsmitteln und „production value" war beim Bewegtbild noch nie so groß und demokratisiert.

Das führt dazu, dass vom Smartphone bis zu Highend-Cinema-Kameras (um nur ein Element zu nennen) das gesamte Spektrum verfügbar ist. Die erste Kunst bei der Auswahl eines Videoproduzenten ist, den richtigen Level zu bestimmen, der für das jeweilige Produkt nötig ist. Es empfiehlt sich, dass Sie als Kunde da mitreden können.

Bei den Bildformaten wird man sich künftig verstärkt überlegen müssen, in welchem Bildformat man für welche Kanäle produzieren will – im 16:9 Breitbild (Standard für TV), im cineastischeren 2,35:1 oder mit „vertical video" in 9:16 den für Social Media hochkant gehaltenen Geräten den Vorzug zu geben. Die Bildseitenverhältnisse sind derart unterschiedlich, dass sich nur mit größtem künstlerischem und technischem Kompromiss das eine für das andere adaptieren lässt.

17.6.7 Wählen Sie die geeigneten (Video-)Kreativen!

Es gibt im Bereich Bewegtbildkommunikation heute eine so riesige Bandbreite und -tiefe an kreativen Talenten. Vom Hollywoodregisseur bis zum Schüler, der in seinem Zimmer YouTube-Videos zusammenschraubt, bewegt sich die professionelle Range, vom Filmer klassischer Konzerte zum Videopunk die ästhetische. Der Markt ist so breit, dass man es perfekt mit Musikern vergleichen kann: Sie würden wahrscheinlich keine Punkband engagieren, um Ihre Hochzeit zu umranden (außer Sie sind Punk, die heiraten aber selten), der Hochzeitsfilmer wiederum tut sich im Corporate-Bereich vielleicht schwer, der Hollywood-Regisseur kann bei geringen Budgets „so nicht arbeiten".

Denken Sie prinzipiell daran, dass Ihr Kreativer die Sprache Ihrer Kunden bzw. Benutzer spricht, das sind oft spezielle Dialekte, die nichts mit Profi-Know-how und teurem Equipment zu tun haben.

Ich denke diese Entscheidung ist neben der, was Sie kommunizieren wollen, die Wichtigste. Alles Weitere folgt daraus.

Der Influencer liefert vielleicht nicht so pünktlich wie die Videoagentur, dafür immer auf seine Follower-Crowd maßgeschneidert – die Prioritäten setzen, wie gesagt, Sie in Ihrer Wahl!

Unterschiedliche Kreatoren haben teils völlig verschiedene Herangehensweisen, Budgets, Stärken und Schwächen, dies sollten Sie in Ihrer Strategie mit berücksichtigen.

Ich bekenne an dieser Stelle auch offen, schon öfter Aufträge angenommen zu haben, bei denen ich mir dachte: Lass diesen Kelch an mir vorüberziehen. Ich brauchte aber das Geld und der Kunde fragte auch nicht danach, wie sehr mir das jeweilige Projekt Spaß machen würde, „Sie sind doch Profi". Das ist aber eben nur die halbe Wahrheit, jeder hat seine Stärkefelder und als Kunde müssen sie das evaluieren, welcher Schuh am besten passt.

Was bedeutet all das in Ihrer täglichen Entscheiderarbeit? Bauen Sie sich ein Portfolio an Kreativen auf, ähnlich wie verschiedenes Werkzeug, das sie jeweils für unterschiedliche Zwecke benutzen und buchen Sie die Kreativen je nach Auftrag.

Wechseln Sie auch ihre Kreativpartner, auch für diese gilt der schlaue Spruch:

Wer nur einen Hammer hat, sieht in jedem Problem einen Nagel. (Watzlawick 1986)

Wo wir schon bei Zitaten sind, ein Marketing Oldie, but Goldie:

Der Wurm muss dem Fisch schmecken, nicht dem Angler.

17.6.7.1 Rollenverteilung in der Produktion

- **Idee und Kreation** durch Kunden oder Agentur (Story und Storyboard)
- Regie in **Konzeption** meist nicht eingebunden, Zugang durch Regie
- Regisseur (Director) ist **Anwalt** des Zuschauers, nicht des Kunden (s. Wurm/Angler)
- Beim **Fernsehen** ist der Redakteur („commissioning editor") der Regisseur
- **Umsetzung** durch Kamera (DoP), Animation, Schnitt (Editor), Komponist, Sprecher etc.
- Distribution, Content-Einpflege durch Filmagentur, Werbeagentur oder Inhouse

17.6.7.2 Das sollte ein Videobriefing bzw. eine Anforderungsliste enthalten

- Unternehmensselbstbeschreibung
- Botschaft, inhaltliche Anforderungen und Kernsatz des Filmprojekts
- Gewünschte gestalterische Umsetzung/Ästhetik/Look und Feel (fiktional/faktisch, real/animiert?)
- Budget und „production value" (Hollywood oder Handywood?)
- Zielgruppen/„buyer personas" (Vorwissen, Interessen)
- Verbreitungskanäle und Einsatzgebiete (IMAX oder Instagram?)
- Sprachversionen und Distributionsgebiet (für Sprache, Text, kulturelle Codes, Leserichtung)
- Länge(n), Haltbarkeit und Produktionszeitraum
- Mit einem Konzeptionsworkshop kann die Filmproduktion im Vorfeld unterstützen
- An der Qualität des Briefings lässt sich auch die Kompetenz des Kunden erahnen ☺

17.6.7.3 (Mein) Workflow mit Kunden

- Optimalerweise ein Ansprechpartner beim Kunden, behält den Überblick, ähnlich Redakteur
- Dieser kennt Kunde aus dem FF (interner Mitarbeiter, PR-Agentur, Werbeagentur)
- Plant, kommuniziert, kommentiert Videoentstehungsprozess
- Beherrscht Videogrundvokabular und hat ästhetische Kompetenz; der Kunde kann bei entsprechender Kompetenz zum Co-Redakteur werden, was sinnvoll ist
- Reviewprozess per frame.io (Timecodeschreiben entfällt)
- Dateitransfer per WeTransfer

17.6.7.4   Budget und Kalkulation

Sprechen Sie mit Ihrer Filmproduktion zu Budgetfragen; Pauschalaussagen zu Produktionskosten sind wenig sinnvoll, denken Sie immer an maßgeschneiderten Content, es ist aber ein Markt mit vielen Anbietern, Sie können also mit fairen Preisen rechnen, die je nach Produktion von 1000 bis hunderttausende Euro gehen können.

Wenn Sie heute und in Zukunft ein Video produzieren wollen, existiert die gesamte Bandbreite von nahezu gratis (Zeit, Know-how und Smartphone vorausgesetzt) bis richtig teuer („production value" auf Hollywood-Niveau, Akquise in 8K, Lieferung für IMAX).

Auf YouTube genießen Videos und Filme eine hohe Lebensdauer bis zu einem Jahrzehnt, bedenken Sie dies bei Kreation und Kalkulation.

Gerade habe ich auch ein Video entdeckt, das wir mit einem überschaubaren Produktionsbudget von 4000 € produzierten, das aber organisch (ohne zusätzliche Werbeausgaben) weit über 100.000 Views generiert hat – sehr erfreuliche und günstige Performance aus Marketing-Perspektive. Es gibt aber auch Produktionen, die wesentlich mehr kosten und bei wenigen 100 Views herumgrundeln.

17.6.7.5   Faktoren für Produktionskosten

- Skizze der Idee und des Ablaufs
- Gestaltung, Teamgröße, Technik (Videoformat, Spezialtechnik)
- Wahl der Locations
- Darsteller, Protagonisten, Schauspieler
- Look und Feel (Bildsprache, Ästhetik, Produktionsdesign)
- Tonebene (Sprecher, O-Töne, Musik, Sounddesign)
- Zu lizenzierendes Material (Musik, Stockfootage, Bilder)
- Drehtage

17.6.8   Unternehmensfilme

- Nur ein bis zwei Botschaften pro Film kommunizieren und nicht versuchen, alles reinzupacken
- Die Identität eines Unternehmens muss kommuniziert werden
- Das Big Picture muss gezeigt werden
- Balance zwischen Authentizität und Schönfärberei finden
- Firmen werden immer mehr wie eigene TV-Sender in Social Media, kontrollieren diese aber („owned media" vs. „earned media")
- Immer vielfältigere Bewegtbildprodukte für verschiedenste Kanäle, weniger „one size fits all"
- Laden Marken und Unternehmen auf (Nachfilmwirkung)
- Film ist Verpackung, ist die Visitenkarte eines Unternehmens.

17.6.9   Formate und Einsatzformen

Weil bei Anfragen noch zu oft ein Imagefilm bestellt wird, quasi das Wiener Schnitzel der Bewegtbildkommunikation – hier eine kleine Erweiterung des Repertoires je nach Länge, Funktion, Verwendung für die Kundenseite, was die Speisekarte noch alles bieten kann:
Imagefilm, Teaser, Produktvideo, Viralvideo, POS-Video, Messevideo, TV-Spot, Kinospot, Musikvideo, Demovideo, Bewegtbildmarke, Mood-Schleife, Kampagnenvideo, Employer-Branding-Film, Museumsfilm, Dokumentarfilm, Mitarbeitertraining, Projektdokumentation, How-To-Video, Videorundgang, Filmporträt, Ausstellungsvideo, Best-of-Video, Eventvideo, Live-Mitschnitt, Event-Visual, Event-Zuspieler, Crowdfunding-Video, Behind-the-scenes-Clip/Making-of, Theatertrailer, Videopresseaussendung, Fernsehbeitrag

17.6.10   Einsatzfelder von Video in Unternehmen und Institutionen

- Marketing (intern, extern, Events)
- Vertrieb
- Public Relations
- Human Resources
- Investor Relations
- Cross-Media

17.6.11   Rechtliches

Die wichtigste bei der Videoproduktion tangierte Rechtsmaterie sind die Persönlichkeitsrechte der Darsteller. Also empfehle ich, die im Video vorkommenden Mitarbeiter immer eine Einverständniserklärung unterschreiben zu lassen, für den Fall, dass sie später das Unternehmen verlassen.

Die Lizenzierung der Musik- und Stockfootage-Rechte obliegt meist der ausführenden Filmproduktion. Die Range der Nutzungsrechte für die jeweiligen Kanäle reicht dann auch vom All-Inclusive-Vertrag bis zu individuellen Lizenzen pro Medium und Region, bitte vor Angebotslegung klären.

Meine Praxis ist die einfachst mögliche, wo der Kunde einmal für alle Verwendungsmöglichkeiten alles abgilt, das sichert ihm größtmögliche Flexibilität mit dem finalen Film zu.

An dieser Stelle auch eine persönliche Empfehlung: Es kommt regelmäßig vor, dass Filme aus anderen zuvor gedrehten Produktionen geschnitten werden. Sorgen Sie möglichst dafür, nicht die Filmproduktionen untereinander kommunizieren zu lassen, weil das schnell zu Animositäten führen kann, sondern klären Sie die Rechte mit Ihrer Produktion und geben das Material dann zur weiteren Verwendung wie ein Pressebild weiter. Ziel muss immer die möglichst friktionsfreie Kommunikation unterschiedlicher Stakeholder sein.

17.6.12   Verwertung

- Denken Sie an Mehrfachverwertung, auch des Rohmaterials
- Haltbarkeit des Materials mitdenken (Jahreszahlen, Jahreszeiten etc.)
- Multi- und Cross-Medialität mitdenken
- Filme werden für Zuschauer und spezielle Zielgruppen gemacht!
- An Erfahrungswelt der Zuschauer anknüpfen

17.6.13   Distribution und Kanalpflege

Kümmern Sie sich um die Verbreitung Ihrer Videoinhalte mit größtmöglicher Sorgfalt. Zu oft und noch immer sehe ich den mit viel Engagement aller Beteiligten produzierten Film auf einem Kanal, der schlecht betreut wird. Zu den Pflichtaufgaben gehören die Wahl des richtigen Titels, des richtigen Vorschaubilds (Thumbnail), die Verschlagwortung mit Keywords/Tags, das Ausfüllen der Videobeschreibung (v. a. die erste Zeile!), das Befüllen des Kanals mit Bild und Logo, die Moderation von Kommentaren und das Posten im richtigen Format ins richtige Medium. Der Videokanal ist Ihre digitale Auslage, der Sie sich mit entsprechender Liebe widmen dürfen.

Sagen Sie dem Zuseher auch, was er als Nächstes machen soll – mit einem „call to action". Soll er in Ihr Geschäft kommen, Ihre Website besuchen oder ein Ticket lösen? Leiten Sie ihn entsprechend an. Wenn Sie mir eine Mail schreiben, sende ich Ihnen gerne meinen „Videobeipackzettel" zu.

17.7   Zukunft Bewegtbild

17.7.1 Trends der Plattformökonomie

Streaming-Plattformen sind nicht mehr nur Plattformen, sondern werden selbst zu großen Content-Anbietern und konkurrieren mit den traditionellen Playern wie TV-Sendern und Copyrighteigentümern wie Disney, die selbst wiederum in die Plattformökonomie einsteigen.

Auch Sender werden mit On-demand-Angeboten zu Streaming-Plattformen; Digitalisierung mischt die Karten neu.

Das verändert das Konsumverhalten, die Nutzer erwarten die Angebote überall und jederzeit und auf jedem Gerät – das Wohnzimmer-Lagerfeuer am Sonntagabend um 20:15 Uhr wird zeitlich flexibel. Die Erkenntnisse aus der Deloitte Studie (Boehm et al. 2018):

1. Die Digitalisierung verändert die Produktionsprozesse und die Distribution von Inhalten grundlegend. All-IP wird zum Standard für TV und Video, schnelle Glasfasernetze und 5G ermöglichen eine immer flexiblere und mobilere Nutzung von Medieninhalten. Dazu kommen neue, intelligente Empfehlungsfunktionalitäten auf Basis von künstlicher Intelligenz und Analytik, um Konsumenten gezielt anzusprechen.

2. Video-on-Demand setzt sich in der Breite durch, doch zugleich behauptet das traditionelle, lineare Fernsehen weiterhin seine Rolle – insbesondere im Bereich der populären Live-Inhalte wie etwa Sport- und Großveranstaltungen.

3. TV- und Videowerbung passt sich an neue Formate an und setzt verstärkt auf die Personalisierung von Werbeinhalten. Die Auswertung von Nutzerdaten ermöglicht es, Anzeigen und Inhalte zu optimieren, den Nutzen für potenzielle Kunden zu steigern und diese schlussendlich als Konsumenten zu überzeugen. In-Video-Advertising wird dazu führen, dass Werbung das Unterhaltungsformat nicht mehr unterbricht, sondern sich nahtlos in den Content einfügt, die bisherigen Grenzen werden verschwimmen bis verschwinden. Sie müssen sich vorstellen, dass in einem Film jemand an einer Bushaltestelle wartet und die Protagonisten einen Dialog halten – die umgebenden Werbeflächen die wir auch aus der realen Welt gewohnt sind, werden hier in der digitalen verfügbar – Plakat, Citylight, Poster etc.

Sender und Content-Produzenten können sich nicht länger auf ihre aktuelle Marktposition verlassen. Um ihre Geschäftsmodelle und zukünftigen Ertragsströme zu sichern, müssen sie sich für Kooperationen und Allianzen – auch solchen mit direkten Konkurrenten – öffnen. Gemeinsame Produktion, Vertriebsmodelle oder gar Plattformen sind geeignete Maßnahmen, um der Bedrohung durch die digitalen Plattformanbieter wie Netflix, Amazon, Apple und Google zu begegnen.

17.7.2 Datengetriebene Kreation

In the future, no two people will have the same TV experience (Neal Mohan 2018)

Der weltgrößte Player in Kreativsoftware Adobe setzt auf Sensei, eine eigene Künstliche-Intelligenz-Plattform. Vielleicht wird Opas Urlaubsvideo künftig zu drei Viertel autonom erstellt, der Editor variiert nur noch nach seinem Geschmack. Adobe spricht hier von Content- und Kreativ-Intelligenz.

Services, die damit ins Spiel kommen sind hochautomatisierbare Tasks wie Autoverschlagwortung, Erkennung von Personen, Gesichtern, Gefühlszuständen, Logoerkennung, Objekterkennung, Texterkennung, Bildverbesserung, Texttranskribierung und -übersetzung, die Liste wird wachsen und wachsen.

Von Google ist ähnliches zu erwarten, stellen Sie sich einfach vor, dass in Zukunft Videos so durchsuchbar und editierbar sein werden wie heute Text. Eine höchst komplexe Aufgabe, die unser menschliches Gehirn (meist) spielend meistert, für Rechner und Softwareprogrammierer eine Mammutaufgabe.

Man darf sich den gesamten Content auf Plattformen wie YouTube auch als Trainingsmaßnahme für Googles künstliche Intelligenz vorstellen, die – je besser befüllt und gefüttert – immer informierter wird.

Im Jahr 2025 werden monatlich 5 Mio. Jahre an Videocontent produziert und auf Plattformen gestellt werden, Algorithmen der künstlichen Intelligenz helfen beim Sortieren, der Bildanalyse großer Datenmengen; die Produktion von Videoinhalten wird sich dramatisch verändern.

Momentan sind es erst Anwendungen wie visuelle Mediensuche; sind die Algorithmen erst einmal ausreichend trainiert, kann für 2030 durchaus damit gerechnet werden, dass Software ansprechende Videos vollautomatisch generiert, die für viele Zwecke geeignet sind. Es ergeben sich daraus Möglichkeiten, die momentan nur entfernt abschätzbar sind.

Man könnte die Formel aufstellen: Benutzerdaten + Geräte im Internet der Dinge = Ermöglichung von vorhergesagten Videos, die also generiert werden, bevor der User sie nachfragt, „behavioral video generation" quasi. Losgröße eins auch in den digitalen Medien: Stellen Sie sich beispielsweise vor, dass vom Kinofilm bis zum kleinen Webvideo nicht mehr ein und dasselbe Video an alle Betrachter ausgespielt wird, sondern basierend auf Nutzerpräferenzen (Big-Data-Riesen Amazon, Google, Apple, Facebook, Netflix oder Disney lassen grüßen) werden individualisierte Varianten „on the fly" gerechnet und ausgespielt. Der Begriff Filterbubble kann damit nochmal zur Potenz genommen werden, hochgradig personalisierter Content also.

Das Ganze ist natürlich nicht nur positiv zu bewerten, immer fortgeschrittenere Algorithmen verstärken die Asymmetrie zwischen Produzenten und Konsumenten, weil unsere menschliche Wahrnehmung weiterhin für die immer gleichen „social hacks" verwundbar bleibt – ein moralisch einwandfreier Umgang mit diesen Möglichkeiten muss selbstverständlich sein. Wie man an Chinas „social credit score system" sieht, kann Videotechnologie auch zur Überwachung der gesamten Bevölkerung benutzt werden, hier muss die Diskussion differenziert geführt werden, was eine entsprechende Bewusstseinsbildung voraussetzt, hier ist die Prosumerisierung sogar ein Schritt in Richtung Mündigkeit breiterer Schichten.

17.7.3 Neue Gadgets, neue Probleme

Smarte Kontaktlinse, smarte Brillen, augmented reality (AR) und virtual reality (VR)-Sets und Brain-Computer-Interface (BCI) sind 2030 alle denkbar und Realität. Viele dieser Entwicklungen können auch als Videokamera bzw. Augentrackingtool verwendet werden, was wiederum ganz neue Einblicke ins Nutzerverhalten ermöglichen wird.

Was Photoshop schon um das Jahr 2005 für Bilder erreicht hat, wird auch bei Videos nun Realität: Sie haben vor Gericht keine Beweiskraft mehr, weil die Manipulationsmöglichkeiten zu vielfältig und perfekt werden.

Das Thema Glaubwürdigkeit ist in Zeiten sog. Fake News von politischer Brisanz: Bereits jetzt sind (suchen Sie nach „deep fake – deep learning trifft auf fake news") Videoalgorithmen in der Lage, lippensynchron Videofiles zu generieren, womit man Sprechern, Politikern, Stars oder auch Ihnen theoretisch alles Mögliche in den Mund legen kann, Videoforensiker werden sich darum bemühen, die Authentizität solcher Videos zu verifizieren.

In jedem Fall bewegt Bewegtbild; durch die Emotionalisierung gelingt es besser, Inhalte an unser Gehirn zu haften, ob für Marken, Unternehmen, Individuen, Nichtregierungsorganisationen oder Parteien.

Das bedeutet nichts weniger, als dass sich Unternehmen in der Kommunikation grundlegend neu aufstellen müssen. War früher der Folder oder eine Webseite die klassische Kommunikationsform, wird das in Zukunft das Video sein. Der Megatrend Video indes ist in allen digitalen Kanälen präsent.

17.7.4 Warum sollte mich das alles interessieren?

Mit Videos konvertieren Leads mindestens doppelt so gut wie mit anderen Medien. Videos erzielen eine direkte Ansprache, stellen also eine Art Vertriebsmitarbeiter dar. Denken Sie Video in Zukunft so, dass das, ähnlich einem Text oder einem Bild heute, eine Content-Form ist, die prinzipiell jeder in einem Unternehmen nutzen sollte, egal ob selbst produziert oder durch Beauftragung von Profis. Die Kommunikationsabteilung bzw. Agentur wird natürlich beigezogen, weil gewisse Designstandards, Wordings etc. eingehalten werden sollen, aber die Initiative diesbezüglich kann und muss meiner Meinung nach in Zukunft von den Experten in den jeweiligen Abteilungen, deren jeweiligem Know-how und deren Anforderungen ausgehen, um das Ohr möglichst nahe am Kunden und dessen Bedürfnissen zu wissen.

Mit einem offenen Blick für Gelegenheiten, einem Grundwissen über die Möglichkeiten und Kompetenz in der Umsetzung kann jeder seine Kommunikation mit Videos auf eine neue Stufe heben. Wir haben die Tools zur Produktion und Verbreitung bereits verfügbar, müssen uns aber spielerisch an deren Nutzung heranwagen.

Das Ziel in der effizienten (Video-)Kommunikation ist es, den Content, der die Persona gerade interessiert, am richtigen Ort zur richtigen Zeit zu platzieren.

17.7.5 Zusammenfassung und nun ans Werk!

Zusammenfassend hoffe ich, Sie mit diesem Beitrag motiviert zu haben, mit neuen Augen auf die Videoproduktion zu blicken. Die Chancen überwiegen die Kosten und Herausforderungen bei Weitem. Die Gesetze am Markt haben sich geändert und von einer Option im Marketingmix wurden Videos zu einer Pflichtaufgabe, die ihren Bedeutungszenit noch vor sich haben.

Das Wichtigste beim Thema Videokommunikation ist, in die Gänge zu kommen. Entdecken Sie Ihre eigene Firmengeschichte neu und beginnen Sie diese Inhalte in Videoform zu gießen. Wenn Sie Ihre wertvolle Erfahrung weitergeben, werden Sie erstaunt sein, welches neue Publikum Sie online und über Social Media erschließen können, v. a. auch über traditionelle Begrenzungen hinweg.

Kooperieren Sie mit einer Filmproduktion, der Sie vertrauen, Sie wollen in diesem Bereich auf Partnerschaften bauen, die langfristig immer tragfähiger werden. Diese Partner werden Ihnen wertvolle Impulse bieten, die ihre Kommunikation, Ihren Marktauftritt und damit Ihr Geschäft beflügeln. Alles Gute, auf Videosehen!

Hoffentlich habe ich mit dieser Einführung mehr Fragen aufgeworfen als beantwortet ☺ Wer noch mehr wissen will, schreibt mir am besten unter markus@kmfilm.at.

Literatur

An, M. (2017). *Future of content report*. https://offers.hubspot.de/2017-future-of-content-report. Zugegriffen am 30.01.2019.

Anderson, C. (2006). *The long tail – Nischenprodukte statt Massenmarkt*. München: dtv.

Azéma, M. (2013). *Höhlenkino in der Eiszeit*. https://www.spektrum.de/magazin/hoehlenkino-in-der-eiszeit/1184767. Zugegriffen am 30.01.2019.

Boehm, K., Esser, R., Lee, P., & Raab, J. (2018). *Zukunftsszenarien für die TV- und Videobranche 2030*. https://www2.deloitte.com/de/de/pages/technology-media-and-telecommunications/articles/zukunftsszenarien-tv-video-branche.html. Zugegriffen am 30.01.2019.

Cialdini, R. B. (2013). *Die Psychologie des Überzeugens*. Bern: Verlag Hans Huber.

Goffman, E. (2003). *Wir alle spielen Theater*. München: Piper.

Huber, S. (2016). *Video Strategie im Content Marketing*. https://how2.expert/blog/hub-help-hero.html. Zugegriffen am 30.01.2019.

Kleon, A. (2014). *Steal like an artist*. Avon, MA: Adams Media.

Mohan, N. (2018). *YouTube's chief product officer on the future of TV entertainment*. https://www.thinkwithgoogle.com/advertising-channels/video/future-web-tv-viewing/. Zugegriffen am 30.01.2019.

Rifkin, J. (2014). *Die Null-Grenzkosten-Gesellschaft*. Frankfurt: Campus.

Sammer und Heppel. (2015). *Visual Storytelling*. Heidelberg: O'Reilly/d.punkt.

Watzlawick, P. (1986). *Vom Schlechten des Guten oder Hekates Lösungen*. München: Piper.

Markus Kaiser-Mühlecker, Jahrgang 1979, ist österreichischer Filmemacher und Multimediaproduzent. Als Digital Native seit dem Amiga 500 nutzt er seit 30 Jahren multimediale Tools, um Filme, Videos, Bilder, Webseiten, Texte oder Musik zu produzieren. Vom You-Tube-Video bis zum Kinodokumentarfilm hat er in den vergangenen 20 Jahren alle Arten an nonfiktionalen Bewegtbildinhalten erstellt.

Er schöpft interdisziplinär aus seinen Studien und Ausbildungen in MultiMediaArt, Soziologie und Kulturmanagement und bemüht sich in seiner Arbeit um authentischen und effizienten Zugang zur jeweiligen Materie.

Mit seiner 2005 gegründeten Filmproduktion KM Film nahe Linz in Oberösterreich zählt er sowohl Konzerne und erfolgreiche Mittelständler, aber auch Fernsehsender, Kreativschaffende und Dienstleister zu seinem Kundenkreis. Eine Spezialität und Stärke sind Videos mit dokumentarischem Zugang, in denen eine wertschätzende Kommunikation im Fokus steht.

Seit mehreren Jahren gibt Markus Kaiser-Mühlecker seine Erfahrungen und Wissen auch in Kursen und Workshops über Videoproduktion weiter und freut sich, einen Teil dieses Wissens hier erstmals in Textform weitergeben zu können.

Weitere Infos unter www.kmfilm.at.

Unternehmerische Suffizienz, persönliches Glück und ökologische Verantwortung

18

Christel Maurer

Der höchste Unternehmenserfolg ist ein erfülltes Leben.

Inhaltsverzeichnis

C. Maurer (✉)
MCC Maurer Consulting & Coaching in Bern Bern, Schweiz
E-Mail: christel.maurer@mcc-maurer.ch

© Springer Fachmedien Wiesbaden GmbH, ein Teil von Springer Nature 2019
P. Buchenau (Hrsg.), *Chefsache Zukunft*, Chefsache,
https://doi.org/10.1007/978-3-658-26560-1_18

Zusammenfassung

Die kommenden Jahre werden von einmaligen globalen Herausforderungen geprägt sein. Gemäß dem letzten Bericht des Weltklimarats bleibt uns nur bis zum Jahr 2030 Zeit, hinreichende Maßnahmen gegen den Klimawandel zu ergreifen. Eine völlig andere Problemlage besteht darin, dass in vielen Betrieben das Potenzial der Beschäftigten zu wenig genutzt wird; immer mehr Menschen brennen aus. Zwischen diesen gänzlich unterschiedlichen Brennpunkten besteht eine Verbindung: Unternehmerische Suffizienzstrategien, die zur Senkung von Umweltbelastungen beitragen, können zugleich mit der persönlichen Erfüllung von Firmeninhabern und Belegschaft harmonieren. Anhand konkreter Praxisbeispiele von acht unterschiedlichen Suffizienzstrategien zeigt sich, wie sich suffizientes Wirtschaften glück- und sinnstiftend auswirken kann. Aufgrund der diversen Vorteile unternehmerischer Suffizienzstrategien sollten diese in Wirtschaft, Politik und Beratung stärkere Berücksichtigung finden.

Die kommenden Jahre werden von einmaligen globalen Herausforderungen geprägt sein. Es verbleibt nur wenig Zeit – der Weltklimarat geht von einem Zeitraum bis 2030 aus, in dem wir hinreichende Maßnahmen ergreifen können, um das 2016 in Paris von 195 Staaten beschlossene Klimaschutzziel noch zu erreichen. Dazu braucht es seitens der Zivilgesellschaft, der Politik und der Wirtschaft weitaus intensivere Bemühungen als bisher, um die natürlichen Lebensgrundlagen zu erhalten.

In den industrialisierten Ländern unserer Breitengrade leben wir in einer überbordenden materiellen Fülle und einem nie dagewesenen Reichtum, dessen wir uns selten wirklich bewusst sind. Zur gleichen Zeit verfügen wir über eine herausfordernd große Vielfalt an Optionen, unser eigenes Leben zu gestalten, die viele Menschen überfordert. Der gesellschaftliche Kontext, in dem wir uns bewegen, hat an orientierender Rahmung für Lebensläufe eingebüßt. Persönliche Freiheit wirkt sich nur dann positiv aus, wenn Menschen diese zu nutzen wissen. In weiten Teilen moderner Gesellschaften findet sich eine kulturelle Einförmigkeit und Normierung, die angesichts der Variationsbreite aktueller Entfaltungsmöglichkeiten verwundert. Dieses Phänomen zeigt sich auch im Unternehmertum. Obschon häufig dessen Innovationsfähigkeit betont wird, besteht vielerorts die Neigung, unternehmerische Prozesse und Entscheidungen in gewohnter, seit Langem unveränderter Weise zu gestalten. Dies ist aus zwei Gründen problematisch: Einerseits wird damit eine angemessene Potenzialentfaltung und -nutzung von Firmeninhabern sowie deren Beschäftigten, folglich dem gesamten Unternehmen erschwert. Zum anderen vollzieht sich die Veränderung zu lebensdienlichen Formen des Wirtschaftens trotz aller Dringlichkeit viel zu gemächlich.

Was kann von Unternehmerinnen und Unternehmern getan werden, um einen Teil zur Lösung dieser Problemlagen beizutragen? Meine Blickrichtung konzentriert sich in erster Linie auf Inhaberinnen und Inhaber von kleinen und mittleren Unternehmen (KMU) in Deutschland, Österreich und der Schweiz, die mit mehr als 99 % aller Firmen in diesen Ländern das Rückgrat der Wirtschaft bilden und zwischen 60 und 75 % aller Angestellten im deutschsprachigen Raum beschäftigen. Lässt sich die dringend erforderliche Veränderung mit Vorteilen für die Betroffenen verbinden? Davon soll im Folgenden die Rede sein. Zunächst möchte ich, in aller hier gebotenen Kürze, auf unsere derzeit größten Herausforderungen eingehen.

18.1   Unsere derzeit größten Herausforderungen

18.1.1   Ungenutztes Potenzial von Menschen in der Wirtschaft

Obwohl unser Wirtschaftssystem vielfältige Errungenschaften hervorgebracht hat, ist die Unzufriedenheit in der Arbeitswelt gewachsen. Immer mehr Beschäftigte leiden an einer psychischen Erkrankung. In den letzten Jahren hat die Verschreibung von Antidepressiva im deutschsprachigen Raum massiv zugenommen. Nach Angaben der OECD (2017, S. 76) wurden beispielsweise im Jahr 2014 in Deutschland mehr als doppelt so häufig Antidepressiva verschrieben als im Jahr 2000. In Österreich lag die Anzahl der Verschreibungen im Jahr 2014 noch höher und auch in der Schweiz sind Antidepressiva die am häufigsten verschriebenen Psychopharmaka (Bundesamt für Gesundheit 2015, S. 21). Auch Burn-out-Syndrome treten in den beiden letzten Jahrzehnten viel häufiger auf. In Deutschland haben sich die Fehltage aufgrund von Burn-out-Symptomen in den Jahren 2004–2010 verneunfacht (Meyer et al. 2012, S. 337). Auch wenn sich die Steigerungsrate der Burn-out-Fehltage in der zweiten Dekade seit 2000 abgeschwächt hat, treten diese zwischen 2008 und 2017 immerhin noch dreimal häufiger auf als zuvor. „… hochgerechnet auf die mehr als 39 Millionen gesetzlich krankenversicherten Beschäftigten (in Deutschland) bedeutet dies, dass ca. 166.000 Menschen mit insgesamt 3,7 Millionen Fehltagen im Jahr 2017 wegen eines Burnouts krankgeschrieben wurden" (Meyer et al. 2017, S. 377).

Darüber hinaus ist aufgrund der Erhebungen der Beratungsfirma Gallup (2018) bekannt, dass der Prozentsatz der Mitarbeitenden in deutschen KMU, die sich im Jahr 2018 ihrer Firma emotional verbunden fühlen, bei lediglich 15 % liegt. In der Schweiz und Österreich werden in den Jahren 2014–2016 ähnliche Werte erreicht (Schweiz 13 %; Österreich 12 %). Von den verbleibenden 85 % der Angestellten deutscher KMU leisten 71 % Dienst nach Vorschrift (Schweiz 76 %, Österreich 71 %), während 14 % innerlich gekündigt haben (Schweiz 12 %, Österreich 18 %; Gallup 2016). Ganz abgesehen davon, dass auf diese Weise ein immenser volkswirtschaftlicher Schaden entsteht – Gallup (2018) beziffert diesen im Jahr 2018 in Deutschland, hervorgerufen durch jene, die innerlich gekündigt haben, auf zwischen 77 und 103 Mrd. €. Dies lässt erahnen, welches Ausmaß an menschlichem Potenzial dadurch nicht angemessen genutzt wird.

18.1.2 Ungenügender Schutz unserer Lebensgrundlagen in der Ökonomie

Eine der größten Herausforderungen unserer Zeit ist der Klimawandel. Der Sonderbericht des Weltklimarats im Oktober 2018 stellt heraus, dass sich die Erde schneller und mit gravierenderen Folgen erwärmt, als bisher vermutet. Aktuell seien bereits die Auswirkungen der Erderwärmung um derzeit etwa 1 °C festzustellen, verglichen mit dem vorindustriellen Zeitalter des ausgehenden 19. Jahrhunderts. Es gelte als wahrscheinlich, dass sich die durchschnittliche Temperatur unseres Planeten bereits im Zeitintervall von 2030 bis 2050 um durchschnittlich 1,5 °C erhöhen wird, wenn die derzeitige Geschwindigkeit der Erwärmung weiter anhält. Der Weltklimarat geht davon aus, dass die Folgen weniger gravierend ausfallen werden, wenn die Erwärmung auf 1,5 °C begrenzt würde. Dies sei aktuell zwar noch möglich, jedoch nur mit nie da gewesenen Anstrengungen. So müssten die CO_2-Emissionen bei der Stromerzeugung, im Verkehr und in der Wirtschaft bis im Jahr 2030 um 45 % sinken und bis zum Jahr 2050 auf Null reduziert werden (IPCC 2018a). Debra Roberts, Wissenschaftlerin des Weltklimarats, stellt hierzu fest: „The next few years are probably the most important in our history" (IPCC 2018b, S. 2). Wenn es nicht gelingt, den Ausstoß der Treibhausgase massiv zu reduzieren, drohen „tipping points". Das Ökosystem könnte kollabieren, weil Rückkopplungseffekte verschiedener Kippelemente[1] eine Kettenreaktion auslösen könnten, die sich nicht mehr aufhalten lässt. Um ein Beispiel zu nennen: Angenommen, durch die zunehmende Erwärmung der Erde tauen die Permafrostböden in Sibirien und Nordamerika in größerem Ausmaß auf, dann würde bislang im Erdreich gebundenes CO_2 und Methan freigesetzt, das die Menge an Treibhausgasen, die durch menschliche Aktivitäten bisher verursacht wurden, bei Weitem übersteigt. Guido Grosse vom Alfred-Wegner-Institut für Polar- und Meeresforschung bemerkt hierzu: „Allein der Permafrost birgt das Potenzial, die Klimaziele von maximal zwei Grad Celsius Erderwärmung deutlich zu übertreffen" (Reimer und Lüdemann 2018). Darüber hinaus besteht die Gefahr, dass bereits bei einer Erwärmung um 2 °C Rückkopplungseffekte eintreten könnten, sodass sich der Klimawandel von selbst verstärkt. Auch wenn es derzeit als nicht gesichert gilt, bei welcher global durchschnittlichen Erdtemperatur dieser Effekt eintritt, wird nicht ausgeschlossen, dass der Korridor von 1,5 bis 2 °C des Pariser Klimaabkommens diese kritische Marke erreichen könnte (Steffen et al. 2018).

Angesichts der Ausmaße und Komplexität dieser Phänomene könnte ein einzelner Mensch durch die Wucht der Herausforderungen in eine Lähmung verfallen und anneh-

---

[1]Als „tipping elements" wurden erstmals von Lenton et al. (2008) das Schmelzen der Eisschilde in der Arktis und Antarktis, Veränderungen von Meeresströmungen und Monsunen und die Zerstörung der Wälder in nördlichen Breiten sowie des Regenwalds im Amazonas bezeichnet.

men, dieses Geschehen ohnehin nicht beeinflussen zu können. Aus meiner Sicht gilt es, eine derartige Starre zu vermeiden: Wie könnten insbesondere Inhaberinnen und Inhaber von KMU zu einer positiven Entwicklung beitragen?

18.2 Wie kann Unternehmertum ein Teil der Lösung sein?

Nicht erst seit Adam Smiths *Der Wohlstand der Nationen* (1776) ist viel über die Funktionsweise und das Ziel des Wirtschaftens nachgedacht worden. Bereits Aristoteles unterschied zwischen einer naturgemäßen Wirtschaft, die dazu diene, die natürlichen Bedürfnisse der Menschen zu decken. In der künstlichen Wirtschaft werde hingegen nur deshalb mit Produkten gehandelt, um Überschüsse zu erzielen (Aristoteles zitiert in: Binswanger 2013, S. 378). Die traditionelle Ökonomik ist, wie schon Adam Smith (2005), daran orientiert, dass die Wirtschaft der Wohlfahrt des Menschen diene, indem sie ihm durch entsprechende Güterversorgung zu einem hohen Lebensstandard verhilft. Gewinnstreben sei ein zentraler Motor wirtschaftlichen Handelns. Maximale Wohlfahrt entstehe, wie schon Smith betonte, wenn sich die Eigeninteressen von Unternehmen und Individuen im Rahmen rechtlicher Vorgaben frei entfalten können. Neben dieser klassischen Sichtweise existieren Ansätze, die auf die gesellschaftliche, soziale und ökologische Verantwortung von Unternehmen hinweisen (Maurer 2017, S. 20 ff.). Zentral scheint dabei die Einsicht zu sein, dass der Zweck des Wirtschaftens letztlich am Wohlbefinden der Menschen – manche nennen es schlicht Lebensqualität, Zufriedenheit oder eben Glück – orientiert sein kann und zugleich unsere Lebensgrundlagen zu schützen hat.

18.2.1 Was macht Menschen glücklich?

Welche Faktoren tragen dazu bei, dass Menschen glücklich sind? Die Glücksforschung, eine noch vergleichsweise junge Wissenschaft, stellt manch geläufige Überzeugung infrage: Wir wissen nun, weder ein hohes Einkommen[2] noch ein Lottogewinn mehren notwendigerweise unser Glück, ebenso wenig wie jugendliches Alter oder eine attraktive äußere Erscheinung. Selbst Menschen, die nach einem Unfall querschnittsgelähmt im Rollstuhl sitzen, können durchaus glücklicher sein als Zeitgenossen, die auf beiden Beinen durchs Leben gehen (Bucher 2009, S. 85 ff.). Außerdem wissen wir, dass in den USA heutzutage genauso viele Menschen angeben, sehr glücklich zu sein wie während des zweiten Weltkriegs, nämlich 30 %. Das mag angesichts der seitdem deutlich verbesserten Lebensbedingungen und dem erheblich zugenommenen Wohlstand erstaunen (Bucher 2009, S. XV).

---

[2] Das Glück der Menschen steigt zwar mit zunehmendem Gehalt, jedoch nur bis zu einer bestimmten Höhe. Sind sie materiellen Grundlagen gedeckt, nimmt das Glück bei steigendem Gehalt nicht zu (Layard 2009).

Die neuzeitliche wissenschaftliche Forschung sowie die Gelehrten des Altertums sind sich darin einig, dass Menschen grundsätzlich nach Glück streben. Darüber, worin dieses Glück besteht und was darunter verstanden wird, herrscht weniger Einvernehmen. Layard beschreibt sieben Faktoren, die zum menschlichen Glück beitragen: familiäre Beziehungen, die finanzielle Situation, Erwerbstätigkeit, das persönliche Umfeld und Freundschaften, Gesundheit, Freiheit sowie die Einstellung dem Leben gegenüber (Layard 2009, S. 77). Nicht alle dieser sieben Faktoren sind jedoch gleich bedeutsam. Layard betont, wie zentral die Arbeit sowie auch die Einstellung dem Leben gegenüber für das Glücksempfinden sind. Die Umstände des Lebens wirken sich weniger stark auf das Ausmaß des Glücks aus als die Geisteshaltung, mit der das eigene Leben aktiv gestaltet und ihm Sinn verliehen wird. Für Layard besteht das größte Glück darin, sich intensiv mit einer Aufgabe zu befassen, die über die eigene Person hinausreicht. „Menschen, die es schaffen, ihrem Leben Sinn und Richtung zu geben, sind in der Tat glücklicher als solche, die von einer Belustigung zur nächsten eilen" (Layard 2009, S. 35). Ähnlich argumentiert Seligman, der sich im Rahmen der positiven Psychologie mit menschlichem Glück befasst und den Begriff des Wohlbefindens bevorzugt. Er kommt zum Schluss, dass dieses sich aus den fünf Elementen positive Gefühle, Engagement, Sinn, Zielerreichung und positive Beziehungen zusammensetzt[3] (Seligman 2012, S. 35 ff.).

Schon Aristoteles sieht das Glück als höchste Errungenschaft an. Er unterscheidet zwischen hedonistischem Glück, das nach Lust und Sinnesgenuss strebt, sowie eudaimonistischem Glück, das sich einstellt, wenn es einem Menschen gelingt, sein Potenzial zu entfalten und seinem Leben Sinn zu verleihen. Die Glücksforschung hat diese Begriffe aufgenommen und geht davon aus, dass sich beide Formen des Glücks durchaus ergänzen können (Bucher 2009, S. 15). Der amerikanische Philosoph Haybron (2008) versteht Glück nicht nur als eine subjektive Empfindung. Er beschreibt es als einen Zustand, der sich einstellt, wenn ein Mensch „sein wirkliches Wesen entfaltet" (Haybron 2008 zitiert in: Bucher 2009, S. 16). Im Rahmen der Glücksforschung wird Glück als ein Zustand betrachtet, der stark von situativen Umgebungsbedingungen abhängt und zeitlichen Schwankungen unterliegt. Deshalb hat sich der Begriff des subjektiven Wohlbefindens durchgesetzt, das als dauerhafter gilt (Bucher 2009, S. 10).

Der Psychologe Csikszentmihalyi beschreibt das Flow-Erlebnis, das sich einstellt, wenn ein Mensch sich einer herausfordernden Aufgabe widmet, die aufgrund ihres Anspruchsniveaus genau seinen Fähigkeiten entspricht. Wenn die Anforderung zu hoch wird, steigt Angst auf, während bei einer zu geringen Herausforderung Langeweile eintritt. Beim Phänomen des Flow vertieft sich ein Mensch so sehr in seine Tätigkeit, dass er in ihr aufgeht: Er vergisst sich selbst sowie die Zeit und wird eins mit seinem Tun. Dies führt zum Empfinden von Glück. Offenbar treten Flow-Erlebnisse wesentlich intensiver während einer beruflichen Tätigkeit als in der Freizeit auf. Csikszentmihalyi ist der Ansicht,

---

[3] Unter Engagement sind hier Aktivitäten gemeint, für die sich ein Mensch um ihrer selbst willen einsetzt; von Sinn spricht Seligman, wenn der Mensch etwas dient, das größer ist als er selbst (Seligman 2012, S. 35).

dass Glück nicht dadurch entsteht, dass Menschen ein Flow-Erlebnis an das Nächste reihen. Seiner Auffassung nach erleichtert der Glaube an ein Wertesystem, das eine sinnvolle Orientierung bietet, „die Gesamtheit des Lebens in ein harmonisches Flow-Erlebnis zu verwandeln" (Csikszentmihalyi 1995, S. 12). Ergänzend dazu unterscheidet die Motivationsforschung zwischen intrinsischer und extrinsischer Motivation. Ein intrinsisch motivierter Mensch handelt aus sich selbst heraus, aus Freude am Tun, unabhängig davon, ob eine äußere Belohnung in Aussicht steht. Demgegenüber lässt sich ein extrinsisch orientierter Mensch aufgrund eines äußeren Antriebs motivieren, beispielsweise wegen eines höheren Gehalts oder eines Bonus. Interessant ist, dass die Motivation bei vornehmlich intrinsisch motivierten Menschen sinken kann, wenn diese in erster Linie materiell belohnt werden. Dies kann dazu führen, dass ein ursprünglich intrinsisch motivierter Mensch sich in der Folge extrinsisch orientiert.

Fromm unterscheidet zwischen Tätigsein und bloßer Geschäftigkeit in Abhängigkeit davon, inwieweit ein Mensch entfremdet tätig ist (Fromm 1976, S. 113). Seiner Ansicht nach empfinden Menschen lediglich Vergnügen, wenn ihre Bedürfnisse aufgrund entfremdeter Aktivitäten befriedigt werden, während sich durch nichtentfremdetes Handeln Freude einstellen kann. Aus seiner Sicht leben wir „in einer Welt des freudlosen Vergnügens" (Fromm 1976, S. 143).

18.2.2 Glück und Erfüllung als Unternehmer?

Meine Auffassung beruht auf teilnehmender Beobachtung im Rahmen meiner Tätigkeit als Unternehmensberaterin sowie auf Gesprächen und Experteninterviews mit Firmeninhaberinnen und -inhabern im Zusammenhang mit meinem Buchprojekt *Beseelte UnternehmerInnen* (Maurer 2017). Meinem Verständnis nach tragen Menschen eine Berufung in sich, die aus ihrem Wesenskern – ihrer Seele[4] – hervorgeht. Höchstes Glück könnte demzufolge darin bestehen, diesen inneren Ruf wahrzunehmen und ihm zu folgen, um Schritt für Schritt zu verwirklichen, was mit dem innersten Wesen eines Menschen harmoniert. Ob eine Berufung tatsächlich zu höchstem Glück führt, hängt davon ab, inwieweit ein Mensch sich in den Dienst einer Aufgabe stellt, die größer ist als er selbst und seinem Tun besonderen Sinn verleiht. Damit ist auch in Betracht zu ziehen, auf welchem Werteniveau das eigene Handeln beruht. Das Modell der Spiral Dynamics unterscheidet verschiedene Ebenen von Werthaltungen, die Individuen, Gruppen oder auch ganze Gesellschaften durchlaufen und sich zu eigen machen. Im Verlauf einer spiralförmigen Aufwärtsbewegung, von der dieses Modell ausgeht, verändert sich das Niveau der Werte einzelner Personen, Teams oder auch großer Gruppen. Im unteren Bereich der Spirale sind überlebensorientierte, egozentrische Werthaltungen anzusiedeln. Im mittleren Bereich do-

---

[4]Auch wenn seit Urzeiten versucht wird, die Seele eines Menschen zu erfassen, ohne dass dies bisher auch nur annähernd gelungen wäre, halte ich Menschen für beseelte Wesen. Wem der Begriff unpassend erscheinen mag, kann stattdessen von einem inneren Wesenskern ausgehen.

miniert die Organisation des Zusammenlebens und der Wettbewerb, etwa wenn eine Firma Branchenführer werden will. Im oberen Drittel der Spirale treten egozentrische Werthaltungen stärker in den Hintergrund. Hier geht es um eine gesamtgesellschaftliche Sichtweise und um das Bestreben, sich zum Wohl des Ganzen in den Dienst eines bestimmten Anliegens zu stellen (Beck und Cowan 2013; Maurer 2017).

Aus Glück sowie subjektivem Wohlbefinden kann meiner Ansicht nach Erfüllung werden, wenn ein Mensch seiner Berufung folgt und sich gleichzeitig auf einem Werteniveau bewegt, bei dem er – jenseits egozentrischer Bestrebungen – einer höheren Aufgabe dient. Das heißt, Erfüllung stellt sich dann ein, wenn der innere Wesenskern einer Person mit dem, was sie in der äußeren Welt tut, vollständig übereinstimmt und sich gleichzeitig darüber bewusst ist, dass das eigene Handeln auch über die eigene Existenz hinausreichenden Sinn stiftet. Der Begriff Erfüllung[5] beschreibt etymologisch sehr treffend, wie sich diese Empfindung anfühlt: Der innere Leib befindet sich in einem Zustand der Fülle, ohne dass ein Input von außen dazu beiträgt oder benötigt wird. Dies geht häufig mit einem tiefen Gefühl des Wohlbefindens einher sowie dem Erleben von Endlich-bin-ich-in-meinem-Leben-wirklich-angekommen und tue das, was mir gemäß ist. Ein erfüllter Mensch ist zuinnerst satt im positiven Sinn, tief befriedigt und im Wohlgefühl. Angenommen, im unternehmerischen Alltag entstünde eine Situation, die einen erfüllten Menschen frustriert, so ändert dies womöglich seine aktuelle Stimmung, nicht jedoch die tief empfundene Erfülltheit.

Erfüllte Menschen sind schwer zu verführen. Mehr oder weniger bewusst kennen sie den Unterschied zwischen wahren und falschen Bedürfnissen (Gronemeyer 1988, S. 25). Sie folgen ihren Zielen, lassen sich ungern von ihrem gewählten Pfad abbringen und sind für schale Bedürfnisbefriedigungen wenig empfänglich. Ihr Tun bereichert sie in einem Maß, mit dem die Befriedung herkömmlicher materieller Wünsche nicht mithalten kann. Viel wichtiger als das Bankkonto ist ihnen, inwieweit sie ihrer Berufung folgen und dabei die gewünschte Wirkung erzielen, sowohl für sich persönlich als auch für ein übergeordnetes Ganzes. Diese Art der Erfüllung öffnet ein Tor zur Suffizienz.

18.3 Unternehmerische Suffizienz als ein Teil der Lösung?

18.3.1 Was ist Suffizienz

Der Begriff der Suffizienz geht auf das Lateinische „sufficere" zurück und bedeutet hinreichen, ausreichen, genügen. In der Nachhaltigkeitsdebatte wird Suffizienz häufig in Zusammenhang mit Konsummustern bei Verbrauchern diskutiert. Dies bedeutet, sich mit dem zu begnügen, was ausreicht, um die eigenen Bedürfnisse zu befriedigen, und so zum Schutz natürlicher Ressourcen beizutragen, statt immer höhere materielle Ausstattungen

---

[5]Es mag bemerkenswert erscheinen, dass dieser Begriff im Standardwerk *Dorsch – Lexikon der Psychologie* nicht aufgeführt ist.

anzustreben. Die Nachhaltigkeitsforschung unterscheidet drei Strategien, um natürliche Ressourcen zu schonen: Effizienz, Konsistenz und Suffizienz. Von Effizienz ist die Rede, wenn der Verbrauch natürlicher Ressourcen zur Produktion von Gütern durch innovative Methoden sinkt. Eine Produktionsweise ist konsistent, wenn sie den Kreisläufen der Natur nachempfunden ist und möglichst abfallfrei verläuft, beispielsweise durch den Einsatz der Prinzipien des „cradle to cradle" oder der „circular economy".[6] Während konsistente und effiziente Strategien häufig mit technischen Innovationen einhergehen, erfordert Suffizienz keinen zusätzlichen Aufwand und ist unter diesem Aspekt leichter anzuwenden. Paech unterscheidet zwei Formen der Suffizienz im Hinblick auf Konsummuster: Unter Suffizienz I versteht er generell weniger nachzufragen. Das kann bedeuten, bestimmte Konsumaktivitäten ersatzlos aufzugeben. Diese Form der Suffizienz führt am durchschlagendsten zum Schutz unserer Lebensgrundlagen, weil die Reduktion des Konsums nicht mit zusätzlichem technischen oder sonstigen Einsatz einhergeht. Suffizienz II bedeutet, bisherige Bedarfe zwar nicht aufzugeben, sie aber so umzuwandeln oder zu flexibilisieren, dass sie mit weitaus geringerem Aufwand an materiellen Mitteln zu befriedigen sind (Paech 2005, S. 285 ff.). Wenn jemand beispielsweise gern Urlaub macht, dazu aber keine Fernreise wählt, die nur mit dem Flugzeug angetreten werden könnte, handelt diese Person nach diesem Prinzip.

Wenn es um unternehmerische Suffizienzstrategien geht, unterscheiden Schneidewind und Palzkill die drei verschiedenen Prinzipien Weniger, Langsamer und Regionaler, die den vier Dimensionen der Suffizienz, den vier E von Sachs ähnlich sind: Entschleunigung, Entflechtung, Entrümpelung und Entkommerzialisierung (Schneidewind und Palzkill 2011; Sachs 1993).

18.3.2 Motive unternehmerischer Suffizienz

Unternehmerische Suffizienz kann auf verschiedene Motivationslagen zurückzuführen sein: Scherhorn nennt ökologische und soziale Ziele. Darüber hinaus kann die Qualität der Produkte und Dienstleistungen sowie die Firmenkultur gesichert oder verbessert werden, was wiederum die Motivation und Identifikation der Mitarbeiter stärken kann. Auch Sachzwänge im Rahmen des klassischen Wachstumsparadigmas können durchaus zu Suffizienzstrategien führen (Scherhorn 2015, S. 148). Schneidewind und Palzkill (2011, S. 16) beschreiben beispielsweise, wie die dänische Logistikfirma Maerks in Zeiten des Umsatzrückgangs die zeitliche Dauer der Transporte über den Seeweg verlängert und gleichzeitig den Treibstoffverbrauch gesenkt hat, sodass CO_2-Emissionen verringert und

---

[6] Effizienz- und Konsistenzstrategien beruhen zumeist auf technischen Innovationen, die infolge materieller Rebound-Effekte zusätzliche Naturverbräuche verursachen können. Darüber hinaus sorgt das Kaufverhalten der Konsumenten nicht selten für weitere Rebound-Effekte, wenn beispielsweise mehr T-Shirts gekauft werden, weil sie als vergleichsweise ressourcenschonend gelten und Käufer zur Annahme neigen, mit dem Erwerb eines weiteren Shirts eine gute Tat zu vollbringen.

diese unternehmerisch kritische Situation überstanden werden konnte. Paech (2016) weist ebenfalls darauf hin, dass durch suffiziente Strategien die ökonomische Widerstandsfähigkeit einer Firma, ihre Resilienz, steigen kann. Darüber hinaus erwähnt er Motive des Selbstschutzes vor persönlicher Überforderung der Beteiligten, die durch Genügsamkeit wirksam werden können. Oft mögen es Kombinationen aus verschiedenen Motivlagen sein, die zu suffizientem unternehmerischem Handeln führen.

Suffizientes Handeln kann für einen Unternehmer auch auf persönlicher Ebene Ausdruck einer empfundenen inneren Erfüllung sein, etwa im Sinn des oben beschrieben Satt-Seins. Demnach wäre zu fragen, wie sich die Führung eines Unternehmens mit jener Lebenskunst verbinden lässt, die sich nicht aus einer permanent zu steigernder materieller Fülle speist, sondern einer klugen Lust (Reheis 1998, S. 207) entspricht und Überflüssiges weglässt, um sich auf das Wesentliche zu konzentrieren.

18.3.3 Unternehmerische Suffizienzstrategien

Im Folgenden unterscheide ich acht verschiedene Strategietypen, an denen Unternehmen ihre geschäftliche Tätigkeit suffizient ausrichten können. Diese können sowohl auf die interne Führung eines Betriebs als auch nach außen, etwa die Stakeholder und andere gesellschaftliche Teilsysteme, gerichtet sein.

Nach innen gerichtete unternehmerische Suffizienzstrategien
1. Suffizienz als Begrenzung des Outputs
2. Suffizienz als Begrenzung der Firmengröße hinsichtlich der Anzahl der Mitarbeitenden
3. Suffizienz als Begrenzung des geografischen Aktionsradius
4. Suffizienz als Maßhalten beim Gewinn
5. Suffizienz als Limitierung des Unternehmerlohns
6. Suffizienz als Reduktion der fossilen Mobilität

Nach außen gerichtete unternehmerische Suffizienzstrategien
7. Suffizienz als Begrenzung der Gewinnerwartung der Anteilseigner
8. Suffiziente Konsummuster der Kunden fördern

Die hier beschrieben unternehmerischen Suffizienzstrategien bilden keine abschließende Zusammenstellung, da weitere Varianten entwickelt und erprobt werden können.

18.4   Konkrete Beispiele unternehmerischer Suffizienzstrategien

Im Folgenden möchte ich anhand ausgewählter Praxisbeispiele vornehmlich von KMU in Deutschland, Österreich und der Schweiz erläutern, wie diese Suffizienzstrategien umgesetzt werden können. Einige der erwähnten Firmen kombinieren verschiedene dieser

Strategien. Für deren Darstellung wurde jeweils eine andere Firma gewählt und aufgrund der hier gebotenen Kürze darauf verzichtet, alle weiteren Suffizienzstrategien der jeweiligen Unternehmen aufzuführen.

18.4.1 Suffizienz als Begrenzung des Outputs

Markus Mosimann, Inhaber der Firma Neue Holzforum AG in Bern, beschäftigte die Frage, wie ein optimales Haus geplant und errichtet werden kann. Nach intensiven Überlegungen konzipierte er Häuser, die seine Firma mithilfe von computergesteuerter Technik im Holzrahmenbau herstellt. Dabei werden hochwertige Materialien verwendet und ressourcenschonend genutzt. Mosimann will zu ökologischem Bauen anregen und den Bewohnern ein gesundes, ihren Bedürfnissen entsprechendes Wohnen ermöglichen.

Als Wegbereiter des modernen Holzbaus in der Schweiz distanziert er sich vom vorherrschenden Wachstumsparadigma, weil es viele Probleme verursachen würde. Als Unternehmer hat er durch den Konkurs seiner ersten Firma selbst erfahren, welche Nachteile eine solche strategische Ausrichtung mit sich bringen kann. Mit seiner 1998 neu gegründeten Firma strebt er nach den Jahren des Aufbaus nicht danach, dass sein Unternehmen quantitativ wächst: Er trifft die Entscheidung, pro Jahr nur eine bestimmte Anzahl von Häusern zu erstellen und diese nicht zu überschreiten. Stattdessen strebt er an, die Qualität seiner Produkte und Dienstleistungen sowie die Arbeitsbedingungen der Mitarbeitenden stetig zu verbessern. Damit ist es ihm gelungen, nicht nur sein Unternehmen erfolgreich zu führen, sondern gleichzeitig einen Lebensstil zu praktizieren, der seinen Bedürfnissen sowie Überzeugungen entspricht (Maurer 2017, S. 135 ff.; Mosimann und Lettau 2012).

Vorteile der gewählten Strategie:

- Markus Mosimann kann sich der Qualitätssteigerung seiner Firma widmen, statt sich mit den unerwünschten Effekten einer quantitativen Wachstumsstrategie auseinandersetzen zu müssen.
- Die Firma entsprechend eigener Grundsätze und Überzeugungen führen zu können, verschafft ein hohes Maß an persönlicher Befriedigung.
- Sich von den Sachzwängen eines quantitativen Wachstumskurses zu befreien, lässt zeitliche und inhaltliche Gestaltungsfreiräume entstehen.
- Aufgrund der besonderen Qualität der Produkte und des Betriebsklimas ist die Firma für die Mitarbeitenden attraktiv.
- Kunden schätzen die besondere Qualität der Produkte.

18.4.2 Suffizienz als Begrenzung der Firmengröße hinsichtlich der Anzahl der Mitarbeitenden

Die Firma Ruprecht Möbeldesign, 1994 in Wengi im schweizerischen Kandertal von Martin Ruprecht gegründet, bietet hochwertige Schreinerarbeiten in den Bereichen Möbel, Küchen und Raumgestaltung an. Martin Ruprecht führt die Firma mit sieben

Mitarbeitenden in besonderer Weise und hat Arbeitsbedingungen geschaffen, die sich qualitativ vom Branchendurchschnitt abheben. Um die Qualität seiner Firma und deren positive Unternehmenskultur zu sichern, begrenzt er die Anzahl der Mitarbeitenden. Es liegt ihm viel daran, Kunden selbst betreuen zu können, weil diese den direkten Kontakt zu ihm schätzen. Martin Ruprecht stellt hohe Anforderungen an sich und seine Beschäftigten, gewährt jedoch gleichzeitig viele Gestaltungsfreiräume. Durch entsprechende Rahmenbedingungen konnte ein Teamgeist geschaffen werden, der alle Mitarbeitenden sehr motiviert, was sich wiederum positiv auf die Kundenzufriedenheit auswirkt (Maurer 2017, S. 165 ff.).

Vorteile der gewählten Strategie:

- Indem die Anzahl der Mitarbeitenden begrenzt bleibt, kann sich Martin Ruprecht auf eine stetige Qualitätsverbesserung konzentrieren.
- Die Übersichtlichkeit erlaubt es, die interne Zusammenarbeit und Betriebskultur zu verbessern.
- Bei personellen Wechseln ist die Firma ist auch in Zeiten des Fachkräftemangels für Lernende und Fachpersonen attraktiv.
- Hohe Kundenzufriedenheit

18.4.3 Suffizienz als Begrenzung des geografischen Aktionsradius

Die bereits 1851 gegründete BBO Bank Brienz Oberhasli AG beschäftigt fast 30 Mitarbeitende und bietet die üblichen Dienstleistungen einer Bank an, jedoch ausschließlich für Schweizer Kundinnen und Kunden mit inländischem Wohnsitz. Als selbstständige Regionalbank möchte sie ihre unternehmerische Freiheit wahren und begrenzt ihre Geschäftstätigkeit deshalb auf zwei Standorte in Brienz und Meiringen im Berner Oberland.

Sie strebt an, die Wertschöpfung in der Region zu stärken und fokussiert auf individuelle, persönliche Beratung ihrer Kunden. Auch angesichts der aktuellen Niedrigzinsphase erwirtschaftet die Bank solide Erträge und verfügt über eine starke Eigenkapitalbasis. Diese Geschäftsstrategie verschafft der Bank großes Vertrauen vor Ort und auch vonseiten der schweizerischen Finanzmarktaufsicht (FINMA).[7]

Vorteile der gewählten Strategie:

- Konzentration auf jene Aufgabe, die ursprünglich Zweck des Bankenwesens war, nämlich die Stärkung der Wirtschaft vor Ort

---

[7] Kürzlich hat die FINMA das Prüfwesen für Banken mit gutem Risikoprofil vereinfacht. Die Pilotphase steht kleinen Banken offen, „die deutlich überdurchschnittlich mit Kapital und Liquidität ausgestattet sind und keine sonstigen besonders erhöhten Risiken aufweisen" (Mitteilung der FINMA vom 13. Juli 2018). Die BBO Bank Brienz Oberhasli AG erfüllt die Bedingungen und wurde von der FINMA dazu ausgewählt.

- Die Begrenzung auf eine Region stärkt die persönlichen Beziehungen zwischen Mitarbeitenden und Kunden sowie die Vertrauenswürdigkeit der Bank.
- Die Geschäftsstrategie stärkt das Vertrauen der Kunden, worauf der solide wirtschaftliche Erfolg dieser Bank beruht.

Schulte's Vollkornbäckerei, ein Familienbetrieb im norddeutschen Saterland, mit derzeit 25 Mitarbeitenden, besteht seit 1898 und wird derzeit von Walter Schulte junior in der vierten Generation geführt. Der Betrieb stellt verschiedene Vollkornbrotsorten mit biologischen Zutaten unter Verwendung von Ökostrom her. Beliefert wird nur der Lebensmitteleinzelhandel im Weser-Ems-Gebiet.

Vorteile der gewählten Strategie:

- Durch die regionale Begrenzung kann die Ware durch eigenes Personal erfolgen, was einen direkteren Kundenkontakt ermöglicht.
- Transportbedingte Ressourcenverbräuche werden reduziert.
- Es werden Zielkonflikte zwischen Unternehmenswachstum und der Qualitätssicherung vermieden.

18.4.4 Suffizienz als maßvoller Gewinn

Aus Unmut darüber, dass sich die Rezeptur eines bestimmten Cola-Produkts verändert hatte, gründete Uwe Lübbermann Ende des Jahres 2001 in Hamburg „Premium-Cola".[8] Zusammen mit dem Premium-Kollektiv verfolgt er seitdem eine ausgesprochen unkonventionelle Form der Geschäftsführung. Sie beruht darauf, dass alle Stakeholder – das Premium Kollektiv, externe Zulieferer, Transporteure sowie die Kunden – über Weichenstellungen in der Firma mitentscheiden. Darüber hinaus ist es ausdrückliches Ziel der Firma, keinen Profit zu erwirtschaften. Lübbermann vertritt die Ansicht, dass „Premium-Cola" einen Fehler begangen haben muss, falls ein Gewinn erzielt wurde, weil dann offenbar jemandem „zu viel Geld aus der Tasche gezogen" worden sei. Die Preise werden so kalkuliert, dass neben Rücklagen für Krisenzeiten nur die entstehenden Kosten gedeckt sind. Dies führte in der Firmengeschichte mehrmals dazu, dass die Preise gesenkt werden konnten, weil ein zu hoher Ertrag erzielt wurde. Das Premium-Kollektiv zeigt seit 17 Jahren, dass es möglich ist, mit allen gängigen Regeln der Geschäftsführung zu brechen und dennoch im Markt zu bestehen (Maurer 2017, S. 111 ff.).
Vorteile der gewählten Strategie:

- Hohe Attraktivität der Firma für Mitarbeitende, Partnerfirmen und Kunden
- Aufgrund ausgeprägter Mund-zu-Mund-Propaganda Verzicht auf kostspielige Marketingmaßnahmen (die ohnehin nicht mit der Firmenphilosophie zu vereinbaren wären)

---

[8] Neben der Cola werden verschiedene weitere Produkte hergestellt und vertrieben.

- Ausrichtung der Firma basierend auf den Überzeugungen und Werten des Kollektivs, bewirkt hohe persönliche Befriedigung für die Beteiligten
- Hohe Reputation als herausragendes Beispiel für unkonventionelle Firmenführung weit über die eigene Branche hinaus

Erwin Thoma gründete 1990 die Firma Thoma Holz GmbH in Goldegg im österreichischen Pongau, um Häuser anzubieten, die aus Holz ohne Leim und Metall gefertigt sind und sich selbst heizen und kühlen. Das patentierte Bausystem Holz100 ermöglicht Passivhäuser ohne Dämmung und komplizierte Haustechnik. Im firmeneigenen Forschungszentrum sowie an drei weiteren Standorten in Österreich und einem in Deutschland sind etwa 120 Mitarbeitende tätig. Darüber hinaus arbeitet die Firma mit zahlreichen Partnern in verschiedenen Ländern zusammen. Derzeit führt Erwin Thoma das Unternehmen mit seinem Sohn Florian und seinem Bruder Richard.

Das Ziel dieses Unternehmens besteht nicht darin, den Gewinn zu maximieren. Erwin Thoma versteht eine hinreichend ausgewogene Bilanz als Werkzeug, um dem Zweck seines Betriebs möglichst gerecht zu werden. Am Beispiel eines Holzfällers veranschaulicht er seine Sichtweise: Dessen Säge muss funktionstüchtig und gut geschliffen sein, damit er einen Auftrag gut ausführen kann. Es wäre jedoch ziemlich unsinnig, würde der Holzfäller im Lauf seiner Tätigkeit möglichst viele Sägen in seinem Lager anhäufen. Stattdessen brauche er eine, zwei oder vielleicht auch drei gute Sägen in exzellentem Zustand, um seine Arbeit bestmöglich auszuführen. Im Vordergrund steht für ihn nicht der Gewinn, sondern die sinnstiftende Wirkung seiner unternehmerischen Tätigkeit.

Vorteile der gewählten Strategie:

- Konsequente Orientierung am Firmenzweck, nachhaltige Holzhäuser zu bauen und unternehmerische Entscheidungen daran auszurichten, dass sie sich auch für nachfolgende Generationen als sinnvoll erweisen
- Entwicklung von Produkten und Dienstleistungen mit besonderer Qualität
- Hohe Attraktivität der Firma für Mitarbeitende, Kunden sowie Partnerfirmen

18.4.5 Suffizienz als Limitierung des Unternehmerlohns

Katrin Lange gründete 1983 gemeinsam mit ihrem Mann Gerhard Lange die Firma Länggass-Tee in Bern, ein Fachgeschäft für Teespezialitäten, mit heute etwa 40 Mitarbeitenden. Das Unternehmen ist an maximaler Produktqualität orientiert. Angeboten wird zudem eine Tee-Schule, ein Raritätenraum sowie japanische Teezeremonien, um Kunden einen besonderen Teegenuss zu ermöglichen. In einem öffentlichen TeeRaum sind selbsthergestellte Backwaren erhältlich. Während Gerhard Lange sich aus der operativen Leitung zurückgezogen hat, sind inzwischen Kaspar Lange, einer der Söhne, und dessen Frau Tina Wagner Lange Teil der Geschäftsleitung.

Katrin und Gerhard Lange ließen sich stets von der Überzeugung leiten, ihre eigene Arbeit sei nicht mehr wert als die ihres Personals. Deshalb zahlen sie sich selbst den gleichen Stundenlohn wie ihren Angestellten aus. Mitarbeitende aus der Gastronomie beispielsweise werden besser entlohnt als dies in ihrer Branche üblich ist, dafür erhalten Akademiker ein geringeres Gehalt. Überstunden werden grundsätzlich nicht höher bezahlt, sondern entweder als zusätzliche Ferienzeit behandelt oder mit dem normalen Stundenansatz vergütet. Alle Angestellten werden vor der Einstellung über dieses Lohnsystem informiert.

Vorteile der gewählten Strategie:

- Die Mitarbeitenden identifizieren sich stärker mit der Firma, ihre emotionale Verbundenheit ist höher als in einer konventionell geführten Firma mit hohen Gehaltsunterschieden zwischen Inhabern und Belegschaft.
- Zwangsläufig setzt sich die Geschäftsleitung mit der Frage auseinander, was zum Handeln motiviert, wenn nicht ein hoher Lohn. Dies fördert eine Form der Geschäftsführung, die intern Voraussetzungen für intrinsische Motivation und hohe Arbeitszufriedenheit schafft.
- Vorbildcharakter der Firma – nicht nur infolge einer innovativen Lohnpolitik – und hohe Reputation

18.4.6 Suffizienz als Reduktion der fossilen Mobilität

Teikei Coffee wurde 2016 von Hermann Pohlmann als Non-Profit-Organisation gegründet und bietet fair und biologisch produzierten Kaffee aus Mexiko an. Der Kaffee wird nicht mit Containerschiffen oder über den Luftweg nach Europa transportiert, sondern nahezu emissionsfrei mit einem Frachtsegler, nämlich mit dem zweimastigen Schoner „Avontuur" der Firma Timbercoast. Darüber hinaus basiert Teikei Coffee auf dem Prinzip der Community Supported Agriculture (CSA). Daher leisten die Verbraucher eine jährliche Vorauszahlung an die Kaffeeanbauer. Dies ermöglicht den Produzenten eine gesicherte ökonomische Grundlage und angemessene Preise. Im Gegenzug erhalten die Konsumenten – entsprechend der einbezahlten Summe – gesegelten und damit ressourcenschonenden Kaffee in ökologischer Qualität.

Vorteile der gewählten Strategie:

- Durch den umweltfreundlichen Transport werden CO_2-Emissionen vermieden.
- Die Geschäftsidee, die auf hohen Nachhaltigkeitsansprüchen basiert, motiviert und stiftet Identifikation aufseiten aller Beteiligten.
- Teikei Coffee nimmt die Stellung eines Pioniers ein, was erhebliche Reputationseffekte zur Folge hat.

Inzwischen beginnen einige Firmen damit, ihre Geschäftsflüge zu reduzieren oder auch ganz darauf zu verzichten, um auf diese Weise auf Mobilitätsformen auszuweichen, die weniger ressourcenverbrauchend sind. In solchen Fällen werden zur Kommunikation vermehrt Videokonferenzen eingesetzt.

18.4.7 Suffizienz als Begrenzung der Gewinnerwartung der Anteilseigner

Nach dem Gau in Tschernobyl wurde 1987 die Bürgerinitiative „Eltern für atomfreie Zukunft" im südwestdeutschen Schönau gegründet. Daraus ging 1991 die Netzkauf GbR hervor, die von der Bürgerinitiative ins Leben gerufen und betrieben wurde, um die Produktion von ökologischem Strom zu fördern. Im Jahr 1994 gründeten Ursula und Michael Sladek und weitere Stromrebellen der Bürgerinitiative „Eltern für atomfreie Zukunft" die Elektrizitätswerke Schönau GmbH (EWS), eine 100 %ige Tochtergesellschaft der Netzkauf GbR. Zu den EWS gehören derzeit fünf Tochterunternehmen.

Die Stromrebellen setzen sich dafür ein, dass Bürger ihren Strom ohne Atomkraft selbst erzeugen können und bewarben sich um die Konzession für den Betrieb des lokalen Stromnetzes. Im Jahr 1997 verdrängt die EWS den regionalen Monopolversorger und durch die große Unterstützung in der Bevölkerung (die sich in zwei erfolgreichen Bürgerentscheiden niederschlägt) gelingt es, die Konzession zu erhalten. Seitdem erzeugen und liefern die Elektrizitätswerke Schönau Ökostrom an Haushalte und Unternehmen. Infolge der Liberalisierung des Strommarkts im Jahr 1998 beliefert die Firma derzeit bundesweit 180.000 Kunden. Das Gründerehepaar zog sich 2014 aus der geschäftlichen Tätigkeit zurück. Aktuell besteht der Vorstand aus den Söhnen Alexander und Sebastian Sladek sowie Rolf Wetzel und Armin Komenda.

Die eingetragene Genossenschaft, die 2009 gegründet wurde, besteht aktuell aus etwa 7000 Mitgliedern, die mindestens fünf bis höchstens zehn Anteile zu 100 € erwerben können. Diese Anteile werden nicht verzinst; je nach Geschäftsgang werden Dividenden ausgeschüttet, worüber die Generalversammlung entscheidet. Die EWS strebt nicht danach, den eigenen Gewinn zu optimieren, sondern ihre Mitglieder mit ökologischem Strom zu versorgen.

Vorteil der gewählten Strategie:

- Durch die Finanzierung der Firma mithilfe von Anteilseignern, die nicht in erster Linie an einer Rendite interessiert sind, sondern die Geschäftsidee unterstützen wollen, kann das Unternehmen unabhängig von profitorientieren Kapitalgebern entsprechend nachhaltiger Ziele agieren.
- Die Glaubwürdigkeit der Strategie lässt das Unternehmen attraktiv für Stakeholder werden, die an einer nachhaltigen Entwicklung interessiert sind.

18.4.8 Suffiziente Konsummuster von Kunden fördern

Die Firma revendo AG wurde 2013 von Aurel Greiner und Laurens Mackay in Basel gegründet. Aurel Greiner brach sein Studium ab, um sein Motto „Wiederverwertung ist nachhaltiger als Recycling" als Unternehmer effektiv umzusetzen. Seine Firma kauft gebrauchte digitale Endgeräte an, repariert sie nötigenfalls, versieht sie mit der neuesten Software und verkauft sie anschließend weiter. revendo schont auf zweierlei Weise die Umwelt: Zum einen werden natürliche Ressourcen gespart, indem die Nutzungsdauer der Geräte verlängert wird. Dadurch entsteht weniger Elektroschrott und der Bedarf an neuproduzierten Smartphones, Laptops, Computern etc. kann sinken, wenn Kunden gute gebrauchte Geräte nutzen können. Die Firma beschäftigt inzwischen etwa 60 Personen an acht Standorten in der Schweiz und hat seit ihrem Bestehen mehr als 100 t Elektroschrott vermieden (Maurer 2017, S. 51 ff.).

Die Firma AfB-Gruppe, die von Paul Cvilak in Deutschland gegründet wurde, ist seit 2004 ebenfalls in diesem Geschäftsfeld aktiv. Sie übernimmt gebrauchte Business-Hardware von Unternehmen und öffentlichen Einrichtungen, löscht die Daten, rüstet sie auf und vermarktet sie. Inzwischen werden 20 Standorte in Deutschland, Österreich, in der Schweiz, in Frankreich und in der Slowakei mit mehr als 370 Mitarbeitenden betrieben. Das Unternehmen nimmt neben der ökologischen auch die soziale Verantwortung wahr, denn fast die Hälfte der Belegschaft besteht aus Personen mit einer sog. Behinderung.

Vorteile der gewählten Strategie:

- Verbraucher werden darin unterstützt, einen zukunftsfähigen Lebensstil zu führen.
- Die innovative Geschäftsidee stiftet Identität und führt zu hoher Kundenbindung.
- Entwicklung einer nachahmenswerten unternehmerischen Nachhaltigkeitsstrategie speziell im Bereich digitaler Endgeräte.

Der amerikanische Outdoor-Spezialist Patagonia bietet ein besonderes Beispiel für eine Suffizienzstrategie, die am Nachfrageverhalten ansetzt: Im Jahr 2016 bot ein mobiler Reparaturwagen der Firma an öffentlichen Plätzen in Bern und in anderen Städten die Möglichkeit, defekte Kleidungsstücke – nicht nur von Patagonia – vor Ort kostenlos reparieren zu lassen.[9]

---

[9] Die Firma, die 1973 von Yvon Chouinard in den USA gegründet wurde und mehr als 1200 Mitarbeitende beschäftigt, geht ausgesprochen ungewöhnliche Wege. Die Firma warb im Jahr 2011 in der New York Times mit einer Annonce „Don't buy this Jacket", auf der ein entsprechendes Produkt von Patagonia abgebildet war. So regt das Unternehmen an, Konsummuster zu hinterfragen und schlägt potenziellen Kunden vor, ein Kleidungsstück nur dann zu erwerben, wenn es wirklich gebraucht wird.

Eine weitere Variante der Nutzungsdauerverlängerung besteht in der Verwendung dauerhafter Materialien in Verbindung mit zeitlosem Design, sodass Konsumgegenstände weniger schnell ausrangiert werden, weil sie zu wenig haltbar oder optisch nicht mehr zeitgemäß sind. Ein Beispiel für diese Form der Suffizienz liefert die Firma Grüne Erde GmbH in Österreich, die 1983 von Karl Kammerhofer im österreichischen Scharnstein gegründet wurde. Das Unternehmen beschäftigt inzwischen etwa 440 Mitarbeitende und stellt ganz in diesem Sinne u. a. nachhaltig und fair produzierte Möbel her.

18.5 Ausblick

Die dargestellten Beispiele zeigen, dass suffiziente Strategien in Unternehmen bereits existieren, wenngleich sie in der betriebswirtschaftlichen Literatur kaum Berücksichtigung finden. Das mag daher rühren, dass (unternehmerische) Suffizienz oft mit Verzichtsleistungen gleichgesetzt wird. Bei genauerer Betrachtung stellt sich jedoch heraus: Unternehmerische Suffizienzstrategien können in mehrfacher Hinsicht von Nutzen sein. In einigen Fällen sind sie so eng mit einer visionären Geschäftsidee verwoben, dass sie eine wichtige Grundlage für den wirtschaftlichen Erfolg bilden können.[10] Darüber hinaus ermöglichen suffiziente Strategien, sich auf den sinnstiftenden Zweck der Firma und damit den gesellschaftlichen Nutzen zu fokussieren. Firmen, die sich durch Suffizienz einer quantitativen Wachstumsstrategie entziehen, können sich stärker auf die Qualität ihrer Produkte und Dienstleistungen sowie auf ein motivierendes Betriebsklima konzentrieren. Unternehmerinnen und Unternehmer, die auf diese Weise, jenseits des Paradigmas der Gewinnmaximierung, erfolgreich sind, lenken als Pioniere beträchtliche Aufmerksamkeit auf sich. Diese Firmen gewinnen an Vertrauen – eine derzeit knappe Ressource. Gesellschaftlich sinnstiftende Ideen nützen der Belegschaft dabei, sich mit ihrer Tätigkeit – die zur Berufung werden kann – zu identifizieren und können über die damit ebenfalls gestärkte Kundenbindung zugleich die betriebswirtschaftliche Überlebensfähigkeit sichern (Fink und Moeller 2018, S. 34). Darüber hinaus nimmt die Attraktivität für Partnerfirmen zu, die von der Reputation und den Kompetenzen innovativer Vorreiter profitieren wollen.

Eine stärkere Resilienz kann ein weiterer Vorteil sein, denn je geringer die Renditeerwartungen der Kapitalgeber und je weniger Firmen davon abhängig sind, zu wachsen, umso ausgeprägter können sie in der Lage sein, Krisen flexibel und stabil zu meistern.

Abgesehen von diesen Effekten scheint unternehmerische Genügsamkeit mit nicht monetären Vergütungen einherzugehen, wie es etwa Uwe Lübbermann formuliert (Maurer 2017, S. 124). Auffällig erscheinen mir dabei eine tiefe persönliche Befriedigung und Erfüllung, die manche der befragten Firmeninhaber zum Ausdruck brachten. Sich einer Tätigkeit widmen zu können, die nicht nur den eigenen Überzeugungen, sondern dem inne-

---

[10] Wobei sich hier Erfolg nicht mit maximal zu erzielendem Gewinn gleichsetzen lässt, sondern wie oben erwähnt, bedeuten kann, kostendeckend zu wirtschaften bis hin zu einer angemessenen, soliden wirtschaftlichen Basis.

ren Wesenskern entspricht, mag manchen Menschen erstrebenswerter erscheinen, als fortlaufend zu steigernde Gewinne. Je deutlicher Unternehmerinnen und Unternehmer ihrer Berufung folgen, indem sie eine sinnstiftende und ökologisch verträgliche Geschäftsidee umsetzen, desto eher scheinen sie in der Lage zu sein, sich von der Ersatzbefriedigung des klassischen Gewinnstrebens zu distanzieren.

Manche Unternehmer wählen suffiziente Strategien auch, um zeitliche und inhaltliche Gestaltungsspielräume zu erhalten, die geopfert werden müssten, wenn alle Aufmerksamkeit auf eine Wachstumsstrategie gerichtet würde. Vereinzelt sind Suffizienzstrategien auch Sachzwängen geschuldet, etwa wenn eine Firma nicht vergrößert werden kann, weil sie kein geeignetes Personal findet. Es ist durchaus denkbar, dass in solchen Fällen die Vorteile einer suffizienten Strategie erkannt und im Sinn von Aus-der-Not-eine-Tugend-machen genutzt werden.

Interessant ist, dass manche der dargestellten Firmen, deren Beitrag zur Suffizienz nicht nach innen gerichtet ist, sondern auf eine Veränderung von Konsummustern zielt, einen Wachstumskurs verfolgen. Dies könnte sogar aus wachstumskritischer Sicht sinnvoll sein, wenn konkurrierende Unternehmen, die zu beträchtlichen Energie- und Ressourcenverbräuchen beitragen, graduell verdrängt werden. Inwieweit diese Wirkung eintritt, hängt von sog. Reboundeffekten ab und davon, ob die volkswirtschaftliche Gesamtsumme aller CO_2-Emissionen und anderer Umweltbelastungen tatsächlich sinkt.

Grundsätzlich werden sich unternehmerische Suffizienzstrategien daran messen lassen müssen, inwieweit sie tatsächlich ökologisch nachhaltig wirken. Die hier beschriebenen Strategien machen bereits deutlich, dass dieser Effekt verschieden stark wirksam sein dürfte. Zu berücksichtigen ist dabei auch, wie die Wettbewerber im Markt agieren. Unternehmerische Suffizienzstrategien, die den eigenen Output begrenzen, laufen ökologisch ins Leere, wenn die Konkurrenten wachsen, die die nicht befriedigte Nachfrage bedienen. Somit sind zudem die Konsummuster der Verbraucher und deren Folgen für die Umwelt zu beachten. Firmen, die vermehrt dazu übergehen, innovative Marktlösungen zu entwickeln, die die Kunden zu Suffizienz anregen, können hier einen Beitrag leisten.

Abgesehen von der Frage, ob unternehmerische Suffizienz nachhaltig wirkt, zeigt sich an den hier, wenngleich nur beispielhaft genannten Fällen, dass die Suche nach persönlicher Erfüllung aufseiten der Firmeninhaber das bedeutendste Motiv zur Suffizienz darstellt. Es dürfte einem verbreiteten Vorurteil entsprechen, Unternehmensgründern zu unterstellen, sie müssten allein den Gewinn- und Marktchancen, nicht aber ihrer Berufung folgen. Indem Forschung, Politik und Beratung diesem Begründungsmuster noch immer verhaftet bleiben, verstärken sie althergebrachte Ausrichtungen von Unternehmen, die auf Wachstum und Gewinnmaximierung beruhen.

Wie wäre es, würden Forschung, Politik und Wirtschaft sich zumindest teilweise umorientieren und sich suffizienten Strategien zuwenden? Sowohl Gründer als auch etablierte Firmen könnten sich in ihrem vielleicht verborgenen Anliegen ermutigt und unterstützt fühlen, einer inneren Berufung nachzugehen und sich in den Dienst einer Aufgabe zu stellen, die über die eigene Person hinausreicht und gesellschaftlichen Sinn stiftet. Dies könnte dazu führen, dass sich die vorherrschende Zweck-Mittel-Logik umstellt.

Unternehmenserfolg würde nicht an Wachstum oder Gewinnhöhen bemessen – das wären bestenfalls die Mittel, sondern daran, zu welcher gesellschaftlich relevanten Problemlösung beigetragen werden kann. Der persönliche Gewinn für den Einzelnen bestünde – im Bewusstsein darum, einen Beitrag zu einer besseren Welt zu leisten – in einem erfüllenden (Arbeits-)Leben. Warum weiten wir nicht unsere Perspektiven?

Literatur

Beck, D. E., & Cowan, C. C. (2013). *Spiral Dynamics. Leadership, Werte und Wandel* (4. Aufl.). Bielefeld: Kamphausen.

Binswanger, H. C. (2013). *Die Wachstumsspirale. Geld, Energie und Imagination in der Dynamik des Marktprozesses* (4., überarb. Aufl.). Marburg: Metropolis.

Bucher, A. A. (2009). *Psychologie des Glücks*. Basel/Weinheim: Beltz.

Bundesamt für Gesundheit. (2015). *Psychische Gesundheit in der Schweiz*. https://gesundheitsfoerderung.ch/assets/public/documents/de/5-grundlagen/publikationen/psychische-gesundheit/Bericht_Psychische_Gesundheit_in_der_Schweiz_-_Bestandsaufnahme_und_Handlungsfelder.pdf. Zugegriffen am 18.11.2018.

Csikszentmihalyi, M. (1995). *Dem Sinn des Lebens eine Zukunft geben*. Stuttgart: Klett-Cotta.

Fink, F., & Moeller, M. (2018). *Purpose Driven Organizations. Sinn – Selbstorganisation – Agilität*. Stuttgart: Schäffer-Poeschel.

Fromm, E. (1976, 2018). *Haben oder Sein. Die seelischen Grundlagen einer neuen Gesellschaft* (45. Aufl.). Stuttgart: Deutsche Verlags-Anstalt.

Gallup. (2016). *Engagement Index Deutschland D-A-CH Vergleich*. https://www.gallup.de/183104/engagement-index-deutschland.aspx. Zugegriffen am 23.01.2019.

Gallup. (2018). *Präsentation zum Enggagement Index 2018*. https://www.gallup.de/183104/engagement-index-deutschland.aspx. Zugegriffen am 23.01.2019.

Gronemeyer, M. (1988). *Die Macht der Bedürfnisse*. Reinbek bei Hamburg: Rowohlt.

Haybron, D. M. (2008). Happiness, the Self and Human Flourishing. *Utilitas, 20*, 21–49. https://doi.org/10.1017/S0953820807002889.

Intergovernmental Panel on Climate Change (IPCC). (2018a). *Global warming of 1.5 °C*. The IPCC special report on the impacts of global warming of 1.5 °C above pre-industrial levels and related global greenhouse gas emission pathways, in the context of strengthening the global response to the threat of climate change, sustainable development, and efforts to eradicate poverty. Intergovernmental Panel on Climate Change. www.ipcc.ch/sr15/. Zugegriffen am 30.01.2019.

Intergovernmental Panel on Climate Change (IPCC). (2018b). *Summery for Policymakers of IPCC Special Report on Global Warming of 1.50C approved by governments*. IPCC. https://www.ipcc.ch/2018/10/08/summary-for-policymakers-of-ipcc-special-report-on-global-warming-of-1-5c-approved-by-governments/. Zugegriffen am 13.09.2019.

Layard, R. (2009). *Die glückliche Gesellschaft* (2. Aufl.). Frankfurt/New York: Campus.

Lenton, T. M., et al. (2008). Tipping elements in the Earth's climate system. *Proceedings of the National Academy of Science of the United States of America, 105*, 1786–1793. https://doi.org/10.1073/pnas.0705414105.

Maurer, C. (2017). *Beseelte UnternehmerInnen. Plädoyer für einen Wandel in der Wirtschaft*. Bern: Zytglogge.

Meyer, M., Weihrauch, H., & Weber, F. (2012). Krankheitsbedingte Fehlzeiten in der deutschen Wirtschaft im Jahr 2011. In B. Badura et al. (Hrsg.), *Fehlzeitenreport 2012* (S. 291–467). Berlin: Springer. https://doi.org/10.1007/978-3-642-29201-9_29.

Meyer, M., Wenzel, J., & Schenkel, A. (2017). Krankheitsbedingte Fehlzeiten in der deutschen Wirtschaft im Jahr 2017. In B. Badura et al. (Hrsg.), *Fehlzeiten-Report 2018* (S. 331–536). Berlin: Springer.

Mosimann, M., & Lettau, M. (2012). *Das Holzhaus der Zukunft. Ökologisch bauen mit menschlichem Mass*. Zürich: Rotpunktverlag.

OECD. (2017). *Trackling Wasteful Spending on Health*. Paris: OECD Publishing. https://doi.org/10.1787/9789264266414-en.

Paech, N. (2005, 2011). *Nachhaltiges Wirtschaften jenseits von Innovationsorientierung und Wachstum* (2. Aufl.). Marburg: Metropolis.

Paech, N. (2016). Befreiung vom Überfluss. Grundlagen einer Wirtschaft ohne Wachstum. *Fromm Forum, 20/2016*, 70–76.

Reheis, D. (1998). *Die Kreativität der Langsamkeit*. Primus, Darmstadt: Neuer Wohlstand durch Entschleunigung.

Reimer, N., & Lüdemann, D. (2018). Bald gibt es kein Zurück mehr. *Die Zeit*-online. https://www.zeit.de/wissen/umwelt/2018-08/klimawandel-erderwaermung-duerre-risiko-klima-forschung-kippelemente. Zugegriffen am 11.11.2018.

Sachs, W. (1993). Die vier E's. Merkposten für einen massvollen Wirtschaftsstil. *Politische Ökologie, 11/33*, 69–72.

Scherhorn, G. (2015). *Wachstum oder Nachhaltigkeit – Die Ökonomie am Scheideweg*. Erkelenz: Altius.

Schneidewind, U., & Palzkill, A. (2011). *Suffizienz als Business Case*. Impulse zur Wachstums-Wende, Wuppertal Institut für Klima, Umwelt, Energie. https://epub.wupperinst.org/frontdoor/deliver/index/docId/3955/file/ImpW2.pdf. Zugegriffen am 06.01.2019.

Seligman, M. (2012). *Flourish – Wie Menschen aufblühen* (2. Aufl.). München: Kösel.

Smith, A. (2005 [1978]). *Der Wohlstand der Nationen* (11. Aufl.) (vollst., Ausgabe nach der 5. Aufl. 1789). München: DTV.

Steffen, W., et al. (2018). Trajectories of the Earth System in the Anthropocene. *Proceedings of the National Academy of Science of the United States of America, 115*, 8252–8259. https://doi.org/10.1073/pnas.1810141115.

Christel Maurer ist in Bern als Unternehmensberaterin und Coach mit eigener Firma tätig und arbeitet mit dem von ihr entwickelten Ansatz „Celebrate your Business" für Inhaberinnen und Inhaber von kleinen und mittleren Unternehmen. Kernstück Ihres Ansatzes ist es, die Berufung des Unternehmers oder der Unternehmerin zu klären, daraus eine Vision abzuleiten und diese umzusetzen.

Sie ist Autorin des Buchs *Beseelte UnternehmerInnen*. Darin porträtiert sie Unternehmerinnen und Unternehmer, die ihrem Ruf gefolgt sind und eine meist unkonventionelle Geschäftsidee mit Erfolg umsetzen und gleichzeitig gesellschaftlichen Nutzen stiften. Darüber hinaus entwirft sie ein Modell des beseelten Unternehmertums und veranschaulicht, woran sich beseeltes Unternehmertum in verschiedenen Dimensionen des unternehmerischen Handelns erkennen lässt.

Zudem ist sie Initiatorin von „Teil der Lösung", einem Netzwerk von Unternehmern und Unternehmerinnen, sowie einer Veranstaltungsreihe für zukunftsfähige Lebensstile.

Weitere Infos unter www.mcc-maurer.ch, www.beseelte-unternehmerinnen.ch und www.teilderloesung.ch.

Radikal empathisch

19

Plädoyer für einen intrinsisch motivierenden Führungsstil

Mira Christine Mühlenhof

Inhaltsverzeichnis

Zusammenfassung

Wenn es Führungskräften gelingt, ihre Mitarbeiter in den Flow zu bringen – jenen Zustand, in dem sie die reine Freude am Tun empfinden und eins damit sind – dann binden sie diese an das Unternehmen und motivieren sie nachhaltig.

M. C. Mühlenhof (✉)
Hannover, Deutschland
E-Mail: Mira.muehlenhof@keytosee.de

© Springer Fachmedien Wiesbaden GmbH, ein Teil von Springer Nature 2019
P. Buchenau (Hrsg.), *Chefsache Zukunft*, Chefsache,
https://doi.org/10.1007/978-3-658-26560-1_19

Dazu ist es hilfreich, die Persönlichkeitsstruktur von Mitarbeitern zu kennen und die intrinsische Motivation, die die Person antreibt, zu lesen. Dieser innere Antrieb lässt Rückschlüsse auf das Warum des Menschen zu, gibt Tätigkeiten einen tieferen Sinn und lässt individuelle Ziele nachhaltig wirksam werden.

Der radikal empathische Führungsstil ist ein kraftvolles Tool, um Mitarbeiter in ihrer intrinsischen Motivation zu erreichen. So lässt sich nicht nur der Kampf um die besten Talente gewinnen, sondern auch eine der größten (Führungs-)Herausforderungen dieser Zeit bewältigen.

19.1 Was Führungskräfte wirklich ausmacht

Es war nur ein winziger unachtsamer Moment, der dazu führte, dass ich zum ersten Mal in meinem Leben Todesangst erfuhr: Ich war zu einem Yoga-Kurs auf die Andamanen gereist, eine Inselgruppe im Indischen Ozean, die man als eines der letzten Paradiese der Erde bezeichnen kann. Die meisten der 204 Inseln sind unbewohnt. Wir waren auf einer der größeren Inseln und wohnten in einer kleinen touristischen Anlage. Auf dem Weg zum Abendessen hakte ich mich beschwingt bei einer Freundin unter und schlenderte mit ihr – fröhlich plaudernd – durch den Garten Richtung Restaurant. Mit der Taschenlampe, die wir nach Einbruch der Dunkelheit benutzen sollten, leuchtete ich halbherzig in der Gegend herum. Plötzlich spürte ich so etwas wie Zähne oder Krallen an meinem linken Fuß. Sie bohrten sich ins Fleisch und ich realisierte: Ein Biss! Ich schrie auf. Meine Freundin dachte, ich hätte mir den Fuß verknackst. Ich richtete die Taschenlampe nach unten, aber es war nichts zu sehen, das Tier hatte sich offenbar schon verdrückt. Dafür kamen die Schmerzen. Sie übernahmen die Kontrolle über meinen Körper und wurden innerhalb weniger Sekunden so stark, dass ich kaum noch atmen konnte. Meine Gedanken überschlugen sich: Das war eine Schlange. Gift. Du kommst hier nicht mehr weg. Du wirst sterben.

Glücklicherweise konnte mir geholfen werden. Während ich mich bereits im Delirium befand, hievten mich die Betreiber der Bungalowanlage in einen Jeep und fuhren mich durch den Dschungel zu einem einheimischen Arzt. Er sagte mir, dass ich überleben würde, dass er jedoch nichts gegen die Schmerzen unternehmen könne. Gegen den Biss eines Skolopenders (ein sog. Hundertfüßer, schlangenähnlich und sehr aggressiv) gäbe es kein Gegengift und es würden auch keine Medikamente wirken. Aber nach 15 Stunden würde mein Körper das Gift abgebaut haben. Na bravo!

Was ich in den folgenden Stunden erlebte, war pure Nächstenliebe: Von der Gruppe, mit der ich auf die Insel gereist war, den Betreibern der Anlage, dem gesamten Personal – ich war lange nicht mehr so liebevoll umsorgt worden. Und das war auch bitter nötig, denn die Schmerzen waren teilweise so stark, dass ich lieber sterben wollte, als sie eine einzige weitere Minute auszuhalten. Jeder versuchte auf seine individuelle Art, mich zu unterstützen und – vor allen Dingen – von den Schmerzen abzulenken. Es waren immer mindestens drei Personen bei mir, die mir zusprachen, kalte Wickel machten, Witze und Geschichten erzählten, um die Zeit totzuschlagen. Ich kann gar nicht sagen, wie dankbar ich dafür bis heute bin. Für mich war dieses Erlebnis eine der lehrreichsten Grenzerfahrungen meines Lebens.

Was diese Geschichte nun mit diesem Beitrag zu tun hat? Wir erleben derzeit weltweit radikale wirtschaftliche und gesellschaftliche Umbrüche. Niemand kann in die Zukunft schauen. Wir wissen nur, dass wir nichts wissen – und dass die Digitalisierung unser Leben in den nächsten zehn Jahren noch tiefgreifender verändern wird, als wir es uns heute vorstellen können. Also sollten wir uns auf das konzentrieren, was wir als gesichert wissen:

Der Mensch wird niemals sein Bedürfnis nach zwischenmenschlichem Kontakt verlieren. Der Mensch benötigt echte, mitfühlende Unterstützung, die nicht durch künstliche Intelligenz ersetzt werden kann. Die gesellschaftliche Entwicklung führt dazu, dass viele Menschen sich überfordert fühlen und ihre Orientierung verlieren. Auf Führungskräfte kommt daher im nächsten Jahrzehnt eine große Verantwortung zu. Wir haben eine Herkulesaufgabe vor uns.

19.1.1 Kommandieren, Kontrollieren, Korrigieren – so funktioniert das alles nicht mehr

Menschen zu führen, gehört zu den größten Herausforderungen, denen sich ein Mensch stellen kann. Motivation wird dabei immer ein entscheidender Faktor sein: Wie bekomme ich es hin, dass meine Mitarbeiter mit Freude und Engagement das tun, was ich will bzw. was dem Unternehmen dient? In meiner Tätigkeit als Trainerin und Coach erlebe ich immer häufiger, dass Führungskräfte an Grenzen stoßen. Sie machen die Erfahrung, dass extrinsische Motivation allein nicht mehr genügt. Das liegt daran, dass sich in einer zunehmend individualisierten Gesellschaft die Bedürfnisse unterschiedlicher Menschen eben nicht mehr über einen Kamm scheren lassen. Der wache Blick für das Individuum ist gefragt – insbesondere in einer Zeit, in der die nachfolgenden Arbeitnehmer ganz andere Ansprüche stellen, als zuvor die Vertreter der Generation X und die Generation der Babyboomer.

Dass ein differenzierter Blick auf die Persönlichkeitsstruktur von Mitarbeitern notwendiger ist denn je, sollte allein durch den Fachkräftemangel deutlich geworden sein. In vielen Branchen ist man heute froh, wenn sich überhaupt ein Interessent auf eine Stellenausschreibung meldet. Und damit nicht genug: Die Unterschrift unter dem Arbeitsvertrag ist noch keine Garantie dafür, dass Mitarbeiter auch wirklich im Unternehmen bleiben. Häufig ist der neue Kollege bzw. die neue Kollegin schon wieder verschwunden, bevor überhaupt ein E-Mail-Account für ihn oder sie eingerichtet wurde. Wie kann es also gelingen, Menschen an das Unternehmen zu binden? Indem eine Beziehung entsteht. Und indem es gelingt, Mitarbeiter intrinsisch zu motivieren.

19.1.2   Warum radikal empathisch?

Weil die extrinsische Motivation ausgedient hat. Immer mehr Arbeitnehmer entscheiden sich lieber für mehr Freizeit als für eine Gehaltserhöhung. Also müsste es doch Sinn machen, den Blick auf die intrinsische Motivation zu richten, auf die inneren Antreiber von Mitarbeitern, die sich gemäß der Key to see®-Methode in zehn verschiedene Motivatoren differenzieren lassen. Was sie gemeinsam haben:

a. Sie entspringen einem empfundenen Mangel des Individuums. Man könnte diesen Mangel auch *Hauptbedürfnis* nennen.
b. Wenn dieser Mangel durch die Ausübung einer Tätigkeit oder einen zwischenmenschlichen Kontakt gestillt wird, verfällt die jeweilige Person in einen Zustand, den wir mit dem Wort Flow gut beschreiben können: Das Gefühl, mit sich und der Welt eins zu sein. Es ist die Erfahrung einer tiefen, inneren Zufriedenheit.

Dieses Hauptbedürfnis, dem die intrinsische Motivation entspringt, lässt sich bei Mitarbeitern erkennen. Wenn Sie als Führungskraft diesen Mangel bei Mitarbeitern wahrnehmen lernen, können Sie entsprechend agieren und auf die intrinsische Motivation Einfluss nehmen. Diesen Führungsstil bezeichne ich als radikal empathisch. Dabei geht es mir nicht darum, so mitfühlend zu sein, dass ich mein Führungsverhalten auf die Bedürfnisse der Mitarbeiter zuschneide. Es geht mir vielmehr darum, die tiefliegenden Bedürfnisse von Mitarbeitern wahrzunehmen, die Welt für einen Moment durch deren individuelle Brille zu sehen und daraus abzuleiten, was ihnen zur Zufriedenheit fehlt. Das sollte sich lohnen, denn zufriedene Mitarbeiter sind leistungsfähig und machen einfach einen guten Job.

19.1.3   Wie lese ich die intrinsische Motivation meiner Mitarbeiter?

Wir Menschen haben eine gesunde Abneigung dagegen, von anderen in eine Schublade gesteckt zu werden. Alle Persönlichkeitsmodelle, egal ob Insights, Myers-Briggs-Typenindikator, Reiss-Profil oder andere, bergen die Gefahr, andere Menschen vorschnell zu beurteilen. Doch Hand aufs Herz: Diesem Prozess können wir eh nicht entkommen, auch wenn wir jeglichen diagnostischen Modellen entsagen. Wir bewerten Menschen bereits nach wenigen Sekunden, unser Gehirn gleicht in Millisekunden den vor uns stehenden Menschen mit all unseren Erfahrungen ab: Hat der Typ nicht die gleiche Frisur wie mein erster Freund? Klingt seine Stimme nicht so ähnlich wie die von meinem Mathelehrer? Der trägt eine Bundfaltenhose, die war doch zuletzt vor 15 Jahren modern usw. Dieser Prozess läuft in einem solch rasanten Tempo ab, dass wir davon noch nicht einmal viel bemerken oder ihn bewusst wahrnehmen. Schließlich machen wir uns ein *Bild* dieses Menschen. Wir haben einen ersten Eindruck, den wir nur selten korrigieren. Zahlreiche

Studien belegen, dass wir über viel mehr Menschenkenntnis verfügen, als uns bewusst ist. Das Bauchgefühlt hat meistens Recht.

Eben dieses Bauchgefühl lässt uns die Menschen, denen wir begegnen, in drei Kategorien einteilen:

- **Miteinander:** Menschen, von denen wir uns wie magisch angezogen fühlen. Egal ob beste Freundin, Lieblingskollege oder Lebenspartner. In diese Kategorie fällt auch die Liebe auf den ersten Blick: Man ist sich auf Anhieb sympathisch und somit ist die erste Begegnung nicht nur der Beginn eines intensiven Austauschs, sondern häufig auch einer lebenslangen Freundschaft.
- **Nebeneinander:** Die Menschen, mit denen wir prima nebeneinander her leben können, wie z. B. Kollegen, mit denen man gut auskommt, die nicht nerven und keine Knöpfe drücken, mit denen man gern zusammenarbeitet, aber nicht unbedingt den Abend im Biergarten verbringen muss.
- **Gegeneinander:** Diese Menschen lösen bereits bei der ersten Begegnung eine herzliche Abneigung in uns aus. Wir haben die Ahnung, dass diese Beziehung nicht einfach wird. Und meistens haben wir damit auch Recht.

Es ist ratsam, bereits beim ersten Kontakt auf das eigene Bauchgefühl zu hören und zu versuchen, das Gegenüber in eine der drei Kategorien einzuordnen. Denn es wird Ihnen helfen, Ihre eigenen Emotionen, die sich im Kontakt mit Mitarbeitern regen, besser zu verstehen.

Die Menschen, mit denen Sie sowieso ein gutes MITEINANDER haben, werden Ihnen keine Probleme bereiten, da läuft die Zusammenarbeit weitgehend easy. Bei Menschen, mit denen Sie ein NEBENEINANDER pflegen, sind auch keine großen Konflikte zu erwarten, höchstens ein Unverständnis in der Sache. Herausfordernd wird es beim GEGENEINANDER. In diesen Beziehungen drohen nicht nur Konflikte, sondern auch emotionale Treffer, an denen Sie abends vor dem Einschlafen herumnagen wie ein Hund an seinem Knochen. Die Erkenntnis, welche Beweggründe der Mitarbeiter für sein Handeln hatte, löst zwar nicht den Konflikt, lindert aber die emotionalen Reaktionen und beschert Ihnen somit in schwierigen Führungszeiten einen besseren Schlaf. Und es kann ungemein entspannend sein, zu verstehen, dass manche der intrinsischen Motivationen sogar gegeneinander agieren, sich förmlich beißen. Die Ursache für zwischenmenschliche Spannungen sind also häufig auf einer motivationspsychologischen Ebene zu finden. Diese Zusammenhänge zu verstehen, trägt deutlich zur Entspannung im beruflichen und privaten Alltag bei.

Auf Ihr Bauchgefühl können Sie sich auch verlassen, wenn es darum geht, die intrinsische Motivation oder das Hauptbedürfnis Ihrer Mitarbeiter zu lesen. Man benötigt sicherlich eine gewisse Übung dabei. Aber das ist ja bei allen Tätigkeiten so, in denen man es zur Meisterschaft bringen möchte. Je früher Sie also damit beginnen, desto besser – immer mit dem Ziel vor Augen, als Führungskraft weitgehend auf extrinsische Anreize verzichten zu können.

19.2 Die Revolution der Motivation

Die Persönlichkeit eines Menschen lässt sich differenzieren in sichtbare und unsichtbare Anteile (Abb. 19.1). Zu den unsichtbaren Anteilen zählen das Denken und das Fühlen – wobei das nicht ganz richtig ist, denn Gedanken und Gefühle werden ja über Kommunikation und Verhalten mitgeteilt und somit sichtbar bzw. verständlich gemacht.

Sie können sich das Persönlichkeitsmuster Ihres Gegenübers erschließen, indem Sie die einzelnen Facetten dieser Persönlichkeit zusammensetzen wie ein Puzzle. Dabei gilt es zu beachten, dass **nur die Summe aller Attribute** das gesamte Bild ergeben. Die Betrachtung von einzelnen Facetten, wie z. B. äußerliche Merkmale oder eine einzelne Charaktereigenschaft, führen nur zu Vorurteilen und/oder Klischees.

Auf den folgenden Seiten finden Sie eine sehr ausführliche Zusammenstellung von Persönlichkeitsmerkmalen, aus deren Summe sich die intrinsischen Motivationen von Personen ableiten lassen. Diese Übersicht gibt Ihnen die Möglichkeit, sich die

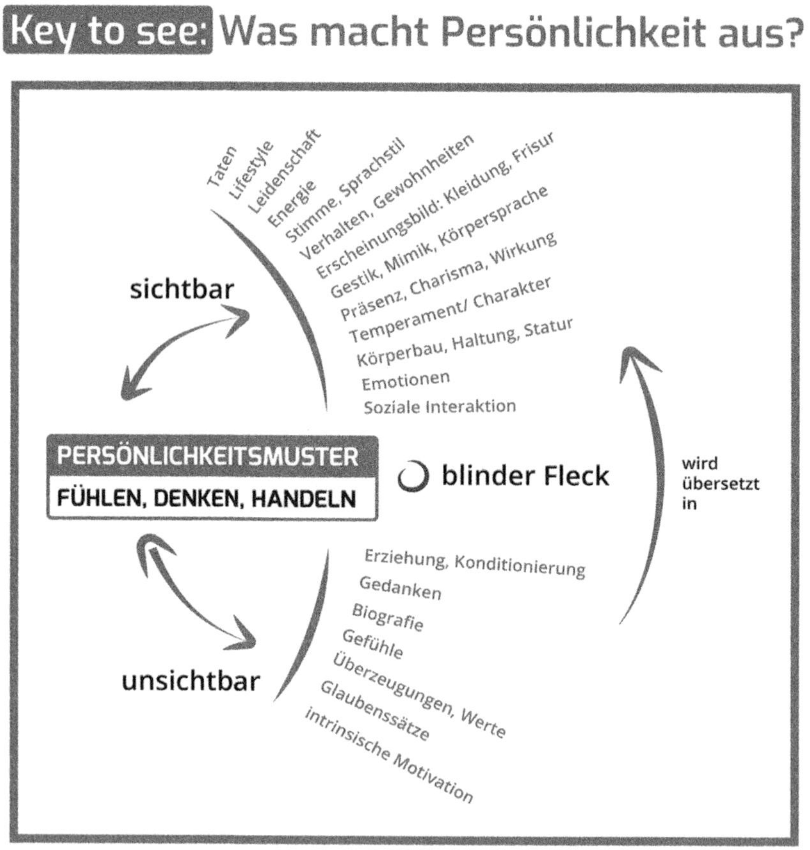

Abb. 19.1 Was macht Persönlichkeit aus?

Persönlichkeitsstruktur, die innere Landkarte Ihrer Mitarbeiter, zu erschließen – aber nur, wenn alle Puzzleteile zusammenpassen.

Hinweis: Jeder Persönlichkeitsstruktur ist ein Symbol zugeordnet, das für die intrinsische Motivation steht (Abb. 19.2).

19.2.1 Uhren

Verhalten kritisiert, macht augenblicklich auf Fehler aufmerksam und weist auf Missstände hin, geht davon aus, im Recht zu sein, weiß, wie es besser geht, kann keine Kritik annehmen, will die Welt verbessern, versucht immer 150 % zu geben, macht alles akkurat und genau, es muss alles richtig sein, reagiert äußerst gereizt auf Kritik, erfüllt alles „in time" (sehr gutes Zeitmanagement), nimmt alles und jeden unter die Lupe, sehr leistungsfähig, versucht ständig, besser zu werden

Lifestyle legt keinen Wert auf Mode oder Kleidung, in der Wohnung herrscht Ordnung und Effizienz, wenig Farbe, alles hat seinen Platz, wenig geschmackvoll oder gemütlich, kein modisches Gespür

Abb. 19.2 Symbolübersicht zu den unterschiedlichen Persönlichkeitsstrukturen

Leidenschaft Zorn

Energie nach innen gerichtet, kühl, starr, skeptisch, prüfend

Stimme, Sprachstil belehrend, kritisierend, ermahnend, aristokratisch (sprechen sehr gewählt)

Erscheinungsbild, Kleidung, Frisur konservativ, perfektionistisch, ordnungsliebend und streng, korrekter, nicht unbedingt modischer Kleidungsstil

Gestik, Mimik, Körpersprache aufrechte Haltung, Stock im Rücken, erhobener Zeigefinger, innerlich aufrecht, meist angespannter Gesichtsausdruck, kontrolliert, starr, steif, wirkt als fühle er oder sie sich nicht wohl oder fremd im eigenen Körper, hängende Mundwinkel, wenig Mimik und Gestik, hager, Kinn nach oben gereckt

Präsenz, Charisma, Wirkung wirkt unzufrieden, verbissen, grummelig, kühl, nüchtern, klar, streng, prüfend, kontrollierend, überlegen, spaßbefreit, unentspannt

Temperament, Charakter hat hohe moralische Ansprüche an sich und andere, zielstrebig, zuverlässig, streng, kühl, ehrlich, direkt

Körperbau, Haltung, Statur aufrechte Haltung, starr, schlank, schlaksig, drahtig oder hager

Sichtbare Emotionen Groll

Soziale Interaktionen überträgt die eigenen moralischen Ansprüche auf die Mitmenschen und bringt sie damit an Grenzen, kann Missfallen schlecht verbergen und neigt dazu, andere mit Perfektion zu nerven, verschafft ihrem Missfallen oft Ausdruck und stößt damit andere Menschen vor den Kopf, vergleicht sich oft mit anderen, kann nicht mit Kritik umgehen, kritisiert aber selbst gern, zuverlässiger und loyaler Mensch, ehrlich, kein Partymensch

Erziehung, Konditionierung schon in der Kindheit hat Lob (das Gefühl der Anerkennung und Wertschätzung) gefehlt, Eltern konnten bzw. wollten dies dem Kind nicht geben, daraus resultierte ein Gefühl von Unvollkommenheit; das Kind denkt, nicht gut genug zu sein, ein schlechtes/böses Kind zu sein

Gedankenmuster ich habe recht. Alles muss perfekt sein, 100 % sind nicht genug, alles muss ordentlich und strukturiert sein, alles hat seinen Platz, ich muss jeden Tag ein bisschen besser werden

Biografie negative Einstellung zum Vater, strenger Vater oder auch strenge Mutter, die das Kind überfordert haben, Sehnsucht nach Lob und Anerkennung für Leistung, diese blieb aus und daraus resultiert das Gefühl, fehlerhaft oder nicht gut (genug) zu sein, ein böses Kind zu sein, Mangel an Leichtigkeit, Gelassenheit und Spaß

Gefühle ich bin nicht gut (genug), ich bin fehlerhaft

Überzeugungen, Werte Zuverlässigkeit, Pflichtbewusstsein, Ordentlichkeit, hohe moralische Ansprüche an sich und andere

Negative Glaubenssätze ich bin nicht gut (genug), ich bin unvollkommen, ich bin ein Versager, ich bin schlecht, ich bin ein schlechter Mensch

Intrinsische Motivation Perfektion

19.2.2   Herzen

Verhalten ungefragt hilfsbereit, fürsorglich, klammert, kümmert sich um andere Menschen, ist aufmerksam, nimmt keine Geschenke an, ist besitzergreifend, reagiert beleidigt, wenn Hilfe nicht wertgeschätzt wird, macht gern Geschenke, tut sich schwer mit Entscheidungen, ist immer für andere da, bietet Hilfe an

Lifestyle in der Wohnung ist es gemütlich und heimelig, sich wohlfühlen ist wichtig, legt viel Wert auf Qualität, so dürfen Dinge, die gut gefallen, auch ruhig etwas kosten

Hat einen Sinn für alles Schöne, legt Wert auf Erinnerungsstücke, die angenehme Gefühle erzeugen

Leidenschaft Stolz

Energie nach außen gerichtet, umarmend, klammernd, liebevoll, kümmernd, warmherzig

Stimme, Sprachstil schmeichelnd, sanft, herzlich, gütig, wohlwollend, nachfragend, beratend, verniedlichende Statements

Gewohnheiten ist sofort zur Stelle, hilft, reagiert beleidigt, wenn Hilfe nicht angenommen wird, manipulativ, schmeichelnd, ungefragt hilfsbereit, kuschelt gern, ist darauf ausgerichtet, anderen zu helfen, Unschuldslamm, greift andere nicht an, angepasst, lässt sich leicht ausnutzen, jeden Tag mindestens eine gute Tat

Erscheinungsbild, Kleidung, Frisur geschmackvoll, verspielt, romantisch, liebt schöne Kleidung, achtet auf Kleidungsstil, ohne dabei allzu mutig oder experimentell aufzutreten, will gefallen

Gestik, Mimik, Körpersprache sucht Körperkontakt, zugewandt, wirkt manchmal unecht, wie eine freundliche, unechte Maske

Präsenz, Charisma, Wirkung weich, sanft, warmherzig, fürsorglich, manipulativ, übergriffig, besitzergreifend, mütterlich, verführerisch, umarmend, erpresserisch

Temperament, Charakter Helfersyndrom, kann sehr unwirsch werden und die Krallen ausfahren, wenn kein Dank zurückkommt, Mutter Teresa

Körperbau, Haltung, Statur häufig runde Gesichtsform, weiche und schmeichelnde Gesichtszüge, sanfte und große Augen, hat etwas Puppenhaftes, weich und lässig, oft demütige Haltung: Kopf nach vorne geneigt, Körper gebückt und zugewandt

Sichtbare Emotionen Liebe, Mitgefühl, Empathie, Stolz

Soziale Interaktionen liebt Gesellschaft, guter Gastgeber, hat gern Menschen um sich, sorgt für Wohlfühlatmosphäre, hilft immer, kann eigene Wünsche und Bedürfnisse nicht äußern, wird unwirsch und manipulativ, wenn Hilfe nicht angenommen wird

Erziehung, Konditionierung Überforderung in der Kindheit, musste zu früh eine zu große Verantwortung übernehmen und erwachsen werden, musste für andere da sein, daraus resultiert das Gefühl, keine eigenen Bedürfnisse haben zu dürfen, hat Sehnsucht nach Anerkennung und Dankbarkeit

Gedanken einer muss es ja machen, ich bin unverzichtbar, ich bin immer für andere da, ich tue alles für dich, ich will doch nur helfen, ohne mich geht nichts

Biografie Ambivalenz zum Vater, das Kind fühlte sich unerwünscht, Mutter ist überfordert und das Kind übernimmt die Rolle des kleinen Erwachsenen, der die Mutter bei allem zu unterstützen hat, Kindsein wurde unterdrückt, daraus resultiert das Helfersyndrom und die Verleugnung der eigenen Bedürfnisse, Ablehnung des Vaters für sein Verhalten, gleichzeitig liebt es den Vater und orientiert sich an ihm

Gefühle ich bin unverzichtbar, ich muss ein großes Kind sein, ich muss mich kümmern

Überzeugungen, Werte Hilfsbereitschaft, Aufopferung, Treue, Loyalität solange es Dankbarkeit gibt

Negative Glaubenssätze ich verdiene keine Liebe, ich darf keine eigenen Bedürfnisse haben, ich werde nur geliebt, wenn ich etwas für andere tue und mich dafür aufopfere, ich bin nicht erwünscht bzw. gewollt

Intrinsische Motivation Liebe

19.2.3 Dollars

Verhalten liebt die Öffentlichkeit, agiert gern aus der ersten Reihe, motiviert und kann andere mitreißen, guter Verkäufer, Workaholic, leistet viel, Multi-Tasking, passt sich an wie ein Chamäleon, effektiv, redet viel über sich, stellt Erfolge zur Schau, entschlussfreudig, definiert sich über Leistung und Erfolg

Lifestyle alles muss teuer wirken, muss keine Marke sein, aber der Schein des Exklusiven muss gewahrt werden, will repräsentieren, Gäste sollen beeindruckt sein, legt Wert auf Stil und kauft Dinge, die in sind, orientiert sich an Trends

Leidenschaft Täuschung, Eitelkeit

Energie nach innen und nach außen gerichtet, mitreißend, selbstbewusst

Stimme, Sprachstil werbend, begeisternd, umwerbend, auffällige, ansprechende Sprachmelodie, immer in feiner Abstimmung mit Mimik und Gestik

Verhalten, Gewohnheiten blühen im Rampenlicht auf, brauchen die Bühne, profilieren sich gern, belügen sich selbst, reden viel

Erscheinungsbild, Kleidung, Frisur attraktiv, „dress for success", Kleidungsstil ist modisch und gepflegt, auffallend, aber nicht perfekt (keine Zeit)

Gestik, Mimik, Körpersprache viel in Bewegung, redet mit den Händen, Pokerface, Maske

Präsenz, Charisma, Wirkung charmant, unecht, unehrlich, überzeugend, maskenhaft, Image einer glücklichen Person, offen, schillernde Persönlichkeit, leichtfüßig, dynamisch, optimistisch, jugendlich, eitel, Angeber

Temperament, Charakter immer in Bewegung, optimistisch, aktiv

Körperbau, Haltung, Statur attraktiv, sportlich, schlank

Sichtbare Emotionen Freude, Traurigkeit (bei Misserfolg), selten Wut

Soziale Interaktionen liebt Kontakt mit Menschen, pflegt Beziehungen, weil Kontakte für den Erfolg wichtig sind, verfügt über ein extrem großes Netzwerk, tanzt auf mehreren Hochzeiten gleichzeitig und hat mehrere Verabredungen an einem Abend

Erziehung, Konditionierung hat das Gefühl, nicht um seiner bzw. ihrer selbst willen geliebt zu werden, Sehnsucht nach Bestätigung für seine bzw. ihre Leistungen, es fehlt die Bestätigung für das, was er bzw. sie ist – und nicht für das, was er bzw. sie tut, Eltern konnten oder wollten dies dem Kind nicht geben, daraus resultierte ein Mangel an Selbstbewusstsein, das Kind wurde allein gelassen

Gedanken ich kann alles schaffen, ich bin super, Tschaka!, alles ist möglich

Biografie positive Einstellung zur Mutter, durch den Vater hat das Kind gelernt, dass nur Leistung und Erfolg wirklich zählen, es gab Lob, wenn es den Erwartungen der Eltern entsprach und sich anpasste

Gefühle es liegt an mir, ich kriege es nicht hin, niemand sieht meinen Wert und mein Talent

Überzeugungen, Werte Ehrgeiz, Erfolg

Glaubenssätze ich darf keine eigenen Gefühle bzw. keinen eigenen Willen haben, wenn ich so bin, wie ich bin, werde ich abgelehnt, ich werde nur geliebt, wenn ich etwas leiste, ich bin nutzlos, ich bin nichts wert

Intrinsische Motivation Erfolg

19.2.4 Notenschlüssel

Verhalten melancholisch, innerlich zerrissen, wirkt nie zufrieden, flüchtet sich in eine Parallelwelt, Paradiesvogel, ist oft sarkastisch, hat starke Stimmungsschwankungen, meist sehr talentiert und kreativ, Künstler, Musiker, macht alles lieber allein, Drama-Queen, ausdrucksstark, drückt Gefühle aus

Lifestyle anspruchsvoll in allen Dingen, besonders, Ästhetik und Geschmack, Wohnungseinrichtung ist wichtig: kein Mittelmaß oder gar IKEA, alles muss besonders, extravagant und anders sein, räumt gern um und gestaltet neu, immer auf der Suche nach der besonderen Note, drückt auch hier das künstlerische Talent aus

Leidenschaft Neid

Energie nach innen gerichtet, melancholisch, feinsinnig, sensibel, empfindsam, launisch

Stimme, Sprachstil lamentierend, sarkastisch, lyrisch, laut oder leise im Drama, ästhetisch, bildhaft, rätselhaft, sphärisch, nebulös, gefühlsabhängig, leidend-melancholisch, unlogisch, himmelhoch jauchzend oder zu Tode betrübt

Gewohnheiten egozentrisch, Stimmung schwankt stark, inszeniert Dramen, will immer das, was gerade entfernt oder unerreichbar ist

Erscheinungsbild, Kleidung, Frisur Kleidung wird aufmerksam betont und zeugt von äußerst gutem Geschmack: kleidet sich gern außergewöhnlich, auffällig, extravagant und bisweilen sogar exzentrisch, legt keinen Wert auf die Meinung anderer, wichtig ist, dass es individuell ist und nicht von anderen getragen wird, viel existenzialistisches Schwarz

Gestik, Mimik, Körpersprache feine Gestik und Mimik, ausdrucksstark, traurige, melancholische Augen

Präsenz, Charisma, Wirkung launisch, nie zufrieden, unglücklich, extravagant, depressiv, schwermütig, arrogant

Temperament, Charakter launische, schillernde Persönlichkeit

Körperbau, Haltung, Statur meist zarter Körperbau, feingliedrig

Sichtbare Emotionen Neid, Sehnsucht nach tiefen Gefühlen, Leidenschaft

Soziale Interaktionen eher Einzelgänger, fühlt sich von anderen Menschen unverstanden, Sehnsucht nach Verschmelzung mit der Person, die ihn/sie versteht, Achterbahnfahrt der Emotionen

Erziehung, Konditionierung Kind hat die Erfahrung gemacht, dass dadurch, dass die äußeren Lebensumstände schlimm sind, es nicht angebracht ist, glücklich zu sein, daraus resultiert das Gefühl, nicht glücklich sein zu dürfen, Aufbau einer Parallelwelt, Eltern konnten oder wollten dem Kind die Anerkennung für seine Andersartigkeit und Sensibilität nicht geben

Gedanken niemand versteht mich, ich bin anders, ich will dazugehören, bin aber zu unbedeutend, wer bin ich eigentlich, warum bin ich nicht so wie die anderen?

Biografie negative Einstellung gegenüber beiden Eltern, hat sich fremd in der eigenen Familie gefühlt, Sehnsucht nach Anerkennung des eigenen, besonderen Talents von den Eltern, daraus resultiert das Gefühl, schlecht zu sein und keine Anerkennung zu verdienen, hat sich eine Parallelwelt erschaffen, in der alles schön ist

Gefühle ich bin anders, ich bin unbedeutend, ich verstehe mich selbst nicht, niemand versteht mich, ich bin von einem anderen Stern

Überzeugungen, Werte das Anderssein wird oft in Gruppen ausgelebt, wie z. B. bei Punks, Gothics etc., dort ist man unter sich, dort ist Anderssein willkommen

Negative Glaubenssätze ich verdiene keine Anerkennung, ich darf nicht glücklich sein, niemand versteht mich, ich finde niemals jemanden, der mich wirklich liebt

Intrinsische Motivation Individualität

19.2.5   Lexikon

Verhalten ist meist zurückhaltend, auf Fachgebiete spezialisiert, scharfsinnig und kontrolliert, geizig, grenzt sich ab, braucht eigenen Raum, vermeidet Nähe, beobachtet lieber als zu erleben, behält stets den Durchblick, ist gut mit Zahlen und Fakten, steht nicht gern im Mittelpunkt, redet nur gern, wenn es um das Fachgebiet geht, ist gern in der Natur, reagiert auf zu viel Nähe mit Flucht, will das eigene Wissen nicht wirklich teilen

Lifestyle minimalistisch, praktisch, Kleidung und Wohnungseinrichtung sind nicht wichtig, Wohnung ist spartanisch eingerichtet, besitzt meist viele Bücher, Kleidung muss praktisch sein und Zweck erfüllen, kein modisches Gespür, wichtig ist ein Rückzugsort, anspruchslos

Leidenschaft Geiz, Habgier

Energie nach innen gerichtet, verschlossen, abgrenzend, distanziert

Stimme, Sprachstil erklärend, monoton, nüchtern, zurückhaltend, ruhig, redet nicht gern, außer es geht um das Fachgebiet

Gewohnheiten zieht sich meist zurück, macht alles mit sich selbst aus, liest viel, sehr naturverbunden

Erscheinungsbild, Kleidung, Frisur Kleidung muss wärmen und man kann auch nicht nackt herumlaufen, das äußere Erscheinungsbild hat keinen Stellenwert und wird darum auch gern mal vernachlässigt

Gestik, Mimik, Körpersprache reduziert, steif, zurückhaltend, hart, beobachtend

Präsenz, Charisma, Wirkung distanziert, kopflastig, emotionslos, steif, verschlossen, belesen, teilnahmslos, gleichgültig, wirkt gehemmt, weltfremd

Temperament, Charakter wandelndes Lexikon, schlau, schüchtern, unaufdringlich, zerstreuter Professor, verrückt-genial

Körperbau, Haltung, Statur hager, umgangssprachlicher Hungerhaken, da Essen keine Hauptrolle spielt, trägt häufig Brille, großer Kopf im Verhältnis zum Körper, mangelndes Körpergefühl

Sichtbare Emotionen Emotionslosigkeit, wirkt teilnahmslos

Soziale Interaktionen distanziert, steht nicht gern im Mittelpunkt, vermeidet soziale Interaktionen, beobachtet lieber als aktiv in den Austausch zu gehen, Einzelgänger, kann schlecht um Hilfe bitten, kein Partymensch, mag keinen Smalltalk

Erziehung, Konditionierung Kind hat kein Gefühl für die eigenen Bedürfnisse entwickelt, konnte Nähe, körperlich wie gefühlsmäßig, nicht aushalten, Eltern konnten bzw. wollten dem Kind kein Verständnis und keine Anerkennung für die eigenen Bedürfnisse geben, daraus resultierte das Gefühl und der Wunsch, sich abzugrenzen und in sich selbst zurückzuziehen

Gedanken was hält die Welt im Innersten zusammen? Ich will verstehen, den Dingen auf den Grund gehen, je weniger ich brauche, desto eher kann ich überleben, je weniger Bedürfnisse ich habe, desto besser komme ich irgendwie zurecht.

Biografie Ambivalenz gegenüber beiden Eltern, fühlte sich fremd in seiner Umgebung (oder der Welt), konnte den Platz darin nicht finden, Eltern waren übergriffig und einengend, respektierten nicht die Grenzen und den Wunsch oder Bedarf an den Raum des Kindes nicht, daraus resultierte ein Gefühl der Leere und Hilflosigkeit, Kind hat nicht gelernt, zwischenmenschliche Beziehungen aufzubauen

Gefühle ich blicke durch oder eben nicht durch, wo ist mein Platz in der Welt? ich kann Nähe nicht aushalten, ich bin der Welt und dem Leben gegenüber nicht genug gewappnet, ich bin überfordert, hilflos, ich bin unvollkommen

Überzeugungen, Werte Wissen ist Macht, nur der Verstand zählt, Bildung, Selbstbestimmung, Sparsamkeit, Loyalität, Bescheidenheit

Negative Glaubenssätze ich bin inkompetent, unfähig, ich weiß nichts, darum darf ich mir alles nicht zu einfach machen, meine Gefühle bzw. Bedürfnisse sind nicht ok, ich bin nicht ok, ich bin ein Spinner

Intrinsische Motivation Wissen

19.2.6 Schlösser

Verhalten sichert sich ab, braucht bei allem ein Netz und einen doppelten Boden, ist verantwortungsbewusst, gerecht, loyal, vernünftig, wirkt oft wie auf der Flucht, alles wird wohlüberlegt bzw. gut geplant und doppelt überprüft, damit bloß nichts Unvorhergesehenes passieren kann

Lifestyle steht nicht auf Statussymbole, sehr gesellig, andere sollen sich eingeladen und willkommen fühlen, halten sich eher im Hintergrund bzw. in der zweiten Reihe auf, „my home is my castle", das Heim ist stilvoll eingerichtet und ist ein wichtiger Rückzugsort

Leidenschaft Angst, Furcht

Energie nach innen und außen gerichtet, schüchtern, ängstlich, unsicher, sorgenvoll, immer auf der Hut, bodenständig, bedacht, vorsichtig, zögerlich, unentschlossen, skeptisch, misstrauisch, treu, loyal, gerecht

Stimme, Sprachstil leise, zurückhaltend, fragend, sich entschuldigend, vorsichtig, zweifelnd

Gewohnheiten sich bei allem rückversichernd, wenig spontan, unflexibel, aus der zweiten Reihe agierend, Mut und Selbstvertrauen fehlen, muss alles planen

Erscheinungsbild, Kleidung, Frisur gepflegt, geschmackvoll, weiß, was zueinander passt und was nicht, hat gutes Gespür für Farben, das Gesamtbild ist äußerst wichtig, will aber nicht auffallen, Ton in Ton, schminkt sich stark (Maske), unterzieht sich Schönheitsoperationen und hat Angst vor dem Altern

Gestik, Mimik, Körpersprache Scheue Reh-Augen, nicht richtig präsent, zurückhaltend, ruhig, keine großen Gesten, eher im Rückwärtsgang, Stirn in Falten

Präsenz, Charisma, Wirkung Ängstlichkeit steht ins Gesicht geschrieben, defensiv, zurückhaltend, bloß nicht auffallen, deswegen auch kein großes Charisma, hat eher eine Wirkung, die leise daherkommt

Temperament, Charakter fürchtet sich auch ohne konkreten Anlass, ständig auf der Hut, zurückhaltend, Mangel an Selbstwert und Selbstvertrauen, loyaler und treuer Charakter

Körperbau, Haltung, Statur schlank, gute Figur, flüchtig, aufrecht, verhuscht

Sichtbare Emotionen Angst, die auch nach außen sichtbar wird, sonst keine sonderlich großen sichtbaren Emotionen, schreckhaft

Soziale Interaktionen gehört zu den Gesellschaftsmenschen, kann sich dort gut im Hintergrund halten, fühlt sich in der Gruppe wohl und geborgen (Voraussetzung: alle in der Gruppe müssen wohlgesonnen sein, dann kann man sich fallen lassen), Sicherheitsmenschen sind loyal, treu und haben etwas Verbindendes

Erziehung, Konditionierung schon in der Kindheit haben Schutz und Sicherheit (ein Gefühl des Vertrauens) gefehlt, Eltern konnten oder wollten dies dem Kind nicht geben, daraus resultierte ein Gefühl von Bedürftigkeit und Unsicherheit, das Kind wurde allein gelassen und nicht unterstützt, Gefühl der Schwäche

Gedanken den Teufel an die Wand malen, die Welt ist ein unsicherer und gefährlicher Ort, Gedanken sind von Zweifel bestimmt, Selbstzweifel

Biografie gutes Verhältnis zum Vater oder aber auch Sehnsucht nach dem Vater (wenn er viel abwesend war), Sehnsucht nach der Aufmerksamkeit des Vaters, daraus resultierte dann das Gefühl von Schutzlosigkeit oder Unsicherheit und verhinderte den Aufbau von Vertrauen ins Leben generell, von Selbstvertrauen und daher auch von Mut

Gefühle ich kann nicht vertrauen, ich bin klein, ich bin schutzlos, ich bin hilflos, ich bin schwach, fühle mich dem Leben gegenüber nicht gewachsen

Überzeugungen, Werte oft Anhänger von Ideologien, schließen sich gern Institutionen, Gruppen oder Autoritäten an, Gerechtigkeit, Loyalität, Treue, Pflichtbewusstsein

Negative Glaubenssätze ich werde nicht beschützt, ich bin allein, ich kann das allein nicht schaffen, ich bin zu schwach, klein, hilflos

Intrinsische Motivation Sicherheit

19.2.7 Boxhandschuhe

Verhalten pendelt zwischen Sicherheitsbedürfnis und Abenteuerlust hin und her, wünscht sich eigentlich Beständigkeit und ein sicheres Nest, um dort im nächsten Moment wieder auszubrechen, stürzt sich in wagemutige Aktionen, Abenteuer und Extremsituationen, um die Angst nicht zu fühlen und um sich selbst zu beweisen, dass die Angst nicht siegt

Lifestyle ist gesellig, andere sollen sich eingeladen und willkommen fühlen, ist anderen zugewandt, geht gern auf andere zu und nahe ran, liebt die Natur, verausgabt sich im Garten oder im Haus, gestaltet und plant

Leidenschaft negierte Angst, Furcht

Energie nach innen und außen gerichtet, mutig, sicher, engagiert, konfrontativ, ärgerlich, harte Schale – weicher Kern, hat aber auch eine ängstliche Seite, Angst bleibt oft vor sich selbst verborgen, wirkt nach außen eher wagemutig als ängstlich, hat eine tiefsitzende Angst, die allerdings verleugnet wird

Stimme, Sprachstil kraftvoll, herausfordernd, fest, laut, überzeugt, gibt Contra

Gewohnheiten nach außen gewandt, kommt sehr nahe ran, stürzt sich in Abenteuer, liebt lautstarke Auseinandersetzungen, sehnt sich aber eigentlich nach festen Strukturen, lehnt Autoritäten ab, hat Widerstand dem Leben gegenüber, trainiert und verausgabt sich

Erscheinungsbild, Kleidung, Frisur weiß, was passt und was nicht, achtet aber nicht so sehr darauf, hat ein gutes Gespür für Farben, fällt auch gern auf, Kleidung und Frisur müssen aber v. a. praktisch sein, liebt den Abenteurer-Look, Jeans, Freizeitkleidung

Gestik, Mimik, Körpersprache kraftvoll, durchdringender Blick, immer auf dem Sprung, schleichend, geschmeidig, hat eine starke Körperspannung

Präsenz, Charisma, Wirkung wirkt taff, Ängstlichkeit sieht man nicht, angriffslustig, wirkt sehr präsent und energiegeladen, hat viel Ausstrahlung

Temperament, Charakter aufbrausend, kann das Temperament gut einsetzen, angriffslustiger Blick, der auch mal abgrenzend wirkt (komm mir bloß nicht zu nah), beschützend

Körperbau, Haltung, Statur schlank, drahtig, sportlich, geerdet, präsent, trainiert

Sichtbare Emotionen Viel Wut, Angst, die aber nicht immer nach außen deutlich wird

Soziale Interaktionen gehört zu den Gesellschaftsmenschen, fühlt sich in der Gruppe wohl, kämpft jedoch permanent um Aufmerksamkeit, ADHS, ausgeprägter Gerechtigkeitssinn, springt für andere in die Bresche, agiert gern in der ersten Reihe und übernimmt die Verteidigerrolle für Schwächere, moderner Robin Hood, aber: alle in der Gruppe müssen wohlgesonnen sein

Erziehung, Konditionierung schon in der Kindheit haben Schutz und Sicherheit (ein Gefühl des Vertrauens) gefehlt, Eltern konnten oder wollten dies dem Kind nicht geben, daraus resultierte ein Gefühl von Bedürftigkeit und Unsicherheit, das Kind wurde allein gelassen, hatte das Gefühl, alles allein machen und sich im Leben durchkämpfen zu müssen

Gedanken ich brauche die Herausforderung, ich will gewinnen, ich muss kämpfen, alle sind gegen mich, aber das macht mir nichts

Biografie gutes Verhältnis zum Vater oder aber auch Sehnsucht nach dem Vater (wenn er viel abwesend war) bzw. Sehnsucht nach der Aufmerksamkeit des Vaters, daraus resultierte dann das Gefühl von Schutzlosigkeit oder Unsicherheit und verhinderte den Aufbau von Vertrauen ins Leben generell und v. a. echtem Mut (nicht die Suche nach dem Adrenalinkick)

Gefühle ich werde hintergangen, ich bin nicht gewollt, die anderen finden mich blöd, ich muss aufpassen, ich muss mich verteidigen

Überzeugungen, Werte rebelliert gegen Autoritäten, Einzelgänger, hat ein schnelles Tempo und prescht voran, übernimmt die Verteidigerrolle für Schwächere

Negative Glaubenssätze ich darf keine Schwäche zeigen, ich muss mich durchkämpfen, ich werde nicht unterstützt und muss alles allein machen, ich bin anstrengend, darum werde ich nicht geliebt

Intrinsische Motivation Kampf

19.2.8   Sektgläser

Verhalten das Leben ist ein Spiel bzw. das Leben ist ein großes Abenteuer, immer unterwegs, Hansdampf in allen Gassen, mag keine festen Zusagen, lässt sich nicht festlegen, zieht sein eigenes Ding durch

Lifestyle steht auf „easy living", Peter-Pan-Syndrom, mag schöne Dinge und sucht nach neuen Herausforderungen, ist viel unterwegs und lässt sich inspirieren, vermeidet Leerlauf und Langeweile

Leidenschaft Völlerei/Gier

Energie nach außen gerichtet, vielseitig, unternehmungslustig, fröhlich, unverbindlich, unzuverlässig, getrieben, unecht, extrovertiert, kreativ, praktisch veranlagt, geht Schwierigkeiten aus dem Weg und verschließt die Augen davor, steht auf Intensität

Stimme, Sprachstil schwatzhaft, plaudert gern, hat immer eine Geschichte parat, lustig und fröhlich, hinter den Kulissen auch mal ernst und desinteressiert bzw. oberflächlich, wenn etwas uninteressant ist

Gewohnheiten verbreitet gute Laune, bringt andere zum Lachen, wirkt ziel- und planlos, könnte sehr erfolgreich sein, wenn Pläne oder Ziele konsequenter verfolgt würden, hebt die eigenen Stärken hervor und spielt Schwächen herunter, selbstbezogen

Erscheinungsbild, Kleidung, Frisur kleidet sich bunt, auffällig und besonders, zeigt gern eine extravagante Note im Erscheinungsbild, Paradiesvogel

Gestik, Mimik, Körpersprache kann nicht stillsitzen, ist nicht geerdet, redet viel mit Händen und Füßen, ausladende Gestik und ausdrucksstarke Mimik, will die ganze Welt umarmen, große Gesten

Präsenz, Charisma, Wirkung immer gut drauf, wirkt auf andere ansteckend, unruhig und hibbelig, hat eine auffällige, leichte Ausstrahlung

Temperament, Charakter ruhelos, zwanghaft auf der Suche nach Vergnügen, Ablenkung und Erlebnissen, Gefahr von Süchten jeglicher Art, überwindet Angst durch aufregende Erlebnisse, tut 1000 Dinge gleichzeitig, ist charmant, kann nie genug bekommen

Körperbau, Haltung, Statur hat einen schweren Körperbau, wirkt aber trotzdem leicht und flatterhaft, hat dadurch nicht wirklich Bodenhaftung, immer in Bewegung, energetisch aufgeladen

Sichtbare Emotionen Freude

Soziale Interaktionen ist gesellig und baut sich großes Netzwerk auf, kann dieses zwar halten, viele Kontakte sind aber rein oberflächlich und unverbindlich, hält sich gern viele Optionen bzw. eine Hintertür offen

Erziehung, Konditionierung schon in der Kindheit hat das Gefühl gefehlt, dass sich die Eltern (v. a. die Mutter) ausreichend um das Kind gekümmert haben, deswegen entstand ein Gefühl des Alleinseins bzw. des Im-Stich-gelassen-werdens

Gedanken Spaß muss sein, das gönne ich mir jetzt, das ist toll, das habe ich mir verdient

Biografie negative Einstellung zur Mutter, die sich nicht ausreichend um das Kind gesorgt bzw. gekümmert hat (vor allem seelisch, aber auch körperlich) bzw. war sie nicht für die Sorgen und Nöte des Kindes da, dadurch fühlte es sich allein gelassen, eventuell ist die Mutter nach der Geburt auch gegangen (gestorben) oder hat das Kind weggegeben

Gefühle ich bin allein, ich komme nicht klar, für mich wird nicht gesorgt, ich muss da durch

Überzeugungen, Werte will keine Begrenzungen akzeptieren, frei sein, das Leben in vollen Züge genießen

Negative Glaubenssätze ich bin oberflächlich, ich bin nicht empathisch, ich bin egoistisch, das wissen die anderen und darum muss ich für mich selbst sorgen, ich kann mich nicht auf andere verlassen, ich bin allein

Intrinsische Motivation Spaß

19.2.9 Kronen

Verhalten agiert mit großem Selbstbewusstsein, hat Lust an der Konfrontation, strahlt Durchsetzungsstärke aus, agiert willensstark, kompromisslos und liebt die eigene Unabhängigkeit und Freiheit

Lifestyle steht auf (große) Statussymbole wie zum Beispiel große Autos, aber kein Schnick-Schnack und keine Schnörkel, geradlinig und pur, will die eigene Machtposition demonstrieren, Bedürfnis nach Intensität und Macht

Leidenschaft Wollust

Energie nach außen gerichtet, selbstbewusst, durchsetzungsstark, impulsiv, destruktiv, Herrschaftswille, agiert für die eigenen Zwecke oder für die Familie, furchteinflößend, solide, streng, triebgesteuert, trägt viel Ärger in sich, der häufig in einem Wutausbruch mündet

Stimme, Sprachstil laut, oft derb, einschüchternd, herausfordernd, tiefe und kraftvolle Stimme, provoziert mit Sprache

Gewohnheiten Drang, oben zu sein, Bedürfnis nach Macht und Stärke, kann auch zuvorkommend sein, zeigt nach außen die harte Schale, tritt anderen gern auf den Schlips, weicher Kern zeigt sich nur im vertrauten Kreis

Erscheinungsbild, Kleidung, Frisur teuer, exklusiv, Kleidung und Accessoires drücken Machtstatus aus, aber auch Großer-Jungen-Stil, locker und leger

Gestik, Mimik, Körpersprache dominant, strahlt Macht und Stärke aus, schreitet durchs Leben, zeigt Macho- und Paschagehabe, expressiv, ausdrucksstark

Präsenz, Charisma, Wirkung geerdet, präsent, einschüchternd, energiegeladen, vital, stark, beeindruckendes Charisma, füllt einen Raum sofort aus, von Weitem spürbare Aura

Temperament, Charakter kämpferisch, destruktiv, der geborene Anführer, aggressiv, einschüchternd, aufbrausend, „bossy", räumt alles aus dem Weg, was stört oder behindert

Körperbau, Haltung, Statur oft klein, füllig, wirkt dadurch gedrungen, schwer, stark

Sichtbare Emotionen Wollust, viel los im Ausdruck der Emotionen, Wut

Soziale Interaktionen Beschützerinstinkt, muss erst Vertrauen aufbauen, wenn das Vertrauen da ist, kommt die Beschützerseite zum Ausdruck, der Pate, Familie ist alles, Kindern gegenüber warmherzig

Erziehung, Konditionierung hat schon in der Kindheit gelernt, den weichen Kern hinter einer harten Schale zu verstecken, um diesen zu schützen, hat Angst, Schwäche, Gefühle oder Bedürftigkeit zu zeigen, wurde von den Eltern hierin auch nicht unterstützt, das Kind fühlte sich ohnmächtig und verraten

Gedanken ich bin hier der Boss, wo ich bin, ist oben, wer soll es denn sonst machen, die anderen kriegen es nicht auf die Reihe, ich sage an, wo es langgeht

Biografie ambivalentes Gefühl zur Mutter, die entweder eine gefühllose, harte Frau war und/oder die dem Kind vermittelt hat, dass es keine Schwäche zeigen darf, weil Schwäche von anderen nur ausgenutzt wird, oder sie war eine schwache Frau, die vom Vater unterdrückt und ausgenutzt wurde

Gefühle wenn ich jemanden zu nah an mich heranlasse, werde ich (wieder) verletzt, ich bin verwundbar bzw. angreifbar, ich muss Ohnmacht vermeiden, ich muss immer oben sein

Überzeugungen, Werte verabscheut Kontrolle, übt aber Kontrolle über andere aus, sieht sich als Häuptling, stark ausgeprägter Freiheitsdrang, Gestaltungswille

Negative Glaubenssätze ich werde verarscht, ich kann nichts machen, ich bin ohnmächtig, ich darf niemandem trauen, ich darf keine Gefühle zeigen, wenn ich Schwäche zeige, werde ich ausgenutzt und niedergemacht

Intrinsische Motivation Macht

19.2.10 Peace-Zeichen

Verhalten bescheiden, ausgleichend, tolerant, höchstes Gut ist die Gelassenheit, die schier unzerstörbar erscheint, zufrieden, kann schwer Entscheidungen treffen, steht auf Gewohnheiten

Lifestyle geht gern diversen Hobbys nach, ist dabei nicht besonders enthusiastisch, sondern macht das eher, weil man das so macht, liebt es bedächtig und gemütlich, mag kuschelige Ecken als Rückzugsort und die Natur

Leidenschaft Trägheit

Energie nach innen und außen gerichtet, friedliebend, anpassungsfähig, ausgleichend, passiv-aggressiv, keine nach außen sichtbare Wut oder Aggression, gemütlich, wenig Energie, antriebslos, nett, aber unsicher, nimmt eigene Bedürfnisse nicht wahr

Stimme, Sprachstil monoton, leise, ohne Modulation, einschläfernd, kein Interesse weckend

Gewohnheiten freundlich, verlässlich, schwimmt mit dem Strom, um möglichst wenig Reibung mit der Außenwelt zu haben, großes Bedürfnis nach Harmonie, Tendenz zur Ablenkung, auch in Form von Nikotin, Kaffee, TV oder Computer, geht in Widerstand, wenn Druck ausgeübt wird

Erscheinungsbild, Kleidung, Frisur erscheint nach außen unsichtbar, bloß nicht auffallen, kein Stilbewusstsein, weiß nicht, was zur Persönlichkeit passt oder überhaupt gefällt, orientiert sich gern an anderen, eher lockere und bequeme Kleidung

Gestik, Mimik, Körpersprache bewegt sich langsam, träge und bedächtig, hat kaum Körperspannung, wirkt unsichtbar, Gestik und Mimik sind offen, anderen zugewandt, Blick geht durch einen hindurch

Präsenz, Charisma, Wirkung Unsichtbarkeit, betritt einen Raum und es fällt niemandem auf, wenig Ausstrahlung

Temperament, Charakter zurückhaltend, friedliebend, Vermeidung von Konflikten

Körperbau, Haltung, Statur oft rundlich, weich, schwer, schlaff

Sichtbare Emotionen wenig Ausdruck von Emotionen, manchmal traurig

Soziale Interaktionen hat viele Freunde, hört gut zu, wird viel eingeladen, empfängt aber wenig Besuch, ist gut in der Mediation, Vermittlerrolle, vermeidet es aber, direkt in Konflikte involviert zu werden, kann schlecht Nein sagen (aus Angst vor Konflikten)

Erziehung, Konditionierung schon in der Kindheit wurde die Erfahrung gemacht, nicht wichtig zu sein, Bedürfnisse wurden von den Eltern entweder nicht wahr oder wichtig genommen, dadurch wurde kein Gefühl für die eigenen Bedürfnisse entwickelt bzw. es entstand der Glaube, gar keine zu haben

Gedanken alles ist gut, mir gehts gut, hetz mich nicht, das kann ich gut verstehen, ist doch alles schön

Biografie positive Einstellung zu beiden Eltern, eigentlich heile Welt, weil die Eltern viel-leicht selbst so waren, sie haben es aber versäumt, dem Kind eine starke Identität zu geben, es konnte keine eigenen Bedürfnisse entwickeln oder hat diese unterdrückt, hat den Status quo nicht infrage gestellt, es hat gelernt, mit dem zufrieden zu sein, was ihm gebo-ten bzw. vorgelebt wurde

Gefühle meine Bedürfnisse sind nicht so wichtig, ich muss nicht immer meinen Kopf durchsetzen, es geht hier nicht um mich

Überzeugungen, Werte Rituale, Gewohnheiten, bitte bloß nichts Neues, Beständigkeit, bloß keine Anstrengungen

Negative Glaubenssätze um mich geht es hier nicht, ich bin nicht wichtig, ich darf nicht aufbegehren, ich darf nicht auch noch Stress machen

Intrinsische Motivation Harmonie

19.3   Führungstipps, die die intrinsische Motivation stärken

Wenn Sie das Persönlichkeitsmuster eines Mitarbeiters oder einer Mitarbeiterin identifi-ziert haben, folgt eine nächste Herausforderung: Sie sollten Ihr Führungsverhalten auf diese Persönlichkeitsstruktur zuschneiden. Dieses Vorgehen ähnelt dem situativen Füh-rungsstil, geht aber noch darüber hinaus: Beim radikal empathischen Führungsstil geht es darum, hochgradig individuell zu führen. Wichtig dabei ist, das Hauptbedürfnis dieses Menschen im Hinterkopf zu haben:

Uhren/Perfektion Bestätigung, dass ich es wirklich gut (genug) mache

Herzen/Liebe Anerkennung für mein aufopferndes Verhalten, aber auch liebevoller Blick auf meine eigenen, versteckten Bedürfnisse

Dollars/Erfolg Anerkannt zu werden für das, was ich bin, nicht für das, was ich tue

Notenschlüssel/Individualität Für meine Andersartigkeit anerkannt und geliebt zu werden

Lexikon/Wissen Dass mein Bedürfnis nach Rückzug und Abstand okay ist

Schlösser/Sicherheit Der Welt und mir selbst vertrauen zu können

Boxhandschuhe/Kampf In meinem Lebenskampf unterstützt und gesehen zu werden

Sektgläser/Spaß Hilfe zu bekommen, wenn es weh tut. Nicht allein zu sein

Kronen/Macht Nicht hintergangen oder betrogen zu werden

Peace-Zeichen/Harmonie Wichtig zu sein, eine echte Bedeutung zu haben

19.4   Die Kraft der Selbstüberwindung

Zum radikal empathischen Führungsstil gehört die Bereitschaft zur Selbstüberwindung, denn um diesen Führungsstil zu verfolgen, müssen Sie gegen den Impuls handeln. Dazu ein Beispiel aus dem Führungsalltag: Ralf K. tut sich in Meetings v. a. dadurch hervor, dass er regelmäßig zu spät kommt und grundsätzlich konträre Meinungen vertritt. Er strahlt Misstrauen aus, provoziert mit zynischen Bemerkungen und verweigert mitunter die Mitarbeit. Kurz: Er lebt das Prinzip Kontra, das er auf sämtliche Lebensbereiche überträgt. Für das Team ist K.'s Verhalten belastend, die Zusammenarbeit schwierig. Und nicht nur das Team ist genervt, seinem Vorgesetzten geht es genauso: Er meidet den Kontakt und versucht, K. mit zeitintensiven, aber wenig anspruchsvollen Aufgaben möglichst von sich fern zu halten. Im Konzern wurde K. schon durch mehrere Abteilungen gereicht, auch sein aktueller Vorgesetzter hofft, ihn bald wieder loszuwerden – ein nachvollziehbarer Impuls, aber kein hilfreicher. Besser wäre es, die Motivation von K. zu verstehen. Was steckt hinter seinem Verhalten? Bei K. ist es das Kampfmotiv. Das Bedürfnis, das dieser intrinsischen Motivation zugrunde liegt, ist der Wunsch nach Aufmerksamkeit. Hier kommt man weiter, wenn K.'s Bedürfnis befriedigt und sich die negative Aufmerksamkeit, die K. durch sein Verhalten bislang für sich generierte, in eine positive verwandelt. Wie das geht? K. braucht eine anspruchsvolle Aufgabe, die ihm eine Spielfläche für sein Kampfbedürfnis bietet. Etwas, in das er sich richtig reinknien und hinterher auch die volle Aufmerksamkeit fürs Ergebnis genießen kann. Es gilt, ihm einen Schritt voraus zu sein und ihm Aufmerksamkeit zu geben, **bevor** er anfängt, sich diese durch Provokation zu erkämpfen. Sprich: K. benötigt eine enge Führung, viele Nachfragen und Präsenz der Führungskraft. Das ist für die Führungskraft vielleicht das, wozu sie **keine** Lust hat. Aber gute Führung heißt eben nicht länger: Das biete ich, sondern fragt: Was brauchst Du?

Worauf es noch zu achten gilt und welche Dos and Don'ts für welches Persönlichkeitsmuster hilfreich sind, können Sie in meiner Publikation *Chefsache Intrinsische Motivation* nachlesen.

Wenn es Ihnen gelingt, sich mit dem radikal empathischen Führungsstil anzufreunden, haben Sie ein machtvolles Werkzeug in der Hand, um Ihre Mitarbeiter in den Flow zu bringen. Zufriedene Mitarbeiter sind leistungsfähig und bleiben im Unternehmen. Von Herzen viel Erfolg!

Mira Christine Mühlenhof. *„Wer andere kennt, ist klug. Wer sich selbst kennt, ist weise". Laotse*

Wie sollen andere mich verstehen, wenn ich mich selbst nicht richtig kenne? – Diese Frage ist der rote Faden im Leben von Mira Mühlenhof und inspirierte sie dazu, die Kraft der intrinsischen Motivation zu erforschen.

Die Autorin studierte Sozialpsychologie, Germanistik und Religionswissenschaften (Magister Artium) in Hannover. Während des Studiums begann sie ihre journalistische Karriere als Reporterin und Moderatorin beim niedersächsischen Privatfunk und sammelte erste Führungserfahrungen. Nach Abschluss der Universität folgte der Wechsel zum Fernsehen, wo sie als Moderatorin und Redakteurin für Dokumentationen und Reportagen tätig war.

Ein persönlicher Umbruch brachte sie im Jahr 2010 dazu, ihren Lebensweg neu zu überdenken. Sie absolvierte verschiedene Coaching-Ausbildungen und gründete 2013 die Key to see®-Akademie mit Standorten in Berlin und Hannover. Ihr tiefgründiges Wissen um das Enneagramm, das sie seit 2003 als Lehrerin weitergibt, mündete in der Entwicklung der Key to see®-Methode: Diese zeigt auf, wie Menschen ihren blinden Fleck aufdecken und sich nachhaltig entwickeln können. Neben Seminaren und ungewöhnlichen Trainingsformaten wie der Erkenntnis-Bühne bietet sie auch eine Fortbildung für Coaches an.

Gemeinsam mit ihrem Team berät sie kleine und mittlere Unternehmen und Privatpersonen zu den Themen Entwicklung, Kundenbeziehungen und nachhaltiger Motivation. Als Coach und Trainerin mit dem Schwerpunkt Selbstreflexion und FührungsKRAFT ist sie für namhafte deutsche Konzerne wie E.ON, Airbus Group, BMW und die Deutsche Bahn AG tätig.

Mira Mühlenhof trägt dazu bei, dass Menschen sich selbst und andere besser verstehen und dadurch zufriedener werden. Ihre Seminare sind intensiv, wagemutig, praxisorientiert und garantiert Powerpoint-frei. Ihr erstes Buch *Key to see® – Menschenkenntnis ist der Schlüssel zu gelingenden Beziehungen* ist 2014 im KNAUR Verlag erschienen. *Chefsache Intrinsische Motivation* wurde im Jahr 2017 bei Springer Gabler publiziert. Von ihrer Radio-Kolumne „Menschen der Woche" wurden bisher über 200 Folgen ausgestrahlt. Diese wurde 2015 mit dem niedersächsischen Medienpreis ausgezeichnet.

Miras Speaker-Themen: Menschenkenntnis, Führen über die intrinsische Motivation

Weitere Infos unter www.keytosee.de

Wenn der Tiger im Unternehmen lauert

20

Fritjof Nelting

Inhaltsverzeichnis

Zusammenfassung

Höher, schneller, weiter – und dabei immer mehr Geld verdienen: In unserer Gesellschaft werden Leistungserbringer geformt und gefordert. Sie gelten als das Ideal in der Arbeitswelt. Immer mehr Krankheitsausfälle sind die Folge des ständigen Drucks. Der Knackpunkt ist oftmals die Psyche: Viele körperliche Erkrankungen haben ihren Ursprung in einem seelischen Defizit; psychische Erkrankungen selbst nehmen immer mehr zu. Um langfristig erfolgreich zu sein, brauchen gesunde Unternehmen auch gesunde Mitarbeiter. Denn der Leistungserbringer von heute ist oftmals der Patient von morgen. Die psychische Gesundheit ist ein wesentlicher Faktor, den die Wirtschaft verstärkt fokussieren muss. Hier sind nicht falsche Anreize wie ein stetig wachsendes Gehalt gefragt, sondern v. a. Werte, Sinnhaftigkeit und Stabilität sowie Sicherheit, um den Arbeitnehmern die ständige Grundanspannung zu nehmen. Andernfalls bleiben wir auf dem Weg, auf dem wir uns bereits befinden: in den kollektiven Burn-out.

F. Nelting (✉)
Gezeiten Haus Gruppe GmbH, Wesseling, Deutschland
E-Mail: F.nelting@gezeitenhaus.de

© Springer Fachmedien Wiesbaden GmbH, ein Teil von Springer Nature 2019
P. Buchenau (Hrsg.), *Chefsache Zukunft*, Chefsache,
https://doi.org/10.1007/978-3-658-26560-1_20

20.1 Der Kampf gegen vermeintliche Tiger: Die Ausgangslage

Auge in Auge mit einem Tiger: In prähistorischen Zeiten war das für Menschen eine reale Gefahr. Kämpfen, Totstellen oder Weglaufen waren die Optionen in solchen Situationen. In der heutigen Zeit stehen Arbeitnehmer ständig vermeintlichen Tigern gegenüber, wenn auch nur im übertragenen Sinn. Wie sicher ist mein Job? Werden eventuell Mittel gekürzt? Gibt es tatsächlich eine Fusion mit einem anderen Unternehmen? Ist mein Chef mit meiner Arbeit zufrieden? Sollte ich noch mehr leisten? Diese Fragen sind die metaphorischen Tiger, denen sich ein Arbeitnehmer immer wieder und immer häufiger stellen muss. Und auf all diese Fragen hat der Beschäftigte selbst keine Antwort, er weiß nicht, ob diese Probleme Realität werden.

Während es in der frühen Geschichte der Menschheit beim Aufeinandertreffen mit einem Tiger um den realen Kontrollverlust ging, ist es heute eher die Angst vor dem Kontrollverlust, die das Denken bestimmt. Es gibt immer einen vermeintlichen Tiger oder, anders gesagt, potenzielle Drohszenarien, bei denen unklar ist, ob sie tatsächlich eintreten. Wird der Kontrollverlust real, schaltet das Gehirn in den Überlebensmodus. Der lässt sich zwar nicht auf Dauer durchhalten, doch die Optionen sind in diesem Fall klar: Ich suche einen neuen Job. Ich bilde mich weiter. Ich schule um.

Die Angst vor einem möglichen Kontrollverlust dagegen ist meist pathologischer als der Kontrollverlust selbst. Der Gedanke an mögliche Gefahren erzeugt eine Grundanspannung, die langfristig zu Krankheit führt. Als Geschäftsführer einer Gruppe von Akutkrankenhäusern für psychosomatische Medizin und Traditionelle Chinesische Medizin (TCM) befasse ich mich tagtäglich mit Menschen, die vermeintlich am Ende ihres Lateins angekommen sind. Dies gilt sowohl für die Hoffnung auf die Verbesserung der eigenen Situation als auch den Umgang mit den in diesem Zusammenhang auftretenden Erkrankungen wie beispielweise Depressionen, Burn-out, Angst- und Panikerkrankungen, somatoforme Störungen (körperliche Erkrankungen, die sich nicht auf organische Erkrankungen zurückführen lassen) und vielen weitere Begleiterkrankungen wie z. B. Bluthochdruck, Diabetes, Krebs, Tinnitus und mehr.

Als Familie haben wir insgesamt über 25 Jahre Erfahrung in der Behandlung vieler tausend Patienten, die sich uns anvertraut haben. Die gute Nachricht an dieser Stelle gleich zu Beginn: Viele unserer Patienten kommen zwar spät, aber eigentlich nie zu spät. Selbst bei schwersten Erkrankungen mit bisweilen sehr belastenden und komplexen Situationen gibt es Möglichkeiten, um den Betroffenen nachhaltig zu helfen. Dabei geht es nicht darum, einen Feel-Good-Effekt zu erzeugen, der i. d. R. zwar einfach erreichbar ist, aber nicht in eine selbstbestimmte, nachhaltige und gesunde Zukunft führt. Es dreht sich zentral darum, dem Betroffenen Möglichkeiten und Werkzeuge mit an die Hand zu geben, wie er oder sie in Zukunft selbst und mit Zuversicht Krisen bewältigen kann und wie eine unabhängige, selbstbestimme und gesunde Zukunft gestaltet werden kann. Dies ist i. d. R. mit verschiedensten psychotherapeutischen und körpertherapeutischen Methoden aus unterschiedlichen Bereichen gut darstellbar.

Allerdings stellt sich für Klinikbetreiber zunehmend eine ganz zentrale Frage: Wohin mit den zahlreichen Betroffenen? Im letzten Jahrzehnt erlebten wir eine drastische Zunahme von Menschen, die sich akut in unsere Behandlung begeben haben und der Trend hält weiter an. Natürlich kann ich weitere Kliniken eröffnen, um der Lage Herr zu werden. Doch schon jetzt ist deutlich absehbar, dass Ärzte und Therapeuten den gesellschaftlichen Schiefstand, der für die starke Zunahme mitverantwortlich ist, und auf den ich im weiteren Verlauf noch eingehen möchte, nicht allein beheben können. Sie sind zwingend darauf angewiesen, dass es mehr und mehr Menschen schaffen, sich frühzeitig und verantwortungsvoll mit der eigenen Gesundheit auseinanderzusetzen, damit sie nicht zu Patienten werden, sondern in guter Gesundheit einen Beitrag für sich und die Gesellschaft leisten können. Dies ist möglich und ich möchte im Folgenden gern dazu einladen, die verschiedenen Möglichkeiten im Rahmen der Unternehmen kennenzulernen.

Langsam erkennen Unternehmen, was in den vergangenen Jahrzehnten passiert ist – und welche Folgen diese Entwicklung hat. Wir leben in einer Gesellschaft, die Gesundheit nicht allzu sehr schätzt. Schneller, höher, weiter lauten die Anforderungen im Beruf; der Arbeitnehmer ist nicht selten ein reiner Leistungserbringer. Und der wird immer häufiger krank und zwar immer häufiger auch an der Seele. Laut Deutscher Gesellschaft für Psychiatrie und Psychotherapie, Psychosomatik und Nervenheilkunde (DGPPN) weist jeder vierte Erwachsene im Lauf eines Jahres Anzeichen einer psychischen Erkrankung auf, insgesamt wird von rund 18 Mio. Betroffenen ausgegangen. Am häufigsten werden demnach u. a. Angststörungen und Depressionen diagnostiziert (DGPPN 2018).

In früheren Jahrzehnten war der tatsächliche Grund für die Erkrankung eines Mitarbeiters oft nicht bekannt oder wurde, wenn die Krankheit seelische Ursachen hatte, verschwiegen, auch weil das Thema psychisches Leiden zu stark mit Scham besetzt war. Heute wissen wir, dass viele körperliche Erkrankungen einen seelischen Ursprung haben, psychische Erkrankungen an sich haben zugenommen. Sie sind eine der häufigsten Ursachen für Krankheitstage im Beruf und führen auch am häufigsten zu Frühverrentungen, hat die DGPPN ermittelt.

Wenn ein Arbeitnehmer heutzutage krank wird, fällt das zunehmend stärker auf, weil der Fachkräftebedarf größer ist und stets noch größer wird. Als der Arbeitsmarkt noch genügend Nachwuchs bereitstellte, konnte ein Ausfall schnell kompensiert werden. Das hat sich verändert: Ist ein Mitarbeiter länger krank, kann nicht mehr so schnell für qualifizierten Ersatz gesorgt werden. Das hat auch finanzielle Folgen für Arbeitgeber. Zudem geht mit dem erkrankten Mitarbeiter wichtiges Wissen verloren, mitunter für eine lange Zeit. Das ist für manches Unternehmen das Einstiegsszenario, sich überhaupt mit dem Thema (seelische) Gesundheit zu beschäftigen.

Das zweite Einstiegsszenario, das in Kliniken wie unseren oft erlebt wird, ist der Chef, der krank wird. Ob Bandscheibenvorfall oder Burn-out. In diesem Fall kommt häufig das Umdenken von oben mit der Erkenntnis, dass sich etwas ändern muss.

20.2   Bonuszahlungen und Gymnastik in der Mittagspause: Warum einzelne Maßnahmen nicht reichen

Nur schleppend wird in der Wirtschaft erkannt, dass Arbeitgeber etwas dafür tun müssen, wenn die Mitarbeiter gesund und damit weiterhin produktiv und leistungsfähig bleiben sollen. Nicht zuletzt aus ökonomischer Sicht sollten sich Arbeitgeber für die Gesunderhaltung ihrer Mitarbeiter interessieren. Fühlen sich die Beschäftigten nicht gebraucht und geschätzt, sehen sie keine Perspektive im Unternehmen. Fehlen dann noch die Werte, die zur Identifikation mit dem Unternehmen beitragen sollten, kündigen sie innerlich. Für Arbeitgeber kann das riskant werden. Die Mitarbeiter sind in solchen Fällen nicht nur weniger produktiv, sondern können gar für einen Schaden sorgen.

Rund 5 Mio. der deutschen Arbeitnehmer (14 %) haben bereits innerlich gekündigt und besitzen keine emotionale Bindung an das Unternehmen, für das sie arbeiten. Das besagt die Untersuchung Gallup Engagement Index 2018. Und: 71 % machen laut der Studie lediglich Dienst nach Vorschrift. Der Index hat außerdem aufgezeigt, dass nur 15 % der Mitarbeiter eine hohe Bindung an ihr Unternehmen haben. Das sorgt laut des Beratungsunternehmens Gallup für einen volkswirtschaftlichen Schaden von gut 100 Mrd. € jährlich. Ein Fazit der Studie: Das „Erkennen und Erfüllen zentraler emotionaler Mitarbeiterbedürfnisse und gelebter Dialog" sind ein Muss für die Zukunft (Gallup 2018).

Ein ausschlaggebender Punkt, um diese innere Kündigung zu verhindern, wird von vielen Unternehmern sicher noch unterschätzt: die bereits angesprochene Wertevermittlung. Es ist wichtig, dass Arbeitgeber ihren Mitarbeitern Werte, mit denen diese sich identifizieren können, und auch Orientierung bieten können. Ich bin dann innerlich mit meinem Arbeitgeber verbunden und leiste viel, wenn ich einen realen Sinn mit meiner Arbeit verknüpfe.

Wirft ein Arbeitnehmer dem Chef vor, nur am Geldverdienen interessiert zu sein oder die Aktionäre befriedigen zu wollen, wird er nicht lange für das Unternehmen arbeiten, er wird sich nicht auf Dauer halten lassen. Auch gesellschaftlich gesehen müssen Unternehmer klar verständliche Werte für ihre Mitarbeiter vorgeben und diese auch vorleben. Das sorgt für eine starke Identifikation der Mitarbeiter mit ihrem Unternehmen. In diesem Fall treten sie öffentlich dafür ein, sind dadurch gute Werbeträger nach außen und außerdem produktiv. Damit haben solche Beschäftigte einen unschätzbaren Wert für einen Arbeitgeber.

Diese Sinnhaftigkeit ist für viele längst nicht mehr gleichgesetzt mit einem hohen oder stetig steigenden Gehalt. Gerade für Jüngere wie die Generation Y, auch Millenials genannt, steht oft nicht das Geld an erster Stelle. Sie wollen einen Sinn in ihrem Leben.

Das Bewusstsein, sich mit der Gesundheit der Mitarbeiter zu beschäftigen, kommt zwar erst langsam an. Doch immerhin: Die Zahl der Arbeitgeber, die ihren Angestellten Sportangebote wie Rückenkurse bieten, die Mitgliedschaft in einem Fitnessstudio fördern oder kostenlos Mineralwasser zur Verfügung stellen, wächst langsam. Dies ist allerdings nur ein erster Schritt. Es ist schön, dem Mitarbeiter einen Bonus zu zahlen, es ist schön, in der Mittagspause ein Gymnastikangebot zu machen oder mehr frische Lebensmittel in der

Kantine zu bieten – all das bringt aber nichts, wenn der Mitarbeiter beispielsweise trotzdem Angst hat, seinen Job zu verlieren. Oder sich einem anderen sprichwörtlichen Tiger gegenüber sieht. Häufig wird noch an den falschen Stellen gearbeitet und die Zusammenhänge werden nicht richtig erkannt.

Zielführend sind solche genannten Fitness- und Ernährungsangebote nur, wenn dabei auch das eigentliche Problem berücksichtigt wird. Nämlich dieses: Oft haben Erkrankungen wie Kopf- oder Rückenschmerzen oder auch Verdauungsstörungen mit dem seelischen Befinden der Person zu tun. Eine psychische Komponente, die sich körperlich äußert. Leicht verdeutlicht werden kann dies an folgendem Beispiel: Steht ein Gespräch mit dem Vorgesetzten an, auf das ich mich nicht freue, kann es sein, dass ich häufiger zur Toilette muss oder Schweißausbrüche habe. So beeinflusst die Psyche das Soma – den Körper. Wir sprechen hier von Psychosomatik.

Es sind dabei nie einzelne Aspekte, die die seelische Gesundheit von Mitarbeitern beeinflussen, es ist ein Ineinandergreifen mehrerer Teile, ein Zusammenspiel. Im positiven wie im negativen Sinn.

20.3 Die Gefahr, aus der Balance zu geraten: Ein Exkurs in die Psyche des Menschen

Der Mensch setzt sich aus einer Vielzahl unterschiedlicher Systeme zusammen, die sich gegenseitig beeinflussen, bedingen, unterstützen und die manchmal auch miteinander konkurrieren. Damit ein gutes Verständnis für die Zusammenhänge zwischen Arbeit, Umwelt, Psyche und Körper hergestellt werden kann, möchte ich an dieser Stelle eine kurze Einführung in unser übergeordnetes, steuerndes System anbieten: Das vegetative Nervensystem, auch autonomes Nervensystem genannt.

Autonom daher, weil es unabhängig von bewussten und aktiven Entscheidungen unseres Gehirns das gesamte körperliche und psychische System reguliert und in Balance hält. Dies tut es durch den Sympathikus, den Aktionsnerv, und den Parasympathikus, den Ruhenerv. Der Sympathikus ist dafür zuständig, dass wir es aktiv durch den Tag schaffen, er hilft uns z. B. beim Denken und Arbeiten, beim Sport und beim Lösen von Problemen. Durch diese Arbeit fallen Abfallprodukte im Körper an, die durch das System des Parasympathikus wieder aufgelöst, ausgeschwemmt oder verdaut werden. Der Parasympathikus hilft uns also bei der Regulation unseres Körpers – und damit auch ganz unmittelbar unserer Psyche. Ganz grob lässt sich sagen, dass tagsüber der Sympathikus vermehrt arbeitet und nachts, wenn wir schlafen, der Parasympathikus.

Um zu verstehen, wie unser System aus der Balance geraten kann, führe ich ein Beispiel anhand eines fiktiven Arbeitnehmers an. Nennen wir ihn Thomas (für Frauen gelten hier und da etwas andere Regeln, aber grundsätzlich ist das Beispiel auch auf Frauen übertragbar). Thomas hat ein größeres Projekt in seiner Arbeit als Ingenieur und muss für vier Wochen Überstunden schieben. Das bedeutet, dass er nicht mehr wie gewohnt abends um 18 Uhr zu Hause ist, um 23 Uhr ins Bett geht und um 7 Uhr am Morgen wieder aufsteht, sondern dass er in diesen vier Wochen erst um 20 Uhr zu Hause ist, entsprechend um 1 Uhr schlafen geht und trotzdem morgens um 7 Uhr aufsteht. Sein Sympathikus ist tagsüber sehr aktiv und es gelingt ihm auch gut, die Konzentration über den Tag aufrechtzuerhalten. Da er nun aber weniger Schlaf zur Verfügung hat, fehlen dem Parasympathikus in der Nacht gut zwei Stunden, um die Abfallprodukte des Tages aus dem Körper zu transportieren.

In der ersten Woche ist dies für Thomas kaum spürbar, da er schon immer körperlich recht fit war. In der zweiten Woche merkt er nun aber gelegentlich, dass Zinsen anfallen in Form von erhöhter Müdigkeit, leicht erhöhter Reizbarkeit und dem Wunsch, abends einfach nur mal abzuschalten und mit etwas Rotwein und einem guten Thriller den Tag zu beenden. Dies klappt auch erst einmal gut, durch den Rotwein kommt er sogar etwas besser in den Schlaf. Während er schläft, hat der Parasympathikus nun allerdings mehr zu tun, denn er muss weitere Nebenprodukte des Tages – wozu auch der Wein, die Reize durch den Thriller und das Abklingen der Reizbarkeit zählen – verarbeiten. Da nach wie vor nur sechs Stunden Schlaf zur Regeneration zur Verfügung stehen, ist Thomas am nächsten Tag noch etwas müder und er ist am Beginn einer kleinen Spirale.

Diese Spirale ist zunächst nicht weiter schlimm, die meisten von uns geraten häufiger in sie hinein und diese Situation kann sehr gut von einem gesunden Körper absorbiert werden. Leider ist nach den vier Wochen fiktiver Projektphase selten ein zweiwöchiger Urlaub mit viel Ruhe und leichter Bewegung möglich, um die Zinsen zu zahlen und Körper und Geist wieder auszugleichen. Meist wartet schon das nächste Projekt bzw. die nächste Aufgabe. Und das kann sich langfristig sehr ungünstig auswirken. Denn wenn die gerade beschriebene Spirale nicht aufgelöst werden kann – oder diese Spirale auf einen grundsätzlich kränklichen Charakter trifft – dann werden die Spiralschwünge immer heftiger, da sie sich gegenseitig beeinflussen. Das ist in der Finanzwirtschaft als Zinseszinseffekt bekannt und sollte keinesfalls unterschätzt werden. Um diesen Effekt zu verdeutlichen, wollen wir die Geschichte um Thomas noch ein Stück weiter spinnen.

Da sich Thomas in den vier Wochen des Projekts zunehmend schlecht konzentrieren kann, trinkt er morgens zum Fit werden mehr und mehr Kaffee. In der Mittagspause wird nur noch selten gegessen oder gar keine tatsächliche Pause mehr gemacht, weil er ja ohnehin schon im Rückstand ist. Er hat zunehmend Sorge, dass er das Projekt nicht positiv abschließen kann, was zur Folge hat, dass er noch gereizter wird und sich zu Hause häufiger mit seiner Freundin streitet. Folgerichtig wird sein ohnehin nicht ausreichender Schlaf qualitativ noch schlechter und er träumt von seiner Arbeit und dem Streit mit seiner Freundin.

Am Ende des Projekts macht ihm die Verdauung zunehmend Probleme und er hat häufiger Kopfschmerzen (wann hat er eigentlich das letzte Mal etwas getrunken?), wodurch er vermehrt Medikamente einnimmt, die in der Nacht wieder von seinem Parasympathikus unter zusätzlichem Aufwand verstoffwechselt werden müssen. Mit dem Abschluss des im Ergebnis nur mittelmäßigen Projekts ändert sich nicht so viel wie erhofft, denn nun muss sich Thomas vor seinem Chef beweisen und zeigen, dass er das besser kann. Er bekommt Angst, dass er seine Arbeitsstelle verlieren könnte, was ihm noch mehr Schlaf raubt und sein ohnehin angegriffenes Immunsystem weiter verschlechtert. Er darf seine Arbeitsstelle aber nicht verlieren. Denn wie soll er sonst den Kredit für die neue Wohnung abbezahlen?

An dieser Stelle wollen wir das Beispiel, das natürlich nur eine starke Vereinfachung und nur eine (tendenziell verkürzte) Möglichkeit der Wirklichkeit darstellt, in ein hoffnungsvolleres Szenario überleiten lassen und uns die Effekte der Stärkung des parasympathischen Systems anschauen.

Thomas größte Sorge ist eigentlich nicht, dass er die Wohnung verlieren könnte, sondern dass seine Freundin ihn als Loser abstempeln und verlassen könnte. Dies war für ihn schon immer ein wunder Punkt und er fühlt sich – wenn er sich selbst gegenüber ehrlich ist – nicht sonderlich selbstbewusst. An einem Abend, als es Thomas besonders schlecht geht, hat er aber die Möglichkeit, mit seiner Freundin ein offenes Gespräch zu führen. In diesem Gespräch offenbart er ihr seine Ängste und merkt, dass sie eigentlich nur Angstkonstrukte waren, die mit der Wirklichkeit nicht so viel gemein haben. Seine Freundin versichert ihm glaubhaft, dass ihre Beziehung auf wichtigere Werte als finanzielle Stabilität und Leistungsfähigkeit gebaut ist und ermutigt Thomas, sich nicht zu sehr von seiner Angst auf der Arbeit abhängig zu machen.

Nach diesem Gespräch schläft Thomas seit Längerem wieder einmal gut und hat am nächsten Tag genug Energie, um seinem Chef zu sagen, dass er der richtige Mitarbeiter für ihn ist, aber er für eine Zeit lang etwas kürzertreten wolle, um in Zukunft mit vollem Elan und voller Konzentration für das Unternehmen da sein zu können. Sein Chef ist von so viel Offenheit beeindruckt und stimmt einer vorübergehenden Stundenreduktion von Thomas zu.

Dieses Mehr an Freizeit kann Thomas nutzen, um seinem Parasympathikus die notwendige Zeit zu geben, das System wieder besser zu regulieren. Hauptsächlich schafft er dies, indem er abends das Handy ausschaltet, gut und ausreichend schläft und den Morgen mit einer kurzen, aber intensiven Runde Qi-Gong beginnt. Das Ergebnis ist, dass Thomas zunehmend gut gelaunt auf der Arbeit erscheint und seinen Chef immer weiter von sich überzeugen kann. Thomas schafft es über die Zeit, seinen Kontokorrent wieder auf Null zu bringen und sogar ein Guthaben aufzubauen, mit dem er für das nächste größere Projekt gut gewappnet sein wird. Dieses Guthaben erwirbt er insbesondere dadurch, dass er festgestellt hat, dass der Parasympathikus auch tagsüber, z. B. bei einer Meditation, einem entspannten Spaziergang oder auch einem ungezwungenen Gespräch mit guten Freunden aktiviert werden und so aktiv zu einem gesunden Leben beitragen kann.

Anhand dieses Beispiels wird der Zusammenhang zwischen der Verantwortung des Einzelnen und den Gestaltungsspielräumen und Möglichkeiten der Unternehmen deutlich. Ein Unternehmen kann nie allein für die Gesundheit eines Arbeitnehmers verantwortlich sein, aber genauso kann Gesundheit in einem Unternehmen, was diese nicht fördert, kaum gedeihen.

20.4 Mut zur Pause: Das können und sollten Arbeitgeber konkret bieten

Doch wie können kleinere Betriebe und größere Unternehmen dieses Mosaik zusammensetzen, um positiv auf die (seelische) Gesundheit ihrer Angestellten einzuwirken? Dafür ist als Ausgangspunkt zunächst einmal wichtig, dass sich der Chef glaubhaft dazu bekennt, dass die Gesunderhaltung aller Mitarbeiter ab sofort eine zentrale Rolle spielen soll und dies in die Mitarbeiterschaft auch entsprechend kommuniziert und möglicherweise auch nach außen. Nur so können gezielte Maßnahmen auf einen fruchtbaren Boden fallen. In größeren, beispielsweise börsennotierten Unternehmen, ist das schwieriger als in familiengeführten Firmen, in denen sich jeder beim Namen kennt. Ist das Unternehmen größer, müssen auch die Abteilungsleiter das neue Verhalten vorleben. Alle Führungsebenen sollten in die neue Strategie involviert sein und dafür sorgen, dass die Idee an alle weiteren Ebenen weitergegeben wird. Hier sind keine Lippenbekenntnisse gefragt, für das Vorgehen müssen in jedem Fall auch die benötigten Ressourcen bereitgestellt werden, sowohl zeitlich als auch monetär. Und der Chef muss mit gutem Beispiel vorangehen, für die Mitarbeiter muss die Veränderung tatsächlich erlebbar sein. Nur so wird sie auch glaubwürdig.

Es gibt viele unterschiedliche Maßnahmen, die auf die Gesundheit der Mitarbeiter positiv wirken. Diese sind teils branchenspezifisch, teils aber auch unabhängig von der Branche. Es dreht sich dabei nicht unbedingt darum, dass es möglichst viele und möglichst teure Maßnahmen sind. Es geht um Teilhabe und die Möglichkeiten der Entwicklung. Ein Beispiel: Mut zur Pause. Überall, wo gearbeitet wird, sollte es fest definierte Pausenzeiten geben. In denen muss der bereits benannte Parasympathikus in Aktion treten, also der Ruhenerv des vegetativen Nervensystems.

Während eines guten, erholsamen Schlafs ohne Medikamente oder aufwühlende Bilder im Kopf kann der Parasympathikus das System reinigen und ermöglicht so am nächsten Morgen einen frischen Start in den Tag. In einer schnelllebigen Welt wie der unseren sollte dem Parasympathikus grundsätzlich mehr Zeit eingeräumt werden. Das kann durch die aktive Gestaltung von Pausen passieren, z. B. durch einen Spaziergang oder durch Meditieren, das Genießen einer Tasse Tee oder auch durch einen Kurzschlaf. Bewegung ist grundsätzlich eine gute Möglichkeit, die Pause zu gestalten und den Parasympathikus zu aktivieren, Leistungssport gehört allerdings nicht dazu. Auch die Arbeit sollte in dieser Zeit ganz bewusst ausgeklammert werden.

Mindestens 30 Minuten sollten für eine solche Pause angesetzt sein, damit der Parasympathikus aktiv werden kann und es zu einer wirklichen Erholung kommt. Wie viele dieser Auszeiten es pro Arbeitstag oder pro Woche geben sollte, kann pauschal nicht gesagt werden. Wer kurz vor einem Burn-out steht oder anderen starken Belastungen beispielsweise im familiären Bereich ausgesetzt ist, braucht sicherlich mehr Pausen, um seinen körpereigenen Überziehungskredit wieder in die Balance zu bringen und sich zu regenerieren. Um im Sprachbild zu bleiben: Ein Mitarbeiter, der deutlichen seelischen Belastungen ausgesetzt ist, muss viel mehr Zinsen zahlen als jemand, der gerade nach einer dreimonatigen Weltreise wieder erfrischt in den Beruf eingestiegen ist.

Einschränkend muss hier angefügt werden: Nicht in allen Fällen ist es möglich, dass der Arbeitgeber einen bereits psychisch angeschlagenen Mitarbeiter wieder auffängt, beispielsweise, wenn dessen Ehe gerade in die Brüche gegangen ist. Dann können die Belastungen so groß sein, dass die Maßnahmen des Arbeitgebers nicht ausreichen – so gut sie auch gemeint sind. An dieser Stelle sollten ambulante oder stationäre Therapien ins Spiel kommen.

In jedem Fall aber kann und sollte der Arbeitgeber die Voraussetzungen schaffen, in denen möglichst alle Mitarbeiter in Balance leben und arbeiten können. Und da ist die mindestens 30-minütige Pause ein zentrales Element. Wir, die Gezeiten Haus Gruppe, bieten beispielsweise drei Mal pro Woche mittags Qi-Gong für unsere Mitarbeiter an. Das Angebot ersetzt nicht die Mittagspause, es ist bezahlte Arbeitszeit. Erst danach kommt die eigentliche Erholungsphase für unsere Angestellten. So haben wir am Ende der Woche anderthalb Stunden aktive Lebenspflege, in denen keine Arbeit stattfindet und zusätzlich jeden Tag eine Mittagspause. Wenn sich die Pause mit Angeboten wie Qi-Gong, Yoga oder einer angeleiteten Meditation ausschmücken lässt, ist das in jedem Fall ein guter Schritt zur aktiven Lebenspflege.

Da, wie bereits verdeutlicht, diverse Maßnahmen zusammenspielen sollten, lohnt sich auch ein Blick auf den Schreibtisch. Ist er unordentlich und mit Unmengen an nicht erledigter Arbeit übersät, suggeriert das nicht Sicherheit und Wohlfühlen. Gleiches gilt für die gesamte Umgebung im Unternehmen. Die Einrichtung des Arbeitsplatzes spiegelt ein Stück weit eine Haltung wider. Gibt es Blumen oder Pflanzen im Büro? Haben die Mitarbeiter die Möglichkeit, Bilder aufzuhängen oder hängt der Arbeitgeber welche auf? Ist die Einrichtung freundlich und einladend oder nüchtern und abweisend?

Wenn das Unternehmen schön und liebevoll gestaltet ist, durch Blumen z. B., unterstütze ich die Prinzipien der Epigenetik. Diese lehrt, dass von außen beeinflusst wird, wann welche Gene ein- und wieder ausgeschaltet werden. Einfach formuliert: Unsere Umwelt beeinflusst die Aktivität unserer Gene. Und dies passiert nicht nur durch eine ansprechende, schön gestaltete Umgebung. Auch ein ehrliches Lächeln kann direkt zur Stärkung des Immunsystems beitragen. Ein vorwurfsvoller oder böser Blick hingegen schaltet andere Genparameter ein.

Weitere Fragen, die sich jeder Arbeitgeber stellen sollte: Gibt es die Möglichkeit, an der frischen Luft spazieren zu gehen? Stehen ausschließlich industriell verarbeitete Lebensmittel wie Currywurst und Pommes zur Auswahl in der Kantine oder gibt es auch frische Lebensmittel wie Salat, Hülsenfrüchte und Obst? Bereits Bas Kast schreibt in seinem Bestseller *Der Ernährungskompass*, dass wir „möglichst nur das Essen sollten, was unsere Großmutter noch als Lebensmittel identifizieren könnte" (Kast 2018).

Das Lebensmittelangebot spielt eine wichtige Rolle bei der Gesunderhaltung von Körper und Geist. Wer während der Mittagspause zur nächsten Imbissbude hetzen muss und dort Fastfood isst, nimmt praktisch keine Energie auf. Ähnlich ist es mit Fertiggerichten. Auch sie – voll von Transfetten, Salz und Zucker – haben keinen ausreichenden Nährwert. Die gesunde Basis jedoch, die jeder Arbeitnehmer und auch jeder Arbeitgeber braucht, um im Job leistungsfähig und ausbalanciert zu sein, beruht ganz wesentlich auch auf der Ernährung. Wer ausschließlich auf schnelles Essen auf die Hand oder Mahlzeiten aus der Mikrowelle setzt, also auf verarbeitete Lebensmittel, forciert dadurch eine gesundheitliche Disbalance und wird leichter krank.

Ein weiteres Teil des Puzzles der Mitarbeitergesundheit ist die Wahrnehmung jedes einzelnen Mitarbeiters durch die Geschäftsleitung. Gibt es neben den regulären Anerkennungen wie Gehalt und Fortbildungsmöglichkeiten weitere Zeichen, dass die Geschäftsführung die Angestellten wahrnimmt und wertschätzt? Optimalerweise wird dies natürlich im persönlichen Gespräch sichergestellt, aber gerade bei größeren Unternehmen ist dies nicht ohne Weiteres möglich und ab einer bestimmten Größe überhaupt nicht mehr. Diese Wahrnehmung und Wertschätzung kann teilweise schon durch simple, aber effektive Maßnahmen wie eine handschriftliche Karte zum Geburtstag erreicht werden oder aber auch durch einen Schokoladennikolaus am 6. Dezember. Diese kleinen Zeichen lassen einen Arbeitnehmer spüren, dass er gesehen wird, was wiederum ein weiterer zentraler Punkt in der Gesunderhaltung ist. Wenn der Chef nicht weiß, wer ich bin, ist es schwierig, Verantwortung zu übernehmen. Ebenso, wenn ich als Arbeitnehmer das Gefühl habe, dass meine Tätigkeit keinen Sinn hat.

Dies betrifft grundsätzlich jedes Unternehmen, besonders spürbar wird dies aber in Unternehmen, die sich im Prozess des Erweiterns und Wachsens befinden. Dazu ein Beispiel aus eigener Erfahrung: Unsere erste Klinik hatte in den ersten zehn Jahren ihrer Existenz nie mehr als 100 Mitarbeiter. Mit all diesen Mitarbeitern konnte ich noch persönlich ein Jahresgespräch führen, um zu erfahren, was im Erleben des Mitarbeiters wichtig war, wo er oder sie Sorgen hatte und was ich als Geschäftsleitung tun konnte, um Situationen entweder zu verbessern oder zu erhalten. Mit Hinzunahme weiterer Indikationsbereiche wuchs die Klinikgruppe schließlich auf bis knapp 400 Mitarbeiter. Damit war es realistisch nicht mehr möglich, mit jedem einzelnen Mitarbeiter ein persönliches Jahresgespräch zu führen. Diese Gespräche wurden nun von den neu hinzugekommenen Führungskräften übernommen.

Diese Veränderung klingt auch für die Mitarbeiter zunächst einmal einfach und logisch. Allerdings sind das logische Verstehen und das gefühlte Erleben häufig zwei sehr unterschiedliche Dinge. In den zwei bis drei Jahren der Erweiterung hörte ich häufiger, dass sich die Mitarbeiter nicht wie früher wertgeschätzt fühlten. Sie fragten, wann sie mit mir wieder sprechen könnten, und waren insgesamt etwas kritischer in der Beurteilung ihres Arbeitsplatzes. Dies lag nicht an den Leistungen des mittleren Managements, die durchweg sehr gut waren, sondern an der systemischen Konstellation und daran, dass Veränderungen ihre Zeit brauchen, um sich zu setzen und im Erleben des Einzelnen (inklusive mir) anzukommen. Es brauchte Zeit, bis die Mitarbeiter merkten, dass ihre neuen Vorgesetzten im Endeffekt viel mehr Zeit für sie hatten, als ich es jemals hätte haben können und dass ihre Arbeitsplätze durch die Erweiterung viel sicherer waren, als sie es vorher sein konnten.

Und sie merkten, dass es auch schön sein kann, beim Mittagessen oder auf dem Gang mit mir zu sprechen und sich auszutauschen – wenn auch nicht mehr mit mir als direktem Vorgesetzten. Veränderungen dieser Art sind kritische Phasen in Unternehmen, da hier viele Missverständnisse – sowohl vonseiten der Mitarbeiter als auch vonseiten der Geschäftsleitung – entstehen können. Solche Phasen erfordern viel Aufmerksamkeit und Wertschätzung für die jeweils andere Seite. Wenn diese Phasen der Veränderung mit der geforderten Ernsthaftigkeit und Geduld angegangen werden, dann entsteht beim Mitarbeiter ein Kohärenzerleben, also ein Erleben von Authentizität der Leitung, was wiederum in eine höhere Bindung dem Unternehmen und der Leitung gegenüber mündet.

Neben einem fairen Gehalt, einer ausreichenden Wertschätzung, gesunden Ernährungs-
angeboten und einer ausgedehnten Mittagspause, die alle eine wichtige Rolle in einer
ausbalancierten Gesundheit der Mitarbeiter spielen, gibt es aber noch einen weiteren wesentlichen Punkt, der für das Unternehmen der Zukunft eine wichtige Rolle spielt und
zunehmend spielen wird.

Stichwort Wertevermittlung: Die Gesellschaft und auch die Politik sind zurzeit kaum
noch in der Lage, bedeutende Werte zu vermitteln oder Sinn zu geben. Historisch gesehen
gab und gibt es einige Institutionen und Strukturen, denen diese Aufgabe zugedacht war,
die dieser allerdings zunehmend weniger gerecht werden können. Früher hat die Religion
dieses Anliegen übernommen. Im internationalen Kontext macht sie das auch nach wie
vor, doch in Deutschland wird Religion zunehmend zu einem Nebenaspekt in der Gesellschaft, insbesondere bei jüngeren Menschen. Sie treten aus der Kirche aus, haben keinen
Bezug mehr zu ihr. Wie auch immer man persönlich zu Religion steht: Früher hat sie
Werte gegeben, an denen man sich orientieren konnte; sie hat dem Leben Struktur verliehen. Der Staat hat grundsätzlich die Aufgabe der Wertevermittlung, der er jedoch kaum
noch nachkommen kann. Die Politik läuft der gesellschaftlichen Entwicklung häufig um
Jahre hinterher, der Gesundheitszustand von Politikern ist – gemessen an unseren reichhaltigen klinischen Erfahrungen aus diesem Bereich – nur noch selten in der Balance und
die Arbeit der Lobbyisten lässt nicht vermuten, dass gesunde Werte die zentrale Hand-
lungsmaxime der Industrie sind.

Das Bildungssystem als Wertevermittler, das über die Politik gesteuert wird, ist längst
überfordert – fast jeder Zweite unserer Patienten mit Burn-out ist Beamter. Sie sind in einem System gefangen, in dem sie Menschen zu Leistungserbringern erziehen müssen, was
für viele Lehrer sehr belastend ist. Der heutige Unterricht hat mit Werten, mit dem Sein,
häufig nicht mehr viel zu tun. Vereine haben in der Bundesrepublik stets wichtige Werte
vermittelt, beispielsweise Sozialverhalten. Doch in Zeiten der Digitalisierung gehen zwar
Sechsjährige noch zum Fußball oder Ballett, spätestens als Zwölfjährige wollen sie sich
dann aber lieber Computerspielen widmen oder online chatten.

Die Familie ist immer die wichtigste Kleininstitution gewesen. Doch immer häufiger
gehen Beziehungen und Ehen in die Brüche, entsprechend oft wachsen Kinder hin- und
hergerissen zwischen zwei Elternteilen auf. Sicherheit und Stabilität sowie Werte zu vermitteln, fällt da zunehmend schwer. Das Internet, besonders soziale Plattformen wie Facebook, können das auch nicht leisten. Ganz im Gegenteil: Dort werden heile Welten porträtiert, die es so in aller Regel nicht gibt. Die Außendarstellung und mit ihr der Konsum
ersetzen zunehmend sinnhafte Werte. Die Menschen leben im psychotherapeutischen Sinn
also zunehmend in der Veräußerung und können ihren Kern nicht mehr nähren, was
zwangsläufig zu Disbalancen führt.

Diese Entwicklungen und Verluste führen zu einer Art Grunderregungszustand in der
Gesellschaft. Es gibt für den Einzelnen immer weniger Halt und Sinngebung. Das ist eine
schlechte Ausgangsposition, um gesund zu bleiben. Und hier kommen schließlich die
Arbeitgeber ins Spiel. Unternehmen sind noch in der Lage, Werte für ihre Mitarbeiter zu

setzen, zu vermitteln und zu leben. Damit können sie einen sehr wichtigen Beitrag für den Menschen, das Unternehmen und die Gesellschaft leisten.

Das ist nicht nur aus unternehmerischer Sicht wichtig, sondern auch aus der gesellschaftlichen Perspektive. Es bedarf allerdings der bewussten Entscheidung dazu. In Deutschland arbeitet ein Großteil der Menschen im Mittelstand. Und in diesen Unternehmen und Firmen sind wir noch in der Lage, Werte herzustellen und zu leben – wenn die Führungsebenen sich dazu bekennen. Dieses Bekenntnis ist zentraler Bestandteil einer positiven und nachhaltigen Veränderung.

Doch nicht nur Chefs sind an dieser Stelle gefragt, sondern auch die Beschäftigten. Und als Arbeitnehmer kann ich mich erst dann davon überzeugen, etwas für mich selbst oder andere zu tun, wenn ich etwas habe, wofür ich es tue. Wenn ich nur auf der Flucht bin oder Katastrophen an jeder Ecke vermute, laufe ich eben immer weg von etwas und nicht hin zu etwas. Sich dem ständigen Veränderungsprozess in der Gesellschaft und der Arbeitswelt zu stellen und eine Krise vielleicht auch als Chance (im klinischen Kontext sprechen wir häufig im wahrsten Sinn des Worts von Veränderung, die notwendend ist) zu erleben, geht nur, wenn ich das alles für etwas mache, beispielsweise für die Gesellschaft, unsere Kinder oder Enkel oder weil ich sinnhafte Werte in mein Leben integriert habe.

Heute werden Jobs häufig gewechselt. Früher sah das anders aus, die Mitarbeiter blieben bis zur Rente im selben Betrieb, weil sie dachten: Das Unternehmen ist meins, dafür möchte ich meine Lebenszeit geben. Wenn ich die Werte meines Arbeitgebers teile, bin ich automatisch gesünder in der Grundausgestaltung.

20.5   Eine gesunde Basis: Die wirtschaftliche Sicht

Ein Unternehmen sollte sich also, wie im vorherigen Abschnitt beschrieben, dem Mitarbeiter zuwenden und ihm Werte vermitteln. Es muss eine gute und gesunde Basis für sein Tun bereitstellen und das Ganze möglichst noch in einer epigenetisch positiv wirksamen Umgebung einbetten. Das klingt für viele Unternehmer zu Beginn v. a. nach einem hohen (finanziellen) Aufwand für etwas offensichtlich nicht direkt Messbares und mit einem u. U. erst weit in der Zukunft quantifizierbaren Ergebnis. Bei Unternehmen, die alle paar Jahre neue Fremdgeschäftsführer engagieren, ist diese Haltung sogar noch deutlich ausgeprägter als in inhabergeführten Unternehmen. Ich möchte im folgenden Abschnitt erklären, warum es nicht nur aufgrund menschlicher Empathie und der Verantwortung der Gesellschaft gegenüber wichtig ist, sich möglichst frühzeitig mit diesen Themen ernsthaft auseinanderzusetzen.

Ich hatte bereits angesprochen, dass Mitarbeiter, die sich nicht mehr mit ihrem Unternehmen identifizieren können und innerlich bereits gekündigt haben, für ein Unternehmen zu einem Problem werden können. Dies liegt in erster Linie daran, dass sie ihre Arbeit nicht mehr machen und somit der Produktivität des Unternehmens schaden können. Solange sie allerdings keine neue Stelle haben, werden sie versuchen, diesen Fakt zu verschleiern, sodass es für Vorgesetzte häufig sehr schwierig ist, eine negative Entwicklung

kausal zu einem innerlich gekündigten Mitarbeiter zurückzuverfolgen. Meist sind lediglich die verschlechterte Produktivität und eine insgesamt schlechtere oder gereiztere Stimmung im Team erkennbar. Das führt vermehrt zu Konflikten sowohl auf horizontaler
Ebene zwischen Mitarbeitern, als auch auf vertikaler Ebene zwischen Mitarbeiter und
Vorgesetztem. Um von sich abzulenken, kommt es häufig genug vor, dass der Mitarbeiter,
der gedanklich bereits gekündigt hat, andere Mitarbeiter diskreditiert. Für den Vorgesetzten kann es so schwierig werden, objektiv zu agieren, alle verfügbaren Informationen
professionell zu filtern und gute Entscheidungen im Sinn des Unternehmens und der betroffenen Mitarbeiter zu fällen.

Gleichzeitig verschlechtert sich die Produktivität des Teams weiter, da nun auch der
Vorgesetzte zunehmend mit den Konflikten auf Teamebene beschäftigt ist und vom Agierenden zum Reagierenden wird. In der heutigen Zeit kommt es darüber hinaus immer
häufiger dazu, dass Vorgesetzte zwar irgendwann erkennen, welches Teammitglied der
faule Apfel ist, sich aufgrund mangelnder Alternativen auf dem Arbeitsmarkt jedoch nicht
in der Lage sehen, entsprechend zu handeln. Verschärft wird dieses Problem noch, wenn
es gesetzliche Anforderungen gibt, die eine Beschäftigung des betreffenden Mitarbeiters
unabdingbar machen – dies kann z. B. bei Ärzten oder Pflegern in Krankenhäusern der Fall
sein. Ähnliches gilt bei Krankheit von Mitarbeitern. Wenn ein Mitarbeiter zunehmend un-
planbar wird, weil er oder sie sich häufig krankmeldet, ist der Arbeitgeber in einem Dilemma, das nicht ganz einfach aufzulösen ist. In jedem Fall wird aber sehr schnell deutlich, dass dem Unternehmen wertvolle Ressourcen verloren gehen und darüber hinaus ein
nicht gut quantifizierbarer Verlust an Wissen – sei es Prozesswissen oder allgemeines Wissen – entsteht. Solange es viele frische Kräfte gibt, mag es sein, dass ein Unternehmen sich
auch mit einer aus der Balance geratenen Firmenphilosophie eine Zeit lang am Markt behaupten kann. Dies ist jedoch in Zeiten von Fachkräftemangel und von Arbeitnehmern, die
nicht mehr nur an Geld und Karriere, sondern an Verwirklichung des eigenen Lebenssinns
und einer guten Balance aus Arbeit und Privatem interessiert sind, kaum noch aufrechtzuerhalten.

Unternehmen, die sich nicht um ihre Arbeitnehmer kümmern, werden zunehmend als
solche erkannt, und weisen immer mehr Disharmonie innerhalb des Unternehmens auf.
Zudem haben sie mit einer schlechteren Ausgangslage auf dem Arbeitsmarkt zu kämpfen
und verlieren dadurch Anschluss an ihre Konkurrenten. In der Folge von erkrankten und
innerlich gekündigten Mitarbeitern leidet die Kernleistung des Unternehmens und damit
steigt auch die Unzufriedenheit der Kunden, wodurch es das Unternehmen noch schwerer
hat.

An diesem Punkt haben wir übrigens noch nicht darüber gesprochen, wie sich die Inhaber des Unternehmens verhalten – seien es Aktionäre oder unmittelbare Inhaber. Wenn
ein Unternehmen sich von seinem ursprünglichen Zweck entfernt und nur noch der wirtschaftlichen Befriedigung – also der Ausschüttung von Gewinnen und der häufig prakti-
zierten und moralisch nicht immer einwandfreien Gewinnmaximierung – der Inhaber
dient, wird es zunehmend Schwierigkeiten haben, Mitarbeiter zu binden und davon zu
überzeugen, sich für das Unternehmen zu engagieren. Der wirtschaftliche Schaden wird

zukünftig also v. a. in einer mangelnden Wettbewerbsfähigkeit aufgrund fehlender und nicht mit dem Unternehmen identifizierter Mitarbeiter deutlich. Im Jahr 2030 wird es für Unternehmen kaum noch möglich sein, ohne eine nachhaltige Unternehmensstrategie, die das Wohlbefinden und Commitment der eigenen Mitarbeiter ins Zentrum stellt, erfolgreich zu sein.

Aus rein wirtschaftlicher Betrachtung heraus gibt es einige interessante Studien zu der Frage, wie hoch die konkreten Kosten sind, wenn ein Mensch an Burn-out erkrankt. Eine Studie der Universität Linz hat beispielsweise die unterschiedlichen Kosten für Therapie, Krankenstand und weitere Nebenkosten ausgerechnet für drei mögliche Szenarien der Burn-out-Erkrankung (Schneider und Dreer 2013). Man muss dazu sagen, dass Burn-out selbst eher umgangssprachlich genutzt wird und aus Sicht der Leistungsträger nicht als eigenständige, behandlungsführende Diagnose gesehen wird. Ein Burn-out, wie er gesellschaftlich gesehen wird, führt aber i. d. R. zu anderen Erkrankungen wie einer Depression oder einer Angststörung, die dann primär behandelt wird.

Die drei Szenarien analysieren die Kosten, die durch Burn-out entstehen, anhand des Zeitpunkts der Behandlung: Frühzeitige Diagnose, zeitversetzte Diagnose und späte Diagnose. Dabei kann ganz grob zusammengefasst werden, dass bei einer frühzeitigen Diagnose Kosten von etwas über 1000 € entstehen. Bei einer zeitversetzten Diagnose belaufen sich die Kosten bereits auf deutlich über 10.000 €. Und bei einer späten Diagnose – also bei akuter Behandlungsbedürftigkeit in einem Krankenhaus – liegen die Gesamtkosten bei über 100.000 €. Daran lässt sich erkennen, welche großen volkswirtschaftlichen Schäden entstehen. Und dabei wurden die Kosten, die für Unternehmen durch Leistungsverlust und Reintegration am Arbeitsplatz entstehen, noch nicht einmal berücksichtigt. In jedem Fall sollte sich ein Unternehmen darüber im Klaren sein, dass es zu hohen Umsatzverlusten und Gewinneinbußen kommen kann, wenn es Folgekosten durch Burn-out ignoriert und diesem Phänomen keine adäquaten Lösungen entgegenstellt.

20.6 Das Ziel: An welchem Punkt sollten wir 2030 angekommen sein?

Ändert sich nichts, sieht das Negativszenario folgendermaßen aus: Wir steuern auf einen gesellschaftlichen Burn-out zu und Unternehmen können Mitarbeiter nicht mehr lange und gesund an sich binden. Die Ausfallquoten von Arbeitnehmern haben sich schon jetzt drastisch erhöht und dieser Trend wird sich weiter fortsetzen. Im Moment leben wir – und damit jeder Arbeitnehmer – mit vielen Eventualitäten, also vielen vermeintlich lauernden Tigern. Wenn wir es nicht schaffen, die Menschen mit tatsächlichen Werten in Berührung zu bringen, ihnen Sinn und Sicherheit zu geben, werden wir erst Wirtschaftskrisen haben und anschließend ein massives Unternehmenssterben. Und die Menschen werden weiter krank.

Ein Unternehmen, das es schafft, die Mitarbeiter fest an sich zu binden, wird auch erfolgreich am Markt sein, es wird gesund sein und prosperieren. Das wird, neben der

Fähigkeit, die zunehmend rasanten Veränderungen durch Globalisierung und Digitalisierung zu antizipieren, das zentrale Überlebenskriterium sein. Alle anderen Marktteilnehmer werden kaum noch qualifizierte Arbeitskräfte finden oder dies nur noch unter großem Aufwand und in Verbindung mit hohen Kosten bewerkstelligen können.

Diese Szenarien gelten, positiv wie negativ, nicht nur für finanzstarke Unternehmen, sondern auch für solche, die in einer finanziell schwierigen Situation sind. Taumelnde Firmen können es durchaus wieder in eine Aufwärtsspirale schaffen, wenn sie ihre Mitarbeiter begeistern und dadurch binden können. Nach dem Motto: „Es geht uns derzeit nicht gut, aber wir wissen, wofür wir das machen und wir schaffen das gemeinsam" können ungeahnte Kräfte mobilisiert werden, die auch durch ziemlich tiefe Täler führen können. Dazu bedarf es gesunder und stabiler Geschäftsführer und Manager, die aus einer stabilen Mitte heraus begeistern und mitreißen können. Diese stabile Mitte wird bei den Mitarbeitern sehr stark wahrgenommen und spiegelt sich in größerer Sicherheit, einem hohen Betriebszugehörigkeitsgefühl und verbesserter Produktivität wider.

Um das Potenzial der eigenen Mitarbeiter zu erkennen und nutzen zu können, gibt es zwei weitere Aspekte, die bislang noch recht selten beachtet und berücksichtigt werden, allerdings eine kraftvolle Ressource darstellen können. Zum einen: Erkrankte Mitarbeiter, die z. B. unter einer Depression leiden, sollten keinesfalls negativ eingestuft oder als Last verbucht werden. Denn: Ein Mitarbeiter, der eine Krise überstanden hat, kann zu einem der wertvollsten Mitarbeiter in einem Unternehmen werden. Der Wert von Menschen, die durch eine Krise gegangen sind, sollte in der Wirtschaft unbedingt als Ressource wahrgenommen werden. Einem Mitarbeiter, der dem Chef sagen kann: „Ich habe in der Krise gelernt, was mir guttut und was mir nicht guttut und unter folgenden Voraussetzungen kann ich ein wertvoller Mitarbeiter sein", sollte jeder Chef sehr genau zuhören. Das ist ein Mitarbeiter, der dankbar sein wird, der Krisenzeiten kennt und in stürmischen Zeiten für Stabilität und Ruhe im Unternehmen sorgen kann. Er kann in schwierigeren Situationen einen Referenzrahmen herstellen und kippt nicht beim kleinsten Wind um. Der reine Leistungserbringer und sog. High Performer ist hingegen i. d. R. der Patient von morgen. Auf ihm kann und sollte man keine Norm aufbauen, denn diese Norm ist grundsätzlich auf Pump aufgebaut und wird dem Unternehmen langfristig mehr schaden, als sie ihm kurzfristig an Ertragssteigerung bringen mag.

Der zweite Aspekt, der beachtet werden sollte: Menschen mit Arbeits- und Lebenserfahrung, häufig ältere Arbeitnehmer, sollten von zukunftsorientierten Unternehmen ebenso eingestellt werden wie jüngere. Wenn es keinen Mitarbeiter gibt, der bereits etwas erlebt hat und an dem sich Kollegen in einer vermeintlichen Krise orientieren können, ist das ganze System deutlich fragiler und verliert darüber hinaus wichtige Impulse und Atmosphäre, die nur über Erfahrung in ein Unternehmen getragen werden kann.

Die Quintessenz aus alldem lässt sich wie folgt zusammenfassen: Die Zukunft von Unternehmen basiert auf Mitarbeitern, die in einer gesundheitlichen Balance leben und sich mit ihrem Unternehmen identifizieren. Dazu müssen die Beschäftigten, v. a. aber auch die Unternehmen, ihren Teil beitragen. Sinngebung und Wertevermittlung sind hier zentrale Stichworte, ausreichende und entlastend wirkende Pausen und eine gesunde

Ernährung sowie eine sichtbare Wertschätzung nicht nur durch ein faires Gehalt, sondern auch durch Wahrnehmung. Das bindet Mitarbeiter, motiviert sie und lässt gemeinsam auch Krisen gestärkt überstehen. So kann eine gute und nachhaltige Basis geschaffen werden, in der sowohl Arbeitnehmer als auch Arbeitgeber erkennen können, dass Tiger eigentlich wunderschöne und kraftvolle Tiere sind und sich viel mehr als Energiespeicher und Ressource denn als potenzielle Gefahrenquelle eignen.

Literatur

Deutsche Gesellschaft für Psychiatrie und Psychotherapie, Psychosomatik und Nervenheilkunde. (Hrsg.). (2018). *Faktenblatt „Zahlen und Fakten der Psychiatrie und Psychotherapie".* https://www.dgppn.de/_Resources/Persistent/a2f31ac2a7f8654c863fbd193d74bebe8487da7b/Factsheet_Psychiatrie.pdf. Zugegriffen am 18.01.2019.

Gallup Institut Deutschland. (Hrsg.). (2018). *Gallup Engagement Index.* https://www.gallup.de/183104/engagement-index-deutschland.aspx. Zugegriffen am 18.01.2019.

Kast, B. (2018). *Der Ernährungskompass – Das Fazit aller wissenschaftlichen Studien zum Thema Ernährung.* München: C. Bertelsmann.

Schneider, F., & Dreer, E. (2013). *Volkswirtschaftliche Analyse eines rechtzeitigen Erkennens von Burnout.* Johannes Kepler Universität Linz. http://download.opwz.com/wai/Studie_UNI_Linz_Burnout_Volkswirtschaft_041213.pdf. Zugegriffen am 18.01.2019.

Fritjof Nelting, Jahrgang 1983, ist Geschäftsführer der Gezeiten Haus Gruppe mit Sitz in Wesseling bei Köln. Vier private Fachkrankenhäuser für psychosomatische Medizin und eine Akademie mit insgesamt rund 400 Mitarbeitern gehören zum Unternehmen. Die Gezeiten Haus Gruppe setzt einen Fokus auf die Verbindung westlicher Psychosomatik mit Traditioneller Chinesischer Medizin. Nelting selbst beschäftigt sich seit Jahren intensiv mit der chinesischen Kultur und Sprache, die er fließend beherrscht. Als Referent ist er regelmäßig auf den Bühnen dieser Welt unterwegs und hilft Unternehmen bei der Umstellung auf Nachhaltigkeit. Darüber hinaus berät er Unternehmen auch gemeinsam mit Skisprunglegende Sven Hannawald. Nelting machte sein Diplom in Medizinökonomie an der RFH Köln, ist verheiratet mit Yangmu Nelting-Ji und hat zwei Kinder.
Weitere Infos auf www.gezeitenhaus.de.

Die Macht der Veränderung – eine philosophisch, historische
Betrachtungsreise durch die Zeit

Eva-Maria Popp

Zusammenfassung

Ein Beitrag, der die Hintergründe für die Behäbigkeit und die diffusen Ängste erklärt,
die durch Change-Management-Prozesse ausgelöst werden. Vor allem der digitale
Wandel wird aktuell als große Gefahr wahrgenommen. Popp erklärt in ihrem Beitrag
die ungeahnten Chancen, die sich aus dem digitalen Wandel, gerade für die Lösung der
großen gesellschaftspolitischen Herausforderungen, ergeben.

2030 – eine Ziffer mit Wohlklang, die mich ins Grübeln bringt.

2030 – noch so lange hin. Was wird der Zeitraum bis dahin für mich, meine Familie,
mein Unternehmen, meine Stadt, mein Land, meine Welt bringen? Wird die Welt überhaupt noch stehen oder, oder, oder? Wer weiß das schon?

2030 – nur ein Hauch an Zeit bis dahin? Menschen, die diese Welt in ein paar hundert
Jahren bevölkern, werden nicht einmal differenzieren zwischen dem Jahr 2000, 2010,
2020, 2030. Sie werden eine Epoche kreieren und diese mit „am Anfang des dritten Jahr-
tausends" bezeichnen.

Andererseits drängt sich gerade bei historischer Betrachtungsweise ein Vergleich mit
den Ereignissen vor exakt 100 Jahren auf. Im Jahr 1919 kam es in Europa und auch in
Deutschland zu einer der größten Umwälzungen, die das Land je gesehen hat. Nach einem
verheerenden Weltkrieg hatten es die Menschen satt, rechtlos in einer Monarchie zu verharren. Eine Revolution fegte die meisten der europäischen Monarchen in einem Sturm
voll Wut und Ärger vom Thron.

E.-M. Popp (✉)
Pfarrkirchen, Deutschland
E-Mail: popp@basic-erfolgsmanagement.de

© Springer Fachmedien Wiesbaden GmbH, ein Teil von Springer Nature 2019
P. Buchenau (Hrsg.), *Chefsache Zukunft*, Chefsache,
https://doi.org/10.1007/978-3-658-26560-1_21

In der Folge schritten die Deutschen am 19. Januar 1919 zum ersten Mal an die Wahlurnen, die für jeden und v. a. auch für jede zugänglich waren. Heute, exakt 100 Jahre später, am 19. Januar 2019, an dem Tag, an dem ich diese Zeilen schreibe, blicken wir zurück auf 100 Jahre Demokratie und 100 Jahre Frauenwahlrecht. Zurück ins Jahr 1919 – nur 11 Jahre später, im Jahr 1930 begann sich ein Spuk zu formieren, der in einer ungeahnten Katastrophe und einem der grausamsten Kriege und Gräueltaten für die ganze Welt endete. Ja, so schnell kann sich alles verändern. Deshalb ist es sehr wichtig, sich mit der Geschichte zu beschäftigen. Sie steht fest, sie ist unveränderbar, weil in der Vergangenheit. Die Zukunft hingegen haben wir alle selbst in der Hand. Sie ist veränderbar, sie ist gestaltbar und sie ist das Ergebnis und die Schnittmenge des Denkens und Handelns aller Menschen dieser Erde. Das ist eine wichtige Erkenntnis, weil sich viele Menschen dessen nicht bewusst sind, dass sie selbst ein Teil der Kraft sind, die die Welt und alles, was auf ihr passiert, gestaltet. Jede noch so kleine Handlung, die wir begehen, hat eine Auswirkung und wird sich früher oder später in irgendeiner Form bemerkbar machen. Jeder von uns hat Macht über sich und die Welt. Wenn wir das erkennen, dann fällt es uns leichter, diese Kraft, sehr bewusst, als positive Veränderungsmöglichkeit anzunehmen und auszuüben.

Das verlangt jedoch die Bereitschaft zu Veränderung und Fortschritt. Der vielbenutzte Spruch „Das haben wir schon immer so gemacht", hat in diesem Zusammenhang nichts verloren. Wenn die Menschen seit Beginn ihres Besuchs auf dieser Erde danach gehandelt und gelebt hätten, dann säßen wir heute immer noch in Felsenhöhlen als Jäger und Sammler, gegen die Kälte geschützt mit Fellen und gewärmt von offenem Feuer. Es liegt in der Natur des Menschen zu forschen, zu gestalten und aus den Erfahrungen, auch und gerade aus Fehlern zu lernen. Oft ist es der Zufall und das Ausprobieren, das uns auf die besten Ideen bringt und im Lauf der Bevölkerungsperiode des Homo sapiens zu phänomenalen Erfindungen geführt hat.

Deshalb bin ich sehr zuversichtlich, dass die Gattung Mensch auch die nächsten tausend Jahre überleben wird und voranschreiten wird in Entwicklung und Fortschritt. Wir werden die anliegenden Probleme mehr oder weniger gut lösen und wir werden uns weiterentwickeln mit und durch diesen Fortschritt. Manches Mal werden wir Rückschritte erleben, die für den/die einzelnen Menschen bitter sind. Das war immer so und wird immer so sein. Im Großen und Ganzen wird es immer weitergehen. Irgendwann wird dieser Planet Erde explodieren, weil auch das mit jedem Planeten passiert und der göttliche Plan wird weitergehen, immer weiter.

Nun frage ich Sie: Wovor haben wir Angst? Der Mensch ist bis jetzt eine große Erfolgsgeschichte gewesen. Natürlich hat es immer wieder große Katastrophen gegeben. Kulturen haben sich zu unglaublichem Wohlstand entwickelt, alle haben sich wieder zerstört bzw. sind in neuen Kulturen aufgegangen und haben sich auf diese Weise immer weiter entwickelt.

Das große Volk der Ägypter, die Griechen, die Römer – in jedem von uns stecken diese Vorfahren und in unserem heutigen Europa leben all diese Kulturen weiter.

Die wichtigsten Kulturtechniken und kulturellen, gesellschaftlichen und technischen Errungenschaften, über die wir in unserer Jetztzeit verfügen, wie das Lesen, der Buchdruck, die Mobilität, die Kommunikationstechnik, eine gut funktionierende Infrastruktur, um nur einige wenige exemplarisch zu nennen. ALLES wurde am Anfang verteufelt. Immer gab es Zweifler, Mahner und Bewahrer, die der Angst vor Veränderung und Weiterentwicklung eine große Stimme verliehen haben. Ich denke an die Reformen der großen Kaiserin Maria Theresia, die nicht nur die Schulpflicht in ihrem großen Imperium eingeführt hat, sondern so segensweite Einrichtungen wie die Pockenimpfung oder auch das System der Hausnummern, um das Eintreiben der Steuern zu professionalisieren. Ein unglaublicher Sturm der Entrüstung und des Widerstands aus dem Beamtenapparat ihrer Verwaltung hat Maria Theresia erreicht, aber auch die Bauern im Land haben sich gewehrt. Die einen hatten Angst vor dem Umdenken und der Anstrengung, die daraus resultiert. Die anderen fürchteten um die Arbeitskraft ihrer Kinder, die im bäuerlichen Arbeitsablauf fest eingeplant waren. So bringt jede Veränderung kurzfristig für einzelne Gruppen in der Gesellschaft durchaus Nachteile. Das zieht zweifellos Widerstand nach sich. Allerdings steht in einer Gesellschaft immer das Wohl des Ganzen im Vordergrund. Das bedeutet für den Einzelnen, partiell Benachteiligten, dass er seinen Nachteil hinnehmen muss zum Wohl der Allgemeinheit. Diese Tatsache ist natürlich ein wesentlicher Hemmschuh, wenn es um dringend notwendige Veränderungen, Umstrukturierungen und Umwälzungen geht.

Eine weitere Ursache liegt in der Psyche des Menschen. Veränderung macht Angst. Gewohntes gibt vermeintliche Sicherheit, die man aufgibt, wenn die Veränderung notwendig wird.

Im Moment haben die meisten Menschen eine große Angst vor der Digitalisierung. Sie wird verteufelt und Horrorszenarien werden an die Wand gemalt, was die Digitalisierung mit uns machen wird. Ich bin der Meinung, dass es sich lohnt, sich auf die positiven Seiten des digitalen Wandels zu konzentrieren. Wir werden ungeahnte Möglichkeiten haben, die wir uns heute noch nicht vorstellen können. Viele Probleme, die heute in der Gesellschaft diskutiert werden, haben eine Chance zur Lösung, weil die geballte Denkmacht der digitalen Welt es möglichen machen wird. Die Vereinbarkeit von Familie, Pflege und Beruf, die Umweltverschmutzung, der Klimawandel, Krankheitsbekämpfung usw.; all das wird durch den digitalen Wandel lösbar. Wer sich auf ihn einlässt und damit umgehen kann, wird auf der Gewinnerseite stehen. Wer sich wehrt und den Zug verpasst, sich in der digitalen Welt zurechtzufinden, wird auf alle Fälle verlieren. Wollen Sie das?

Sicher nein. Dann sollten Sie heute beginnen, sich mit der digitalen Welt und all ihren Chancen und Möglichkeiten anzufreunden.

Eva-Maria Popp ist die Frau, die glücklich macht! Mit ihren Kolumnen, Ratgeberseiten und Expertenquotes in zahlreichen, großen deutschen Magazinen und Zeitschriften, aber auch in Funk und Fernsehen begeistert sie Woche für Woche ein Millionenpublikum. Ob als Glücksfee in der NEUEN POST oder als Psychopopp, wie der SUPERillu Chefreporter Björn Wolfram sie liebevoll nennt, findet sie immer die richtigen Worte, die berühren und bewegen. Das gilt ebenso für ihre Vorträge, bei denen sie ein großes Publikum mit Charisma und Authentizität überzeugt und entscheidende Impulse gibt. Auch ihre zahlreichen Bücher sind für die Leserinnen und Leser einfühlsame Begleiter für ein glückliches und zufriedenes Leben, die mit Rat und Tat unterstützen. Für Prominente und Unternehmer aus allen Bereichen ist sie eine erfolgreiche Verlegerin, Ghostwriterin oder Co-Autorin. Als Coach begleitet sie Prominente aus Adel, Showbusiness und Unternehmen auf dem Weg zu einem glücklichen und erfolgreichen Leben. Auch die CunardLine hat sie als hochkarätige Lektorin für die Gäste der berühmten Queen Mary II entdeckt.

Weitere Infos unter www.evamaria-popp.de

Performance by Design: Die fünf Aufgaben agiler Führung in einer digitalisierten Welt und was Führungskräfte dabei von Game Designern lernen können

22

Wolfgang Rathert

Inhaltsverzeichnis

Zusammenfassung

Wenn Führung ein Spiel ist, wie lauten dann die Regeln?

Die Spielregeln von Führung sind in Bewegung. Als Unternehmerin, Manager, Führungskraft oder Projektleiterin hören Sie die Appelle überall: Werden Sie agil! Setzen Sie auf Selbstorganisation! Mindestens SCRUM müssen sie schon machen. Am besten

W. Rathert (⊠)
CN St. Gallen Transformation AG, Zürich, Schweiz
E-Mail: research@cn-transformation.ch

© Springer Fachmedien Wiesbaden GmbH, ein Teil von Springer Nature 2019
P. Buchenau (Hrsg.), *Chefsache Zukunft*, Chefsache,
https://doi.org/10.1007/978-3-658-26560-1_22

gleich Holokratie. Finden Sie Ihre „purposes"! Starten Sie mit „why"! Seien Sie disruptiv!

Natürlich stehen hinter vielen Aufrufen dieser Art die Umsatzinteressen von Beratern. Doch Eindringlichkeit und Lautstärke dieser Aufforderungen sind auch ein Zeichen dafür, dass Führung und Management an vielen Orten in der Krise stecken.

Die Symptome dieser Krise reichen von rekordtiefen Motivationswerten bis zu schwindendem Vertrauen in scheinbar nur von Macht und Gier getriebene Konzernleitungen, die in einem Skandal nach dem anderen bloßgestellt werden.

Technologische Quantensprünge und junge Generationen, die neue Anforderungen und Erwartungen an die Arbeit stellen, stellen konventionelle Unternehmenskulturen vor zusätzliche Herausforderungen.

Und es steht viel auf dem Spiel, denn wo exponentielle Entwicklungen und Winner-takes-all-Dynamiken dominieren, da geht es um alles oder nichts.

Von Führung wird erwartet, dass sie Mittel und Wege findet, gesellschaftliche und technologische Kräfte vor den Karren der Organisationen zu spannen und die „winds of change" auf die Rotorblätter unternehmerischer Windkraftanlagen zu leiten.

Führung kann und muss diese Rolle spielen. In diesem Beitrag möchte ich einige Gedanken zu der Frage beisteuern, wie das gelingen kann.

Führung – eine (Er-)Klärung

> Satz 4116: Alles, was überhaupt gedacht werden kann, kann klar gedacht werden. Alles, was sich aussprechen lässt, lässt sich klar aussprechen.
> Satz 7: Wovon man nicht sprechen kann, darüber muss man schweigen.
> (Ludwig Wittgenstein, Tractatus logico-philosophicus)

22.1 Führung ist einfach. Warum wir trotzdem daran scheitern

Führung ist einfach

Wir tun es die ganze Zeit. Automatisch. Und erfolgreich: Wir organisieren unsern Alltag, spielen mit der Band Musik oder mit der Mannschaft Fußball und wir schaffen es, mit Freunden oder der Familie in die Ferien zu fahren.

Dazu entwerfen wir Zukünfte, entwickeln Strategien und Pläne. Wir motivieren andere zum Mitmachen, überwinden Hindernisse und entwickeln bei Bedarf kreative Lösungen. Wir organisieren uns und andere, lernen wenn nötig, holen und geben Feedback. Wir rappeln uns wieder auf, wenn wir Rückschläge erleiden und feiern, wenn wir es geschafft haben.

Wem es gelingt, für sich und andere attraktive Zielvorstellungen zu entwickeln, wer Wege findet, diese zu realisieren und dabei Einstellungen und Handlungen der Beteiligten auf Ziele ausrichtet, wer gemeinsames Handeln organisiert und dafür Beziehungen gestaltet, der führt. Würden wir das nicht beherrschen, dann würden wir weder gemeinsam Fußball spielen noch mit Freunden in die Ferien fahren oder in Familien zusammenleben.

Wir können das, weil uns die grundlegenden Fähigkeiten, die wir dazu brauchen, angeboren sind: Wir können die eigenen Bedürfnisse reflektieren und feststellen, was uns motiviert. Wir können uns alternative Realitäten vorstellen und Wege dahin ausdenken. Wo wir andere brauchen, um unsere Strategien umzusetzen, da können wir uns in sie hineinversetzen und ihre Bedürfnisse und Antriebe erahnen (Empathie). Dann können wir kommunizieren, um sie zu mobilisieren und um unser Handeln zu koordinieren.

Zusätzlich zu den intellektuellen Fähigkeiten, die wir dazu brauchen, hat uns die Evolution mit einem Arsenal an Hormonen, Spiegelneuronen und somatischen Markern ausgestattet, die uns auf der unbewussten und körperlichen Ebene dabei helfen. Wie erfolgreich wir damit sind, das zeigt unser Erfolg als Spezies auf diesem Planeten.

Wenn wir also derart zum Führen geboren sind, warum scheitert diese Tätigkeit dann so oft, wenn sie in Unternehmen stattfinden soll?

Führung ist schwierig

Menschen können eine ganze Menge Dinge im Alleingang erreichen. Trotzdem verbleiben viele Ziele, die besser (oder auch ausschließlich) gemeinsam mit anderen erreicht werden können. Um solche Ziele zu verwirklichen, schließen Menschen sich zum Zweck der gemeinsamen Zielerreichung zusammen. Das institutionalisierte Ergebnis solcher Zusammenschlüsse sind Organisationen, jede mit einer Kernfunktion, die eine angestrebte Wirkung für eine jeweils relevante Umwelt erbringen soll.

Die meisten Errungenschaften moderner Gesellschaften sind auf Leistungen zurückzuführen, die vermittels solcher Organisationen erst möglich wurden. Angefangen bei staatlichen Institutionen, die die Grundlagen des Zusammenlebens in einer komplexen Welt regeln, über politische Parteien und Nichtregierungsorganisationen, in denen kollektive Meinungsbildungsprozesse organisiert werden, bis hin zu Unternehmen, die im System der Marktwirtschaft Produkte und Dienstleistungen erstellen. Diese zunehmende Ausdifferenzierung der Gesellschaft in Teilsysteme, die jeweils spezifische Leistungen erbringen und von Organisationen bevölkert sind, die nach jeweils eigenen Gesetzmäßigkeiten funktionieren, hat Niklas Luhmann in seiner Systemtheorie beschrieben.

Unternehmen als Akteure im Teilsystem Wirtschaft sind dadurch gekennzeichnet, dass ihre Aktivitäten sich primär auf Märkte richten und sie prominent ökonomische Ziele verfolgen. Für ihre Zielerreichung mobilisieren und nutzen sie Ressourcen aus ihrer Umwelt, die in einen Wertschöpfungsprozess einfließen, der die in der Kernfunktion angelegte Wirkung für die Wertschöpfungsadressaten erzeugt.

Die Marktwirtschaft und Unternehmen als ihre dominanten Akteure können als das Ergebnis einer Co-Evolution gesehen werden. In diesem Prozess haben die (durch Führung vermittelten) koordinierten Entscheidungen und Aktivitäten vieler Einzelner Institutionen geschaffen, die wiederum neue Rahmenbedingungen und Optionen für weitere Entscheidungen und Aktivitäten entstehen ließen. Man denke an die vielen zivilisatorischen Voraussetzungen und Vorbedingungen, die erfüllt sein müssen, damit Unternehmen, wie wir sie heute kennen, überhaupt existieren können. Angefangen bei funktionierenden

Rechts- und Bildungssystemen über die benötigte Transport- und Kommunikationsinfrastruktur bis hin zur Existenz von Institutionen, die durch Grundlagenforschung neues Wissen aufdecken und neue Technologien in die Welt bringen. In der Gesamtheit und Vernetzung dieser Teilsysteme liegt die Leistungsfähigkeit begründet, die die Dynamik antreibt, mit der die Menschheit die exponentielle Entwicklung durchlaufen konnte und durchläuft, in der wir uns befinden.

Doch im selben Maß, in dem Unternehmen sich zu größeren und leistungsfähigeren High-Performance-Organisationen entwickelt haben, steigen auch die Anforderungen an Führung in diesen Institutionen. Unternehmen sind heute komplexe Systeme, die in eine ebenfalls komplexe Umwelt eingebettet sind. Für die dafür benötigte High-Performance-Führung reicht die eingangs beschriebene Grundausstattung an angeborener Führungskompetenz nicht mehr aus. Im Gegenteil: Es zeigt sich, dass Menschen, wenn sie bei der Steuerung komplexer Systeme allein ihrer Intuition folgen, systematisch scheitern.[1]

22.2 Management als Versuch einer Antwort

Diese Schwierigkeiten sind natürlich nicht neu und schon immer wurde nach Wegen gesucht, wie die anspruchsvoller werdende Aufgabe der Steuerung von Organisationen gelöst und gemanagt werden kann. Wenn Aufgaben und Ziele durch ein Kollektiv angestrebt werden, stellt sich die Frage nach der Koordination des gemeinsamen Handelns und nach der Motivation der Akteure.

Wissenschaft und Praxis haben eine Vielzahl an Frameworks und Modellen von Management, Führung und Leadership[2] als Antwort auf diese Frage entwickelt. Entsprechend gibt es eine Reihe verschiedener Verständnisse dessen, was mit diesen Begriffen gemeint wird und gemeint werden kann. Eine Klärung dessen, was Führung in Unternehmen sein soll, ist auch deshalb hilfreich, weil die Bandbreite möglicher Bedeutungen im Kontext von Modebegriffen und Buzzwords wie Agilität oder Digitalisierung ein Ausmaß angenommen hat, das das Reden darüber zunehmend unübersichtlich macht.

Führung als Gestaltungspraxis
In diesem Beitrag folge ich der Lesart des St. Galler Managementmodells (SGMM, Rüegg-Stürm und Grand 2017), das Management und Führung als eine Gestaltungspraxis mit einem externen Fokus auf das Verhältnis zwischen Organisation und relevanter Umwelt sowie einem internen Fokus auf die organisationale Wertschöpfung für diese Umwelt definiert. Ich möchte jedoch bei der Abgrenzung zwischen Management und Führung von der Linie abweichen, die das SGMM zur deren Unterscheidung zieht.

---

[1] Exemplarisch dazu beispielsweise Dietrich Dörner in *Die Logik des Misslingens* (Dörner 1989).
[2] Leadership und Führung werden hier im Folgenden synonym verwendet.

Führung als EIN-wirkung

Das SGMM versteht unter Führung die „direkte kommunikative Einwirkung auf das Denken und Handeln einzelner Akteure, Teams und Kollektive" und stellt – damit verbunden[3] – eine geringere Reichweite von Leadership im Vergleich zu Management fest. Führung wird an der persönlichen, unmittelbaren Wirksamkeit von Führungskräften festgemacht.

Der Fokus auf diese Unterscheidung bringt zwei problematische Konsequenzen mit sich:

- Führung reduziert sich auf absichtliche und zielgerichtete Kommunikationsakte. Unbeabsichtigte Nebenwirkungen von Handlungen werden aus-, zumindest nicht explizit eingeschlossen.
- Auch wenn Kommunikation natürlich weit ausgelegt werden kann, so ist es wenigstens nicht naheliegend, sachliche Entscheidungen unter Führung zu fassen, also solche Entscheidungen, die einen administrativen oder technischen Gegenstandsbereich regeln oder rein sachlich begründet sind und nicht den Anspruch haben, eine kommunikative Einwirkung darzustellen.

Führung in der Lesart des SGMM hat damit weder unbeabsichtigte (Neben-)Wirkungen noch solche Kommunikationsakte und Entscheidungen, die sich mit rein sachlichen Fragen befassen, auf dem Radar. Beide können aber oft maßgebliche Einwirkungen auf das Denken und Handeln von Mitarbeitenden haben und dabei den Mikrokosmos der eigenen Wirksamkeit weit übersteigen.

Dieses Grundproblem entsteht, weil das SGMM bei den Aktivitäten der Träger der Gestaltungsfunktion Management ansetzt und seiner Abgrenzung entlang deren beabsichtigten EIN-wirkungen zieht. Ich möchte stattdessen für die Unterscheidung zwischen Management und Führung an den AUS-wirkungen ansetzen und eine Definition von Führung verwenden, die sich daran orientiert.

Führung als AUS-wirkung

Jede Gestaltungspraxis hat Auswirkungen in vielen Dimensionen, oft gleichzeitig und mit verschiedener Reichweite. Führung soll hier als jede Handlung verstanden werden, die Auswirkungen auf zwischenmenschliche Beziehungen und persönliche Befindlichkeiten hat.

Diese Definition hat verschiedene Auswirkungen:

- Nicht der oder die Führende, sondern der oder die Geführte(n) rückt bzw. rücken in den Fokus. Denn ob Führung gelingt, liegt mehr an der Wirkung auf die Adressaten als in der Absicht des Führenden.

---

[3] Leadership wird als die Gestaltung des unmittelbaren Arbeitskontexts, als auf den „‚Mikrokosmos' der eigenen Wirksamkeit" bezogen, definiert (Rüegg-Stürm und Grand 2017, S. 217).

- In komplexen Systemen wie Organisationen haben Handlungen wegen der systemimmanenten Abhängigkeiten typischerweise sowohl Auswirkungen auf der sachlichen als auch auf der persönlichen und zwischenmenschlichen Ebene. Diese Koppelung kann nicht aufgehoben werden und sollte immer mitgedacht werden.
- Mit dieser Definition rückt ein Aspekt ins Blickfeld, auf den später noch zurückgekommen wird: Führung kann nicht nur über persönliche Interaktionen ausgeübt werden, sondern auch über die Gestaltung von Kontext erfolgen.

22.2.1 Die Geschichte von Management

Management 1.0

Für die Frage nach Gegenwart und Zukunft von Management und Führung lohnt es sich, die Herkunft des Begriffs ins Auge zu fassen. Von herausragender Bedeutung ist dabei die Arbeit von Frederic Taylor. Seine Konzeption von Management im Kontext der Unternehmensführung war so erfolgreich, dass sie noch heute in Form wichtiger Grundüberzeugungen im Selbstverständnis von Managern und Mitarbeitenden gleichermaßen nachwirkt.

Taylors großer Verdienst besteht darin, dass er Management als eine systematische Tätigkeit („scientific management") beschrieben (und vorgeführt) hat, die klaren Prinzipien folgend messbare und reproduzierbar gewünschte Ergebnisse liefert. Taylor hat Management auf eine neue Reflexionsstufe gehoben, operationalisiert und als technischen Skill konzipiert, der gelernt werden kann wie Fahrradfahren.

Noch wichtiger ist, dass Taylor Management als eine eigene Funktion etabliert und damit die Arbeitsteilung von Denken und Ausführen eingeführt hat. Die Rolle des Managers als planender, entscheidender und kontrollierender Experte wurde nachhaltig in die DNA von Organisationen eingraviert. Taylor verdanken wir die Entstehung derjenigen Kaste von Beschäftigten, aus denen sich noch heute die Mitglieder der Entscheidungsgremien von Unternehmen rekrutieren.

22.2.2 Das erste Management Mindset

Dieses Management 1.0 beruht auf einer maximalen Arbeitsteilung zwischen denkenden und planenden Managern auf der einen Seite und umsetzenden Arbeitern auf der anderen Seite. Seine Form ist die Hierarchie, die die Kompetenzstruktur und die Reichweite der Planungsverantwortung widerspiegelt. In der Gestaltungstätigkeit werden alle benötigten Ressourcen auf optimale Weise fest verdrahtet, der Wertschöpfungsprozess ist bis ins kleinste Detail kontrolliert. Den Akteuren im Wertschöpfungsprozess bleibt die reine Ausführung dieser optimierten Prozesse vorbehalten, mit der Hauptanforderung einer maximalen Compliance, um Abweichungen von der optimalen Lösung zu minimieren (Abb. 22.1).

Abb. 22.1 Management 1.0

Die beispiellose Erfolgsgeschichte der industriellen Revolution hat dieses Management 1.0 nicht nur zum selbstverständlichen Normalfall, sondern zum einzig logisch denkbaren Organisationsprinzip werden lassen – das erste Mindset von Management war geboren.

Den Begriff des Mindsets möchte ich anhand des Modells der logischen Ebenen von Robert Dilts (2014) konkretisieren. Dilts schlägt vor, im Zusammenhang mit der Erklärung und Veränderung von Verhalten sechs logische Ebenen zu unterscheiden. Die Ebenen 4 und 5 machen das aus, was man landläufig unter Mindset versteht. Dort sind die unbewussten, das Verhalten prägenden Grundüberzeugungen angesiedelt, die darüber entscheiden, welche Strategien und Verhaltensmuster selbstverständlich als zielführend (weil logisch) eingesetzt werden, um einen Sinn zu realisieren (Tab. 22.1).

Mindset klassischer Führung
Management 1.0 ist perfekt geeignet, um die Erledigung komplizierter Aufgaben zu optimieren. Experten können den „one best way" festlegen, nach dem beispielsweise die Autos an Henry Fords Fließbändern maximal effizient zusammengebaut werden konnten.

Tab. 22.1 Mindset klassischer Führung

Logische Ebene	Ausprägung im Management-1.0-Mindset
Sinn	Effizienz und Produktivität des Unternehmens maximieren
Selbstbild, Identität	Experte im Besitz von Lösungskompetenz für die Aufgabe
Glaubenssätze, Werte, (Wahrnehmungs-)Filter	Umwelt ist vorhersehbar, Aufgaben und Probleme sind bekannt und vollständig beschrieben und können durch Analyse einer optimalen Lösung zugeführt werden. Gute Performance, Maßstab der Performance ist Effizienz
Fähigkeiten, Strategien	Maximierung der Planungskapazität; Optimierung der Produktivität durch Problemlösungskompetenz in den fachlichen Domänen, die die Aufgabe verlangt
Verhalten	Prozesse und Aufgaben analysieren, Lösungen entwickeln, Maßnahmen planen und implementieren, Umsetzung kontrollieren und gegebenenfalls Lösungen bzw. Maßnahmen anpassen
Kontext bzw. Umwelt	Komplizierte Aufgaben, stabile Umwelt

Weil aber die Aufgaben, vor denen Manager und Führungskräfte in der Gegenwart stehen, eines völlig anderen Typs sind (Abschn. 22.3), stellen die zu Management 1.0 passenden Strukturen, Methoden und Kulturen heute die Altlasten dar, die für ein erfolgreiches Wirtschaften in einer komplexer gewordenen Welt infrage gestellt und entsorgt werden müssen.

Taylors Hammer passt nicht mehr auf den Aufgabennagel von heute. Aus diesem Grund misslingt Führung.

22.3 Führung unter den Bedingungen der Digitalisierung

22.3.1 Trivial, kompliziert, komplex – Führungsparadigmen der Steuerung

Wenn wir etwas steuern möchten, dann kommt es darauf an, wie sich das zu steuernde Etwas verhält, um welchen Typ von Aufgabe es sich handelt.

Wir betrachten Unternehmen als Systeme. Systeme sind ganz allgemein Gesamtheiten von Elementen, die miteinander in Beziehung stehen. Die Kybernetik ist die Wissenschaft der Steuerung von Systemen. Von ihr wissen wir, dass wir Systeme hinsichtlich ihrer Steuerbarkeit entlang von zwei Dimensionen klassifizieren können:

Anzahl und Grad der Vernetzung der Elemente des Systems
Die Anzahl der Beziehungen in einem System haben einen maßgeblichen Einfluss auf seine Steuerbarkeit. Die Anzahl der Beziehungen steigt mit der Anzahl der Elemente, aus denen sich das System zusammensetzt, sowie mit dem Grad der Vernetzung zwischen diesen Elementen.

Autonomie und Freiheitsgrade der Elemente des Systems
Autonomie und Freiheitsgrad der Elemente sind der zweite Einflussfaktor. Es macht einen entscheidenden Unterschied, ob ein System etwa aus mechanischen Teilen besteht, die sich immer gleich und vorhersehbar verhalten, oder ob beispielsweise Menschen als Elemente des Systems vorkommen. Letztere bringen eigene Interessen, Erfahrungen, Temperamente und andere innere Zustände mit, die ebenfalls ihr Verhalten beeinflussen und es entsprechend weniger vorhersehbar machen (Abb. 22.2).

Systeme lassen sich entlang dieser beiden Dimensionen nach dem Kriterium ihrer Steuerbarkeit in vier Klassen einteilen. Entscheidend ist, dass für jede Klasse ein anderes Steuerungsparadigma benötigt wird:

Triviale Systeme
Das Verhalten trivialer Systeme wird durch intuitiv begreifbare Ursache-Wirkung-Beziehungen bestimmt. Auch die Freiheitsgrade der Elemente sind noch überschaubar,

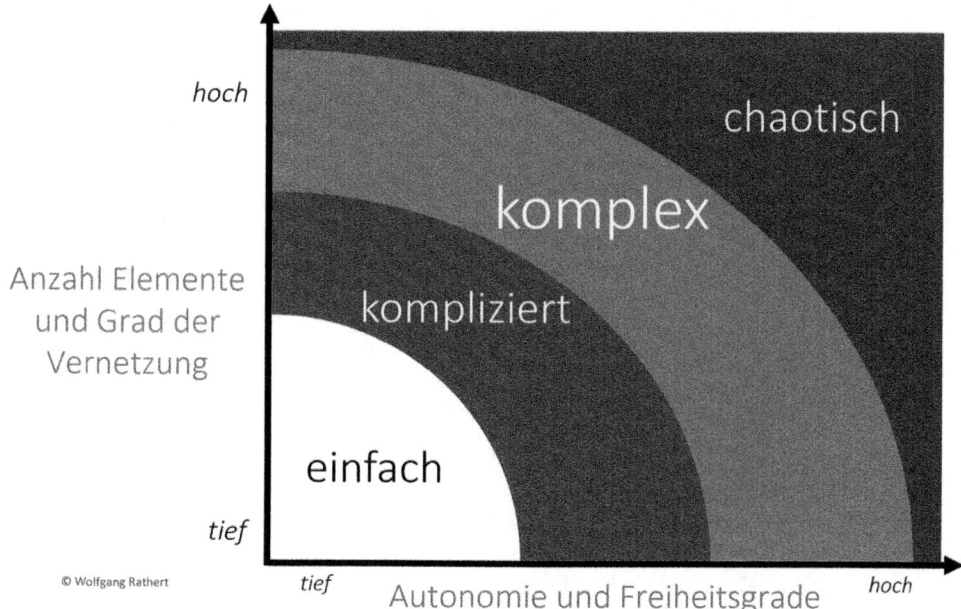

Abb. 22.2 Definition von Komplexität

sodass das Steuerungsparadigma hier „command and control" heißt. Beim Autofahren beispielsweise kann man das angepeilte Ziel durch einfaches Lenken (links/rechts) und Beschleunigen (Gasgeben und Bremsen) erreichen.

Komplizierte Systeme

Komplizierte Systeme hat man nicht mehr wie triviale Systeme intuitiv im Griff, beispielsweise weil die Anzahl der Beziehungen unübersichtlich groß ist oder zu viele Einflussfaktoren berücksichtigt werden müssen.

Solche Systeme können nach dem Steuerungsparadigma „Regelung" auf Kurs gehalten werden, solange drei Voraussetzungen gegeben sind:

1. Das System ist in Teile zerlegbar.
2. Das System und die Teile sind vollständig beschreibbar.
3. Das Verhalten des Systems und seiner Teile ist vorhersehbar.

Unter diesen Bedingungen funktioniert Management 1.0: Experten können durch die Analyse der Ursache-Wirkung-Zusammenhänge die Teile vollständig verstehen, Maßnahmen zur Zielerreichung planen und die Umsetzung auf Abweichung kontrollieren, die als Feedback in den Prozess der Analyse und Planung einfließen. Die Optimierung der Teile optimiert auch das Gesamtsystem.

Um einen gewünschten Zielzustand anzusteuern, lassen sich Regelkreise installieren, die bei Abweichung vom Soll-Zustand automatische Interventionen in das System auslösen, die das System vorhersehbar wieder auf Kurs bringen bzw. halten.

Dieses Steuerungsparadigma „Regelung" hält Flugzeuge in der Luft und Computer am Laufen.

Komplexe Systeme

Komplexe Systeme lassen sich nicht mehr regeln, denn sie zeichnen sich durch drei Phänomene aus, die die oben beschriebenen Voraussetzungen dafür aushebeln:

1. Emergente Eigenschaften sind Qualitäten des Systems, die nicht auf Eigenschaften der Elemente des Systems zurückgeführt werden können.[4] Dadurch ist ein komplexes System mehr als die Summe seiner Teile. Komplexe Systeme können deshalb weder auf ihre Teile reduziert werden, noch sind sie durch die Analyse ihrer Teile vollständig beschreibbar.
2. Schwache Kausalität bedeutet (im Unterschied zur starken Kausalität), dass das Verhältnis von Ursache und Wirkung nicht mehr in einem proportionalen Verhältnis stehen. Kleine Ursachen können große Wirkungen entfalten (Schmetterlingseffekt). Umgekehrt können große Ursachen von der Eigendynamik des Systems absorbiert werden und wirkungslos verpuffen. Das Verhalten komplexer Systeme ist deshalb nicht mehr vorhersehbar.
3. Pfadabhängigkeit bedeutet, dass die Reaktion des Systems oder seiner Elemente von der Geschichte des Systems abhängen. Dieselbe Intervention kann deshalb unterschiedliche Reaktionen auslösen. Das Verhalten komplexer Systeme ist deshalb nicht mehr beschreibbar.

Die Vernetzung und Rückkopplungen zwischen den Elementen und/oder die Freiheitsgrade der Systemelemente können so groß werden, dass kein wirksames Regelwerk mehr zentral entwickelt und installiert werden kann. Um komplexe Systeme zu steuern, müssen verteilte, lokale Informationen berücksichtigt und dezentral verarbeitet werden. Die verteilte Intelligenz des Systems muss aktiviert und koordiniert werden. Dieses Steuerungsparadigma heißt „Selbstorganisation".

Chaotische Systeme

Das Verhalten chaotischer Systeme ist zwar immer noch von (physikalischen) Ursache-Wirkung-Beziehungen determiniert, doch sind diese für den Beobachter nicht mehr feststellbar oder auswertbar, sodass zielgerichtete Eingriffe gar nicht mehr erfolgen können.

---

[4]Paradebeispiel für eine emergente Eigenschaft ist die Vitalität lebender Organismen: Auch die komplizierteste Maschine kann man zerlegen und wieder zusammensetzen, ohne dass dabei Eigenschaften und Funktionen verloren gehen. Aber versuchen sie das einmal mit einer Katze.

22.3.2 Was die Digitalisierung für Führung bedeutet

Digitalisierung ist ein schillernder Begriff, der die unterschiedlichsten Assoziationen auslöst. Typischerweise schwingt darin eine technische Komponente mit. Digitalisierung bezeichnet auch immer Errungenschaften wie Quantenrechner, Blockchains, Machine Learning und künstliche Intelligenz (KI) sowie Entwicklungen wie Cloud-Computing, die zunehmende Verfügbarkeit von drahtlosen Breitbandverbindungen zum Internet (5G) und die Durchdringung des Alltags mit Sensoren und deren Vernetzung zum Internet der Dinge.

Aus der Perspektive von Management und Führung in Unternehmen sind diese Aspekte unter den beiden Gesichtspunkten Geschäftsmodell und Unternehmenssteuerung relevant:

Digitalisierung und Geschäftsmodelle

Bezogen auf die internen Prozesse und Strukturen ist technologischer Fortschritt eine Ressource, die es Unternehmen erlaubt, bestehende Aktivitäten auf völlig neue Art und Weise und mit weitreichenden qualitativen und quantitativen Auswirkungen zu organisieren. Die Folge sind oft völlig neue Qualitätsniveaus von Leistungen, v. a. was Geschwindigkeit, Verfügbarkeit, Zuverlässigkeit und Personalisierungsgrad angeht. Gleichzeitig revolutioniert die Digitalisierung die Kostenstrukturen von Unternehmen, sowohl in Bezug auf die Höhe als auch auf das Kostenverhalten. Vorleistungen, die As-a-Service und/oder on demand bezogen und bezahlt werden können, reduzieren den Investitionsbedarf und damit unternehmerisches Risiko, senken damit aber auch im selben Atemzug die Eintrittsbarrieren für Wettbewerber.

In Bezug auf die Umwelt und auf die Leistungsangebote für Stakeholder ermöglicht die Digitalisierung völlig neue Konfigurationen des Angebots. Diese reichen vom Grad der Individualisierung über neue Preismodelle (As-a-Service, Abrechnung nach Verbrauch) bis zur Berücksichtigung von Echtzeitfeedback des Nutzers bei der Leistungserstellung und der Anreicherung von Produkten mit Informations- und Servicebausteinen.

Digitalisierung und Unternehmenssteuerung

Die oben beschriebenen Auswirkungen haben für Organisationen eine sprunghafte Zunahme der Anzahl der Handlungsoptionen und der Geschwindigkeit, mit der zwischen ihnen entschieden werden muss, zur Folge.

Das hat weitreichende Konsequenzen für die Unternehmenssteuerung, und zwar sowohl was die Ziele und den Prozess der Zielsetzung angeht, als auch in Bezug auf die Steuerung, d. h. die zielgerichtete Einflussnahme von Management und Führung als Praxis der Gestaltung von Organisationen

22.3.3 Warum Digitalisierung die Komplexität explodieren lässt

Über viele Jahre war die wichtigste Wirkung der Digitalisierung die Zunahme der Geschwindigkeit, in der Informationen verarbeitet und bereitgestellt werden können.

Das revolutionäre an der Digitalen Revolution besteht darin, dass eine Reihe technischer Entwicklungen und Anwendungen nun neue digitale Akteure ins Spiel bringen, die eine Reihe von Skills aufweisen, die in ihrem Zusammenspiel (Vernetzung) tatsächlich einen qualitativen Quantensprung (emergentes Phänomen) bewirken.

Digitale Akteure sind immer und überall präsent

Bisher haben Computer und Smartphones im Web 1.0 und 2.0 Menschen miteinander verbunden. Zunehmend verbindet das Internet aber nicht Menschen, sondern Dinge. Fast jeder Gegenstand kann mit Sensoren ausgestattet werden, die über Breitbandfunknetzwerke Echtzeitdaten zur Auswertung an cloud-basierte Applikationen liefern und auf demselben Weg ihrerseits Informationen und Anweisungen erhalten.

Sensoren sind allgegenwärtig und zunehmend nahtlos im Alltag „embedded". Sie machen eine wachsende Menge an Echtzeitdaten verfügbar. Die Vernetzung dieser Sensoren miteinander bildet das Internet der Dinge,[5] das im Zusammenwirken mit in der Cloud angesiedelten Systemen die Auswertung und Verarbeitung dieser Daten räumlich unabhängig macht. Und weil im Internet der Dinge der Mensch als Engpass der Informationsverarbeitung nicht mehr vorkommt, sind Prozesse dort um ein Vielfaches schneller.

Digitale Akteure können besser entscheiden

KI-Systeme sind mithilfe von Deep-Learning-Algorithmen in der Lage, in großen Datenmengen selbstständig Muster zu erkennen und Entscheidungsstrategien zu entwickeln. Auf diese Weise lernen sie, Systeme zu verstehen und spielen inzwischen besser Schach als wir, übersetzen Sprachen, erkennen Krankheiten und fahren Autos.

Die Koppelung solcher lernender Systeme mit Echtzeit-Datenfeeds und -Rückkopplungen erlaubt außerdem eine ständige, automatische Selbstoptimierung und Weiterentwicklung dieser Systeme.

Im Ergebnis steigt durch die Gesamtheit dieser Entwicklungen die Problemlösungs- und Entscheidungskompetenz digitaler Systeme stetig an. Es ist es nur ein logischer letzter Schritt, wenn diesen Systemen zu guter Letzt auch noch die Kompetenz zugestanden wird, ihre (besseren) Entscheidungen auch autonom umzusetzen. Im Bereich des autonomen Fahrens stehen wir kurz vor diesem Schritt. So besteht dann auch das Revolutionäre an der Blockchain-Technologie darin, dass sie in verteilten Systemen wie den über das Internet der Dinge vernetzten digitalen Akteuren ohne Vermittlung durch eine zentrale Instanz auf technologischem Weg das Vertrauen erzeugt, das Voraussetzung dafür ist, dass Menschen autonomen Systemen diese Entscheidungsautorität zugestehen können.

---

[5] Mikrofone, die eine Veränderung des Geräuschmusters einer Maschine feststellen, oder der Anstieg der Leistungsaufnahme des Motors, der eine Fahrstuhltür öffnet, lassen Verschleißerscheinungen erkennen und lösen eine Wartung aus. Synchrone Bewegungen von Smartphones in einer Region messen Erdbeben in Echtzeit. Sensoren in den Gläsern der Gäste eines Restaurants messen den Getränkeverbrauch und lösen automatische Nachbestellungen aus. Den möglichen Use Cases des Internet der Dinge sind nur durch die Fantasie Grenzen gesetzt.

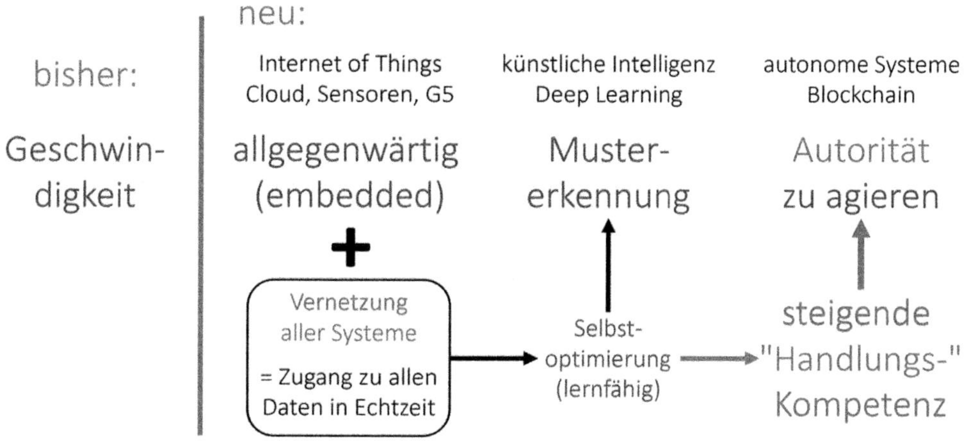

Abb. 22.3 Skills digitaler Systeme

Unter dem Gesichtspunkt der Steuerung und Steuerbarkeit von Systemen ist relevant, dass durch diese Entwicklung viele neue, vernetzte und autonome Akteure auf den Plan kommen, die die Um- und Innenwelt von Unternehmen bevölkern.

Erinnern wir uns an die beiden Treiber für die Komplexität von Systemen – die Anzahl und den Grad der Vernetzung der Elemente eines Systems sowie den Grad der Autonomie dieser Elemente – dann wird deutlich, dass die Digitalisierung in beiden Dimensionen neue Level erreicht und damit die Komplexität für Unternehmen explodieren lässt. Dies ist ein weiterer Grund, warum das Steuerungsparadigma Regelung in Unternehmen zunehmend unter Druck gerät und versagt (Abb. 22.3).

22.4   Führen heute: Management 2.0

Natürlich haben Manager ebenfalls die Grenzen von Management 1.0 erkannt und nach Lösungen und Weiterentwicklungen gesucht, um den auftauchenden Probleme zu begegnen. Das Resultat ist das heute vorherrschende System von Management 2.0, in dem die scharfe Trennung zwischen Denken und Umsetzen teilweise aufgehoben wurde. Techniken wie Management by Objectives (MBO) verzichten darauf, alle Details der Aufgabe vorzugeben. Stattdessen werden aus übergeordneten Zielen Teilziele abgeleitet (heruntergebrochen), die zuständigen Abteilungen oder Funktionsträgern als Vorgabe dienen und über deren Umsetzung die Mitarbeitenden dann im Rahmen eingeräumter Freiräume selbstständig und autonom entscheiden können (Abb. 22.4).

Management 2.0 ist der Variante 1.0 bei der Bearbeitung komplexerer Aufgaben u. a. deshalb überlegen, weil es besser erlaubt, verteilte Kompetenzen zu aktivieren und in Echtzeit auf Informationen zu reagieren, die an der Peripherie der Organisation auftauchen.

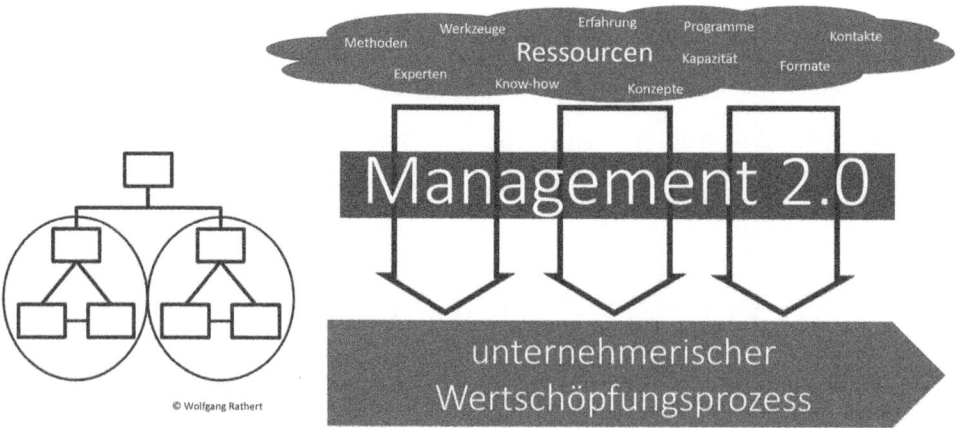

Abb. 22.4 Management 2.0

Management 2.0 ist aus diesem Grund ein Schritt in die richtige Richtung, schöpft aber das Potenzial von Selbstorganisation nicht aus. Und weil der Gestaltungsprozess der Gesamtorganisation weiterhin einer Top-down-Logik folgt, bringt es neue Probleme mit sich.

So führt die Bereichsbildung zu der bekannten Silobildung in Organisationen. Dadurch entstehen einerseits Abstimmungs- und Schnittstellenprobleme, andererseits wird innerhalb der autonomen Bereiche lokal optimiert, was auf Kosten der globalen Performance geht. Hierarchisch organisierte Koordinations- und Rückkopplungsschleifen sind zu rigide, zu langsam und – v. a. angesichts oft dysfunktionaler Anreizsysteme – anfällig für Machtpolitik. Alle diese Effekte verzögern, verzerren oder verhindern Entscheidungen, die im Interesse der Gesamtorganisation liegen.

Management 2.0 geht im Kern immer noch davon aus, dass eine informierte und kompetente Klasse an Managern die Aufgabe der Unternehmenssteuerung top-down lösen kann.

Weil dieses Grundprinzip der Arbeitsteilung (v. a. auf strategischer Ebene) bestehen bleibt und die Grundüberzeugung der Steuerbarkeit von Unternehmen durch Regelung immer noch Bestandteil des Mindset ist, scheitert auch Management 2.0 daran, Organisationen in einer komplexen Welt nachhaltig zu entwickeln und lebensfähig zu halten.

22.5   Führung morgen: Selbstorganisation

Es sei noch einmal betont: Nach wie vor ist Management 1.0 geeignet, komplizierte Aufgaben auf optimale Weise zu lösen. Dort soll es deshalb auch nach wie vor zur Anwendung kommen. In der Welt von Management 1.0 hat Führung die Aufgabe, die optimale Lösung für komplizierte Aufgaben zu entwickeln und dann dafür zu sorgen, dass diese Lösung möglichst ohne Abweichungen implementiert werden. Für komplexe Aufgaben ist es aber aus den oben beschriebenen Gründen nicht möglich, die optimale Lösung analytisch zu bestimmen.

Anders als zur Zeit der Begründung der Disziplin Management kann deshalb in der komplexen Gegenwart die Gestaltungsarbeit von Führung nicht mehr im Sinn eines technikähnlichen Entwerfens und Steuerns auf der Basis bekannter Kausalzusammenhänge verstanden werden. Sowohl Umwelt als auch Innenwelt von Organisationen sind den Veränderungen, Unsicherheiten, Abhängigkeiten und Mehrdeutigkeiten einer VUCA[6]-Welt ausgesetzt, die die Möglichkeiten einer solchen Top-down-Beherrschbarkeit sprengen.

22.5.1 Management 3.0

Doch wie genau funktioniert Selbstorganisation in Unternehmen? Viele Führungskräfte, die mit dem bestehenden Steuerungsparadigma sozialisiert wurden, haben schon allein deshalb ein Problem mit dem Begriff der Selbstorganisation, weil er sie scheinbar überflüssig macht: Wenn das System sich selbst organisiert – wo sei dann noch (ihr) Platz für die klassische Führungsrolle?

Dieses (Miss-)Verständnis verwechselt Selbstorganisation mit der Abwesenheit von Führung. Das Gegenteil ist der Fall: Selbstorganisation gelingt nur im Kontext klarerer Rahmenbedingungen. Und für diese hat Führung zu sorgen. Was sich allerdings ändert ist die Flughöhe und der Gegenstandsbereich, den Führung in den Fokus nehmen muss: Führung besteht nicht mehr in der Organisation der Aufgaben, sondern in der Organisation der (Selbst-)Organisation.

Führung büßt auch in der Selbstorganisation nichts von ihrer Aufgabe als Gestaltungspraxis ein (Abb. 22.5).

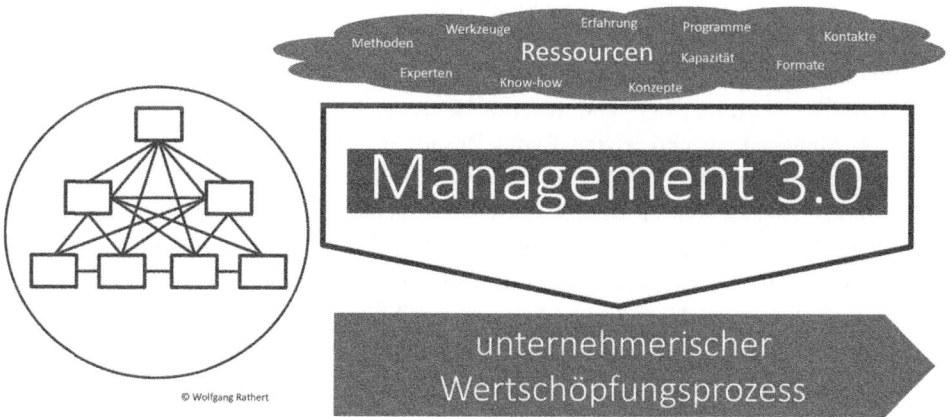

Abb. 22.5 Management 3.0

---

[6]VUCA ist das Akronym für „volatility, uncertainty, complexity, ambiguity".

Anerkennen von (und umgehen mit) Nichtwissen

Der zentrale Sachverhalt, dem Management 3.0 versuchen muss, Rechnung zu tragen, ist die Spannung des Handelns unter Bedingungen von Nichtwissen. Wo vollständiges Wissen vorhanden ist, da ist nach wie vor Management 1.0 angesagt. In komplexen Kontexten ist dies nicht der Fall. Dort überwiegt das Unbekannte und Schmetterlingseffekte sorgen für „unknown unknowns", die in Form von (unvorhersehbaren) Überraschungen auftauchen.

Der (unmögliche) Versuch, bereits im Vorfeld eine vollständige Lösung für eine komplexe Aufgabe zu entwickeln (etwa in Form von Pflichtenheften, die dann nur noch umzusetzen sind), wird deshalb gar nicht erst unternommen. Lösungen entstehen stattdessen inkrementell in einem iterativen Prozess, der mit dem Verstehen der Stakeholder und deren Bedürfnissen („jobs to be done", Ulwick 2016) startet. Die Entwicklung der Leistung im Rahmen des Wertschöpfungsprozesses wird regelmäßig mit den Adressaten abgestimmt, um das gemeinsame Verständnis auf beiden Seiten sicherzustellen. Dem (Noch-)Nicht-wissen-können wird dabei durch einen intensiven Austausch in interdisziplinären Teams und mit dem Kunden begegnet. Lernen wird zum integralen Bestandteil der Leistungserstellung.

Unter den Bedingungen von Komplexität kann das Selbstverständnis von Management als Experteninstanz, die die Erzeugung von Zielzuständen durch Analyse und Planung souverän sicherstellt, nicht mehr aufrechterhalten werden. Stattdessen wird ein anderes Mindset benötigt (Tab. 22.2) – das Mindset agiler Führung.

22.5.2 Agile Führung als Führung unter den Bedingungen von Komplexität

Angesichts dieser veränderten Anforderungen an die Verfahren und v. a. an das Selbstverständnis wirksamer Führung unter den Bedingungen von Komplexität haben Wissenschaftler und Praktiker eine Vielzahl von Ansätzen und Modellen, Techniken und Methoden, Manifesten, Frameworks und anderen Heuristiken entwickelt, die beschreiben, wie Führung, Management und letzten Endes Zusammenarbeit dann funktionieren können. Viele davon werden seit den 1990er-Jahren unter der Überschrift Agilität subsummiert.

Im Folgenden soll Agilität verstanden werden als die organisationale Antwort auf Aufgaben und Anforderungen, die die Grenze der Top-down-Beherrschbarkeit von Arbeitsprozessen und -ergebnissen überschreiten. Komplexe Aufgaben sind weder mit dem klassischen, an Plan- und Vorhersehbarkeit ausgerichteten Selbstverständnis (Kultur und Mindset) von Führung zu bewältigen, noch sind auf Effizienz und Kontrolle ausgelegte hierarchische Strukturen und Prozesse solchen Aufgaben gewachsen.

Weil damit fundamentale Grundbausteine und -prinzipien von Organisationen infrage gestellt sind, wird zurecht betont, dass Agilität nicht durch einen Cargo-Kult der Einführung agiler Oberflächenphänomene und Artefakte wie agilen Methoden und Praktiken hergestellt werden kann. Agilität einzuführen, bedeutet vielmehr einen Kulturwandel, bei

Tab. 22.2 Mindset agiler Führung

Logische Ebene	Ausprägung Management 3.0
Sinn	Lebensfähigkeit durch optimalen Fit zwischen Unternehmen und Umwelt herstellen
Selbstbild, Identität	Moderator, Koordinator von Arbeitskontexten, Organisator von Selbstorganisation
Glaubenssätze, Werte, (Wahrnehmungs-)Filter	Wertschöpfungspotenziale sind laufend in Veränderung und müssen entdeckt, geklärt und validiert werden. Maßstab für Performance ist das Alignment, der Fit mit der sich im Fluss befindlichen relevanten Umwelt
Fähigkeiten, Strategien	Maximierung der Relevanz für Stakeholder der Organisation; Kreativität, Innovation, Kommunikation, Design von Kontexten, die funktionsübergreifende Zusammenarbeit fördern
Verhalten	Rahmenbedingungen definieren, Mitarbeiter orientieren, unterstützen, vernetzen und Impulse geben
Kontext bzw. Umwelt	Komplexe Aufgabe, komplexe Umwelt

dem Organisationen und ihre Mitglieder die Perspektiven auf das Verhältnis zur relevanten Umwelt sowie ihr Selbstverständnis der internen Organisation von Wertschöpfung reflektieren und neu verstehen müssen.

Agilität braucht Engagement

Unter dem Gesichtspunkt von Führung ist die Einrichtung selbstorganisierter, interdisziplinärer Teams eines der wichtigsten Merkmale agilen Arbeitens. Gestaltungs- und Entscheidungskompetenzen werden aus der Hierarchie hin zu operativen Teams verlagert, weil dort sowohl die entscheidungsrelevanten Tatsachen und Erkenntnisse auftauchen, als auch der notwendige Sachverstand zur Entscheidungsfindung vorhanden ist. Teams und deren Mitglieder werden so zum dominanten Faktor im Wertschöpfungsprozess agiler Organisationen.

Der Erfolg dieser Form der Selbstorganisation ist jedoch auch an eine Reihe von Voraussetzungen geknüpft. Neben dem Dürfen (Entscheidungskompetenzen des Teams) und dem Können (Integration und Zusammensetzung der Teams, fachliche Kompetenzen sowie Hard und Soft Skills der Teammitglieder) gewinnt v. a. das Wollen entscheidende Bedeutung: Weil aufgrund der Komplexität der Aufgaben ein Soll-Verhalten nicht im Detail beschrieben werden kann, hängen Arbeitsergebnisse von der freiwilligen Initiative der Akteure ab. Nicht Compliance (Voraussetzung für funktionierendes Management 1.0), sondern Engagement wird zur kritischen Größe. Für Organisationen rückt damit die Frage in den Fokus, wie eine entsprechende Kultur des Engagements entwickelt werden kann und welche Rolle Führung dabei spielt.

Von der (Er-)Klärung zum Tun

Es gibt nichts Praktischeres als eine gute Theorie. (Kurt Lewin)

22.6 Methoden und Tools für agile Führung

Modelle und Heuristiken helfen dabei, dass Einsichten auch Taten folgen können. Hier deshalb zwei Frameworks für Entscheider und Gestalter, die sich in der Praxis bewährt haben und mit deren Hilfe Sie die Reflexion und den Austausch (mit sich selbst, in ihrem Team oder ihren Kollegen) strukturieren können.

Beide Modelle finden Sie übrigens auch als Arbeitsunterlagen im PDF Format zum Herunterladen auf www.wolfgangrathert.com/research/springer/agile-leadership-startet-kit.

22.6.1 Selbstorganisation organisieren: AUS-wirkungen von Führung

Agile Leadership Canvas®
Das Framework des Agile Leadership Canvas® ist eine Orientierungshilfe dafür, welche AUS-wirkungen agile Führung erzeugen muss und wie Führung als Gestaltungspraxis in die Organisation und die Umwelt eingebettet ist (Abb. 22.6).

22.6.1.1 Führung

Design is how it works. (Steve Jobs)

Führung legt den Referenzrahmen für die Aktivitäten der Organisation fest und stimmt diesen bei Bedarf mit den Umweltentwicklungen ab. Dazu gehören Standortbestimmungen, das Setzen von Zielen und die Entscheidungen über Strategien zur Zielerreichung. Mit der Gestaltung dieses Rahmens wird die Kopplung an die Umwelt und die Stakeholder des Wertschöpfungsprozesses reflektiert und definiert. Dieses Design herzustellen ist Aufgabe der Führung.

Orientierung
Die im Lauf des Wertschöpfungsprozesses notwendig werdenden Entscheidungen brauchen ein gemeinsames, geteiltes Verständnis des Systems, bestehender Zielsetzung(-en) und Abhängigkeiten, des Stands der Dinge und der laufenden Entwicklungen. Die Transparenz aller relevanten Sachverhalte inklusive deren geeignete Darstellung und Vermittlung erlauben die Aktivierung des vorhandenen relevanten Wissens auch über fachliche Grenzen hinweg. Nur mit der entsprechenden Orientierung kann eine zielführende interdisziplinäre Zusammenarbeit gelingen, angefangen bei der Feststellung relevanter Entwicklungen und Ereignisse bis hin zur Priorisierung von Alternativen oder in Dilemmasituationen. Führung hat die Aufgabe, für diese Orientierung zu sorgen.

Unterstützung
Für die Abwicklung von Aufgaben werden Ressourcen benötigt. Führung hat die Aufgabe, diese Ressourcen in quantitativ und qualitativ ausreichender Form bereitzustellen.

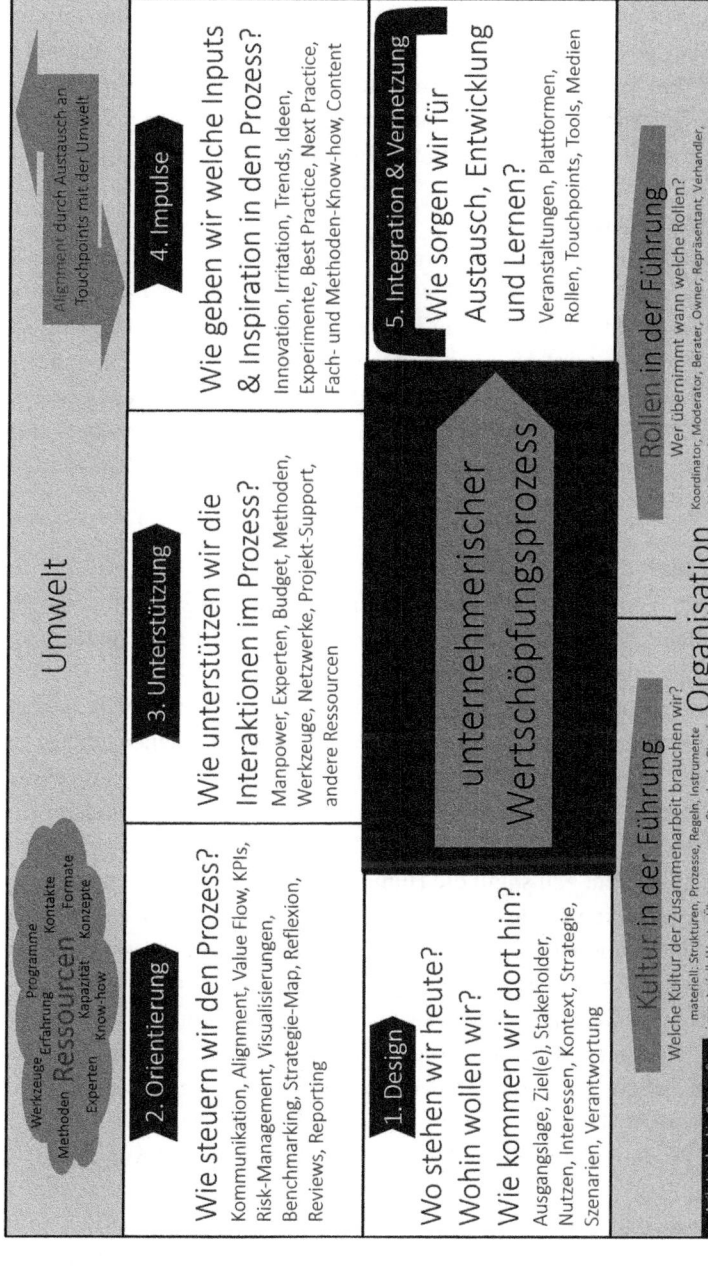

Abb. 22.6 Agile Leadership Canvas

Impulse

Eine der wichtigsten Aufgaben von Führung besteht darin, für ausreichend Reflexion im System zu sorgen, damit das Alignment sowohl nach außen mit der Umwelt des Systems als auch nach innen zwischen den fachlichen Domänen hergestellt und aufrechterhalten werden kann. Dies geschieht etwa durch das Adressieren von Irritationen und Innovationen oder durch das Anregen von Experimenten. Ziel ist es, „unknown unknowns" und möglicherweise Relevantes frühzeitig zu erkennen und im System zur Diskussion zu bringen. Führung hat die Aufgabe, diese Impulse zu setzen.

Integration und Vernetzung

Arbeiten an komplexen Aufgaben ist durch den laufenden Wechsel zwischen Produktion und Reflexion gekennzeichnet. Eine ver-bindlich Zusammenarbeit in interdisziplinären Teams ist nicht ohne aktive Ver-bindung möglich. Auch wenn die künstliche Trennung in Abteilungen aufgehoben wird, so müssen unterschiedliche fachliche Perspektiven und Erwartungen der Teammitglieder, Ergebnisse und neue Erkenntnisse aus den Produktionsphasen sowie Veränderungen im Umfeld des Systems immer wieder abgestimmt, ausgetauscht und für die weitere Arbeit berücksichtigt und fruchtbar gemacht werden. Führung hat die Aufgabe, diese Integration und Vernetzung zu organisieren.

22.6.1.2 Umwelt

Mit der relevanten Umwelt ist Führung einerseits über die Ressourcen verbunden, die für die Wertschöpfungstätigkeit notwendig sind, andererseits über die Kunden und Stakeholder, für die die Organisation Leistungen erbringt

Im Kontext von agiler Führung lohnt sich die Perspektive, auch Mitarbeitende als Teil der Umwelt zu denken. Mitarbeitende entscheiden aus einer Gemengelange an Motiven heraus dafür (oder dagegen), sich an der Tätigkeit des Wertschöpfungsprozesses der Organisation zu beteiligen. Diese Sichtweise erlaubt es, beispielsweise veränderte Erwartungen einer Generation Y zur berücksichtigen und die Zusammenarbeit so zu gestalten, dass diese Motive nachhaltig bedient und somit die Human Resources erschlossen werden können.

Auch auf der Empfängerseite der Wertschöpfung bedeutet agiles Arbeiten typischerweise eine enge Integration der Kunden bis hin zu eigentlichen Prozessen der Co-Kreation, in der Kunden aktiv in die Entwicklung eingebunden werden; dies teilweise auch deshalb, weil der Kunde oft selbst nicht weiß (oder wenigstens nicht hinreichend beschreiben kann), welche Leistungen er benötigt oder wünscht. Der oben beschriebene Lernprozess findet also auch auf der Seite des Kunden statt, der damit zu einem integrierten Teil des Wertschöpfungsprozesses wird. Genau aus diesem Grund sind nicht Effizienz, sondern Alignment und Fit die kritischen Erfolgsmaßstäbe bei komplexen Aufgaben.

22.6.1.3 Organisation

Im Zusammenhang mit Führung haben zwei organisationale Kontextfaktoren einen dominanten Einfluss auf die Wahrnehmung und die Interpretation des Verhaltens der Akteure: Kultur und Rollen.

Kultur kann als das gemeinsam geteilte Mindset definiert und damit ebenfalls in den Dimensionen der logischen Ebenen von Robert Dilts beschrieben werden. Kultur ist so einflussreich, weil sie – ebenso wie das individuelle Mindset – einen unbewussten (und oft unreflektierten) Einfluss auf das Verhalten und auf die Wahrnehmung hat. Gleichzeitig kann Kultur nicht angeordnet werden, sondern wird durch positive und negative Erfahrungen mit Verhaltensmustern entwickelt. Das verleiht ihr eine zeitliche Stabilität und Trägheit, die sie – je nach Ausprägung – zu einer wertvollen Ressource oder einer Altlast macht.

Rollen hingegen sind ein Konstrukt, das ebenfalls als eine Bündelung von Verhaltenserwartungen definiert werden kann, das aber wesentlich plastischer, flexibler und auch für Interventionen verfügbarer ist. Rollen können eingeführt, ausprobiert, diskutiert und von verschiedenen Personen besetzt werden. So können sie als strukturelle Maßnahme auch Wirkung auf die Kultur entfalten.

22.6.2 Gamification – Engagement by Design

Video- und Online-Games sind ein globales Wachstumsphänomen, weil es Game-Designern gelingt, bei breiten Zielgruppen außergewöhnliche Levels an Engagement zu erzeugen. Aus diesem Grund untersuchen Experten seit einigen Jahren systematisch, wie Game-Design-Prinzipien auch in anderen Anwendungsfeldern als in Spielen nutzbar gemacht werden können. Gamification wird heute regelmäßig in Bereichen wie Aus- und Weiterbildung, Marketing und Vertrieb, User Experience sowie zur Erhöhung der Compliance bei Routinearbeiten eingesetzt.

Darüber hinaus gibt es auch interessante Parallelen zwischen den Herausforderungen des erfolgreichen Designs komplexer Online-Games und der (Führungs-)Aufgabe der Gestaltung agiler Arbeitsumfelder für selbstorganisierte Teams. Entsprechend fruchtbar hat sich der Blick über den Tellerrand klassischer Managementmodelle hinaus in die Domäne des Game Designs erwiesen:

Game Designer schaffen Kontexte, in denen Akteure freiwillig, hochgradig motiviert und selbstorganisiert, allein oder in Teams komplexe Aufgaben erledigen und dabei regelmäßig Spitzenleistungen erbringen. Die Erfolgsstory der Game-Industrie zeigt, dass sie das überaus erfolgreich tun.

Business Gamification beschreibt, wie Unternehmen die zugrundeliegenden Game-Design-Prinzipien auf den Arbeitskontext übertragen und so vergleichbare Einstellungen und Verhaltensmuster mit entsprechenden Levels an Motivation, Performance und Engagement im Arbeitsalltag herstellen können. Gamification liefert ein Framework und konkrete Techniken, um das Verhalten von Zielgruppen systematisch und zielgerichtet zu beeinflussen. Besonders interessant ist, dass diese Form der indirekten Verhaltenssteuerung durch Kontextgestaltung gleichzeitig auch das Herzstück agilen Managements darstellt.

Lean Gamification Canvas®

So wie der Wertschöpfungsprozess im Zentrum der Gestaltungspraxis von Führung steht, so hat Gamification das Zielverhalten einer bestimmten Zielgruppe in einem bestimmten Kontext zum Gegenstand. Und wie bei Führung geht es auch bei Gamification darum, dieses Zielverhalten durch die Gestaltung des Kontexts zu begünstigen und zu beeinflussen (Abb. 22.7).

Das Framework des Lean Gamification Canvas® stellt einen Orientierungsrahmen für diese Aufgabe dar. Es beschreibt, welche Aspekte ein Designer (Führungskraft) für eine wirksame Kontextgestaltung ins Auge fassen muss, damit bei der Zielgruppe Motivation und Engagement entstehen können:

Zielverhalten

Ausgangspunkt für die Gestaltungsaufgabe ist die möglichst klare Definition des Zielverhaltens, der Zielgruppe und des Handlungskontexts. Je genauer diese Elemente beschrieben werden, umso zielgenauer können passende Motivationsdesigns entwickelt werden.

Messung

Um die Wirksamkeit des Motivationsdesigns beurteilen und laufend verbessern zu können, müssen das Zielverhalten und seine Veränderungen beobachtet werden können.

Bedürfnisse und Emotionen

Antrieb und Energiequelle jedes Verhaltens ist die Befriedigung von Bedürfnissen. Deshalb wählt ein guter Designer Bedürfnisse aus, die mit dem Zielverhalten in Zusammenhang gebracht werden können. Erfolgreiche Bedürfnisbefriedigung wird durch positive Emotionen sichtbar; verletzte Bedürfnisse werden durch negative Emotionen angezeigt.

Story und Dramaturgie

Gutes Storytelling ist das vermittelnde Element, das das Zielverhalten in der Wahrnehmung des Akteurs mit seinen Bedürfnissen koppelt. Die Story inszeniert ein entsprechendes Interpretationsschema, das dem Akteur als Identifikationsangebot gemacht wird.

Ressourcen

Das Erzählen der Story benötigt Content und Artefakte sowie Kanäle und Medien, durch die die Story vermittelt wird. Die Ressourcen sind das Interface zwischen dem Akteur und dem konkreten Handlungskontext.

Feedback

Kern des sog. Engagement-Loops ist das Feedback, das der Akteur als Reaktion auf seine Aktionen hin erhält und das die Motivation zum Weiterhandeln erzeugt. Durch Handlungen ausgelöste Signale und Trigger treiben die Story voran und werden über die Kanäle und Medien (s. Ressourcen) transportiert.

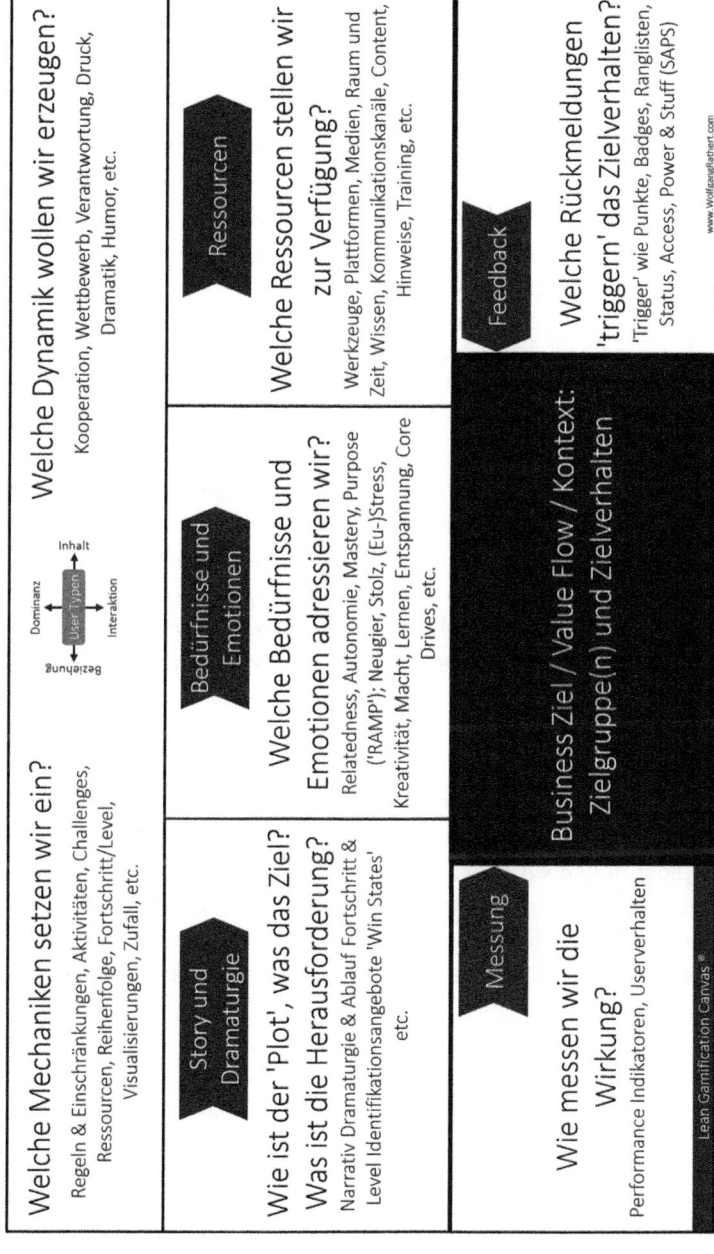

Abb. 22.7 Lean Gamification Canvas

Mechaniken, Dynamiken, User-Typen

Mit diesen Konzepten wird auf typische Kategorien aus dem Game-Design verwiesen (Hunicke et al. 2004). Durch den gezielten Einsatz von Mechaniken wie beispielsweise Storyelementen, Visualisierungen, Möglichkeiten zur Personalisierung, Punkten und Levels können Dynamiken wie Kooperation oder Konkurrenz, Interaktionen wie der Austausch von Informationen oder die Koordination von Verhalten ausgelöst und ganze Spannungsbögen und Dramaturgien gestaltet werden. Je nach User-Typ werden so Emotionen aktiviert, die die Grundlage für ein wirksames Motivationsdesign bilden.

Fazit, Next Steps, und Ihr Agile Leadership Starter Kit

Ich habe Agilität hier als die Art und Weise definiert, wie in komplexen Systemen gemeinsames, wirksames Handeln organisiert werden kann.

In Zukunft wird es ganz egal sein, ob Sie Unternehmerin, Manager, Projektleiterin, Führungskraft oder Teammitglied sind: Agiles Führen wird die wichtigste Fähigkeit sein, wenn Sie an Ihrem Job Freude haben wollen und wenn Sie etwas bewegen möchten. Auch dann, wenn Sie gar keine formale Führungsrolle haben.

Denn die Welt wird komplexer werden. Unaufhaltsam. Und das ist gut, denn die „unknown unknowns" einer digitalisierten Welt bringen nicht nur Gefahren, sie bieten auch viele großartige Chancen – wenn man sie erkennt und zu nutzen weiß.

Das dafür nötige Mindset habe ich hier beschrieben, ebenso zwei erste Frameworks, mit denen Sie Ihre Organisation und die Zusammenarbeit darin wirksam und nachhaltig gestalten können. Machen Sie den ersten Schritt und packen Sie es an – Sie haben nichts zu verlieren.

Ihr Guide für den Weg zum nächsten Leadership-Level

Starten Sie Ihre Reise und entwickeln Sie Ihre agilen Leadership Skills weiter. Gehen müssen Sie und Ihre Teams den Weg zwar selbst, doch eine Landkarte und einen Kompass kann ich Ihnen noch mitgeben: Auf der Webseite https://wolfgangrathert.com/research/springer/agile-leadership-starter-kit finden Sie das „Agile Leadership Starter Kit", das Ihnen Orientierung und viele hilfreiche Ressourcen zum Download[7] an die Hand gibt. Schauen Sie rein, ich freue mich, mit Ihnen zusammen die Spielregeln von Führung neu zu schreiben!

Literatur

Dilts, R. (2014) A Brief History of Logical Levels, https://www.nlpu.com/Articles/LevelsSummary.htm. Zugegriffen am 14.09.2019.

Dörner, D. (1989). *Die Logik des Misslingens*. Berlin: Rowohlt.

---

[7] Unter anderem den Agile Leadership Canvas® und den Lean Gamification Canvas® als PDF.

Hunicke, R., LeBlanc, M., & Zubeck, R. (2004). *MDA: A formal approach to game design and game research*. https://www.cs.northwestern.edu/~hunicke/MDA.pdf. Zugegriffen am 05.03.2019.
Rüegg-Stürm, J., & Grand, S. (2017). *Das St. Galler Management Modell*. Bern: Haupt.
Ulwick, A. (2016). *Jobs to be done*. Idea Bite Press.

Hilfreiche Online-Quellen

Agile Leadership Starter Kit

https://wolfgangrathert.com/research/springer/agile-leadership-starter-kit. Zugegriffen am 15.09.2019.

Agile Leadership Coaching und Training

www.agileleadershipcoaching.ch. Zugegriffen am 15.09.2019.
www.CN-Transformation.ch. Zugegriffen am 15.09.2019.

Tools und Frameworks

www.liberatingstructures.de/. Zugegriffen am 15.09.2019.
https://de.wikipedia.org/wiki/Cynefin-Framework. Zugegriffen am 15.09.2019.

Wolfgang Rathert, lic.oec. HSG, ist Unternehmer, Business Game Designer und Hochschuldozent. Er arbeitet seit 20 Jahren mit Game Designs in Führungs-, Innovations- und Transformationsprozessen in Unternehmen. Wolfgang Rathert ist u. a. Coach und Dozent für Leadership im Coaching-Programm der Universität St. Gallen (HSG), Studiengangsleiter des CAS Digital Customer Experience an der Hochschule Luzern und Chief Engagement Officer der CN St. Gallen Transformation AG (www.CN-Transformation.ch).

Weitere Informationen und Kontakt auf www.wolfgangrathert.com

Stress und Zufriedenheit in der digitalen Welt

23

Antje Rohrbach

Die Neugier steht immer an erster Stelle eines Problems, das gelöst werden will. Galileo Galilei

Inhaltsverzeichnis

A. Rohrbach (✉)
Die DenkManager Rohrbach, Borchert, Rohrbach GbR Hannover, Deutschland
E-Mail: a.rohrbach@denkmanager.de

© Springer Fachmedien Wiesbaden GmbH, ein Teil von Springer Nature 2019
P. Buchenau (Hrsg.), *Chefsache Zukunft*, Chefsache,
https://doi.org/10.1007/978-3-658-26560-1_23

Zusammenfassung

Die Digitalisierung in Unternehmen und Privathaushalten schreitet unaufhörlich voran. Das Internet mit Facebook, WhatsApp und anderen Diensten ist noch immer sehr jung. Der Umgang mit diesen Medien ist relativ neu. Facebook z. B. gibt es erst seit dem Jahr 2004. Es sorgt für Stress, wenn Führungskräfte und Mitarbeiter permanent erreichbar sind und Eltern und Teenager immer öfter nur noch über Messengerdienste kommunizieren. Arbeit und Privates vermischen sich immer weiter und die Arbeit dringt immer mehr in die private Welt vor. Gleichzeitig potenzieren sich die Überwachungsmöglichkeiten, z. B. durch Bilderfassung im öffentlichen Raum.

Im Jahr 2030 werden viele Lösungen für heutige Probleme umgesetzt sein, durch die sich weitere Probleme ergeben werden. Die Lösung für ein zufriedenes Leben ist ein achtsamer und konsequenter Umgang mit dieser Digitalisierung, den Medien und Kommunikationsdiensten. Digitale Resilienz bedeutet, mit dieser neuen Technologie in einer gesunden Art umzugehen. Digitalität kann uns alle unterstützen und sollte uns ermächtigen, selbstbestimmt, frei und demokratisch zu leben.

23.1 Die gestresste Gesellschaft

Schauen wir uns in unserer Welt um – unsere Gesellschaft wird derzeit vor viele internationale und nationale Herausforderungen gestellt: Macht und Kontrolle in der Welt, Vermüllung des Planeten, Zunahme von Naturkatastrophen oder politische Krisen. Auch Globalisierung, wirtschaftliche Probleme, Bankenkrisen, Dieselskandal, Verkehrschaos, übervolle Autobahnen und der Abschied von der Braunkohle sind Herausforderungen. Facebook, Google, Amazon und Co haben mehr finanzielle Ressourcen als Staaten zur Verfügung. Auch die „alten" Probleme, wie Hunger, Bildung, Ausbeutung, Gewalt usw. erschüttern unsere Welt.

Auch in Deutschland, direkt vor unseren Augen erleben wir, wie Abbau von Mitarbeitern, Arbeitsverdichtung und Mobbing unsere Gesellschaft beeinflussen. Die Folgen sind unübersehbar und direkt spürbar: gestresste Menschen unter Zeit- und Leistungsdruck, das zunehmend aggressive Verhalten im Straßenverkehr, nicht nur gegen Rettungskräfte, Helfer und Polizisten, und egoistisches Verhalten in allen Bereichen unseres Lebens.

Die Universität Augsburg hat eine aktuelle Studie aus dem Jahr 2018 zum Thema „Digitaler Stress in Deutschland" (Gimpel et al. 2018) durchgeführt. Es wurde festgestellt, dass die voranschreitende Digitalisierung und das daraus resultierende veränderte Belastungs- und Beanspruchungsprofil am Arbeitsplatz zu digitalem Stress führen. Daraus folgt nachweislich eine Zunahme von gesundheitlichen Beschwerden. Zudem nimmt die Leistungsfähigkeit der Erwerbstätigen ab, da sie nicht oder nur unzureichend mit diesem Stress umgehen können. Die Folgen sind nicht nur am Arbeitsplatz spürbar, sondern auch im Privaten. So befinden sich Menschen in einem regelmäßigen Work-Life-Konflikt.

In einer Zeit, in der nicht nur das Bildungssystem, Gesundheitssystem, Sozialsystem und das Energiesystem überarbeitet werden müssen und sich die Bevölkerung fragt,

„Warum tut der Staat nichts? Sind unsere Politiker wirklich so unwissend oder ahnungslos?" kommt eine neue Themenwelle auf unsere Gesellschaft zu. Was wird uns die Digitalisierung und künstliche Intelligenz bringen? Ist dies die größte Herausforderung seit der Industrialisierung? Wird es wirklich mehr Arbeitsplätze abbauen, als schaffen? Oder liegt hier die Chance für eine schönere, entspanntere und zufriedenere Zukunft?

Überlassen wir die Lösungen unserer Probleme einfach dem Zufall? Oder kann jeder einzelne von uns etwas zu den Lösungen beitragen? Wir scheinen vergessen zu haben, wie wir Stress erfolgreich abbauen und unsere Konflikte auf Augenhöhe klären können, um zufriedener und gesünder zu leben. Laut einer Forsa-Studie der DAK-Gesundheit „Vorsätze für das Jahr 2019" (2018) haben 62 % der Deutschen den Wunsch für das Jahr 2019, Stress abzubauen oder zu vermeiden. Dicht gefolgt von Platz zwei, mehr Zeit für Freunde und Familie und den Klassikern mehr Sport und gesündere Ernährung.

Begeben wir uns auf eine Reise in die digitale Zukunft im Jahr 2030.

23.2   Das Jahr 2030

23.2.1 Die Welt, in der wir leben

Louisa und Leon leben in ihrer Dreizimmerwohnung im Speckgürtel von Hamburg. Ihre Wohnung ist voll digitalisiert. Zwei Haushaltsroboter sorgen für Ordnung und Sauberkeit in ihrem Heim und der Kühlschrank ist vernetzt mit dem Supermarkt ihres Vertrauens. Alexa lässt die gewünschte Musik spielen, schaltet den Bildschirm für Filme und Nachrichten ein oder aus und organisiert mit der Kaffeemaschine zusammen den perfekten Kaffee. Das zentrale Netzwerk regelt das Öffnen und Schließen der Jalousien, der Haustür und der Garage. Online-Bestellungen für Kleidung, elektronische Geräte und den täglichen Bedarf werden automatisch getätigt oder erfüllt, sobald der Wunsch geäußert wird. Das Heim ist klinisch rein und perfekt organisiert, sodass Louisa und Leon sich auf die schönen Dinge neben der Arbeit konzentrieren können. Es gibt wenig persönliche Gegenstände und doch ist die Wohnung zum Wohlfühlen, nicht zuletzt durch das optimale Farb- und Lichtkonzept.

Morgens steht kurz nach dem Aufstehen der Gesundheitscheck an. Zeigefinger auf das Display des Smartphones, ein kurzer Pikser für den Bluttropfen und die Analyse beginnt. „Louisa, Dein Vitamin-B- und –D-Spiegel sowie Dein Eisenwert liegen unter dem optimalen Wert. Deine Kapseln werden Dir in zwei Minuten zur Verfügung gestellt." Zwei Minuten später öffnet sich die Haustür und eine Drohne liefert das Päckchen mit den Kapseln. „Leon, Dein Gewicht ist nach wie vor 27 kg über Deinem empfohlenen Gewicht. Dein Nüchternblutwert liegt bei 163 mg/dl und damit seit acht Tagen über 125 mg/dl. Deine Krankenkasse ist informiert, es wird ein Diabetes mellitus nicht mehr ausgeschlossen." Der Bildschirm geht auf und ein Popup-Fenster erscheint. Es ist der virtuelle Arzt der Krankenkasse, der mit Leon das weitere Vorgehen bespricht. Bewegungsplan, Ernährung, weitere medizinische Zusatz-Check-ups. Nach dem Gespräch werden digital die Einkaufslisten, Terminpläne und Check-ups eingelesen, sodass Leons Gesundheitszustand überwacht und optimiert werden kann.

Louisa arbeitet Vollzeit mit 40 Stunden als Pflegeleitung eines Pflegeheims. Pünktlich um 7:20 Uhr verlässt sie das Haus. Ein Großraumauto holt sie 50 m von ihrer Wohnung entfernt ab. Fahrer gibt es keine mehr, allerdings schon drei Mitfahrer. Sie steigt ein, klappt ihren Laptop auf und beginnt mit der Arbeit.

Es gilt, 52 Meldungen zu erledigen. Der Haushaltsroboter von Frau Weber zeigt eine Fehlermeldung. Nur ein Klick und die Serviceroboter sind unterwegs. Notfallstufe eins bei Herrn Groß. Nachricht an das medizinische Kontrollzentrum, dass ein Gesundheits-Check-up veranlasst wird. Pflegeschülerin Sina hat Fragen zu ihrem Assistenzroboter. Diese wurden bereits elektronisch zu ihrer Zufriedenheit beantwortet. Einsatzpläne für die nächsten zehn Tage werden per Knopfdruck erstellt und freigegeben.

Als sie in der Einrichtung an ihrem Arbeitsplatz ankommt, hat sie bereits 50 Minuten gearbeitet und widmet sich den weiteren Routinen des Tages. Tablett, Smartphone, Smartwatches und die Roboter werden alle über den Laptop koordiniert. Die viertelstündige Pause um 10:30 Uhr wird über das System eingeleitet. Also auf in die virtuelle Welt mit der Virtual-Reality-Brille. Sie wählt die Kurzurlaubsversion am Strand von Malta. Sie lässt den Blick über das Meer schweifen, lauscht den Wellen, genießt ein Eis und läuft durch den Sand am Strand und fühlt sich einfach gut.

Gut gestärkt bereitet sie die Moderation des nächsten Meetings vor. Die Pflegeleitungsrunde findet in einem virtuellen Raum statt, der sich pünktlich um 11:00 Uhr öffnet. Die Geschäftsleitung hat neue Vorgaben angeordnet. Ein neues Gesicht erscheint. Die Kollegin vertritt einen Kollegen, der ins Sabbatical gegangen ist.

Um 12:20 Uhr wartet das Großraumauto an der Straßenecke. Einsteigen, Laptop an und noch eine Runde arbeiten. Da Louisa in den letzten Tagen Mehrarbeit verrichtet hat, sorgt ihr Arbeitgeber dafür, dass sie heute und in den nächsten drei Tagen das Zuviel an Stunden abbaut.

Leon ist in einem Robotikbetrieb beschäftigt. Auch er hat eine 40-Stunden-Vollzeitstelle. Im Homeoffice kann er flexibel und zu jeder Zeit arbeiten. Der integrierte, betriebliche Gesundheitsmanager erfasst jede Veränderung der körperlichen und emotionalen Verfassung. Pausen, gesundheitliche Aspekte wie beispielsweise Sitzhaltung, Bewegungen, Verspannungen, zu langes Sitzen sowie medizinische Laborwerte werden genau kontrolliert und bei Bedarf sofortige Maßnahmen ergriffen. Im virtuellen Raum trifft sich Leon mit seinen Kollegen. Sie testen neue Technologien, entwickeln Ideen, erforschen kritische Situationen und arbeiten an effektiven Marketing- und Vertriebsstrategien.

Nur einmal im Monat treffen sich die Kollegen in einem realen Büro, um Teambildung und Teamentwicklung zu besprechen, mögliche Konflikte zu lösen oder die Strategie für die nächsten sechs Monate festzulegen. Das gemeinsame Sportangebot an diesem Tag rundet die Besprechungen ab.

Heute haben sich Louisa und Leon zum gemeinsamen Mittagessen mit ihren Freunden Marga und Timo verabredet. Sie gehen zum traditionellen Italiener, der die leckerste Pizza

der Stadt anbietet. Beim Hinausgehen wird automatisch über den in der Haut implantierten Chip die Bezahlung der Rechnung vorgenommen.

Am Nachmittag stehen für Louisa Fitness, der Osteopath und eine virtuelle Entspan-
nungsreise an, während Leon im Cyber-Raum noch ein paar Tests vornimmt. Bevor die
Beiden zu Hause auf der eigenen Kinoleinwand einen Film über eine Musiklegende anschauen, wird noch einmal Leons Gesundheitsstatus überprüft. Dann sorgt Alexa für die
entsprechende Atmosphäre und achtet danach auf den optimalen Schlafrhythmus der beiden.

Auch, wenn wir uns hier nur einen kurzen Moment in das Jahr 2030 versetzt haben, der
Trend der künstlichen Intelligenz und Digitalisierung ist klar erkennbar.

23.2.2 Demografie in Deutschland

Im Jahr 2030 wird die Weltbevölkerung laut Statista (2017, Studie „Umfrage/Prognose zur
Entwicklung der Weltbevölkerung") bei 8,55 Mrd. Menschen liegen. Die Bevölkerung in
Deutschland wird laut Statistischem Bundesamt (2015, Bevölkerung Deutschlands bis
2060, 13. koordinierte Bevölkerungsvorausberechnung) bei etwa 79,2 Mio. Einwohnern
liegen. Davon werden etwa 55 % der Menschen erwerbstätig sein, etwa 28 % der Menschen im Rentenalter und 17 % Kinder und Jugendliche sein (Abb. 23.1).

Nach der Haushaltsvorausberechnung von 2010 des Statistischen Bundesamts (2010,
Mikrozensus 2011, Entwicklung der Privathaushalte bis 2030, Statistisches Jahrbuch)
wird sich der Trend zu immer kleineren Haushalten auch in Zukunft fortsetzen. So wird im
Jahr 2030 die Zahl der Haushalte auf 41,0 Millionen steigen und die durchschnittliche
Haushaltsgröße bei nur noch 1,88 Personen liegen. Mehr Haushalte mit weniger Personen
zeigt, dass die Zahl der alleinlebenden Menschen steigen wird. Weitere Megatrends sind
in Abb. 23.2 zu sehen.

Die Frage wird sein, wie wir als Gesellschaft politisch, sozial, ökonomisch und menschlich diese Herausforderungen angehen werden.

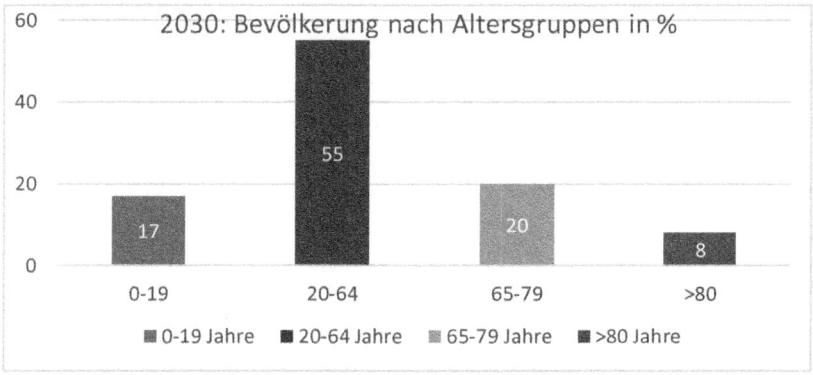

Abb. 23.1 Bevölkerung nach Altersgruppen. (Quelle: Statistisches Bundesamt, 2015, Bevölkerung
Deutschlands bis 2060, Schaubild 5, S. 19, eigene Darstellung)

Bereich	Megatrends und Entwicklungen
Technisch-ökonomisch	- Globalisierung - Integration der Informations- und Kommunikationstechnologie - Entwicklung zur Wissens- und Innovationsgesellschaft - Verknappung der Rohstoffsituation und Energieversorgung
Demographie	- Alterung der Gesellschaft und Belegschaften - Schrumpfung der Bevölkerung - Verknappung der Nachwuchskräfte - Verlängerung der Lebensarbeitszeit
Gesellschaft	- Sensibilisierung für Nachhaltigkeit - Feminisierung - Individualisierung - Wertewandel

Abb. 23.2 Megatrends. (Quelle: Studie „Die Zukunft der Arbeitswelt – Auf dem Weg ins Jahr 2030", S. 26 Walter et al. (2013), eigene Darstellung)

23.2.3 Digitale Arbeitswelt

Die Arbeitswelt wird sich digitalisiert haben und künstliche Intelligenz als Standards nutzen. Das Bundesministerium für Arbeit und Soziales hat 2016 eine Prognose für die Wirtschaft und den Arbeitsmarkt im digitalen Zeitalter in Auftrag gegeben. Im Ergebnis werden sich im Jahr 2030 die gesamtwirtschaftlichen Effekte der Flüchtlingszuwanderung (geschätzt werden in Deutschland – je nach Verlauf des Flüchtlingszustroms – ab einem Alter von 15 Jahren um 1,4–2,1 Millionen steigen) auf den Arbeitsmarkt auswirken (Abb. 23.3). Trotz dieser Zahlen werden rund 700.000 Arbeitskräfte weniger zur Verfügung stehen als 2014. Es kann angenommen werden, dass sich die Zuwanderer größtenteils erfolgreich in den Arbeitsmarkt integrieren.

Unabhängig von den Branchen und Berufen wird der Bedarf an Experten und Akademikern steigen, Helfertätigkeiten und Aufgabenbereiche, in denen analysiert und kontrolliert wird, werden hingegen stark abgebaut werden. Dies lässt die Wichtigkeit einer guten Berufsbildung, Weiterbildungen, Qualifizierungen aller Beschäftigten und Integration der Zuwanderer deutlich werden.

Auch die Berufsstruktur wird sich deutlich wandeln (Abb. 23.4).

Ob ein Zuwachs oder Abbau der Bereiche stattfinden wird, wird eher von den Aufgabenstellungen der Berufe abhängig sein.

Veränderungen der Erwerbspersonenzahl	in % 2010-2014	in % 2014-2030
Experten	11,7	12,5
Spezialisten	2,7	-0,6
Fachkräfte	1,1	-4,5
Helfer	-5,4	-9,7
insgesamt	2,1	-1,6

Abb. 23.3 Arbeitsangebot nach beruflichem Anforderungsniveau. (Quelle: Statistisches Bundesamt (Mikrozensus), Economix, Vogler-Ludwig et al. (2016) Arbeitsmarkt 2030, Wirtschaft und Arbeitsmarkt im digitalen Zeitalter Prognose, S. 6, eigene Darstellung)

Berufsfelder	Veränderung der Erwerbstätigen 2014 – 2030 in %
Land-, Forst-, Tierwirtschaft, Gartenbau	-14,4
Rohstoffgewinnung, Produktion, Fertigung	-8,0
Bau, Architektur, Vermessung, Gebäudetechnik	-1,8
Naturwissenschaft, Geografie, Informatik	9,7
Verkehr, Logistik, Schutz, Sicherheit	0,0
Kaufmännische Dienstleistungen, Warenhandel, Vertrieb, Hotel, Tourismus	-3,8
Unternehmensorganisation, Buchhaltung, Recht, Verwaltung	0,4
Gesundheit, Soziales, Lehre, Erziehung	9,0
Sprach-, Literatur-, Geistes-, Gesellschafts-, Wirtschaftswissenschaften, Medien, Kunst, Kultur, Gestaltung	10,6
Militär	-20,3
Insgesamt	-0,1

Abb. 23.4 Erwerbstätige nach Berufsbereichen. (Quelle: Vogler-Ludwig et al. (2016) Economix, Arbeitsmarkt 2030, Wirtschaft und Arbeitsmarkt im digitalen Zeitalter Prognose 2016, S. 7, eigene Darstellung)

23.2.4 Psychische Gesundheit in der Arbeitswelt

Die Bundesanstalt für Arbeitsschutz und Arbeitsmedizin (BKK Gesundheitsreport 2016) geht davon aus, dass die psychischen Erkrankungen weiter steigen werden. Das bedeutet enorme Kosten für die Volkswirtschaft und die Unternehmen. Es wird davon ausgegangen, dass sie bis zum Jahr 2030 auf rund 32 Mrd. € pro Jahr steigen werden. Dabei sind noch nicht indirekte Kosten für die reduzierte Produktivität während der Erwerbstätigkeitsjahre und eine vorzeitige Verrentung berücksichtigt.

Die Weltgesundheitsorganisation (WHO; 2017) geht in einer Hochrechnung davon aus, dass im Jahr 2030 in den einkommensstärksten Ländern psychische Erkrankungen wie Depression und Alkoholabhängigkeit neben Herz-Kreislauf-Erkrankungen an erster Stelle stehen werden.

Zusammenfassend lässt sich festhalten, dass Deutschland überaltert, die Geburtenrate stagniert und die Zuwanderung die sinkende Bevölkerungszahl nicht auffängt. Mehr Einpersonenhaushalte lassen den Bedarf an Wohnraum steigen. Die Berufsstruktur wird sich durch die Digitalisierung verändern. Wie viele konkrete Arbeitsplätze abgebaut und entstehen werden, ist jedoch schwer abzuschätzen. Psychische Erkrankungen werden allerdings zunehmen und Einfluss auf die Arbeitsfähigkeit der Menschen haben.

Daher gilt es, einen gesunden Lebenswandel mit einer guten Ernährung, eine gute Work-Life-Balance und ein betriebliches Gesundheitsmanagement zu etablieren.

23.3 Stress in der digitalen Welt

Es gibt Wichtigeres im Leben, als beständig dessen Geschwindigkeit zu erhöhen. Mahatma Gandhi

23.3.1 Technostress – alles digital, oder was?

Stress allgemein definiert sich als das Resultat, in dem die äußeren Anforderungen mit den mangelnden Möglichkeiten der Bewältigung zusammentreffen. Stress ist immer eine persönliche Interpretation und Empfindung. Menschen können resilient sein, also die Fähigkeit nutzen, Krisen mit ihren Ressourcen zu bewältigen und damit gestärkt aus der Krise hervorzugehen. Viele Studien zeigen mittlerweile auf, dass ein Zuviel an Stress krank macht, da unsere Überlebensstrategien aktiviert werden. Der Zeitpunkt, wann ein Mensch Stress als Zuviel empfindet, ist von Mensch zu Mensch unterschiedlich. Was ist nun digitaler Stress?

Der digitale Stress wird auch als Technostress bezeichnet. Es geht also um den Einsatz digitaler Technologien, wie Smartphone, Laptop, PC, Smartwatches, Drucker, Virtual-Reality-Brillen etc. Der klinische Psychologe Brod hat bereits 1982 diesen Begriff geprägt: „Stresserleben, welches aus dem Unvermögen eines Individuums resultiert, mit neuer Technologie in einer gesunden Art umzugehen". Seither wird viel über die Ursachen und Konsequenzen von Technostress diskutiert.

In der aktuellen Studie „Digitaler Stress in Deutschland" (Gimpel et al. 2018) wird deutlich, dass digitaler Stress von Arbeitnehmern mit einer deutlichen Zunahme ihrer gesundheitlichen Beschwerden einhergeht (Kernergebnis 1 der Studie). So haben Arbeitnehmer mit hohem digitalem Stress 25 % häufiger Kopfschmerzen als Arbeitnehmer mit normalem Stress; 22 % des Anteils der Varianz in emotionaler Erschöpfung kann mit Technostress erklärt werden.

Die Folge: Digitaler Stress verringert die berufliche Leistung (Kernergebnis 2 der Studie).

23.3.2 Ursachen von Stress in der digitalen Welt

Die Nutzung der unterschiedlichsten Informations- und Kommunikationstechnologien sowie der technologischen Weiterentwicklung der Robotik an den Arbeitsplätzen in den verschiedenen Branchen ist natürlich sehr unterschiedlich.

Die Studie „Digitaler Stress in Deutschland" (Gimpel et al. 2018) hat sechs Ursachen für den digitalen Stress beschrieben: Omni- und Dauerpräsenz der digitalen Technologien, Überflutung und Beschleunigung, Komplexität, Verunsicherung, Jobunsicherheit, Unzuverlässigkeit.

Die TK-Stressstudie (2016) „Entspann dich, Deutschland" zeigt auf, dass beispielsweise 36 % der Befragten, die für den Job immer erreichbar sein müssen, häufig gestresst sind.

Der Personaldienstleister Randstad hat sich in mehreren Studien mit dem digitalen Stress auseinandergesetzt. Die Redaktion von *Haufe online* hat im Beitrag „Wie lässt sich digitaler Stress vermindern" (2018) die wichtigsten Studienergebnisse zusammengefasst: 68 % der Arbeitnehmer überprüfen nach Feierabend berufliche E-Mails oder führen Telefongespräche mit Geschäftspartnern; 59 % der Arbeitnehmer empfinden die Verschmelzung von Berufs- und Privatleben als Belastung; 69 % der Arbeitnehmer sind der Meinung, dass ihr Unternehmen über keine Digitalstrategie verfügt.

Ich werde im Folgenden auf unterschiedliche Aspekte des digitalen Stresses eingehen. Dabei werde ich verschiedene Perspektiven einnehmen, denn digitaler Stress führt bei Unternehmen, Führungskräften und Arbeitenden, beruflich und privat zu erheblichen Konsequenzen. Es handelt sich um ein sehr komplexes Thema. Daher werde ich einzelne Bereiche ausschnittsweise betrachten. Anhand von kurzen Beispielen möchte ich die einzelnen Punkte verdeutlichen.

23.3.2.1 Arbeiten rund um die Welt und rund um die Uhr

Morgens am Frühstückstisch der Familie Müller mault Lena ihre Mutter an: „Deine Arbeit ist Dir immer wichtiger, als wir!" Wütend rennt Lena ins Bad, wollte sie ihrer Mutter doch eben von der misslungenen Mathearbeit erzählen. Ihre Mutter ist an ihr Firmenhandy gegangen und hat parallel die Firmen-E-Mails gecheckt. Ein Kollege hat sich krankgemeldet und sie als Teamleiterin muss die Vertretung organisieren – um 8 Uhr ist schließlich Arbeitsbeginn und die Schüler kommen in die Beratung. In den Abendstunden hat sie noch schnell vor dem Zubettgehen die Dokumentationen und Förderpläne geschrieben. Schon heute Nacht um 0:30 Uhr gab es bei ihrer Teilnehmerin Nadira eine familiäre Krise, die sie im 40-minütigen Telefonat abwenden konnte. Eigentlich arbeitet Sabine Müller 24 Stunden am Tag, denn ihr Firmen-Laptop und ihr Firmen-Smartphone sind immer im Einsatz und mit dabei. Dabei hat sie einen einjährigen Arbeitszeitvertrag über 24 Stunden in der Woche. Zu ihren Schülern hat sie eine vertrauensvolle Basis aufgebaut, sodass sie mit allen Sorgen und Problemen zu ihr kommen. Die Schüler rufen bei Problemen direkt an oder schreiben Nachrichten über WhatsApp. Und das bei einer Bezahlung, die gerade am Mindestlohn liegt. Manchmal fragt Sabine sich, weshalb sie studiert und hervorragende Weiterbildungen gemacht hat. Aber immerhin hat sie eine Arbeit.

Lena hat sich im Bad eingeschlossen und ist richtig wütend auf ihre Mutter. Sie fühlt sich zurückgesetzt und nicht wahrgenommen – schnell eine Sprachnachricht an ihre beste Freundin. Nach zehn Minuten immer noch keine Antwort von Emma. Mittlerweile hat sie schon 15 Nachrichten geschickt – sie muss doch sehen, dass es wichtig ist! „Keiner mag mich!!! Ich bin ganz allein auf dieser Welt!!!", denkt sie wütend.

Ein weiteres Beispiel: Max sitzt im Café um die Ecke und genießt das schöne Wetter und den leckeren Cappuccino der Kaffeerösterei. Kopfhörer auf, Tablet an und schon kann er arbeiten. Er genießt diese Freiheit, zu jeder Zeit an jedem Ort arbeiten zu können. Und er weiß, dass es heute ein sehr langer Tag werden wird. Vielleicht wird er heute in der Leineaue den Sonnenuntergang beim Ausarbeiten des neuen Projekts genießen können.

Das Verwischen der Grenzen zwischen Arbeits- und Privatleben und die permanente Erreichbarkeit wird in diesen Beispielen sehr deutlich. Es wird künftig weniger örtliche Verbindlichkeiten geben, so dass prinzipiell Arbeiten an jedem Ort der Welt möglich ist. Durch die Digitalisierung ist eine permanente berufliche Erreichbarkeit möglich. Sich selbst nicht zu disziplinieren oder keine klaren Vorgaben der Unternehmen, haben immense Auswirkungen auf das Familienleben. Dieses Auflösen von Grenzen erleben viele Menschen mit der Notwendigkeit, dass sie rund um die Uhr für ihre Kunden oder Teilnehmer erreichbar sein müssen. Mal eben schnell noch die E-Mails checken, noch kurz ein Anruf, kurz das Angebot schreiben oder etwas ausdrucken.

23.3.2.2 Arbeitsverdichtung

Ein Pflegeheim hat in Technologie investiert und Hilfsroboter eingekauft. Das Pflegepersonal muss jetzt nicht mehr so viel schwere Arbeiten verrichten. Allerdings sind nun weniger Pfleger als zuvor für die Pflegebedürftigen zuständig und die Dokumentation, Pflegeverläufe und medizinischen Berichte müssen schneller erledigt sein. Ein Patient bedeutet pro Leistung eine bestimmte Vorgabezeit und ein entsprechender Abrechnungsbetrag. Jonas hat für Herrn Wolff genau 25 Minuten Vorgabezeit. Heute hat der Pfleger von 7:45 bis 8:17 Uhr, also 32 Minuten, gebraucht; der Rapport bei der Pflegedienstleitung ist nun Pflicht, denn Jonas ist sieben Minuten im Minus! Und es folgen ja noch 17 Patienten.

Seit Jahren haben Führungskräfte und Angestellte das Gefühl, dass immer mehr in kürzerer Zeit erledigt werden muss. Dieser Zeitdruck und die Zunahme der Arbeit aufgrund der neuesten Technologie führen zu einer Überflutung und zu teilweise minutengetakteten Arbeitsprozessen, die gut über Auswertungen kontrolliert werden.

23.3.2.3 Angestiegenes Erwartungsdenken

Peters Unternehmen produziert präzise Werkstücke für Prototypen, Einzelstücke sowie individuelle Sondereditionen und liefert an alle Branchen wie Bau, Anlagenbau, Messtechnik, Medizintechnik und Energiehersteller. Ihn zeichnen eine hohe Zuverlässigkeit und Produktqualität aus. Nach der Umstellung auf Computerized-Numerical-Control(CNC)-Technik beobachtet er seit einigen Jahren die Entwicklungen im Bereich Digitalisierung und künstliche Intelligenz. Unternehmerisch ist er nun bereit, den nächsten Schritt zu gehen, um mehr Robotik zu nutzen. So könnte er noch präziser, genauer und flexibler agieren. Er verspricht sich einen deutlichen Wettbewerbsvorteil, auch wenn es heißt, dass er weniger Mitarbeiter braucht. In Zeiten des Fachkräftemangels braucht er dann auch weniger Zeit für die Personalsuche und die teure Einarbeitungszeit.

Aus Unternehmenssicht soll der Einsatz von Technologie Arbeit ersetzen. Arbeit ist als Produktionsfaktor im Verhältnis zum Einsatz von Technologie deutlich teurer. Um neue Technologien effizient zu nutzen, wäre ein Einsatz rund um die Uhr sinnvoll. Dafür ist eine permanente Erreichbarkeit der Mitarbeiter und von Firmenunterlagen und -programmen über das Internet notwendig. Die Erwartung von Unternehmensführungen, dass die Mitarbeiter und Mitarbeiterinnen durch diese Möglichkeiten eine höhere Effizienz und damit dem Unternehmen zusätzliches Wachstum erbringen, wird sich als nicht zielführend erweisen.

Im Gegenteil – schon jetzt verlangen große Firmen wie Volkswagen, dass ihre Mitarbeiter und Mitarbeiterinnen nach Arbeitsschluss i. d. R. nicht mehr erreichbar sind. Damit soll der Stress der Mitarbeiter deutlich verringert werden. Durch die steigende Lebenserwartung, die große Zahl von Rentenbeziehern und die Überwachungs- und Analysemöglichkeiten durch das Smartphone, werden schon im Jahr 2030 private und öffentliche Krankenkassen sowie die Rentenversicherungsträger starken Einfluss auf die Lebensgewohnheiten ihrer Kunden nehmen (Abschn. 23.3.2). Das wird zum einen über die Analyse des Gesundheitszustands und zum anderen über die direkte Auswirkung eines ungesunden Lebenswandels auf den Versicherungsbeitrag geschehen. Wer ungesund lebt, wird mehr zahlen. Da die Unternehmen am Beitrag zur Kranken- und Rentenversicherung beteiligt sind, wird es ein allgemeines Interesse an niedrigen Krankenkassenbeiträgen geben (vgl. mobile Diagnostik).

Das gestiegene Erwartungsdenken der Kunden, eine schnelle Lösung oder sofortige Antwort zu erhalten, wird durch den Einsatz der künstlichen Intelligenz befriedigt werden. Selbstlernende neuronale Netzwerke können durch den Einsatz in den Dienstleistungsbereichen der Unternehmen die Lösung von Kundenwünschen lernen und werden auch im Jahr 2030 den wesentlichen Teil der Kundenanfragen beantworten können (vgl. KI-Büro).

23.3.2.4   Verunsicherung und Überforderung von Mitarbeitern

In Julians Unternehmen soll nun eine neue Arbeitssoftware eingeführt werden. Nach 25 Jahren soll Julian nun mit komplett neuen Arbeitseingabefeldern arbeiten. Es stört Julian sehr, dass er nicht wie gewohnt arbeiten kann. Neue Arbeitsoberflächen, Pop-ups für Chats mit den Kunden, Bots, die Aufgaben für ihn erledigen, Headset-Benutzung, da der PC nur noch über Spracheingabe gesteuert wird – all dies ist Neuland für ihn. Er merkt sehr schnell, dass er völlig unsicher mit diesen neuen Techniken umgeht. Allein, das richtige Mikrofon und die richtige Kamera zu benutzen, ist eine unglaubliche Anforderung. Seinem Freund gesteht er, dass ihn diese Komplexität und Flut von Informationen überwältigen, sodass er manchmal gar nicht wahrnimmt, wo die Eingabefelder oder richtigen

Klicks notwendig sind. Da es keine richtigen Schulungen für die Systeme gab, ist er sehr unsicher und überfordert.

Ein weiteres Ergebnis der aktuellen Studie „Digitaler Stress in Deutschland" (Gimpel et al. 2018) zeigt, dass interessanterweise der digitale Stress durch Verunsicherung im Umgang mit den Medien in der Altersgruppe der Arbeitnehmer 25–34 Jahre am größten ist. Ein Drittel der befragten Arbeitnehmer (37,5 %) gaben eine hohe Verunsicherung an.

23.3.2.5 Digitale Abhängigkeit von Kindern, Jugendlichen und Erwachsenen

Jannik, Eric und Lukas haben die Nacht bis 4 Uhr gezockt. Jeder zu Hause an seinem Rechner, haben sie gemeinsam gespielt. Nun hat Jannik keinen Bock auf die Schule und will nur eins – wieder an den Rechner und Erfolge feiern.

Marianna sitzt beim Frühstück. Sie ist müde und lässt beim Kaffee kleine „Diamanten" auf ihrem Smartphone fallen. Das ergibt zwar keinen Sinn, aber so muss sie nicht denken oder reden. Ihr Mann liest die Online-Version der Bild im Wechsel mit Facebook. Ihre Kinder sind in Instagram und WhatsApp versunken.

Die Studie „Euphorie war gestern – Jugendliche und junge Erwachsene zwischen Glück und Abhängigkeit" (DIVSI und Kammer et al. 2018) verdeutlicht: Die Chancen, aber auch die Gefahren und Risiken des Internets werden immer bewusster. Zunehmend werden Risiken wie persönliche Angriffe, Falschinformationen, eine zunehmende Komplexität und fehlendes technisches Verständnis von den Nutzern gesehen. Gruppendruck und Überforderung erzeugen zusätzliches Unwohlsein. Auch eine verstärkte Angst vor einer möglichen Abhängigkeit und Internetsucht wird deutlich.

So nimmt knapp ein Drittel der Jugendlichen und jungen Erwachsenen laut einer DAK Gesundheit Forsa-Studie „game over" (2016) das eigene Nutzungsverhalten bereits als problematisch wahr; 64 % haben das Gefühl, im Internet Zeit zu verschwenden; 19 % sind gar vom Internet genervt.

Die „Generation Internet" fühlt sich unzureichend vorbereitet auf eine digitale Zukunft. Aneignung digitaler Kompetenzen läuft zumeist in Eigenregie und untereinander ab. Während die Schule erwartet, dass die Jugendlichen mit den digitalen Medien umgehen können, versuchen ebenfalls überforderte Eltern Präsentationen oder Formatierungen für Facharbeiten zu erstellen.

Auf dem Deutschen Suchtkongress (Pressemitteilung 2018) wurde berichtet, dass Probleme mit internetbezogenen Störungen, wie exzessive Nutzung von Computerspielen, sozialen Netzwerken und des Internets bei jungen Menschen in Deutschland immer größer werden. Nach einer DAK Gesundheit – Forsa Studie „game over" (2016) sind etwa 8,4 % Jungen oder junge männliche Erwachsene zwischen 12 und 25 Jahren süchtig nach Computerspielen. Rund 2,6 % der 12- bis 17-Jährigen in Deutschland gelten als abhängig von Social Media. „Betroffene Personen können die Kontrolle über die Nutzung verlieren sowie Hobbys und soziale Kontakte vernachlässigen. Gleichzeitig besitzen die Betroffenen ein höheres Risiko, an Depressionen zu erkranken." Seit Juni 2018 (Spiegel online 2018a, b) wird Online-Spielsucht von der WHO offiziell als Krankheit geführt und im neuen Katalog der Krankheiten (ICD-11) aufgenommen werden. Verabschiedet werden soll dies im Jahr 2019.

Im Jahr 2030 werden diese jungen Menschen ins Arbeitsleben eintreten oder schon die ersten Jahre berufstätig sein. Doch werden sie wirklich arbeiten oder wird ihre Sucht sie arbeitsunfähig gemacht haben?

23.3.2.6 Übertriebenes Effizienzdenken

Wirtschaftlich steht Erwins Firma gut da. Seit Mitte 2006 hat der Umstrukturierungsprozess begonnen. Erwin erinnert sich noch, dass damals in der Niederlassung fast 2000 Mitarbeiter beschäftigt waren. Heute sind es noch gut 300 Mitarbeiter. Die Arbeitsabläufe sind digitalisiert, die Arbeit hat sich verdichtet, Routinearbeiten erledigt die digitale Technik und das Büro ist papierlos. Künstliche Intelligenz empfängt Anrufer und entscheidet, wer zu einem echten Sachbearbeiter durchgestellt wird. Trotzdem richtet sich das Denken des Vorstands auf weitere Effizienz. Im Sinn der Aktionäre wird der größtmögliche Unternehmensgewinn fokussiert.

Zusammengefasst: Das Denken der Unternehmen ist geprägt von Zahlen, Daten, Fakten und steigenden Gewinnen. Abläufe werden extrem verschlankt und noch effizienter strukturiert. Doch was genau macht das eigentlich mit den Menschen, die für diese Unternehmen arbeiten?

23.3.2.7 Entfremdung

Miteinander sprechen, kurz Informationen austauschen oder einfach schnell anrufen – echte Herausforderungen für Bastian. Er schreibt lieber eine E-Mail oder eine Kurznachricht über den firmeneigenen Chat. So geht er sicher, dass er die Kollegen nicht stört. „Hallo Tobi …", „?", „habe ne Frage …" – keine Reaktion – „?", „Was?", „Hast Du die Controlling-Zahlen von Februar?", „Welche genau?", „Die, über die wir gestern eine Rundmail bekommen haben", „Ach die …" – Pause – „Hast Du oder nicht?" – Pause – Bastian stöhnt, er kommt einfach nicht voran.

„Gemeinsam einsam: Entfremdung in der Arbeit heute" schreibt Michael G. Festl (2014) in der *Zeitschrift für Praktische Philosophie*. Der Mensch ist ein soziales Wesen und mit der digitalen Welt konnte er sich immer mehr in die Isolation bringen. Zwischenmenschliche Kommunikation oder Konflikte zu klären, passiert immer weniger, da die Kompetenzen nicht oder nur ungenügend gelernt werden. Deshalb müssen diese Kompetenzen so früh wie möglich vermittelt und eingeübt werden.

Prägung und Manipulationen der Meinungsbildung über das Netz; Fake News oder Wahrheit oder gefakete Profile. Ein Austausch mit unterschiedlichen Standpunkten ist eher selten.

23.3.2.8 Übertriebene Kontrolle durch digitale Technik

Den Menschen durch übertriebene Kontrolle durch die digitale Technik die Freiheit, Eigenverantwortung oder Selbstbestimmung zu nehmen, führt ebenfalls zu digitalem Stress. Der gläserne Mensch hinterlässt, sobald er Technik nutzt, Spuren, sodass sein Arbeits-,

Shopping-, Finanz-, Interessenverhalten oder seine Bewegungsmuster genau analysiert werden können. Dies nutzen Unternehmen, um vorherzusehen, was der Kunde als Nächstes tut oder kauft. Auch Regierungen können hiervon profitieren und Kontrollinstrumente installieren. Ebenfalls kann die Meinungsbildung über Social Media gesteuert werden. Das birgt allerdings Gefahren.

Scoring-Systeme – Der digitale Big Brother is watching you

Sheng fährt über die Autobahn zum wöchentlichen Einkauf in die 40 km entfernte Stadt. Da es seiner Frau nicht gut geht, fährt er schneller, als erlaubt (Negativbewertung). Er kauft ein und der Mikrochip unter der Haut bezahlt automatisch. Ebenfalls automatisch wird der Einkauf bewertet (Alkohol – Negativbewertung, gesundheitserhaltende und fördernde Produkte – Positivbewertung, Windeln – Positivbewertung usw.). Dann fährt er in die Firma, um noch einige dringende Arbeiten zu erledigen (Positivbewertung). Zum Feierabend eine Zigarette (Negativbewertung), kurz mit dem Kollegen in die Bar um die Ecke auf ein alkoholisches Bier (Negativbewertung). Wegen Falschparken (Negativbewertung) bekommt er eine Strafe.

China will bis 2020 ein gesellschaftliches, durch Algorithmen gesteuertes Bonitätssystem schaffen, in dem staatskonformes bzw. staatsunkonformes Verhalten von Menschen und Unternehmen mit einem Punktesystem bewertet wird. Wer sich staatskonform verhält, wird belohnt mit maximal AAA (vorbildlich), bekommt schneller eine Wohnung, wird beruflich eher befördert und hat sonstige Vorteile. Bei negativem Verhalten im Sinn der chinesischen Regierung wird bis zu einem D (unehrlich) sofort sanktioniert, wie beispielsweise das Auto stillgelegt, die Wohnung aufgekündigt etc. Das fördert z. B. den Schwarzmarkt, um unerkannt Alkohol kaufen zu können. Pilotprojekte der chinesischen Regierung laufen derzeit bereits.

Um wirklich in jeder Situation Menschen zu erfassen, entwickeln die Chinesen momentan Flugroboter in Form von künstlichen Vögeln, die militärisch eingesetzt werden. Zudem können sie auch das Verhalten von Menschen in unübersichtlichen Gebieten, wie im Wald, überwachen. Dies berichtet die *South China Morning Post* im Juli 2017 (Spiegel online 2018a, b). Voraussetzung sind beispielsweise Bilderfassungssysteme, die rund um die Uhr Daten erfassen, analysieren und auswerten.

In einem Interview der Zeitung *Die Zeit* (Kalkhof 2018) erläutert die Sinologin Mareike Ohlberg, dass in China auf einer zentralen Plattform Daten aus verschiedenen Quellen, beispielsweise Regierungsstellen, Kreditinstitute, Internetkonzerne usw. zusammengeführt werden, um Privatpersonen, Unternehmen und Nichtregierungsorganisationen zu bewerten. An einem digitalen Pranger mit schwarzen Listen, von Menschen, die beispielsweise ihre Schulden nicht bezahlt oder die Verkehrsdelikte begangen haben, werden diese teilweise mit Fotos veröffentlicht. Als Konsequenzen werden diesen Menschen Tickets für Flugzeuge oder Hochgeschwindigkeitszüge verwehrt. Unternehmen, die auf diesen Listen wegen Gesetzes- oder Regulierungsverstößen erscheinen, erhalten keine Subventionen, können nicht an öffentlichen Ausschreibungen teilnehmen oder werden stärker vom Staat überwacht.

Welche Folgen wird eine Anpassung der Menschen und Unternehmen an die herrschende und vorgegebene Meinung haben? Dieses konformistische Verhalten wird im ersten Schritt Kreativität unterbinden und sich dann 2040 als Wettbewerbsnachteil erweisen, weil aus Non-Konformismus und Freiheit die Kreativität entspringt, die für Neuentwicklungen und Innovationen notwendig sind.

Gesundheitscheck der Krankenkasse am Morgen

Helens Smartwatch vibriert – Zeit für den wöchentlichen Gesundheitscheck. Sie legt den Finger auf das Tablet. Über einen Laser wird der Zustand des Bluts analysiert. Die Ergebnisse erscheinen umgehend auf ihrem Display. Die Krankenkasse und der medizinische Dienst bekommen einen umgehenden Bericht. Der digitale Arzt erscheint im Chat und teilt ihr mit, dass weitere Daten erforderlich sind, um einer sich entwickelnden Infektion vorzubeugen. So legt sie die drei Sonden an, die weitere Daten erfasst. Ein Blick in die Iris vervollständigt das Bild. Der digitale Arzt stellt ihr den Behandlungsplan vor, der über ihre Smartwatch sofort zur Verfügung steht und darüber kontrolliert durchgeführt wird.

Auch die Fitness- und Sportprogramme sowie Ernährungspläne und Schlafrhythmustraining helfen Helen, eine gesunde Lebensweise zu praktizieren.

Das Nexus-Marabu-Redaktionsteam (2018) hat in einem Beitrag „Wie sich die Gesundheitsbranche bis 2030 verändern wird" zusammengefasst, dass bis 2030 ein Gesundheits-Check-up mehr Interaktion von Sensoren, Kameras und Roboter-Scannern beinhaltet, als mit Ärzten oder Gesundheits- und Krankenpflegern. Dies geht aus dem Bericht „Building the Hospital of 2030", herausgegeben von *Aruba*, hervor.

So können wir davon ausgehen, dass eine Vielzahl von Erkrankungen per App und Wearables eigener Scans von zu Hause durch die Patienten diagnostiziert werden. Mithilfe von Bilderfassungstechnologie können über Sensoren innerhalb von Sekunden Blutdruck, EKG, Herzfrequenz, Temperatur und Atemfrequenz erfasst werden. Seltene Krankheitsbilder werden dadurch schneller erkannt und effektiver behandelt.

Mediziner und medizinisches Personal werden weniger Zeit mit administrativen Arbeiten verbringen, da sie durch Scans und mobile Informationsauswertung schneller zur Patientenversorgung übergehen können. Digitale Patientenakten können mit den medizinischen und mobilen Geräten, wie beispielsweise der Überwachung oder der Bildgebungs- und Röntgengeräte sowie MRT, verknüpft werden. Dadurch wird für eine permanente Aktualisierung der Gesundheitsdaten gesorgt. Künstliche Intelligenz wird eine große Rolle bei der Diagnose und in der Behandlung spielen und für eine qualitativ hochwertigere Versorgung sorgen. Die Daten werden weltweit zusammengeführt und ausgewertet. Die Behandlungen können anhand des komplexen Datenmaterials effektiv ausgerichtet werden.

Kontrollierte Mobilität

Julius will zu seinem Arbeitsort fahren. Über seinen digitalen Assistenten in seiner Wohnung bestellt er ein Großraumauto, nennt die Zieladresse und wird wenige Minuten später abgeholt. Er steigt zu und richtet sich bequem ein. Der digitale Autoassistent begrüßt ihn und bittet ihn, sich anzuschnallen. Das Auto startet, berechnet die schnellste Route unter

Einbeziehung der Routen der anderen Mitfahrer und zeigt auf dem Display Informationen zur aktuellen Verkehrssituation an. Selbstfahren oder Fahrer sind selten geworden. Die Fahrzeuge sind alle miteinander vernetzt, was zu einem reibungslosen Verkehrsfluss führt.

Digital hinterlassen Menschen gut nachvollziehbare Spuren. So sind schnell und leicht Bewegungsprofile der Menschen erstellt. Das wiederum führt dazu, dass Reiseorte, Lieblingsgeschäfte oder Freizeitaktivitäten genau erfasst werden können.

Digitales Einkaufserleben meets reale Welt

Anja bummelt durch die City und bleibt vor einer Goldschmiede stehen. Die Goldschmiedin bearbeitet gerade eine wundervolle Halskette. Anja zwinkert und die Kette ist gekauft. Sie betritt einen Lebensmittelshop, läuft zum Regal, holt sich ein belegtes Brötchen und verlässt den Shop. Bezahlt wird beim Verlassen des Ladens, indem der Radio-Frequency-Identification(RFID)-Chip erfasst und der Bezahlvorgang automatisch erledigt wird. Anja geht in einen Schneiderladen. Per Scan im Eingangsbereich werden Finanzsituation, sozialer Status und Zahlungsgewohnheiten erfasst. So bekommt Anja im virtuellen Verkaufsraum entsprechend ausgewählte Kleider gezeigt. So sieht sie sich die Kleider an. Virtuell kann sie das Kleid anprobieren, verschiedene Farben ausprobieren oder Empfehlungen für Accessoires oder Schuhe geben lassen. Ihre Maße tauschen sich automatisch im Bestellvorgang aus. So wird ihr Kleid für sie vor Ort individuell gefertigt und zwei Tage später erhält sie per Drohne das bestellte Kleid.

RFID bezeichnet eine Technologie für Sender-Empfänger-Systeme zum automatischen und berührungslosen Identifizieren und Lokalisieren von Objekten und Lebewesen mit Radiowellen.

Karin Frick, Forschungsleiterin des Gottlieb Duttweiler Instituts zeigt im Interview mit My Card (Grossmüller 2017) auf, dass im Jahr 2030 das mobile Einkaufen zu jeder Zeit Normalität sein wird. Einkaufsstraßen werden mit nostalgischem Einkaufserlebnis zum Event. Intelligente Kontaktlinsen und Brillen oder auch der Spiegel in Umkleidekabinen, zu Hause oder im Hotel werden zum Interface – ein Bildschirm, der beispielsweise Kaufempfehlungen gibt oder Informationen zeigt, aber auch Bezahlvorgänge per Handtipp oder Augenbewegung vornimmt.

Zukunftsforscher Nils Müller, Gründer von der Innovationsberatung Trendone ist überzeugt: „2030 wird das Bezahlen mit Bargeld eindeutig die Minderheit sein. Das erkennt man jetzt schon in Schweden oder den Niederlanden."

In Schweden haben 150 Angestellte des Unternehmens Epicenter bereits einen RFID-Chip unter die Haut implantiert bekommen. Gespeichert sind Mitarbeiterdaten, Sicherheitstüren werden geöffnet, Arbeitszeiten werden minutengenau erfasst, Fotokopierer bedient oder in der Kantine wird damit bezahlt.

In den USA werden Mikrochips in erster Linie für medizinische Notfälle implantiert, um beispielsweise Medikamentenunverträglichkeiten, auch bei Menschen, die bewusstlos sind, sofort zu erkennen, oder auch, um Demenzkranke zu orten. In einem Club in Barcelona werden Mikrochips von einem Arzt vor Ort implantiert und gelten als Statussymbol. Nur so erhalten Gäste Eintritt oder Getränke.

In Holland wurde bereits 2016 auf der Cebit in Hannover von Geschäftsleuten berichtet, die via Implantat ihre Visitenkarte auf das Smartphone der Geschäftspartner sendeten.

Mit Kontaktlinsen oder Brillen werden Informationen ins Blickfeld genommen, virtuelle Räume betreten – vieles ist denkbar. Auch, dass bestimmte Kunden keinen Einlass in Läden bekommen, da sie nicht die finanzielle Kaufkraft besitzen oder aus sozial schwachen Stadtteilen kommen.

Angestellt oder schon Freelancer?

Sophie freut sich! Sie hat den Zuschlag für die Gestaltung von Seminarunterlagen eines Trainingsinstituts bekommen. Zehn Stunden hat sie für Recherche und Erstellung. Bezahlung: Mindestlohn. Mal sehen, ob sie es in der Zeit hinbekommt. Ob Folgeaufträge kommen werden? Na ja, sie muss sich noch weiter um das Marketing kümmern. Als sie diesen Weg eingeschlagen hat, wollte sie einfach nur das tun, was sie wirklich gut kann – Assistenzarbeiten. Dass sie nun immer wieder unternehmerische Entscheidungen treffen muss, überfordert sie. Dazu müsste sie mal einen Kurs besuchen. Doch woher soll sie die Zeit nehmen und woher das Geld?

Auf der Tagung der Kooperationsstelle der Hochschule Hannover und Gewerkschaften im September 2017 fand ein Vortrag eines Gewerkschaftsvertreters während der Tagungsreihe zu psychischen Belastungen in der Arbeitswelt statt. Hier wurde klar, dass digitaler Stress auch bei Menschen entsteht, die nicht mehr als klassische Arbeitnehmer definiert werden.

Schon heute verunsichern Zeitverträge und fördern die Angst, den Arbeitsplatz zu verlieren. Die Zahl der Freelancer und Crowd-Worker steigt und steigt. Gerade im Billiglohnsektor nimmt die projektbezogene Arbeit zu. Das Unternehmen hat den Vorteil, dass Freiberufler ohne Sozialversicherungspflicht sind. Somit sind sie günstiger als Angestellte.

So gibt es viele, die am Existenzminimum leben, so wenig Geld verdienen, dass sie keine Altersvorsorge treffen können und durch alle sozialen Raster fallen. Die Zeit, wie sie ihr Business auf solide Beine stellen, fehlt i. d. R. genauso, wie die finanziellen Möglichkeiten fehlen.

Wie werden wir in Zukunft den Begriff Arbeitnehmer definieren? Wer soll künftig wie sozial abgesichert sein? Wie sollten Menschen finanziell aufgestellt sein? Welche Verantwortung haben Politik und Unternehmen?

Eine Möglichkeit zur sozialen Absicherung könnte das bedingungslose Grundeinkommen sein, dass die bestehende Grundsicherung ablöst. Voraussetzung für den Bezug das Grundeinkommens sollte eine abgeschlossene Berufsausbildung, ein abgeschlossenes Studium oder ein entsprechender Gesellschaftsdienst in einem Krankenhaus oder einer ähnlichen Einrichtung über einen Zeitraum von zwei Jahren sein. Diese Bedingung ergibt sich aus der Lehre von Clare W. Graves über die Entwicklung von Persönlichkeiten und Gesellschaften (Abschn. 23.4.4.).

Soziale Medien als Meinungsbildner und Steuerinstrument

Die sozialen Medien bestehen erst seit kurzer Zeit. Facebook wurde im Jahr 2004 gegründet und wurde innerhalb von wenigen Jahren zu einem großen, internationalen Unternehmen. Ein besonderes Merkmal sozialer Plattformen ist die Analyse der Nutzer und die genaue Zuordnung von Content nach deren Vorlieben und Werten. Durch diese genaue Zuordnung verstärkt Facebook vorhandene Meinungen und Stimmungen. Durch Werbung haben fremde Dritte oder die Regierungen anderer Staaten die Möglichkeit, die Meinungen von Zielgruppen zu beeinflussen und dadurch gesellschaftliche Konflikte zu verstärken. Radikalisierte politische Gruppen in einer Gesellschaft erschweren den politischen Prozess und führen zu dauerhaftem Stress innerhalb dieser Gesellschaft.

Zusammenfassung digitaler Stress

Digitaler Stress entsteht individuell auf unterschiedliche Ebenen. Ob nun digitaler Stress aus Unsicherheiten im Umgang mit neuen Technologien, sich schnell überholende oder sehr komplexe Technik oder durch ein Zuviel an Technik entsteht, ist sehr unterschiedlich.

Auf Unternehmerseite bedeutet digitaler Stress, Innovationskosten für künstliche Intelligenz und Digitalisierung, Kosten für die Gesunderhaltung der Mitarbeiter und Weiterbildungskosten für gut ausgebildete Arbeitskräfte. Soziale Verantwortung für Mitarbeiter und Transparenz sind entscheidend für die Unternehmen und die Gesellschaft.

Bei Führungskräften, internen und externen Mitarbeitern äußert sich digitaler Stress auf der gesundheitlichen Ebene und wird sich i. d. R. durch sich auflösende Grenzen des Privat- und Berufslebens, Überforderung, Überflutung und Komplexität sowie großer Verunsicherung zeigen. Wer rund um die Uhr arbeitet, schaltet nicht ab und findet oft kein Ende. Ständige Erreichbarkeit hält die Erregung und Aufmerksamkeit hoch, sodass Ermüdungs- oder Erschöpfungserscheinungen oder sogar krankheitsbedingte Auszeiten keine Seltenheit sind. So sollten sie bei digitalem Stress Unterstützung bei der Leitung einfordern, Selbstverantwortung für eine gesunde Work-Life-Balance entwickeln und achtsam ihre Bedürfnisse reflektieren.

Der digitale Stress endet nicht im Berufsumfeld, sondern hat auch enorme Auswirkungen auf das Privatleben der Menschen. Gesundheitliche (z. B. innere Unruhe, Schlafstörungen oder Antriebslosigkeit), soziale (z. B. Rückzug, soziale Isolation) und wirtschaftliche (z. B. Mittellosigkeit, parallele Arbeitsverhältnisse) Folgen, lassen ein isoliertes Betrachten des digitalen Stresses nicht zu. Unsere Regierungen haben eine Verpflichtung, politisch die Weichen zu stellen, um im Jahr 2030 für die Bevölkerung eine gute Lebens- und Arbeitsumgebung zu schaffen. Und wir als Gesellschaft – und damit jeder einzelne von uns – können ebenfalls jetzt die Weichen für eine zufriedene Gesellschaft 2030 stellen, denn eins ist auch gewiss: Digitalisierung und künstliche Intelligenz sind nicht mehr aufzuhalten.

23.4   Zufriedenheit in der digitalen Welt

Suche nicht nach Fehlern, suche nach Lösungen. (Henry Ford)

23.4.1 Der Wunsch nach Zufriedenheit

Louisa sitzt in ihrer Achtsamkeitsrunde und trinkt einen Schluck lauwarmes Wasser. Sie blicken auf einen See, hören sanfte Musik und genießen den Duft von Lavendel. Louisa fühlt sich rundum zufrieden. Ein leichter, wonniger Seufzer entfährt ihr. So soll das Leben sein!

Leon genießt währenddessen das Auspowern beim Aikido. Noch immer fasziniert ihn die Eleganz dieser Kampfkunst. Anschließend ist er sehr zufrieden – sich sportlich voll zu verausgaben, Erfolgserlebnisse und weitere Techniken zu lernen – genau so macht das Leben Spaß.

So individuell Stress wahrgenommen und verarbeitet wird, so individuell ist das Empfinden von Zufriedenheit. Innerlich und äußerlich ausgeglichen zu sein, streben viele Menschen an. Jeder formuliert diese Begriffe ein bisschen anders. Für manche ist Zufriedenheit ein Zustand des inneren Friedens. Andere beschreiben Zufriedenheit als tiefe Bedürfnisbefriedigung, ein erwartetes Ziel tatsächlich erreicht oder einfach die Erwartungen übertroffen zu haben.

Aus meiner Sicht ist Zufriedenheit das Pendant zum Stress. Viele kleine Glücksmomente und Erfolgserlebnisse summieren sich zur Zufriedenheit. Viele kleine Anstrengungen, häufige Verunsicherungen oder dauerhafte Überforderungen führen zu Stress. Im Stress handeln wir aus unseren Überlebensstrategien. Aus der Zufriedenheit heraus zu handeln, bedeutet ressourcenvoll zu sein und aus der Fülle heraus zu handeln. Erst dann kann man aus der Fülle der Möglichkeiten kreative Lösungen finden. Daher gilt es, erst den Stress abzubauen, die Konflikte zu lösen und dann die Kompetenzen aufzubauen, die man für ein zufriedenes Leben braucht.

Ist Stress lang anhaltend, führt er langsam, aber sicher in die Unzufriedenheit, Antriebslosigkeit und in Krankheiten hinein. Ist die Zufriedenheit langanhaltend, werden die Menschen freundlicher sein, wohlwollender miteinander umgehen und letztendlich gesünder und leistungsfähiger sein. Es ist eine Frage der Balance zwischen den Polen. Kurzfristige, stressige Phasen können belebend sein. Dann ist es wieder Zeit, in seine Ressourcen zu gehen und Energie aufzuladen.

Menschen können eine Arbeitszufriedenheit empfinden oder eine Lebenszufriedenheit sowie gesundheitliche oder finanzielle Zufriedenheit. Als Kunde kann sich die Zufriedenheit auch auf gut erbrachte Leistungen von Unternehmen beziehen. Unternehmer sind zufrieden, wenn sie für sich selbst definierte Zahlen erfüllt haben oder Ziele erreicht bzw. übertroffen haben. Führungskräfte können zufrieden sein, wenn sie die Vorgaben des Unternehmens erfüllt haben oder Konflikte lösen konnten.

Wovon hängt nun Zufriedenheit ab? Eine Studie von Andrea Abele-Brehm (2014), Präsidentin der Deutschen Gesellschaft für Psychologie, zum Thema Lebenszufriedenheit zeigt auf, dass in einer Leistungsgesellschaft, in der Höher-Schneller-Weiter gilt, Menschen nur dann zufrieden sind, wenn Werte wie Selbstvertrauen, Tatkraft und zwischenmenschliche Werte in Verbindung mit Eigenschaften, wie Beharrlichkeit, Aktivität, Hilfsbereitschaft, Fairness usw. gelebt werden. Im Umkehrschluss sind es nicht die Werte wie Macht oder Erfolg, die zufrieden machen. Das biblische Sprichwort „Geben ist seliger, als

nehmen" (Apostelgeschichte 20,35) findet sich hier wieder. So wird klar, dass Zufriedenheit mit Werten wie Neugier, Dankbarkeit, Achtsamkeit, Gelassenheit, Optimismus, Humor, Selbstbewusstsein, Selbstvertrauen, Vertrauen, Mitgefühl, Geduld und Liebe das eigene Wohlbefinden steigert und erreichen lässt.

So braucht man eine große Portion Bewusstsein, um zu erkennen, was gerade den
Stress verursacht. Nur wenn man erkennt, wie man leben will, und weiß, welches Bedürfnis nicht erfüllt ist, legt man im nächsten Schritt das Ziel fest: Wohin will ich? Dann kann
man reflektieren und erkennen, was man braucht, welches Bedürfnis nicht erfüllt ist und
was man verändern will. Dann beginnt der Weg zum eigenen Ziel.

Das gilt für sich persönlich und auch FÜR sein Unternehmen sowie IN seinem Unternehmen.

Wissenschaftler der Universität Innsbruck (Höge und Schnell 2012 Studie „Kein Arbeitsengagement ohne Sinnerfüllung") haben zum Thema „Sinn im Beruf" geforscht. Im
Ergebnis haben sie bestätigt, dass Sinnerfüllung im Beruf unerlässlich für Engagement am
Arbeitsplatz ist. Die Bedeutsamkeit der Aufgabe muss positive Auswirkungen haben. Als
sinnstiftend wird empfunden, was für die Gesellschaft, die Umwelt oder für andere Menschen von Wert ist. Dann wird die Arbeit positiver und produktiver.

Insgesamt werden zum Leben im Jahr 2030 Achtsamkeit, Meditation und umfassende
Kenntnisse in Stressmanagement und Konfliktlösungen ein Muss sein. Nur wenn Menschen diese Kenntnisse haben, werden sie in der Lage sein, ihren digitalen Stress bewusst
wahrzunehmen, zu reflektieren und abzubauen.

Zufriedenheit als Zustand des inneren Friedens kann durch Meditation, fortschreitende
Kenntnisse und Fähigkeiten in Kommunikation und Achtsamkeit erreicht werden. So können Konflikte vermindert und aufgelöst und die Fähigkeiten der Führungskräfte deutlich
verbessert werden. Damit finden Mitarbeiter eher Arbeitsplätze, die zu ihren Kompetenzen und Bedürfnissen passen. Durch die kommunikativen Kenntnisse der Arbeitnehmer
und Arbeitnehmerinnen und der Führungskräfte ergeben sich Produktivitätsgewinne und
eine deutlich verbesserte Gesamtgesundheit der Bevölkerung.

Meditation, Entspannungstechniken und Achtsamkeitstraining führen zu besserer
Selbstregulation, verbesserten Kommunikationsstrategien und verbesserter Resilienz der
Menschen gegenüber Stress.

Doch auch die Digitalisierung und künstliche Intelligenz können zum Abbau von Stres-
soren führen, wie es am Beispiel des autonomen Fahrens zu sehen ist. Durch das autonome Fahren wird der Straßenverkehr als wesentlicher Stressor erst gemindert, dann deutlich entspannt. Bereits ab 2025 soll das autonome Fahren beginnen. Fahrerlose Fahrzeuge
verringern den Straßenverkehr, da durch neue Verkehrskonzepte mehrere Personen ein
Fahrzeug nutzen können. Ein Beispiel dafür ist Moia, das gerade in Hannover als Test für
neue Verkehrssysteme benutzt wird. Dabei fahren die Fahrzeuge durch ein entsprechendes
Gebiet und nehmen auf Anforderung Passagiere auf. Dadurch sinkt die Zahl der Fahrzeuge. Die Elektrofahrzeuge werden günstiger und die Zahl der Fahrzeuge wird sinken.
Im Jahr 2030 haben wir einen Verkehrsfluss ohne Staus und umweltgerechte Varianten
werden den Verkehr entlasten, da vieles digitalisiert werden wird.

23.4.2 Lösung Zufriedenheit?

Im Fehlzeitenreport 2018 zum Thema „Sinn erleben – Arbeit und Gesundheit" (Badura et al. 2018; Zeit online 2018) wird deutlich, dass Arbeitszufriedenheit eine der grundlegenden Voraussetzungen für Gesundheit ist. Zufriedenheit ist messbar durch den Krankenstand in den Unternehmen. Hierzu zählen die Krankheitstage der Arbeitnehmer durch psychische Erkrankungen wie Depression oder Burn-out, Antriebslosigkeit, Konzentrationsschwächen, aber auch Rückenleiden. Zudem sind Infektanfälligkeit, Schlafstörungen oder Herz-Kreislauf-Erkrankungen ein Grund für Krankheitstage. Sind Menschen zufrieden, sinkt auch die Zahl der Arbeitsplatzwechsel. Unternehmen haben somit weniger Kosten durch Personalsuche, Einarbeitung und Krankheiten.

Des Weiteren zeigt der Fehlzeitenreport (Badura et al. 2018) auf, dass Sinnhaftigkeit eine wesentliche Grundvoraussetzung für Arbeitszufriedenheit ist: 94 % der Befragten sind sichere und gesunde Arbeitsbedingungen wichtig; 93 % sagen, dass es wichtig ist, etwas Sinnvolles zu tun. Allerdings hängt es von der persönlichen Bewertung ab, ob jemand seine Arbeit sinnhaft oder unsinnig empfindet.

Insgesamt werden im Jahr 2030 Achtsamkeit, Meditation, Kommunikationsfertigkeiten und sportliche Fitness, Zufriedenheit und Gesundheit im Allgemeinen und im Berufsumfeld grundlegende Elemente sein.

23.4.3 Zufriedenheit mithilfe der digitalen Welt

Was heißt nun eine digitale Zufriedenheit? Ich möchte gern betrachten, dass ungeachtet aller Skepsis gegenüber Digitalisierung und der künstlichen Intelligenz, wir als Gesellschaft und somit jeder einzelne von uns, in den nächsten zehn Jahren die Kompetenzen erlangen sollten, uns von der gestressten Gesellschaft zur zufriedenen Gesellschaft zu wandeln.

23.4.4 Die zufriedene Gesellschaft

Eine zufriedene Gesellschaft setzt voraus, dass jeder einzelne eine grundsätzliche Zufriedenheit empfindet. Das wiederum setzt voraus, dass die Menschen keine Existenzängste erleben, dass ein Bewusstsein, Wissen und eine gute Grundbildung über Zufriedenheit bestehen. So ist es ein Muss, offen über Probleme zu sprechen, sie zu reflektieren und lösungsorientiert zu handeln. Machterhalt einzelner oder Blockadepolitik verstärken eher die Unzufriedenheit.

Bis zum Jahr 2030 sind die großen Themen (Abschn. 23.2.1) zu lösen, sodass dann Zufriedenheit in der Gesellschaft besteht. Wie erreicht eine Gesellschaft Zufriedenheit mithilfe der digitalen Medien und der künstlichen Intelligenz? Nehmen wir Lösungen in den Fokus.

23.4.4.1 Zufriedenheit Demografie

Der überalternden Bevölkerungsstruktur und der sinkenden Geburtenrate kann bis zum Jahr 2030 entgegengewirkt werden. Integration der Zuwanderer und Flüchtlinge, ein toleranter Umgang mit den Impulsen der unterschiedlichen Kulturkreise, mit Achtung der deutschen Kultur und dem Selbstbewusstsein Deutschlands klar zu formulieren, dass Deutschlands Werte respektiert werden, sind wichtige Schritte. Junge Männer ohne Arbeit mit Langeweile und ohne Deutschkenntnisse – da liegen die Probleme auf der Hand. Im Zuge vom Fachkräftemangel sind hier Lösungen ein Muss.

Die Bevölkerungsstruktur in Deutschland ist überaltert durch die geburtenstarken Jahrgänge aus den Jahren 1960–1970 und eine anhaltend niedrige Geburtenrate. Durch Migration kann dieser Entwicklung wesentlich entgegengesteuert werden. Die Voraussetzung dafür ist das Gelingen der Integration von Migranten. Ebenso kann die besondere Förderung von Familien und das Schaffen von passenden Rahmenbedingungen wie Ganztagsbetreuung in Schulen, kleine Klassen und finanzielle Unterstützung die Geburtenrate verbessern.

Neue Wohnkonzepte können dem Trend von Singlehaushalten entgegenwirken. Alt und Jung unter einem Dach, Wohngemeinschaften, die sich gegenseitig unterstützen, sind wünschenswert, da sie auch der Wohnungsknappheit entgegenwirken. Es braucht auch Lösungen für bezahlbaren Wohnraum. Wohnungssuche und Finanzierungen von Wohnungen kann kein Exklusivrecht sein.

Digitalisierung kann helfen, dass sich Flüchtlinge und Zuwanderer mit Sprachübersetzungen verständlich machen. Deutsch lernen erfolgt ganz nebenbei. Programme wie z. B. Skype Translator zeigen, in welche Richtung die Zukunft weist.

Roboter, die Zeit mit Menschen verbringen, mit ihnen reden, spielen oder beim Spazierengehen begleiten, Pflege übernehmen oder im Notfall erste Hilfe leisten, werden mehr und mehr in den Alltag einziehen. Auf Messen wie Innorobo oder CES in Las Vegas können wir verfolgen, welche Entwicklungen die Robotik geht.

23.4.4.2 Zufriedenheit in der Lern- und Berufswelt

Wir werden 2030 in Berufen arbeiten, die heute möglicherweise noch unbekannt sind. Mit Sicherheit werden viele Berufe mit IT, Digitalisierungskenntnissen und im Bereich künstlicher Intelligenz geschaffen werden. Doch was wird mit denen geschehen, die da nicht mehr mitkommen? Wir kennen doch alle den Effekt, dass die Komplexität der Medien, Programme oder Anschlüsse uns überfordern. Gestern haben wir einen Fernseher angeschaltet und waren froh, dass die Fernbedienung uns unterstützt hat. Heute liegen drei Fernbedienungen in unserem Wohnzimmer und etliche Kabel verbinden den Fernseher mit externen Geräten. Im Jahr 2030 werden digitale Sprachassistenten Fernbedienungen und die Kabelage überflüssig machen.

Um gut auf die Berufswelt 2030 vorbereitet zu sein, braucht unser Nachwuchs die beste aller Grundausbildungen. Dazu lohnt es sich, eine Lernwelt in Schule und Studium zu schaffen, in der Lernen Spaß macht, auf Digitalisierung und künstliche Intelligenz vorbereitet. Zudem können Kreativität und Experimentierfreude gefördert werden, um Zusammenhänge und Entwicklung voranzubringen. Dringend müssen die Lernkonzepte von Altem entrümpelt, modernisiert und überarbeitet werden. Gehirnforschung und Erfahrungen aus dem Lerncoaching zeigen, was Menschen brauchen, um gut, effektiv und nachhaltig zu lernen. Kreativität zu fördern, ist eine der wichtigsten Kompetenzen in der Schule: Experimentieren, Sport, Fitness und der künstlerische Aspekt, wie Malen, darstellendes Spiel oder Musik sollten zur Zufriedenheit aller gefördert werden.

Virtuelle Klassenzimmer, E-Learning, Einsatz von Visual-Reality-Brillen, digitale Medien, Laptop-Nutzung und ein sicheres Heranführen an die Themen sind Voraussetzung für eine moderne Volkswirtschaft 2030.

Lehrer brauchen Rahmenbedingungen und Kompetenzen, damit der Nachwuchs optimal vorbereitet wird. Eine Entlastung von Verwaltungsaufgaben ist notwendig und ein Rund-um-die-Uhr-Arbeiten ist nicht sinnvoll. Insbesondere Lehrer sollten in der Lage sein, Kommunikationstechniken, Konfliktstrategien und Stressbewältigung für sich anzuwenden und damit vorzuleben, wie Zufriedenheit funktioniert.

Dazu gehört auch das Ausgrenzen und Mobbing 2019 durch Kompetenzen in Kommunikation, Konflikten, Stresssituationen für ein 2030, das integriert und lösungsorientiert aufgestellt ist. Sowohl ein achtsamer Umgang mit Social Media sowie ein gesunder und kritischer Umgang helfen dabei, zufrieden zu leben.

Investitionen in Schulen und der Aufbau eines funktionierenden, modernen Netzes sind unabdingbar. Brauchen wir Menschen, die angepasst sind und nur funktionieren? Oder hilft es eher, eine mitdenkende, Menschen zugewandte, kreative, verantwortungsbewusste, leistungsfähige, gesunde und zufriedene Bevölkerung zu haben, die Digitalisierung und künstliche Intelligenz mitträgt und die Gesellschaft gestaltet? Letztendlich geht es um die Sicherung des Wirtschaftsstandorts Deutschland.

23.4.4.3 Zufriedenheit mit gesunder Unternehmenskultur

Politisch können Rahmenbedingungen für Unternehmen geschaffen werden, die Sicherheit, Klarheit und Transparenz fördern. Entscheidungen stehen an, welche Unternehmensbereiche dem Gemeinwohl dienen sollen. Unternehmen, die sich im Jahr 2030 ihrer sozialen Verantwortung bewusst sind, werden klare Wettbewerbsvorteile haben. Unternehmen mit reinem Effizienzgedanken, die Mitarbeiter ausbeuten, ethische Grundsätze nicht einhalten oder Unternehmenswerte nicht leben und Mitarbeiter nicht wertschätzen, werden in Zukunft keine Mitarbeiter finden.

Unternehmen haben ihren Mitarbeitern gegenüber eine Fürsorgepflicht. Lösungen liegen klar auf der Hand. E-Learning für die Aus- und Weiterbildung der Mitarbeiter und Führungskräfte oder Teamsitzungen in virtuellen Räumen werden Zeit einsparen, ebenso Arbeitszeiten auf den Fahrtwegen. Nicht zu vergessen ist allerdings, dass Menschen soziale Wesen sind, die auch das Erleben und Arbeiten in der Gruppe brauchen. Persönliche Treffen werden auch in Zukunft ihre Bedeutung behalten.

Unumgänglich wird sein, ein betriebliches Gesundheitsmanagement zu etablieren, dass die Gesundheit aller nachhaltig fördert (Struhs-Wehr 2017).

Unternehmen sollten sicherstellen, dass Arbeitnehmer die Aufgaben klar definiert bekommen, Überlastungen auf ein Minimum reduzieren und für eine sichere finanzielle Grundlage gesorgt wird. Zudem ist wichtig, dass Firmen, wenn sie mit Crowd-Workern oder Freelancern arbeiten, für faire Verträge und Bezahlung sorgen und sich verantwortlich fühlen. So muss unbedingt eine soziale Absicherung geschaffen werden, die diese neue Form der Arbeit wertschätzt. Möglicherweise muss der Begriff Arbeitnehmer neu definiert werden.

Führungskräfte sollten ihrer Verantwortung und Rolle klar und sicher sein. Mentorenprogramme können dafür sorgen, dass dies gelingt. Wissen über Teamentwicklung und Teamphasen gehören unbedingt zur Grundausbildung der Führungsriege. Das Zusammenstellen von Teams nach Stärken der Mitarbeiter kann sehr gut mit digitaler Unterstützung erfolgen. Lösungsorientiertes Stärkenmanagement und Resilienztrainings helfen, Konflikte in Gruppen und mit Führungskräften zu lösen. Eine offene Gesprächskultur lässt ebenfalls ein harmonisches, klärendes Miteinander entstehen.

Digitale Auszeiten von Firmen-Laptops und Smartphones sollten in der Freizeit von den Firmen in Sinn der Arbeitnehmer sichergestellt werden bzw. auf ein Mindestmaß reduziert sein. Ruhezeiten und Sportangebote für die Mitarbeiter sind eine wichtige Voraussetzung zum Erhalt der Leistungsfähigkeit. Eine offene Kommunikations-, Konflikt- und Fehlerkultur helfen, gemeinsam zu wachsen und lösungsorientiertes Denken zu etablieren, um Unternehmensziele zu erreichen.

Künstliche Intelligenz kann in beispielsweise produzierenden Firmen eingesetzt werden. Das Besondere ist, dass die Unternehmen schnell auf geänderte Nachfragen reagieren können, da sich die Produktionsanlagen von allein anpassen können. Diese selbstlernenden Programme senken auf diese Art eindeutig Kosten.

IBM zeigt mit ihrem Rechner Watson, wie Analyseprogramme selbstlernend Unternehmen unterstützen. So können beispielsweise deutsche Gesetze, Urteile und Vorgaben eines zu entscheidenden Falls analysiert, Rechtsanwälte und Richter unterstützt und Urteile logisch strukturiert vorbereitet werden. Ein weiteres Einsatzfeld ist die medizinische Analyse von Krankheitssymptomen. Die Daten werden weltweit erfasst, analysiert und für die effektivste Behandlung dem Patienten zur Verfügung gestellt.

Eine offene und wertschätzende Kommunikations-, Konflikt- und Fehlerkultur zu etablieren, wird die wichtigste Aufgabe bis 2030. Dies kann und muss durch eine externe Prozessbegleitung unterstützt werden. Unternehmer, Führungskräfte, Teams und die einzelnen Mitarbeiter sollten die Möglichkeiten von Team- oder Business-Coaching und kollegialen Fallbesprechungen nutzen, um sich wettbewerbsfähig für die Zukunft aufzustellen.

23.4.4.4 Zufriedenheit in Bezug auf die persönliche Entwicklung

Der Psychologieprofessor Clare W. Graves hat in den 1970er-Jahren die Entwicklung von Persönlichkeiten und Gesellschaften erforscht. Seine Schüler Don Beck und Christopher Cowan (2007) führten das Werk als „Spiral Dynamics" weiter. Diese persönliche Entwicklung durchläuft verschiedene Werteebenen, die auch nicht ausgelassen werden können.

Zufriedenheit ergibt sich durch die positive Entfaltung der Persönlichkeit auf der jeweiligen Werteebene. Durch das Wissen über diese Werteebenen können Gesellschaften entwickelt und Konflikte vermieden werden. Don Beck setzte die Prinzipien des Systems erfolgreich ein, als er Nelson Mandela bei der Transformation Südafrikas von der Apartheid zur Demokratie begleitete (vlg. auch Krumm und Parstorfer 2014). Zurzeit entwickelt sich „Spiral Dynamics" zum Basiswissen von Führungskräften und wird bis zum Jahr 2030 die Grundlagen für eine flexible und organisationsbezogene Führungskultur zur persönlichen und gesellschaftlichen Zufriedenheit schaffen.

23.5 Fazit: Die gelungene digitale Welt

Jetzt ist die Zeit, notwendige Veränderungen zu initiieren, damit wir im Jahr 2030 wesentliche Stressfaktoren, die die digitale Welt mit sich bringen wird, gelöst haben beziehungsweise mindestens bewusst wahrnehmen und mit ihnen auf einem guten Weg sind.

Skepsis und Aufmerksamkeit sind gute Ratgeber, um zu reflektieren, wann welche Schritte zu gehen sind. Achtsamkeit, Kommunikationstechniken, Streit- und Fehlerkultur sowie persönliche Weiterentwicklung durch Coaching und Training sind mit einem lösungsorientieren Handeln Voraussetzung für eine große Zufriedenheit. Zudem sind bewusstes Reflektieren, Bewegung, Sport, Musik, Natur und Humor sehr wichtige Faktoren.

Nur wenn es uns gelingt, unseren Stress abzubauen und unsere Konflikte zu lösen, wird es uns gelingen, ein zufriedenes Leben in der digitalen Welt zu führen. Nur dann werden wir klar denken, uns gut fühlen und begeistert leben und handeln können.

Daher gilt es, einen gesunden Lebenswandel mit guter Ernährung, guter Work-Life-Balance und betrieblichem Gesundheitsmanagement zu etablieren. Finanzielle Gerechtigkeit, Wertschätzung und Sinnerfüllung können wir nur in der realen Welt leben. Die digitale Welt kann die reale Welt unterstützen und wertvoll ergänzen.

Gute Aus- und Weiterbildung mit Einsatz der modernen Medien verhilft, Zufriedenheit bei Mitarbeitenden und Führungskräften zu etablieren.

Unternehmen sollten sich jetzt ihrer sozialen Verantwortung stellen. Die Arbeitenden brauchen Sicherheit durch Perspektiven, Gesundheitsförderung und sinnerfüllendes Arbeiten. Gleichzeitig brauchen sie Mut, in neue Techniken zu investieren. Jetzt die Rahmenbedingungen zu klären, schafft für das Jahr 2030 eine solide Basis.

Nutzen wir Digitalität, Robotik und künstliche Intelligenz als Unterstützung und als Arbeitserleichterung. Ziel ist es, eine lebenswerte Zukunft aktiv zu gestalten, indem wir die reale und die virtuelle Welt miteinander sinnvoll kombinieren.

Wir können gespannt sein, wie die digitale Riesenwelle in den nächsten Jahren mit Themen wie selbstfahrenden Autos, 3D-Druckern, Drohnen und Robotern, Wearables, Augmented und Virtual Reality, Funkchips, Voice Recognition, Big Data und künstlicher Intelligenz usw. unsere Welt verändern wird. Jetzt ist der Zeitpunkt, an dem wir die Weichen stellen, wie wir im Jahr 2030 leben wollen. Neben der Politik sind auch wir als Unternehmen und Privatpersonen gefragt, jetzt richtungsweisend die Zukunft zu gestalten.

Literatur

Abele-Brehm, A. E. (2014). Pursuit of communal values in an agentic manner: A way to happiness? *Frontiers in Psychology*. https://www.dgps.de/index.php?id=143&tx_ttnews%5Btt_news%5D=1539&cHash=13fdeb4d4ebfc301fa8dcc338ace603d. Zugegriffen am 13.01.2019.

Badura, B., et al. (2018). *Fehlzeiten-Report 2018 „Sinn erleben – Arbeit und Gesundheit"*. Wiesbaden: Springer.

Beck, D. E., & Cowan, C. C. (2007). *Spiral Dynamics – Leadership, Werte und Wandel: Eine Landkarte für Business und Gesellschaft im 21. Jahrhundert* (2017, 7. Aufl.). Bielefeld: Kamphausen.

BKK Gesundheitsreport. (2016). *veröffentlicht: Bundesanstalt für Arbeitsschutz und Arbeitsmedizin, Daten und Fakten, Zahlen rund um das Thema psychische Gesundheit.* http://psyga.info/psychische-gesundheit/daten-und-fakten/. Zugegriffen am 13.12.2018.

DAK-Gesundheit. (2016). *Forsa-Studie „game over"*. www.dak.de/dak/download/grafiken-studie-game-over-1860848.pdf. Zugegriffen am 11.01.2019.

DAK-Gesundheit. (2018). *Forsa-Studie Vorsätze für das Jahr 2019.* https://www.dak.de/dak/bundes-themen/gute-vorsaetze-2019-2038102.html. Zugegriffen am 13.12.2018.

Deutscher Suchtkongress. (2018). *Pressemitteilung „Immer mehr Kinder und Jugendliche sind internet- und computerspielabhängig in Deutschland".* https://www.deutschersuchtkongress.de/_Resources/Persistent/b94843b44d1e8dd9f2f0468c2506967e6830d44d/Pressemitteilung_Deutscher_Suchtkongress.pdf. Zugegriffen am 11.01.2019.

Deutsches Institut für Vertrauen und Sicherheit im Internet (DIVSI), & Kammer, M., et al. (2018). *DIVSI U25-Studie des SINUS-Instituts Heidelberg „Euphorie war gestern – Die „Generation Internet" zwischen Glück und Abhängigkeit".* https://www.divsi.de/wp-content/uploads/2018/11/DIVSI-U25-Studie-euphorie.pdf. Zugegriffen am 13.01.2019.

Festl. (2014). Gemeinsam einsam: Entfremdung in der Arbeit heute. *Zeitschrift für Praktische Philosophie, 1*(1), 51–98.

Gimpel, H., Lanzl, J., Manner-Romberg, T., & Nüske, N. (2018). Digitaler Stress in Deutschland. Eine Befragung von Erwerbstätigen zu Belastung und Beanspruchung durch Arbeit mit digitalen Technologien ((Hans-Böckler-Stiftung) Forschungsförderung Working Paper, Nr. 101), ISSN: 2509–2359. https://www.boeckler.de/pdf/p_fofoe_WP_101_2018.pdf. Zugegriffen am 13.12.2018.

Grossmüller, My card. (2017). Interview mit Karin Frick. https://www.mycard.ch/de/story-gdi-trends-onlineshopping. Zugegriffen am 12.01.2019.

Haufe Online Redaktion. (2018). Wie lässt sich digitaler Stress vermindern?. https://www.haufe.de/arbeitsschutz/gesundheit-umwelt/digitaler-stress-gesundheitsgefahren-ernst-nehmen_94_412046.html. Zugegriffen am 12.01.2019.

Höge, T., & Schnell, T. (2012). Studie „Kein Arbeitsengagement ohne Sinnerfüllung". https://www.sinnforschung.org/gesellschaftsrelevant/sinn-im-beruf-2. Zugegriffen am 13.01.2019.

Kalkhof, Die Zeit. (2018). https://www.zeit.de/2018/02/ueberwachung-china-totalitarismus-wohlverhalten-sinologin-mareike-ohlberg. Zugegriffen am 13.01.2019.

Krumm, R., & Parstorfer, B. (2014). *Clare W. Graves: Sein Leben, Sein Werk: Die Theorie menschlicher Entwicklung.* Mittenaar-Bicken: Werdewelt.

NEXUS/MARABU Redaktionsteam. (2018). https://www.nexus-marabu.de/nachricht/wie-sich-die-gesundheitsbranche-bis-2030-veraendern-wird.html. Zugegriffen am 13.01.2019.

Spiegel online. (2018a). http://www.spiegel.de/gesundheit/diagnose/who-erklaert-online-spielsucht-offiziell-zur-krankheit-a-1212865.html. Zugegriffen am 13.12.2018.

Spiegel online. (2018b). http://www.spiegel.de/netzwelt/netzpolitik/china-testet-offenbar-taeuschend-echt-aussehende-tauben-drohnen-a-1218448.html. Zugegriffen am 13.01.2019.

Statista. (2017). https://de.statista.com/statistik/daten/studie/1717/umfrage/prognose-zur-entwick-
    lung-der-weltbevoelkerung/. Zugegriffen am 07.01.2019.
Statistisches Bundesamt. (2010). *Mikrozensus 2011, Entwicklung der Privathaushalte bis 2030, Sta-
    tistisches Jahrbuch.* http://www.bpb.de/nachschlagen/zahlen-und-fakten/soziale-situation-in-deutsch-
    land/61584/bevoelkerung-und-haushalte. Zugegriffen am 13.12.2018.
Statistisches Bundesamt. (2015). *Bevölkerung Deutschlands bis 2060, 13. koordinierte Bevölke-
    rungsvorausberechnung.* https://www.destatis.de/DE/Publikationen/Thematisch/Bevoelkerung/
    VorausberechnungBevoelkerung/BevoelkerungDeutschland2060Presse5124204159004.pdf?__
    blob=publicationFile. Zugegriffen am 24.01.2019.
Struhs-Wehr, K. (2017). *Betriebliches Gesundheitsmanagement und Führung „Stress".* https://doi.
    org/10.1007/978-3-658-14266-7_2. Wiesbaden: Springer Fachmedien.
TK-Stressstudie. (2016). *Entspann dich, Deutschland* (S. 8). https://www.tk.de/resource/blob/
    2026630/9154e4c71766c410dc859916aa798217/tk-stressstudie-2016-data.pdf. Zugegriffen am
    13.12.2018.
Vogler-Ludwig, K., Düll, N., Kriechel, B., & Vetter, T. (2016). Arbeitsmarkt 2030, Wirtschaft und
    Arbeitsmarkt im digitalen Zeitalter, Prognose, Kurzfassung, Analyse der zukünftigen Arbeits-
    kräftenachfrage und des -angebots in Deutschland auf Basis eines Rechenmodells im Auftrag
    des Bundesministeriums für Arbeit und Soziales. https://www.bmas.de/SharedDocs/Downloads/
    DE/PDF-Meldungen/2016/arbeitsmarktprognose-2030.pdf;jsessionid=ED4E39916A18C-
    75BA350ACF82C66F309?__blob=publicationFile&v=2. Zugegriffen am 13.12.2018.
Walter, N., et al. (2013). *Die Zukunft der Arbeitswelt, Auf dem Weg ins Jahr 2030,* Bericht der Kom-
    mission „Zukunft der Arbeitswelt" der Robert Bosch Stiftung.
WHO. (2017). https://rp-online.de/leben/gesundheit/psychologie/stress/experten-fordern-gesetz-
    lichen-schutz-vor-stress_aid-14097769. Zugegriffen am 13.12.2018.
Zeit online. (2018). *Boes „Arbeit ohne Sinn macht krank" Zusammenfassung des Fehlzeitenreports
    2018.* Herausgeber Wissenschaftlichen Institut der AOK, Universität Bielefeld und Beuth Hoch-
    schule für Technik Berlin. https://www.zeit.de/arbeit/2018-09/fehlzeiten-report-arbeit-zufrie-
    denheit-gesundheit. Zugegriffen am 07.01.2019.

Antje Rohrbach arbeitet seit über 15 Jahren freiberuflich als
Kommunikationstrainerin, Coach und prozessbegleitende Mentorin in Unternehmen, mit Führungskräften und Menschen, die sich
eine kompetente Begleitung wünschen. Sie hat sich als Kommunikationstrainerin, NLP-Lehrtrainerin, Trainerin für Stressmanagement sowie in Mediation, Hypnose und Lerncoaching ausbilden
lassen. Diese Ausbildungen, ihre persönlichen Erfahrungen und
Kompetenzen in verschiedenen Unternehmen und auf verschiedenen Positionen in den Unternehmen und ihr Einfühlungsvermögen
lässt sie in ihre Arbeit mit Menschen und Unternehmen einfließen.

Mit ihrer Firma DenkManager ::: denken – fühlen – leben. hat
sie zusammen mit ihrem Mann Jörg Rohrbach und ihrem guten
Freund und Kollegen Mike Borchert nach einer langjährigen Kooperation die Rohrbach, Borchert, Rohrbach GbR gegründet.

Antje Rohrbach ist überzeugt, dass Menschen ein zufriedenes
Leben führen können, wenn sie Stress abbauen, Konflikte lösen
und dann Kompetenzen aufbauen. Sie hat den Zufriedenheitskom-
pass entwickelt und baut derzeit mit ihren Kollegen die Marke So-
lution Design auf. Ihr ist wichtig, dass Menschen in Unternehmen

und auch privat ihre persönlichen sowie individuellen Lösungen finden.

Ihre berufliche Laufbahn begann die Autorin in der Versicherungswirtschaft. Dort hat sie u. a. viele Jahre als Ausbilderin, Referentin für Erst- und Weiterbildung, im Beschwerdemanagement und als Führungskraft wichtige Erfahrungen gesammelt. Weitere große Projekte hatte sie zuletzt im Bildungsbereich und in der Rehabilitation von psychisch gesundenden Menschen mit einem multiprofessionellen Team.

Antje Rohrbach lebt mit ihrem Mann in Hannover und hat drei erwachsene Töchter. Sie liebt es, in der Natur zu sein, zu wandern, Ski zu fahren, Gitarre zu spielen und Menschen zu begegnen.

Mehr Informationen über ihre Arbeit und Angebote finden Sie unter www.denkmanager.de

Roboter schlägt Mensch – Verhandlungen der Zukunft

24

Kurt-Georg Scheible

Inhaltsverzeichnis

Zusammenfassung

Digitale Technik, Internet of Things und Künstliche Intelligenz halten Einzug in den geschäftlichen Alltag – auch in unser Privatleben – und nehmen darin immer mehr Raum ein. Smart Home, autonomes Fahren, Chatbots in Hotlines oder bei verschiedenen Internetservices sind bekannte Beispiele der voranschreitenden Technik. Gerade die Chatbots, jene Softwareprogramme, die die Kommunikation zwischen Mensch und

K.-G. Scheible (✉)
Göppingen, Deutschland
E-Mail: kgs@kgscheible.de

© Springer Fachmedien Wiesbaden GmbH, ein Teil von Springer Nature 2019
P. Buchenau (Hrsg.), *Chefsache Zukunft*, Chefsache,
https://doi.org/10.1007/978-3-658-26560-1_24

Maschine ermöglichen, werden immer intelligenter und lassen sich immer weniger von humanoidem Verhalten unterscheiden. Es ist nur noch eine Frage der Zeit, wann die Technik so weit ist, dass wir statt mit Menschen mit Maschinen verhandeln. Erste erfolgreiche Versuche gab es bereits. Das wird mit Sicherheit das Verhandeln und die entsprechenden Techniken verändern, wenn nicht gar revolutionieren. Das Verhandeln wird in fünf bis zehn Jahren ein anderes sein, als es heute ist. Darauf müssen wir uns einstellen.

24.1 Disruptive Selling

Alltag in einem Autohaus: Ein Kunde sitzt einem Autoverkäufer gegenüber, und verhandelt mit ihm die Konditionen eines Kaufvertrags. Der Verkäufer spricht die Sprache des Kunden, den gleichen Dialekt, in der gleichen Redegeschwindigkeit und benutzt auffallend oft dieselben Worte. Eigentlich gibt es zwischen dem Verkäufer und dem Kunden kaum einen Unterschied – nicht einmal das Aussehen. Daher findet der Kunde sein Gegenüber sympathisch und vertraut ihm. Dass der Verkäufer ein Roboter ist, merkt der Kunde gar nicht.

Im Jahr 2025 verhandeln Roboter besser als Menschen, empathischer, situativer, flexibler, trickreicher und facettenreicher. Kurzgesagt: Erfolgreicher.

Reine Utopie? Keineswegs!

Die Digitalisierung schreitet unaufhaltsam voran. Sie wird künftig alle Lebensbereiche durchdringen und verbinden. Das betrifft selbstverständlich auch die Kommunikation. Schon heute nutzen von den derzeit knapp 8 Mrd. Weltbewohnern über 4 Mrd. Menschen das Internet und weltweit über 5 Mrd. besitzen mobile Endgeräte (Bouwman 2018). Diese Zahlen steigen kontinuierlich weiter an. Diese Entwicklung ist einerseits getrieben von der Industrie – IT-Firmen, Telekommunikationskonzernen und Medienanbietern – andererseits genauso von uns Konsumenten. Ein weiterer Faktor ist das Internet der Dinge (IoT), das sich ebenfalls – oft sogar unbemerkt – in allen Bereichen des Lebens durchsetzt.

Das betrifft keineswegs nur Roboter in der Fertigung oder der Logistik, sondern mittlerweile auch sehr stark den privaten Sektor. Ein Beispiel ist Smart Home. Via Smartphone lassen sich Türschlösser, Kaffeemaschinen, Multimedia, Licht, Heizung, das gesamte Energie- und Hausmanagement überwachen und steuern. Mithilfe eines Sprachassistenten können Befehle an Smartphones, Wohnräume und -häuser und Autos erteilt werden. Überhaupt Autos: Sie sind schon seit Längerem fahrende Computer, die in viele telematische Prozesse wie Navigationssysteme, Motormanagement, Fahrwerkseinstellungen, Einpark- und Ortungsdienste oder Clouds eingebunden sind. Folgerichtig stellen Autohersteller ihre Produkte und Ideen von zukünftiger Mobilität seit einigen Jahren nicht nur auf der Internationalen Automobilmesse IAA aus. Sie präsentieren sich und ihre Produkte z. B. auch auf der rasant wachsenden Consumer Electric Show CES in Las Vegas (Stern 2019). Dennoch wirken sie im Vergleich zu den großen Tech-Firmen wie Amazon, Google, Microsoft oder anderen erstaunlich blass.

Um die Entwicklungen in Einkaufs- und Verkaufsverhandlungen der Zukunft richtig einordnen und die Folgen abschätzen zu können, ist es wichtig, die technologischen Möglichkeiten besser zu verstehen, die bereits heute in der Kommunikation eingesetzt werden – gleich ob zwischen Maschine und Maschine, Maschine und Mensch oder von Mensch zu Mensch. Für die Einschätzung der Zukunft im Vertrieb und Einkauf ist es entscheidend, die Gegenwart zu verstehen. Viele Dinge des Alltags sind bereits voll automatisiert, ohne dass wir darüber nachdenken. Mit einem Klick kaufen wir im Online-Shop und lösen mit diesem einen Klick eine Kettenreaktion diverser Handlungen aus, die mit der Unterschrift auf dem Quittungspad des Zustellers noch lange nicht abgeschlossen ist.

24.2 Roboter und künstliche Intelligenz durchdringen uns

Mit unserer Stimme lösen wir komplexe Prozesse aus und das nicht nur per einfachem Sprachbefehl, sondern in Form einer richtigen Kommunikation, ohne dass wir mit einem Menschen sprechen. Der Schlüssel dazu sind die Chatbots (Bots: Kurzform für Roboter), deren Technik sich ebenfalls immer weiter entwickelt. Vor einigen Jahren klangen sie noch leicht abgehackt, wie Stimmen, die häufig in Hotlines der Serviceangebote vorgeschaltet werden, bevor man zum Sachbearbeiter durchgestellt wurde. Mittlerweile klingen die Stimmen von Bots – Alexa, Siri oder Cortana, aber ebenso die unzähligen anderen Sprachroboter wie in diversen Kundenhotlines – schon täuschend menschlich. Was heute im Alltag schon alles möglich ist, zeigt das Beispiel des Henn na Hotels in Urayasu östlich von Tokio/Japan. Laut dem Guinnessbuch der Rekorde gilt es als das erste roboterbetriebene Hotel der Welt. Das japanische Wort „henn" bedeutet im Deutschen verändern, und das ist auch die Strategie der Hotelkette.

Das Unternehmen setzt auf das Einsparen von menschlichem Personal und ist damit unschlagbar günstig. Bereits zwei Hotels betreibt die Kette, in denen nur noch ganz wenige Menschen arbeiten. Nur im Notfall springen diese ein, etwa wenn ein Roboter ausfällt. Vom Check-in über das Koffertragen in die Zimmer bis zum Check-out ist hier alles automatisiert. Zimmerschlüssel gibt es keine; Identifikation, Zugangskontrolle und Öffnen der Zimmer erfolgen per Gesichtserkennung. Sollte man Fragen haben oder eine leichte Konversation wünschen, so läuft das ebenfalls über einen Computer (Spiegelonline 2017). Jedoch scheint sich dieses Konzept nicht durchzusetzen. Zu viele Probleme mit den Robotern tauchten auf, die durch Menschen wieder behoben werden mussten. Daraufhin reagierte die Hotelleitung und setzte einen Großteil der Roboter außer Betrieb. Nun verrichten (vorübergehend) wieder hauptsächlich Menschen die anfallenden Arbeiten (Spiegel online 2019).

24.3   Wie viel Fortschritt verkraftet der Mensch?

Eine Verkaufsverhandlung über ein Auto ohne den menschlichen Repräsentanten eines Autohauses ist keine Utopie! Die technischen Voraussetzungen sind bereits gegeben. Die Frage ist, wie weit wir Menschen bereit sind, das zu akzeptieren. Die zweite Frage, die sich anschließt und die wohl tiefgreifendere Bedeutung hat: Kann der Mensch biologisch und psychologisch mit diesem rasanten Tempo der technologischen Entwicklung mithalten? Das menschliche Gehirn funktioniert teilweise noch so wie vor 20.000 Jahren – also wie in der Steinzeit (Marszk 2002). Das führt partiell zu absurden Reaktionen und versetzt uns manchmal in Stress.

Nehmen Sie das sehr aktuelle Thema „Autonomes Fahren". Es ist ein gutes Beispiel für die fortschreitende Technik im Verkauf und ganz generell in der Kommunikation. Die Technik für das autonome Fahren ist schon viel weiter als das, was derzeit im Straßenverkehr tatsächlich umgesetzt wird. Abgesehen von rechtlichen, infrastrukturellen, ethischen, moralischen und auch noch etlichen technischen Aspekten kommt es beim autonomen Fahren besonders auf den Faktor Mensch an. Der Mensch muss sich erst an diese neue Technik gewöhnen und lernen, mit ihr umzugehen. Auch aus diesem Grund wird die Einführung dieser Technologie schrittweise erfolgen. Nach heutigem Stand stehen gut zwei Drittel der Bundesbürger selbstfahrenden Autos kritisch gegenüber: 60 % können sich derzeit gar nicht vorstellen, mit einem solchen Fahrzeug zu fahren (Koschnitzke 2017). Noch misstrauen wir der Technik, weil wir nicht wissen, wie sie sich verhalten wird.

Andererseits steigen wir regelmäßig zu völlig fremden Personen ins Auto, in Taxis und Busse und lassen uns bedenkenlos fahren. Wir wissen dabei nichts über den Fahrer, nichts über seine Ausbildung, seine verkehrs- oder strafrechtlichen Verwarnungen, nichts über seine Moral und genauso wenig über seine Absichten. Dennoch vertrauen wir ihm mehr oder weniger blind und haben i. d. R. während der Fahrt – von Ausnahmen abgesehen – keine Angst. Aber im Prinzip ist das nicht anders als beim autonomen Fahren, nur dass hier ein Mensch und keine Software entscheidet, wann geschaltet, gebremst, beschleunigt oder die Fahrbahn gewechselt wird. Eigentlich ein völlig absurdes Verhalten, aber wir vertrauen einem Menschen (noch) mehr als einer künstlich intelligenten Maschine. Das kann und wird sich jedoch ändern – nämlich dann, wenn wir gar nicht bemerken, dass wir es mit einer Maschine zu tun haben.

24.4   Ahnungslos mit Bots verhandeln

Tatsächlich ist die Entwicklung von Technologien auf dem Gebiet der Kommunikation wesentlich weiter als die schon im Einsatz befindlichen Chatbots oder die Sprachdienste wie Alexa und Co. So gibt es bereits Bots, die durch künstliche Intelligenz (KI) in der Lage sind, mit Menschen zu verhandeln. Bots sind Computerprogramme, die weitgehend automatisch sich wiederholende Aufgaben abarbeiten, ohne dabei auf weiteren Input eines menschlichen Kontrollfaktors angewiesen zu sein, und häufig, aber nicht immer, sich selbst optimieren, also quasi selbst lernen und andere Bots anlernen. Einer Gruppe von Forschern in den USA, unter ihnen ein Facebook-Team, gelang es, Chatbots das Verhandeln mit Menschen beizubringen.

Zu Beginn der Versuchsreihen haben die Forscher rund 5000 Verhandlungsprotokolle in die intelligente Software gegeben. Das Programm analysierte den Verlauf der Verhandlungen und welche Formulierungen verwendet wurden. Mit diesen Informationen ausgestattet ging es für den Chatbot in eine reale Verhandlung mit einem Menschen. Eine bestimmte Anzahl von Gegenständen wie Bälle, Hüte und Bücher sollten durch Verhandeln zwischen den Teilnehmern aufgeteilt werden. Das Ziel für den Chatbot lautete, möglichst viele Gegenstände von einer Kategorie zu bekommen.

Während der Verhandlungsgespräche beobachteten die Wissenschaftler überrascht, dass die KI anfing, zu taktieren, so wie es in einer Verhandlung zwischen Menschen i. d. R. der Fall ist. Das war umso erstaunlicher, weil die Forscher diese Fähigkeit oder Vorgehensweise dem Chatbot nicht explizit einprogrammiert hatten – die Software hatte sich das durch die Analysen der eingegebenen Protokolle selbst beigebracht, sie hatte eigenständig gelernt. So lenkte der Chatbot von seinem eigentlichen Verhandlungsziel, möglichst viele Bücher auszuhandeln, durch vorgetäuschtes Interesse an Hüten ab. Auf diese Weise konnte er am Ende Zugeständnisse machen und an mehr Bücher kommen. Waren die Wissenschaftler von diesem Vorgehen überrascht, bemerkten die menschlichen Probanden gar nicht erst, dass sie mit einem Roboter verhandelten. Das lag nicht zuletzt daran, dass die Chatbots im vorangegangenen Training – Bot gegen Bot – eine gewisse Sturheit erlernt hatten (Orbach 2017).

24.5 Nicht alles Machbare, ist sinnvoll

Nun handelte es sich bei den beschriebenen Experimenten um Versuchsreihen mit definierten Rahmenbedingungen. Es wird noch viele Tests in diese Richtung geben, ehe derartige Bots tatsächlich ausgereift sind. Jedoch halten intelligente Chatbots und Software unaufhaltsam Einzug in unseren Alltag – ob nun als Service anstelle von Hotlines oder im Handel. Technisch wäre schon vieles möglich, aber der Faktor Mensch spielt in dieser Rechnung nicht voll mit, wie das Beispiel autonomes Fahren zeigt. Auch ein anderes Beispiel lässt sich schnell finden: Ein internationaler Hersteller und Händler von Glasprodukten hatte seine Verkaufsprozesse bereits sehr stark automatisiert. Doch das Unternehmen stellte mit der Zeit fest, dass ab einem bestimmten Punkt in der Prozesskette wieder reale Menschen, die Gefühle haben und Emotionen zeigen, eingesetzt werden mussten. Zwar folgten die Kunden dem automatisierten Bestellvorgang bis zu einem gewissen Punkt, doch danach ging die Ausstiegsrate dramatisch in die Höhe. Die Kunden sprangen ab, weil sie das Bedürfnis hatten, mit einem Menschen zu sprechen. Nachdem der Prozess verändert wurde und ab dem kritischen Punkt wieder Menschen statt Maschinen agierten, reduzierte sich diese Ausstiegsrate wieder deutlich.

Sehr wohl ist der Einsatz von digitaler Technik sinnvoll. Damit lassen sich Kosten senken und Fehlerquoten minimieren. Aber noch ist zu überlegen, ob durch die Digitalisierung die Ziele des Menschen tatsächlich schneller, einfacher und leichter erreicht werden oder ob eine zwischenmenschliche Interaktion das besser erreicht. Mit wachsender digitaler Intelligenz wird es mit Sicherheit zu vielen Veränderungen kommen. Der Begriff digitale Intelligenz oder DQ Digitale Intelligenz® fällt im Zusammenhang mit KI sehr häufig. Das führt jedoch oft zu Verwirrungen, weil eine Digitalisierung aus sich heraus niemals intelligent ist, wie das Beispiel aus den USA mit den Chatbots zeigt. Zwar hat die Software eigene Ausführungsschritte gelernt, aber nur durch die Eingabe von bestimmten Daten. Der Mensch ist noch ausschlaggebend. DQ Digitale Intelligenz® geht vom Menschen aus und nicht von der Maschine. Stellt man also wie bei dem Hersteller von Glasprodukten fest, dass die Digitalisierung nur bis zu einem gewissen Punkt sinnvoll ist, ist der Mensch wieder als Schnittstelle zu implementieren – die Digitalisierung muss einen Schritt zurückgehen.

Der enorme Kostendruck veranlasst Unternehmen, den Kunden immer mehr in digitale Prozesse zu drängen. Das soll Abläufe und Prozesse verschlanken, effizienter und billiger machen und für den Anbieter unnötige Kosten sparen. Das geschieht häufig durch das Erschweren der Kontaktaufnahme zu einem Unternehmen, verkürzte Service- und Telefonzeiten für die Mitarbeiter in Call-Centern, durch kostenpflichtige Hotlines – oder positiv durch Rabattanreize bei Bestellungen übers Internet. Der Kunde soll seine Bestellung auf Online-Portalen und in Webshops selbst durchführen. Mit einem Klick löst er quasi einen umfangreichen, voll automatisierten Verkaufs-, Bestell- und Lieferprozess aus. Absurd wird es allerdings, wenn der Verbraucher den Service wegen einer Frage zum digitalen Bestellvorgang anrufen muss und dieser den Konsumenten als Lösung wieder ins Internet schickt. Das ist mit der Situation vergleichbar, wenn ein Kunde mit einer Kaufabsicht im Geschäft eines Shopping-Centers steht und der Verkäufer ihn mit der Empfehlung wieder vor die Tür schickt, er möge sich doch nochmal von draußen orientieren. Das World-Wide-Web ist das Shopping-Center im Online-Handel.

Wenn ein Kunde schon da ist – gleich ob analog oder digital – dann muss man ihm den Einkauf so einfach wie möglich machen. Gelingt das durch den Einsatz von Technik, dann ist das sinnvoll und gut, sowohl für den Händler als auch für den Kunden. Ist aber die persönliche Betreuung zielführender, so ist (noch) auf dieses Mittel zu setzen. Fühlt ein Kunde sich wohl, ist das eine gute Voraussetzung für den Kauf. Ist der Kunde verstimmt oder gar verärgert, wird der Verlauf eines Verhandlungsgesprächs schon von Beginn an gestört. Deshalb: DQ Digitale Intelligenz® ist immer im Sinne der Kundenorientierung so weit einzusetzen, wie der Kunde bereit ist, sie zu akzeptieren und mitzugehen. Dass der reine Bestellvorgang nach einem Verkaufsgespräch automatisiert ist, kennt oder weiß der Kunde und es stört ihn nicht – wie das Beispiel Amazon zeigt.

24.6   Amazon verkauft nicht

Erst kürzlich meldete ein Bericht in der *Lebensmittelzeitung*, dass Amazon im Weihnachtsgeschäft 2018 wieder einmal mehr verkauft habe als in den Jahren zuvor (Lebensmittelzeitung 2018). Das bedeutet, die Kunden akzeptieren zunehmend den digitalisierten

Einkaufsprozess und verlieren ihre Vorbehalte. Genau genommen verkauft Amazon auch gar nicht im klassischen Sinn. Es gibt bei dem Unternehmen aus Seattle/USA keine Verkäufer, keine Schaufenster, keine Verkaufsflächen oder Prospekte, die per Postwurf ins Haus kommen. Dennoch erfreut sich der Online-Händler eines stetig wachsenden Zuspruchs der Kunden. Warum? Es ist sicher, einfach und bequem.

Mein letzter Einkauf bei Amazon war ein sog. Thermo-Mug (isolierter Kaffeebecher). Auf einer entsprechenden Seite des Online-Händlers waren unzählige Modelle zu sehen. Einige fielen sofort ins Auge, da sie mit dem Vermerk „Amazons Choice", „Gesponsort" oder „gleich mit Prime bestellen" gekennzeichnet waren. Außerdem stellte ich bei genauerer Suche nach einem geeigneten Mug fest: Der gleiche Becher hatte je nach Farbauswahl unterschiedliche Preise. Nur aufgrund der Farbe machte der Preisaufschlag gegenüber der günstigsten Farbe satte 17 % aus. Bei einer anderen Bechergröße war es noch eklatanter. Preisaufschlag vom billigsten zum teuersten Kaffeebecher: 74 %! – und das wegen nur wegen der Farbe einer Gummimanschette.

24.7 Seien Sie mutig!

Stellen Sie sich das im stationären Handel vor. Ein Händler bietet ein und denselben Becher zu sechs unterschiedlichen Preisen nur wegen der Farbe an. Das wäre für keinen Kunden plausibel und würde keinesfalls akzeptiert. Jedenfalls vermuten das viele Händler, wie ich aus diversen Gesprächen immer wieder heraushöre. Daher macht das keiner und man verzichtet auf Mehrumsatz und Mehrertrag. Im Internet hingegen geht das, sogar ohne Probleme. Es wirkt wie ein Phänomen: Was im Online-Handel funktioniert, ist vielfach im stationären Handel (noch) undenkbar. Das Beispiel zeigt eines ganz deutlich: Für höhere Preise braucht es keine sachlichen Gründe. Um identische Produkte oder Dienstleistungen höherpreisig und damit höherwertig zu verkaufen, reicht ein begehrter Zeitpunkt, eine beliebtere Ausführung, eine Sonderverpackung mit dem Hinweis auf eine „Special Edition", eine schnellere oder bequemere Lieferung oder notfalls eine angesagtere Farbe. Alles, was dafür nötig ist, sind die richtige innere Einstellung und Mut, es einfach zu machen. Notfalls gegen den Widerstand aus der eigenen Branche oder den des eigenen Unternehmens.

In Ihrer Branche werden die Preise immer in Tonne angegeben? Dann gibt es bei Ihnen ab jetzt nur noch Kilopreise. Ihre identischen Produkte haben immer einen Preis? Dann stellen Sie Ihr Pricing um auf Angebot und Nachfrage. Amazon, Apple oder Nikon machen es vor: Andere Farbe, anderer Preis! Im Online-Handel, also im digitalisierten Handel, wird nicht diskutiert. Sie haben auch keine Chance im voll automatisierten Prozess: Aussuchen, anklicken, bestellen, bezahlen, warten, bis die Ware kommt und beim Zusteller quittieren. Fertig! Der stationäre Handel jedoch sucht immer nach noch einem Grund, weshalb etwas nicht geht. Er findet deshalb stets ein Argument mehr, alles beim Alten zu belassen, als einfach mal zu machen. Gründe wie „haben wir noch nie gemacht" oder „in meiner Branche geht das nicht" oder „was würden meine Kunden sagen" ersticken jede Innovation bereits im Keim.

Dahinter verbirgt sich häufig die Angst, dass vom Kunden eine Gegenfrage oder gar ein Einwand kommen könnte. Doch angesichts voranschreitender Technik und Disruption im Vertrieb ist es eine unternehmerische Pflicht, andere Wege zu gehen und mögliche Konsequenzen dann auch auszuhalten. Das ist mit innerer Einstellung und Mut gemeint. Die Internet-Plattform Amazon ist im Grunde nichts weiter als eine Maschine. Sie wird ständig von Menschen programmiert und weiterentwickelt. Wenn Amazon meint, ein Produkt, das sich nur in der Farbe unterscheidet, kann und darf drei, sechs oder gar elf unterschiedliche Preise haben, dann wird das so programmiert und umgesetzt. Der Erfolg gibt dem Unternehmen Recht und zeigt erstens, dass es funktioniert, und zweitens, dass der Kunde es akzeptiert.

24.8   Algorithmen verändern Pricing

Dazu gebe ich noch ein Beispiel. Es ist allgemein bekannt und akzeptiert: In Flugzeugen gibt es in keiner Klasse einen durchgängigen, einheitlichen Flugpreis. Im Gegenteil – abhängig von Buchungstag, Buchungs- und Auslastungsgrad, Besuchsfrequenz und Vorbesuch auf der Buchungsplattform und vielen weiteren Kriterien wie Teilnahme an einem Bonus- oder Aktionsprogramm, variiert der Preis für ein Flugticket. Eine von Menschen programmierte Software definiert und optimiert jeden Preis jeder Buchungsanfrage im Sinn der Gewinnoptimierung für die Airline. Kein Mensch stört sich daran.

Und bei Dienstleistern? Da ist das ebenso möglich. Wird eine Leistung, beispielsweise ein Coaching. sehr kurzfristig angefordert, können mehr Aufwand, höhere Kosten und Opportunitätskosten entstehen. Das kann – nein, es muss zu höheren Preisen oder Honoraren führen. Gibt es eine längere Planungsphase als Option, so kann das zu einem günstigeren Preis führen. Nichts anderes sind die sog. Early-Bird-Tickets. Je früher viele Leute buchen, desto leichter lässt sich eine Veranstaltung in jeder Hinsicht kalkulieren und auch vermarkten. Das darf sich im Pricing auswirken. Im Gegenzug können die letzten 10, 50 oder 100 Tickets über eine Last-Entry-Phase zu höheren Preisen angeboten werden. Möglich und akzeptiert wird viel – gemacht erst relativ wenig.

Algorithmen sorgen auf Anbieterseite dafür, dass Angebote und Kapazitäten besser ausgelastet, höhere Preise durchgesetzt und Gewinne optimiert werden. Der Verbraucher profitiert von einer höheren Flexibilität der Angebote und von günstigeren Preisen, unter bestimmten Voraussetzungen und zu bestimmten Konditionen. Das gilt für Business-to-Consumer als auch für Business-to-Business (B2B) gleichermaßen. Als Verhandlungsexperte werde ich oft gefragt, ob solche Optionen auch in Verhandlungen eingebunden werden können. Die Antwort lautet ganz klar: Ja! Sie müssen das sogar machen. Werde ich beispielsweise bei einem Auftrag gefragt, ob eine Reduktion des Preises möglich ist, so ist das unter bestimmten Voraussetzungen nicht ausgeschlossen. Die Bedingungen muss ich natürlich vorher definieren und ganz klar fixieren. So führt die Buchung von zwei weiteren

Seminaren zu einem anderen, günstigeren Preis. Voraussetzung ist, alle Termine sind bei Buchung inklusive sofortiger Zahlung im Voraus fix festgelegt. Reduzierungen, Stornierungen, Verschiebungen der Termine oder Orte sind ausgeschlossen. Das vermeidet Aufwand, Mahnungen oder gar Zahlungsausfälle. Außerdem ermöglicht es eine sichere langfristige Planung weiterer Engagements, Auftritte und Reisen besonders in Zeiträumen, die weniger ausgelastet sind. Von diesen Einsparungen und weiteren Möglichkeiten darf auch der Kunde profitieren.

24.9   Menschen machen Innovation

Mit Blick auf die Zukunft bedeutet das, wir Menschen haben an unserer mentalen Einstellung zu arbeiten. Einerseits müssen wir uns von alten Denk- und Handlungsmustern verabschieden. Das bedingt andererseits das Öffnen gegenüber neuen Optionen. Hier ist es wichtig, dass die Entwicklungen am Markt beobachtet und ständig analysiert werden. Dieser ist ständig in Bewegung und verändert sich laufend. Treiber ist dabei das Voranschreiten der technologischen Innovation. Bei jeder Neuerung sollte man sich bewusst machen, dass derzeit noch Menschen dahinterstecken. Es liegt in der Natur des Menschen, ständig etwas zu verbessern, zu optimieren und neu zu programmieren. Das hat immer Auswirkungen für andere Menschen – oft auch negative. Doch diese Innovatoren sind mutig genug, einen anderen Weg zu gehen, trotz Widerständen und Schwierigkeiten. Seien Sie ebenfalls mutig, Ihren Weg zu gehen. Verändern Sie Ihre Verhandlungstechniken und entwickeln Sie Ihr eigenes erfolgreiches Verhandlungssystem.

Wie die Beispiele des Henn na Hotels in Japan oder der Verhandlungsbots belegen, wird die Technik auch vor dem Vertrieb nicht halt machen – auch wenn viele Vertriebler von der gegenteiligen Meinung fest überzeugt sind. Fakt ist, die digitale Transformation verändert auch den Vertrieb und den Verkauf. Sie hat bereits jetzt schon angefangen, zahlreiche Branchen und damit deren Geschäftsmodelle anzugreifen und hat sie teilweise schon zerstört. Denken Sie an Tesla. Dieses Unternehmen ist kein Autobauer und hat es geschafft, die etablierte Autoindustrie binnen weniger Jahre massiv zu erschüttern. Wer von den Automobilkonzernen jetzt nicht aufpasst, wer den Anschluss verliert, der wird in absehbarer Zeit immense Probleme haben.

Im Vertrieb hält derzeit das Disruptive Selling oder DQ Disruptive Selling® vermehrt Einzug. Es beinhaltet sowohl Veränderungen, die bis zur Disruption von Geschäftsmodellen gehen können, als auch neue Wege, die sich durch die Möglichkeiten der Digitalisierung – der digitalen Transformation – ergeben. DQ Disruptive Selling® betrifft im wesentlich die Kommunikation bei Produkten, die sich gar nicht oder nur leicht verändern. Das ist dann der Fall, wenn die Kommunikation zwischen Anbieter und Konsument einfacher, leichter und mobiler wird oder sie den Ablauf eines Verkaufs- bzw. Vertriebsprozesses derartig beeinflusst, dass dieser für die Disruption einer gesamten Branche sorgt.

24.10 Die Butter kommt zum Kunden – statt der Kunde geht zur Butter?

Schauen Sie sich die Disruption im Lebensmitteleinzelhandel an. Das worum es geht, die Produkte selbst, in dem Fall also die Lebensmittel, bleiben unverändert. Ein Apfel bleibt ein Apfel und Butter bleibt Butter. Was sich jedoch dramatisch verändert, ist das Verständnis und damit das Einkaufsverhalten der Shopper und Verbraucher. Früher ging der Kunde während der Öffnungszeiten in eine Einkaufsstätte (so heißt das in der Branche tatsächlich noch immer), kaufte Butter und transportierte sie selbst nach Hause. Heute kann diese Butter im Internet einfach und bequem, rund um die Uhr und per Smartphone von überall bestellt werden. Die Butter kommt zum Kunden, nach Hause, ins Büro oder an einen beliebigen, frei wählbaren Ort. Am reinen Kaufvorgang ändert sich nichts – Mensch kauft Butter – an der Art und Weise der Kommunikation, der Prozesse und der Abwicklung dafür nahezu alles.

Ein weiteres Beispiel ist der Verkauf von Matratzen. Der gewohnte und gelebte Vorgang bisher ist: Ein Kunde geht in ein Fachgeschäft, bekommt Beratung von einem Fachverkäufer, trifft eine Vorauswahl, liegt Probe im Geschäft, und nimmt nach ein bis drei Stunden die Matratze entweder selbst mit nach Hause oder bekommt sie nach zwei oder drei Tagen vom Händler – meistens gegen einen Aufschlag – angeliefert. Der schwedische Matratzenhändler Hilding of Sweden geht einen ganz anderen Weg. Zwar verkauft Hilding auch Matratzen in verschiedensten Ausführungen und Qualitäten, aber ausschließlich Online.

Auch die Beratung, mit einer klassischen Beratung nicht zu vergleichen, erfolgt, automatisiert und skalierbar, ausschließlich über das Internet. Hat sich der Kunde für seine Matratze entschieden, kommt das Produkt als Rollmatratze mit dem Paketdienst direkt ins Haus. Probeliegen erfolgt also erst nach dem Kauf und beim Kunden. Ist der Kunde wider Erwarten unzufrieden, gibt er Hilding kurz Bescheid, Hilding holt die Matratze wieder ab und erstattet den Kaufpreis zu 100 %.

DQ Disruptive Selling® verändert nicht nur den Verkauf und das Einkaufsverhalten, es hat ebenso gravierenden Einfluss auf die Anforderung an die Mitarbeiter in Verkauf und Vertrieb. Die müssen sich ebenfalls darauf einstellen. Reine Produktverkäufer werden ihre Berechtigung verlieren, Experten für Kundenbedürfnisse einen weiteren Nachfrageboom erleben. Diese Experten werden nicht mehr verkaufen (müssen), sie sorgen vielmehr dafür, dass Kunden kaufen. Für Unternehmen bedeutet das: Sind die Vertriebsprozesse noch zeitgemäß? Kann sich das bisherige Geschäftsmodell gegenüber neuen, smarten Ideen behaupten? Kann und soll das Geschäftsmodell angepasst werden und wenn ja, von wem und in welcher Weise? Woher und wie kommen qualifizierte Mitarbeiter ins Unternehmen und wie werden diese Experten im Unternehmen gehalten? Wie müssen Mitarbeiter angesichts dieser Entwicklung aus- und weitergebildet werden? Viele, zu viele Unternehmen haben auf diese Fragen keine Antworten.

24.11 Ohne Markt- und Menschenkenntnisse keine Zukunft

Die Voraussetzung, um entsprechend reagieren zu können, sind genaue Kenntnisse über den Markt. Dafür gibt es zahlreiche bewährte Tools aus dem Verkauf, wie eine ordentliche, genaue Analyse des Markts, der Branche, möglicher Wettbewerber, des eigenen Sortiments – alles Zahlen, Daten, Fakten (ZDF). Darüber hinaus ist entscheidend zu wissen, was die Veränderungen für den Kunden bedeuten, was die Bedürfnisse des Kunden sind und welchen Nutzen das eigene Angebot für den Kunden stiftet. Menschenkenntnis spielt eine mindestens genauso wichtige Rolle. Auch Online-Händler wenden trotz oder gerade wegen aller Automatisierung verkaufspsychologische Tricks an – und das sehr erfolgreich.

Auch dazu einige Beispiele. Amazon lenkt mit Bezeichnungen wie „Amazons Choice" oder „Bestseller" das Einkaufsverhalten seiner Kunden. Beim ersten empfiehlt eine Autorität, der wir vertrauen – in dem Fall Amazon, ein Produkt. Der zweite Fall, der „Bestseller", nutzt den Herdeneffekt. Was viele andere kaufen, muss gut sein. Ebenso funktioniert der Verknappungseffekt über Menge oder Zeit, z. B. ein limitiertes Angebot bei Hotelportalen „nur noch fünf Zimmer verfügbar" oder „nur noch heute". Beim Kunden löst das folgende Reaktion aus: Wenn ich mich jetzt nicht entscheide, dann ist es weg und wer weiß, wann so ein gutes Angebot wiederkommt. Es kommt also auch online darauf an, die Effekte zu kennen und zu wissen, worauf wir Menschen beim Kaufen noch immer anspringen – und das ist nicht nur der Preis! Wer glaubt oder gar behauptet, Kunden und Einkäufer würden ausschließlich auf den Preis achten, der liegt falsch.

24.12 Es ist niemals der Preis

Eine Studie, die wir 2018 mit 300 professionellen Einkäufern aus unterschiedlichen Branchen und ausschließlich im B2B-Bereich angefertigt haben, belegt das. Befragt, wonach sie wirklich entscheiden, wird Geld das erste Mal auf Rang Nummer 4 erwähnt – und es ist noch immer nicht der reine Preis.

Das Ergebnis ist erstaunlich. An erster Stelle steht der Aspekt „Sicherheit", der in Verbindung mit Perfektion, Gewissenhaftigkeit und Bewährtheit steht. Die Beteiligten wollen also verlässliche Verhandlungen, bei denen sie sich auf die Ergebnisse, die Menschen und die Umsetzung verlassen können. Es folgt „Einfach und Bequem" ergänzt durch Stetigkeit, keine bis nur wenig Veränderungen und soziale Verträglichkeit. An dritter Stelle kommt die „Anerkennung", also etwas, mit dem ein Einkäufer Anerkennung und Begeisterung erzeugen kann, z. B. bei seinem Chef oder den eigenen Kunden. Erst auf Platz vier folgt „cost of lifetime", also erstmals ein monetärer Aspekt.

Damit ist nämlich nicht der alleinige Preis gemeint, sondern die objektive Betrachtung der Gesamtinvestition und der Return on Invest (ROI) im Vergleich zu den Alternativen. Der Preis steht also nicht, wie vielfach angenommen, im Vordergrund. Beim professionellen

Einkäufer nicht und auch nicht beim privaten Verbraucher. Es ist eben niemals der Preis. Wie sich das in Zukunft verändern wird, ist aus heutiger Sicht schwer abzuschätzen. Verhandlungsbots werden richtig zum Einsatz kommen, Algorithmen stetig verbessert und die KI wird weiterentwickelt werden. Diese wird sich wahrscheinlich sogar selbst weiterentwickeln. Sicher ist jedoch: Solange der Faktor Mensch dabei ist, ist niemals der Preis allein ausschlaggebend.

24.13 Roboter lernen Emotionen

Erfahrene Verhandler – gleich ob Ein- oder Verkäufer – haben ein spezielles Feingefühl, einen Instinkt für Angebote und Situationen. Es ist diese sich ergänzende und zusammenspielende Mischung aus Wissen und Gefühlen. Das können die heutigen im Einsatz befindlichen Bots nicht nachahmen. In verschiedenen Projekten wird allerdings in diese Richtung geforscht, weil Menschen schon jetzt und in Zukunft immer enger mit Maschinen zusammenarbeiten. So gibt es bereits Roboter, die mit bis zu 80%iger Sicherheit die Emotionen des Menschen richtig einschätzen können (Reintjes 2017). Diese sollen, wenn sie ausgereift sind, z. B. in der Pflege eingesetzt werden. Ziel dieser Entwicklungsarbeiten ist, den KI eigene Emotionen beizubringen, sodass sie auf dieser neuen Basis eigene Entscheidungen fällen können.

Bis das der Fall sein wird, vergeht sicher noch einige Zeit. Etliche ethische Fragen, die bei der Programmierung auftauchen und zu berücksichtigen sind, werden zu klären sein. Neben den fachlichen Aspekten des Verhandelns rate ich daher den Teilnehmern meiner Seminare, sich auch ernsthaft mit der Digitalisierung, KI und der Entwicklung von computergestützten Technologien zu befassen – ähnlich wie bei einer Marktbeobachtung. Diese Punkte werden mit Sicherheit noch weiter und stärker Einzug und damit Einfluss auf Verhandlungen haben. Bereits heute spielen diverse Computerprogramme bei Entscheidungen eine wesentliche Rolle. Denken Sie beispielsweise an den Autokauf aus dem Eingangsbeispiel. Sicher verhandeln Sie mit dem Verkäufer. Aber während des Verkaufsgesprächs schaut der Verkäufer immer wieder auf seinen Computer, ob die verhandelten Konditionen akzeptabel sind. Zwar hat der Verkäufer einen Spielraum – allerdings in einem vom System vorgegebenen und überwachten Rahmen.

24.14 Wohin geht die Reise?

Neue, intelligente Software wird weiter in alle Lebensbereiche unseres Lebens vordringen. Dieser Prozess ist unumkehrbar. Das betrifft selbstverständlich auch den Ein- und Verkauf, den Vertrieb und Verhandlungen generell. Wie schnell und wie revolutionär neue Technologien unser Leben beeinflussen werden, hängt von verschieden Faktoren und nicht zuletzt von unserer eigenen Akzeptanz ab. Wollen wir auf dem neuesten Stand der Entwicklung sein, dann lassen wir es umgehend zu. Wenn nicht, wird die neue Technik nur schrittweise eingeführt werden, was die Gefahr birgt, dass die Technik jeden überholt, der zögert. Jedoch sollten wir Klarheit darüber behalten, was sinnvoll ist und was nicht. Diese Entscheidungen liegen einzig und allein bei uns Menschen und das wird vermutlich noch eine lange Zeit so bleiben.

Wir werden es also in Zukunft, bis sich ein gravierender Paradigmenwechsel durchsetzt, mit Mischformen zu tun haben: Automatisierung und KI auf der einen Seite und auf der anderen Seite mal mehr, mal weniger der Faktor Mensch. Diese hybride Form wird ebenso in Verhandlungen auftreten. Dessen müssen wir uns bewusst sein. Je eher wir das akzeptieren, desto leichter fällt uns der Umgang mit neuer Technik und wir können unsere Verhandlungsstrategien und -techniken danach ausrichten. Das Wesen der Verhandlung – und das sage ich auch immer in meinen Seminaren – wird sich nicht grundlegend verändern.

Entscheidend bleibt die Vorbereitung. Die besteht aus Briefing, also der Übermittlung von Information, der Analyse, weiteren Recherchen und dem Abgleich von Wissen und fehlenden Informationen (ZDF). Auf dieser Basis werden schließlich Strategie und Ziel festgelegt.

Ganz sicher wird auch das Training für ein bevorstehendes Verhandlungsgespräch von Bedeutung bleiben. Ich bin sogar überzeugt, dass die Punkte Training, Coaching und Simulation gerade in dieser Hybridphase stärker in den Fokus rücken und in Zukunft noch wichtiger werden. Verhandeln von Mensch zu Mensch ist uns vertraut, aber ein Verkaufsgespräch, das mit erheblicher Unterstützung oder gar ausschließlich von KI geführt wird, das ist Neuland und ist damit noch im Werden. Wie und in welcher Form dieses Neue Gestalt annimmt, das hängt im starken Maß von uns Menschen ab. Es gilt, sich auf die Zukunft vorzubereiten, damit Sie in Einkaufs- und Verkaufs-, in Vertrags-, Gehalts-, Personal- oder Mietverhandlungen geschäftlich wie privat sicher und erfolgreich verhandeln – auch gegen Roboter. Da es in Zukunft zu starken Umbrüchen kommen wird, helfen Trainings und Coachings, wie ich sie beispielsweise durchführe, sich darauf vorzubereiten und sicherer zu werden. Auch in Zukunft gilt der mehrfach zitierte Satz: Man bekommt nicht das, was man verdient, sondern das, was man verhandelt.

Literatur

Bouwman, V. (2018). Digital in 2018: Die Anzahl der Internetnutzer weltweit knackt die 4 Milliarden Marke. https://wearesocial.com/de/blog/2018/01/global-digital-report-2018. Zugegriffen am 19.02.2019.

Koschnitzke, L. (2017). Fahren oder gefahren werden. https://www.zeit.de/mobilitaet/2017-11/autonomes-fahren-computer-studie#navigation. Zugegriffen am 20.02.2019.

Lebensmittelzeitung. (2018). Amazon verkauft mehr als je zuvor. https://www.lebensmittelzeitung.net/handel/Weihnachtsgeschaeft-Amazon-verkauft-mehr-als-je-zuvor-138850. Zugegriffen am 20.02.2019.

Marszk, D. (2002). Das Gehirn des Menschen steckt noch in der Steinzeit. https://www.welt.de/print-welt/article388560/Das-Gehirn-des-Menschen-steckt-noch-in-der-Steinzeit.html. Zugegriffen am 20.02.2019.

Orbach, S. (2017). Bots werden Verhandlungskünstler. https://www.deutschlandfunknova.de/beitrag/kuenstliche-intelligenz-bots-sind-die-neuen-verhandlungskuenstler. Zugegriffen am 20.02.2019.

Reintjes, T. (2017). Wie Roboter den Menschen verstehen lernen. https://www.deutschlandfunkkultur.de/kuenstliche-intelligenz-wie-roboter-den-menschen-verstehen.976.de.html?dram:article_id=377983. Zugegriffen am 20.02.2019.

Spiegelonline. (Hrsg.). (2017). Wo ein Dino die Gäste begrüßt. http://www.spiegel.de/reise/aktuell/roboter-hotel-in-japan-wo-ein-dino-die-gaeste-begruesst-a-1139046.html. Zugegriffen am 20.02.2019.

Spiegelonline. (Hrsg.). (2019). Roboter-Hotel schmeißt Roboter raus. http://www.spiegel.de/wirtschaft/unternehmen/japan-roboter-hotel-schmeisst-massenhaft-roboter-raus-a-1248320.html. Zugegriffen am 20.02.2019.

Stern. (Hrsg.). (2019). Autonom und orientierungslos? https://www.stern.de/auto/fahrberichte/autohersteller-auf-der-ces-2019-autonom-und-orientierungslos%2D%2D8512516.html. Zugegriffen am 19.02.2019.

Kurt-Georg Scheible. Unternehmer, Topmanager, Keynote Speaker, Berater, Coach, Dozent, Autor von Businessratgebern und Fachbeiträgen sowie seine über 35-jährige Berufserfahrung machen **Kurt-Georg Scheible** zu dem Erfolgsverhandler. Über 60.000 Teilnehmer seiner rund 5000 Vorträge, Seminare und Coachings, allein in den letzten zehn Jahren, sind eindeutige Fakten, die seinen enormen Erfolg untermauern. Die Leidenschaft für Ökonomie prägt seine Profession. Kurt-Georg Scheibles Publikationen, Vorträge, Seminare und Interviews sind mal provokant und mal mit einem Schuss Humor, aber immer sachlich und aktuell. Hinzu kommen mehr als 100 Vorlesungen an Hochschulen und Business-Schools. Der international gefragte Unternehmensberater bereiste bisher im Rahmen seiner Tätigkeiten 29 Länder. Seit 25 Jahren ist der Erfolgsverhandler ohne Unterbrechung Unternehmer. Er verantwortete zahlreiche Firmenübergaben, -übernahmen und Unternehmensgründungen, hält außerdem Beteiligungen an Unternehmen und ist Wagniskapitalgeber diverser Start-ups. Das Thema Verhandlungen ist sein Schwerpunkt. Scheible beteiligt sich bis heute sowohl aktiv als auch in beratender Funktion an vielen Gesprächsrunden. Dabei beobachtet und analysiert er aufmerksam den Einzug neuer Technologien, wie z. B. künstliche Intelligenz, in den Verhandlungsalltag, denn diese werden zunehmend an Bedeutung und Einfluss gewinnen. Scheibles Büro befindet sich in Stuttgart. Er lebt unweit der Landeshauptstadt im Vorland der Schwäbischen Alb.

Weitere Infos unter www.www.Kurt-Georg-Scheible.de und www.Scheible-Akademie.de.

Innovation als Erfolgsfaktor für Unternehmen: Zukunftsfähigkeit gestalten

Kai Schimmelfeder

Inhaltsverzeichnis

Zusammenfassung

Die Zukunftsfähigkeit von Unternehmen ist grundsätzlich geprägt von den Entscheidungen der Unternehmenslenker des jeweiligen Unternehmens bzw. Betriebs. Die Entscheidungen wiederum sind geprägt von unterschiedlichen Faktoren, wie z. B. der Finanzierung von Innovationen bzw. Entwicklungen neuer Produkte und Dienstleistungen. Die Risiken, die damit verbunden sind, wirtschaftlich und finanziell abfedern zu können, wirkt sich wiederum auf die wirtschaftliche Stabilität in Unternehmen

K. Schimmelfeder (✉)
Hamburg, Deutschland
E-Mail: support@kaischimmelfeder.de

© Springer Fachmedien Wiesbaden GmbH, ein Teil von Springer Nature 2019
P. Buchenau (Hrsg.), *Chefsache Zukunft*, Chefsache,
https://doi.org/10.1007/978-3-658-26560-1_25

und Betrieben aus. Welche Möglichkeiten und Chancen sich aus Co-Finanzierungs-
möglichkeiten aus speziellen Förderprogrammen der öffentlichen Hand ergeben, ist
oftmals unbekannt. Gleichzeitig werden bürokratische Anforderungen als arbeitsinten-
siv empfunden. Es kommt darauf an, vor der eigentlich geplanten Investition für
Innovationen passende Förderanträge zu erstellen und an die richtige Förderstelle bzw.
Förderorganisation zu übermitteln. Die klassischen (Haus-)Banken bieten keine Zuschüsse zu Innovationen und Entwicklungen – dafür gibt es das Potenzial spezieller
Förderprogramme. Förderprogramme ergänzen dann grundsätzlich die benötigte
Liquidität für die Personalkosten der Produktentwicklungen und schützen vor
Liquiditätsengpässen. Unternehmen können mit der Innovations- und Technologieför-
derung Wettbewerbsvorteile begründen, die die Zukunftsfähigkeit positiv beeinflussen.

25.1 Effizienz und Technologe als Wettbewerbsvorteil

„Es ist allgemein anerkannt, dass das Produktivitätswachstum erfolgreicher Wirt-
schaftszweige nicht dadurch bedingt ist, dass alle auf dem Markt tätigen Unternehmen
einen Produktivitätszuwachs verzeichnen, sondern vielmehr darauf zurückzuführen ist,
dass die effizienteren und technologisch fortgeschrittenen Unternehmen zulasten derer,
die weniger effizient arbeiten oder veraltete Produkte anbieten, Wachstum erzielen.

Der Marktaustritt weniger effizienter Unternehmen versetzt ihre effizienteren Wettbewerber in die Lage, Wachstum zu erzielen und bringt Vermögenswerte auf den Markt
zurück, wo sie einem produktiveren Einsatz zugeführt werden können." (Europäische
Komission 2014)

Die oben genannte Aussage ist ein Standpunkt, der seitens der EU-Kommission vertreten
wird und gleichzeitig folgendes klar machen sollte:
Ohne Investitionen bzw. ohne **Liquidität**

- ist Anpassung an den Markt und die Wettbewerber nicht möglich;
- ist Rückschritt bzw. ein Stillstand des Unternehmens vorprogrammiert;
- treten Marktanteils- und Kundenverlust ein;
- schlagen Gewinnverlust und Kostendruck in einem Unternehmen nachhaltig durch;
- erfahren Mitarbeiter am eigenen Leib die Nachlässigkeiten der Unternehmensführung
  und es kommt zu Kündigungen der besten Mitarbeiter und Führungskräfte;
- tut der Imageverlust des Unternehmens dann ein Übriges: Bei inhabergeführten Unternehmen trifft es den Unternehmer meist persönlich und die Lebensqualität des Unternehmers reduziert sich erheblich, was dann die Sinnfrage aufleben lässt und noch mehr
  Energie des Unternehmers verzehrt. Ausfallwahrscheinlichkeit und Marktaustritt wäre
  die Folge!

Merke: Unternehmen, die aus dem Markt austreten, scheitern oftmals an fehlender bzw.
reduzierter Liquidität für eine bessere Innovationsfähigkeit.

Für eine bessere Innovationsfähigkeit benötigen Unternehmen Effizienz und technologischen Fortschritt und somit Produktionskompetenz

Dazu wiederum wird Kapital und somit Liquidität benötigt (Abb. 25.1).

Gerade kleinere und mittlere Unternehmen (KMU) sehen sich personell nicht in der Lage, Investitionen in Innovationen zu tätigen, oder wollen keine neuen Produktbereiche schaffen oder haben sich bisher noch keine konkreten Gedanken zum Thema Innovation gemacht. Oftmals ist es auch wegen finanzieller Lücken nicht möglich, seitens der KMU die Kosten in neue Entwicklungen und in Produktveränderungen aus dem laufenden Geschäft zu tragen.

25.1.1 Von der Liquiditätskrise zum Unternehmensende – Warum an Innovation gespart wird

Ein Großteil der jährlich rund 20.000–30.000 Unternehmensinsolvenzen in Deutschland ist auf die Probleme mit der Liquidität im Unternehmen zurückzuführen. Da sich durch eine Planung der Liquidität weit im Voraus erkennen lässt, ob der Unternehmer bzw. Geschäftsführer mit sinnvollen Maßnahmen gegensteuern muss, solch eine Planung aber sehr oft nicht oder nur sehr oberflächlich erstellt wird, wird nachfolgend ein Szenario erläutert, das sich im negativen Fall ergibt.

Das Thema Liquidität ist aber nicht nur für Unternehmen in Schwierigkeiten entscheidend, sondern ist für alle Unternehmen ein wesentlicher Faktor zum dauerhaften Unternehmenserfolg.

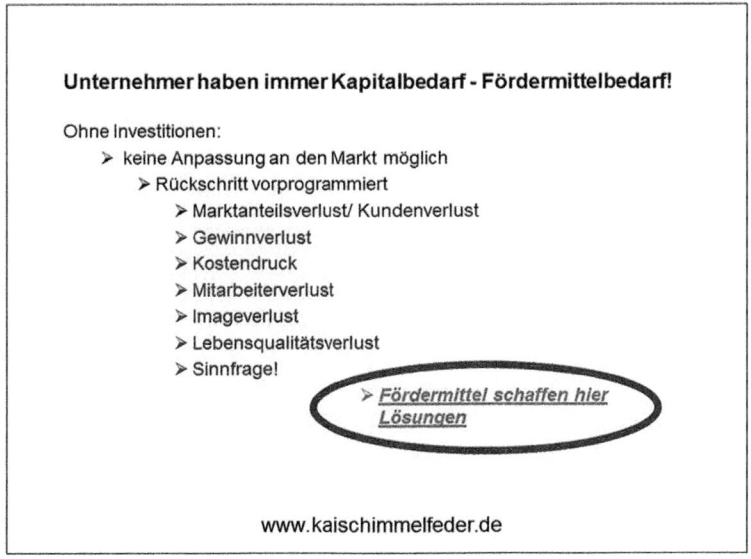

Abb. 25.1 Schaubild, Liquidität (für Innovationen) schützt vor Insolvenz

Liquiditätssicherung ist Unternehmenssicherung und ist das Potenzial für Innovationsentwicklung.

- **Stakeholderkrise:** nachhaltige Konflikte auf Stakeholderebene (Organe, Gesellschafter, Arbeitnehmer, Banken, usw.), Blockade wesentlicher Entscheidungen, billigende Inkaufnahme negativer Entwicklungen
- **Strategiekrise:** Keine klare Vision vorhanden, unzureichende Kunden- und Wettbewerbsorientierung, Produkte im Reifestadium, verpasste technologische Entwicklung, Unternehmen erwirtschaften z. T. noch Gewinne
- **Produkt- und Absatzkrise:** Umsatzrückgang, steigende Bestände und Kapitalbindung, Unterauslastung, Ergebnisrückgang
- **Erfolgskrise:** Umsatzrückgang setzt sich fort, Unternehmen reagiert mit „cost cutting", Gewinnrückgang, Verlust, Aufzehrung des Eigenkapitals; Kapitalbeschaffung wird schwieriger (*Kreditwürdigkeit* nimmt ab, Bonität verschlechtert sich)
- **Liquiditätskrise:** ausgeschöpfte Kreditlinie, Anstieg der Verbindlichkeiten aus Lieferungen und Leistungen, Verzicht auf Skonti, Zahlung nach Fälligkeit bzw. Zahlungsstockung, Versorgungsengpässe
- **Insolvenzreife:** Zahlungsunfähigkeit, drohende Zahlungsunfähigkeit, Überschuldung

Ergänzend ist hier zu erwähnen, dass die Stadien nicht aufeinander folgen müssen und auch gleichzeitig auftreten können. Entscheidend ist die folgende Erkenntnis:

> **„Je tiefer sich ein Unternehmen in der oder den Krisenstadien befindet, desto schneller ist der weitere Abwärtstrend, desto weniger Handlungsspielraum verbleibt dem Unternehmer bzw. Geschäftsführer, um wieder auf Erfolgskurs zu steuern. Das Thema Innovation wird dabei völlig vernachlässigt und das Unternehmen wird somit oft nur über Wasser gehalten. Wachstumspotenziale können so nicht geschaffen werden!"**

Wer investiert schon Hunderttausende Euro in ein Innovationsprojekt, wenn das Unternehmen nicht mal Liquidität hat, Skonto und andere Finanzvorteile zu nutzen

Tipp: Wenn man sich das Bezahlverhalten von Unternehmen ansieht, kann man schon erkennen, in welcher Situation sich das betreffende Unternehmen befindet und folgende Aussage treffen:

> **„Vom Skontozieher, zum Nettozahler, zum Überzieher!"**

25.1.2 Liquiditätsengpass als Einstieg in den Abstieg

Beispiel aus einem Unternehmen: Ein Unternehmer errechnet die laufenden Kosten des Monats wie folgt: Gehälter, Mieten, Material etc. werden etwa 50.000 € verbrauchen. An Zahlungseingängen hat das Unternehmen etwa 58.000 € im gleichen Monat zu erwarten. Damit ist für den Unternehmer klar: Es liegt ein Überschuss vor und es gibt keine Zahlungsengpässe. Da er auch noch eine Kreditlinie von 15.000 € zur Verfügung hat, ist also eine weitere Sicherung vorhanden. Leider hat dieser Unternehmer vergessen, dass in diesem Monat die fällige Steuervorauszahlung von 19.000 € an das Finanzamt bezahlt werden muss und dass die Kredittilgungsrate von 8000 € fällig ist. Diese beiden fälligen Positionen sind in Summe 27.000 €. Das Unternehmen hat aber nur 23.000 € an weiterer Liquidität übrig. Das Unternehmen wird nun die genehmigte Kreditlinie überziehen müssen. Für die Bank ist das ein erstes Warnsignal, weil das Unternehmen nicht mehr im sog. vereinbarten Rahmen bleibt. Hoffentlich nur eine Ausnahme!

Mal davon abgesehen, dass die Bank den Unternehmer anrufen wird bzw. die Zahlungen nicht ausführen muss, zeigt es der Bank eine Schwäche im Unternehmen auf. Der Firmenkunden- oder Geschäftskundenbetreuer oder ähnliches wird das vermerken. In Abhängigkeit der bereits bestehenden Geschäftsbeziehung wird dieser Vorfall gewertet. Wenn es noch mal vorkommt, wird es zu einer detaillierten Betrachtungsweise auf das Unternehmen kommen (müssen). Dann muss das Unternehmen in eine intensivere Betreuung seitens der Bank, da die Bank sich sicher sein muss, dass das Unternehmen nicht ausfällt und dann die Bank auf den Schulden sitzen bleibt.

Vielleicht klingt dieses Beispiel übertrieben? Nein. Liquiditätskrisen sind nicht der Anfang von Unternehmensproblemen. Liquiditätskrisen sind mehr das Ende eines Unternehmens! Liquiditätskrisen sind nur die Wirkung von verschiedenen Problemen im Vorfeld einer Liquiditätskrise.

Da zu diesem Thema sehr viel geforscht und analysiert wird, kann man sehr gut erkennen, in welcher Phase sich ein Unternehmen befindet und wann das Problem angefangen hat und was das Problem eigentlich ist. Geht man also zurück in der Zeit, lässt sich das Unternehmensproblem, das zur Unternehmenskrise geführt hat, relativ schnell erkennen. Dieses gilt es dann zu kompensieren und somit das Unternehmen wieder auf einen sicheren und erfolgreichen Weg zu lenken!

Erst dann sollte in das Themenfeld Innovation investiert werden.

Wie kommen Unternehmen auf die Innovationsschiene, wenn nicht klar ist, in welchem Stadium sich das Unternehmen befindet. Wie kommen Unternehmen in eine Liquiditätslage, die es ermöglicht Innovationsprojekte zu starten? Wie können Unternehmen sicherstellen, dass Innovationsprojekte bis zum geplanten Ende der Entwicklung und bis zur Marktreife und dann in die Markteinführung durchfinanziert sind bzw. werden können.

„Innovationsprojekte an sich sind grundsätzlich Risikoprojekte!"

Für Unternehmen ist der Ausgang ungewiss und ob sich ein Erfolg erzielen lässt, kann niemand garantieren. Deshalb muss ein Unternehmen finanziell sinnvoll aufgestellt sein und verschiedene Rücklagen müssen vorgehalten werden.

Zuerst ist die Bestandsaufnahme durchzuführen: Wo steht das Unternehmen und welche Finanzmittel stehen zur Verfügung?

Um Anzeichen von Liquiditätsengpässen zu erkennen und Innovationsprojekte nicht zu gefährden, kann man folgende Unternehmensstadien beobachten:

Es gibt sechs Phasen oder auch sechs Unternehmensstadien, die offiziell benannt werden und so in der wissenschaftlichen Unternehmensführung, den Banken etc. Verwendung finden.

25.1.3 Von der Liquiditätskrise zum Unternehmensende – Innovation unmöglich

Mit sich zuspitzender Liquiditätskrise gewinnen die Fremdkapitalgeber, die Banken, an Bedeutung und werden Forderungen an das Unternehmen stellen!

Eine **plötzliche** Liquiditätskrise kommt in 99 % der Fälle der nicht vor und ist somit vorhersehbar. Was sind die also die nutzbaren und praktischen Frühwarnkriterien aus Sicht des Markts:

- Ausfall eines großen Lieferanten bzw. Abnehmers
- Branchenprobleme bzw. Marktveränderungen
- Konjunkturprobleme
- Steigender Wettbewerb
- Häufung von Reklamationen, Lieferverzögerungen

Der Unternehmer kann aber auch aus seinem Unternehmen heraus die Frühwarnkriterien einer Krise erkennen:

- Absatz- bzw. Umsatzrückgänge
- Starker Anstieg des Vorratsvermögens bzw. Risikos bei der Lagerhaltung
- Starker Anstieg der Kundenforderungen
- Nennenswerte Insolvenzen von Kundenunternehmen
- Umstellung von Skonto auf Zielzahlung (**Merke wieder: vom Skontozieher – zum Nettozahler – zum Überzieher!**)
- Abbruch langjähriger Beziehung zu Lieferanten (Lieferanten kündigen die Zusammenarbeit)
- Preisverfall
- Kostensteigerungen
- Liquiditätsengpässe
- Bewusste Hockey-Stick-Planungen!
- Auslaufende Produkte, Marktanteilsverluste, rückläufige Nachfrageentwicklung
- Unkontrolliertes Wachstum ohne ausreichendes Eigenkapital
- Unternehmensführung bzw. schwaches überaltertes, patriarchisches Management
- Ineffiziente Organisation
- Fehlende Innovationskraft
- Verringerung der Forschungs- und Entwicklungsaktivitäten
- Auftragssituation, starke Abhängigkeit von wenigen Kunden, Risiko aus Abnahmeverpflichtungen

- Verstärkte Geschäftsbeziehungen mit Nahestehenden, ohne nennenswerte Ausweitung der Geschäftsbeziehungen mit Dritten
- Verkauf von Beteiligungen („Tafelsilber")

Hinzu kommt dann, dass es auch Frühwarnkriterien aus der Bilanz gibt:

- Verspätete Bilanzerstellung, verspätete bzw. lückenhafte Rechnungswerke
- Negative Wertpapierbewertung
- Fehlende Zwischenzahlen, Abweichungen gegenüber Planzahlen
- Unterkapitalisierung, negatives Haftkapital
- Jahresfehlbetrag
- Bewertungsänderungen
- Verschuldungsanstieg
- Operative Verluste
- Negative Cashflows
- (Außerplanmäßige) Rückführung von Gesellschafterdarlehen
- Signifikante Umsatz- bzw. Gewinnrückgänge
- Abnehmende Eigenkapitalquote, Verzehr von Haft- bzw. Eigenkapital
- Außerplanmäßige Ergebnisabweichungen
- Negativtrend der letzten Jahresabschlüsse
- Aktive Bilanzpolitik

Sollten also diese Warnhinweise nicht beachtet werden, kommt es unweigerlich zum Stress mit der Bank! Und plötzlich(!) will die Bank mehr Daten, mehr Unterlagen, Gespräch mit dem Steuerberater oder dem Chefcontroller etc.

Für Investitionen in Innovationen und damit Investitionen in die Zukunft ist in Krisenzeiten nicht zu denken. Leider führt dieser Zustand nicht in eine wirtschaftliche erfolgreiche Zukunft!

Und dann kommt es vielleicht zur Forderung eines Sanierungsgutachtens! WICHTIG ist dabei, dass die Bank so ein Sanierungsgutachten schon verlangt, wenn es für Unternehmen in Schwierigkeiten um die Beibehaltung der Kontoverbindung geht. Es muss also nicht zum Ende solch ein Sanierungsgutachten erstellt werden, sondern dann, wenn dem Unternehmen noch geholfen werden kann!

Vielleicht fragen sich eine einige Unternehmer: Warum verlangen Banken Sanierungsgutachten? Das ist doch ein finanzieller Aufwand, kostet Geld, kostet Zeit, verlangt Aufwand beim Geschäftsführer, beim Steuerberater etc.

Dazu gibt es drei Hauptgründe aus Sicht der Bank:

- Vermeidung von Haftungsrisiken bei Vergabe von Sanierungskrediten. Denn wenn eine Bank mit dem Unternehmen „weiter" macht, aber das Unternehmen schon längst aus gesetzlicher Sicht heraus (!) eine Prüfung auf Insolvenz hätte stellen müssen, sitzt die Bank mit im Boot und setzt sich der Gefahr der Mithaftung aus (z. B. Beihilfe zur Insolvenzverschleppung)

- MaRisk: Belastbare Sanierungskonzepte im Fall der Gewährung von Krediten. Hier sind die MaRisk – die Mindestanforderungen an die Vergabe von Krediten – der rechtliche Rahmen. Es sind quasi bankrechtliche Vorgaben zum Schutz der Banken. Diese Rahmenparameter wurden im Schwerpunkt entwickelt aus den Erfahrungen der Vergangenheit und müssen auf die aktuellen und zukünftigen Kreditvergaben wirken
- Vermeidung von Straftatbeständen: Wenn die Bank sich nicht absichert, dass mit einem Unternehmen soweit alles in Ordnung ist und die Grundsätze der Unternehmensführung und somit die gesetzlichen Vorgaben eingehalten werden, dann ist es eine Art Mittäterschaft, wenn etwas schief geht.

Um den Unternehmer, die Banken, die weiteren Anspruchsgruppen vor Schaden zu schützen, sind u. a. die Sanierungsgutachten nötig.

MERKE: Außerordentliche Kündigung seitens der Bank: Bei drastischer Verschlechterung der wirtschaftlichen und finanziellen Lage sowie bei Vermögensverfall oder Betrug (§ 490 BGB; Ziff. 19 III AGB der Banken) ist eine außerordentliche Kündigung möglich.

Wenn nun ein Sanierungsgutachten erstellt wird, kommt der Sanierungsgutachter zu einem Ergebnis. Dieses muss die Sanierungsfähigkeit bestätigen. Sanierungsfähig bedeutet: Das Unternehmen muss zusätzlich zur positiven Fortführungsprognose eine nachhaltige Rendite- und Wettbewerbsfähigkeit erlangen, damit es nachhaltig fortführungsfähig ist.

Die gerade erwähnte Fortführungsprognose – also die Fortführungsfähigkeit – wird dabei wie folgt gesetzlich beschrieben: ein Unternehmen ist fortführungsfähig, wenn dessen Finanzkraft mittelfristig zur Fortführung ausreicht.

Dabei ist die positive Fortführungsprognose regelmäßig Voraussetzung für ein weiteres Begleiten der Finanzierung durch die Kreditinstitute.

Im Sanierungsgutachten werden u. a. folgende Inhalte dargestellt (Auszug):

- Feststellung der Vermögens- und Liquiditätslage
- Analyse der wirtschaftlichen Situation des Unternehmens, Branche, Unternehmensvergangenheit und Krisenursachen
- Erstellung eines konkreten Sanierungskonzepts mit dem Ziel der Unternehmensfortführung

Erst bei positiver Aussage kann die Bank das Unternehmen weiter begleiten.

Der Aufwand an Kosten, der Stress, die Zeit etc. rauben dem Unternehmen Ressourcen. Diese hätte der Unternehmer auch vor einer Krise ins Unternehmen investieren können, um eben nicht in eine **Liquiditätskrise** zu kommen.

Es gibt genügend Möglichkeiten, dass ein Unternehmer bzw. Geschäftsführer der Krise weit im Vorfeld entgegentritt und so (s)ein Unternehmen auf Erfolgskurs hält.

25.1.4 Innovationsförderung gegen die finanzielle Schwäche

Dem Aspekt der finanziellen Schwäche vieler Unternehmen hat sich die Europäische Union und damit auch Deutschland im Speziellen angenommen.

Viele Banken sehen sich bei Unternehmen mit Investitionsabsichten aber bei gleichzeitig schwacher Bonität in der Position, eine Kreditanfrage negativ zu beschließen. Dann hat das Unternehmen zwar den Willen zur Innovation, aber keine Finanzmittel dafür.

Der Innovationszwang liegt aber grundsätzlich vor, denn Unternehmen ohne Investitionen in Innovationen, können sich nicht dauerhaft gegen die Konkurrenz behaupten. Kunden wollen Produkte und Dienstleistungen, die aktuell sind. Es reicht somit nicht, die bestehenden Produkte und Dienstleistungen hoch zu loben, um diese zu verkaufen, sondern Unternehmen – gerade KMU – müssen insgesamt innovativ sein.

Seitens öffentlicher Förderstellen (hier nachfolgend die Aussage der KfW Mittelstandsbank) ist die Innnovationsaktivität eine zentrale Quelle für die Wettbewerbsfähigkeit. Diese Aktivität von KMU hat sich in den zurückliegenden Jahren rückläufig entwickelt. Der Anteil der Innovatoren unter den mittelständischen Unternehmen (bis 500 Mio. € Umsatz) sank von 43 % im Zeitraum von 2004 bis 2006 auf 25 % im Jahr 2017.

In den letzten Jahren wurden dabei regelmäßig etwa 32 Mrd. € von den Unternehmen mit bis zu 499 Mitarbeiter investiert (Zimmermann 2018)

Im Ergebnis sind es 18 % weniger Unternehmen, die in Innovation investieren. Bemerkenswert ist, dass der Branchenbereich Elektro, Maschinen und Pharma eher gleichbleibende Investitionsmengen vornimmt. Der Teil der KMU, die vorher schon weniger in Innovation investiert haben, haben noch weniger Investitionen vorgenommen.

Eine Übersicht stellt die inhomogene Struktur der KMU Innovationsinvestitionen dar. Größe und Wirtschaftszweigzugehörigkeit sind Parameter für die Investitionsbereitschaft und Investitionsausrichtung. Es ergeben sich große Unterschiede der Innovationsaktivitäten aus den betriebswirtschaftlichen Parametern:

- Etwa zwei Fünftel der Innovatoren führen gelegentlich oder kontinuierlich eigene Forschungs- und Entwicklungsarbeiten durch.
- Etwa drei Fünftel verzichten auf eigene Forschung und Entwicklung.
- Rund zwei Drittel schaffen mit ihren Innovationen individuelle Kundenlösungen.
- Ein Viertel zielt auf die Technologieführerschaft in der jeweiligen Branche ab.
- Ebenso viele KMU geben an, lediglich auf Innovationen ihrer Wettbewerber zu reagieren.

Die Abhängigkeiten zwischen Liquiditätsmangel und Innovationszwang stellt damit auch die Volkswirtschaften vor Entscheidungen, um den KMU mehr Anreize zu eigenen bzw. wieder mehr Innovationen zu geben. Es braucht deshalb eine Lösung für Investitionshindernisse. Dazu haben sich in Deutschland jetzt einige Förderstellen vom Europäischen Investitionsfonds Rückendeckung geholt und neue Förderprogramme für KMU auf den Weg gebracht: Die InnovFin-Vereinbarung.

Zu dieser Vereinbarung haben sich folgende Förderbanken und Landesförderinstitute zusammengefunden:

- Europäischer Investitionsfonds (EFSI) als Kooperationspartner
- NRW.BANK für Unternehmen in Nordrhein-Westfalen
- Wirtschafts- und Infrastrukturbank Hessen (WIBank) für Unternehmen in Hessen
- Investitions- und Strukturbank Rheinland-Pfalz (ISB) für Unternehmen in Rheinland-Pfalz
- Investitionsbank Schleswig-Holstein (IB.SH) für Unternehmen in Schleswig-Holstein
- Hamburgische Investitions- und Förderbank (IFB Hamburg) für Unternehmen in Hamburg
- Investitionsbank des Landes Brandenburg (ILB) für Unternehmen in Brandenburg
- Investitionsbank Berlin (IBB) für Unternehmen in Berlin

Damit gibt es für die nächsten Jahre Kredite mit 70 % Risikoentlastung. Das bedeutet, dass Banken, die Unternehmen Kredite für Innovationsvorhaben geben möchten, mit diesem Förderprogramm eine 70 %ige Freistellung vom Kreditrisiko erhalten. Dies hat für die Bank wirtschaftliche und risikoentlastende Vorteile, wenn der Kredit doch ausfallen sollte. Antragsteller können Unternehmen bis 499 Mitarbeiter sein und nicht nur Unternehmen im sonst bekannten Rahmen der KMU-Definition. Vorteil: es haben mehr Unternehmen Zugang zu diesem Förderprogramm.

Die Kreditsummen sollten zwischen 100.000 € und etwa 1 Mio. € liegen und sind von Bundesland zu Bundesland unterschiedlich.

Gerade innovative Unternehmen, die sich sonst schwer tun mit der Kreditbeschaffung, werden mit diesem neuen Förderprogramm die geplanten Investitionen leichter umsetzen können. Auch Unternehmen, die es bisher schwerer hatten, Kredite für Ihre Vorhaben bekommen, weil es meist neue Produkte oder Verfahren sind, sollen in den Genuss der Förderung kommen. Auch bei der Erschließung neuer Märkte können KMU mit dem neuen Förderprogramm besser Zugänge zu gesicherten Krediten erhalten.

25.2 Innovationsinvestition – was ist das?

Treffen sich ein Tischler und ein Farbenlieferant. Fragt der Tischler den Farbenlieferanten: „… und was machst du so?" Sagt der Farbenlieferant „Ich mach jetzt in Innovation!" Äußert sich der Tischler fragend: „Du machst in Innovation?" Antwortet der Farbenlieferant: „Ja. Ganz einfach. Bis gestern haben wir nur blaue Farben produziert und verkauft. Aber ab heute produzieren wir auch rote Farbe! – und das ist die Innovation! – Wird sogar vom Staat finanziell mit Fördermitteln unterstützt!" Erwidert der Tischler: „Soll das bedeuten, dass ich für meine Fräsmaschine eine andere Frästechnik erfinden könnte und das wäre dann Innovation?" Antwortet der Farbenlieferant: „Ja, das kann eine Innovation sein!" Antwortet der Tischler: „Das wusste ich nicht! Was ich da wohl an Fördermitteln schon alles verloren habe?"

So oder so ähnlich kann es sich darstellen, wenn Unternehmen oder Technikabteilungen nicht genau wissen, was schon Innovation sein kann (die auch noch finanziell gefördert wird). Die meisten Unternehmen denken wahrscheinlich, dass eine Innovation die Welt verändern muss, um vom Staat mit Fördermitteln bzw. Zuschüssen gefördert zu werden. Aber dem ist überhaupt nicht so! Es ist alles viel einfacher, und ich möchte Ihnen mit diesem Beitrag einen Weg darstellen, wie Sie für sich entdecken, ob Sie schon „in Innovation machen" bzw. den Schritt erfolgreich umsetzen.

Am besten wir starten mit der Begriffsbestimmung und Differenzierung: Das Wort Innovation bzw. „innovare" stammt aus dem Lateinischen und bedeutet erneuern bzw. Erneuerung. An dieser Stelle schon gleich die Information von mir: Um innovativ zu sein (und auch geschenktes Geld bzw. Zuschüsse zu erhalten) müssen Unternehmen nicht alles erneuern, sondern eigentlich nur einen bestimmten Aspekt verändern. Wie eingangs geschildert, kann es wirklich die Umstellung von blauer auf rote Farbe sein. Das kann bereits gefördert werden und die Entwicklungskosten für diese Umstellung werden vom Staat mit nicht rückzahlbaren Zuschüssen unterstützt (geschenktes Geld vom Staat).

In den meisten Projekten ist eine Innovation auch eher subjektiv (rote Farbe statt blauer Farbe). Das bedeutet, dass es keine Mega-Erfindung ist, sondern es beginnt eben schon dann eine Innovation zu sein, wenn es für das jeweilige Unternehmen eine Neuerung darstellt. Es setzt auf Bekanntem auf. Das ist genau der Bereich von Forschung und Entwicklung, den der Staat bei KMU mit Zuschüssen fördert. Bitte merken Sie sich dieses Beispiel und prüfen bei sich im Unternehmen, ob Sie nicht auch in der Nähe vom Thema Innovation stehen. Entdeckungshilfen dazu lesen Sie in den nächsten Absätzen dieses Beitrags.

Um Ihnen aber auch das andere Ende zum Thema Innovation zu verdeutlichen, nehmen wir beispielhaft den Lotuseffekt. Vorweg schon dies: Daraus wurden mehrere Innovationen abgeleitet. Der Lotuseffekt ist eine Innovation, die in der industriellen Forschung bzw. der Grundlagenforschung verankert ist und nicht bei KMU in Deutschland. Oftmals haben KMU diese Art von Innovation im Kopf, wenn es um das Thema Innovationen geht und lassen sich davon abschrecken bzw. fangen deswegen nicht bei sich im Unternehmen an, eine Innovation anzudenken. Innovation wird oft zu hoch angedacht und nicht umgesetzt. Aber ohne Innovation, also ohne Erneuerung (auch des schon Bestehenden) wird ein wirtschaftliches Wachstum im Unternehmen erheblich schwerer zu erreichen sein als mit Innovation.

Objektiv wäre eine Innovation, wenn es wirklich noch nie jemand wusste und es quasi jetzt entdeckt hat. Wenn es nichts, aber gar nichts Vergleichbares gibt. Wenn es dazu Grundlagenforschung bedarf, um überhaupt erst mal das Funktionsprinzip zu entdecken. Beispielhaft ist der schon erwähnte Lotuseffekt.

Der Lotuseffekt – Bereich Mitnahme von Schmutzpartikeln – ist seit etwa 2000 Jahren im Buddhismus bekannt, wurde aber erst in den 1970er-Jahren von der Forschung erfasst. Das war aber nicht die Innovation, das war erst mal nur die Erforschung. In den 1990er-Jahren wurde dann eine Erfindung (Invention) daraus. Auch noch keine Innovation. Dann wurde aus dem Lotuseffekt eine wirtschaftliche Nutzung möglich, als die Funktion

(Erfindung bzw. Invention) des Selbstreinigungseffekts bzw. die Verringerung der Haftung von Schmutzpartikeln bei verschiedenen Produkten oder ähnlichem zur Anwendung kam.

Die Innovation ist hier die Nutzung in einem Produkt (z. B. Abperleffekt bei Autolacken) in der Vermarktung.

Bis zum Zeitpunkt der wirtschaftlichen Nutzung waren Millionenbeträge und sehr viele Menschen mit sehr viel Zeitstunden nötig, um die Innovation zu ermöglichen.

Wir können nun die objektive Neuheit (Lotuseffekt) gegen die subjektive Neuheit (Bestehendes verändern) abgrenzen und dies in den unterschiedlichen Fördertöpfen beantragen. Zu Ihrer Info: Die subjektiven Neuheiten (Bestehendes verändern) sind die überwiegende Anzahl aller Anträge für Zuschüsse für Innovationen von KMU in Deutschland.

Weiterführend möchte ich ergänzen: Es gibt Ideen, die als Invention bzw. Erfindung bezeichnet sind und die Innovation (Forschung und Entwicklung) im Sinn des Endprodukts bzw. des Endverfahrens – und es gibt die Grundlagenforschung.

Als Unternehmer interessiert Sie dann, wie Sie die verschiedenen Schubladen der Innovation für sich nutzen können. Welche Einteilung gibt es und wo stehen Sie als Unternehmer. Deswegen stelle ich hier das sog. Vier-Schubladen-Prinzip dar:

Produktentwicklung als Innovation

- Entwickeln und Konstruieren mit einer wirtschaftlichen Zielstellung von der Idee bis zur Markteinführung
- Forschung im engeren Sinn (Gewinnung von Erkenntnissen über Funktionsweisen und Zusammenhänge) nicht erforderlich
- Eine neuartige Kombination von vorhandenen Erkenntnissen kann schon Produktentwicklung sein
- Beispiel: erstmalige Anwendung von Nanotechnologie zur Beschichtung von Oberflächen (Lotuseffekt)

Anpassungsentwicklung als Innovation

- **Keine** neuen Produkte oder Dienstleistungen
- **Vorhandene** Produkte oder Dienstleistungen werden angepasst an die Anforderungen lokaler Märkte
- Neue gesetzliche Bestimmungen sind vielleicht der Auslöser
- Aktuelle Trends können Auslöser sein
- Beispiel: Geänderte Parametrierung von PKW-Motoren zur Einhaltung von Emissionsgrenzwerten (z. B. Abgasnorm Euro 5)

Verfahrensentwicklung als Innovation

- Gegenstand ist **nicht** das Produkt an sich, sondern die effiziente wirtschaftliche Art und Weise der Herstellung
- Produktion über mehrere Prozessschritte nötig

- Oft in Pharma, Chemie, Biotech zu finden
- Beispiel: Entwicklung eines kontinuierlichen Recyclingverfahrens für mit Folie beklebtes und beschichtetes Glas

Weiterentwicklung/Optimierung als Innovation

- Produkt mit allen Funktionen **vorhanden**, Funktion wird verbessert oder optimiert
- Oft nur Verbau einer oder weniger neuer Komponenten (die Innovation ist dann dieser Komponente zuzuordnen)
- Beispiel: Steigerung des Abtrags einer Fräsmaschine durch Erhöhung des Drehmoments

Dieses Vier-Schubladen-Prinzip können Sie als Unternehmer nutzen und sich daran testen bzw. damit im eigenen Unternehmen hinterfragen, ob es in eine der vier Bereiche passen würde, wenn Sie ein Innovationsprojekt angehen möchte.

Innovation bzw. die Selbsterkenntnis zu den Möglichkeiten zum Innovieren im eigenen Unternehmen kann auch durch das Thema „Verbesserungsvorschläge von Mitarbeitern" erfolgreich ins Leben gerufen bzw. am Leben gehalten werden.

Aus den vier-Schubladen machen Sie sich eine Checkliste und dann planen Sie einen Workshop, wo diese Parameter mit den Mitarbeitern besprochen werden und anschließend Ihr eigenes Unternehmen dazu im Vergleich betrachtet wird.

Verbesserungsvorschläge können ein erster Schritt zur Innovation sein.

25.3   Impulse für Innovationen setzen – wie geht das?

Mit den nachfolgenden einfachen Tipps und Maßnahmen ist ein Einstieg für kleine und mittlere Unternehmensgrößen eine Lösung zur Innovationsfindung. Innovation sichert Erfolg und Innovationsimpulse sichern den Fortbestand von Unternehmen, deshalb prüfen sie Ihr Unternehmen anhand der hier dargestellten Innovationsimpulse.

Ein Tipp: Wenn es im Unternehmen mit dem Innovationsmanagement losgehen oder das bestehende Innovationsmanagement verbessert werden soll, dann braucht es eine Art Codex für das Unternehmen. Ein Codex, der verbindlich regelt, dass alle Ideen, die von den Teilnehmern vorgeschlagen werden, vorbehaltlos besprochen werden können und dass auch Spinnereien erlaubt sind. Alles ohne Wertung der Idee und der Person. Sonst kommen nur die Standards wieder und wieder und keine neuen Ideen für Innovationen!

Unternehmen sollten den eigenen Status reflektieren und Anregungen und Impulse für neue Produkte und Dienstleistungen nutzen, indem Folgendes getan wird:

- Hinweise und Fragen von Kunden aufgreifen
- Ideenbörse und Kooperationen mit anderen Unternehmen
- Kooperationen mit Experten von Hochschulen, mit Fachleuten anderer Branchen und Disziplinen

- Internetrecherchen nach neuen Technologien, Materialien, Arbeitsverfahren
- Recherche nach Angeboten der Konkurrenz (neue Produkte bzw. Dienstleistungen, Vergleich mit Innovationsmarktführern)
- Nutzung von offenen Innovationsplattformen im Internet (Open Innovation, Social Media)
- Fachpublikationen (Zeitschrift: Innovationsmanager, oder VDI-Nachrichten), andere Fachzeitschriften
- Besuch von Kongressen, Messen und Veranstaltungen
- Informationen von Verbänden, Innungen, Kammern (wie Marktforschung, Analyse, Benchmarking)

25.3.1 ZIM – Zuschuss für kleine und mittlere Unternehmen

„Mit dem ‚Zentralen Innovationsprogramm Mittelstand (ZIM)' sollen die Innovationskraft und Wettbewerbsfähigkeit kleiner und mittlerer Unternehmen (KMU), einschließlich des Handwerks und der unternehmerisch tätigen freien Berufe, nachhaltig unterstützt und damit ein Beitrag zum Wachstum der Unternehmen verbunden mit der Schaffung und Sicherung von Arbeitsplätzen geleistet werden" (BMWi 2010).

Das ZIM ist ein bundesweites, technologie- und branchenoffenes Förderprogramm für KMU und für mit diesen zusammenarbeitenden wirtschaftsnahen Forschungseinrichtungen.

Die Förderung aus dem ZIM Förderprogramm soll dazu beitragen,

- KMU zu mehr Anstrengungen für marktorientierte Forschung, Entwicklung und Innovationen anzuregen;
- mit Forschung und Entwicklung verbundene technische und wirtschaftliche Risiken von technologiebasierten Projekten zu mindern;
- Forschungs- und Entwicklungsergebnisse zügig in marktwirksame Innovationen umzusetzen;
- die Zusammenarbeit von KMU und Forschungseinrichtungen zu stärken und den Technologietransfer auszubauen;
- das Engagement von KMU für Forschungs- und Entwicklungskooperationen und die Teilnahme an innovativen Netzwerken zu erhöhen;
- das Innovations-, Kooperations- und Netzwerkmanagement in KMU zu verbessern.

Innovationszuschuss wofür

Gefördert werden – ohne Einschränkung auf bestimmte Technologien und Branchen – Forschungs- und Entwicklungsprojekte zur Entwicklung

- innovativer Produkte,
- Verfahren oder technischer Dienstleistungen.

Gefördert wird dabei die **Durchführung** von Forschungs- und Entwicklungsprojekten in KMU zur Entwicklung betriebsinterner Innovationskompetenzen.
Die Projekte werden gefördert, wenn

- die Projekte ohne Förderung nicht oder nur mit deutlichem Zeitverzug realisiert werden könnten,
- diese mit einem erheblichen technischen Risiko behaftet sind und
- die Projekte auf anspruchsvollem Innovationsniveau die Wettbewerbsfähigkeit der Unternehmen nachhaltig erhöhen und damit neue Marktchancen eröffnen und Arbeitsplätze schaffen bzw. sichern.

Die Forschungs- und Entwicklungsprojekte müssen dabei auf neue Produkte, Verfahren oder technische Dienstleistungen abzielen, die mit ihren Funktionen, Parametern oder Merkmalen die bisherigen Produkte, Verfahren oder technischen Dienstleistungen deutlich übertreffen und sich am internationalen Stand der Technik orientieren. Das technologische Leistungsniveau der Unternehmen und deren Innovationskompetenz soll insbesondere durch den Einstieg des Unternehmens in ein neues Technologiefeld oder eine neue Kombination von modernen Technologien im Unternehmen erhöht werden.

Das klingt ja alles sehr vielversprechend. Ist es wirklich so einfach? Kann man das in der Realität umsetzen?

Grundsätzlich kann man diese Fragen mit Ja beantworten. Es bedarf wie bei fast allen nicht alltäglichen Anforderungen Zeit zur Vorbereitung. Kein sich bewusster Mensch nimmt an einem Marathon teil, ohne sich vorzubereiten – und ich meine nicht die Teilnahme, nur um zu gewinnen. Ich meine es grundsätzlich.

Wenn man etwas Besonderes machen will, dann muss man auch eine besondere Vorbereitung durchführen. Besonders ist alles das, was der Unternehmer nicht im Alltag dauernd macht.

Aus dem Stand können die wenigsten Menschen an einem Marathon teilnehmen und das Ziel erreichen. Vielmehr sagen die Experten: Ohne professionelle Vorbereitung – vom Schuhwerk, über die Ernährung, das regelmäßige Training, die Zielsetzung (der Marathon hat immer die gleiche Kilometerlänge – also was ist Ihr eigentliches Ziel) etc. wird das nichts mit der Zielerreichung.

Und hinzu kommen die drei Toppositionen, die nicht fehlen dürfen:

- Motivation
- Leidenschaft
- Ambitionen

Bei den meisten Fördermittelprojekten ist es ähnlich wie bei einem Marathon.

Der Unterschied zum Thema Fördermittel und Zuschüsse: Der Unternehmer muss es nicht selbst machen – er kann es durch andere umsetzen lassen.

25.3.2 Praxisbeispiel

Unternehmen, die Investitionen im Bereich Innovationen und Entwicklung planen, können Fördermittel in Form von Zuschüssen beantragen. Hier am Beispiel des Förderprogramms ZIM – Zentrales Innovationsprogramm Mittelstand:

ZIM bietet die Zuschüsse als nicht rückzahlbare Gelder – man könnte sagen, der Staat schenkt Unternehmen Geld. Grundsätzlich aber ist mit diesem Zuschuss eine Gegenleistung in Innovation verbunden, die wiederum den Wirtschaftsstandort Deutschland stärkt.

Die zuwendungsfähigen Kosten für ein Einzelprojekt eines Unternehmens sind begrenzt auf 380.000 € und mit folgenden Fördersätzen unterlegt (Tab. 25.1).

Beispiel Ein Unternehmen in Hamburg (alte Bundesländer) will 380.000 € in ein innovatives Vorhaben investieren und damit ein Produkt entwickeln. Hier liegt der Fördersatz bei 40 % und somit beträgt der Zuschuss 152.000 €.

Aber: Ohne Antragsstellung vor dem Maßnahmenbeginn ist keine Förderung möglich. Deswegen: Immer vorher den Antrag stellen. Ausnahmen gibt es nicht!

Diese Zuschüsse müssen also immer rechtzeitig vor dem Start des Investitionsvorhabens beantragt werden, um sich die Förderung zu sichern. Der Vorteil des Zuschusses liegt darin, dass dieser nach Ende des Projekts nicht zurückgezahlt werden muss.

Vorteile liegen damit in der Einsparung und dem Schutz der Liquidität des Unternehmens, da schon nach Projektstart (und vorheriger Beantragung der Förderung) erste Anteile des gesamten Zuschusses abgerufen werden können. Somit finanziert der Zuschuss schon während der Laufzeit des Projekts die Kosten.

Vorteil ist auch, dass alle Rechte und Erfolge des Projekts bei dem Unternehmen bleiben und somit die weitere Wertschöpfung zu 100 % dem Unternehmen zufließen kann.

Vorteil ist auch, dass der Wert des Unternehmens steigt, da die Innovation als wertsteigerndes Instrument in die Unternehmensbewertung einfließt.

Info: Bei sog. Kooperationsprojekten erhöht sich der Fördersatz auf bis zu 55 %. Hierbei werden internationale Kooperationen gefördert.

Tab. 25.1 Fördersätze Praxisbeispiel

Unternehmensgröße	Neue Bundesländer und Berlin	Alte Bundesländer
Kleine Unternehmen (KU)	Fördersatz 45 % **Zuschuss 171.000 €**	Fördersatz 40 % **Zuschuss 152.000 €**
Mittlere Unternehmen (MU)	Fördersatz 35 % **Zuschuss 133.000 €**	Fördersatz 35 % **Zuschuss 133.000 €**
Weitere mittelständische Unternehmen	Fördersatz 25 % **Zuschuss 95.000 €**	Fördersatz 25 % **Zuschuss 95.000 €**

25.3.3 Grundvoraussetzungen für den ZIM-Zuschuss

Nachfolgend lesen Sie die Mindestanforderungen für die Einzelprojekte (Unternehmen), die von Ihnen als Antragstellenden mindestens zu beachten sind:

- Ihr (antragstellendes) Unternehmen gehört in den Bereich der KMU. KMU sind kleine und mittlere Unternehmen bis 249 Mitarbeiter. Dazu gehören auch das Handwerk und die unternehmerisch tätigen freien Berufe.
- Ihr Unternehmen kann auch mehr Mitarbeiter beschäftigen, ist dann aber nur noch förderfähig, wenn sie maximal 499 Mitarbeiter beschäftigen (zeitlich befristet). Die Förderquote – also der Zuschuss fällt dann geringer aus.
- Das Förderprojekt gehört in den Bereich Forschung und Entwicklung für innovative Produkte, Verfahren oder technische Dienstleistungen.
- Im Jahr vor der Antragstellung war der Umsatz Ihres Unternehmens maximal 50 Mio. € oder die Jahresbilanz lag bei höchstens 43 Mio. €. Darüber hinaus ist es ein eigenständiges Unternehmen oder unterschreitet die oben genannten Grenzwerte mit seinen Partnerunternehmen bzw. verbundenen Unternehmen (Ausnahme: öffentliche Beteiligungsgesellschaften, Risikokapitalgesellschaften und institutionelle Anleger – soweit weder einzeln noch gemeinsam eine Kontrolle ausgeübt wird)
- Über das Vermögen Ihres Unternehmens ist kein Insolvenzverfahren beantragt oder eröffnet bzw. ist keine eidesstattliche Versicherung nach § 807 Zivilprozessordnung oder § 284 Abgabenordnung 1977 abgegeben worden bzw. besteht oder bestand auch keine Verpflichtung dazu. Dasselbe gilt für den Antragsteller bzw. die Antragstellerin als Inhaber des Unternehmens.
- Ihr Unternehmen gehört nicht zu den Bereichen Land- und Forstwirtschaft oder der Fischerei oder dem Verkehrswesen.
- Das zu fördernde Projekt kann ohne Förderung nicht oder nur mit deutlichem Zeitverzug realisiert werden.
- Das zu fördernde Projekt ist mit einem erheblichen technischen Risiko behaftet.
- Das zu fördernde Projekt erhöht nachhaltig die Wettbewerbsfähigkeit Ihres Unternehmens auf anspruchsvolles Niveau und eröffnet damit neue Marktchancen. Gleichzeitig werden neu Arbeitsplätze geschaffen bzw. bestehende gesichert.
- Ihr Unternehmen zielt auf neue Produkte, Verfahren oder technische Dienstleistungen ab, die mit ihren Funktionen, Parametern oder Merkmalen die bisherigen Produkte, Verfahren oder technischen Dienstleistungen deutlich übertreffen und sich am internationalen Stand der Technik orientieren.
- Das technologische Leistungsniveau Ihres Unternehmens und dessen Innovationskompetenz wird insbesondere durch den Einstieg Ihres Unternehmens in ein neues Technologiefeld oder eine neue Kombination von modernen Technologien erhöht werden.

- Ihr Unternehmen gewährleistet, dass die Projektbearbeitung nach anerkannten Prinzipien und Regeln der einschlägigen Wissenschafts- und Technikdisziplinen erfolgt und die weiteren Grundsätze guter wissenschaftlicher Praxis eingehalten werden.
- Ihr Unternehmen sichert Primärdaten und bewahrt diese mindestens fünf Jahre nach Abschluss des Projekts auf. Zwischen- und Abschlussergebnisse werden so dokumentiert, dass sie im Fall einer Vorortprüfung zur Verfügung stehen.
- Ihr Unternehmen legt mit Antragstellung ein Konzept zur Erfolgskontrolle vor. Darin ist das Ziel des Projekts verständlich und kontrollfähig beschrieben und es sind eindeutige technische und wirtschaftliche Zielkriterien definiert, die mit angemessenem Aufwand zum Projektabschluss im Verwendungsnachweis aktualisiert werden können. Dieses dient gleichzeitig als Grundlage zur Erfolgskontrolle des Projekts in angemessenen zeitlichen Abständen.
- Ihr Unternehmen bestätigt, dass das Projekt nicht im Rahmen anderer Forschungs- und Entwicklungsförderungen des Bundes, der Länder oder der Europäischen Kommission unterstützt wird.
- Ihr Unternehmen bestätigt, dass vor dem bestätigten Antragseingang kein Projektbeginn getätigt wird.
- Ihr Unternehmen bestätigt, dass das Projekt oder Teile davon nicht im Auftrag dritter durchgeführt werden.
- Ihr Unternehmen bestätigt, dass es sich nicht um ein Projekt mit Studiencharakter handelt. Ebenso ist es nicht das Projektziel, ein Informationssystem und deren typische Bestandteile wie Datenbanken, Plattformen, Konfigurationen, Kataloge, Handbücher und ähnliches zu erarbeiten. Auch ist es nicht das Ziel, Managementsysteme zu entwickeln, deren Zielstellung und Lösungsansätze überwiegend organisatorische oder betriebswirtschaftliche Konzepte oder Methoden beinhalten.
- Ihr Unternehmen bestätigt, dass primär technologische Konzepte zugrunde liegen.
- Ihr Unternehmen bestätigt, dass das Projekt keine wiederkehrende und routinemäßige Änderungen an bestehenden Produkten und Verfahren beinhaltet, einschließlich der Entwicklung und Herstellung von Applikationssoftware ohne signifikanten Anteil einer technischen Problemlösung sowie Änderung und Anpassung an Standard- und Systemsoftware, die den Stand der Technik nicht übertreffen.
- Ihr Unternehmen bestätigt, dass es für die ordnungsgemäße Abwicklung des Projekts über das notwendige technische und betriebswirtschaftliche Potenzial zur erfolgreichen Durchführung verfügt. Dazu gehört, dass über ausreichend qualifiziertes wissenschaftlich-technisches Personal verfügt wird, entsprechende Neueinstellungen vorgesehen sind oder ähnliches.
- Ihr Unternehmen hat die Gründung bereits abgeschlossen und kann die erforderlichen finanziellen Eigenmittel aufbringen.
- Ihr Unternehmen bestätigt, dass die nach Abzug des Personals für das Forschungs- und Entwicklungsprojekt verbleibende Personalkapazität, einschließlich der Geschäftsführung, den weiteren Geschäftsgang im Unternehmen sicherstellen kann.
- Ihr Unternehmen bestätigt, dass es über ein geordnetes Rechnungswesen verfügt.

25.3.4 Antragstellung für den Zuschuss

Die Antragstellung bedarf einiger Unterlagen, die sie als antragstellendes Unternehmen zu erarbeiten haben. Nachfolgend sehen Sie die wichtigsten Arbeitspositionen:

Grundsätzlich empfehle ich einen Forschungs- und Entwicklungsverantwortlichen zu bestimmen, wenn auch nur für den Zeitraum des Projekts. Einer sollte den Hut aufhaben und das Projekt führen und die Dokumentation verantworten.

Zur möglichen **Projektbeschreibung, die sie zu erstellen haben:** kurz, und so präzise abfassbar, sodass bei Begutachtung die Zielsetzung, der Lösungsweg und die Aufwandskalkulation nachvollzogen werden können. Ausführlich darzustellen wären:

- Beabsichtigte technologische Entwicklung von Produkten, Verfahren oder Dienstleistungen
- Angestrebte technische Funktionalität und relevante Partner
- Führende Konkurrenzprodukte bzw. -verfahren, internationaler Stand der Technik unter Angabe der charakteristischen technischen Daten im Vergleich mit den eigenen Entwicklungszielen
- Erhebliche technische Risiken des Forschungs- und Entwicklungsprojekts
- Möglichkeit und Notwendigkeit des Forschungs- und Entwicklungsprojekts für Ihr Unternehmen
- Fachliche Eignung des eingeplanten Personals

Wichtig ist auch die Erläuterung zur Wirkung des Forschungs- und Entwicklungsprojekts auf die technische und wirtschaftliche Situation Ihres Unternehmens

- Darstellung der ökonomischen Wirkung des Forschungs- und Entwicklungsprojekts auf die Wettbewerbsfähigkeit Ihres Unternehmens
- Darstellung der Wirkungen des Forschungs- und Entwicklungsprojekts auf die technische Basis und das Forschungs- und Entwicklungspotenzial Ihres Unternehmens. Welche für Ihr Unternehmen neuen Technologien bzw. Kombinationen moderner Technologien werden in Angriff genommen?

Hinzu kommt, dass Sie die **Daten der Erfolgskontrolle bis zur Markteinführung** zu planen haben. Diese sind der Maßstab für den wertbaren Erfolg Ihres Projekts. Dazu gehören:

- Definition von eindeutigen technischen und wirtschaftlichen Zielkriterien
- Definition von Meilensteinen, wann diese Kriterien erreicht werden sollen
- Beabsichtigte Maßnahmen zur Markteinführung
- Angezielte Märkte und angestrebte Marktanteile

Forschung und Entwicklung und Innovation – Selbsttest: Vorabprüfung zur Antragstellung

1. **Ist der Verantwortliche für Forschung und Entwicklung bestimmt?**
2. **Zur möglichen Projektbeschreibung:** kurz, und so präzise abfassbar, sodass bei Begutachtung die Zielsetzung, der Lösungsweg und die Aufwandskalkulation nachvollzogen werden können. Ausführlich darzustellen wären:
   a. Beabsichtigte technologische Entwicklung von Produkten, Verfahren oder Dienstleistungen
   b. Angestrebte technische Funktionalität und relevante Partner
   c. Führende Konkurrenzprodukte bzw. -verfahren, internationaler Stand der Technik unter Angabe der charakteristischen technischen Daten im Vergleich mit den eigenen Entwicklungszielen
   d. Erhebliche technische Risiken des Forschungs- und Entwicklungsprojekts
   e. Möglichkeit und Notwendigkeit des Forschungs- und Entwicklungsprojekts für den Antragsteller
   f. Fachliche Eignung des eingeplanten Personals
3. **Wirkung des Forschungs- und Entwicklungsprojekts auf die technische und wirtschaftliche Situation des Antragstellers**
   a. Darstellung der ökonomischen Wirkung des Forschungs- und Entwicklungsprojekts auf die Wettbewerbsfähigkeit des Antragstellers
   b. Darstellung der Wirkungen des Forschungs- und Entwicklungsprojekts auf die technische Basis und das Forschungs- und Entwicklungspotenzial des Antragstellers. Welche für den Antragsteller neuen Technologien bzw. Kombinationen moderner Technologien werden in Angriff genommen?
4. **Daten der Erfolgskontrolle bis zur Markteinführung**
   a. Definition von eindeutigen technischen und wirtschaftlichen Zielkriterien
   b. Definition von Meilensteinen, wann diese Kriterien erreicht werden sollen
   c. Beabsichtigte Maßnahmen zur Markteinführung
   d. Angezielte Märkte und angestrebte Marktanteile

25.3.5 Erfolgsregeln bei Förderprojekten

Wenn Sie noch am Anfang ihrer Förderkarriere stehen, dann kann Ihnen die nachfolgende Liste einiger Erfolgsregeln helfen, Ihr Projekt erfolgreich umzusetzen:

- Möglichst früh an Fördermittel denken
- Der Antrag ist immer vor Maßnahmenbeginn zu stellen
- Denken Sie an den benötigten Eigenmittelanteil
- Fördermittel sind nicht für kaputte Unternehmen
- Es gibt keinen Rechtsanspruch auf Fördermittel

- Bedenken Sie auch den Verwaltungsaufwand für das Projekt
- Planen Sie das Jahr und das Budget für die Fördermittel
- Halten Sie sich an die Vorgaben des Förderprogramms

Literatur

BMWi – Bundesministeriums für Wirtschaft und Technologie. (Hrsg.). (2010). *Bekanntmachung der Neufassung der Richtlinie zum „Zentralen Innovationsprogramm Mittelstand (ZIM)".* https://www.zim.de/ZIM/Redaktion/DE/Downloads/Richtlinien/richtlinie-zim-2011-2012-pdf. pdf?__blob=publicationFile&v=4. Zugegriffen am 04.03.2019.
Europäische Kommission. (Hrsg.). (2014). *Leitlinien für staatliche Beihilfen zur Rettung und Umstrukturierung nichtfinanzieller Unternehmen in Schwierigkeiten.* https://eur-lex.europa.eu/legal-content/DE/TXT/?uri=CELEX%3A52014XC0731%2801%29. Zugegriffen am 04.03.2019.
Zimmermann, N. (2018). *KfW-Innovationsbericht Mittelstand 2017.* https://www.kfw.de/PDF/ Download-Center/Konzernthemen/Research/PDF-Dokumente-Innovationsbericht/KfW-Innovationsbericht-Mittelstand-2017.pdf. Zugegriffen am 04.03.2019.

Kai Schimmelfeder, Keynote Speaker, Bestsellerautor und erfolgreicher Unternehmer aus Leidenschaft ist ein Experte, wenn es um persönliches und unternehmerisches Wachstum mit System geht. Er ist Ihr Ansprechpartner für „Mehr Erfolg im Unternehmen durch öffentliche Fördermittel!"

Als Hochleistungssportler im Powerlifting und bei den Giants Games erzielte er Rekorde und ging immer wieder über Grenzen des Vorstellbaren. Als mehrfach ausgezeichneter Top Consultant hat er bis heute über 10.000 Beratungen durchgeführt und begleitet Startups, Unternehmen und erfolgsorientierte Menschen auf ihrem Weg von der Vision zur Aktion. Er kennt Mittel und Wege, auf die man schwerlich allein kommt. Zu seinen Kunden zählen sowohl namhafte kleine und mittlere Unternehmen als auch internationale Konzerne. In seinen Beratungen, Seminaren und Keynote-Vorträgen begeistert Kai Schimmelfeder seine Zuhörer mit seinem geballten Praxiswissen und motiviert sie, neue Wege zu gehen. Kai Schimmelfeder ist ein Mann, der das Konkrete liebt und dies spiegelt sich in seinen persönlichen Erfolgen und Auszeichnungen wider. Im Jahr 2018 erzielte er im Team den Speakerslam-Weltrekord.

Seine Teilnehmer und Auftraggeber können auf ein Paket aus unterhaltsamem, herausragendem Fachwissen, kombiniert mit langjährigen praktischen Erfahrungen und der persönlichen Methodenkompetenz zurückgreifen. Kai Schimmelfeder ist ausgezeichnet als TOP 100 Speaker in Deutschland, Österreich, Schweiz und Italien, hat einen Master of Management in EU Funds, European Academy for Taxes, Economics & Law, Berlin, ist zertifizierter Fördermittelberater (FH), Hochschule Kaiserslautern, zertifizierter Fördermittelberater (VÖB), Academy of Finance, Bundesverband öffentlicher Banken Deutschlands, International Certified Expert Member of

European Experts, EU, „public funding and grants", ausgezeichnet als zertifizierter Sachverständiger „öffentliche Fördermittel" (Deutscher Gutachter und Sachverständigen Verband), ausgezeichnet mit dem Seal of Experts im Bereich EU-Fördermittel, European Expert Group, ist Sachverständiger für Unternehmensbewertung (Bundesverband freier Sachverständiger), Restrukturierungs- und Sanierungsberater (IfUS, SRH Hochschule Heidelberg) und Vorsitzender des Fördermittel Sachverständigen Rat (FSR).

Weitere Infos unter www.kaischimmelfeder.de

Die Digitale Revolution – Ende des Bürgertums oder Beginn des Paradieses?

26

Martin Ulmer

Inhaltsverzeichnis

Zusammenfassung

Die Digitalisierung kommt. Unaufhaltsam. Die Frage ist nur, wie kommt sie daher? Als eine Welle, die sanft Altes hinwegspült und sich so als ein Weg zur Perfektionierung unserer limitierten Welt der Ungleichheiten und ungleich verteilten Chancen präsentiert? Oder kommt sie eher als ein Tsunami, als Ergebnis eines technologischen Erd-

M. Ulmer (✉)
CN Competence Network GmbH, München, Deutschland
E-Mail: martin.ulmer@cn-sg.ch

© Springer Fachmedien Wiesbaden GmbH, ein Teil von Springer Nature 2019
P. Buchenau (Hrsg.), *Chefsache Zukunft*, Chefsache,
https://doi.org/10.1007/978-3-658-26560-1_26

bebens, das sich langsam zusammenbraut und auf die Orte menschlicher Selbstbestimmtheit zurast?

Da wir alle die positiven Aspekte der digitalen Revolution tagtäglich vor Augen geführt bekommen und die Segnungen der Digitalisierung genießen dürfen, soll dieser Beitrag auf die Gefahren der digitalen Revolution hinweisen. Und zwar bewusst polarisierend, denn nur wer schwarz und weiß kennt, kann sich für Grautöne entscheiden oder gar neue Farben bevorzugen.

Ziel ist es, Ihnen Anregungen und Denkimpulse anzubieten, die Sie inspirieren mögen, den Entwicklungssprung, den die Menschheit in den nächsten Jahrzehnten mutmaßlich vor sich hat, weiterzudenken und mit den Menschen zu diskutieren, die Ihnen wichtig sind.

Mit anderen Worten: Der Autor möchte Ihnen aufzeigen, dass die digitale Revolution das Ende des Bürgertums einläutet und uns alle ins Paradies führt – in ein Paradies allerdings, das wir uns dann wohl nicht so vorgestellt haben.

26.1 Ouvertüre: Die Froschperspektive

Ich möchte fünf Aspekte beleuchten, die Sie im Zusammenhang mit der digitalen Revolution berücksichtigen sollten:

1. Die digitale Revolution vollzieht sich mit einer nie dagewesenen Dynamik.
2. Die digitale Revolution präsentiert sich dem Menschen geschmeidig, angenehm und weitgehend lautlos.
3. Die digitale Revolution ist umfassend, nicht steuerbar und unumkehrbar.
4. Die digitale Revolution vernichtet ihren größten Feind: den Bürger – sein Ende ist bereits beschlossene Sache.
5. Die digitale Revolution ist Wegbereiter der künstlichen Intelligenz, geschaffen, um uns Menschen zurück ins Paradies zu führen – oder in die Hölle

Doch bevor ich beginne, möchte ich Ihnen eine Geschichte erzählen, die Sie vielleicht schon kennen. Ich möchte Sie Ihnen allen trotzdem nochmals erzählen, weil sie meines Erachtens die Quintessenz trifft, bezüglich der Frage des Umgangs mit der digitalen Revolution:

Ein alter Mann saß vor seiner Hütte am Ufer eines Sees und sinnierte über sein Leben. Und während er so saß und nachdachte, sah er am Ufer einen Frosch. Er packte diesen Frosch, brachte ihn in seine Hütte, wo er ihn in einen Topf mit kochendem Wasser gab. Der Frosch machte einen entsetzten Sprung aus dem Topf, sprang aus der Hütte und verschwand im Gestrüpp.

Eines Tages saß der alte Mann wieder vor seiner Hütte und dachte über sein Leben nach. Ihm fiel der Frosch ein, der sich mit Sicherheit stark verbrannt hatte, sich aber beherzt der Situation entzogen hatte, um weiter zu leben.

In diesem Moment entdeckte der Mann wieder einen Frosch am Ufer. Er fing ihn und nahm ihn mit in seine Hütte. Da dieses Mal kein kochendes Wasser bereitstand, gab er den Frosch in einen Topf mit kaltem Wasser und stellte ihn auf den Ofen. Dann machte er das Feuer an.

Zu seinem Erstaunen stellte der alte Mann fest, dass sich der Frosch im Topf ruhig verhielt. Das Wasser wurde immer wärmer und wärmer, schließlich heiß. Doch der Frosch blieb selbst im heißen Wasser ruhig und machte keinerlei Anstalten, der bedrohlichen Situation entkommen zu wollen. Seine Körpertemperatur hatte er langsam an die Wassertemperatur angepasst. Und als das Wasser dann zu kochen begann, war es für den Frosch zu spät.

Der alte Mann freute sich über das unerwartete Abendmahl und dachte weiter über das Leben nach, während er mit Genuss an seiner Froschsuppe schlürfte.

Mir gefällt diese Geschichte, die der Sozialphilosoph Charles Handy (1995) in seinem Buch *Age of Unreason* für uns aufgeschrieben hat. Sie beschreibt das Boiling-Frog-Syndrom. Frösche sind Kaltblüter und passen ihre Körpertemperatur der Umgebung an. Obwohl es für den Frosch in einem wärmer werdenden Wasser immer unbequemer wird, bleibt er sitzen, passt sich an und harrt aus – so lange, bis es für einen Absprung zu spät ist und er verbrüht.

Wir verhalten uns im Zusammenhang mit der digitalen Revolution exakt wie ein Frosch. Haben wir uns erst einmal akklimatisiert und mit unserem sich langsam verändernden Umfeld arrangiert, harren wir aus – obwohl wir durchaus bemerken, dass die Bedingungen um uns herum immer problematischer werden. Warum aus meiner Sicht die von der digitalen Revolution verursachten Rahmenbedingungen für uns Menschen immer problematischer werden, darauf will ich nun näher eingehen und ich bitte Sie mit mir jetzt mal die Perspektive des Froschs einzunehmen.

26.2   Der Frosch springt ins Wasser und merkt: Die digitale Revolution vollzieht sich mit einer nie dagewesenen Dynamik

Diesen Aspekt will ich nur kurz beleuchten, denn er ist uns wohl allen geläufig: Die industrielle Revolution verlief in Entwicklungsphasen, die oftmals Jahrzehnte dauerten. Anfang des 19. Jahrhunderts kamen Maschinen, angetrieben durch Wasser und Dampfkraft zum Einsatz. Die Entwicklung dieser Maschinen bildete als Industrie 1.0 die Grundlage für alle folgenden technologischen Umbrüche.

Es folgte Ende des 19. Jahrhundert die Entwicklung, die wir als Industrie 2.0 kennen. Sie begann mit der Einführung der Elektrizität, die die Fließbandproduktion ermöglichte. Die Kommunikation mit Telefon und Telegramm startete ihren Siegeszug. Fabriken und Büroarbeitsplätze entstanden in großer Zahl.

Der erste von Konrad Zuse entwickelte Computer läutete 1941 die Phase Industrie 3.0 ein. Aber erst ab den 1970er-Jahren startete dann die eigentliche dritte industrielle Revolution, die bis heute mithilfe der Datenverarbeitung unsere Art zu leben und zu arbeiten prägt. Fazit: Die industrielle Revolution hat unser Leben revolutioniert – allerdings hat sie dafür rund 200 Jahre benötigt.

Im Rahmen der jetzt beginnenden digitalen Revolution erleben wir massive Veränderungen innerhalb weniger Jahre. So ist z. B. der Anteil der Menschen, die ein Mobiltelefon besitzen, im Zeitraum von 2000 bis 2017 von 740 Millionen auf 7,7 Milliarden gestiegen. Und dieses Mobiltelefon wird mehr und mehr zum Smartphone, das die Grundlage für die rasante Ausbreitung digital getriebener Entwicklungen darstellt. Was für ein unglaubliches Wunder: Rund acht Milliarden Handys vernetzen uns Menschen rund um die Welt. Das Internet und das Wissen der Menschheit passt in unsere Tasche, und immer bin ich überall online und erlebe die Welt in seiner wunderbaren Vielfalt. Oder um im Bild des Boiling-Frog-Syndroms zu bleiben: **In diesem Ozean der Grenzenlosigkeit fühle ich mich wie ein Fisch – pardon ein Frosch – im Wasser.**

26.3   Der Frosch genießt die Wärme: Die digitale Revolution präsentiert sich geschmeidig, angenehm und lautlos

Die industrielle Revolution hat ihren Namen wirklich verdient. Denn sie revolutionierte den Produktionssektor. Maschinen ermöglichten dem Menschen mehr, schneller und besser zu produzieren. Die bisherigen Phasen der industriellen Revolution hatten also immer erst den Produktionssektor betroffen. Und den Veränderungen in der Produktion bzw. den damit verbundenen Kapitalflüssen folgten mit Zeitverzögerung gesellschaftliche Entwicklungen.

Es entstand ein Bürgertum, eine wirtschaftlich erfolgreiche Mittelschicht, die rasch Teilhabe am politischen Leben forderte und so der Demokratie als wünschenswertem Staatsmodell den Weg bereitete. Und es entstand ein Proletariat und mit ihm eine Arbeiterbewegung, die die Idee des Sozialismus und der Gewerkschaftsbewegung in die Welt trug. Später dann entwickelten sich ein Managerkapitalismus und ein ungezügelter Finanzkapitalismus, der in der Finanzkrise und in einer immensen weltweiten Verschuldung mündete.

Ohne allzu tief in die gesellschafts- und wirtschaftspolitischen Analysen der Folgen der industriellen Revolution einzusteigen, kann man es als offensichtlich betrachten, dass diese Revolution direkt und indirekt einen erheblichen Beitrag zu gesellschaftlichen Verwerfungen und internationalen Ungleichgewichten geleistet hat. Kriege, Revolutionen und Wirtschaftskrisen waren und sind bis heute die Folge. Die industrielle Revolution hat quasi viele und vieles abrupt zum Kochen gebracht und so zuerst Widerstände und dann Korrekturen provoziert.

Dieser Prozess hat dazu geführt, dass wir die positiven Aspekte bewahrten und an den negativen Folgen bis heute arbeiten. Ein sich ständig vollziehender Verbesserungs- und Optimierungsprozess. So kommt es, dass aus der Asche dieser Eruptionen eine Weltgemeinschaft hervorgehen konnte, die heute eine bessere ist, als sie es jemals war.

Hans Rosling beschreibt in seinem neuesten Buch *Factfulness* anhand von Fakten eindrücklich, dass es der Menschheit noch nie so gut ging, wie heute. Wir haben die negativen Aspekte weitgehend in den Griff bekommen oder arbeiten mit Hochdruck daran: Frieden, Wohlstand, Sozialstaat, Menschenrechte, Demokratie, Umweltschutz und supranationale Organisationen sind nur einige Stichworte, die in diesem Zusammenhang zu nennen sind. Wo Revolution ist, werden Dinge zerstört – und auf dem Zerstörten kann Neues, Besseres entstehen.

Ganz anders hingegen wird sich die Entwicklung im Zusammenhang mit der digitalen Revolution darstellen. Eigentlich ist Revolution der falsche Begriff, für das, was da gerade vor sich geht. Denn eine der gefährlichsten Eigenschaften der digitalen Revolution ist, dass sie nicht wie eine daherkommt. Die digitale Revolution fühlt sich eher an wie eine Evolution. Das, was da gerade geschieht, empfinden wir als positiv: Durch Entwicklungen, die wir Menschen als angenehme Verbesserungen wahrnehmen. Durch Produkte und Dienstleistungen, die wir mit Freuden spielerisch konsumieren können. Durch eine Flut von Informationen, die wir als eine Offenbarung der Welt an uns empfinden. Und durch Kommunikationsplattformen, die uns Freundschaften anbieten, ohne Verpflichtungen eingehen zu müssen. Wir kommen nicht auf die Idee, uns zu verweigern. Warum auch. Alles wird doch besser, transparenter, schneller, bedarfsgerechter, lustiger und interessanter.

Der Frosch genießt die Wärme!

Die paar Daten, die wir dafür liefern, wen interessiert das schon? Wir haben ja nix zu verbergen. Klar, wir bemerken, dass die Temperatur etwas steigt. Wir hören plötzlich, dass mit unseren Daten unsere Entscheidungen manipuliert werden können – auch Wahlentscheidungen. Aber das lässt sich doch regeln, mit Gesetzen wie der gerade in Kraft getretenen Datenschutz-Grundverordnung (DSGVO), mit Selbstverpflichtungen der Unternehmen und v. a., indem ich meine persönlichen Konsequenzen ziehe. Aber Hand aufs Herz: Wer von uns hat sich denn nach dem Cambridge Analytica Skandal im Jahr 2018 von Facebook abgemeldet?

Unter den vielen Verschwörungstheorien gibt es eine interessante Theorie, die besagt, dass gerade die großen Digital Companies ein großes Interesse an einem verschärften Datenschutz haben. Denn die bürokratischen Hindernisse, die sich künftig auftun für Unternehmen, die Daten verarbeiten, sind immens und verursachen hohe Kosten. Kosten, die für die großen Player kein Problem darstellen, so manches kleine Start-up jedoch in den Ruin oder unter das Dach der Großen treiben könnten. Der Datenschutz als Markteintrittsbarriere quasi. Irgendwann wäre der Markt soweit bereinigt, dass unsere Daten nur noch bei großen Digital Companies wie Apple, Google, Facebook oder Amazon liegen – und zwar freiwillig, da wir es uns gar nicht leisten wollen, diesen Unternehmen unsere Daten vorzuenthalten. Wir wollen ja schließlich die von diesen Unternehmen angebotenen Produkte und Dienstleistungen genießen.

Der Frosch genießt die Wärme. Und wenn es zu heiß wird, kann er ja aussteigen.

26.4   Dem Frosch wird es langsam heiß: Die digitale Revolution wird umfassend, nicht steuerbar und unumkehrbar

Die von der Gesellschaft und von jedem einzelnen von uns empfundene Wärme wird schon bald ein Stadium erreichen, in dem es nicht mehr möglich sein wird, den Stecker zu ziehen. Warum ist das so? Und wann wird dieser „point of no return" erreicht sein? Um das zu verstehen, müssen wir uns den Unterschied klarmachen, der zwischen der Industrialisierung und der digitalen Revolution besteht.

Die **Industrialisierung** revolutionierte den **Produktionssektor** und hatte dadurch gravierende Auswirkungen auf die Art, wie wir arbeiten und leben. Die positiven Aspekte dieser Auswirkungen machten unser Leben besser, negative Folgen konnten wir abmildern oder wir arbeiten daran. Die **digitale Revolution** dagegen setzt in erster Linie nicht an den Produktionsprozessen an, sondern an den Prozessen zur **Gewinnung und Verarbeitung von personenbezogenen Daten**. Und diese Daten kommen von uns, vom Konsumenten. Im Gegenzug erhalten wir dafür die Möglichkeit, über sog. Transaktionsplattformen direkt vom Betreiber dieser Plattform zu kaufen. Die Voraussetzung dafür, dass das funktioniert, sind bestimmte technologische Rahmenbedingungen, die erst in den letzten Jahren Realität wurden:

1. ein benutzerfreundliches Internet,
2. Technologien für schnelle Datenübertragung und
3. die Verbreitung von entsprechenden Devices, den Smartphones.

Nun kann die Metamorphose vom entscheidungsgetriebenen Konsumenten der Hardwarewelt hin zum plattformgesteuerten User der digitalen Welt erst beginnen. Die digitale Revolution ermöglicht dem Einzelnen also im ersten Schritt den direkten Zugriff auf alle Informationen, die er braucht, um sein Konsumverhalten zu gestalten. Erst im zweiten Schritt beginnt jetzt auch die Phase, in der Produktionsprozesse umfassend revolutioniert werden. Erst jetzt kann die eigentliche digitale Revolution in den Unternehmen unter dem Stichwort Industrie 4.0 beginnen.

Nahezu jede Maschine wird künftig mit intelligenter Steuerungstechnologie ausgestattet sein und sich mit unternehmenseigenen Datennetzwerken oder über das Internet mit Lieferanten oder Kunden verbinden. Das Internet of Things entsteht mit einer Fülle an Clouds, in denen das Wissen der Welt in Form von Daten gespeichert ist. Jedes Unternehmen wird in irgendeiner Form mit diesem weltweiten Datennetz verbunden sein. Unternehmen, die hier nicht mitmachen, werden ein Nischendasein fristen oder vom Markt verschwinden.

Mit anderen Worten: **Nicht die Weiterentwicklung von Produktionstechnologien wird zum zentralen Treiber der Entwicklung, sondern die Tatsache, dass Kundenbedürfnisse weltweit gestaltet, verändert und gesteuert werden können.** Statt eines produktdominierten nationalen Anbietermarkts entsteht ein von sog. Digital Companies regulierter weltweiter Käufermarkt. Produkte werden unwichtiger – die Dienstleistung steht im Mittelpunkt. Besitz wird unwichtiger – die Nutzung über Abonnements wird immer bedeutsamer. Das ist das eigentliche Wesen der digitalen Revolution.

Das, was wir unter dem Begriff Industrie 4.0 nunmehr erwarten, nämlich die radikale Veränderung der Produktionsabläufe in Unternehmen, ist nicht Ursache, sondern nur eine der vielen Folgen der digitalen Revolution. Die Tatsache, dass die nunmehr zu erwartende Industrialisierung 4.0 nicht Treiber, sondern unausweichliche Folge der digitalen Revolution ist, führt dazu, dass wir ein veritables Problem haben. Der Prozess der Industrialisierung 4.0 wird nicht mehr vom Menschen gesteuert – Gesetze oder nationale Regulierungen verlieren ihre Wirksamkeit. Dieser Prozess ist vielmehr die zwingende Folge des Diktats der Digital Companies.

Diese Unternehmen treiben die digitale Revolution an, sie setzen die Standards und sie entscheiden mithilfe ihrer Plattformen und Softwarelösungen mehr und mehr darüber, wie Transaktionsprozesse und die dahinterliegenden Produktions- und Verwaltungsprozesse auszusehen haben. Dieser Prozess der Industrialisierung 4.0 ist mithin nicht aufzuhalten, geschweige denn zu steuern. Er hat sich längst weltweit verselbstständigt.

Und wenn dieser Prozess der Industrialisierung 4.0 weitgehend abgeschlossen ist, dann haben wir einen Punkt erreicht, an dem diese grundsätzliche Veränderung für den Einzelnen, die Gesellschaft und die Welt unumkehrbar ist. Denn dann ist alles vernetzt, jeder ist Teil dieses digitalen Universums. Und es wird fast unmöglich sein, ohne die Hilfe dieses Universums zu lernen, zu kommunizieren, zu konsumieren, gesund zu bleiben, Gemeinschaft zu erleben, informiert zu bleiben, Entscheidungen zu treffen.

Diese Vernetzung führt dann zu einer Komplexität, die von Einzelnen oder Gruppen von Menschen nicht mehr steuerbar ist. Die vom Menschen mit all seiner Rationalität und Irrationalität gestalteten kontrollierbaren Systeme werden zu hyperkomplexen, sich selbst steuernden Systemen ohne letzte Kontrolle durch den Menschen. Hier leistet jeder durch seine täglichen über die Enter-Taste getroffenen Entscheidungen und Klicks einen kleinen Beitrag zum Entstehen des kollektiven Willens.

Welche Optionen ich jedoch habe, zu diesem kollektiven Willen beizutragen, das entscheiden letztlich die Digital Companies und die von ihnen etablierten, sich selbst optimierenden und selbst steuernden Systeme. Und welche Konsequenzen dieser Wille haben wird, das wird ebenfalls von ihnen festgelegt oder irgendwann sogar nur noch von sich selbst steuernden Systemen. Wir haben darauf dann keinen Einfluss mehr – auch wenn es sich vielleicht anders anfühlt.

Aus dieser Entwicklung gibt es dann keinen Ausweg, keine Hintertür mehr – „no point of return". Oder aus der Froschperspektive formuliert: Es wird immer heißer für den Frosch. Und seine Bemühungen, sich an diese Wärme anzupassen, kosten ihn so viel Kraft, dass er nicht mehr herausspringen kann. Eine Flucht ist nicht mehr möglich.

26.5   Froschsuppe: Die digitale Revolution vernichtet ihren größten Feind: den mündigen Bürger – sein Ende ist bereits beschlossene Sache

Ich komme zum letzten Aspekt meines Beitrags. Und da möchte ich etwas philosophisch werden. Wenn wir uns die gesellschaftspolitischen Entwicklungen der letzten 300 Jahre anschauen, sehe ich drei Errungenschaften als wesentlich für die positive Entwicklung der Weltgemeinschaft an:

1. **Die Aufklärung**, die den Menschen und seine unantastbaren Menschenrechte zum Maßstab für die Legitimation allen Handels erhebt.
2. **Das Entstehen der Demokratie und seiner Bürger** mit ihren verfassungsmäßig geschützten Bürger- und Wahlrechten.

3. **Eine auf Wettbewerb aufgebaute Wirtschaftsordnung**, die sich trotz Fehlentwick-
lungen am Ende des Tages an den zentralen Postulaten Bedarfsorientierung, Nachhaltigkeit, Wirtschaftlichkeit und Humanismus orientiert. Humanismus hier verstanden
als Bemühen, dem Menschen Selbstbestimmung, Wohlstand, Bildung, Frieden und
Sicherheit zu bringen.

Aus meiner Sicht stellen die Entwicklungen, die die digitale Revolution mit sich bringt,
eine erhebliche Gefahr für genau diese drei Errungenschaften dar.

1. Die Integration der Privatsphäre in die digitale Welt kann uns vom Zeitalter der Aufklärung in das **Zeitalter der digitalen Knechtschaft** führen.
2. Die weltweite digitale Vernetzung von jedem mit jedem überwindet geografische und
nationale Grenzen und kann uns vom Zeitalter der Demokratie in das **Zeitalter der
entgrenzten digitalen Diktatur** führen.
3. Die umfassende Digitalisierung unserer Wirtschaft in Verbindung mit der Abschaffung
des Bargelds kann uns vom Zeitalter der liberalen Wettbewerbsökonomie in das **Zeitalter der oligopolistischen Plattformökonomie** führen.

Daher betrachte ich die mit der digitalen Revolution einhergehenden Entwicklungen als
zentrale Angriffe auf unsere von Freiheit, Selbstbestimmung und Wettbewerb geprägte
Lebensweise. Dies begründe ich wie folgt.

26.5.1 Die Integration der Privatsphäre in die digitale Welt

Zum ersten Mal in der Geschichte der Menschheit ist die Privatsphäre des Menschen in
akuter Gefahr. Denn die Digital Companies haben die persönlichen Daten, die Sammlung
und Vermarktung dieser Informationen zu ihrem Geschäftsmodell erklärt. An sich wäre das
noch nicht problematisch, solange der Einzelne selbstbestimmt diese Daten zur Verfügung
stellen würde und sich dabei im Klaren wäre, was das bedeutete. Fakt ist aber, dass wir
schon lange unsere Daten weder bewusst noch selbstbestimmt zur Verfügung stellen. Auch
haben wir keine Ahnung davon, was mit solchen Daten alles angestellt werden kann.
  Jeder von uns weiß, dass unsere physischen Bewegungsprofile über Trackingsysteme
und GPS-Ortung bekannt sind und gespeichert werden. Wir wissen jedoch nicht, von
wem, wie lange und was damit gemacht wird oder werden kann. Jeder von uns weiß, dass
alles, was wir im Netz tun, jeder Suchbegriff, den wir eingeben, jede Seite die wir besuchen, einfließt in unser digitales Bewegungsprofil. Wir wissen jedoch nicht, wer dieses wie
lange speichert und was damit gemacht wird oder werden kann. Am bedenklichsten ist
jedoch die Entwicklung, dass immer mehr Menschen die Datensammler zu ihrem ständigen Begleiter machen.
  Stellen Sie sich vor, ein Mensch, den Sie nicht kennen, sitzt Tag für Tag 24 Stunden in
Ihrem Wohnzimmer und hört alle Ihre Gespräche mit, weiß was bei Ihnen vorgeht, kennt

Ihre geheimsten Wünsche und Schwächen und manipuliert Sie, indem er Ihre Fragen und Bedürfnisse in seinem Sinn beantwortet und befriedigt, ohne dass Ihnen das bewusst ist. Sie würden so eine Person sofort der Wohnung verweisen! Aber Alexa & Co halten ungezügelten Einzug in Ihren intimsten und privatesten Lebensbereich – und dahinter sitzt nicht nur ein Mensch, sondern eine ganze Company, die irgendwann alles von Ihnen weiß und damit Geschäfte macht.

Meine These ist, dass in nicht allzu ferner Zukunft in mehr als 90 % der Haushalte solche Datensammler stehen – Haushaltsgeräte, Kommunikationsmedien und Elektronik rund um das Smart Home. Sie machen den Menschen zum Datenlieferanten mit dem Ziel ihn als Kunden, Menschen oder Bürger optimal zu verwerten, zu steuern oder zu manipulieren.

Das, was früher mal Ihre Privatsphäre war, Ihre persönlichen Vorlieben, Ihr Gesundheitszustand, Ihr Konsumverhalten, Ihre Überzeugungen, Ihre sexuelle Orientierung, Ihre persönlichen Schwächen und Abgründe, ja, Ihre ganze Persönlichkeit – all das wird dann in Form von datenbasierten Persönlichkeits-, Bewegungs- und Verhaltensprofilen die Grundlage sein für Geschäftsmodelle, Manipulation und vollständige Ökonomisierung unseres Lebens.

Und, wenn wir an autoritäre Systeme wie z. B. China denken, wird diese Entwicklung die Grundlage sein für totale Kontrolle und Unterdrückung. Heute noch sind Sie im Idealfall der aufgeklärte und selbstbestimmte Mensch, der auf der Grundlage seiner Menschenrechte das Subjekt ist, zu dem sich alles staatliche und wirtschaftliche Handeln in Beziehung setzt. Morgen schon können Sie in einer digitalen Welt ein in all seinen Facetten transparentes Objekt sein, das zum Spielball von Wirtschaftsunternehmen und autoritären Organisationen geworden ist – und allenfalls noch glaubt, es sei frei.

26.5.2 Die Überwindung geografischer und nationaler Grenzen durch die digitale Vernetzung

Mark Zuckerberg hatte in einer Anhörung im Frühjahr 2018 vor dem Europäischen Parlament Rede und Antwort zum Datenskandal rund um Cambridge Analytica zu stehen. Die Veranstaltung war eine Farce. Die Politiker nutzten die Anwesenheit des berühmten und mächtigen Gasts zur Selbstdarstellung. Statt Zuckerberg durch kritische Nachfragen unter Druck zu setzen, wurde ihm ein geradezu peinlicher Empfang bereitet. Selbst Zuckerberg schien überrascht über so viel Schwäche und Inkompetenz europäischer Parlamentarier. Es lohnt sich, sich im Internet die relevanten Videos der Befragung zu Gemüte zu führen.

Warum ist so etwas möglich? Ganz einfach: weil die Digital Companies weltweit aufgestellt sind, weltweit agieren und dadurch über nationale Gesetze, ja selbst über supranationale Gesetze, nur schwer oder gar nicht mehr zu regulieren, zu kontrollieren oder zu steuern sind. Die digitale Welt kennt keine geografischen Grenzen, für sie existieren keine Nationen – nur Sprachen.

Nationale Gesetze werden von der Politik auf Druck der Wirtschaft mehr und mehr den Anforderungen dieser digitalen Welt untergeordnet, da sie sonst ganze Volkswirtschaften wirtschaftlich zu blockieren drohen. Am Ende dieser Entwicklung gibt es keine selbstbestimmten Nationen mehr und keine mündigen Bürger – sondern nur noch Clouds und User.

26.5.3 Die Digitalisierung der Wirtschaft in Verbindung mit der Abschaffung des Bargelds

Wenn man verstehen will, was in der Wirtschaft gerade passiert, muss man sich nicht die Produktionsprozesse anschauen, sondern die Entwicklung des Handels. Ausgangspunkt ist der Handel 1.0, wie ich ihn nennen will. Da ging man in den Buchladen, wenn man ein Buch kaufen wollte. Und Schallplatten und CDs kaufte man im Musikladen. Meist wurde bar bezahlt.

Dann kam das Internet mit seinen Shops und der Möglichkeit, dort alles zu kaufen, was man wollte. Und noch besser, jetzt kann man per Mausklick Preisvergleiche anstellen und so die günstigste Kaufentscheidung treffen. Bezahlt wird mit Kreditkarte und die Lieferung ist frei Haus mit Rückgaberecht. Diese Form des Handels, der Handel 2.0, ist noch keine 30 Jahre alt. Sie hat den Handel 1.0 erst ergänzt und mittlerweile droht sie, den Handel 1.0 mehr und mehr zu ersetzen.

Was wir jedoch gerade erleben, ist der Handel 3.0. Hier bieten die Digital Companies Handelsplattformen an, die es uns ermöglichen, über eine digitale Plattform alle Produkte zu erwerben. Erst die Entwicklung des Smartphones hat dieser Form des Handels zum Durchbruch verholfen. Wer ein iPhone hat und sich mal fragt, wie er früher Musik eingekauft hat und wie er es heute tut, der weiß, wovon ich rede.

Richtig spannend wird es jedoch, wenn der eingangs beschriebene Prozess der Industrialisierung 4.0 weitgehend abgeschlossen ist. Dann, wenn die gesamte Wirtschaft mit ihren Produktionsprozessen und ihren Produkten und Dienstleistungen Teil der neuen digitalen Welt sein wird. Denn dann wird der Handel voraussichtlich nur noch über wenige zentrale Handelsplattformen laufen. Künftig werden diese von wenigen Digital Companies betrieben, und diese entscheiden, welche Produkte dort überhaupt zugelassen werden. Produktionsbetriebe verlieren ihre Eigenständigkeit und werden zum Lieferanten der digitalen Handelsplattformen. Wir sind dann in einer oligopolistischen Plattformökonomie angekommen, in der wenige Anbieter weltweit den Markt für fast alle Produkte beherrschen.

Hinzu kommt die Entwicklung eines wesentlichen Aspekts des Handels, den ich nicht unerwähnt lassen möchte: die Entwicklung des Bargelds. Wir Deutschen lieben das Bargeld. Doch seine Tage sind gezählt. Ich gehe fest davon aus, dass es in nicht allzu ferner Zukunft kein Bargeld mehr geben wird. Nirgendwo. Wahrscheinlich wird es verboten und dient allenfalls als illegales Tauschmittel auf Schwarzmärkten. Klar, schon heute nutzen wir Kreditkarten und wickeln einen mehr oder weniger großen Teil unserer persönlichen Transaktionen unbar ab. Allerdings haben wir die Wahl. Morgen haben wir sie nicht mehr.

Wenn wir diese Entwicklung zu Ende denken, entsteht ein System, in dem wir weder kaufen noch verkaufen können, ohne die elektronische Währung zu verwenden. Und der Einfachheit halber nutzen wir dann nicht eine antiquierte Kreditkarte oder ein antiquiertes Handy, sondern lassen uns den Chip gleich in die Hand einpflanzen.

Mal davon abgesehen, dass somit unser gesamtes Konsumverhalten, ja unser gesamtes Leben transparent, gespeichert und nachvollziehbar wird, entsteht so die Möglichkeit, dass ein Staat oder eine andere Autorität uns faktisch abstellen kann, wenn wir uns nicht systemkonform verhalten.

Die Offenbarung, ein Buch in der Bibel, wird von den Christen oft als eine Art Weissagung für die zukünftige Welt betrachtet. Dort schrieb Apostel Johannes vor rund 2000 Jahren seine Visionen für die Zukunft der Menschheit nieder. Im Buch der Offenbarung (Kap. 13, Verse 16–18) ist zu lesen:

Und es macht, dass die Kleinen und die Großen, die Reichen und die Armen, die Freien und die Knechte – allesamt sich ein Malzeichen geben an ihre rechte Hand oder an ihre Stirn, dass niemand kaufen oder verkaufen kann, er habe denn das Malzeichen, nämlich den Namen des Tiers oder die Zahl seines Namens. Hier ist Weisheit! Wer Verstand hat, der überlege die Zahl des Tiers; denn es ist eines Menschen Zahl, und seine Zahl ist sechshundertsechsundsechzig.

Egal, ob man an biblische Texte glaubt oder nicht, egal ob man solche Überlegungen als übertrieben apokalyptische Angstmachereien abqualifiziert oder nicht. Man sollte in Betracht ziehen, dass da vor 2000 Jahren eine Entwicklung beschrieben wurde, die man zwar bis vor Kurzem noch als Humbug, weil schlichtweg nicht umsetzbar, bewerten konnte. Nunmehr müssen wir uns zumindest eingestehen, dass diese Vision zumindest aufgrund der technologischen Entwicklungen und Möglichkeiten umsetzbar scheint. Und nach autoritären Systemen, die solch ein Szenario gern realisieren würden, wenn man sie denn ließe, brauchen wir nicht lange zu suchen. Fakt ist, dass die unaufhaltsame Abschaffung des Bargelds die größte der Bedrohung von Freiheit und Selbstbestimmung darstellt. Denn ohne Bargeld ist jeder angewiesen auf digitales Geld. Und das kann ihm per Knopfdruck genommen werden – und damit seine Überlebensfähigkeit.

Zusammenfassend möchte ich festhalten: Alle drei Bedrohungen zusammen, die Integration der Privatsphäre in die digitale Welt, die weltweite digitale Vernetzung und die umfassende Digitalisierung unserer Wirtschaft führen unweigerlich zur Abschaffung des Bürgertums, einer Gemeinschaft selbstbestimmter und freier Menschen, die ihr Leben auf der Basis von Verfassung und Menschenrechten gestalten, regelmäßig darüber durch freie Wahl bestimmen, wer sie regieren darf und die als mehr oder weniger freie Unternehmer, Arbeitnehmer oder Konsumenten am Wirtschaftsprozess teilnehmen. Aus dem Bürger, der heute als Subjekt unsere Bezugsrahmen definiert, wird der User, der als datenlieferndes Objekt zum Spielball neuer weltweit agierender, oligopolistischer und nicht kontrollierbarer Machtstrukturen wird. Ein Ausstieg aus dieser neuen digitalen Welt ist dann nicht mehr möglich. **Es gibt Froschsuppe. Guten Appetit!**

26.6   Dessert: Die digitale Revolution als Wegbereiter der künstlichen Intelligenz, um uns Menschen zurück ins Paradies zu führen – oder in die Hölle

Die wohl dramatischste Entwicklung, die uns die digitale Revolution beschert, ist das heraufziehende Zeitalter der künstlichen Intelligenz. In nicht allzu ferner Zukunft werden uns humanoide Roboter z. B. als Assistenten und Pflegekräfte das Leben erleichtern. In Wissenschaft, Medizin und Forschung werden sie die Menschheit in ungeahnte Dimensionen führen. Als Krieger, Polizisten und private Sicherheitskräfte werden sie für Frieden, Ordnung und Sicherheit sorgen.

Wenn, ja, wenn sie richtig programmiert sind und deshalb genau das tun, was wir ihnen als Aufgabe gegeben haben. Was aber, wenn diese Roboter ihre künstliche Intelligenz dazu verwenden, selbst zu lernen, sich weiterzuentwickeln, ja womöglich ein eigenes Bewusstsein zu generieren. Ich möchte zu diesem Thema nicht allzu viele Worte verlieren. Wir müssten uns wohl eine Woche einschließen und uns intensiv mit dem, was da auf uns zukommt, befassen, um nur ansatzweise zu verstehen.

Deshalb möchte ich zum Schluss meines Vortrags zwei frühe Vertreter der Artificial Intelligence vorstellen – so Sie sie nicht eh schon kennen: Google's Deep Mind und Sophia von Hanson Robotics. Auf YouTube finden Sie eine Fülle von Informationen darüber. Es gibt Menschen, die behaupten, bei Sophia handle es sich um Fake News. Wer sich jedoch dem Thema so nähert, hat etwas nicht verstanden: Es geht nicht darum, ob wir heute schon Humanoide Roboter haben, die zu Außergewöhnlichem in der Lage sind oder nicht. Es geht um die Frage, ob wir irgendwann in den nächsten 100 Jahren soweit sein werden. Und was das dann bedeutet. Was werden diese Geschöpfe tun, werden sie dem Menschen dienen oder ihn beherrschen oder gar vernichten?

Wir wissen es nicht. Wir sind allerdings gut beraten, alles zu versuchen, um sicherzustellen, dass die Antwort im Sinn der Menschheit ausfällt. Sonst könnte die in der Matrix-Trilogie beschriebene Zukunft eine durchaus realistische für uns Menschen sein.

Literatur

Handy, C. (1995). *Age of unreason*. London: Random House UK.

Dr. Martin Ulmer ist Top Executive Coach der CN St. Gallen AG und begleitet Unternehmen in digitalen Transformationsprozessen.

Nach einer kaufmännischen Ausbildung bei IBM in Stuttgart studierte er an der Universität St. Gallen Wirtschaftswissenschaften und sowie Staatswissenschaften. Danach promovierte er zum Thema „Unternehmensberatung und Mitbestimmung". Nach diversen beruflichen Stationen u.a. bei Quelle in Fürth ist er seit dem Jahr 2001 als Unternehmer und Top Executive Coach tätig.

Als Gründer und Managing Partner der schweizerisch-deutschen Beratungsgesellschaften der CN St. Gallen Group berät er das Topmanagement als in den Bereichen wertebasierte Unternehmensführung, Veränderungsmanagement und Führungskräfteentwicklung.

Darüber hinaus ist Dr. Martin Ulmer geschäftsführender Gesellschafter eines der größten Beratungshäuser auf dem Gebiet der Betriebsratsberatung, der CAIDAO Holding GmbH mit Standorten in Berlin, Wiesbaden, Nürnberg und Bremen. Hier begleitet er Arbeitnehmervertreter in Aufsichtsräten und Betriebsratsgremien bei ihrer Arbeit.

Dr. Martin Ulmer ist ausgebildeter Coach, Wirtschaftsmediator und Reiss-Master. Er verfügt über langjährige Erfahrung in der Arbeit mit Topmanagern und ist Mitglied in diversen Aufsichtsgremien. Ferner engagiert er sich als Unternehmer in einer Reihe von Firmen in den Bereichen IT-Dienstleistungen und Immobilienwirtschaft.

Nähere Informationen unter www.competence-network.ch sowie www.caidao.de. Der vorliegende Beitrag wurde am 27. Mai 2018 im Rahmen des Rheingauer Wirtschaftsforums 2018 im Schlosshotel Kronberg/Taunus als Vortrag gehalten.

Warum zur modernen Unternehmensführung künftig das Steuerecht gehört

27

Thomas Vellante

Inhaltsverzeichnis

Zusammenfassung

Wenn Sie in Zukunft als Unternehmer weiter erfolgreich tätig sein wollen, sollten Sie nicht nur die Stärken ihres Kerngeschäfts im Blick haben, sondern auch die steigenden Anforderungen des Steuerrechts in Ihre Entscheidungen einfließen lassen.

T. Vellante (✉)
Otterfing, Deutschland
E-Mail: thomas.vellante@kanzlei-vellante.de

© Springer Fachmedien Wiesbaden GmbH, ein Teil von Springer Nature 2019
P. Buchenau (Hrsg.), *Chefsache Zukunft*, Chefsache,
https://doi.org/10.1007/978-3-658-26560-1_27

Die Anpassung der Unternehmen an wirtschaftlichen Anforderungen, wie Digitalisierung, Industrie 4.0, oder Internationalisierung gelingt oft schnell, um im Wettbewerb überlebensfähig zu bleiben. In vielen Fällen werden die damit einhergehenden internen Prozesse zu langsam an die steuerlichen Anforderungen angepasst und als sinnloser Verwaltungsaufwand gesehen. Wer hier zu unbedarft handelt, dem drohen nach einer Betriebsprüfung hohe Steuernachzahlungen oder Steuerstrafverfahren.

Mit diesem Beitrag erfahren Sie, welche Prozesse Sie in Ihrem Unternehmen zukünftig im Blick haben müssen. Was sich hinter den Begriffen, wie Verfahrensdokumentation, ersetzendes Scannen oder Tax Compliance verbirgt. Wie Sie Ihre Dokumentation so aufbauen können, dass sie den anspruchsvollen Anforderungen der Finanzverwaltung Stand hält, und welche unternehmerischen Chancen sich daraus bieten.

Zusammenfassend erhalten Sie konkrete Handlungsempfehlungen, wie Sie die künftigen steuerrechtlichen Anforderungen erfüllen und wie Sie diese Anforderungen für Ihr Unternehmen gewinnbringend nutzen können.

27.1   Ausgangssituation

Früher war alles besser? Nein, es war nur anders. Viele Unternehmer haben ihre Buchhaltung an den Steuerberater ausgelagert. Das war früher relativ einfach, es wurden fleißig die Eingangs- und Ausgangsrechnungen, die Kontoauszüge und die Kassenbelege gesammelt, sortiert und der Kanzlei zur Erstellung der Finanzbuchhaltung übergeben. Das war einfach und leicht durchschaubar, aber für beide Parteien immens zeitaufwendig. Mit Einzug der EDV und besonders des Internets in unseren Arbeitsalltag haben sich viele Unternehmens- und Arbeitsprozesse verändert.

Geschäfte werden heute im Internet per Mausklick abgeschlossen. Zahlungen erfolgen auf neuen innovativen Wegen (PayPal, Kryptowährungen, etc.). Kunden können durch Online-Marktplätze nunmehr weltweit erschlossen werden. Billige Lagerplätze werden im Ausland angeboten. Allein an der Komplexität der Möglichkeiten merkt man schon, dass sich dadurch Abläufe in der Organisation der Unternehmen drastisch verändert haben.

Bei vielen Unternehmen haben sich die internen Abläufe an die oben genannten Szenarien EDV-technisch bereits angepasst. Jedoch der Ablauf der ausgelagerten Buchhaltung ist in vielen Unternehmen wie früher. Es werden zwischen den Parteien Papierbelege getauscht – im guten alten Pendelordner. Hinterfragt man im Beratungsgespräch das Warum dieser Prozesse, beschreiben meine Mandanten folgende Szenarien:

- Selbstverständlich erhalte ich mittlerweile Eingangsrechnungen per E-Mail, die ich dann ausdrucke und zu meinen übrigen Papierbelegen ablege. Meine Ausgangsrechnungen erstelle ich mit Office-Programmen. Meine Kontoauszüge erhalte ich nach wie vor in Papierform. Für Sie sortiere ich dann immer alle Belege chronologisch zusammen.
- Ich nutze softwaretechnisch eine Branchenlösung, mit der ich meine Aufträge bearbeiten und planen kann. Nach Abschluss der Arbeiten erstelle ich meine Ausgangsrech-

nungen aus diesem System. Für meine Eingangsrechnungen habe ich eigentlich keine vernünftige Lösung. Teilweise erhalte ich Sie per Papier, per E-Mail oder lade sie mir aus Portallösungen herunter.

- Ich habe meine Geschäftsprozesse zu einem Cloud-Anbieter ausgelagert. Eingangsrechnungen werden dort hochgeladen, aus dem System erstelle ich Angebote, Auftragsbestätigungen, meine Ausgangsrechnungen und versende sie per E-Mail und natürlich kann ich aus diesem System auch all meine Zahlungen ausführen. Muss ich meine wenigen Papierunterlagen noch aufbewahren oder kann ich sie einfach wegwerfen?

Was haben nun diese aufgezeigten Szenarien mit der Unternehmensführung und dem Steuerrecht zu tun?

Aus betriebswirtschaftlicher Sicht sollte ihr Unternehmen grundsätzlich so gestaltet sein, dass sie überlebens- und wettbewerbsfähig bleiben, immer ausreichend Liquidität zur Verfügung steht und Gewinne erzielt werden. Die Gewinne brauchen Sie, um neue Entwicklungen oder Reinvestitionen tätigen zu können und – das Wichtigste – davon leben zu können. Sie als Unternehmer sollten jederzeit wissen wollen, wie es um die Finanz-, Ertrags- und Vermögenslage ihres Unternehmens steht.

Aus steuerlicher Sicht können Ihnen genau die gleichen Interessen – die Sie aus der betriebswirtschaftlichen Sicht erhalten haben – dazu dienen, steuerliche Risiken so zu minimieren, um die Überlebensfähigkeit ihres Unternehmens und ihrer Familie zu sichern. Der Steuergesetzgeber hat auf diese wirtschaftlichen Entwicklungen reagiert und die Gesetze entsprechend angepasst. Dazu gibt es derzeit zwei wesentliche Anforderungen an das Rechnungswesen der Betriebe. Zum einen hat die Finanzverwaltung mit einem Grundsatzpapier (Bundesministerium der Finanzen 2014) auf den digitalen Wandel und der oben dargestellten Szenarien in den Unternehmen reagiert, zum anderen wurde eine wesentliche Vorschrift (Bundesministerium der Finanzen 2016) verändert, die den Vorsatz der Steuerhinterziehung annimmt, wenn nicht entsprechende Vorkehrungen im Unternehmen getroffen werden.

In diverser Literatur wird bereits davon gesprochen, dass der Staat durch diese Regelungen Teile seiner Hoheitsaufgaben in die Privatunternehmen hineinverlagert.

27.2 Grundsätzliche Überlegungen

27.2.1 Zweck der Besteuerung

Viele Steuerpflichtige sind darüber verärgert, dass sie Steuern bezahlen müssen. Doch Abgaben an den Staat, an die Königshäuser oder Kirchen, sind ungefähr 5000 Jahre alt. Mit Lehnsabgaben oder dem Zehnten wurden beispielsweise prunkvolle Bauten wie Kirchen, Schlösser und Burgen finanziert. Von vielen dieser Investitionen profitieren wir noch heute, weil sie z. B. Touristenmagnete sind. Über die Sinnhaftigkeit der Verwendung der staatlichen Einnahmen kann man sicherlich geteilter Meinung sein, doch werden mit

Steuergeldern auch Schulen, Ausbildung, Straßen und eine gewisse soziale Absicherung finanziert und stehen dem Gemeinwohl deshalb kostenlos zur Verfügung. Früher wurden Steuern teilweise nach Willkür erhoben, eingeführt und eingetrieben. Bereits 1776 befasste sich ein gewisser Adam Smith mit dem Thema der Steuergerechtigkeit, das bis auf minimale Veränderungen bis heute Anwendung in den Steuergesetzen findet. Um eine gleichmäßige, gerechte Besteuerung zu gewährleisten, bedient sich der Gesetzgeber rechtlicher Abschreckungsszenarien, wie die mittlerweile vielzähligen Überprüfungsmöglichkeiten und Benennung strafrechtlicher Konsequenzen der handelnden Personen bei Steuerunehrlichkeit.

27.2.2 Gefahren aus steuerlicher Sicht für das Rechnungswesen

Aus den vorher genannten Veränderungen der wirtschaftlichen Rahmenbedingungen und Kundenanforderungen lauern für die Unternehmer gewisse Gefahren aus steuerlicher Sicht.

Ein ursprünglicher handelsrechtlicher Grundsatz, gilt für jedes Unternehmen bezüglich seiner Buchführung:

Eine Buchführung muss so beschaffen sein, dass sie einem sachverständigen Dritten innerhalb angemessener Zeit einen Überblick über die Geschäftsvorfälle und über die Lage des Unternehmens vermitteln kann. Jeder Kaufmann ist verpflichtet, Bücher zu führen und in diesen seine Handelsgeschäfte und die Lage seines Vermögens nach den Grundsätzen ordnungsmäßiger Buchführung ersichtlich zu machen.

Die Buchführung muss klar und übersichtlich sein. Dazu gehören beispielsweise

- eine sachgerechte Organisation;
- das Verbot, Buchungen unleserlich zu machen;
- das Verbot, Bleistifteintragungen vorzunehmen;
- fortlaufende, vollständige, richtige und zeitgerechte sowie sachlich geordnete Verbuchung aller Geschäftsvorfälle;
- keine Buchung ohne Beleg;
- ordnungsmäßige Aufbewahrung der Buchführungsunterlagen.

Es war noch nie so einfach wie heute, das digitale Rechnungswesen eines Betriebs ins Ausland zu verlagern. Oder die Daten werden auf einem ausländischen Server (Cloud-Lösung) bearbeitet, gespeichert und ausgewertet. Was wahrscheinlich die wenigsten wissen, dass dieser Verlagerung ein schriftlicher Genehmigungsprozess bei der Finanzverwaltung vorausgehen muss, die Verlagerung nur in ein Land erfolgen darf, mit dem ein Doppelbesteuerungsabkommen besteht und die deutsche Besteuerungs- und Überwachungsmöglichkeit erhalten bleiben muss. Im schlimmsten Fall wird dies von der Finanzverwaltung als Mangel der oben dargestellten Grundsätze gewertet. Es kann die unverzügliche Rückverlagerung der Buchhaltung angeordnet werden. Kommen Sie dieser Anforderung nicht nach, kann das ein Verzögerungsgeld von 2500 € bis 250.000 € nach sich ziehen.

In meiner Beratungspraxis stelle ich fest, dass gewisse IT-Strukturen in den Unternehmen den Grundsatz der Unveränderbarkeit der Daten noch nicht ausreichend umsetzen können. Sei es, dass Ausgangsrechnungen nach dem finalen Ausdruck jederzeit geändert werden können, ohne dass diese Veränderungen kenntlich gemacht werden (das käme der Bleistifteintragung gleich), oder es sogar möglich ist, verbuchte Rechnungen (Geschäftsvorfälle) aus dem System komplett zu löschen (unleserlich machen der Buchung).

Bedenkt man, dass die ursprünglichen handelsrechtlichen Regelungen aus einer Zeit stammen, in der das Papier das einzige Medium für den Informationsaustausch war, wird vielleicht klarer, wieso die Anforderungen an eine Buchhaltung in einer digitalen Welt nun so komplex werden und eine Beschreibung des Verfahrens fordern. Dazu später mehr.

27.2.3 Gefahren aus steuerlicher Sicht für unrichtige oder falsche Steuererklärungen

Jedes Unternehmen ist einer Vielzahl von steuerlichen Vorschriften ausgesetzt, die nicht immer ganz einfach zu verstehen sind. In der Regel fließen Ergebnisse aus dem Rechnungswesen als Datengrundlagen in diverse Steuererklärungen, Steuervoranmeldungen und den Jahresabschluss (E-Bilanz) ein. Auch die Daten aus der Lohnabrechnung fließen ins Rechnungswesen und als Grundlage in die Lohnsteuervoranmeldung ein. Sowohl die Umsatzsteuer, wegen ihrer zunehmenden Harmonisierung an das EU-Recht, der Vielzahl von abzubildenden Liefer- oder Leistungsmöglichkeiten, besonders im E-Commerce, als auch die Lohnsteuer, wegen der Vielzahl von Arbeits- und Vergütungsmodellen werden als sehr risikoträchtig eingestuft. In diesen Fällen sind Sie als Unternehmer für die Anmeldung und Berechnung der Steuern selbst verantwortlich. Ebenso ist sowohl die Umsatz- als auch die Lohnsteuer immer Geld von fremden Dritten, das Sie als quasi Inkassostelle für das Finanzamt einbehalten und abführen müssen.

Erkennen Sie allerdings nach Abgabe der Steuererklärungen Fehler oder bemerken Sie, dass falsche Angaben gemacht wurden, sind Sie dazu verpflichtet, die Sachverhalte durch berichtigte Steuererklärungen richtigzustellen. Unterlassen Sie allerdings die Richtigstellung der falschen Steuererklärungen, kann es sein, dass Sie sich den Vorwurf der Steuerhinterziehung oder der leichtfertigen Steuerverkürzung gefallen lassen müssen. Unter anderem mit allen daraus folgenden straf- oder bußgeldrechtlichen Konsequenzen.

Der oben zitierte Anwendungserlass sieht allerdings eine entlastende Vermutung vor. Für den Fall, dass Sie ein internes Kontrollsystem eingerichtet haben, das Ihnen zur Erfüllung Ihrer steuerlichen Pflichten dient. Nach der aktuellen Rechtssicht der Finanzverwaltung kann ein Tax-Compliance-Management-System (TCMS) lediglich ein Indiz dafür darstellen, das gegen das Vorliegen des Vorsatzes oder der leichtfertigen Steuerverkürzung spricht. Die Finanzverwaltung weist gleichzeitig darauf hin, dass ein TCMS nicht von einer Prüfung des jeweiligen Einzelfalls befreit.

In den folgenden Kapiteln erläutere ich Ihnen nun die konkreten Anforderungen und den Nutzen an eine Verfahrensdokumentation und eines TCMS.

27.3   Die Verfahrensdokumentation

Allein schon das Wort Verfahrensdokumentation lässt einen erschauern. Davor möchte ich Ihnen die Angst nehmen und Sie beruhigen. Das Wort lässt sich auch mit Prozess, Arbeitsschritte oder Arbeitsorganisation vereinfacht erklären. Jedes Unternehmen hat bereits eine Verfahrensdokumentation und ein internes Kontrollsystem etabliert. Das glauben Sie nicht?

In den meisten Fällen werden Sie Ihre Arbeitsanweisungen nicht schriftlich vorliegen haben, dennoch haben Sie ihre Vorstellungen, wie gewisse Betriebsabläufe in ihrem Unternehmen zu laufen haben, mündlich mit ihren Mitarbeitern besprochen und leben sie tagtäglich.

So auch für den Ablauf ihres betrieblichen, IT-gestützten Rechnungswesens. Sie haben sicherlich Ihrer Bürokraft erklärt, wie Sie vorgehen soll

- beim täglichen Posteingang (Briefe, Rechnungen, E-Mails, Faxen, Pakete etc.);
- beim Überprüfen der Lieferscheine und Eingangsrechnungen;
- beim Auftragseingang;
- beim Zahlen der Rechnungen;
- beim Erstellen der Buchhaltung (gegebenenfalls in Zusammenarbeit mit Ihrem Steuerberater);
- beim Erfassen der Mitarbeiterarbeitsstunden und Erstellen der Lohnabrechnung.

Haben Sie sich schon einmal folgendes Szenario vor Augen gehalten?

Im Büro oder in Ihrer Produktion fällt ein Schlüsselmitarbeiter durch längere Krankheit, Unfall, oder Kündigung unvorhergesehen aus. Wären die übrigen Mitarbeiter in der Lage, die Arbeiten des abwesenden Mitarbeiters sofort und ohne größere Reibungsverluste zu übernehmen?

Allein aus betriebswirtschaftlicher Sicht ist es sinnvoll, die Schlüsselprozesse im Unternehmen schriftlich zu dokumentieren. Aus eigener Erfahrung kann ich berichten, dass es Ihnen als Unternehmer einen großen Nutzen bietet, nicht nur im Unternehmen, sondern auch am Unternehmen zu arbeiten, um es weiterzuentwickeln. Daher habe ich mich entschlossen, die Organisation meiner Kanzlei nach DIN EN ISO 9001:2015 zertifizieren zu lassen. Der Nutzen, den ich darin erkenne, ist, dass durch die schriftliche Dokumentation der Arbeits- und Organisationsprozesse Anpassungen an Veränderungen – wie z. B. die ständigen Änderungen im Steuerrecht, die Digitalisierung in der Zusammenarbeit mit den Behörden und Mandanten – strukturiert eingearbeitet und strukturiert verändert werden können. Veränderungen in den Arbeitsabläufen stehen sofort allen Mitarbeitern zur Verfügung. Durch den Einsatz von einheitlichen Checklisten kann jederzeit der Bearbeitungsstand ermittelt werden und bei einem unvorhergesehenen Mitarbeiterausfall nahtlos weitergearbeitet werden. Ebenso ist die Einarbeitung neuer Mitarbeiter wesentlich einfacher, da sie sich an den bestehenden Prozessen orientieren können und in den meisten Fällen wird von neuen Mitarbeitern auch das Warum einzelner Prozessschritte hinterfragt. Durch interne Audits mit allen Mitarbeitern entsteht somit ein kontinuierlicher Verbesserungsprozess meiner Kanzleiabläufe.

Sie werden sich nun fragen: Was hat das mit den Grundsätzen ordnungsmäßiger Buchführung oder der Verfahrensdokumentation zu tun?

Grundsätzlich hat jeder seine Bücher so zu führen, dass sich ein sachverständiger Dritter in angemessener Zeit einen Überblick über Ihre Geschäftsvorfälle und die Lage Ihres Unternehmens verschaffen kann. Dafür ist notwendig, dass Sie die Aufzeichnungen Ihrer Geschäftsvorfälle ordnungsgemäß, vollständig, richtig, zeitgerecht und geordnet vornehmen. Hier möchte ich gleich einen Irrtum ausräumen: Diese Grundsätze gelten sowohl für bilanzierende Unternehmen als auch für Einnahmen-Überschuss-Rechner, Kleinunternehmer und Freiberufler.

27.3.1 Bestandteile der Verfahrensdokumentation

Zunächst erkläre ich Ihnen wie eine Verfahrensdokumentation aufgebaut ist und welche Inhalte sie enthalten soll.

Durch die Verfahrensdokumentation sollen die organisatorischen und technischen Abläufe in Ihrem Unternehmen beschrieben werden. Das soll die Nachvollziehbarkeit und Nachprüfbarkeit von Geschäftsvorfällen ermöglichen. Aufbau, Ablauf und Ergebnisse des EDV-gestützten Verfahrens sollten in einer übersichtlich gegliederten, vollständigen und schlüssigen Dokumentation von Ihnen vorgehalten werden. Die Ausgestaltung Ihrer Verfahrensdokumentation ist zudem von folgenden Faktoren abhängig:

- Der Komplexität Ihrer Geschäftsprozesse
- Der Organisationsstruktur Ihres Betriebs
- Der eingesetzten EDV-Landschaft

27.3.1.1 Allgemeine Beschreibung und organisatorisches Umfeld

Eines vorweg: Es gibt keine Vorschrift über die formale und technische Ausführung der Dokumentation. Sie können selbst entscheiden, ob Sie die Verfahrensdokumentation in Papierform, in elektronischer Form oder auch in Kombination aufbewahren wollen. Eine konkrete Definition aus Sicht des Gesetzgebers kann es nicht geben, da nicht jedes Unternehmen gleich strukturiert ist.

Mit den Rahmenbedingungen beschreiben Sie, in welcher Rechtsform Sie tätig sind, an wie vielen Standorten, die Anzahl der Mitarbeiter, wer die handelnden, bzw. geschäftsführenden Personen sind und in welchen Organisationseinheiten in Ihrem Betrieb steuerrelevante Belege anfallen. Auch Einsatzgebiete und Zwecke der IT-Lösungen sollten erfasst werden. Ebenso empfiehlt es sich hier, die Freigabe der Dokumentation, die Autorisierung, die regelmäßige Fortschreibung und die Gültigkeit der Verfahrensdokumentation zu erfassen. Denn nach dem ersten Ermitteln des Ist-Zustands und deren Dokumentation ergeben sich im Lauf der Zeit Veränderungen in Ihren Prozessen. Sei es durch Software-Updates, Einführung von neuen Softwarelösungen, wesentliche Veränderungen oder Verbesserungen in den Arbeitsschritten, Austausch von Hardwarekomponenten oder gar bei den Mitarbeitern. Diese Veränderungen müssen in die Verfahrensdokumentation einfließen und auch revisioniert werden.

Das bedeutet, dass per Gesetz die Verfahrensdokumentation zu den Arbeits- und Organisationsanweisungen gehört und über den Zeitraum der gesetzlichen Aufbewahrungspflichten aufzubewahren ist. Das soll gewährleisten, dass nachvollzogen werden kann, zu welchem Zeitpunkt welche Version gültig war. Sind mehrere Mitarbeiter in Ihrem Unternehmen mit steuerrelevanten Prozessen betraut, soll das interne Kontrollsystem beschrieben werden und es muss eine Einweisung in die Verfahrensdokumentation erfolgen und auch dokumentiert werden.

Das setzt voraus, dass Sie eine Analyse durchführen, in welchen Prozessen überhaupt Belege und Daten anfallen, die steuerrelevant sind.

27.3.1.2 Übersicht über die Bestandteile der Dokumentation und über die bestehenden Geschäftsprozesse

Hier sind sämtliche Geschäftsprozesse aufgeführt, in denen steuerrelevante Daten und Belege entstehen. Vielleicht führen wir uns nochmal das zweite Szenario, das ich eingangs beschrieben habe, vor Augen:

- Ich nutze softwaretechnisch eine Branchenlösung, mit der ich meine Aufträge bearbeiten und planen kann. Nach Abschluss der Arbeiten erstelle ich meine Ausgangsrechnungen aus diesem System. Für meine Eingangsrechnungen habe ich eigentlich keine vernünftige Lösung. Teilweise erhalte ich Sie per Papier, per E-Mail oder lade sie mir aus Portallösungen herunter.

Welche Geschäftsprozesse beispielhaft betroffen sind und wie eine solche Aufzeichnung aussehen kann sehen Sie in der Tab. 27.1.

In diesem Teil werden die wesentlichen Prozesse Ihres Unternehmens dargestellt, sofern im Vorfeld die entstehenden Daten auch als steuerrelevant eingestuft wurden. Ebenso dokumentieren Sie hier, welche handelnden Personen für den einzelnen Schritt verantwortlich sind. Um einen weiteren Irrtum zu revidieren: Die Grundsätze zur ordnungsmäßigen Führung und Aufbewahrung von Büchern, Aufzeichnungen und Unterlagen in elektronischer Form sowie zum Datenzugriff (GoBD; Bundesministerium der Finanzen 2014) zwingen Sie nicht, alle Belege zu digitalisieren. Sie dürfen nach wie vor Papierbelege benutzen. Diese sollten – wie bisher – innerhalb eines Zehn-Tages-Zeitraums lückenlos und geordnet abgelegt werden. Das heißt nicht, dass diese Belege innerhalb von zehn Tagen verbucht sein müssen.

Tab. 27.1 Beispielhafte Beschreibung von Geschäftsprozessen

Prozess	Beschreibung	System	Wer?
Kundenannahme	Neukunden werden ausschließlich im EDV-System erfasst. Die Erhebung der Stammdaten ergibt sich aus dem System und dessen Beschreibung	Branchenlösung	Sekretariat
Auftragsannahme	Aufträge werden mündlich besprochen und in der EDV erfasst. Anschließend wird ein Angebot erstellt und per Post bzw. E-Mail verschickt.	Branchenlösung	Chef
Angebotsannahme	Nimmt der Kunde das Angebot an, wird über das System eine Auftragsbestätigung (gegebenenfalls noch individuell anzupassen) an den Kunden per Post bzw. E-Mail verschickt.	Branchenlösung	Chef
Beschaffung/ Materialeinkauf	Über das EDV-System werden die Artikel mit Herstellerpreisen per DATAnorm-Schnittstelle eingelesen. Die individuelle Bestellung erfolgt über das EDV-System online. Ebenso erfolgt die Auftragsbestätigung des Lieferanten online.	Branchenlösung	Einkauf
Ausgangsrechnung	Nach Abschluss des Auftrags wird automatisch aus der Auftragsbestätigung eine Rechnung generiert. Diese wird an die tastsächlich erbrachten Leistungen angepasst und per Post bzw. E-Mail an den Kunden verschickt.	Branchenlösung	Chef
Verbuchung Ausgangsrechnung	In unserem EDV-System sind die Geschäftsvorfälle für Ausgangsrechnungen nach umsatzsteuerlichen Kriterien konfiguriert (s. Programmbeschreibung). Die kompletten Ausgangsrechnungen werden einmal pro Monat per CSV-Datei an den Steuerberater übergeben.	Branchenlösung bzw. EDV-Steuerkanzlei	Chef bzw. Steuer-kanzlei
Verbuchung Eingangsrechnung	Papierbelege werden digitalisiert und gemeinsam mit den E-Mail-/Portalrechnungen in die vom Steuerberater vorgesehene Online-Plattform (revisionssicher) hochgeladen, entsprechend den Vorgaben indiziert und im EDV-System des Steuerberaters verbucht	Portale, Online-lösung Steuerkanzlei,	Sekretariat

Um nochmal aus der Welt des Qualitätsmanagements zu kommen: Wäre es denn für Sie nicht sinnvoll, wenn Sie Ihre Prozesse schon durchleuchten und dokumentieren, gleich Verbesserungspotenziale für Ihr Unternehmen suchen und Prozesse effektiver und schlanker machen? Ich erlebe in vielen Beratungsfällen immer wieder, dass gerade in der Zusammenarbeit mit Steuerberatern – aus Unkenntnis – viele Arbeiten doppelt gemacht werden. Im Zeitalter von digitalen Arbeitsprozessen, die in den Unternehmen teilweise schon umgesetzt werden, ist nicht bekannt, dass Daten und Dokumente aus den unternehmenseigenen Systemen zum Erstellen der Buchhaltung beim Steuerberater verwendet werden können. Das Grauen, Belege und Kontoauszüge vor dem Umsatzsteuervoranmeldungstermin zu sammeln und zu sortieren und in Papierform zu übermitteln, gehört längst der Vergangenheit an.

27.3.1.3 Übersicht über eingesetzte Systeme und Systemdokumentation

Dieser Abschnitt setzt sich mit den Fragen der Hard- und Software, Zuständigkeiten und Datenschutz auseinander. Darunter wird verstanden, welche EDV-Systeme im Unternehmen zur elektronischen Datenverarbeitung eingesetzt werden, mit denen Daten und Dokumente erfasst, erzeugt, empfangen, übernommen, verarbeitet, gespeichert oder übermittelt werden. Hier soll aufgelistet werden, mit welchen Hardwarekomponenten z. B. Belege digitalisiert werden, welche Grundeinstellungen beim Scanner getroffen sind und wo sich die Geräte befinden. Zusätzlich wird beschrieben, in welcher Systemumgebung die eingesetzte Software läuft, die für die Ablage bzw. Speicherung der digitalisierten Belege angewandt wird. Setzen Sie Standardsoftware ein, können Sie ohne Weiteres auf die Programmbeschreibungen oder Hilfefunktionen des Softwareherstellers verweisen. Schwieriger wird es hingegen, wenn Sie selbstprogrammierte oder stark auf ihr Unternehmen zugeschnittene Software zum Einsatz bringen. Denn hier sind Sie u. a. auf die individuelle Beschreibung der Grundprogrammierung, Konfiguration und Parametereinstellungen der Schnittstellen zwischen einzelnen Programmbereichen durch die IT-Abteilung angewiesen.

Exemplarisch können das die folgenden Systeme sein: Kassensysteme, Warenwirtschaftssysteme, elektronische Waagen, Taxameter, Archiv- oder Dokumentmanagementsysteme, Scanner inklusive deren Software, Zeiterfassungssysteme, Finanz- und Anlagenbuchhaltung, Lohnabrechnungssysteme, Zahlungssysteme (Kartenleser) etc.

Genau so vielfältig wie die in den Unternehmen eingesetzten Systeme sind die Daten, aus denen steuerrelevante Informationen entstehen.

Je nach Größe des Unternehmens kann es sinnvoll sein, Zugangsberechtigungen zu den Systemen einzuschränken, bzw. nur auf die Mitarbeiter freizugeben, die damit auch täglich arbeiten bzw. auch entsprechend qualifiziert sind.

27.3.1.4 Auslagerungen der Systeme an IT-Systembetreuer oder Steuerberater

Wichtig ist auch zu beschreiben, ob Sie die exemplarisch oben genannte DV-Systeme ausgelagert haben. Online-Anwendungen, Application-Service-Provider(ASP)-Lösungen, Software-as-a-Service(SaaS)-Anwendungen oder sog. Cloud-Computing ermöglichen

Abb. 27.1 Prozess der Nachprüfbarkeit

es, ohne eigene Hardwarekomponenten zu arbeiten. Im Rahmen dieser Beurteilung sollten Sie überprüfen, ob Sie Teile ihrer steuerrelevanten Daten ins Ausland verlagert haben. Besonders bei Buchhaltungssystemen ist eine Genehmigung des Finanzamts erforderlich.

Die Abb. 27.1 soll den Prozess der Nachprüfbarkeit vom Entstehen des Geschäftsvorfalls bis zur fertigen Steuererklärung vereinfacht darstellen. Die Prüfung soll in beide Richtungen möglich sein (progressiv und retrograd).

Das bedeutet für Sie, dass auch die Übergabeschnittstelle der Daten und Unterlagen zum Steuerberater beschrieben sein muss. In meiner Kanzlei sind durch die Prozessorientierung an die DIN EN ISO 9001:2015 sogar noch die Schritte bis zur Abgabe der Steuererklärung beschrieben.

27.3.1.5 Belegablagesysteme und deren Aufbewahrung

Sie sind dafür verantwortlich, dass grundsätzlich alle Geschäftsvorfälle lückenlos aufgezeichnet werden. Dazu gilt eine sehr alte Buchhaltungsregel: Keine Buchung ohne Beleg. Außerdem sind Sie für gewisse organisatorische und technische Kontrollen verantwortlich, um zu gewährleisten, dass lückenlos aufgezeichnet wird. Das ist in kleineren Unternehmen einfacher als in größeren. An dieser Stelle in Ihrer Verfahrensdokumentation beschreiben Sie, wie z. B. steuerrelevante Belege abgelegt werden. Das kann in Papierform, in digitaler Form oder in einer Mischform sein.

In meinem Szenario erhält unser Unternehmer Belege per Papier und auch schon elektronisch. Hier taucht in meiner Beratungspraxis immer wieder folgende Frage auf: Kann ich Papierbelege nach dem Digitalisieren vernichten? Grundsätzlich gilt, dass digital empfangene Belege auch in digitaler, unveränderbarer Form aufbewahrt werden müssen. Ein einfaches Speichern in einer Dateiablagestruktur soll dabei nicht ausreichend sein. Sie müssen sicherstellen, dass gegebenenfalls Veränderungen, die an digitalen Dateien vorgenommen werden könnten, nachvollziehbar bleiben. Helfen kann da u. U. ein Dokumentmanagementsystem. Das hat den Vorteil, dass Papierbelege, die im Unternehmen digitalisiert werden, auch in diesem System elektronisch abgespeichert werden können. Unter bestimmten Voraussetzungen dürfen Originalbelege nach dem Scannen vernichtet werden. Es ergeben sich folgende Vorgaben:

- Spezifische Anforderungen an den Scanprozess
- Digitalisierte Dokumente müssen über den Aufbewahrungszeitraum, verfügbar, lesbar und unveränderbar vorgehalten werden
- Prüfung, ob Originaldokumente dennoch in Papierform aufbewahrt werden sollten (notarielle Urkunden, handschriftliche Testamente etc.)

Entscheidend wird hier die Verfahrensdokumentation „ersetzend Scannen". Denn es sind zusätzlich in Ihrer Verfahrensdokumentation folgende Punkte ausführlich zu beschreiben:

- Welche Personen am Scanprozess beteiligt bzw. verantwortlich sind
- Welche technischen Anforderungen gegeben sind (Hard- und Softwareeinsatz)
- Wie und besonders wo die digitalisierten Dokumente abgespeichert, gesichert und gegen Verlust geschützt werden
- Welche Kontrollschritte es gibt
- In welchen Zeiträumen die Vernichtung der originalen Papierbelege erfolgt, wer dies freigeben darf und besonders wer das macht

Auch hier gibt es aus meiner Sicht viel Verbesserungspotenzial in den Unternehmen. Es gibt mittlerweile viele gute Onlinelösungen, die sämtliche Eingangsrechnungen in digitaler Form einsammeln und gerade die verschiedensten Möglichkeiten abdecken, wie z. B. Belege mit dem Smartphone zu digitalisieren, E-Mail-Weiterleitungen von Eingangsrechnungen, automatisches Abrufen von Rechnungen aus Portallösungen und vieles mehr. Ich sehe hier auch einen riesigen Verbesserungsbedarf bezüglich der Rechnungsfreigabeprozesse für den Zahlungsverkehr in den Unternehmen. Diese Systeme gewährleisten Schnittstellen zum Steuerberater und schreiben Belege nach dem Verbuchen unveränderbar fest.

27.3.1.6   Zugriffsschutz und -möglichkeiten, Datenträgerüberlassung

Der Gesetzgeber hat bereits vor mehr als zehn Jahren verschiedene Möglichkeiten für einen Datenzugriff bei Betriebsprüfungen festgelegt. Dazu stehen dem Finanzamt drei gleichgestellte Möglichkeiten zur Verfügung:

- Der unmittelbare Datenzugriff (Z1): In diesem Fall dürfte der Betriebsprüfer direkt auf ihre EDV-Systeme in einer Nur-Leseberechtigung zugreifen.
- Der mittelbare Datenzugriff (Z2): Der Betriebsprüfer verlangt in diesem Fall von Ihnen, Daten in maschinell auswertbarer Form aus Ihrem System auszugeben. Beschränkt ist der Export selbstverständlich nur auf den Prüfungszeitraum. Das hat den Vorteil, dass Sie genau überwachen können, welche Daten Sie herausgeben. Hier kann z. B. abgeglichen werden, ob alle Ausgangsrechnungen, die über ihr Softwaresystem erstellt wurden, auch in der Buchhaltungssoftware angekommen sind und entsprechend verbucht wurden.
- Die Datenträgerüberlassung (Z3): Sind ihre Buchhaltungs- oder Lohnabrechnungsdaten beispielsweise an den Steuerberater ausgelagert, dann werden diese Daten über die GdPDU-Schnittstelle oder -Format per Datenträger an den Prüfer herauszugeben.

Im Minimum sollte aus Ihrer EDV-Landschaft ein Export der steuerrelevanten Daten im GdPDU-Format möglich sein (Z3-Zugriff). Sollte das nicht möglich sein, sollten Sie überlegen, ob eine Zusammenarbeit mit dieser Softwarelösung sinnvoll ist. In der Verfahrensdokumentation sind die entsprechenden Softwarelösungen mit den verschiedenen Zugriffsmöglichkeiten entsprechend zu beschreiben.

In diesem Zusammenhang kann auch überprüft werden, ob die eingesetzten Softwarelösungen noch dem Stand der Technik entsprechen und einen Nutzen für ihre Betriebsabläufe bieten.

27.3.1.7 Checklisten, mitgeltende Dokumente und Daten

Wie bereits erwähnt, muss die Verfahrensdokumentation nicht aus einem Dokument bestehen. Sie kann aus einem Hauptdokument bestehen, das einen Überblick über die Prozesse gibt. Der Ablauf der Prozesse kann auch über ein Flowchart-Diagramm erfolgen. An dieser Stelle können Sie auf bereits bestehende Dokumente verweisen, wie z. B. Benutzerhandbücher Ihrer EDV-Systeme, der Kassensysteme, oder auf eine bestehende Dokumentation aus einem Qualitätsmanagementsystem, wie Arbeitsanweisungen und Checklisten.

Bei der Erstellung der Verfahrensdokumentation sollten Sie folgende Grundüberlegungen anstellen:

- Wie oft ändern Sie Hard- oder Softwarekomponenten?
- Wie häufig wechseln verantwortliche Mitarbeiter?

Sinnvoll kann es sein, die einzelnen Prozessschritte an die Organisationsstruktur anzulehnen, z. B. soll für die Erfassung der Eingangsrechnungen das Sekretariat verantwortlich sein. In einem Anhang können Sie dann erläutern, welcher verantwortliche Mitarbeiter gerade ihr Sekretariat besetzt. Bei Änderungen des Personals muss nach einer Einweisung des neuen Mitarbeiters lediglich der Anhang aktualisiert werden und nicht die ganze Verfahrensdokumentation.

27.3.2 Fazit und Empfehlungen zur Verfahrensdokumentation

Den Nutzen, den ich aus der Verfahrensdokumentation ziehe, ist rein betriebswirtschaftlicher bzw. organisatorischer Natur. Selbstverständlich müssen Sie Zeit und Geld investieren, um ihre Prozesse zu durchleuchten. Wird das Projekt vernünftig angepackt, schlagen Sie zwei Fliegen mit einer Klappe: Sie verbessern einerseits Ihre Betriebsabläufe, z. B. verschaffen Sie sich den Überblick über alle Prozesse ihres Unternehmens, spüren Schnittstellen zu anderen internen oder externen Bereichen auf und entdecken Optimierungsbedarf. Anderseits erstellen Sie eine Dokumentation, die sowohl eine Handlungsanleitung Ihrer Abläufe ergibt und gleichzeitig für die Finanzverwaltung (sachverständiger Dritter) Ihre EDV-gestützten Buchhaltungsprozesse transparent und nachvollziehbar macht. Denn so können Sie mit jeder Änderung, die sich in ihrem Kerngeschäft ergibt, strukturiert vorgehen und vergessen bei Ihren unternehmerischen Entscheidungen die Anforderungen des Steuerrechts nicht. Darauf zu vertrauen, nie eine Betriebsprüfung zu bekommen, ist fahrlässig. Sie sollten die Konsequenzen aus einer fehlenden Verfahrensdokumentation nicht unterschätzen und entsprechende Vorkehrungen treffen.

27.4   Tax-Compliance-Management-System

Der frühere stellvertretende Justizminister der USA, Paul McNulty, hat einmal gesagt: „Wenn Sie glauben, Compliance ist teuer, versuchen Sie es mit Non-Compliance".

„Der Begriff Compliance steht für die Einhaltung von gesetzlichen Bestimmungen, regulatorischer Standards und Erfüllung weiterer, wesentlicher und in der Regel vom Unternehmen selbst gesetzter ethischer Standards und Anforderungen" (Krügler 2011). Sie als verantwortlicher Unternehmer oder Geschäftsführer haben dafür zu sorgen, dass aus Ihrem Unternehmen keine Regelverstöße erfolgen. Das Einhalten, Überwachen und Vermeiden von Regelverstößen wird als Compliance-Management-System bezeichnet.

Die Konsequenz aus der Nichteinhaltung von geltenden Regelungen kann zu empfindlichen Strafen gegen Sie als handelnde Person oder Ihr Unternehmen führen.

Im Folgenden werde ich lediglich auf die Anforderungen des Steuerrechts an ein TCMS eingehen.

27.4.1   Grundlagen

Beruhigend ist zunächst, dass es grundsätzlich keine gesetzliche Verpflichtung zur Einführung eines TCMS gibt und bei Fehlen eines dokumentierten TCMS grundsätzlich nicht auf das Vorliegen von Vorsatz oder Leichtfertigkeit im Besteuerungsprozess geschlossen werden darf. Sieht man das TCMS aus der Sicht des Qualitätsmanagements, kann es einen Beitrag zur Reduzierung von steuerlichen Risiken leisten.

Die Gefahren lauern aus steuerlicher Sicht aus einer falsch eingeschätzten Sachlage und der darauffolgenden Abgabe von unrichtigen oder falschen Steuererklärungen. Werden Sachverhalte falsch deklariert, besteht grundsätzlich die Verpflichtung, den Sachverhalt richtigzustellen. Dabei unterscheidet der Gesetzgeber zwischen der Berichtigung einer fehlerhaften Steuererklärung und einer strafbefreienden Selbstanzeige.

Gerade diese Unterscheidung ist in den letzten Jahren zum Ritt auf der Rasierklinge geworden. Teilweise sind die Finanzbehörden bei Berichtigungen von Steuererklärungen übereilt von Vorsatz und der damit zusammenhängenden Steuerhinterziehung ausgegangen. Auch die öffentlich bekannten Steuerhinterziehungsfälle, wie Klaus Zumwinkel, Uli Hoeneß oder Alice Schwarzer haben den Gesetzgeber und die deutsche höchstrichterliche Rechtsprechung dazu veranlasst, das Strafmaß für Steuerhinterziehung empfindlich zu verschärfen. Ebenso sind die Anforderungen an eine strafbefreiende Selbstanzeige erschwert worden.

Das Vorliegen eines dokumentierten internen Kontrollsystems (IKS) oder eines TCMS können als Indiz gegen den bedingten Vorsatz gelten und zu Ihren Gunsten wirken. Denn dann wird die Korrektur von Steuererklärungen als Berichtigung gewertet und nicht als Selbstanzeige. Eine fehlerhafte Selbstanzeige kann unter bestimmten Voraussetzungen bereits buß- oder strafbewährt sein.

Die Herangehensweise an ein TCMS gleicht dem der Erstellung einer Verfahrensdokumentation. Haben Sie bereits in der Verfahrensdokumentation ausführlich zu Ihrem internen Kontrollsystem Stellung bezogen, haben Sie bereits einen Teil des TCMS erfüllt. Im Folgenden beschreibe ich die Anforderungen an ein steuerliches innerbetriebliches Kontrollsystem.

27.4.1.1 Anforderungen an ein internes Kontrollsystem bzw. Tax-Compliance-Management-System

Wie auch bei der Verfahrensdokumentation gibt auch beim IKS/TCMS keine konkreten Vorgaben an die Form und den Aufbau. Damit das System gelebt werden kann, muss es an die unternehmensindividuellen Besonderheiten und deren Organisation angepasst werden. Es haben sich in der Vergangenheit bereits einige Standards entwickelt, wie z. B. ein Praxishinweis vom Institut der Wirtschaftsprüfer (Arbeitsgruppe „Tax Compliance" 2016) und der Bundessteuerberaterkammer (2018). In meinen Ausführungen gehe ich verstärkt auf Struktur und Empfehlungen der Bundessteuerberaterkammer ein.

Grundsätzlich sollen Sie sich von folgenden Gedanken bei der Einführung eines IKS leiten lassen (Bundessteuerberaterkammer 2018):

1. Angemessenheit: Es muss so einfach sein, dass es vom Unternehmen auch im täglichen Geschäftsbetrieb umgesetzt und gelebt werden kann.
2. Verantwortlichkeit: Es muss klare Verantwortlichkeiten schaffen und benennen und diese nach innen und außen deutlich kommunizieren.
3. Risikoadäquanz: Es setzt dort an, wo die wesentlichen steuerlichen Risiken für das Unternehmen liegen. Diese Risiken müssen daher identifiziert, bewertet und mit entsprechenden Maßnahmen belegt werden.
4. Kontinuität: Der Aufbau eines Steuer-IKS ist kein einmaliger, sondern ein fortlaufender Prozess.
5. Nachvollziehbarkeit: Es wird durch die Beschreibung der Prozesse, Kontrollen und Überwachungsmaßnahmen nachvollziehbar und nachprüfbar gemacht.

27.4.1.2 Aufbau und Einführung eines Steuer-internen-Kontrollsystems

Wenn Sie sich bereits mit dem Thema Verfahrensdokumentation auseinandergesetzt haben, werden Sie feststellen, dass Sie in Ihrem Unternehmen bereits verschiedene Maßnahmen eingeführt haben. Sei es die Erfassung von Belegen, deren Bearbeitung, Archivierung oder Aufbewahrungsfristen. Am Anfang gilt es, sämtliche Prozesse zu erfassen und einen Ist-Zustand festzustellen. Dazu geht es zum einen um die Aufbauorganisation (Welche Abteilungen gibt es bei mir?) und zum anderen um die Ablauforganisation in Ihrem Unternehmen (Wer macht was bis wann?)

An folgendem Beispiel soll das deutlich werden:

Herr Meier ist Geschäftsführer der mittelständischen PM GmbH, die ein Maschinenbauunternehmen in München betreibt. Die Rechnungsstellung erfolgt standardisiert durch die Vertriebsabteilung unter Einsatz eines Warenwirtschaftssystems. Die Mitarbeiter sind ausreichend umsatzsteuerlich geschult und werden ständig über Änderungen des Umsatz-steuerrechts informiert.

Seit Sommer 2017 erfolgen Maschinenlieferungen an einen österreichischen Kunden nicht mehr nach Innsbruck, sondern in eine neue Betriebsstätte in Rosenheim. Wegen eines technischen Fehlers in den Einstellungen im Warenwirtschaftssystems erfolgte die Rechnungsstellung jedoch weiterhin ohne deutsche Umsatzsteuer (deklariert als steuer-freie innergemeinschaftliche Lieferung). Bei einer routinemäßigen Kontrolle im Frühjahr 2018 und nach Abgabe der Umsatzsteuererklärung für 2017 fällt Herrn Meier auf, dass durch den technischen Fehler im Jahr 2017 rund 200.000 € Umsatzsteuer zu wenig berechnet und angemeldet wurden.

Zunächst muss analysiert werden, welche einzelnen Prozesse betroffen sind und wel-che vor- und nachgelagerten Abteilungen betroffen sein könnten. In diesem Zusammen-hang wird klar geregelt, welchen handelnden Personen welche Aufgaben und Verantwort-lichkeiten im Prozess zugewiesen sind.

In einem weiteren Schritt wird eine Risikoanalyse und -bewertung durchgeführt, wobei die Abhängigkeit von folgenden Kriterien beeinflusst wird:

- der Größe Ihres Unternehmens,
- der Branchenzugehörigkeit,
- der Komplexität der Geschäftsvorfälle,
- der Standardisierbarkeit der Geschäftsvorfälle,
- den internationalen Tätigkeiten und
- dem Ausmaß des Delegationsgrads.

Zu Verdeutlichung soll das Risikofeld Umsatzsteuer aus dem oben dargestellten Beispiel der Prozess Ausgangsrechnung genauer analysiert werden. Das steuerliche Risiko ist nicht die Steuer selbst, die muss ja in jedem Fall geleistet werden, sondern die möglichen Geld-strafen, Verspätungs- oder Säumniszuschläge, Zinsen, Zwangsgelder oder gar empfindli-che Schätzungen, die einen zusätzlichen Liquiditätsabfluss auslösen könnten.

Risikobeschreibung Ausgangsrechnung
Bei der Einordnung der Geschäftsvorfälle können folgende Sachverhalte und Risiken zu-grunde liegen:

a) Inlandslieferungen (falscher Steuersatz, Einordnung als steuerfreie Lieferung, Quali-fizierung als „sonstige Leistung", Anwendung des Reverse Charge-Verfahrens, obwohl die Voraussetzung nicht vorliegt)

b) Auslandslieferungen in die EU sind i. d. R. steuerfrei können aber als steuerpflichtig behandelt werden, wenn Buch- und Belegnachweise fehlen, die Umsatzsteueridentifi-kationsnummer nicht qualifiziert geprüft wurde oder gar ungültig ist

c) Ausfuhrlieferungen ins Drittland (vergessene steuerliche Registrierung im Ausland, Fristversäumnisse im Ausland, Besteuerung im Ausland)

Tab. 27.2 Matrix der Geschäftsvorfälle

Leistung	Gegen-stand der Leistung	Ist der Kunde Unterneh-mer?	Ort der Lieferung	Werkliefe-rungen: Verschaffung der Verfügungs-macht	Ort der sonstigen Leistungen	Umsatzsteuerliche Klassifizierung
Lieferung ins EU-Ausland	Maschine	Ja	Innsbruck	./.	./.	Steuerfreie innergemein-schaftliche Lieferung

Maßnahmen zur Risikovermeidung

Im Ausgangsrechnungsbereich sind zunächst die unterschiedlichsten Geschäftsvorfälle zu analysieren und einzuordnen. Dazu kann die Matrix Tab. 27.2 hilfreich sein, die natürlich auf die jeweiligen Geschäftsvorfälle Ihres Unternehmens anzupassen ist.

Diese Typisierung können Sie allen verantwortlichen Mitarbeitern des Vertriebs, der Faktura Abteilung und der Finanzbuchhaltung zur Verfügung stellen und entsprechend erläutern. Ebenso kann diese Einordnung Grundlage für die IT-Abteilung sein, die das Warenwirtschaftssystem entsprechend konfigurieren muss. Außerdem ist diese Aufstellung mindestens einmal pro Jahr auf Gesetzesänderungen zu überprüfen.

In Form von Checklisten oder Arbeitsanweisungen können Sie regeln:

• Welcher Mitarbeiter für welchen Schritt zuständig ist
• Was zusätzlich bei Auslandslieferungen zu veranlassen ist
• Wer zu informieren ist, wenn Fehler im Ablauf festgestellt werden
• Was zu tun ist, wenn neue Geschäftsvorfälle oder -partner hinzukommen

Von einer steuerfachlich ausgebildeten Person, das kann auch der Steuerberater sein, sollten die oben dargestellten Maßnahmen stichprobenartig in regelmäßigen Zeitabständen kontrolliert und dokumentiert werden. Aufgedeckte Fehler sollten unverzüglich beseitigt werden.

27.4.1.3   Dokumentation eines Steuer-internen-Kontrollsystems

Selbst die Bundessteuerberaterkammer weist in ihren Hinweisen darauf hin, dass es keine gesetzliche Verpflichtung zur Dokumentation eines Steuer-IKS gibt, sondern empfiehlt, dies aus Beweisgründen dennoch zu tun.

Wie Sie Ihre Dokumentation aufbauen, richtet sich nach der Komplexität Ihres Unternehmens. Da es keine formalen Anforderungen gibt, können dies Flussdiagramme, Fließtexte oder schematische Darstellungen sein. Wichtig ist, in der Dokumentation die bestehenden Maßnahmen und deren Verantwortlichkeiten zu benennen und dies nach

Risikofeldern und dem Risikobereich zu gliedern. Ebenso wie bei der Verfahrensdokumentation muss ein IKS/TCMS nicht aus einem Dokument bestehen. Beispielhaft kann auf folgende bestehende Dokumente verwiesen werden:

- Checklisten
- Arbeitsanweisungen
- Programmier- und Verarbeitungsanweisungen
- Zugangskontrollen
- Schulungsunterlagen
- Protokolle

27.4.2 Fazit zum Tax-Compliance-Management-System

Auch die Befassung mit der Implementierung eines Steuer-IKS oder TCMS gehört zur modernen Unternehmensführung. Dies nicht zu tun, kann nicht nur finanzielle Risiken (Steuernachzahlungen, Hinterziehungszinsen, Geldbußen für das Unternehmen) hervorrufen, sondern auch strafrechtliche Risiken und persönliche Haftungen nach sich ziehen. Ebenso können Reputation- und Geschäftsrisiken, wie z. B. der Ausschluss von öffentlichen Auftragsvergaben hinzukommen. Höchstwahrscheinlich existieren in den meisten Unternehmen Vorgaben und Anweisungen zur Risikominimierung, sodass ein kompletter Neuaufbau eines IKS oder TCMS nicht erforderlich ist. Selbst der Bundesgerichtshof (HRRS 2017) hat in einem Urteil wegen Steuerhinterziehung wohlwollend aufgegriffen, dass für die Bemessung einer Geldbuße ein effizientes TCMS von nicht unerheblicher Bedeutung sein soll, das auf die Vermeidung von Rechtsverstößen ausgelegt sein muss.

27.5 Zusammenfassung

Die Erstellung der Verfahrensdokumentation oder die Errichtung eines TCMS sollte primär nicht dazu dienen, den Anforderungen der Finanzverwaltung Genüge zu tun, sondern Ihnen als Unternehmer zunächst ein Grundgerüst für Ihren betrieblichen Prozesse bieten, eine Leitlinie für ein vernünftiges internes Controlling Ihrer Abläufe und in der Gesamtheit Verbesserungspotenzial und Schwachstellen aufzeigen, mit dem Vorteil, Handlungsbedarf zu erkennen.

Zusammenfassend stelle ich Ihnen aus meiner Beratungspraxis die drei wesentlichsten Schritte vor, die Ihnen dabei helfen sollen, das Steuerrecht in Ihre Entscheidungsprozesse einzubeziehen. Wie bereits ausgeführt, haben sich in den kleineren und mittleren Unternehmen die Inhaber oder Geschäftsführer zu den oben dargestellten Fragestellungen zwar beschäftigt, aber wenig umgesetzt.

27.5.1   Analyse der Geschäftsfelder Ihres Unternehmens

27.5.1.1   Erstellen einer Prozesslandkarte

Als ersten wesentlichen Schritt gilt es, die firmeninternen Prozesse zu erkennen. Dazu hat sich aus meiner Beratungspraxis die Metaplanmethode sehr gut bewährt. Diese einfache Methode ist besonders geeignet für die Teamarbeit. Sie benötigen lediglich Karteikarten, Stifte und am besten zwei Pinnwände. Zunächst wird ein Ziel definiert, das in unserem Fall beispielsweise heißen kann: Welche (Arbeits-)Prozesse existieren in unserem Unternehmen überhaupt? Jedes Teammitglied schreibt in den nächsten zehn Minuten – für sich allein – alles, was ihm zu den Unternehmensprozessen einfällt, auf je eine Metaplankarte. Wichtig ist, pro Idee nur eine Karte zu verwenden und nur etwa drei bis fünf Wörter zu verwenden. Der Vorteil beim stillen Brainstorming ist, dass auch Teammitglieder Ideen aufschreiben, die in der Gruppe oft nicht die Wort- oder Meinungsführer sind. Ebenso werden kreative oder verrückte Ideen nicht sofort von anderen Teammitgliedern bewertet, sondern können zunächst wertfrei aufgeschrieben werden.

Anschließend werden die Karten der Teilnehmer eingesammelt und unsortiert – völlig wertfrei – an die erste Pinnwand geheftet. Das kann andere Teammitgliedern noch zu weiteren Ideen anregen, die dann noch ergänzt werden können. Im Anschluss daran werden die Karten nach Ähnlichkeiten oder Gemeinsamkeiten gruppiert auf die zweite Pinnwand umgeheftet. Die einzelnen Gruppen kann man anschließend mit Überschriften versehen.

Mit dieser Methodik erhalten Sie in kürzester Zeit einen Überblick über ihre Unternehmensprozesse, ihre Prozesslandkarte. In der Praxis hat sich auch bewährt, sich dabei von einem externen Berater begleiten zu lassen, der oft eine objektive Sicht auf Ihr Unternehmen hat und seine Erfahrung einbringen kann.

27.5.1.2   Erstellung der Arbeitsprozesse

Je nachdem, wie Ihre Prozesslandkarte aussieht, gilt es nun, die steuerrelevanten Tatsachen in ihren Prozessen herauszufinden und die einzelnen Prozessschritte nach dem derzeitigen Stand zu beschreiben. Auch dafür eignet sich die Metaplantechnik hervorragend. Oft passiert es in dieser Phase, dass bereits Ideen für Verbesserungen entstehen. Um sich nicht zu verzetteln, ist es sinnvoll, diese Ideen in einer Maßnahmenliste festzuhalten, um sie in einem späteren Zeitpunkt nochmal aufgreifen zu können. Es gilt herauszufinden, wo in den einzelnen Prozessen steuerrelevante Informationen bzw. Daten entstehen.

Beispiel

Ein Kunde aus Österreich will bei Ihnen eine Maschine für 100.000 € bestellen. Welche (steuerrelevanten) Prozesse löst dieser Vorgang nun aus?

Diese Bestellung kann beispielsweise folgende Prozesse auslösen: den Angebotsprozess, den Bestell- und Einlagerungsprozess, diverse Bearbeitungsprozesse bis hin zur Fertigstellung, Qualitätskontrolle und Auslieferung der Maschine.

Eines der vielzähligen steuerlichen Risiken besteht darin, dass die Lieferung dieser Maschine die Kriterien einer steuerbefreiten innergemeinschaftlichen Lieferung nicht erfüllt, weil Sie z. B. die Umsatzsteueridentifikationsnummer ihres Kunden bei Auftragsannahme nicht auf Gültigkeit überprüft haben. Oder Sie haben nicht überprüft, ob die Maschine tatsächlich für das Unternehmen ihres Kunden bestellt wurde. Das finanzielle Risiko besteht darin, dass das Finanzamt aus einer steuerbefreiten Lieferung eine steuerpflichtige macht. In der Konsequenz bedeutet das für Sie eine Nachzahlung von 19.000 € Umsatzsteuer auf diese Lieferung. Je nach Vertragsgestaltung mit ihrem Kunden können Sie oftmals die Umsatzsteuer nicht mehr weiterbelasten! Das kann Ihr Unternehmen in eine finanzielle Schieflage bringen, da solche Sachverhalte oft erst spät in den Betriebsprüfungen entdeckt werden.

Um dieses Risiko zu minimieren, gehen Sie noch einen Schritt weiter.

27.5.2 Aufbau einer Risikomatrix

Was sich zunächst kompliziert anhört, kann aufgrund der zuvor festgelegten, dokumentierten Prozesse relativ leicht erarbeitet werden. Anhand der einzelnen Prozessschritte können Sie die zu beachtenden steuerlichen Kriterien nun strukturiert in einer Checkliste Tab. 27.3 zusammenfassen.

In der Checkliste werden pro Checkpunkt die dafür verantwortlichen Mitarbeiter definiert. Das heißt: Wer ist dafür verantwortlich, dass die Umsatzsteueridentifikationsnummer geprüft wird? Wer überprüft, dass die Ausgangsrechnungen alle steuerlichen Kriterien erfüllen?

Mit dieser beschriebenen Vorgehensweise können Sie zwei wesentliche steuerliche Voraussetzungen auf einmal erledigen: Zum einen bauen Sie die Verfahrensdokumentation auf, auf der anderen Seite dokumentieren Sie, dass Sie steuerrelevante Tatsachen prüfen und es geeignete Maßnahmen gibt, sich steuerlich korrekt zu verhalten und Fehlerquellen aufzudecken (Tax Compliance).

Tab. 27.3 Beispielhafte Checkliste für den Auftragsprozess

Checkpunkt	Wer?	Erledigt?
Hat der Unternehmerkunde seinen Sitz im EU-Ausland? Wenn ja, folgende Kriterien prüfen:	Hr. Müller	
Hat er uns seine Umsatzsteueridentifikationsnummer vorgelegt?	Hr. Müller	
Ist die Umsatzsteueridentifikationsnummer gültig (zu prüfen über https://evatr.bff-online.de/eVatR/index_html)?	Fr. Meier	
Ist die qualifizierte Abfrage der Umsatzsteueridentifikationsnummer durchgeführt? (z. B. bei Neukunden)	Fr. Meier	
Entspricht die Ausgangsrechnung den formalen Kriterien? (Musterdokument hinterlegen)	Hr. Müller	

27.5.3   Auditierung Ihrer Prozesse

„Nach dem Spiel ist vor dem Spiel!" Sepp Herbergers (ehemaliger DFB-Fußballtrainer) Worte gelten auch für die aufgestellte Dokumentation. Denn die einmal aufgestellte Dokumentation, wie Prozessbeschreibungen und Checklisten, bleibt nicht für alle Ewigkeit gültig. Sinnvollerweise überprüfen Sie einmal jährlich ihre Prozesse und passen Sie entsprechend an. Es gibt vielfältige Möglichkeiten der Veränderung:

- Verbesserungsvorschläge Ihrer Mitarbeiter
- Festgestellte Fehler und Mängel
- Neue Softwarelösungen
- Neue Produktionsverfahren
- Entwicklung neuer Technologien
- Gesetzesänderungen im Steuerrecht, Datenschutz etc.
- Veränderung der Rechtsprechung

Je nachdem, ob Sie die Kapazitäten in Ihrem Unternehmen haben, können Sie die jährliche Prüfung Ihrer Prozesse auch mit Ihrem Mitarbeitern durchgehen. Das sieht die Steuergesetzgebung so vor, dass Sie die steuerrelevanten Abläufe jährlich auf ihre Gültigkeit und Funktionsweisen überprüft und entsprechend dokumentiert werden.

Um einen Blick über den Tellerrand Ihres Unternehmens hinaus zu bekommen, macht es durchaus Sinn, sich externe Auditoren ins Unternehmen zu holen. Der Vorteil daran ist, dieses Expertenwissen abzugreifen und von dieser Erfahrung zu profitieren. Besonders für den steuerrechtlichen Teil der Überprüfung macht dies Sinn, denn Sie müssen dann nicht selbst ihr steuerliches Fachwissen aktuell halten.

27.5.4   Ausblick

Sie können sich nun über die immer komplexer werdende Steuergesetzgebung ärgern oder nicht. Der erfolgreiche Unternehmer sieht gerade darin die Chance, sein Unternehmen weiter zu entwickeln. Folgende Chancen in der Dokumentation ihrer Geschäftsabläufe sehe ich losgelöst von den steuergesetzlichen Anforderungen:

- Durch die Beschreibung Ihrer Geschäftsprozesse erkennen Sie Verbesserungspotenzial in vielen Bereichen ihres Unternehmens.
- Sie können Mitarbeiter besser in Veränderungsprozesse (Chance Management) einbinden. Viele gute Ideen schlummern in deren Köpfe und müssen nur geweckt werden.
- Bei Veränderungen, die teilweise im Umfeld des Unternehmens entstehen, wie verändertes Kundenverhalten, Aufbau eines Online-Handels, wissen Sie sofort, welchen Prozess Sie verändern oder neu entwickeln müssen.

- Mitarbeiterwissen wird durch Prozessbeschreibungen, Checklisten und Arbeitsanweisungen im Unternehmen gehalten.
- Arbeitsabläufe werden transparent und können abteilungsübergreifend zu verbesserten Arbeitsschritten führen.

Die Welt wird sich weiterdrehen. Je komplexer oder internationaler unsere Geschäftsabläufe werden, desto anspruchsvoller wird auch die Steuergesetzgebung werden. Ein gewisses unternehmerisches Risiko gehört zum Unternehmerleben einfach dazu. Es kann mit einfachen Mitteln greifbar und bewertbar gemacht werden. Daraus die richtigen Schlüsse zu ziehen und Vorsorgen zu treffen, liegt in der Hand jedes einzelnen Unternehmers. Handeln Sie jetzt.

Literatur

Arbeitsgruppe „Tax Compliance". (2016). *Praxishinweis 1/2016 zur Ausgestaltung und Prüfung eines Tax Compliance Management-Systems gemäß IDW PS 980.* https://www.wts.com/wts.de/publications/wts-tax-weekly/anhange/2017_29_1_idw-praxishinweis-1-2016.pdf. Zugegriffen am 22.01.2019.

Bundesministerium der Finanzen. (Hrsg.). (2014). *Grundsätze zur ordnungsmäßigen Führung und Aufbewahrung von Büchern, Aufzeichnungen und Unterlagen in elektronischer Form sowie zum Datenzugriff (GoBD).* https://www.bundesfinanzministerium.de/Content/DE/Downloads/BMF_Schreiben/Weitere_Steuerthemen/Abgabenordnung/Datenzugriff_GDPdU/2014-11-14-GoBD.pdf?__blob=publicationFile. Zugegriffen am 22.01.2019.

Bundesministerium der Finanzen. (Hrsg.). (2016). *Anwendungserlass zu § 153 AO.* https://www.bundesfinanzministerium.de/Content/DE/Downloads/BMF_Schreiben/Weitere_Steuerthemen/Abgabenordnung/AO-Anwendungserlass/2016-05-23-anwendungserlass-zu-paragraf-153-AO.pdf;jsessionid=456068EA6CE3A513EA47388E94EF10C9?__blob=publicationFile&v=1. Zugegriffen am 22.01.2019.

Bundessteuerberaterkammer (BStBK). (Hrsg.). (2018). *Hinweise der Bundessteuerberaterkammer für ein steuerliches innerbetriebliches Kontrollsystem – Steuer IKS.* https://www.bstbk.de/export/sites/standard/de/ressourcen/Dokumente/04_presse/publikationen/02_steuerrecht_rechnungslegung/53_2018-07-09_IKS-Hinweise.pdf. Zugegriffen am 22.01.2019.

HRRS. (Hrsg.). (2017). *BGH 1 StR 265/16.* https://www.hrr-strafrecht.de/hrr/1/16/1-265-16.php. Zugegriffen am 22.01.2019 (HRRS bezieht sich auf die Online-Zeitschrift für Strafrecht (http://www.hrr-strafrecht.de)).

Krügler, E. (2011). Compliance – Ein Thema mit vielen Facetten. *Umwelt Magazin,* (7/8), 50.

Thomas Vellante ist Steuerberater mit eigener Kanzlei in Otterfing im Münchner Süden. Nach seinem Studium der Betriebswirtschaftslehre an der FH München hat er die Ausbildung zum Steuerberater absolviert. Eine zusätzliche Weiterbildung zum Fachberater für Restrukturierung und Unternehmensplanung (DStV e. V.) hat ihn auch als Begleiter in der Krisenprävention qualifiziert. Es ist ihm gelungen, die Kanzlei zu einer modernen mittelständischen Einheit auszubauen, die von regionalen, dauerhaften und vertrauensvollen Mandatsbeziehungen lebt. Die Organisation seiner Kanzlei ist nach DIN EN ISO 9001:2015 zertifiziert und arbeitet seit vielen Jahren papierlos. Im Rahmen des Steuerberater-Forum 2016 des NWB-Verlags hielt er einen Vortrag zum Thema „Auf dem Weg zur digitalen Kanzlei" und zeigte seinen Weg der Digitalisierung. Von Focus Money wurde die Kanzlei als einzige Kanzlei zwischen München und Österreich schon dreimal in Folge als TOP Steuerberater ausgezeichnet. Die langjährige Tätigkeit, die regelmäßigen Fortbildungen und die wissbegierige Auseinandersetzung mit den immer neuen Fragestellungen seiner Mandanten haben ihn zu einem verlässlichen Berater gemacht.

Als ihn seine beiden Kinder fragten, was sie in der Schule erzählen sollten, was er beruflich mache, schrieb er das Kinderbuch *Papa, was ist eine Steuer?*

Weitere Infos unter: www.kanzlei-vellante.de

Connecting People

Warum persönliche Netzwerke Erfolgsfaktoren für die Zukunft sind

Tatiana Vogt

Inhaltsverzeichnis

Zusammenfassung

Es war, ist und bleibt natürlich für einen Menschen, mit anderen Menschen ständig und regelmäßig zu kommunizieren. Wir erreichen dadurch eine spezielle emotionale Konditionierung, die uns unterstützt, motiviert und weiterbringt. Ohne Netzwerke, also persönliche und soziale Kontakte könnten wir überhaupt nicht (zufrieden) leben. Aber wie persönlich muss ein Netzwerk tatsächlich sein, um unseren Ansprüchen zu genügen? Und genügt heutzutage nicht auch nur eine lose virtuelle „Verkontaktung", um bereits erfolgreicher zu agieren? Die Digitalisierung prägt unser aller Leben und somit auch den Charakter unserer Netzwerke, doch bleibt die Persönlichkeit beim rein virtuellen Austausch häufig auf der Strecke. Wie man alle Möglichkeiten nutzt und dabei nicht beliebig agiert, sondern authentisch bleibt, beleuchte ich auch im Hinblick auf viele eigene Erfahrungen.

T. Vogt (✉)
VZGroup GmbH, Zug, Schweiz
E-Mail: t.vogt@vzgroup.ch

© Springer Fachmedien Wiesbaden GmbH, ein Teil von Springer Nature 2019
P. Buchenau (Hrsg.), *Chefsache Zukunft*, Chefsache,
https://doi.org/10.1007/978-3-658-26560-1_28

28.1   Netzwerke gibt es überall

Von der ersten E-Mail 1971 bis zu der Vision von einem Marc Zuckerberg, der nicht nur von einer allgemein vernetzten Gesellschaft träumt, sondern davon, dass jeder mit jedem vernetzt ist, war es gar kein so weiter Weg. Nicht mal eine Generation liegt dazwischen. Doch das sog. Networking ist keine Erfindung unserer Jahrzehnte. Geschäftsleute haben schon Jahrhunderte vor der weltweiten Internetvernetzung Seilschaften gegründet und damit Netzwerke aufgebaut. Das Arrangement von Hochzeiten durch Königshäuser diente ebenfalls dem Ziel, Vorteile aus diesen Verbindungen zu erlangen. Im Grunde begann es bereits mit der Entwicklung zwischenmenschlicher Kommunikation. Sich auszutauschen, schafft Verbindung. Der sorgsame Verbindungsaufbau schafft Vertrauen. Wer sich vertraut, geht Beziehungen ein. Der Homo sapiens hat sich überhaupt nur so enorm weiterentwickeln können, WEIL er, neben der Sesshaftigkeit, diesem Grundprinzip folgte – oder es schaffte, wie man es auch immer sehen will. Aber egal, ob das Ei vor der Henne da war: Ein Bedarf an sozialem Kontakt und Austausch kennzeichnet unsere Spezies von Anfang an und es macht uns auch heute noch stärker.

Es beginnt bereits damit, freundlich zu grüßen. Jeden? Ja, warum nicht? Im Unternehmen sowieso, ob im Treppenhaus, im Aufzug oder der Kantine. Auch unbekannte Kollegen. Aber warum nicht auch draußen beim Spaziergang? Ob jeden Tag Fremde oder gewisse Menschen, die man öfter im gleichen Park sieht – machen Sie ein Treffen daraus, indem Sie Grüße aussenden.

Natürlich kommt man erst auf den richtigen Pfad des Netztelns, wenn eine Interaktion, entsteht. Wird zurückgegrüßt? Vielleicht am ersten Tag noch nicht, aber am nächsten und am übernächsten entsteht schon ein kurzes Gespräch. Smalltalk zunächst. Daraus lässt sich erkennen, ob ein weiteres Kennenlernen lohnt. Ja, ob dies lohnenswert ist. Dies zu negieren muss ja nicht bedeuten, künftig nicht mehr freundlich zu grüßen, doch bedeutet Netzwerken auch nicht, mit jedem anzubandeln. Wem das zu opportunistisch anmutet, hat das Grundinteresse verstanden: Es liegt in der Vorteilsbeschaffung – für sich selbst UND andere. Es ist der Balanceakt zwischen Altruismus und Opportunismus – zweier Eigenschaften, die gegensätzlicher nicht sein könnten und doch vermengen sie sich bei jemandem, der das Prinzip des Netzwerkens verstanden hat, zu einer Wechselwirkung: Man gibt etwas, um etwas zu bekommen.

Daran ist nichts Unmoralisches, im Gegenteil. Es liegt im Grunde jedem Menschen im Blut – das ganze Leben ist ein einziges Netzwerk. Geflochten aus Dutzenden von Beziehungs- und Rollenmustern: Alle Mütter netzwerken, um sich gegenseitig mal die Kinder abzunehmen oder Tipps auszutauschen. In der Nachbarschaft hilft man sich, der eine mit Mehl, der andere beim Löcher-in-die Wand-bohren. Vordergründige Interaktion aus Freundlichkeit, gar Freundschaft, aber was steckt letztlich dahinter? Gemeinschaftssinn. Nicht allein sein Leben mit Problemen und möglichen Konfrontationen meistern zu müssen. Hilfe zu finden, wenn sie gebraucht wird. Hilfestellung zu geben, wenn sie verlangt wird.

Die Soziologie nennt diese Netze familiärer und gesellschaftlicher Beziehungen Soziale Netzwerke. So ist der Freund meines Freundes vielleicht noch nicht auch mein Freund, aber mir doch zumindest bekannt, also mit dem Potenzial für mehr. Bereits im Kindergarten fängt es an – der Blick über den Tellerrand der Familie. Die Schulen, Kirchengemeinden, Sportvereine. Wenn Sie Ihr Haus renovieren und dafür eine Handwerkerleistung einkaufen müssen, wen beauftragen Sie dann? Freunde, die in dem Bereich aktiv sind, um ihre Meinung und gegebenenfalls eine Empfehlung zu bitten, ist das normalste der Welt. Der Handwerksmeister vom alten Schlag, der Gott und die Welt kennengelernt hat und dadurch zum Fundus für so ziemlich alles wird, was man in einer Notsituation auf die Schnelle besorgen muss: Ist es verwerflich solches Wissen anzuzapfen? Ja, sich solche Dienste zu sichern?

Und schließlich die pure Notwendigkeit des Geschäftslebens: Wenn Sie in einer gewissen Position sind, dann sind Sie ohne ein Netzwerk ziemlich aufgeschmissen. Wer z. B. bürgt für einen Jungunternehmer, der erst einmal seine Leistung bekannt machen muss? Den und dessen Leistungsfähigkeit noch niemand kennt: Warum sollte man ausgerechnet ihn beauftragen?

Real und virtuell

Grundsätzlich unterscheidet man zwischen formalen und informellen Netzwerken. Letztere entstehen wie geschildert eher im Persönlichen. Man ist untereinander durch den Alltag eher locker vernetzt und baut ein Netzwerk selbst aus, mehr oder weniger ohne es zu merken. Es entsteht keine Vereinsstruktur.

Anders die formalen Netzwerke: Dabei handelt es sich um gezielte Zusammenschlüsse, etwa innerhalb von Unternehmen und Branchen sowie der Alumni von Universitäten. Die Service Clubs (Lions Club, Rotary Club etc.) gehören zu den ältesten regulierten Netzwerken der neueren Geschichte, in deren Aura sich die verschiedensten Business-Clubs jeglicher Couleur etabliert haben. Immer mehr im Trend: die Rednerclubs, wie z. B. die Toastmasters. Frauenbündnisse, die anfangs von Organisationen der Frauenbewegung oder innerhalb von Parteien gegründet wurden und sich heute weltweit in unzählige Nuancen gründen, sind ebenfalls nicht mehr wegzudenken und erfüllen eine wichtige Funktion.

Das Credo der beschriebenen sozialen realen Netzwerke adaptierend, haben sich in den letzten beiden Jahrzehnten die sozialen Netzwerke im Internet etabliert. Die Nutzer können sich im Internet nicht nur mit ihrem bereits bestehenden sozialen Umfeld zusammenschließen und sich untereinander austauschen, sondern erhalten die Möglichkeit, mit wildfremden Menschen in Kontakt zu treten. Dort ist alles möglich: von lokaler Vernetzung, die die Menschen aus einer Stadt zusammenbringt, bis zu der weltweiten Vernetzung via online-Plattformen, die keine Grenzen kennen. Hier sind gleiche Mitglieder in den verschiedenen Freundes- oder Bekanntenkreisen bereits eine Gemeinsamkeit, während andere Netzwerke sich auf gleiche Interessen oder Hobbys festlegen. Dabei gehen die Entwicklungen oft verschlungene Wege. Waren reine Businessnetzwerke wie Xing oder LinkedIn viele Jahre das, was ihr Name aussagte, verwässern die möglichen Funktionen dort diesen reinen Status heute immer mehr. Gleichzeitig wurde Facebook vom ehemals reinen Beziehungsstatustool im Lauf der Zeit mehr und mehr zum Sponsoringtool des eigenen Business.

Auch die Kontaktaufnahmewege haben sich enorm gewandelt. So sind kalt verschickte Synergieeffektenachrichten mittlerweile komplett verpönt. Sich selbst zu bewerben verlangt immer mehr Individualität, Kreativität und Esprit über die persönlichen Nachrichten. Erlebten die Online-Portale über viele Jahre einen immensen Boom, zahlten sie irgendwann ihrem Ruf als leicht – im Sinn von billig – zu generierende Kontakteknüller den berechtigten Tribut. Die User kehrten und kehren ihnen den Rücken und das reale, analoge Netzwerken bzw. die Kombination aus beidem, wird immer moderner. Wer sich in beiden Welten gut zurechtfindet, steht also auf den sichersten Füßen.

28.2   Die Digitalisierung des Lebens und soziale Beziehungen

Das Zeitalter der Digitalisierung verändert unser Leben und Zusammenleben radikal. Es hält Chancen in unfassbarer Fülle für uns bereit – doch macht diese in doppeltem Sinn Unfassbarkeit auch gleichzeitig einen Teil der Risiken deutlich, die es mit sich bringt. Die digitale Durchdringung unseres Alltags benötigt eine hohe Medienkompetenz. Wer ausschließlich die technischen Innovationen nutzt, um zu kommunizieren, braucht nicht nur eine Affinität für den Kontaktaufbau ohne den persönlichen Einsatz aller Sinn – dem muss es im Blut liegen. Es kann gelingen, aber nur, wenn jede Zelle des Körpers dafür schlägt, all seine Menschlichkeit authentisch via Tastatur an den Empfänger zu senden. Dass über diese Fähigkeit nicht besonders viele Menschen verfügen, dürfte klar sein. Dass insofern viel zu viele Menschen den falschen Weg gehen, wenn sie trotzdem versuchen, von der fortschreitenden Mediatisierung zu profitieren, ebenfalls.

Tools wie Facebook sollen es Menschen leichter machen, Gemeinschaften aufzubauen. Was sie dabei übersehen, ist etwas ganz Elementares: die Funktion, die reale soziale Beziehungen für unser Leben haben und die durch künstliche Intelligenz nicht adaptiert oder gar verbessert werden kann.

Funktionierende soziale Beziehungen der Menschen untereinander sind der Kitt für alles, was sich aus dem Zusammenspiel Positives ergeben soll. Ganz konkret bedeutet das: Selbst wenn jemand einen recht guten zwischenmenschlichen Kontakt über einen Messenger aufgebaut hat, bedeutet dies keineswegs, dass sich dieser als stabil und zuverlässig erweist. Und es bedeutet auch nicht, dass dieser Kontakt, also der Mensch dahinter, zu einer wirklichen Bezugsperson geworden ist. Die aber ist es, was eine soziale Beziehung ausmacht: Ein anderer Mensch steht in Bezug zu mir. Er unterstützt mich und ich unterstütze ihn – wir vertrauen uns. Dies macht für das soziale Wesen Mensch ein wichtiges Kapital aus, die Sicherheit eines Bezugspunkts, die Quelle von Wohlbefinden.

Zwei Langzeitstudien gehen in ihren Ergebnissen sogar noch weiter. Sie fanden auf die elementare Frage: Was macht den Menschen glücklich? die Antwort: „Gute Beziehungen machen uns glücklicher und gesünder. Punkt." (Studienleiter Robert Waldinger 2015, Direktor der „Harvard Study of Adult Development" in einem Vortrag)

The Grant Study und The Glueck Study beschäftigten sich über 90 Jahre mit über 800 Menschen aus den USA und ihren Lebensgeschichten (HSGS 2015). Sie testeten ihre Blutbilder, scannten ihre Gehirne und befragten sie eingehend alle paar Jahre. Vor allem beobachtete man sie dabei, wie sie auf die Wechselfälle des Lebens reagierten, wie sie mit Schicksalsschlägen umgingen. Die Analyse ergab den oben schon zitierten Punkt. „Es geht nicht um die Anzahl der Freunde, oder ob man in einer verpflichteten Beziehung steckt. Es ist die Qualität der nahen Beziehungen, die zählt", so Waldinger weiter. „Die Betonung liegt dabei auf gut." Das Gefühl, auf den anderen zählen zu können und sich sicher zu fühlen, sei ausschlaggebend für eine gute und stabile Beziehung.

Gemeinsam durch dick und dünn zu gehen, sich gegenseitig genauso zu trösten, wie gemeinsam zu feiern – das Leben ist einfach einfacher, wenn man es nicht allein lebt. Soziale Beziehungen vertiefen die Freude am Sein.

Aber: Betrifft dies nicht nur Familien oder Freundschaften? Und – wäre dies dann nicht eine zu enorme Messlatte, wenn man sie für Netzwerke anlegen wollte: Netzwerkpartnerschaft gleich Freundschaft?

Dies zu fordern, ginge sicher zu weit. Aber es ist die Qualität der Kontakte – die Qualität vor Quantität – die den Ausschlag gibt. Wichtiger als viele lose Bekanntschaften sind ein paar sehr gute Freunde, auf die man sich im Notfall verlassen kann. Statt also über ein soziales Netzwerk oder ein Businessportal die zigste Freundschaftsanfrage an jemanden zu verschicken, den wir noch nie persönlich gesehen haben – und dies auch nicht vorhaben – sollten wir lieber auf die Qualität unserer bestehenden Kontakte Wert legen. Die entsteht in erster Linie aufgrund gemeinsam gemachter Erfahrungen. Realer Erfahrungen, die eine Basis für Vertrauen und für eine tragfähige Beziehungskultur schaffen.

In den nahezu unendlichen Weiten des World Wide Web erschaffen soziale Netzwerke eine komplett neue soziale Dimension. Ob diese tragfähig oder gar eine bessere als die bekannte ist, ist fraglich. Denn wenn man Netzwerken mit Verbindung zu anderen Menschen aufbauen oder pflegen übersetzt, dann ist mir dies zu kurz gesprungen. Ich sage: Beim Netzwerken geht es darum eine Beziehung aufzubauen und zu pflegen.

28.3 Gutes Networking ist Beziehungsaufbau

Jedes Netzwerk ist einzigartig. Es muss neu entwickelt und dann gestaltet, also am Leben erhalten und ausgeweitet werden. Es dabei nicht zu überdehnen, ist eine große Kunst. Nicht immer zählt die Reichweite, also Größe. Es kann durchaus auch sinnvoll sein, sein Netzwerk klein aber fein zu halten, denn eine übersichtliche, aber fest verwobene Struktur kann effektivere Ergebnisse erzielen, also bedeutsamer sein als eine weitläufig verzweigte.

Das macht eine Typisierung komplex. In Abhängigkeit von der Zahl gewünschter oder tatsächlicher Kontakte und deren Maß an intensivem Austausch. Für eine generelle Definition eines Netzwerks gibt es also bereits auf den ersten Blick zu viele Bezugsgrößen und

mögliche individuelle Akzentuierungen. Doch lassen sich die Basics eines jeden Netzwerks relativ leicht ausmachen:

- Freiwilligkeit
- Auf Dauer angelegt
- Autonomie der Mitglieder
- Gegenseitigkeitsprinzip als Grundlage: auf Ergänzung statt Konkurrenz ausgelegt
- Ein hohes Maß an flexibler Kommunikation
- Ein Minimum an zentral gesteuerter Kommunikation zur Organisation
- Ein gewisses Maß an Informalität
- Keine (kontrollierenden) Hierarchieebenen
- Flexibilität und Anpassungsfähigkeit gegenüber den Umweltbedingungen

Die folgenden Faktoren entscheiden allerdings darüber, ob das Unterfangen, ein Netzwerk
zu gründen oder für sich nutzbar zu machen, überhaupt Aussicht auf Erfolg hat:

- Qualität der Kontaktaufnahme: Kommunikation
- Qualität der Beziehungen: Vertrauen
- Qualität der Kontakte: Kooperation

Wichtigstes Grundprinzip: Kommunikation

Im deutschen Wort Kommunikation stecken das lateinische „communicatio" für Mitteilung und das Verb „communicare" für teilen, mitteilen, gemeinschaftlich machen. Für
mich bedeutet Kommunizieren: sich einbringen, sich in Gesellschaft bringen, gesellig
sein. Ein Netz zu werkeln ist Kommunikation. Pur. Es geht nicht ohne. Weder sein Aufbau,
noch sein Erhalt. Das gilt genauso dafür, sich in ein bestehendes Netz zu integrieren.
Selbst wenn ein schweigender Mensch auch irgendwie kommuniziert, so gilt Watzlawik
an der Stelle nicht: Netzwerken hat mit Austauschen zu tun – in doppeltem Sinn. Vor,
während und nach dem Geben und Nehmen von interessanten Informationen, steht der
Austausch mit Worten, darüber hinaus das Interesse an einer gewissen Intensität der Kontaktpflege und der Geschicklichkeit dafür.

Kommunikationskompetenz bedeutet Begabung nicht nur im Umgang mit Worten. Da
ist manchmal ganzer Körpereinsatz gefragt. Mimik, Gestik und vielleicht gerade das
Nichtgesagte, aber zwischen den Zeilen trotzdem gut Hörbare machen den Unterschied
aus. Deshalb ist der persönliche Kontakt so wichtig. Viele Unternehmen, Vereine und internationale Organisationen nutzen umfassend die modernen Formen digitaler Kommunikation (z. B. via Newsletter, Webinars, Skype-Konferenzen etc.) mit ihren Kunden, Mitgliedern, Geschäftspartnern, Sponsoren. Doch ersetzt beispielsweise ein Telefonat per
Skype nicht den persönlichen Kontakt.

Als Ambassador eines großen internationalen Netzwerks von Expats in 420 Ländern
war ich längere Zeit mit diesem Thema befasst. Es gab eine gut entwickelte soziale Plattform im Intranet, mit Profil, Chats und Expats'-Online-Guide, worüber sich Mitglieder

und Ambassadore von der ganzen Welt austauschen konnten. Sie wurden häufig per E-Mail und mithilfe unzähliger Newsletter angeschrieben und eingeladen, an Webinaren und Questionnaires teilzunehmen. Ein persönliches Treffen, beispielsweise in Form einer jährlichen Konferenz, gab es aber nie. Dies demotivierte auf Dauer die Ambassadore, da der persönliche Kontakt, das Feedback und die direkte Wertschätzung des Engagements durch die Verantwortlichen der Organisation fehlte.

All die modernen und wichtigen Möglichkeiten heutiger Online-Tools haben nach wie vor einen enormen Vorteil: Sie ermöglichen es uns, täglich mit sehr vielen Menschen in Kontakt zu bleiben. Sowohl mit uns bereits bekannten Menschen, wie Verwandten, Freunden und Bekannten, als auch mit persönlich unbekannten Menschen. Sie werden zum Nachteil, wenn sie die Realität untergraben.

Ich plädiere für den guten alten Spruch: Das eine tun, das andere nicht lassen. Es ist die Balance, die wir innerhalb der eröffneten Freiheitsräume suchen und finden müssen. Dann können wir mithilfe medialen Handelns und Kommunizierens das Sahnehäubchen des Netzwerkens abschöpfen. Dabei geht es weniger um eine manifestierte Gewichtung des realen und digitalen Lebens, sondern um die sinnvolle Verknüpfung von online und offline. Eruieren von Gemeinsamkeiten im geschäftlichen Umgang oder abstoßende Verhaltensweisen, Sympathie oder Antipathie – all das ist auch auf Distanz herauszufinden. Alles, was sich vorher abspielt, das Schreiben, das Skypen, das Telefonieren, kann sogar weit über ein erstes Abchecken bereits eine gewisse Nähe aufbauen. Will man den Grad an Beziehungsaufbau jedoch definieren, so steht man bis dahin lediglich in Verbindung. Ob die Chemie wirklich stimmt und um eine Beziehung aufzubauen, braucht es mehr als die Kommunikation via Sozialnetzwerk. Geht es um den vertiefenden Aufbau des Kontakts, um die Herstellung einer zwischenmenschlichen Beziehung, kommt man, meiner festen Überzeugung nach, um ein persönliches Treffen nicht herum. Denn erst im Zusammenspiel aller menschlichen Sinne kann man erlernen, ob sich eine emotionale Bindung herstellen lässt. Eine wirkliche soziale Beziehung entsteht nur in einem persönlichen sozialen Kontakt.

Demgegenüber basieren Misstrauen und Vorbehalte gegenüber einem reinen digitalen Kontakt auf dem reduzierten Maß an gemeinsamen Erfahrungen und der daraus resultierenden geringeren Vertrautheit. Zudem fehlen die nonverbale Kommunikation und die Möglichkeit, unmittelbar zu insistieren. Beides Punkte, die schon für gute Freunde, die sich mithilfe von Nachrichten-Apps austauschen, zu Konflikten führen können. Für Wildfremde können dies unüberwindliche Hürden werden. Darüber zu stolpern, obwohl man sich vielleicht im realen Treffen durchaus sympathisch gewesen wäre, ist schlichtweg schade.

Virtuelle Netzwerke bieten eine praktische Brücke für eine gewisse Zeit – aber für die Dauer bleiben sie ungenügend.

Wichtigster Mechanismus: Vertrauen

Sind der Preis beim Markt und die Macht bei der Hierarchie die Mechanismen der Koordination der Handlungen, ist dies beim Netzwerk das Vertrauen in- und untereinander. Netzwerke basieren darauf. Sie sind ohne gar nicht denkbar, also nicht funktionsfähig. Die intensiven Interaktionen und besonders die fehlenden Möglichkeiten zur Sanktionierung machen es notwendig, um die Mitglieder in die Lage zu versetzen, sich kooperativ zu verhalten und ihre Ressourcen auch wirklich umfassend in das Netzwerk einzubringen. Zudem werden die in das Netzwerk investierten Leistungen i. d. R. nicht auf der Stelle vergütet, sodass der Netzwerkpartner darauf vertrauen muss, zu einem späteren Zeitpunkt ebenfalls von der Kooperation profitieren zu können. Vertrauen bildet da den Mechanismus, diese Asynchronität des Leistungsaustauschs zu überbrücken.

Wer von guten Kontakten spricht, sollte genau das damit meinen: Nicht die Masse, nicht die Bekanntheit oder der Erfolg der Menschen hinter den Namen, nicht die eigenen egoistischen Ambitionen, sondern die Qualität und das Interesse an den Menschen, die das Netzwerk ausmachen und zusammenhalten, sind entscheidend. Und diese Faktoren basieren auf gegenseitiger Sympathie, aus der Vertrauen erwachsen kann.

Die Alltagsbedeutung des Begriffs Vertrauen ist offensichtlich diffus und so stößt man auch in der Literatur zum Thema auf einen Definitionsüberfluss (Hartmann und Offe 2001, S. 24). „Vertrauen ist zukunftsbezogen und beruht zugleich auf Erfahrungen in der Vergangenheit. Vertrauen hat mit Vagheit und eingeschränkter Antizipation der Praxis und des Verhaltens des anderen zu tun. Vertrauen ist ein Zustand zwischen Wissen und Nicht-Wissen: Jemand, dem alle relevanten Umstände seines Handelns bekannt sind, braucht nicht zu vertrauen, während jemand, der nichts weiß, nicht vertrauen kann. Vertrauen impliziert eine risikoreiche Wahl, wobei das Risiko darin liegt, bei enttäuschtem Vertrauen persönlich negative Konsequenzen tragen zu müssen" (Clases und Wehner 2000). Und so könnte man noch ewig weiter schwadronieren. Versuchen wir eine Struktur hineinzubringen, so sind die zentralen Punkte:

Vermutung in Bezug auf das zukünftige Handeln anderer
Der Vertrauensnehmer muss ebenfalls frei in seinem Handeln sein. Er muss die Möglichkeit des Ausstiegs sowie des unkooperativen oder opportunistischen Handelns haben (Hartmann und Offe 2001, S. 249).

Vertrauen ist die Kraft für dauerhaften Erfolg in jeder Hinsicht. Vertrauen kann nicht verhandelt werden – höchstens erhandelt.

Wichtigstes Ziel: Kooperation

Die Definition von Sydow, der das Netzwerk als „Kooperation in und/oder zwischen relativ autonomen, gleichwohl in ein Netz von Beziehungen eingebundenen Organisationen bzw. Unternehmungen oder Organisationseinheiten" (Sydow 2010, S. 1) beschreibt, bleibt vage und trifft doch den wichtigen Kern, ja das Herzstück des Networkings: die Kooperation.

Ein Netzwerk ist immer nur so gut, wie die Kooperation, die es schafft. Auch wenn es in der Theorie schriftlich fixierte Kooperationsvereinbarungen gibt – die Realität schreibt die Geschichte. Kein noch so großer und bekannter Name über Generationen gepflegter Elitenetzwerke, keine noch so ambitionierte Überschrift, kann diese herbeizaubern oder gar ersetzen. Der persönliche Einsatz bleibt die wichtigste Saat und die im Außen wahrgenommene Integrität und Zuverlässigkeit der nachhaltigste Nährboden. Das macht das folgende Beispiel deutlich.

28.4 Netzwerken durch Organisieren

Alle drei Netzwerkfaktoren: Die Kommunikation, das Vertrauen und v. a. die Kooperation sind mithilfe einer Tätigkeit erreichbar und zu pflegen – dem gemeinsamen Organisieren.

Nicht nur die klassischen und bekannten Wege der Job- und Karrieremessen oder Network-Events bieten Gelegenheit, das Netzwerk um einen persönlich bekannten Personenkreis zu erweitern. Es gibt zahlreiche individuelle Möglichkeiten, sich sein Netzwerk zu suchen. Der Ausgangspunkt dafür sollte immer sein, es sich zumindest annähernd danach auszusuchen, wo die eigenen persönlichen Interessen liegen. Ein Sumo-Ringer ist beim Fußball falsch, genauso wie ein Balletttänzer. Manche sind in der Wirtschaft falsch und gehören an die Uni. Andere sind im Vertrieb falsch und gehören ins Büro. Wer Kundenkontakt hat, kann die Kontakte auch nicht auf die Menschen reduzieren, mit denen er auch privat gern sprechen würde. Man findet nie ein Umfeld, wo alle genau so sind, wie man selbst ist.

Aber: Wenn man im richtigen Teich mitschwimmt, ist Netzwerken einfacher – der Energieaufwand, sich ansonsten permanent auf andere Bedingungen als die, die einem liegen, einzustellen oder sich gar zu verstellen, ist ansonsten zu hoch. Bleiben Sie authentisch. Und wenn es in Ihrem näheren Umfeld kein Netzwerk geben sollte, das Ihnen zusagt:

Gründen sie doch einfach selbst eins – und noch besser: Tun Sie es, ohne es aktiv zu tun, sondern indem Sie ein größeres Event organisieren.

Wenn ich hier empfehle, beispielsweise einen Weihnachtsmarkt zu organisieren, an einem Standort, an dem es bislang noch keinen derartigen Markt gab, dann tue ich das aus eigener, gemachter Erfahrung. Neu in einer Stadt kam mir dies als Idee, um möglichst schnell möglichst viele Kontakte zu knüpfen. Was auf den ersten Blick wie ein einmaliges Event anmutet, wächst sich bei näherem Hinsehen und mit etwas Geschick zu einem dauerhaften Networking aus. Denn kaum ist der Markt über die Bühne gebracht, sollte man auch schon wieder mit der Planung des nächsten beginnen, denn ein Jahr ist schnell um und Weihnachten steht sowieso immer schneller vor der Tür.

Einen Weihnachtsmarkt zu planen ist ein zeitintensives Unterfangen. Doch lohnt der Benefit den Einsatz mehr als einmal. Die Liste der Kontakte, vom Bürgermeister bis zum Straßenfeger, wuchs schier unendlich an. Dazu die Aussteller, Vermieter der Ausstellerhütten, Förster für die Tannen, Elektriker, Weihnachtsmänner, Engel, das Blasorchester, Menschen für eine Andacht, die Dekoration, das Bühnenprogramm – das Ambiente etc.

Der Kontaktaufbau zu den Sponsoren ist besonders bedeutsam und gehört deshalb auch besonders behutsam aufgebaut.

Wer sich einer solchen Mammutaufgabe stellt, der darf sich nicht davor scheuen zu kommunizieren und das auch in Form klarer Ansagen. Der braucht aber v. a. ein tragfähiges Team. Dies zusammenzustellen und dann alle Ideen und Inspirationen zusammenzutragen, zu bündeln und auf den Weg zu bringen, schweißt zusammen. Dies kann nicht via moderner Kommunikationskanäle und Online-Medien funktionieren, dies geht einzig und allein mithilfe persönlicher Austauschmöglichkeiten und regelmäßiger Treffen.

Der wichtigste Aspekt dabei ist: Es gibt ein Ziel, das man nur mit vielen verschiedenen Menschen erreichen kann – und dieses Ziel heißt nicht: Ich baue ein Netzwerk auf, sondern: ich organisiere etwas perfekt. Im Erreichen dieses Arbeitsziels wird jedoch automatisch ein Beziehungsziel inkludiert. Es geht gar nicht anders. Viele Menschen interagieren, kommunizieren und kooperieren. Jeder dieser Menschen beteiligt sich am Hauptziel und viele, wenn nicht die meisten, teilen sich das Nebenziel: die Verkontaktung. Eine heterogene Gruppe vereint unter homogener Zielrichtung. Eine fruchtbare Basis für disziplinübergreifenden Beziehungsaufbau wie ganz nebenbei. Ein weiterer Vorteil: Jeder einzelne Teilnehmer am Projekt Weihnachtsmarkt bringt sich praktisch oder zumindest konstruktiv ein. Es ist also schon im Erstkontakt zu sehen, wo die Ressourcen des Einzelnen liegen, wer sich wie intensiv für ein Vorhaben engagiert, wie hoch die Leistungsbereitschaft ist, die Lust am Austausch und am Miteinander. Als Koordinator gewann ich so Einsichten, die ich sonst im klassischen Networking, ob in fröhlicher Runde oder beim Businessfrühstück per Eigendarstellung, vielleicht nie hätte erlangen können. Die ermunternde Atmosphäre und offene Stimmung unserer Arbeitstreffen taten ihr Übriges, um aus der grundsätzlich strategischen Zielvorstellung heraus ein Klima des Vertrauens zu schaffen.

Der Phantasie des eigenen Organisationstools sind keine Grenzen gesetzt. Suchen Sie sich das Thema aus, das Ihnen selbst Spaß macht. Dann fällt es leichter, eine Struktur zu erarbeiten, und der Arbeitsprozess an sich wirkt stimulierend.

28.5 Persönlichkeit verbindet und verpflichtet

„Connecting people" – netzwerken Sie, indem Sie sich mit den Menschen treffen und treffen Sie beim Netzwerken den Kern der Persönlichkeit der Menschen. Menschen sind verschieden. Wenn ich also das persönliche Netzwerken empfehle, dann bedeutet dies nicht nur den persönlichen Auge-in-Auge-Kontakt und es persönlich so zu handhaben, wie man es selbst braucht. Sondern auch, das Gegenüber als und in seiner Persönlichkeit achtsam wahrzunehmen und darauf zu achten, was er benötigt. Es gibt so viele unterschiedliche Bedürfnisse und Persönlichkeitseigenschaften, die das Verhalten lenken; hinzukommen die Lebenssituationen und gerade vorherrschenden Bedingungen eines jeden – wer da nur auf seine eigenen Befindlichkeiten achtet, wird etliche Menschen erst gar nicht abholen.

Introvertierte und extravertierte Menschen netzwerken beispielsweise schon von Grund auf verschieden. Da gibt es kein besser oder schlechter, es ist immer nur ein anders. Sich auf dieses andere, als man selbst gestrickt ist, einzustellen – darauf kommt es an, wenn ich vom persönlichen Netzwerken spreche. Nicht jedem ist es in die Wiege gelegt, damit auch den persönlichen realen Kontakt zu meinen. Das ist natürlich nicht immer kompatibel. Doch entgegen der sog. Goldenen Regel: Was du nicht willst, das man dir tu, das füg auch keinem andern zu, präferiere ich im Rahmen des Netzwerkens einen etwas anderen Ansatz. Sicher nicht den, altruistisch zu handeln, aber doch, im Sinn der Kommunikation von Senden und Empfangen, den Empfänger im Sinn zu haben – zumindest auch. Was wiederum nicht bedeuten darf, seine eigenen Veranlagungen zu negieren. Auch hier spielt die Balance eine tragende Rolle. Das gelingt jedoch vielen Menschen nur dann, wenn die eigenen, persönlichen Anteile ausreichend berücksichtigt werden. Sich zurückzunehmen und auf den Netzwerkpartner angemessen einzugehen, der dies vielleicht gerade nötiger braucht, erfordert eine hohe emotionale Kompetenz und Empathie. Wer in dieses Thema entsprechend investiert, kann allerdings aus etwas, was zunächst vielleicht nur nach Gewinnoptimierung im Sinn von Aufträgen oder eines neuen Jobs gestrebt hat, auch einen wahrhaft persönlichen Gewinn ziehen. Menschliche Kontakte, die auch darüber hinaus äußerst tragfähige, stabile, persönliche, soziale Beziehungen darstellen.

In diesem Sinn wünsche ich Ihnen ein gutes Gelingen beim Knüpfen Ihrer Netze und ansprechende und lukrative Fänge.

Literatur

Clases, C., & Wehner, T. (2000). *Vertrauen*. https://www.spektrum.de/lexikon/psychologie/vertrauen/16374. Zugegriffen am 15.12.2018.
Hartmann, M., & Offe, C. (Hrsg.). (2001). *Vertrauen. Die Grundlagen des gesellschaftlichen Zusammenhalts*. Frankfurt/New York: Campus.
HSGS. (Hrsg.). (2015) *Data collection*. https://www.adultdevelopmentstudy.org/datacollection. Zugegriffen am 10.12.2018.
Jörg Sydow(2010) Management von Netzwerkorganisationen. (eBook). Wiesbaden: Gabler..
Waldinger, R. (2015). *What makes a good life? Lessons from the longest study on hapiness*. https://www.ted.com/talks/robert_waldinger_what_makes_a_good_life_lessons_from_the_longest_study_on_happiness#t-53188. Zugegriffen am 16.12.2018.

Tatiana Vogt, geboren 1978 in Russland, ist im Marketing, Verkauf, der Export- und Immobilienberatung sowie dem Event Management zuhause.

Nach ihrem Studium zur Diplombetriebswissenschaftlerin kam sie über einen Studentenaustausch im Jahr 2000 in die Schweiz. In den darauffolgenden Jahren war sie als unabhängige Exportberaterin für den Markt in Russland eine herausragende Expertin. Daraus entsprangen wichtige Verbindungen für Schweizer und internationale Unternehmen in den Bereichen Konsumgüter, Lebensmitteltechnologie und Immobilien.

Im Jahr 2009 gründete sie die VZGroup GmbH, die in den Bereichen Immobilienberatung, Verkauf von Gewerbe- und Wohnimmobilien in der Schweiz tätig ist. Beratungen im Bereich Relocation – Umzug von Privaten und Firmen in die Schweiz – runden das Portfolio perfekt ab. Als Präsidentin des Vereins „Zuger Weihnachtsmarkt" etablierte sie den Markt in der Zuger Altstadt. Er ist weit über die Stadtgrenzen hinaus bekannt als traditionelles Erlebnis in der Vorweihnachtszeit.

Nach ihren Büchern Real estate in Switzerland (2008) und Real estate and business in Switzerland (2015) für ausländische Investoren in der Schweiz für ausländische Investoren in der Schweiz, lässt sie uns nun als Unternehmerin, interkulturelle Kommunikationstrainerin und Gründerin und Repräsentantin mehrerer Communities und zahlreicher Networking-Events, an ihrem Erfahrungsschatz zum Thema Beziehungsaufbau teilhaben.

Epidemie Adipositas – Tsunami Typ-2-Diabetes

29

Diese Herausforderungen im Gesundheitssystem sind nur durch neue Strategien zu meistern

Hardy Walle

Inhaltsverzeichnis

Zusammenfassung

Fehlernährung und Bewegungsmangel führen zu einer zunehmend adipösen Gesellschaft. Die Folge ist eine enorme Zunahme der Zivilisationserkrankungen wie Typ-2-Diabetes, Bluthochdruck, Herzinfarkt und Schlaganfall, Gelenkerkrankungen wie auch Demenz. Zudem überaltert unsere Bevölkerung zusehends, was zwangsläufig zu einem weiteren Anstieg der genannten Erkrankungen führt. Auf der anderen Seite gehen wir einem Ärztemangel entgegen; Pflegekräfte fehlen bereits heute.

H. Walle (✉)
Bodymed AG, Kirkel, Deutschland
E-Mail: h.walle@bodymed.com

© Springer Fachmedien Wiesbaden GmbH, ein Teil von Springer Nature 2019
P. Buchenau (Hrsg.), *Chefsache Zukunft*, Chefsache,
https://doi.org/10.1007/978-3-658-26560-1_29

Will man die Herausforderungen in unserem Gesundheitssystem in Zukunft meistern, muss man sich neuen Technologien gegenüber öffnen. Mit cloud-basierten Gesundheitsplattformen stehen Gesundheitsinformationen jederzeit und ortsunabhängig zur Verfügung. Moderne Coaching-Systeme, die mit Unterstützung von künstlicher Intelligenz (KI) arbeiten, können und sollen Ärzte und Gesundheitsfachkräfte zwar nicht ersetzen, aber deutlich entlasten. So werden durch die Nutzung moderner Technologien Zeitfenster frei, die dann zur individuellen, personifizierten Beratung sowie Coaching für mehr Personen zur Verfügung stehen.

Die gesetzlichen Rahmenbedingungen für telemedizinische Sprechstunden sind gestellt, Fördergelder für die Entwicklung von Beratungs- und Coaching-Systemen, die durch KI eine hohe Effektivität erhalten, stehen zur Verfügung. Um die notwendigen Effekte auf die Gesundheit zu erzielen, müssen aber auch die Beratungsinhalte auf den aktuellen Stand der Wissenschaft gebracht werden.

Der Beitrag gibt einen Überblick darüber, was zurzeit schon möglich ist und welche Chancen sich für die Zukunft ergeben.

29.1 Typ-2-Diabetes wird zum Problem

Die Deutschen werden immer dicker – und nicht nur die Deutschen. Übergewicht und Adipositas überrollen die Industrienationen. Und auch die Schwellenländer stehen in den Startlöchern. Allein in Deutschland haben bereits etwa 10 % der Bevölkerung einem Typ-2-Diabetes. Hierbei ist die Dunkelziffer von etwa 2 % noch nicht einmal mitgerechnet.

Nach dem „Deutschen Gesundheitsbericht Diabetes 2019" (DDG 2018) kommen pro Jahr 500.000 neue Typ-2-Diabetiker hinzu. Glaubte man bisher, dass etwa 2,3 % der Todesfälle mit Diabetes in Verbindung stehen, weist der Diabetes Bericht 2019 dagegen einen Zusammenhang mit 16 % aller Todesfälle aus.

Fehlernährung + Bewegungsmangel = Typ-2-Diabetes
Die Hauptursache für Typ-2-Diabetes ist Fehlernährung mit Bewegungsmangel. Die Folgen sind Fettleber und Adipositas. Eine qualifizierte und flächendeckende Ernährungsberatung wird in Deutschland nicht angeboten, eine öffentliche Finanzierung ist bei dem enormen Bedarf nicht darstellbar. Zudem sind die üblichen Programme nicht ausreichend effektiv und versagen langfristig. Um die Epidemie Adipositas zu stoppen, ist eine effektive und zugleich kostengünstige Ernährungsberatung in der Fläche notwendig. Diese sollte zudem von qualifizierten Ernährungsfachkräften, bei Patienten mit Begleiterkrankungen wie Typ-2-Diabetes, Fettstoffwechselstörungen oder Herz-Kreislauf-Erkrankungen in Zusammenarbeit mit Ärzten angeboten werden.

Der Bedarf übersteigt schon jetzt das Angebot

Wir gehen in Deutschland jedoch einem Ärztemangel entgegen. Gerade in ländlichen Gebieten, insbesondere in den neuen Bundesländern, entwickelt sich eine zunehmende Unterversorgung. Bereits heute bersten die Praxen, die zeitlichen Ressourcen für eine (zusätzliche) Ernährungsberatung sind mehr als begrenzt – bei exponentiell steigendem Bedarf.

29.2 Digitalisierung als Chance verstehen

Es stellt sich daher zwingend die Frage nach zukunftsfähigen Konzepten:

a. Ernährungsberatung muss effektiv, dabei einfach und in der Fläche umsetzbar sein. Hier sind Mahlzeitersatzprogramme den klassischen Programmen, die versuchen, allein durch Ernährungsumstellung dauerhaft Gewicht zu reduzieren, nachweislich überlegen. Die meist von Krankenkassen angebotenen und von den Fachgesellschaften empfohlenen klassischen Konzepte erfüllen die geltenden Erfolgskriterien für Gewichtsreduktionsprogramme nur in einem geringen Prozentsatz. Selbst sehr aufwendige und dadurch kostspielige Konzepte wie das nicht mehr angebotene Programm M.O.B.I.L.I.S. schaffen nur etwas mehr als fünf Kilogramm Gewichtsverlust in einem Jahr. Mahlzeitersatzprogramme kommen in Kombination mit strukturierter Schulung auf doppelt so gute Ergebnisse.
b. Steht eine nichtalkoholische Fettleber (NAFLD) im Vordergrund, sind initial spezielle Programme zur Entfettung der Leber notwendig. Diese werden zwar heute in Deutschland bereits angeboten, jedoch übersteigt zunehmend der Bedarf das Angebot. Die Kosten für eine solche Ernährungsberatung müssen meist vom Patienten selbst getragen werden. Eine kostengerechte Honorierung dieser Ernährungsberatung ist im kassenfinanzierten System i. d. R. nicht vorgesehen. Lediglich eine Teilerstattung ist auf Antrag des Versicherten im Einzelfall möglich, wobei die Kassen hier meist die oben genannten, eigenen konventionellen Programme unabhängig vom Erfolg bevorzugen.

Adipositas ist eine chronische Erkrankung

Da es sich bei der Adipositas um eine chronische Erkrankung handelt, ist auch eine chronische Therapie, im Idealfall lebenslang, notwendig. Diese kann durch persönliche Beratung auf Dauer nicht geleistet werden.

29.3 Online-Coaching unterstützt persönliche Beratung

Modelle der Zukunft müssen daher die persönliche Beratung vor Ort mit einer internetbasierten Beratung kombinieren. So können z. B. mit Wearables Aktivitäten wie Schritte pro Tag einfach und kostengünstig erfasst werden, Bluetooth-fähige Waagen dokumentieren regelmäßig das Gewicht, mit der Smartphonekamera kann Essen fotografiert und so über Apps die Kalorienzufuhr berechnet werden. Würden diese und weitere Informationen in einer zentralen Gesundheitsplattform zusammengefasst, könnten intelligente System individuelle Empfehlungen generieren. Deren Umsetzung wie auch Nichtumsetzung würde wiederum „controlled" und die Empfehlungen dann auf die persönliche Situation bzw. Vorlieben immer mehr angepasst. Dies würde wiederum die Compliance erhöhen.

29.4 Effektivität steigern – Kosten senken

Dem betreuenden Arzt wie auch der Ernährungsfachkraft stehen diese Daten und Ergebnisse zur Verfügung und sie können diese „in time" bei Bedarf ändern bzw. selbst anpassen. Vor-Ort-Termine mit persönlicher (teurer) Beratung können in der Menge reduziert und gleichzeitig in der Effektivität drastisch verbessert werden. In diesen Gesprächen kann dann sehr individuell auf die persönlichen Probleme eingegangen werden. Man geht davon aus, dass 70–80 % der Beratungsleistungen über intelligente Systeme erbracht werden können, sodass der Zeitaufwand der persönlichen, sehr individuellen Beratung nur noch bei 20–30 % der üblichen Zeiten liegt. Werden also 70–80 % der Zeit in der Beratung eingespart – bei gleichzeitiger Effektivitätssteigerung – so kann die nun frei werdende Zeit für Beratungen weiterer Patienten genutzt werden. In der Einzelberatung könnte dann ein Berater oder eine Beraterin ohne vermehrten zeitlichen Aufwand die fünffache Menge an Patienten beraten. Im Langzeitverlauf wäre dann nur noch eine situative Beratung aufgrund der erhobenen Daten notwendig.

29.5 Die Zukunft hat schon begonnen

Es gibt bereits solche Pilotkonzepte in Zusammenarbeit mit Krankenkassen, bei denen die Nachbetreuung nach erfolgter Gewichtsreduktion über Bluetooth-fähige Waagen gesteuert und die Arztkontakte auf einmal im Quartal reduziert werden. Bei Bedarf ist natürlich ein kurzfristiger Vor-Ort-Termin möglich.

Intelligente Gesundheitsplattform als zentrales Element

In Zukunft müssen intelligente Plattformen entwickelt werden, die Lebensstildaten erfassen, diese analysieren und „in time" den Patienten situativ abholen und beraten. Ist z. B. der Patient auf dem Weg zur Arbeit und sein Tagesziel liegt bei 10.000 Schritten, so kann das System ihm auf dem Weg zur Arbeit (oder Heimweg) mitteilen, dass gerade schönes Wetter ist und er, wenn er ein oder zwei Haltestellen früher aus dem Bus aussteigt (oder mit dem Auto etwas entfernter parkt) noch zusätzlich 1000 oder 2000 Schritte sammeln kann.

Bereits heute können Systeme über Geotracking erfassen, wo ein Nutzer sich gerade befindet. Ist er z. B. in einem öffentlichen Gebäude, erfolgt der Tipp, jetzt die Treppe statt den Aufzug zu benutzen. Oder befindet sich der Nutzer gerade beim Einkaufen, so wird er darauf hingewiesen, dass er Salat für das Abendessen kaufen soll. „Hast Du noch genügend Mineralwasser zuhause?"

Alexa als Personaltrainer
In nicht so ferner Zukunft wird sicherlich auch in Deutschland die Nutzung der Sprachsteuerung zunehmen. So könnte Alexa den Nutzer nicht nur morgens wecken, sondern gleichzeitig auch an das regelmäßige Wiegen ebenso erinnern wie an den Morgenspaziergang, den Frühsport oder, dass zum Frühstück mehr Eiweiß statt Marmeladenbrötchen gegessen wird.

Bei Diabetikern ist es bereits üblich, dass die Messsysteme den Blutzucker fast kontinuierlich erfassen und die Daten auf ein Smartphone bzw. in eine entsprechende App übertragen werden.

29.6   Bereits vorhandene Möglichkeiten in ein digitales Ökosystem integrieren

In Zukunft sollte ein vernetztes digitales Ökosystem in einer Gesundheitsplattform mit einem intelligenten Expertensystem hinterlegt werden, das über lernende Algorithmen gesundheitsfördernde Verhaltensänderungen fördert und gleichzeitig Ärzte und Ernährungsberater bei ihren Vor-Ort-Terminen unterstützt und damit entlastet.

Dabei ist es nicht Ziel, die persönliche Beratung auf Dauer zu ersetzen, sondern diese zeitlich zu entlasten und die Qualität durch Personifizierung zu verbessern.

Vorhandene Mittel werden effektiver eingesetzt
Da so pro Zeiteinheit mehr Patienten und zudem noch qualifizierter beraten werden können, kann eine solche Beratung auch besser honoriert werden, ohne das Gesundheitssystem zusätzlich über Gebühr zu belasten. Mittelfristig sollte durch eine solche effektive Prävention in der Fläche sogar eine Kosteneinsparung möglich sein. Zudem steigt die Lebensqualität der Patienten und unnötiges Leid (wie z. B. Fußamputationen bei Diabetes) kann vermieden werden.

Rahmenbedingungen sind rechtlich geklärt
Die ersten Weichen für die Entwicklung solcher Beratungstools wurden auf dem Ärztetag gestellt, da jetzt auch in Deutschland eine telemedizinische Sprechstunde erlaubt ist.

Es gibt bereits elektronische Patientenakten, die erhobene Daten dokumentieren und den Weiterbehandlern online zur Verfügung stehen. So sind jederzeit (auch in Notfallsituationen) die wichtigsten Befunde verfügbar. Bei Weiterbehandlung können (belastende und kostspielige) Doppeluntersuchungen vermieden werden. Solche elektronischen Patientenakten werden grundsätzlich vom Arzt angelegt; die Rechteverwaltung liegt beim Arzt. Er ist auch für die Einhaltung der strengen Datenschutzrichtlinien verantwortlich.

Elektronische Gesundheitsakten ergänzen Patientenakten

Von Krankenkassen und anderen Anbietern werden zunehmend auch elektronische Gesundheitsakten angeboten. Der Patient selbst verwaltet seine Gesundheitsakte und entscheidet, wer welche Daten (wie lange) sehen kann. In diesen Akten werden weniger medizinische Befunde, sondern mehr Lifestyledaten, wie Schritte pro Tag, sportliche Aktivitäten, Körpergewicht, aber auch Kochrezepte etc. gesammelt.

In Zukunft ist es notwendig, dass beide Systeme – also elektronische Patienten- und Gesundheitsakte – abstrahierte Daten untereinander austauschen. So kann eine intelligente Plattform, in die die jeweiligen Daten einfließen, lernen, wie sich z. B. das Bewegungsverhalten auf den individuellen Blutzucker auswirkt und hieraus wiederum sehr individuelle Bewegungsempfehlungen für den Alltag generieren.

29.7   Verhaltenssteuerung über Feedback „just in time"

Ziel dieser (zunehmend) intelligenten Systeme ist nicht eine Therapieempfehlung mit Modifikation der Medikation – dies sollte auch in Zukunft (weitestgehend) dem behandelnden Arzt vorbehalten bleiben. Diese interaktiven Systeme können aber helfen, sehr effektiv – da „just in time" und interaktiv – positive Lebensstiländerungen zu unterstützen, Verhaltensstrategien umzusetzen und so Bewegungs- und Ernährungsgewohnheiten zu verbessern.

Durch die kontinuierliche Erfassung vieler Daten aus diesem digitalen Ökosystem ergeben sich über die Messung der Veränderungen positive Feedbacks. Es besteht die Chance, hieraus schlüssige Algorithmen zu entwickeln, die wiederum die Beratungsqualität kontinuierlich verbessern. So kann die persönliche Beratung vor Ort zugleich entlastet und verbessert werden.

Qualitätssteigerung bei Kostenreduktion

Nur so kann in Zukunft bei wachsendem Bedarf und begrenzten personellen wie auch finanziellen Ressourcen eine Beratung in der Fläche kostengünstig angeboten werden. Die Steuerung der Behandlung bzw. die dann meist notwenige Anpassung (Reduktion!) der Medikationen liegt weiterhin in der Hand des Arztes bzw. Fachpersonals.

Vorhandene Systeme intelligent vernetzen

Es gibt bereits elektronische Patienten- wie auch Gesundheitsakten. Wearables werden nach dem Fitnessbereich (Schrittzähler, Fitness-Tracker etc.) zunehmend auch im Gesundheitsbereich (Schlaftracking, Körperfettwaagen etc.) genutzt. Neu ist jedoch der integrative Ansatz, ein solches digitales Ökosystem über eine intelligente Plattform zu vernetzen und „just in time" Feedback an die Nutzer zugeben. Durch diese positive Interaktion mit und durch das System wird auch die dauerhafte Nutzung (Compliance) solcher Systeme gefördert.

29.8   Effektives Gesundheitsnetzwerk dank digitaler Plattform

Zudem kann eine Beratung über ein Callcenter nie sehr persönlich und vertrauensvoll (z. T. sehr persönliche und daher sensible Daten) sein. Eine solche Beratung sollte stets vom behandelnden Arzt durchgeführt werden. Diese Beratung kann jetzt sehr fokussiert sein, da viele Informationen vorliegen und über die Plattform 70–80 % der etablierten Empfehlungen abgedeckt werden. Weitere Behandler, wie Ernährungsfachkräfte, Krankengymnasten, Physiotherapeuten, Fitnesstrainer wie auch Pflegedienste können problemlos in eine solche Plattform eingebunden werden. Die Zeitersparnis bei gleichzeitiger Effektivitätssteigerung senkt die Kosten – oder das Angebot kann bei gleichen Kosten von deutlich mehr Patienten in Anspruch genommen werden.

29.9   Die Zukunft hat bereits begonnen

Diese Ansätze klingen futuristisch, sind aber in Pilotprojekten schon in der Entwicklung und werden, davon gehen die Fachleute aus, in naher Zukunft (in etwa fünf Jahren) zur Verfügung stehen. So gibt es bereits sensorgesteuerte Brillen, die über Sensorbrillenbügel Kaubewegungen erfassen und über das erlernte Kaumuster zuordnen können, ob der Proband gerade Gemüse, Fleisch oder einen Salat isst. Über die Zahl der Kaubewegungen kann die gegessene Menge abgeschätzt werden. Ebenso können Schluckbewegung erfasst werden und damit die Trinkmenge geschätzt werden. Es gibt auch schon Sensoren, die auf die Rückseite eines Zahns geklebt werden und dann die Art des Getränks (kohlenhydrathaltig, alkoholisches Getränk etc.) erkennen und in Kombination mit den Schluckbewegungen so die getrunkene Kalorienmenge ermitteln.

Einfache Änderungen bringen großen Erfolg
Dies wäre für die Beratung enorm wichtig, da in Deutschland im Schnitt etwa 300 kcal allein an flüssigen Kalorien zugeführt werden. Die positive Energiebilanz, die die Übergewichtsepidemie in Deutschland treibt, beträgt aber nur 200 bis 300 kcal. Würde es also gelingen, das Trinkverhalten nachhaltig zu ändern (zwischen den Mahlzeiten kalorienfreie Getränke) könnte allein über diese Kalorienreduktion das weitere Ansteigen des Gewichts verhindert bzw. nach einer erfolgreichen Gewichtsabnahme die Gewichtsstabilisierung erleichtert werden.

Hardware nur effektiv wenn auch die Software aktualisiert wird
Eine vernetzte Plattform ist als Infrastruktur die Voraussetzung. Damit aber die intelligenten Algorithmen die gesetzten Ziele einer Verbesserung des Ernährungs- (und auch Bewegungs-)Verhalten erzielen, müssen die zurzeit gültigen Ernährungsempfehlungen revidiert und dem aktuellen Wissensstand angepasst werden.

Die offizielle Empfehlung, nur 10–15 % der zugeführten Energie in Form von Eiweiß zu essen, ist nach der aktuellen Datenlage eben ebenso wenig haltbar wie die Empfehlung, über 50–60 % der Kalorien in Form von Kohlenhydraten zuzuführen. Auch Fett ist deutlich besser als sein Ruf. Die amerikanischen Fachgesellschaften haben bereits seit Jahren eine Begrenzung der Fettzufuhr aufgegeben und raten vielmehr dazu, die Fettqualität statt die -quantität, in den Vordergrund zu stellen (einfach und mehrfach ungesättigte Fette statt gehärtete Fetten).

29.10 Ernährungsempfehlungen müssen dem veränderten Lebensstil angepasst werden

Eine im November 2017 in der renommierten Fachzeitschrift *The Lancet* publizierte Studie (PURE Studie) mit über 135.000 Teilnehmern aus 18 Ländern ergab für viele deutsche Ernährungsexperten sehr überraschende Ergebnisse (Dehghan et al. 2017). So war in der Gruppe der Teilnehmer mit der höchsten Fettzufuhr die Sterblichkeit 23 % geringer als in der Gruppe mit dem niedrigsten Fettverzehr. Selbst die Zufuhr von gesättigten Fetten reduzierte die Sterblichkeit, wobei natürlich die Effekte bei einfach und insbesondere bei mehrfach ungesättigten Fetten günstiger waren. Im Gegensatz dazu erhöhte eine hohe Aufnahme an Kohlenhydraten die Sterblichkeit um 28 %.

Fett ist besser als sein Ruf

Es ist schon länger bekannt, dass gesättigte Fette zwar viele Kalorien liefern, bei einer ausgeglichenen Energiebilanz aber für den Stoffwechsel eher günstig sind, insbesondere dann, wenn gleichzeitig die Kohlenhydratzufuhr reduziert wird. Problematisch sind die gehärteten Fette, die vorwiegend in Fertigprodukten enthalten sind. Neben der Energiebilanz (Kalorienzählen) ist die Nahrungszusammensetzung von entscheidender Bedeutung. Die Eiweißzufuhr sollte – bei gleichzeitiger Reduktion der Kohlenhydrate – erhöht werden.

Verarbeitete Lebensmittel eher ungünstig

Als neue Kenngröße zur Beurteilung der Qualität von Lebensmitteln rückt der Verarbeitungsgrad immer mehr in den Fokus. Werden Lebensmittel hoch verarbeitet, versagen unsere natürlichen (Essens-)Steuerungsmechanismen. So ist versalzenes Essen nahezu ungenießbar. Dennoch, so wird es wenigstens behauptet, essen wir zu viel Salz. Wie kommt das? Dazu muss man wissen, dass die Hauptquelle der Deutschen für die Zufuhr von Salz das Brot ist. Und die Fachgesellschaften empfehlen immer noch sechs und mehr Scheiben (Vollkorn)Brot pro Tag. Zudem enthalten viele Fertigprodukte große Mengen an Salz. Wenn wir aber das Salz in diesen Industrieprodukten nicht als solches erkennen (nicht schmecken – siehe Brot) essen wir von diesem verstecktem Salz unbemerkt zu viel.

Auch bei den Empfehlungen für die Salzzufuhr besteht Überarbeitungsbedarf

Die in Deutschland übliche Salzphobie scheint so nicht ganz gerechtfertigt zu sein. Auch hier müssen wohl die Empfehlungen überarbeitet werden. So werden immer noch maximal 6 g Salz pro Tag empfohlen. Aktuelle Studien zeigen aber, dass die gesundheitlich günstige Salzmenge eher zwischen 6 und 10 g pro Tag beträgt (Mente et al. 2016, 2018; O'Donnell et al. 2015). Eine darüber hinausgehende Salzzufuhr scheint ebenso schädlich wie eine zu geringe Salzzufuhr.

Der glykämische Index allein führt nicht zum Ziel

Bei den Kohlenhydraten war in den letzten Jahren der glykämische Index (GI) als Maß für die Blutzuckerwirksamkeit ein wichtiges Kriterium. Die Bedeutung dieses GI wurde jedoch inzwischen deutlich relativiert, da die Menge der tatsächlich gegessenen Menge an Kohlenhydraten, auch unabhängig vom GI, für den Blutzuckerspiegel im Blut am Ende am wichtigsten ist. Deshalb hat sich die glykämische Last, eine Kombination aus GI und der tatsächlich gegessenen Menge an Kohlenhydraten, zur Beurteilung der im Essen enthaltenen Kohlenhydrate etabliert.

Einfach weniger Kohlenhydrate

Letztlich sollten wir nicht mehr als 40 % der Tageskalorien in Form von Kohlenhydraten essen (statt der immer noch empfohlenen 50–60 %). Dies ist jedoch nur eine grobe Faustregel, da bewegungsaktive Menschen wie z. B. Sportler mehr Kohlenhydrate essen können als bewegungsarme Menschen („Couch Potatoes"). Dabei gilt die Regel, dass man leicht zu viel, aber nie zu wenig Kohlenhydrate essen kann. Da unser Körper aus Eiweiß und Fett selbst Kohlenhydrate herstellen kann (Gluconeogenese) sind wir nicht von einer Zufuhr über die Nahrung abhängig. Sonst hätte der Steinzeitmensch auch kaum die Hungersnöte überlebt. Zudem nutzen wir im Hungerstoffwechsel sog. Ketonkörper, die aus Fett entstehen, energetisch quasi als Zuckerersatz.

Mehr Eiweiß im Austausch gegen Kohlenhydrate

Die Empfehlungen für eine optimale Eiweißzufuhr müssen nach oben korrigiert werden. In Deutschland gilt immer noch die Zufuhrempfehlung für Eiweiß von 0,8 g Eiweiß je Kilogramm Körpergewicht (KG) und Tag. Diese Menge ist jedoch die Mindestmenge und nicht das Optimum. Die Empfehlung von 0,8 g/kg KG stammt vom amerikanischen Verteidigungsministerium aus dem Zweiten Weltkrieg! In den damaligen Zeiten der Rationierung war diese Eiweißzufuhr das Minimum an Eiweiß, das man brauchte, um überhaupt noch etwas leistungsfähig zu sein.

Neuere Studien belegen, dass 1,2 g/kg KG pro Eiweiß sinnvoller sind (Diekmann et al. 2014; Paddon-Jones et al. 2014). Dabei gilt: je älter der Mensch ist, desto höher sollte seine tägliche Eiweißzufuhr sein. Dem gefürchteten Muskelabbau im Alter, oft verbunden mit zunehmend eingeschränkter Mobilität bzw. Stürzen, kann mit einer optimierten Eiweißzufuhr in Kombination mit Krafttraining effektiv entgegengewirkt werden.

Ebenso bedingt dieser unerwünschte Muskelabbau die sog. Downregulation des Stoffwechsels im Alter, die wiederum der Gewichtszunahme und damit auch Volkskrankheiten wie Typ-2-Diabetes Vorschub leistet. Eine eiweißoptimierte Ernährung in Kombination mit Krafttraining könnte diese verhindern.

Krafttraining vor Ausdauertraining

Wenn sie effektiv abnehmen oder Ihr Gewicht dauerhaft stabilisieren wollen, wenn sie ihre Gelenke entlasten oder wenn sie grundsätzlich etwas Positives für Ihre Gesundheit tun wollen, dann brauchen sie Muskeln. Muskeln verbrennen Fett, entlasten die Gelenke, lassen Sie sicher stehen und gehen, schützen vor Übergewicht und Diabetes und, und, und. Der Muskel braucht Eiweiß – je mehr desto besser. Und er braucht Belastung. Er braucht Training. Er braucht Krafttraining. Krafttraining ist für mich Muskelaufbau- oder Muskelerhaltungstraining. Sie sollten dies etwa dreimal die Woche mit einer relativ hohen Intensität für die Dauer von 30 bis 45 Minuten durchführen. Wenn Sie dann Muskeln aufgebaut haben, stabilisieren und entlasten diese Muskeln Ihre Gelenke. Dann können und sollten Sie auch Ausdauertraining machen.

Ausdauertraining verbrennt Fett

Ausdauertraining ist auch Herz-Kreislauf-Training, Kardiotraining also. Wenn Sie durch das Training auch abnehmen und Fett verbrennen wollen (Abspecken), müssen auch die Insulinspiegel niedrig sein. Am besten trainieren Sie dann morgens gleich nüchtern nach dem Aufstehen oder im Abstand von etwa vier Stunden zur letzten Mahlzeit. Nach dem Training sollten Sie dann aber keine Kohlenhydrate, sondern hochwertiges Eiweiß zu sich nehmen. Ich persönlich empfehle hier hochwertige Eiweißshakes.

(Frucht-)Zuckerhaltige Getränke sind wahre Dickmacher

Man sollte zwischen den Mahlzeiten grundsätzlich kalorienfrei trinken. Kalorienhaltige Getränke sind zwischen den Mahlzeiten tabu, Alkohol sollte auf drei bis viermal die Woche (wenn überhaupt) beschränkt werden. Rotwein senkt das Herzinfarktrisiko – das ist belegt. Dennoch sterben nicht alle Nicht-Rotwein-Trinker am Herzinfarkt. Was will ich damit sagen? Es gibt sicher viele positive Hinweise, dass ein moderater Weinkonsum sich günstig zumindest auf das Herzinfarktrisiko auswirkt. Aber die Effekte sind marginal im Vergleich zudem, was eine gesunde Ernährung und regelmäßige Bewegung bewirken. Auch (negativer) Stress, Schlafmangel, Störung der Mikrobiota und Lichtmangel (Vitamin D) sind weitere Faktoren, die unsere Gesundheit und Lebensfreude negativ beeinflussen.

Das Drei-Mahlzeiten-Prinzip

Jahrelang wurde uns eingebläut, dass wir fünf oder gar sechs kleine Mahlzeiten pro Tag essen sollten. Mit jeder Mahlzeit, insbesondere, wenn sie viele Kohlehydrate enthält, erhöhen Sie den Insulinspiegel und blockieren damit die Fettverbrennung. Eine Erhöhung des Blutzuckers durch Kohlenhydrate bewirkt immer eine Insulinausschüttung. Je schneller und höher der Blutzucker steigt (raffinierte Kohlenhydrate), desto mehr schüttet die Bauchspeicheldrüse Insulin aus und umso schneller fällt dann der Blutzucker wieder ab. Und dieser schnelle Blutzuckerabfall löst dann wiederum Hunger aus. Dieses ständige auf und ab des Blutzuckers, typisch für das Snacking (Zwischendurchessen), löst ständig Hunger aus und ist das Hauptproblem vieler Übergewichtiger.

Zusammenfassend die wichtigsten Regeln für einen gesunden Lebensstil

1. Nur drei Mahlzeiten am Tag statt der bisher empfohlenen fünf Mahlzeiten am Tag

So kann der Körper in den Essenspausen auf körpereigenes Fett zurückgreifen. Das Snacking, also das Zwischendurchessen ist oft die Ursache für Übergewicht. Gesnackt werden meist schnell verfügbare Kohlenhydrate, die nicht lange sättigen und so einer positiven Energiebilanz Vorschub leisten.

2. Das Frühstück nicht weglassen – es ist die wichtigste Mahlzeit des Tages

Ein eiweißbetontes Frühstück (mindestens 30 g Eiweiß) stillt schon morgens den Eiweißhunger und reduziert so die Kalorienaufnahme im Laufe des Tages, fast wie von selbst um etwa 400 kcal.

3. Weniger, dafür aber ballaststoffreiche Kohlehydrate

Da alle Kohlenhydrate letztlich zu Zucker abgebaut werden, sollten diese bei einem bewegungsarmen Lebensstil reduziert werden. Andererseits enthalten z. B. Vollkornprodukte wichtige Ballaststoffe, die für einen gesunden Darm und damit auch für den Stoffwechsel von wichtiger Bedeutung sind. Ein ganz besonderer Ballaststoff, das Betaglucan, ist überwiegend in Hafer enthalten. Betaglucan fördert die Sättigung, pflegt die Mikrobiota (früher Darmflora genannt), senkt Cholesterin und glättet den Blutzuckerspiegel.

4. Gemüse und Salate ohne Begrenzung

Gemüse füllt den Magen, ohne viele Kalorien zu liefern. Dafür ist Gemüse reich an wertvollen Ballaststoffen, enthält Vitamine und insbesondere sekundäre Pflanzenstoffe, die als Antioxidanzien unsere Zellen schützen.

5. Viel hochwertiges Öl wie Olivenöl, Rapsöl oder Fischöle

Fette und Öle sind zwar kalorienreich, richtig eingesetzt unterstützen sie den Stoffwechsel, fördern die Gesundheit und können sogar beim Abnehmen helfen. Ungünstig sind gehärtete Fette, die vorwiegend in industriellen Fertigprodukten vorkommen. Natürliche Fette, insbesondere die ungesättigten sind lebensnotwendig und gesundheitsfördernd.

6. Kohlenhydratarmes Obst als Nachspeise, aber nicht als Zwischenmahlzeit

Obst wie Äpfel, Birnen, Orangen etc. sind die ideale Nachspeise. Kohlenhydratreiches Obst wie Bananen sollte nur während sportlicher Betätigung, wenn eine zusätzliche Energiezufuhr notwendig ist und Fettverbrennung nicht im Vordergrund steht, gegessen werden.

29.11 Prävention muss neu definiert und strukturiert werden

Studien wie die Whitehall-II-Studie zeigen, dass mit bestimmten Markern ein Typ-2-Diabetes 13 Jahre vor der üblichen Diagnosestellung mit entgleistem Blutzucker erkannt werden könnte (Tabák et al. 2009). Mit regelmäßiger Erfassung einfacher Messwerte wäre das Risiko, in Zukunft einen Diabetes zu entwickeln, sogar noch früher (bis zu 20 Jahre) abschätzbar.

Würde man mit diesen einfachen Markern (Erhöhung der Harnsäure, Erhöhung des Nüchternblutzuckers, erhöhter Fettleber-Index [FLI; Hinweis auf eine nicht-alkoholische Fettleber]) gefährdete Patienten rechtzeitig erkennen, könnte durch die genannten Lebensstilmaßnahmen der Ausbruch eines Typ-2-Diabetes in den meisten Fällen verhindert werden.

Pro Jahr 500.000 zusätzliche Diabetiker in Deutschland
Da Diabetes die teuerste chronische Erkrankung ist, wäre die aus einer solchen Prävention resultierende Kostenersparnis für das Gesundheitssystem enorm. Zudem würden Komplikationen der Erkrankung verhindert und den Betroffenen würde viel Leid erspart bzw. Lebensqualität erhalten oder sogar gesteigert werden.

An einer Fettleber leiden 42 % der Deutschen
Einer der wichtigsten Verursacher der Zivilisationserkrankungen ist die nichtalkoholische Fettleber (NAFLD). An einer Fettleber leiden deutlich mehr Menschen als bisher angenommen (Kühn et al. 2017). Versucht man z. B., mit dem Ultraschall (Sonografie) eine Fettleber nachzuweisen, so erkennt man eine Fettleber erst in weit fortgeschrittenen Stadien, da eine beginnende Leberverfettung mit dem Ultraschall (noch) nicht erkennbar ist. Auch sind die typischen Blutwerte (Transaminasen) in Frühstadien in 80 % der Fälle nicht aussagekräftig.

Der Body-Mass-Index hat ausgedient
Viel wichtiger als die Erfassung des Body-Mass-Index (BMI), der lediglich das Gewicht in Relation zur Körperoberfläche setzt (kg/m^2), ist die Messung des Taillenumfangs. Ein Bodybuilder ist aufgrund seiner ausgeprägten Muskulatur schwergewichtig und der BMI

würde im übergewichtigen Bereich (über 25 kg/m^2) liegen. Dennoch wäre dieses Übergewicht kein Gesundheitsrisiko – im Gegenteil, diese Muskeln stellen sogar einen Schutz vor Diabetes etc. dar.

Diese Muskeln führen zu breiten Schultern, dicken Oberarmen etc., der Taillenumfang nimmt aber nicht relevant zu (Y-Form). Ein erhöhter Taillenumfang (Bauchumfang) zeugt von zu viel Fett überm Sixpack. Und wenn der Bauchumfang zunimmt, steigt auch das Risiko einer innerlichen Verfettung. Deshalb haben auch bis zu 70 % der Adipösen eine Fettleber (Walle 2017).

Fettleber-Index sagt zukünftige Risiken voraus
Will man das Risiko für eine Fettleber genauer berechnen, muss man zunächst zwei einfache (und kostengünstige) Blutwerte (Gamma-GT = Leberwerte und Triglyceride = Blutfette) bestimmen. In Kombination mit dem Taillenumfang und BMI kann dann über einen komplexen Algorithmus (www.leberfasten.com/fli-rechner) der FLI bestimmt werden. Liegt der FLI-Zahlenwert unter 30, kann mit einer fast 80 %igen Wahrscheinlichkeit einer Fettleber ausgeschlossen werden, liegt dieser Wert über 60 besteht umgekehrt mit einer nahezu 80 %igen Wahrscheinlichkeit eine Fettleber. Eine nichtalkoholische Fettleber erhöht signifikant das Risiko, in Zukunft an Herz-Kreislauf-Erkrankungen, Krebs oder Typ-2-Diabetes zu erkranken.

29.12 Kostengünstiges Screening in der Fläche

Dieser sehr einfache und kostengünstige FLI-Wert könnte von jedem Arzt als Screening-Methode z. B. bei allen Patienten ab dem 35. Lebensjahr eingesetzt werden. Bei einem Wert über 30 könnte frühzeitig mit einfachen Lebensstilmaßnahmen interveniert werden. Damit ließe sich sehr frühzeitig das Risiko, an Blutzuckerkrankheit, Bluthochdruck etc. zu erkranken, deutlich senken und man könnte in einem hohen Prozentsatz diese Erkrankungen vermeiden.

Bei einem Wert über 60 besteht schon ein hohes Risiko für eine Fettleber und deren Folgeerkrankungen. Es gibt aber bereits sehr effektive Formularprogramme, die in kurzer Zeit (14 Tage) die Leber effektiv entfetten und so Medikamente einsparen helfen. In vielen Fällen können Blutdruck- oder Blutzuckermedikamente reduziert oder ganz abgesetzt werden.

Intelligentes Gesundheitsportal weist auf Risiken hin
Da die notwendigen Laborwerte bei Routineuntersuchungen meist ohnehin bestimmt werden, müsste neben Größe und Gewicht nur noch der Bauchumfang mit einem einfachen Maßband gemessen werden. Würden diese Daten in einer intelligenten Gesundheitsplattform erfasst, würde diese automatisch den FLI berechnen und bei Bedarf auch gleich die

individuell besten Lebensstilmaßnahmen vorschlagen. Der Patient würde bei der Umsetzung dieser Maßnahmen durch moderne Systeme wie Videocoaching, Wearables etc. interaktiv unterstützt. Die Effektivität solcher Maßnahmen könnte so einfach und kostengünstig erheblich gesteigert werden kann.

Schulungen nicht mehr an Raum und Zeit gebunden

Mit kurzweiligen Videos, die interaktiv gestaltet werden können, kann heute Wissen zu jeder Zeit und überall (auf dem Smartphone) effektiv vermittelt werden. Es gibt bereits spezielle Videoportale, die im Sinne von Blended Learning interessante Gesundheitsthemen leicht verständlich vermitteln. Je nach diagnostiziertem Risiko (Adipositas) oder bereits bestehendem Gesundheitsproblem (Typ-2-Diabetes) können die Videos bzw. Lektionen vom System individuell für jeden Patienten zusammengestellt werden. So sieht ein Typ-2-Diabetiker ganz andere Video-Schulungen als ein Mensch mit Mangelernährung, Bluthochdruck oder Krebs.

Kostengünstig, personalisiert und effektiv

Ein solch individuelles Coaching ist bei einem enorm wachsenden Bedarf, insbesondere in der Fläche, mit den heute zur Verfügung stehenden personellen wie auch finanziellen Ressourcen zurzeit nicht darstellbar. Daher ist es umso wichtiger, die genannten Möglichkeiten voranzutreiben. Unser Gesundheitssystem kann sich gegenüber den Möglichkeiten, die die Digitalisierung bereits jetzt und erst recht zukünftig bietet, nicht länger verschließen, sondern sollte diese effektiv zum Nutzen der Patienten einsetzen.

Lernende Systeme verbessern kontinuierlich die Qualität

Cloud-basierte Plattformen sind hierfür die Voraussetzung, da nur durch eine Vernetzung der einzelnen Teilnehmer und eine zentrale Erfassung der beispielhaft aufgeführten Parameter die genannten Synergien möglich sind. Durch integrierte künstliche Intelligenz besteht die Chance, dass durch die systematische Erfassung große Datenmengen und neue Algorithmen entwickelt werden, die dann wiederum z. B. die Ernährungsberatung in ihrer Effektivität deutlich steigern können. Ernährungsfachkräfte würden entlastet, Ärzte mit zusätzlichen wertvollen Informationen versorgt. Die individualisierte Beratung wäre zeitlich effektiver und dennoch effizienter.

29.13 Vorurteile und Hemmnisse müssen abgebaut werden

Diese Chance müssen wir nutzen! Gerade in Deutschland werden jedoch solche Ansätze sehr kritisch gesehen, insbesondere in der Ärzteschaft bestehen Vorbehalte. Andere Länder sind hier bereits deutlich weiter.

Internationale Anbieter wie Apple sehen inzwischen den Gesundheitsbereich als größeren Wachstumsmarkt als den Lifestylebereich. Ein finanzierbares Gesundheitssystem wird in Zukunft immer wichtiger werden, da die Menschen immer älter und dabei aber leider auch immer kränker werden.

(Auch) die Politik ist gefordert

Es lässt hoffen, dass es inzwischen über Innovationsfonds, Förderungen vom Bundesministerium für Bildung und Forschung (BMBF) und anderen zumindest die Chance gibt, dass auch kleinere und mittlere Unternehmen die Entwicklung z. B. intelligenter Gesundheitsplattformen vorantreiben. Durch mehr Offenheit gegenüber den skizzierten Entwicklungen und mehr (auch wirtschaftlicher) Unterstützung durch die Politik könnte in Deutschland ein neuer, zukunftsfähiger Wirtschaftszweig erwachsen. Das Gesundheitssystem würde entlastet bzw. Prävention wäre endlich auch effektiv umsetzbar. Nicht nur bereits Erkrankte, sondern die gesamte Bevölkerung würde davon profitieren. Was gibt es Besseres als in Gesundheit zu investieren.

Die Menschen gewinnen dadurch mehr Lebensqualität und Freude am Leben!

Literatur

Dehghan, M., et al. (2017). Associations of fats and carbohydrate intake with cardiovascular disease and mortality in 18 countries from five continents (PURE): A prospective cohort study. *Lancet, 390*(10107), 2050–2062.

Diekmann, R., et al. (2014). Proteinbedarf älterer Menschen. *Deutsche Medizinische Wochenschrift, 139*(06), 239–242.

Kühn, J.-P., et al. (2017). Prevalence of fatty liver disease and hepatic iron overload in a northeastern german population by using quantitative MR imaging. *Radiology, 284*(3), 706–716.

Mente, A., et al. (2016). Associations of urinary sodium excretion with cardiovascular events in individuals with and without hypertension: A pooled analysis of data from four studies. *Lancet, 388*(10043), 465–475.

Mente, A., et al. (2018). Urinary sodium excretion, blood pressure, cardiovascular disease, and mortality: A community-level prospective epidemiological cohort study. *Lancet, 392*(10146), 496–506.

O'Donnell, M., et al. (2015). Sodium intake and cardiovascular health. *Circulation Research, 116*, 1046–1057.

Paddon-Jones, D., et al. (2014). Dietary protein and muscle in older persons. *Current Opinion in Clinical Nutrition and Metabolic Care, 17*(1), 5–11.

Tabák, A. G., et al. (2009). Trajectories of glycaemia, insulin sensitivity, and insulin secretion before diagnosis of type 2 diabetes: An analysis from the Whitehall II study. *Lancet, 373*, 2215–2221.

Walle, H. (2017). Ernährung bei metabolischem Syndrom – Stoffwechseloptimierung statt nur Gewichtsreduktion. *OM – Zeitschrift für Orthomolekulare Medizin, 15*(4), 18–22.

Dr. Hardy Walle ist Arzt und Unternehmer. Im Jahr 1994 entwickelte der Facharzt für Innere Medizin und Ernährungsmediziner das Bodymed-Ernährungskonzept, das inzwischen zu den erfolgreichsten, ausschließlich von Ärzten und qualifizierten Ernährungsfachkräften angebotenen Ernährungsprogrammen in Deutschland gehört. Neben zahlreichen Fachbeiträgen und Studien hat Dr. Walle mehrere Bücher publiziert und hält über 100 Vorträge pro Jahr zu den Themen Ernährung, orthomolekulare Therapie, Performanceoptimierung und Stressmanagement. Dr. Walle ist Gründer und Vorstand der Bodymed AG, hat eine privatärztliche Gesundheitspraxis und betreibt zusätzlich ein Gesundzentrum.

Weitere Infos unter: www.dr-walle.de.

Emotionale Intelligenz versus künstliche Intelligenz

30

Was passiert mit dem Gefühlsmenschen?!

Claus Walter

Inhaltsverzeichnis

Zusammenfassung

Im Hinblick auf Zukunft 2030 zeichnen sich große Verschiebungen der Wertesysteme und Motivationselemente in beruflicher und privater Hinsicht für die Menschen ab. Schauen wir aus dem Blickwinkel der heutigen Indikatoren und dem, was die Entwicklungen der langen Wellen der wirtschaftlichen und gesellschaftlichen Konjunkturwellen (Kondratieff-Zyklen) abzeichnen, so zeigen beide Seiten synchron in die gleiche Richtung.

Die heutigen Indikatoren werden gespiegelt an z. B. dem Managerbarometer 2018 von Odgers Berndtson (Handelsblatt 2019 Nr. 3, S. 57). Die darin aufgezeigten Hauptmotivatoren für den weiteren Berufsweg, die jeweils über 90 % mit sehr stark oder stark bewertet wurden, waren: Einsetzen persönlicher Kompetenzen und Begabungen, Gestaltung und Mitwirkung bei Veränderungen und Entwicklungen, Freude und Sinn

C. Walter (✉)
CforC GmbH, Wetzikon, Schweiz
E-Mail: c.walter@cforc.biz

© Springer Fachmedien Wiesbaden GmbH, ein Teil von Springer Nature 2019
P. Buchenau (Hrsg.), *Chefsache Zukunft*, Chefsache,
https://doi.org/10.1007/978-3-658-26560-1_30

an der Aufgabe und Führung, persönliche Weiterentwicklung in Verbindung mit den Arbeitsinhalten. Hier zeichnet sich die Rückkehr zum Menschen, zu mehr Menschlichkeit ab. Gut ist dies hier an der heutigen Generation Y zu sehen.

Parallel dazu zeigen die langen Zykluswellen des 6. Kondratieff-Zyklus eine neue Fokussierung auf die physische, psychische, soziale und ökologische Gesundheit, d. h. Veränderungen, Verbesserungen und Innovationen einzuführen, die dem Überbegriff Gesundheit dienen.

Beide Blickwinkel brauchen letzten Endes eine Rückbesinnung zu uns als Menschen (emotionales Wesen), um den Wohlstand von morgen erhalten zu können. Jegliche Investitionen in die Menschlichkeit und die psychosoziale Gesundheit sind daher genauso wichtig wie die Investitionen in Digitalisierung, Technologien und künstliche Intelligenz.

30.1 Einleitung

Die künstliche Intelligenz (KI) ist in aller Munde und es wird ihr im Zuge der Digitalisierung ein großer Raum zugesprochen. Programme, in denen Algorithmen arbeiten, sollen selbst lernen und am Ende zu Entscheidungen führen oder beitragen. Diese Programme funktionieren jedoch nur so gut, wie sie von uns Menschen programmiert worden sind.

Doch, der Mensch funktioniert ganz anders als die KI. Er hat bereits Programme und Erfahrungen in sich, die er sich selbst beigebracht hat, ihm weitergegeben worden sind oder in ihm unbewusst wirken. Zusätzlich wirken Lebens- und Körperrhythmen sowie Naturgesetze auf ihn und um ihn herum, die ihn beeinflussen. Gesteuert wird das Ganze über drei Steuerzentren: das Gehirn im Kopf (Gedanken), das Herz (Gefühlshirn) und den Bauch (Intuition).

Während KI bewusst handelt und etwas lernt, läuft beim Menschen parallel immer das Unterbewusstsein bei der Steuerung mit. An das Unterbewusstsein kommt ein Mensch jedoch oft nur indirekt heran. Immerhin macht das Unterbewusstsein etwa 95 % aus. Also sind uns nur etwa 5 % bewusst von dem, was wir sehen, greifen, hören oder riechen können.

KI hat jedoch sowohl einen Einfluss auf das Bewusstsein als auch auf das Unterbewusstsein des Menschen. Es kann den Automatismus von Prozessen und Handlungen auslösen und aktivieren, die als alte Programme, Uraltes oder Unbekanntes im Informationsfeld des Menschen gespeichert sind.

Im Gegensatz zu KI, die eine sehr junge Intelligenz ist, trägt der Mensch Themen, Programme und Muster in sich, die schon seit Jahrtausenden bestehen. KI kann diese Fülle von Informationen weder aufnehmen noch verarbeiten und erschwerend kommt hinzu, dass jeder Mensch individuell und dadurch unterschiedlich ist. Das Bedeutet, dass KI über alle Daten aller Menschen dieses Planeten verfügen müsste, inklusive deren Daten aller Ursprungsfamilien und aller Zellerinnerungen aus Vorleben.

Ein schier unmögliches Unterfangen, auch, da besonders Naturgesetze, denen der Mensch unterliegt, ihre eigenen Regularien und Gesetzmäßigkeiten haben.

Nachfolgend beleuchte ich nun all diese Aussagen in einfacher Form.

Damit die von vielen Experten ausgesprochene These auch untermauert wird: „KI soll dem Menschen dienen, ihm das Leben erleichtern versus: der Mensch dient einem System oder KI".

Der Mensch in seiner Komplexität und mit seiner emotionalen Intelligenz (EI) hat andere Abläufe als die KI.

Was ist denn nun der Unterschied zwischen EI und KI? Kommen Sie mit auf eine Reise und entdecken Sie das Wunderwerk Mensch neu.

30.2 Der Unterschied von emotionaler und künstlicher Intelligenz

Im Folgenden werde ich kurz einen zusammenfassenden Einblick in die Begriffe EI und KI – abgeleitet aus dem Begriff Intelligenz – aufzeigen.

Emotionale Intelligenz
EI ist die Fähigkeit des Menschen, Gefühle zu erkennen und mit dem Verstand zu kontrollieren.

Künstliche Intelligenz
KI ist die Fähigkeit bestimmter Computerprogramme, menschliche Intelligenz nachzuahmen (Duden 2018).

Weiter umfassend schließt die emotionale Intelligenz auch die soziale Intelligenz ein – die in Bezug auf uns Menschen als Gefühlswesen mit zur Unterscheidung gegenüber technischer Intelligenz gehört.

EI ist ein von John D. Mayer (University of New Hampshire) und Peter Salovey (Yale University) im Jahr 1990 eingeführter Terminus. Sie beschreibt die Fähigkeit, eigene und fremde Gefühle (korrekt) wahrzunehmen, zu verstehen und zu beeinflussen. Das Konzept beruht auf der Theorie der multiplen Intelligenzen von Howard Gardner, deren Kerngedanke bereits von Edward Lee Thorndike und David Wechsler als „soziale Intelligenz" bezeichnet wurde.

Schon 1920 verdeutlichte Thorndike ein Beispiel, wonach der beste Mechaniker als Vorarbeiter scheitern wird, wenn es ihm an sozialer Intelligenz fehlt (Wikipedia 2018a).

Also hat die EI noch (viel) mehr Fähigkeiten, die weit über die der KI hinausgehen. Der Schlüssel liegt im Erkennen von Gefühlen. Gefühle drücken sich in Worten, Gesten, Ausstrahlung und Anziehung aus. Der Mensch ist auch in der Lage, zu täuschen oder zu (ver-) blenden, würde KI auch dies nachahmen. Der Mensch kann jedoch dank seines gesunden Menschenverstands fühlen, ob er getäuscht oder manipuliert wird.

Zusätzlich kann der Mensch über die Wahrnehmung und Vernetzung von Kopf (Gehirn), Herz (Gefühlshirn) und Bauch (Intuition) präzise und genau komplexeste Dinge wahrnehmen und verstehen. Dadurch hat der Mensch also „drei" Gehirne (Abb. 30.1), die im ständigen Wechsel von wenigen Sekunden gleichzeitig arbeiten.

Was nun genau läuft beim Menschen und was bei KI ab? und was sind die jeweiligen Besonderheiten?

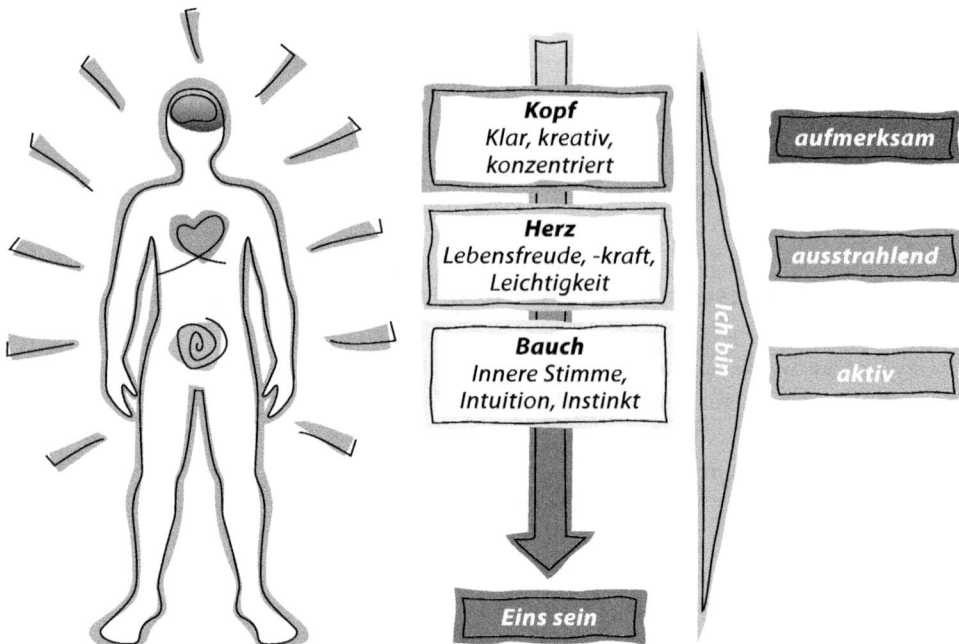

Abb. 30.1 Der Mensch als Einheit von Kopf, Herz und Bauch. (Quelle: C for C GmbH, Wetzikon, Schweiz)

30.3   Menschliche Rhythmen versus technische Algorithmen

Menschen entscheiden vom Kopf, Herz oder aus dem Bauch. Was in dieser Angelegenheit oder bei diesem Thema gut oder passend war, zeigt sich in der Zukunft. Hierbei wird der Mensch zusätzlich beeinflusst von den menschlichen Rhythmen seines Körpers, z. B. Herz-Kreislauf, Organe, Tag und Nacht, Alter und vielem mehr (Abb. 30.2).

Bei den Programmen der KI entscheiden Algorithmen.

Algorithmen sind „Verfahren zur schrittweisen Umformung von Zeichenreihen; Rechenvorgang nach einem bestimmten (sich wiederholenden) Schema" (Duden 2015).

Die Algorithmen entscheiden also nach Ja oder Nein in festgelegten Schemata und können daher nicht auf die sich ständig verändernde Situation oder Gefühlslage des Menschen achten.

Doch Algorithmen werden von Menschen geschrieben bzw. programmiert und auch das Selbstlernen der KI, um die menschliche Intelligenz nachzuahmen, unterliegt Schemata.

Menschliche Rhythmen haben einen anderen Hintergrund und Gesamtzusammenhang. Sie bauen auf Empathie, soziale Beziehungen und auf Naturgesetzen auf:

Empathie

Empathie (Einfühlungsvermögen, Mitgefühl, Feinfühligkeit) ist die Grundlage aller Menschenkenntnis und das Fundament zwischenmenschlicher Beziehungen. Ein Mensch, der

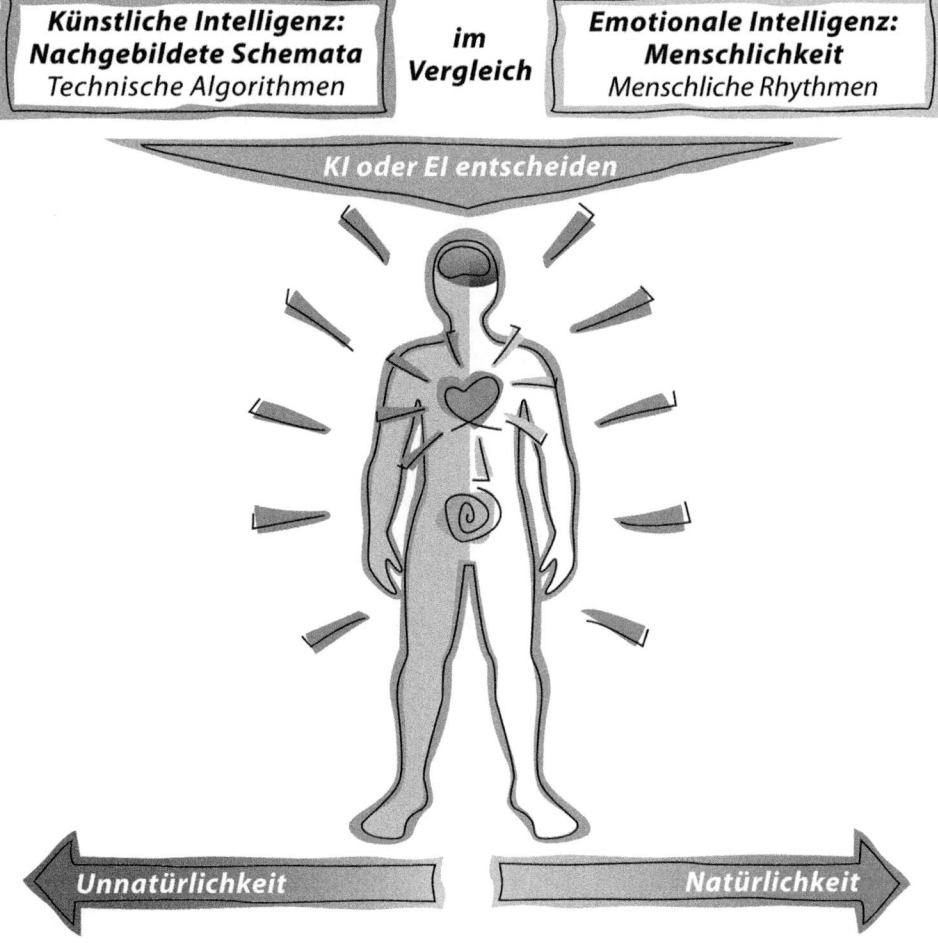

Abb. 30.2 Algorithmen künstlicher Intelligenz im Vergleich zu Rhythmen emotionaler Intelligenz. (Quelle: C for C GmbH, Wetzikon, Schweiz)

erkennt, was andere fühlen, kann die oftmals versteckten Signale im Verhalten anderer viel früher erkennen und herausfinden, was die Situation erfordert, sie brauchen oder wollen.

Empathie ist also eine wertneutrale Fähigkeit – sie kann eine individuell positive oder auch negativ empfundene Wirkung haben. Lediglich gesamtgesellschaftlich betrachtet ist Empathie die Basis erfolgreicher humaner Gesellschaften, es entsteht eine emergente Ordnung (Wikipedia 2018b).

Lassen Sie uns einen Blick hinter die Kulissen des Menschen werfen: Der Mensch ist eingebettet in Naturgesetze. Eines der wichtigsten Naturgesetze ist das Gesetz der Resonanz. Nach dem Gesetz der Resonanz sind Menschen, Tiere, Pflanzen und Naturelemente über Schwingung miteinander verbunden. Innerhalb des Herz-Resonanz-Felds (grün oder s/w 1) befindet sich das Energiefeld (blau oder s/w 2), vergleichbar mit einem Computer-Datenspeicher.

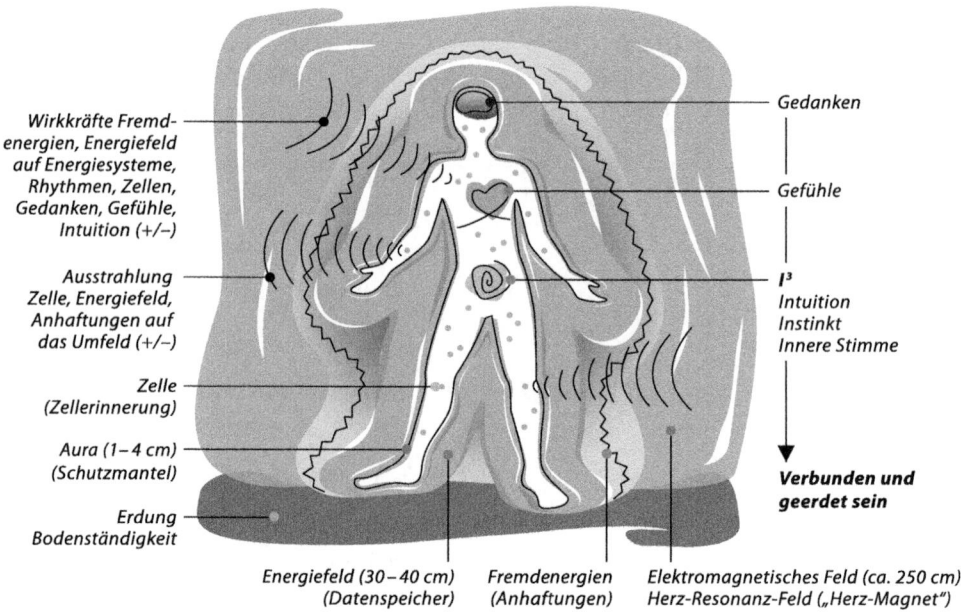

Abb. 30.3 Wirkungen im Herz-Resonanz-Feld des Menschen (Quelle: C for C GmbH, Wetzikon, Schweiz)

Darin und auf Zellebene (Zellerinnerungen = Punkte im Menschen) sind emotionale Themen, z. B. positive und negative Gefühle, Ängste, Wut, Aggressionen sowie Schockerlebnisse, gespeichert (Abb. 30.3). Hinzu kommen Programme, Muster, Verhaltensweisen und Überzeugungen von uns selbst, von zurückliegenden Generationen – unsere Ahnen – sowie aus uralten Zeiten und Vorleben.

Das Herz-Resonanz-Feld transformiert diese im Energiefeld gespeicherten Informationen in elektrische und magnetische Wellen und übt, wie ein Magnet, entsprechende Anziehungskraft aus.

Allerdings verhält sich das Herz-Resonanz-Feld entgegengesetzt zur bekannten Funktionsweise eines Magneten. Während sich beim normalen Magneten die gegensätzlichen Pole anziehen, zieht beim Herzmagneten GLEICHES GLEICHES an. Negative Schwingungen ziehen demnach NEGATIVES und positive Schwingungen POSITIVES an.

Die negativen Schwingungen der Herz-Resonanz empfinden die Menschen oft stärker als die positiven Schwingungen, weil sie sich stärker eingeprägt haben. So bleiben auch in der Gegenwart Erlebnisse, wie z. B. negative Emotionen, Ängste, Aggressionen, ein Schock oder ein Trauma in anhaltender Erinnerung wirksam und wirken vergleichbar mit den magnetischen Störfeldern auf einen herkömmlichen Kompass: Sie lenken einen Menschen oft von seiner ursprünglichen inneren Ausrichtung ab.

Dieser wichtige Hinweis kann von einem Algorithmus der KI sicherlich nur sehr schwer oder kaum erkannt werden.

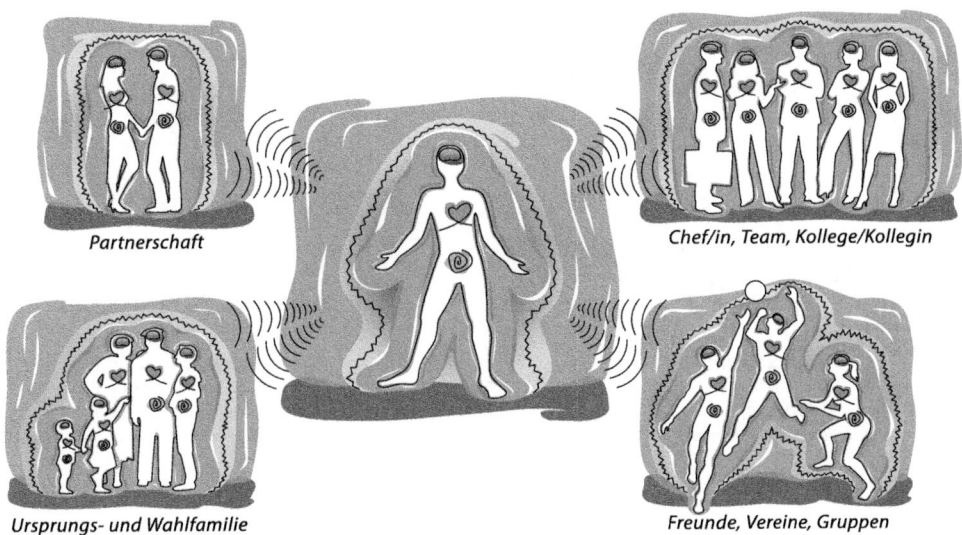

Partnerschaft

Chef/in, Team, Kollege/Kollegin

Ursprungs- und Wahlfamilie

Freunde, Vereine, Gruppen

Abb. 30.4 Wechselwirkungen der Menschen untereinander (Quelle: C for C GmbH, Wetzikon, Schweiz)

Info: mehr ausführliche Details darüber finden Sie im Buch *Chefsache Menschlichkeit* (Buchenau und Walter 2018, Kap. 4, 5, 7).

Umgang mit Beziehungen und Beziehungsgeflechten

Diese Fähigkeit oder Kunst der Gestaltung von Beziehungen besteht im Wesentlichen im Umgang mit den Gefühlen anderer Menschen. Es ist die Grundlage für eine reibungslose Zusammenarbeit in nahezu allen beruflichen (ich ergänze auch privaten) Umfeldern – also eine Fähigkeit, die positiv wirken, jedoch auch zur Manipulation dienen kann (Wikipedia 2018a).

Menschen als soziale Wesen sind miteinander auf unterschiedliche Weise verbunden, sei es in einer Familienstruktur, Partnerschaft, einem Verein oder in Arbeitsumfeldern (Abb. 30.4).

Diese Beziehungen zwischen den Menschen kann auch als H-Cloud (Human Cloud) bezeichnet werden. Das bekannte HeartMath Institute in Kalifornien, USA, hat die vernetzten Beziehungsgeflechte zwischen den Menschen erforscht. Dabei wurden diese Vernetzungen – die über die Herz-Resonanz geschehen – sogar weltumspannend in vielen Projekten dargestellt und nachgewiesen.

Die Ähnlichkeit bei den Vernetzungen der Informatik (I-Cloud), auf die die KI zurückgreift, hat Beziehungsgeflechte zwischen Software und Hardware (Abb. 30.5).

Der Unterschied zwischen I-Cloud und H-Cloud ist, dass beim Menschen Informationen bewusst und unbewusst übertragen werden. Nehmen Sie dabei nur das Beispiel der nonverbalen und verbalen Kommunikation. Beide Male kommuniziert ein Mensch oder strahlt etwas aus. Ein Computer kann nur bewusst handeln oder wenn er einen Impuls zur Handlung erhält.

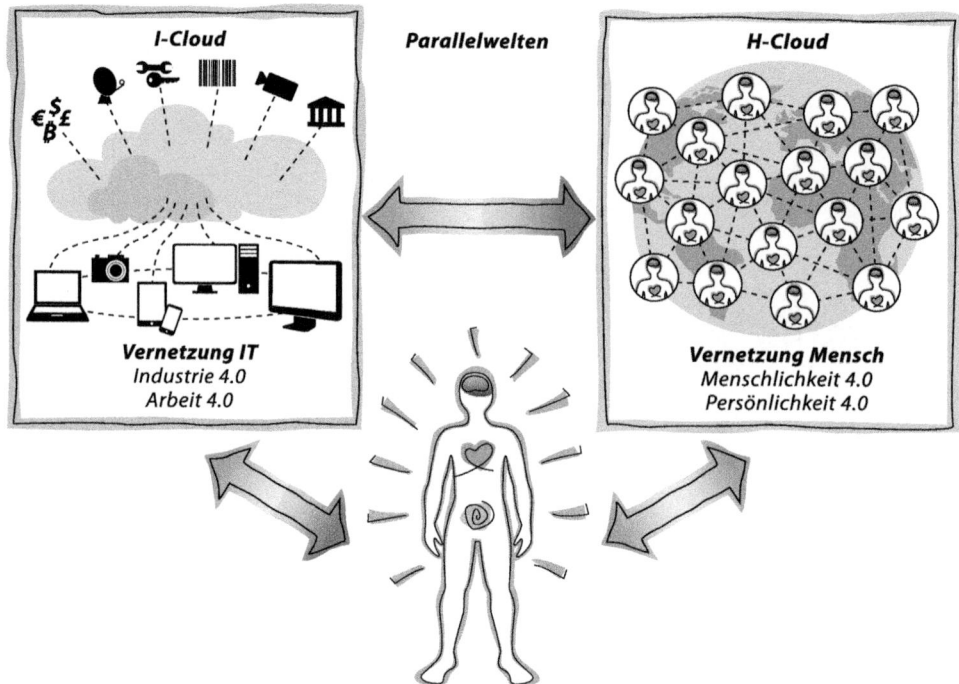

Alles ist miteinander verbunden und hat Einfluss aufeinander

Abb. 30.5 Die Parallelwelt von I-Cloud (Informatik) und H-Cloud. (Human; Quelle: C for C GmbH, Wetzikon, Schweiz)

Der Mensch sollte daher neu als Informationsfeld Mensch (Abb. 30.6) gesehen werden. Die bewussten oder unbewussten Informationen, aufgrund derer der Mensch handelt, sind in seinem physischen Körper (Zellerinnerungen) oder im energetischen Körper gespeichert. All diese Informationen (Gedanken, Gefühle, Gesagtes, Gehandeltes, Gehörtes, Unbekanntes, Geheimes und vieles mehr), Muster, Schocks, Traumata wirken im Menschen, durch den Menschen und nach außen auf die Umwelt.

All diese Informationen können vom Menschen selbst, von seiner Ursprungsfamilie, den Ahnen, von Vorleben, uralten oder fremdenergetischen Belastungen stammen. Somit ist jeder Mensch noch verstrickt in Wirkungen, alten Wirkungszyklen, Wirkungskreisen und Informations- und Netzwerkstrukturen.

Auf eine solche geballte Informationsmenge kann KI nicht reagieren, weil nur ein Mensch in der Lage ist, über sein Sensorium und der gleichzeitigen Wirkung von Kopf, Herz und Bauch zu agieren.

Die fünf Naturgesetze

Der Mensch, als Bestandteil der Natur, ist mit seinem im vorherigen Kapitel beschriebenen Informationsfeld in die Natur der Erde über die Naturgesetze eingebettet, die für ihn bzw. für jeden übergeordnet gelten. In Abb. 30.7 habe ich das vereinfacht dargestellt.

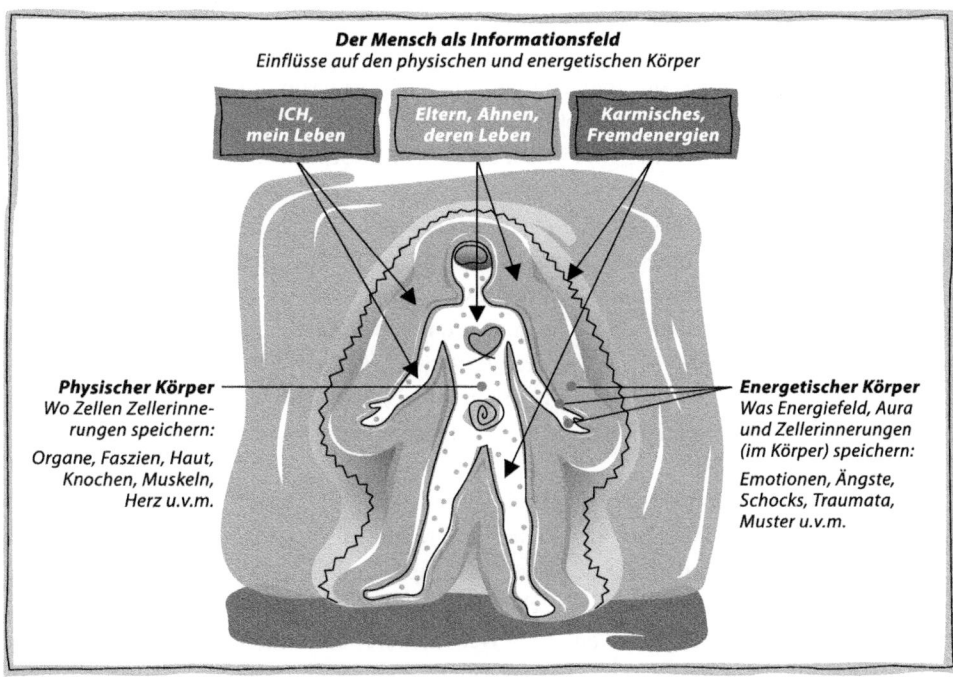

Abb. 30.6 Der Mensch als Informationsfeld. (Quelle: C for C GmbH, Wetzikon, Schweiz)

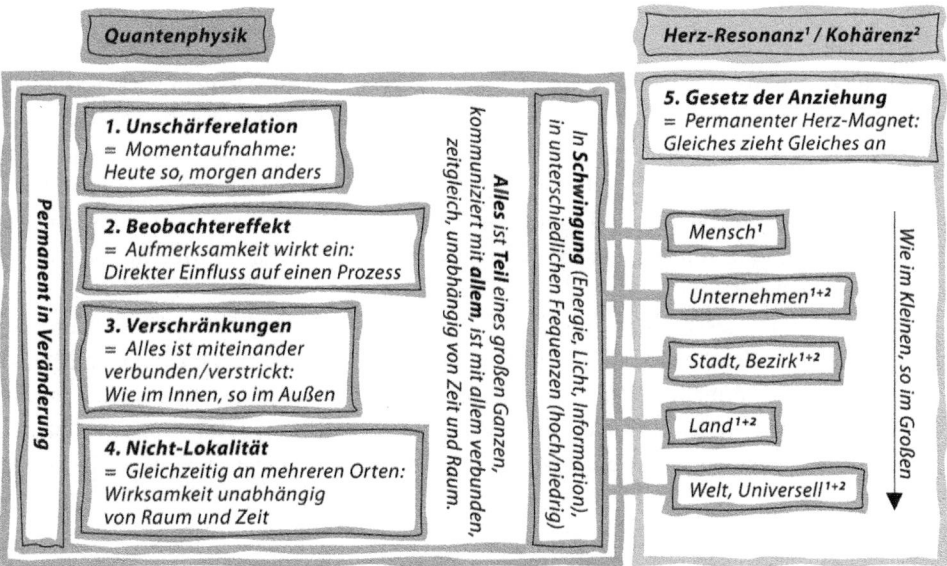

Abb. 30.7 Die fünf Naturgesetze und deren Wirkung auf den Menschen. (Quelle: C for C GmbH, Wetzikon, Schweiz)

Die Erkenntnisse der Quantenphysik lehren uns, dass alles aus Licht, Energie und Informationen besteht. Jeder Mensch hat einen physischen Körper (zu Materie gewordene Energie und Information) und einen energetischen Körper (Abbildung des Körpers wie ein Regenbogen durch sieben Auraschichten).

Nach außen nehmen wir den Menschen über seinen Körper und seine Ausstrahlung und Anziehung wahr.

Jeder Mensch ist einzigartig, weil jeder Mensch eine andere Zusammensetzung an Informationen hat, die in ihm gespeichert sind bzw. ihn zu dem machen, was er ist. Diese Bündelung an Informationen und Energie befindet sich ständig in Veränderung und in Schwingung. Jeden Tag fühlen wir uns anders und jeden Tag erleben wir unterschiedlich. Gleichzeitig spürt jeder Mensch die laufende Veränderung an seinem Körper.

Die vier Naturgesetze, die aus den Erkenntnissen der Quantenphysik stammen, will ich nur einfach erklären, damit Sie die Gesamtzusammenhänge des Menschen erkennen, in die er eingebunden ist.

Der Mensch verändert sich ständig und laufend, was bedeutet, dass immer nur ein Teilaspekt von ihm zum Zeitpunkt x (1. – Unschärferelation) erfasst werden kann.

Je nach Absicht, positive oder negative Gedanken- und Gefühlseinstellung und Grundeinstellung des Beobachters, z. B. Forscher, Programmierer, Arzt etc., wirkt sich das positiv oder negativ auf das Ergebnis aus (2. – Beobachtereffekt).

Alles ist mit allem energetisch und informativ verbunden. Sobald wir einmal Masse- oder Energiekontakt mit etwas hatten, bleibt dies für ewig quantenverschränkt bzw. verbunden. Ein Beispiel: Eine gute Freundin oder ein guter Freund ruft sie an und sie antworten, dass sie gerade vorhin an sie bzw. ihn gedacht haben. Oder Sie rufen einen Freund oder eine Freundin an und diese Person sagt: „Lustig, Du rufst mich an, wir hatten gerade vorhin von Dir gesprochen" (3. – Verschränkung).

Auch können Sie gleichzeitig körperlich hier, geistig oder gefühlsmäßig irgendwo ganz anders sein. Ein anderes Beispiel: Sie sitzen in einem Meeting und plötzlich kommt Ihnen die bzw. eine Lösung in den Sinn. Diese Lösung hatten sie nicht im Internet oder in einem Fachbuch gefunden, das Sie im Meeting dabei hatten. Sie waren wie abwesend und konnten über ihr Herz-Resonanz-Feld gleichzeitig in einer anderen Dimension sein und von dort her Informationen anziehen, die zum besprochenen Thema im Meeting als Lösung diente (4. – Nichtlokalität).

Diese vier Naturgesetze sind eingebunden in das vorher beschriebene Gesetz der Resonanz (5. – Gesetz der Anziehung). Das Herz wirkt beim Menschen dabei wie ein Magnet. All das, was an Informationen in einem Menschen gespeichert ist, zieht das Herz mit seinem elektromagnetischen Resonanz-Feld an. Positives und Negatives, ob wir wollen oder nicht. Diese Anziehung des Herz-Magneten funktioniert so lange, wie unser Herz physisch schlägt.

Fazit:

Die Einbettung des Menschen in die Naturgesetze ermöglicht es ihm bzw. ihr, zusätzlich gleichzeitig auf verschiedenen Ebenen, Dimensionen und in sich ständig veränderten Umgebungen wirken oder handeln zu können.

Wie weiter oben erwähnt, ist das Herz des Menschen das Zentrum der Gefühle und es kommt hinzu, dass wir Menschen oft von den Gefühlen geleitet werden. Auch die Liebe befindet sich im Herzen und unabhängig von jeglichen Religionen oder Glaubensrichtungen wirkt in jedem Menschen und in allem LIEBE. Ich definiere das gerne so:

L	=	Love
I	=	is
E	=	every
B	=	being's
E	=	energy

Der Mensch handelt also oftmals rational oder irrational rein aus den Gefühlen der Menschlichkeit oder der Liebe heraus.

KI kann das nicht nachahmen, weil die EI fehlt. Wie soll man einem Selbstlernprogramm beibringen, was es tun soll im Fall von menschlichem oder liebevollem, einfühlsamem Handeln? Eine Katze oder ein Hund würde spüren, was gemeint wäre, da auch sie fühlende „being's" (Wesen) sind.

30.4   Wirkungen von Algorithmen auf den Menschen?

Algorithmen der KI müssten, wenn sie die Empfindungen der Menschen einbeziehen wollten, sehr flexibel sein. Demzufolge müssten sie auch eine variable Wirkung, Kraft und Macht haben, je nach entsprechend vorliegender Situation.

Wirkungen von Algorithmen

Die Wirkungen von menschlichen „Algorithmen", die zwischen Menschen stattfinden, haben oft unterschiedliche Folgen. Nehmen wir doch ein gängiges Beispiel wie Redensarten, Bauernweisheiten oder Lebensweisheiten. Diese sind für Menschen in den meisten Fällen klar, sehr schnell erlernbar und führen zu unterschiedlichen Gefühlsregungen und Handlungen.

Redensarten

„Fünf grade sein lassen" bedeutet, etwas nicht so genau nehmen; grosszügig bzw. nachsichtig zu sein.

„Lass gut sein" bedeutet, es dabei bewenden lassen, etwas nicht weiter verfolgen; eine Sache nicht weiter bearbeiten (Redensarten-index.de. 2018).

Bauernweisheiten

„Schaffst Du im September nichts in den Keller, schaust Du im Winter auf leere Teller."

„Haben die Kühe nichts zu fressen, hat sie der Bauer wohl vergessen." (Bauern-Weisheiten.de. 2018)

Lebensweisheiten

„Nichts ist so kostbar wie die Freiheit und nichts so wertvoll wie Vertrauen."

„Wer Wind sät, wird Sturm ernten." (Spruch-des-tages.org 2018)

Wie würde hier ein KI-Algorithmus handeln? Im Zweifel für den Angeklagten? Was passiert, wenn es mehrere Zweifel gibt?

Je nachdem, wer die Algorithmen programmiert (s. Beobachtereffetk; Abschn. 30.3, Abb. 30.7.), kann dies Folgen haben auf die Einwirkung und Auswirkung beim Menschen. Die Wirkungen aufgrund der reinen Ja-Nein-Entscheidung der Algorithmen können zu Ausgrenzungen, Abgrenzungen und Begrenzungen bis hin zu einer neuen Art von Angst beim Menschen führen – die Angst, aus dem Schema zu fallen.

Als Konsequenz der Auswirkungen der programmierten Algorithmen der KI lernt der Mensch eine erneute Anpassung an unnatürliche Außeneinflüsse und Außeneinwirkungen und arbeitet somit gegen sein eigenes Wesen oder seinen Wesenskern.

Macht und Ethik

Algorithmen haben demzufolge eine große Macht. Erlernen diese Algorithmen auch die Zusammenhänge von Ethik in Bezug zum Menschen, der auch Gefühle hat?

„Macht hat, wer macht" ist ein beliebter Spruch in Führungskreisen. In der Studentenzeit haben wir das oft ergänzt mit: „Nichts machen, macht nichts".

Macht aufseiten der KI bedeutet also eine große Machtfülle. Für den Menschen als Gefühlswesen eher Machtlosigkeit oder Ohnmacht.

Algorithmen können also wie versteckte Regeln oder Machtgesetze wirken, eine moderne Machtausübung, die von den Menschen nicht beeinflussbar ist. Gemäß Werbeversprechen sollte doch die Digitalisierung und die damit auch zusammenhängende KI dem Menschen dienen?

„Macht hat, wer macht". Wer macht bei KI?

In der Führungskultur zeichnen sich Paradigmenwechsel ab, wo Macht an Stellenwert verliert und durch eine lösungsorientierte und gesundheitsfördernde Art des Führens ersetzt wird. Als Impulsgeber zeigt Ihnen Abb. 30.8 ein neues Nebeneinanderbestehen ohne Machtansprüche auf. Dies kann eine Vorbildfunktion auch für die KI sein.

30.5   Aktuelle Beispiele: Auswirkungen im Jahr 2030

KI kann demnach Fluch und Segen gleichzeitig sein. Um die Auswirkungen zu verstehen, möchte ich einfach den Blick auf drei KI-Einsatzgebiete werfen. Die Beispiele sollen zeigen, was mithilfe KI im Hintergrund für Entscheidungsfindungen herangezogen wird und wie Personen dadurch längerfristig ausgegrenzt werden.

Die Bewerbung

Ausgangslage: Mit Freude möchte ich mich für eine interessant klingende Arbeitsstelle bewerben. Gemäß Online-Inserat heißt es: Bitte bewerben Sie sich direkt ausschließlich online über unser Bewerbungsportal. Gesagt getan. Vielleicht heiße ich Ivan oder Elenora, bin schon in zweiter Generation hier in Europa und spreche perfekt mehrere Sprachen. Ab und zu gab es eine kleine Lücke im Lebenslauf, die begründet waren mit Krankheitsausfällen,

Welt 1 – ALT eher frühere Generationen	Welt 2 – NEU eher jüngere Generationen
Härte	Einfühlungsvermögen
Druck	Freiraum geben
Macht	Motivator, Aktivator
Autorität, Dominanz	Gesundheitsförderliches, individualisiertes, transformationales Führen
EGO	Gemeinschaftssinn, Führung besteht aus Team oder Doppelspitze
Wir müssen ...	Wir dürfen, können ...
Kampf, kämpfen	B⁴: Beleben – Bewegen – Begeistern – Bereichern
Wissen ist Macht (für mich behalten)	Kompetenzen (Wissen, Fähigkeiten, Talente) aller nutzen
Stärke beweisen	Emotionale Stärke
Liebe ist was für Weicheier, Softies	Dinge mit Herzblut tun
... führt zu **Unverständnis, Kontrolle**	... führt zu **Entfaltung, Gestaltung**
Folgen	*Folgen*
Blockaden, aus Angst verschließen, Erschöpfung	**Abholen, stärken, aktivieren, motivieren**

Abb. 30.8 Die Folgen von altem und neuem Führungsverhalten. (Quelle: C for C GmbH, Wetzikon, Schweiz)

Auslandsaufenthalten oder Auszeiten für Neuorientierungen in meinem Leben. Die Erkenntnisse und das persönliche Wachstum (allein aus diesen drei Zeiten der Lücken), lassen sich jedoch nicht in die Online-Maske eintragen.

Blick KI:

Wir wollen nur Bewerber und Bewerberinnen ohne ausländischen Hintergrund, Bewerber mit maximalem Alter von 45 Jahren, keine Lücken im Lebenslauf.

Im Selbstlernprogramm könnte KI gelernt haben, dass Personen, die Ivan heißen eventuell russische Wurzeln haben und Russen so oder so sind. Elenora ist ein altmodischer Name, hier könnte KI gelernt haben, dass diese Personen nicht offen genug für Neues sein könnten, weil dies bei anderen Personen, die auch Elenora oder ähnlich hießen, auch so war.

Entscheid KI:

Absage – lapidarer Satz: „Wir haben einen Bewerber gefunden mit einem besser zu dieser Stelle passenden Profil". Kein Selektionsgespräch via Skype oder Telefon.

Blick EI:

Die Personalverantwortliche findet dieses Dossier sehr interessant und markiert sich die Stellen der Lücken des Lebenslaufs, erkennt die Erfahrungswerte der Person und hat bereits schon Zusammenhänge erkannt in Bezug auf mögliche Stellvertretungsfunktionen oder Nachfolgeregelungen einer Teamleitung in dieser Abteilung, die ebenfalls bald zur Entscheidung ansteht. Sie legt also einen vorausschauenden Blick an den Tag bei der Betrachtung des Dossiers.

Entscheid EI:

Einladung zum Vorstellungsgespräch. Die Lücken konnten geklärt werden. Der Bewerber stellte sich als Glücksfall heraus, weil er auch schon in Bezug zu den weiterführenden Planungen die ideale Besetzung darstellt. Referenzauskünfte bestätigten die menschliche Qualität des Bewerbers bzw. der Bewerberin zusätzlich. Nach einem zweiten Vorstellungsgespräch wird die Person eingestellt.

Die Kreditvergabe

Ausgangslage: Ein Jungunternehmen, das sich inzwischen nach acht Jahren Aufbauarbeit am Markt etabliert hat, möchte seine finanziellen Prozesse verbessern, um sich in Ruhe unternehmerisch weiterentwickeln zu können. Kurzfristige Finanzierungslücken am Monatsende zwischen den Bezahlungen der Lieferanten und den Einnahmen kundenseitig sollen durch einen Kontokorrentkredit seitens der Hausbank ausgeglichen werden. Über ein Online-Portal seitens der Hausbank müssen Bilanzdaten und Geschäftsangaben eingegeben werden.

Blick KI:

Wir wollen nur Unternehmen, die Gewinne erwirtschaften. Kontokorrentkredite erhalten nur Unternehmen mit mehr als zehn Mitarbeitenden. Es müssen Sicherheiten vorhanden sein, die pfändungsgeeignet sind. Handelsregistereinträge müssen mehrere Personen nachweisen, damit auch eine Stabilität oder Regressmöglichkeit auf mehrere Personen möglich wäre.

Entscheid KI:

Absage – lapidarer Satz: „Sie erfüllen nicht die Vorgaben für eine Kreditvergabe". Keine Begründung oder: Wenn sie folgende Punkte erfüllen, dann könnten wir den Kontokorrentkredit genehmigen. Grund war: die Firma hatte in den letzten vier Geschäftsjahren keinen Gewinn erzielt und immer einen leichten Verlustvortrag mitgezogen. Die Geschäftsleitung verzeichnet gemäß HR-Eintrag lediglich zwei Personen. Der Berater der im Onlinebanking-Portal angegeben wird, wurde nicht einmal informiert.

Blick EI:

Der Kundenberater erhält die Anfrage nach dem Kontokorrentkredit zugesandt. Er klärt in einem Telefonat mit dem zuständigen Verantwortlichen für Steuer und Finanzen die Gründe für die Verlustvorträge. Der Finanzverantwortliche kann gleichzeitig darstellen, dass das Unternehmen besonders in den vergangenen vier Jahren hohe Investitionen in Zukunftsprojekte und in den Marktaufbau getätigt hat. Der Berater kann die Mehrwerte des Unternehmens erkennen, weil er wichtige vertrauliche Hintergrundinformationen seitens des Unternehmens erhält. Er kann dadurch in einem raschen Marktvergleich die Einzigartigkeit und damit auch den Marktvorsprung erkennen, das sich das Jungunternehmen erarbeitet hat. Nun kann ein niedriger Kontokorrentkredit bewilligt werden, mit Optionen auf eine weitere Steigerung in Verbindung mit der positiven Entwicklung des Geschäftsgangs.

Die Wohnungsvergabe

Ausgangslage: Eine Neubauanlage am Stadtrand mit direktem Zugang zur Natur veranlasst ein junges Paar, sich für eine ausgeschriebene Wohnung zu bewerben. Beide überlegen, eine Familie zu gründen und finden daher die Lage dieser Wohnung ideal. Mit Freude geben sie ihre Wohnungsbewerbung in das Online-Portal für Wohnen im Grünen ein. Der Anbieter wirbt mit der familienfreundlichen Lage. Es müssen Angaben zum Monatsverdienst und ein Motivationstext, warum sie die Wohnung gern hätten, eingegeben werden.

Blick KI:

Wir wollen nur zahlungskräftige doppelverdienende Ehepaare mit ein bis zwei Kindern als Mieter haben. Die Wohnung soll in etwa ein bis zwei Jahren gekauft und übernommen werden. Vermietet werden soll die Wohnung an Personen aus der Region ohne Migrationshintergrund. Das Alter der Mieter soll 35 bis 45 Jahre betragen.

Entscheid KI:

Absage – lapidarer Satz: „Aus der Vielzahl der Bewerber konnten wir Sie leider nicht berücksichtigen, da andere Bewerber die Anforderungen besser erfüllten". Auch hier wurde kein Rückfragegespräch via Telefon oder Skype durchgeführt.

Blick EI:

Die eingehenden Bewerbungen wurden gruppiert und diejenigen, die sich beim Motivationstext am engagiertesten zeigten, wurden nach oben gelegt. Danach wurden die Bewerbungen ein zweites Mal gesichtet und in einer groben Überschlagsrechnung wurde geschaut, ob die Wohnung für die Mieter finanziell tragbar ist. Erst im dritten Schritt wurden Alter und die regionale Verwurzelung betrachtet.

Entscheid EI:

Die Bewerber werden zu einem Informationsgespräch eingeladen, in dem auch noch letzte kritische Fragen geklärt werden. Das Argument der Familiengründung und das Interesse an einer längerfristigen Anmietung glaubhaft interessiert zu sein, überzeugte die Wohnungsbaugesellschaft. Der mit Herzblut verfasste Motivationstext war letzten Endes der ausschlaggebende Punkt, sodass das junge Paar die Wohnung zugesprochen bekam.

Ein weiteres Beispiel

Amazon wollte das Bewerbungsverfahren automatisieren. Es schuf einen Algorithmus, der die vielversprechenden Bewerber herausfiltern sollte. Dabei wurden v. a. Daten aus den Bewerbungen von bereits unter Vertrag genommenen Mitarbeitern zugrunde gelegt.

Entsprach eine neue Bewerbung solchen Bewerbungen von Mitarbeitern, die schon angestellt worden waren, verbesserte sich die Chance auf eine Einladung zum Gespräch. Nun wurde dieser Algorithmus außer Betrieb genommen, nachdem sich herausgestellt hatte, dass das Programm sexistisch ist. Es hat systematisch Frauen benachteiligt. Weil Amazon Teil einer von Männern dominierten Branche ist, waren in der Vergangenheit mehr Männer als Frauen rekrutiert worden. Das Programm hatte daraus den Schluss gezogen, dass mit Frauen irgendetwas nicht stimmt und sie schlechter bewertet (Prüfer Tillmann 2018).

„Künstliche Intelligenz kann helfen, Demokratien besser zu machen", sagt der Computerwissenschaftler Pedro Domingos von der Universität Washington, „die Technik kann aber auch einem autoritären Regime helfen, an der Macht zu bleiben". Domingos sieht auf der Welt einen neuen Wettbewerb der Systeme zwischen Demokratien und autoritär regierten Staaten. „Künstliche Intelligenz wird in ein paar Jahren weite Teile unseres Alltags beherrschen", sagt Domingos. Und die Technik sei so komplex, dass praktisch unsichtbar bleibe, welche Ziele ein Algorithmus verfolgt (Domingos Pedro 2018).

Fazit: KI sollte ein Helfer sein für Menschen, nicht ein Entscheider über Menschen. Sonst fallen wir wieder ins Mittelalter zurück, wo auch Systeme (staatliche oder kirchliche) über Menschen entschieden hatten. KI sollte uns Freiheiten, Erleichterungen und Freiräume erbringen.

30.6 Stärkung von Menschlichkeit und emotionaler Intelligenz

Um in der zukünftigen Welt, die durch die Digitalisierung oder KI mitbestimmt wird, als Mensch seinen Raum zu behalten, braucht es eine Stärkung der Menschlichkeit. Eine Förderung des eigenen Ichs, sowie der Resilienz der EI und des Körpers.

An oberster Stelle sollte dabei immer das Wohl eines jeden Menschen stehen, das Heft selbst in der Hand behalten und die Geschwindigkeit des Lebens selbst bestimmen zu können. Die Fremdbestimmungen durch Täuschungen, Verblendungen, Manipulationen, Vereinnahmungen und Machtausübungen (über mich bestimmen) erkennt ein gesunder Menschenverstand mit seiner EI und sollten zukünftig ausgeschlossen werden. Führungskräfte können über die Förderung der Menschlichkeit, Nutzung der Kompetenzen des Einzelnen im Hinblick auf eine optimale Lösungserarbeitung eine positive Wirkung auf die Gesundheit und Resilienz des Einzelnen und des Teams bewirken.

Förderung des eigenen Ichs

Die Abb. 30.9 mit dem Karussell soll Ihnen diese Selbstbestimmung und die Geschwindigkeit, die uns von der Digitalisierung und KI vorgegeben wird, verdeutlichen. Als Kinder sind wir gern mit dem Karussell gefahren, auf dem Pferd oder im Feuerwehrauto. Wir konnten uns gut halten und noch den Eltern zuwinken. Als wir größer wurden, wollten wir unbedingt auf das Kettenkarussell. Kaum saßen wir im Sitz des Karussells ging die fliegende Fahrt auch schon los. Wir mussten uns festhalten und die Geschwindigkeit drückte uns in den kleinen Sitz. Wir hatten keinen Einfluss mehr auf die rasante Fahrt des Kettenkarussells.

Abb. 30.9 Das Karussell als Symbol für verschiedene Geschwindigkeitsgefühle. (Quelle: C for C GmbH, Wetzikon, Schweiz)

Betrachten wir nun die Person, die in der Mitte des Karussells steht, so dreht sich diese um die Achse in langsamer Fahrt, wie die Erde sich um die eigene Achse dreht. Die Person kann nun entscheiden, ob sie dort an dieser Säule bleiben oder ob sie auf der Drehscheibe weiter nach vorn gehen möchte, gerade so, wie sie die Geschwindigkeit am optimalsten für sich selbst erträgt.

Die Digitalisierung und KI geben den Menschen also die Geschwindigkeit vor. Durch sie ist eine schnellere Entwicklung für die Menschen und auch die Wirtschaft möglich.

Der Mensch hat jedoch – durch seine Evolution – einen langsameren Entwicklungszyklus (Abb. 30.10).

Die schnelleren Entwicklungsvorgaben durch Digitalisierung und KI setzen den Menschen daher unter Druck. „Ich fühle mich wie unter Druck gesetzt" oder „Ich/Wir haben so einen großen Druck privat oder in der Firma" wirken sich negativ auf die Gesundheit des Menschen aus.

Hier gilt es aus Sicht der Unternehmen und jeder Person, positiv, präventiv und parallel zu handeln, die eigenen Kompetenzen, Fähigkeiten und Talente in Verbindung mit Sinnhaftigkeit und Lebensfreude gestalterisch mitwirkend optimal zu nutzen (Abb. 30.11), gleichzeitig noch alten Ballast von früher abzuwerfen und mit sich selbst ins Reine zu kommen. Beides hilft, damit wir auch schneller werden und in eine neue Leichtigkeit kommen, um die Entwicklungslücke zu schließen.

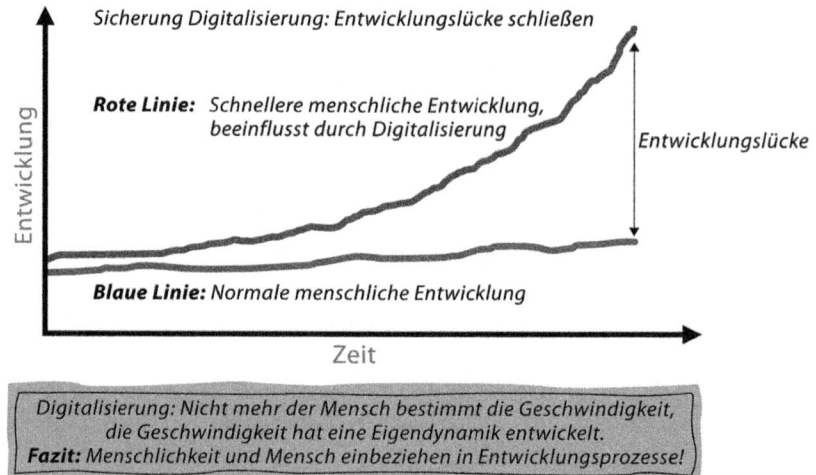

Abb. 30.10 Der Entwicklungszyklus vom Menschen parallel zur Digitalisierung. (Quelle: C for C GmbH, Wetzikon, Schweiz)

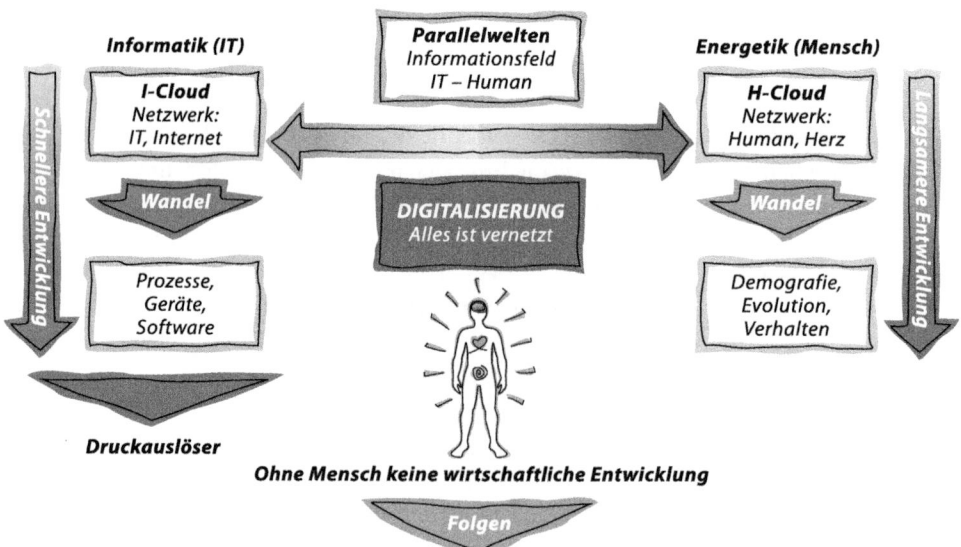

Abb. 30.11 Die Wirkung der Parallelwelt von Informatik und Mensch. (Quelle: C for C GmbH, Wetzikon, Schweiz)

Tab. 30.1 Die vier Förderungsfelder

Förderung für	Förderungsfeld	Unterstützung für
Innerer Raum (in mir)	Lebensfreude	Spaß und Zufriedenheit
	Kreativität	Entfaltung und Gestaltung
Äußerer Raum (auf mich)	Natur	Ausgleichung und Rückverbindung
	Energetik	Harmonisierung und Schutz
Innerer Raum (in mir)	Lebensfreude	Spaß und Zufriedenheit

Tab. 30.2 Die 4-L-Strategie

Liebe	Liebe und Herzblut ist die Basis für alles im Leben.
Lebensfreude	Lebensfreude erfüllt uns innerlich und stärkt unsere Ausstrahlung.
Leichtigkeit	Leichtigkeit ist eine positive Energie, aus der eine neue Lebensqualität für uns entsteht.
Lachen	Lachen löst und entspannt. Es ist ein freudvoller Ausdruck unseres inneren Wesenskerns.

Walter 2016, Herz-Resonanz-Coaching, S. 221, Mankau, Murnau

Diese Persönlichkeitsentwicklung sollte dabei stets in Einklang mit dem inneren Wesenskern und unabhängig von rein materialistischen Zielen sein.

Förderung der Resilienz der emotionalen Intelligenz und des Körpers
Hier habe ich als Quintessenz meiner jahrelangen Mentoren- und Coaching-Arbeit sowie aus den Erkenntnissen der Arbeit im Betrieblichen Gesundheitsmanagement vier Förderungsfelder (Tab. 30.1) herausgeschält.

Dies wären positive Förderer auf den Menschen und dessen Wesenskern:

Lebensfreude
Hier in Kürze Impulse für Sie aus dem Förderungsfeld Lebensfreude.

Vor Jahren hatte ich die 4L-Strategie entwickelt (Tab. 30.2). Die 4-L stehen für:

Kreativität
Hinter Kreativität verbirgt sich die optimale Entfaltung und Gestaltung des eigenen Lebensraums im privaten und im beruflichen Bereich. Dies basiert auf einer optimalen Nutzung des persönlichen Drei-Säulen-Modells aus Wissen, Fähigkeiten und Talenten (Abb. 30.12). Wenn diese drei Säulen in Einklang sind, ergibt sich ein sog. Dreiklang und eine tiefe innere Zufriedenheit und Harmonie.

Natur
Der Mensch ist und wird immer ein Bestandteil der Natur sein. Daher ist die Rückverbindung ein wichtiger Garant für den persönlichen Ausgleich. Jeder Mensch schöpft Kraft und Energie aus der Natur in unterschiedlicher Form. Die Natur in Bezug zum Menschen könnte sich zusammengefasst so beschreiben lassen:

N	=	Natürlichkeit
A	=	Achtsamkeit
T	=	Tiefgang
U	=	Ursprünglichkeit
R	=	Regeneration

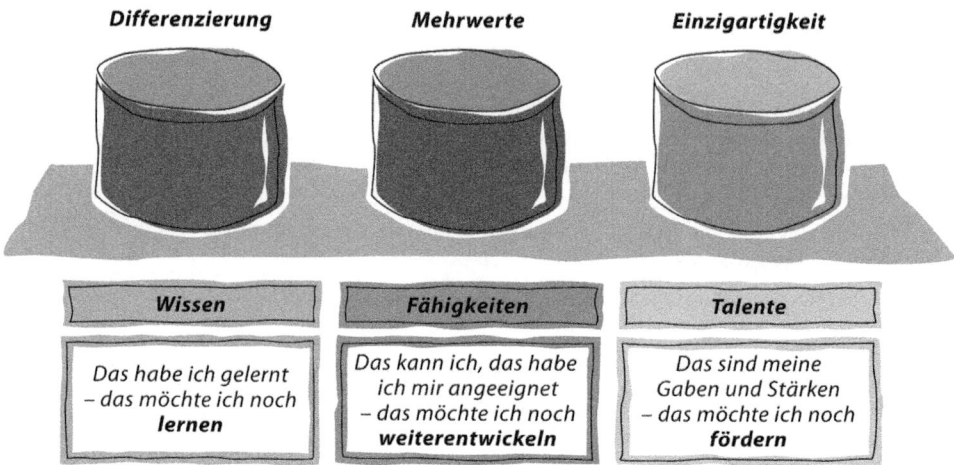

Abb. 30.12 Der Dreiklang von Wissen, Fähigkeiten und Talenten jeder Person. (Quelle: C for C GmbH, Wetzikon, Schweiz)

Dies kann zusammengefasst heißen: In Verbindung bleiben mit seiner Natürlichkeit, achtsam den Tiefgang mit seiner Ursprünglichkeit pflegen und der Regeneration Raum und Zeit geben.

Gut zu wissen: Gehen Sie doch einmal zu einem Baum, der Ihnen gefällt und der für Sie kraftvoll erscheint. Halten Sie beide Hände an den Baum und sagen Sie zu dem Baum: „Lieber Baum, bitte gib mir von Deiner Kraft. Danke." Was fühlen Sie oder wie fühlt es sich an?

Energetik

Die Einwirkungen auf die Energie des Menschen durch die Digitalisierung, KI und deren Gerätschaften (PC, mobile Geräte etc.) schwächt und stört das natürliche Energiefeld des Menschen. Besonders sog. gepulste elektromagnetische Felder wie bei WLAN oder in Mobilfunkstandards (5G) verwendet werden, wirken sich auf körperliche Rhythmen und Zellen negativ aus. Diese Störungen sind permanent präsent, ob im privaten, beruflichen oder öffentlichen Umfeld. Diese Einflüsse gilt es einerseits zu harmonisieren oder sich dafür in Bezug auf sein eigenes Energiefeld zu schützen (Abb. 30.13). Ein präventives

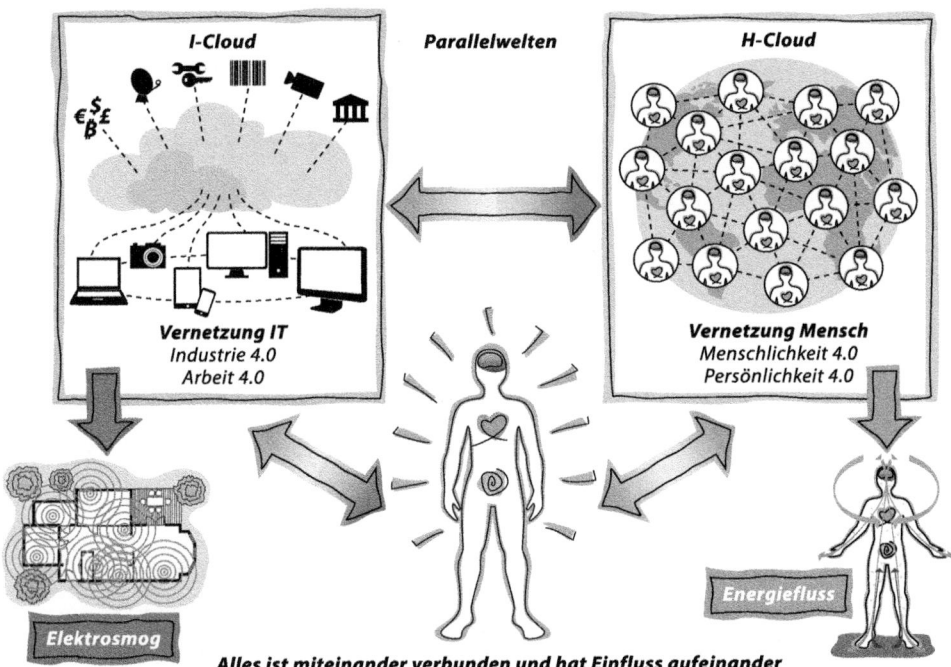

Abb. 30.13 Die Einflüsse von Elektrosmog auf den Menschen. (Quelle: C for C GmbH, Wetzikon, Schweiz)

Handeln eines jeden Menschen bringt emotionale Stabilität, um energetische Störfaktoren und Belastungen von außen zu reduzieren.

30.7 Ausblick auf die Zukunft 2030

Auch in der Zukunft bleibt der Mensch nach wie vor ein Mensch. Dieser funktioniert in der digitalen Welt auch nach wie vor analog. So wie die Natur auch analog funktioniert, weil der Mensch auch ein Bestandteil der Natur ist. Somit wird es auch in der Zukunft immer einen parallelen Prozess von analoger und digitaler Welt geben.

Jemand der weiß, dass er nichts weiß, weiß mehr, als jemand, der nicht weiß, dass er nichts weiß (Spruchmonster.de 2018).

Obwohl alle nur noch von Digitalisierung und KI reden, zeigen andere wissenschaftliche Betrachtungen ein ganz anderes wichtiges Veränderungsbild auf.

Die großen Veränderungen, die in der Theorie der langen Wellen der Konjunktur von dem russischen Wissenschaftler Nikolai Dmitrijewitsch Kondratieff (1892–1938) erforscht und aufgezeigt wurden, zeigen im 6. Kondratieff-Zyklus (Abb. 30.14) einen

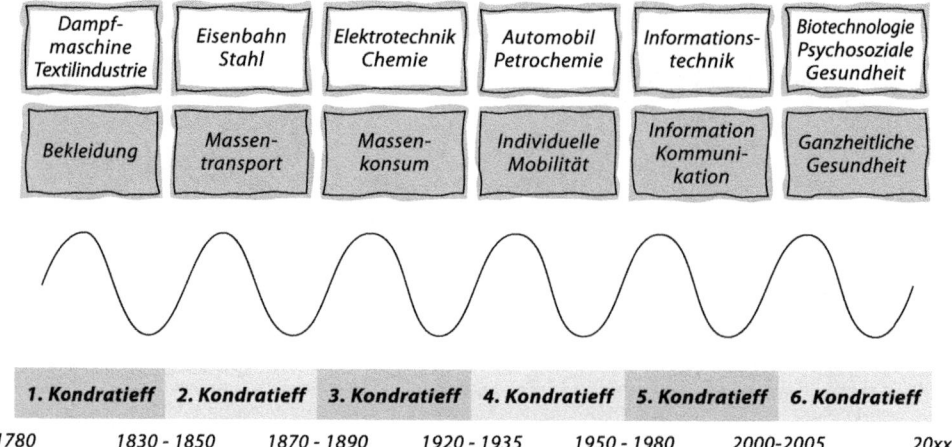

Abb. 30.14 Die sechs Kondratieff-Zyklen. (Quelle: C for C GmbH, Wetzikon, Schweiz)

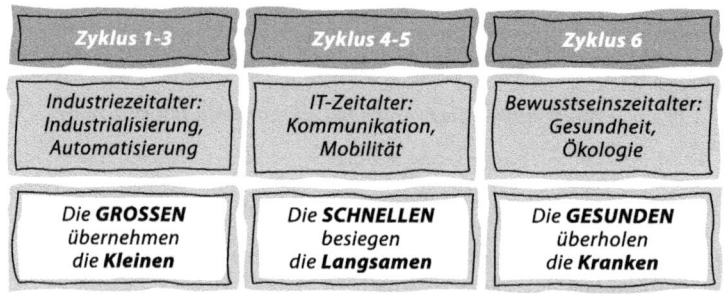

Abb. 30.15 Die sechs Kondratieff-Zyklen dargestellt in gebündelter Form. (Quelle: C for C GmbH, Wetzikon, Schweiz)

interessanten Trend: Sowohl die lange Welle der makroökonomischen Ebene (psychosoziale Gesundheit) als auch die Innovationsebene (ganzheitliche Gesundheit) vereinen im 6. Zyklus das Thema Gesundheit.

Wir haben die Kondratieff-Zyklen in Abb. 30.15 für Sie gebündelt, um Ihnen das Ganze noch klarer darzustellen.

Gesunde Menschen ermöglichen somit die Digitalisierung oder KI. Also steht der Mensch heute und in Zukunft im Mittelpunkt. Oder, etwas vereinfacht gesagt: Der Mensch ist kein Mittel zum Zweck. Er ist keine Maschine. Punkt.

In der Parallelwelt von I-Cloud und H-Cloud ist es daher wichtig, in sich selbst, als auch in die Gesundheit der Mitarbeitenden der Unternehmen, zu investieren. Wer da hinein investiert, wird heute und morgen zu den Gewinnern der Zukunft gehören.

Empfehlung am Schluss

Die Persönlichkeits- und Führungskräfteentwicklung sollte sich wieder an der Menschlichkeit und in Einklang mit der psychosozialen Gesundheit orientieren.

Wir haben dies, versehen mit vielen Hinweisen und praktischen Tipps, im Buch *Chefsache Menschlichkeit* (Peter Buchenau, Claus Walter) zusammengefasst.

Der Faktor M (Mensch und Menschlichkeit) rückt heute und in Zukunft wieder mehr in den Mittelpunkt, um all die Herausforderungen meistern zu können.

Stärken Sie daher Ihre innere Kraft und Ihren Wesenskern, dann legen Sie heute schon die Grundlagen für Zukunft 2030.

Literatur

Bauern-Weisheiten.de. (2018). *Bauernweisheiten*. http://www.bauern-weisheiten.de/. Zugegriffen am 03.11.2018.

Berndtson, O. (2019). Interview: „Der Managerbarometer 2018". *Handelsblatt*, Nr. 3, S. 57.

Buchenau, P., & Walter, C. (2018). *Chefsache Menschlichkeit* (S. 37–78). Wiesbaden: Gabler-Springer.

Domingos, P. (2018). Interview: „Technik der Zukunft 2018". *Handelsblatt*, Nr. 207, S. 62.

Duden. (2015). *Das Fremdwörterbuch* (Nr. 5). Berlin: Dudenverlag.

Prüfer, T. (2018). Interview: „Prüfers Kolumne: Künstliche Dummheit". *Handelsblatt*, Nr. 207, 2018.

Redensarten-index. (2018). *Redensarten*. https://www.redensarten-index.de/Redensarten. Zugegriffen am 03.11.2018.

Spruch-des-tages. (2018). *Lebensweisheiten*. https://www.spruch-des-tages.org/Lebensweisheiten. Zugegriffen am 03.11.2018.

Spruchmonster. (2018). *Lebenssprüche*. https://www.spruchmonster.de/lebensspruecke. Zugegriffen am 11.11.2018.

Walter, C. (2016). *Herz-Resonanz-Coaching* (S. 221). Murnau a. S.: Mankau.

Wikipedia. (2018a). *Emotionale Intelligenz*. https://de.wikipedia.org/wiki/Emotionale_Intelligenz. Zugegriffen am 03.11.2018.

Wikipedia. (2018b). *Empathie*. https://de.wikipedia.org/wiki/Empathie. Zugegriffen am 15.02.2019.

Weiterführende Literatur

Buchenau, P., & Walter, C.. (2018). *Chefsache Menschlichkeit*. Wiesbaden: Gabler-Springer.

Duden. (2018). Das Herkunftswörterbuch (7), Das Synonymwörterbuch (8), Das Bedeutungswörterbuch (10), Dudenverlag.

Nefiodow Leo, A. (2017). www.Kondratieff.net

Walter, C.. (2016). *Herz-Resonanz-Coaching*. Murnau a. S: Mankau.

 **Claus Walter** war bis 2010 als Experte für Business Development, Produkt- und Innovationsmanagement sowie Marketing und Vertrieb für internationale Technologiefirmen tätig. Veranlasst durch sein eigenes Burn-out erforschte er die Ursachen von Erschöpfung/Burn-out und entwickelte innerhalb von 15 Jahren eine hocheffektive Methode: das Herz-Resonanz-Coaching. Es basiert auf den Wirkungen und Erkenntnissen der Herz-Resonanz, der Kohärenz und der Quantenphysik, die von führenden Naturwissenschaftlern nachgewiesen sind. In den letzten acht Jahren haben fast 600 Personen erfolgreich dieses Coaching durchlaufen. Claus Walter arbeitet heute in seiner eigenen Firma als Spezialist für Change-Chance-Prozesse, Geschäftsentwicklung, Persönlichkeits- und Führungskräfteentwicklung sowie als akkreditierter Berater für Gesundheitsförderung Schweiz für Betriebliches Gesundheitsmanagement. Seine Erkenntnisse und Methoden hat er soweit entwickelt, dass heute Unternehmen im Wandel der Digitalisierung ihre Veränderungsprozesse schneller durchführen können. Mit Change Vital stellt er heute bereits schon zukunftsgerichtete gesundheitsfördernde und Lösungsorientierte Vorgehen den Unternehmen zur Verfügung. Zukunftsausgerichtet erfolgt dies bereits in einem gesundheitsförderlichen und lösungsorientierten Vorgehen JCL.

Weitere Infos unter www.cforc.biz.

Über den Initiator der Chefsache-Reihe

Peter Buchenau gilt als der Indianer in der deutschen Redner-, Berater- und Coaching-Szene. Als ehemaliger Top-Manager in französischen, Schweizer und US-amerikanischen Konzernen kennt er die Erfolgsfaktoren bei Führungsthemen bestens. Er versteht es wie kaum ein anderer auf sein Gegenüber einzugehen, zu analysieren, zu verstehen und zu fühlen. Er liest Fährten, entdeckt Wege und Zugänge und bringt Zuhörer und Klienten auf den richtigen Weg.

Peter Buchenau ist Ihr Gefährte, er begleitet Sie bei der Umsetzung Ihres Weges, damit Sie Spuren hinterlassen – Spuren, an die man sich noch lange erinnern wird. Der mehrfach ausgezeichnete Chefsache-Ratgeber und Geradeausdenker (denn der effizienteste Weg zwischen zwei Punkten ist immer noch eine Gerade) ist ein Mann von der Praxis für die Praxis, gibt Tipps vom Profi für Profis. Heute ist er auf der einen Seite Vollblutunternehmer und Geschäftsführer, auf der anderen Seite Sparringspartner, Mentor, Autor, Kabarettist und Dozent an Hochschulen. In seinen Büchern, Coachings und Vorträgen verblüfft er die Teilnehmer mit seinen einfachen und schnell nachvollziehbaren Praxisbeispielen. Er versteht es vorbildhaft und effizient ernste und kritische Sachverhalte so unterhaltsam und

© Springer Fachmedien Wiesbaden GmbH, ein Teil von Springer Nature 2019
P. Buchenau (Hrsg.), *Chefsache Zukunft*, Chefsache,
https://doi.org/10.1007/978-3-658-26560-1

kabarettistisch zu präsentieren, dass die emotionalen Highlights und Pointen zum Erlebnis werden.

Die von ihm initiierte Chefsache Serie beschreibt wichtige Führungsthemen der sogenannten Ebene 2. Dies sind hauptsächlich die weichen zusätzlichen Erfolgsfaktoren abseits von Umsatz, Finanzen und rechtlichen Gegebenheiten. Als Zielgruppe sind hier Kleinunternehmer, Vorgesetzte und Inhaber in mittelständischen Unternehmungen sowie Führungskräfte in Konzernen angesprochen.

Mehr zu Peter Buchenau unter www.peterbuchenau.de.

Ihr Bonus als Käufer dieses Buches

Als Käufer dieses Buches können Sie kostenlos das eBook zum Buch nutzen.
Sie können es dauerhaft in Ihrem persönlichen, digitalen Bücherregal
auf **springer.com** speichern oder auf Ihren PC/Tablet/eReader downloaden.

Gehen Sie bitte wie folgt vor:

1. Gehen Sie zu **springer.com/shop** und suchen Sie das vorliegende Buch
   (am schnellsten über die Eingabe der eISBN).
2. Legen Sie es in den Warenkorb und klicken Sie dann auf:
   zum Einkaufswagen/zur Kasse.
3. Geben Sie den untenstehenden Coupon ein. In der Bestellübersicht wird
   damit das eBook mit 0 Euro ausgewiesen, ist also kostenlos für Sie.
4. Gehen Sie weiter **zur Kasse** und schließen den Vorgang ab.
5. Sie können das eBook nun downloaden und auf einem Gerät Ihrer Wahl lesen.
   Das eBook bleibt dauerhaft in Ihrem digitalen Bücherregal gespeichert.

EBOOK INSIDE

eISBN	978-3-658-26560-1
Ihr persönlicher Coupon	43w5snwDzX7K7Zc

Sollte der Coupon fehlen oder nicht funktionieren, senden Sie uns bitte
eine E-Mail mit dem Betreff: **eBook inside** an **customerservice@springer.com**.